198.-

J. H. Brunklaus
F. J. Stepanek

Industrieöfen
Bau und Betrieb

DR. ING. J. HENRI BRUNKLAUS

INDUSTRIEÖFEN
BAU UND BETRIEB
(früher "Industrieofenbau")

BRENNSTOFF-
UND ELEKTRISCH-BEHEIZTE ÖFEN –
BRENNERKONSTRUKTIONEN

5. neubearbeitete und erweiterte Auflage
von Dipl.-Ing. F. JOSEF STEPANEK

Vulkan-Verlag · Essen

Brunklaus, Johan Henri:
Industrieöfen, Bau und Betrieb / J. Henri
Brunklaus ; F. Josef Stepanek. — 5.,
neubearb. u. erw. Aufl. — Essen :
Vulkan-Verlag, 1986
  ISBN 3-8027-2277-9
NE: Stepanek, Josef:

Das Werk ist urheberrechtlich geschützt. Die dadurch begründeten Rechte, insbesondere die der Übersetzung, des Nachdrucks, der Entnahme von Abbildungen, der Funksendung, der Wiedergabe auf photomechanischem Weg und der Speicherung in Datenverarbeitungsanlagen bleiben, auch bei nur auszugsweiser Verwertung, vorbehalten.

© Vulkan-Verlag, Essen — 1986

Printed in Germany

Die Wiedergabe von Gebrauchsnamen, Handelsnamen, Warenbezeichnungen usw. in diesem Werk berechtigt auch ohne besondere Kennzeichnung nicht zu der Annahme, daß solche Namen im Sinne der Warenzeichen- und Markenschutz-Gesetzgebung als frei zu betrachten wären und daher von jedermann benutzt werden dürften.

VORWORT ZUR 1. AUFLAGE

Bekanntlich wird in der englischen Sprache ein Unterschied gemacht zwischen „ovens" und „furnaces", wobei das Wort „oven" für Öfen benutzt wird, worin Vorgänge bei niedriger Temperatur durchgeführt werden, z.B. Trockenöfen, Backöfen usw. Mit „furnaces" sind dagegen diejenigen industriellen Öfen gemeint, die mit höherer Temperatur betrieben werden, und somit werden in den Büchern der angelsächsischen Literatur über „Industrial Furnaces" auch nur solche Öfen behandelt. Das bekannte grundlegende zweibändige Werk von T r i n k s , „Industrial Furnaces", befaßt sich sogar nur mit „metal-heating furnaces". Aber auch in den Werken der deutschen technischen Literatur über „Industrieöfen" sind es die „furnaces" und nur in wenigen Fällen die „ovens", welche behandelt werden. Für Konstrukteure, Betriebs-, Wärme-, Gas- und beratende Ingenieure der verschiedenen Brennstoffbranchen sowie für Studierende bereitet das Schwierigkeiten, weil sie gezwungen sind, sich Unterlagen anderweitig zusammenzusuchen.

Im vorliegenden Werk ist versucht worden, diese Lücke auszufüllen, indem u.a. auch Dampfrohre für Backöfen, Trocknen von Trockenöfen, Leichtbauweise für Öfen, Infrarotheizung, Niederdruckgasbrenner behandelt werden. Auch der für Öfen, welche mit niedriger Temperatur betrieben werden, so überaus wichtige Einfluß des Steigdruckes auf die Abgasbewegung wird eingehend betrachtet.

Die Arbeit des Russen G r o u m e G r j i m a i l o , der schon vor 35 Jahren wichtige Versuche über die Abgasströmung in Industrieöfen machte und hierüber in englischer Sprache berichtete, fand in der angelsächsischen Industrieofen-Literatur Beachtung, ist aber in Deutschland nicht oder fast nicht bekannt. Wenn seine Theorie des „umgekehrten Wehres" nicht mehr als ganz zutreffend angesehen werden kann, so sind seine Ansichten über Abgasströmung noch immer wichtig. Deswegen sind diese auch im vorliegenden Werk mitbenutzt worden. Überhaupt ist versucht worden, die allereinfachsten Grundlagen von Druck, Auftrieb und Strömung für die Berechnung und Betrachtung der inneren Ofenvorgänge nutzbar zu machen. Besonders zum richtigen Verständnis und zur Bewertung des „wärmefressenden" Einflusses von „Falschluft" beim Ofenbetrieb und der durch Undichtigkeiten bei abkühlendem Ofen eindringenden Kaltluft sind diese Grundlagen unerläßlich.

Die Entwicklung des Ofens mit gasdurchlässigen Wänden, welche bereits während des letzten Krieges in England zu beachtenswerten Ergebnissen geführt hat, und die Möglichkeiten eines Radialrekuperators werden, um den folgerichtigen Aufbau des Werkes nicht zu stören, mit einigen anderen Kapiteln in einem gesonderten Anhang behandelt.

Der Verfasser war sich bewußt, daß es bei dem großen Umfang des Stoffes und einem gegebenen Umfang des Werkes nicht möglich sein würde, alle mit den Industrieöfen, sowohl für niedrige als auch für höhere Temperaturen, zusammenhängenden Fragen zu behandeln. Derjenige, der tiefer auf Wärmeübergangsfragen und wärmetechnische Rechnungen, besonders auch für Regeneratoren und Rekuperatoren, eingehen möchte, wird auf die bekannten Werke von S c h a c k und H e i l i g e n s t a e d t verwiesen. Aber das Wichtigste für den Studierenden, für den Konstrukteur und für den Betriebsmann wird in diesem Buche gebracht. Außerdem ist versucht worden, zum eigenen Nachdenken anzuregen, denn aus diesem werden die Fortschritte geboren. Wieweit mir dies gelungen ist, soll dem Leser überlassen bleiben zu beurteilen; für Anregungen und Ratschläge für eine spätere Neuauflage wäre ich sehr dankbar.

Schließlich ist es mir ein Bedürfnis, denjenigen Herren zu danken, welche mich zur endgültigen Weiterführung dieser Arbeit ermuntert haben: dem so vorzeitig gestorbenen Herrn Prof. Dr.-Ing. habil. G. W a g e n e r , weiter Herrn Prof. Dipl.-Ing. J o h. K ö r t i n g der TH Karlsruhe, Herrn Prof. Dr.-Ing. F. S c h u s t e r der TH Aachen, zugleich Leiter des Gaswärme-Instituts Essen, und Herrn Ir. J. D. d e V o o g d, Direktor der Gasstichting und des Industrielaboratoriums 's Gravenhage (Holland). Auch Herrn P. F r i t - s c h e, welcher freundlicherweise die undankbare Arbeit auf sich nahm, das Manuskript grammatikalisch zu säubern, bin ich zu besonderem Dank verpflichtet.

Herbst 1956   J. H e n r i   B r u n k l a u s

VORWORT ZUR 5. AUFLAGE

Das ursprüngliche Werk „Industrieofenbau" ist in der Vergangenheit in einem Zyklus von ca. 8 Jahren neu bearbeitet in jeweils erweiterter Auflage erschienen. Dieses wird jetzt fortgesetzt und dabei werden die neuesten Erkenntnisse und Entwicklungen berücksichtigt.

Durch die Verschlechterung des Sehvermögens im Jahre 1982 war es dem Verfasser, Herrn Dr.-Ing. J.H. Brunklaus nicht möglich, die technische Literatur zu studieren und eigene Veröffentlichungen zu bearbeiten. Diese Arbeit hat deshalb Herr Dipl.-Ing. F.J. Stepanek übernommen. Es wurden dabei sowohl die vorliegenden Bandaufnahmen des ersten Verfassers berücksichtigt als auch sämtliche Kapitel des Buches überarbeitet. Um den ursprünglichen Charakter des Buches, eine gesamte Übersicht zu geben, nicht zu schmälern, aber Platz für wichtige Ergänzungen zu schaffen, wurden nur geringe Streichungen vorgenommen.

Neu aufgenommen wurde das Kapitel COMPUTEREINSATZ IM INDUSTRIEOFENBAU. Es wird aufgezeigt, inwieweit die elektronische Datenverarbeitung (EDV) schon im Industrieofenbau Fuß gefaßt hat. Berücksichtigt wurde dabei ausschließlich der technische Bereich, nicht aber der Computereinsatz im kaufmännischen Bereich „Buchhaltung, Lohn- und Gehaltsabrechnung.

Wir hoffen, daß auch diese Neuauflage eine wertvolle Hilfe für die „Lehre" und für die „Praxis" im gesamten Industrieofenbau sein wird.

J. Henri Brunklaus

F. Josef Stepanek

Frühjahr 1986

Wärmedämmung, Brandschutz, Schornsteinbau, Haustechnik, etc.

KRAMER VERMICULIT VIELSEITIG

KRAMER-VERMICULIT bietet aufgrund seiner vielfältigen physikalischen Eigenschaften ein optimales Konzept für die unterschiedlichen Anforderungen.

SCHÜTTUNGEN da, wo die Festigkeitsanforderungen durch vorhandene Abschottungen gering sind.

LEICHTMASSEN da, wo ein innerer Zusammmenhalt ein Ausrieseln verhindern soll.

GIESSMASSEN da, wo die baulichen Gegebenheiten ein Verfüllen mit Stampfmassen nicht zulassen.

SPRITZMASSEN da, wo auf Decken, Wände, Profile… Putzschichten aufgebracht werden sollen.

FORMKÖRPER da, wo mit vorgefertigten Bauelementen der Montageaufwand reduziert werden kann.

Unsere Anwendungstechnik erarbeitet mit Ihnen die richtige Lösung für Ihr Problem.

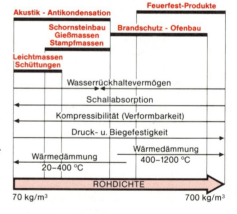

Beispiel aus unserer Formkörperproduktion: BRENNERPLATTE.

H. KRAMER
GmbH & Co KG

Postfach 13 05 05
D-4000 Düsseldorf 13
Am Trippelsberg 71
Tel. 02 11/79 01 25
Telex 8 587 026 hkd

KRAMER-VERMICULIT

Umweltfreundlich · Faser- und asbestfrei

Gesundheitliche Unbedenklichkeit testiert

INHALTSVERZEICHNIS

Vorwort zur 1. Auflage V
Vorwort zur 5. Auflage VII

1. **Ofenbau** 1
   - 1.1. Einteilung der Industrieöfen 1
   - 1.2. Begriffe bei Industrieöfen 1
   - 1.3. Die Ofenbaustoffe und ihre Verarbeitung 4
   - 1.3.1. Allgemeines; der Begriff feuerfest 4
     - Wärmeausdehnung 8
     - Wärmeleitfähigkeit 8
     - Porosität 10
     - Abriebfestigkeit 10
     - Temperaturwechselbeständigkeit 10
     - Elektrische Leitfähigkeit 11
   - 1.3.2. Das System Kieselsäure-Tonerde 11
   - 1.3.3. Verschiedene keramische Ofenbaustoffe 13
   - 1.3.4. Stampfmassen und plastische Ofenbaustoffe 19
   - 1.3.5. Wärmedämmstoffe 21
   - 1.3.6. Metallische Ofenbaustoffe 29

2. **Anwendung der Ofenbaustoffe und -teile** 36
   - 2.1. Ofenwände 37
   - 2.2. Gewölbe und Decken 47
   - 2.2.1. Berechnung 50
   - 2.2.2. Konstruktion 56
   - 2.3. Andere Ofenbauteile 58

3. **Wärmeübertragung und Wärmebewegung** 64
   - 3.1. Das internationale Einheitsystem (SI-System) 64
   - 3.2. Die wichtigsten dimensionslosen Zahlen 67
   - 3.3. Wärmeübertragung durch Konvektion 68
   - 3.4. Wärmeübertragung durch Strahlung 76
   - 3.5. Wärmeübertragung durch Leitung 88

4. **Der Ofen und die Wärme** 90
   - 4.1. Die Wärmeentwicklung im brennstoffbeheizten Ofen 90
   - 4.1.1. Die Brennstoffe 90
   - 4.1.2. Chemie der Verbrennung 104
   - 4.1.3. Wasserdampf und Taupunkt 113
   - 4.1.4. Die Abgase als Wärmeträger 119
   - 4.1.5. Die Physik der Verbrennung 126
   - 4.2. Die Wärmeentwicklung im Elektroofen 138
   - 4.2.1. Allgemeines 139

4.2.2.	Die Widerstandsbeheizung	149
4.2.3.	Berechnung von Heizleitern	150
4.2.4.	Heizleiterwerkstoff und Heizleiterbau	156
4.2.5.	Lichtbogenbeheizung	170
4.2.6.	Induktive Beheizung	173
4.2.7.	Konduktive Erwärmung	182
4.2.8.	Dielektrische Beheizung	182
4.2.9.	Erwärmung durch Mikrowellen	183
4.2.10.	Elektronenstrahl-Erwärmung	184
4.2.11.	Plasmastrahl als Wärmequelle	184
4.3.	Weg der Wärme durch den Ofen und Wärmeverbrauch	186
4.3.1.	Wärmebilanz	186
4.3.2.	Feuerungstechnischer Wirkungsgrad	188
4.3.3.	Ofengütegrad	196
4.3.4.	Gesamtwirkungsgrad	200
4.3.5.	Brennstoffverbrauch	200
4.3.6.	Wärmegewinn durch Vorwärmung	201
4.3.7.	Brennstoffvergleich und Vergleich mit Elektrowärme	206
4.3.8.	Gaszusammensetzung im Ofen und Wirkungsgrad	208
4.4.	Schaubilder der Wärmebilanz	209
4.5.	Wärmeübertragung im Ofen	211
4.5.1.	Wärmeübertragung auf das Wärmgut	211
4.5.2.	Unmittelbare Beheizung	213
4.5.3.	Schachtöfen und Wirbelschichtofen	232
4.5.4.	Mittelbare Beheizung	234
4.5.5.	Strahlrohrbeheizung	242
4.5.6.	Pulsierende Verbrennung	246
4.5.7.	Erwärmungszeit des Wärmgutes	249
4.5.8.	Erwärmungszeit bei Anwendung von Gleichstrom oder Gegenstrom	255
4.6.	Wärmeverluste	264
4.6.1.	Wandverlust	265
4.6.2.	Speicherwärme	280
4.6.3.	Leichtbauweise	290
4.6.4.	Strahlungsverlust durch Öffnungen	292
4.7.	Wärmerückgewinnung	293
4.7.1.	Rekuperatoren	299
4.7.2.	Bau und Betrieb der Metallrekuperatoren	305
4.7.3.	Berechnung der Rekuperatoren	313
4.7.4.	Regeneratoren	320
5.	**Druck und Strömung im Ofen**	**322**
5.1.	Allgemeines	322
5.1.2.	Hauptsätze	323
5.1.3.	Zähigkeit	327
5.1.4.	Gasdurchlässigkeit	331
5.1.5.	Strömungsformeln	333
5.1.6.	Strömung bei Höhenunterschieden	346
5.1.7.	Drosselklappen und Ventile	348

5.1.8.	Gebläse (Kreiselgebläse)	349
5.1.9.	Schraubengebläse (Axialgebläse)	353
5.1.10.	Querstromgebläse	353
5.1.11.	Konstruktive Besonderheiten der Gebläse	355
5.2.	Steigdruck in einem beheizten Raum	357
5.2.1.	Allgemeines	357
5.2.2.	Schornstein	361
5.2.3.	Abgasverlust durch Spalte	365
5.2.4.	Kaltluftzufuhr bei Ofenabkühlung	368
5.3.	Besondere Fälle	372
5.3.1.	Abgasstrahlen im Ofenraum	372
5.3.2.	Ausströmung aus einer Öffnung bei verschiedenen Temperaturen	376
5.3.3.	Gasströmung durch einen Kanal bei Wärmezufuhr	379
5.3.4.	Strömung durch einen waagerechten Kanal, die in eine Ausströmöffnung mündet	380
5.3.5.	Aufteilung eines senkrechten Gasstromes in mehrere Teile	381
5.3.6.	Sich kreuzende Gasströme	383
5.3.7.	Vollbremsung eines Gasstrahles	383

6. Brenner und Verbrennungsraum 385

6.1.	Verbrennungsraum und Flammenlänge	385
6.2.	Allgemeines über Brenner	398
6.2.1.	Wärmeabgabe von Flammen	398
6.2.2.	Stabilisierung von Flammen	399
6.2.3.	Flammengeräusche	411
6.3.	Gasbrenner	415
6.3.1.	Einteilung der Brenner	415
6.3.2.	Brenner ohne Vormischung	415
6.3.3.	Brenner mit Vormischung	418
6.3.4.	Brenner mit Vollgemisch	431
6.3.5.	Verschiedene Gasbrenner	433
6.4.	Treibdüsenberechnung	437
6.5.	Ölbrenner	447
6.5.1.	Brenner mit Verdampfung durch direkte Wärmezufuhr	447
6.5.2.	Brenner mit Zerstäubung	448
6.6.	Gas-Öl-Brenner	456
6.7.	Flammensicherungen für Gas- und Ölbrenner	458
6.7.1.	Absperrventile	461
6.7.2.	Zündgeräte	462
6.7.3.	Flammenüberwachung	463

7. Ofenbetrieb 468

7.1.	Falschluft	468
7.2.	Die Ofenatmosphäre	470
7.2.1.	Allgemeines	470
7.2.2.	Vakuumöfen	471
7.2.3.	Schutzgas	474

7.2.4.	Unmittelbare Erwärmung	478
7.2.5.	Herstellung von Schutz- und von Reaktionsgas	483
7.2.6.	Reaktionsgas für die Aufkohlung	487
7.2.7.	Reaktionsgas für die Entkohlung	489
7.3.	Mittel zur Erreichung einer erhöhten Temperaturgleichmäßigkeit	489
7.3.1.	Allgemeines	489
7.3.2.	Das Prinzip der Abgasrückführung	492
7.3.3.	Anwendung des Brennerimpulses	493
7.3.4.	Anwendung von Gebläse	496
7.3.5.	Einige Beispiele für die Anwendung von Gebläsen	497
7.3.6.	Abgasrückführung mit Gebläsen, wobei das Abgas durch Strahlungskörper geführt wird	499
7.3.7.	Zirkulation von Luft oder einem anderen Gas durch ein Ofensystem	500
7.4.	Umweltschutz	504
7.4.1.	Begriffe und Definitionen	504
7.4.2.	Einzelne Schadstoffe in Abgasen	505
7.4.3.	Einfluß des Verbrennungsablaufes und der Brennerführung auf die Schadstoffbildung	507
7.5.	Regeln und Steuern	508
7.5.1.	Allgemeines	508
7.5.2.	Regeln	509
7.5.3.	Zweipunktregelung	512
7.5.4.	Stetige Regler	518
7.5.5.	Verschiedene Systeme und Zubehör	520
7.5.6.	Steuern	523
7.6.	Betriebskontrolle	525

8. Der Industrieofen und sein Verwendungszweck ... 534

8.1.	Allgemeines	534
8.2.	Schmelzöfen	534
8.2.1.	Siemens-Martin-Öfen	535
8.2.2.	Herdöfen	536
8.2.3.	Kupolöfen	536
8.2.4.	Tiegelschmelzöfen	541
8.2.5.	Lichtbogenöfen	544
8.2.6.	Induktiv beheizte Schmelzöfen	548
8.2.7.	Transport geschmolzener Werkstoffe	556
8.2.8.	Vakuumschmelztechnik	558
8.2.8.1.	Vakuum-Lichtbogenöfen	559
8.2.8.2.	Vakuum-Induktionsöfen	559
8.2.8.3.	Elektronenstrahl-Schmelzöfen	560
8.2.9.	Einige andere elektrische Schmelzverfahren	561
8.3.	Wärm- und Wärmebehandlungsöfen für Stahl und NE-Metalle	563
8.3.1.	Fördermittel	563
8.3.2.	Tieföfen	569
8.3.3.	Stoßöfen	572

8.3.4.	Hubbalken- und Gleichschrittöfen	576
8.3.5.	Drehherdöfen	580
8.3.6.	Rollenherdöfen	582
8.3.7.	Haubenöfen	584
8.3.8.	Einige andere Ofenarten für die Stahl- und NE-Industrie	586
8.3.8.1.	Kammeröfen und Schachtöfen	586
8.3.8.2.	Öfen mit eingebauten Transportmitteln	588
8.3.8.3.	Temperöfen	592
8.3.9.	Schnellerwärmung	593
8.3.9.1.	Konduktive Erwärmung mit direktem Stromdurchgang	593
8.3.9.2.	Brennstoffbeheizte Schnellerwärmungsvorrichtungen	595
8.3.9.3.	Induktive Schnellerwärmung	598
8.3.10.	Salzbadöfen	599
8.3.11.	Verzinkungsöfen	599
8.3.12.	Emaillieröfen	601
8.3.13.	Verdampfen mit Elektronenstrahlen	604
8.4.	Glasschmelzöfen	604
8.4.1.	Hafenöfen	604
8.4.2.	Wannenöfen	605
8.5.	Öfen für die keramische Industrie	609
8.5.1.	Ringöfen	609
8.5.2.	Wagenöfen oder Chargenöfen	614
8.5.3.	Tunnelöfen	618
8.6.	Trocknen und Trockenöfen	626
8.6.1.	Der Trocknungsvorgang	626
8.6.2.	Wärmebedarf beim Trocknen	628
8.6.3.	Trockenöfen	632
8.6.4.	Infrarottrocknung	638
8.6.5.	Infrarotstrahler für Trockenanlagen	642
8.6.6.	Dielektrische Trocknung	644
8.7.	Backöfen	645
8.8.	Sonstige Öfen	648
8.8.1.	Schachtöfen	648
8.8.2.	Zementdrehöfen	651
8.8.3.	Wirbelbettöfen	651
8.8.4.	Röhrenöfen	652
8.8.5.	Tauchbrennerreaktoren	653
8.8.6.	Verbrennungsanlagen für Müll- u. Industrieabfälle	654

9. Modelle — 657

9.1.	Allgemein	657
9.2.	Methode der analytischen, mathematischen Modelle	657
9.3.	Physikalische Modelle	657

10. Die Berechnung von Industrieöfen — 664

| 10.1. | Allgemeines | 664 |
| 10.2. | Berechnungsbeispiele | 665 |

10.2.1.	Widerstandselement	665
10.2.2.	Wärmeübertragung eines Öles in Rohrsysteme	666
10.2.3.	Schöpfofen für Aluminium	667
10.2.4.	Die Abhängigkeit der Ofenwand-Außentemperatur vom Emissionsgrad der Ofenverkleidung	673
10.2.5.	Abgasrückführung und Wärmeübertragung	681
10.2.6.	Kammer-Tunnelofen	685
10.2.7.	Nachprüfung der Erwärmungszeit	690
10.2.8.	Muffelofen mit Ölheizung	693
10.2.9.	Muffelofen elektrisch beheizt	695
10.2.10.	Trockenofen für Lack	696
10.2.11.	Umwälztrockenofen	700

11. Computereinsatz im Industrieofenbau ... 703

11.1.	CAE-Anwendung	703
11.1.1.	Klein- oder Großrechner	703
11.1.2.	CAD- und CAM-Anwendung	704
11.1.2.1.	Wann lohnt sich der Einsatz von CAD-CAM?	704
11.1.2.2.	CAD-Systeme für Kleinbetriebe	723
11.1.2.3.	Erste Erfolge mit CAD/CAM-Systemen im Industrieofenbau	723
11.1.2.3.1.	CAD-Anwendung im Industrieofenbau	723
11.1.2.3.2.	CAD im Feuerfestbau	731
11.2.	Computereinsatz bei Industrieofenanlagen	742
11.2.1.	Allgemein gültige Kriterien	743
11.2.2.	Anlagen-Beispiele	744
11.2.2.1.	Rechnergesteuerte Verbrennungsregelung	744
11.2.2.2.	Sicherheitstechnische Aspekte bei Mikrocomputern zur Brennerüberwachung	750
11.2.2.3.	Führung von Wärmeanlagen mit Prozeßrechnern	756
11.2.2.4.	Regelung von gasbeheizten Wärmebehandlungsöfen mit Schalttafelcomputern	761
11.2.2.5.	Mikroprozessorsystem regelt und steuert gasbeheizten Wärmebehandlungsofen in einer Gesenkschmiede	765
11.2.2.6.	Gasbeheizter Paternosterturmofen mit frei programmierbarer Steuerung	769
11.2.2.7.	Computer zum Regeln von Kohlungsatmosphären und Diffusionsprozessen	772
11.2.2.8.	Steuerung für den Verlauf der Kohlenstoffdiffusion im Werkstück unter Einsatz eines Prozeßrechners	777
11.2.2.9.	Mikroprozessorsteuerung für die Wärmebehandlung	780
11.2.2.10.	Energieeinsparung bei Aluminiumschmelzöfen mit Hilfe eines Prozeßrechners	784
11.2.2.11.	Gesteuertes und geregeltes Gießen von Formstücken durch Einsatz von Mikroprozessoren	790
11.2.2.12.	Anwendung von Industrierobotern an Warmarbeitsplätzen und zur Beschickung von Industrieöfen	796

12. Anhang ... 805
- 12.1. Innere Rekuperation ... 805
- 12.1.1. Geschichtlicher Rückblick ... 806
- 12.1.2. Nähere Betrachtung der IR ... 808
- 12.1.3. Ausführungen und Zahlen der Praxis ... 811
- 12.2. Innere Rekuperation bei Rekuperatoren ... 817
- 12.3. Die Wärmeübertragung im Ofen als thermodynamischer Vorgang .. 818

13. Verzeichnisse und Übersichten ... 833
- 13.1. Schrifttumsverzeichnis, Bücher ... 833
- 13.2. Schrifttumsverzeichnis, Literatur ... 836
- Übersicht der benutzten Zeichen ... 875
- Sachverzeichnis ... 876

1. Ofenbau

1.1. EINTEILUNG DER INDUSTRIEÖFEN (Klassifikation)

Nach VDMA 24202 (Jan. 1980):

Die Bezeichnung I n d u s t r i e ö f e n umfaßt als Sammelbegriff alle in industriellen und gewerblichen Betrieben verwendete Einrichtungen, deren wesentliches Merkmal es ist, daß in einem von Wänden umschlossenen Raum, dem Ofenraum, einem Gut, Energie im allgemeinen in Form von Wärme zugeführt (von einem Gut abgeführt) wird, um bestimmte Vorgänge, deren einfachste Art das Erwärmen ist, im Gut oder an seiner Oberfläche ablaufen zu lassen.

Fehlt der Ofenraum bei sonst gleichen Voraussetzungen, so handelt es sich nicht um einen Industrieofen, sondern um eine I n d u s t r i e l l e E r w ä r m u n g s e i n r i c h t u n g.

Die Benennung Industrieöfen oder der verschiedenen Ofenbauarten geht von einer Einteilung der Industrieöfen in die folgenden vier konstruktiven Merkmale aus:

       1. Ofenart   2. Gutlagerung   3. Beheizung   4. Hüllmittel

Hieraus ergibt sich eine Vielzahl von Kombinationen, die durch Kennzeichnung der für die Anwendung wichtigen

       5. thermischen Verfahren und 6. Produktionsbereich

noch einem speziellen Zweck zugeordnet werden können. Die sechs Merkmale und die jeweiligen Benennungen ergeben sich aus Bild 1 [1].

1.2. BEGRIFFE BEI INDUSTRIEÖFEN

Nach DIN 24201 (Mai 1982)

Folgende Gruppenbenennungen mit entsprechenden Unterteilungen (Einzelbenennungen) wurden genormt.

1. Länge, Flächen, Volumen
2. Masse, Belastung, Stoffstrom
3. Zeit
4. Leistung, Energiestrom
5. Temperatur

Aus dem Bedürfnis nach einer klaren Sprachregelung auf dem Gebiet des Industrieofenbaus war in enger Zusammenarbeit der interessierten Kreise eine erste Fassung von DIN 24 201 „Industrieöfen mit Brennstoff- und elektrischer Widerstandsbeheizung; Begriffe" bereits im August 1957 entstanden. Sie entsprach in den einzelnen Formulierungen dem damaligen Stand der Entwicklung und erfüllte in gewisser Weise die Wünsche aller Beteiligten. Im Inland und auch im Ausland wurden die wichtigsten Begriffe dieser Norm entsprechend übernommen.

Im Laufe zweier Jahrzehnte zeigte sich jedoch, daß der Begriffsinhalt bzw. die Bedeutung einzelner Begriffe — insbesondere auch auf Grund der technischen Entwicklung im Industrieofenbau — nicht eindeutig und abgrenzbar war und deshalb unterschiedliche Auslegungen zuließ. Darüber hinaus war die Festlegung weiterer Begriffe erforderlich, um im Geschäftsverkehr, in technischen Unterlagen wie auch in Veröffentlichungen eine

1. Ofenbau

Klassifikation der Industrieöfen

1 Ofenart			Prinzipbild	Bildzeichen	Kennzahl	2 Gutlagerung			Prinzipbild	Bildzeichen	Kennzahl
Standöfen		Kammer, Grube			01	Gefäße	Gut (Hüllmittel) flüssig	Tiegel, Wanne herausnehmbar		628	01
		Schrank			02			Herd, Wanne fest			02
		Mulde, Wanne			03			Rohrbündel		748	03
		Schacht			04		Gut stückig	Behälter Gestell			04
		Wagenherd			05			Muffel, Topf gasdicht			05
		Haube			06						
		Hubherd			07	feste Unterlagen	Festherde	Eben			11
		Kippherd			08			Profiliert			12
								Balken, Bänke			13
		Retorte			31			Schienen			14
								Horden, Nasen Leisten			15
Durchlauföfen		Schacht			51			Stege Roste			16
		Röhren			52			Muffel, Rohre fest			17
		Drehrohr			53						
		Trommel			54		Rollherde	Rollen, Walzen nicht angetrieben		1076	21
		Drehherd			55			Rollen, Walzen angetrieben		1074	22
		Schrägherd			56			Walzen, Kugeln mitlaufend			23
		Stoß-, Zieh			57						
		Schleppstangen		1060 1061 1062	58	bewegliche Unterlagen	Gleitherde	Herd beweglich		747 740	31
		Schüttelherd		1071	59						
		Rollen-, Walzenherd			60						
		Tunnel			61						
		Hubbalken			62		Tragherde	Transport-Korb Rost, Platte		1057	41
		Stufenrost			63			Wagen		750	42
		Förder-Band Förder-Kette		730 735	64			Band		730	43
		Paternoster		734	65			Kette		735	44
	Endloses Gut Durchziehen	Gerader-Durchgang			66			Aufhängung		1058	45
		Wende-Durchgang			67						
		Fallschacht			68		Sonstige	ohne Lagerung im Ofen			51
								schwebend			52
								andere			61

Bild 1: AIW-Klassifikation der Industrieöfen

1. Ofenbau

3 Beheizung			Prinzipbild	Bildzeichen	Kennzahl	4 Hüllmittel		Kennzahl	5 Thermisches Verfahren	Kennzahl	6 Produktionsbereich	Kennzahl
elektrisch	Lichtbogen				11		Luft	01	Schmelzen	01	Erze	01
							Dämpfe (explosible)	02	Trocknen	02		
	induktiv	Eisenkern geschlossen			21	ohne zwangsweiser Umwälzung	Vakuum	03	Erwärmen, Wärmen	03		
		Eisenkern teilw. geschlossen			22		gasförmige / inerte Schutzgase A	04	Warmhalten, Ausgleichen	04	Stahl, Eisen	12
		ohne Flußleiter			23		exotherm erzeugte Schutzgase B	05	Wärmebehandeln	05	Buntmetalle	13
	kapazitiv				31		endotherm erzeugte Schutzgase C	06	Abkühlen	06	Leichtmetalle	14
	mittelbare Widerstandserwärmung	metallisch	Wendel, Bänder		41		wasserstoffreiche Gase D	07	Reduzieren	07	Edelmetalle	15
			Patrone		42		Verbrennungsgase	08	Sintern	08	Hartmetalle und seltene Metalle	16
		nicht metallisch	fest: Stab, Rohr Grieß		43	flüssige	Oel	11	Brennen	09		
			Schmelze: Salz		44		Salz	12	Ausschmelzen	10	Glas, Email	21
							Metall	13	Raffinieren	11	Keramik	22
	konduktiv				51		Wasser und wässerige Lösung	14	Verdampfen	12	Zement, Kalk und Gips	23
	Sonder	Infrarotstrahl		858	52				Beschichten	13		
		Elektronenstrahl			53		Pulver	21	Verbinden	14	weitere anorgan. Stoffe	29
Brennstoffe	gasförmig	direkt	Brenner	G	515E	61	feste	Erze	22	Oxydieren	15	Gummi	31
		indirekt	Strahlrohr Strahlfläche	G		62		Sonstige	23	Rösten	16	Kunststoffe	32
									Verbrennen, Abbrennen	17	Faserstoffe	33
	flüssig	direkt	Brenner	O	515E	64	mit zwangsweiser Umwälzung	Luft	31	Backen	18	Holz	34
		indirekt	Strahlrohr Strahlfläche	O		65		Dämpfe (explosible)	32	Calzinieren	19	Nahrungs-, Genuß und Futtermittel	35
	kombiniert gas/flüss.		Brenner	G/O	515E	66	gasförmige	inerte Schutzgase A	33	Entgasen	20		
	feste		Halbgasfeuerung			67		exotherm erzeugte Schutzgase B	34				
			Brenner			68		endotherm erzeugte Schutzgase C	35			weitere organische Stoffe	39
	kombiniert		gas/elektrisch			71		wasserstoffreiche Gase D	36			Gase	41
			flüssig/elektrisch			72		Verbrennungsgase	37				
andere Heizmittel			gasförmig			81	flüssige	Oel	41			Flüssigkeiten	51
			Thermaloel			82		Salz	42			Mineraloele	52
			Warmwasser			83		Metall	43				
			Dampf			84		Wasser und wässerige Lösung	44			Brennstoffe	61
Sonstige					91						Abfall, Müll	71
keine					99							

einheitliche Grundlage zu haben. Der Arbeitskreis „Normung" der Arbeitsgemeinschaft Industrieöfen und Wärmeanlagen (AIW) nahm sich dieser Aufgabe an und arbeitete einen ersten Vorschlag für eine Neufassung der Norm aus, den er dem zuständigen Arbeitsausschuß des Normenausschuß Maschinenbau zur weiteren Bearbeitung zuleitete. Dem Arbeitsausschuß „Industrieöfen-Terminologie", gehören neben den Mitarbeitern des AIW-Arbeitskreises „Normung" alle interessierten Kreise an oder wurden zur Mitarbeit aufgefordert. Der Arbeitsausschuß repräsentiert Hersteller, Betreiber, Institute, Verbände und verschiedene andere Normenausschüsse.

Ein erster Entwurf wurde im August 1978 veröffentlicht. In ihm wurde als Grundlage für den Anwendungsbereich auf das VDMA-Einheitsblatt 24 202 „Klassifikation der Industrieöfen" verwiesen. Gegenüber der früheren Norm wurde der Anwendungsbereich auf die Gruppe der Wärmeöfen und Wärmebehandlungsöfen eingeschränkt.

1.3. DIE OFENBAUSTOFFE UND IHRE VERARBEITUNG

1.3.1. Allgemeines; der Begriff feuerfest

An Ofenbaustoffe werden verschiedene Ansprüche gestellt, die nicht immer leicht miteinander in Einklang zu bringen sind. Der Ofenbaustoff soll zumindest der in Frage kommenden Temperatur widerstehen können. Um diese F e u e r f e s t i g k e i t zu bestimmen, dient ein Vergleichsversuch mit Probekörpern. Hierzu wird von dem zu untersuchenden Material ein kleiner Kegel von bestimmten Abmessungen angefertigt und in einem Ofen allmählich zusammen mit Vergleichskörpern erwärmt. Ist eine bestimmte Temperatur erreicht, so wird der Kegel so weit erweicht, daß die Spitze davon „ohnmächtig wird" und die Fläche berührt, auf welcher der Probekörper aufgestellt ist. Da auch zu gleicher Zeit einer der Vergleichskörper erweicht, dessen S e g e r k e g e l n u m m e r bekannt ist, kann man diese Temperatur aus Tafel 1 ablesen.

Keramische Rohstoffe, Werkstoffe, geformte und ungeformte Erzeugnisse werden als „feuerfest" bezeichnet, wenn ihr Segerkegelfallpunkt, bestimmt nach DIN 51 063 Teil 1, mindestens dem des kleinen Segerkegels 17 bzw. Kegels ISO 150 entspricht; der mittlere Fallpunkt dieser Kegel liegt bei einer Aufheizgeschwindigkeit von 150 K/h bei 1500 °C.

Keramische Rohstoffe, Werkstoffe, geformte und ungeformte Erzeugnisse werden als „hochfeuerfest" bezeichnet, wenn ihr Segerkegelfallpunkt, bestimmt nach DIN 51 063 Teil 1, mindestens dem des kleinen Segerkegels 36 bzw. des Kegels ISO 180 entspricht; der mittlere Fallpunkt dieser Kegel liegt bei einer Aufheizgeschwindigkeit von 150 K/h bei 1800 °C.

Man kann die Segerkegel auch zur Temperaturmessung im Ofen anwenden, z.B. in der keramischen Industrie (Bild 2). Die Temperatur, die zu einer bestimmten Segerkegelnummer gehört, gibt in vielen Fällen ein zu günstiges Bild des Ofenbaustoffes; denn bei dieser Temperatur sinkt das Material bereits unter seinem eigenen Gewicht zusammen. Da ein feuerfester Baustoff im allgemeinen außer seinem eigenen Gewicht auch eine Last zu tragen hat (die Wände haben das Gewölbe zu tragen) oder im Betrieb einer besonderen Beanspruchung unterworfen ist (das Gewölbe z.B. durch Wärmeausdehnung), gibt die E r w e i c h u n g s t e m p e r a t u r u n t e r D r u c k (Druckfeuerbeständigkeit) einen besseren Maßstab für die Brauchbarkeit eines Steines. Zu ihrer Bestimmung wird ein kleiner Zylinder des Stoffes zwischen zwei Stempeln in einen Ofen gebracht und mit einem Gewicht von 2 kg/cm^2 belastet. Temperatur und Zusammendrückung werden regelmäßig bestimmt und in ein Schaubild eingetragen. Hieraus läßt sich angeben, bei

1. Ofenbau

Tafel 1:

Segerkegel–Nr. bisherige	dezimale	Annähernde Schmelztemperatur °C	Segerkegel–Nr. bisherige	dezimale	Annähernde Schmelztemperatur °C
7	123	1230	28	163	1630
8	125	1250	29	165	1650
9	128	1280	30	167	1670
10	130	1300	31	169	1690
11	132	1320	32	171	1710
12	135	1350	33	173	1730
13	138	1380	34	175	1750
14	141	1410	35	177	1770
15	143	1430	36	179	1790
16	146	1460	37	182	1820
17	148	1480	38	185	1850
18	150	1500	39	188	1880
19	152	1520	40	192	1920
20	153	1530	41	196	1960
26	158	1580	42	200	2000
27	161	1610			

welcher Temperatur die Erweichung anfängt und bei welcher diese endet. Nach DIN 1064 wird eine Zusammendrückung um 0,6 % als Erweichungsanfang und eine Zusammendrückung um 40 % als Erweichungsende angenommen. Tafel 2 gibt außer anderen Werten auch die Erweichungstemperatur für die gebräuchlichen Ofenbaustoffe an. Die Kenntnis dieser Temperaturen ist von Wichtigkeit für die Wahl des Baustoffes für Ofenwände, für Gewölbe und deren Widerlager und für thermisch und statisch hochbeanspruchte Teile wie P f e i l e r zwischen Türen oder unter dem Herd.

Bei feuerfesten Steinen ist zwischen allseitiger und einseitiger Erwärmung zu unterscheiden. Ofenwände unterliegen meistens einseitiger Erwärmung. Stützen, Zwischenwände usw. sind meistens einer allseitigen Erwärmung unterworfen. Für einige Ofenbaustoffe gibt Tafel 3 die Anwendungsgrenzen für beide Fälle an.

Wie ist die Erweichung zu erklären? Die feuerfesten Steine bestehen aus einem kristallinen und einem nicht-kristallinen Anteil. Letzterer wird auch „Glasanteil" genannt. Das Erweichen dieses Glasanteiles bei steigender Temperatur bestimmt in der Hauptsache das Verhalten des ganzen Steines.

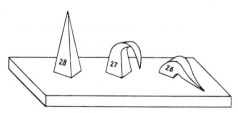

Bild 2: Segerkegel im Ofenraum

Tafel 2:

Material	Chemische Zusammenstellung in %			Seger-kegel	Druck-erweichung bei °C		Dichte g/cm³		Poren-raum in %	Anwendung
	Al_2O_3	SiO_2	Sonst.		Anfang	Ende	Scheinb.	wahr		
Schamotte (basisch)	32-45	65-50		35-38	1200 bis 1300	1300 bis 1600	1,85 bis 1,9	2,5	25	Metallindustrie (Glühen, Härten, Schmelzen), keram. Industrie usw.
Schamotte (halbsauer)	12-32	85-65		30-35	1200	1300	1,85 bis 1,9	2,5	25	Kalkbrennöfen Kupolöfen
Schamotte Leichtstein	32-45	65-50		33-36	1200 bis 1250	1300 bis 1400	0,7 bis 1,2	2,5	50-70	Statt Schamotte, insbesondere für nicht-kontinuierliche Öfen
Silika	1-5	97-92		32-34	1500 bis 1650	1500 bis 1650	1,85	2,3 bis 2,5	18-27	Öfen für Gaswerke und Kokereien, Gewölbe für Glas- und SM-Öfen
Sillimanit	63	35		38	1550	1600	2,3	3,0	24	Statt Silika für nicht-kontinuierliche Öfen, Brenner
Silizium-Karbide			90SiC	42	1500 (Zersetzung)		2,33	3,1	25	Muffelöfen (Hohe Wärmeleitzahl)
Magnesit			85MgO	>42	1600	1700	2,85		21	Herd von Schmiede- und Wärmeöfen
Kieselgursteine							0,42 bis 0,80			Isolierschicht und für Öfen mit niedriger Arbeitstemperatur

Tafel 3: Anwendungsgrenzen einiger feuerfester Ofenbaustoffe

	Erwärmung in °C	
	allseitig	einseitig
Schamottesteine AO	1250 bis 1270	≈ 1400
Sillimanitsteine normal	1400 bis 1450	≈ 1650
Sillimanitsteine spezial	≈ 1650	≈ 1750
Multisteine Ia	≈ 1650	≈ 1750

Steine sollen g u t d u r c h g e b r a n n t sein, so daß nachher im Betrieb keine oder nur sehr geringe Schrumpfung auftritt; denn sonst sind Risse und klaffende Fugen die Folge. Da man dies nicht selbst in der Hand hat, sollte man feuerfestes Material nur von erstklassigen Firmen beziehen, die immer gern bereit sein werden, fachmännischen Rat zu geben und für ihr Material Gewähr zu leisten. Auch soll man bei der Wahl von feuerfestem Material den im Betrieb auftretenden Verschlackungen und c h e m i s c h e n E i n f l ü s s e n Rechnung tragen. Flüssige Schlacken können auf feuerfeste Baustoffe einwirken und deren Schmelzpunkt erniedrigen. Hierdurch werden die Steine schnell zerstört. Von der Art der Schlacke und des feuerfesten Stoffes hängt es ab, in welchem Ausmaß die Ofenwand benetzt wird und wie schnell die Verschlackung, also das Lösen des Baustoffes, stattfinden wird. Die meisten feuerfesten Stoffe enthalten 10 bis 30 %, Schamottemassen sogar bis etwa 50 % glasige Anteile. Die Lösung, also die Zerstörung, erfolgt in erster Linie über dieses Glas. Die Porosität des betreffenden feuerfesten Stoffes ist hierbei von Einfluß, denn größere Porosität ist gleichbedeutend mit einer größeren Angriffsfläche. In den Industrieofen können Fe_2O_3, CaO, Alkalioxyde, PbO und Cu_2O zerstörend auf den feuerfesten Baustoff in Form flüssiger Schlacke, Staub oder Dampf einwirken. Auch der Einfluß von Flugasche aus dem Brennstoff soll beachtet werden. Bei Öfen der Koks- und Gasindustrie können die in der Kohle befindlichen Salze die Wände der Kammern der Entgasungsöfen angreifen, was aber nur bei Schamotte- und kaum bei Silikasteine zu erwarten ist.

Enthalten feuerfeste Steine Eisen, so wird dieses als Katalysator die Bildung von CO_2 und freiem Kohlenstoff aus CO begünstigen. Dieser Kohlenstoff setzt sich in den Poren des Steines ab und kann zur schnellen Zerstörung des Mauerwerks führen. Deswegen dürfen Schamottesteine, z.B. für Wassergas-Anlagen usw., nur eine äußerst geringfügige Eisenmenge enthalten. Wird in einem Ofen sowohl basisches als auch saures Material benutzt, so tritt an der Stelle, wo beide sich berühren, ein chemischer Angriff auf. Zum Beispiel wird der Herd des Siemens-Martin-Ofens aus Magnesit (basisch) hergestellt, weil dieser Stoff unempfindlich gegen Eisenoxyd ist. Das Gewölbe baut man dagegen meistens aus Silika (sauer). Da Chromit chemisch gegen beide Stoffe neutral ist, wird eine Trennschicht aus diesem zwischen Magnesit und Silika angebracht. Eine neuere Entwicklung geht dahin, die Silikagewölbe durch solche aus Chrom-Magnesit-Steinen zu ersetzen. Diese sollen eine längere Lebensdauer ergeben, bedingen aber besondere Gewölbekonstruktionen. Auch sind Chrom-Magnesit-Steine sehr schwer.

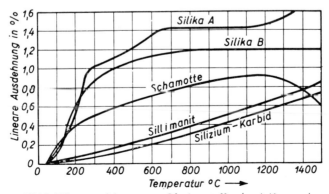

Bild 3: Wärmeausdehnung von Ofenbaustoffen (nach Koppers)

Mit der linearen Ausdehnung feuerfester Baustoffe (Bild 3) muß beim Entwurf und auch beim Betrieb von Öfen gerechnet werden. Die Verankerung von Öfen soll beim Hochheizen fortdauernd etwas nachgelöst werden, bis die Ausdehnung beendet ist, und soll dann fest anliegen. Vorteilhaft ist es, wenn die Verankerung, sowohl im kalten als auch im warmen Zustand des Ofens, mittels federnder Konstruktionsteile immer fest anliegt. Solche Veränderungen sind besonders für große Öfen wichtig. Außerdem sollen richtig berechnete und an den richtigen Stellen angebrachte Ausdehnungsfugen dafür Sorge tragen, daß keine unzulässig hohen Spannungen als Folge der Wärmeausdehnung auftreten können. Sie dürfen aber die Dichtheit des Ofens im Betrieb nicht nachteilig beeinflussen. Kleine und mittelgroße Öfen werden oft mit einem Kasten aus Stahlblech umgeben, wobei natürlich darauf zu achten ist, daß bei der höchsten Ofentemperatur der Kasten keinen zu großen Druck auf das Ofenmauerwerk ausübt. Hierzu ist zu empfehlen, zwischen Ofenmauerwerk und Innenseite des Stahlblechkastens etwas Raum zu lassen, und zwar von einer Größe, welche sich aus der mittleren Ofenwandtemperatur und der Ausdehnungszahl der Baustoffe errechnen läßt. Ein bewährtes Mittel sind Schichten gewellter Pappe zwischen der Innenseite des Kastens und dem Mauerwerk. Denn diese Pappe sorgt dafür, daß während des Mauerns kein Mörtel und keine Steinabfälle in die Ausdehnungsfugen hinunterfallen und diese dadurch unwirksam machen können. Auch in den Dehnungsfugen im Mauerwerk selbst — falls diese notwendig sind — kann man solche Pappeeinlagen verwenden. Sie dürfen nachher, wenn der Ofen im Betrieb ist, verbrennen, denn dann haben sie ihren Zweck erfüllt. Die Bewegungen und Kräfte, die bei der Wärmeausdehnung von Gewölben auftreten, werden später behandelt (2.2.1.).

Eine andere Schwierigkeit, die mit der Wärmeausdehnung zusammenhängt, tritt bei Ofenbaustoffen, vor allem Silikasteinen, auf, weil diese sich nicht gleichmäßig mit der Temperatur ausdehnen, sondern bei bestimmten Temperaturen sprunghaften Änderungen unterliegen (siehe für Silika Bild 3). Bei solchen Baustoffen muß man beim Aufheizen und bei der Außerbetriebnahme des Ofens besondere Vorsicht walten lassen und sehr langsam über die gefährlichen Temperaturgebiete hinwegschreiten. Sie werden deswegen auch ausschließlich für Öfen verwendet, die für Dauerbetrieb bestimmt sind. Silika wird z.B. für Öfen für Gaswerke, Kokereien und für die Gewölbe von Siemens-Martin-Öfen verwendet.

Die Wärmeleitfähigkeit λ ist temperaturabhängig und in den Bilder 4 und 5 für verschiedene Ofenbaustoffe wiedergegeben. Sie ist für Schamotte (Dichte 1,85 kg/l) bedeutend niedriger als für Silika. Siliziumkarbid (90 % SiC) hat eine hohe Wärmeleitzahl (es wird deswegen mitunter für Muffeln und Tiegel verwendet). Diese sinkt aber auf ein Drittel herab bei einem Gehalt an SiC von 50 %.

Im allgemeinen wird man, abgesehen von Muffeln und von Herden, die unten beheizt werden, lieber Ofenbaustoffe mit einer niedrigen Wärmeleitzahl verwenden. Eine Ausnahme bilden Ofendecken, die sehr hohen Temperaturen unterworfen sind (z.B. Siemens-Martin-Öfen) und die mit einem höheren Wandverlust „gekühlt" werden sollen.

Schamotteleichtsteine (es gibt auch Silikaleichtsteine) haben (Bild 4) eine bedeutend niedrigere Wärmeleitzahl als gewöhnliche Schamottesteine. Sie können deswegen, besonders die allerleichtesten Sorten (mit niedrigem Raumgewicht, also großer Porosität), als feuerfeste Isoliersteine betrachtet werden. Beim Bau von Industrieöfen erzielt man mit diesem Baustoff zu gleicher Zeit geringe Wandverluste, geringe Speicherwärme und ein niedriges Ofengewicht. Doch wird man es selbst bei Öfen, die nicht im Dauerbetrieb stehen und für die dieses Material wegen der geringen Speicherwärme besonders geeignet ist, nicht immer anwenden wollen (4.6.3.).

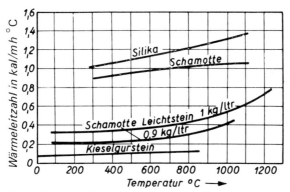

Bild 4: Wärmeleitfähigkeit von Ofenbaustoffen (nach Koppers)
1 kcal/mh °C = 1,163 W/mK

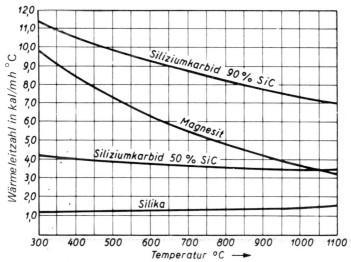

Bild 5: Wärmeleitfähigkeit von Ofenbaustoffen (nach Koppers)
1 kcal/mh °C = 1,163 W/mK

Außer dem erhöhten Preis, dem aber das geringe Gewicht gegenübersteht, kann es noch einen anderen Grund geben, der gegen die Verwendung von Feuerleichtsteinen spricht.

Durch die poröse Struktur sind sie empfindlicher gegen chemische Angriffe durch Flugasche (beim Gebrauch von festem Brennstoff ungereinigtem Generatorgas) und gegen Einwirkung von Flammen bei flüssigem Brennstoff sowie von Ausscheidungen des Wärmegutes als gewöhnliche Schamottesteine mit ihrer dichteren Struktur. Deswegen bringt man in solchen Fällen mitunter noch eine innere Ofenschicht aus gewöhnlichem Schamottestein an oder trägt eine dünne Schutzschicht aus besonderem Mörtel auf. Doch werden Feuerleichtsteine in der Metall- und keramischen Industrie mit großen Erfolg für viele Arten von gasbeheizten Industrieöfen angewandt, um bedeutende Brennstoffersparnisse zu erzielen.

Die **Porosität** feuerfester keramischer Ofenbaustoffe kann hervorgerufen werden durch kleine Hohlräume, die als Bläschen getrennt voneinander in der festen Masse liegen. Es ist aber auch möglich, daß die Poren miteinander teilweise in offener Verbindung stehen, wodurch Kapillarkanäle quer durch das feuerfeste Material entstehen. In diesem Falle spricht man von **offener Porosität**, und es wird beim Vorhandensein eines Druckabfalles zwischen beiden Seiten des Steines Luft oder ein anderes Gas durch den Stein strömen. Solche Steine sind **gasdurchlässig**. Das ist freilich mehr oder weniger bei jedem keramischen Ofenbaustoff der Fall. Tafel 99 gibt für verschiedene Steinsorten Zahlen über Gasdurchlässigkeit (vgl. auch 5.1.4.).

Ist Unterdruck im Ofenraum, so kann bei gasdurchlässigem Mauerwerk Falschluft (7.1.) von außen nach innen gelangen. Herrscht dagegen im Ofenraum Überdruck, so wird bei gasdurchlässigem Mauerwerk Abgas durch die Ofenwände nach außen strömen (5.1.6.).

Widerstandsfähigkeit gegenüber mechanischem Verschleiß (Abriebfestigkeit): Mechanischer Verschleiß des feuerfesten Ofenbaustoffes kann auftreten, wenn das Wärmgut über dem Ofenherd verschoben wird (Stoßöfen, Schmiedeöfen usw.) oder stückiges Gut (Eisen, Erze, Zuschlag usw.) an den Wänden entlanggleitet (Hochöfen, Kupolöfen, Kalkbrennöfen, Zementdrehöfen usw.). Wenn es auch noch keine einheitlichen Verfahren gibt, um die Widerstandfähigkeit gegenüber mechanischem Verschleiß eindeutig zu bestimmen, so haben Versuche an für Hochöfen bestimmten Steinen ergeben, daß Druckfestigkeit und Porosität einen Rückschluß auf die Abriebfestigkeit erlauben. Nach Konopicky sollen die Druckfestigkeit über 1600 N/cm^2, die Biegefestigkeit über 950 N/cm^2 und die Porosität unter 20 % liegen. Liegt die Druckfestigkeit unter 900 N/cm^2 und steigt die Porosität des Steines über 25 %, so sind diese Steine sehr abriebempfindlich. Eigentümlicherweise besteht kein Zusammenhang zwischen der Brinellhärte des feuerfesten Stoffes un dessen Abriebfestigkeit.

Temperaturwechselbeständigkeit: Manchmal werden die Ofenbaustoffe einem schroffen Temperaturwechsel unterworfen, z.B. beim Einbringen des kalten Wärmgutes in den heißen Ofen oder bei der An-Aus-Regelung der Brenneranlage. Aber auch andere derartige Einflüsse können eine Zerstörung des Steines herbeiführen. Konopicky teilt diese wie folgt ein:

1. Thermische Einflüsse, wie Größe und Schnelligkeit der Temperaturschwankungen und der Temperaturbereich dieser Schwankungen. Ihre Auswirkung auf den Stein hängt ab von der Größe und Temperaturabhängigkeit der Ausdehnung, von der Wärmeleitfähigkeit und von den elastischen und plastischen Eigenschaften des Steines.
2. Mechanische Einflüsse, wie ungleiche oder zu große örtliche Spannungen durch Wärmedehnung oder fehlerhafte Konstruktion des Mauerwerkes oder des Gewölbes.
3. Veränderungen des Gefüges, wie Wachsen, Schwinden, Verglasen oder Verschlacken, wodurch Fremdstoffe in den Ofenausbau hineinwandern und Schichten mit unterschiedlicher Ausdehnung gebildet werden.

Die Zerstörung des Steines kann durch Risse, die mehr oder weniger den ganzen Stein durchziehen, herbeigeführt werden. Aber es kann auch ein Absplittern („spalling") des Steines auftreten. Man hat festgestellt, daß „spalling" bei ölgefeuerten Öfen stärker auftritt als bei Beheizung mit einer Kohlenstaubflamme. Hat ein Ofenbaustoff hohe mechanische Festigkeit und eine hohe Abriebfestigkeit, so ist die Temperaturwechselbeständigkeit nicht hoch. Sie zeigt im allgemeinen einen Höchstwert, wenn die Porosität 20 bis 25 % beträgt, nimmt aber bei 30 % deutlich ab, denn dann sinkt die Wärmeleitfähigkeit.

Nach DIN 1068 wird der Kopf eines Steines erhitzt und dann in Wasser abgeschreckt. Die Zahl der möglichen Abschreckungen ist ein Maß für die Temperaturwechselbeständigkeit.

E l e k t r i s c h e   L e i t f ä h i g k e i t : Bei Raumtemperatur ist die elektrische Leitfähigkeit der keramischen feuerfesten Baustoffe sehr gering, nimmt aber mit steigender Temperatur zu. Selbstverständlich ist diese Leitfähigkeit besonders bei elektrischen Öfen zu beachten, vor allem bei den Trägersteinen und Einbettmassen der Heizleiter. Denn sonst würde eine Gefährdung des Bedienungspersonals bei Berührung mit den äußeren, meistens metallischen Ofenteilen eintreten. Der Logarithmus des spez., elektrischen Widerstandes ist im allgemeinen proportional dem Kehrwert der abs. Temperatur. Bild 6. Bei 1500 °C sind sie nicht mehr als elektrische Isolierstoffe zu betrachten.

1.3.2. Das System Kieselsäure-Tonerde

Die meisten feuerfesten Baustoffe, darunter Schamotte und Silika, bestehen aus Kieselsäure (SiO_2) und Tonerde (Al_2O_3). Das System Kieselsäure-Tonerde ist im Bild 7 dargestellt; dieses ist sehr aufschlußreich, wenn es im Zusammenhang mit der in der unteren Skala angegebenen Einteilung der feuerfesten Baustoffe betrachtet wird. Die oben stark ausgezogene Trennungslinie ist die Begrenzung zwischen Schmelze und den sich verfestigenden verschiedenen Modifikationen. Reine Kieselsäure (100 % SiO_2) hat, wie ersichtlich, einen Schmelzpunkt von 1715 °C und reine Tonerde (100 % Al_2O_3) einen Schmelzpunkt von 2050 °C. Der Knickpunkt links deutet ein Eutektikum an; dieses hat die Zusammenstellung 5,5 % Al_2O_3 und 94,5 % SiO_2 mit dem niedrigsten Schmelzpunkt von 1545 °C. Es ist bekannt, daß ein Eutektikum beim Unterschreiten des Schmelzpunktes

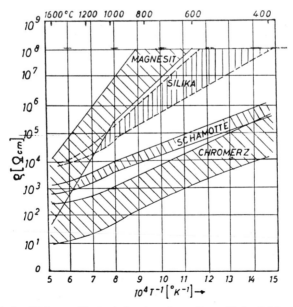

Bild 6: Spez. elektrischer Widerstand keramischer feuerfester Baustoffe in Abhängigkeit vom resziproken Wert von T

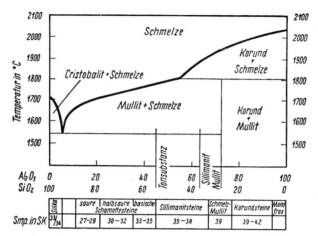

Bild 7: Das System Kieselsäure-Tonerde und der Anwendungsbereich der daraus hergestellten feuerfesten Baustoffe

von der flüssigen in die feste Phase übergeht, ohne eine teigige Zwischenstufe zu durchlaufen. Auch die hochkieselsäurehaltigen Steine mit 1 bis 5 % Al_2O_3, die Silikasteine also (links vom Knickpunkt des Eutektikums), schmelzen bei Temperaturanstieg nahezu plötzlich bei der Schmelztemperatur des Schaubildes, ohne zuerst teigig zu werden. Anders verhalten sich im allgemeinen die Schamottesteine (12 bis 45 % Al_2O_3).

Diese haben Mullit (3 $Al_2O_3 \cdot$ 2 SiO_2) als kristalline Phase, aber auch eine bedeutende Glasphase. Wird die Temperatur eines Schamottesteines erhöht, so wird dieser meistens schon bei einer viel tieferen Temperatur erweichen, als entsprechend dem Tonerdegehalt aus dem Schaubild hervorgeht. Denn der Glasanteil ist sehr hoch. Diese Gläser fangen bereits ab 1000 °C an weich zu werden. Silika dagegen besitzt fast keine Glasphase.

Dieses unterschiedliche Verhalten ist sehr wichtig für den Ofenbau, da es einleuchtend wird, daß das Erweichen sich bei Druckbelastung der Ofenwände oder des Gewölbes am deutlichsten zeigen wird. Es ist auch bekannt, daß die Segerkegelerweichungstemperatur und die Erweichungstemperatur unter Druck bei Schamottesteinen 100 °C mehr auseinander liegen können. Im Bild 8 sind die Druckerweichungskurven von einem Schamottestein und von einem Silikastein wiedergegeben. Hieraus ist ersichtlich, daß der Silikastein (SK 33) bis hart an die 1700°C - Grenze auch unter Druck keine Zusammendrückung erfährt, aber dann plötzlich schmilzt. Die Schamottesteine werden aber bereits bei einer viel niedrigeren Temperatur, als ihrer SK-Nummer entspricht, in sich zusammengedrückt, denn sie erweichen vorher. Hieraus geht klar hervor, daß die SK-Nummer eines feuerfesten Baustoffes keine Gewähr gibt für das tatsächliche Verhalten am Einbauort. Das Erweichen eines Schamottesteins vor dem Erreichen des an und für sich hohen Schmelzpunktes ist u.a. dem Gehalt an dünnflüssigem Eutektikum zuzuschreiben. Aber auch zusätzliche Bestandteile (in erster Linie Eisenoxyd) können für das vorzeitige Erweichen verantwortlich sein.

Steine mit einem höherem Gehalt an Al_2O_3 als 45 % (welcher die obere Begrenzung für Schamottesteine bildet) sind die hochaluminösen Steine und Sillimanitsteine. Bei letzteren werden an Stelle der Schamotte als Grundstoff Sillimanit (entsprechend $Al_2O_3 \cdot$

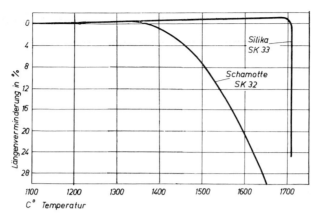

Bild 8: Erweichung von Schamotte und von Silika

SiO_2) und Mullit (3 Al_2O_3 · 2 SiO_2) verwendet. Steine mit rund 28 % SiO_2 und 72 % Al_2O_3 sind Mullitsteine. Diese sind als gegossene Steine erhältlich (Schmelz-Mullit). Einen höheren Gehalt an Al_2O_3 haben die Korundsteine.

1.3.3. Verschiedene keramische Ofenbaustoffe

S c h a m o t t e s t e i n e : Diese werden im Ofenbau viel gebraucht und sind auch am billigsten. Grundstoff ist Ton, welcher in der Hauptsache aus der eigentlichen Tonsubstanz Al_2O_3 · 2 SiO_2 · 2 H_2O besteht. Wird diese erwärmt, so wird zwischen 450 und 730 °C das chemisch gebundene Wasser ausgetrieben, und das Molekül fällt in seine Bestandteile Al_2O_3 und SiO_2 auseinander. Wird die Temperatur nun weiter gesteigert, so vereinigen sich diese Bestandteile über 800 °C wieder zu Mullit: 3 Al_2O_3 · 2 SiO_2. Es müssen offensichtlich 4 SiO_2 ohne Partner übrigbleiben. Diese Kieselsäuremenge kristallisiert aus.

Im Schamottestein sind, Kieselsäure und Tonerde ausgenommen, alle Bestandteile als Flußmittel zu betrachten. Bei der Herstellung von Schamottesteinen wird zunächst feuerfester Ton gebrannt, der hierbei große Klumpen von Schamotte bildet. Diese werden gemahlen und mit einer bestimmten Menge gemahlener Schamottesteinabfälle und einer Menge ungebrannten feuerfesten Tones vermischt. Hieraus werden dann Steine geformt und gebrannt (Tafel 4).

Bei der Verwendung von Schamottesteinen hat man den großen Vorteil, daß man einen Mörtel von derselben Zusammensetzung wie die Steine verwenden kann. Hat man den hiermit vermauerten Ofen vorsichtig getrocknet, so daß keine Risse auftreten und dann wiederum vorsichtig auf eine genügend hohe Temperatur gebracht, so bilden Steine und Mörtel ein Ganzes. Fügt man vor dem Brennen irgendeinen organischen Stoff (z.B. Sägemehl oder „Cellflock") zu der Schamottesubstanz, so erreicht man, daß die Steine nach dem Brennen eines höhere Porosität besitzen und zu „F e u e r l e i c h t s t e i n e n" geworden sind. Dasselbe kann auch durch Anwendung gewisser chemischer Substanzen, die Gasbläschen bilden, erreicht werden.

Feuerfeste Steine werden in verschiedenen Abmessungen und Formen geliefert, und es ist wichtig, daß man weiß, welche Steinformate und Formen üblich sind. Dies gilt nicht

Tafel 4: Einteilung von Schamotte-Erzeugnissen

Gruppe	Tonerdegehalt % Al$_2$O$_3$	bisher gebräuchliche Bezeichnung	Hauptanwendungsgebiet
30	30 bis 33	A III	Röstöfen, Rekuperatorteile, Kassettensteine für Anodenglühöfen, Koksofentürsteine
33	33 bis 37	A II	Hängedecken im Feuerungsbau, Hafenbankplatten
37	37 bis 40	A I	Mantelmauerwerk und Gitterwerk der mittleren und unteren Zonen
40	40 bis 42	A I special	Hängedecken im Feuerungsbau, Hochöfen,
42	42 bis 45	A 0	Wärmebehandlungsöfen

nur für den Gelegenheitskonstrukteur, welcher sich für den eigenen Betrieb einen Ofen bauen will, sondern auch für den Käufer eines Ofens im Ausland, weil jeder Ofen über kurz oder lang eine neue Ausmauerung braucht. Handelsübliche Steine sind ja billig und mit kurzer Lieferfrist erhältlich. (In Holland sind „Normalsteine" in drei Abmessungen erhältlich, nämlich „Deutsches Format" [250 x 123 x 65 mm], „Englisches Format" [230 x 115 x 63 mm] und „Waal Format" [215 x 105 x 55 mm].). Seitdem es aber feuerfeste Stampfmassen gibt, die in der Hitze des Ofens hart werden, und feuerfesten Beton, der an der Luft erhärtet, ist Ausführung von Ofeninstandsetzungen einfach und auch Anfertigung von besonderen Formsteinen durch die Ofenbenutzer möglich.

S i l i k a s t e i n e : Als Grundstoff wird in der Hauptsache Quarzit verwendet, der bekanntlich fast ganz aus Kieselsäure besteht. Kieselsäure kommt in verschiedenen Modifikationen vor, nämlich Quarz, Cristobalit und Tridymit. Der Quarz geht bei höheren Temperaturen, also beim Brennen, in Cristobalit und Tridymit über. Bei diesem Übergang von einer Kristallform in eine andere tritt eine Volumenänderung auf. Die Steine „wachsen" beim Brennen, und sogar stark; denn bei dem Übergang von Quarz in Cristobalit nimmt das Volumen um 13,7 % zu und bei dem Übergang in Tridymit sogar um 16,7 %. Hat man Silikasteine nicht lange oder oft genug bei hoher Temperatur gebrannt, so wird die restliche Kristallumbildung und Volumenvergrößerung beim Aufheizen des fertigen Ofens stattfinden. Die Gefahr ist groß, daß hierdurch Steine und Wände reißen.

Ein gut gebrannter Stein enthält keinen Quarz mehr und besteht, soweit es sich um Kieselsäure handelt, aus 50 % Cristobalit und 50 % Tridymit. Aber auch mit diesen Steinen soll man beim Aufheizen des Ofens vorsichtig verfahren und durch Anwendung von Ausdehnungsfugen dafür sorgen, daß auch eine restliche lineare Ausdehnung von 1 bis 1,5 % keinen Schaden anrichten kann.

Natürlich tritt bei Silika beim jedesmaligen Aufheizen des Mauerwerks auch die Wärmeausdehnung auf, die sonst jeder Ofenbaustoff aufweist. Aber auch in dieser Beziehung ist das Verhalten von Silikamaterial ungewöhnlich. Aus Bild 9 geht hervor, daß die Ausdehnung für die beiden Hauptbestandteile des gebrannten Silikas nicht linear verläuft. Besonders Cristobalit zeigt eine große Wärmeausdehnung bei rund 210 °C und Tridymit in bedeutend geringerem Maße bei rund 450 °C (Quarz zeigt bei rund 600 °C einen scharfen Sprung in der Temperatur-Wärmeausdehnungskurve). Ein großer Gehalt von Tridymit, also ein längeres Durchbrennen der Steine bei hoher Temperatur, ist deswegen sehr erwünscht. Bild 3 gibt die Wärmeausdehnung von handelsüblichen Silikasteinen wieder. Man

Brown Boveri mit Induktions-Anlagen führend:

Schmelzen
in MF- und NF-Tiegelöfen

Speichern
in Tiegel- und Rinnenöfen

Gießen
mit induktionsbeheizten Gießsystemen

Für die Heidelberger Druckmaschinen AG, Werk Amstetten, lieferte BBC Dortmund die Schmelz- und Speicherofenanlage bestehend aus:

Vier MF-Induktions-Tiegelöfen mit je 6 t Fassungsvermögen und 3,5 MW Anschlußleistung

Drei NF-Induktions-Tiegelöfen mit je 40 t Fassungsvermögen und 1000 kW Leistung

Brown, Boveri & Cie, Aktiengesellschaft
Geschäftsbereich Industrieanlagen
Fachbereich Industrieöfen und Industriewärmeanlagen
Telefon (0231) 8498-1, Telex 822120 bbcw d
Telefax (0231) 8498-293, Postfach 829, D-4600 Dortmund

CARBORUNDUM RESISTANT MATERIALS

LIEFERPROGRAMM

Hochfeuerfeste Stoffe

— Steine und Massen aus Siliciumcarbid, Schmelzkorund, Hohlkugelkorund und Elektromullit
— GLOBAR keramische Heizelemente
— METAULLICS Pumpen für flüssige, niedrigschmelzende Metalle
— DURAFRAX abriebfeste Verschleißteile aus Aluminiumoxid oder Siliciumcarbid

Asbestfreie Dämmstoffe

FIBERFRAX Keramik- und Mullitfaserprodukte mit Klassifizierungstemperaturen von 927° bis 1650° C

— Rohfaser
— Matten + Feuerfilze
— Module
— Textilien
— Papiere
— Schutzanstriche
— Platten
— Zemente

Werke und Verwaltung:
Carborundum Resistant Materials GmbH · Postfach 16 02 60 · 4000 Düsseldorf 13 Deutschland BRD · Telefon (02 11) 74 84 20 · Telex 8 584 047 crm d

---

velco-Spritzmaschinen für trockene und feuchte Spritzmassen

Die Leistungen des ROTAMAT 03 f und der RON eröffnen viele neue Anwendungsmöglichkeiten. Besondere Merkmale der Maschinen sind einfache Handhabung, staubfreies, umweltfreundliches Arbeiten bei niedrigstem Verschleiß und geringen Wartungskosten. Seit Jahren beschäftigen wir uns erfolgreich mit der Automatisierung des gesamten Spritzvorganges.
Zu unserem Programm gehören:
● Komplette Spritzanlagen, u. a. Silo, Bunker, Container
● Fahrbare Spritzlanzen für die Heißreparatur von Pfannen und Konvertern
● Pneumatische Förderanlagen für Zuschlagstoffe
● Betonierkopf, Vorbefeuchtung und andere spezielle Hilfseinrichtungen.

Gesellschaft für Förder-, Spritz- und Silo-Anlagen mbH

D-5620 Velbert 1 · Postfach 10 13 46
Tel. (0 20 51) 2 27 05/2 27 07 · Telex 8 516 610

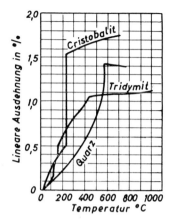

Bild 9: Wärmeausdehnung der SiO_2-Modifikation

sieht hier deutlich bei 200 °C den Einfluß des Cristobalitgehaltes. Die Unregelmäßigkeiten bei 600 °C in der Kurve für Stein A ist dem Gehalt an Quarz zuzuschreiben, welcher noch nicht in Cristobalit umgesetzt ist.

Bei jeder Aufheizung (und gleichfalls bei der Außerbetriebnahme) von Industrieöfen, in denen Silika verarbeitet worden ist, muß man also sehr vorsichtig vorgehen, solange das Mauerwerk eine Temperatur von rund 800 °C noch nicht erreicht hat. Man wird diese Steine deswegen in der Hauptsache bei Öfen für Dauerbetrieb anwenden (Tafel 2).

S i l l i m a n i t (Tafel 2) ist nicht beständig gegen Angriff durch Eisenoxyd. Er kann bis 87 % Mullit enthalten, die Glasphase ist nur 10—20 %. Deswegen ist es sehr feuerfest, auch unter Druck, und hat eine Wärmeleitzahl, die mit der von Silika vergleichbar ist. Es ist sehr wenig empfindlich gegen Temperaturänderung und mechanischem Verschleiß wenig unterworfen. Auch Rohre und Formstücke (wie Wirbelsteine, Brennersteine, Venturisteine usw.) werden aus Sillimanit gefertigt. Ferner wird es verwandt für die unteren Teile von Wänden, die mechanischem Verschleiß unterworfen sind, für Stützen und Säulen, die an allen Seiten von heißem Abgas umspült werden, und für Brenner. Auch als Schutzrohr für Thermoelemente ist es sehr wertvoll. Wenn es auch teuer ist, so wird es doch in besonderen Fällen als Baustoff angewendet bei Öfen für hohe Temperaturen, die in Einzelschichten arbeiten, weil Silika nicht in Frage kommt. Es sind Fälle bekannt, in denen heißgehende Öfen aus Schamotte es nur zu sechs bis acht Beschickungen brachten, bei Anwendung von Sillimanitsteinen dagegen bis 80 Beschickungen aushalten konnten.

S i l i z i u m k a r b i d (Tafel 2 und Bild 5) hat hohe Temperaturwechsel-, Druckfeuerbeständigkeit und eine hohe Wärmeleitzahl. Letztere Eigenschaft macht dieses Material recht brauchbar für die Wände von Ofenräumen, die von außen erwärmt werden, also für Muffeln. Es ist aber empfindlich gegen eine oxydierende Atmosphäre, gegen Wasserdampf und schwefelhaltige Gase. Am besten eignet es sich für Dauerbetrieb und Temperaturen von 1300 bis 1350 °C. Der Temperaturbereich von 900 bis 1200 °C soll vermieden werden, da hierin manchmal Zerstörung auftritt. Ein Stein mit 90 % SiC ist hierfür anfälliger als einer mit nur 70 %, weil letzterer mehr Glasphase enthält, wodurch die SiC-Körner mehr geschützt sind.

Stabförmige Siliziumkarbed Heizleiter werden für elektrische Widerstandsöfen benutzt. Sie bestehen aus einer gesinterten Mischung von SiO_2 und SiC.

K o r u n d s t e i n e : Korund wird aus Bauxit oder reiner Tonerde im elektrischen Lichtbogenofen hergestellt; die hieraus gefertigten Steine haben die höchste SK-Nummer (bis SK 40) und eine sehr hohe Erweichungstemperatur (wobei Anfangs- und Endtemperatur eng zusammenliegen können), so daß die Steine bei höchster Temperatur belastet werden können. Auch sind sie sehr schlackenbeständig und abriebfest, dafür aber auch teuer. So wie es gegossene Mullitsteine gibt, so werden auch gegossene Korundsteine hergestellt. Neuerdings werden Feuerleichtsteine aus Korundhohlkugeln für hochbeanspruchte Gewölbe angewandt.

M a g n e s i t (Tafel 5) ist temperaturwechselbständig, verschleißfest und widerstandsfähig gegen Schlackenangriff. Außerdem ist es hochfeuerfest und hat eine hohe Wärmeleitzahl. Deswegen findet es dann und wann Anwendung für Ofenherde von Schmiede- und Wärmeöfen, da Schamotte weniger feuerfest ist und eine viel niedrigere Wärmeleitzahl besitzt. Deshalb kann man bei Schamotteherden nur geringe Wärmemengen von unten durch den Herd hindurch an das Wärmgut heranführen. Andernfalls brauchte man einen großen Temperaturunterschied zwischen Unter- und Oberseite des Herdes, und hierbei würde die Erweichungstemperatur des Schamottesteines bald überschritten. Man hat aber damit zu rechnen, daß Magnesit bei rund 1600 °C chemisch auf Schamotte und auf Silika einwirkt.

D o l o m i t kommt in der Natur häufig vor ($CaMg[CO_3]_2$), es wird als Stampfmasse oder in Steinform für die Auskleidung von SM-Öfen, Konverten und Elektroöfen verwendet. Mit Teer als Bindemittel werden auch Dolomitsteine hergestellt. Außerdem gibt es teergetränkte Dolomitsteine. Diese werden unter hohem Druck gepreßt und anschließend gebrannt. Dann werden sie sofort mit Teer getränkt. Sie werden besonders für Drehöfen der Kalk- und Zementindustrie und für Elektroöfen verwendet.

Tafel 5:

Basische Produkte auf der		
— Basis Magnesit	MgO $\geq$ 80%	Vakuumgefäße, Bleischmelzöfen, Roheisenmischer, Tieföfen, SM-Ofen- und Elektroofenherde, Öfen der Buntmetallindustrie, Konverter der Stahlindustrie, Kalkschachtöfen
— Basis Magnesit-Chromerz	55% $\leq$ MgO < 80%	SM-Ofengewölbe und Rückwände, Sinterzonen von Zementdrehrohröfen
— Basis Chromerz-Magnesit	25% $\leq$ MgO < 55%	SM-Ofengewölbe und Rückwände, Öfen der Buntmetallindustrie
— Basis Chromerz	$Cr_2O_3 \geq 25\%$ MgO $\leq$ 25%	Stoß- und Tiefofenherde, Trennschichten
— Basis Forsterit	MgO, SiO_2	Kammergitterungen in der Stahl- und Glasindustrie, Stoßofenherde, Zementdrehrohröfen
— Basis Dolomit	CaO, MgO	Konverter, Elektroofenwände, Sinterzonen von Zementdrehrohröfen

Chromerzhaltige Ofenbaustoffe werden in Steinform und auch als Stampfmasse verwendet. Der feuerfeste Bestandteil ist Cr_2O_3. Die Chrom-Magnesitsteine sind hochfeuerfest, werden teilweise für das Gewölbe von SM-Öfen verwendet (Seite 8.2.1.) und haben sich als Herdbelag für Schmiedeöfen bewährt. Bei Drehherdschmiedeöfen wird der Herd gestampft. Für Hängedecken von Öfen werden Chrom-Magnesitsteine mit Metalleinlagen zum Aufhängen geliefert. Auch blechummantelte Chrom-Magnesitsteine finden vielfach Anwendung. Die Vorteile sind die große Kanten- und Bruchfestigkeit sowie die mörtellose Verlegung. Das Eisenoxyd des Bleches verbindet sich mit dem MgO-Gehalt des Steines zu einem festen Gefüge.

Schmelzgegossene Erzeugnisse kann man derzeit in Gruppen einteilen:

1. Steine auf Basis Mullit (70 % Al_2O_3, 28 % SiO_2)
2. Steine auf Basis Mullit und Zirkoniumdioxid (ZrO_2)
3. Steine auf Basis Zirkon-Korund
4. Steine auf Basis Korund (reine Tonerde)
5. Steine auf Basis Magnesiumoxid-Chrom usw., wobei der MgO-Anteil rund 50 % ist.

In der Glasindustrie werden für Glaswannenöfen (8.4.2.) aus der Schmelze gegossene Mullitsteine verwendet (70 % Al_2O_3, 28 % SiO_2), die die Bezeichnung Corhart-Steine führen. Sie sind widerstandsfähig gegenüber geschmolzenem Glas, da die Porosität äußerst gering und die Wärmeleitfähigkeit hoch ist. Ein Nachteil ist darin zu erblicken, daß sie nicht lunkerfrei gegossen werden können. Es besteht neben der Standardqualität auch eine zirkon-silikat-haltige Abart, die die Bezeichnung Corhart-Zac-Steine führt. Auch gibt es schmelzgegossene Steine aus fast reiner Tonerde, die die Handelsbezeichnung Monofrax führen. Die Sorten K und MH werden für die Wannen und die Sorte H teilweise für den Oberbau von Glaswannenöfen gebraucht.

Hochtemperaturbeständige Steine: Die Oxyde von einigen Stoffen werden in sehr feiner Verteilung geformt, gepreßt und bei hoher Temperatur gesintert. Sie ergeben dann sehr hochfeuerfeste, dichte, aber teure Ofenbausteine oder andere Teile (z.B. Tiegel, Pyrometerrohre, Brennerteile). Einige Eigenschaften sind der Tafel 6 zu entnehmen.

Kohlenstoffhaltige Ofenbauteile: Da Kohlenstofferzeugnisse im technischen Sinne unschmelzbar sind (die Verdampfungstemperatur des Kohlenstoffes liegt bei rund 4400 °C) und große Schlackenbeständigkeit, gute Temperaturwechselbeständigkeit und hohe Wärmeleitfähigkeit aufweisen, so wären sie ein idealer Ofenbaustoff, wenn Kohlenstoff nicht brennbar wäre. Sie sollen deswegen nicht in einer oxydierenden Atmosphäre verwendet werden, es sei denn, daß die Steine oder Stampfmassen viel Ton-

Tafel 6: Einige keramische Sonderbaustoffe

Stoffname	Sintertonerde Al_2O_3	Sinterzirkonerde ZrO_2	Sinterberyllerde BeO
Schmelzpunkt °C	2050	2700	2570
Raumgewicht g/cm³	3,8	5,4	2,9
Temperaturwechselbeständigkeit	gut	mäßig	sehr gut
Wärmeleitfähigkeit in W/mK bei 100 °C	12,9	1,86	19,5
Spezifische Wärme in KJ/kg K	0,59	0,453	0,912
bei °C	0–300	0–100	20–100

erde und gegebenenfalls noch andere Zusätze enthalten. Sie werden zur Auskleidung von Schmelzgefäßen und besonders zur Fertigung von Graphitschmelztiegeln für Metalle verwendet. In den USA wird der Herd von Kupolöfen öfters aus Kohlenstoffsteinen gebaut.

Von der guten elektrischen Leitfähigkeit des Kohlenstoffes wird bei elektrischen Öfen Gebrauch gemacht, besonders für die Elektroden der Lichtbogenöfen und auch für Glühstäbe oder Rohre als Heizleiter von Widerstandsöfen. Für letzteren wird Graphit angewandt. Die Lichtbogenelektroden gibt es in drei verschiedenen Arten: Kohleelektroden, Graphitelektroden und selbstbackende, s. g. Söderberg-Elektroden. Letztere wird in 8.2.5. näher beschrieben. Kohle- und Graphitelektroden unterscheiden sich nicht nur in Ausgangsmaterial und dessen Korngröße, sondern auch in der Herstellungsweise. Die Kohleelektroden werden aus einer Mischung von magerer Kohle oder Anthrazit und Koks hergestellt mit Pech als Bindemittel. Mittels einer Strangpresse werden die Rohlinge unter hohem Druck geformt, die dann in einem Ofen gebacken werden. Für die Herstellung der Graphitelektroden werden Petrol- oder Steinkohlepechkokse verwendet, mit Teerpech als Bindemittel. Nach dem Pressen und Backen werden sie durch unmittelbaren Stromdurchgang auf eine Temperatur von 2500 °C gebracht (Tafel 7).

C e r m e t s : Aus dem Bestreben, einen nicht spröden, aber hochfeuerfesten Baustoff zu finden für Strahltrieb- und Gasturbinenbrennkammern, für Düsen und Schaufeln sind Zusammenstellungen von keramischen und metallischen Stoffen erprobt worden, die sich aber im Ofenbau noch nicht recht eingeführt haben.

Die Cermets (Ceramics-Metalls) können bestehen aus
1. Zusammengesintertem keramischem Stoff (hochfeuerfestes Oxyd) und Metall, wobei die Eigenschaften des Metalls am meisten hervortreten.
2. Ein keramischer Stoff mit großer offener Porosität wird mit flüssigem Metall getränkt. Die Eigenschaften des keramischen Stoffes treten hierbei am meisten hervor.

Feuerleichtsteine (Tafel 8)
Eine besondere Gruppe bilden die Isoliersteine und Feuerleichtsteine, die wegen ihrer

Tafel 7: Einteilung feuerfester, dichter, geformter Erzeugnisse

Bezeichnung	Hauptbestandteil	Hauptanwendungsgebiet
— Basis Graphit	C hexagon.	Besonders temperaturwechselbeständige und chemisch beanspruchte Ofenbauteile
— Basis Zirkonoxid	ZrO_2	Durchflußsteine für Stranggußanlagen, Hochtemperaturofenauskleidungen
— Basis Zirkon	$ZrSiO_4$	Glaswannenöfen, Durchflußsteine in der Glasindustrie
— Basis Siliciumcarbid	SiC	Schüsseln für Zinkdestillationsöfen, Muffeln, Brennhilfsmittel, Chemieöfen, Kraftwerksanlagen
— Basis anderer Carbide	z.B. B_4C	Hochabtriebbeanspruchte Teile
— Basis von Nitriden	z.B. Si_3N_4	Bauteile, die bei hohen Temperaturen im Kontakt mit Schlacken und Metallschmelzen stehen
— Basis von Boriden	z.B. TiB_2	Hochtemperaturschneidwerkzeuge

1. Ofenbau

Tafel 8: Einteilung von Leichtsteinen

1. Anwendungstemperatur 1100 bis 1300 °C (≤ 1400 °C)
   Schamottfeuerleichtsteine
2. Anwendungstemperatur 1300 bis 1800 °C (letztere für hochtonerdereiche Erzeugnisse)
   Silikatleichtsteine, Tonerdereiche- und Sillimanit-Leichtsteine, basische Leichtsteine
3. Anwendungstemperastur 1700 bis rund 2000 °C
   Zirkonleichtsteine

Porosität gleichzeitig wärmedämmend sind und eine geringe Wärmespeicherung haben. Hierdurch kann man Wärmeverbrauch und Anheizzeit senken und unter Umständen eine genauere Temperaturregelung erzielen. Grundsätzlich können diese Steine aus den gleichen Grundstoffen wie die schwereren Ofenbausteine hergestellt werden. Die Poren können mit Hilfe von Schaummitteln erzeugt werden, oder sie entstehen beim Brand durch Zusätze von Kohlegruß, Holzmehl usw. Einige Grundstoffe, so z.B. Kieselgur, sind von sich aus porös und andere, so z.B. Vermiculit (magnesiumhaltige Tonminerale) werden es bei der Erhitzung. Durch Verblasen einer Schmelze werden auch Hohlkugeln aus Schamotte oder Korund hergestellt.

1.3.4. **Feuerfeste Massen**: Hierzu gehören:
   Stampfmassen
   Plastische Massen
   Feuerbeton
   Spritz-, Anwurf- und Schüttmassen

Als Grundstoff wird manchmal Schamottenmasse verwandt, aber auch tonfreie Grundstoffe wie Magnesit, Chromerz, Zirkonsilikat und Siliziumkarbid finden Anwendung. Nach der Art der Erhärtung unterscheidet man:
   Keramisch bindende Massen
   Hydraulisch bindende Massen
   Chemisch bindende Massen
   Organisch bindende Massen

Ein Beispiel der letzteren sind die geölten Magnesit- und Dolomitmassen, die zum Flicken der Herde von SM-Öfen benutzt werden. Statt feuerfeste Steine zu benutzen, kann manchmal die feuerfeste Auskleidung von Öfen oder Ofenteile unter Benutzung einer Verschalung eingestampft oder gegossen werden. Die Massen sind für verschiedene Arbeitstemperaturen erhältlich.

Wie die Art der Bindung sich auf die Festigkeit der gestampften Massen auswirkt, zeigt Bild 10. Bei der keramischen Bindung ist die Kaltdruckfestigkeit anfangs sehr gering und erst bei hoher Temperatur steigt sie durch das Brennen des Materials an. Stampfmassen mit keramischer Bindung werden deswegen dort benutzt, wo entsprechend hohe Temperaturen tatsächlich im Betrieb zu erwarten sind.

Stampfmassen mit hydraulischer Bindung zeigen ein anderes Bild. Kalt ist die Druckfestigkeit hoch, nimmt aber bei steigender Temperatur ab, um dann wiederum stark zuzunehmen. Sie sind also sowohl im niedrigen, als auch im höheren Temperaturgebiet zu gebrauchen, dort wo hohe mechanische oder statische Beanspruchungen auftreten.

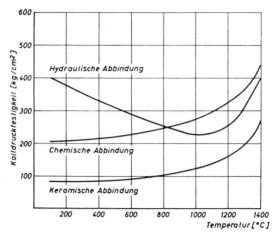

Bild 10: Einfluß der Einbrenntemperatur auf die Kaltdruckfestigkeit bei den verschiedenen Abbindungsarten

Die Massen mit chemischer Bindung sind im niedrigen Temperaturgebiet den Massen mit hydraulischer Bindung unterlegen. Die Festigkeit nimmt aber stetig zu, da eine keramische Bindung die chemische Bindung überlagert.

S t a m p f m a s s e n werden sehr oft angewandt, hiermit können fugenlose Auskleidungen, Herde oder Einzelteile von Öfen hergestellt werden. Auch für die Erneuerung der Innenseite von Öfen sind sie manchmal sehr geeignet. Es ist eine Verschalung notwendig, soweit es sich nicht um Boden oder Herde handelt. Chemische Bindung wird oft mittels Borsäure, Wasserglas oder Aluminiumphosphat erreicht. Auch keramische Bindung, eventuell durch Tonzusatz und hydraulische Bindung kommen vor.

P l a s t i s c h e , k e r a m i s c h e M a s s e n : wird als feuchte, k n e t b a r e M a s s e angeliefert und für das Stampfen von Ofenwänden (sowohl Neubau als Erneuerung) verwendet. S i e w i r d e r s t i n d e r O f e n h i t z e g e b r a n n t und fest, braucht aber keine Verschalung, um zu Wänden geformt zu werden. Im Gegenteil, die Masse wird als Klumpen oder ziegelförmig zugeschnittene Stücke gegen die Außenwand aus Isolierstein, Ziegelstein oder Stahlblech gelegt und dann mit einem Fausthammer festgeklopft.

Beim vorsichtigen Hochheizen des Ofens und Brennen der Stampfmassen wird zuerst das Wasser ausgetrieben. Dabei schrumpft die Masse. Unregelmäßige Risse in den gestampften Wänden können daraus entstehen. Um dies zu vermeiden, zieht man vorher mit einer Maurerkelle waagerechte und senkrechte Striche in die gestampfte Wand, und zwar rund 500 mm voneinander entfernt und ungefähr 3 mm tief. Treten nun beim Trocknungsvorgang Risse auf, so werden diese schlimmstenfalls die Wand in Blöcke aufteilen. Beim Weiterheizen, also beim erstmaligen Brennen, tritt dann eine Wärmeausdehnung auf, und die Risse werden sich wieder schließen. (Die Wärmeausdehnung ist rund 1,1 % bei 1200 °C.)

F e u e r b e t o n : ist eine meistens hydraulisch bindende feuerfeste Masse, die an der Luft erhärtet und wie Beton verarbeitet wird. Er wird trocken angeliefert. Erst vor dem Gebrauch wird die vorgeschriebene Wassermenge zugesetzt. Man soll nie so viel Wasser beigeben, daß es zwischen den Fingern hindurchläuft, wenn man einen Klumpen des fertigen Betons in der Faust zusammendrückt. Nach „Plibrico" soll die Wassertemperatur t_w = 60−2 t sein (t = Temperatur der Trockenmasse).

Man soll auch nie mehr Feuerbeton auf einmal fertigmachen, als sofort verarbeitet werden kann. Beim Vergießen soll gegen die Verschalung geklopft und mittels eines Rundeisenstückes in dem Beton herumgestochert werden, damit alle Luft entfernt wird und das Material sich festigt. Denn hiervon hängt die nachher erzielbare mechanische Festigkeit ab. Meistens wird für die Verschalung Holz verwendet; dieses soll nach rund 6 h weggenommen werden, dann ist der Feuerbeton schon genügend abgebunden. Bei diesem hydraulischen Erhärtungsvorgang wird Wärme entwickelt. Damit nun durch diese Wärme nicht zu viel Wasser ausgetrieben wird, soll man während weiterer wenigstens 24 h den Feuerbeton naß halten (z.B. mit aufgelegten nassen Säcken). Nach 48 h (bei einiger Vorsicht sogar noch eher) können die angefertigten Formsteine, Brennersteine, Ofendeckel oder Türen, ausgebesserte Ofenwände usw. in Betrieb genommen werden. Die Trocknungsperiode und der Schrumpf, womit man bei nicht hydraulisch bindender Stampfmasse zu rechnen hat, fallen beim Feuerbeton weg. Aber beim Ansteigen der Temperatur im Betrieb tritt auch bei ihm der Brand der Masse auf, was mit Wärmeausdehnung verbunden ist. Diese ist aber ziemlich gering, und zwar rund 0,35 % bei 1200 °C.

G e w ö h n l i c h e r B e t o n (auch Eisenbeton) erträgt nur eine Temperatur von rund 100 °C, ohne Schaden zu nehmen. Bei Temperaturen von 200 bis 300 °C fängt eine Umsetzung an, wodurch die Festigkeit sehr zurückgeht. Selbst wenn ein Ofen nach unten hin gut isoliert ist, so kann − besonders bei Dauerbetrieb − sein Fundament eine Temperatur erreichen, die höher als 100 °C ist; deswegen ist es nicht ratsam, Betonfundamente anzuwenden, wenn zwischen Ofen und Fundament nicht für Luftkühlung Sorge getragen wird. Jedenfalls soll das Temperaturfeld vorher berechnet werden.

1.3.5. Wärmedämmstoffe

Zur Wärmedämmung werden verschiedene Stoffe in der Form von Platten, Steinen, Stampfmassen oder Stopfmasse verwendet (4.6.1.). Einige davon lassen sich auch bis zu einer bestimmten Temperatur als Baustoff für den Ofenraum benutzen, wie es auch für den Feuerleichtstein der Fall ist.

Tafel 9: Isolierstampfmassen (Proba & Gethmann)

Sorte		200	230	360	600	900	1100
Raumgewicht verstampt	kg/m³	200	250	360	600	900	1100
Anwendung bis	°C	650	750	1080	1220	1310	1470
Kaltdruckfestigkeit	N/mm²	0,1−0,2	0,2−0,4	0,4−0,6	1,0−1,5	4−5	10−12
Wärmeleitfähigkeit in W/m · K bei 100 °C		0,062	0,053	0,058	0,151	0,221	0,267
200 °C		0,066	0,074	0,073	0,163	0,232	0,279
300 °C		0,087	0,095	0,088	0,174	0,244	0,290
400 °C		0,108	0,116	0,105	0,186	0,256	0,302
500 °C		0,130	0,137	0,122	0,198	0,267	0,314
600 °C			0,158	0,140	0,209	0,279	0,326
700 °C				0,157	0,221	0,291	0,337
800 °C				0,174	0,233	0,302	0,349
900 °C					0,244	0,314	0,360
1000 °C						0,326	0,454

Die Isolierstampfmassen sind meistens hydraulisch bindend.

Isolierstampfmassen lassen sich in beliebig geformte Hohlräume einstampfen und eignen sich zum Isolieren von Wänden, Decken, Böden, Herdwagen usw. Sie sind für verschiedene Temperaturbereiche erhältlich. Die Wärmeleitfähigkeit liegt bei den Isoliermassen für hohe Temperaturgebiete höher als für Massen für weniger hohe Temperaturansprüche. Auch die Kaltdruckfestigkeit ist bedeutend höher (Tafel 9).

Es ist hierbei zu bedenken, daß Kieselgutsteine (und auch Vermiculitesteine) eine sehr geringe Abriebfestigkeit haben.

K i e s e l g u r - o d e r D i a t o m i t s t e i n e : Kieselgur besteht aus Kieselsäure und ist das sehr feinporige Gerüst von Diatomeen (Fossilien). Er wird als Stopfmasse und auch als Stampfmasse gebraucht, meistens aber in der Form von Ziegeln. Die Kieselgursteine werden aus der feuchten Kieselgurmasse durch Pressen, Trocknen und Brennen hergestellt. Größeres Raumgewicht und Kaltdruckfestigkeit bedingen höhere Wärmeleitzahlen (Tafel 89). Das Wärmedämmvermögen der leichteren Steinsorten ist besonders gut, sie können bis 1000 °C als Ofenbaustoff angewandt werden (Tafel 10).

V e r m i c u l i t e wird in Südafrika und in den USA als glimmerartiges Naturprodukt gefunden. Es wird erhitzt, wobei es sich auf ein Mehrfaches des ursprünglichen Volumens ausdehnt. Dieses aufgeblähte Vermiculite wird als Stopfmasse verwendet, indem es einfach zwischen Ofenmauerwerk und Blechumhüllung geschüttet wird, hat aber den Nachteil, daß es sich im Laufe der Zeit setzt und nachgefüllt werden muß. Weiter ist Vermiculite-Stampfmasse erhältlich mit einer Druckfestigkeit von 50 bis 60 N/cm^2 und einem Raumgewicht von 360 kg/m^3 nach dem Stampfen.

Durch Zusatz von Ton oder anderen Stoffen, Formen und Brennen werden Vermiculite-Isoliersteine hergestellt. Besonders gute Sorten sind, wie auch die Kieselgursteine, für Ofentemperaturen bis 1000 °C als Ofenbaustoff zu verwenden (Tafel 10).

Asbest, Glaswolle, Schlackenwoll und Alfol siehe 4.6.1.

Neuere Wärmedämmstoffe [1]:
Seit einigen Jahren sind verschiedene keramische Fasermaterialien neben bereits lange bekannten Wärmedämmstoffen wie Stein- und Glaswolle sowie Asbestprodukten zur

Tafel 10: Kieselgursteine und Vermiculitesteine

	Kieselgurstein	Vermiculitestein
Feuerfestigkeit (DIN 1063) . . . . °C	.....	1220
Anwendungsgrenze . . . . °C	1070	.....
Druckfeuerbeständigkeit (DIN 1064)		
0,1 N/mm^2 . . . . °C	t_a = 1030	1100
	t_e = ...	1170
Kaltdruckfestigkeit (DIN 1067) . . . . N/mm^2	0,6–0,8	0,6
Temperaturwechselbeständigkeit	.....	über 12
Raumgewicht . . . . kg/m^3	450	360
Wärmeleitfähigkeit λ in W/m K bei t_{mitt}		
100 °C		0,107
200 °C	0,109	
400 °C	0,130	0,147
600 °C	0,150	0,172
800 °C	0,163	0,198

Anwendung gekommen. Diese werden als Stopffasern, Textilien, Matten, Papier, Tau usw. verarbeitet. Sie sind bei bedeutend höherer Temperatur brauchbar als Stein- oder Glaswolle. Daneben gibt es Wärmedämmplatten aus Asbestsilikat und aus Kalziumsilikat, sowie Wärmedämmstoffe aus Kohlenstoff und Graphit.

Die Wärmedämmplatten aus Asbestsilikat sind bis 400 °C anwendbar und haben bei einer mittleren Temperatur von 200 °C eine Wärmeleitfähigkeit von 0,11 bis 0,15 W/m K abhängig von der Rohdichte. Die Kaltdruckfestigkeit ist hoch und beträgt für eine Rohdichte von 750 kg/m^3 (Promabest H) 8,0 N/mm^2. Die Wärmeleitfähigkeit wird noch bedeutend verbessert durch eine Sandwisch-Bauweise: Wird zwischen zwei 5 mm Deckplatten eine Mineralfaserschicht gepreßt (Promabest-Verbundplatte), so ist die Wärmeleitfähigkeit bei einer mittleren Temperatur von 200 °C nur noch 0,079 W/m K. Platten aus asbestfreiem Kalziumsilikat sind bis zu bedeutend höheren Temperaturen brauchbar. („promasil" von Promat-Düsseldorf, „Corona" von Proba + Gehtmann, Hattingen) Tafel 11. Es sind auch Kalziumsilikatplatten erhältlich, die mit Asbestfasern verstärkt sind („Newtherm" Promat, Düsseldorf). Diese sind bis zu einer Temperatur von 1000 °C anwendbar. Die Kaltdruckfestigkeit ist 0,9 N/mm^2 und die Wärmeleitfähigkeit bei einer mittleren Temperatur von 500 °C ist 0,097 W/m K.

K e r a m i s c h e   F a s e r n werden aus Rohstoffen hergestellt, die geschmolzen und dann durch einen Luft- oder Dampfstrom zerblasen werden. Auch Wegschleudern mittels rotierender Scheibe wird angewandt und in beiden Fällen entstehen feine Fäden. Man unterscheidet keramische Fasern und hieraus gefertigte Matten, Schnuren und Platten, die bis rund 1260 °C angewandt werden können und solche, die bis 1450 °C und darüber brauchbar sind. Erstere z.B. „Kerlane", „Fiberfrax", „Cerafelt", „Isoflex" und „Alsiflex 1260" haben ein Gehalt von rund 46 % Al_2O_3 und rund 50 % SiO_2.

Als Beispiel für die Wärmewerte einer keramischen Faser, die übrigens für die verschiedenen Marken wenig unterschiedlich sind, gibt Tafel 12 die Wärmeleitfähigkeit bei verschienen Temperaturen an. Auch als Stampfmasse finden keramische Fasern Anwendung, wobei die Fasern in diesem Falle mit einer Spezialflüssigkeit getränkt sind. Durch Stampfen in Formen erhält man nach der Abbindung einen feuerfesten Körper mit einer Dichte von 200 bis 300 kg/m^3, einer Wärmeleitfähigkeit von 0,104 W/m K und einer Anwendungstemperatur von 1250 °C. Auf diese Weise können Rohre, Töpfe, Schutzschilde usw. hergestellt werden. Auch Dichtungen für Ofentüren, für Rekuperatoren und für Tiegeldeckel lassen sich anfertigen.

Tafel 11: Isolierplatten aus Kalziumsilitat

Bezeichnung		Corona 800	Corona 1000
Anteil in % SiO_2		40–42	42–44
Fe_2O_3		0,5–1,5	3– 6
CaO_3		32–34	31–33
Raummasse, in kg/m^3		250	250
Anwendungsgrenze, °C		800	1000
Kaltdruckfestigkeit, N/mm^2		1,6	1,6
Wärmeleitfähigkeit, W/mk bei einer mittleren Temperatur von	100	0,057	0,058
	200	0,064	0,065
	300	0,074	0,078
	400	0,099	0,090
	500	0,126	0,103
	600		0,116

Tafel 12: Wärmeleitfähigkeit λ von Saffil (Keramische Faser mit 95 % Al_2O_3)

Blöcke 96 kg/m³	λ in W/mK bei Temperatur °C				
	0	400	800	1200	1600
parallel geschichtet	0,047	0,081	0,139	0,239	0,412
senkrecht geschichtet	0,059	0,101	0,172	0,294	0,502

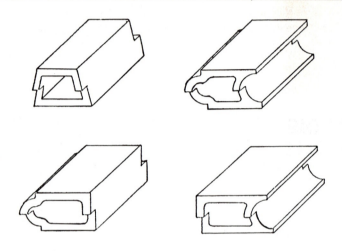

Bild 11: „Ceraform"-Hohlsteine aus keramischen Fasern (John Manville)
1 = Gewölbestein
2 = Wandstein
3 = Wandstein, Endblock rechts
4 = Wandstein, Endblock links

Es sind auch Hohlsteine erhältlich „Ceraform" (Bild 11). Keramische Fasern, die im Betrieb höheren Temperaturen standhalten müssen, haben einen höheren Gehalt an Al_2O_3 und enthalten bisweilen auch Cr_2O_3.

„Alsiflex" für eine Gebrauchstemperatur von 1400 °C hat ein Gehalt von 58–60 % Al_2O_3 und 37–39 % SiO_2.

„Saffil", ein Produkt der ICI, enthält sogar 96–97 % Al_2O_3 und 3–4 % SiO_2. Auf Grund dieses extrem hohen Aluminiumoxid-Gehaltes und der mikrokristallinen Struktur eignen sich „Saffil" Fasern zum Einsatz bei Dauerbetriebstemperaturen bis zu 1600 °C. Bild 12 zeigt die Wärmeleitfähigkeit einer Matte aus „Saffil" Fasern, die bei hohen Temperaturen nur etwa 2/3 des entsprechenden Wertes anderer Isoliermaterialien mit gleicher Dichte beträgt. Sie zeigen ausgezeichnete Beständigkeit gegen reduzierende Atmosphären, Hochvakuum sowie Säuren, Laugen und Dampf. Auch bei hohen Temperaturen bleibt die Festigkeit und Flexibilität von „Saffil" erhalten. Spannungen und Vibrationen werden bei Betriebstemperaturen ohne Beschädigung absorbiert. Selbst bei 1600 °C (24 Stunden) liegt die thermische Schrumpfung einer „Saffil" Fasermatte unter 4 %. Bei 1400 °C ist sie viermal geringer als bei hochwertigsten Aluminiumsilikat-Matten.

SAFFIL ENTSCHEIDET.

DENN DIE GÜTE DER FASERAUSKLEIDUNG INDUSTRIELLER ÖFEN WIRD ENTSCHEIDEND VON IHREM SAFFIL-GEHALT BESTIMMT.

Für die Qualität von Faserauskleidungen in industriellen Öfen gilt die Regel: je höher der Al_2O_3-Gehalt, desto höher dürfen die Anforderungen sein. SAFFIL-Fasern, mit 95% Aluminiumoxidanteil und einer microcrystallinen Struktur, bieten hervorragende Beständigkeit gegen Säuren und Laugen, Hochvakuum oder reduzierende Atmosphären und sind einsetzbar bis 1600°C.

Mit SAFFIL-Fasern wird die Arbeitstemperatur schneller erreicht – man spart also Energie. Ihre geringe Empfindlichkeit gegen Wärmeschocks senkt die Instandhaltungskosten. Außerdem hat SAFFIL keine „Shot"-Anteile, was die Ausschußraten bei empfindlichem Brenngut verringert.

Bei Mischfaserprodukten haben SAFFIL-Fasern den entscheidenden Einfluß auf das Materialverhalten. Schon geringe Anteile führen zu einer deutlichen Qualitätsverbesserung.

Wir informieren Sie gerne, wie Sie mit SAFFIL-Aluminiumoxidfasern auch die Qualität Ihrer Faserauskleidungen entscheidend verbessern können.

SAFFIL – DIE ENTSCHEIDENDE FASER VON ICI.

ICI. Denn Leistung verbindet.

Deutsche ICI GmbH, Lyoner Straße 36, 6000 Frankfurt/Main 71, Telefon (069) 6600-330, Telex 416974

Gase... von A-X

von Acetylen bis Xenon.

Die gesamte Palette technischer Gase und unzählige Gasgemische und dazu die Erfahrung aus langjähriger Entwicklung und anwendungstechnischer Beratung. Das kann Ihnen ein großes Unternehmen bieten.

Unsere Beratungstechniker sind überall in Deutschland schnell zu erreichen. Sie sitzen praktisch vor der Türe unserer Kunden, denn wir wissen, daß der Kunde mehr braucht, als „nur Gas".

Nutzen Sie diesen Vorteil, alle Gase plus Know-how aus einer Hand beziehen zu können. Von einem deutschen Gaseproduzenten mit über 50 Gasewerken.

Fordern Sie ein unverbindliches Informationsgespräch mit unseren Beratern in Ihrer Nähe.

Technische Gase

Linde AG, Werksgruppe Technische Gase
Tel. (089) 7277-463

1. Ofenbau

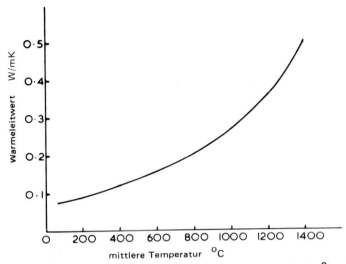

Bild 12: Wärmeleitwerte der 'Saffil' Aluminiumoxydfaser-Matte (Dichte: 96 kg/m³), gemessen nach DIN-Spezifikation 51 406, 1971, mittels Heißdrahtmethode

Tafel 13: Wärmeleitfähigkeit von „Fiberchrom"-Fasern in W/mK

Stopfmasse in kg/m³	Mittlere Temperatur in °C				
	200	300	600	800	1000
96	0,058	0,075	0,145	0,206	0,286
128	0,057	0,072	0,128	0,179	0,242
160	0,056	0,070	0,120	0,162	0,215

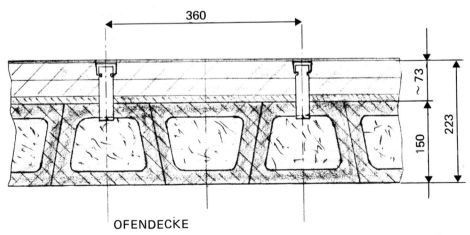

OFENDECKE

Bild 13: Keramische Faserstoffe — Vakuum verformt. (Werkbild: „Plibrico"—Düsseldorf)

Bei „Fiberchrom"-Fasern (John Manville) wird die höhere Feuerfestigkeit durch den Zusatz von 4 % Cr_2O_3 erzielt, bei einem Gehalt von 40,5 % SiO_2. Die maximale Betriebstemperatur beträgt 1500 °C. Tafel 13 zeigt die Wärmeleitfähigkeit dieser Fasern.

Hohlsteine werden auch aus Fiberchrom-Fasern hergestellt (Bild 13).

Für die Isolierung metallischer Ofenwände oder Kanäle gegen zu hohe Innen- oder Außentemperatur ist eine Papierschicht aus keramischen Fasern von z.B. nur 3 mm Dicke oft die richtige Lösung. Für diesen Zweck gibt es besondere Klebstoffe. Zu röhrenförmigen Körpern aufgewickelte keramische Papierlaminate können als sehr gute Isolierungen für Induktionsspulen, Pyrometerrohre usw. dienen, die für Temperaturen bis rund 1100 °C brauchbar sind. Das Papier hat bei einer mittleren Temperatur von 600 °C eine Wärmeleitfähigkeit von $\lambda \approx 0,09$ kcal/m h K. Die keramischen Fasern sind auch ausgezeichnete Schalldämmstoffe und sollen im Bereich von 300 bis 3000 Hz die gebräuchlichsten Stoffe übertreffen.

Ein ganz neuer Weg, um Fasermaterial z.B. für Isolierzwecke zu erhalten, besteht in der Herstellung von Whiskern. Das sind dünne und sehr lange Einkristalle z.B. aus Siliciumcarbid (SiC). Sie sind sehr stark und bleiben es bis zu Temperaturen von 1500 °C. Versuche, dieses Material in Mattenform als Verdampfer für Ölbrenner zu verwenden, sind im Gange.

In den Ausführungen über Wärmedämmstoffe muß ihrer Bedeutung entsprechend nochmals auf die keramischen Faserstoffe eingegangen werden. Nach anfänglichen Schwierigkeiten bis Mitte der siebziger Jahre kam der große Durchbruch. Dabei spielten neue Technologien eine wichtige Rolle.

Lenz [13.2.] nennt einige Beispiele:

1. Neue Sonderwerkstoffe müssen mit genauestens einzuhaltenden Temperaturgradienten aufgeheizt und abgekühlt werden. Die programmgesteuerte Aufheizung bis zu mehreren 100 W/h und eine entsprechend geregelte Abkühlung bei gleichmäßiger Temperaturverteilung im Ofen wird durch die Kombination der Beheizung mit Impulsbrennern mit einer Austrittgeschwindigkeit von 140 bis 200 m/s bei speicherarmer Innenauskleidung mit keramischen Faserwerkstoffen möglich.

2. Immer größere und schwerere Stahlgußstücke, aber auch geschweißte Konstruktionsteile erfordern immer größere Öfen. Hier wird mit Rücksicht auf die Statik weitgespannter Ofendecken und bei vielfach transportablen Ofenkonstruktionen das geringe Gewicht von Leichtauskleidungen mit keramischen Faserwerkstoffen (20 bis 50 kg/m²) von den Konstrukteuren gern angenommen.

3. Der allgemeine Kostendruck, vor allem aber der Anstieg der Energiekosten, ließ konventionell konzipierte Öfen vor allem dann nicht mehr wirtschaftlich erscheinen, wenn bei intermittierend betriebenen Anlagen ein großer Teil der zugeführten Energie zunächst in den Wärmespeicher konventioneller Schwerauskleidungen „gepumpt" wurde.

In bestimmten Fällen können keramische Fasern aus technischen Gründen nicht eingesetzt werden. So ist zum Beispiel ihre mechanische Festigkeit bei em Luftanteil von 80 % beschränkt. Wo die Anforderungen an die mechanischen Eigenschaften hoch sind, ist zu überlegen, ob die Faserisolation vor Verschleiß oder Beschädigung geschützt werden muß.

Weiter kann die Porosität bei kontrollierter Atmosphäre ein Problem darstellen, und zwar falls Gase die Wärmeleitfähigkeit der Isolation nachteilig beeinflussen. Schließlich gibt es aggressive Stoffe, die keramische Fasern wegen ihrer großen spezifischen Oberfläche schneller angreifen als Steine.

Es gibt also fundierte technische Gründe, in Ausnahmefällen keine Faserkeramik einzusetzen, in allen anderen Fällen könnten demnach Keramikfaserauskleidungen eingesetzt werden, was aber leider nicht der Fall ist.

In der Zwischenzeit sind Werkstoffe und Zustellverfahren für solche Auskleidungen für Betriebstemperaturen bis 1430 °C so ausgefeilt, daß auch hinsichtlich der Lebenserwartung faserausgekleidete Öfen denen mit konventionellen Zustellungen gleichgesetzt werden können. In den letzten zehn Kalenderjahren wurden in Westeuropa mehrere tausend Öfen mit keramischen Faserwerkstoffen ausgekleidet. Ganze Warmbehandlungsbetriebe wurden aus wirtschaftlich, qualitativen Gesichtspunkten umgerüstet. Dieser größere Bedarf an keramischen Faserwerkstoffen machte bei den Faserherstellern neue Investitionen erforderlich. Das führte gleichzeitig zur qualitativen Verbesserung der für den Ofenbau verwendeten keramischen Faserprodukte, zum Beispiel Entwicklung der Nadelfilze. Der größere Absatz ermöglichte eine rationellere Fertigung, so daß heute eine Ofenauskleidung mit keramischen Faserprodukten nicht mehr teurer ist als eine vergleichbare konventionelle Lösung. Sie ist, da wo sie hingehört, heute die wirtschaftlichste Alternative. Aber auch keramische Faserprodukte sind genausowenig wie andere Produkte Wunder, noch vollbringen sie welche. Hier gilt, wie für die gesamte Feuerfesttechnik und den ganzen Industrieofenbau, daß die jeweilige Lösung nur nach sorgfältiger Beachtung aller Beanspruchungen und Aufgabenstellungen maßgeschneidert werden kann. Globale Versprechen wie „XYZ % Energieerspranis" ohne genaue Kenntnis der Betriebsbedingungen können technisch und wirtschaftlich nicht befriedigen.

Hemmnisse für den Einsatz keramischer Fasern

Es ist nach Saris [13.2.] nur schwer verständlich, daß bei all diesen Vorteilen hinsichtlich Energieeinsparung und schneller Amortisation noch so viele Industrieöfen mit einer Ausmauerung statt einer Faserauskleidung geliefert werden. Und deshalb erscheint es interessant, bei den in Frage kommenden Gruppen nach der Ursache für diesen Zustand zu suchen.

Die Hersteller von Keramikfasern

Der Lieferant von Faserprodukten hat es eigentlich am einfachsten, denn er hat das gute Produkt. Es ist nur noch seine Sache, es beratend zu verkaufen. Obwohl die Zuwachsraten im Faserverkauf beträchtlich sind, werden keramische Fasern noch viel zu wenig eingesetzt. Hier scheint eine Informationslücke zu bestehen.

So gibt es inzwischen neben den konventionellen Matten aus keramischen Fasern auch vakuumgeformte Produkte mit oder ohne zusätzliche organische Bestandteile. Solche Produkte haben eine harte Außenseite und können infolgedessen wie Steine eingesetzt werden. Das ist von besonderer Bedeutung beim Auftreten von Konvektionsströmen mit einer Mediengeschwindigkeit, die bei herkömmlichen Faserprodukten hinsichtlich Oberflächenabnutzung und Isolationswirkung schon zu Schwierigkeiten führt.

In diesem Bereich erhebt sich die Frage, ob die Kunden immer richtig beraten werden oder ob in der Vergangenheit nicht zu hochgesteckte technische Versprechungen zu kostspieligen Pannen geführt haben.

Der Industrieofenbau

Der Ofenbauer hat es weniger einfach als der Faserlieferant, aber er steht im Ruf, Produkte Made in Germany herzustellen. Diesen Ruf verdient er mit Recht, denn mit Vorzug setzt er Materialien ein, mit denen er seit langer Zeit vertraut ist. Und so traf man denn bei einem Eintagsseminar über „Keramische Hochtemperaturfasern zur Isolierung von industriellen Öfen" — so geschehen in Essen im Mai 1981 — kaum einen Industrieofenbauer an, obwohl es so viele davon in der Bundesrepublik Deutschland gibt. Offen bleibt hierbei, wie man den Ofenbetreiber über Energieeinsparung und Amortisation beraten kann, wenn man sich selber nicht gründlich über den letzten Stand der Technik informiert.

Abgesehen von dieser Informationslücke ist der Ofenbauer — wie bereits oben erwähnt — mit einer Produktverteuerung von 350 DM je Quadratmeter Ofenwand konfrontiert. Dadurch ist offenbar ein unüberwindbares Verkaufshindernis entstanden, da aus der erwähnten Informationslücke eine Unfähigkeit zur Diskussion über Kosteneinsparungen und Amortisation resultiert.

Die Ehrlichkeit gebietet es, an dieser Stelle zu erwähnen, daß ungefähr 30 % der deutschen Industrieofenbauer konsequent keramische Faser einsetzen. Das Gesagte gilt also für die restlichen 70 %, die ihrer Kundschaft mit ihrer Indifferenz keramischen Fasern gegenüber einen schlechten Dienst erweisen.

Der Ofenbetreiber

Der Ofenbetreiber hat es eigentlich am schwersten, denn er muß sich auf die Beratung verlassen, die der Ofenbauer ihm zuteil werden läßt. Was in diesem Bereich in 70 % der Fälle zu erwarten ist, wurde oben beschrieben. Es ist aber nicht wegzudiskutieren, daß der Ofenbetreiber sparsam mit Energie umgehen muß. Dennoch muß sehr oft festgestellt werden, daß einmalige Investitionen offenbar stärker ausschlaggebend sind als immer wederkehrende Betriebskosten.

Auskleidungssystem

Aus der Vielzahl der Möglichkeiten mit diversen Faserstoffen haben sich auch unterschiedliche Auskleidungssysteme ergeben. Davon sollen drei, die man bei rund 90 % aller Anwendungsfälle einsetzen kann, hier näher erläutert werden.

Lagenkonstruktion in mehreren Schichten

Hierbei werden Fasermatten flachseitig aufeinandergeschichtet und mit durchgehenden Halteelementen befestigt. Der Vorteil einer derartigen Konstruktion liegt in der Möglichkeit, bei abfallender Temperatur für den Wandaufbau verschiedene Materialien einzusetzen und somit preiswerte Auskleidungen anzubieten. Dieses System läßt sich mit metallischen Halteelementen noch bei etwa 1100 bis 1300 °C anwenden, mit keramischen Halteelementen bei 1250 bis 1300 °C. Nachteilig bei dieser Konstruktionsart sind die durchgehenden Halteelemente, die nicht zu unterschätzende Wärmebrücken darstellen, insbesondere unter Berücksichtigung der Tatsache, daß pro Quadratmeter etwa 12 bis 16 Halteelemente benötigt werden. Zudem muß man bei einer Tempeatur über 850 °C Maßnahmen gegen ein Schrumpfen des Materials treffen.

Senkrechte Faserauskleidung mit Großmodulen

Die Fasermodule werden entsprechend der geforderten Wanddicke in diversen Abmessungen hergestellt. Für die gesamte Dicke der Wand wird nur eine Faserqualität verwendet. Verankert wird die Modulkonstruktion mit einem wellengitterbewehrten Kleberbett und — je nach Bedarf und Konstruktion — mit integrierten Ankerelementen. Ein Nachteil dieser Konstruktion liegt darin, daß wegen der Verwendung nur eines Materials — das auf de frontseitige Höchsttemperatur abgestimmt sein muß — die Kosten gegenüber einer mehrlagigen Konstruktion ansteigen. Vorteile dieser Konstruktion sind erhebliche Ersparnisse bei der Montage und das Entfallen von Wärmebrücken. Auch die gegenüber der Lagenbauweise erhöhte Einsatzgrenztemperatur dieser Konstruktion ist als Vorteil anzuführen. Auch wenn mit erhöhter Strömungsgeschwindigkeit zu rechnen ist, sollte diese Konstruktion gewählt werden. Die Erfahrung zeigt, daß bei einer Strömungsgeschwindigkeit von 30 bis 35 m/s noch keine Schäden an der Auskleidung festzustellen sind. Versuche bei noch höherer Belastung laufen zur Zeit.

Mischkonstruktionen aus Modul- und Schichtbauweise

Als Alternative bietet sich eine Kombination aus den beiden obengenannten Bauarten an. Dann wird frontseitig ein Modul aus senkrecht angeordneten Fasern eingesetzt und dahinter eine lagenweise Konstruktion aus Lasern bzw. Hinterisolierstoffen. Auch bei diesem System bestehen die Vorteile im Vermeiden der Wärmebrücken — es werden nur integrierte Ankerelemente verwendet —, in der erhöhten Anwendungstemperatur sowie in der Beständigkeit gegen höhere Strömungsgeschwindigkeiten. Allerdings erfordert diese Bauart einen größeren Montageaufwand.

Kohlenstoff- und Graphitwärmedämmstoffe: „Sigratherm"

(„Sigri", Meitingen) in Form von Flocken und Filzen sind Kohlenstoff-Fasern die durch Verkohlen von natürlichen oder synthetischen Fasern hergestellt werden. Sie sind in der Luft bis 350°C aber in Vakuum bis 3000°C einsetzbar und eignen sich somit sehr gut für die Wärmeisolation von widerstands- und indektivbeheizten Schutzgas- oder Vakuumöfen. Werden die Kohlenstoff-Filze einer Hochtemperaturbehandlung bei 2500°C unterworfen, so bekommt man „Sigratherm-Graphitfilze", die ein geringes Absorptionsvermögen für Gase haben, wodurch wesentliche kürzere Auspumpzeiten bei Hochvakuumöfen erzielt werden.

„Sigrapor" ist ein leichter, schaumartiger Kohlenstoff in Blockform. Er wird durch Verkohlen von verschäumten Kunstharzen hergestellt und u.a. auch zur Wärmedämmung angewandt, und zwar wie Feuerleichtstein aber nur in nichtoxydierende Atmosphäre oder in Vakuum. Bild 14 zeigt die Wärmeleitfähigkeit von „Sigratherm".

1.3.6 Metallische Ofenbaustoffe

Hiermit sind Gußeisen, Gußstahl und Stahl mit einer gewissen Beständigkeit gegen höhere Temperaturen gemeint.

Gewöhnliches **Gußeisen** wird sehr oft für Türrahmen, Roststäbe und Rostträger und sonstige Konstruktionsteile verwendet. Hierbei ist zu bemerken, daß Gußeisen bei Temperaturen über rund 425 °C wächst, das heißt, es erfährt eine bleibende Ausdehnung. Dieses Wachsen ist um so größer, je höher die Temperatur ist und nimmt außerdem stark zu, wenn das Gußeisen mehrmals auf höhere Temperatur gebracht wird und zwischen-

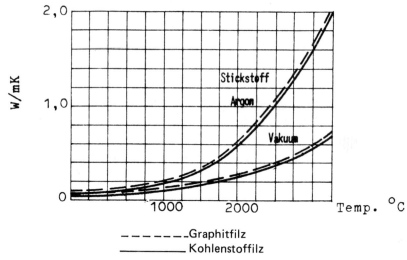

Bild 14: Wärmeleitfähigkeit von „Sigratherm"-Filze (66 kg/m³) (Sigri GmbH, Meitingen)

durch wieder abkühlt. Letzteres ist der Fall bei Öfen, die schichtweise betrieben werden. Chromzusatz bis 0,7 % und ein niedriger Siliziumgehalt (1,2 bis 2,0 %) machen Gußeisen beständiger gegen das Wachsen. Ein Gußeisen mit 1,0 bis 2,5%, Si, 3% C, 1,0 bis 1,5% Mn, 18 bis 22 % Ni und 2 bis 4 % Cr sollen bis 815 °C beständig gegen Wachsen sein. Auch Molybdänzusatz soll eine Verbeserung des Gußeisens herbeiführen.

Die metallischen Ofenbaustoffe sollen nicht nur beständig sein gegen das Wachsen, sie müssen bei den höheren Temperaturen, die in Öfen oder in Rekuperatoren auftreten, auch zunderbeständig sein. Sie dürfen durch den Schwefelgehalt das Abgases nicht zerstört werden und müssen auch eine genügende Dauerbelastbarkeit aufweisen.

Rekuperatoren (4.7.1.) werden manchmal aus gußeisernen Elementen aufgebaut. Nach Mitteilung der GEFI (Krefeld) werden hierfür drei verschiedene Gußarten angewandt, und zwar abhängig von den in Frage kommenden Temperaturen:

Hitzebeständiger Spezialguß für Abgastemperaturen bis zu 850 °C und Lufttemperaturen bis zu 450 °C. Es ist ein hochwertiger Grauguß mit erhöhtem Si-Gehalt.

Legierter Cr-Si-Guß für Abgastemperaturen bis zu 920 °C und Lufttemperaturen bis zu 480 °C. Es handelt sich um eine Legierung mit einigen Prozenten Cr und Si.

Hochhitzebeständiger Chromguß für Abgastemperaturen bis zu 1000 °C und Lufttemperaturen bis zu 700 °C. Er hat einen Cr-Gehalt von rund 28 %. Durch den hohen Cr-Gehalt wird der gefürchteten Warmversprödung entgegengewirkt, gleichzeitig ergibt sich damit eine große Zunderbeständigkeit.

Tafel 14 enthält einige Angaben bezüglich der Werkstoffe, die von der Industrie Companie Kleinwefers (Krefeld) für ihre gegossenen Elemente für Verbundrekuperatoren (4.7.2.) verwendet werden.

Ein Stahl gilt als zunderbeständig bei der Temperatur t °C, wenn die Masse der verzunderten Metallmenge bei dieser Temperatur und einer Beanspruchungsdauer von 120 h bei vier Zwischenabkühlungen im Durchschnitt 1 g/m² und bei einer Temperatur von t+50 °C 2 g/m² nicht überschreitet.

Schlamm · Hausmüll · Sonderabfall

Mit Lurgi weiter im Umweltschutz

Anlage zur Entwässerung, Trocknung und autarken Verbrennung von biologischem Klärschlamm.

Lurgi plant und baut Anlagen zur

- Behandlung von flüssigen und festen toxischen Sonderabfällen
- Aufbereitung und Verbrennung von Schlämmen, Hausmüll und sonstigen festen oder flüssigen Abfällen mit Wärmerückgewinnung
- Verbrennung von Abgasen und Abfallflüssigkeiten
- Thermische Verfahren zur Reaktivierung von Aktivkohlen und Regenerierung von Gießereisanden
- Komplette Anlagen zur trockenen, halbtrockenen und nassen sowie zur abwasserfreien Abgasreinigung

Lurgi beantwortet Ihre Fragen zum Umweltschutz: Was kostet ein sauberer Kamin? ... Aus Trinkwasser wird Abwasser, aus Abwasser durch Behandlung Brauchwasser ... wohin mit dem Klärschlamm? ... Industriemüll: was tun?

LURGI

...die Anlagen baut Lurgi

Lurgi GmbH
D-6000 Frankfurt am Main 11 · Postfach 11 12 31

Amsterdam · Beijing · Bruxelles · Cairo · Caracas · Jakarta · Johannesburg · Kuala Lumpur · London · Madrid · Manila · Melbourne
Mexico D.F. · Milano · Moscow · New Delhi · New York · Paris · Rio de Janeiro · Riyadh · Stockholm · Tehran · Tokyo · Toronto · Wien · Zürich

Innovative Regelungstechnik EUROTHERM

Unser Herstellungsprogramm umfaßt:
- µP Temperaturregler
- µP Programmgeber/-regler
- Thyristorsteller
- Anzeigeinstrumente
- µP Regelsysteme
- Leitrechner

Eine Gruppe hochqualifizierter Vertriebsingenieure zeigt Ihnen neue Wege bei der Instrumentierung Ihrer wärmetechnischen Anlagen.

Fordern Sie uns!

EUROTHERM Regler GmbH
Ottostraße 1 · Postfach 1453 · D-6250 Limburg a. d. Lahn 1 · Telefon (0 64 31) 29 05-0 · Telex 484 791

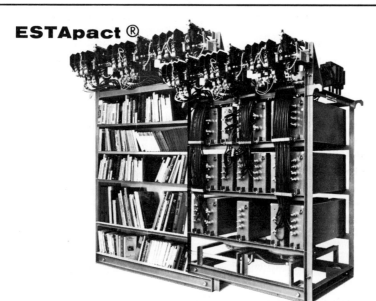

ESTApact ®

KOMPAKTES WISSEN, KOMPAKTER NUTZEN

ERO-STARKSTROM KONDENSATOREN GMBH
8300 LANDSHUT/BAY. HOFMARK-AICH-STR. 36 · TEL. (0871) 86-1

1. Ofenbau

Tafel 14: Gußwerkstoffe für Elemente von Rekuperatoren

Werkstoffbezeichnung		Hc	Ha/A 2	Ha/A 10
Gehalt an Cr	%	1	3	30
Zulässige Abgastemperatur	°C	850	950	1050–1100
Zulässige Lufttemperatur	°C	450	500	700
Brenngastemperatur	°C			500

Die Dauerstandfestigkeit bei einer bestimmten Temperatur wird durch die Zeitdehnungsgrenze $\sigma_{1/1000}$ gekennzeichnet. Hiermit ist diejenige Belastung in N/mm² gemeint, die in 1000 h zu einer bleibenden Dehnung von 1 % führt.

Müssen Rohre bei hoher Temperatur auch eine genügende Festigkeit aufweisen, um einem bestimmten inneren Überdruck widerstehen zu können (Hochdruckdampfkessel, Hochtemperaturüberhitzer usw.), so sind die Warmstreckgrenze $\sigma_{0,2}$ (DIN 50112) und die Zeitstandfestigkeit σ_B bei verschiedenen Temperaturen zu berücksichtigen. Letztere ist die ruhende Belastung, die nach Ablauf einer bestimmten Versuchszeit (z.B. $\sigma_{B/100000}$ für 100 000 h) Bruch der Probe verursacht.

W a r m f e s t e S t ä h l e sind St 35.8 (Stoff-Nr. 0061) und St 45.8 (Stoff-Nr. 0062). In Röhrenform und für Wandtemperaturen bis etwa 450 °C werden sie im Rekuperatorbau verwendet. Zusammensetzung nach Tafel 15.

Ein Zusatz von 0,3–2,0 % Molybdän erhöht die Warmfestigkeit.

H i t z e b e s t ä n d i g e S t ä h l e haben neben einer genügenden Zunderbeständigkeit bei einer Temperatur oberhalb 550 °C auch eine genügend große Dauerstandfestigkeit aufzuweisen. Bei der Wahl eines hitzebeständigen Stahles soll also in erste Linie die Betriebstemperatur festgelegt werden. Weiter ist zu überlegen, welche Dauerbelastbarkeit im Betrieb erforderlich ist (Tafel 16).

Im Industrieofenbau können hitzebeständige Stähle für sehr unterschiedliche Zwecke angewandt werden:

a) Für Brennkammern von Öfen mit Abgasrückführung, für Brennerteile, für Strahlrohre, für Anker und Strahlkästen, für Türrahmen, Tragböden, Tragstangen, Träger, Einsatzkörbe, Töpfe, Muffeln, Schieber und Klappen, Ventilatoren usw.

b) Im Rekuperatorbau als Röhren und Kastenelemente mit oder ohne Nadeln.

c) Als Transportelemente wie Gleitschienen, Gleitschuhe, Verschleißleisten, Hubbalken, Schienen, Räder, Rollen, Achsen, Ketten, Stempel, Förderbänder usw.

d) Als Heizleiter für Elektroöfen.

(Manche der obengenannten Teile lassen sich auch vorteilhaft aus hitzebeständigem Guß herstellen.)

Die hitzebeständigen Stähle können auf Grund ihrer Zusammensetzung in chromhaltige f e r r i t i s c h e S t ä h l e und in chrom-nickel-haltige a u s t e n i t i s c h e S t ä h l e eingeteilt werden. Dazwischen liegt noch die Gruppe der ferritisch-austenitischen Stähle mit Cr- und bedeutend weniger Ni-Zusatz. Einige der meistgebräuchlichen hitzebeständigen Stähle sind in Tafel 16 angegeben.

Die Zunderbeständigkeit beruht nun auf der Bildung dichter, festhaftender Oxydschichten der Legierungselemente Cr, Si, Al und Ti, die das darunter liegende Metall gegen Oxydation schützen. Als besondere Merkmale der ferritischen Stähle können folgende ge-

Tafel 15: Werte für einige gebräuchliche warmfeste Stähle

Bezeichnung nach DIN 17006	Chemische Zusammensetzung Richtwerte in %					Warmstreckgrenze in N/mm² bei °C			Zeitstandfestigkeit σ_B/100000 in N/mm² bei °C				Anwendung bis °C in oxidierender Atmosphäre
	C	Si	Mn	Cr	Mo	300	400	500	450	500	550	600	
15 Mo 3	0,12–0,2	0,15–0,35	0,5 –0,7	–	0,25–0,35	196,1	166,7	137,3	245,17	93,16	31,38	–	530
13 CrMo 44	0,1 –0,18	0,15–0,35	0,4 –0,7	0,7–1,0	0,4 –0,5	235,36	205,94	176,52	284,39	137,29	49,03	–	560
8 SiTi 4	≤ 0,1	0,7 –1,1	≤ 1,0	–	–	–	–	–	–	58,8	29,4	17,65	620
10CrSiMoV7	≤ 0,12	0,9 –1,2	0,35–0,75	1,6–2,0	0,25–0,35	–	–	–	–	156,9	68,6	34,3	620

Tafel 16: Die wichtigsten hitzebeständigen Stähle

Gruppe	DIN-Bezeichnung	Stoff-Nr.	Legierungselemente in %				zunderbeständig bis etwa °C
			Si + Al	Cr	Ni	Ti	
ferritisch	8 Si Ti 46	5310	1			0,6	620
	x 10 Cr Al 7	4713	1,5	6,5			800
	x 10 Cr Al 13	4724	2,0	13			900
	x 10 Cr Al 18	4742	2,0	18			1050
	x 10 Cr Al 24	4762	3,0	24			1200
ferritisch-austenitisch	x 20 Cr Ni Si 25 4	4821	1,0	25	4	0,6	1100
austenitisch	x 12 Cr Ni Ti 18 9	4878	1,0	18	10		800
	x 15 Cr Ni Si 20 12	4828	2,0	20	12		1050
	x 15 Cr Ni Si 25 20	4841	2,0	25	20		1150

Tafel 17: Zeitstandfestigkeit $\sigma_{B/100000}$ in N/mm² bei °C

Stahl	800 °C	1000 °C
1,4742	2,3	0,29
1,4828	7,5	0,39

nannt werden: Niedrige Dauerstandfestigkeit bei hohen Temperaturen. Schwierige Verformbarkeit in kaltem Zustand. Ziemlich unempfindlich gegenüber S-haltigen Rauchgasen.

Die austenitischen Stähle sind gekennzeichnet durch:
Hohe Dauerstandfestigkeit bei hohen Temperaturen. Gute Verformbarkeit in kaltem und warmem Zustand. Empfindlichkeit gegenüber S-haltigen Rauchgasen.

Zum Vergleich sind in Tafel 17 die Zeitstandfestigkeit von dem ferritischen Stahl 1.4742 und dem austenitischen Stahl 1.4828, die beide bis rund 1000 °C zunderbeständig sind, miteinander verglichen.

Da die ferritischen Stähle stark magnetisch sind und die austenitischen Stähle nicht, ergibt sich hieraus ein einfaches Mittel, um im Zweifelsfalle beide zu unterscheiden.

S t r a h l r o h r e aus hitzebeständigem Stahl werden in Fällen verwendet, in denen das Wärmgut nicht mit Abgasen in Berührung kommen darf, die Ofentemperaturen jedoch nicht zu hoch sind (bis rund 1000°C).

Bei Mantelstrahlrohre hat das innere Flammenrohr eine höhere Temperatur als das Mantelrohr (Tafel 18 und 19). Der Brenner kann aus dem gleichen Werkstoff hergestellt werden wie das Mantelrohr, bevorzugt wird der Werkstoff PG 25/35 H. Für den Rekuperator der Strahlrohre wird der Werkstoff PG 22/10 gewählt. Für Strahlrohre für Großaufkohlungsöfen ist PG 25/35 H zu empfehlen, obschon bei diesen Öfen die Ofenraumtemperatur nicht absonderlich hoch ist.

1. Ofenbau

Tafel 18: Werkstoffe und Anwendungstemperaturen für Strahlheizrohre

Glüh- temperatur °C	Ofenraum- temperatur °C	Mantel- temperatur °C	Werk- stoff	Flammrohr- temperatur °C	Werk- stoff
600	650	750	PG 18/8	800	PG 25/12
700	750	850	PG 25/12	900	PG 25/12
800	850	950	PG 25/20 H	1000	PG 25/20 H
850	900	1000	PG 25/20 H	1050	PG 25/35 H
900	950	1050	PG 18/36 H[1])	1100	PG 25/35 H
950	1000	1050	PG 25/35 H[1])	1100	PG 25/35 H
1000	1050	1100	PG 25/35 H	1150	PG 28/48 5
1050	1100	1150	PG 28/48/5	1180	PG 28/48 5
1100	1130	1160	PG 28/48/5	1180	PG 28/48 5

1) Für Gaskohlungsöfen

Tafel 19: Analysen der Werkstoffe für Strahlheizrohre

Qualität	Werkstoff- Nr.	C	Si	Mn	Cr	Ni	W
PG 18/8	1,4825	0,30	1,7	0,8	18	9	
PG 22/10	1,4826	0,40	1,7	0,8	22	10	
PG 25/12	1,4837	0,35	1,7	0,8	25	12	
PG 25/20 H	1,4848	0,40	1,7	0,8	25	20	
PG 25/35 H	1,4857	0,45	1,7	1,0	25	35	
PG 18/36 H	1,4865	0,40	1,3	0,8	18	37	
PG 28/48/5	2,4879	0,40	1,3	1,3	28	48	5

Zum Bau von Rekuperatoren (4.7.1.) werden nach Villain folgende hitzebeständige Stähle verwendet:

Stahl mit 5 % Cr und 0,5 % Mo.

Stahl mit 7 % Cr, 0,5 % Mo und 0,3 % Va.

Weiter die ferritischen Stähle (Tafel 16) 10 Cr Al 13 (Nr. 4724) und 10 Cr Al 24 (Nr. 4762) und der austenitische Stahl 15 Cr Ni Si 25 20 (Nr. 4841).

Der Cr-Gehalt eines Stahles bestimmt in erster Linie die Hitzebeständigkeit, aber auch der Mo-Gehalt soll eine Verbesserung der Zunderbeständigkeit herbeiführen. Die Warmfestigkeit besonders der aust. Stähle läßt sich durch Kobalt erhöhen. Trappe macht darauf aufmerksam, daß die im Stahl-Eisen-Werkstoffblatt 70: „Hitzebeständige Walz- und Schmiedestähle" angegebenen Versuchsbedingungen für den Verzunderungsversuch nicht ohne weiteres mit den Verhältnissen im Rekuperatorbetrieb übereinstimmen. Er vertritt die Meinung, daß bei der Auswahl des richtigen Baustoffes der Rekuperatorbauer auf eigene Erfahrungen und Versuche angewiesen bleibt.

Kommen hitzebeständige Stähle mit schwefelhaltigen Gasen in Berührung (z.B. Abgas von Öl, besonders Mittel- und Schweröl), so ist es wichtig zu wissen, daß die ferritischen

THYSSEN HEIZLEITER:

Ein Bereich des Thyssen Edelstahl-Programms, der in Fertigung, Beratung und Vertrieb speziell auf Heizleiter- und Widerstands-Legierungen ausgerichtet ist.

THYSSEN HEIZLEITER:

Ein branchenspezifischer Spezialist, der sich ausschließlich mit der Versorgung des Marktes mit

THYSSEN CHRONITHERM (Nickel-Chrom- bzw. Eisen-Nickel-Chrom-Legierungen)
THYSSEN ALSICHROM (Eisen-Chrom-Aluminium-Legierungen) befaßt.

THYSSEN HEIZLEITER:

Ein Begriff für Werkstoffe von hoher Qualität sowie für größte Flexibilität bei der terminlichen Abwicklung – ob Sonderanfertigung oder Lagerlieferung.

THYSSEN HEIZLEITER:

Ein Team, das im engen Kontakt zum Geschäftspartner schnellste Kommunikation und Aktualität durch modernste Datentechnik und Bildschirm-Terminals sichert.

Überzeugen Sie sich!

THYSSEN HEIZLEITER
Heizleiter- und Widerstandslegierungen der
THYSSEN EDELSTAHLWERKE AG
Postfach 13 69 · 5810 Witten 1
Telefon: (02302) 583-1 · Telex: 823234 tew hz d

COUPON

Ich möchte mich über Ihr Programm informieren:
Bitte schicken Sie mir Ihre Informationsmappe mit ausführlichen Werkstoffangaben (Kenn-Nr. 1155/1-9)

Name

Firmen- oder Berufsangabe

Straße/Postfach   Postleitzahl/Ort

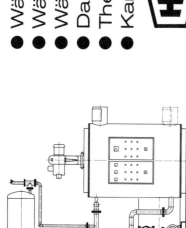

- Wärmeträgeröl-Anlagen nach DIN 4754
- Wärmerückgewinnungs-Systeme
- Wärmetauscher
- Dampferzeuger
- Thermische Abluftreinigungs-Anlagen
- Kamine

HEIZA MATTIL GMBH & CO.
D-6734 Lambrecht (Pfalz) · Postfach 1169
Telefon: (06325) 8091 · Telex: 454675 jolhz d

Elektronisches Messen
physikalischer
und chemischer Werte

…die Einbau-Messer

testoterm GmbH & Co.

Postfach 1140207
D-7825 Lenzkirch/Schwarzwald
Telefon (0 76 53) 681-0
Telex 7 722 334 elro d

Stähle widerstandsfähiger sind als die austenitischen Stähle. Abgesehen von der Korrosion durch schwefelhaltige Gase bei niedriger Temperatur (4.1.3.), kann sich in einer schwefelhaltigen, reduzierenden Atmosphäre ein Nickel-Nickelsulfid-Eutektikum bilden, das bereits bei 625 °C schmiltzt, wodurch der Baustoff zerstört wird. Nach einer Mitteilung der Industrie-Companie Kleinewefers (Krefeld) werden, da bei vielen Abgasen mit einem Schwefelgehalt gerechnet werden muß, vorzugsweise die ferritischen Stähle der Tafel 16 (Stoff-Nrn. 5310, 4713, 4724, 4742 und 4762), also keine Nickel enthaltenden Werkstoffe, für den Rekuperatorbau verwendet.

Vanadium oxydiert bei der Verbrennung zu Vanadiumpentoxyd (V_2O_5), und mit Natrium bilden sich Vanadaten. Diese Stoffe werden als äußerst feine Ascheteilchen in den Abgasen mitgeführt. Sie üben in geschmolzenem Zustand eine auflösende und oxydierende Wirkung auf Metalloberflächen aus. Alle zur Zeit bekannten hitzebeständigen Eisenwerkstoffe werden ohne Rücksicht auf die Art ihrer Legierung sehr bald zerstört, sobald ihre Oberflächentemperatur den Schmelzpunkt der Vanadiumasche übersteigt. Besonders gefährdet sind in dieser Hinsicht die Molybdänstähle, die sonst wegen ihrer Hitzebeständigkeit manchmal bevorzugt werden. Nickel-Chromlegierungen (z.B. CrNi 60/40, 50/50 und 35/65) sollen sich in der USA gut bewährt haben.

Aus Tafel 20 folgt, daß V_2O_5 bei 675 °C schmilzt und einige Natriumvanadate sogar bei Temperaturen von 625 bis 640 °C. Dasselbe gilt für Kalzium- und Kaliumvanadate.

Tafel 20: Schmelzpunkte von Vanadiumaschen aus Heizöl

Vanadinpentoxyd (V_2O_5)	675 °C
Natriummetavanadat ($NaVO_3$)	630 °C
Natriumpyrovonadat ($Na_4V_2O_7$)	640 °C
Natriumvanadylvanadat ($Na_3O \cdot V_2O_4 \cdot 5\,V_2O_5$)	625 °C

Eutektika einiger Vanadiumverbindungen können Schmelzpunkte von 600 °C oder noch niedrigere aufweisen. Zur Vermeidung dieser Korrosionserscheinungen gibt es bis heute nur das eine Mittel, die Rekuperatoren, die mit Abgas von Heizöl betrieben werden, so zu berechnen, daß die Werkstofftemperatur an keiner Stelle 620 °C übersteigt. Auch bei Muffeln, Brennkammern usw. aus metallischem Werkstoff ist hierauf zu achten.

2. Anwendung der Ofenbaustoffe und Ofenbauteile

Der Ofenbauer hat u.a. folgende Punkte zu beachten:
1. Man muß sich vorher sehr sorgfältig überlegen, welche Ansprüche an den feuerfesten Baustoff gestellt werden, und zwar an der Einbaustelle im Ofen. Am besten befragt man im Zweifelsfalle den Hersteller von Ofenbaustoffen. Man hat folgende Punkte zu beachten:
   a) Feuerfestigkeit.
   b) Druckfeuerbeständigkeit.
   c) Wärmespeicherung.
   d) Wärmeleitfähigkeit
   e) Widerstandsfähigkeit gegen chemische Einflüsse und Verschlackung. Diese können ausgehen von dem Wärmegut, von den Abgasen oder von anderen bei dem Wärmeprozeß verwendeten Gasen und von benachbartem feuerfestem Stoff.
   f) Temperaturwechselbeständigkeit.
   g) Wachsen beim Hochheizen auf hohe Temperaturen.
   h) Ausdehnungszahl bei verschiedenen Temperaturen.
   i) Mechanische Festigkeit.
   j) Widerstandsfähigkeit gegenüber mechanischem Verschleiß.
   k) Gasdurchlässigkeit.
   l) Lebensdauer (z.B. Anzahl Chargen, Anzahl Betriebslage usw.).
   m) Preis.

   Die beiden letzten Punkte sind wichtig für die Wirtschaftlichkeit des Ofenbetriebes und sollen gegen die anderen Erfordernisse abgewogen werden. Ein billiger Ofen, selbst wenn er eine große Lebensdauer hat, kann im Betrieb zu teuer sein durch seinen Energieverbrauch, der Jahr für Jahr große Summen verschluckt.
   Auch die Betriebsbereitschaft ist wichtig für die Wahl der Baustoffe. Denn das Gesamtprogramm einer modernen Produktion darf nicht durch den Ausfall von Ofeneinheiten gestört werden. Ein bedeutend höherer Preis der Ofenbaustoffe kann deswegen gerechtfertigt sein.
2. Im Ofen gibt es Stellen, für die ein sehr teurer Ofenbaustoff der geeigneste ist, während man für den ganzen übrigen Ofen einen billigeren Baustoff verwenden kann. Die Regel aus dem Maschinenbau, nach welcher keine Konstruktion stärker ist als ihr schwächstes Glied, gilt auch für einen Ofen. Ist es unmöglich, diese Regel zu befolgen, weil ein brauchbarer Stein nicht zu erhalten oder außerordentlich teuer ist, so soll man so bauen, daß die Teile, die am stärksten beansprucht und zuerst zusammenbrechen werden, auf einfache Weise schnell und billig ausgewechselt werden können.
3. Wenn verschiedene Ofenbaustoffe in einem Ofen unmittelbar nebeneinander eingebaut werden, dürfen sich diese gegenseitig nicht chemisch angreifen. Im Notfalle sollen solche Baustoffe durch eine Zwischenschicht, die auf keinen der beiden anderen einwirkt, chemisch isoliert werden.
4. Es sollen, wenn es nur irgendwie angängig ist, handelsübliche Steine verwendet werden. Besondere Steinformate sind teuer, und die Lieferzeit ist länger. Ungewöhnliche Formsteine sich selbst aus plastischem Material herzustellen oder im Ofen mittels geeigneter Masse einzustampfen, ist eine Hilfslösung.
5. Feuerfestes Material soll nie unbenützt im Freien gelagert werden; denn es ist sehr empfindlich gegen Witterungseinflüsse.

2. Anwendung der Ofenbaustoffe und Ofenbauteile

6. Immer ist der zu den jeweiligen feuerfesten Steinen gehörende Mörtel zu verwenden, der am besten vom gleichen Hersteller bezogen wird wie die Steine.
7. Steine dürfen nicht behauen werden. In der Ofenheizung sollen die Steine maßstäblich genau angegeben werden, damit man schon beim Entwerfen sehen kann, ob man ohne Zurechthauen und möglichst ohne Spezialformate auskommen kann.
8. Das Ausmauern von Öfen ist eine Kunst für sich und soll Fachleuten überlassen werden. Die Fugen zwischen den Steinen sind die schwächsten Stellen, deswegen sollen diese sehr dünn gehalten werden. Man darf keine Öffnungen mit Mörtel ausfüllen.
9. An Ausdehnungsräume und an Ausdehnungsfugen muß gedacht werden.
10. Beim Anwärmen eines neuen Ofens soll man sehr vorsichtig vorgehen. Anker sollen genügend tragen und von Zeit zu Zeit während des Aufheizens etwas nachgelöst werden. Bei einem Stoff wie Silika ist die größte Vorsicht geboten. Temperaturmessungen während des Aufheizens sind unerläßlich.

Die Wahl der Ofenbaustoffe richtet sich nicht nur nach der Art des Wärmgutes und der Höhe der Ofentemperatur, sondern es sind meistens für verschiedene Teile des Ofens auch verschiedene Baustoffe zu wählen. Handelt es sich z.B. um ein geschmolzenes Gut, wie Glas oder Stahl, so ist für die Wanne oder den Herd ein anderes Material zu wählen als für das Ofengewölbe. Immer werden die bekannten Ofenbaustoffe verbessert und kommen neue hinzu. Bei neuen Ofenbauarten soll deswegen mit dem Hersteller von feuerfesten Baustoffen und hitzebeständigen Stählen überlegt werden, welche Materialien für den vorliegenden Fall zu empfehlen sind. Auch die Art des Wärmeträgers ist zu berücksichtigen, denn es ist nicht gleichgültig, ob z.B. mit Ferngas oder mit Schweröl geheizt wird.

Die Schamotteerzeugnisse machen immer noch rund dreiviertel der feuerfesten Baustoffe aus und sie werden in allen Industrien verwendet. Silikasteine, hochtonerdehaltige oder basische Steine und spezielle feuerfeste Erzeugnisse werden nur an den höher beanspruchten Stellen angewandt. Für die bekannten Ofenbauarten sind in der einschlägigen Literatur (siehe Schrifttumsverzeichnis) Angaben zu finden über die gebräuchliche Zustellung.

BAUTEILE

2.1. OFENWÄNDE:

Für die Wandstärke von Ofenwänden können bei Öfen für höhere Temperaturen die nachfolgenden Angaben als Richtschnur genommen werden (nach Trinks):

Wände von 1 m Länge oder Höhe eine Stärke von 120 mm,
Wände von 2 m Länge oder Höhe eine Stärke von 230 mm,
Wände von 3 m Länge oder Höhe eine Stärke von 350 mm.

Bei Betriebstemperaturen, die nicht höher als 900 bis 1000 °C sind, kann man die Wandlänge für das gleiche Minimum an Wandstärke rund 40 % größer machen.

Wird eine Schamotteofenwand an der Außenseite mit gewöhnlichem Ziegelmauerwerk verkleidet, so kann man beide Steinarten miteinander verbinden, indem man Schamottesteine abwechselnd in den Ziegelmauerwerkverband aufnimmt. Bei einer zweischichtigen Wand aus Silika und Schamotte ist dieses aber nicht zulässig.

Besondere Aufmerksamkeit ist der Anbringung von D e h n f u g e n zu widmen. Der Abstand dieser Fugen voneinander sollte nicht größer als 4—6 m sein. Die an Hand der Wär-

2. Anwendung der Ofenbaustoffe und Ofenbauteile

meausdehnungskoeffizienten und der auftretenden Temperaturen errechnete Breite der Fugen kann bei Schamotte- und Ziegelbaustoff auf rund die Hälfte reduziert werden, da beim Austrocknen des Mauerwerks ein Nachschwinden auftritt. Bei Silikasteinen tritt aber unter Umständen ein Nachwachsen auf. Dehnfugen an den Ecken des Ofens sind besonders sorgfältig und in genügender Zahl anzuordnen. Denn hier können Dehnungen in mehrere Richtungen auftreten. Sorgfältig ist auch darauf zu achten, daß während der Ausmauerungsarbeiten keine Steinstücke, Mörtel usw. in die Fugen fallen. Deshalb ist es ratsam, diese mit einem leicht zusammendrückbaren und leicht verbrennlichen Material, wie z.B. Wellpappe, auszufüllen. Auch sollen die Fugen oben nachträglich abgedichtet werden, selbst wenn hier eine Isolierschicht angebracht wird (Bild 15 und Bild 16).

Der instationäre Wärmestrom durch eine Ofenwand während des Aufheizens muß bei der Bemessung von Dehnfugen berücksichtigt werden.

Das Mauerwerk von kleineren und mittleren Öfen ist meistens von einem Blechgehäuse umschlossen. Beim Beginn der Mauerarbeit wird an der Innenseite dieses Gehäuses Wellpappe angebracht, wodurch eine Ausdehnungsmöglichkeit geschaffen wird. Auch große Öfen haben oft eine äußere Stahlblechhülle. A n k e r m a s t e und Z u g a n k e r übernehmen hier den Seitendruck des Gewölbes oder anderer sich ausdehnender Ofenbauteile. Federn können hierbei eine gewisse Nachgiebigkeit gewährleisten.

Wie bereits erwähnt wurde, werden im steigenden Maße Feuerbeton, Stampfmassen und plastische keramische Massen (Batzen) als Baustoff für Industrieöfen eingesetzt. Bei Feuerbeton (hydraulisch bindend) und Stampfmassen (keramisch bzw. chemisch-keramisch bindend) sind Verschalungen notwendig, die möglichst stabil aus Stahl und bei Holz gut dicht und geölt sein sollen. Beton ist nach „Plibrico" im unteren Temperatur-

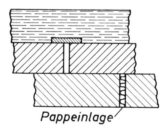

Bild 15: Abdichtung von Dehnfugen

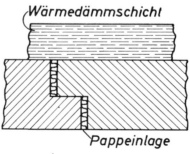

Bild 16: Abdichtung von Dehnfugen

2. Anwendung der Ofenbaustoffe und Ofenbauteile

bereich bis rund 600 °C einer Stampfmasse überlegen, aber bei 600—1100 °C bei reduzierten Festigkeitswerten bedingt tauglich. Ab 1100 °C sind Stampfmassen für Anwendungen bei kritischen Aufheizbedingungen zu bevorzugen. Jedenfalls ist von Fall zu Fall zu prüfen, welcher Baustoff in Hinblick auf Notwendigkeit und Wirtschaftlichkeit zu wählen ist. Der Temperaturbereich für Feuerbeton liegt zwischen 20 bis 1750 °C und für Stampfmassen zwischen 900 bis 1700 °C, wobei es aber auch Stampfmassen gibt („Pliram") die von 450 bis 1780 °C anwendbar sind. Bei der Anwendung von plastische, keramische Massen sind keine Verschalungen notwendig, da sie gegen eine feste Hinterwand aufgestapelt und festgeklopft werden.

Für das Stampfen der Wände von Tieföfen wird hochtonerdehaltige Stampfmasse verwendet. Die Zustellung kann ohne Innenverschalung von ungelernten Arbeitskräften ausgeführt werden. Diese Massen haben eine niedrige Wärmeleitfähigkeit, und deswegen kann die Wanddicke erheblich vermindert werden. Beim Übergang von der gemauerten auf die gestampfte monolithische Wand gewinnt man 20 bis 30 % an Herdfläche (Bild 17).

Bei all diesen Bauweisen müssen im allgemeinen Anker verwendet werden, die sowohl in Bezug auf Baustoff, als auch auf ihre Form richtig gewählt werden müssen. Bild 18 zeigt verschiedene, metallische und keramische Anker und Bild 19 die Anwendung von keramische Ankern bei einem Hängegewölbe.

Beim Betonieren ist u.a. auf folgendes zu achten:

Immer genau die Vorschriften bezüglich Wasserzumischung einhalten. Hat man zuviel Wasser zugemischt, so ist die Festigkeit ungenügend, da Entmischung auftritt und eine erhöhte Gefahr von Schwindung und Rißbildung vorhanden ist. Andererseits ist bei zu wenig Wasser die Bindung unzureichend und die Festigkeit ungenügend. Bei zu hoher Temperatur bindet der Beton zu schnell ab (Temperatur über 40—50 °C) wodurch er ver-

Bild 17: Anbringung von plastischem Material zur Erneuerung der Innenwand eines Tiefofens
Werkbild Plibrico, Düsseldorf)

brennt. Auch die Wassertemperatur soll beachtet werden, sie soll 60–2t °C betragen, wobei t die Temperatur der trockenen Masse ist. Die Mischzeit soll nicht zu kurz sein, 2 bis 4 Minuten wäre richtig.

Auch bei gestampften Wänden sollen bei größeren Öfen Ausdehnungsfugen vorgesehen werden, die einfach anzubringen sind, indem man beim Stampfen in Entfernungen von je 3 m Pappeinlagen von rund 5 mm Stärke einlegt, die beim Hochheizen verbrennen und Fugen zurücklassen.

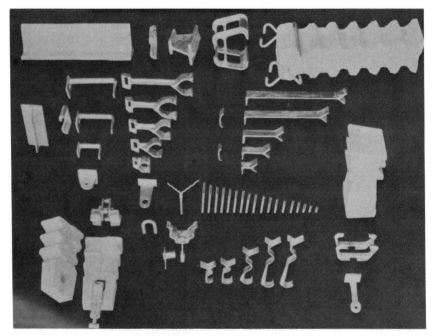

Bild 18: Verschiedene metallische und keramische Anker (Werkbild Plibrico, Düsseldorf

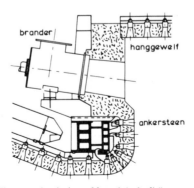

Bild 19: Hängegewölbe aus plastischem Material. Aufhängung mittels keramischer Anker

Industrieofenbau
Viel zu wenig für das, was wir wirklich tun!

Gasbeheizte 2-Etagen-Vergüteanlage (Auslaufseite) für Schmiedeteile mit REKU-Brennern, Faserauskleidung und freiprogrammierbarer Steuerung. Leistung: 500 – 1500 kg/h

Öfen, Brenner und Maschinen
Zum Wärmebehandeln und Wärmen · Zum Schmelzen und Warmhalten · Zum Vergießen und Stapeln
Zum Einbrennen und Beschichten
Zum Feuerverzinken
Zur Wärmeerzeugung · Zum Trocknen

Dr. SCHMITZ+APELT

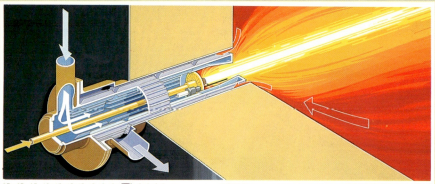

Hohe Energieersparnis:
Die neue Generation gasbeheizter Öfen

Unser Leistungsangebot:
Eigenes Engineering · Eigene Fertigung
70 Jahre Erfahrung im Industrieofen-
und Feuerungsbau.

Das Ergebnis:
Fortschrittliche und preiswerte
Produkte aus moderner Fertigung.

Dr. Schmitz + Apelt
Industrieofenbau GmbH
D-5600 Wuppertal 22
Postfach 22 03 47
Telefon (02 02) 60 98-0

Dr. SCHMITZ + APELT

2. Anwendung der Ofenbaustoffe und Ofenbauteile

In der Praxis bedeutet es manchmal einen Vorteil, wenn die Stampfmasse nach außen hin nicht ganz durchgebrannt ist, denn so verbleibt eine mehr oder weniger elastische Unterlage für die durch Wärme belastete Innenschicht.

Es sind auch Massen erhältich die maschinell gespritzt werden. Bis vor Kurzem wurden sie nur benutzt, um beschädigte, feuerfeste Ofenauskleidungen zu reparieren. Jetzt aber werden ganze Ofenwände und Gewölbe mittels diesem Verfahren hergestellt. ([24]) Siehe Bücher)

Statt der durch oben behandelte Bauweise erzielbare „monolitische" Konstruktionen, kann man feuerfeste Ofenauskleidungen auch aus vorgefertigten Bauteilen herstellen. Wenn man die hierzu nötigen Blöcke in genügender Zahl auf Lager hat, so kann man die Ofenauskleidungen schnell einbauen oder schadhafte Teile durch neue ersetzen (Bild 20). Lichtbogenöfen werden mit keramisch gebundenen Dolomitsteinen ausgemauert. Aber es gibt auch fertig geformte Segmente. Sechs Segmente können eine komplette Ofenwand bilden (Bild 21).

Bild 20: Tiefofenzustellung in Fertigbauweise (Werkbild Plibrico)

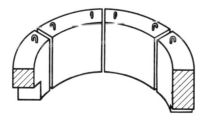

Bild 21: Lichtbogenofen-Zustellung in Fertigteilbauweise

2. Anwendung der Ofenbaustoffe und Ofenbauteile

Ein besonderes System der Anwendung von vorgefertigten Teilen bilden die „Trilock-Blöcke" (Morganite Research and Development Center). Diese haben ein handliches Gewicht von 25 kg und werden mittels kurzer keramischer Rundstäbe untereinander verbunden (Bild 22).

Ofenwände können auch mittels großformatige Platten hergestellt werden. So können mit Asbestsilikatplatten Trockner für Arbeitstemperaturen bis 400 °C gebaut werden. Als Hintermauerung für Stampfmassen, Beton und Feuerleichtstein sind Kalziumsilikatplatten gut brauchbar. Sie können teilweise Temperaturen bis 1000 °C ertragen (Tafel 11). Verbundplatten z.B. Asbestsilikatplatten mit einer Zwischenschicht aus Steinwolle bringen eine bessere Wärmedämmung als eine einschichtige Platte. Sie lassen sich in der in den Bildern 23, 24 gezeigten Weise als Wände für Niedrig-Temperatur-Öfen verwenden.

Das große Angebot an keramischen Fasern hat dazu geführt, daß man diese in Form von Matten oder verarbeitet zu besonderen Bauelementen für den Bau von Industrieöfen her-

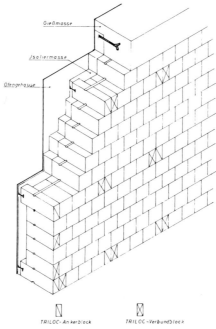

Bild 22: TRILOC-Wandaufbau

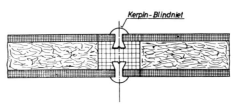

Bild 23: Verbindung von Verbundelementen ohne Wärmebrücken

2. Anwendung der Ofenbaustoffe und Ofenbauteile

angezogen hat. Denn Wände und Decken aus keramischen Fasern sind nicht nur auch bei höheren Temperaturen wärmedämmend, sondern auch leicht und haben eine geringe Wärmespeicherung. Somit wird in derartigen Öfen die Arbeitstemperatur schnell erreicht und mit geringerem Energieverbrauch. ([241] Siehe Bücher). Die Matten werden in Schichten auf Stifte aus hitzebeständigem Stahl geschoben, worüber dann entweder Scheiben mittels Muttern angedrückt werden oder Gewindescheiben aufgeschraubt werden. Auch gibt es besonders geformte Stifte für Scheiben, die heruntergedrückt und dann zur Sicherung 90° gedreht werden (Bild 25). Die Stifte werden meistens an der Stahlblech-Umkapselung des Ofens angeschweißt (Bild 26). Bei Innentemperaturen die über rund 1100 °C liegen, müssen andere Befestigungsmittel oder Konstruktionen angewandt werden. Bild 27 zeigt eine Lösung der Morganite Cheramic Industrial Ceramic Fibres Ltd. und Bild 28 der Royal Worcester Industrial Ceramics Ltd. In beiden Fällen wird die Hochtemperaturseite der Ofenwand mittels keramische Teile überbrückt. Bei entsprechender Materialauswahl sind sie bis 1500–1600 °C anwendbar. Bild 29 zeigt einen sehr großen Ofen in der Leichtbauweise mit keramischem Fasermaterial.

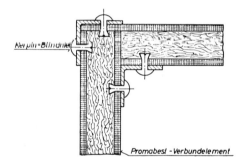

Bild 24: Eckverbindung von Verbundelementen ohne Wärmebrücken (Werkbilder Promat, Düsseldorf)

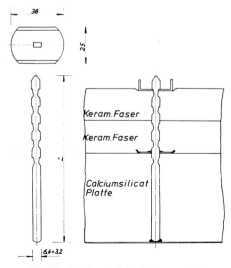

Bild 25: Gezahnter Stift 6,4 mm x 3,2 mm

2. Anwendung der Ofenbaustoffe und Ofenbauteile

Bild 26: Bestiftung zur Anbringung einer feuerfesten Auskleidung aus keramischen Fasern

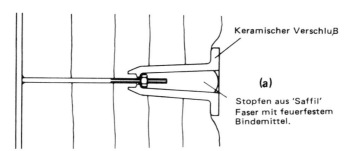

Bild 27: Werkbild „Saffil"

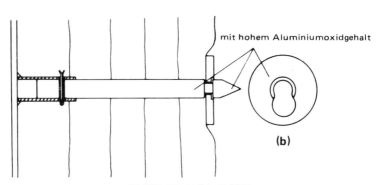

Bild 28: Werkbild „Saffil"

2. Anwendung der Ofenbaustoffe und Ofenbauteile

Bei der Anwendung von keramischen Fasermatten ist darauf zu achten, daß die Geschwindigkeit von Heizgasen entlang der Oberfläche vorzugsweise 10–15 m/s nicht überschreiten soll. Werden aber fest aneinander gepreßte Streifen der Matten so gelagert, daß das Gas nur mit der Schnittfläche der Matten in Berührung kommt, so sollen Heizgasgeschwindigkeiten von 100 m/s, wie sie bei Impulsbrennern auftreten, zulässig sein.

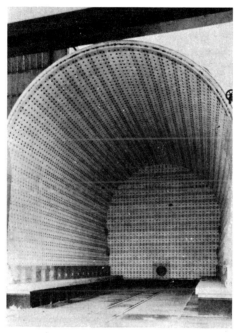

Bild 29: Blick in den Innenraum des Ofens. Höhe über Flur 10 m (Werkbild Brobu, Düsseldorf)

Bild 30: Alsiblock

2. Anwendung der Ofenbaustoffe und Ofenbauteile

Es gibt vollständige Ofenbauelemente auf Basis von keramischen Fasermatten, wobei hierauf geachtet wird und außerdem Befestigungsmöglichkeiten vorgesehen sind. Beim „Pyroblock" („Alsiblock") werden die Fasermattenstreifen hochkant und eng zusammengepreßt in einem niedrigen Metallrahmen gefaßt (Bild 30). Im Mittelpunkt des Blockes ist das Befestigungsmittel eingebettet. Es besteht aus einem Anschweißstift mit Gewinde. Oben auf dem Gewinde ist eine Mutter lose aufgeschraubt. Unter dieser Mutter liegt eine Scheibe, mit der der Block, nachdem der Stift festgeschweißt ist, durch anziehen der Mutter gegen die Ofenwand gepreßt wird. Dafür ist um die Mutter ein passendes Rohrstück angebracht. Mit einem Spezialwerkzeug wird der Stift festgeschweißt und anschließend wird das Werkzeug durchgedrückt. Ein eingebauter Motor schraubt jetzt das Rohrstück und somit auch die Mutter fest. Das Rohrstück wird dann entfernt. Tafel 21 zeigt den Wandverlust eines Blockes 150 mm stark.

Tafel 21: Wärmeverlust einer 150 mm starken Ofenwand aus „Pyro-Blocks" Qualität P 2400 AF

Umgebungstemperatur 26 °C Wandemissionsvermögen $\epsilon = 0,95$						
Außenwandtemperatur in °C	48	55	67	79	91	104
Wärmeverlust in W/m^2	303	375	520	713	905	1145

Bild 31 zeigt den Aufbau der „Clinotherm"-Bauelemente. Die hochkantig geschnittenen Faserstreifen sind an einer Vermikulit-Platte gekittet. In dieser Platte sind hitzebeständige Stifte befestigt, die an der Stahlkassette des Elementes geschweißt sind. Zwischen Platte und Stahlblech ist noch eine Schicht Steinwolle gelagert. Außer rechteckigen Elementen sind auch Eckelemente erhältlich (Tafel 22).

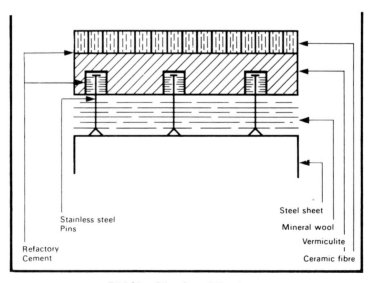

Bild 31: „Clinotherm"-Bauelement

2. Anwendung der Ofenbaustoffe und Ofenbauteile

Tafel 22: Wärmeverlust einer Ofenwand aufgebaut mit „Clinotherm"-Elementen

Faser	Stärke der Schicht in mm			Temperatur in °C		Wandverlust in W/m²
	Faser	Vermiculit	Steinwolle	Ofen	Außenwand wand	
Aluminium silikat 45 % Al₂O₃	40	60	40	1150	106	1223
„Saffil" 95 % Al₂O₃	100	60	40	1350	103	1160

2.2. GEWÖLBE UND DECKEN:

Das Gewölbe stützt sich auf die W i d e r l a g e r , die ihrerseits oft gegen A n k e r - m a s t e drücken, die durch Z u g a n k e r verbunden sind (Bild 32).

f = Pfeilhöhe
b = Spannweite
$\frac{f}{b}$ = Stich = S

Meistens werden K r e i s b o g e n g e w ö l b e angewandt. Radius ist r, Dicke ist s und Bogenwinkel ist α. Das Gewölbe wird vorzugsweise mit Radialsteinen von handelsüblichem Format gemauert. Dann ist aber die Wahl des Radius r beschränkt. Immerhin ist es möglich, durch abwechselndes Vermauern von Steinen von unterschiedlichem Radius einen beliebigen mittleren Radius r des Gewölbes zu erzielen. Dies hat aber den Nachteil, daß die Anzahl der Fugen größer wird (Tafel 23).

Es wird einleuchten, daß bei Gewölben mit gleichem Stich, also auch gleichem Bogenwinkel α, der zwischen den Endflächen und einer senkrechten Linie eingeschlossene Winkel $\frac{\alpha}{2}$ ist. Es können also für solche Gewölbe, soweit sie auch die gleiche Stärke s haben, dieselben Widerlagersteine benutzt werden.

Nach Lamort ergibt ein Gewölbestich $\frac{f}{b} = \frac{1}{8}$ die günstigste Stabilität bei großen Temperaturschwankungen für die Silikagewölbe von Glasschmelzöfen. Bei diesem Stich sind

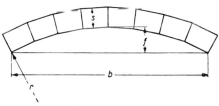

Bild 32: Ofengewölbe

2. Anwendung der Ofenbaustoffe und Ofenbauteile

Tafel 23: Stich- und Bogenwinkel der Kreisgewölbe

Stich $\frac{f}{b}$ = S	Bogenwinkel α in Grad	ctg $\frac{\alpha}{2}$
$\frac{1}{7,15}$	63	1,64
$\frac{1}{8,35}$	54	1,95
$\frac{1}{9,1}$	50	2,14
$\frac{1}{10}$	45	2,37
$\frac{1}{11,1}$	41	2,67
$\frac{1}{12,5}$	36	3,05

Radius r und Spanweite b einander ungefähr gleich. Ein Gewälbestrich $\frac{1}{8}$ ist nach Trinks auch für anderen Ofenarten und Schamotte als Baumaterial sehr gebräuchlich. Bei Schamottegewölben wird aber glegentlich ein größerer Stich angewandt. Dies ist zulässig wegen der geringeren Wärmeausdehnung dieses Stoffes und des Fehlens der Ausdehnung durch Kristallumwandlung. Flachere Stiche als $\frac{1}{8}$ sind bei Schamottegewölben aber gefährlich, weil bei Schamotte, falls es nicht eine hochgebrannte Qualität ist, mit dem ersten Aufheizen des Ofens Schwund auftritt, wodurch der Stich flacher wird und Einsturzgefahr entstehen könnte. Bei Öfen mit Silikagewölben, die während ihrer Lebensdauer weniger oft hochgeheizt werden (z.B. Siemens-Martin-Öfen), wird der Stich manchmal kleiner, z.B. $\frac{1}{10}$, genommen. Nach Günther wurde auch bei neueren Glasschmelzöfen das Gewölbe flacher gehalten als früher; ein Gewölbestich von $\frac{1}{10}$ gilt jedoch bis heute als untere Grenze.

Auch bei Gewölben mit kleinerer Spannweite kann der Stich kleiner als $\frac{1}{8}$ gewählt werden.

r wird wie folgt berechnet (Bild 33):

$$r^2 = \left(\frac{b}{2}\right)^2 + \left(r - f\right)^2$$

2. Anwendung der Ofenbaustoffe und Ofenbauteile

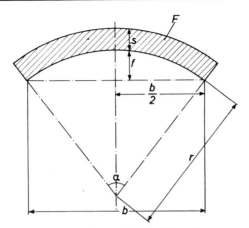

Bild 33: Berechnung des Gewölberadius

Mit $\dfrac{f}{b}$ = Stich = S wird

$$r = \dfrac{b}{2}\left(S + \dfrac{1}{4S}\right)$$

$$\sin\dfrac{\alpha}{2} = \dfrac{b}{2} \cdot \dfrac{1}{r} = \dfrac{1}{S + \dfrac{1}{4S}}$$

Ein Ofengewölbe, das hochgeheizt wird, wird durch die stärkere Wärmeausdehnung der Innenseite an dieser Seite länger, wodurch bei unnachgiebigem Widerlager der Scheitel höher wird. Infolgedessen klaffen die Fugen oben am Scheitel. Die Erscheinung wird gemildert, weil unten am Scheitel die Steine und die Mörtelfugen dem Druck nachgeben. Das wird bei Chrom-Magnesit-Gewölben in vereinzelten Fällen durch Anwendung von Zwischenlagern aus geriffeltem Metall unterstützt. Bei Öfen, deren Mauerwerk von einem Kasten aus Stahlblech umgeben ist, darf das Steigen des Gewölbes beim Hochheizen nicht durch den Blechdeckel behindert werden.

Widerlager können beim Hochheizen eines Ofens mit Zugankern nachgeben, wenn die Muttern dieser Anker bei ansteigender Ofentemperatur vorsichtig etwas gelöst werden.

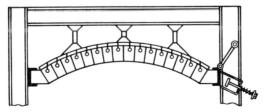

Bild 34: Hängedecke mit beweglichem Widerlager

Auch werden manchmal Federn unter den Muttern angewandt. Eine Lösung für basische Gewölbe von Siemens-Martin-Öfen ist im Bild 34 wiedergegeben. Die Ofendecke ist als Hängedecke an eine Eisenkonstruktion in Bogenform aufgehängt, die nicht nur trägt, sondern auch eine Änderung des Gewölberadius beim Hochheizen verhindert. Links ist ein festes Widerlager, rechts ein bewegliches. Dieses ist gelenkig mit dem Ankermast verbunden und wird mittels einer Torsionsfeder angedrückt.

Bei der Wärmeausdehnung von Gewölben hat man nach Neumann zwei Fälle zu unterscheiden (Bild 35). Es ist hier zweimal dasselbe Gewölbe in kaltem Zustand wiedergegeben und mit Punktlinie das Gewölbe, wenn es sich beim Erwärmen als einen in sich fest zusammengefügten Block frei ausdehnen könnte. Wird das Gewölbe gleichmäßig durchgewärmt, was annähernd der Fall ist bei isolierten Gewölben, so bleiben die Widerlager parallel. Ist das Gewölbe nicht isoliert und infolgedessen einseitig erhitzt, so sind die Widerlager bestrebt, sich zu drehen. Da in der Praxis die Widerlager aber eingespannt sind, ist diese Drehung nicht möglich, und es wird das Gewölbe einer zusätzlichen Belastung unterworfen. Isolierung des Gewölbes ist also nicht nur wärmewirtschaftlich gesehen günstig, sondern auch im Hinblick auf die Standfestigkeit bei höheren Temperaturen. Bei einigen Ofenbauarten, z.B. bei Siemens-Martin-Öfen, wird das Gewölbe aber oft nicht isoliert, weil bei den hohen Betriebstemperaturen die mittlere Gewölbetemperatur sonst eine unzulässige Höhe erreichen würde. Die Festigkeit der Gewölbe von SM-Öfen wird erhöht durch die Ausführung als Rippengewölbe (Bild 36) oder als Kastengewölbe (Bild 37).

2.2.1. D i e   B e r e c h n u n g   d e s   O f e n g e w ö l b e s, der Ankermaste und Zuganker hat dem Zustand im heißen Gewölbe Rechnung zu tragen. Hierbei ist nach den Regeln der Graphostatik folgendes zu überlegen:

Damit nur Druckspannungen in der ganzen Fugenfläche auftreten (und nur solche kann sie überlagern), muß die S t ü t z l i n i e im Kern (im mittleren Drittel) liegen.

Das Klaffen der Fugen am Scheitel des Gewölbes beim Hochheizen (und sei dieses Klaffen noch so wenig) ist ein sicheres Zeichen dafür, daß hier Zugspannungen auftreten, statt Druckspannungen. Es wird die Stützlinie im Scheitelteil des Gewölbes dann bestimmt nicht im mittleren Drittel liegen, sondern tiefer.

Bild 35: Wärmeausdehnung des Gewölbes

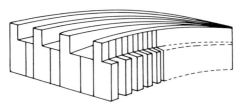

Bild 36: Rippengewölbe

2. Anwendung der Ofenbaustoffe und Ofenbauteile

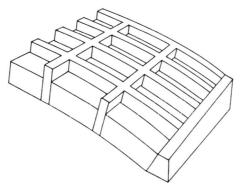

Bild 37: Kastengewölbe

Die Berechnung wird zuerst für das kalte Gewölbe durchgeführt, und zwar unter der Voraussetzung, daß die Stützlinie durch die Mitte der Scheitelfuge und der Widerlagerfugen geht (punktierte Linie im Bild 38). Im heißen Gewölbe senkt sich aber die Stützlinie in der Mitte, und vorsichtshalber wird jetzt angenommen, daß sie die untere Seite des Gewölbescheitels berührt. Sie soll aber, wie vor, durch die Mitte der Widerlagerfugen gehen, weil diese keine Zugspannungen aufnehmen sollen (Strich-Punkt-Linie Bild 38). Es ist also ein Korrekturfaktor zu berechnen, der für diese Lage der Stützline einzuführen ist.

A. K a l t e s G e w ö l b e. Die in Frage kommenden Kräfte und ihre Richtungen können graphisch in bekannter Weise ermittelt werden (Bild 39) und die Stützlinie gezeichnet werden. Für die Kräfteberechnung ist dies aber nicht notwendig.

Auf die senkrechte Schwerpunktlinie des halben Gewölbebogens wirkt die Kraft R, und diese ist in den Horizontaldruck H auf die Scheitelfuge und den Widerlagerdruck K zu

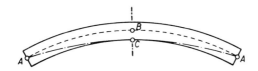

Bild 38: Lage der Stützlinie

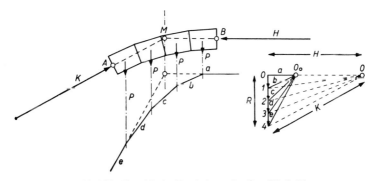

Bild 39: Graphische Ermittlung der Gewölbekräfte

zerlegen. Da angenommen wurde, daß die Stützlinie durch die Mitte A der Widerlagerfuge und die Mitte B der Scheitelfuge geht, sind diese Punkte auch die Angriffspunkte der Kräfte K und H.

$$K^2 = H^2 + R^2$$

H = Kraft, die beide Gewölbehälften aufeinander ausüben, wirkt also in waagerechter Richtung durch B.
K = Kraft, die das Gewölbe auf ein Widerlager ausübt.
R = Gewicht eines halben Gewölbebogens für eine Tiefe von 1 m.

Aus Bild 33 geht hervor:

$$\frac{\alpha}{360} \cdot \pi \left\{ (r+s)^2 - r^2 \right\} = \frac{\pi}{360} \alpha \cdot s (2r+s)$$

Dann ist: $2R = G = \gamma \cdot \frac{\pi}{360} \cdot \alpha \cdot s (2r+s)$

Weiter: ist $\sin \frac{\alpha}{2} = \frac{R}{K}$

Hiermit sind R, K und H zu berechnen.

B. H e i ß e s G e w ö l b e. Wenn G das Gewicht eines Streifens des ganzen Gewölbes ist, so ist (Bild 40) G = 2 R.

Nach der Momentengleichung ist für das kalte Gewölbe:

$$-Hf_1 + Ra = 0$$

$$H = \frac{Ga}{2f_1}$$

Im heißen Gewölbe wandert der Angriffspunkt von B nach C, und es wird die Horizontalkraft jetzt H_0. Der Angriffspunkt von K ändert sich nicht und auch nicht die Größe und Richtung von R. Es ist also (Bild 40):

$$H_0 = \frac{Ga}{2f_0}$$

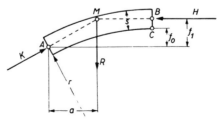

Bild 40: Gewölbekräfte

2. Anwendung der Ofenbaustoffe und Ofenbauteile

Somit $H_o = \dfrac{f_1}{f_0} H$

Beim heißen Gewölbe ist die für das kalte Gewölbe bestimmte Horizontalkraft H mit einem Faktor $c = \dfrac{f_1}{f_0}$ zu multiplizieren. Dieser Faktor ist nach Lamort wie folgt zu berechnen:

$$c = \dfrac{f_1}{f_0} = \dfrac{f_0 + \dfrac{s}{2}}{f_0} \quad \text{und da:} \quad \dfrac{f - f_0}{\dfrac{s}{2}} = \dfrac{r - f}{r} \quad \dfrac{1}{f_0} = \dfrac{1}{f \dfrac{r - f, s}{r \ 2}}$$

wird: $c = 1 + \dfrac{s}{2} \dfrac{1}{f_0} = 1 + \dfrac{\dfrac{s}{2}}{f - \dfrac{r - f}{r} \dfrac{s}{2}} = 1 + \dfrac{1}{\dfrac{2f}{s} - 1 + \dfrac{f}{r}}$

da: $r = \dfrac{f}{2} + \dfrac{b^2}{8f}$ ist: $\dfrac{f}{r} = \dfrac{f}{\dfrac{f}{2} + \dfrac{b^2}{8f}} = \dfrac{\dfrac{t}{b}}{\dfrac{1}{2} \dfrac{f}{b} + \dfrac{1}{8} \dfrac{b}{f}}$

$c = 1 + \dfrac{1}{2 \dfrac{f}{s} - 1 + \dfrac{\dfrac{f}{b}}{\dfrac{1}{2} \dfrac{f}{b} + \dfrac{1}{8} \dfrac{b}{f}}}$

Die mit dieser Formel berechneten Werte von c können Tafel 24 (nach Lamort) entnommen werden. Ist $H_0 = c H$ bestimmt, so kann mit R und H_0 die Richtung und Größe von K_0 in einfachster Weise ermittelt werden.

$\dfrac{K_0}{\text{Fugenfläche}} = \text{Fugendruck N/cm}^2$

Die Kreisbogengewölbe, die hier behandelt wurden, sind zwar die einfachste und allgemein-gebräuchlichste Form, aber Neumann hat darauf hingewiesen, daß bei Anwendung von hohen Stichen das S e i l l i n i e n g e w ö l b e günstiger ist. Hier sind alle Querschnitte gleichmäßig belastet, und hierdurch ist die Standsicherheit des Gewölbes am besten gewährleistet.

2. Anwendung der Ofenbaustoffe und Ofenbauteile

Tafel 24: Korrektionsfaktor c zur Berücksichtigung der Zunahme der Horizontalkraft im Gewölbe unter dem Einfluß der Temperatur

Stich = $\frac{f}{b}$	Pfeilhöhe / Dicke = $\frac{f}{s}$	Korrektionsfaktor c
$\frac{1}{5}$	3 2 1	1,19 1,31 1,79
$\frac{1}{8}$	4 3 2,5 2 1,5 1	1,14 1,20 1,24 1,32 1,47 1,89
$\frac{1}{10}$	3 2 1	1,20 1,32 1,93

Beispiel:

Gegeben sind:

$\gamma = 19000 \text{ N/m}^3$

Stich $S = 0{,}10 = \frac{f}{b}$

$s = 0{,}25 \quad b = 3{,}5 \text{ m} \quad$ also $f = 0{,}35 \text{ m}$

Es sind $G = 2R$, K, H und H_0 zu berechnen.

$$\sin \frac{\alpha}{2} = \frac{1}{S + \frac{1}{4S}} = \frac{1}{0{,}10 + \frac{1}{0{,}4}} = 0{,}385$$

Hieraus: $\frac{\alpha}{2} = 22{,}5^0$

$r = \frac{b}{2}\left[S + \frac{1}{4S}\right] = 1{,}75 \cdot 2{,}6 = 4{,}55 \text{ m}$

$G = 2R = \gamma \frac{\pi}{360} \cdot \alpha \cdot s(2r + s) = 1900 \frac{\pi}{360} \cdot 45 \cdot 0{,}25 (9{,}1 + 0{,}25) = 17432 \text{ N}$

2. Anwendung der Ofenbaustoffe und Ofenbauteile

$$\sin \frac{\alpha}{2} = 0{,}385 = \frac{R}{K} = \frac{8716}{K}$$

$$K = 22638 \text{ N}$$

$$H = \sqrt{22639^2 - 8716^2} = 20892 \text{ N}$$

$$\frac{f}{s} = 1{,}4$$

$$c = 1 + \cfrac{1}{2{,}8 - 1 + \cfrac{0{,}1}{\frac{1}{2} \cdot 0{,}1 + \frac{1}{8} \cdot 10}} = 1{,}53$$

$$H_0 = c \cdot H = 1{,}53 \cdot 20892 = 31965 \text{ N}$$

Berechnung der Ankermaste und Zuganker nach Bild 41:
Für die Ankermaste: $k_b = 75$ N/mm², für die Zuganker: $k_z = 50$ N/mm².
Abstand der Ankermaste kann z.B. 1 bis 2 m gewählt werden.
H graphisch bestimmt und multipliziert mit Faktor c ergibt H_0.
Manchmal genügt es für die Ankerberechnung, wenn der Horizontaldruck H_0 mittels folgender Formel berechnet wird:

$$H_0 = c \frac{G}{2 \operatorname{tg} \frac{\alpha}{2}} \quad \left(\operatorname{ctg} \frac{\alpha}{2} \text{ aus der Tafel 23 entnehmen}\right)$$

Bei flachen Gewölben beträgt der Fehler hierbei rund 8 %.

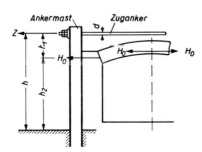

Bild 41: Berechnung von Ankermast und Zuganker

Ankermast Maximales Biegemoment ist:

$$M_b = cH_0 \frac{h_1 h_2}{h} \quad [N \cdot cm]$$

Erf. Widerstandsmoment ist $W = \dfrac{M_b}{75} \quad [cm^3]$

Der Ankermast ist auf Durchbiegung nachzuprüfen.

Zuganker Zugkraft ist:

$$Z = cH_0 \frac{h_2}{h} \quad [N] \qquad d = 0{,}0506\sqrt{Z} \quad [cm]$$

2.2.2. Konstruktion der Ofengewölbe

Die D i c k e s des Gewölbes kann nach Trinks wie folgt angenommen werden:

Spannweite b in m bis:	1,25	3,6	5,5	7,25
Gewölbedicke s in m:	0,115	0,23	0,345	0,46

Spannweiten über 5,5 m für einen einzigen Gewölbebogen sind nicht gebräuchlich. Dann wird lieber eine Hängedecke angewandt, wobei die Gewölbesteine hängend von einer Stahlkonstruktion getragen werden, das keiner hohen Temperatur ausgesetzt ist. Es gibt eine große Anzahl verschiedener Ausführungen. Ein Vorteil der Hängedecken liegt darin, daß die Form keineswegs die eines Gewölbebogens zu sein braucht. Bild 42 zeigt die Hängedecke eines SM-Ofens.

Flache Hängedecken sind in den Bildern 43 und 44 wiedergegeben. Die letzte Ausführung ist für Feuerleichtsteine anwendbar. Bei flachen Hängedecken ist der tote Raum unterhalb des Gewölbescheitels vollständig beseitigt, hierdurch kann gegebenenfalls die Gasströmung verbessert werden.

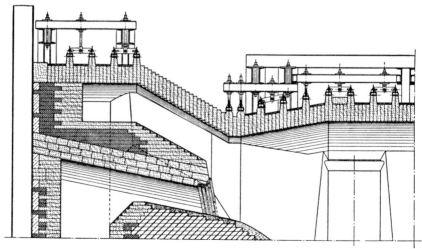

Bild 42: Hängedecke eines SM-Ofens

2. Anwendung der Ofenbaustoffe und Ofenbauteile

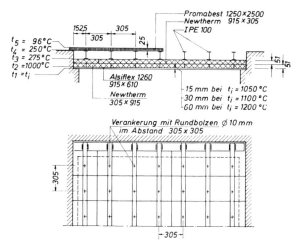

Bild 43: Konstruktion einer Isolier-Hängedecke (Werkbild Promat, Düsseldorf)

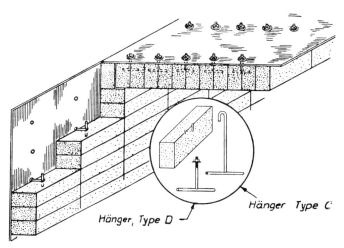

Bild 44: Flache Hängedecke von Leichtstein (Werkbild Gossler, Hamburg)

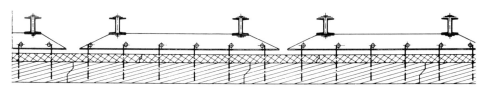

Bild 45: Hängedecke aus Feuerbeton (Werkbild Plibrico, Düsseldorf)

Bild 45 zeigt eine Hängedecke aus Feuerbeton. Die feuerfeste Schicht ist 170 mm dick und hat darüber eine 50 mm dicke Isolierschicht.

Auch Hängedecken für Stoßöfen sind bereits in gestampfter Ausführung hergestellt worden (Bild 46).

Bild 46: Aufgehende Decke im Einstoßbereich eines Durchstoßofens (Werkbild Plibrico, Düsseldorf)

2.3. ANDERE OFENBAUTEILE:

Wird Wärmgut auf einem B o d e n oder H e r d liegend erwärmt und soll diese Erwärmung auch von unten her erfolgen, so ist auf zweierlei zu achten. Erstens soll der für den Herd angewandte Werkstoff eine hohe Wärmeleitzahl haben und zweitens soll er genügend verschleißfest sein. Als keramischer Baustoff kommt dann z.B. Siliziumkarbid infrage. Mitunter wird der keramische Boden mit gußeisernen Platten oder Schienen belegt. Für elektrische Widerstandsöfen mit Widerstandselementen unter dem Ofenboden sind Bodenplatten aus hitzebeständigem Stahl erhältlich. Sie passen mit Nasen und Rillen ineinander und bilden einen zusammenhängenden Herd mit Kantenleisten. Eine andere Möglihkeit ist die Anwendung von Rosten, so daß die heißen Gase das Wärmgut auch von unten her umspülen können. Sie können aus hitzebeständigem Gußeisen oder aus geschweißten Profilen von hitzebeständigem Stahl bestehen. Um eine möglichst allseitige Beheizung des Wärmgutes zu erzielen, können auch keramische Sockel angewandt werden, worauf das Wärmgut, Behälter oder Schmelztiegel gestellt werden. Soll das Wärmgut periodisch durch den Ofen befördert werden, so wird es manchmal über G l e i t s c h i e n e n geschoben, wie es bei Durchstoßöfen der Fall ist.

Bei diesen Öfen bilden die Gleitschienen manchmal einen wesentlichen Teil der Ofenkonstruktion. Im allgemeinen sind sie wassergekühlt, wobei das Kühlwasser in einem geschlossenen Kreislauf rundgeführt wird. Die Wärme wird über einen Wärmetauscher abgeführt. Das heiße Wasser kann man für Heizungszwecke benutzen. Wo das Wärmgut auf den gekühlten Schienen aufliegt, ist die Gutstemperatur niedriger. Dort zeigen sich die sogenannten schwarzen Streifen. Diese Stellen stören bei den sehr gestiegenen Anforderungen an die Dickentoleranz des gewalzten Endproduktes. Eine Lösung stellt die Anwendung von Gleitschienen aus schmelzgegossenen oder gesinterten Mullit- oder Tonerdesteinen

2. Anwendung der Ofenbaustoffe und Ofenbauteile

dar, weil dann die Wasserkühlung fortfällt. Aber auch Reiter aus einer Legierung mit 50 % Co (bis 1300 °C hitzebeständig), die lose mit Paßstücken auf die Gleitrohre aufgesetzt werden, bringen eine Verbesserung. Bei einer neueren Konstruktion ist man noch einen Schritt weitergegangen. Unter den metallischen Gleitstücken, die das Wärmgut tragen, befinden sich keramische Druckstücke, die das Gewicht auf die wassergekühlte Schienenkonstruktion übertragen (Bild 47). Hierdurch wird eine gleichmäßige Temperatur erreicht und die „schwarzen Streifen" werden vermieden. Die feuerfeste Ummantelung des gekühlten Tragrohr- und Gleitschienensystems eines Stoßofens wird am zweckmäßigsten mit Stampfmasse hergestellt. Bild 48 zeigt ein Tragrohr im Querschnitt. In

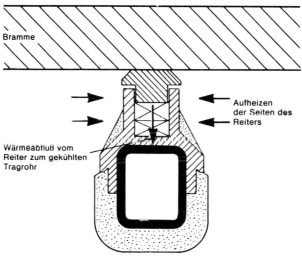

Bild 47: Adapt-Heißgleitschienen (Werkbild Koppers-Wistra, Düsseldorf)

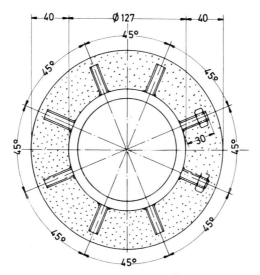

Bild 48: Tragrohr mit Stampfmasse-Umhüllung (Werkbild Ramtite, Essen)

Bild 46 wird die Gleit- und Tragrohrkonstruktion eines Brammendurchstoßofens gezeigt. Da das Wärmgut beim Durchwandern eines Stoßofens innen eine niedrigere Temperatur hat als an der Außenseite, landet es, bevor es den Ofen verläßt, meistens von den Schienen auf einem festen Ausgleichsherd. Dieser Herd ist so lang, daß hier ein Ausgleich zwischen Innen- und Außentemperatur zustandekommt. Für diesen Ausgleichsherd können gegossene Blocksteine mit hohem Tonerdegehalt verwendet werden. Wenn sie sorgfältig verlegt und das erste Mal auch sorgfältig aufgeheizt werden, ist während einer Ofenreise keine Reparatur des Herdes notwendig. Da man eine gleichmäßige Temperatur und vor allen Dingen einen schnellen Temperaturausgleich erreichen kann, wenn auch an der Unterseite der Brammen Wärme zugeführt wird, kann unter Anwendung der neueren Gleitschienenkonstruktion ein Stoßofen auch ohne Ausgleichherd, dafür aber mit durchgehenden Schienen ausgeführt werden. Die senkrechten Wände der Öfen werden manchmal gestampft, weil sich die Türbögen dann besser halten.

In den USA finden für kleinere Öfen auch Schienen aus Siliziumkarbid (Carbfax) Anwendung.

Das Erwärmen von Wärmgut, das dem Einfluß des Verbrennungsgases entzogen werden soll, kann in M u f f e l n erfolgen. Auch ist es möglich, die Muffel mit einem Schutz- oder Reaktionsgas zu füllen. Da die Wärme von außen her herangeführt wird, soll der Muffelwerkstoff eine möglichst hohe Wärmeleitzahl aufweisen, und deswegen werden Muffeln manchmal aus SiC-Baustoff hergestellt. Bei sorgfältiger Ausführung und Schweißung sind Muffeln aus hochhitzebeständigem Stahl gasundurchlässig, haben eine hohe Wärmeleitzahl und sind außerdem sehr haltbar. Wird der Boden des Muffels wellenförmig ausgebildet (Bild 49), so sind sie ein guter Ersatz für Gleitschienen. Man kann aber auch einen richtigen Schienenstrang durch die Muffeln führen und darauf Behälter mit Wärmgut befördern. Behälter, Schienen und Muffel werden auch hier aus hitzebeständigem Stahl gefertigt.

O f e n t ü r e n sollen nicht nur das Ein- und Ausbringen des Wärmgutes gestatten, sondern auch einen möglichst gas- und wärmedichten Abschluß des Ofenraumes gewährleisten. Einbruch von Luft in den Ofenraum erhöht bei brennstoffbeheizten Öfen den Wärmeverbrauch (Falschluft 4.3.2.) und stört bei jeder Ofenart die Temperaturverteilung und die Ofenatmosphäre. Schlechte Wärmeisolierung einer Ofentür erhöht den Wandverlust unter Umständen ganz beträchtlich. Bei den elektrischen Widerstandsöfen hat man sehr früh gut konstruierte Türen angewandt. Bei dem Ofen Bild 50 sind Ausmauerung und Isolierung wie die der Ofenwand.

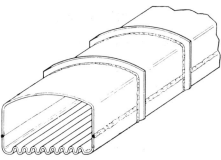

Bild 49: Muffel mit gewelltem Boden

2. Anwendung der Ofenbaustoffe und Ofenbauteile

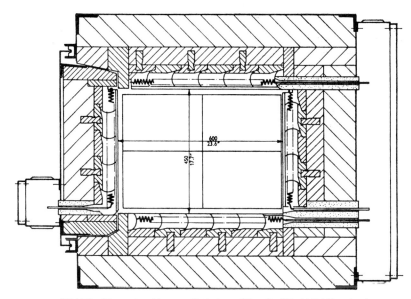

Bild 50: Ofen mit widerstandbeheizter Ofentür (Werkbild Kanthal)

Durch ihre Keilform und äußere Dichtungsleiste ist auch ein guter Abschluß gewährleistet. Durch die Schrägstellung einer Tür übt die horizontale Komponente des Türgewichtes einen Schließdruck zwischen Tür und Ofen aus. Eine andere Ausführung hat zwei seitlich befestigte Zapfen. Beim Schließen gleiten diese über schräge Ausschnitte der senkrechten Profile, die zur Befestigung der Gewichtsausgleichrollen dienen.
Hierdurch wird die Tür an den Türrahmen gedrückt. Unten an der Türverkleidung sind drei Stahlleisten angeschweißt, die in eine S a n d t a s s e tauchen, wodurch die Dichtheit des Türverschlusses verbessert wird. Sandtassen werden oft als Dichtungsmittel verwendet, z.B. bei Herd-Wagenofen als Abschluß zwischen Wagen und Ofenwand oder bei Haubenofen zwischen Haube und angehobenen Transportwagen.
Ofentüren werden meist in senkrechter Richtung bewegt, sind an Ketten oder Stahlseilen aufgehängt und mittels Gegengewichten ausgewogen. Kleinere Türen drehen sich mitunter um senkrechte oder waagerechte Achsen. Auch Parallelführungen kommen vor (Bild 51). Die Abschlußtüren der Bodenauslässe von Stoßöfen können einfache Klapptüren sein. Ofentüren lassen sich, soweit die Abmessungen nicht zu groß sind, vorteilhaft aus Feuerbeton herstellen. Man hat hierbei den großen Vorteil, daß keine Fugen vorhanden sind. Deswegen sind solche Türen stark und dauerhaft.
Wenn der Kammerdeckel gestampft wird, kann man bei Tieföfen ohne Sandtasse auskommen, weil Deckel und Wand sehr eng aufeinander abschließen können. Bild 52 zeigt die Konstruktion eines gestampften Tiefofendeckels. Wie es auch bei Stoßöfen neuerdings der Fall ist, werden bei Tieföfen wärmedämmende Steine manchmal durch Kaolinwollmatten ersetzt. Auch können solche Matten die Sandtassen bei den Tieföfen ersetzen.
B r e n n e r s t e i n e , auch solche mit mehreren Öffnungen, kann man sofort in den Brennerkasten aus Stahlblech oder Gußeisen gießen, wobei man für Öffnungen Kerne aus Holz oder Metall einsetzt. Diese Kerne sollen konisch sein und werden, um sie leichter

entfernen zu können, mit etwas Fett eingerieben. Vorsichtig und rechtzeitig (etwa nach rund 6 h) sollen die Kerne herausgenommen werden. Holzverschalungen für Formsteine setzt man am besten mit Holzschrauben zusammen, so daß diese leicht von dem geformten Stein abgenommen werden können. Der zusammengeschraubte Holzkasten wird zweckmäßig ohne Boden ausgeführt und auf eine flache Unterlage aus Stein oder Stahlblech gesetzt, auf der man Zeitungspapier ausgebreitet hat. Große Brenneröffnungen werden manchmal direkt in einer gestampften Ofenwand ausgespart.

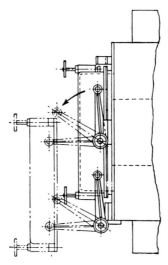

Bild 51: Tür mit Parallelführungen

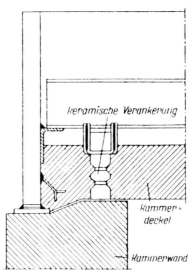

Bild 52: Gestampfter Tiefofendeckel

2. Anwendung der Ofenbaustoffe und Ofenbauteile

Bei R e k u p e r a t o r e n für die Vorwärmung der Verbrennungsluft, wobei Abgas und Luft durch Wände getrennt sind, kann man keramisches Material anwenden. Aber dieses bringt einige Nachteile mit sich, weil die Wärmeleitzahl auch im günstigsten Falle noch ziemlich gering ist, so daß man Heizflächen von beträchtlicher Ausdehnung braucht. Außerdem entstehen, besonders wenn die Rekuperatoren nicht im Dauerbetrieb verwendet werden, bald Risse in den Fugen und im Baustoff selbst. Da sie außerdem meistens eine, wenn auch geringe offene Porosität aufweisen, darf kein großer Druckunterschied zwischen Abgas- und Luftseite der Wand bestehen. In vielen Fällen ist es aber nötig oder sehr erwünscht, die Luft den Brennern unter Gebläsedruck zuzuführen. Dann wird bei Anwendung von keramischen Rekuperatoren Luftverlust nach der Abgasseite hin auftreten und der Wirkungsgrad des Rekuperators ungünstig beeinflußt werden. Es wäre theoretisch natürlich möglich, die Luft durch den Rekuperator zu saugen, aber Gebläse sind nur bei Temperaturen von höchstens 600 °C betriebssicher. Auch bestünde die Gefahr, daß Abgas zu der Luft tritt.

Diese Schwierigkeiten lassen sich durch Anwendung von Rekuperatorrohren aus Metall umgehen. Für einfache Rekuperatoren und niedrige Luftvorwärmung kann noch einfaches Stahlrohr verwendet werden. Bei höheren Temperaturen kommen meistens hitzebeständige Stahlsorten oder auch legiertes Gußeisen in Betracht. Man kann glatte Rohre verwenden oder zur Vergrößerung der wärmeübertragenden Fläche auch Rippen- oder Nadelrohre. Die hohe Wärmeleitzahl des Stahles, die geringe Wandstärke und die großen Luft- und Abgasgeschwindigkeiten, die man erzielen und wodurch die Wärmeübertragung durch Konvektion bedeutend gesteigert werden kann, tragen dazu bei, daß die Abmessungen und Gewichte von Metallrekuperatoren viel geringer sind als die der keramischen Rekuperatoren gleicher Leistung (1.3.6.).

3. Wärmeübertragung und Wärmebewegung

3.1. DAS INTERNATIONALE EINHEITENSYSTEM (SI-SYSTEM)

Eine Größe = Zahl x Einheit.

Die sieben Basiseinheiten sind:

Meter	= 1 m	für Länge l
Kilogramm	= 1 kg	für Masse m
Sekunde	= 1 s	für Zeit t
Ampere	= 1 A	für elektrischen Strom I
Kelvin	= 1 K	für Temperatur T
Mol	= 1 mol	für Stoffmenge
Candela	= 1 cd	für Lichtstärke I_v

Von diesen Grundeinheiten können andere Einheiten abgeleitet werden:

Hertz	= 1 Hz	= $1\,s^{-1}$	für Frequenz f
Newton	= 1 N	= $1\,kg\,m\,s^{-2}$	für Kraft F
Joule	= 1 J	= 1 N m	für Energie W
Watt	= 1 W	= $1\,J\,s^{-1}$	für Leistung P
Coulomb	= 1 C	= 1 A s	für elektrische Ladung Q
Volt	= 1 V	= $1\,W\,A^{-1}$	für elektrische Spannung U
Farad	= 1 F	= $1\,A\,s\,V^{-1}$	für elektrische Kapazität C
Ohm	= 1 Ω	= $1\,V\,A^{-1}$	für elektrischen Widerstand R
Henry	= 1 H	= $1\,V\,s\,A^{-1}$	für Selbstinduktion L
Weber	= 1 Wb	= 1 V s	für magnetischen Fluß Φ
Tesla	= 1 T	= $1\,Wb\,m^{-2}$ = 1 N m A	= magnetische Induktion B
Amp/Meter	=	= $A\,m^{-1}$	= magnetische Feldstärke H

Bezeichnung von Vielfachen und Teilen von Einheiten

T	= Tera	= 10^{12}	=	1 000 000 000 000
G	= Giga	= 10^{9}	=	1 000 000 000
M	= Mega	= 10^{6}	=	1 000 000
k	= Kilo	= 10^{3}	=	1 000
h	= Hekto	= 10^{2}	=	100
D	= Deka	= 10^{1}	=	10
d	= Dezi	= 10^{-1}	=	0,1
c	= Zenti	= 10^{-2}	=	0,01
m	= Milli	= 10^{-3}	=	0,001
µ	= Mikro	= 10^{-6}	=	0,000 001
n	= Nano	= 10^{-9}	=	0,000 000 001
p	= Pico	= 10^{-12}	=	0,000 000 000 001
f	= Femto	= 10^{-15}	=	0,000 000 000 000 001
a	= Atto	= 10^{-18}	=	0,000 000 000 000 000 001

3. Wärmeübertragung und Wärmebewegung

Masse und Kraft

Die Masse M wird in kg angegeben, der Massenstrom $\dot{M}$ in kgs^{-1}
Die Kraft F wird in Newton angegeben und es ist

$1 \text{ N} = 1 \text{ kg m s}^{-2}$.

Ein frei fallender Körper erhält auf Erden eine Beschleunigung

$g = 9{,}81 \text{ m s}^{-2}$.

Die jetzt ungültige Einheit kp ist somit

$1 \text{ kp} = 9{,}81 \text{ N oder} \sim 10 \text{ N}$.

Volumen

Für eine Gasmenge wird das m^3 und das Normkubikmeter m^3 (V_n) noch vielfach als Einheit benutzt. Da auch gelieferte Gasmengen in m^3 gemessen und berechnet werden, soll auch hier diese Einheit noch weiter benutzt werden. Vielleicht wird sich aber die Angabe in kmol, die SI-Einheit für Stoffmenge sich im Laufe der Zeit einbürgern.

Da 1 kmol für ideale Gase das Volumen von 22,4 m^3 (V_n) hat, so ist:

$V_n = 1 \text{ m}^3 = \dfrac{1}{22{,}4} \text{ kmol} = 4{,}46 \cdot 10^{-2} \text{ kmol}$.

$V_n = 1 \text{ m}^3 \cdot \text{h}^{-1} = 4{,}46 \cdot 10^{-2} \text{ kmol} \cdot \text{h}^{-1}$.

Ein mol eines Stoffes ist die Stoffmasse, die sich aus der chemischen Formel des Stoffes ergibt, z.B. CO_2 hat das Molekulargewicht von $12 + 2 \cdot 16 = 44$ und somit ist

1 mol = 44 g und 1 kmol = 44 kg.

Temperatur

Das Kelvin (K) ist die Einheit für die Angabe thermodynamischer Temperaturen, wobei 0 K = − 273,15 °C (vereinfacht − 273 °C). Temperaturdifferenzen und -toleranzen werden in K angegeben, die Angaben in °C ist noch zulässig, z.B. (20 ± 0,2) °C, aber 20 °C ± 0,2 K.

Energie

Die Energieeinheit ist das Joule,

$1 \text{ J} = 1 \text{ N m} = 1 \text{ kg m s}^{-2} = 1 \text{ W s} = 0{,}000239 \text{ kcal}$.

Die Enthalpie oder Wärmeinhalt wird gemessen in kJ,

1 kJ = 1 kWs = 0,239 kcal.

Die spez. Wärmekapazität c ist:

1 kJ/kg K = 0,239 kcal/kg K

1 kJ/kmol K = 1,006 kcal/m^3 K (V_n)

3. Wärmeübertragung und Wärmebewegung

Der Wärmeübergangskoeffizient a und auch der Wärmeduchgangskoeffizient k werden gemessen in:

$1 \text{ J/m}^2 \text{ s K} = 1 \text{ W/m}^2 \text{ K} = 0{,}860 \text{ kcal/m}^2 \text{ h K}$

Die Wärmeleitfähigkeit λ wird ausgedrückt in:

$1 \text{ J/m s K} = 1 \text{ W/m k} = 0{,}860 \text{ kcal/m h K}$

Der Heizwert wird angegeben in:

$1 \text{ MJ/kg} = 238{,}8 \text{ kcal/kg}$

$1 \text{ MJ/m}^3 = 238{,}8 \text{ kcal/m}^3$

$1 \text{ MJ/kmol} = 10{,}66 \text{ kcal/m}^3 \text{ (V}_n\text{)}$

$h_u \text{ [kcal/m}^3\text{]} = h_u \cdot 4{,}187 \text{ [kJ/m}^3\text{]} = h_u \cdot 1{,}163 \text{ [kWh/m}^3\text{]}$,

Die Einheit der Leistung ist das Watt:

$1 \text{ W} = 1 \text{ J s}^{-1} = 0{,}86 \text{ kcal h}^{-1}$

$1 \text{ kW} = 1 \text{ kJ s}^{-1} = 860 \text{ kcal h}^{-1}$

Druck

Da $1 \text{ N} = 1 \text{ kg m s}^{-2}$ ist $1 \text{ kp} = 9{,}81 \text{ N}$ oder rund 10 N

Und da Druck = Kraft/Fläche ist:

$1 \text{ Pascal} = 1 \text{ Pa} = 1 \text{ N m}^{-2}$

$1 \text{ Bar} = 10^5 \text{ Pa}$

$1 \text{ Millibar} = 100 \text{ Pa}$

Dichte

ρ in kg m^{-3}

Wichte (nach Möglichkeit nicht mehr verwenden):

γ in N m^{-3} = 0,981 kp m^{-3}

Viskosität

Dynamische Viskosität η = kinematische Viskosität ν multipliziert mit Dichte ρ

Dynamische Viskosität wird:

$\eta = 1 \text{ Pa s} = 1 \text{ N s m}^{-2} = 0{,}102 \text{ kp s/m}^2 = \sim 10 \text{ Poise (1 Poise} = \text{g/cm 0)}$

$1 \text{ kp s m}^{-2} = 9{,}81 \text{ N s m}^{-2} = 9{,}81 \text{ Pa s}$

Kinematische Viskosität wird:

$\nu = \text{m}^2 \text{ s}^{-1} = 10^4 \text{ cm}^2 \text{ s}^{-1} = 10^4 \text{ St (Stokes)}$

$1 \text{ cSt} = 10^{-6} \text{ m}^2 \text{ s}^{-1}$ bleibt wie es vorher war.

Umrechnungen

$1 \text{ kJ} = 1 \text{ kWs} = 0{,}239 \text{ kcal} = 102 \text{ kpm}$

$1 \text{ kcal h}^{-1} = 1{,}163 \text{ W}$

$1 \text{ Mcal} = 4{,}187 \text{ MJ} = 1{,}163 \text{ kWh}$

1 Gcal = 1,163 MWh
1 MJ = 0,278 kWh
1 kcal/Nm³ = 93,79 kJ/kmol
1 kcal = 427 kpm = 4187 J
1 kWh = 3,6 10^6 J = 860 kcal = 1,36 PSh
1 kcal/m² h K = 1,163 W/m² K
1 kcal/m h K = 1,163 J/m s K = 1,163 W/m K
1 kpm = 9,81 10^{-3} kJ = 2,724 10^{-6} kWh = 2,343 10^{-3} kcal
1 PSh = 632,3 kcal = 270 000 kpm
1 PS = 0,1757 kcal s^{-1} = 75 kpm s^{-1} = 735,5 W = 0,736 kJ s^{-1}
1 atm = 1013,25 mbar = 760 Tor
1 at = 1 kp cm^{-2} = 981 mbar
1 mm WS = 1 kp m^{-2} = 0,0981 mbar = 9,81 Pa = 9,81 N m^{-2}
1 Tor = 1 mm Hg = 1,333 mbar = 133 Pa
1 N m^{-2} = ~ 0,1 mm WS

Mit einem Taschenrechner kann schnell von den alten in die neuen Einheiten und auch umgekehrt gerechnet werden.

3.2. DIE WICHTIGSTEN DIMENSIONSLOSEN ZAHLEN

Beim Vergleich von Biot-Zahl Bi und Nußelt-Zahl Nu ist die Ähnlichkeit beider Zahlen nur scheinbar, denn die Wärmeleitfähigkeit λ in Bi bezieht sich auf einen festen Körper, in Nu dagegen auf ein Gas oder eine Flüssigkeit.

$\dot{m}$ = Massenstrom
g = örtliche Fallbeschleunigung
c_p = spezifische Wärmekapazität bei konstantem Druck
d = kennzeichnende Abmessung (Durchmesser, Dicke, halbe Dicke usw.)
w = Strömungsgeschwindigkeit
λ = Wärmeleitfähigkeit pro Stunde
$λ_{sek}$ = Wärmeleitfähigkeit pro Sekunde
t = Zeit
ρ = Dichte
$ν$ = kinematische Zähigkeit = $\dfrac{\text{dynamische Zähigkeit } η}{ρ}$
$α$ = Wärmeübergangskoeffizient
a = Temperaturleitzahl = $\dfrac{λ}{c_p \, ρ}$
C = Strahlungskoeffizient des abs. schwarzen Körpers
$ε_{ges}$ = Emissionsverhältnis für die Gesamtstrahlung im Ofenraum.

Tafel 25: Wichtige dimensionslose Kennzahlen

Bezeichnung		Formel	Bedeutung	Anwendung
Archimedes-Zahl	Ar	$\dfrac{g\,d}{w^2}\,\dfrac{\Delta T}{T}$	$\dfrac{\text{Auftriebskraft}}{\text{Trägheitskraft}}$	Thermischer Auftrieb
Fourier-Zahl	Fo	$\dfrac{\lambda}{\rho\,c_p}\,\dfrac{t}{d^2} = \dfrac{a\,t}{d^2}$		Instationärer Wärmetransport
Biot-Zahl	Bi	$\dfrac{a\,d}{\lambda}$	$\dfrac{\text{innerer Wärmewiderstand für Wärmeleitung}}{\text{äußerer Wärmewiderstand}}$	Stationärer Wärmetransport
Grashof-Zahl	Gr	$\dfrac{d^3\,g}{\nu^2}\,\dfrac{\Delta T}{T}$	$\dfrac{\text{Auftriebskraft}}{\text{Zähigkeitskraft}}$	Freie Konvektion
Nußelt-Zahl	Nu	$\dfrac{\alpha\,d}{\lambda}$	$\dfrac{\text{ges. transportierte Wärmemenge}}{\text{Wärmeableitung}}$	Erzwungene Konvektion
Prandtl-Zahl	Pr	$\dfrac{P_e}{R_e} = \dfrac{\nu}{a} = \dfrac{\eta\,c_p}{\lambda_{sec}}$	$\dfrac{\text{Kinematische Viskosität}}{\text{Temperaturleitzahl}}$	Freie und erzwungene Konvektion
Reynolds-Zahl	Re	$\dfrac{w\,d}{\nu} = \dfrac{w\,d\,\rho}{\eta\,g} = \dfrac{w\,d\,\rho}{\eta}$	$\dfrac{\text{Trägheitskraft}}{\text{Zähigkeitskraft}}$	Reibungswiderstand Dynamische Ähnlichkeit
Peclet-Zahl	Pe	$Re \cdot Pr = \dfrac{w\,d\,\rho\,c_p}{\lambda_{sek}}$	$\dfrac{\text{Konvektiver Wärmetransport}}{\text{Wärmeableitung}}$	Erzwungene Konvektion Flammenstabilisierung
Stanton-Zahl	St	$\dfrac{\alpha A}{\dot m\,c_p}$	$\dfrac{\text{Wärmeübertragung}}{\text{Wärmestrom}}$	Konvektive Wärmeübertragung im Ofenraum
Konakov-Zahl	Ko	$\dfrac{\dot m\,c_p\,T}{\epsilon_{ges}\cdot C\,T^4}$	$\dfrac{\text{Wärmestrom}}{\text{Wärmeübertragung}}$	Strahlungswärmeübertragung im Ofenraum
Sparrow-Zahl	Sp	$\dfrac{\epsilon_{ges}\cdot C\cdot T^4 \cdot d}{\lambda\,T}$		

3.3. WÄRMEÜBERTRAGUNG DURCH KONVEKTION

Die Wärmeübertragung durch K o n v e k t i o n kommt dadurch zustande, daß die Moleküle einer Flüssigkeit oder eines Gases die Oberfläche berühren und so ein Wärmeaustausch stattfindet. Es müssen also immer neue Moleküle an diese Oberfläche herangeführt werden. Je lebhafter die Bewegung der Flüssigkeit oder des Gases ist, um so größer ist die Wärmeübertragung durch Konvektion. Sie wird durch vier dimensionslose Kennzahlen umschrieben:

Nusseltzahl: Nu, Prandtlzahl: Pr, Reynoldszahl: Re und Grashofzahl: Gr. (Tafel 25).

3. Wärmeübertragung und Wärmebewegung

Nach der Größe von Re werden erzwungene Strömungen in l a m i n a r e und t u r b u -
l e n t e unterteilt. Die Grenze bei der Rohrströmung zwischen beiden liegt bei Re =
2320 (5.1.2.). Unterhalb dieser Grenze ist die Strömung im Rohr laminar. Ist die erzwungene Strömungsgeschwindigkeit groß genug, so kann der Auftrieb vernachlässigt
werden.

Strömungen können e r z w u n g e n e und in f r e i e Strömungen unterteilt werden.
Bei letzteren spielt Gr eine Rolle, bei der erzwungenen Strömung ist Re maßgebend.

Hat man es mit Gasen zu tun mit gleicher Pr, so sind bei Ähnlichkeitsbetrachtungen nur
Re oder Gr maßgebend für Nu.

Pr ist für die im Ofenbau vorkommenden Gase und für Luft, auch bei höheren Temperaturen, ca. 0,70. Nur für Wasserdampf ist Pr = 0,95 bei 0 °C und 0,89 bei 1200 °C.

Die Wärmemenge, die von einem Gas mit Temperatur t_g [°C] an eine Fläche F [m²] mit
Temperatur t [°C] durch Konvektion übertragen wird, ist:

$$Q_k = F \cdot a \cdot (t_g - t) \tag{1}$$

In dieser Formel ist a der W ä r m e ü b e r g a n g s k o e f f i z i e n t in W/m² K, also die
Wärmemenge, die in einer Stunde für jeden K Temperaturunterschied zwischen Gas und
Wandoberfläche auf einen m² Wandfläche übertragen wird (oder von der Wand auf das
Gas übergeht).

Bei j e d e r S t r ö m u n g bleibt eine Grenzschicht von Flüssigkeits- oder Gasteilchen
an der Wand haften. An ihr schieben sich bei l a m i n a r e r S t r ö m u n g andere
Schichten entlang. Kein Teilchen bewegt sich quer zur Hauptrichtung auf die Wand zu.
Daher findet auch kein Wärmetransport mittels solcher Teilchen in dieser Richtung statt.
Die Wärmeübertragung bei rein laminarer Strömung findet also nur durch Wärmeleitung
der Flüssigkeits- oder Gasschichten statt. Unter diesem Gesichtspunkt ist von Nusselt
die Formel für den Wärmeübergangskoeffizient bei laminarer Strömung in Rohren aufgestellt.

$$a = 5{,}15 \frac{\lambda}{d} \tag{2}$$

Hierin sind λ = Wärmeleitfähigkeit des Gases in W/m K
  d = Rohrdurchmesser in m.

Tafel 26 zeigt einige Werte von a für Kanäle mit kleinem Durchmesser, also laminarer
Strömung.

Tafel 26: α für laminare Strömung von Luft oder Abgas in W/m² K

Temperatur in °C	Durchmesser des Kapillarkanals in mm			
	1	1,5	2	3
500	238	158	119	79
750	286	190	142	95
900	309	205	155	102
1000	321	213	160	106
1200	351	232	176	116

Bei der Anwendung dieser Formel sind aber zwei Punkte zu beachten:
1. Tritt das Gas in das Rohr ein, so ist a anfangs viel größer, als aus (2) hervorgeht, nimmt, während eine A n l a u f s t r e c k e L durchlaufen wird, ab, bis der Wert aus (2) erreicht ist und bleibt dann gleichmäßig.

Für eine Rohrstrecke x, gerechnet von der Einströmmündung an, ist der mittlere Wert der Nusseltzahl Nu aus Tafel 27 zu entnehmen. Hierbei ist Re die Reynoldszahl. Aus der Nusseltzahl $Nu = \dfrac{a \cdot d}{\lambda}$ ist a zu berechnen. Nach der Anlaufstrecke ist Nu = 5,15.

Bei kurzen Rohren und Kapillarkanälen soll die Anlaufstrecke nicht vernachlässigt werden. Geck hat dieses Problem für Kanäle mit nichtkreisrundem Querschnitt eingehend untersucht.

Außerdem wird beim Eintritt der Gase in die Kapillaröffnungen die Grenzschicht abgesaugt, und hierdurch steigt auch die Wärmeübertragung an (Tafel 27). Beim Austritt ist das Gegenteil der Fall.

2. Die Formel (2) ist nur anwendbar, wenn keine Auftriebserscheinungen die Strömung beeinflussen. Also nur dann, wenn es sich um enge Rohre (Kapillare) oder Kanäle mit aufgezwungener Strömung handelt. Sonst ist dieser Einfluß bei Temperaturunterschieden mit der Umgebung immer vorhanden, und die Wärmeübergangszahl wird unter Umständen bedeutend höher sein, als aus (2) folgt. Es ist dann die Colburnsche Formel anzuwenden.

Bei t u r b u l e n t e r S t r ö m u n g haftet gleichfalls, wie bereits erwähnt, eine unbewegliche Grenzschicht an der Wand, aber abhängig von der Stärke der Wirbel bewegen sich jetzt auch Teilchen mehr oder weniger schnell quer zur Strömungsrichtung. Sie bringen Wärme unmittelbar auf die Grenzschicht zu oder von ihr weg. Durch die dünne Grenzschicht wandert die Wärme schließlich durch Leitung zur Wand. Ob turbulente oder laminare Strömung herrscht, ist von der Reynoldszahl abhängig. Grenze Re = 2320.

Tafel 27: Mittlere Nusseltzahl für die Strecke x [m], gerechnet von der Einströmmündung eines Rohres an, bei laminarer Strömung

$\dfrac{x}{d \cdot Re}$	Nu	$\dfrac{x}{d \cdot Re}$	Nu	$\dfrac{x}{d \cdot Re}$	Nu
0,0375 · 10^{-3}	59,5	0,00312	14,1	0,020	7,9
0,078 · 10^{-3}	47,7	0,00375	13,3	0,0225	7,7
0,118 · 10^{-3}	41,9	0,0044	12,6	0,025	7,5
0,157 · 10^{-3}	37	0,005	12,0	0,0275	7,35
0,310 · 10^{-3}	30,1	0,0075	10,5	0,030	7,2
0,48 · 10^{-3}	26,2	0,010	9,6	0,0325	7,2
0,625 · 10^{-3}	23,4	0,0125	9,0	0,035	7,0
1,25 · 10^{-3}	18,6	0,015	8,5	0,0375	6,9
1,90 · 10^{-3}	16,1	0,0175	8,2	0,050	6,6
2,50 · 10^{-3}	14,5			0,075	6,25
				0,10	6,1
				10,00	5,15

3. Wärmeübertragung und Wärmebewegung

In Öfen, Regeneratoren und Rekuperatoren ist die Strömung meistens eine aufgezwungene; denn die Gase (Gas, Abgase, Luft) werden zugeführt und abgeführt und hierdurch zum Strömen „gezwungen". Sorgt man für plötzliche Richtungswechsel dieser Strömung, so wird die Turbulenz und auch die Wärmeübertragung durch Konvektion größer. Die Strömung in angeschlossenen, von außen beheizten Kästen oder Muffeln ist dagegen, soweit keine Gebläse benutzt werden, vorwiegend eine freie. Die genaue Kenntnis des W ä r meübergangskoeffizienten der Konvektion a_k ist wichtig.

An dieser Stelle muß darauf hingewiesen werden, daß für genaue Rechnungen der VDI-Wärmeatlas als Grundlage dient. Für Richtwerte, d.h. für Berechnungen in vereinfachter Form gelten nachstehende Ausführungen mit bewährten Gebrauchsformeln.

Für lotrechte und waagerechte Wände und bei Konvektion in freier Strömung ist nach Nusselt:

$$a_k = 2{,}56 \sqrt[4]{t_w - t_g} \quad \left[W/m^2\ K \right] \tag{3}$$

worin t_w die Wandtemperatur und t_g die Gastemperatur in °C ist.

Diese Formel ist auch zur Berechnung der Wärmeübertragung von Ofenwänden auf die Umgebungsluft anzuwenden. Für die Berechnung der Konvektions-Wärmeübertragung bei freier Strömung an Kästen und Muffeln im Ofenraum, und zwar für die lotrechten Wände, ist Formel (4) besser, denn hierin wird der Höhe h der Wand Rechnung getragen. Sie gilt für technisch rauhe Wände.

$$a_k = 7 \sqrt[4]{\frac{t_w - t_g}{T_g \cdot h}} \quad \left[W/m^2\ K \right] \tag{4}$$

T_g = absolute Temperatur des Gases [°K]

Die Formeln (3) und (4) gelten nach neueren Erkenntnissen [2] nur für Wände mit geringer Höhe. Nach Bovy, der genaue Messungen an großen Flächen (3 m x 3 m) vorgenommen hat, ergibt sich deshalb im Regelfall:

$$a_k = 1{,}42 \sqrt[3]{t_w - t_g} \ [W/m^2\ K] \tag{3a}$$

Der Wärmeübergang an eine lotrechte heiße Wand wird erhöht, wenn ein K o n v e k tionsschacht gebildet wird, wodurch die zu beheizende Luft oder das Gas durch Kaminwirkung mit größerer Geschwindigkeit an der heißen Wand entlanggeführt wird.

Bei aufgezwungender Strömung an Wänden oder Platten entlang ist die Strömungsgeschwindigkeit w m/s bekannt, und hiervon ist a_k abhängig (nach Jürges):

Für w < 5 m/s ist:
a_k = 5,6 + 4,0 w für glatte Flächen in W/m^2 K   (5)
a_k = 6,2 + 4,2 w für rauhe Flächen   (6)

Ist w > 5 m/s:
a_k = 7,12 $w^{0{,}78}$ für glatte Flächen   (7)
a_k = 7,52 $w^{0{,}78}$ für rauhe Flächen   (8)

Als Geschwindigkeit w soll in diesen Formeln eingesetzt werden:

$$w = w_t \frac{293}{T_g} \quad [m/s]$$

w_t = Geschwindigkeit des Gases in m/sek bei der Gastemperatur T_g °K

Diese Formeln kann man anwenden für Öfen mit verhältnismäßig niedriger Temperatur (Trockenöfen, Imprägnieröfen, Backöfen, Öfen für die Wärmebehandlung von Lacken, Kunststoffen, Nichteisenmetallen usw.), wobei Abgase, Heißluft oder ein Gemisch von beiden zwangsläufig mit Hilfe eines Gebläses im Kreislauf an Wärmgut und Ofenwänden vorbeigeführt werden.

Beispiel:
Die Ober- und Unterseite einer Blechmuffel mit den Abmessungen 2,00 m Länge und 1,20 m Breite wird mittels eines Abgasstromes (w_t = 8 m/s und Temperatur = 310 °C) beheizt. Die Temperatur der Muffel beträgt 250 °C. Wieviel Wärme wird je Stunde an die Muffel übertragen?

$$w = 8 \frac{293}{273 + 310} = 4 \text{ m/s}$$

a_k = 5,6 + 4,0 · 4 = 21,6 W/m² K

Die beheizte Fläche ist: A = 2 · 2,00 · 1,20 = 4,8 m².

Mit (1) Q_k = 4,8 · 21,6 (310−250) = 6220,8 W

Bei Industrieöfen im allgemeinen ist die Gasgeschwindigkeit durch den Ofenraum und entlang dem Ofengut meistens nicht sehr groß und läßt sich wegen der verschiedenen Querschnittsveränderungen des Ofenraumes (mitverursacht durch eine mehr oder weniger sperrige Form des Ofengutes) und Richtungsänderungen der Strömung nicht gut angeben. Bei höherer Ofentemperatur wird die aufgezwungene Strömung außerdem durch freie Strömungen überlagert. Infolgedessen ist es leider in den meisten Fällen nicht möglich, a_k für die konvektive Wärmeübertragung von Abgas auf Wärmgut und von Abgas auf Ofenwand genau anzugeben. Im allgemeinen kann man hierfür etwa a_k = 23 W/m² K annehmen, durch Erhöhung der Geschwindigkeit läßt sich diese Zahl aber steigern. Nun ist aber bei Ofentemperaturen über rund 800 °C der Anteil, den die Konvektion an der gesamten Wärmeübertragung hat, meistens nicht groß, und somit spielt die Genauigkeit von a_k glücklicherweise keine große Rolle bei der Berechnung der gesamten Wärmeübertragung in Industrieöfen mit höherer Arbeitstemperatur.

Von Wichtigkeit ist auch die Wärmeübertragung durch Konvektion bei Gasen, die turbulent durch Rohre oder Kanäle strömen (z.B. durch Strahlrohre oder Rohre von Rekuperatoren). Hierfür gilt für Luft und Abgas, wenn t die Gastemperatur in °C ist:

$$a_k = \left[4{,}13 + 0{,}23 \frac{t}{100} - 0{,}0077 \left(\frac{t}{100}\right)^2\right] \frac{w_0^{0{,}75}}{d^{0{,}25}} \quad W/m^2 \, K \qquad (9)$$

Die Wärmeübertragung nimmt mit der Strömungsgeschwindigkeit und mit abnehmendem Durchmesser zu.

Feuerfeste Erzeugnisse

DR. C. OTTO
FEUERFEST GMBH

ein Unternehmen der Salzgitter-Gruppe

Otto-Feuerfest-Erzeugnisse

Die Herstellung feuerfester Steine ist seit über einem Jahrhundert ein Schwerpunkt des Otto-Arbeitsprogramms.

Die Werke in Bochum-Dahlhausen und Bendorf (Rhein), die Tochtergesellschaften Arloffer Thonwerke, Bad Münstereifel, Westerwälder Thonindustrie, Breitscheid (Dillkreis) haben eine Gesamtkapazität von etwa 130.000 jato hochwertiger feuerfester Produkte.

Das differenzierte Produktionsprogramm ermöglicht ein optimales Angebot für die verschiedensten Verwendungszwecke und Beanspruchungen:

Silikasteine mit abgestuften Qualitätseigenschaften für alle Anwendungsbereiche in Koksöfen, Tunnelöfen, Glasöfen sowie in Anlagen und Einrichtungen der Grundstoff-Industrien.

Schamotte-, tonerdereiche und hochtonerdehaltige Steine.

Sondererzeugnisse aus Zirkon.

Feuerleicht-Erzeugnisse mit guten Isoliereigenschaften und hoher mechanischer Festigkeit.

Feuerfeste Bau- und Reparatur-Massen.

Wärme- und Katalysatorträger aus Tonerde, Mullit, Magnesit, Spinell, Zirkon und Sondermassen für Einsatz und Verwendung in der chemischen und petrochemischen Industrie.

Konstruktionen für die feuerfeste Ausmauerung und Auskleidung von Industrieöfen, Drehrohröfen, Ofendecken, Reaktoren, Wärmetauschern, Satellitenkühlern, Winderhitzern, Torpedopfannen, Mischern u. a.

Feuerfestfabrik Bochum-Dahlhausen

Kassettensteine für Anoden-Brennofen

Helium-Erwärmungsanlage während der Zustellung

Torpedopfanne mit feuerfester Ausmauerung

Ausmauerung eines Glühofens für Temperguß

Drehrohrofenausmauerung

Feuerfeste Zustellung von Stahlentgasungsanlagen

Raster-Elektronenmikroskop zur Qualitätskontrolle

 **DR. C. OTTO**

Dr. C. Otto Feuerfest GmbH
4630 Bochum 5 · Postfach 51 01 09 · Fernruf (02 34) 4 19-1 · Fernschreiber 08 25 666

3. Wärmeübertragung und Wärmebewegung

In Tafel 28 sind die Werte von a_{ko} für metallische Rohre mit technischer Rauhigkeit und bei 0 °C angegeben. Um den Wert a_k bei t °C zu finden, hat man a_{ko} mit einem Faktor zu multiplizieren, der aus Tafel 29 entnommen werden kann.

Hat man es mit gemauerten Kanälen (z.B. Abgaskanälen) statt mit Rohren zu tun, so sind die Werte für a_k aus den Tafeln 28 und 29 mit einem Beiwert nach Tafel 30 zu multiplizieren, soweit die Geschwindigkeit w_o über 2 m/s liegt und die Kanalwände glatt sind.

Sind die Kanalwände rauh, so gibt man außerdem einen Zuschlag bis 25 %.

Bei nichtkreisrunden Rohren oder Kanälen hat man mit dem ä q u i v a l e n t e n D u r c h m e s s e r zu rechnen. Dieser ist:

$$d_a = \frac{4A}{U}$$

Hierin sind F die Querschnittsfläche und U der Umfang des Rohres oder des Kanals.

Tafel 28: α_{ko} für Rohre bei 0 °C in W/m² · K

w_o in m/s bei 0 °C und 760 mm Hg	Rohrdurchmesser in mm					
	25	50	75	100	150	200
0,4	8,4	7,4	7,4	7,2	7,1	7,0
0,6	9,5	8,8	8,5	8,1	7,7	7,4
0,8	10,7	9,8	9,3	8,95	8,4	8,0
1,0	12,0	10,9	10,2	9,7	9,0	8,4
1,5	15,0	13,3	12,0	11,4	10,4	9,5
2,0	18,4	15,6	14,0	13,3	11,9	10,9
2,5	22,0	18,4	16,5	15,4	14,0	12,8
3,0	25,2	21,0	20,0	17,7	15,9	14,7
4,0	32,9	26,0	23,5	21,9	19,8	18,1
5,0	36,5	30,7	27,8	25,8	23,3	21,4
6,0	42,0	35,5	32,0	29,9	27,0	24,7
8,0	52,1	43,7	40,0	36,6	33,1	30,6
10,0	61,6	51,8	46,6	43,6	39,4	36,0
15,0	88,5	70,1	63,0	59,3	53,0	48,8
20,0	102,0	87,2	78,0	73,3	66,3	60,5
25,0	122,0	103,5	93,0	87,2	77,9	70,9
30,0	140,0	117,4	106,0	99,0	89,6	82,0

Tafel 29: (nach Heiligenstaedt)

	Temperatur in °C						
	0	200	400	600	800	1000	1200
Luft.	1,00	1,09	1,19	1,29	1,38	1,47	1,57
Abgas.	1,00	1,13	1,25	1,37	1,49	1,61	1,72

Tafel 30: (nach Böhm und Heiligenstaedt)

Kanalweite im mm	25	50	75	100	150	200
Beiwert zu den Tafeln 28 und 29 . .	1,22	1,14	1,10	1,07	1,05	1,04

Auch bei **turbulenter Strömung** durch Rohre ist mit einer höheren Wärmeübergangszahl in der **Anlaufstrecke** zu rechnen. Nach dem Durchlaufen dieser Anlaufstrecke ist die Wärmeübergangszahl auf den konstanten Wert a_k (Tafeln 28, 29 und 30) abgesunken.

Hat das Rohr eine Länge l und einen Durchmesser d, so ist, wenn $\frac{l}{d} > 5$, die mittlere Wärmeübergangskoeffizient über diese Strecke a_m. Der örtliche Wärmeübergangskoeffizient an einer Stelle l vom Rohreinlauf entfernt ist a_{ort}.

$$a_m = a_k \left(1 + C_m \frac{d}{l}\right) \quad \left[\text{kcal/m}^2 \cdot \text{h} \cdot {}^\circ\text{C}\right] \qquad (10)$$

$$a_{ort} = a_k \left(1 + C \frac{d}{l}\right) \quad \left[\text{kcal/m}^2 \cdot \text{h} \cdot {}^\circ\text{C}\right] \qquad (11)$$

C_m und C können für die verschiedenen im Bild 53 wiedergegebenen Einlaufformen aus Tafel 31 entnommen werden. Es muß darauf geachtet werden, daß die Rohrlänge oder Strecke l von dem im Bild 53 bei jedem Beispiel mit 0 gekennzeichneten Punkt angerechnet wird.

Bei Rekuperatoren und Heißluftöfen findet die Wärmeübertragung vielfach durch Konvektion an Rohrbündeln statt, wobei Abgase oder Luft quer zur Achsrichtung an Rohrbündeln vorbeiströmen. Auch hierbei hat man mit einigen Beiwerten zu rechnen, a_{ko} aus Tafel 32 ist mit dem zutreffenden Beiwert aus den Tafeln 33 und 34 zu multiplizieren, soweit es sich um eine Rohranordnung nach Bild 54 handelt. Hat man es mit einer Rohranordnung nach Bild 54 rechts zu tun, so ist a_k 5 % höher (a ~ 2 d).

Aus den Tafeln 28 und 32 geht hervor, daß der Wärmeübergangskoeffizient der Konvektion bei gleicher Geschwindigkeit abnimmt, wie der Rohrdurchmesser größer wird. Das gliche trifft für freie Strömung zu und auch für Körper von kugelförmiger Gestalt. Wird

Tafel 31: C_m und C für die verschiedenen Einlaufformen von Bild 53 (nach Schack)

Einlaufform		Bezeichnung	C_m für $\frac{l}{d} \geqslant 5$	C
Nr.	Gruppe			
1		Winkel 45	5,0	1,8
2		Winkel 90	7,0	2,0
3		Winkel 90 lang.	3,2	1,3
4	A	Bogen 45.	4,2	1,7
5		Bogen 90	3,2	1,3
6		Bogen 180	5,3	2,1
7		Einlauf in Wandstück	2,3	0,9
8		Freier Einlauf	3,0	1,2
9	B	Große Blende	7,0	2,8
10		Kleine Blende	16,0	5,8
11	C	Einlauf mit Trichter	0,7	0,4

3. Wärmeübertragung und Wärmebewegung

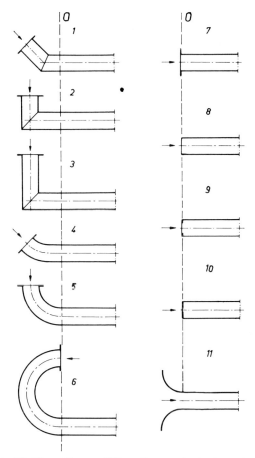

Bild 53: Einlaufformen (Wärmeübergang in der Anlaufstrecke)

Tafel 32: α_{ko} für Rohbündel bei °C (nach Schack und Heiligenstaedt) in W/m²K

w_o in m/s bei 0 °C und 760 mm Hg	Äußere Rohrdurchmesser in mm				
	25	50	75	100	150
0,4	15,7	12,0	10,2	9,2	7,8
0,6	20,2	15,5	13,1	11,7	10,0
0,8	24,1	18,4	15,6	14,0	12,3
1,0	27,6	21,0	17,9	16,0	13,2
1,5	35,2	27,0	22,9	20,5	17,5
2,0	42,1	32,2	27,4	24,5	20,9
3,0	54,—	41,3	35,1	31,4	26,7
4,0	64,0	49,0	41,9	37,3	31,9
5,0	73,0	56,2	47,9	42,8	36,5
7,5	92,0	72,1	61,4	54,8	46,8
10,0	113,0	86,0	73,3	65,0	55,8

der Durchmesser groß, so nähert sich der Wert von a_k immer mehr dem Wert für flache Wände. Bei sehr kleinem Durchmesser dagegen kann a_k bis 50mal größer werden. D i e s
ist von Einfluß bei Temperaturmessungen (7.5.), bei „Infrarotheizung" (8.6.4.) und bei der Anwendung von Drahtgeflecht als Hilfsheizfläche bei Radialwärmeaustauscher (11.2.) und Strahlrohre (4.5.5.).

Tafel 33: Beiwert (nach Schack und Heiligenstaedt)

	Beiwert für Temperatur						
	0	200	400	600	800	1000	1200
Luft......	1,00	1,15	1,25	1,33	1,41	1,47	1 52
Abgas.....	1,00	1,17	1,31	1,43	1,54	1,63	1,72

Tafel 34: Beiwert für die Anzahl der Rohre in Strömungsrichtung (nach Schack und Heiligenstaedt)

Rohrzahl	1	2	3	4	6	10
Beiwert	0,70	0,80	0,85	0,90	0,95	1,0

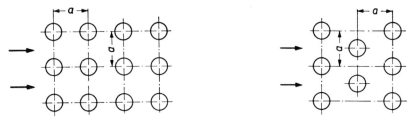

Bild 54: Rohranordnung in Rohrbündeln (zu Tafel 32)

3.4. WÄRMEÜBERTRAGUNG DURCH STRAHLUNG

Als Wärmestrahlung wird ein Teil der von einem Körper ausgesandten elektromagnetischen Energie bezeichnet. Der Ausdruck ist nicht sehr glücklich, weil die Wellenenergie überall in Wärme verwandelt werden kann, auch im Sichtbaren und im Ultravioletten. Die Strahlung selbst besteht, wie alles Licht, aus elektromagnetischen Wellen und hat mit Wärme unmittelbar nichts zu tun. Nur erweist sich bei Festkörpern die Wärmewirkung im Infraroten — den Wellenlängen zwischen 0,75 und 400 μ (1 μ = 1/1000 mm) — als besonders groß. Die Wärmestrahlung über 40 μ ist für die Technik bedeutungslos. Das sichtbare Licht reicht, nach der physiologischen Aufnahmefähigkeit etwas verschieden, bis 0,8 μ. Zwischen 0,75 und 0,8 μ werden also gleichzeitig Wärmestrahlung und Licht wahrgenommen.

Die Gesetze der Optik gelten auch für die Wärmestrahlen.

Strahlung pflanzt sich also geradlinig fort, und somit können zu beheizende Körper „im Schatten" liegen, eine Erscheinung, die man im Ofenbetrieb zu beachten hat. Wird ein Körper von Strahlung getroffen, so wird der Teil der Strahlung, welcher a b s o r b i e r t ist, im allgemeinen in fühlbare Wärme umgesetzt, wodurch die Temperatur des Körpers

3. Wärmeübertragung und Wärmebewegung

steigt. Das Verhältnis der absorbierten Strahlung A_λ zur gesamten zugestrahlten Energie $A_{\lambda s}$ nennt man Absorptionsverhältnis und bezeichnet es mit ϵ

$$A_\lambda / A_{\lambda s} = \epsilon$$

Steht ein Körper von höherer Temperatur einem Körper von niedriger Temperatur gegenüber, so senden beide Wärmestrahlen aus. Nur ist die Wärmemenge, welche von „kalt" auf „warm" zugestrahlt wird, geringer als die Wärmemenge, die in entgegengesetze Richtung gestrahlt wird.

Die Strahlungsenergie, die auf einen Körper trifft, wird im allgemeinen nicht gänzlich von diesem Körper a b s o r b i e r t werden, sondern zum Teil zurückgeworfen (r e f l e k t i e r t) werden. Schließlich ist es auch möglich, daß ein Teil der Strahlung durch den Körper hindurchgeht und an der anderen Seite wieder austritt. In diesem Falle hat der Körper auch D u r c h l a s s u n g s v e r m ö g e n für Strahlung. Die Summe von Absorptionsvermögen, Reflektionsvermögen und Durchlassungsvermögen ist immer gleich 1. Bild 55 zeigt, daß:

$$q = q_r + q_a + q_p$$

Den nur theoretisch gedachten Körper, der ein Absorptionsvermögen = 1 hat, folglich die gesamte auffallende Strahlung verschluckt, ohne etwas davon zu refklektieren oder durchzulassen, nennt man den a b s o l u t s c h w a r z e n K ö r p e r. Ein Körper hat nicht nur die Fähigkeit, Strahlung aufzunehmen und in Wärme umzusetzen; er wird selbst auch in Abhängigkeit von seiner Temperatur Strahlung aussenden (emittieren) und hat deswegen E m i s s i o n s v e r m ö g e n. Da dem Kirchhoffschen Gesetz zufolge das Emissionsvermögen eines Körpers für eine bestimmte Wellenlänge gleich dem Absorptionsvermögen dieses Körpers ist, so wird der absolut schwarze Körper nicht nur das größtmögliche Absorptionsverhältnis (= 1), sondern auch das größtmögliche Emissionsverhältnis (= 1) aufweisen.

S t r a h l u n g f e s t e r K ö r p e r : F ü r d e n s c h w a r z e n K ö r p e r gilt das Gesetz von Stefan-Boltzmann:

$$Q = C \left(\frac{T}{100}\right)^4 \qquad (12)$$

C = Strahlungskoeffizient des absolut schwarzen Körpers = 4,88 kcal/m² · h °K⁴ = 5,67 W/m² K⁴

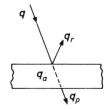

Bild 55: Aufteilung der Strahlungsenergie beim Auftreffen

3. Wärmeübertragung und Wärmebewegung

Richtiger wäre:

$$Q = C \, 10^{-8} \, T^4$$

aber um die Berechnung zu vereinfachen wird $\left(\dfrac{T}{100}\right)^4$ bevorzugt.

Andere Körper, darunter die meisten für den Ofenbau angewandten Baustoffe und die Stoffe, die in Öfen behandelt werden (mit Ausnahme von blanken metallenen Oberflächen, die ein mit der Wellenlänge stark veränderliches Absorptionsvermögen besitzen), können als G r a u s t r a h l e r angesehen werden. Während das Absorptionsvermögen des absoluten schwarzen Körpers gleich dem Emissionsvermögen ($\epsilon = 1$) ist, hat ein Graustrahler ein geringeres Emissionsvermögen, also ($\epsilon < 1$), und zwar für alle Wellenlängen in gleichem Maße. Demzufolge kann man für Graustrahler dieselben Gesetze wie für den absoluten schwarzen Körper anwenden, nur hat man $\epsilon \cdot C$ statt C einzusetzen. Diese Werte von ϵ und $\epsilon \cdot C$ können Tafel 35 entnommen werden.

Bild 56 zeigt den Unterschied zwischen S c h w a r z s t r a h l e r, G r a u s t r a h l e r und S e l e k t i v s t r a h l e r. Hier ist für eine bestimmte Temperatur die Intensität der Strahlung für die verschiedenen Wellenlängen angegeben. Die Intensität der Strahlung verschiebt sich bei steigender Temperatur in der Richtung der kürzeren Wellenlängen (V e r s c h i e b u n g s g e s e t z von Wien), so daß ein Körper im Ofenraum zuerst

Tafel 35

Material	Temperatur °C	ϵ	$\epsilon \cdot C$ in W/m²K⁴
Schamotte- und Silikasteine, neu	600–1000	0,75–0,80	4,3 –4,6
Schamotte- und Silikasteine, gebraucht	600–1000	0,82–0,87	4,8 –5,0
Schamotte- und Silikasteine mit spiegelnder Schlackenschicht	600–1000	0,70–0,75	4,0 –4,3
Flußeisen, glatt und sauber	25– 250	0,04–0,07	0,23–0,4
Flußeisen mit dichter, fester Oxydschicht	25–1100	0,78–0,90	4,5 –5,0
Gußeisen, flüssig	1300–1400	0,3 –0,45	1,7 –2,6
Gußeisen mit Gußhaut	25	0,8	4,6
Gußeisen, gedreht	900	0,65	3,7
Kupfer, flüssig	1200	0,14	0,8
Kupfer, glatt und sauber	25	0,03	0,17
Kupfer, glatt, etwas angelaufen	25	0,04	0,23
Kupfer, schwarz oxydiert	25	0,78	4,5
Messing, glatt	25– 350	0,03–0,035	0,17–0,2
Messing, gewalzt	25	0,06	0,35
Aluminium, gewalzt	100– 500	0,06–0,09	0,35–0,52
Aluminium-Sandguß	100– 500	0,3	1,7
Aluminium-Kokillenguß	100– 500	0,2	1,2
Aluminiumblech, rauh	26	0,07	0,4
Aluminiumblech, poliert	26	0,053	0,3
Aluminiumblech, poliert	230	0,039	0,22
Porzellan glasiert, Quarzglas, Ziegel, Glas, Asbestzement	25	0,92–0,94	5,3 –5,5
Aluminiumlack		0,4	2,3
Lacke, s c h w a r z und w e i ß, aber glänzend		0,9	5,18
Schmelzemaille, w e i ß		0,9	5,18
Kohle	0– 700	0,8	4,6
Nickel, poliert	18– 30	0,06	0,35
Zink		0,26	1,5

3. Wärmeübertragung und Wärmebewegung

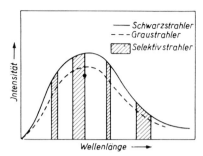

Bild 56: Die verschiedenen Arten der Strahler

kein sichtbares Licht ausstrahlt, um dann bei zunehmender Temperatur rotes, dann gelbes und schließlich weißes Licht auszustrahlen. Die Kurve (Bild 56) für den Schwarzstrahler hat eine bestimmte Gestalt, und diese ist für einen Graustrahler gleichförmig, liegt aber tiefer, abhängig von dem Emissionsverhältnis ϵ des betreffenden Graustrahlers. Bei dem Selektivstrahler wechselt ϵ mit den Wellenlängen. Bei Kohlensäure und Wasserdampf ist die Breite der E m i s s i o n s b ä n d e r (also auch A b s o r p t i o n s b ä n d e r) abhängig von der Temperatur.

Zwischen diesen Banden sind beide Gase strahlungsdurchlässig (d i a t h e r m a n), wie auch reine Luft und einatomige Gase auf allen Wellenlängen.

Bei einem Gas findet die Absorption auch in der Tiefe statt, weil die Strahlungsenergie mit einer bestimmten Zahl von Molekülen zusammentreffen muß, bevor die Absorption beendet ist. Hieraus geht hervor, daß bei der selektiven Absorption und Emission von CO_2 und H_2O und folglich auch von Abgasen die Stärke der Gasschicht und der Teildruck und der Teildruck von Kohlensäure und Wasserdampf einen großen Einfluß auf die Wärmeausstrahlung des Abgases ausüben.

Strahlen zwei Körper sich gegenseitig an, so hat man bei der Berechnung der in Frage kommen Strahlungszahl nicht nur mit der Strahlungszahl der beiden Körper, sondern auch mit deren Stellung in bezug aufeinander und mit deren Flächenausmaßen zu rechnen. Einige einfache, aber oft vorkommende Fälle sind folgende:

Die Strahlung einer Fläche in einer schrägen Richtung nimmt ab mit dem Cosinus des Winkels φ zwischen Strahlungsrichtung und Einfallslot. Dies ist das L a m b e r t s c h e S t r a h l u n g s g e s e t z und wird bei technischen Berechnungen angewandt. Für Schwarzstrahler trifft es zu, für Graustrahler nicht immer.

Stehen zwei sehr große p a r a l l e l e Flächen mit g l e i c h e r Oberfläche F und den Strahlungszahlen C_1 und C_2 einander gegenüber, dann ist der r e s u l t i e r e n d e S t r a h l u n g s k o e f f i z i e n t :

$$C_{1,2} = \frac{1}{\frac{1}{C_1} + \frac{1}{C_2} - \frac{1}{5{,}77}} \tag{13}$$

3. Wärmeübertragung und Wärmebewegung

Ist eine Fläche A_1 mit Strahlungskoeffizient C_1 ganz von einer Fläche A_2 mit dem Strahlungskoeffizienten C_2 umgeben, so ist:

$$C_{1,2} = \frac{1}{\frac{1}{C_1} + \frac{A_1}{A_2}\left(\frac{1}{C_2} - \frac{1}{5{,}77}\right)} \tag{14}$$

Ist der strahlende Körper ein Ofen oder eine Ofentür oder Ofenöffnung, so ist, mit Bezug auf den Aufstellungsraum des Ofens, A_2 meistens sehr groß im Vergleich zu A_1, und man kann $\frac{A_1}{A_2} \sim 0$ setzen. Dann ist

$$C_{1,2} = C_1.$$

Den Wärmeübergang durch Strahlung berechnet man in jedem dieser Fälle, wenn $T_1 = t_1 + 273$ die absolute Temperatur von A_1 und $T_2 = t_2 + 273$ die absolute Temperatur von A_2 ist, mit Formel:

$$Q = A \cdot C_{1,2} \left\{ \left(\frac{T_1}{100}\right)^4 - \left(\frac{T_2}{100}\right)^4 \right\} \tag{15}$$

Beim Gebrauch dieser Formel leistet Tafel 36 gute Dienste.

Tafel 36

Temperatur $t\,°C$	$\left(\frac{T}{100}\right)^4$	Temperatur $t\,°C$	$\left(\frac{T}{100}\right)^4$	Temperatur $t\,°C$	$\left(\frac{T}{100}\right)^4$
0	55	360	1 610	840	15 350
10	64	380	1 820	860	16 480
20	74	400	2 055	880	17 670
30	85	420	2 300	900	18 930
40	96	440	2 588	920	20 260
50	109	460	2 890	940	21 650
60	123	480	3 215	960	23 110
70	139	500	3 570	980	24 650
80	156	520	3 960	1 000	26 260
90	174	540	4 370	1 050	30 640
100	194	560	4 810	1 100	35 540
110	215	580	5 290	1 150	41 000
120	239	600	5 810	1 200	47 080
140	292	620	6 360	1 250	53 800
160	352	640	6 950	1 300	61 220
180	422	660	7 580	1 350	69 390
200	502	680	8 250	1 400	78 340
220	592	700	8 960	1 450	88 140
240	695	720	9 720	1 500	98 820
260	809	740	10 530	1 550	110 450
280	936	760	11 390	1 600	123 070
300	1 078	780	12 290	1 650	139 610
320	1 235	800	13 260	1 700	151 540
340	1 415	820	14 280	1 750	167 500
				1 800	184 670

Wenn zu untersuchen ist, **wieviel Wärme das auf dem Ofenherd liegende Wärmgut von dem Ofengewölbe zugestrahlt bekommt**, so gilt für den Fall, daß Gewölbe und Oberseite des Wärmgutes parallele Flächen bilden (lotrechte Entfernung h):

$$q = k \cdot \epsilon_1 \cdot \epsilon_2 \cdot C \left\{ \left(\frac{T_1}{100} \right)^4 - \left(\frac{T_2}{100} \right)^4 \right\} \tag{16}$$

Der Beiwert k kann Tafel 37 (nach Heiligenstaedt) entnommen werden, wobei $L = \dfrac{l}{h}$ und $B = \dfrac{b}{h}$ ist (siehe auch Bild 57). Es ist hierbei zu beachten, daß die Ofendecke in Rechtecke aufgeteilt werden soll, von denen jedesmal eine Ecke lotrecht über dem Schwerpunkt der angestrahlten parallelen Fläche liegt. Folgendes Beispiel soll dies erläutern.

Beispiel

In einem Ofen befindet sich das Wärmgut h = 250 mm unterhalb der Ofendecke, die 2100 mm lang und 1500 breit ist. Die Wärmeübertragung auf das Wärmgut findet nur durch Wärmestrahlung von der Decke aus statt. (Beheizung durch **Strahlrohre**, **elektrische Widerstände** oder **Deckenstrahlung** einer von außen beheizten Muffel.) Die Temperatur der Decke sei t_1 = 1000 °C und die des Wärmgutes t_2 = 20 °C. Es soll nun untersucht werden, wieviel Wärme das Wärmgut zugestrahlt bekommt, wenn es sich genau unter der Mitte der Decke befindet (a) und wenn der Schwerpunkt des Wärmgutes 700 mm von der vorderen Seite der Decke entfernt ist (b). Es sei

$$\epsilon_1 \cdot \epsilon_2 \cdot C = 4{,}9 \text{ W/m}^2 \text{ K}^4$$

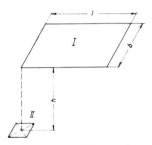

Bild 57: Strahlung zwischen Ofengewölbe und Wärmgut

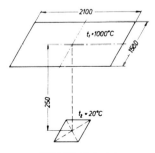

Bild 58: Beispiel

a) Das Wärmgut befindet sich unter der Mitte der Ofendecke (Bild 58). Die Decke ist in vier gleiche Flächen zu teilen, deren Ecken lotrecht oberhalb des Schwerpunktes des Wärmgutes liegen. Für jede Fläche ist b = 750 mm und l = 1050 mm, h = 250 mm.

$$L = \frac{l}{h} = \frac{1050}{250} = 4{,}20, \quad B = \frac{b}{h} = \frac{750}{250} = 3.$$

Nach Tafel 37 ist k = 0,229, und aus Tafel 36 ist zu entnehmen:

$$\left(\frac{t_1 + 273}{100}\right)^4 = 26260$$

$$\left(\frac{t_2 + 273}{100}\right)^4 = 74$$

Nach (16) und für sämtliche Flächenteile ist:

$$\dot{q}_1 = 4 \cdot 0{,}229 \cdot 49 \, (26\,260 - 74) = 117\,463 \text{ W}.$$

b) Das Wärmgut befindet sich mit seinem Schwerpunkt 700 mm von der vorderen Seite der Decke entfernt (Bild 59).

Das Wärmgut bekommt Wärme zugestrahlt von vier Flächenteilen e und von zwei Flächenteilen f. Um die Strahlung der Teile mittels (16) berechnen zu können, ist die Strahlung der Flächenteile e + f zusammen zu berechnen und dann die Strahlung der Fläche e abzuziehen.

Für die Flächenteile ist $L = \frac{700}{250} = 2{,}8 \quad B = \frac{750}{250} = 3$ und aus Tafel 37: k = 0,219.

Für die Flächenteile e + f ist $L = \frac{1400}{250} = 5{,}6, \quad B = \frac{750}{250} = 3$ und aus Tafel 37: k = 0,230.

$$\dot{q}_2 = (4 \cdot 0{,}219 + 2 \cdot 0{,}230 - 2 \cdot 0{,}219) \cdot 4{,}2 \, (26\,260 - 74) = 11\,514 \text{ W}$$

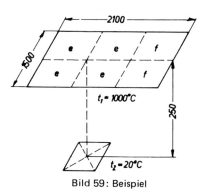

Bild 59: Beispiel

3. Wärmeübertragung und Wärmebewegung

Tafel 37: Werte von k der Formel (16) für parallele Flächen (Decke)

$B = \dfrac{b}{h}$	$L = \dfrac{l}{h}$					
	0,5	1,0	1,5	2,0	4,0	10,0
0,5	0,061	0,091	0,104	0,108	0,113	0,115
1,0	0,091	0,139	0,159	0,167	0,174	0,175
1,5	0,104	0,159	0,184	0,195	0,206	0,208
2,0	0,108	0,167	0,195	0,208	0,220	0,223
4,0	0,113	0,174	0,206	0,220	0,238	0,243
10,0	0,115	0,175	0,208	0,223	0,243	0,248

Es ist also $q_2 < q_1$, und hieraus geht hervor, daß es besonders bei Öfen, worin das Wärmgut durch Deckenstrahlung beheizt wird, wichtig ist, die Ofentür gut zu isolieren, so daß das Warmgut nicht nach hinten geschoben zu werden braucht.

Für die **Strahlung von senkrechten Wänden auf die waagerechte Oberfläche des Wärmgutes** nach Bild 60 gilt gleichfalls (16), nur soll hier der Wert k aus Tafel 38 entnommen werden. Aus Bild 60 geht hervor, daß eine Ecke des lotrechten Wandteiles auf einer Verbindungslinie mit dem Schwerpunkt der waagerechten Oberfläche des Wärmgutes liegen soll, die 90° mit dem Wandteil einschließt.

Hier ist $B = \dfrac{b}{a}$ und $H = \dfrac{h}{a}$

Die k-Werte der Tafel 38 sind viel kleiner als die der Tafel 37, folglich ist die Strahlungsübertragung von lotrechten Ofenwänden viel geringer als die von der Ofendecke.

Die unmittelbare Wärmeübertragung durch Flächenstrahlung ist besonders bei den **widerstandsbeheizten elektrischen Öfen** maßgebend.

Einige weitere Angaben über den Strahlungsaustausch und zwar aus Russischen Quellen gibt Senkara [3] auf S. 119–125.

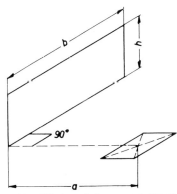

Bild 60: Strahlung senkrechter Wände auf die waagerechte Oberfläche des Wärmgutes

Tafel 38: Werte von k der Formel (16) für lotrecht aufeinanderstehende Flächen (Wände)

$H = \dfrac{h}{a}$	$B = \dfrac{b}{a}$							
	0,5	1,0	1,5	2,0	2,5	3,0	4,0	5,0
0,25	0,004	0,006	0,007	0,007	0,007	0,008	0,008	0,008
0,50	0,014	0,021	0,024	0,025	0,026	0,026	0,026	0,026
0,75	0,025	0,029	0,045	0,047	0,048	0,049	0,050	0,050
1,0	0,035	0,056	0,065	0,069	0,071	0,072	0,072	0,073
2,0	0,058	0,095	0,114	0,124	0,129	0,133	0,135	0,137
2,5	0,063	0,104	0,126	0,137	0,145	0,149	0,153	0,155
3,0	0,066	0,110	0,134	0,148	0,156	0,160	0,166	0,168
4,0	0,069	0,114	0,143	0,159	0,168	0,174	0,181	0,184
5,0	0,070	0,116	0,148	0,164	0,175	0,181	0,189	0,193

Aus Tafel 35 geht hervor, daß Ofenbaustoffe eine Strahlungszahl aufweisen, die teilweise ganz erheblich von der des absolut schwarzen Körpers abweicht. Man wird sich fragen, ob es diesen S c h w a r z s t r a h l e r überhaupt gibt. Das ist fast der Fall, wenn aus einer kleinen Öffnung ein allseitig geschlossener Raum (z.B. ein Ofenraum) strahlt. Dies kann man sich am besten klarmachen, indem man nicht die Emission dieser Öffnung, sondern die Absorption eines durch diese Öffnung von außen hineinfallenden Strahlenbündels betrachtet (Bild 61). Dieses Strahlenbündel, das in Pfeilrichtung in den Hohlraum hineintritt, trifft eine Wand und wird von dieser teilweise absorbiert, teilweise reflektiert. Es trifft dann eine andere Wand, wo wiederum ein Teil der Strahlung absorbiert und der Rest reflektiert wird. Dieser Vorgang geht immer weiter, so daß der Rest der Strahlung, der reflektiert wird, immer kleiner wird. Nur ein außerordentlich kleiner Teil der einfallenden Strahlung wird diese immer wiederholte Absoption und Reflektion überleben und schließlich wieder durch die Öffnung nach außen gelangen. Ohne einen störenden Fehler kann man annehmen, daß alle Strahlung, die in den Hohlraum hineingeht, in ihm vollkommen absorbiert wird. Der Hohlraum ist also ein absolut schwarzer Körper, auch wenn die Strahlungszahl seiner Innenwände kleiner als C ist. Je kleiner die Öffnung des Hohlraumes ist, desto genauer ist der Strahlungskoeffizient dieser Öffnung gleich C = 5,67 W/m² K⁴.

S t r a h l u n g v o n G a s e n : Die Gasstrahlung ist wichtig, denn bei Temperaturen über 1000 °C wird die Wärmeübertragung durch Konvektion im Vergleich zu der Wärmeübertragung durch Gasstrahlung klein.

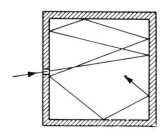

Bild 61: Darstellung des schwarzen Körpers

3. Wärmeübertragung und Wärmebewegung

Es kann sich bei der Flammenstrahlung um s i c h t b a r e S t r a h l u n g (leuchtende Flammen) und um u n s i c h t b a r e S t r a h l u n g (Infrarotstrahlung) handeln. Es handelt sich dann um die unsichtbare Infrarotstrahlung von Kohlensäure und Wasserdampf, denn selbst bei den höchsten in Industrieöfen auftretenden Temperaturen leuchten diese Gase nicht. Die Wärmestrahlung dieser Gase ist s e l e k t i v . Sie strahlen bei einer bestimmten Temperatur nur in bestimmten Wellenbereichen.

Die große Strahlungsabsorption von Wasserdampf geht aus folgendem aus der Erfahrung entnommenen Beispiel hervor: Beim Entschlacken eines Generators von Hand gießt der Heizer einen Eimer Wasser auf die Schlacken, die er aus dem Generator herausgezogen hat. Es entwickelt sich sofort eine Wasserdampfwolke, die sich vor der offenstehenden Generatortür ausbreitet. Im gleichen Augenblick fühlt man, daß die starke Wärmestrahlung, die von dieser Türöffnung ausgeht, sehr herabgemindert wird.

Für Kohlensäure ist für eine Schicht, welche s m stark ist, bei einer Temperatur des Gases T_g °K und einem Teildruck p_1 [N10/cm²], die Wärmemenge, welche einer grauen Fläche von der Temperatur T_w °K und mit dem Emissionsverhältnis ϵ zugestrahlt wird nach Schack:

$$\dot{q}\, CO_2 = \epsilon \cdot 10{,}3\, (p_1 \cdot s)^{0{,}4} \left[\left(\frac{T_g}{100}\right)^{3{,}2} - \left(\frac{T_w}{100}\right)^{3{,}2} \cdot \left(\frac{T_g}{T_w}\right)^{0{,}65} \right] \; W/m^2 \quad (17)$$

Hierbei ist $\left(\dfrac{T_g}{T_w}\right)^{0{,}65}$ eine Berichtigung für die mit Temperatur veränderlichen Breiten der strahlenden Banden.

Für Wasserdampf mit dem Teildruck p_2 ist:

$$\dot{q}\, H_2O = \epsilon \cdot 1{,}163 \cdot (40 - 73\, p_2 \cdot s)(p_2 \cdot s)^{0{,}6} \left[\left(\frac{T_g}{100}\right)^{2{,}32 + 1{,}37 \sqrt[3]{p_2 \cdot s}} \right.$$

$$\left. - \left(\frac{T_w}{100}\right)^{2{,}32 + 1{,}37 \sqrt[3]{p_2 \cdot s}} \right] \quad [W/m^2] \quad (18)$$

Hat man ein Gemisch von Wasserdampf und Kohlensäure, so darf man ohne großen Fehler mit der Summe von q H_2O und q CO_2 rechnen. Bei einem Gesamtdruck des Abgases von 1 bar sind für p_1 und p_2 die Zahlenwerte der Gasanteile einzusetzen, wie sie aus der Abgasanalyse hervorgehen.

Für die Schichtstärke s soll mit den Angaben der Tafel 30 gerechnet werden.

Für Ofenräume ist die Formel von Hausen brauchbar:

$$s = 0{,}9 \cdot \frac{4V}{A} \; [m] \quad (19)$$

V = Volumen des Ofens [m³]
A = Querschnitt [m²]

Tafel 39: Mittlere Schichtdicken verschiedener Gasstrahlkörper

Körperform	maßgebliche Abmessung D	Faktor, mit dem D zu multiplizieren ist, um die mittlere Schichtdicke s zu erhalten
Kugel	Durchmesser	0,6
Unendlich langer Zylinder	Durchmesser	0,9
Zylinder D = Höhe · Strahlung auf die gesamte Oberfläche	Durchmesser	0,6
Zylinder D = Höhe · Strahlung auf Mittelpunkt der Grundfläche	Durchmesser	0,77
Zwischenraum von zwei unendlichen parallelen Ebenen	Abstand	1,8
Würfel, Gesamtoberfläche	Kante	1,06
Unendliches Rohrbündel mit den Rohrachsen auf gleichseitigen Dreiecken	Lichter Abstand (Rohrdurchmesser außen ist lichter Abstand)	2,8
Desgl.	Lichter Abstand (Rohrdurchmesser ist halber lichter Abstand)	3,8
Unendliches Rohrbündel mit Rohrachsen auf Quadraten	Lichter Abstand (Rohrdurchmesser ist lichter Abstand)	3,5

Schack macht als praktische Folgerung seiner Formeln (17) und (18) auf die Tatsache aufmerksam, daß **bei geringer Schichtstärke die Strahlung der Kohlensäure und bei großer Schichtstärke die Strahlung des Wasserdampfes überwiegt**. Abgas mit hohem CO_2- und geringem H_2O - Gehalt (z.B. von Gichtgas) wird sich also in bezug auf Strahlung bedeutend unterscheiden von einem Abgas mit hohem H_2O - und geringem CO_2 - Gehalt (z.B. von Koksofengas), natürlich gleiche Temperatur und Schichtstärke vorausgesetzt. Aus der Tafel 40 für die Abgase von Gichtgas bei luftsatter Verbrennung (23,3 % CO_2 und 3,5 % H_2O) und von Koksofengas (7,3 % CO_2 und 23,5 % H_2O) geht dieser Unterschied deutlich hervor.

Tafel 40: Strahlung der Abgase von Gichtgas und von Koksofengas bei luftsatter Verbrennung (nach Schack)

Abgas von	Temperatur °C	Schichtstärke m	Wärmestrahlung in W/m² · durch:		
			CO_2-Gehalt	H_2O-Gehalt	beide
Gichtgas......	900	0,05	5 350	325	5 630
Koksofengas....	900	0,05	2 960	2 200	5 070
Gichtgas......	900	0,5	12 000	3 260	14 650
Koksofengas....	900	0,5	8 400	14 770	22 210
Gichtgas......	1 400	0,05	14 400	896	15 180
Koksofengas....	1 400	0,05	7 700	5 810	13 260
Gichtgas......	1 400	0,5	36 600	8 600	43 200
Koksofengas....	1 400	0,5	23 700	43 000	63 380

B e m e r k u n g: Die Gesamtwärmestrahlung ist etwas geringer als die Summe der CO_2- und H_2O-Strahlung, da ein geringer Teil der CO_2-Strahlung von dem H_2O-Gehalt und gleichfalls ein geringer Teil der H_2O-Strahlung von dem CO_2-Gehalt absorbiert wird.

3. Wärmeübertragung und Wärmebewegung

Was nun die **Strahlung leuchtender Flammen** betrifft, so handelt es sich hierbei um Rauchgas, die feste Rußteilchen in feiner Verteilung enthalten. Diese Teilchen werden durch die eigene Verbrennung und durch die konvektive Wärmeübertragung von den Flammengasen erhitzt und strahlen ab. Zwar liegt nur ein verhältnismäßig kleiner Teil dieser Strahlung im sichtbaren Teil des Spektrums, aber sie ist groß genug, um die Teilchen ein intensives Licht ausstrahlen zu lassen. Die Wärmeübertragung durch Konvektion an Körpern mit kleinem Durchmesser ist groß (3.3.). Die Teilchen werden fast dieselbe Temperatur aufweisen wie die Abgase, in denen sie schweben. Natürlich ist die Strahlung des gesamten Gaskörpers um so stärker, je mehr Teilchen sich hintereinander befinden, also je dicker die Gasschicht ist und je mehr Teilchen sich in der Volumeneinheit befinden.

Ursache für die Anwesenheit von Rußteilchen in Gasen kann die unvollendete Verbrennung von Gasen oder Dämpfen sein, die aus Kohlenwasserstoffverbindungen bestehen. Es können dann Kettenreaktionen auftreten, wobei feste Kohlenwasserstoffketten abgeschieden werden. Bei der Verbrennung von Öl oder Teer ist das eine gewöhnliche Erscheinung. Bisweilen setzt man dem Verbrennungsgas einen Dampf (z.B. Benzol) zu, der bei Kettenreaktionen Ruß liefert (**K a r b u r i e r e n**). Wird die Verbrennungsluft nicht gut mit dem Brennstoff gemischt, sondern nur allmählich zugeführt, so kann auch hierdurch Ruß in der Flamme entstehen. In diesem Fall ist aber die Flammentemperatur niedriger, und auch die Gefahr wird bestehen, daß die unvollkommene Verbrennung erhalten bleibt (6.5.).

Strahlungsschirme

Zwei Wände in ein Vakuum sollen die gleiche Strahlungszahl $C_{1,2}$ haben und die Temperatur T_1 bzw. T_2. Zwischen diese Wände werden dünne Schirme aufgestellt, die gleichfalls eine Strahlungszahl $C_{1,2}$ haben. Ohne Schirme wird für 1 m² Wandfläche eine Wärmemenge $q_{1,2}$ von der heißen zur kühleren Wand abgestrahlt:

$$q_{1,2} = C_{1,2} \left[\left(\frac{T_1}{100} \right)^4 - \left(\frac{T_2}{100} \right)^4 \right]$$

Bei n Zwischenschirmen sind die übertragenen Wärmemengen:

$$q_{1,S1} = C_{1,2} \left[\left(\frac{T_i}{100} \right)^4 - \left(\frac{T_{s1}}{100} \right)^4 \right]$$

$$q_{S1,S2} = C_{1,2} \left[\left(\frac{T_{s1}}{100} \right)^4 - \left(\frac{T_{s2}}{100} \right)^4 \right]$$

$$q_{Sn,2} = C_{1,2} \left[\left(\frac{T_{sn}}{100} \right)^4 - \left(\frac{T_{s2}}{100} \right)^4 \right]$$

Bei stationärer Wärmeströmung ist

$$q_{1,s_1} = q_{s_1 s_2} = \ldots = q_{s_{n,2}} = q_{1 \cdot 2 \cdot s}$$

Wenn nun die linke und die rechte Seite der Gleichungen zusammengezählt werden, erhält man

$$q_{1 \cdot 2 \cdot s} = \frac{1}{n+1} C_{1,2} \left[\left(\frac{T_1}{100}\right)^4 - \left(\frac{T_2}{100}\right)^4 \right] \qquad (20)$$

Also $q_{1 \cdot 2 \cdot s} = q_{1,2} \dfrac{1}{n+1}$ \qquad (21)

Wenn ein Schirm angebracht ist, wird $q_{1 \cdot 2 \cdot s}$ = 1/2 der Strahlungswärme ohne Schirm. Wenn sechs Schirme angebracht sind, wird $q_{1 \cdot 2 \cdot s}$ = 1/7 der Strahlungswärme ohne Schirm.

Selbstverständlich können Strahlungsschirme auch benutzt werden, wenn kein Vakuum vorhanden ist, sondern eine Luft- oder Schutzgasatmosphäre. Wenn die Schirme aus polierten Metallplatten bestehen, kann der Wärmeverlust durch Strahlung manchmal gegenüber dem Wärmeverlust durch Konvektion vernachlässigt werden. Wird nur ein Schirm eingebaut und ist d die Dicke der Luftschicht zwischen Schirm und Ofenwand, so ergibt sich nach Schwarz [3] eine optimale Dicke d_k, über die hinaus der Wärmewiderstand praktisch mehr zunimmt.

$$d_k = 14{,}4 \cdot 10^{-6} \, T \sqrt[3]{\frac{T}{\Delta T}}$$

Němeček [3] hat eine graphische Methode entwickelt, um den Fall zu untersuchen, daß eine Wärmeübertragung durch Strahlung und durch Leitung des Gases stattfindet und durch Strahlungsschirme eingedämmt werden soll. Als praktisches Ergebnis wurde gefunden, daß für eine optimale Schirmisolation der letzte, der kalten Außenwand am nächsten stehende Schirm ausschlaggebend ist.

3.5. WÄRMEÜBERTRAGUNG DURCH LEITUNG

Es sind zwei Fälle zu unterscheiden:
1. Die Temperatur jedes Punktes eines Körpers, der von Wärme durchflossen wird, bleibt zeitlich gleich. Dann liegt eine stationäre Wärmeströmung vor. Es herrscht Beharrungszustand.
2. Ändert sich die Temperatur jedes Punktes mit der Zeit, so besteht kein Beharrungszustand, und die Wärmeströmung ist zeitlich veränderlich oder nichtstationär. (Aufheiz- und Abkühlungsvorgänge von Öfen, Erwärmungsvorgang von Wärmgut und Transportmittel im Ofen.)

Gleichförmige Wärmeströmung: Haben die beiden Oberflächen F [m] einer ebenen Wand aus einem bestimmten Stoff und von der Stärke s [m] die gleichbleibenden Temperaturen t_1 bzw. t_2 °C, so strömt durch diese Wand die Wärmemenge:

$$\dot{Q} = A \cdot \frac{\lambda}{s} (t_1 - t_2) \qquad (22)$$

Tafel 41: Wärmeleitfähigkeit λ in W/mK einiger Gase (1 ata und bei der Temperatur t)

Gas	$\lambda =$
Luft...............	0,0207 (1 + 0,003 t)
Wasserstoff..........	0,149 (1 + 0,003 t)
Kohlensäure.........	0,00124 (1 + 0,004 t)

λ ist die **Wärmeleitfähigkeit** in W/mK. Sie ändert sich mehr oder weniger mit der Temperatur und ist aus 4.6.1. für verschiedene Stoffe bei verschiedenen mittleren Temperaturen zu entnehmen. Wird eine gleichbleibende Wärmeleitzahl vorausgesetzt, so wird die Temperatur innerhalb der Wand geradlinig von der heißeren zur kälteren Oberfläche abfallen.

Gase sind schlechte Wärmeleiter (Tafel 41), und die wärmedämmende Wirkung der Isolierstoffe beruht größtenteils oder ganz auf der in den kleinen und kleinsten Hohlräumen (Poren) enthaltenen Luft.

4. Der Ofen und die Wärme

4.1. DIE WÄRMEENTWICKLUNG IM BRENNSTOFFBEHEIZTEN OFEN

4.1.1. Die Brennstoffe

Von den festen Brennstoffen kommen Holz und Holzkohle zur Beheizung von Industrieöfen wegen ihrer hohen Kosten kaum in Betracht, es sei denn, daß billige Holzabfälle zur Verfügung stehen. Wenn es auf gute Temperaturregelung des Ofens und Automatisierung der Brennstoffzufuhr ankommt, so scheiden auch die anderen festen Brennstoffe aus, soweit nicht von Halbgasfeuerung Gebrauch gemacht wird. Eine wichtige Ausnahme bilden die Schachtöfen, bei denen Brennstoff und Wärmgut schichtweise eingebracht werden und Luft unter Druck eingeblasen wird (Hochöfen, Kupolöfen, Kalkbrennöfen). Auch zu Staub gemahlene Kohle läßt eine gute Regelung und Automatisierung der Brennstoffzufuhr zu. Sie wird z.B. zur Beheizung von Zementdrehöfen angewandt, da hier der Aschegehalt der Verbrennungsgase nicht stört.

Gasförmige und flüssige Brennstoffe haben für den Ofenbetrieb große Vorteile:
— Bequeme Förderung durch Rohrleitungen unter Druck.
— Es ist eine Verbrennung mit niedriger Luftzahl möglich, da Brennstoff und Luft sehr innig miteinander vermischt werden können.
— Die Möglichkeit, die Wärmeentbindung über mehrere Brenner zu verteilen.
— Die Möglichkeit, die Flammenform an den betreffenden Ofen anzupassen.
— Gute Regelbarkeit des Verbrennungsvorganges und der Brennstoffzufuhr.
— Bei gasförmigem Brennstoff meistens gänzliche und bei flüssigem Brennstoff weitgehende Aschefreiheit.

F e s t e B r e n n s t o f f e : H o l z ist ein fester Brennstoff, der sich auch in der Gegenwart noch bildet; Torf, Braunkohle und Steinkohle dagegen sind Inkohlungsprodukte (Umwandlungsprodukte) von Holz und Pflanzen, die in der Vergangenheit gewachsen sind. Als verbrennliche Bestandteile enthalten sie Wasserstoff und Kohlenstoff; außerdem enthalten sie meistens Schwefel sowie Sauerstoff, Stickstoff, Wasser und mineralische Bestandteile.

Unter R e i n k o h l e wird der feste Brennstoff verstanden, ohne seinen Gehalt an Wasser und mineralischen Bestandteilen. Ist H_2 der Gehalt der Reinkohle an Wasserstoff in Gewichtsprozenten und O_2 der Gehalt an Sauerstoff, so wird $H_{disp} = H_2 - \dfrac{O_2}{8}$ der disponible Wasserstoffgehalt genannt. Wird der Kohlenstoffgehalt mit C bezeichnet, so können $\dfrac{H_{disp}}{C}$ und C für die Einteilung der natürlichen festen Brennstoffe benutzt werden, da sie die I n k o h l u n g s l i n i e bestimmen (Bild 62). Je älter (geologisch gesehen) der Brennstoff ist, um so höher ist der C-Gehalt.

Bei der Verbrennung der festen Brennstoffe bleiben die mineralischen Bestandteile als A s c h e zurück.

B r a u n k o h l e . Der Wassergehalt der Rohbraunkohle ist sehr beträchtlich und der untere Heizwert niedrig. Folglich ist der Transport von Rohbraunkohle über weite Strecken

4. Der Ofen und die Wärme

nicht sehr rentabel, und deswegen wird ein sehr großer Teil der Förderung an Ort und Stelle für Kesselfeuerung und Elektrizitätserzeugung verwandt oder auf flüssigen Brennstoff und chemische Produkte verarbeitet. Durch Sauerstoffvergasung (L u r g i - V e r f a h r e n) kann Ferngas erzeugt werden.

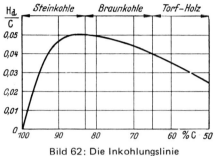

Bild 62: Die Inkohlungslinie

Tafel 42: Steinkohle

Sorte	Revier		Bezogen auf Rohkohle				Bezogen auf Reinkohle					Flücht-Be-stand-teile %
			Wasser % mittel	Asche % mittel	kcal/kg	H_u MJ/kg	C	H_2	O_2	N_2	S	
Gasflamm- und Gaskohle	Ruhr und Aachen	Förderkohle	2,5	9	7150	29,9	84,7	5,41	7,26	1,6	1,07	35
		Nußkohle Gew.	4	6	7270	30,4						
	Saar	Feinkohle	9	6,5	6790	28,4						
		Förderkohle	2,5	9	6780	28,4	81,7	5,34	11,01	1,2	0,75	39,3
		Nußkohle	4	5	6965	29,2						
Fettkohle	Ruhr und Aachen	Förderkohle	2,5	9	7415	31,0	88,6	5,00	3,83	1,57	1,05	25
		Nußkohle Gew.	4	6	7530	31,5						
	Saar	Feinkohle	9	6,5	7040	29,5						
		Förderkohle	2,5	9	7225	30,25	86,02	5,49	6,73	1,10	0,66	34,6
Eßkohle	Ruhr	Nußkohle	4	5	7490	31,36						
		Förderkohle	2,5	9	7460	31,2	90,26	4,38	2,95	1,40	1,01	16
	und Aachen	Nußkohle	4	6	7580	31,74						
Magerkohle	Ruhr	Förderkohle	2,5	9	7450	31,19	91,18	4,00	2,50	1,41	0,91	11
	und Aachen	Nußkohle	4	6	7570	31,7						
Anthrazit	Ruhr und Aachen	Nußkohle	1,3	6	7776	32,56	90,62	3,97	3,06	1,27	1,08	9,5
Zechenkoks			3	8	7060	29,56	97,0	0,40	0,60	1,00	1,00	1,0

Wird die Rohbraunkohle zerkleinert und anschließend bis auf einen Wassergehalt von 5 bis 15 % getrocknet, so läßt sie sich unter Druck von 120 bis 150 N/mm² brikettieren, wobei der untere Heizwert auf 19 bis 23 MJ/kg ansteigt. Hierdurch wird die Beförderung der Briketts über weite Strecken wirtschaftlich.

S t e i n k o h l e . Die Einteilung der Steinkohle und ihre Zusammensetzung sind aus Tafel 42 ersichtlich. Aus dieser Tafel geht hervor, daß der Gehalt an f l ü c h t i g e n B e s t a n d t e i l e n kennzeichnend für eine Kohlensorte ist.

Werden durch Entgasung die flüchtigen Bestandteile ausgetrieben, so bleibt der Kohlenstoff (und der Aschegehalt) als K o k s zurück. Die Güte des Kokses ist abhängig von der B a c k f ä h i g k e i t der Ausgangskohle. und der Träger dieser Backfähigkeit ist das Ö l b i t u m e n . Auf Grund ihrer guten Backfähigkeit werden Gaskohle und Fettkohle für die Kokserzeugung verwandt. Ist das Hauptziel die Erzeugung eines Kokses für metallurgische Zwecke, insbesondere für Hochöfen (Hüttenkoks) und Kupolöfen zum Umschmelzen von Gußeisen (Gießereikoks), so sind an die Güte des Kokses besondere Bedingungen zu stellen; er soll hohe Druck-, Sturz- und Abriebfestigkeit haben. Er wird durch Entgasung von Fettkohle (Kokskohle) in Koksöfen erzeugt. Da die Entgasung bei der Erzeugung von Hüttenkoks im allgemeinen bei etwas niedrigerer Temperatur durchgeführt wird als bei der Herstellung von Gießereikoks, so ist der Restgehalt an flüchtigen Bestandteilen bei erstgenannten etwas höher. Um die Transpostkosten niedrigzuhalten, wird die Entgasung der Kohle für diese Zwecke auf den Zechen durchgeführt (Zechenkoks). Ein Teil des anfallenden Koksofengases wird durch Rohrleitungen über weite Strecken den Verbrauchern zugeführt (F e r n g a s).

K o k s und A n t h r a z i t können als kohlenstoffreiche Brennstoffe durch Vergasung mit Luft in Generatorgas oder mit Wasserdampf in Wassergas übergeführt werden. Der Verbrennung von Koks (oder Anthrazit) in Industrieöfen erfolgt meistens nicht direkt, sondern es wird vorher in Generatoren Gas hergestellt oder Halbgasfeuerung angewandt.

G a s f ö r m i g e B r e n n s t o f f e (Tafel 43)

G i c h t g a s entweicht aus Hochöfen, und zwar rund 4000 Nm³ je t vergasten Kohlenstoffs. Der untere Heizwert ist H_u = 3,8 − 4,2 MJ/m³ (V_n).

G e n e r a t o r g a s . Dieses Gas wird durch Vergasung von Koks (oder in anthrazitreichen Ländern wie den USA auch von Anthrazit) hergestellt. Es wird nicht nur für die Beheizung von Gaswerksöfen, Koksöfen, Siemens-Martin-Öfen, Glaswannenöfen, sondern auch für manchen anderen Industrieofen verwendet. Es wird vom Ofenbenutzer selbst hergestellt.

Tafel 43: Gaszusammenstellung bei der Vergasung von Kohlenstoff mit trockener Luft

Temperatur in °C	$K = \dfrac{[CO]^2}{[CO_2]}$	CO	CO_2 in Vol.-%	N_2
400	0,00039	0,9	20,6	78,5
500	0,02396	6,4	17,1	76,5
600	0,3241	18,1	10,1	71,8
700	2,789	29,4	3,1	67,5
800	18,94	33,7	0,6	65,7

4. Der Ofen und die Wärme

Bei der Vergasung von Kohlenstoff mit Sauerstoff oder Luft entstehen Wärme, nichtbrennbare Kohlensäure und brennbares Kohlenoxyd. Der Gehalt an Kohlenoxydgas soll selbstverständlich am größten sein.

Wird Luft oder Sauerstoff durch eine dicke Kohlenstoff- (Koks-) schicht geblasen, so wäre die Reaktion $C + 1/2\ O_2 = CO + 29,4$ kcal am vorteilhaftesten. Leider tritt nebenbei auch die Reaktion $2\ CO = CO_2 + C + 38,8$ kcal auf, wobei außerdem mit der entgegengesetzten Reaktion $CO_2 + C = 2\ CO - 38,8$ kcal zu rechnen ist. Es stellt sich bei jeder Temperatur ein Gleichgewichtszustand ein: bei höherer Temperatur überwiegt die Bildung von $2\ CO$, bei niedriger Temperatur von $CO_2 + C$ — (1 k cal = 4,187 KJ).

Bei der Vergasung ist also eine hohe Temperatur erwünscht. Es ändert sich das Verhältnis der Gasbestandteile (in Vol.-%) mit der Temperatur nach der G l e i c h u n g von Boudouard:

$$\frac{[CO]^2}{[CO_2]} = K$$

Die Konstante K ist für die Vergasung mit t r o c k e n e r Luft aus Tafel 43 zu entnehmen.

Verläßt das Gas im Generator das Koksbett, so findet die Reaktion mit C ihr Ende. Die Gaszusammenstellung ist für die entsprechende Temperatur aus der Tafel zu entnehmen. Ist diese Temperatur 800 °C, so ist der Gehalt an CO hoch (33,7 %) und an CO_2 niedrig (0,6 %). Da mit Luft vergast worden ist, so bildet der hohe Stickstoffgehalt (65,7 %) aber einen schwerwiegenden Ballast. Da die Reaktionen auch zeitabhängig sind, so ergeben sich in Wirklichkeit einige Abweichungen von den theoretischen Zahlen der Tafel 43. Besonders die Reaktionsfähigkeit des Kokses spielt hierbei eine Rolle. Bei den üblichen hohen Vergasungstemperaturen kann man aber annähernd mit den theoretischen Zahlen der Tafel rechnen. Bei der Vergasung mit Luft (oder reinem Sauerstoff) wird Wärme frei, wie aus folgender Berechnung hervorgeht. 1 Mol C = 12 kg und 1 Mol eines Gases nimmt einen Raum von 22,4 m^3 (V_n) ein.

$$1\ \text{Mol}\ C + 1/2\ \text{Mol}\ O_2 = 1\ \text{Mol}\ CO$$

$$12\ \text{kg}\ C + \frac{22,4}{2}\ m^3\ O_2 = 22,4\ m^3\ CO$$

$$0,535\ \text{kg}\ C + 0,5\ m^3\ O_2 = 1\ m^3\ CO$$

Werden nun die Hinweise nach Tafel 57 eingesetzt, so ergibt sich:

$$0,535 \cdot 34,12\ \text{MJ} + O = 12,77 + 5,5\ [\text{MJ}] \qquad (23)$$

Es sind also 12,77 MJ als Heizwert in jedem Nm^3 enthalten, aber außerdem werden noch 5,5 MJ als fühlbare Wärme frei (von Verlusten abgesehen). Die L u f t g a s b i l d u n g ist exotherm.

Das Gas, das mit hoher Temperatur den Generator verläßt, enthält also fühlbare Wärme. Ist der Generator als Ganzes mit dem Ofen zusammengebaut, so daß sofort nach Verlassen des Generators auch die Verbrennung erfolgt, so geht die Wärmemenge nicht verloren (z.B. beim H a l b g a s g e n e r a t o r). Meistens aber wird das Generatorgas mittels

Rohrleitungen weitergeführt und vorher entstaubt, wobei es abkühlt. Die fühlbare Wärme des Luftgases geht dann größtenteils verloren, und der Heizwert des Gases ist ziemlich niedrig. Deswegen wird die Vergasung meistens nicht nur mit dem Sauerstoffgehalt der Luft, sondern zu gleicher Zeit mit dem Sauerstoff von Wasser durchgeführt. Hierbei würde als weiterer brennbarer Bestandteil Wasserstoff frei. Es wird dann ein Gas mit einem höheren Heizwert als von Luftgas erzielt.

Wird **Wasserdampf durch glühenden Kohlenstoff** geblasen, so findet eine Reduktion des Wassers statt, und Sauerstoff wird frei. Dieser Sauerstoff oxydiert Kohlenstoff teilweise zu CO nach den Gleichungen:

$$C + 2 H_2O = CO_2 + 2 H_2$$

$$C + H_2O = CO + H_2$$

Die entstehenden drei Gase wirken aber nach der **Wassergasgleichgewichts-formel** aufeinander ein:

$$CO + H_2O \rightleftarrows CO_2 + H_2$$

Die **Wassergaskonstante** $\dfrac{[CO] \cdot [H_2O]}{[CO_2] \cdot [H_2]} = K_w$ ist temperaturabhängig, und zwar verschiebt sich das Gleichgewicht bei höheren Temperaturen in der Richtung der CO-Bildung, und bei niedriger Temperatur wird die H_2-Bildung begünstigt. Im Gegensatz zu der Luftgasbildung, wobei Wärme frei wird, verläuft die **Wassergasbildung** endotherm, das heißt, es muß Wärme zugeführt werden.

$$1 \text{ Mol C} + 1 \text{ Mol } H_2O = 1 \text{ Mol Cl} + 1 \text{ Mol } H_2$$
$$12 \text{ kg C} + 18 \text{ kg } H_2O = 22{,}4 \text{ m}^3 \text{ CO} + 22{,}4 \text{ m}^3 H_2$$
$$0{,}535 \text{ kg C} + 0{,}80 \text{ kg } H_2O = 1 \text{ m}^3 \text{ CO} + 1 \text{ m}^3 H_2$$
$$18{,}25 \text{ MJ} + O = 12{,}77 + 10{,}7 - 5{,}23 \text{ [MJ]} \tag{24}$$

$$1 \text{ Mol C} + 2 \text{ Mol } H_2O = 1 \text{ Mol } CO_2 + 2 \text{ Mol } H_2$$
$$0{,}535 \text{ kg C} + 1{,}60 \text{ kg } H_2O = 1 \text{ m}^3 CO_2 + 2 \text{ m}^3 H_2$$
$$18{,}25 \text{ MJ} + O = O + 21{,}43 \text{ MJ} - 3{,}18 \text{ MJ} \tag{25}$$

Beide Reaktionen, die bei der Wassergasbildung nebeneinander verlaufen, erfordern also Wärmezufuhr. Hierzu wird meistens zuerst der Koksinhalt des Wassergasgenerators mit Luft glühend geblasen. Dann wird die Luftzufuhr abgestellt und Dampf durch den glühenden Koks gedrückt, wobei das Wassergas entsteht. Ist die Temperatur des Kokses zu weit gesunken, dann wird das Wassergasblasen unterbrochen und wiederum mit Luft warmgeblasen. Das Wassergasverfahren erfordert eine ziemlich verwickelte Anlage. Für die Herstellung eines brennbaren Gases für die Beheizung von Industrieöfen im eigenen Betrieb bedient man sich meistens der Gewinnung von technischem Generatorgas.

Technisches Generatorgas: Zur Herstellung dieses Gases wird das Verfahren der Luftgasbereitung mit dem der Wassergasbereitung gekoppelt.

Hierbei wird die freiwerdende Wärme beim erstgenannten benutzt, um das wärmeverbrauchende zweite Verfahren durchführen zu können. Nach Formel (23) werden + 5,5 MJ frei und nach (24) werden − 5,23 MJ verbraucht. Also kann neben (23) rund 1,05 mal (24) durchgeführt werden. Aus dieser Überlegung ergeben sich die theoretisch mögliche Halbwassergasmenge und die Zusammensetzung:

$$1,00 \text{ Mol C} + 1/2 \text{ Mol } O_2 = 1 \text{ Mol CO}$$
$$1,05 \text{ Mol C} + 1,05 \text{ Mol } H_2O = 1,05 \text{ Mol CO} + 1,05 \text{ Mol } H_2$$

$$+\overline{}$$

$$2,05 \text{ Mol C} + 1/2 \text{ Mol } O_2 + 1,05 \text{ Mol } H_2O = 2,05 \text{ Mol CO} + 1,05 \text{ Mol } H_2$$

$$2,05 \cdot 12 \text{ kg C} + \frac{422}{2} m^3 O_2 + 1,05 \cdot 18 \text{ kg } H_2O = 2,05 \cdot 22,4 \text{ m}^3 \text{ CO} +$$

$$1,05 \cdot 22,4 \text{ m}^3 H_2$$

$$1,08 \text{ kg C} + 0,5 \text{ m}^3 O_2 + 0,83 \text{ kg } H_2O = 2,05 \text{ m}^3 \text{ CO} + 1,05 \text{ m}^3 H_2$$

$$36,8 \text{ MJ} + 0 + 0 = 25,75 \text{ MJ} + 11,1 \text{ MJ}$$

oder 11,9 MJ/m³ Halbwassergas (V_n)

Da die Luft und nicht mit reinem Sauerstoff der Luftgasanteil geblasen wird, würden rund 5 Nm³ Halbwassergas mit einem unteren Heizwert von rund 7,32 MJ/m³ entstehen von folgender Zusammensetzung:

41,1 % CO, 20,8 H_2 und 38,1 % N_2.

Aber das Verfahren verläuft nicht ausschließlich nach (24), sondern auch die Reaktion nach (25) tritt auf, und bei der Luftgasreaktion stellt sich ein temperaturabhängiges Gleichgewicht zwischen CO und CO_2 ein. Somit werden die H_2- und CO-Anteile geringer als CO_2 vorhanden sein. Auch steht nicht die ganze freiwerdende Wärmemenge für die Wassergasreaktion zur Verfügung, denn im Generator geht Wärme nach außen und in der Asche verloren. Deswegen hat das technische Halbwassergas oder technische Generatorgas etwa folgende Zusammensetzung:

4 bis 6 % CO_2, 0,1 % O_2, 50 bis 60 % N_2, 24 bis 30 % CO, 9 bis 12 % H_2, 0,2 % CH_4.

Der Heizwert H_u = 4,18 bis 5,0 MJ/m³ (V_n).

Wird ein Gehalt von rund 40 % an brennbaren Gasen festgestellt, so ist das ein Anzeichen dafür, daß der Generator richtig arbeitet. Es wird dann aus 1 kg Reinkoks und 0,6 bis 0,9 kg Wasserdampf 5,2 bis 5,4 m³ technisches Generatorgas erzeugt.

Bild 63 gibt einen **D r e h r o s t g e n e r a t o r** wieder. Er ist mit einem Doppelmantel zur Wasserdampferzeugung versehen. Das Generatorgas wird mittels eines Gebläses abgesaugt, durch den Wascher rechts gefördert und dann in das Rohrnetz, zum Gasbehälter oder zur Verbrauchsstelle gedrückt. Ein Gebläse bringt Luft unten in den Generator, wobei dieser vorher eine bestimmte Menge Wasserdampf zugesetzt wird. Der untere Teil des Generators ist als Rostteller ausgebildet, er wird langsam gedreht, und hierdurch wird die Asche nach außen befördert. Koks wird oben durch eine Schleuse in regelmäßigen Zeitabschnitten nachgefüllt.

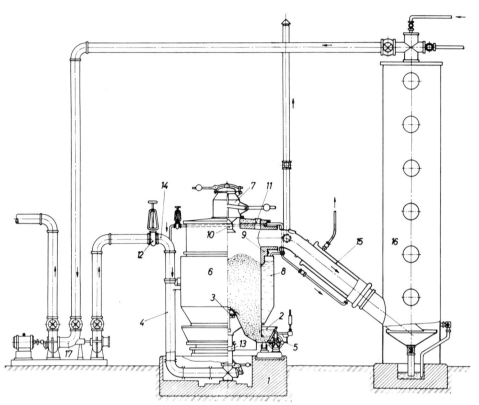

Bild 63: Drehrostgenerator (Werkbild Otto, Bochum)

Ö l g a s . Es bestehen seit einiger Zeit Anlagen, um Heizöl in Gas überzuführen. Da diese Apparate fast ohne Aufsicht und mit einem hohen Nutzeffekt arbeiten — sie können für Leistungen von 10 bis 1500 kg Öl/h geliefert werden —, so kann auch dieses Gas manchmal mit Vorteil für die Beheizung von Industrieöfen angewandt werden.

Öl und Luft werden bei einer Temperatur von rund 1300 °C in einem ganz bestimmten Verhältnis miteinander in Berührung gebracht. Hierbei finden eine Vergasung des Öles und eine Spaltung der Kohlenwasserstoffe statt, ein Teil der Kohlenwasserstoffe verbrennt zu CO_2 und wird teilweise wieder zu CO reduziert. Da die Öl- bzw. die Luftzufuhr mengenmäßig sehr genau aufeinander abgestimmt werden kann, die Luft sehr innig mit den Ölteilchen in Berührung kommt, kein Brennstoffverlust in Asche oder Schlacke auftritt und nur sehr kurze Reinigungspausen eingeschaltet zu werden brauchen, ist der Nutzeffekt dieser Anlagen viel höher als bei Koksgeneratoren und erreicht 95 bis 98 %, selbstverständlich unter Einbeziehung der fühlbaren Wärme des mit hoher Temperatur abziehenden Gases. Um diese Wärme ausnützen zu können, werden die Generatoren in der Nähe des Ofens aufgestellt.

K o k s o f e n g a s (F e r n g a s) hat einen Brennwert von H_o = 19,6 MJ/m^3 und einen unteren Heizwert von H_u = 17,4 MJ/m^3. Das Dichteverhältnis ist 0,378 (Luft = I), und die Zusammensetzung ist etwa:

4. Der Ofen und die Wärme

	CO	H_2	CH_4	C_2H_4	CO_2	N_2	O_2	C_6H_6
Vol. %	5,4	56,8	23,9	1,6	2,2	9,3	0,4	0,4

S t a d t g a s ist meistens kein reines Entgasungserzeugnis der Steinkohle, sondern es ist mit Wassergas (30 bis 40 %) gemischt (M i s c h g a s). Der untere Heizwert kann sich zwischen 15,5 und 17,6 MJ/m³ bewegen. Es ist ratsam, die genauen Heizwerte, das Dichteverhältnis und die Gaszusammenstellung beim betreffenden Gaswerk zu erfragen.

E r d g a s (N a t u r g a s) . Der Hauptbestandteil dieses Gases ist Methan (CH_4).

Da es besonders für Industrieöfen oft zur Verfügung steht, soll es etwas eingehender behandelt werden. Der Gehalt an Brennbarem (CH_4 und C_nH_m) ist in den verschiedenen Erdgasfeldern unterschiedlich und der Heizwert davon abhängig (Tafel 44). Für das Russische Erdgas, das bei Waidhaus eingeführt wird und für das Niederländische Erdgas (Gasfeld Slochteren) geben die Tafeln 45 und 46 zusätzliche Daten. Bild 64 gibt eine Übersicht über die Erdgas- und Ölvorkommen in West-Europa: in der Nordsee („offshore") und im Inland („onshore").

Erdgas kann Wasserdampf, Propan, Butan, Pentan, Kohlendioxid und Schwefelwasserstoff enthalten. Da diese Bestandteile beim Rohrleitungstransport Schwierigkeiten verursachen können, müssen sie in Aufbereitungsanlagen ganz oder teilweise entfernt werden. Auch einige deutsche Erdgase enthalten saure, schwefelhaltige Bestandteile, hauptsächlich Schwefelwasserstoff. Das französische Erdgas aus Lacq enthält viel Schwefel, der

Tafel 44: Gasförmige Brennstoffe

Gasart	Zusammenstellung in Vol.-%							Wärmewert in MJ/m³ (V_n)	
	H_2	CD	CH_4	C_nH_m	CO_2	N_2	O_2	H_o	H_u
Wasserstoff	100								10,72
Stadtgas	51	18	19	2	4	6	–	18,0	16,12
Ferngas	55	6	25	2	2	10	–	19,6	17,38
Erdgas Bayern	–	–	97,6	1,5	0,2	0,7	–	40,15	36,10
Erdgas-Rußland Übergabestelle Waidhaus	–	–	93,3	4,89	1,06	0,75	–	41,32	37,31
Erdgas-Niederlanden aus Feld Slochteren	–	–	81,8	3,2	0,8	14,1	–	35,10	31,67
Propan C_3H_8								101,82	93,58
Butan C_4H_{10}								134,03	123,55
Gichtgas	1,5–3	28–31	0,2–0,4		8–12	57–59			3,77–4,19
Generatorgas aus Koks	9–12	24–30	0,2		4–6	50–60	0,1		4,19–5,0

Brennwert H_o und Heizwert H_u können auch in kWh ausgedrückt werden:
1 MJ = 0,278 kWh = 0,239 Mcal

Tafel 45: Kennwerte des Erdgases aus der Ukraine, Übergabestelle Waidhaus (nach Gaswärme-Institut)

Brennwert (nach DIN 51 850)	$H_{o,n}$	=	41,32 MJ/m³	Zündtemperatur	ϑ_z	=	635 °C
Heizwert (nach DIN 51 850)	$H_{u,n}$	=	37,30 MJ/m³	max. laminare Flammengeschwindigkeit	Λ_{max}	=	43,0 cm/s
Dichte	ρ_n	=	0,779 kg/m³	Flammentemperatur mit Luft	ϑ	=	1880 °C
Dichteverhältnis (Luft = 1)	d_v	=	0,603				
Wobbeindex	$W_{o,n}$	=	53,2 MJ/m³	Flammentemperatur mit Sauerstoff	ϑ	=	2740 °C
Molekulargewicht	M	=	17,403 kg/kmol	Dynamische Viskosität	η	=	$10{,}9 \cdot 10^{-6}$ Pa·s
Molvolumen	V	=	22,35 m³/kmol	Kinematische Viskosität	ν	=	$14{,}27 \cdot 10^{-6}$ m²/s
Theoretischer Luftbedarf	$L_{min,n}$	=	9,90 m³/m³ 0,265 m³/MJ	Kritischer Druck	p_k	=	46,9 bar abs.
Zündgrenzen	Z_u, Z_o	=	5,1 ... 13,2 Vol.% m³ (V_n)	Kritische Temperatur	T_k	=	198,0 K
				Spezifische Wärmekapazität	c_p	=	0,382 kcal/m³K 2,051 kJ/kgK
					c_v	=	0,293 kcal/m³K 1,573 kJ/kgK
					c_p/c_v	=	1,304

Tafel 46: Groninger Erdgas

Brennwert (nach DIN 51 850)	$H_{o,n}$	=	35,10 MJ/m³	Zündtemperatur	ϑ_z	=	670 °C
Heizwert (nach DIN 51 850)	$H_{u,n}$	=	31,6 MJ/m³	max. laminare Flammengeschwindigkeit	Λ_{max}	=	29 cm/s
Dichte	ρ_n	=	0,833 kg/m³	Flammentemperatur mit Luft (mit Dissoziation)	ϑ	=	1860 °C
Dichteverhältnis (Luft = 1)	d_v	=	0,644				
Wobbe-Index	$W_{o,n}$	=	43,73 MJ/m³	Flammentemperatur mit Luft (ohne Dissoziation)	ϑ	=	2035 °C
Molekulargewicht	M	=	18,63 kg/kmol				
Molekularvolumen	V	=	22,36 m³/kmol	Flammentemperatur mit Sauerstoff (mit Dissoziation)	ϑ	=	2700 °C
Theoretischer Luftbedarf	$L_{min,n}$	=	8,41 m³/m³ 0,265 m³/MJ	Dynamische Zähigkeit	η	=	$11{,}40 \cdot 10^{-6}$ Pa·s
Zündgrenzen	Z_u, Z_o	=	5,1 ... 12,3 Vol.-% m³ (V_n)	Kinematische Zähigkeit	ν	=	$15{,}16 \cdot 10^{-6}$ m²/s
				Kritischer Druck	p_k	=	44,9 bar abs.
				Kritische Temperatur	T_k	=	187 K

entfernt wird, bevor das Gas weitergeleitet werden kann. Für den Pariser Distrikt wird auch der Stickstoffballast aus dem Slochteren-Erdgas entfernt.

Eine Erörterung der für den Transport benötigten Rohrleitungen würde zu weit führen. Auf die Leitungen, die die Offshore-Felder mit dem Festland verbinden, soll aber kurz eingegangen werden. Durch Meeresströmungen, Gezeitenwirkung usw. treten besondere Beanspruchungen auf, denen durch Verlegen der Rohre in Gräben, durch Verankerung oder durch Einschlämmen begegnet werden kann. Das Auftreiben des Rohres durch Betonummantelung oder durch das Anbringen von Begleitrohren am gasführenden Rohrstrang verhindert werden. Gas- und Ölstransport aus Offshore-Feldern ist wesentlich teurer als auf dem Festland. Fachleute schätzen die Transportkosten als doppelt so hoch. Immerhin werden bereits Wassertiefen bis 100 m (maximal 300 m) und Strecken bis 150 km hingenommen.

Bei industriellen Großabnehmern wird das Erdgas durch ein Filtergerät geführt. Dann folgt eine Aufheizvorrichtung, da sich beim Entspannen auf den gewünschten Gebrauchsdruck das Gas entsprechend dem Joule-Kelvin-Effekt um 0,5 K/at abkühlt. Gefriert die im Gas vorhandene Feuchtigkeit, kann der Druckregler blockiert werden. Deswegen wird das Gas vorher um 20 bis 30 K aufgeheizt. Bei der Einrichtung solcher Übergabestationen sind verschiedene Normen und Vorschriften zu beachten [4].

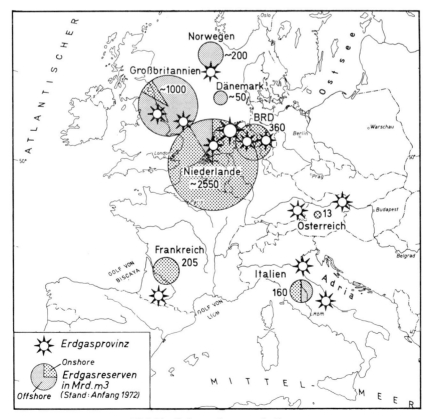

Bild 64: Erdgasvorkommen in Europa

4. Der Ofen und die Wärme

Flüssiges Erdgas, Liquefied natural gas (LNG) wurde zuerst 1964 von Algerien nach Großbritannien transportiert, jetzt auch von Algerien nach Frankreich, von Libyen nach Italien und Spanien und von Alaska nach Japan. Erdgas wird unter atmosphärischem Druck bei $-162\ °C$ flüssig. Hierbei beträgt das Volumen nur noch 1/600 des Gasvolumens, was den Transport begünstigt. Er findet mit Spezialtankern statt, deren wärmeisolierte Behälter verschiedene Form haben können. Bild 65 zeigt einen Tanker für 87 600 m^3 Flüssiggas mit kugelförmigen Behältern.

Nach Landung kann das LNG wieder in Gasform übergeführt werden, oder es wird eine Zeitlang gespeichert. Die im flüssigen Erdgas gespeicherte Kälte stellt ein beträchtliches Energiepotential dar. In Frankreich hat man im LNG-Terminal (Flüssigerdgas-Endstation) in Fos-sur-Mer hiervon Gebrauch gemacht, indem eine Kupplung mit einer Luftzerlegungsanlage ausgeführt wurde [30].

Flüssiggas kann in Behältern gespeichert werden, und zwar in
— oberirdischen, doppelwandigen Metallbehältern,
— Grubenspeichern mit gefrorenen Wänden,
— Behältern aus vorgespanntem Beton im Erdreich.

Zwei Behälter, die in der Nähe von Manchester aufgestellt werden, sind imstande, ganz Großbritannien 24 h mit Erdgas zu versorgen.

Die Grubenspeicher bestehen aus einem Erdloch mit gefrorenen Wänden und einer wärmedämmenden Decke, die natürlich gasdicht mit den Wänden verbunden sein muß. Während der Bauperiode werden die Wände mit Hilfe von Kühlleitungen gefroren und bleiben es nachher im Betrieb unter dem Einfluß der Kälte des flüssigen Erdgases.

Betonbehälter haben ähnliche Vorteile wie der Grubenspeicher. Außerdem kommt hinzu, daß weniger ausführliche Bodenuntersuchungen notwendig sind und daß die anfängliche Gasverdampfung infolge der zusätzlichen Wärmedämmung geringer ist als bei dem Grubenspeicher.

LNG-Speicheranlagen können dazu benutzt werden, um, bei gleichmäßiger Belastung der Zufuhrleitung, Spitzen in der Gasabnahme zu bewältigen (peakshaving). Natürlich kann Erdgas auch in gasförmigem Zustand gespeichert werden, und zwar unter Hochdruck in Stahlbehältern von kugeliger oder zylindrischer Form oder fast ganz entspannt in dem bekannten Gaswerksgasometer. Dabei lassen sich allerdings nur geringe Gasmengen speichern. Große Erdgasmengen können aber im gasförmigen Zustand auch unterirdisch gespeichert werden (Bild 66), und zwar in
— Porenspeichern, die in ausgebeuteten Gas- oder Ölfeldern angelegt werden,

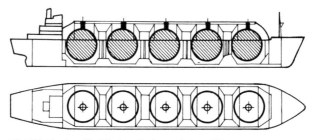

Bild 65: Tanker für flüssiges Erdgas mit kugelförmigen Behältern

4. Der Ofen und die Wärme

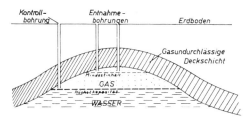

Bild 66: Untergrundspeicherung von Erdgas in porösen Schichten

— Aquifer-Speichern, die in ursprünglich mit Wasser gefüllten Gesteinslagen gebaut werden,
— Kavernenspeichern, das sind ausgelagerte Hohlräume in Salzstrukturen oder natürliche oder bergmännisch angelegte Hohlräume in undurchlässigem Gestein. Sie können für LNG bzw. für gasförmiges Erdgas benutzt werden.

Für die Überbrückung kleinerer Schwankungen können auch in der Nähe der Verbrauchsstelle Vorräte von LNG gespeichert werden, wobei die Flüssigkeit nur 1/600 des Gases an Speichervolumen beansprucht. Das Gas muß dann vor der Verwendung verdampft werden.

Man hat sich bereits überlegt, wie man beim Abnehmen der Erdgasvorräte ein Ersatzgas durch das bereits bestehende Förder- und Verteilungsnetz den Verbrauchern liefern kann. In den Niederlanden, wo man langfristige Verträge für die Lieferung von hochwertiges flüssiges Erdgas abgeschlossen hat, plant man dieses Gas mit einem niederwertigen Gas zu mischen, wobei das Mischgas Brennwerte haben soll, die innerhalb der für die mit Slochteren-Erdgas betriebenen Geräte zulässigen Werte liegen. Hierfür wird ein zentral liegendes Gaswerk geplant. Man wird dann auf die Gaserzeugung aus Kohle zurückgreifen.

Aber auch in anderen Ländern macht man sich nicht nur Gedanken, sondern werden auch verschiedene Verfahren erprobt. Da man überflüssige Kokshalden vermeiden will, arbeitet man an Verfahren, um Steinkohle möglichst integral in ein Ersatzgas für Erdgas („Substitute natural gas = SNG") zu überführen. Als brauchbare Möglichkeiten hat man die bekannte „Lurgi"-Druckvergasung (ruhende Schüttung) und die „Koppers-Totzek"-Vergasung (Vergasung in der Schwebe) erkannt [5].

Auch die Möglichkeit der Vergasung von Steinkohlen untertage wird immer noch untersucht.

Die Anwendung von Wasserstoff als Industrie- und Haushaltgas, ja sogar als Treibstoff für den Kraftverkehr wird ins Auge gefaßt [6, 7].

F l ü s s i g g a s e befinden sich bei normalen Temperaturen in flüssigem Zustand, wenn sie unter Druck gebracht werden. Bei Entspannung des Druckes werden sie wiederum gasförmig.

Die bekanntesten flüssigen Brenngase sind Butan und Propan. Reines Butan hat bei 20 °C einen Dampfdruck von 2 bar, und dieser Druck ist für reines Propan 8 bar. Zwar liegt dieser Druck für die handelsüblichen unreinen Flüssiggase höher (3 bar Dampfdruck bei 20 °C für Handelsbutan und rund 10 bar Dampfdruck bei 20 °C für Handelspropan), aber außerdem hat man für die Bemessung der Gasflaschen sicherheitshalber nicht mit dem Dampfdruck bei 20 °C, sondern mit dem bei 50 °C zu rechnen. Aber doch sind diese

Drücke viel niedriger als der gebräuchliche Druck von 150 bar, der bei der Verpackung von Gasen angewandt wird, die bei normaler Temperatur nicht flüssig werden, wie Wasserstoff und Methan.

Flüssiggase haben also den großen Vorteil, daß sie sich in Behältern, die nur einem verhältnismäßig niedrigen Druck zu widerstehen brauchen, als Flüssigkeit, also in kleinstem Volumen, transportieren lassen. Außerdem haben Butan und Propan einen hohen Heizwert. Deswegen finden diese Gase, besonders Handelspropan, Anwendung für industrielle Wärmzwecke und für Laboratoriums- und sonstige kleinere Öfen, dort, wo sonst kein Brenngas erhältlich ist und die Anwendung von Öl oder Elektrizität aus irgendeinem Grund nicht in Frage kommt.

Da das Dichteverhältnis in bezug auf Luft D = 1,5 ist, wird ausströmendes Gas heruntersinken und am Boden hängenbleiben. Äußerste Vorsicht (u.a. vollkommen dichte Leitungen und Absperrorgane) ist dringend geboten!

Tafel 47 gibt einige nützliche Zahlen bezüglich Handelspropan.

Butan und besonders Propan werden nicht nur in Einzelflaschen, sondern auch in Behälterwagen an den Abnehmer geliefert. In diesem Falle wird das Flüssiggas in einem größeren kesselförmigen Behälter des Abnehmers übergeführt, und man wird das Gas zu einem bedeutend niedrigeren Preis beziehen können. Hierdurch ist es möglich, es in größerem Umfang für industrielle Zwecke zu benutzen. Oft wird das Flüssiggas, mit einer bestimmten Menge Luft gemischt, durch Rohrleitungen den Verbrauchsstellen zugeführt. Hier wird dann die weitere zur Verbrennung notwendige Luft beigegeben.

F l ü s s i g e   B r e n n s t o f f e : Die flüssigen Brennstoffe für Industrieöfen können wie folgt eingeteilt werden:

Destillate von Braunkohlenteer,

Destillate von Steinkohlenteer,

Destillate von Erdöl.

Hiervon werden die Destillate des Erdöls mengenmäßig am meisten verwendet.

Tafel 47: Stoffwerte für Handelspropan (Shell)

Wichte der Flüssigkeit			
in kg/l	bei °C	in kg/l	bei °C
0,542	−10	0,494	20
0,526	0	0,478	30
0,510	+10	0,462	40
0,502	15	0,446	50

Bei 15 °C und 1 ata 544 l Gas je kg Flüssigkeit
Bei 15 °C und 1 ata 273 l Gas je l Flüssigkeit
Luftmenge für luftsatte Verbrennung von 1 kg Gas bei 1 ata 12,1 Nm^3/kg

Unterer Heizwert	46 MJ/kg
Verdampfungswärme bei	15 °C 35 J/kg
kritische Temperatur	94 °C
kritischer Druck	46 bar
Dampfdichtheit	1,84 bar bei 15 °C und 1 ata

4. Der Ofen und die Wärme

Tafel 48: Braunkohlenteeröl und Steinkohlenteeröl

Brennstoff	Zusammensetzung in %				Unterer Heizwert H_u kcal/kg	in MJ/K	Dichte kg/dm^3
	C	H_2	O_2+N_2	S			
Braunkohlenteeröl	84	11,0	4,3	0,7	9610	40,24	0,925
Steinkohlenteeröl	89,5	6,5	3,4	0,6	9000	37,7	1,08

Tafel 49: Erdöldestillate

		Gasöl/Diesel	Heizöl EL	Heizöl S
Dichte bei 15 °C	kg/l	etwa 0,840	etwa 0,930	etwa 0,960
Viskosität	cSt/ 20 °C	etwa 4	–	–
	E/ 20 °C	etwa 1,3	–	–
	cSt/ 50 °C	–	etwa 28	etwa 190–350
	E/ 50 °C	–	etwa 3,8	etwa 25– 45
	cSt/100 °C	–	–	etwa 21– 29
	E/100 °C	–	–	etwa 3– 4
Verkokungsrückstand nach C o n r a d s o n	Gew.-%	etwa 0,02	etwa 7,5	unter 12
Schwefelgehalt	Gew.-%	0,3–0,8	2–2,5	2–2,5
Wassergehalt, nicht absetzbar	Gew.-%	frei	Spuren	etwa 0,1
Oberer Heizwert H_o	kcal/kg	etwa 10 680	etwa 10 700	etwa 10 600
	MJ/kg	44,7	44,8	44,4
Unterer Heizwert H_u	kcal/kg	9990	10200	9670
	MJ/kg	41,8	42,7	40,5

Eine wichtige Zahl zur Beurteilung eines Heizöles ist die Z ä h i g k e i t , denn diese bestimmt die Z e r s t ä u b b a r k e i t und P u m p b a r k e i t . Die Zähigkeit (5.1.3.) wird in Deutschland meistens in Englergraden bei 50 °C (E/50) angegeben, im Ausland vielfach in Sekunden Redwood I (bei 100 °F) oder in centi Stoke. Da diese Angaben sich somit auf eine bestimmte Öltemperatur beziehen, so kann nicht ohne weiteres Tafel 49 benutzt werden, sondern es muß der Temperaturabhängigkeit von der Zähigkeit Rechnung getragen werden.

Öl mit einer Zähigkeit von etwa 4 Engler kann noch gut zerstäubt werden, und Öl bis zu einer Zähigkeit von etwa 100 Engler läßt sich noch pumpen. Ist die Zähigkeit größer, so wird es notwendig, das Öl so weit zu erhitzen, bis die genannten Zähigkeitszahlen erreicht werden.

Mittelschweres Heizöl wird oft für mittlere Industrieöfen gebraucht. Vorwärmung auf rund 50 °C bei Temperaturen unterhalb 15 °C ist zu empfehlen.

300- bis 500-s-Öl wird oft für große Industrieöfen verwendet und kann bei Temperaturen bis auf rund 5 °C noch ohne weiteres gepumpt werden; es soll aber vorgewärmt auf 50 bis 70 °C den Brennern zugeführt werden.

Bei einem nahe an der Grenze des Leichtöles liegenden mittelschweren Öl muß bereits V o r w ä r m u n g angewandt werden, um das Öl z e r s t ä u b e n zu können. Meistens wird hierzu Elektrowärme benutzt. Die Erwärmung schwererer Ölsorten zur Erzielung guter P u m p b a r k e i t erfolgt meistens durch Dampf, heißes Wasser oder Warmluft, unter Umständen auch durch Abhitze. Der Koksrückstand — auch Kokszahl oder C o n - r a d s o n z a h l genannt — wird bestimmt, indem man eine Ölprobe abdestilliert, bis durch Verdampfung nur noch 10 % der Probe übrig ist. Dieser Rest wird dann in einem Behälter erhitzt, bis keine Gase mehr entweichen und der reine Koksrückstand übrigbleibt. Dieser wird dann gewogen und ergibt in Gewichtsprozenten der ursprünglichen Ölmenge die Conradsonzahl. Ist die Kokszahl zu hoch, so werden die feinen Düsenöffnungen der kleineren Hochdruckzerstäuberbrenner leicht durch Koksablagerung verstopft. Die Kokszahl soll deswegen für diese Brennerarten 0,1 bis 0,2 nicht übersteigen. Das gleiche gilt für das Öl der Verdampfungsbrenner.

Der S c h w e f e l g e h a l t des flüssigen Öles übt keinen schädlichen Einfluß auf Behälterwände, Rohrleitungen usw. aus, da er am Kohlenwasserstoffmolekül gebunden ist. Anders wird das Bild, wenn die Verbrennungsabgase des Öles mit metallischen Teilen der Anlage in Berührung kommen (4.1.3.).

Der geringe W a s s e r g e h a l t eines Öles kann eine zerstörende Wirkung auf die Innenwand des Ölbehälters ausüben. Die behördlichen Vorschriften für diese Behälter sind strengstens zu beachten (Grundwasserverseuchung).

Der Einfluß des V a n a d i u m g e h a l t e s des Öles ist zu beachten, da dieser zu Hochtemperaturkorrosion von Rekuperatoranlagen führen kann (1.2.6.).

4.1.2. Chemie der Verbrennung

Die Verbrennung ist ein chemischer Vorgang, bei dem die Verbrennungspartner Brennstoff (fest, flüssig oder gasförmig) und Sauerstoff sich unter Wärmeentwicklung miteinander verbinden. Es entstehen dann gasförmige Produkte, die Abgase, die die Träger der bei der Verbrennung freiwerdenden Wärme sind. Soweit die Brennstoffe nichtbrennbare Bestandteile enthalten, bleiben diese als Schlacken und Asche zurück und haben eine, wenn auch meistens geringe Menge der Verbrennungswärme aufgenommen. Ist bei der Verbrennung genügend Sauerstoff vorhanden und hat dieser Gelegenheit, mit jedem Teilchen des Brennstoffes zu reagieren, so wird die Verbrennung v o l l k o m m e n sein, und die Abgase werden keine brennbaren Bestandteile enthalten. Ist aber nicht genügend Sauerstoff anwesend oder haben Brennstoff und Sauerstoff nicht ausreichend Gelegenheit, miteinander in Berührung zu kommen, oder wird auch durch örtliche Abkühlung der Verbrennungsvorgang an irgendeiner Stelle unterbrochen, so wird u n v o l l k o m m e n e Verbrennung eintreten und die Abgase (oder auch die Schlacken) werden noch brennbare Bestandteile enthalten.

Der Idealfall, daß gerade so viel Sauerstoff zum Brennstoff gebracht wird, wie zur vollkommenen Verbrennung ausreicht, ist besonders wichtig. Man wird immer, abgesehen von den sehr selten vorkommenden Ausnahmefällen, beim Beheizen von Industrieöfen den Sauerstoffgehalt der Luft statt reinen Sauerstoff verwenden. Da jeder m^3 Luft rund 0,21 m^3 Sauerstoff und rund 0,79 m^3 Stickstoff enthält, so werden bei jedem bei der Verbrennung verbrauchten Nm^3 Sauerstoff aus der Luft $\frac{79}{21}$ = 3,76 m^3 Stickstoff den Verbrennungsgasen zugeführt und dadurch Mitträger der bei der Verbrennung freiwerdenden Wärme. Bei gasförmigen Brennstoffen, bei denen eine sehr gute Mischung von Brennstoff und Verbrennungsluft möglich ist, kann die Verbrennung auch im Betriebe mit der theoretischen Luftmenge (luftsatt) oder einem nur geringen Luftüberschuß durchgeführt werden. Bei flüssigem Brennstoff kommt man meistens auch mit ziemlich geringem Luft-

4. Der Ofen und die Wärme

Tafel 50: Luftzahlen

Fester Brennstoff in Handfeuerungen	n = 1,6–2,0
Fester Brennstoff in mechanischen Feuerungen	n = 1,3–1,5
Fester Brennstoff in Staubfeuerungen	n = 1,2–1,4
Flüssige Brennstoffe	n = 1,2–1,4
Gasförmige Brennstoffe	n = 1,0–1,2

überschuß aus. Da es bei festen Brennstoffen schwieriger ist, an jedes Brennstoffteilchen die notwendige Sauerstoffmenge heranzuführen, wird man hier im allgemeinen einen größeren Luftüberschuß zulassen müssen, es sei denn, daß man staubförmigen Brennstoff verwendet. Der Luftüberschuß wird mit der **Luftzahl n** angegeben, sie ist (Tafel 50):

$$n = \frac{\text{wirklich zugeführte Luftmenge } v_a}{\text{theoretisch notwendige Luftmenge } v_{at}}$$

Berechnung der Luftmenge und der Verbrennungsprodukte. Bei festen und flüssigen Brennstoffen geht man von 1 kg aus, bei gasförmigen Brennstoffen meistens von $V_{n'} = 1 \text{ m}^3$ aus. Als Grundlage für die Verbrennungsrechnung bei festen und flüssigen Brennstoffen kann man Tafel 51 benutzen. Ist die Zusammensetzung dieses Brennstoffes in Gewichtsprozenten wie folgt: C kg/kg Brennstoff, H kg/kg Brennstoff, S kg/kg Brennstoff, O kg/kg Brennstoff, N kg/kg Brennstoff, so findet man mit Hilfe der Tafel 51 als theoretisch notwendige Sauerstoffmenge in Nm^3:

$$v_{ot} = 1{,}87 \, C + 5{,}60 \, H_2 + 0{,}75 \, S - 0{,}7 \, O_2 \quad m^3/kg \tag{26}$$

Da $\frac{100}{21} = 4{,}76$, so ist die theoretisch notwendige Luftmenge:

$$v_{at} = 4{,}76 \, v_{ot} \quad [m^3/\text{kg Brennstoff}] \tag{27}$$

Mittels Tafel 51 und unter Berücksichtigung, daß 1 Mol O_2 = 32 kg, 1 Mol N_2 = 28 kg und daß 1 Mol eines idealen Gases einen Raum von 22,4 Nm^3 einnimmt, findet man die Abgasmenge und Abgaszusammensetzung, die aus 1 kg Brennstoff entsteht, bei Ver-

Tafel 51:

Verbrennung von 1 kg	Verbrauch in $m^3(V_n)$		Abgasmenge in $m^3(V_n)$				zusammen
	O_2	Luft	CO_2	H_2O	N_2	SO_2	
$C + O_2 = CO_2$	1,87	8,91	1,87		7,04		8,91
$H_2 + {}^1/_2 O_2 = H_2O$	5,60	26,7		11,2	21,1		32,3
$S + O_2 = SO_2$	0,75	3,57			2,82	0,75	3,57

brennung mit der theoretischen Luftmenge, wenn der Brennstoff außerdem noch Ft kg/kg Feuchtigkeit enthält:

$$v_{rt} = 1{,}87\, C\ m^3\ CO_2 + (7{,}04\, C + 21{,}1\, H + 2{,}82\, S - 3{,}32\, O + 0{,}8\, N)\ m^3\ N_2$$
$$+ (11{,}2\, H + 1{,}24\, Ft)\ m^3\ H_2O + 0{,}75\, S\ m^3\ SO_2 \text{ je kg Brennstoff } (V_n) \quad (28)$$

Falls man nur Interesse an dem Abgasvolumen und nicht an der Abgaszusammensetzung hat, so findet man ohne weiteres:

$$v_{rt} = v_{at} + 5{,}60\, H + 1{,}24\, Ft + 0{,}8\, N + 0{,}7\, O\ [m^3/kg] \quad (29)$$

Die Berechnungen für gasförmige Brennstoffe gehen aus Tafel 52 und 53 hervor. Ist die Zusammensetzung des Gases in Volumenteilen bekannt und ist diese wie folgt: CO_2 m^3/m^3, C_nH_m m^3/m^3, O_2 m^3/m^3, H_2 m^3/m^3, CO m^3/m^3, CH_4 m^3/m^3, N_2 m^3/m^3, H_2O m^3/m^3, so findet man mit Tafel 51 die theoretisch notwendige Sauerstoffmenge.

$$v_{ot} = 4{,}5\, C_nH_m + 0{,}5\, CO + 0{,}5\, H_2 + 2\, CH_4 - O_2\ [m^3/m^3] \quad (30)$$

Tafel 52:

Verbrennung von 1 m^3	Verbrauch in $m^3(V_n)$		Abgasmenge in $m^3(V_n)$			zusammen
	O_2	Luft V_{at}	CO_2	H_2O	N_2	V_{rt}
$CO + 0{,}5\, O_2 = CO_2$	0,5	2,38	1,0		1,88	2,88
$H_2 + 0{,}5\, O_2 = H_2O$	0,5	2,38		1,0	1,88	2,88
$CH_4 + 2\, O_2 = CO_2 + 2\, H_2O$	2,0	9,52	1,0	2,0	7,52	10,52
$C_nH_m + 4{,}5\, O_2 = 3\, CO_2 + 3\, H_2O$	4,5	21,4	3,0	3,0	16,9	22,9

*) C_nH_m ist hierin C_3H_6 gleichgestellt (siehe „Merkblatt für Verbrennungsrechnungen bei gasförmigen Brennstoffen"). Gaswärme 7 (1958), S. 410/414.

Tafel 53:

Verbrennungsgleichung	Verbrauch $m^3(V_n)/m^3(V_n)$		Abgasmenge $m^3(V_n)/m^3(V_n)$			Summe
	O_2	Luft V_{at}	CO_2	H_2O	N_2	V_{rt}
$CH_4 + 2\, O_2 = CO_2 + 2\, H_2O$	2,0	9,52	1,0	2,0	7,52	10,52
$2\, C_2H_6 + 7\, O_2 = 4\, CO_2 + 6\, H_2O$	3,5	16,65	2,0	3,0	13,2	18,2
$C_3H_6 + 5\, O_2 = 3\, CO_2 + 3\, H_2O$	5,0	23,80	3,0	4,0	18,8	25,8
$2\, C_4H_{10} + 13\, O_2 = 8\, CO_2 + 10\, H_2O$	6,5	30,90	4,0	5,0	24,4	33,4
$C_5H_{12} + 8\, O_2 = 5\, CO_2 + 6\, H_2O$	8,0	38,08	5,0	6,0	30,1	41,1
$C_nH_m + 4{,}5\, O_2 = 3\, CO_2 + 3\, H_2O$	4,5	21,40	3,0	3,0	16,9	22,9

4. Der Ofen und die Wärme

Die theoretische Luftmenge ist wiederum:

$$v_{at} = \frac{100}{21} v_{ot} = 4{,}76\, v_{ot}\ [m^3/m^3] \tag{31}$$

Die Abgasmenge (feucht), die bei der Verbrennung von 1 Nm³ des Gases mit dieser theoretischen Luftmenge v_{at} entsteht, ist gleichfalls nach Tafel 52 aus der Frischgaszusammensetzung zu berechnen. Sie ist:

$$V_{rt} = \Sigma CO_2 + \Sigma H_2O + \Sigma N_2 = (CO_2 + 3\, C_n H_m + CO + CH_4)\, m^3\, CO_2 + (H_2O$$
$$+ 3\, C_n H_m + H_2 + 2\, CH_4)\, m^3\, H_2O + (N_2 + 3{,}76\, v_{ot})\, m^3\, N_2\, (V_n) \tag{32}$$

Für die Aufsicht auf die Ofenführung ist die Bestimmung der Abgaszusammensetzung durch einen Orsat-Apparat (oder durch einen selbstregistrierten Apparat) üblich. Man kann hierdurch feststellen, ob die Abgase noch Unverbranntes enthalten und aus den gemessenen Sauerstoff- oder CO_2-Gehalten die Luftüberschußzahl berechnen. Bei dieser Bestimmung der Abgasanalyse werden die Abgase bis auf Umgebungstemperaturen abgekühlt, wobei der Wasserdampfgehalt der Abgase niedergeschlagen wird. Man findet also die Zusammensetzung der „trockenen" Abgase. Deswegen wird meistens mit der trockenen Abgasmenge $v_{rt \cdot tr}$ gerechnet, die aus v_{rt} hervorgeht, wenn man den H_2O-Gehalt der Abgase abzieht.

Die Verbrennung wird oft mit Luftüberschuß, also im Zusammensein mit mehr Luft als theoretisch notwendig ist, durchgeführt. Die Luftzahl ist $n = \dfrac{v_a}{v_{at}}$, so daß die wirkliche Luftmenge

$$v_a = n\, v_{at}\ [m^3/kg]\ \text{oder}\ [m^3/m^3]\ \text{ist; die Abgasmenge ist}$$
$$v_r = v_{rt} + (n-1)\, v_{at}\ [m^3/kg]\ \text{oder}\ [m^3/m^3]. \tag{33}$$

Die trockene Abgasmenge ist

$$v_{r \cdot tr} = v_{rt \cdot tr} + (n-1)\, v_{at}\ [m^3/kg]\ \text{oder}\ [m^3/m^3]. \tag{34}$$

Für die Bestimmung der Wirtschaftlichkeit des Ofenbetriebes ist die Kenntnis der Luftzahl unerläßlich.

Wird der CO_2-Gehalt C_1 % der Abgase mittels eines O r s a t - A p p a r a t e s (also trocken) bestimmt, so läßt sich die Luftzahl n einfach berechnen. Hierzu hat man den CO_2-Gehalt C_t % bei Verbrennung des Brennstoffs mit der theoretischen Luftmenge zu kennen. C_t kann man aus der Brennstoffanalyse berechnen, und zwar für trockenes Abgas, oder aus Tafel 54 entnehmen. Das gesamte CO_2-Volumen bei der Verbrennung mit theoretischer Luftmenge (l u f t s a t t e r V e r b r e n n u n g) ist $\Sigma CO_2 = C_t \dfrac{v_{rt \cdot tr}}{100}$

Tafel 54:

Brennstoff	Heizwert	(Bei festen Brennstoffen bezogen auf Rohkohle) $\frac{v_{rt \cdot tr}}{v_{at}}$	(Bei festen Brennstoffen bezogen auf Reinkohle) C_t %	v_{at} m³/kg m³/m³	v_{rt} m³/kg m³/m³	$v_{rt \cdot tr}$ m³/kg m³/m³
Gasflammkohle	30,4 MJ/kg	0,973	18,55	7,92	8,3	7,71
Fettkohle	31,1 MJ/kg	0,972	18,47	8,14	8,52	7,91
Eßkohle	31,1 MJ/kg	0,976	18,91			
Magerkohle	31,1 MJ/kg	0,978	19,06			
Zechenkoks	29,6 MJ/kg	0,998	20,72	7,83	7,90	7,81
Heizöl EL	42,4 MJ/kg	0,935	15,50	11,23	11,98	10,48
Heizöl S	40,23 MJ/kg	0,936	15,44	10,69	11,30	10,05
Braunkohlenteeröl . .	40,2 MJ/kg	0,942	16,16			
Steinkohlenteeröl. . .	37,7 MJ/kg	0,964	18,06	9,23	9,65	
Flüssiggas (Propan) . .	46,7 MJ/kg	0,918	13,96	12,1	13,2	
Koksofengas......	16,7 MJ/Nm³	0,903	10,03	4,1	4,8	
Stadtgas	15,55 MJ/Nm³	0,929	13,78	3,85	4,6	3,6
Wassergas.	10,55 MJ/Nm³	1,020	20,48	2,2	2,8	
Generatorgas (Koks) .	4,95 MJ/Nm³	1,697	20,60			
Gichtgas	4,27 MJ/Nm³	2,10	24,78	0,76	1,6	
Erdgas (92 % CH₄) . .	36,0 MJ/Nm³	0,898	12,00	9,75	10,6	8,76
Erdgas Slochteren...	31,64 MJ/Nm³	0,924	11,70	8,4	9,43	7,70

Diese CO_2-Menge bleibt bei Verbrennung mit einer größeren Luftmenge natürlich dieselbe, nur der prozentuale Gehalt in den Abgasen wird anders: $\Sigma\, CO_2 = C_1 \dfrac{v_{r \cdot tr}}{100}$

Also

$$C_t\, v_{rt \cdot tr} = C_1\, v_{t \cdot tr} \quad \text{und mit (34)}$$

$$\frac{C_t}{C_1}\, v_{rt \cdot tr} = v_{rt \cdot tr} (n-1)\, v_{at}$$

$$n = 1 + \left(\frac{C_t}{C_1} - 1\right) \frac{v_{rt \cdot tr}}{v_{at}} \qquad (35)$$

$\dfrac{v_{rt \cdot tr}}{v_{at}}$ ist Tafel 54 zu entnehmen. Auch kann, wenn C_1 gemessen ist, Tafel 55 zur Bestimmung von n benutzt werden.

Diese Formel hat Gültigkeit für alle Brennstoffe, auch für flüssige und gasförmige. Hat man einen gasförmigen Brennstoff und sind durch unvollkommene Verbrennung in den Abgasen noch kleinere Mengen C_2 % CO und C_3 % CH_4 vorhanden, so ist die Luftüberschußzahl in diesem Falle:

4. Der Ofen und die Wärme

$$n = 1 + \left(\frac{C_t}{C_1 + C_2 + C_3} - 1\right) \frac{v_{rt} \cdot tr}{v_{at}}$$

Hat man mit einem O r s a t - A p p a r a t den CO_2- und O_2-Gehalt der Abgase irgendeines Industrieofens bestimmt, so kann man — soweit man die Analyse richtig ausgeführt und, was ebenso wichtig ist, auch die Abgasproben richtig genommen hat — mit Hilfe des „B u n t e - D r e i e c k s" (Bild 67) feststellen, ob vollkommene Verbrennung vorliegt. Auf einer schrägen Linie unter $45°$ von 0 aus wird der größtmögliche CO_2-Gehalt C_t für den betreffenden Brennstoff eingetragen und von hier aus eine gerade Linie nach 21 % auf der horizontalen $CO_2 + O_2$-Achse gezogen. Die gefundenen Werte von CO_2 und O_2 bei der Abgasanalyse müssen dann einen Punkt auf der schrägen Linie uner $45°$ ergeben, sonst ist die Verbrennung nicht vollkommen.

Tafel 55: Luftzahl n aus dem CO_2-Gehalt C_1 der Abgase

Brennstoff	Kohlenstoff	Leichtöl	Flüssiggas	Gichtgas	Koksgeneratorgas	Ferngas	Stadtgas	CH_4
C_t	21	16	14	24	20	10	13	12
$\frac{v_{rt} \cdot tr}{v_{at}}$	1,0	0,94	9,1	2,1	1,7	0,9	0,9	0,9
$C_1 = 24$	—	—	—	1,00	—	—	—	—
23	—	—	—	$1,0_9$	—	—	—	—
22	—	—	—	$1,1_9$	—	—	—	—
21	1,0	—	—	$1,3_0$	—	—	—	—
20	1,05	—	—	$1,4_2$	1,00	—	—	—
19	—	—	—	$1,5_5$	$1,0_9$	—	—	—
18	1,17	—	—	$1,7_0$	$1,1_9$	—	—	—
17	—	—	—	$1,8_6$	$1,3_0$	—	—	—
16	1,31	1,00	—	$2,0_5$	$1,4_3$	—	—	—
15	—	—	—	$2,2_6$	$1,5_7$	—	—	—
14	1,5	1,13	1,00	$2,5_0$	$1,7_3$	—	—	—
13	—	—	—	$2,7_8$	$1,9_2$	—	1,00	—
12	1,75	1,31	1,16	$3,1_0$	$2,1_3$	—	$1,0_7$	1,00
11	—	—	—	$3,4_8$	$2,3_9$	—	$1,1_6$	$1,0_9$
10	2,1	1,57	1,37	$3,9_4$	$2,7_0$	1,00	$1,2_7$	$1,1_8$
9	2,33	1,74	1,51	$4,5_0$	$3,0_6$	$1,1_0$	$1,4_0$	$1,3_0$
8	2,62	1,94	1,69	$5,2_0$	$3,5_5$	$1,2_3$	$1,5_6$	$1,4_5$
7	3,0	2,22	1,92	$6,1_0$	$4,1_6$	$1,3_9$	$1,7_7$	$1,6_4$
6	3,5	2,58	2,22	$7,3_0$	$4,9_7$	$1,6_0$	$2,0_5$	$1,9_0$
5	4,2	3,08	2,65	$8,9_6$	$6,1_0$	$1,9_0$	$2,4_4$	$2,2_6$
4	5,25	3,83	3,29	$11,_5$	$7,8_0$	$2,3_5$	$3,0_2$	$2,8_0$
3	7,0	5,09	4,37	$15,_7$	$10,_6$	$3,1_0$	$4,0_0$	$3,7_0$
2	10,5	7,61	6,50	$24,_1$	$16,_3$	$4,6_0$	$5,9_5$	$5,5_0$
1	21	15,17	12,93	$49,_3$	$33,_3$	$9,1_0$	$11,_8$	$10,9$

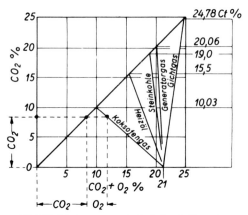

Bild 67: Verbrennungsdreieck (nach Bunte)

Hat man den CO_2-Gehalt gemessen und außerdem festgestellt, daß der CO-Gehalt nicht höher ist als 0,05 bis höchstens 0,1 %, so kann man mit Hilfe dieses Dreiecks auch den Gehalt an O_2 bestimmen, da dann der CO_2-Wert mit einem Punkt auf der schrägen Linie zusammenfällt. Der Schnittpunkt einer durch diesen Punkt geführte waagerechte Linie mit der betreffenden „Gaslinie" ergibt dann den O_2-Gehalt des Abgases.

Sind CO_2- und O_2-Gehalt hierdurch bestimmt, so ist hieraus auch die Luftzahl zu berechnen.

Bekannt sind:

C_t = CO_2-Gehalt in % bei luftsatter Verbrennung (n = 1)

v_{at} = Verbrennungsluft in m^3/m^3 bei luftsatter Verbrennung.

$v_{rt \cdot tr}$ = Abgasvolumen in m^3/m^3 trockene Verbrennung.

C_1 = gemessener CO_2-Gehalt.

O_1 = O_2-Gehalt aus Bunte-Dreieck.

O_1 stammt aus dem Luftüberschuß und das Abgasvolumen in m^3/m^3 ist $v_{r \cdot tr}$.

Die gesamte CO_2-Menge und die Menge A der weiteren Verbrennungsprodukte aus der Verbrennung von 1 m^3 V_n Gas ist die gleiche wie die bei der stöchiometrischen Verbrennung.

Dies ist in Bild 68 dargestellt.

Der CO_2-Gehalt von $v_{rt \cdot tr}$ ist C_t %.

Der CO_2-Gehalt von $v_{r \cdot tr}$ ist C_1 %.

$$\frac{\Sigma CO_2}{v_{rt \cdot tr}} \cdot 100 = C_t \%$$

4. Der Ofen und die Wärme

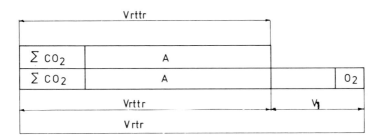

Bild 68: Vergleich zur stöchiometrischen Verbrennung

$$\frac{\Sigma CO_2}{v_{r \cdot tr}} \cdot 100 = C_l \%$$

$$\frac{C_l}{C_t} = \frac{v_{rt \cdot tr}}{v_{r \cdot tr}}$$

Hieraus $v_{r \cdot tr} = v_{rt \cdot tr} \dfrac{C_t}{C_l}$ m³/m³

In $v_{r \cdot tr}$ befindet sich O_l % O_2 somit ist:

$$V_{O_2} = \frac{O_l \, v_{r \cdot tr}}{100} \text{ m}^3 \, O_2 \text{ und umgerechnet auf Luft ist}$$

$$V_L = 4{,}766 \, V_{O_2} \text{ m}^3 \text{ Luft. (Falschluft, Luftüberschuß)}$$

Das ist $\dfrac{V_L}{v_{at}}$ mehr Luft als bei der stöchiometrischen Verbrennung.

Somit ist die Luftzahl: $n = 1 + \dfrac{V_L}{v_{at}}$

Beispiel:

$C_t = 11{,}7 \%$ $C_l = 7 \%$ $O_l = 8{,}4 \%$ $v_{rt \cdot tr} = 7{,}6$ m³/m³ und

$v_{at} = 8{,}41$ m³/m³

Also:

$$v_{r \cdot tr} = \frac{7{,}68 \cdot 11{,}7}{7} = 12{,}836 \text{ m}^3/\text{m}^3$$

$$V_{O_2} = \frac{8,4 \cdot 12,836}{100} = 1,087 \text{ m}^3/\text{m}^3$$

Dann ist die Falschluftmenge:

$$V_L = 4,766 \cdot 1,087 = 5,14 \text{ m}^3/\text{m}^3$$

Somit das $\frac{5,14}{8,41} = 0,61$-fache der theoeretischen Luftmenge v_{at}.

Hieraus die Luftzahl n = 1 + 0,61 = 1,61

Das Bunte-Dreieck für Erdgas (Slochteren) ist in Bild 69 wiedergegeben. Es wurden die Werte von $v_{r.tr}$ für die verschiedenen Werte von CO_2 und den dazugehörigen Werten von O_2 berechnet und hieraus die Werte der Luftzahl n.

Um für die gasförmigen Brennstoffe und Luft und für die gasförmigen Verbrennungsprodukte Volumen und Heizwerte auf den Normalzustand von 0 °C und 760 mm Hg umrechnen zu können, benutzt man einen Reduktionsfaktor f.

$$f = \frac{273}{1013,25} \cdot \frac{B_h + p - s}{273 + tg}$$

760 mm Hg = 1013,25 mbar

B_h = Barometerstand in mbar, reduziert auf 273 K
p = Gasüberdruck in mbar
s = Spannung des Wasserdampfes in Gas in mbar
tg = Gastemperatur in °C

(Die „trockenen" Abgase bei der Orsat-Analyse sind bei der Analysentemperatur mit Wasserdampf gesättigt!)

Will man ein gegebenes Volumen in m³ (i.N.) umrechnen, so muß dieses mit f multipliziert werden. Will man den Heizwert eines m³ Gases wissen, wobei dieser m³ bei dem vom

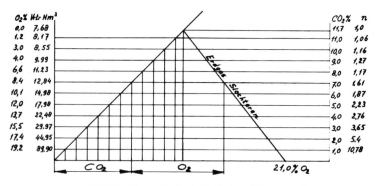

Bild 69: Bunte-Dreieck für Erdgas (Slochteren)

AICHELIN
INDUSTRIEOFENBAU

Ihr Partner
in der Wärmebehandlungs-
und Schutzgastechnik
seit 1900

AICHELIN
INDUSTRIEOFENBAU

AICHELIN GmbH
Postfach 1120
D-7015 Korntal-Münchingen 1
Telefon: (07 11) 88 01-0 ⟨83 81-0⟩

AICHELIN Ges.m.b.H.
Postfach 210
A-2340 Mödling bei Wien
Telefon: (0 22 36) 2 36 46

AICHELIN Brasil
Caixa Postal 9902
BR-01501 São Paulo
Telefon: (011) 456-3988

AICHELIN S.à r.l.
10, rue de Chantilly
F-75009 Paris
Telefon: (1) 42 85 71 31

J. AICHELIN GmbH & Co. Kundenhärterei
D-7015 Korntal-Münchingen 1

PROMAT Therm-Engineering

Auskleidung eines Herdwagenofens mit dem Keramikfasersystem „ALSITHERM"

Promat

PROMAT GmbH
Abteilung V3
Scheifenkamp 16
Postfach 1564
D-4030 Ratingen 1
Telefon 02102/493-0
Telex 8589051
Telefax 02102/493111

Wirtschaftliche Wärmedämmung!
das ist
Energieeinsparung
das ist unser Thema

nennen Sie uns Ihr Problem
... wir haben die Lösung.

Produktpalette
Einsatz- und Anwendungskriterien bestimmen das Material. Auf 5000 m² lagern und bearbeiten wir keramische Faserprodukte, Feuerleichtsteine und Betone führender Hersteller wie Manville, Belref, Partek, Cape Boards & Panels.

Engineering
Beratung. Berechnung. Konstruktion. Wir erstellen ein fertiges Konzept nach Ihren Spezifikationen.

Fertigung
Mechanisch bearbeitete, gegossene oder im Vakuumverfahren geformte wärmedämmende Bauteile fertigen wir nach Ihren Angaben.

Montage
Montageüberwachung und Ausführung durch unsere Spezialisten an allen Orten der Erde.

GOSSLER
Feuerfest- und Isoliertechnik

OSCAR GOSSLER KG (GmbH & Co.)

Borsigstr. 4–6 · 2057 Reinbek (Bez. Hamburg)
Telex 217845 · Telefon (040) 72709-0

4. Der Ofen und die Wärme

Normzustand abweichenden Druck und ebenso bei der abweichenden Temperatur gemessen ist, so muß man den Heizwert eines m³$_{(i.N.)}$ mit f multiplizieren.

Beispiel:

Stöchiometrische Verbrennung von Erdgas mit der Zusammenstellung:

81,8 % CH_4; 2,8 % C_2H_6; 0,38 % C_3H_8; 0,19 % C_4H_{10}; 0,77 % CO_2 und 14,06 % N_2

Da der Gehalt an verschiedenen Kohlenwasserstoffen bekannt ist, kann die Rechnung mit Hilfe der Tafel 53 durchgeführt werden:

v_{at} = 0,818 · 9,52 + 0,028 · 16,65 + 0,0038 · 23,8 + 0,0019 · 30,94 = 8,402 m³ Luft / m³ Gas

$\Sigma\, CO_2$ = 0,077 + 0,818 · 1 + 0,028 · 2 + 0,0038 · 3 + 0,0019 · 4 = 0,9700 m³/m³ Gas

$\Sigma\, N_2$ = 0,1406 + 0,818 · 7,52 + 0,028 · 13,2 + 0,0038 · 18,8 + 0,0019 · 24,4 = 6,779 m³/m³

$\Sigma\, H_2O$ = 0,818 · 2 + 0,028 · 3 + 0,1038 · 4 + 0,0019 · 5 = 1,7747 m³/m³

v_{rt} = $\Sigma\, CO_2$ + $\Sigma\, N_2$ + $\Sigma\, H_2O$ = 9,49 m³/m³

$v_{rt \cdot tr}$ = $\Sigma\, CO_2$ + $\Sigma\, N_2$ = 7,75 m³/m³

$$\frac{v_{rt \cdot tr}}{v_{rt}} = \frac{7,75}{8,402} = 0,922$$

$$C_t = \frac{CO_2}{v_{rt \cdot tr}} \cdot 100 = 12,6\,\%$$

4.1.3. Wasserdampf und Taupunkt

Die Abgase der Brennstoffe sind, soweit es sich um wasserstoffhaltige Brennstoffe handelt, Gemische von Gasen und von Wasserdampf.

In einer Flüssigkeit bewegt sich jedes Molekül mit seiner eigenen Geschwindigkeit. An der Oberfläche der Flüssigkeit können Moleküle, die eine höhere Geschwindigkeit als die mittlere haben, durchbrechen und sich der Anziehungskraft der übrigen Moleküle entziehen. Damit tritt **V e r d a m p f u n g** auf. Diese nimmt um so mehr zu, je höher die Flüssigkeitstemperatur, also je größer die mittlere Geschwindigkeit der Moleküle ist. Hierzu ist **V e r d a m p f u n g s w ä r m e** aufzuwenden.

Stellt sich Gleichheit ein zwischen der Anzahl der Moleküle, die aus der Flüssigkeit austreten, und derjenigen, die wieder in die Flüssigkeit zurückkehren, so ist der Raum bei der betreffenden Temperatur mit D a m p f g e s ä t t i g t (S ä t t i g u n g s t e m p e r a t u r). Der Druck des Dampfes ist der S ä t t i g u n g s d r u c k bei dieser Temperatur. Läßt man die Flüssigkeitstemperatur höher steigen, so wird die Verdampfung stärker. Zu jeder höheren Temperatur gehört wiederum ein höherer Sättigungsdruck; und in dem Augenblick, wo die Temperatur so hoch ist, daß die Moleküle imstande sind, den ganzen auf der Flüssigkeit lastenden Luftdruck zu überwinden, der Sättigungsdruck also gleich dem Luftdruck wird, sagt man, daß die Flüssigkeit kocht.

Wird dieser Versuch mit Wasser und mit Luft bei atmosphärischem Druck durchgeführt, so wird die Summe von Sättigungsdruck und Luftdruck immer 1 at betragen. Die Luft ist für die herrschende Temperatur mit W a s s e r d a m p f g e s ä t t i g t. Ist ein Gemisch von Luft und Wasserdampf nicht gesättigt, so ist der Wasserdampf in diesem Gemisch ü b e r h i t z t.

Denn ein solches Gemisch wird erst bei Abkühlung eine Temperatur erreichen, bei der die Luft mit Wasserdampf gesättigt ist. Es leuchtet ein, daß Luft, die lange genug mit Wasser in Berührung gewesen ist, immer gesättigt wird. War die Berührungszeit aber nur kurz und wird die Luft dann abgezogen, so ist sie u n g e s ä t t i g t. Das Massenverhältnis zwischen dem vorhandenen Wasserdampfgehalt zu dem Dampfgehalt im gesättigten Zustand je 1 kg trockener Luft und bei gleicher Temperatur wird als Sättigungsgrad „ψ" bezeichnet. Den Druck des Wasserdampfes in einem Gemisch von Luft und Wasserdampf nennt man den T e i l d r u c k d e s W a s s e r d a m p f e s und wird in mm Hg = Torr = 1,33 mb angegeben. Obige Ausführungen haben auch für Abgase und Wasserdampf oder für ein Gemisch aus Luft, Abgas und Wasserdampf Gültigkeit.

Die r e l a t i v e F e u c h t i g k e i t φ eines Gas-Wasserdampf-Gemisches bei einer bestimmten Temperatur ist das Verhältnis zwischen dem Teildruck des Wasserdampfes in diesem Gemisch und dem Teildruck des Wasserdampfes bei Sättigung mit Wasserdampf bei gleicher Temperatur. Bei niedrigeren Temperaturen (etwa 30 bis 40 °C) kann man ohne weiteres diese relative Feuchtigkeit dem Sättigungsgrad gleichstellen.

Da die Sättigungstemperatur des Wasserdampfes in den Abgasen der wasserstoff- und kohlenstoffhaltigen Brennstoffe niedriger als 100 °C liegen muß, Verbrennung unter atmophärischem Druck vorausgesetzt, können somit die Abgase für Trocknungsprozesse bei 100 °C und sogar darunter verwendet werden.

Die Temperatur, bei der ein Gemisch von Gas und Wasserdampf mit Wasserdampf gesättigt ist, wird auch der T a u p u n k t genannt, weil bereits bei einer kleinen Abnahme dieser Temperatur das Gemisch ü b e r s ä t t i g t wird und der Überschuß an Wasserdampf als Flüssigkeit (Kondensat) abgeschieden wird. Bei Industrieöfen hat man im allgemeinen immer dafür zu sorgen, daß die Temperatur der Abgase den Taupunkt an keiner Stelle unterschreitet. Denn das abgeschiedene Kondensat bringt betriebliche Schwierigkeiten mit sich und kann Korrosionsschäden verursachen.

Für industrielle Trocknungsvorgänge bilden die Anzahl kg Wasser (oder anderer Flüssigkeit), die während des Trocknungsvorganges verdampft werden soll, meistens den Ausgangspunkt der Berechnung. Da dieses Wasser in Dampfform von der Trocknungsluft oder dem Trocknungsgas aufgenommen werden soll, so wird hierbei mit Gewicht und nicht mit Volumen gerechnet. Der Teildruck wurde in mm Hg = Torr angegeben. Der Gesamtdruck bei der Trocknung liegt meistens in der Nähe des atmosphärischen Druckes (1 A t m o s p h ä r e = 7 6 0 T o r r = 1,033 kp/cm^2 = 1,01325 bar).

4. Der Ofen und die Wärme

Wird Luft als Trocknungsmittel benutzt, so wird diese mit dem atmosphärischen Druck h_o angesaugt. In der Luft ist in den allermeisten Fällen bereits Wasserdampf vorhanden. Da es bei technischen Berechnungen eine gute Gewohnheit ist, die Berechnungsgrundlagen nicht zu günstig zu wählen, so wird man in diesem Falle die Lufttemperatur z.B. mit 10°C und den Sättigungsgrad mit $\psi = 80\ \%$ annehmen. Der Teildruck des Wasserdampfes in der Luft sei h, der Sättigungsdruck bei derselben Temperatur t °C sei h'. Die Masse des Wasserdampfes, berechnet auf 1 kg trockene Luft, sei x kg. Ist das Gemisch mit Wasserdampf gesättigt, so ist die Masse des Wasserdampfes, gerechnet auf 1 kg trockene Luft, x' kg/kg.

Der Teildruck der Luft ist $h_o - h$ und bei Sättigung mit Wasserdampf $h_o - h'$. Da es sich in diesem Falle und besonders bei Wasserdampf um sehr kleine Drücke handelt, darf man ohne weiteres annehmen, daß hier die Gesetze für ideale Gase Gültigkeit haben (PV = RT). Dann kann man auf einfache Weise ableiten, daß:

$$x' = \frac{0{,}622\ h'}{h_o - h'}\ [kg/kg]$$

Tafel 56

Temperatur t° C	1 m³ gesättigter Wasserdampf wiegt kg	Teildruck h' des gesättigten Wasserdampfes in m·bar = 100 Pa	Teildruck 1012,2 h' der Luft in m·bar	Masse Wasserdampf in 1 kg trockener Luft mit Wasserdampf gesättigt in kg/kg $x' = \frac{0{,}622\ h'}{1013{,}25 - h'}$	Wärmeinhalt von 1 kg trockener Luft bei Temp. t° in kJ/kg = 1,0 t	Wärmeinhalt des Wasserdampfes in 1 kg trockener Luft, gesättigt mit Wasserdampf bei Temperatur t° in kJ/kg=x'. (1,93t=2491)	Wärmeinhalt von Luft + Wasserdampf bei t° in kcal/kg trockener Luft: 1 kg trockene Luft gesättigt mit Wasserdampf bei t° C = h' = 1,00t + x'. (1,93t+2491)
5	0,00696	8,68	1002,16	0,0055	5	13,69	18,69
10	0,00951	12,18	998,62	0,0077	10	19,26	29,26
15	0,01319	16,89	993,90	0,0108	15	27,84	42,84
20	0,01753	23,13	987,67	0,0148	20	37,47	57,47
25	0,02312	31,32	979,49	0,0202	25	55,35	80,35
30	0,0308	41,96	968,83	0,0275	30	69,92	99,92
35	0,0397	55,64	955,17	0,0366	35	93,56	128,56
40	0,0512	73,03	937,77	0,0489	40	125,61	165,16
45	0,0657	94,96	915,84	0,0653	45	167,90	212,90
50	0,0834	122,20	888,47	0,0868	50	223,17	273,17
55	0,1045	156,91	854,55	0,1152	55	298,53	253,53
60	0,1311	197,89	812,90	0,154	60	401,95	461,95
65	0,1623	248,63	762,17	0,206	65	537,61	602,61
70	0,1992	310,80	700,79	0,2799	70	728,53	798,53
75	0,2440	383,70	627,10	0,377	75	984,0	1059,0
80	0,2958	471,67	539,39	0,554	80	1461	1541
85	0,3574	515,94	434,86	0,840	85	2219	2304
90	0,4280	698,85	311,85	1,430	90	3789	3879
95	0,5110	842,83	167,91	3,211	95	8390	8485
100	0,6060	1013,25	0,00	—	100	—	—

Teildrücke h' von gesättigtem Wasserdampf sind Tafel 56 zu entnehmen, wie auch die Werte von $h_o - h'$ und von x'.

Ist bei der Anwendung einer Trocknungsanlage nicht der Sättigungsgrad der Luft, sondern deren relative Feuchtigkeit φ angegeben, so ist $\varphi = \dfrac{h}{h'}$. Für niedrige Lufttemperaturen (bis 40 °C) kann man φ gleich ψ setzen. Bei höheren Temperaturen ist aber:

$$\frac{\psi}{\varphi} = \frac{h_o - h'}{h_o - h}$$

Da beim Trocknen die Wärme für die Wasserverdampfung durch Warmluft oder durch heiße Abgase geliefert werden soll, so muß man den Wärmeinhalt (Enthalpie) eines Gemisches von Luft (oder Abgas) und Wasserdampf bei verschiedenen Temperaturen kennen. Hierbei wird der Wärmeinhalt bei t = 0 °C als Null angenommen.

Der Wärmeinhalt von 1 kg trockener Luft bei t °C ist 1,00 t [kJ/kg]. Der Wärmeinhalt von x kg Wasserdampf ist nach Mollier:

$$x\,(1{,}93\,t + 2491)\ [\text{kJ/kg}]$$

Somit ist die Enthalpie von 1 kg trockener Luft mit x kg Wasserdampf:

$$h = 1{,}00\,t + x\,(1{,}93\,t + 2491)$$

Ist die Luft mit Wasserdampf gesättigt bei t °C, so ist:

$$h' = 1{,}00\,t + x'\,(1{,}93\,t + 2491)\ [\text{kJ/kg gesättigte Luft}]$$

Auch die Werte von 1,00 t von x' und von h' sind in der Tafel 56 zusammengetragen. Mit ihrer Hilfe sind die meist vorkommenden Berechnungen leicht durchzuführen.

Wie ist nun der Taupunkt eines Abgases zu berechnen? Diese Berechnung kann am besten an einem Beispiel gezeigt werden.

Beispiel:
Für Koksofengas folgender Zusammensetzung ist der Taupunkt bei luftsatter Verbrennung bzw. für eine Luftzahl n = 1,4 zu berechnen.

	CO	C_nH_m	O_2	CO_2	CH_4	H_2	N_2
Anteil:	0,06	0,02	0,004	0,022	0,237	0,563	0,094

Mit (31) ergibt sich:

$$v_{at} = 4{,}76\,(4{,}5 \cdot 0{,}02 + 0{,}5 \cdot 0{,}06 + 0{,}5 \cdot 0{,}563 + 2 \cdot 0{,}237 - 0{,}004) = 4{,}15\ \text{m}^3\ \text{Luft}$$

für 1 m³ Gas.

Mit (32) errechnet sich:

4. Der Ofen und die Wärme

v_{rt} = (0,022 + 3 · 0,02 + 0,06 + 0,237) CO_2 + (3 · 0,02 + 0,563 + 2 · 0,237) H_2O
+ (0,094 + 3,76 · 0,8715) N_2 = 4,85 m³ nasses Abgas für 1 m³ Gas.

Diese nasse Abgasmenge der luftsatten Verbrennung (n = 1) wiegt, wenn Dichte von

CO_2 = 1,98 kg/m³, N_2 = 1,251 kg/m³, H_2O = 0,804 kg/m³, Luft = 1,293 kg/m³:

0,379 · 1,98 + 1,097 · 0,804 + 3,374 · 1,251 = 5,842 kg

Dichte des Abgases also: $\frac{5,842}{4,85}$ = 1,205 kg/m³ (V_n).

Auf diese 5,842 kg nassen Abgase entfallen 0,882 kg H_2O, und das trockene Abgas wiegt 4,960 kg, so daß auf 1 kg trockenes Abgas 0,178 kg H_2O bei luftsatter Verbrennung kommt. Nach Tafel 56 ist der Taupunkt hierfür 62 °C.

Bei der Verbrennung mit n = 1,4 wird die Masse des nassen Abgases, das aus 1 m³ Gas entsteht: 5,842 + (n − 1) v_{at} · 1,293 = 5,842 + 0,4 · 4,15 · 1,293 = 7,99 kg, wovon wiederum 0,882 kg H_2O ist.

Auf 1 kg trockenes Abgas kommt 0,124 kg H_2O, und hierfür ist der Taupunkt 56 °C (Tafel 56). **Bei zunehmender Luftzahl wird das Abgas trockener, denn der Taupunkt sinkt.** Dies ist erklärlich, denn das nasse Abgas der luftsatten Verbrennung wird mit immer größeren Mengen Luft verdünnt, die H_2O-Menge also über ein größeres Volumen verteilt. Es besteht die Möglichkeit, den Taupunkt von Abgas, das bei der Verbrennung mit niedriger Luftzahl entstanden ist (und eine solche Verbrennung ist im Hinblick auf die Wirtschaftlichkeit immer anzustreben), zu senken. Hierzu kann dem Abgas im Abzugskanal nachträglich Luft zugemischt werden, wie z.B. bei Verwendung eines **Zugunterbrechers**.

Bild 70 gibt für Abgas verschiedener Brennstoffe den Taupunkt in Abhängigkeit der Luftzahl wieder.

Besonders feste und flüssige Brennstoffe sind schwefelhaltig. Dieser verbrennt größtenteils zu SO_2, was zur Luftverunreinigung beiträgt. Wird im Ofen in der Abgasanlage der Taupunkt unterschritten, so bildet SO_2 mit dem Wasser schweflige Säure. Weit gefähr-

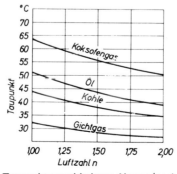

Bild 70: Taupunkt verschiedener Abgase (nach Gunz)

licher ist aber SO_3 im Abgas, selbst wenn, wie es meistens der Fall ist, nur ein kleiner Teil des Brennstoffschwefels (1 bis 3 %) in dieser Form im Abgas vorhanden ist. Denn er verbindet sich mit dem Wasser zu Schwefelsäure H_2SO_4, die auf metallische Baustoffe verheerend wirken kann. Die Bildung von Schwefelsäure geht bei Atmosphärendruck und hohem Teildruck des Wasserdampfes zwischen 250 und 550 °C vor sich, bei niedrigem Teildruck des Wasserdampfes zwischen 150 und 450 °C. Durch die Anwesenheit von H_2SO_4 steigt der Taupunkt beträchtlich, z.B. von rund 50 auf etwa 130 °C bei Heizöl mit nur 1 % Schwefelgehalt (Bild 71). Das vereinfachte Schaubild 72 läßt erkennen, warum der Schwefelsäuregehalt des Abgases sich beim Unterschreiten des Taupunktes so verheerend auswirken kann. In Bild 72 gibt die gestrichelte Linie den Abkühlungsverlauf des Schwefelsäure-Wasserdampf-Gemisches wieder, und hieraus ist deutlich zu erkennen, daß der kleine Schwefelsäuregehalt des Abgases sich im Kondensat sehr angereichert hat. Wenn das Abgas an metallischen Flächen (Lufterhitzer, Rekuperatoren, Kesselwände usw.) entlangstreicht, deren Oberflächentemperatur niedriger ist als der Taupunkt des Gases, so wird sich hierauf durch Abkühlung Schwefelsäure niederschlagen, sogar auch dann, wenn die Temperatur des Hauptgasstromes noch oberhalb des Taupunktes liegt.

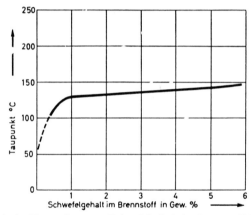

Bild 71: Abhängigkeit des Taupunktes vom Schwefelgehalt im Brennstoff (nach Rendle-Wilsdon)

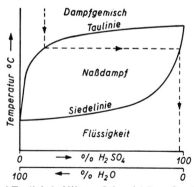

Bild 72: Siede- und Taulinie bei Wasser-Schwefelsäure-Gemischen (vereinfacht)

4. Der Ofen und die Wärme

4.1.4. Die Abgase als Wärmeträger

Bei der Verbrennung wird die Verbrennungswärme frei und geht auf die Verbrennungsprodukte über. Diese Verbrennungsprodukte sind meistens gasförmig und enthalten auch den Stickstoffgehalt der Verbrennungsluft und auch den Luftüberschuß. Bei festen und flüssigen Brennstoffen können auch feste (bei hoher Temperatur auch flüssige) Rückstände, die Schlacke oder Asche, nach der Verbrennung zurückbleiben, und diese enthalten einen Teil der Verbrennungswärme.

Diese Abgase sind die Träger einer bestimmten M e n g e (Q u a n t i t ä t) Wärme. Die Q u a l i t ä t dieser Wärmemenge wird bestimmt durch die T e m p e r a t u r d e r A b g a s e nach Ablauf der Verbrennung, also von der Verbrennungstemperatur. Um diese berechnen zu können, müssen wir den Wärmewert oder die Zusammensetzung des Brennstoffes kennen. Man unterscheidet den Brennwert und den Heizwert.

Der B r e n n w e r t H_o, auch Verbrennungswärme genannt, gibt an, wieviel Wärme bei vollkommener Verbrennung von 1 kg festem oder flüssigem Brennstoff oder von 1 m³ gasförmigem Brennstoff frei wird, wenn die Verbrennungsprodukte bis auf die Umgebungstemperatur abkühlen. Da hierbei der Wasserdampf, falls dieser bei der Verbrennung entstanden sein sollte, als flüssiges Wasser niederschlägt, so ist in dem Brennwert diese Kondensationswärme enthalten. Bleibt die Temperatur der Abgase so hoch, daß keine Kondensation des Wasserdampfes erfolgt, so findet man den H e i z w e r t H_u. Bei technischen Berechnungen, z.B. über den Wirkungsgrad von Industrieöfen, kann man sowohl von dem B r e n n w e r t als auch von dem H e i z w e r t ausgehen. Man hat aber eine Entscheidung zugunsten von einem dieser beiden zu treffen. Auf Grund der Überlegung, daß in technischen Heizungsanlagen, z.B. Öfen, die Abgase nie bis auf eine Temperatur ausgenutzt werden, bei der sich der Wasserdampfgehalt als Wasser niederschlägt, wählt man am besten den Heizwert. H_o und H_u werden in MJ/kg oder für Gase in MJ/m³ oder in kWh/m³ angegeben. Auch die Angabe in MJ/kmol wird sich auch allmählich einbürgern (m³ = V_n).

$$1 \text{ MJ/Nm}^3 = 22,4 \text{ MJ/kmol}$$
$$1 \text{ MJ/kmol} = 4,46 \cdot 10^{-2} \text{ MJ/m}^3$$
$$1 \text{ MJ} = 2,388 \text{ Mcal} = 0,278 \text{ kWh}$$

Für Umrechnungen siehe 3.1.

Ist die Zusammensetzung des Brennstoffes bekannt, so kann man mit Hilfe der Tafel 57 H_u berechnen, sonst wird man die Anhaltswerte der Tafel 54 benutzen. Am sichersten geht man bei Ofenuntersuchungen, wenn der Heizwert durch K a l o r i m e t e r bestimmt wird.

Bei l u f t s a t t e r (s t ö c h i o m e t r i s c h e) V e r b r e n n u n g von 1 kg oder 1 m³ Brennstoff mit dem Heizwert H_u entstehen v_{rt} Nm³ Abgase, somit hat 1 m³ Abgas einen W ä r m e i n h a l t von $\dfrac{H_u}{v_{rt}}$ im Augenblick der Verbrennung. Dieser Wärmeinhalt ist am größten bei Verbrennung mit der theoretischen Luftmenge und noch größer bei Verbrennung mit reinem Sauerstoff, denn dann wird die freiwerdende Wärme über eine viel kleinere Abgasmenge verteilt. Umgekehrt wird der Wärmeinhalt am geringsten, wenn der Luftüberschuß groß ist, denn dann ist die Abgasmenge durch diesen Luftballast größer. Ist die Verbrennung nicht vollkommen, so wird nicht die ganze Wärme-

4. Der Ofen und die Wärme

menge H_u frei, und hierdurch wird der Wärmeinhalt der Abgase nicht den Wert $\dfrac{H_u}{v_{rt}}$ erreichen.

Der Wärmeinhalt entspricht natürlich auch $c_{pm} \cdot t_{vt}$ [kJ/m³], wo c_{pm} die **mittlere Wärmekapazität bei konstantem Druck** über den Temperaturbereich von 0 °C bis zur kalorimetrischen Verbrennungstemperatur t_{vt} [°C] bedeutet.

Damit wird: $\dfrac{H_u}{v_{rt}} = c_{pm} \cdot t_{vt}$, und die **kalorimetrische Verbrennungstemperatur** ist:

$$t_{vt} = \frac{H_u}{v_{rt} \cdot c_{pm}} \quad [°C] \tag{37}$$

Die Verbrennungstemperatur t_{vt} läßt sich am einfachsten graphisch bestimmen, wobei man den Wärmeinhalt nicht auf 1 m³ Abgas, sondern auf die gesamte Abgasmenge v_{rt} m³, die von 1 kg oder 1 m³ Brennstoff geliefert wird, bezieht (Tafeln 57, 58 und 59). Man kann diesen Wärmeinhalt auch für andere Temperaturen als t_{vt} bestimmen, dann ist im allgemeinen: $h = v_{rt} \cdot c_{pm} \cdot t$ für die Abgase aus 1 kg oder 1 m³ Brennstoff.

Tafel 57

Brennstoff		H_u in MJ/m³(V_n) oder MJ/kg
Kohlenmonoxyde	CO	12,770 MJ/m³(V_n)
Wasserstoff	H_2	10,719 MJ/m³(V_n)
Methan	CH_4	35,840 MJ/m³(V_n)
Schwere Kohlenwasserstoffe	C_nH_m	71,179 MJ/m³(V_n)
Azetylen	C_2H_2	54,431 MJ/m³(V_n)
Äthylen	C_2H_4	59,957 MJ/m³(V_n)
Amorpher Kohlenstoff	C	34,124 MJ/kg
Schwefel	S	9,065 MJ/kg

Tafel 58: Mittlere spezifische Wärme bei konstantem Druck in kJ/m³(V_n)

t °C	N_2	H_2O	CO_2	Luft
0	1,298	1,486	1,616	1,302
200	1,302	1,515	1,796	1,310
400	1,319	1,558	1,943	1,331
600	1,344	1,608	2,065	1,357
800	1,369	1,658	2,144	1,382
1000	1,394	1,712	2,219	1,407
1200	1,415	1,763	2,274	1,428
1400	1,436	1,809	2,315	1,449
1600	1,452	1,855	2,357	1,465
1800	1,470	1,897	2,395	1,482
2000	1,482	1,934	2,424	1,495

Tafel 59: Mittlere spez. Wärme bei konstantem Druck der Abgase von Brennstoffen in kJ/m^3(V$_n$) (nach Heiligenstaedt)

t °C	Feste Brennstoffe	Öl	Generator-gas	Koksofen-gas	Gichtgas
200	1,411	1,407	1,411	1,394	1,432
400	1,453	1,495	1,453	1428	1,478
600	1,495	1,474	1,495	1,465	1,520
800	1,528	1,516	1,528	1,499	1,562
1000	1,562	1,549	1,562	1,537	1,599
1200	1,595	1,587	1,595	1,566	1,633
1400	1,625	1,616	1,625	1,599	1,662
1600	1,650	1,633	1,650	1,625	1,687
1800	1,679	1,654	1,679	1,641	1,717
2000	1,692	1,675	1,692	1,662	1,725

Bei der Bestimmung der kalorimetrischen Verbrennunstemperatur soll nicht vergessen werden, daß bei Temperaturen über 1500 °C der CO_2-Gehalt der Abgase merkbar in CO und O_2 und ebenso der H_2O-Gehalt in H_2 und O_2 und auch in H_2 und OH zerfällt. Durch diese D i s s o z i a t i o n sind die Temperaturen niedriger, als aus dem auf die angegebene Art berechneten I t Diagramm erfolgt. Denn es wird Wärme gebunden, die erst bei niedrigen Temperaturen frei wird.

Der Begriff der Dissoziation geht aus folgenden Überlegungen hervor: m-Moleküle eines Brennstoffes A verbinden sich mit n-Molekülen Sauerstoff B zu p- bzw. q-Molekülen der Verbrennungsprodukte C bzw. D. Also

$$mA + nB = pC + qD$$

Die Reaktionsgeschwindigkeit $v_1 = k_1 [A]^m \cdot [B]^n$, wobei k_1, die Geschwindigkeitskonstante, von der Temperatur abhängt und [A] und [B] die molaren Konzentrationen der Stoffe A und B sind.

Es tritt aber bei steigender Temperatur auch immer mehr die rückläufige Reaktion auf, wobei also Verbrennungsprodukte in den Ausgangsstoffen zurückgebildet werden. Dieser Vorgang wird Dissoziation genannt.

Die Rückbildungsgeschwindigkeit ist $v_2 = k_2 [C]^p \cdot [D]^q$.

Bei steigender Temperatur nimmt v_2 zu und v_1 ab. Es wird sich bei jeder Temperatur ein Gleichgewicht einstellen, wobei $v_1 = v_2 = k_1 [A]^m \cdot [B]^n = k_2 [C]^p \cdot [D]^q$ ist.

Die Gleichgewichtskonstante $K = \dfrac{k_2}{k_1} = \dfrac{[A]^m \cdot [B]^n}{[C]^p \cdot [D]^q}$ ist für jede Temperatur verschieden und nimmt mit steigender Temperatur zu. Oft werden die Teildrücke der Reaktionsteilnehmer eingesetzt, und es ergibt sich dann die Gleichgewichtskonstante:

$$K_p = \frac{p_A^m \cdot p_B^n}{p_C^p \cdot p_D^q}$$

Für die Verbrennungsvorgänge von Wasserstoff und Kohlenoxyd hat man also:

$$2 H_2 + O_2 \rightleftarrows 2 H_2O$$

$$K_{pH2O} = \frac{p^2_{H2} \cdot p_{O2}}{p^2_{H2O}}$$

$$2 CO + O_2 \rightleftarrows 2 CO_2$$

$$K_{pCO2} = \frac{p^2_{CO} \cdot p_{O2}}{p^2_{CO2}}$$

Bei den rückläufigen Reaktionen der Verbrennung wird ein Teil der Verbrennungswärme latent gebunden, und da allgemein gilt, daß bei Erhöhung der Temperatur das Gleichgewicht sich zugunsten der wärmebindenden Reaktion verschiebt, so ist die Dissoziation bei höheren Temperaturen höher als bei niedrigeren Temperaturen und kann bei letzteren oft vernachlässigt werden.

Die graphische Darstellung von h in Abhängigkeit von t für einen bestimmten Brennstoff nennt man das h - t - D i a g r a m m ; dieses ist ein bequemes Hilfsmittel bei vielen Lfenberechnunge und auch zur Bestimmung der Verbrennungstemperatur.

Um dieses h-t-Diagramm für einen bestimmten Brennstoff aufzuzeichnen, berechnet man zuerst v_{rt}, also die Abgasmenge bei theoretischer Verbrennung (n = 1). Sodann berechnet man h für 200, 400, 600 °C usw., wobei man c_{pm} den Tafeln 58, 59 und 60 entnimmt. Diese Werte von h trägt man in ein Diagramm mit t als horizontaler Achse und h als vertikaler Achse ein. Dann berechnet man h auch für verschiedene Werte von t, bei Verbrennung mit der Luftzahl n = 2. Hierbei braucht man zu den bereits berechneten Werten von h für n = 1 nur den Wärmeinhalt der im Überschuß zugesetzten Luft hinzuzuzählen. Auch für andere Werte von n berechnet man h und trägt die Linien im h-t-Diagramm ein. Man zieht die horizontale Linie h = H_u für den betreffenden Brennstoff. Wo letztere die h-Linien schneidet, findet man die k a l o r i m e t r i s c h e   V e r b r e n n u n g s t e m p e r a t u r   b e i   V e r b r e n n u n g   m i t   d e m   b e t r e f f e n d e n   L u f t ü b e r s c h u ß.

Wird die Dissoziation bei der Berechnung der Verbrennungstemperatur mit berücksichtigt, so findet man die theoretische Verbrennungstemperatur. Der Einfluß der Dissoziation kann auf verschiedenen Wegen Rechnung getragen werden (Kremer) [8], Bild 77. Die größte Abweichung von der kalorimetrischen Verbrennungstemperatur ergibt sich bei der stöchiometrischen Mischung. Sowohl bei der Berechnung der kalorimetrischen, als auch bei der theoretischen Flammentemperatur wird angenommen, daß während der Verbrennung keine Wärme an die Umgebung abgegeben wird. Und weiter, daß die Verbrennung in unendlich kurzer Zeit abläuft. Durch diese beiden Umstände liegt die wirkliche Flammentemperatur bedeutend niedriger, sogar bis 20 %. Die Geschwindigkeit des Verbrennungsablaufes hängt von der Brennerkonstruktion ab und ist in erster Linie von der Geschwindigkeit der Mischung von Brennstoff und Luft abhängig. Sie wird durch den Brennerbeiwert berücksichtigt. Die Größe der Wärmeabstrahlung der Flamme ist von der Art und der Form des Ofenraumes abhängig und wird durch einen Ofenbeiwert berücksichtigt (Heiligenstaedt, Senkara).

4. Der Ofen und die Wärme

Tafel 60: Menge, Zusammensetzung und mittlere spezifische Wärme bei konstantem Druck der Verbrennungsgase von Methan (nach Schuster)

		Luftzahl n =						
		1,00	1,05	1,10	1,15	1,20	1,25	130
Menge	Verbrennungsgasmenge (trocken) $v_r \cdot t_r [m^3(V_n)/m^3(V_n)]$ Methan	$8,52_0$	$8,99_6$	$9,47_2$	$9,94_8$	$10,42_4$	$10,90_0$	$11,37_6$
	Verbrennungsgasmenge (feucht) $v_r [m^3(V_n)/m^3(V_n)]$ Methan	$10,52_0$	$10,99_6$	$11,47_2$	$11,94_8$	$12,42_4$	$12,90_0$	$13,37_6$
Zusammensetzung	Verbrennungsgaszusammensetzung (trocken) CO_2 Vol.-%	11,7	11,1	10,6	10,1	9,6	9,2	8,8
	O_2 Vol.-%	0,0	1,1	2,1	3,0	3,8	4,6	5,3
	N_2 Vol.-%	88,3	87,8	87,3	86,9	86,6	86,2	85,9
	Verbrennungsgaszusammensetzung (feucht) CO_2 Vol.-%	9,5	9,1	8,7	8,4	8,0	7,8	7,5
	H_2OD Vol.-%	19,0	18,2	17,4	16,7	16,1	15,5	15,0
	O_2 Vol.-%	0,0	0,9	1,7	2,5	3,2	3,9	4,5
	N_2 Vol.-%	71,5	71,8	72,2	72,4	72,7	72,8	78,0
spezifische Wärme	Mittlere spezifische Wärme $c_{pm} [kJ/m^3(V_n) \cdot K]$ 0–100 °C	1,38	1,38	1,37	1,37	1,37	1,36	1,36
	200 °C	1,40	1,39	1,38	1,39	1,39	1,38	1,38
	300 °C	1,41	1,41	1,40	1,40	1,40	1,39	1,39
	400 °C	1,43	1,43	1,42	1,42	1,42	1,41	1,41
	500 °C	1,45	1,44	1,44	1,44	1,43	1,43	1,43
	600 °C	1,47	1,46	1,46	1,45	1,45	1,44	1,44
	700 °C	1,49	1,48	1,47	1,47	1,47	1,47	1,46
	800 °C	1,50	1,50	1,49	1,49	1,49	1,48	1,48
	900 °C	1,52	1,52	1,51	1,52	1,50	1,50	1,49
	1000 °C	1,54	1,53	1,53	1,53	1,52	1,52	1,51
	1100 °C	1,56	1,55	1,55	1,54	1,54	1,53	1,53
	1200 °C	1,57	1,57	1,56	1,55	1,55	1,54	1,54
	1300 °C	1,58	1,58	1,57	1,57	1,56	1,56	1,55
	1400 °C	1,60	1,60	1,59	1,58	1,58	1,57	1,57
	1500 °C	1,62	1,61	1,60	1,60	1,59	1,59	1,59

Tafel 61 zeigt wirklich gemessene Verbrennungstemperaturen für H_2, CO und CH_4 bei verschiedener Gaskonzentration. Hieraus ist ersichtlich, daß die Verbrennungstemperatur bei Sauerstoff bedeutend höher sind als bei Luft. Bemerkenswert ist die Tatsache, daß die höchsten Verbrennungstemperaturen nicht bei einem stöchiometrischen Gemisch, sondern bei Sauerstoffmangel auftreten. Deswegen werden die gebräuchlichen Verbrennungsmotoren mit Sauerstoffmangel betrieben, was zu unvollkommener Verbrennung und Vergiftung der Atmosphäre durch CO führt.

Man hat bei der Aufstellung des h-t-Diagrammes mit der Dissoziation zu rechnen, wie es bei den h-t-Diagrammen in den Bildern 73 bis 76 (für Steinkohlen, Heizöl, Generatorgas und Koksofengas) auch tatsächlich geschehen ist.

Der Wärmeinhalt der Abgase wird größer, wenn die Verbrennungsluft, der Brennstoff selbst oder beide v o r g e w ä r m t werden, denn die Verbrennungstemperatur steigt bei gleichbleibender Abgasmenge. Bestimmte Arbeiten, wozu eine hohe Temperatur notwendig ist, lassen sich in Industrieöfen (z.B. Siemens-Martin-Öfen) nur bei Vorwärmung durchführen, weil sonst die notwendige Temperatur mit dem zur Verfügung stehenden

4. Der Ofen und die Wärme

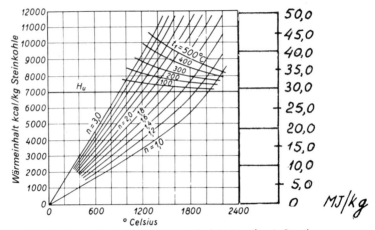

Bild 73: Wärmeinhalt der Abgase von Steinkohlen (nach Gunz)

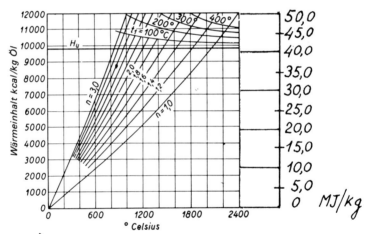

Bild 74: Wärmeinhalt der Abgase von Heizöl (nach Gumz)

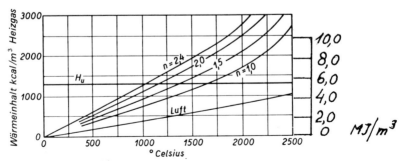

Bild 75: Wärmeinhalt der Abgase von Generatorgas (nach Gumz)

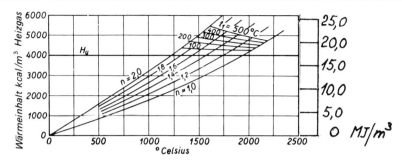

Bild 76: Wärmeinhalt der Abgase von Koksofengas (nach Gumz)

Tafel 61: Wirkliche Verbrennungstemperaturen (nach Lewis, von Elbe)

Brenngas	Verbrennung mit Sauerstoff			Verbrennung mit Luft		
	Temperatur °C	bei % Gas-konzentration	Stöch-Konz. in %	Temperatur °C	bei % Gas-konzentration	Stöch-Konz. in %
Wasserstoff	2487	67	66,6	1045	31,6	29,6
	2527	73				
	2660	78				
	2427	82				
Kohlenoxyd	1850	20	66,6	1650	20	29,6
	2400	30		1930	25	
	2680	40		2100	32	
	2905	60		2000	37	
	2925	70		1850	45	
	2805	80				
Methan	2737	33,3	33,3	1875	10	9,45
Erdgas (Slochteren)	2700			1860		

oder auf Grund von wirtschaftlichen Erwägungen verwendeten Brennstoff unerreichbar ist. Meistens geht man nur zur Vorwärmung der Verbrennungsluft über, weil die Kohlenwasserstoffe im Brennstoff keine bedeutende Vorwärmung vertragen. Um der Vorwärmung des Brennstoffes Rechnung zu tragen, muß man den Wärmeinhalt h_B des vorgewärmten Brennstoffes zu dem Heizwert H_u hinzuzählen. Im h-t-Diagramm (Bilder 73 bis 76) zieht man also eine horizontale Linie in der Entfernung h_B von der H_u-Linie. Die Schnittpunkte hiervon mit den h-t-Linien für die verschiedenen Werte von n ergeben dann die Verbrennungstemperaturen und den Wärmeinhalt der Abgase bei dieser Temperatur. Um den Einfluß der Luftvorwärmung im h-t-Diagramm zum Ausdruck zu bringen, muß man für jede Luftzahl n und verschiedene Vorwärmtemperaturen den Wärmeinhalt der für 1 kg oder 1 m³ benötigten Luftmenge berechnen und im h-t-Diagramm eintragen. Diese Kurven sind in den Bildern 73 und 76 miteingezeichnet.

Man findet z.B., daß für Heizöl bei einer Luftzahl n = 1,2 und einer Vorwärmungstemperatur von t_l = 300 °C die Verbrennungstemperatur t_{vt} = 2000 °C ist, wobei die Abgase einen Wärmeinhalt h = 11 000 kcal/kg Brennstoff aufweisen (Bild 74). Ohne Luftvorwärmung ist t_{vt} = 1800 °C.

4.1.5. Physik der Verbrennung

Für die Berechnung des Verbrennungsvorgangs genügen die vorangegangenen chemischen Betrachtungen. Sie sagen aber nichts aus über die Geschwindigkeit, womit die Verbrennung abläuft und auch nicht darüber, ob eine Verbrennungsreaktion ungestört verlaufen wird.

Es ist nämlich eine Tatsache, daß sogar der einfache Verbrennungsprozeß von Wasserstoff nicht ohne weiteres abläuft nach:

$$2 H_2 + O_2 = 2 H_2O + 477 \text{ kJ}$$

Er verläuft vielmehr über mehrere Zwischenreaktionen. Auch genügt es nicht, die Reaktionspartner eines Verbrennungsprozesses, also die Brennstoff- und Sauerstoffmoleküle, einfach zusammenzubringen, um die Reaktion einzuleiten. Vielmehr müssen Moleküle vorhanden sein, die einen so großen Energieinhalt haben, daß an diesen Molekülen der Verbrennungsvorgang beginnen kann. Die Energiemenge, die notwendig ist, um die Moleküle aktiv zu machen, wird **Aktivierungsenergie** genannt. Diese muß von außen zugeführt werden, und zwar im allgemeinen durch Erwärmung.

Die aktivierten Moleküle sind die Ausgangspunkte für die Reaktionen, und es ist notwendig, daß während des Ablaufs dieser Reaktionen neue Moleküle aktiviert werden, denn sonst würden ohne weitere Energiezufuhr von außen her die Reaktionen aufhören. Es treten **Kettenreaktionen** auf, das heißt eine Reihe Reaktionen, bei denen immer neue aktivierte Bestandteile gebildet werden, wodurch das selbsttätige Fortlaufen der Verbrennung ohne Abreißen der Kette gesichert wird. Es kann tatsächlich vorkommen, daß während des Ablaufs der Kettenreaktionen die bereits aktivierten Bestandteile durch eine „parasitäre" Reaktion in nichtaktivierte Bestandteile umgebildet werden und die Reaktionskette hierdurch abbricht; z.B. können aktivierte H-Atome sich durch Zusammenstoß mit den Wänden des Verbrennungsraumes zu nichtaktivierten H_2-Molekülen vereinigen.

Es ist teilweise gelungen, einen Einblick in den Ablauf dieser Kettenreaktionen zu bekommen, bei welchem oft sehr kurzlebige Zwischenprodukte entstehen.

So weiß man, daß bei der Verbrennung von Wasserstoff die Hydroxylgruppe OH als Zwischenprodukt gebildet wird. Bei der Verbrennung von schweren Kohlenwasserstoffen hat man das Auftreten von Dikarbon C_2 und Methin CH während des Ablaufs der Kettenreaktionen nachgewiesen. Wie vorher festgestellt wurde, ist es notwendig, auf die **Zündtemperatur** (Tafel 62) zu erhitzen, wonach die Verbrennung selbsttätig über Kettenreaktionen weiter verläuft, es sei denn, daß Umstände auftreten, wodurch diese abbrechen: Abkühlung an den Wänden des Verbrennungsraumes, ferner schlechte Mischung von Brennstoff und Verbrennungsluft.

Umgekehrt wirkt bei der Verbrennung von Kohlenmonoxyd (CO) Wasserdampf sehr fördernd auf den Ablauf der Verbrennungsreaktionen.

Auch die **Rezirkulation von Verbrennungsprodukten** zurück in die Flamme beeinflußt den Verbrennungsablauf. Da bei der Verbrennung unter dem Einfluß von hoher Temperatur und chemischer Reaktion positiv geladene Gasionen und negative Elektronen auftreten, so kann man Verbrennung und Flammenbildung als einen elektrischen Ladungsaustausch betrachten.

4. Der Ofen und die Wärme

Tafel 62

Brennstoff	Zündtemperatur °C
Braunkohlen, trocken	~300
Braunkohlenbriketts	~350
Steinkohlen	300–350
Gaskoks	450–600
Zechenkoks	600–750
Stadtgas	560
Generatorgas	600
Gichtgas	630
Erdgas (Slochteren)	680

Bei gasförmigen Brennstoffen ist die Zündung nur möglich, wenn eine Mindestmenge Gas zu der Luft zugemischt ist (untere Zündgrenze). Aber auch bei einer bestimmten höheren Gasmenge (obere Zündgrenze) ist das Gas-Luft-Gemisch nicht mehr zündbar (Tafel 63). Bei höheren Gemischtemperaturen rucken die Z ü n d g r e n z e n weiter auseinander, wie es Tafel 64 für Methan zeigt. Die Zündgrenzen werden auch E x p l o s i o n s g r e n - z e n genannt, denn ein Gemisch zwischen diesen Grenzen kann zu verheerenden Explosionen in Ofenanlagen führen. Deswegen ist bei Gas- und Ölbrenneranlagen darauf zu achten, daß das ausströmende Gemisch sofort gezündet wird. Bei Nicht-Zünden muß die Brennstoffzufuhr sofort unterbrochen werden. Bei Brennanlagen, die ein brennbares Gas-Luft-Gemisch außerhalb des Ofens herstellen, sollen Flammenrückschlagsicherungen (Flametraps) eingebaut werden. Bei zunehmenden Temperaturen erweitern sich die Zündgrenzen (Tafel 64).

Die Geschwindigkeit, mit der die durch örtliche Zufuhr von Aktivierungsenergie (Entzündung) eingeleitete Verbrennung sich durch ein Gemisch von Gas und Luft fortpflanzt, ist die Z ü n d g e s c h w i n d i g k e i t. Sie ist bei Wasserstoff bedeutend höher als bei Methan oder Kohlenoxyd.

Es ist zu bemerken, daß die Größe der Zündgeschwindigkeit von der Versuchsanordnung abhängig ist.

Es gibt verschiedene Ansätze zur Berechnung der laminaren Zündgeschwindigkeit gasförmiger Brennstoffe. Der älteste Ansatz ist auf die Wärmeleittheorie gegründet, das heißt auf die Annahme, daß die dauernde Zündung des noch Unverbrannten allein durch die

Tafel 63: Zündgrenzen von Gas-Luft-Gemischen

Gas	Zündgrenzen in % Gas		Gas	Zündgrenzen in % Gas	
	unten	oben		unten	oben
Wasserstoff	4,0	74,2	Gichtgas	33	70
Kohlenoxyd	12,5	74,2	Koksgeneratorgas	19	64
Methan	5,1	13,5	Kokswassergas	6	73
Äthan	3,0	12,5	Ferngas	5	33
Propan	2,1	9,3	Steinkohlengas	5	30
Butan	1,8	8,4	Erdgas	5	15

4. Der Ofen und die Wärme

Wärmeleitung von der Reaktionszone her erfolgt. Da in heißen Flammengasen der Verbrennungsablauf auch durch freie Atome und (oder) Radikale beeinflußt wird und in den Bereich niedriger Flammentemperaturen viele Teilchen durch Diffusion gelangen, war man auch bemüht, den Diffusionsvorgang zur Beschreibung der Flammenfortpflanzung zu benutzen. Da die reine Diffusionstheorie nur Teilchentransport und thermische Dissoziation berücksichtigt, bemüht man sich in letzter Zeit auch, den Einfluß der Radikale, die aus Kettenverzweigungen beim Verbrennungsprozeß entstehen, zu berücksichtigen. Lewis und von Elbe waren nicht die ersten, die eine Berechnungsmethode auf diesen Grundlagen angegeben haben. Hirschfelder, Spalding u.a. haben Berechnungsverfahren auf diesen Grundlagen ausgearbeitet. Aber da man über die reaktionskinetischen Daten der beteiligten Stoffe verfügen muß, hängt die Genauigkeit der Zündgeschwindigkeitsberechnung von der Zuverlässigkeit dieser Daten ab.

Tafel 64: Zündgrenzen von Methan-Luft-Gemischen bei höheren Temperaturen (nach Kwiatowski)

Temperatur in °C	Zündgrenzen in % Gas	
	untere	obere
0	5,2	13,4
20	5,1	13,5
50	4,9	13,5
100	4,7	13,7
150	4,4	14,1
200	4,2	14,7
250	3,9	15,3
300	3,7	15,9
350	3,5	16,6
400	3,1	17,3
450	2,9	18,1

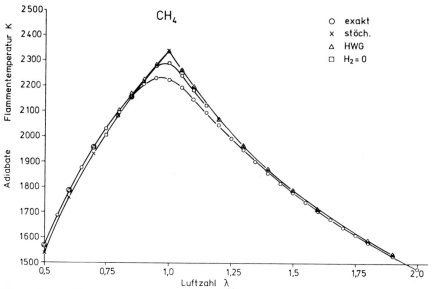

Bild 77: Adiabate Flammentemperatur von Methan in Abhängigkeit von der Luftzahl, berechnet nach verschiedenen Methoden (nach Kremer etal)

Bild 78 zeigt, daß es teilweise größere Unterschiede zwischen den berechneten und den gemessenen Werten gibt.

Von Elbe und Mentser haben durch Messung des Flammendruckes verschiedene Zündgeschwindigkeiten bestimmt. Da aber dieser Druck bei Gasen mit kleiner Zündgeschwindigkeit klein ist (bei Erdgas z.B. rund 0,05 mm WS), ist diese Methode nicht genau. Meistens wird die laminare Zündgeschwindigkeit am Innenkegel der Flamme eines Bunsenbrenners gemessen. Die Verbrennung setzt auf dem Kegelmantel ein (Bild 79). Obwohl Gouy den Zusammenhang zwischen Kegelhöhe und Zündgeschwindigkeit bereits vor fast 100 Jahren gefunden hat, sei hier die Ableitung gegeben:

w_a ist die Geschwindigkeit, mit der das Gas-Luft-Gemisch in axialer Richtung strömt. Die Geschwindigkeitskompnente $w_a \sin \beta$ ist gleich der Zündgeschwindigkeit, also

$$w_a \sin \beta = \Lambda$$

oder

$$\sin \beta = \frac{\Lambda}{w_a}.$$

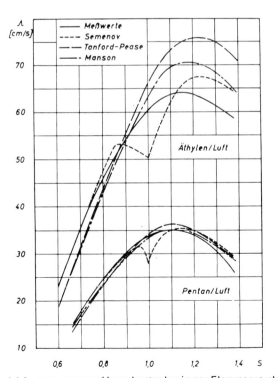

Bild 78: Vergleich gemessener und berechneter laminarer Flammengeschwindigkeiten

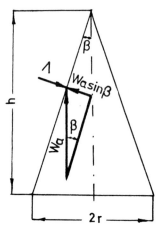

Bild 79: Innenkegel einer Bunsenflamme

Das Gemisch, das aus dem Brennermund strömt, muß auch durch die Mantelfläche des Flammenkegels strömen:

$$w_a r^2 \pi = w_a \sin \beta \, \pi \, r \sqrt{r^2 + h^2}$$

$$\Lambda = w_a \frac{r}{\sqrt{r^2 + h^2}} \tag{38}$$

Man wäre also imstande, durch Messen von h die Zündgeschwindigkeit zu bestimmen. Da aber in der Flammenspitze die Reaktionsgeschwindigkeit viel größer ist und das Geschwindigkeitsprofil an der Brennermündung Störungen an der Flammenwurzel verursacht, wird diese Bestimmung ungenau. Aber die Zündgeschwindigkeit wird außer durch die Höhe h auch durch den Winkel β bestimmt, und somit ergibt sich eine genaue Methode, wenn folgendes beachtet wird:

Durch eine entsprechende Brennerkonstruktion wird dafür gesorgt, daß über dem Querschnitt der Gemischströmung eine gleichbleibende Geschwindigkeitsverteilung herrscht. Durch Schlierenverfahren wird der Flankenwinkel des Verbrennungskegels sichtbar gemacht und ausgemessen.

Die Änderung der laminaren Zündgeschwindigkeit von Erdgas mit der Temperatur ist

$$\Lambda_, = \Lambda \left[\left(\frac{T_1}{T_2} \right)^{1,73} - 6,66 \frac{T_1}{T_0} \left(\frac{c}{c_{st}} - 1,07 \right)^2 \right] \tag{39 A}$$

Λ — laminare Zündgeschwindigkeit bei T_1 = 293 K
$\Lambda_,$ — laminare Zündgeschwindigkeit bei T_2
c — Gaskonzentration
c_{st} — Gaskonzentration im stöchiometrischen Gemisch

Minora Lüneburg GmbH für Calciumsilikatprodukte & Co.

Damit Sie nicht das Weltall heizen: Salü®

Wärme, die Ihren Ofen durch die Wand verläßt, kommt nicht von selbst zurück.
Geld, das Sie auf diese Weise verlieren, finden Sie nie wieder.
Sparen Sie mit Wärme, ersparen Sie sich vermeidbare Wärmeverluste.
Salü®-Calciumsilikat hilft Ihnen dabei:

Plattenformate:	1250 × 1000 mm 1250 × 500 mm
Plattendicken:	25 bis 100 mm
Rohdichte:	250 ± 10 kg/m³
Schwindung bei 1050 °C/24 h:	< 2 %
Wärmeleitfähigkeit:	t_m (°C) 200 400 600 800 λ (W/mK) 0,07 0,10 0,13 0,17
Druckfestigkeit:	3 N/mm²

Leicht zu verarbeiten und zu verlegen, verläßlich und berechenbar, sicher verpackt, auch für Transporte rund um die Welt, das ist Salü®-Calciumsilikat.

Setzen Sie auf Salü®

Wärmedämmstoffe aus Lüneburg

Minora Lüneburg GmbH für Calciumsilikatprodukte & Co., In der Marsch 8, Postfach 2167, D 2120 Lüneburg 1, Tel.: 0 41 31 / 3 60 01, Tlx.: 2 182 273 milg d

Ihr starker Partner in allen Bereichen moderner Wärmetechnik

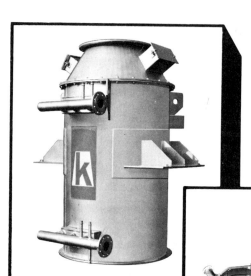

Wir planen, bauen, liefern und montieren komplette Wärmeträgerölanlagen mit Leistungen von 10 kW – 15 MW; Feststoffverbrennungsanlagen für Holzabfälle, Kohle usw., Leistungen 0,5–9 MW/Einheit; Wärmetauscher und Wärmerückgewinnungsanlagen verschiedener Systeme usw. Verlangen Sie Spezial-Infos.

KONUS-KESSEL

Gesellschaft für Wärmetechnik mbH, D-6830 Schwetzingen
Postfach 1509, Telefon 06202/2002-0, Telex 465829

4. Der Ofen und die Wärme

Die turbulente Zündgeschwindigkeit Λ_t ist für jedes Gas größer als seine laminare Zündgeschwindigkeit Λ_l. Ist die Strömungsgeschwindigkeit des Gemisches w die Summe der mittleren Geschwindigkeit w_m und der pulsierenden Geschwindigkeitskomponente w, so ist nach Karoly [49]

$$\frac{\Lambda_t}{\Lambda_l} = \sqrt{1 + (\frac{2\,w'}{\Lambda_l})^2} \qquad (39\ B)$$

Die Zündgeschwindigkeit im Gas-Luft-Gemisch oder Dampf-Luft-Gemisch ist abhängig von der Gemischzusammensetzung. Die größte Zündgeschwindigkeit wird nicht immer an Gemischen festgestellt, bei denen die Luftmenge genau der theoretisch nötigen Menge v_{at} entspricht (luftsatte Verbrennung), sondern bei Gemischen mit geringerem Luftgehalt. Wahrscheinlich ist dies darauf zurückzuführen, daß bei unvollkommener Verbrennung die Kettenreaktionen anders und kürzer verlaufen als bei luftsatter Verbrennung (Bild 80).

Wird die Luft, das Gas oder beides vorgewärmt, so nimmt die Zündgeschwindigkeit zu. Bei Koksofengas, steigt die Zündgeschwindigkeit bei 200 °C Luftvorwärmung um 24 % bei 400 °C Luftvorwärmung um 48 %.

Die Zündgeschwindigkeit in strömenden Brennstoff-Luft-Gemischen nimmt bei steigender Turbulenz zu. Die Zahlen der Tafel 65 beziehen sich auf laminare Strömung.

Bei Gas-Luft-Brennern hat man zwei Fälle zu unterscheiden: Erstens kann die Geschwindigkeit des Gas-Luft-Gemisches am Brennermund so gering sein, daß die Flamme entgegen der Strömungsrichtung wandert und in den Brenner z u r ü c k s c h l ä g t. Diese R ü c k z ü n d g e s c h w i n d i g k e i t nimmt durch erhöhte Turbulenz, also durch größere Wärmeübertragung innerhalb des Gemisches, zu. Da die Reynoldszahl (5.1.2.) ein Maßstab für die Turbulenz der Strömung ist, wird sie auch ein Maßstab für die Rückzündgeschwindigkeit sein, gleiches Gemisch und gleiche Betriebsverhältnisse vorausgesetzt.

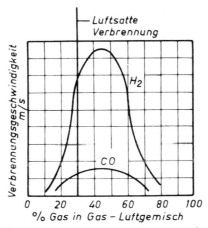

Bild 80: Die Zündgeschwindigkeit von CO und H₂

4. Der Ofen und die Wärme

Tafel 65: Maximale Zündgeschwindigkeiten von Gasen

Brenngas	Zündgeschwindigkeit in cm/s	Brenngas	Zündgeschwindigkeit in cm/s
CO mit 1,35 % H_2O	33	Gichtgas	14
H_2	280	Koksgeneratorgas	33
CH_4	40	Kokswassergas	151
C_2H_6	48	Ferngas	115
C_3H_8	45	Steinkohlengas	111
C_4H_{10}	45	Erdgas (Reichgas)	38
C_2H_4	83	Erdgas (Slochteren)	29

Zweitens kann die Geschwindigkeit, mit der das Gemisch aus dem Brennermund tritt, so groß sein, daß die Flamme weggeblasen wird; man hat dann die A b h e b e g e s c h w i n d i g k e i t erreicht. Hierfür gelten dieselben Überlegungen wie vorher; auch die Abhebegeschwindigkeit ist von der Reynoldszahl der Strömung abhängig.

Da die Zündgeschwindigkeit des Erdgases (Methan) bedeutend niedriger ist als die des Koksofengases, neigen Erdgasflammen zum Abheben.

Mit zunehmender Verwendung von Brennstoffen wie Öl sowie Brenngasen mit geringer Zündgeschwindigkeit in Industrie und Gewerbe steht das Problem der S t a b i l i s i e r u n g d e r F l a m m e am Brennermund im Vordergrund (6.2.2.).

Die Flamme muß im gesamten Beaufschlagungsbereich des Brenners stabil am Brennermund brennen und sich auch nicht bei kleineren Änderungen der Luftzahl (z.B. infolge von Druckänderungen im Ofenraum) stromabwärts bewegen oder erlöschen. Die Brenner, ggf. auch die Brennsteine, sollen so ausgebildet sein, daß eine Stabilisierung der Flamme gewährleistet ist.

Ist die Luftmenge im Gemisch kleiner als die Menge, welche zur luftsatten Verbrennung notwendig ist, so sieht die Flamme ungefähr aus wie in Bild 81. Dies ist der Fall bei den mit entleuchteter Flamme arbeitenden Brennern des Bunsen-Typs, welche mit Niederdruckgas betrieben werden. Das Gas strömt aus einer Düse, und der Gasstrahl reißt eine bestimmte Luftmenge aus der Atmosphäre mit (E r s t l u f t). Gas und Luft mischen sich innig im Brennerrohr (M i s c h r o h r), und dieses Gemisch tritt aus der Brennermündung aus, wo es nach Entzündung die Flamme bildet. Innerhalb des Innenkegels be-

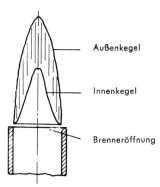

Bild 81: Wirkliche Flamme (Gas–Luft)

4. Der Ofen und die Wärme

findet sich unverbranntes Gemisch, das bereits mehr oder weniger durch Einstrahlung von der Flamme her vorgewärmt wird. Auf der Fläche des I n n e n k e g e l s findet die Verbrennung des Gases statt, soweit der Erstluftanteil ausreicht. Die weitere Verbrennung findet durch Eindiffundierung von Luft aus der Flammenumgebung (Z w e i t l u f t) in den Raum zwischen Innen- und A u ß e n k e g e l statt. Der Innenkegel ist kennzeichnend für die Flamme und kann als die Fläche betrachtet werden, wo die Zündgeschwindigkeit gleich der senkrecht auf den Innenkegel gerichteten Komponente der Gemischströmungsgeschwindigkeit ist. Die Höhe des Innenkegels ist ein Maß für die Zündgeschwindigkeit. Wäre die Ausströmgeschwindigkeit aus der Brennöffnung gleichmäßig über den ganzen Ausströmquerschnitt verteilt, so wäre der Innenkegel genau ein Kegel. In Wirklichkeit treten einige Abweichungen auf: der Kegel sitzt nicht fest auf dem Rand auf, er ist außerdem an seinem unteren Teil mehr oder weniger eingezogen, und die obere Spitze ist abgerundet. Die Ausströmgeschwindigkeit wird zum Rande der Brenneröffnung hin geringer und ist am Rande selbst Null. Hierdurch würde die Flamme z u r ü c k - s c h l a g e n , wenn die Zündgeschwindigkeit nicht durch die abkühlende Wirkung des Brennermaterials hier niedriger und am Rande sogar Null wäre. An der Spitze der Flamme ist nach Lewis und von Elbe die Zündgeschwindigkeit viel höher, deswegen muß die Komponente der Ausströmgeschwindigkeit hier größer sein, was eine Abrundung der Spitze bedingt. Die Verbrennung auf den Innenkegelmantel kann nicht unendlich schnell verlaufen. Dieser Kegel ist darum keine Fläche, sondern eine Schicht. Jedoch ist die Stärke dieser Schicht sehr gering, nämlich nur 0,01 bis 0,1 mm.

Bei Mündungsmischbrennern hat Rummel darauf aufmerksam gemacht, daß die Reaktionsgeschwindigkeit bei der Verbrennung von gasförmigen und dampfförmigen Brennstoffen unter den in einem Ofen gegebenen Verhältnissen und Temperaturen so groß ist, daß sie fast ganz zurücktritt hinter dem Einfluß der Mischung von Brennstoff und Luft („gemischt ist verbrannt"). Denn nur bei inniger Mischung von Brennstoff und Luft werden die Verbrennungspartner sich sofort ohne Verzögerung finden können.

Da die Art der eingesetzten Brenngase nicht nur örtlich verschieden ist (Stadtgas, Koksofengas, Erdgas, Propan, Generatorgas, Gichtgas, Spaltgas von Erdöl oder Mischungen), aber auch zeitlich verschieden sein kann, weil der Lieferant (z.B. zur Überbrückung von Spitzen in der Gasabnahme) mehr oder weniger Wassergas, Ölgas, Erdgas, Generatorgas, Propan usw. zusetzt, ist besonders in den letzten Jahren die Frage der A u s t a u s c h - b a r k e i t von Brenngasen wichtig geworden. Auch eine Umstellung der Gaslieferung von Stadtgas auf Koksofengas oder auf Erdgas ruft dieses Problem hervor. Es handelt sich hierbei um die Pflicht des Gaslieferanten, bei Änderung des an den Kunden abgegebenen Gases dafür zu sorgen, daß hierdurch keine betrieblichen Störungen oder kein Nachlassen der Leistung der Gasöfen und Gasapparate auftreten. Der Industrieofenhersteller dagegen soll wissen, was er in diesem Fall zu tun hat, und soll von vornherein dafür sorgen, daß die Brenner auf ein Gas mit abweichender Zusammensetzung ohne kostspielige Umbauten eingestellt werden können.

Um bei Injektorbrennern Brenngase in Bezug auf die Forderung der Austauschbarkeit zu kennzeichnen, genügen die Werte von Heizwert, Dichte, Gehalt an CO_2 und N_2 allein nicht mehr. Es müssen andere Kennzeichen herangezogen werden.

Die W o b b e z a h l $= \dfrac{\text{Brennwert des Gases}}{\sqrt{\text{Dichteverhältnis des Gases zu Luft}}}$ ist hierbei sehr wichtig, und zwar aus folgendem Grund:

Die aus einer Düse ausströmende Brenngasmenge ist, wenn der Gasdruck gleichbleibt, umgekehrt proportional der Wurzel aus dem Dichteverhältnis [10]. Bleibt bei einer Änderung von Heizwert und Dichtverhältnis des Gases die Wobbezahl gleich groß, so wird die in jeder Sekunde aus der Düse ausströmende Gasmenge die gleiche Wärmemenge abgeben können wie vorher. D i e   B r e n n e r l e i s t u n g   bleibt also gleich.

Tafel 66 gibt die Werte der Wobbezahl für verschiedene Gase.

Van der Linden schlägt als praktische Grundlage für die Abstimmung von Gasbeschaffenheit und Gasbrenner vor, daß das Gas mit einer bestimmten Wobbezahl den Brennern unter einem bestimmten Druck zugeleitet werden soll. Es soll deswegen der G a s m o d u l : $\dfrac{\sqrt{p}}{W_o}$ konstant gehalten werden, p ist der Gasdruck in N/m² und W_o die Wobbezahl in MJ/m³. Dann bleiben Brennerleistung und Luftansaugung unveränderlich, wenn der Düsendurchmesser im umgekehrten Verhältnis zur Wobbezahl geändert wird (6.5.). Da die Wobbezahl keine Aussage über die Flammenstabilität macht, ist bei dieser Überlegung davon ausgegangen worden, daß die Brenner sogenannte „Allgasbrenner" sind und bezüglich Stabilisierung der Flamme am Brenner keine Schwierigkeiten bereiten. Die Änderungen der Wobbezahl werden also durch die Anpassung des Gasdruckes ausgeglichen.

Es sind verschiedene Methoden zur Kennzeichnung der Verbrennungserscheinungen und zur Umschreibung der A u s t a u s c h b a r k e i t   im Gebrauch [11]:

a) Das V e r b r e n n u n g s p o t e n t i a l   oder die D e l b o u r g z a h l   ist:

$$\dfrac{k_1 \cdot k_2 \cdot E}{\sqrt{\text{Dichteverhältnis}}}$$

wobei $E = H_2 + 0{,}7\, CO + a \cdot C_m H_n + 0{,}3\, CH_4$ (in Vol.-%)

k_1, k_2 und a sind Berichtigungszahlen entsprechend der Art des betreffenden Gases. Im Delbourg-Schaubild werden die Wobbezahlen (korrigierte) auf der senkrechten und die Delbourgzahlen auf der waagerechten Achse angegeben, und es können Gebiete von „Gasfamilien" eingezeichnet werden. Für jede Gasfamilie können Grenzen angegeben werden, innerhalb welcher die Gase austauschbar sind.

b) Die sechs K e n n z a h l e n   n a c h   W e a v e r   beziehen sich auf Brennerleistung, Primärluftansaugung, Abheben, Rückschlag, gelbe Flammenspitze und CO-Bildung.

Tafel 66: Wobbezahl einiger Gase

Gas	Wobbezahl bezogen auf H_o in MJ/m³(V_n)
Stadtgas	26,4
Ferngas	31,4
Erdgas Bayern	53,26
Erdgas Slochteren	43,96

c) Die englischen S c h a u b i l d e r v o n G i l b e r t u n d P r i g g bilden eine Art Synthese zwischen der Weaverschen Methode und der von Delbourg.

d) H o l m q u i s t nimmt als Ausgangspunkt für seine Methode das Konstanthalten der Kernlänge der Flammen bei konstantem Gasdruck und weiter das Konstanthalten der Brennerleistung.

B e i f l ü s s i g e n B r e n n s t o f f e n ist die Verbrennungsvorbereitung auf zwei Arten möglich. Das Öl kann durch Wärmezufuhr sofort in Dampf übergeführt, mit Luft gemischt und dann verbrannt werden. Bei der meistgebräuchlicheren Art der Ölverbrennung wird das Öl aber vorher zerstäubt, sei es durch ein Hilfsmedium (Luft oder Dampf), sei es mechanisch durch Zentrifugalkraft oder durch Hochdruckzerstäubung. Neuerdings wird auch Ultraschall zur Zerstäubung von flüssigen Brennstoffen angewandt.

Die erreichbare Feinheit der Zerstäubung spielt eine bedeutende Rolle; denn nach Godsave ist die zur Verdampfung eines Brennstofftropfens notwendige Zeit dem Radius des Tropfens proportional. Die Verdampfung des Öles geht nämlich der Verbrennung voran. Die hierzu notwendige Wärme wird dem Tropfen zugeführt durch Rückstrahlung der Flamme, des Brennersteins und der Ofenwände, durch Berührung heißer Verbrennungsgase und gegebenenfalls durch die vorgewärmte Verbrennungsluft. Durch diese Wärme wird das Öl verdampft und gespalten. Die Verbrennung wird in der Hauptsache durch die um den Tropfen herum sich bildende Dampfhülle mit dem hineindiffundierenden Luftsauerstoff stattfinden. Sind die Tropfen größer als 0,05 mm, so bleibt nach vollständiger Verdampfung ein aufgeblasenes Kokskernchen übrig. Auch bei sehr heftiger Wärmezufuhr, z.B. durch hochvorgewärmte Verbrennungsluft, kann die Verdampfung gegenüber der Spaltung des Öles zurücktreten. Es ist weiter bei der Verbrennung zerstäubten Öles von Wichtigkeit, daß die Ölteilchen eine hohe Geschwindigkeit in bezug auf die Verbrennungsluft haben. In dieser Beziehung ist die Druckzerstäubung und die Zerstäubung durch Fliehkraft sehr günstig.

Es sei noch bemerkt, daß das Aufheizen der Tröpfchen bis zur eigentlichen Verbrennung den größten Teil der Brennzeit ausmacht.

Zur Bestimmung der Größe der Ölteilchen sind verschiedene Verfahren entwickelt worden:
— Auffangverfahren, wobei verhindert wird, daß die Tröpfchen zerfließen,
— physikalische Verfahren. Dabei wird nicht der Einzeltropfen, sondern der Sprühnebel als Ganzes betrachtet, so daß nur eine mittlere Tropfengröße bestimmt wird,
— photographisches Verfahren.

Anscheinend liefert das photographische Verfahren die besten Resultate, wobei die schnellfliegenden Tropfen im Licht eines Blitzgerätes photographiert werden.

B e i f e s t e n B r e n n s t o f f e n soll der Luftsauerstoff schnell und ungehindert zu der Oberfläche des Brennstoffes durchdringen. Die an dieser Oberfläche entstehenden Verbrennungsprodukte müssen abgeführt werden. Gegenüber diesen Einflüssen tritt die Geschwindigkeit, womit die Verbrennung selbst abläuft, zurück. Die Luftgeschwindigkeit über oder in der Brennstoffschicht ist hierbei von großer Bedeutung.

Bei der Verbrennung von Steinkohlen, die in einer Schicht auf einem Rost ausgebreitet sind und wobei von unten zugeführt wird, hat man außerdem mit zwei anderen Vorgängen zu rechnen, wie aus Bild 82 hervorgeht. Unten im Brennstoffbett tritt Verbrennung auf, die beim Hochsteigen der Luft weiter fortschreitet, wodurch der CO_2-Gehalt der Ab-

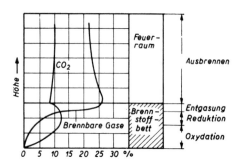

Bild 82: Verbrennungsvorgang in einem Brennstoffbett

gase immer mehr zunimmt, bis auf einer gewissen Höhe über dem Rost, wo die Temperatur in der Brennstoffschicht hoch genug ist, ein V e r g a s u n g s v o r g a n g auftritt, bei welchem der CO_2-Gehalt teilweise zu CO reduziert wird, nach der Gleichung:

$$CO_2 + C \rightleftarrows 2\ CO.$$

Hierdurch sinkt der CO_2-Gehalt der durch die Brennstoffschicht hochsteigenden Gase wieder. Außerdem findet auch ein E n t g a s u n g s v o r g a n g statt, denn aus der Steinkohle werden brennbare Gase ausgetrieben. Über dem Brennstoffbett ist die Verbrennung also nicht beendet; die Gase, die dieses Brennstoffbett verlassen, haben noch einen bedeutenden Gehalt an CO und anderen brennbaren Gasen. Die Verbrennung muß also im Feuerraum weitergeführt werden, wozu es meistens notwendig ist, weitere Luft (Zweitluft) zuzuführen.

Wird Koks verbrannt, so fällt der Entgasungvorgang weg, und man hat nur mit Vergasung zu rechnen. Da es für den Betrieb von Industrieöfen von Vorteil ist, die Beheizung mit gasförmigem Brennstoff durchzuführen, weil man hierbei die Verbrennung besser in der Hand hat und sie an jede gewünschte Stelle des Ofenraumes verlegen kann, so macht man oft die Koksschicht (oder auch Kohlenschicht) auf dem Rost so stark, daß das Gleichgewicht sich in der Richtung nach überwiegender CO-Bildung verschiebt und ein Gas, das ziemlich reich an CO ist, gebildet wird. Man spricht in diesem Fall von H a l b g a s , und die Anlage wird H a l b g a s g e n e r a t o r genannt (Bild 83). Der Brennstoff ist auf einem Treppenrost aufgeschichtet, und im Raum unter diesem Rost wird bei A Luft zugeführt. An den gewünschten Stellen des Ofenraumes F wird bei B die Zweitluft und das heiße Halbgas verbrannt. Die Erst- bzw. die Zweitluft wird mittels eines Gebläses unter Druck gebracht, und in die Abzweigungen der Luftleitung C baut man vorzugsweise Blenden E und D ein. Es ist nämlich ratsam, bei A etwa 2/3 und bei B 1/3 der Verbrennungsluft zuzuführen, damit aus dem Brennstoffbett Gase mit einem möglichst hohen Gehalt an Unverbranntem entweichen. Die Einstellung der Erst- und Zweitluft kann man mit Hilfe der Blendenmeßvorrichtungen leicht durchführen. Weil die Schichthöhe des Brennstoffbettes sich zwischen zwei Neufüllungen des Halbgasgenerators fortwährend ändert, ist es fast unmöglich, bei Anwendung von natürlichem Zug (wobei diese Meßvorrichtungen nicht in Frage kommen) das gewünschte Verhältnis zwischen Erst- und Zweitluft richtig einzustellen, da fortwährend nachgeregelt werden muß. Außerdem ist es für die Zufuhr von Zweitluft bei B mittels natürlichen Zuges notwendig, daß an dieser Stelle im Ofenraum Unterdruck herrscht, und das ist fast immer unerwünscht. Der Rost wird

4. Der Ofen und die Wärme

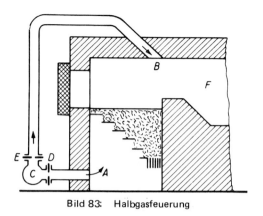

Bild 83: Halbgasfeuerung

meistens gekühlt, indem man zusammen mit der Erstluft Wasserdampf in den Raum unterhalb des Rostes einbläst. Hierdurch wird außerdem die Bildung von Schlackenklumpen unterbunden und die Zusammensetzung des Halbgases durch H_2 Gehalt verbessert. Denn der Wasserdampf setzt sich mit dem Kohlenstoff gemäß folgender zwei Gleichungen um:

$$C + H_2O = CO + H_2$$
$$C + 2 H_2O = CO_2 + 2 H_2$$

Außerdem entsteht ein Temperaturgleichgewicht nach der Formel:

$$CO + H_2O \rightleftharpoons CO_2 + H_2$$

Messung der Temperatur des bei A eingeführten Luft-Wasserdampf-Gemisches mittels eines in der Leitung eingebauten Thermometers macht es möglich, unter Zuhilfenahme der Tafel 56 sofort den Wasserdampfgehalt festzustellen. Man wird den Heizer dann beauftragen, immer so viel Wasserdampf zuzuführen, daß das Thermometer eine bestimmte Temperatur anzeigt.

K o h l e n s t a u b f e u e r u n g ist für Zementöfen das Gegebene, aber bei sonstigen Industrieöfen stört meistens die Asche.

Die Kohlenstaubteilchen werden durch Strahlung von den Wänden des Verbrennungsraumes und von der Flamme erhitzt und gezündet. Kohle mit hohem Gehalt an flüchtigen Bestandteilen zündet schnell, gasarme Kohle aber spät. Brennstoffe mit hohem Gas- und geringem Aschegehalt zeigen eine Verbrennungsgeschwindigkeit von bis zu 20 m/s. Durch zu hohen Luftüberschuß wird die Geschwindigkeit herabgesetzt. Ein Teil der Verbrennungsluft, die Erstluft, wird kalt zugeführt (um die Explosionsgefahr durch Zündung in den Kohlenstaubleitungen zu bannen) und dient als Trägerluft für die Staubteilchen. Die Zweitluft wird später heiß zugeführt. Der Gesamtluftverbrauch kann bei der Kohlenstaubverbrennung niedrig gehalten werden (n = 1,1 bis 1,25). Für das Vermahlen zu Kohlenstaub sind 10 bis 30 kWh/t aufzuwenden.

Die Verbrennung in der Wirbelschicht wird mitunter für chemische Prozesse (z.B. Rösten von sulfidischen Erzen), für Schlamm- und Abfallverbrennung, das Brennen von Kalk und Tonerde und in der petrochemischen Industrie angewandt (4.5.5.).

Um die für einen Ofen berechnete Brennstoffmenge verbrennen zu können, braucht man bei festen Brennstoffen eine angemessene Rostfläche und bei flüssigen und gasförmigen Brennstoffen einen Verbrennungsraum.

Für die Bemessung von mit der Hand beschickten Rostfeuerungen bei direkter Beheizung rechnet man mit höchstens 21 GJ/h bei einer Länge des Rostbettes von 2,2 bis 2,4 m. Anhaltzahlen über die Verbrennung fester Brennstoffe auf Rostfeuerungen bei Handbedienung sind Tafel 67 zu entnehmen. Bei Anwendung von Ventilatorluft geht man bei Steinkohlen auf 400 bis 500 kg/m² Rostfläche und Stunde. Versucht man die durch Steigerung der Luftgeschwindigkeit auf über 500 kg/m² · h zu erhöhen, so fängt der Brennstoff an zu schweben.

4.2. DIE WÄRMEENTWICKLUNG IM ELEKTROOFEN

Die Umwandlung von elektrischer Energie in Wärme kann für technische Zwecke im Vergleich zur chemischen Wärmeentwicklung durch Verbrennung große Vorteile bieten. Denn erstens kann eine mehr oder weniger unmittelbare Wärmeübertragung auf das Wärmgut erreicht werden, wobei es sogar möglich ist, die Wärme innerhalb des Wärmgutes zu entwickeln. Zweitens fällt der mitunter sehr nachteilige Einfluß von heißen Verbrennungsgasen auf das Wärmgut fort. Außerdem läßt die Anwendung von Elektrowärme oft eine bessere Anpassung des Ofens an das Wärmgut und eine folgerichtige Einbeziehung des Ofens in den Fertigungsgang zu. Einige technische Aufgaben sind sogar ohne Anwendung von Elektrowärme überhaupt nicht richtig zu lösen.

Wenn auch ein Vergleich des Energiepreises sehr oft zum Nachteil der Elektrowärme ausfällt, so können die sonstigen Vorteile so groß sein, daß ihr Einsatz vollauf gerechtfertigt ist. Wie vielseitig die Elektrowärme-Entwicklung ist, zeigt folgende Übersicht:

1. Entwicklung von Joulescher Wärme beim Fließen eines elektrischen Stromes durch Widerstände.
2. Wärmeentwicklung durch einen Lichtbogen, d.h. infolge Stromdurchgang durch eine ionisierte Gasstrecke.
3. Wird ein Gasstrahl so durch einen Gleichstromlichtbogen geführt, daß er durch das eigene Magnetfeld des Lichtbogens stark eingeschnürt wird, dann tritt er als sehr stark ionisierter Gasstrahl, als Plasmastrahl, aus und erreicht hierbei sehr hohe Temperaturen.

Tafel 67

Brennstoff	Höhe des Brennstoffbettes in mm	kg Brennstoff auf 1 m² Rostfläche und Stunde	Zug in mm WS = ~10 N/m²
Koks	130–170	70– 90	10
Magerkohle	90–130	70–110	10
Fettkohle	80–100	90–120	10
Braunkohle	100–200	120–180	8
Anthrazit	70– 80	60– 70	10

4. Wärmeentwicklung durch im Werkstück, im Schmelzbad oder im Schmelztiegel induzierte Ströme.
5. Wärmeentwicklung infolge dielektrischer Verluste. Hierbei bildet das Wärmgut das Dielektrikum einer Kondensatoranordnung.
6. Wärmeentwicklung durch Abbremsen eines Elektronenstrahles.

Bei 4. und 5. erfolgt die Wärmeentwicklung im Wärmgut selbst, wobei zu bemerken ist, daß bei der induktiven Erwärmung der Werkstoff elektrisch leitend, bei der dielektrischen Erwärmung dagegen nicht-leitend ist. Aber auch bei 1. wird, wenn ein Strom durch ein elektrisch-leitendes Werkstück geschickt wird, dieses Werkstück von innen her durch die Joulesche Wärme erhitzt.

4.2.1. Allgemeines

Einige der wichtigsten elektrischen Begriffe und Formeln sind folgende:

Wird an einem elektrischen Leiter, z.B. einem Heizleiter, mit dem Widerstand R Ohm [Ω] eine Spannung U Volt [V] angelegt, dann wird durch diesen Leiter ein elektrischer Strom I Ampere [A] fließen. Es ist:

$$I = \frac{U}{R} \quad (\text{Ohmsches Gesetz}) \tag{40}$$

Hat der Leiter überall einen gleichbleibenden Querschnitt F [mm^2] und ist die Länge l [m], so ist der Widerstand:

$$R = \frac{\rho \cdot l}{F} \, [\Omega] \tag{41}$$

ρ ist der spezifische Widerstand des Leitermaterials, das heißt, der Widerstand des betreffenden Materials bei 1 [m] Länge und 1 [mm^2] Querschnitt; er wird ausgedrückt in Ω mm^2/m, ist temperaturabhängig und wird meist für 20 °C angegeben. Bei einer Temperatur von t °C ist:

$$\rho_t = c_t \cdot \rho_{20} \tag{42}$$

c_t nimmt bei den meisten Metallen mit steigender Temperatur zu, bei Kohle aber stark ab. Die elektrische Leistung ist:

$$N = U \cdot I \text{ Watt } [W] \tag{43}$$

Die elektrische Arbeit ist die Leistung, die über eine bestimmte Zeit t abgegeben wird und ist gleich der Wärmemenge q die beim durchfließen eines Widerstandes R freikommt:

$$Q = UIt \text{ und mit (40)}$$

$$Q = I^2 Rt \; [W \cdot s \text{ oder } J] \tag{44}$$

4. Der Ofen und die Wärme

Tafel 68: Spezifischer Widerstand ρ von Metallen

Metall	Widerstand Ω mm²/m	Widerstandzunahme in °/oo pro °C
Kupfer für Leitungen...............	0,0175–0,0178	3,9
Kupfer für Wicklungen..............	0,0172	3,9
Aluminium......................	0,028–0,030	4,0
Silber.........................	0,0165	3,6
Zink..........................	0,063	3,7
Messing.......................	0,07–0,08	1,3 –1,9
Nickelin.......................	0,4–0,47	0,2
Konstantan	0,49–0,51	0,05
Manganin......................	0,42	0,01

Letztgenannte Stoffe werden als Widerstandsmaterial verwendet.

J o u l e s c h e s G e s e t z.
Wird ein kleiner Drahtdurchmesser gewählt, so steigt die Belastung in W/cm². Werden mehrere Leiter (Widerstand R_1, R_2, R_3 usw.) hintereinander (in S e r i e) geschaltet, so ist der Gesamtwiderstand:

$$R = R_1 + R_2 + R_3 + \ldots$$

Werden mehrere Leiter parallel geschaltet (Bild 69), so ist:

$$I_1 : I_2 : I_3 = \frac{1}{R_1} : \frac{1}{R_2} : \frac{1}{R_3}$$

Der Einzelwiderstand R, der statt der dargestellten Widerstände zwischen A und B geschaltet werden kann, berechnet sich aus:

$$\frac{1}{R} = \frac{1}{R_1} + \frac{1}{R_2} + \frac{1}{R_3}$$

(K i r c h h o f f s c h e s G e s e t z) \hfill (45)

$$U = \frac{P}{I} = IR = PR$$

$$I = \frac{P}{U} = \frac{P}{R} = \frac{U}{R}$$

$$R = \frac{U}{I} = \frac{P}{I^2} = \frac{U^2}{P}$$

$$P = IU = I^2R = \frac{U^2}{R}$$

Hubbalkenofen für Knüppel, Leistung 50 t/h

 **Feuerungs- und Hochtemperaturtechnik G.m.b.H.**

D-5800 HAGEN · Telefon (02331) 17035 · Telex 823-483 fhtt d

High-Tech im Vakuum

Hohe Anforderungen an Werkstoffe bezüglich Eigenschaften und Formen ergeben komplexe Produktionsprobleme. Moderne Verfahrenstechniken – wie die Vakuum-Metallurgie – lösen die gestellten Aufgaben optimal.

Balzers verfügt über das Know-how der Planung und Herstellung metallurgischer Öfen in Zusammenarbeit mit dem Anwender. Individuelle Forderungen werden exakt erfüllt.

Schwerpunkt im Konzept der Balzers Ofenbaureihe ist die wirtschaftliche Produktion von Erzeugnissen hoher Qualität. Dazu gehören sicherer und zuverlässiger Betrieb, einfache Bedienung, schnelle Wartung und lange Lebensdauer.

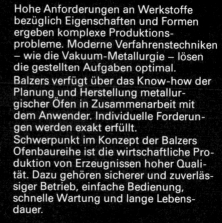

Wärmebehandlung unter Vakuum

Sintern, Entgasen, Reduzieren, Karburieren, Glühen oder Löten sind beispielhafte Anwendungen für das Wärmebehandeln unter Vakuum. Gleichmäßige Temperaturen im Nutzraum, sparsamer Energieeinsatz und sorgfältige vakuumtechnische Auslegung sind die Basis für die hohe Wirtschaftlichkeit der Anlagen. Mit standardisierten Ausbaumöglichkeiten wie Schnellkühlung, Entwachsung, vollautomatischer Prozeßführung und unterschiedlichen Chargiermöglichkeiten werden die Anlagen je nach Anwendungsfall optimal ausgelegt.

Widerstandsbeheizte Vakuum-Wärmebehandlungsanlagen COV

für das Sintern von Hartmetallen und Schnellstählen sowie zum Löten, Entgasen und Glühen.
Der mögliche Temperaturbereich erstreckt sich bis 3000°C. Öfen dieser Art arbeiten sowohl im Fein- und Hochvakuum als auch unter Schutzgas. Nutzvolumen von 10 bis 800 l sind standardmäßig abgedeckt.

BALZERS

PFEIFFER ein Unternehmen der Balzers-Gruppe

Arthur Pfeiffer
Vakuumtechnik Wetzlar GmbH
Postfach 1280
D-6334 Asslar
Tel (06441) 8021 · Fax 802-202
Telex 483859

Balzers Hochvakuum GmbH
Siemensstr. 11
D-6200 Wiesbaden-Nordenstadt
Tel (06122) 706-0
Telex 4182531 bhn d

PW 800 040 PD

4. Der Ofen und die Wärme 141

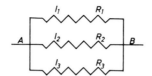

Bild 84: Widerstände parallel geschaltet

Ein K o n d e n s a t o r besteht aus zwei Metallflächen, die durch ein D i e l e k t r i -
k u m (Nichtleiter) voneinander getrennt sind. Seine Aufnahmefähigkeit (K a p a z i -
t ä t) C ist abhängig von der Oberfläche A der Metallflächen, ihrem Abstand l und der
D i e l e k t r i z i t ä t s k o n s t a n t e ϵ des Nichtleiters.

ϵ = 1 für Luft

ϵ = 2 bis 5 für Papier

ϵ = 6 bis 8 für Glimmer

Für h i n t e r e i n a n d e r g e s c h a l t e t e Kondensatoren (C_1, C_2, C_3 usw.) gilt:

$$\frac{1}{C} = \frac{1}{C_1} + \frac{1}{C_2} + \frac{1}{C_3} + \ldots \tag{46}$$

Für p a r a l l e l g e s c h a l t e t e Kondensatoren gilt:

$$C = C_1 + C_2 + C_3 + \ldots \tag{47}$$

Die Einheit der m a g n e t i s c h e n F e l d s t ä r k e H ist das Oersted. Geht durch
jeden cm^2 des magnetischen Feldes der K r a f t s t r o m von 1 Maxwell, so ist diese
Feldstärke 1 Oersted.

Also: 1 Oersted = 1 Maxwell/cm^2 = 1 Kraftlinie/cm^2.

Die Feldstärke kann also auch als K r a f t l i n i e n d i c h t e bezeichnet werden. Befindet sich in einem magnetischen Feld ein Stück Eisen und ist die Liniendichte dieses
Feldes H Oersted, so ist die Liniendichte (F e l d s t ä r k e) im Eisen $\mu H = B$ Gauß   (48)

Sie wird die m a g n e t i s c h e I n d u k t i o n genannt. μ ist die P e r m e a b i l i t ä t
(Durchlässigkeit). Eisen leitet demgemäß die magnetischen Kraftlinien μ mal so gut wie
Luft. Die magnetischen Kraftlinien im Eisen werden auch als I n d u k t i o n s l i n i e n
bezeichnet.

μ = 500 bis 2000 für Eisen

μ = 1   für Luft, Glas, Holz, Messing

$\mu < 1$ für Kupfer, Silber, Antimon, Nickel

Für Luft ist also H = B

4. Der Ofen und die Wärme

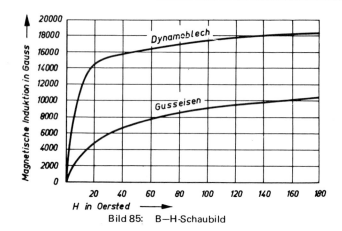

Bild 85: B–H-Schaubild

Für Eisen ist B nicht konstant, sondern hängt von der Feldstärke H ab. Im Bild 85 ist B (in Gauß) in Abhängigkeit von H (in Oersted) angegeben.

Der gesamte magnetische Kraftlinienstrom (m a g n e t i s c h e r   F l u ß) durch einen Eisenkern mit Querschnitt F cm² ist:

$$\Phi = F \cdot B = F \cdot \mu \cdot H \quad [\text{Maxwell}] \tag{49}$$

Nicht alle Kraftlinien eines magnetischen Feldes werden ihren Weg durch das Eisen nehmen, ein kleiner Teil wird den – vom technischen Standpunkt aus – meist nicht gewünschten Weg durch die Luft nehmen. Es ist dies der S t r e u f l u ß Φ_L.

$$\Phi_S = \Phi_E + \Phi_L \tag{50}$$

F l i e ß t   d u r c h   e i n e n   L e i t e r   e l e k t r i s c h e r   S t r o m , so entsteht rund um diesen Leiter ein magnetisches Feld, dessen Kraftlinien in konzentrischen Kreisen um den Leiter herum verlaufen. Nach der S c h r a u b e n r e g e l ist die Richtung dieser Kraftlinie gleich der Drehrichtung einer rechtsgängigen Schraube, wenn diese in der Stromrichtung geschraubt wird. Wird der Leiter s p u l e n f ö r m i g   u m   e i n e n   E i s e n k e r n gewickelt (Querschnitt des Kernes F cm²), der in sich geschlossen ist (Bild 86) und wird die Spule mit n-Windungen von einem Strom I [A] durchflossen, so ist der magnetische Fluß:

$$\Phi = 0{,}4 \, \pi \, n \cdot I \, \frac{\mu \cdot A}{l} \tag{51}$$

Hierin ist l die mittlere Länge der Induktionslinien in [cm].

$\dfrac{l}{\mu \cdot A}$ wird der m a g n e t i s c h e   W i d e r s t a n d genannt.

4. Der Ofen und die Wärme

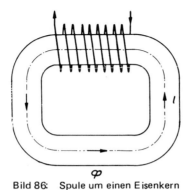

Bild 86: Spule um einen Eisenkern

Um diesen Widerstand zu überwinden, ist die **magnetische Spannung** $0,4\pi \cdot n \cdot I$ notwendig, und diese wird durch die **Amperewindungszahl** $n \cdot I$ der Spule gekennzeichnet.

Ist der Eisenkern nicht in sich geschlossen, sondern durch **Luftspalte** unterbrochen (Bild 87), so ist:

$$\Phi = \frac{0,4\pi \cdot n \cdot I}{\dfrac{l_1}{\mu_1 F_1} + \dfrac{l_2}{\mu_2 F_2} + \dfrac{l_3}{\mu_3 F_3} + \dfrac{l_4}{\mu_4 F_4}} \qquad (52)$$

Wird ein Eisenkern von zwei Spulen umgeben, wovon die eine mit n_1-Windungen von einem wechselnden Strom I durchflossen wird, so wchselt auch die Kraftlinienzahl in dem Eisenkern, also der magnetische Fluß Φ, und hierdurch wird in eine zweite Spule

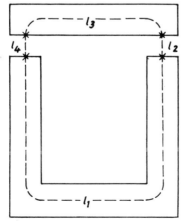

Bild 87: Eisenkern mit Luftspalt

mit n_2-Windungen eine elektromagnetische Kraft U_2 induziert (T r a n s f o r m a - t o r p r i n z i p).

$$U_1 : U_2 = n_1 : n_2 \qquad (53)$$

Bei einem W e c h s e l s t r o m ändert sich die Stromstärke periodisch in bezug auf Größe und Richtung. Finden in jeder Sekunde f-periodische Änderungen statt, so ist die Frequenz f [Hertz].

Die Dauer jeder Periode ist $t = \dfrac{1}{f}$ [s].

Bewegt sich (Bild 88) ein Punkt A mit gleichförmiger Winkelgeschwindigkeit in einer kreisförmigen Bahn und wird jede Kreisbahn in $t = \dfrac{1}{f}$ [s] durchlaufen, so ist $I = r \sin \alpha$.

Für $\alpha = 0°$ und $\alpha = 180°$ wird also I = 0. Für $\alpha = 90°$ und $\alpha = 270°$ ist $I = I_{max}$ bzw. $-I_{max}$. Werden die Werte der Größe I für eine Periode zeichnerisch dargestellt, wie es in der rechten Hälfte des Bildes geschehen ist, si nimmt I während einer halben Periode von Null bis I_{max} zu, um dann wieder auf Null abzusinken. Dann wird I negativ, erreicht den negativen Höchstwert $-I_{max}$ und wird dann wieder Null. Die gezeichnete Kurve ist eine S i - n u s k u r v e ; und wenn die Größe I die Stromstärke darstellt, so wird durch diese Kurve die Schwingung eines s i n u s f ö r m i g e n W e c h s e l s t r o m e s wiedergegeben.

In der Wechselstromtechnik hat man es meistens mit sinusförmigem Wechselstrom zu tun. Bei der Anwendung dieses Wechselstromes im Ofenbau ist es wichtig, zu wissen, welcher Wert des Wechselstromes bei der Berechnung der Wärmeentwicklung in einem Widerstand (nach 44) einzusetzen ist. Dieser Wert ist die e f f e k t i v e S t r o m s t ä r k e

$I_{eff} = \dfrac{I_{max}}{\sqrt{2}}$ und hat also dieselbe Wirkung wie ein Gleichstrom von der gleichen Stärke.

Bei einem sinusförmigen Wechselstrom ändert sich auch die Spannung sinusförmig, und auch hierfür ist $U_{eff} = \dfrac{U_{max}}{\sqrt{2}}$ die e f f e k t i v e S p a n n u n g . Günstig ist es, daß

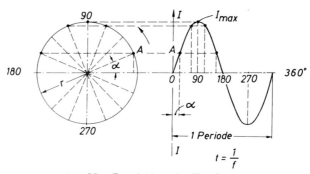

Bild 88:   Entwicklung der Sinuskurve

4. Der Ofen und die Wärme

Meßgeräte I_{eff} und U_{eff} anzeigen, so daß eine Umrechnung nicht notwendig ist. Wenn von 220 Volt oder 380 Volt die Rede ist, so sind die Effektivwerte gemeint. Die gebräuchliche Frequenz ist 50 Hertz.

Führen drei verschiedene Leiter je eine Wechselspannung von gleicher Frequenz und gleicher Spannung, wobei aber die sinusförmigen Spanungskurven um 120° gegeneinander versetzt sind, so kann diesen Leitern ein D r e h s t r o m entnommen werden.

Heizleiter können in S t e r n - oder in D r e i e c k s c h a l t u n g an ein Drehstromnetz gelegt werden.

D r e i e c k s c h a l t u n g (Bild 89)

    Netzspannung   ist U_n
    Netzstrom   ist I_n
    Phasenspannung ist U_p
    Phasenstrom   ist I_p

Es ist: $U_n = U_p$.

$$I_n = I_p \sqrt{3}$$

Die Leistung eines Heizleiters ist:

$$N = U_p \cdot I_p = U_n \cdot I_n \sqrt{3} \qquad (54)$$

Ist U_n = 380 V, so ist U_p auch 380 V.

S t e r n s c h a l t u n g (Bild 90). Der Sternpunkt wird über den Nulleiter mit Erde (Spannung Null) verbunden.

Es ist:

$$U_n = U_p \sqrt{3}$$
$$I_n = I_p$$

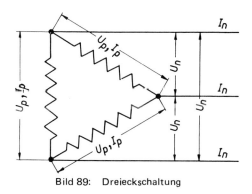

Bild 89: Dreieckschaltung

4. Der Ofen und die Wärme

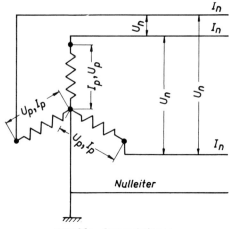

Bild 90: Sternschaltung

Die Leistung eines Heizleiters ist:

$$N = U_p \cdot I_p = \frac{U_n \cdot I_n}{\sqrt{3}}$$

Ist $U_n = 380$ V, so ist $U_p = \dfrac{380}{\sqrt{3}} = 220$ Volt.

Wenn Strom und Spannung eines Wechselstromes in derselben Frequenz schwingen und beider außerdem ihren Höchstwert im gleichen Augenblick erreichen, so sind sie in P h a s e. Dies ist bei rein Ohmscher Belastung der Fall. Sie sind in der Phase im Bezug aufeinander verschoben, wenn ihre Höchstwerte nicht gleichzeitig erreicht werden. Diese P h a s e n v e r s c h i e b u n g wird gekennzeichnet durch die Winkeldifferenz $\varphi°$ der Winkel a (Bild 91) für Strom und Spannung zu einem bestimmten Zeitpunkt.

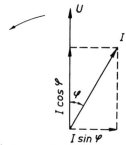

Bild 91: Wirkstrom und Blindstrom

Eine **Kapazität** (z.B. ein Kondensator) in einem Wechselstromkreis verursacht eine Phasenverschiebung zwischen Strom und Spannung. Der Strom eilt der Spannung um den Winkel φ vor. Bei reinem kapazitivem Widerstand ist dieser **Voreilwinkel** $\varphi = 90°$.

Anders ist es, wenn eine **Selbstinduktion** (z.B. eine Spule mit Eisenkern, Drosselspule usw.) in einem Wechselstromkreis vorhanden ist. Denn jetzt eilt der Strom der Spannung nach. Bei reinem induktivem Widerstand ist dieser **Nacheilwinkel** $\varphi = 90°$. Die Selbstinduktion L wird in Henry ausgedrückt.

Um die **Leistungsaufnahme eines elektrischen Apparates** mit Selbstinduktion (Elektromotor, Transformator, Drosselspule usw.) bei Anschluß an ein Wechselstromnetz zu bestimmen, ist folgendes zu überlegen (Bild 91).

Der Strom I eilt um den Winkel φ der Spannung U nach. I kann in eine Komponente I cos φ, die in Phase mit U ist, und in eine Komponente I sin φ senkrecht zu U zerlegt werden. I cos φ ist der **Wirkstrom** (Watt-Komponente), und I sin φ ist der **Blindstrom**. Letzterer schwingt zwar mit durch das Leitersystem, hat aber keine nützliche Wirkung. Stromerzeuger, Leitersystem usw. müssen aber mit für diesen Blindstrom ausgelegt werden, und somit ist es erwünscht, den Blindstrom möglichst weitgehend zu unterdrücken. cos φ heißt der **Leistungsfaktor**, und wenn cos $\varphi = 1$ ist, ist kein Blindstrom vorhanden.

Die wirkliche Leistung des elektrischen Apparates ist somit:

$$N = U \cdot I \cdot \cos \varphi \quad [\text{Watt}] \tag{55}$$

Diese Leistung wird mit einem Wattmesser gemessen. Bei Drehstrom ist:

$$N = U_n \cdot I_n \cdot \sqrt{3} \cos \varphi \quad [\text{Watt}] \tag{56}$$

Werden U und I (bzw. U_n und I_n) mittels Volt- und Amperemesser gemessen, so geht aus (E 18 und E 19) hervor, daß

$$\cos \varphi = \frac{\text{Watt gemessen}}{\text{Volt} \cdot \text{Ampere gemessen}} \tag{57}$$

Die **Blindleistung** N_b ist:

$$\begin{aligned} N_b &= \sqrt{(U \cdot I)^2 - (U \cdot I \cdot \cos \varphi)^2} \quad [\text{VA}] \\ &= U I \sqrt{1 - \cos^2 \varphi} \end{aligned} \tag{58}$$

Eine **Verminderung des Blindstromes I** (Bild 92) kann durch Parallelschaltung eines Kondensators erzielt werden; denn der Kondensator nimmt einen 90° voreilenden Strom auf (I_c in Bild 92). Der resultierende Strom I_R eilt jetzt nur noch um den Winkel $\varphi' < \varphi$ nach.

Die **Leistung eines Kondensators** mit einer Kapazität C [μF] ist bei der Klemmenspannung U und Frequenz f:

$$N = C \cdot 2\pi \cdot f \cdot U^2 \, 10^{-9} \quad [\text{kVA}] \text{ oder } [\text{kVar}] \tag{59}$$

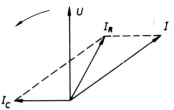

Bild 92: Einfluß eines Kondensators auf den Blindstrom

Mit Hilfe der Tafel 69 kann die Kondensatorleistung bestimmt werden, die notwendig ist, um $\cos \varphi$ auf $\cos \varphi'$ zu vergrößern.

Beispiel:
Einem Wechselstromnetz wird eine Wirkleistung von 30 kW (gemessen mittels Wattmesser) entnommen. Bei der Spannung U = 380 V wird an einem Amperemesser 125 A abgelesen. Wie groß ist $\cos \varphi$?

$$\text{Mittels (57): } \cos \varphi = \frac{30}{380 \cdot 125 \cdot 0{,}001} = 0{,}63.$$

Wie groß soll die Kondensatorleistung in kVA sein, um $\cos \varphi = 0{,}63$ auf $\cos \varphi' = 0{,}90$ zu vergrößern?

Aus Tafel 69 wird entnommen: Für $\cos \varphi = 0{,}63$ ist k = 1,233
Für $\cos \varphi' = \underline{0{,}90 \text{ ist k} = 0{,}484}$
Die Differenz ist 0,749

Tafel 69: Faktor k zur Berechnung der Kondensator-kVA zur Verbesserung von $\cos \varphi$

$\cos \varphi$	k	$\cos \varphi$	k	$\cos \varphi$	k
0,10	9,950	0,62	1,266	0,82	0,696
0,15	6,660	0,63	1,233	0,83	0,672
0,20	4,901	0,64	1,200	0,84	0,646
0,25	3,874	0,65	1,169	0,85	0,620
0,30	3,180	0,66	1,139	0,86	0,593
0,35	2,676	0,67	1,108	0,87	0,567
0,40	2,296	0,68	1,078	0,88	0,536
0,45	1,985	0,69	1,049	0,89	0,512
0,50	1,732	0,70	1,021	0,90	0,484
0,51	1,687	0,71	0,992	0,91	0,453
0,52	1,643	0,72	0,964	0,92	0,426
0,53	1,600	0,73	0,936	0,93	0,395
0,54	1,559	0,74	0,909	0,94	0,363
0,55	1,518	0,75	0,882	0,95	0,329
0,56	1,479	0,76	0,855	0,96	0,292
0,57	1,442	0,77	0,829	0,97	0,250
0,58	1,405	0,78	0,802	0,98	0,203
0,59	1,369	0,79	0,776	0,99	0,143
0,60	1,333	0,80	0,750	1,00	0,000
0,61	1,299	0,81	0,724		

Der Kondensator soll eine Leistung haben von 0,749 · 30 = 22,47 kVA. Wie groß ist die Blindleistung ohne und mit Kondensator?

Ohne Kondensator: $\cos \varphi = 0{,}63 \qquad \sin \varphi = 0{,}77$

Der Wirkstrom ist $I \cos \varphi = 125 \cdot 0{,}63 = 79$ A

Der Blindstrom ist $I \sin \varphi = 125 \cdot 0{,}77 = 96$ A

Die Blindleistung ist $U \cdot I \cdot \sin \varphi = \dfrac{380 \cdot 96}{1000} = 36{,}5$ kVA

Mit Kondensator: $\cos \varphi' = 0{,}90 \qquad \sin \varphi' = 0{,}4358$

Der Wirkstrom ist wiederum 79 A = $I' \cos \varphi'$

Hieraus $I' = \dfrac{79}{0{,}90} = 88$ A

Der Blindstrom $I' \sin \varphi' = 88 \cdot 0{,}4358 = 38{,}3$ A

Die Blindleistung ist $U \cdot I' \cdot \sin = \dfrac{380 \cdot 38{,}3}{1000} = 14{,}6$ kVA

Elektromagnetische Wechselfelder induzieren in Eisenmassen (und auch in anderen Metallen) Spannungen, die Ströme ohne eine bestimmte Bahn erzeugen. Diese **Wirbelströme** erwärmen das Eisen, und deshalb werden die Eisenkerne von elektrischen Maschinen, Transformatoren usw. aus dünnen Blechen hergestellt, die unter sich durch Papier- oder Lackzwischenlagen isoliert sind. Die Bahn der Wirbelströme wird hierdurch weitgehend eingeengt. Bei der **induktiven Beheizung** dagegen wird die Heizwirkung der Wirbelströme nützlich angewendet. Die Wirbelströme wechseln f-mal in jeder Sekunde ihre Richtung, die Wärmeentwicklung wird also proportional der Frequenz sein.

Beim Durchgang eines Wechselstromes durch einen Leiter wird durch Selbstinduktion ein induktiver Widerstand im Innern des Leiters erzeugt. Dieser Widerstand nimmt mit der Frequenz zu und wird bei sehr hohen Frequenzen so groß, daß der Strom nur noch durch die äußersten Schichten des Leiters fließt (**Skineffekt** oder **Stromverdrängung**).

4.2.2. Die Widerstandsbeheizung

Durchfließt der elektrische Strom einen Widerstand, so wird Wärme entwickelt. Es kann der zu beheizende Körper selbst der Widerstand sein, wie es z.B. bei elektrischen Nieterwärmern der Fall ist. Diese Art der elektrischen Widerstandsbeheizung wird **direkte Widerstandserwärmung** genannt.

Die Nieterwärmer sind wie auch Salzbadöfen bereits lange bekannt, aber in den letzten Jahren hat die **direkte Widerstandserwärmung** von Knüppeln Anwendung gefunden und wird als ein Teil automatischer Walzstraßen oder Schmiedeanlagen eingesetzt.

Auch Graphitelektroden werden mittels direktem Stromdurchgang hergestellt. Die Aluminium-Elektrolyseöfen arbeiten gleichfalls mit direktem Stromdurchgang. Da geschmolzenes Glas bei einer Temperatur von 1400–1600 °C elektrisch leitend ist, sind auch Glasschmelzwannen mit direkter Widerstanderwärmung in Betrieb.

Eine besondere Art der direkten Widerstandsbeheizung wird in R e d u k t i o n s ö f e n angewendet, die meist zu den Lichtbogenöfen gerechnet werden. Elektroden tauchen in das Ofengut ein, so daß der Strom von der einen Elektrode durch das Ofengut zur anderen Elektrode fließt. Unterhalb der Elektroden bilden sich dann durch Widerstandserwärmung Schmelz- und Reaktionsherde aus. Sie dienen als E l e k t r o n i e d e r - s c h a c h t ö f e n als Ersatz für Blashochöfen zur Roheisenerzeugung. Sie sind billiger in der Anschaffung und auch in kleineren Einheiten wirtschaftlich. Das beim Reduktionsprozeß entweichende Gas hat wegen des fehlenden Stickstoffballasts (die Reaktionstemperatur wird jetzt nicht durch Verbrennung, sondern durch elektrische Erwärmung erreicht) einen weit höheren Heizwert als Gichtgas. Der Ofenraum ist hierbei oben geschlossen.

Viel gebräuchlicher ist für Industrieöfen die i n d i r e k t e o d e r m i t t e l b a r e W i d e r s t a n d s b e h e i z u n g , bei der die in metallischen oder nichtmetallischen Widerstandskörpern entwickelte Wärme durch Strahlung und meist in geringerem Maße durch Leitung und durch Konvektion auf das Wärmgut übertragen wird. Vielfach werden Heizwiderstände aus m e t a l l i s c h e m W i d e r s t a n d s d r a h t oder -band (meist H e i z l e i t e r genannt) für die Beheizung von Industrieöfen verwendet. Um eine genügende Länge unterbringen zu können, wird der Draht zu längeren Spiralen gewickelt, das Band wellenförmig gebogen.

Für die B e r e c h n u n g v o n H e i z l e i t e r n ist die im Beharrungszustand von der Drahtoberfläche abgegebene Wärmeleitung in kcal/h oder in Watt maßgebend. Hierbei ist zu berücksichtigen, daß die Wärmemenge, die von 1 cm^2 Oberfläche je Stunde abgegeben werden kann, nach oben hin begrenzt wird durch die Art des Heizleiterbaustoffes, durch die Heizleitertemperatur und durch die Temperaturdifferenz zwischen Heizleiter und Wärmgut. Auch die Heizleiterkonstruktion und die Art der Unterbringung und Befestigung der Heizleiter im Ofenraum sind von Einfluß.

Beispiel:
Ein Heizleiter soll 2500 W abgeben. Die Spannung ist 220 V, der spezifische Widerstand ρ_{20} = 1,35 Ω mm^2/m, die Betriebstemperatur sei 900 °C, und hierfür ist c_{900} = 1,06. Wie lang soll die Drahtlänge des Heizleiters sein, wenn der Durchmesser d = 1,5 mm beträgt?

$$R = \frac{U^2}{N} = \frac{220^2}{2500} = 19,2 \ \Omega$$

$$A = \frac{1,5^2 \cdot \pi}{4} = 1,77 \ mm^2$$

Mit (42):
$$\rho_{900} = 1,06 \cdot 1,35 = 1,43 \ \Omega \ mm^2/m$$

$$R = \frac{\rho \cdot l}{A} \qquad l = \frac{19,2 \cdot 1,77}{1,43} = 23,7 \ m$$

4. Der Ofen und die Wärme

Wie groß ist die Belastung der äußeren Oberfläche des Heizleiters in Watt/cm²?

$$\frac{2500}{100 \cdot 23{,}7 \cdot \pi \cdot 0{,}15} = 2{,}24 \text{ W/cm}^2$$

Diese letzte Zahl ist wichtig, da hiervon die Lebensdauer des Heizleiters mit abhängt. Sei diese **O b e r f l ä c h e n b e l a s t u n g** ν [W/cm²], die Drahtlänge l [m] und der Drahtdurchmesser d [mm], so ist die Wärmeleistung:

$$10 \cdot l \cdot \pi d \cdot \nu \quad [W]$$

Nach (44) wird bei Stromdurchgang abgegeben:

$$q = I^2 \cdot R \quad [W]$$

Nach (41) ist:

$$R = \frac{\rho \cdot l}{A} = \frac{4\rho \cdot l}{d^2 \pi}$$

Also: $10 \cdot l \cdot \pi \cdot d = 4 \cdot I^2 \cdot \dfrac{\rho \cdot l}{d^2 \cdot \pi}$

Hieraus:

$$d = \sqrt[3]{\frac{4 \cdot \rho}{10\pi^2 \nu} \cdot I^2} = 0{,}343 \sqrt[3]{\frac{\rho}{\nu} I^2} \quad [mm] \tag{60}$$

Sind statt I, die Spannung U und der Anschlußwert N des Heizleiters in W angegeben, wie es meistens der Fall ist, so wird (E 22a), da $N = U \cdot I$:

$$d = 0{,}3435 \sqrt[3]{\frac{\rho}{\nu_w} \left(\frac{N}{U}\right)^2} \quad [mm] \tag{61}$$

Aus (40, 41, 43) läßt sich leicht ableiten, daß die Länge ist:

$$l = 0{,}785 \frac{U^2 \cdot d^2}{\nu_w \cdot \rho} \quad [m] \tag{62}$$

Für ein Widerstandsband mit der Breite b und der Stärke s, beide in mm, findet man in gleicher Weise:

$$s = 0{,}3575 \sqrt[3]{\frac{1}{\left(\dfrac{b}{s}\right)\left(1 + \dfrac{b}{s}\right)} \frac{\rho}{\nu_w} I^2} \quad [mm] \tag{63}$$

Für die Berechnung der Bandabmessungen können auch vorteilhaft folgende Formeln angewendet werden:

$$s = k_s \sqrt[3]{\left(\frac{N}{U}\right)^2 \frac{\rho}{\nu_w}} \quad [\text{mm}] \tag{64}$$

$$b = k_b \sqrt[3]{\left(\frac{N}{U}\right)^2 \frac{\rho}{\nu_w}} \quad [\text{mm}] \tag{65}$$

Die Konstanten k_s und k_b ergeben sich aus:

$$k_s = \sqrt[3]{\frac{1}{n(1+n)\,20}} \tag{66}$$

$$k_b = \sqrt[3]{\frac{1}{\left(1+\frac{1}{n}\right)20}} \tag{67}$$

Hierin ist $n = \dfrac{b}{s}$

Für verschiedene Werte von n sind k_s und k_b der Tafel 70 zu entnehmen.

Die Bandlänge berechnet sich aus:

$$l = \frac{U^2 \cdot b \cdot s}{N \cdot \rho} \quad [\text{m}] \tag{68}$$

Daum hat mit einem Rechner Nomogramme für die Berechnung von Heizdraht- und Heizbandleitern entwickelt [12].

Beispiel (Bild 89):

Drei Heizleiter (Widerstand eines Heizleiters sei R = 50 Ω) werden in Dreieck geschaltet. Wie groß ist die Wärmeabgabe in einer Stunde? Drehstrom X 380 V.

$$U_n = U_p = 380 \text{ V}$$

Tafel 70: Werte von k_s und k_b für $n = \dfrac{b}{s}$

n = ...	5	8	10	12	15
k_s = ...	0,119	0,0885	0,077	0,0685	0,0593
k_b = ...	0,503	0,708	0,77	0,82	0,889

Mit (40): $I_p = \dfrac{U_p}{R} = 7{,}6$ Amp.

Mittels (44) : $Q = 7{,}6^2 \cdot 50 = 2880$ W

Werden die Heizleiter jetzt in Stern geschaltet, so ist:

$$U_p = \dfrac{U_n}{\sqrt{3}} = 220 \text{ V}$$

$$I_p = \dfrac{220}{50} = 4{,}4 \text{ A}$$

Jetzt ist:

$$Q = 4{,}4^2 \cdot 50 = 968 \text{ W}$$

Durch Umschaltung von Dreieck auf Stern kann somit die Wärmeentwicklung im Ofen auf ein Drittel des ursprünglichen Wertes gedrosselt werden.

Werden mehrere **Heizleiter parallel geschaltet**, so sind die Kirchhoffschen Gesetze (45) anzuwenden. Bei Parallelschaltung von n-Heizleitern mit dem Einzelwiderstand R ergibt sich hieraus, daß durch jeden Heizleiter der Strom $\dfrac{I}{n}$ fließt und jeder eine Leistung von $\dfrac{N}{n}$ bei der gemeinschaftlichen Spannung U haben soll. Hiermit können die Abmessungen eines einzelnen Heizleiters berechnet werden. Bei der Aufnahme der **Heizleiter** in ein Drehstromnetz sind die Angaben über **Dreieck- und Sternschaltung** zu beachten.

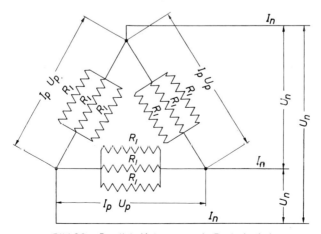

Bild 93: Parallele Heizgruppen in Dreieckschaltung

4. Der Ofen und die Wärme

Beispiel:

Es sind jedesmal drei gleiche Heizleiter parallel zu einer Gruppe und diese Gruppen wiederum unter sich in Dreieck geschaltet (Bild 93):

Alle Heizleiter sollen zusammen N = 18 kW leisten. Die Netzspannung sei U_n = 380 V. Es ist $U_p = U_n$ = 380 V.

Für jede Gruppe ist $N_g = \dfrac{18}{3}$ = 6 kW.

Für jeden Heizleiter ist $N_1 = \dfrac{6}{3}$ = 2 kW.

Mit U_p und N_1 sind nunmehr die Abmessungen eines einzelnen Heizleiters zu berechnen.

Beispiel:

Es sind jedesmal drei gleiche Heizleiter zu einer Gruppe und diese Gruppe und diese Gruppen wiederum unter sich in Stern geschaltet (Bild 94).

Alle Heizleiter sollen zusammen wiederum N = 18 kW leisten. Die Netzspannung ist U_n = 380 V.

Die Phasenspannung $U_p = \dfrac{U_n}{\sqrt{3}}$ = 220 V.

Für jeden Heizleiter ist $N_1 = \dfrac{18}{9}$ = 2 kW.

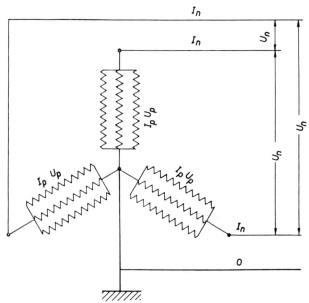

Bild 94: Parallele Heizgruppen in Sternschaltung

4. Der Ofen und die Wärme

Mit N_1 und U_p sind wiederum die Abmessungen jedes Heizleiters zu bestimmen.

Außer durch Umschaltung Dreieck-Stern kann man durch Abschaltung einiger der parallelen Heizleiter die Leistung verringern. Auch die **Umschaltung von parallelen Heizleiter in Serie** wird zur Leistungsregelung benutzt. Ist die Gesamtleistung von n-parallelen Heizleitern N, so wird bei Serienschaltung (Hintereinanderschaltung) und wenn R der Widerstand eines Heizleiters ist, der Gesamtwiderstand, der zuerst $\frac{R}{n}$ war, jetzt $n \cdot R$. Sei der Strom zuerst I bei Spannung U und Widerstand $\frac{R}{n}$, so wird bei Serienschaltung der Strom I_s bei der Spannung U und dem Widerstand $n \cdot R$

$I = U : \frac{R}{n}$ und es ist $I_s = \frac{U}{n \cdot R}$. Somit ist $I_s = \frac{I}{n^2}$ und $N_s = \frac{N}{n^2}$.

Bei zwei parallelen Heizleitern wird durch Serienschaltung eine Leistungsverminderung auf 25 % und bei drei parallelen Heizleitern auf 11,1 % erreicht.

Durch Benutzung dieser drei Möglichkeiten kann die Wärmeentwicklung im Ofen dem Bedarf angepaßt werden. Bild 95 gibt die **verschiedenen Schaltmöglichkeiten** und die entsprechende Gesamtleistung in Prozent der ursprünglichen Gesamtleistung wieder.

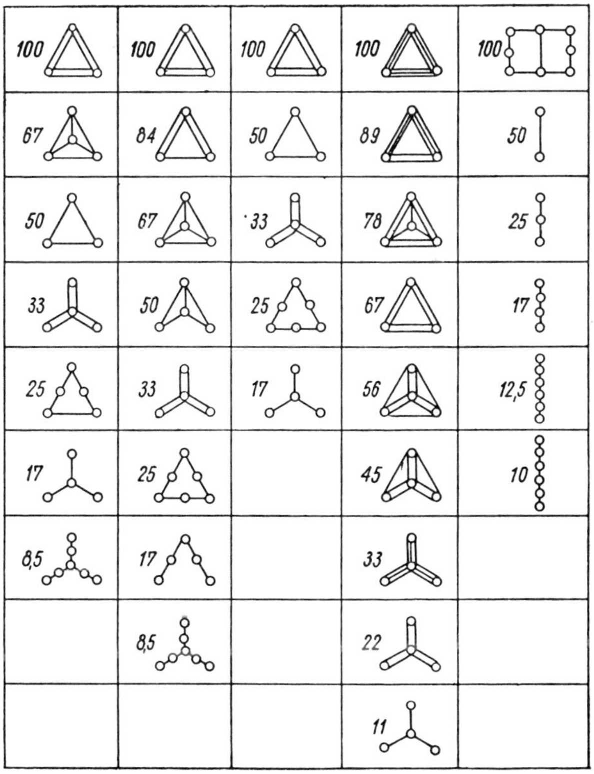

Bild 95: (nach K. Pogorecki)

4.2.4. Heizleiterwerkstoffe und Heizleiterbau

Für die **m e t a l l i s c h e n** Heizleiterwerkstoffe gelten die gleichen Gesichtspunkte wie für die übrigen metallischen Ofenbaustoffe. Dazu kommt aber noch die Bedingung, daß der spezifische Widerstand möglichst hoch sein soll, denn sonst ergeben sich hohe Stromstärken. Die Spannung mußte dann mittels eines Transformators umgeformt werden, was eine Erhöhung des Ofenpreises bedeuten würde. Weiter soll der spezifische Widerstand sich auch nicht zu stark mit der Temperatur ändern.

Im allgemeinen lassen sich diese Werkstoffe nach Tafel 71 in Cr-Ni-haltige **a u s t e n i t i - s c h e L e g i e r u n g e n** und in Cr-Al-haltige **f e r r i t i s c h e L e g i e r u n g e n** einteilen. Die **a u s t e n i t i s c h e n L e g i e r u n g e n** sind zunderbeständig, weil sich eine Chomoxydhaut bildet. Sie haben eine gute Widerstandsfähigkeit gegen die meisten Schutzgase (7.2.4.), sind sehr empfindlich gegen schwefelhaltige Gase. Im „Nikrothal-Handbuch" wird darauf hingewiesen, daß eine Ofenausmauerung und z.B. poröse Isoliersteine manchmal bedeutende Mengen S enthalten können, wodurch Cr-Ni-Heizleiter vollkommen zerstört werden können. In geschmolzenen Metallen, wie Zinn, Zink und Aluminium, lösen sie sich auf, was besonders bei der Anwendung für Schmelz- und Schöpföfen zu berücksichtigen ist. Die Dauerstandfestigkeit bei hohen Temperaturen ist gut. Die zulässige Höchsttemperatur ist von der jeweiligen Zusammensetzung abhängig, und zur Auswahl des für einen bestimmten Zweck geeigneten Baustoffes sollen die Angaben des Lieferwerkes beachtet werden. Als Beispiel sind für die Marke Nikrothal im Bild 96 die Oberflächenbelastungen in W/cm^2 für Heizleiter angegeben.

Bei den **f e r r i t i s c h e n** Chrom-Aluminium-Eisen-Legierungen wird die Zunderbeständigkeit durch eine sich beim Ofenbetrieb bildende, festhaftende Oberflächenschicht von Al_2O_3 erzielt. Diese Legierungen haben eine geringere Dauerstandsfestigkeit und werden durch Kornwachstum mit der Zeit spröde. Die Heizleiter sollen deswegen sorgfältig unterstützt werden, wobei zu beachten ist, daß die Steine, mit denen sie in Berührung kommen, nur Spuren von Fe_2O_3 enthalten dürfen. Der Al_2O_3-Gehalt der Schamottesteine soll rund 45 % betragen, und für hohe Temperaturen ist ein hochaluminöses Material oder Silimanit zu empfehlen. Im Gegensatz zu den Cr-Ni-Baustoffen sind die Cr-Al-Eisen-Werkstoffe wenig empfindlich gegen Schwefel, und sie werden im Industrie-

Tafel 71: Heizleiterwerkstoffe nach DIN 1706

Bezeichnung	Max. Verw.- Temperatur °C	Max. Ofen- temperatur °C	Zusammensetzung in %					Zunahme des Wider- standes in %	Empfind- lichkeit gegen Erschütte- rungen
			Ni	Cr	Al	Fe	C		
Austenitisch									
NiCr 20.25	1050	800	19	23–25	–	Rest	< 0,2	28,5	un- empfind- lich
NiCr 30.20	1100	1000	30	20–23	–	Rest	< 0,2	21	
NiCr 60.15	1075	1000	60	14–16	–	Rest	< 0,15	10	
NiCr 80.20	1150	1100	80	18–20	–	–	< 0,15	2,7	
Ferritisch									
CrAl 20.5	1150	1100	–	19–21	5	Rest	< 0,1	1,5	groß
CrAl 30.5	1250	1200	–	28–30	4–5	Rest	< 0,1	3,5	groß
CrAl 8.5	950	800	–	8	5–6	Rest	< 0,1	14	gering

ofenbau im Temperaturbereich von 1000 bis 1300 °C sehr viel angewendet. Die Lebensdauer dieser Heizleiter ist in einer oxydierenden oder neutralen Ofenatmosphäre groß, in einer reduzierenden Atmosphäre ist aber Vorsicht geboten. In flüssigen Metallen, wie Zink, Kupfer und Aluminium, sind sie löslich. Tafel 72 zeigt den Anwendungsbereich bei verschiedenen Atmosphären.

Im übrigen sind auch für die Wahl dieser Werkstoffe (Cesiwid, Kanthal, Megapyr usw.) die ausführlichen Anleitungen der Lieferwerke zu benutzen, die übrigens auch viele andere nützliche Hinweise (z.B. über die Anfertigung von Spiralen und Bandheizleitern) enthalten. Bild 97 (aus Kanthal-Handbuch) gibt die zulässige Oberflächenbelastung in W/cm² für Heizleiter im Industrieofenbau an. Die neue Legierung Kanthal AF ist für noch höhere Oberflächenbelastungen geeignet.

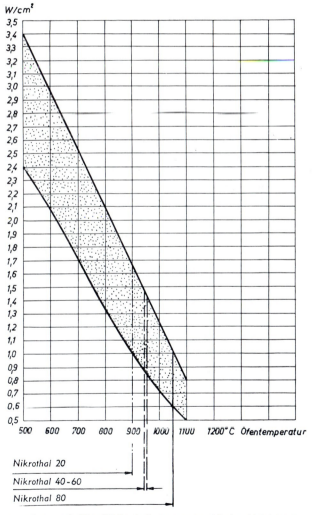

Bild 96: Maximale und normale Oberflächenbelastung austenitischer Heizleiterbaustoffe in W/cm²

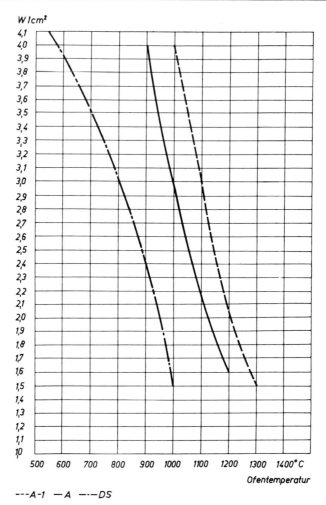

--- A-1 — A —·— DS

Bild 97: Oberflächenbelastung ferritischer Heizleiterbaustoffe in W/cm² (Kanthal)

Bei Elektroöfen kann mit 150–350 W/dm² Wandfläche gerechnet werden. Für Heizleiter mit einer Ganghöhe von S = 2 bis 2,5 mal Heizdrahtdurchmesser ergibt sich dann nach Kiss bei 150 W/dm² Wandbelastung und Unterbringung der Heizleiter in Kanälen: 0,64 bis 0,96 W/cm² Oberflächenbelastung der Heizdrähte. Bei einer Wandbelastung von 350 W/dm² wird diese Oberflächenbelastung 1,49 bis 2,24 W/cm². Werden die Heizleiter auf keramische Rohre aufgehängt, so werden diese Werte 0,73–0,97 W/cm² bzw. 1,7–2,27 W/cm².

Für Heizbänder und Anordnung hiervon in Deckel- oder Bodenkanälen wird bei 150 W/dm² Wandbelastung die Oberflächenbelastung der Heizelemente 0,6 bis 1,25 W/cm² und bei 350 W/dm² Wandbelastung 1,39 bis 2,91 W/cm². Sind die Heizbänder in Seitenkanälen

Tafel 72: Auswahl von Heizleiterwerkstoffen für die wichtigsten Ofenatmosphären

Atmosphäre	zu empfehlender Werkstoff	zulässige Höchsttemperatur °C	Bemerkungen
Schutzgas durch unvollständige Verbrennung von Leuchtgas erzeugt	CrAl 30.5 NiCr 30.20 NiCr 80.20	1100 1050 950	Das Schutzgas muß fast vollständig schwefelfrei sein. CO-Gehalt unter 10 %. Wechsel von Oxydation und Aufkohlung vermeiden.
Wasserstoff	NiCr 30.20	1250	Der Wasserstoff muß völlig frei von Wasserdampf und Sauerstoff sein.
Feuchter Wasserstoff	CrAl 30.5 CrAl 20.5 NiCr 80.20 NiCr 30.20	1350 1250 1150 1050	Bei CrAl 30.5 und CrAl 20.5 Kondensation von Feuchtigkeit auf dem kalten Heizleiter wegen Rostgefahr vermeiden.
Stickstoff	NiCr 80.20 NiCr 30.20	1250 1150	Gilt für reinen Stickstoff.
Wasserdampf	NiCr 80.20 NiCr 60.15 NiCr 30.20	1100 1050 1000	Der bei hohen Temperaturen durch Spaltung des Wasserdampfes auftretende Sauerstoff oxydiert stark.
Kohlendioxyd Kohlenoxyd (schwefelfrei)	CrAl 20.5 NiCr 80.20 NiCr 30.20 CrAl 30.5	1050 1000 950 1100	Bei NiCr-Legierungen ist die Aufkohlung um so niedriger, je geringer der Ni-Gehalt. Wechsel von Oxydation und Aufkohlung vermeiden.
Schwefeldioxydhaltige Gase	CrAl 30.5 CrAl 20.5 CrNi 25.20 NiCr 30.20	1150 1100 850 800	Der Ni-Gehalt beeinflußt die Schwefelaufnahme. Wechsel von Oxydation und Aufschwefelung vermeiden.
Schwefelwasserstoffhaltige Gase	CrAl 30.5 CrAl 20.5 CrNi 25.20 NiCr 30.20	1100 1050 750 700	
Chlor, Brom, Fluor	NiCr 80.20	250	Die Halogene greifen bei höheren Temperaturen die Heizleiterwerkstoffe stark an.

*) Jahrbuch der Elektrowärme, Essen 1956, S. 441.

untergebracht, so ist für 150 W/dm² Wandbelastung die Oberflächenbelastung 0,48—0,78 W/cm² und für 350 W/dm² Wandbelastung 1,1—1,82 W/cm². Die Kanalteilung ist hierbei 1,5 bis 1,8 mal Kanalbreite oder Kanaldurchmesser. Eine Wandbelastung von 150 bis 200 W/dm² ist normal, kann aber in Ausnahmefällen bis 350 W/dm² betragen.

Als allgemeine Regel für Industrieöfen mit hoher Arbeitstemperatur gilt, daß die Drahtdicke wenigstens 3 mm sein soll, denn ein dicker Draht hat eine längere Lebensdauer. Der Windungsdurchmesser soll für Öfen für Temperaturen > 1000 °C, 4 bis 7 mal Drahtdurchmesser sein und für Öfen für Temperaturen < 1000 °C, 4 bis 6 mal. Der Durchmesser des Anschlußteiles der Heizelemente soll 3 mal den Querschnitt des Glühzonenteiles betragen.

Bild 98 zeigt, wie Heizspiralen in Rillensteinen untergebracht werden können.

4. Der Ofen und die Wärme

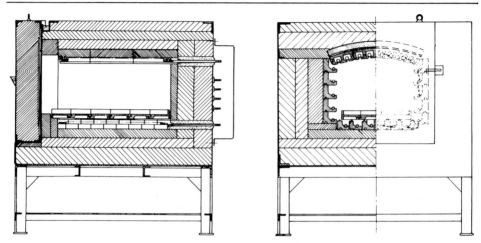

Bild 98: Elektroofen mit Heizspiralen (nach Kanthal, Schweden)

Für höhere Temperaturen bis rund 1500 °C werden k e r a m i s c h e   H e i z s t ä b e und Rohre angewendet, die aus S i l i z i u m k a r b i d hergestellt werden (Silit, Silikarbon, Quarzilit, Globar usw.). Sie erfordern alle verhältnismäßig hohe Stromstärken, was die Anwendung von Transformatoren bedingt. Außerdem tritt durch Ausbrennen des eigentlichen Heizleiterstoffes mit der Zeit eine Widerstandszunahme auf, so daß der Transformator außerdem mit mehreren Regelstufen ausgeführt werden muß, um die ausgehende Spannung (Sekundärspannung) hieran anpassen zu können.

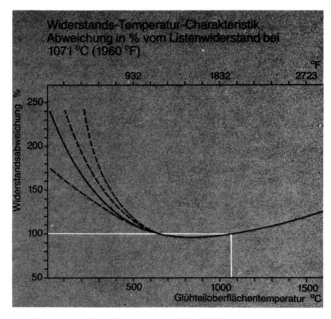

Bild 99: Widerstands-Temperatur-Charakteristik von SILIT®-Heizelementen; Abweichung in % vom Listenwiderstand bei 1071 °C (1960 °F)

Erste Hilfe

Als Wärmeenergie hat Erdgas viele Vorteile. Es ist wirtschaftlich, umweltfreundlich, genau regulierbar, um nur einige Argumente zu nennen. Und es ist sehr vielseitig in der Anwendung. Für verschiedene Anwendungsbereiche erarbeiten wir die jeweils optimale Problemlösung. Das tun unsere Beratungsingenieure, die Sie anrufen können.

Haushaltsberatung (02 01) 184 31 33
Gewerbeberatung (02 01) 184 4282
Industrieberatung (02 01) 184 3331
Heizungs- und
Klimaberatung (02 01) 184 4282

Ein Telefongespräch kann natürlich nur eine „Erste Hilfe" bei Energieproblemen sein. Darum können Sie uns auch schreiben oder eine persönliche Beratung vereinbaren.
Die gemeinsame Anschrift:
Ruhrgas AG · Huttropstraße 60 · 4300 Essen 1

**Wir sorgen für Erdgas.
Und helfen es sparen.**

Gasgenerator Leistung 80 Nm³/h Mono HN-Gas Taupunkt −70 °C

GENERATOREN FÜR SCHUTZ- + REAKTIONSGASE IM INDUSTRIEOFENBAU

GASE Erzeugen — Reinigen — Trocknen — Messen

 Gebrüder Hammer GmbH

CHEMIE — METALLURGIE — MESSTECHNIK

Kurt-Schumacher Ring 33, Tel. (06193) 35001

D-6072 Dreieich 1

Germany

4. Der Ofen und die Wärme

Tafel 73: Anwendungstemperaturen von SILIT-Heizelemten in reinen Gasen

Atmosphäre	max. Elementtemperatur °C
Edelgase	1620
Luft, normal–feucht	1620
Stickstoff	1400
Wasserstoff, feucht	1350
Wasserstoff, trocken	1300
Kohlenmonoxid	1500
Kohlendioxid	1620
Exogas	1400
Endogas (trocken CO_2 frei)	1300

Der Widerstand ist temperaturabhängig (Bild 99). Der Kaltwiderstand kann gleich oder ein Vielfaches des Betriebswiderstandes sein.

Mit zunehmender Betriebsdauer altern SiC-Heizelemente, wodurch (Bild 99) der Widerstand zunimmt. Die Alterung, eine Folge der Oxidation des Carbids unter Bildung von SiO_2, begrenzt die Lebensdauer des Heizelementes. Sie wird durch die Betriebsbedingungen beeinflußt:

1. kontinuierlicher, diskontinuierlicher Betrieb
2. spezifische Flächenleistung des Heizelementes (Bild 99a)
3. Elementtemperatur (Tafel 73)
4. Ofenatmosphäre (Wasserdampf-, Stickstoff- oder Spaltgasatmosphäre)

Zum Betrieb der SiC-Heizelemente sind Stufentransformatoren, Thyristoren oder Kombinationen erforderlich, die die Netzspannung auf die Betriebsspannung herabsenken und über eine Spannungsreserve zum Ausgleich der während des Betriebes auftretenden Widerstandszunahme verfügen.

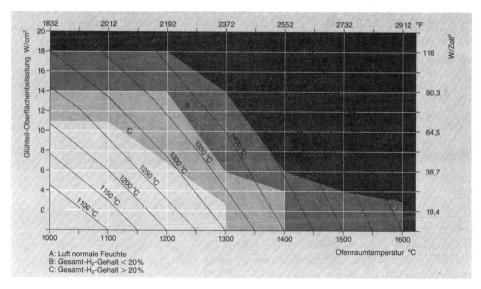

Bild 99a: Zulässige spezifische Wattbelastungen von SILIT-Heizelementen

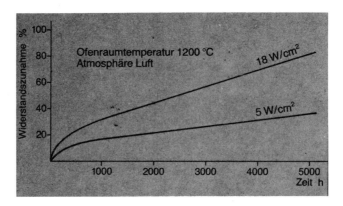

Bild 99b: Beispiel für Widerstandszunahme von SILIT®-Heizstäben nach Betriebsstunden

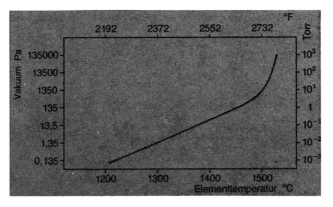

Bild 99c: Zulässige Elementtemperaturen für SILIT®-Heizstäbe im Vakuum

Bei der Auslegung der elektrischen Anlagen ist das Widerstandsminimum, die Widerstandstoleranz und die Widerstandstemperaturcharakteristik der Heizstäbe zu berücksichtigen. Zum Ausgleich der Alterung und zur Konstanthaltung der Heizleistung ist etwa eine 60 bis 110%ige Spannungsreserve vorzusehen. Bei Verwendung eines Thyristorstellers oder eines Thyristorstellers mit Transformator ist eine Leistungsbegrenzung auf die gewünschte Heizleistung unbedingt notwendig, eine Strombegrenzung allein genügt nicht (Bild 99e).

Die Überschreitung der zulässigen Belastungswerte bewirkt zusätzliche thermische Spanngen und verkürzt die Lebensdauer durch verstärkte Oxidation.

SiC-Heizstäbe können auch im Vakuum eingesetzt werden. Die zulässigen Elementtemperaturen (Bild 99c) hängen von den Druckverhältnissen ab.

Eine gleichmäßige Belastung aller Heizstäbe in einer Ofenanlage und eine gleichmäßige Ofentemperatur werden durch Parallelschaltung der Heizstäbe erreicht. Diese Schaltung ist insbesondere vorteilhaft, wenn gleichzeitig Stäbe mit leicht unterschiedlichen Widerständen, im Rahmen der üblichen Widerstandstoleranz verwendet werden. Bei Parallel-

4. Der Ofen und die Wärme

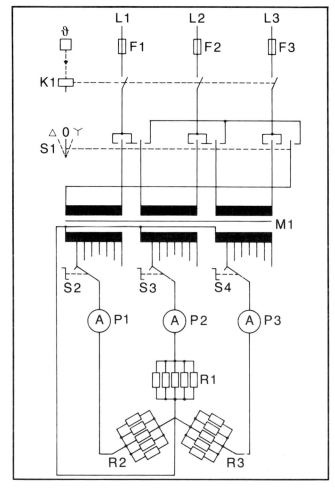

Bild 99d: Prinzipschaltbild für Trafobetrieb mit primärseitiger Umschaltung von Haupt- auf Grundlast (SIGRI GmbH)

schaltung (Bild 99d) nimmt der Stab mit dem kleinsten Widerstand die größte Leistung auf (altert rascher), bis der Widerstand der übrigen Stäbe erreicht ist. Die Widerstände der Stäbe gleichen sich damit an.

Serienschaltung ist grundsätzlich möglich, hat aber Nachteile, da der Heizstab mit höherem Widerstand eine höhere Leistung aufnimmt und deswegen rasch altert, bis der Stab wegen Überlastung ausfällt.

Die Glühteillänge der Heizstäbe muß mit der lichten Weite des Ofenraumes übereinstimmen. Der lichte Abstand der Heizstäbe untereinander, vom Einsatzgut und vom Ofenmauerwerk soll etwa das zwei- bis dreifache des Glühteil-Durchmessers betragen.

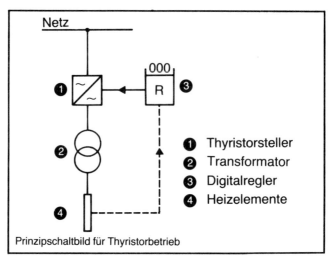

Bild 99e: Prinzipschaltbild für Thyristorbetrieb (SIGRI GmbH)

Im allgemeinen ist die Standzeit bei Reihen-, u. Serienschaltung kürzer als bei Parallelschaltung. Sollten dennoch etwa wegen der geringeren Kosten der elektrischen Anlage, die Heizstäbe in Reihe geschaltet werden, ist darauf zu achten, daß alle Heizelemente etwa den gleichen Widerstand haben, d.h. vor dem Einbau muß der Anwender die Heizstäbe nach den auf den Heizstäben vermerkten Widerstandswerten sortieren.

Die Heizstäbe können im Gegensatz zur Drahtheizleiter nach Abschaltung der Stromzuführung in den meisten Fällen auch im heißen Zustand (Bild 99f) auf einfache Weise ausgewechselt werden, so daß nur kleine Unterbrechungen des Anlagenbetriebes auftreten. Niemals dürfen beim Wechseln gealterte Einzelstäbe mit neuen Heizelementen in einer elektrischen Gruppe zusammengefaßt werden, da die neuen Stäbe wegen der hohen Ele-

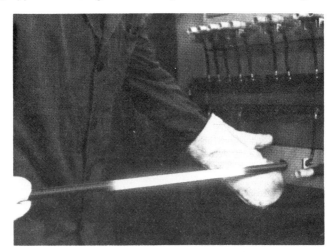

Bild 99f: Auswechseln eines SiCpHeizelementes während des Betriebes (Werksfoto SIGRI GmbH)

4. Der Ofen und die Wärme

mentspannung stark überlastet werden und entweder sehr rasch altern oder durch Überlastung ausfallen. Es ist daher zweckmäßig, bei Ausfall eines Stabes die gesamte Stabbeheizung oder die gesamte Regelgruppe auszubauen und durch neue Stäbe zu ersetzen. Auf den gebrauchten SiC-Stäben kann man die zuletzt verwendete Spannungsstufe vermerken. Diese Stäbe können mit Stäben, die einen entsprechenden Widerstand haben, in einer Gruppe zusammengefaßt werden. Die Weiterverwendung ist besonders für große Ofenanlagen von Vorteil.

SiC-Heizstäbe können waagerecht und senkrecht eingebaut werden.

Das Basismaterial der $MoSi_2$-Heizelemente ist Molybdändisilicid ($MoSi_2$). Die Zugabe geringer metallischer und keramischer Komponenten erhöht die Festigkeit und verringert die Sprödigkeit des Heizleiters, ohne die günstige Oxidationsbeständigkeit der $MoSi_2$ zu beeinträchtigen.

Bei Temperaturen oberhalb 800 °C und in oxidierender Atmosphäre bildet sich auf der Oberfläche der Heizelemente eine quarzglasähnliche, fest haftende Schutzschicht aus SiO_2, die sich bei Beschädigung selbst regeneriert. Der bei niedrigen Temperaturen relativ spröde Werkstoff wird bei Temperaturen über 1200 °C plastisch.

Die üblichen Einsatztemperaturen der Heizelemente liegen im Bereich zwischen 900 °C und 1700 °C, maximale Anwendungstemperatur in reinen Gasen (siehe Tafel 73a).

Wegen möglicher Tieftemperaturoxidation kann $MoSi_2$ im Dauerbetrieb in oxidierender Atmosphäre nicht unter 800 °C eingesetzt werden.

Tafel 73a: Anwendungstemperaturen von MOSILIT® in reinen Gasen

Atmosphäre	max. Elementtemp. °C
Edelgase He, Ne, Ar	1650
Sauerstoff O_2	1700
Stickstoff N_2	1600
Stickstoffmonoxyd NO	1650
Stickstoffdioxiy NO_2	1700
Schwefeldioxyd SO_2	1600
Kohlenmonoxyd CO	1500
Kohlendioxyd CO_2	1700
Wasserstoff H_2 feucht, Taupunkt 15 °C	1460
Wasserstoff H_2, trocken	1350
Kohlenwasserstoffe (Methan, Propan)	1300 – 1350

Eigenschaften von MOSILIT®

Schmelzpunkt	etwa 2000 °C
Rohdichte	5,6 g cm^{-3}
Biegebruchfestigkeit 20 °C ungebrauchtes Material	450 +/− 20 % N mm^{-2}
Zugfestigkeit 1550 °C	100 +/− 25 % N mm^{-2}
Kerbschlagzähigkeit 20 °C	0,7 N m cm^{-2}
Linearer Ausdehnungskoeffizient	7,5 +/− 0,5 · 10^{-6} K^{-1}
Wärmeleitfähigkeit	
20 – 600 °C	30 W m^{-1} K^{-1}
600 – 1200 °C	15 W m^{-1} K^{-1}

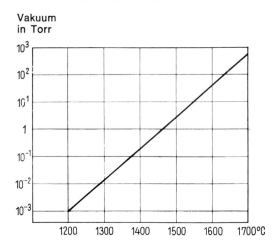

Bild 99g: Zulässige Elementtemperaturen für MOSILIT®-Heizelemente im Vakuum

$MoSi_2$ hat eine stark positive Widerstandstemperaturcharakteristik, d.h. der Widerstand steigt mit der Temperatur steil an.
Zur Spannungsregelung in der Aufheizphase sind Stufentransformatoren oder Thyristoren erforderlich.
Bei Verwendung von Thyristorstellern oder Thyristorstellern mit Transformator ist eine Strombegrenzug immer notwendig. Die Strombegrenzung sollte bei stark unterschiedlichen Ofenraumtemperaturen der jeweiligen Ofentemperatur angepaßt werden.
$MoSi_2$-Heizelemente können unabhängig von der Einbauweise in Parallel- oder Reihenschaltung mit Gleichstrom, Einphasenwechselstrom und mit Drehstrom betrieben werden.
Es ist darauf zu achten, daß benachbarte Schenkel vom Strom in entgegengesetzter Richtung durchflossen werden. Magnetische Kräfte werden dadurch fast vollständig ausgeglichen.
Die Anwendungsgrenzen von $MoSi_2$ im Vakuum sind in Bild 99g dargestellt.
$MoSi_2$-Elemente sind speziell zum Betrieb in oxidierender Atmosphäre, z.B. in Luft, entwickelt worden. Neutrale Atmosphären, wie Stickstoff, Edelgas sowie CO und CO_2 sind für $MoSi_2$-Elemente nicht schädlich. Zerstörend wirken nichtsauerstoffhaltige Schwefelverbindungen, Alkalien, Erdalkalien, Blei und Bor in metallischer und oxydireter Form in festem, flüssigem und dampfförmigem Zustand.
MOSILIT®-Heizleiter werden pulvermetallurgisch hergestellt und können bis 1700 °C eingesetzt werden. Sie bestehen aus dem eigentlichen U- oder W-förmigen, meist 6 oder 9mm starken Glühteilen und Anschlußenden mit doppeltem Durchmesser. Der Einbau erfolgt meist freihängend in Nischen (Bild 99h), in dem die Heizelemente gegen Beschädigung geschützt sind.
Andere bekannte Heizleiter sind Kohlenstoffrohre, Kohlengries und Graphit, besonders für höhere Temperaturen.

4. Der Ofen und die Wärme 167

Ofenzeichnung

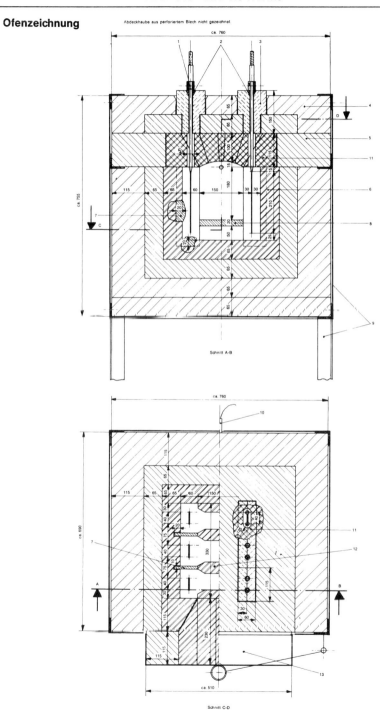

Bild 99h: Kammerofen mit MOSILIT-Heizelementen ausgerüstet

CESIWID®-GRAPHIT-Heizleiter werden in beliebigen Formen (Bild 99i—99l) hergestellt.

GRAPHIT-Heizleiter sind nur in reduzierender und inerter Atmosphäre sowie im Vakuum verwendbar. Wegen der hohen spezifischen Belastbarkeit sind Leistungsdichten möglich, die von keinem anderen Heizleitermaterial erreicht werden. Die maximale Anwendungstemperatur beträgt etwa 3000 °C.

Graphit ist gegen die meisten Stoffe beständig, außer gegen oxidierende Medien und bei höheren Temperaturen carbidbildende Stoffe.

Beispiele oxidierender Agenzien sind Sauerstoff, Luft, CO_2, NO_2, H_2O-Dampf und Gemische dieser Stoffe, die Graphit oberhalb 500 °C angreifen. Die Reaktionsgeschwindigkeit ist zunächst klein, so daß die Diffusionsgeschwindigkeit die Abbrandrate bestimmt. Der Graphitkörper verbrennt in diesem Bereich über das gesamte Volumen gleichmäßig, wird morsch und zerfällt allmählich. Oberhalb etwa 900 °C ist die Oxidation im wesentlichen auf die äußere Oberfläche beschränkt.

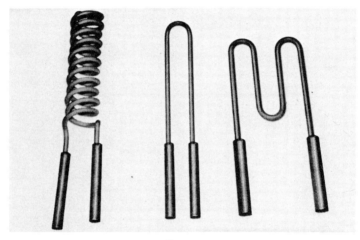

Bild 99i: **CESIWID®-GRAPHIT-Heizelemente**

Bild 99k: stehender Einbau von CESIWID®-GRAPHIT Heizelemente Typ W

4. Der Ofen und die Wärme

Bild 991: CESWID®-Graphit Heizelemente in Wendelform

CESIWID®-GRAPHIT-Heizelemente können unter reduzierenden oder inerten (nicht oxidierenden) Schutzgasatmosphären bis zu Temperaturen von 3000 °C betrieben werden.

Schutzgase

- alle Edelgase
- Stickstoff
- Kohlenmonoxid
- Wasserstoff trocken
- und alle Gemische aus diesen Gasen.

Beim Einsatz im Vakuum sind die zulässigen Elementtemperaturen von der Höhe des Vakuums abhängig. Oberhalb 2200 °C Ofentemperatur ist infolge des zu hohen Kohlenstoff-Dampfdruckes die Verwendung im Vakuum nicht zu empfehlen.

Wegen der relativ geringen Widerstandszunahme im Betrieb ist es möglich, einzelne Elemente aus einer Gruppe, durch neue, ungebrauchte Elemente zu ersetzen. Zweckmäßigerweise sollte aber der gesamte Elementsatz gegen einen neuen ausgetauscht werden, wenn wegen alterungsbedingter Widerstandszunahme die nötige Leistung mit der gegebenen elektrischen Anlage nicht mehr erreicht wird.

Währen des Betriebes ist ein sogenannter „Abbrand" nicht zu vermeiden. Dieser führt durch Querschnittsverringerung zu einer Widerstandserhöhung, die am besten durch eine S p a n n u n g s r e s e r v e von 20 bis 40 %, bezogen auf die Betriebsspannung für neue Elemente, kompensiert wird.

Der Transformator sollte daher über mindestens zwei Stufen verfügen, eine Betriebsstufe für neue GRAPHIT-Elemente und eine sog. Alterungsstufe. Bei schwankenden Belastungen (geringere Energie während eines Einsatzgutes) empfiehlt sich die Verwendung einer Niederlasstufe. Eine Startspannungsstufe ist nicht erforderlich.

Die Transformatoren sollten so ausgelegt werden, daß die Spannungsumschaltung auf der Primärseite erfolgen kann.

Sowohl Parallel- als auch Serienschaltungen sind möglich. Serienschaltungen vermeiden hohe Stromstärken. Es ist aber zweckmäßig, nicht mehr als 6 GRAPHIT-Heizelemente innerhalb einer Gruppe in Serie zu schalten.

Einbauhinweise

GRAPHIT-Heizelemente sollten freistrahlend eingebaut werden. Die Festigkeit des Graphits ermöglicht den Einbau nicht nur senkrecht hängend, sondern bis 2600 $^\circ$C Elementtemperatur auch waagerecht. Wird bei waagerechtem Einbau die Abstrahlung durch Unterstützungsstege oder dergleichen behindert, ist die zulässige Belastung um mindestens 10 % zu senken.

4.2.5. Lichtbogenbeheizung

Bringt man die zwei Leitungsenden eines Gleichstromkreises zusammen, so wird durch den höheren Übergangswiderstand sich die Berührungsstelle stark erhitzen. Werden die Leitungsenden (E l e k t r o d e n) jetzt auseinandergezogen und ist die Spannungsdifferenz zwischen beiden groß genug, so treten aus der negativen Elektrode (K a t h o - d e) Elektronen aus, die sich zur positiven Elektrode (A n o d e) begeben. Es findet Stromdurchgang durch die Luft statt, denn durch die sehr hohe Temperatur wird die Luft ionisiert, d.h. Elektronen werden von den Gasmolekülen abgetrennt, wobei positiv geladene Ionen übrigbleiben. Hierdurch wird die elektrische Leitfähigkeit der Luft sprunghaft gesteigert.

Ein ionisiertes Gas wird P l a s m a genannt. Zwischen den Elektroden befindet sich ein Plasmaschlauch, der den Stromweg bildet und wovon die Oberfläche nach K e g e l proportional der Lichtbogenleistung ist. Die Lichtbogentemperatur hängt vom Ionisationsgrad und von der Art des ionisierten Gases oder Dampfes ab. Die Lichtbogentemperatur kann bei Kohleelektroden mehr als 4000 $^\circ$C erreichen.

Der Lichtbogen ist besonders zum Schmelzen von Metallen, z.B. von Stahl geeignet, weil er eine Wärmequelle mit hoher Energiekonzentration ist. Leistungsdichten von 30 kW/cm^3 sind zu erreichen. Um einen Lichtbogen ingang zu halten, ist eine Mindestspannung notwendig. Zur Elektronenemission ist bei Kohleelektroden an der Kathode ein Spannungsfall von 10 V und an der Anode von 30 V erforderlich. Das ergibt zusammen bereits eine Mindestspannung von 40 V. Sie ist bei Metallelektroden geringer.

Lichtbogen, wie sie in Öfen angewendet werden, haben die Eigenschaft, daß bei steigender Bogenspannung der Bogenstrom zurückgeht. Sie haben eine f a l l e n d e C h a r a k - t e r i s t i k . Der Bogenstrom könnte somit unkontrollierbar große Werte annehmen, und um sie zu stabilisieren, sind induktive Widerstände notwendig. Da die Induktivität der Stromquelle (Transformator) und der Zuleitungen zu klein ist, werden in die Zuleitungen noch D r o s s e l n eingebaut. Je kleiner der Ofen ist, um so größer soll die Drosselleitung im Verhältnis zur Transformatorleistung sein. So ist z.B. für einen Stahlofen für 3 t Einsatz die Drosselleistung 400 kVA, die Trafoleistung 1200 kVA. Diese Zahlen sind für einen Ofen für 25 t Einsatz: 1200 kVA bzw. 9000 kVA. Der Leistungsfaktor cos φ ist im Kurzschlußfall, also wenn eine Elektrode den Ofeneinsatz berührt, niedrig. Übrigens ist sie von der jeweiligen Bogenstromstärke abhängig.

Bild 100 zeigt das Kreisdiagramm mit eingezeichnetem Strom I mit Wirkkomponente $I_W = I \cos \varphi$ und Blindstromkomponente $I_B = I \sin \varphi$. Werden die Stromwerte mit dem Spannungswert U multipliziert, ergeben sich die Scheinleistung P_s, die Wirkleistung P_W und die Blindleistung P_B. In Bild 100 b gilt der Kreisbogen 1 nur für eine Spannung. Der

4. Der Ofen und die Wärme

Tafel 74: Formeln für Lichtbogenöfen (nach Vogel) [ ]

Formel Nr.	Formel		Bezeichnung
1	D	$= 2^{\log \cdot t} \cdot K$	Kesseldurchmesser
2	P_S	$= \sqrt{3}\, UI$	Scheinleistung
3	P_W	$= \sqrt{3}\, UI \cos \varphi$	Wirkleistung
4	P_B	$= \sqrt{3}\, UI \sin \varphi$	Blindleistung
5	$P_{W\,max}$	$= \dfrac{U^2}{2X}$	maximale Wirkleistung
6	$P_{B\,max}$	$= \dfrac{U^2}{X}$	maximale Blindleistung
7	$P_{S\,(0{,}86 \cos \varphi)}$	$= P_{W\,max} = \dfrac{U^2}{2X}$	Betrag der Scheinleistung = Betrag der maximalen Wirkleistung
8	$\dfrac{400 \text{ kWh/t}}{0{,}77 \cdot 0{,}87}$	$= 600 \text{ kVA/t}$	Transformatorgröße
9	U	$= \sqrt{P\, 2X}$	Sekundärspannung
10	I	$= \dfrac{P_S}{\sqrt{3}\, U}$	Sekundärstromstärke
11	$I_{(0{,}86 \cos \varphi)}$	$= \dfrac{U}{2X\sqrt{3}}$	Sekundärstromstärke bei $\cos \varphi = 0{,}86$
12	$I_{(0{,}86 \cos \varphi)}$	$= 96 \cdot U$	Sekundärstromstärke bei $\cos \varphi = 0{,}86$
13	I_{max}	$= 1{,}25 \cdot I_{(0{,}86 \cos \varphi)}$ $= 120 \cdot U$	maximale Sekundärstromstärke
14	„RE"	$= P_{Li} \cdot U_{Li}$	Strahlungsgröße „RE"
15	P_{Li}	$= c\, U^2$	Lichtbogenleistung
16	„RE"	$= c\, U^2$	Strahlungsgröße „RE"
17	„RE"$_{Wand}$	$= c \cdot \dfrac{U^2}{D^2}$	Strahlungsgröße „RE"$_{Wand}$
18	D	$= c_1 \cdot t^{0,3}$	Kesseldurchmesser
19	U, I	$= c_2 \cdot t^{0,5}$	Strom, Spannung
20	„RE"$_W$	$= c_3 \cdot t^{0,9}$	Strahlungsgröße „RE"$_{Wand}$
21	P_S	$= c_4 \cdot t^1$	Scheinleistung
22	„RE"	$= c_5 \cdot t^{1,5}$	Strahlungsgröße „RE"

Zeichenerklärung.

U	Verkettete Spannung in V		P_W	Wirkleistung in W
U_o	Nullpunktspannung in V		P_{Li}	Lichtbogenleistung in W
U_{Li}	Lichtbogenspannung in V		X	Induktiver Widerstand in Ω
I	Strom in A		t	Einsatzgewicht in t
I_W	Wirkstrom in A		„RE"	Strahlungsgröße des Lichtbogens
I_B	Blindstrom in A		„RE"$_W$	an der Ofenwand wirksame Strahlung = Wärmebelastung der Wandzustellung
P_S	Scheinleistung in VA			
P_B	Blindleistung in Var			
			D	Lichter Kesseldurchmesser in m

Ortsvektor der Scheinleistung ist der Parameter für beliebige Punkte auf 1. Er kann auch als Kreisbogen 2 um den Koordinaten-Nullpunkt gezeichnet werden. Dieser Kreisbogen 2 ist dann die Kurve gleicher Scheinleistung P_s für verschiedene Spannungen U [13].

In Tafel 74 sind 22 verschiedene Formeln zusammengetragen. Während mit der Formel (5) als Radius des Kreisbogens die maximal mögliche Wirkleistung $P_{w\,max}$ (Bild 100 b) gefunden wird, ergibt sich mit der Formel (6) die theoretische Kurzschlußblindleistung. Aus (5) gehen die Wichtigkeit und der Einfluß der Reaktanz auf die Anlagedaten hervor. Aus dem geometrischen Zusammenhang in Bild 100 b ergibt sich für einen gewünschten Arbeitspunkt A mit cos φ = 0,866, daß die Scheinleistung des Transformators gleich der maximal möglichen Wirkleistung bei der dazugehörigen Spannung ist. Das ergibt sich aus der Formel (7), die für die Kontrolle von Ofendaten den Zusammenhang zwischen P_s, P_w und U zeigt. Die erforderliche P_s des Transformators für einen bestimmten Ofen ergibt sich aus dem Wärmebedarf für das Einschmelzen des Eisens, der Einschmelzzeit und den gewünschten Leistungsfaktor im Kreisdiagramm.

Rechnet man mit 400 kWh/t Einsatz, cos φ = 0,77 durchschnittlich und einer Einschmelzzeit von 42 min, so ergibt sich aus der Formel (8) 800 kVA/t Transformatorleistung. Für einen Ofen mit 2 h zwischen zwei Abstichen soll der Transformator seine Höchstleistung bei cos φ = 0,866 abgeben. Dann ergibt sich die hierzu notwendige höchste Spannung aus (7) oder (9). Sind Transformatorleistung und Sekundärspannung bestimmt, so ergeben sich bestimmte Sekundärströme, die für verschiedene Arbeitspunkte im Kreisdiagramm Bild 100 b mit (2) und (10) zu berechnen sind. Für Punkt A entsprechend cos φ = 0,866 sind die Stromwerte nach Formel (11) aus Ofenspannung und Reaktanz zu berechnen. Ist die Reaktanz X = 3 mΩ, so ergeben sich Stromgrößen von $I_{0,866}$ = 96 U (Formel 12).

Der Lichtbogen kann durch Strahlung **mittelbar Wärme auf das Wärmgut** (meistens Schmelzgut) **übertragen** (Bild 101). Das Wärmgut oder Schmelzbad kann aber selbst als eine der beiden Elektroden dienen, wobei der Wärmeübergang unmittelbar auf die Schmelze erfolgt. Diese **unmittelbar- oder direktbeheizten Lichtbogenöfen** sind in der Hüttenindustrie sehr gebräuchlich (Bild 102). Sie

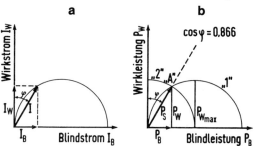

Bild 100: Kreisdiagramme. a = Stromdiagramm, b = Leistungsdiagramm (nach Vogel)

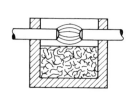

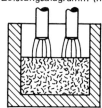

Bild 101: Mittelbare Lichtbogenerwärmung   Bild 102: Unmittelbare Lichtbogenerwärmung

werden mit Wechsel- oder Drehstrom betrieben. Gleichstrom wird angewendet, wenn außerdem die elektrolytische Wirkung für den betreffenden metallurgischen Prozeß Bedingung ist, z.B. bei der Erzeugung von Aluminium.

Außer den indirekt- und den direktbeheizten Lichtbogenöfen werden auch **Lichtbogenöfen mit bedecktem Lichtbogen** gebaut. Hierbei tauchen die Elektroden in das eingesetzte, also nicht geschmolzene, leitfähige Material. Die Beheizung erfolgt hierbei z.T. durch Stromdurchgang durch dieses Material (Widerstandsbeheizung). Zu dieser Ofengattung gehören die Lichtbogen-Reduktionsöfen.

Da der Lichtbogen seinen Anfangspunkt an der Kathode (negativer Pol) hat und dieser bei Wechselstrom jedesmal von der einen Elektrode zur anderen wechselt, sind bei **Wechselstrom** immer zwei Lichtbögen zu unterscheiden. Daß die Lichtbögen im Augenblick, wo der Wechselstrom Null ist, wieder zünden, ist dem Umstand zu verdanken, daß die Elektroden an den Ansatzstellen des Lichtbogens so heiß sind, daß beim Wechsel von Anode durch Null zu Kathode die Elektronenausstoßung in der entgegengesetzten Richtung einsetzt und das Plasma bestehenbleibt.

Selbstverständlich sind Stromstärke und Bogenlänge gleichmäßig zu halten, wozu besondere elektrische und mechanische Einrichtungen notwendig sind.

Um Werkstoffe, die mittels Lichtbogen geschmolzen werden, dem nachteiligen Einfluß der Luft zu entziehen (z.B. Titan, Molybdän, Zirkon) oder um den geschmolzenen Werkstoff zu entgasen (z.B. Stahl), werden **Lichtbogen** angewendet, die im **Vakuum** brennen. Die Elektrode besteht aus einem Stab, der durch Pressen des zu schmelzenden Stoffes erzeugt wird oder vorgeschmolzen und gegossen ist (Stahl). Der Lichtbogen brennt zwischen dieser Elektrode und einem wassergekühlten Kupfertiegel. Die Elektrode schmilzt ab und tropft in den Tiegel. Dieses Verfahren wird auch für größere Öfen angewendet. Ein Lichtbogen zwischen einer Wolframelektrode und einem wassergekühlten Tiegel im Vakuum kann auch zum Schmelzen von Titan benutzt werden.

4.2.6. Induktive Beheizung

Bei dieser Art der elektrischen Wärmeerzeugung werden durch induktive Kopplung Ströme in einem elektrisch leitenden Werkstoff hervorgerufen. Sie entwickeln in dem Werkstoff selbst Wärme infolge des Widerstandes, dem sie auf ihren Bahnen durch den Werkstoff begegnen.

Die induktive Erwärmung läßt sich für eine viel größere Anzahl von Werkstückformen und für sehr verschiedene Technologien (Erwärmen, Härten, Löten, Schweißen, Schmelzen usw.) anwenden. Es sind Maschinen entwickelt worden, mit denen sich solche Arbeiten oft automatisch durchführen lassen. Sie haben unter anderem einen Platz in der Automobilindustrie gefunden. Überhaupt ist das induktive Erwärmen erst wirtschaftlich, wenn größere Stückzahlen von gleicher Form erwärmt werden sollen und eine gute magnetische Kupplung zu erreichen ist.

Im Bild 103 ist eine Spule dargestellt, die von einem Wechselstrom mit der Frequenz f durchflossen wird. In die Spule taucht ein Metallkörper ein, der einen Teil der elektromagnetischen Kraftlinien schneidet. Das magnetische Wechselfeld induziert nun in diesem Metallkörper Wechselströme auf genau dieselbe Weise, wie es auch in der Sekundärwicklung eines Transformators geschieht. Beim Transformator folgt der Sekundärstrom einer vorgeschriebenen Bahn, nämlich den Wicklungen der Sekundärspule; im Metallkörper dagegen folgt der Strom der Projektion der Primärwindungen.

Die von einem pulsierenden magnetischen Feld induzierte Spannung U ist von der zeitlichen Änderung des magnetischen Flusses, also von der Frequenz abhängig und somit auch die Wärmeentwicklung durch die Wirbelströme. Da die Stärke des magnetischen Feldes von der Stromstärke und der Windungszahl (Amp. Windungen) der Spule bestimmt wird, so nimmt die Wärmeentwicklung auch mit steigender Amp. Windungszahl zu. Schließlich ist die Wärmeentwicklung im Metallkörper auch abhängig von der Zahl der Kraftlinien, die tatsächlich diesen Körper durchsetzen. Dies wird durch das Verhältnis des Metallkörpers zum Spulendurchmesser, also durch die sogenannte A n k o p p l u n g , bestimmt. Oft werden die magnetischen Kraftlinien mit Eisenjochen geführt; denn hierdurch wird eine Verringerung des Streuflusses erreicht.

Wie sich die verschiedenen Einflüsse auf die Wärmeentwicklung auswirken, geht aus folgender Formel hervor:

$$Q = C \sqrt{\rho \cdot \mu \cdot f} \cdot H^2 \tag{69}$$

Q = Wärmeentwicklung
ρ = spezifischer Widerstand des Metallkörpers
μ = Permeabilität des Metallkörpers
f = Frequenz
H = Feldstärke
C = Konstante, abhängig von der vorhandenen Ankopplung.

Die Feldstärke hat, wie ersichtlich, einen sehr großen Einfluß auf die Erwärmung.

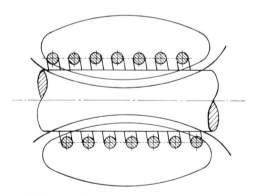

Bild 103: Metallkörper im magnetischen Wechselfeld

Bei der induktiven Erwärmung eines Metallkörpers in einem magnetischen Wechselfeld ist außerdem mit dem S k i n e f f e k t (S t r o m v e r d r ä n g u n g) zu rechnen. Hierdurch fließt der induzierte Strom nur mehr oder weniger durch die oberen Schichten des Metallkörpers. Somit wird auch nur in diesen äußeren Schichten Wärme entwickelt, die aber durch Wärmeleitung und bei Schmelzgut auch durch Konvektion in das Innere

4. Der Ofen und die Wärme

durchdringt. Im Bild 104 ist ein zylindrischer Metallkörper in einer Spule dargestellt. Die induzierte Stromdichte ist an der Oberfläche am größten und nimmt nach Innen exponentiell ab und es ist

$$G = G_o \cdot e^{\frac{x}{\delta}}$$

G_o ist die Stromdichte an der Oberfläche, G die Stromdichte in der Entfernung x von der Oberfläche. δ ist die Eindringtiefe.

Wenn $x = \delta$ ist $G = G_o \cdot \dfrac{1}{e} = 0,37\ G_o$.

Die E i n d r i n g t i e f e δ ist die Entfernung von der Oberfläche, wo die Stromstärke nur noch 37 % des Maximalwertes beträgt. Es läßt sich nachweisen, daß in einer Schicht, die eine Stärke gleich der Eindringtiefe hat und von einem Strom mit der Stärke des Maximalwertes durchflossen wird, die gleiche Wärmemenge entwickelt wird wie in Wirklichkeit.

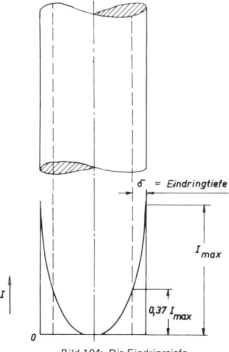

Bild 104: Die Eindringtiefe

4. Der Ofen und die Wärme

Für die Eindringtiefe gilt:

$$\delta = 50{,}3 \sqrt{\frac{\rho}{\mu \cdot f}} \quad [\text{cm}] \tag{70}$$

Die Eindringtiefe nimmt zu mit steigendem spezifischen Widerstand ρ, und da ρ bei steigender Temperatur größer wird, so wird auch die Eindringtiefe bei fortschreitender Erwärmung größer werden. Kupfer und Silber haben eine kleine Eindringtiefe, da ihr spezifischer Widerstand klein ist.

Die Eindringtiefe wird geringer bei höheren Frequenzen. Sie ist für Kupfer z.B. bei f = 50 Hz 9 mm, bei f = 5000 Hz nur noch 0,9 mm, wie aus (70) leicht ersichtlich ist. Bei Eisen hat die Permeabilität μ großen Einfluß auf die Eindringtiefe; μ erreicht Werte von rund 100, wodurch im Vergleich mit einem Metall wie Kupfer (hierfür $\mu = \sim 1$) die Eindringtiefe mit dem Faktor $\frac{1}{\sqrt{100}} = 0{,}1$ kleiner wird. Infolgedessen kann die Eindringtiefe bei magnetischem Eisen kleiner sein als bei Kupfer. Die Permeabilität ist aber nicht konstant, sie hängt sowohl von der Feldstärke als auch von der Temperatur ab. Bei steigender Temperatur nimmt μ ab und erreicht beim C u r i e - P u n k t den Wert Eins. Für Eisen liegt der Curie-Punkt bei rund 760 °C. Bestimmte Legierungsbestandteile können den Curie-Punkt auf Raumtemperatur herunterdrücken. Austenitische, rostfreie Stähle sind deswegen unmagnetisch. Wird Eisen auf eine Temperatur oberhalb des Curie-Punktes erwärmt, also oberhalb 760 °C, so wird die Wärmeentwicklung nach (69) plötzlich geringer, da jetzt μ auf 1 herabsinkt. Nach (70) wird hierbei die Eindringtiefe δ größer, denn die Abnahme von μ hat einen viel größeren Einfluß als die Zunahme von ρ mit der Temperatur. Der Gesamtwiderstand für den Stromdurchgang wird also kleiner, und auch hieraus ergibt sich die geringe Wärmeentwicklung. Bei der E r w ä r m u n g v o n M e t a l l t e i l e n läßt sich feststellen, daß für eine wirtschaftliche Wärmeentwicklung der Durchmesser eines Teiles nicht kleiner als rund 2,5 mal der Eindringtiefe sein darf. Bei einem Durchmesser von 6 bis 10 δ wird ein Maximum der Erwärmung erreicht. Übrigens geht aus der Erkenntnis über die Eindringtiefe und die Stromverdrängung hervor, daß man höhere bzw. hohe Frequenzen anwenden soll, wenn es sich darum handelt, Metallteile nur an der Oberfläche zu erwärmen.

I n d u k t i v e E r w ä r m u n g z u m H ä r t e n , z u m L ö t e n u n d z u m S c h w e i ß e n. Bei diesen Anwendungen soll nur eine verhältnismäßig dünne Schicht des zu härtenden Körpers (Zahnräder, Wellen) erwärmt werden oder die Körper sind dünn (Hartöten von Fahrradrahmen, Schweißen von aus Bändern geformten Rohren) oder sie sind klein (Löten von Uhrenzahnrädern auf Wellen). Die Eindringtiefe δ und die Leistungsdichte sind hierbei maßgebend. Die Erwärmung geschieht so schnell, daß die Beheizungsanlagen in der Fließfertigung aufgenommen werden können. Außerdem wird durch die große Aufheizgeschwindigkeit eine störende Wärmeleitung unterdrückt. Die Werkstücke werden an der zu beheizenden Stelle von einem meist aus einer Windung bestehenden wassergekühlten Leiter umgeben oder der Leiter, der mit dem Heizinduktor verbunden ist, wird dem Werkstück genähert. Dierser Heizinduktor ist mit dem Glühüberträger gekoppelt (Bild 105). Aus (70) geht hervor, daß eine kleine Eindringtiefe eine hohe Frequenz bedingt.

4. Der Ofen und die Wärme

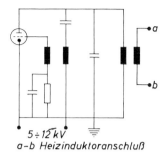

a-b Heizinduktoranschluß

Bild 105: Induktive Erwärmung zum Härten (oder örtliche Erwärmung)

Wird, wie beim induktiven Härten, eine geringe Eindringtiefe gewünscht, so muß mit hoher Frequenz gearbeitet werden. Bild 106 zeigt, welche Mittel zur Erzeugung höherer Frequenzen zur Verfügung stehen.

Die Frequenzvervielfacher oder Frequenzumformer wandeln die Netzfrequenz in eine höhere um, die ein Vielfaches der Netzfrequenz ist. Meistens wird die Netzfrequenz verdreifacht (150 Hz), verfünffacht (250 Hz) oder verneunfacht (450 Hz). Hieraus geht hervor, daß Frequenzumformer für niedrige und mittlere Frequenzen angewendet werden [14]. Ein großer Vorteil ist, daß sie keine beweglichen Teile haben und fast keine Wartung brauchen. Außerdem haben sie einen hohen Wirkungsgrad, der bei größeren Einheiten über 90 % betragen kann. Bild 107 zeigt das Schema eines Frequenzverdreifachers. Er besteht aus drei Transformatoren, die an der Primärseite in Sternschaltung ohne Nulleiter am Netz angeschlossen sind. Da die Eisenkerne hochgesättigt sind, treten neben der Grundschwingung auch Überschwingungen auf. Die Oberschwingungen mit durch drei teilbarer Ordnungszahl können aber nicht im Magnetisierungsstrom auftreten, weil die Ströme der drei Phasen sich nicht ergänzen, sondern infolge der Sternschaltung gleich-

Verfahren	Frequenz [kHz]	Wirkungsgrad [%] (Vollast)	Leistung [kW]
Frequenzvervielfacher (statischer Frequenzumformer)	0,15; 0,25	88–93	bis 1500
Maschinenumformer (rotierender Umformer)	0,3–10	70–80 (85 im 0,5 kHz-Bereich)	bis 2000
Thyristor-Umrichter Schwingkreisumrichter (statischer Umrichter)	0,5 4 (10)	90–97	bis 15 000 (größere Leistungen mögl.)
Hochfrequenzgenerator (Röhrenumformer)	10–3000	60–70	bis 100 (1000)

Bild 106: Mittel zur Erzeugung von Mittel- und Hochfrequenz (nach Decker)

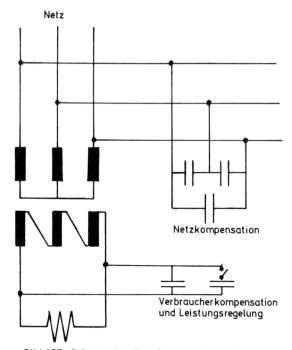

Bild 107: Schema eines Netzfrequenz-Verdreifachers

phasig sind. Diese im Primärstrom fehlenden Oberschwingungen finden sich aber im magnetischen Fluß wieder und hierdurch auch in der induzierten Phasenspannung der drei Sekundärwicklungen. Da diese hintereinandergeschaltet sind, heben sich die Grundwelle und die ungeradzahligen Oberschwingungen auf. Nur die durch drei teilbaren addieren sich, weil ihre Phasenverschiebung in den drei hintereinandergeschalteten Wicklungen Null ist. Da die dritte Oberschwingung am stärksten ist, kann der Sekundärstufe des Verdreifachers ein einphasiger Strom mit dreifacher Frequenz entnommen werden.

Die Maschinenumformer bestehen aus einem Antriebsmotor und einem Mittelfrequenzgenerator. Bei 10 kHz liegt der Wirkungsgrad bei 70 bis 80 %. Ein Maschinenumformer braucht stabile, also teure Fundamente und bringt erhebliche Wartungs- und Betriebskosten mit sich. Die Belastung des Generators setzt einen Verbraucher voraus, der auf einen Leistungsfaktor cos φ = 1 kompensiert ist. Aber bei Anlagen zur induktiven Erwärmung ändert sich der cos φ mit der Temperatur des Wärmgutes. Deswegen wäre eine veränderliche kapazitive Blindleistung erforderlich. Der Wirkungsgrad sinkt bei Teillast ab.

Nach der Entwicklung von Halbleiterelementen für größere Leistung wurden die Thyristor-Frequenzumformer (Bild 108) entwickelt. Sie werden auch Schwingkreisumrichter genannt, denn der Drehstrom wird zuerst zu Gleichstrom umgeformt, der dann über Wechselrichter auf den betreffenden Schwingkreis geschaltet wird. Der Wirkungsgrad liegt bei 90 bis 97 % und geht bei Teillast nur wenig zurück. Da sie keine beweglichen Teile aufweisen und somit auch wenig Wartung brauchen, setzen sie sich zum Nachteil der Maschinenumformer immer mehr durch.

Hochfrequenzgeneratoren arbeiten in den höheren Frequenzbereichen von 10 bis 2000 kHz. Sie werden auch Röhrenumformer genannt, da sie mit Schwingungsröhren arbeiten.

4. Der Ofen und die Wärme

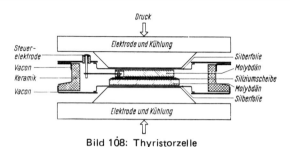

Bild 108: Thyristorzelle

Induktive Erwärmung voller Querschnitte von Stahl- oder sonstigen Metallteilen.

Da die Eindringtiefe bei dieser Anwendung groß sein soll, kann jetzt mit niedrigen Frequenzen gearbeitet werden. Bei der Wahl der Frequenz soll aber die plötzliche Änderung von δ beim Erreichen der Temperatur des Curiepunktes beachtet werden. In Tafel 75 sind die zur wirtschaftlichen Erwärmung von ferromagnetischen Stählen gehörenden Frequenzen und Durchmesser für das Temperaturgebiet bis 800 °C und von 800 bis 1200 °C angegeben.

Dickere Werkstucke können also mit Netzfrequenz auf Schmiedetemperatur gebracht werden. Die Anlagen hierfür sind aber meistens so ausgeführt, daß die Werkstücke zuerst in einer Netzfrequenzheizspule vorgewärmt und dann in einer Mittelfrequenzspule auf die Endtemperatur gebracht werden. Dieses Verfahren hat gegenüber der ausschließlichen Erwärmung bei einer Frequenz den Vorteil eines höhren Wirkungsgrades. Außerdem lassen sich auch Werkstücke mit kleinerem Durchmesser in derartigen Anlagen wirtschaftlich erwärmen.

Statische Frequenzverdreifacher können hier von Vorteil sein.

Bei der Erwärmung von Stahlteilen besteht die Gefahr einer unerwünschten Zunderbildung. Die Leistungsdichte soll deswegen folgenden Grenzwert nicht überschreiten:

$$\sim \frac{300}{d} \; [W/cm^2],$$

wobei d der Werkstückdurchmesser in [cm] ist.

Tafel 75: Die wirtschaftlichen Durchmesser von ferromagnetischen Stählen bei der induktiven Erwärmund und verschiedenen Frequenzen

f in Hz	d in mm	
	0–800 °C	800–1200 °C
50	60–200	150–500
500	30–100	80–280
1000	20– 65	50–180
2000	15– 50	35–120
4000	8– 25	22– 70
8000	5– 18	15– 50

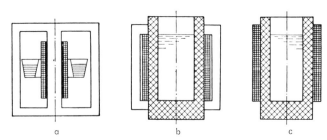

Bild 109: Einteilung der Induktionsschmelzöfen

Die Durchwärmezeit von Stahlbolzen auf eine Grenztemperatur von 1200 °C (Kerntemperatur > 1160 °C) ist in Minuten:

$$\sim \frac{1}{11} d^2$$

Auch bei dieser Anwendung der induktiven Erwärmung kann automatisch gearbeitet werden.

Das induktive Schmelzen von Metallen

Elektrisch leitende Stoffe lassen sich in einem Wechselfeld nicht nur erhitzen, sie können, wenn die Feldstärke genügend groß ist, auch geschmolzen werden. Ist das Arbeitsgut selbst nicht-leitend, so kann es doch geschmolzen werden, wenn der Tiegel aus einem elektrisch leitenden Stoff besteht und induktiv erwärmt wird.

Bild 109 gibt die Einteilung von Induktionsschmelzöfen wieder. Bei dem N e t z f r e q u e n z - R i n n e n s c h m e l z o f e n a) nähert sich der Ofen am meisten der Bauart eines Transformators. Denn um die Spule (Primärspule) ist eine ringförmige Mulde gebildet, die mit flüssigem Metall gefüllt ist und als Sekundärspule betrachtet werden kann. Auch der Kern mit drei Schenkeln und Jochen aus Eisenblech ist dem eines Transformators ähnlich, und hierdurch werden eine gute Führung der Kraftlinien und die Unterdrückung des Streufeldes erreicht. Die Frequenz ist die Netzfrequenz (50 Hertz, in den USA 60 Hertz). Eine praktische Ausführung dieser Ofenart ist in Bild 110 dargestellt; Spule und Kern liegen hierbei waagerecht, die ringförmige Mulde ist nach oben hin als Schmelztiegel erweitert.

Bei dem N e t z f r e q u e n z - T i e g e l s c h m e l z o f e n (Bild 109 b) ist die Spule um einen Tiegel gewickelt und außen von mehreren C-förmigen Eisenblechjochen umgeben (Bild 111). Sie werden auch als Vakuumschmelzöfen gebaut.

Der Mittelfrequenz-Tiegelschmelzofen (Bild 109 c) ist eisenlos. Da die magnetischen Kraftlinien jetzt nicht durch Eisenjoche geführt werden, so muß eine höhere Frequenz angewendet werden, um eine genügend hohe Erwärmung zu erzielen.

Die Tiegelschmelzöfen können als Transformatoren betrachtet werden, wobei die sekundäre Wicklung durch den Teil des Badeinsatzes mit der Stärke δ der Eindringtiefe gebildet wird. Der Wirkstrom I_E strömt dann gleichmäßig durch einen Ring mit der Stärke δ und es wird im Schmelzbad die Leistung N_E in Wärme umgesetzt.

$$N_E = I^2_E \cdot R_E$$

4. Der Ofen und die Wärme   181

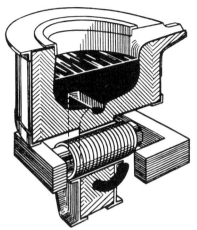

Bild 110: Rinnenschmelzofen

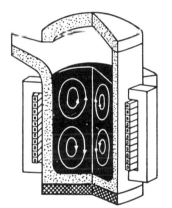

Bild 111: Netzfrequenz-Tiegelschmelzofen

Der Ersatzwiderstand des Badringes ist:

$$R_E = \frac{\rho\,(d-\delta)\,\pi}{h \cdot \delta}$$

ρ = Spez. Widerstand des Badeinsatzes
d = Äußerer Durchmesser des Badeinsatzes
h = Höhe des Badeinsatzes

I_E kann aber nicht direkt gemessen werden. Ist I_P der Strom, der durch die Primärspule fließt, und ist R_K der übertragene Widerstand, so ist:

$$N_E = I_P^2 \cdot R_K = I_E^2 \cdot R_E$$

Bei genügend hoher Frequenz f ist, wenn die Spule genügend lang ist:

$R_K = 4\pi^2 r n^2 l \sqrt{f \cdot \rho \cdot \mu} \cdot 10^{-9}$

n = Windungszahl der Spule je cm
l = Länge des Badeinsatzes [cm]
r = halber Durchmesser [cm]
μ = effektive Permeabilität des Einsatzes
ρ = spez. Widerstand des Einsatzes [cm 10^{-9}]

Also $N_E = 4\pi^2 I_p^2 r n^2 l \sqrt{f \cdot \rho \cdot \mu} \cdot 10^{-9}$ (71)

Dieser Wert wird in Wirklichkeit geringer.
Der elektrische Wirkungsgrad liegt beim Stahlschmelzen zwischen 70 und 80 %, er ist nahezu unabhängig von der Frequenz im Gegensatz zum Leistungsfaktor, der stark frequenzabhängig ist. Bei Netzfrequenzöfen ist cos φ = 0,2 bis 0,25 und bei Mittelfrequenzöfen rund 0,1. Zur Kompensation sind Kondensatorbatterien notwendig. Bei Einphasenbetrieb sind auch Symmetrier-Drosseln notwendig, um eine unsymmetrische Belastung des Versorgungsnetzes zu verhindern (Bild 112). Nichteisenmetalle haben einen kleineren spez. Widerstand als Stahl, und deswegen sind sowohl der elektrische Wirkungsgrad als auch der cos φ schlechter als beim Schmelzen von Stahl. In solchen Fällen ist es manchmal zu empfehlen, den Schmelzvorgang in elektrisch leitenden Tiegeln durchzuführen.

4.2.7. Konduktive Erwärmung

Siehe Abschnitt 8.3.9.1.

4.2.8. Dielektrische Erwärmung

Kein Kondensator ist ganz vollkommen, denn es fließt neben dem Blindstrom auch noch immer ein kleiner Wirkstrom. In der dielektrischen Schicht zwischen zwei Kondensatorplatten treten somit e l e k t r i s c h e V e r l u s t e auf, die zu einer Erwärmung dieser Schicht führen. Hiervon wird Gebrauch gemacht, um n i c h t - l e i t e n d e S t o f f e elektrisch im Innern zu erwärmen. Der Stoff wird z.B. mittels eines Fließbandes zwischen zwei Kondensatorplatten bewegt und ist hierbei als eine dielektrische Schicht zu betrachten. Die Wärmeentwicklung steigt mit dem Quadrat der angelegten Plattenspannung, mit der Frequenz, mit den Dielektrizitätskonstanten und mit dem dielektrischen Verlustwinkel δ.

Für die elektrischen Verluste, also für die Wärmeentwicklung, ist dieser dielektrische Verlustwinkel ausschlaggebend. Es ist:

tg · dielektrischer Verlustwinkel = tg $\delta = \dfrac{I_w}{I_b}$

(I_w = Wirkstrom, I_b = Blindstrom)

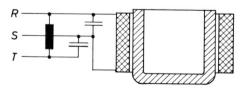

Bild 112: Symetrierung der Belastung beim Einphasenbetrieb

4. Der Ofen und die Wärme

Tafel 76: Dielektrischer Verlustwinkel

Werkstoff	tg δ	Dielektrische Konstante ϵ bei f = 50 Hz
Wasser	2,4	80
Harzleim	0,5	5
Holz feucht	0,4	5
PVC	0,318	5,3

Die im Kondensator in Wärme umgesetzte Leistung ist:

$$N = U^2 \, 2\pi \cdot f \cdot C \cdot \mathrm{tg}\, \delta \; [W] \tag{72}$$

oder Leistung je Volumeneinheit:

$$N_v = 5{,}56 \cdot 10^{-13} \cdot f \cdot E^2 \cdot \epsilon \cdot \mathrm{tg}\, \delta \; [W/cm^3] \tag{73}$$

Hierin ist E in V/cm die im Dielektrikum herrschende Feldstärke. Dieses Dielektrikum ist in vielen Fällen nicht einheitlich, da das Wärmgut meistens durch eine Luftschicht von den Kondensatorplatten getrennt ist.
Aus (71) und (72) geht hervor, daß die Wärmeentwicklung im Wärmgut mit dem Quadrat der Feldstärke proportional zunimmt und proportional mit der Frequenz. Durch diese zwei Faktoren kann die Wärmeentwicklung beeinflußt werden, denn ϵ und tg δ sind Stoffwerte des zu behandelnden Stoffes, und C ist durch die Apparateanordnung festgelegt. Nun ist die Feldstärke durch die Durchbruchfeldstärke begrenzt und die höchst anwendbare Frequenz ist durch die verfügbaren Röhrengeneratoren gegeben. Es werden Frequenzen von 13 bis 100 MHz (Luftwellenlänge von 22 bis 3 m) angewendet. Für die Praxis ist die Kenntnis des Verlustfaktors tg δ des zu behandelnden Stoffes als Funktion der Frequenz f wichtig. Es läßt sich dann feststellen, wann f · C · tg δ einen Höchstwert erreicht. Bei homogenen Erwärmungsgütern ist die Leistungsumsetzung nach (72) in jedem Volumenteil gleich. Da aber an der Gutsoberfläche eine Wärmeabgabe stattfindet, findet man die höchsten Temperaturen im Gutsinnern.
Dielektrische Erwärmung wird z.B. zum Trocknen in der Holz-, Papier- und Kartonindustrie, in Gießereien zum Kerntrocknen und in der Lebensmittelindustrie angewandt. Auch zum Holzverleimen, wobei der Leim durch Polymerisation ausgehärtet wird, findet die dielektrische Erwärmung Anwendung.

4.2.9. Erwärmung durch Mikrowellen

Hat ein Wärmgut einen sehr kleinen Verlustfaktor (tg δ < 0,01), so ist eine rasche Erwärmung, sogar mit der höchsten bei der dielektrischen Erwärmung angewendeten Frequenz von 100 MHz, nicht mehr möglich. Man ist deswegen für bestimmte Heizzwecke zum Mikrowellengebiet (ca. 2400 bis 5000 MHz) übergegangen, wobei die Länge der Wellen in cm gemessen wird. Das Gut wird jetzt nicht mehr im Kondensatorfeld, sondern im Strahlungsfeld eines Dipolsenders erwärmt. Im Gegensatz zur dielektrischen Erwärmung spielt das Eindringmaß der Mikrowellen eine erhebliche Rolle. Eine gute Durchwärmung ist nicht immer möglich, denn die höchsten Temperaturen werden jetzt dicht unter der Oberfläche des Wärmgutes erreicht.

4.2.10. Elektronenstrahlerwärmung

Für das Schmelzen von Metallen wie Tantal, Niob, Molybdän, Wolfram und Legierungen unter Vakuum und auch für das Bedampfen von Stahlbändern mit einer Schicht eines anderen Metalls (z.Z. meistens Aluminium) hat sich in letzter Zeit die Erwärmung mit Elektronenstrahlen eingeführt. Eine oder mehrere Kathoden senden Elektronenstrahlen aus, die mit magnetischen Feldern (magnetische Linsen) gebündelt und gerichtet werden. Zum Schmelzen kann der infrage kommende Stab senkrecht oder waagerecht in die Elektronenstrahlen geführt werden. Oder Metallkörner fallen durch die Strahlen hindurch. Dann schmilzt das Metall und wird in einem geerdeten und wassergekühlten Metalltiegel aufgefangen. Das Ganze ist in einem stark evakuierten Behälter untergebracht (Bild 113).

Die Leistung der Elektronenkanonen hat sich bis auf 1200 kW erhöht. Bild 114 zeigt schematisch eine Hochleistungskanone im Schnitt. Die magnetische Ablenkung dient zur örtlichen und zeitlichen Lenkung des Elektronenstrahles in der Prozeßkammer.

4.2.11. Plasmastrahl als Wärmequelle

Zur Erlangung sehr hoher Temperaturen ist die Plasmatechnik geeignet. Wird ein Gas, z.B. Argon, durch einen Lichtbogen geblasen, so wird es ionisiert, also elektrisch leitend und erreicht eine hohe Temperatur. Dieser Plasmastrahl kann zum Schmelzen von Metallteilen und Nicht-Metallen benutzt werden (Bild 115).

Drei Faktoren bestimmen die Temperatur des Strahles. Sie ist am höchsten, wenn:
1. Die Strahlungsverluste klein sind.
2. Die Wärmeleitfähigkeit des Plasmas groß ist.
3. Die elektrische Leitfähigkeit des Plasmas groß ist.

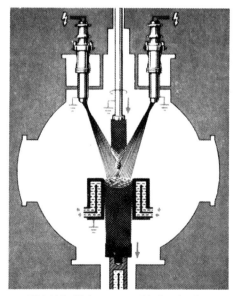

Bild 113: Elektronenstrahlschmelzofen

4. Der Ofen und die Wärme

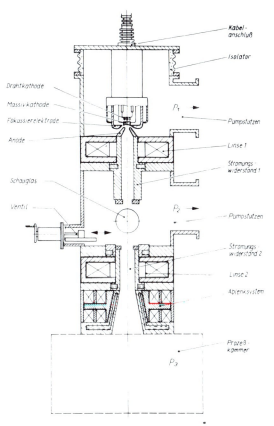

Bild 114: Schematisches Schnittbild einer Hochleistungskanone

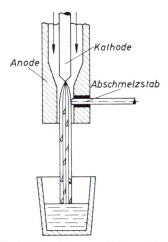

Bild 115: Abschmelzen eines Stabes im Plasmastrahl

Schon bei Ionisationsgraden von einigen Prozent können Temperaturen von 5000 bis 10000° K erreicht werden. Technisch sind Temperaturen von 20000° K durch Plasmabrenner mit induktiver Erwärmung erreichbar.

4.3. WEG DER WÄRME DURCH DEN OFEN UND WÄRMEVERBRAUCH

In brennstoffbeheizten Öfen soll die chemische Energie, nachdem sie in Wärme umgesetzt und den Abgasen aufgebürdet worden ist, durch diese Abgase mittelbar oder unmittelbar an das Wärmgut als Nutzwärme übertragen werden. Dieses wird nur teilweise gelingen, denn auch in dem besten Ofen gibt es Wege, über die ein Teil der Wärme nutzlos nach außen abfließt.

Auch können die Gase im Ofenraum nicht unter die Temperatur des Wärmgutes an der Stelle, wo sie den Ofenraum verlassen, abkühlen. Deswegen werden sie aus dem Ofen mit einer Temperatur austreten, die noch oberhalb der Umgebungstemperatur liegt. Sie besitzen noch einen beträchtlichen Wärmeinhalt, der für das Verfahren verloren ist, es sei denn, daß Wärmerückgewinnung angewandt wird.

4.3.1. Wärmebilanz

Eine Übersicht, wie die Verbrennungswärme des Brennstoffes im Ofen in verschiedene Posten, wovon die N u t z w ä r m e nur einer ist, aufgeteilt wird, gewährt die W ä r - m e b i l a n z.

D e r e r s t e H a u p t s a t z d e r W ä r m e l e h r e dient als Grundlage für die W ä r - m e b i l a n z, denn er besagt, daß die Summe der Energie gleichbleibt, daß also keine verlorengeht.

Die Wärme, welche im Brennstoff vorhanden ist und bei der Verbrennung ganz (vollkommene Verbrennung) oder teilweise (unvollkommene Verbrennung) frei wird, ist die Energie, welche in den Ofen gebracht wird. Sie strömt, getragen durch die Abgase, durch den Ofen; sie ist, wenn diese Gase den Ofen verlassen, noch teilweise vorhanden, vorher aber zum Teil in verschiedene Richtungen (u.a. in das Wärmgut) abgewandert. Die Summe all dieser Wärmemengen ist gleich der Wärmemenge, welche in den Ofen gebracht wurde.

Bild 116 gibt den einfachsten Fall wieder, mit dem man es aber in der Ofenpraxis oft zu tun hat. In einer Brennereinrichtung wird durch vollkommene Verbrennung die Wärmemenge H_b freigemacht und in den Abgasstrom aufgenommen. Von diesem Gasstrom kann ein Teil, z.B. durch eine nicht ganz verschlossene Ofentür oder durch Schaulöcher, nach außen gehen („A u s f l a m m e n") und die Wärmemenge H_o hierbei abführen. Eine weitere Wärmemenge Q_s kann durch eine teilweise offenstehende Ofentür in die Umgebung abgestrahlt werden. Auch durch andere Öffnungen kann Wärme von dem Ofenraum aus

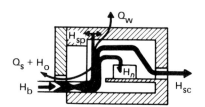

Bild 116: Wärmeflußdiagramm eines Industrieofens

nach außen hin gestrahlt werden. Aus dem Ofenraum geht die Wärme auf die Wände über und wird hierin als **S p e i c h e r w ä r m e** H_{sp} aufgenommen. Ein Teil dieser Wärme wandert hindurch und geht als **W a n d v e r l u s t** Q_w an die Umgebung verloren. Nur ein Teil des Wärmeinhaltes der Gase geht als **N u t z w ä r m e** H_n auf das Wärmgut im Ofen über. Schließlich verläßt der Abgasstrom den Ofen und führt dann die Wärmemenge H_{sc} als **A b g a s v e r l u s t (S c h o r n s t e i n v e r l u s t)** mit fort.
Die Wärmebilanz sieht dann wie folgt aus:

$$H_b = H_o + Q_s + H_{sp} + Q_w + H_n + H_{sc} \tag{74}$$

In einigen Fällen kann es noch andere Gäste am Wärmetisch geben. So kommt es vor, daß Ofenteile mit Wasser gekühlt werden müssen, und die Wärme, die hierdurch abgeführt wird, soll natürlich auch auf der Debetseite der Ofenbilanz aufgeführt werden. Auch der Wärmeinhalt heißer Schlacken, die abgeführt werden, bilden ein Verlustposten (Wärmekapazität 1,05 kJ/kg K).
Weiter kann den Abgasen Wärme entzogen werden für die Beheizung von ,,Transport- oder Verpackungsmitteln" des Wärmgutes im Ofen. Diese Wärmemengen sind gleichfalls als Verluste zu betrachten.
Andererseits ist es möglich, daß bei der Beheizung des Wärmegutes im Ofen Wärme frei wird. Dies ist z.B. der Fall, wenn Stahl im Ofenraum oxydiert, wobei für jedes kg verbrannten Stahls 5660 kJ frei werden. Diese Wärmemengen hat man auf der linken, der Kreditseite der Ofenbilanz, aufzuführen. Natürlich hat man Maßnahmen zu treffen, um diese so klein wie nur möglich zu halten, denn Stahl ist teurer Brennstoff!
In vielen Fällen wird es möglich und sogar notwendig sein, den Abgasen nach Verlassen des Ofens noch Wärme zu entreißen. Hierzu kann man diese Abgase durch einen **A b - h i t z e k e s s e l** schicken, um Warmwasser oder Dampf zu erzeugen. Besser ist es für den Ofenbetrieb, einen **R e k u p e r a t o r o d e r R e g e n e r a t o r z u r V o r - w ä r m u n g** der Verbrennungsluft und (oder) des Brennstoffes anzuwenden. Im Bild 117 ist die Verbindung eines Ofens mit einem Rekuperator dargestellt. Ofen und Rekuperator sollen als zwei verschiedene Apparate betrachtet werden. Es soll die Wärmemenge H_r, die im Rekuperator an die Verbrennungsluft übertragen worden ist, der Verbrennungswärme H_b hinzugezählt werden. Als Abgasverlust wird wiederum mit dem Wärmeinhalt der Abgase H_{sc} beim Verlassen des **O f e n s** gerechnet werden. Die Wärmebilanz sieht in diesem Fall also wie folgt aus:

$$H_b + H_r = H_o + Q_s + H_{sp} + Q_w + H_n + H_{sc} \tag{75}$$

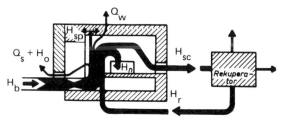

Bild 117: Wärmeflußdiagramm eines Industrieofens mit Rekuperator

Die Wärmemenge, die durch Konvektion an die inneren Ofenwände übertragen wird, ist im allgemeinen nicht groß, da die Abgase den Ofenraum meist durch e i n e Öffnung verlassen. Der konvektive Anteil wird bedeutend größer, wenn die Abgase durch Poren oder durch gleichmäßig verteilte Öffnungen entweichen. Damit steigt die Temperatur t_b und damit auch die Wärmeübertragung auf das Wärmgut. Durch Ausnutzung dieser inneren Rekuperation wird auch der Aufheizvorgang beschleunigt, d.h. verkürzt gegenüber einem Ofen mit massiven Wänden.

Die Wärmebilanz in dieser Weise aufzustellen ist vorteilhaft, weil damit der Einfluß des Rekuperators auf den Ofen sofort zu übersehen ist, und zwar auch in dem Falle, daß nur ein Teil der Abgase durch den Rekuperator geführt wird oder die Abgase vor Eintritt in den Rekuperator mit Kaltluft vermischt werden.

Ein Vergleich der Formel (73) mit (74) zeigt, daß bei zwei genau gleichen Öfen, die unter gleichen Bedingungen betrieben werden, der Brennstoffverbrauch für dieselbe Nutzwärme H_n geringer wird, wenn man einen Rekuperator in den Abgasstrom nachschaltet.

Bei der Aufstellung der Wärmebilanz soll man darauf achten, daß die Wärmemengen genau eingesetzt werden. Wenn nämlich H_b für Verbrennungswärme, die bei der Verbrennung von dem je S t u n d e verbrannten Brennstoff frei wird, gesetzt wird, so sind auch die übrigen Wärmemengen je S t u n d e einzusetzen.

Ist die Temperatur der Abgase, die den Ofen durch andere Öffnungen oder Undichtigkeiten als die hierzu vorgesehene Abgasöffnung verlassen, g l e i c h d e r T e m p e r á t u r der Abgase, die nach dem Schornstein oder dem Rekuperator strömen, so braucht man die Wärmemenge H_o nicht zu bestimmen. Denn es ist für die Wirkung des Ofens gleichgültig, ob die Abgase gleicher Temperatur d u r c h e i n e o d e r h u n d e r t Ö f f n u n g e n a b g e f ü h r t w e r d e n . Es ist dann $H_o = 0$, und H_{cs} ist der Wärmeinhalt des Abgasvolumens, das in der Stunde aus dem Brennstoff entsteht, bei der Temperatur, mit der dieses Abgas den Ofen verläßt.

I s t d i e T e m p e r a t u r , mit der Abgase durch „falsche" Öffnungen nach außen strömen, h ö h e r als die der Abgase, welche durch die Abgasöffnung den Ofen verlassen, so wären diese Abgase imstande gewesen, im Ofenraum noch Wärme abzugeben, und es ist notwendig, mit dem Ausflammverlust H_o zu rechnen. Dieser wird auftreten, wenn die Abgase in der Nähe einer schlechtschließenden Ofentür entstehen (Brenner in der Nähe dieser Tür) und deswegen, ohne Gelegenheit gehabt zu haben, ihren Wärmeinhalt im Ofenraum in genügendem Umfange abzugeben, nach außen ziehen. Die Berechnung wird in 5.2.3. behandelt.

4.3.2. Feuerungstechnischer Wirkungsgrad

D e r z w e i t e H a u p t s a t z d e r W ä r m e l e h r e dient als Grundlage für die Bestimmung des feuerungstechnischen und des Ofenwirkungsgrades; denn er besagt, daß Wärme nur von einem Körper mit höherer Temperatur auf einen Körper mit niedrigerer Temperatur übergehen kann, und daß Wärme bei hoher Temperatur wertvoller ist als Wärme bei niedriger Temperatur.

D e r f e u e r u n g s t e c h n i s c h e W i r k u n g s g r a d wird um so höher sein, je höher die Temperatur der Abgase im Augenblick ihres Entstehens, und je niedriger ihre Temperatur in dem Augenblick ist, wo sie für das Ofenverfahren ausscheiden. Der feue-

4. Der Ofen und die Wärme

rungstechnische Wirkungsgrad η_{th} gibt an, welcher Teil der zugeführten Wärme H_b im Ofen abgegeben wird. Im Ofen wird als Wärme für nützliche und unnütze Zwecke abgegeben:

$H_n + Q_s + H_{sp} + Q_w$ oder auch:

Für den Fall von Bild 116

$H_b - H_{sc} - H_o$ und somit ist:

$$\eta_{th} = \frac{H_b - H_{sc} - H_o}{H_b} \qquad (76)$$

Gewöhnlicher Ofen

Für den Fall von Bild 117 wird im Ofen abgegeben:

$H_b + H_r - H_{sc} - H_o$ und somit ist:

$$\eta_{th} = \frac{H_b + H_r - H_{sc} - H_o}{H_b} \qquad (77)$$

Ofen mit Rekuperator

Die Berechnung von η_{th} ist am einfachsten, wenn für die Wärmemengen in obigen Formeln der Wärmeinhalt von 1 m³ Abgas angenommen wird und für H_r der Wärmeinhalt der zugeführten, vorgewärmten Verbrennungsluft, umgerechnet auf 1 m³ Abgas (v_r).

Statt H_b nimmt man also h_1, den Wärmeinhalt von 1 m³ Abgas, der auf die Verbrennungswärme des Brennstoffes zurückzuführen ist, also $\dfrac{H_u}{v_r} = h_1$

Statt H_r nimmt man h_r wobei h_r der Wärmeinhalt der Menge vorgewärmter Luft v_a ist, die beim Entstehen von 1 Nm³ Abgas zugeführt wurde.

Es ist $v_a = \dfrac{n \, v_{at}}{v_r}$. Man hat bei der Berechnung von η_{th} immer die für den betreffenden Ofen auftretende Luftzahlen zu beachten.

In dem Falle, wo ein Teil x der ganzen Abgasmenge durch Türöffnungen, Zünd- und Schaulöcher u. dgl. verschwindet, hat man statt H_o x h_o einzusetzen, wobei h_o der Wärmeinhalt von 1 Nm³ Abgas ist, bei der Temperatur, mit der das Abgas durch die genannten Öffnungen abzieht. Dann hat man statt Q_{sc} den Wärmeinhalt von 1 − x [m³] Abgas einzusetzen bei der Temperatur, bei der die Abgase durch die Abgasöffnung wegströmen, also $(1 - x) \, i_2$.

Aus den Bildern 119 und 120, Tafel 77 ist für den einfachsten Fall (Formel 76) und $Q_o = o$ η_{th} zu entnehmen.
Im allgemeinen erhält man folgende Formeln für η_{th}, wobei:

h_1 = Enthalpie der Verbrennungsgase (kalorimetrische Temperatur)
h_2 = Enthalpie des Schornsteingases
h_o = Enthalpie der ausflammenden Gase
h_r = Enthalpie der vorgewärmten Verbrennungsluft.

(Alles bezogen auf 1 m³ Abgas der Verbrennung) (V_n)

Gewöhnlicher Ofen, bei dem Abgase auch durch Türöffnungen u. dgl. austreten:

$$\eta_{th} = 1 - \frac{(1-x) h_2}{h_1} - \frac{x h_o}{h_1} \qquad h_1 = \frac{H_u}{v_r} \tag{78}$$

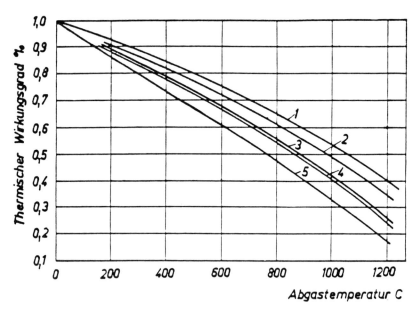

Bild 119: Feuerungstechnischer Wirkungsgrad nach Formel (76) und für $H_o = O$
1 = Ferngas, Stadtgas, heißes Generatorgas n = 1,1
2 = Öl n = 1,4
3 = Kaltes Generatorgas n = 1,2
4 = Steinkohle n = 1,6
5 = Braunkohlenbriketts

Dynamit Nobel
CHEMIE

Erfahrung aus erster Hand:
Unser Programm für den Industrieofenbau.

DYNACAST®
BIKORIT®
DYNAMULLIT® 01
DYNAZIRKON® C
DYNACAL®
DYNASPINELL®
REDURIT®
DYNAMAG®

Wir sind der erfahrene Hersteller schmelzgegossener DYNACAST-Steine sowie synthetischer, hochfeuerfester Rohstoffe und Massen für Industrieöfen.
Unsere Produkte bieten hervorragende Heißeigenschaften, z.B. im Druckfließen und Druckerweichen.

DYNACAST®
Schmelzgegossene Steine auf Mullit- oder Korundbasis. Für Wärmeöfen, z.B. Stoß-, Tief-, Schmiedeöfen.

BIKORIT®
Edelkorund, weiß. Für hochtonerdehaltige, hochfeuerfeste Formteile und Massen. Schlackenrohstoff für ESU-Verfahren. Keramischer Formstoff für hochlegierten Stahlguß und spezielle Gießverfahren, z.B. Genauguß, Trennmittel für Glühprozesse.

DYNAMULLIT® 01
Schmelzmullit, reinweiß. Keramischer Formstoff für spezielle Gießverfahren, z.B. Fein- und Genauguß. Für hochfeuerfeste Formteile und Massen.

DYNAZIRKON® C
Zirkonoxid, CaO vollstabilisiert. Für hochtemperaturfeste und schlackenresistente Formteile, z.B. Stranggießdüsen. Zur Auskleidung von Schmelzöfen für aggressive, hochlegierte Stähle bei hohen Temperaturen.

DYNACAL®
Kristallkalk (Schmelzkalk) für höchstbasische Ofenzustellungen. Zum Erschmelzen reinster Edelstähle mit sehr geringem Schwefel-, Phosphor- und Sauerstoffgehalt. Schlackenrohstoff für ESU-Verfahren, Schweißpulver und Schweißelektrodenmassen.

DYNASPINELL®
Elektrisch erschmolzener Aluminium-Magnesium-Spinell für hochbasische Formteile und Massen.

REDURIT®
Hochfeuerfester Grundstoff für die Herstellung hochtonerdehaltiger Stampfmassen und Formsteine zur Auskleidung von Hochtemperaturöfen und Gießpfannen.

DYNAMAG®
Hochfeuerfester Rohstoff für die Herstellung basischer Massen und Formsteine sowie von Schmelztiegeln.

® = eingetragenes Warenzeichen

Sie wünschen weitere, detaillierte Informationen? Bitte schreiben Sie uns. Oder rufen Sie einfach an. Wir beraten Sie ausführlich.

Dynamit Nobel
Aktiengesellschaft
GB Industriechemikalien – ES
D-5210 Troisdorf
Tel.: 02241/85-0
Telex: 889660-35

Dynamit Nobel
CHEMIE

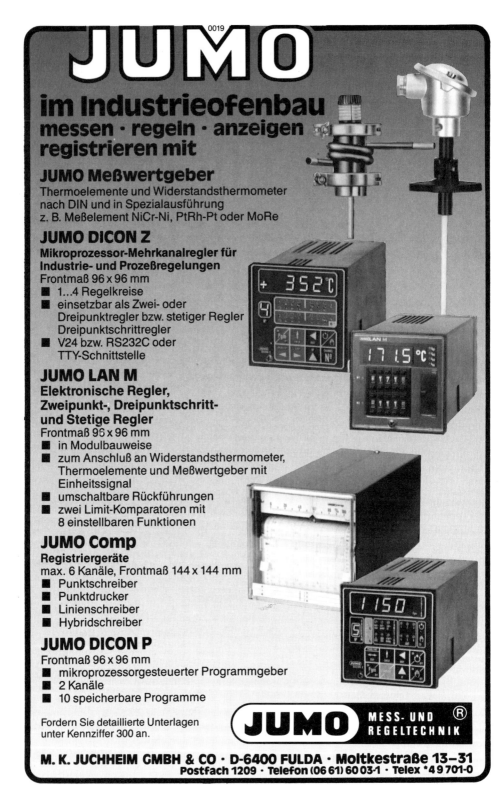

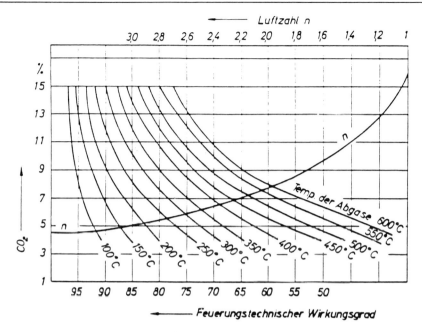

Bild 120: Feuerungstechnischer Wirkungsgrad nach Formel (76) und für $H_o = 0$, Brennstoff Öl

Tafel 77: η_f des Erdgases, Feld Slochteren (nach Škunca)

CO_2 in %	11,7	11,4	10,8	10,2	9,7	9,3	8,9
Luftzahl	1,00	1,05	1,10	1,15	1,20	1,25	1,30
t_a = 100	95,9	95,8	95,6	95,4	95,3	95,1	94,9
200	91,8	91,5	91,1	90,8	90,4	90,1	89,7
300	87,6	87,1	86,6	86,0	85,5	85,0	84,5
400	83,2	82,5	81,8	81,1	80,4	79,7	79,0
500	78,8	77,9	77,0	76,1	75,2	74,4	73,4
600	74,2	73,2	72,1	71,0	69,9	68,9	67,7
700	69,5	68,2	67,0	65,8	64,4	63,2	61,9
800	64,8	63,3	61,8	60,3	58,9	57,4	56,0
900	59,9	58,2	56,5	54,9	53,2	51,6	49,9
1000	55,0	53,1	51,2	49,3	47,4	45,6	43,7
1100	49,9	47,8	45,7	43,6	41,5	39,5	37,4
1200	44,8	42,5	40,1	38,0	35,7	33,4	31,2
1300	39,7	37,2	34,6	32,3	29,7	27,3	24,8
1400	34,4	31,6	29,0	26,3	23,5	20,5	18,2
1500	29,2	26,2	23,3	20,4	17,4	14,5	11,6

Ist die Temperatur der Abgase, die durch Türöffnungen usw. fortgehen, die gleiche wie die der Abgase, die durch die Abgasöffnung abziehen, oder gehen alle Abgase durch die Abgasöffnung, so wird:

$$\eta_{th} = 1 - \frac{h_2}{h_1} = 1 - \frac{h_2 v_r}{H_u} \tag{79}$$

Ofen mit Rekuperator:

$$\eta_{th} = 1 + \frac{h_r}{h_1} - \frac{(1-x) h_2}{h_1} - \frac{x h_o}{h_1} \tag{80}$$

Ist hierbei die Temperatur der Abgase, die durch Tür- und andere Öffnungen verschwinden, dieselbe wie die der Abgase, die durch die Abgasöffnung abziehen, oder gehen nur durch letztgenannte Öffnung die Abgase weg, so ist:

$$\eta_{th} = 1 + \frac{h_r}{h_1} - \frac{h_2}{h_1} \tag{81}$$

Ofen mit innerer Rekuperation

Schließlich gibt es den Fall, daß die ganze Abgasmenge nur durch gasdurchlässige Wände abzieht, es sind also x = O und:

$$\eta_{th} = 1 - \frac{h''_2}{h_1} \tag{82}$$

h''_2 = Enthalpie des Abgases bei der Temperatur, bei der es nach Durchströmen der gasdurchlässigen Wand den Ofen verläßt.

Bei der Berechnung von η_{th} muß immer die Luftzahl n beachtet werden. Außerdem ist, wenn Brennstoff und Luft vor der Verbrennung die Umgebungstemperatur t_1 haben, für die Abgastemperatur zur Berechnung von η_{th} $t_a - t_1$ einzusetzen.

Diese Möglichkeiten sind darum so ausführlich betrachtet worden, weil noch manchmal nur mit dem Begriff S c h o r n s t e i n v e r l u s t (die Wärmemenge H_{sc}) gerechnet wird, wobei vorausgesetzt wird, daß die g a n z e Abgasmenge mit gleichmäßiger Temperatur durch die vorgesehene Abgasöffnung den Ofen verläßt. E s w i r d j e t z t k l a r s e i n , d a ß d i e A b g a s e e i n e n O f e n ü b e r v i e l e r l e i W e g e u n d m i t r e c h t v e r s c h i e d e n e r T e m p e r a t u r v e r l a s s e n k ö n n e n , d a ß d i e s e r U m s t a n d v o n g r ö ß t e m E i n f l u ß a u f d e n t h e r m i s c h e n W i r k u n g s g r a d i s t u n d M ö g l i c h k e i t e n f ü r V e r b e s s e r u n g e n l i e f e r t .

Sehr wichtig sind die h-t-Diagramme, weil man aus ihnen für jede Temperatur ablesen kann, wie groß der Wärmeinhalt der Abgase ist, das heißt wieviel Wärme sie über dem Niveau t = 0 °C enthalten.

4. Der Ofen und die Wärme

Bei Industrieöfen, worin Stahl einer Wärmebehandlung unterzogen wird und teilweise verbrennen (zundern) kann, hat man damit zu rechnen (Heiligenstaedt), daß je kg Zunder $0{,}227 \cdot 4{,}76 = 1{,}08$ m^3 Luft verbraucht und 5660 kJ/kg verbrannten Stahles entstehen. Bei Verbrennungsrechnungen und bei der Kontrolle der Abgase ist hiermit gegebenenfalls zu rechnen.

Aus den h-t-Diagrammen (Bilder 73, 74, 75 und 76) ist ersichtlich, daß die Verbrennungstemperaturen bei gleicher Luftzahl n für die verschiedenen Brennstoffe stark voneinander abweichen. Daraus folgt, daß auch der feuerungstechnische Wirkungsgrad recht verschieden ist, selbst wenn die übrigen Umstände bei der Verbrennung gleich sind. Dies ist wichtig für den Vergleich der Brennstoffkosten, die beim Verbrauch verschiedener Brennstoffe in demselben Ofentyp und für denselben Zweck entstehen. Häufig wird nämlich der Fehler begangen, daß man die Energiepreise und die Heizwerte H_u ohne weiteres miteinander vergleicht. D a ß   d i e s   n i c h t   z u l ä s s i g   ist, wird folgendes Beispiel klarmachen. Auf den Vergleich von Brennstoffen für Industrieöfen nach wärmetechnischer Bewertung wird in 4.3.7. näher eingegangen.

Beispiel:
Koksofengas mit $H_u = 16{,}7$ MJ/m^3 und Generatorgas mit $H_u = 5{,}41$ MJ/m^3 sollen miteinander verglichen werden beim Gebrauch bei n = 1 in einem Ofen mit der Temperatur 1000 °C.

Würde man nur mit den Heizwerten rechnen, so würde 1 m^3 Koksofengas mit 3,16 m^3 Generatorgas übereinstimmen. Das ist aber   n i c h t   richtig, wie aus folgendem hervorgeht: Aus Bild 76 finden wir für Koksofengas die Verbrennungstemperatur 2000 °C für $H_u = 16{,}7$ MJ/m$^3 = h_1$. Der Wärmeinhalt für 1000 °C und für n = 1 ist $h_2 = 7{,}33$ MJ/m^3 Koksofengas.
Abgegeben im Ofen werden also $16{,}7 - 7{,}33 = 9{,}37$ MJ/m^3 Koksofengas. Der feuerungstechnische Wirkungsgrad ist $\eta'_{th} = 1 - \dfrac{7{,}33}{16{,}5} = 0{,}57$. Für Generatorgas finden wir mit Hilfe von Bild 75 $H_u = h_1 = 5{,}41$ MJ/m^3 und eine Verbrennungstemperatur von 1625 °C. Bei 1000 °C ist $h_2 = 3{,}11$ MJ/m^3 Generatorgas.
Somit werden im Ofen abgegeben $5{,}41 - 3{,}11 = 2{,}3$ MJ/m^3 Generatorgas.

Der feuerungstechnische Wirkungsgrad ist $\eta''_{th} = 1 - \dfrac{3{,}11}{5{,}41} = 0{,}425$

Man braucht also in dem betrachteten Fall $\dfrac{9{,}37}{2{,}3} = 4{,}25$ m^3 Generatorgas, um 1 m^3 Koksofengas zu ersetzen.

Der feuerungstechnische Wirkungsgrad ist bei Koksofengas bedeutend höher als bei Generatorgas.

Um den feuerungstechnischen Wirkungsgrad für einen bestimmten Brennstoff und eine bestimmte Luftüberschußzahl beim Entwerfen von Öfen zu berechnen, können die h-t-Diagramme angewendet werden.

Beispiel:
Ein Ofen werde mit Öl beheizt, wobei die Luftzahl n = 1,4 ist, die Verbrennungsluft wer-

de auf 300 °C vorgewärmt. Die Abgase verlassen den Ofen mit einer Temperatur von 1000 °C. Die Ofentür und die sonstigen Öffnungen seien gut verschlossen.

So ist (81) anzuwenden:

$$\eta_{th} = 1 + \frac{h_r}{h_1} - \frac{h_2}{h_1}$$

Für das Öl sei v_{at} = 10 m³/kg und v_{rt} = 11 m³/kg.

Die wirkliche Abgasmenge aus 1 kg Öl ist:

Formel 34 $v_r = v_{rt} + (n - 1) v_{at}$ = 11 + (1,4 − 1,0) 10 = 15 m³/kg.

Aus Bild 74 geht hervor:

Für n = 1,4 ist h_1 = 40,9 MJ/kg, somit ist $h_1 = \dfrac{40,9}{15}$ = 2,73 MJ/m³ Abgas

Für n = 1,4 ist h_2 = 23,9 MJ/kg, somit ist $h_2 = \dfrac{23,9}{15}$ = 1,59 MJ/m³ Abgas

Für n = 1,4 ist h_r = 5,59 MJ/kg, somit ist $h_r = \dfrac{8,95}{15}$ = 0,396 MJ/m³ Abgas

$$\eta_{th} = 1 + \frac{0,396}{2,73} - \frac{1,59}{2,73} = 0,562$$

In der Praxis kommt es vielfach vor, daß die Berechnung von η_{th} durch den Zutritt von F a l s c h l u f t (7.1.) in den Ofenraum unrichtig wird. Diese Kaltluft, die unter Einfluß eines vorhandenen Unterdruckes aus der Umgebung in den Ofenraum eindringt, verdünnt die Abgase und senkt ihre Temperatur. Hierdurch ist die Abgasmenge, die den Ofen verläßt, größer als sie sich aus der Verbrennungsrechnung ergeben würde. Weiß man nicht, daß der Ofen so betrieben wird, daß Falschluft in den Ofenraum eindringt, so berechnet man η_{th} zu hoch, und man macht sich ein zu günstiges Bild vom Wärmeverbrauch. Man setzt ja dabei voraus, daß sich nur das bei der Verbrennung entstandene Abgas beim Verlassen des Ofens wiederfindet. Indessen geht in Wirklichkeit durch die Zumischung von Falschluft mehr Gas aus dem Ofen hinaus, und zwar mit der durch das Verfahren bedingten Temperatur. Damit verliert man dann auch eine größere Wärmemenge. Die Berechnung des thermischen Wirkungsgrades zur Nachprüfung des Ofenbetriebes soll deswegen nicht allein auf Grund der gemessenen Abgastemperatur im Abgaskanal durchgeführt werden. Nein, man soll vielmehr den CO_2-Gehalt der Abgase gleich bei ihrem Entstehen, also am Ende des Verbrennungsweges, und weiter beim Verlassen des Ofens bestimmen. Sind diese durch Zumischung von Falschluft verdünnt, so ist der CO_2-Gehalt niedriger geworden. Man kann auf Grund der gefundenen Zahlen Volumen und Wärmeinhalt der abziehenden Gase im Vergleich zur ursprünglichen Abgasmenge und deren Wärmeinhalt bestimmen (Beispiel unten). Mit diesem Wert von H_{sc} hat man dann die Berechnung von η_{th} durchzuführen.

4. Der Ofen und die Wärme

Wie groß der Einfluß der F a l s c h l u f t auf den feuerungstechnischen Wirkungsgrad ist, geht aus folgendem Beispiel hervor:

Beispiel:

An einem gasbeheizten Ofen, bei dem der Verbrennungsraum unterhalb der Herdplatte angebracht war und die Abgase von hier aus in den Ofenraum hineinströmten, wurde die Abgaszusammensetzung sowohl am Ende des Verbrennungsraumes als auch vor der Abgasöffnung bestimmt.

Da im Ofenraum Unterdruck herrschte, strömte Falschluft in diesen Raum hinein. Wie groß ist der feuerungstechnische Wirkungsgrad dieses Ofens? Wie groß würde dieser sein, wenn keine Falschluft in den Ofenraum hineinströmte.

Es ist bekannt:

H_u des Brenngases 15,19 MJ/m³ (V_n)

Aus der Brenngaszusammensetzung ist berechnet, daß der CO_2-Gehalt der Abgase bei luftsatter Verbrennung C_t = 14,4 % ist, daß v_{at} = 3,39 m³ Luft/m³ Brenngas zugeführt werden sollen, und daß hierbei entstehen: v_{rt} = 4,06 m³ Abgas/m³ Brenngas oder $v_{rt \cdot tr}$ = 3,28 m³ trockene Abgase/Nm³ Brenngas.

Der CO_2-Gehalt der trockenen Ofengase im Verbrennungsraum war C'_1 = 12,2 %, und der CO_2-Gehalt der trockenen Abgase im Ofenraum war C''_1 = 7,8 %. Die Abgastemperatur beim Verlassen des Ofens war 811 °C. Aus der Abgasanalyse ist berechnet, daß die mittlere spez. Wärme 1,5 kJ/m³ beträgt bei 12,2 % CO_2 und 1,47 kJ/m³ bei 7,8 % CO_2.

Nach (35) findet man als Luftüberschußzahl für die Abgase, die durch die Abgasöffnung austreten:

$$n_1 = 1 + \left(\frac{14,4}{7,8} - 1\right) \frac{3,28}{3,39} = 1,82$$

Aus 1 m³ Brenngas entstehen:

4,06 + 0,82 · 3,39 = 6,82 m³ Abgase, und diese haben einen Wärmeinhalt:

$$h_1 = \frac{15,19}{6,82} = 2,22 \text{ MJ/m}^3$$

Wenn diese Abgase den Ofenraum verlassen, ist ihr Wärmeinhalt noch:

$$h_2 = 811 \cdot 1,47 = 1,19 \text{ MJ/m}^3$$

Nach (30) findet man als feuerungstechnischen Wirkungsgrad:

$$\eta'_{th} = 1 - \frac{1,19}{2,22} = 0,463$$

Wird der Zufluß von Falschluft zum Ofenraum unterbunden, so wäre der CO_2-Gehalt der Abgase beim Austritt aus dem Ofen $C''_1 = C'_1$ = 12,2 %.

Die Luftzahl wäre dann:

$$n_2 = 1 + \left(\frac{14,4}{12,2} - 1\right) \frac{3,28}{3,39} = 1,174$$

Aus 1 Nm³ Brenngas würden entstehen:

4,06 + 0,174 · 3,39 = 4,65 m³ Abgase, und hiervon wäre der Wärmeinhalt:

$$h_1 = \frac{15,19}{4,65} = 3,42 \text{ MJ/m}^3$$

Die Abgase hätten einen Wärmeinhalt von:

$$h_2 = 811 \cdot 1,5 = 1,22 \text{ MJ/m}^3$$

Jetzt würde der feuerungstechnische Wirkungsgrad:

$$\eta''_{th} = 1 - \frac{1,22}{3,42} = 0,627, \text{ also bedeutend höher als vorher.}$$

Der feuerungstechnische Wirkungsgrad ist in den übersichtlichsten Fällen [Formel (79) und Formel (81)] vom Wärmeinhalt der Abgase beim Eintritt in den Ofen und bei dessen Verlassen abhängig. Er ist hoch, wenn die Temperatur der Abgase beim Eintritt in den Ofen hoch und beim Verlassen des Ofens niedrig ist. Die h ö c h s t e T e m p e r a t u r soll man auch bei Industrieöfen vollauf ausnutzen. Deswegen wird die Verbrennung mit der theoretischen Luftmenge oder allenfalls mit der niedrigst möglichen Luftüberschußzahl durchgeführt. Wenn der Preis des Ofens es erlaubt, soll man durch eine Rekuperator- oder Regeneratoranlage die Verbrennungsluft und, wenn die Art des Brennstoffes es gestattet, auch den Brennstoff vorwärmen.

Als niedrigste Temperatur bei einem Ofenprozeß kommt theoretisch die Umgebungstemperatur in Frage. Aber auf diese Temperatur kann man die Abgase im Ofen nicht abkühlen, denn der Zweck des Ofens ist ja, das Wärmgut auf eine höhere Temperatur als die Umgebungstemperatur zu bringen. Man ist aber imstande, näher an diese Temperatur heranzurücken, indem man Abgase und Wärmgut im Gegenstrom durch den Ofenraum bewegt.

Bei Flüssigkeitsbädern und Kesseln ist man in vereinzelten Fällen dazu übergegangen, die Abgase d u r c h die Flüssigkeit zu führen, wobei diese Abgase bis auf die Flüssigkeitstemperatur abkühlen. Dies ist das einzige Beispiel, wobei die Abgase sogar unter den Taupunkt (8.8.5.) des Verbrennungswasserdampfes abgekühlt werden können und wo sie mehr Wärme abgeben, als auf Grund des u n t e r e n Heizwertes des Brennstoffes zu erwarten ist. In Industrieöfen hat man aber immer darauf zu achten, daß die Abgase in keinem Teil der Betriebsanlage durch Berührung mit sehr kalten Flächen unter den Taupunkt abkühlen, denn sonst schlägt sich eine korrosive Flüssigkeit nieder.

4.3.3. Ofengütegrad

Dieser ist der Bruchteil der ganzen i m I n n e r n d e s O f e n s abgegebenen Wärme, der auf das Wärmgut, also nützlich, übertragen und mit η_o angedeutet wird. Die ganze Wärmemenge, die von den Abgasen abgegeben wird von dem Augenblick an, wo sie in den Ofen eintreten, bis zum Augenblick, in dem sie diesen wieder verlassen, ist $v_r (h_1-h_2)$. Sind für die Erhitzung des G kg wiegenden Wärmgutes. B kg oder m³ Brennstoff aufzuwenden, so ist diese ganze Wärmemenge $B \cdot v_r (h_1-h_2)$.

Die Nutzwärme, also die Wärmemenge, die im Ofen auf das Wärmgut übertragen wird, ist $G \cdot q$. Hierbei ist q die Wärmemenge in kJ/kg Wärmgut. Sie kann bei einfacher Erwärmung berechnet werden als Produkt der Temperaturerhöhung und der mittleren spezifischen Wärme des Wärmgutes. Hierzu hat man noch, abhängig von dem im Ofen durchzuführenden Prozeß, die Schmelz-, Reduktions-, Verdampfungs- oder Überhitzungswärme hinzuzuzählen. In Abzug sind die Wärmemengen zu bringen, die durch Oxydation oder andere chemische Prozesse in dem Wärmgut während dessen Aufenthalt im Ofen frei werden.

Der Ofengütegrad ist dann:

$$\eta_o = \frac{G \cdot q}{B \cdot v_r (h_1 - h_2)} \tag{83}$$

Es ist i_1 der Wärmeinhalt von 1 m³ Abgas sofort nach der Verbrennung und i_2 der Wärmeinhalt von 1 m³ Abgas beim Verlassen des Ofenraumes. Somit bezieht sich (83) für η_o nur auf den Fall eines gewöhnlichen Ofens ohne Rekuperation, wobei alle Abgase den Ofenraum verlassen. In einfacher Weise kann man für andere Fälle die passende Formel für η_o bestimmen. Die Formel (83) für η_o entspricht (79) für η_{th}.

Einige der möglichen Fälle sind:

Gewöhnlicher Ofen, bei dem alle Abgase mit gleicher Temperatur den Ofen verlassen:

$$\eta_o = \frac{G \cdot q}{B \cdot v_r (h_1 - h_2)} \tag{84}$$

Ofen mit Rekuperation, bei dem alle Abgase mit gleicher Temperatur den Ofen verlassen:

Hierbei wird im Ofenraum die Wärmemenge abgegeben:

$B \cdot v_r (h_1 + h_r - h_2)$ und somit ist:

$$\eta_o = \frac{G \cdot q}{B \cdot v_r (h_1 + h_r - h_2)} \tag{85}$$

Ofen mit innerer Rekuperation, bei dem alle Abgase den Ofen mit gleicher Temperatur verlassen:

In diesem Falle gehören zum „Innern" des Ofens auch die gasdurchlässigen Wände und die sich umschließenden Hohlräume, und somit hat man hier mit dem Wärmeinhalt der

Abgase zu rechnen, mit welchem sie den O f e n (und n i c h t den O f e n r a u m) verlassen. Dieser ist h''_2. Somit ist:

$$\eta_o = \frac{G \cdot q}{B \cdot v_r (h_1 - h''_2)} \tag{86}$$

Für die Berechnung von q werden die T e m p e r a t u r e n , welche zur D u r c h f ü h r u n g verschiedener A r b e i t s p r o z e s s e w i c h t i g sind, aus Tafel 78 entnommen. Wichte, m i t t l e r e spezifische W ä r m e bei v e r s c h i e d e n e r T e m p e r a t u r , S c h m e l z p u n k t und S c h m e l z w ä r m e der meistvorkommenden Stoffe sind in Tafel 79 zusammengetragen.

Soweit Metalle im Ofen erhitzt werden, kann für die Berechnung von q auch Tafel 80 gebraucht werden. Hieraus ist für 1 kg Stahl, Messing, Aluminium, Zinn oder Zink der Wärmeinhalt, also q, für verschiedene Temperaturen sofort abzulesen.

Aus der Umschreibung des Gütegrades η_o geht hervor, daß dieser niedrig ist, wenn der D u r c h s a t z , also das Gewicht des in der Zeiteinheit im Ofen behandelten Wärmgutes, gering ist. Er kann bei Leerlauf O werden. Deswegen ist es ungünstig, wenn ein Ofen mit zu kleinem Durchsatz betrieben wird. Das ist aber der Fall, wenn man bei Ankauf den Ofen zu groß gewählt hat, oder auch, wenn das Wärmgut länger im Ofen bleibt, als zur

Tafel 78

Arbeitsprozesse	Temperaturen zur Durchführung verschiedener Arbeitsprozesse in °C
Stahlschmieden	1050–1250
Schnelldrehstahl härten	1100–1300
Kohlenstoffstahl härten	780– 850
Schnelldrehstahl anlassen	550– 600
Kohlenstoffstahl anlassen	200– 300
Einsatzhärten	850– 900
Kupfer gießen	1150–1200
Messing gießen	1000–1150
Messing weichglühen	550– 580
Zink schmelzen	420
Zinn schmelzen	235
Aluminium gießen	700– 780
Aluminium vergüten	500– 530
Aluminium altern	130– 180
Stahlblech emaillieren	850– 950
Brot backen	240– 270
Kerntrocknen für Grauguß	150– 250
Porzellan brennen	1400–1450
Steingut brennen	1100–1200
Feuerfeste Steine brennen	1350–1450
Lack trocknen	70– 200
Verzinnen	260– 300
Verzinken	430– 470

4. Der Ofen und die Wärme

Durchführung des Verfahrens einschließlich des etwa notwendigen Temperaturausgleiches im Innern des Wärmgutes unbedingt geboten ist.

Natürlich ist der Gütegrad in hohem Maße von den bereits aufgezählten Wärmeverlusten abhängig. Dies ist teilweise Sache des Konstrukteurs (Wandverlust, Speicherverlust), teilweise aber von der sachgemäßen Bedienung und Instandhaltung des Ofens (schnelle Beschickung, rechtzeitige Leerung, gut schließende und geschlossene Türen und sonstige Öffnungen) abhängig.

Tafel 79

Stoffart	Dichte g/cm^3	Schmelzpunkt °C	Schmelzwärme kJ/kg	mittlere spez. Wärme in kJ/kg · K bei 20°	100°	500°
Aluminium	2,7	658	255,9	0,888	0,909	0,988
Blei	11,4	328	23,9	0,125	0,130	—
Glas	3,0	1200	—	0,71	0,754	0,963
Holz (Kiefer)	0,55			—	2,72	—
Kupfer	8,9	1083	20,94	0,381	0,385	0,410
Messing	8,5	900	180,0	0,377	0,381	0,415
Porzellan	2,3	1550	—	0,796	0,88	1,09
Stahl (weich)	7,86	1530	272,2	0,460	0,465	0,553
Stahl (1,2 % C)	7,85	1500	254,2	0,473	0,494	0,586
Gußeisen	7,60	1200	—	0,502	0,544	0,586
Zinn	7,28	232	58,6	0,226	0,230	—
Zink	7,13	420	112,2	0,381	0,389	0,418

Tafel 80

Temperatur in °C	Wärmeinhalt in kcal/kg und in kJ/kg von									
	Stahl		Aluminium		Messing		Zinn		Zink	
0	0		0		0		0		0	
100	11,4	47,7	21,5	90	8,8	36,8	5,6	21,44	9,4	39,36
200	23,4	98,0	44,2	185	18,0	75,4	11,6	48,57	19,2	80,39
300	36,2	151,6	68,1	285	27,7	116,0	31,8	133,1	29,4	123,1
400	49,9	208,9	93,6	392	37,9	158,7			40	167,5
500	64,8	271,3	120	502	48,6	203,5			77,4	324,0
600	81,4	340,8	148	620	60,0	251,2				
700	100,6	421,2	267	1118	73,3	306,9				
800	136,5	571,5	292	1223	86,7	363,0				
900	153,3	641,9			100,0	418,7				
1000	170,2	712,6			148,5	621,6				
1100	187,2	783,8			157,0	657,4				
1200	204,6	856,7								

B e m e r k u n g: Unterhalb der Striche Übergang von fest in flüssig

4.3.4. Gesamtwirkungsgrad

Der Gesamtwirkungsgrad η_{ges} ist das Produkt von feuerungstechnischem Wirkungsgrad und Gütegrad:

Also:

$$\eta_{ges} = \eta_{th} \cdot \eta_o \qquad (87)$$

Oder:

$$\eta_{ges} = \frac{G \cdot q}{B \cdot v_r \cdot h_1} = \frac{G \cdot q}{B \cdot H_u} \qquad (88)$$

Für Öfen, die immer dem gleichen Wärmeprozeß dienen (z.B. Schmelzöfen, Schmiedeöfen, Muffelöfen, Härteöfen usw.), wobei q bekannt ist (Tafeln 78, 79, 80), kann man den Betrieb laufend überwachen. Hierzu wird η_{ges} täglich oder wöchentlich bestimmt, indem man feststellt, wieviel kg Wärmgut während dieser Zeit durch den Ofen gewandert sind und wieviel kg oder m³ Brennstoff hierzu verbraucht worden sind. Den Wert von H_u erhält man durch Nachfrage beim Lieferanten, durch regelmäßige Einsendung von Proben an ein Laboratorium oder auf ähnliche Weise. Zugleich gewinnt man klare Einsicht, ob der Durchsatz groß genug gewesen ist. Stellt man dabei fest, daß der Gesamtwirkungsgrad zurückgegangen ist, so wird man untersuchen, ob die Verbrennung einwandfrei durchgeführt wurde, ob Falschluft in den Ofenraum eindringt, ob die Wandverluste durch Schadhaftwerden der Isolierung oder der Ofenausmauerung oder durch Verschmutzung der äußeren Ofenoberfläche angestiegen sind, ob Türen und sonstige Öffnungen schlecht schließen, ob Rekuperatorflächen verschmutzt sind usw. Meistens kann man durch einfache Beobachtung des Ofens und der Ofenbedienung schon Fehler dieser Art feststellen, aber vielfach wird man durch Messungen der Ursache nachgehen müssen. Der gesunde Menschenverstand weist hier den Weg, wenn man außerdem gelernt hat, mit einem Orsatapparat umzugehen.

4.3.5. Brennstoffverbrauch

Der Energieverbrauch B in m³ oder kg ist durch den Durchsatz an den Gesamtwirkungsgrad gekuppelt (88). Seine Ermittlung aus (73), (74) oder (75) ist der Hauptzweck jeder Ofenberechnung und seine Bestimmung durch Wiegen oder Messen die Grundlage jeder B e t r i e b s a u f s i c h t . Für Elektroöfen siehe 4.3.7.

Es gibt zwei Fälle, die für die vergleichende Beurteilung von Öfen besonders geeignet sind, nämlich das A n h e i z e n eines leeren Ofens von kalt an (oder von einer niedrigen Temperatur an) auf die Betriebstemperatur, und zweitens das Halten des l e e r e n Ofens auf Betriebstemperatur.

Wird in einen Ofen k e i n Wärmgut eingebracht, läuft dieser „leer", so ist in den Formeln (84), (85) und (88) für η_o und η_{ges} G = O, und es ist dann $\eta_o = \eta_{ges} = O$.

Die Wärmemenge beim Anheizen eines leeren Ofens $H_b = B_a \cdot H_u$, die während des Anheizens bis zu einem Augenblick verbraucht wird, wo die Betriebstemperatur erreicht ist, nennt man den A n h e i z v e r b r a u c h . Man wird selbstverständlich dafür sorgen, daß keine Ofentüren oder sonstige Öffnungen offenstehen oder schlecht schließen. Dann ist in den Formeln für die Wärmebilanz $H_o = O$ und $Q_s = O$, und es bleiben auf der Sollseite, abgesehen von dem Abgasverlust H_{sc} (oder H'_{sc}, H''_{sc}), nur noch der **W a n d v e r l u s t** Q_w und der **S p e i c h e r v e r l u s t** H_{sp} übrig. Diese bestimmen also in erster Linie den **A n h e i z v e r b r a u c h**, der besonders bei schichtweise betriebenen Öfen sehr ins Gewicht fällt.

Wird nach Erreichen des **B e h a r r u n g s z u s t a n d e s** der Ofen auf Betriebstemperatur gehalten, ohne Wärmgut im Ofenraum, so ergibt die hierzu nötige Brennstoffmenge in der Zeiteinheit den **L e e r w e r t**. Da jetzt außer $H_n = 0$ auch noch $H_{sp} = 0$ sind, so verbleiben in der Wärmebilanz nur noch der Wandverlust und der Abgasverlust (vorausgesetzt, daß der Ofen gut schließt).

Es ist:

$$B_{Leerlauf} = \frac{Q_w}{\eta_{th} \cdot H_u} = kg/h \text{ oder } m^3/h \tag{89}$$

Der Leerwert hängt also in erster Linie von Q_w ab, das heißt von der Güte des Ofens; denn je sorgfältiger die Ofenisolierung ist, um so kleiner ist Q_w. Die weiteren Verluste, die durch unerwünschte Öffnungen auftreten können und den Leerlaufverbrauch erhöhen würden, brauchen bei gutausgeführten Öfen und sorgfältiger Bedienung nicht aufzutreten. Da η_{th} von der Abgastemperatur abhängt und diese bei Öfen mit innerer Rekuperation niedriger ist als bei anderen Öfen, so ist auch der Leerwert niedriger.

Bei elektrischen Öfen ist bei gutverschlossenem Ofenraum der Leerwert gleich dem Wandverlust, denn hier ist $\eta_{th} = 1$.

4.3.6. Wärmegewinn durch Vorwärmung [17]

Will man für einen gegebenen Ofen berechnen, wie groß die Zunahme von η_{th} ist, wenn man zu Luft- oder Brenngasvorwärmung übergeht, so muß man nach (81) den Wert von $\frac{h_r}{h_1}$ kennen.

$$h_1 = \frac{H_u}{v_r} \qquad h_r = t_1 \cdot c'_p \cdot v_a$$

Da:

$$v_a = n \frac{v_{at}}{v_r} \quad \text{so ist: } h_r = \frac{t_1 \, c'_p \, n \, v_{at}}{v_r}$$

Bei Luftvorwärmung auf $t_1°$ ist:

$$\frac{h_r}{h_1} = \frac{t_1 \, c'_p \, n \, v_{at}}{H_u}$$

Die mittlere spez. Wärmekapazität der Luft c'_p kann aus Tafel 58 entnommen werden.

Bei Brenngasvorwärmung auf t_g °C ist: $\dfrac{h_r}{h_1} = \dfrac{t_g \cdot c''_p}{H_u}$.

Heiligenstaedt hat folgende Tafel 81 für $\dfrac{h_r}{h_1}$ bei Luftvorwärmung bei n = 1 und für $\dfrac{h_r}{h_1}$ bei Brenngasvorwärmung gegeben. Um bei größerer Luftüberschußzahl als n = 1 den richtigen Wert von $\dfrac{h_r}{h_1}$ für die Luftvorwärmung zu bekommen, muß man also den Tafelwert noch mit dem betreffenden Wert von n multiplizieren.

Tafel 81

Vorwärmung auf °C	Luftvorwärmung $\dfrac{h_r}{h_1}$ bei n = 1				Brenngasvorwärmung $\dfrac{h_r}{h_1}$	
	Kohle	Koksofengas	Generatorgas	Gichtgas	Generatorgas	Gichtgas
200	0,068	0,064	0,052	0,050	0,047	0,065
400	0,139	0,130	0,106	0,101	0,097	0,132
600	0,211	0,198	0,161	0,154	0,148	0,203
800	0,288	0,271	0,220	0,211	0,203	0,277

Beim Abwägen, ob die Kosten einer Luft- (und Gas-) Vorwärmanlage sich lohnen werden, ist es notwendig zu wissen, wieviel Brennstoff hierdurch eingespart werden kann.

Die Berechnung kann wie folgt durchgeführt werden:

Nach (74) ist:

$H_b + H_r = Q_s + H_{sp} + Q_w + H_n + H_{sc}$ (es ist also angenommen, daß $H_o = 0$, das heißt es flammen keine Abgase aus).

Werden die Werte auf eine Stunde bezogen, so sind weiter:

Brennstoffverbrauch $B = \dfrac{H_b}{H_u}$ [kg/h] oder [m³/h].

Wärmeinhalt des Abgases beim Verlassen des Ofens und vor Eintritt im Rekuperator H_{sc}
Die an der Verbrennungsluft übertragene Vorwärmungswärme je kg oder m³ Brennstoff = H_{vw}.

4. Der Ofen und die Wärme

Es ergibt sich dann:

$$H_b + H_r - H_{sc} = B(H_u + H_{vw} - H_{sc}) = Q_s + H_{sp} + Q_w + H_n$$

$$B = \frac{Q_s + H_{sp} + Q_w + H_n}{H_u + H_{vw} - H_{sc}} \quad [\text{kg/h}] \text{ oder } [\text{m}^3/\text{h}]$$

oder:

$$H_b = B \cdot H_u = H_u \frac{Q_s + H_{sp} + Q_w + H_n}{H_u + H_{vw} - H_{sc}} \quad [\text{kW oder MJ/h}]$$

Für den Ofen ohne Rekuperator ist:

$$H'_b = H_u \frac{Q_s + H_{sp} + Q_w + H_n}{H_u - H_{sc}}$$

Die Wärmeersparnis bei Anwendung von Luftvorwärmung ist:

$$H'_b - Q_b = H'_b \left(1 - \frac{H_u - H_{sc}}{H_u + H_{vw} - H_{sc}}\right)$$

oder in %:

$$1 - \frac{H_b}{H'_b} 100 = \left(1 - \frac{H_u - H_{sc}}{H_u + H_{vw} - H_{sc}}\right) 100 \qquad (90)$$

H_{sc} und H_{vw} können dem h-t-Diagramm (Bilder 73, 74, 75 und 76) entnommen werden oder werden berechnet, wie es in den folgenden Beispielen gezeigt wird. Auch kann die Brennstoffersparnis sofort den Schaubildern 121 bis 125 entnommen werden. Hierbei ist n zu beachten.

Die Formel (90) berücksichtigt nicht die Wärmemengen die Luft (bzw. Gas) von Außen mitbringen, wenn die Temperatur über der Normaltemperatur liegt. Aber dieser Temperaturunterschied ist meistens klein und die eingebrachten Wärmemengen können dann vernachlässigt werden.

Beispiel:
Ein Trockenofen wird mit Koksofengas (H_u = 16,7 MJ/m³) beheizt, die Verbrennung erfolgt mit vorgewärmter Luft (300 °C) und einer Luftzahl n = 1,2; die Abgastemperatur des Ofens sei 400 °C.

$$v_{rt} = 4.8 \text{ m}^3/\text{m}^3$$

$$v_{at} = 4.1 \text{ m}^3/\text{m}^3 \text{ (Tafel 54)}$$

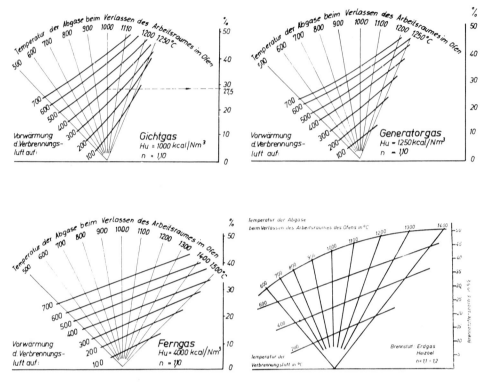

Bild 121, 122, 123, 124: Brennstoffersparnis in % der ohne Vorwärmung erforderlichen Menge (Werkbild: Gefi, Krefeld)

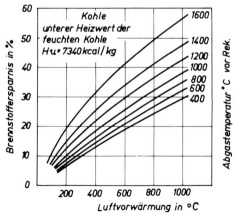

Bild 125: Brennstoffersparnis in % der ohne Vorwärmung erforderlichen Menge (Werkbild: Rekuperator K.G., Dr.-Ing. Schack, Düsseldorf)

4. Der Ofen und die Wärme

Die benötigte Luftmenge ist: $v_a = n \cdot v_{at} = 1,2 \cdot 4,1 = 4,9$ m³/m³.
Die Abgasmenge ist (34): $v_r = v_{rt} + (n-1) v_{at} = 5,6$ m³/m³.
Die mittlere spezifische Wärme des Abgases ist 1,424 kJ/m³ K
Die mittlere spezifische Wärme der Luft ist 1,340 kJ/m³ K
Dann ist: $h_{sc} = 5,6 \cdot 1,424 \cdot 400 = 3,19$ kJ/m³
$$h_{vw} = 4,9 \cdot 1,34 \cdot 300 = 1,93 \text{ kJ/m}^3$$

Aus (90) geht die Brennstoffersparnis durch Luftvorwärmung hervor.
Sie ist:

$$1 - \frac{16,7 - 3,19}{16,7 + 1,93 - 3,19} \quad 100 = 12,5\,\%$$

Auf jede 100 m³ Kokofengas, die im Ofen ohne Luftvorwärmung verbrannt werden, werden durch Luftvorwärmung $0,125 \cdot 1670 = 208$ MJ eingespart, wobei der Luft $100 \cdot 1,93 = 193$ MJ zugeführt worden sind aus dem Abgas. Eine MJ in Form vorgewärmter Luft ersetzt somit $\frac{208}{193} = 1,08$ MJ in Form von Brennstoff.

Beispiel:
Ein Schmiedeofen wird mit Koksofengas ($H_u = 16,7$ MJ/m³) beheizt, die Verbrennung erfolgt mit vorgewärmter Luft (500 °C) und einer Luftzahl $n = 1,1$; die Abgastemperatur des Ofens ist 1400 °C.
Jetzt ist:
$$v_a = 1,1 \cdot 4,1 = 4,5 \text{ m}^3/\text{m}^3$$
$$v_r = 4,8 + 0,1 \cdot 4,1 = 5,2 \text{ m}^3/\text{m}^3$$

Die mittlere spezifische Wärme des Abgases ist 1,55 kJ/m³ K
Die mittlere spezifische Wärme der Luft ist 1,34 kJ/m³ K

$$h_{sc} = 5,2 \cdot 1,55 \cdot 1400 = 11,28 \text{ MJ/m}^3$$
$$h_{vw} = 4,5 \cdot 1,34 \cdot 500 = 3,015 \text{ MJ/m}^3$$

Die Brennstoffersparnis durch Vorwärmung ist:

$$\left(1 - \frac{16,7 - 11,28}{16,7 + 3,015 - 11,28}\right) 100 = 35,7\,\%$$

Es kann in einem derart gelagerten Fall sogar noch vorteilhaft sein, die Luftvorwärmung mittels Brenngas vorzunehmen, wenn der Wärmeinhalt der Abgase aus irgendeinem Grunde nicht hierzu herangezogen werden kann.

Durch Vorwärmung steigt die Flammentemperatur und somit werden bei ungeänderter Wärmedämmung auch die Wandverluste steigen. Anderseits steigt durch die höhere Flammen-, Gastemperatur auch die Wärmeübertragung auf dem Wärmegut und hierdurch auch die Leistung des Ofens (Cernoch, Schmidt) [15].

4.3.7. Brennstoffvergleich und Vergleich mit Elektrowärme [15, 16]

Für industrielle Ofenzwecke können verschiedene Brennstoffe oder auch Elektrizität verwendet werden.

Die Wärmebilanz (74) ist:

$$H_b + H_r = H_o + Q_s + H_{sp} + Q_w + H_n + H_{sc}$$

Es sei $Q_o = 0$

Der feuerungstechnische Wirkungsgrad ist:

$$\eta_{th} = \frac{H_b + H_r - H_{sc}}{H_b} = \frac{Q_s + H_{sp} + Q_w + H_n}{H_b} \tag{91}$$

Werden für denselben Zweck und dieselben Betriebsverhältnisse verschiedene Brennstoffe verglichen, so ergibt das Verhältnis der zugehörigen Werte von η_{th} eine Wertziffer zum Vergleich der jeweils aufzuwendenden Wärmemengen. Der Brennstoffverbrauch B_1 des einen Brennstoffes verhält sich dann zum Brennstoffverbrauch B_2 eines anderen Brennstoffes wie:

$$\frac{B_2}{B_1} = \frac{H_{u \cdot 1} \cdot \eta_{th \cdot 1}}{H_{u \cdot 2} \cdot \eta_{th \cdot 2}} \tag{92}$$

Bei $\eta_{th \cdot 1}$ und $\eta_{th \cdot 2}$ ist zu beachten, daß die Luftzahlen für die verschiedenen Brennstoffe im gleichen Ofen nicht unbedingt gleich sein werden. Auch sind die Verbrennungstemperaturen unterschiedlich und bei höheren Temperaturen wird der Wandverlust des Ofens größer sein [15]. Sieht man von diesen Einzelheiten ab, so kann mit der Formel (92) berechnet werden, wieviel Brennstoffeinheiten des einen Brennstoffes (kg oder m³) aufzuwenden sind, um eine Brennstoffeinheit eines anderen Brennstoffs zu ersetzen. Nach Einsetzen des Preises der Brennstoffeinheiten kann bestimmt werden, welcher Brennstoff für den vorliegenden Zweck am günstigsten ist.

Nach Cernoch [15] sind auch folgende Punkte beim Vergleich von Brennstoffen zu beachten:
1. Die bei den betreffenden Brennstoffen zulässige Luftzahl.
2. Wird Luftvorwärmung angewandt?
3. Die Anfangstemperatur des Wärmgases beeinflußt sowohl die Zeitdauer der Erwärmung, als auch die Höhe der Abgastemperatur.
4. Der Verbrennungsablauf bestimmt den wirklichen Verlauf der Erwärmung.

Man hat im allgemeinen die Wahl, durch die Anwendung eines anderen Brennstoffes oder durch Luftvorwärmung, die stündlich am Ofen zugeführte Wärmemenge zu verringern und die Ofenleistung konstant zu halten. Aber es ist auch möglich, die stündlich am Ofen zugeführte Wärmemenge konstant zu halten und die Ofenleistung zu steigern. Auch kann so verfahren werden, daß die Ofentemperatur konstant bleibt.

4. Der Ofen und die Wärme

Es ist zu beachten, daß bei (92) angenommen ist, daß die Abgastemperatur die gleiche bleibt. Wird die gleiche Wärmemenge am Ofen zugeführt, so verhält sich die Nennleistung L_1 zu der Nennleistung L_2 wie:

$$\frac{L_2}{L_1} = \frac{1}{1 + \ln \frac{\eta_{th \cdot 1}}{\eta_{th \cdot 2}}} \qquad (93)$$

In Tafel 82 (nach Bosse) wird der Einfluß der Ofenfahrweise bei unterschiedlichen Brennstoffarten gezeigt. Es wird dabei als Bezugsleistung von 100 % die Leistung zugrunde gelegt, die bei der Beheizung mit Gichtgas 1000 °C Abgastemperatur und einer Luftzahl n = 1,2 erreicht wird.

Für widerstandsbeheizte Elektroöfen tritt in die Wärmebilanz statt $H_b + H_r$ die als elektrische Energie zugeführte Wärme Q_e.

Abgasverlust und Ausflammverlust sind bei widerstandsbeheizten Öfen nicht vorhanden, also:

$$Q_e = Q_s + H_{sp} + Q_w + H_n$$

Der „feuerungstechnische" Wirkungsgrad ist jetzt nach:

$$\eta_{th} = \frac{Q_s + H_{sp} + Q_w + H_n}{Q_e} = 1$$

Es ist in der Vergleichsformel (92) für den Brennstoff $H_u \cdot 1$ in kWh für 1 m³ einzusetzen und für E 1 kWh.

Tafel 82: Ofenleistung und spezifischer Wärmeverbrauch in Abhängigkeit von der Brennstoffzusammensetzung bei unterschiedlicher Ofenfahrweise

Brennstoff	Konstante Ofenleistung			Konstantes Temperaturniveau			maximal mögliche Ofenleistung		
	Ofenleistung %	feuerungstechnischer Wirkungsgrad η_F %	spezifischer Wärmeverbrauch %	Ofenleistung %	feuerungstechnischer Wirkungsgrad η_F %	spezifischer Wärmeverbrauch %	Ofenleistung %	feuerungstechnischer Wirkungsgrad η_F %	spezifischer Wärmeverbrauch %
Koksofengas	100	73	78	125	70	82	220	64	89
Gichtgas	100	57	100	100	57	100	100	57	100
Erdgas	100	71	80	132	67	85	220	62	92
Flüssiggas	100	74	77	140	70	82	235	63	90
Heizöl	100	74	77	140	68	83	250	63	90

Hiermit wird:

$$\frac{E}{B_1} = \frac{H_u \cdot \eta_{th}}{1} \qquad (94)$$

Energiewirtschaftlich ist zu beachten, daß von der Brennstoffenergie in einem Elektrizitätswerk nur rund 33 % in elektrische Energie verwandelt wird. Für 1 kWh ist bei Verbrennung von Erdgas als Kesselbrennstoff $\dfrac{1}{H_u \, \eta_c} = \dfrac{1}{9{,}0 \cdot 0{,}33} = 0{,}33$ m^3 Erdgas zu verbrennen.

Man soll aber bei Brennstoff- und Energievergleichen äußerst vorsichtig sein. Denn erstens sollen die Brennstoffpreise auch alle N e b e n k o s t e n enthalten, die entstehen bis zum Augenblick, in dem der Brennstoff im Ofen verbrennt. Es sind zu nennen: Lagerungskosten (Kohlenbunker, Lagerplätze, Ölbehälter und Druckbehälter für Flüssiggas), Aufbereitungskosten (Vorwärmung zur Pump- und Zerstäubungsfähigkeit eines Öles, Zerkleinerungsanlagen für Kohle), Druckerhöhungs- und Druckregelanlagen und Meßvorrichtungen (z.B. Gasmessergebühren bei Gas), Transportkosten (Pumpen, Kompressoren, Gebläse für Trägerluft usw). Außerdem werden die Gestehungskosten des Ofens manchmal für den einen oder anderen Brennstoff oder für Elektrizität erhebliche Unterschiede aufweisen. Weiter können Löhne für die Bedienung der Ofenanlagen, für Schlackentransport, Reinigung, Entstäubungsanlagen usw. einen bestimmten Brennstoff kostenmäßig erheblich belasten. Auch die U n t e r h a l t s k o s t e n an feuerfesten Steinen, Stampfmassen usw., nebst Arbeitslöhne müssen mit in Betracht gezogen werden. Andererseits kann die Anwendung eines bestimmten Brennstoffes oder von Elektrizität bedeutende betriebliche Vorteile mitbringen (z.B. bessere Temperaturregelung, weniger Ausschuß, Automatisierung des Betriebes).

Außerdem lassen sich vielfach Öfen für einen bestimmten Brennstoff oder für Elektrizität (abhängig vom Verwendungszweck) wärmetechnisch günstiger bauen als für andere Brennstoffe, so daß der Wandverlust und die Speicherwärme niedriger werden. Es ist also für jeden einzelnen Fall notwendig, obengenannte Kosten sorgfältig zu ermitteln und beim Vergleich in Rechnung zu stellen. Für größere Anlagen wird man immer mehr elektronische Rechenmaschinen zur O p t i m i e r u n g einsetzen, um die technisch-wirtschaftlich günstigste Lösung zu finden.

4.3.8. Gaszusammensetzung im Ofen und Wirkungsgrad

Bei den meisten Wärmeprozessen ist eine bestimmte Ofenatmosphäre erwünscht. Bei Ofenprozessen, bei denen eine bestimmte Ofenatmosphäre nicht notwendig ist, soll die Verbrennung luftsatt verlaufen. Denn dann ist der feuerungstechnische Wirkungsgrad am höchsten.

Sowohl beim Vorhandensein von Brennbarem in den Abgasen (gemeinhin reduzierende Atmosphäre genannt) als auch bei Luftüberschuß in den Abgasen (auch oxydierende Atmosphäre genannt) ist dieser Wirkungsgrad niedriger. Sind solche Einstellungen der Luftmenge unbedingt nötig, so ist darauf zu achten, daß der Brennstoff- bzw. Luftüberschuß so klein wie möglich wird. Gas- und Luftmengen sollen möglichst gemessen werden.

Für eine Temperatur von 800 °C der Abgase, die den Ofenraum verlassen, und für drei verschiedene Brennstoffe ist in Tafel 83 der Einfluß von n auf den feuerungstechnischen Wirkungsgrad η_{th} wiedergegeben [η_{th} mittels (41) berechnet].

Tafel 83

Brennstoff	Luftüberschußzahl n =						
	0,80	0,90	1,00	1,10	1,20	1,30	2,00
η_{th} =							
Steinkohle	0,452	0,562	0,669	0,642	0,61	0,583	0,38
Generatorgas	0,404	0,48	0,569	0,544	0,52	0,498	0,34
Koksofengas	0,47	0,552	0,657	0,63	0,60	0,576	0,39

4.4. SCHAUBILDER DER WÄRMEBILANZ

Das bekannte Sankey-Diagramm veranschaulicht die Wärmebilanz nur im Rahmen des ersten Hauptsatzes der Thermodynamik, berücksichtigt also die Wärmemengen, aber nicht die Qualität. Exergiediagramme haben für die gebräuchlichen Ofentypen wenig Sinn. Sehr übersichtlich ist das bekannte Temperatur-Wärme-Schaubild von Reichardt-Bansen.

In den letzten Jahren hat Cernoch zwei Schaubilder entwickelt, die für die Darstellung und Erforschung verschiedener Probleme ihre Vorzüge bewiesen haben [18].

Ihre Darstellungsweise der Wärmebilanz beruht auf der Erkenntnis, daß die Enthalpie H oder der Wärmestrom $\dot{Q}$ wie folgt zum Ausdruck gebracht werden kann:

$$\dot{Q} = \dot{H} = \dot{W} \vartheta$$
$$\dot{Q} = \dot{H} = \dot{m} h = \dot{v} h$$

Hier sind der Wasserwert $\dot{W}$ und der Massenstrom $\dot{m}$ oder der Volumenstrom $\dot{v}$ die extensive und die Temperatur ϑ oder die spezifische Enthalpie h die intensive Komponenten. Die Wärmebilanzglieder sind dann, sowohl vom Standpunkt des ersten, als auch des zweiten Hauptgesetzes der Thermodynamik als Flächen abgebildet. Die extensiven Größen $\dot{W}$ und $\dot{m}$ als Abszissen ermöglichen außerdem die graphische Berücksichtigung eines Massenaustausches oder Änderung der chemischen Zusammensetzung der Medien. Die senkrechte, den intensiven Komponenten darstellenden Ordinaten, veranschaulichen die Enthalpieströme in ihren Temperatur ϑ (oder h-) -Bereichen, die hier als Qualität entsprechend dem zweiten Hauptsatz als der notwendige Temperaturunterschied zwischen Wärmgas und Wärmgut interpretiert wird.

Eine Anwendung des h-v-Schaubildes ist in Bild 126 dargestellt.

Hier wird die luftsatte Verbrennung mit der Verbrennung mit Luftüberschuß verglichen. Im ersten Fall ist $h_k \cdot v_1$ die verfügbare Wärmemenge. Diese wird im Ofen ausgenutzt bis zur Temperatur ϑ_{a1} wonach das Abgas eine Wärmemenge $h_a \cdot v_1$ abturt. Wenn η_o = Ofengütegrad, wird eine Wärmemenge $v_1 \cdot \eta_o (h_k - h_a)$ an das Wärmgut übertragen.

Bei Luftüberschuß wird das Volumen $v_1 + \Delta v_1$ und es steht jetzt im Ofenraum nur die Wärmemenge $(v_1 + \Delta v_1)(h_k' - h_a)$ zur Verfügung. Die Fläche II ist zu klein, um die fehlende Fläche I zu ersetzen. Deswegen muß durch ein zusätzliches Volumen Δv_1 die Fläche I durch die Flächen II und III ausgeglichen werden. Erst dann kann an das Wärmgut die gleiche Wärmemenge übertragen werden. Luftüberschuß kostet mehr Brennstoff.

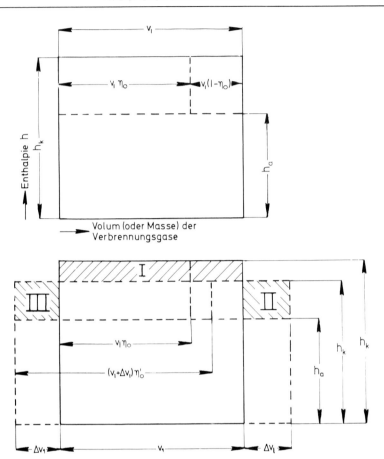

Bild 126: Vergleich der stöchiometrischen Verbrennung mit der Verbrennung mit Luftüberschuß im Enthalpie-Volumen (Masse)-Schaubild

Der feuerungstechnische Wirkungsgrad, der ohne Luftüberschuß $\eta_1 = 1 - \dfrac{h_a}{h_k}$ ist, wird mit Luftüberschuß $\eta_2 = 1 - \dfrac{h_a}{h_k{'}}$ also kleiner.

Ein Beispiel für die Anwendung des Temperatur-Wärmekapazitätschaubildes ($\vartheta \cdot \dot{W}$) zeigt Bild 127, nämlich die Erwärmung von Wärmgut in einem Ofen mit Luftrekuperator.

Das Heizgas würde ohne Vorwärmung der Verbrennungsluft mit der Temperatur ϑ_G im Ofenraum eintreten, mit der Aufgabe Wärmgut mit Wärmekapazität $\dot{W}_N$ von ϑ_e auf ϑ_a zu erwärmen. Da $\vartheta_G < \vartheta_a$ ist das nicht zu erreichen, somit muß die Eintrittstemperatur des Heizgases durch Vorwärmung der Verbrennungsluft erhöht werden und zwar von ϑ_G auf ϑ_{Gr}. Die Wärmekapazität des Heizgases ist $\dot{W}_G$. Die Verbrennungsluft soll von ϑ_{Le} auf ϑ_{La} in Temperatur erhöht werden und hat dann die Enthalpie $\dot{Q}_L = \dot{W}_L (\vartheta_{La} - \vartheta_{Le})$. In den Rekuperator treten Wärmeverluste auf, die durch einen Wirkungsgrad η_r be-

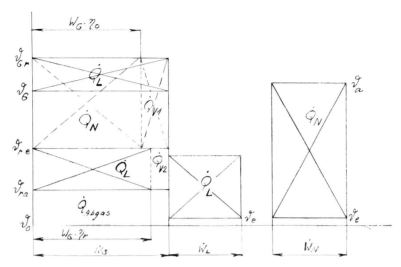

Bild 127: Erwärmung eines Wärmgutes in einem Ofen mit Rekuperator

rücksichtigt werden. Wenn das Abgas mit der Temperatur ϑ_{re} in den Rekuperator eintritt und dieser mit der Temperatur ϑ_{ra} verläßt, so hat das Abgas die Wärmemenge $\dot{Q}_L + \dot{Q}_{V2}$ verloren, wobei $\dot{Q}_{V2} = (1 - \eta_r) \dot{Q}_L$.

Die Wärmemenge $\dot{Q}_L$ erhöht die Eintrittstemperatur des Heizgases im Ofenraum auf ϑ_{Gr}.

Auch beim Erwärmungsvorgang im Ofenraum treten Verluste auf (Wandverlust usw.), die durch den Ofengütegrad η_0 berücksichtigt werden. Im Ofenraum gibt das Heizgas neben der Wärmemenge $\dot{Q}_N = \dot{W}_N (\vartheta_a - \vartheta_e)$ auch noch die Wärmemenge $\dot{Q}_{V1} = (1 - \eta_0) \dot{Q}_N$ ab. Hierdurch sinkt die Abgastemperatur von ϑ_{Gr} auf ϑ_{re}, womit es anschließend in den Rekuperator eintritt und durch die Wärmeabgabe von $\dot{Q}_L + \dot{Q}_{V2}$ auf ϑ_{ra} abkühlt. Somit ist der restliche Abgasverlust $\dot{W}_G (\vartheta_{ra} - \vartheta_0)$.

Werden durch exotherme Reaktionen noch zusätzliche Wärmemengen zugeführt, so läßt sich das im Schaubild gleichfalls berücksichtigen. Übrigens: da der Wasserwert $\dot{W} = c \cdot \dot{m}$ die spez. Wärme c enthält und diese temperaturabhängig ist, wird für c der Mittelwert für das betreffende Temperaturtrajekt gewählt.

In Abschnitt 11.3. wird das ϑ. W-Schaubild für die Betrachtung der Wärmeübertragung im Tunnelofen und bei Gegenstrom angewandt und in 4.5.2. für die Untersuchung des Wärmeüberganges im Chargenofen.

4.5. WÄRMEÜBERTRAGUNG IM OFEN

4.5.1. Wärmeübertragung auf das Wärmgut

Die zahlreichen Ofensysteme sind meistens auf empirischem Wege unter Anwendung wissenschaftlicher Ansichten entwickelt und nachher verbessert worden. Von der Optimierung einer Ofenkonstruktion ist man manchmal noch ziemlich weit entfernt. Es ist wohl möglich, bestimmte Vorgänge, die sich in einem Ofen abspielen, durch Berechnung zu untersuchen und zu optimieren.

Die Wärmeübertragung kann durch Wärmeleitung, durch Konvektion bei freier oder aufgezwungener Strömung, durch Strahlung von Flächen und von Gasen oder, wie es meistens mehr oder weniger immer der Fall ist, durch mehrere der genannten Möglichkeiten zu gleicher Zeit stattfinden. Es sind auch die induktive und dielektrische Beheizung zu nennen, bei der die Wärme im Wärmgut selbst entwickelt wird und somit von einer Wärmeübertragung im eigentlichen Sinne nicht gesprochen werden kann.

Da die Wärme durch Konvektion, durch Strahlung oder durch eine Kombination von beiden übertragen wird, lassen sich auch die Ofenarten wie folgt einordnen:

1. Wärmeübertragung hauptsächlich durch Konvektion
   Hierzu gehören die elektrisch oder mit Brennstoff beheizten Öfen für niedrige und mittlere Temperaturen, meistens mit Umlauf von Luft oder Gas mit Gebläsen oder mit Abgasrückführung, weiter auch die Hochtemperaturöfen, bei denen die Verbrennungsgase durch ziemlich enge Räume zwischen Ofengutstapeln hindurch ziehen müssen. Die Gasstrahlung ist dann, weil die Schichtdicke des Gases gering ist, oft vernachlässigbar klein gegenüber der Wärmeübertragung durch Konvektion. Auch die Schnellerwärmung beruht auf Vergrößerung der konvektiven Wärmeübertragung (8.3.9.).

2. Wärmeübertragung hauptsächlich durch Festkörperstrahlung
   Bei Öfen mit Beheizung durch elektrische Heizstäbe, Wendeln oder brennstoffbeheizte Strahlrohre wird die Wärme direkt von diesen Heizkörpern, aber auch durch die Ofenwände und durch absichtlich angebrachte Flächen (Sekundärflächen), abgestrahlt. Auch bei Muffelöfen ist die Festkörperstrahlung der Umgebungsflächen wichtiger als Konvektion und Gasstrahlung. Anderseits wird der Ofeninhalt sehr oft mit Gebläsen umgewälzt, um die konvektive Wärmeübertragung zu erhöhen und gegebenenfalls das Wärmgut mit Reaktionsgas zu umspülen.

3. Wärmeübertragung durch Gas- und Festkörperstrahlung
   Bei den meisten Industrieöfen für höhere Arbeitstemperaturen und mit direkter Beheizung durch Verbrennungsgase findet, soweit es sich um Öfen mit größerem Innenraum handelt, die Wärmeübertragung hauptsächlich durch Strahlung dieser Gase und durch Wandstrahlung statt. Die Wärmeübertragung durch Konvektion ist meistens gering. Werden die Abgase ganz oder teilweise durch eng durchlöcherte Wände abgeführt (innere Rekuperation), so steigt hierdurch die Wandstrahlung. Die Wandstrahlung wird auch begünstigt durch die Anwendung von Strahlungsbrennern in der Ofendecke, denn hierbei schmiegen sich die Flammen an diese Decke an oder es werden viele Strahlungsbrenner angeordnet. Dadurch wird eine größere Strahlungsfläche erzeugt. Bei Öfen mit Strahlungswänden, bei denen ein brennbares Gemisch durch diese porösen Wände strömt und an der Oberfläche verbrennt, hat die Festkörperstrahlung der Wand einen bedeutenden Anteil an der Wärmeübertragung.

4. Wärmeübertragung durch Leitung spielt eine Rolle bei der Beheizung von Wärmgut, das auf einem Herd liegt, und auch bei der Beheizung von Schmelzgut in einem Tiegel. Die rechnerische Behandlung dieser Fälle ist nach 3.5. durchzuführen. Für den Fall, daß das Wärmgut sich in einem elektrisch leitenden Tiegel befindet, der induktiv erwärmt wird, kann das von Geisel angegebene Berechnungsverfahren angewendet werden.

Bei Dampfkesseln handelt es sich um den Wärmeaustausch zwischen den Verbrennungsgasen und der Wand des Verbrennungsraumes. Bei den Industrieöfen dagegen befindet sich das Wärmgut meistens im Ofen. Im allgemeinen findet der Wärmeaustausch zwischen Verbrennungsgasen und Wärmgut dann durch Konvektion und Strahlung statt. Aber zu gleicher Zeit wird auch Wärme zwischen den Verbrennungsgasen und den Ofenwänden ausgetauscht, und die Ofenwände stehen ihrerseits in Strahlungsaustausch mit dem Wärmgut. Die bei desem Wärmeaustauschvorgang mitspielenden Faktoren sind zahlreich und außerdem auch oft zeit-, temperatur- und ortsabhängig. Bläst eine Flamme in den Ofenraum hinein, so ändert sich nicht nur die Flammentemperatur, der Ausbrandgrad und die Flammengeschwindigkeit in axialer Richtung vom Brennermund weg, sondern gleichzeitig auch senkrecht zu dieser Richtung. Dabei löst der Flammenstrahl meistens auch noch eine Rückströmung von Verbrennungsgasen aus.

Im Ofenraum von brennstoffbeheizten Öfen, worin das Wärmgut u n m i t t e l b a r durch Verbrennungsgase erwärmt wird, findet die Wärmeübertragung durch Leitung im Ofenherd, durch Konvektion des Abgasstromes, durch Flächenstrahlung der Umfassungswände und durch G a s s t r a h l u n g statt.

Schack machte im Jahre 1924 als erster auf den großen Anteil aufmerksam, der der Gasstrahlung bei der Wärmeübertragung in technischen Feuerungen zukommt. Auch die ersten Berechnungsgrundlagen stammen von ihm.

Bei Öfen, die durch Verbrennungsgase unmittelbar beheizt werden, aber für ziemlich niedrige Arbeitstemperaturen dienen (unterhalb rund 800 °C), ist der Anteil der Gasstrahlung an der Wärmeübertragung nur gering. Schack nennt die Umfassungswände, die Wärme durch Strahlung mit dem Wärmgut austauschen, „ m i t t e l b a r e H e i z f l ä c h e n "). Umfassungwände von Rekuperatoren, die Wärme durch Strahlung erhalten und Wärme durch Konvektion an die vorzuwärmende Luft abgeben, nennt Heiligenstaedt „ H i l f s h e i z f l ä c h e n ". In den Fällen, in denen eine Berührung des Wärmgutes mit dem Verbrennungsgas nicht statthaft ist, wird m i t t e l b a r e B e h e i z u n g angewandt.

4.5.2. Unmittelbare Beheizung

Im allgemeinen werden in brennstoffbeheizten Öfen zwei Wege eingeschlagen um die Wärmeübertragung auf dem Wärmgut zu erfassen. Die Erste befaßt sich mit dem Wärmeaustausch zwischen Gas, Wände und Wärmgut [15, 21]. Die andere berücksichtigt auch Mischung-, Verbrennungs-, Strömungs- und Temperaturverlauf im Ofenraum [22]. Von der Ersten sind die Methoden von Heiligenstaedt [19] und Schwiedessen [20] wohl die ältesten und bekanntesten. Sie sind immer noch zu empfehlen.

M e t h o d e H e i l i g e n s t a e d t [19]

Bild 128 zeigt einen Ofenraum, durch den Gase ziehen und worin W ä r m g u t liegt. Die Rauchgase haben die Temperatur t_g, das Wärmgut t_w und die Innenfläche der Ofenwand t_b. Die Rauchgase geben durch Strahlung und Konvektion die Wärmemenge $Q_{g \cdot w}$ an das Wärmgut ab. Ein Teil des Wärmeinhaltes der Gase, nämlich die Wärmemenge $Q_{g \cdot b}$, geht durch Strahlung und Konvektion auf die Innenwände des Ofens über. Dies bedeutet aber keinen Totalverlust, denn im allgemeinen ist die „ O f e n t e m p e r a t u r ", nämlich die Temperatur t_b der inneren Ofenwand, höher als die Temperatur t_w des Wärmgutes. Folglich wird unter Abzug der Wärmemenge $Q_{b \cdot g}$, die unterwegs von den heißen Gasen absorbiert wird, die Wärmemenge $Q_{b \cdot w}$ von der Innenwand aus an das Wärmgut zugestrahlt. Die Umfassungwände wirken also als „mittelbare Heizflächen". Aber es verschwindet immerhin eine Wärmemenge $Q_s + Q_o$ in den Umfassungwänden des Ofens.

4. Der Ofen und die Wärme

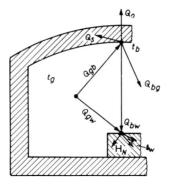

Bild 128: Wärmeübertragung im Ofenraum

Das Wärmgut erhält also insgesamt die Wärmemenge:

$$H_n = Q_{g \cdot w} + Q_{b \cdot w}$$

Das Gewicht des Wärmgutes, die spezifische Wärme und die Temperaturerhöhung, die das Gut im Ofen erhalten soll, und weiter die Zeit, die für diese Temperaturerhöhung zugebilligt ist, werden vom Besteller des Ofens angegeben oder vorgeschrieben. Damit soll die Wärmemenge H_n berechnet werden.

Außerdem muß bei H_n beachtet werden, daß diese Wärme von der Außenfläche des Wärmgutes nach dessen Innern weitergeleitet werden soll.

Die Wärmezufuhr nach der Außenfläche des Gutes darf nicht so reichlich sein, daß ein zu großer Temperaturabfall im Innern des Wärmgutes entsteht. Es wäre sonst in dem Augenblick, in dem die Außenseite bereits die gewünschte Temperatur erreicht hat, im Innern noch zu kalt, und das könnte im Hinblick auf die weitere Bearbeitung unerwünscht sein oder gefährliche Wärmespannungen herbeiführen (4.5.6.).

Die Berechnung von Q_n läßt sich an Hand von Bild 128 durchführen, wobei die nachfolgenden Bezeichnungen benutzt werden:

A_b = Wandoberfläche in m^2

A_w = freie Außenfläche des Wärmgutes

a_b = Wärmeübergangskoeffizient der Konvektion auf die Wand

a_1 = Wärmeübergangskoeffizient der Konvektion auf das Gut

$a_{g \cdot b}$ = Wärmeübergangskoeffizient für die Strahlung des Rauchgases auf die Wand

$a_{b \cdot w}$ = Wärmeübergangskoeffizient für die Strahlung der Wand auf das Wärmgut

$a_{g \cdot w}$ = Wärmeübergangskoeffizient für die Strahlung des Rauchgases auf das Wärmgut

ϵ_b = Emissionsverhältnis der Wandfläche

ϵ_w = Emissionsverhältnis des Wärmgutes

4. Der Ofen und die Wärme

Die Wände erhalten vom Rauchgas durch Konvektion die Wärmemenge $A_b \, a_b \, (t_g - t_b)$ und durch Strahlung der Rauchgase $A_b \, a_{g \cdot b} \, \epsilon_b \, (t_g - t_b)$, also insgesamt:

$$Q_{g \cdot b} = A_b \, a_b \, (t_g - t_b) + A_b \, a_{g \cdot b} \, \epsilon_b \, (t_g - t_b)$$

Von dieser Wärmemenge verschwindet $Q_{sp} + Q_w$. Ist in der Wand Beharrung erreicht, die Wärmespeicherung also beendet, so ist $Q_{sp} = 0$ und somit $Q_w = A_b \, q_b$, wobei q_b der Wandverlust ist.

Er ist aber auch:

$$Q_{g \cdot b} = A_b \, q_b + Q_{b \cdot g} + Q_{b \cdot w}$$

Die Wärmemenge $Q_{b \cdot g}$ ist die Wärmemenge, die zwar von der Wand zurückgestrahlt, aber unterwegs von den Gasen wiederum absorbiert wird. Sie ist gleich der Wärmemenge, die das Gas auf das Wärmgut zustrahlen würde, falls es die Temperatur der Wand hätte, wobei die Wärmeübertragungszahl $a_{g \cdot b \cdot w}$ in Erscheinung tritt.

Also ist:

$$Q_{b \cdot g} = A_w \cdot \epsilon_b \cdot a_{g \cdot b \cdot w} \, (t_b - t_w)$$

Würde die Strahlung der Wände auf das Wärmgut zu nicht teilweise von den Rauchgasen verschluckt, so würde hierdurch eine Wärmemenge $A_w \, \epsilon_{b \cdot w} \, a_{b \cdot w} \, (t_b - t_w)$ auf das Wärmgut übertragen. Bei der Berechnung von $\epsilon_{b \cdot w}$ hat man es mit einer Fläche A_w zu tun, die völlig von einer anderen Fläche A_b umgeben ist. Hierfür hat (14) Gültigkeit, wobei $C_1 = \epsilon_w \cdot C$ und $C_2 = \epsilon_b \cdot C$

$$\epsilon_{b \cdot w} = \frac{1}{\dfrac{1}{\epsilon_w} + \dfrac{A_w}{A_b} \left(\dfrac{1}{\epsilon_b} - 1 \right)} \tag{95}$$

Die Wärmemenge, die dem Gut tatsächlich von den Wänden zugestrahlt wird, ist also:

$$Q_{b \cdot w} = A_w \, (\epsilon_{b \cdot w} \, a_{b \cdot w} - \epsilon_b \cdot a_{g \cdot b \cdot w}) \, (t_b - t_w')$$

Außerdem erhält das Gut Wärme von den Abgasen unmittelbar zugestrahlt und auch durch Konvektion, und zwar insgesamt:

$$Q_{g \cdot w} = A_w \, a_{g \cdot w} \, \epsilon_w \, (t_g - t_w) + A_w \, a_1 \, (t_g - t_w)$$

Die gesamte Wärmemenge, die dem Wärmgut zugeführt wird, ist also:

$$Q_n = Q_{b \cdot w} + Q_{g \cdot w} = A_w \, (\epsilon_{b \cdot w} \, a_{b \cdot w} - \epsilon_b \cdot a_{g \cdot b \cdot w}) \, (t_b - t_w) +$$
$$A_w \, (a_{g \cdot w} \cdot \epsilon_w + a_1) \, (t_g - t_w) \tag{96}$$

A_w und A_b sind bekannt. $a_1 = a_b$ ist rund 17–30 W/m² K (soweit keine genaueren Werte bekannt sind) und ϵ_b = rund 0,85. Auch ϵ_w weicht meistens nicht viel von diesem Wert ab (Tafel 35). $a_{g \cdot b \cdot w}$ und $a_{g \cdot w}$ sind, da sie sich auf Gasstrahlung beziehen, von der Schichtstärke s und von den Teildrücken P_{CO_2} und P_{H_2O} im Gas abhängig (3.4.). Die Wärmguttemperatut t_w ist gegeben (Tafel 78); die Abgastemperatur t_g wird meistens 100 bis 300 °C höher geschätzt.

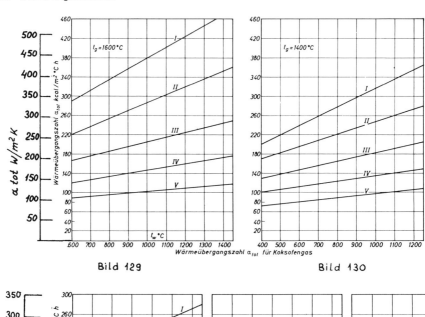

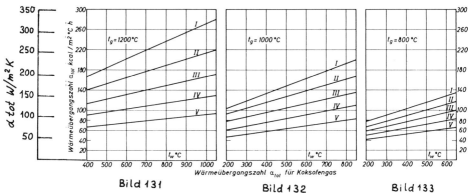

I : S = 150, K = 0,3 II : S = 150, K = 0,7 und auch S = 80, K = 0,3
III: S = 80, K = 0,7 und auch S = 40, K = 0,3 IV : S = 40, K = 0,7 und auch S = 20, K = 0,3
V : S = 20, K = 0,7

Bild 129: Wärmeübergangskoeffizient tot für Koksofengas ; t_g = 1600°C.

Bild 130: Wärmeübergangskoeffizient tot für Koksofengas ; t_g = 1400°C.

Bild 131: Wärmeübergangskoeffizient tot für Koksofengas ; t_g = 1200°C.

Bild 132: Wärmeübergangskoeffizient tot für Koksofengas ; t_g = 1000°C.

Bild 133: Wärmeübergangskoeffizient tot für Koksofengas ; t_g = 800°C.

4. Der Ofen und die Wärme

Aus den Formeln (95), (96) kann man den Wärmeübergangskoeffizient a_{tot} berechnen, also die Wärmemenge, die bei 1 °C Temperaturdifferenz zwischen Rauchgas und Wärmgut auf 1 m² des Wärmgutes übertragen wird.

Für Abgas aus Koksofengas sind die Werte von a_{tot} den Bildern 129, 130, 131, 132 und 133 zu entnehmen. Es ist angenommen worden:

$$a_1 = a_b = 17{,}5 \text{ W/m}^2 \text{ K}$$

$$\epsilon_b = \epsilon_w = 0{,}85 \qquad K = \frac{A_w}{A_b}$$

Beispiel:

$$t_g = 1000 \,°C \qquad t_w = 800 \,°C \qquad K = 0{,}3 \qquad s = 80 \text{ cm}$$

Hierfür aus Bild 132: $a_{tot} = 188 \text{ W/m}^2 \text{ K}$

Beim Aufstellen eines vereinfachten mathematischen Modells zur Berechnung von Einsatzöfen kann die gesamte Wärmeübertragung auf das Wärmgut mit Hilfe einer Bilanztemperatur des Ofenraumes und eines effektiven Strahlungsaustauschkoeffizienten beschrieben werden. Die Bilanztemperatur ist dann außer von der Oberflächentemperatur des Wärmgutes nur von der Heizgasstrommenge, der theoretischen Verbrennungstemperatur usw. abhängig. Durch Vergleichsrechnungen ist nachgewiesen worden [21b], daß in den üblichen Industrieöfen das Ofengas mit genügender Genauigkeit als Graustrahler betrachtet werden kann. Dadurch ergibt sich ein effektiver Strahlungsaustauschkoeffizient, der nur vom Emissionsvermögen der Partner und dem Flächenverhältnis zwischen Wärmgut und Ofenwand abhängig ist. Bereits Schwiedessen hat ein Berechnungsverfahren angegeben [54].

Methode Schwiedessen: [28]

Hierbei wird mit einer mittleren Temperatur t_m, nämlich dem arithmetischen Mittel von Abgastemperatur t_g und Wärmguttemperatur t_w, gerechnet. Gültigkeit hat Bild 134 für $K = \frac{A_w}{A_b} = 0{,}4$ und Bild 135 für $K = 0{,}8$. Hierbei soll man die für die betreffenden Abgase in Frage kommenden Emissionszahl ϵ kennen. Diese kann man aus den Schaubildern (Bilder 136, 137 und 138) entnehmen. ϵ wird auch Schwärzegrad genannt.

Beispiel:

Die Rauchgastemperatur sei 1000 °C, die Schichtdicke $s = 60$ cm, und die Rauchgase enthalten 8 % CO_2 und 20 % H_2O

p. $s_{CO2} = 60 \cdot 0{,}08 = 4{,}8$ cm at, und hierfür liest man bei 1000 °C ab

$$\epsilon_{CO2} = 0{,}08 \text{ (Bild 136 rechts)}$$

p. $s_{H2O} = 60 \cdot 0{,}20 = 12$ cm at, und hierfür liest man bei 1000 °C ab

$$\epsilon_{H2O} = 0{,}165 \text{ (Bild 136 links)}$$

Hierfür aus Bild 136 den Korrekturfaktor $x = 0{,}68$

218   4. Der Ofen und die Wärme

Die Gesamtemissionszahl ε für das betreffende Abgas ist dann

$$\epsilon = 0{,}68\, \epsilon_{H_2O} + \epsilon_{CO_2} = 0{,}192$$

Für Wärmgut, dessen freie Oberfläche im Verhältnis steht zu der inneren Oberfläche des Ofens mit $K = \dfrac{A_w}{A_b} = 0{,}4$, und wobei die mittlere Temperatur von Abgas und Wärmgut $t_m = 900\,°C$ ist, findet man aus Bild 134: $a_{tot} = 210\, W/m^2\, K$

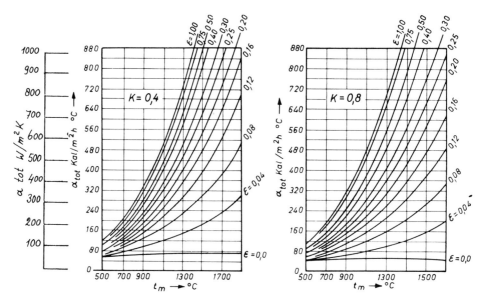

Bild 134, 135: Wärmeübertragungszahlung a_{tot} im Ofenraum für K = 0,4 bezw. K = 0,8, bezogen auf Gastemperatur t_g und Wärmeguttemperatur t_w (nach Schwiedessen)

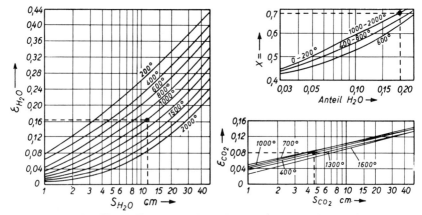

Bild 136: Die Emissionszahl von Abgasen (nach Schwiedessen)

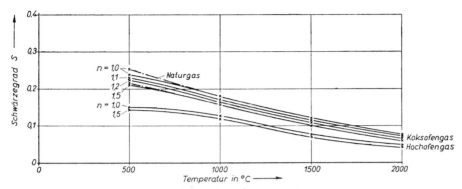

Bild 137: Emissionszahl der Gasstrahlung. s. = 0,5 m

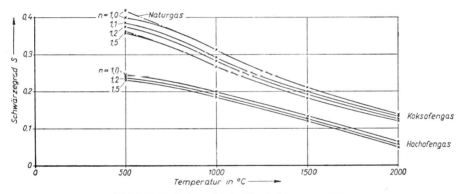

Bild 138: Emissionszahl der Gasstrahlung. s. = 2,0 m

Wandtemperatur t_b, Gastemperatur t_g und Wärmguttemperatur t_w sind voneinander abhängig. Die Erhöhung von t_b ist sehr günstig für die Wärmeübertragung auf das Wärmgut. Durch innere Rekuperation, durch Oberflächenverbrennung an den Ofenwänden und durch Einbau von Strahlungsbrennern in den Ofenwänden oder im Gewölbe.

Bei gleichbleibender Emissionszahl nimmt a_{tot} sehr schnell mit der mittleren Temperatur zu. Die Ofenwandtemperatur weicht um so weniger von der Abgastemperatur ab, je größer die Emissionszahl der Rauchgasschicht und je kleiner das Flächenverhältnis K und je niedriger die Rauchgastemperatur ist.

Das Verhältnis zwischen der strahlenden Fläche der Wände (A_b) zu der strahlungsempfangenden Oberfläche des Wärmgutes (A_w) spielt eine große Rolle bei der Gesamtwärmeübertragung auf das Wärmgut. Bei kleiner Verhältniszahl $K = \dfrac{A_w}{A_b}$ nähert sich die Temperatur der Ofenwände der der Abgase. Wie aus den Bildern 121 und 122 hervorgeht, wird a_{tot} dann auch größer.

Eine kleine Verhältniszahl K bedeutet aber auch einen großen Ofen im Vergleich zum Wärmgut, somit auch einen größeren Wasserwert und eine größere äußere Wandoberfläche. Hierdurch steigen Speicherwärme und Wandverlust. Hier soll man eine vernünftige Zwischenlösung suchen. Übrigens ist es auch gelungen, bei höheren Temperaturen von 1000–1200 °C einen höheren Anteil der konvektiven Wärmeübertragung an der Gesamtwärmeübertragung zu erreichen (8.3.9.).

Im Bild 139 wird für die normalen Ofenbauarten gezeigt, wie die Anteile der konvektiven Wärmeübertragung a_k, Gasstrahlung a_g und Wandstrahlung a_b an der gesamten Wärmeübertragung a_{tot} sich bei zunehmender Temperatur ändern für den Fall eines Ofens mit $K = \dfrac{A_w}{A_b} = 0{,}8$. Außerdem sind in dem Bild die Kurven für verschiedene Emissionszahlen ϵ der Rauchgase eingezeichnet. Hat man z.B. einen Ofen, welcher mit H e i ß l u f t, also mit einem Gas mit $\epsilon = 0$ beheizt wird, so fällt hierbei der Anteil a_g fort und ist $a_{tot} = a_k + a_b$. Für diesen Fall geht aus dem Bild hervor, daß bei 400 °C: $a_k = 0{,}55$ a_{tot} und $a_b = 0{,}45\ a_{tot}$. Bei zunehmender t_m wird der Anteil der Konvektion a_k immer kleiner und der Anteil der Wandstrahlung a_b immer größer.

Die Wirksamkeit der mittelbaren Heizflächen (rückstrahlende Umfassungswände) wird aber um so kleiner, je größer die Strahlung der Gasschicht ist. Dies geht deutlich aus Bild 139 hervor. Das hat seinen Grund darin, daß bei höheren Werten der Emissionszahl ϵ der Rauchgase diese Rauchgase auch einen größeren Teil der von den Wänden zurückgestrahlten Wärme wiederum absorbieren.

In Stoßöfen, welche häufig in der Stahlindustrie verwendet werden, durchströmen die Abgase den Ofen in der Längsrichtung, und Stahlblöcke werden in der entgegengesetzten Richtung über Schienen durch den Ofen gestoßen.

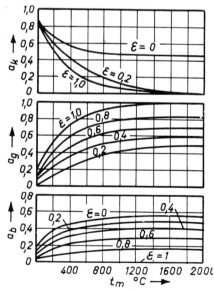

Bild 139: Anteile von Konvektion, Gasstrahlung und Wandstrahlung an der Wärmeübertragung im Ofenraum (nach Schwiedessen)

Ipsen – Fortschritt in der Wärmebehandlung

Unternehmensprofil
Forschung
Entwicklung
Beratung
Projektierung
Konstruktion
Fertigung
Verfahrenstechnik
Ersatzteil-Service
Kundendienst
Schulung

Anlagentechnik
Durchstoßöfen
Rundtaktöfen
Rollenherdöfen
Wendestoßöfen
Drehherdöfen
Schüttelherdöfen
Vakuumlöt- und
-kammerofenanlagen
Isotherm-
Glühanlagen

Kammerofentechnik
Ein- und Mehrkammer-
Atmosphärenöfen
Anlaßöfen
horizontale Vakuumöfen
vertikale Vakuumöfen
Zusatzeinrichtungen
und -geräte

Anwender
Maschinenbau
Getriebebau
Motorenbau
Fahrzeugbau
Kleinteileherstellung
Feinmechanik
Elektrotechnik
Werkzeugbau
Luft- und
Raumfahrtindustrie
Lohnhärtereien

Ihr Partner für die Gesamtlösung
Alle Komponenten aus einer Hand

Ipsen Industries International GmbH
Postfach 14 47 · D-4190 Kleve
Telefon 0 28 21 / 8 04 - 0 · Telex   811 822 ipsen d

UV Photozellen

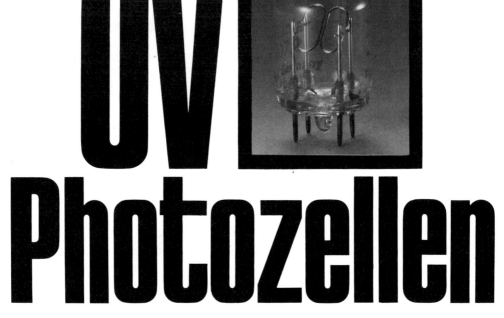

Die von der GTE SYLVANIA LICHT GMBH entwickelten UV-Photozellen werden seit Jahren vorwiegend in automatischen Gas- und Ölfeuerungssystemen eingesetzt. Darüber hinaus haben sie sich als Flammendetektoren in Feuermeldesystemen bewährt.

	für die Flammenüberwachung:			
	Typ P 568	für seitliche Einstrahlung	Betriebsspannung 500 V_{eff}	20 mm ϕ
Lieferung erfolgt	Typ P 574	für seitliche Einstrahlung	Betriebsspannung 220 V_{eff}	20 mm ϕ
ausschließlich	Typ P 578	für seitliche und frontale Einstrahlung	Betriebsspannung 220 V_{eff}	20 mm ϕ
an Gerätehersteller	Typ P 607	für seitliche und frontale Einstrahlung	Betriebsspannung 220 V_{eff}	20 mm ϕ
	Typ P 579	für seitliche und frontale Einstrahlung	Betriebsspannung 500 V_{eff}	20 mm ϕ
	für die Flammenentdeckung:			
	Typ P 612	für seitliche Einstrahlung	Betriebsspannung 220 V_{eff}	20 mm ϕ

Für spezielle Anforderungen sind weitere UV-empfindliche Photozellen lieferbar.

LICHT GMBH

GRAF-ZEPPELIN-STR. 9-11
8520 ERLANGEN 23
TELEFON (09131) 996-0 · FS 06 29857 Syl-d

Nach Messungen von Schack liegt die Abgastemperatur am Ende des Ofens unterhalb 800 °C und die Wandtemperatur im letzten Drittel der Ofenlänge ebenfalls unterhalb 800 °C. In einem großen Teil des Ofens sind die Temperaturen also so niedrig, daß der Anteil der Konvektion an der Gesamtwärmeübertragung auf das Gut bedeutend ist. Im ersten Teil des Ofens aber sind die Temperaturen besonders hoch. Deshalb spielt dort die Wärmeübertragung durch Strahlung eine überwiegende Rolle.

Bild 140 zeigt, daß bei Koksofengas und einer Schichtstärke von über 2 m bei K = 0,7 eine sehr große Wärmeübertragung erzielt wird. Der Ofen soll deswegen hoch sein, kann dann aber niedriger werden, damit die Abgasgeschwindigkeit zunimmt und die Konvektion groß wird. Sind die Öfen am Anfang allzu hoch ausgeführt, so besteht die Gefahr, daß die Abgasgeschwindigkeit hier so gering wird, daß über dem Wärmgut eine fast stillstehende Schicht von kälterem Abgas hängenbleibt. Die Wärmeübertragung durch Gasstrahlung würde hierdurch beeinträchtigt, denn diese kalte Gasschicht verschluckt die Strahlung der heißen Abgase.

Man kann stillstehende Abgasschichten vermeiden, indem man das Auftreten von Wirbeln begünstigt. Dies läßt sich durch eine richtige Wahl der Art und des Anbringungsortes der Brenner erreichen. Es ist z.B. möglich, die Abgasstrahlen aus den Brennern unter einem Winkel zum Gewölbe austreten zu lassen.

Bei Öfen, die satzweise mit Wärmgut von großer Wärmekapazität beschickt werden und wobei die Zahl K groß ist, kann es beim Einbringen dieses Wärmgutes in den Ofenraum

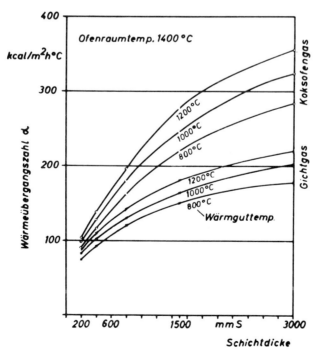

Bild 140: Wärmeübergangskoeffizient für unterschiedliche Schichtdicken und Temperaturen bei Beheizung mit Koksofengas und Hochofengas

leicht vorkommen, daß die Ofenwände stark abkühlen. Gedacht ist etwa an große blockförmige Metallteile, die einen großen Teil des verfügbaren Ofenraumes in Anspruch nehmen. Es dauert dann lange, bis die Ofenwandtemperatur so weit angestiegen ist, daß die Wärmeübertragung durch Strahlung von diesen Wänden aus wieder einflußreich wird. Deswegen wählt man hier am besten einen Ofen, welcher nicht zu „klein" ist, wofür also K keinen sehr hohen Wert hat. Wenn auch meistens die Anwendung von Feuerleichtstein zu empfehlen ist, weil hierdurch Wand- und Speicherverluste herabgesetzt werden, so kann es aber in diesem Fall vorteilhaft sein, die innere Wandschicht aus normalen feuerfesten Steinen herzustellen. Denn dann ist hierin viel Speicherwärme angehäuft, die bei der Abkühlung der inneren Ofenwandfläche nach dieser Fläche schnell zurückwandern kann.

Eine vorzügliche Lösung bringt die Anwendung der i n n e r e n R e k u p e r a t i o n (11.1.).

Man hat verschiedentlich versucht unter vereinfachten Bedingungen die Wärmeübertragung in Industrieöfen mittels Formeln, die dimensionslose Kennzahlen enthalten, zu beschreiben und zu vergleichen (Günther [21], Schupe u. Jeschar [21]). Wird in einem Chargenofen (Kammerofen) sperriges Wärmgut behandelt, so daß ein verhältnismäßig freier Raum für das Heizgas zur Verfügung steht, so kann oft auf ein vereinfachtes K o n - v e k t i o n s m o d e l l zurückgegriffen werden. Hier ist die Stanton-Zahl St maßgebend.

$$St = \frac{\alpha_1 A_w}{\dot{m} c_{pm}} = \frac{\text{konvektive Wärmeübertragung}}{\text{Wärmestrom}}$$

Das Konvektionsmodell ist einfach aufgebaut, weil die Wärmeübertragung linear verläuft mit der Temperatur. Beim S t r a h l u n g s m o d e l l (Bild 141) ist die Berechnung der Wärmeübertragung nicht so einfach (3.4.). Als dimensionslose Zahl wird jetzt die Konakow-Zahl Ko eingeführt.

$$Ko = \frac{\dot{m} \cdot c_{pm}}{\epsilon_{ges} \cdot C \cdot A_w \cdot T_v^3} = \frac{\text{Wärmestrom}}{\text{Strahlungs-Wärmeübertragung}}$$

T_v = Eintrittstemperatur des Heizgasstromes
C = Strahlungskoeffizient des Schwarzen Körpers
ϵ_{ges} = effektives Strahlungsaustausch-Verhältnis

Die Summe der durch Konvektion und durch Strahlung übertragene Wärme ist dann die im allgemeinen Fall übertragene Wärme. Bei diesen Berechnungen wird angenommen, daß die Gastemperatur im Ofen gleichmäßig ist (100 %ige innere Rezirkulation). Ein Vergleich der berechneten Werte mit Messungen in einem Versuchsofen ergab ziemliche Abweichungen, wie aus Bild 142 hervorgeht. Die Kurven beziehen sich auf die berechneten Werte, die Symbole zeigen die gemessenen Werte.

Jeschar [21] hat noch zwei bereits bekannte Modelle benannt und zwar: das R ü h r - k e s s e l - M o d e l l und das K o l b e n s t r ö m u n g s - M o d e l l ([241] Siehe Bücher).

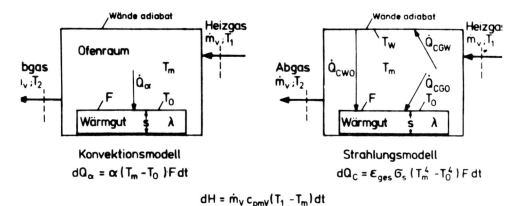

Bild 141: Wärmeübergangsmodelle für Industrieöfen (nach Jeschar)

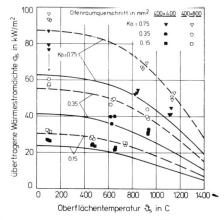

Bild 142: Vergleich zwischen gemessenen und berechneten Wärmestromdichten in der Versuchsbrennkammer mit 1,25 m Feuerraumlänge ε_{ges} abhängig von den Wandverlusten korrigiert)

Wie es auch bei den vorher behandelten Modellen der Fall ist, wird beim R ü h r k e s s e l m o d e l l eine einheitliche Bilanztemperatur im Ofenraum angenommen, die dann die Temperatur ist, mit der das Heizgas den Ofen verläßt.

Das Gas ist im Ofenraum vollkommen durchmischt, es findet eine 100 %-ige innere Rückführung statt. Cernoch hatte bereits darauf hingewiesen [154, 156], daß dieser Fall in Bezug auf die Wärmeausnutzung ungünstig ist.

Beim Kolbenströmungsmodell — Cernoch spricht von Geradströmung — gibt das Heizgas bei der Strömung durch den Ofenraum allmählich Wärme ab und es verläßt den Ofen mit einer niedrigeren Temperatur als bei dem Rührkesselmodell und ist somit wirtschaftlicher. Es wird bei der Kolbenströmung im Ofenraum mehr Wärme übertragen als bei der Rührkesselströmung. Die Wärmeübertragung im Kolbenströmungsmodell ist das Optimum, und die Werte der Wärmeübertragung in den Öfen der Praxis liegen niedriger, wie es Jeschar gezeigt hat [22].

Der Vorgang der **Kolbenströmung** verläuft in einem adiabatischen Chargenofen (Einsatzofen ohne Wandverlust) und vollständige Wärmeübertragung wie folgt (Bild 143). Einsatzgut und Heizgas besitzen in kleinen Abschnitten der Wärmeübertragung die gleiche Temperatur ϑ_E. Das auf die Temperatur ϑ_E abgekühlte Heizgas wird durch einen weiteren Volumenabschnitt des Heizgases mit der Anfangstemperatur ϑ_G im Ofenraum ersetzt. Die Abgastemperatur verläuft nach der Kurve ϑ_E und die mittlere Abgastemperatur ist ϑ_{Em}. Das Heizgas mit Wasserwert $\dot{W}_G$, Anfangstemperatur ϑ_G und Enthalpie $\dot{W}_G \cdot \vartheta_G$ gibt am Wärmgut mit Wasserwert $\dot{W}_N$ und Anfangstemperatur ϑ_a und Endtemperatur ϑ_e die Wärmemenge $\dot{W}_N \cdot (\vartheta_e - \vartheta_a)$ ab. Zieht man die Fläche $\dot{W}_N \cdot (\vartheta_e - \vartheta_a) = \dot{Q}_N$ von der Fläche $\dot{W}_G \cdot \vartheta_G = \dot{Q}_Z$ ab, so bleibt die Fläche $\dot{Q}_A$ (mit gestricheltem Kreuz gekennzeichnet), der Abgasverlust übrig. Hiermit ist auch die mittlere Abgastemperatur ϑ_{Em} zeichnerisch bestimmt. Nach Cernoch [23] ist wenn die Wärmeübertragung zwischen Heizgas und Wärmgut ideal verläuft und somit der Wärmeverbrauch für den Heizvorgang am kleinsten ist:

$$\dot{W}_G = - \dot{W}_N \ln \frac{\vartheta_g - \vartheta_e}{\vartheta_g - \vartheta_a}$$

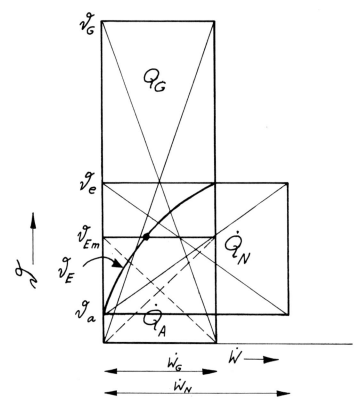

Bild 143: Wärmeübergang in ein Chargenofen. (nach Cernoch)

4. Der Ofen und die Wärme

Ist $\vartheta_a = 0$ oder nur wenig abweichend von 0 z.B. 15 °C, so ist:

$$W_G = -W_N \ln\left(1 - \frac{\vartheta_e}{\vartheta_g}\right)$$

Wird nun für $W_G = 1$ und für $\frac{\vartheta_e}{\vartheta_g} = 1{,}0$ bis 0 der Wert von W_N berechnet, so kann man die verschiedenen Werte von $W_N \cdot \vartheta_e = Q_N$ für $Q_G = 1$ bestimmen. Hieraus ergeben sich die verschiedenen Werte von $\eta_{max} = \frac{Q_N}{Q_G}$, die in Bild 144a durch eine Kurve dargestellt sind.

Wird die Berechnung für ein konkretes Beispiel durchgeführt, so kann man auch ϑ_a berücksichtigen.

Beispiel:

$W_N = 1$	$\vartheta_g =$	1100	1000	900	800 °C
	$\vartheta_a =$	20	20	20	20 °C
$Q_N =$		1080	980	880	780

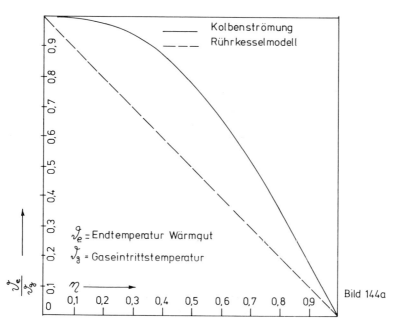

Bild 144a: Vergleich des Wirkungsgrades eines Chargenofens bei Kolbenströmung und bei Rührkessel im theoretisch günstigsten Fall.

4. Der Ofen und die Wärme

W_G	=	2,466	1,772	1,371	1.085
Q_G	=	2959	2126	1645	1302
η_{max}	$= \dfrac{Q_N}{Q_G} =$	0,36	0,46	0,53	0,60
ϑ_{Em}	=	762	647	558	481 °C

Diese Werte sind in Bild 144b eingezeichnet und durch flächenmäßige Bildung der Differenzen von Q_G und Q_N sind die Abgasverluste bestimmt, wodurch sich die mittleren Abgastemperaturen ϑ_{Em} ergeben.

Auch für das R ü h r k e s s e l m o d e l l (innere Rezirkulation) lassen sich gleichartige Überlegungen anstellen. Findet in einem adiabatischen Chargenofen nach diesem Modell eine ideale Wärmeübertragung statt, weil die Berührungszeit sehr groß ist, so verläßt das Heizgas, das mit der Temperatur ϑ_g eintritt, den Ofenraum mit der Temperatur ϑ_e, also mit der gleichen Temperatur, die das Wärmgut erreicht.

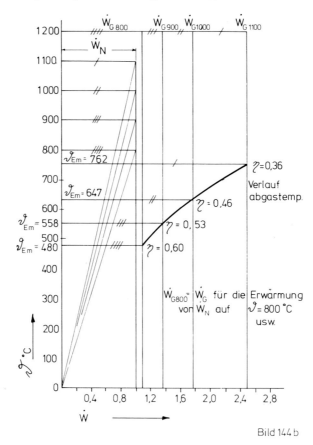

Bild 144b: Wärmeübertragung im Chargenofen bei Kolbenströmung im theoretisch günstigsten Fall, bei wechselnder Heissgastemperatur

Es ist:

$$W_N \vartheta_e = W_G (\vartheta_g - \vartheta_e)$$
$$Q_G = W_G \vartheta_g$$
$$Q_N = W_N \vartheta_e = W_G (\vartheta_g - \vartheta_e)$$
$$\eta = \frac{Q_N}{Q_G} = \frac{W_G (\vartheta_g - \vartheta_e)}{W_G \vartheta_g} = 1 - \frac{\vartheta_e}{\vartheta_g}$$

η ist für die verschiedenen Werte von $\frac{\vartheta_e}{\eta}$ berechnet und in Bild 144a eingetragen. Nur für $\frac{\vartheta_e}{\vartheta_g} = 1$ und für $\frac{\vartheta_e}{\vartheta_g} = 0$ stimmen die Werte von η bei Kolbenströmung und bei Rührkessel überein. Sonst aber ist η für die Kolbenströmung größer als für den Rührkessel. Jeschar hat beide Modelle verglichen für den allgemeinen Fall, daß wegen begrenzter Wärmeübertragung, im Ofenraum die Gastemperatur $\vartheta_m < \vartheta_g$ und $\vartheta_e < \vartheta_m$; ϑ_m ist die Bilanztemperatur. Auch dann ist die Wärmeübertragung im Kolbenströmungsmodell größer als im Kesselmodell, der Wärmeverbrauch somit am günstigsten.

Berücksichtigt man die Mischungs-, Verbrennungs-, Strömungsvorgänge und auch den Temperaturverlauf im Ofen, so hat man mit der Brenneranlage und dem Verlauf der Verbrennung zu rechnen. Hier spielen verschiedene Faktoren mit (z.B. der Drall), wodurch das Ganze mehr verwickelt wird. Traustel, Jeschar und Petersen [60] haben ein vereinfachtes, mathematisches Modell einer Flamme im Feuerraum entwickelt und in Verbindung mit der Stanton-Zahl gebracht.

Cernoch hat darauf besonders hingewiesen, daß bei der Wärmeübertragung im Bereich der Flamme nicht mit der kalorimetrischen Temperatur, sondern mit der, dem pyrometrischen Wirkungsgrad entsprechenden Temperatur, gerechnet werden soll (Tafel 106) und er hat eine Berechnungsmethode entworfen.

Es ist möglich, wenn man für den Verlauf der Verbrennung längs des Flammenweges den mittleren Ausbrand a_M einführt, den Verlauf der Wärmeentwicklung zu berechnen. Wird der Feuerraum in einzelne Quader aufgeteilt, läßt sich der örtliche Wärmeaustausch nach dem Verfahren von Hottel und Cohen annähernd bestimmen [51] (Zonenmethode).

Latsch [52] hat für einen zylindrischen Brennkessel (Bild 145), sowohl durch Messung als auch durch Berechnung, die Temperaturprofile und die Wärmeströme festgestellt. Der Feuerraum ist, wie Bild 145 zeigt, in vier Bereiche aufzuteilen:
Bereich   I, wo die Freistrahlgesetze anwendbar sind,
Bereich   II ist der Rückstrombereich,
Bereich III ist der Ansaugbereich,
Bereich IV ist ein Rohrströmungsbereich, in dem die Gesetze der turbulenten Rohrströmung anwendbar sind.

Der Rückstromwirbel beginnt dort, wo der Brennstoffstrahl die zugeführte Verbrennungsluft angesaugt hat. Zur Berechnung des konvektiven Wärmeüberganges wurden die Gesetze für die turbulente Strömung in Rohren angewendet. Diese Wärmemenge ist ziemlich gering gegenüber dem Wärmeaustausch durch Strahlung. Letztere wird durch die Strahlungseigenschaften der nichtleuchtenden Flammen und der Wand bestimmt. Es wurde mit der Massen- und Wärmebilanzrechnung ein mathematisches Modell gebildet und zu einen ALGOL-Rechenprogramm zusammengefaßt. Leider lassen sich diese mühsam erarbeiteten Ergebnisse höchstens auf zylindrische Drehöfen übertragen.

Auch Neidel [24] hat die Zonenmethode auf strahlungsbeheizten Brennkammern angewandt. Koch und Woelk haben ein elektrisches Modell für brennstoffbeheizte Öfen entwickelt, das allerdings auf das Rührkesselmodell beruht.

Noch einen anderen Weg hat Woelk [20] beschritten. Er zieht das Dreikörpersystem von Wärmgut, Heizgas und Ofeninnenwand eines direkt-befeuerten Industrieofens auseinander, es wird „entkoppelt". Zuerst wird die Berechnung des zeitlichen und örtlichen Temperaturfeldes des Wärmgutes durchgeführt, das den am Wärmgut gestellten Bedingungen genügt. Hierdurch ist dann bekannt, welche Wärmemengen dem Wärmgut an jeder Stelle und zu welcher Zeit zugeführt werden müssen. Die beiden anderen Teile des Körpersystems, also Ofenwand und Heizgas, müssen dann in einem Berechnungsmodell so konstruiert werden, daß sie diese Wärmeströme liefern. Oft sind die Bedingungen, die an die Erwärmung eines Wärmgutes gestellt werden, folgende: Es muß eine bestimmte Oberflächentemperatur von einer gegebenen Anfangstemperatur an erreicht werden und zwar in einer bestimmten Zeit. Dabei darf die Kerntemperatur nur um einen bestimmten Betrag von der Oberflächentemperatur abweichen (4.5.6.). Woelk hat hierfür auf die Fourier-Zahl beruhrende Formeln entwickelt. In [20] hat er die Temperatur und die be-

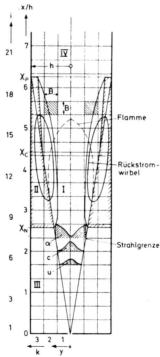

Bild 145: Flamme in einer zylindrischen Brennkammer

rechnete Wärmestromdichte als Randbedingungen für die anschließende Ofenberechnung benutzt. Diese Berechnungsmethode erlaubt es auch, die erforderliche Verteilung der Brennstoffzufuhr über die Ofenlänge eines Stoßofens zu ermitteln. Als Ausgangstemperatur wird die kalorimetrische Verbrennungstemperatur des in Aussicht genommenen Brennstoffes angenommen, unter Berücksichtigung von Luftzahl und Luftvorwärmung. Die Erwärmung eines Wärmgutes hat Senkara [2 — S. 182—265] sehr ausführlich und unter Verwendung praktischer Tafeln behandelt.

Übrigens hat Knaak [25] sich über die verschiedenen Ofenberechnungsmodelle wie folgt geäußert:

„Die physikalischen und chemischen Vorgänge in einem Industrieofen sind so komplex, daß ein praktikables, mathematisches Modell, selbst bei Berücksichtigung aller Details, kaum in der Lage sein dürfte, allen Anforderungen gerecht zu werden."

Um die Wärmeübertragung durch Körperstrahlung zu vergrößern, ist man seit mehreren Jahren dazu übergegangen, Deckenstrahlbrenner anzuwenden, Bild 146.

Da die Gasstrahlung hierbei zurücktritt, kann die Schichtstärke des Heizgasstromes kleiner werden, d.h. die Ofendecke kann tiefer herunter gezogen und flach ausgeführt werden (Bild 147).

L e u c h t e n d e F l a m m e n von kohlenwasserstoffhaltigen Gasen führen meistens eine Steigerung der Wärmeübertragung herbei. Diese kann sogar sehr beträchtlich werden. Da aber die Größe der Rußteilchen, deren Anzahl je Volumeneinheit des Abgases meistens nicht bekannt ist, und auch die Flammendicke eine Rolle spielen, so fehlen im allgemei-

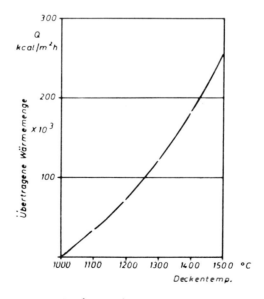

Beheizung mit Koksofengas
Wärmguttemperatur 1000°C
Flächenverhältnis $\varphi = 0{,}7$

Bild 146: Vergrößerung der Wandstrahlung durch Anwendung von Deckenstrahlbrennern (nach Boenecke und Pohle)

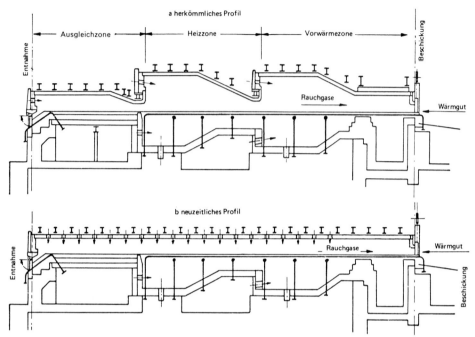

Bild 147: Stoßofen, a) herkömmliches Profil, b) Profil mit Deckenstrahlbrennern

nen leider die Grundlagen für die Berechnung dieser Art von Flammenstrahlung. Außerdem ist die Schwärzung auch örtlich verschieden, denn am Ende der Flamme sollen die Rußteilchen verbrannt sein, und damit findet auch die leuchtende Strahlung ihr Ende. Jedoch haben Versuche in Ijmuiden praktische Unterlagen gebracht.

Bei niedrigeren Temperaturen ist keine Verbesserung der Wärmeübertragung durch das Vorhandensein von Rußsttrahlung zu erwarten. Aber auch bei höheren Abgastempera-

Bei niedrigeren Temperaturen ist keine Verbesserung der Wärmeübertragung durch das Vorhandensein von Rußstrahlung zu erwarten. Aber auch bei höheren Abgastemperaturen wird man bei Gasen, die an sich kein sichtbares Licht aussenden, jedoch eine hohe Emissionszahl aufweisen (z.B. ϵ = 0,5, wenn die Stärke s der Rauchgasschicht groß ist), meistens keine große Verbesserung der Wärmeübertragung auf das Gut erzielen durch Begünstigung von R u ß s t r a h l u n g. Aus Bild 134 geht hervor, daß auch für Emissionszahlen von ϵ = 0,15 bis 0,20, womit im Ofenbereich bei Anwendung nichtleuchtender Gase meistens gerechnet werden kann, die Gesamtwärmeübertragung bei höheren Temperaturen schon erheblich ist.

Es ist zu beachten, daß die Wirksamkeit der mittelbaren Heizflächen (Wandstrahlung) sehr zurückgeht, wenn durch Karburieren die Strahlung der Gasschicht stark zunimmt. Aus Bild 139 geht hervor, daß bei ϵ = 1, wobei das Gas als ein schwarzer Körper strahlen würde, die Wandstrahlung auf Null absinkt.

Verschiedene Brennstoffe ergeben eine große Rußstrahlung. Bild 148 zeigt die in der Versuchsanstalt Ijmuiden festgestellten Werte von ϵ. Auffallend ist, daß ϵ für die nichtleuch-

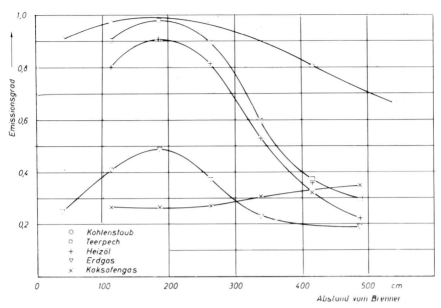

Bild 148: Emissionszahlen verschiedener Brennstoff (Messungen ijmuiden)

tende Flamme von Koksofengas ziemlich konstant ist und sich um 0,3 bewegt. Für Erdgas wurde in einiger Entfernung vom Brennermund ein Wert $\epsilon = 0,5$ gemessen, der aber weiter abnahm. Heizöl-, Teerpech- und Kohlenstaubflammen erreichen durch Rußstrahlung einen sehr hohen Emissionsgrad (0,8 bis 1,0). Wie das Bild zeigt, nimmt ϵ nach beendeter Verbrennung stark ab und ist somit von Flammenform, Flammenführung und anderen Umständen der Verbrennung abhängig. Durchschnittswerte können Tafel 84 entnommen werden.

In den letzten Jahren hat man in Versuchsöfen Wärmeübergangs- und Wärmeflußzahlen (die Anzahl der kJ, die an einer bestimmten Stelle des Ofenraumes auf 1 m² eines Körpers in 1 h übergehen) gemessen. Litterscheidt, Thring, Woelk und Eichert haben **Wärmeflußmesser** entwickelt, die in der Hauptsache Wasserkalorimeter sind.

Tafel 84: Zunahme der Gasstrahlung durch leuchtende Flammen

Brennstoff	Anteil der Rußstrahlung in % der Gasstrahlung
Öl	35
Flüssiggas	25
Erdgas	10
Koksofengas	0
Gichtgas	0

Bereits im Jahre 1919 machte Groume Grjimailo darauf aufmerksam, daß Ö f e n m i t e i n e r t i e f g e l e g e n e n A b g a s ö f f n u n g , in welcher ein Überdruck herrscht, einen höheren Wirkungsgrad aufweisen als Öfen mit einer Abgasöffnung im Gewölbe. Grjimailo war der Meinung, daß der geringere Brennstoffverbrauch der Tatsache zuzuschreiben ist, daß heiße Abgase die natürliche Neigung haben, im Ofenraum hochzusteigen. Finden diese Abgase, wie im Bild 149a gezeigt, eine Abgasöffnung im Gewölbe, so werden sie hierdurch abziehen, ohne mit dem Wärmgut in ausreichende Berührung zu kommen.

Ganz anders liegt der Fall, wenn die Abgasöffnung in den unteren Teil des Ofenraumes verlegt wird (Bild 149b). Dann müssen die Abgase, nachdem sie im Ofenraum hochgestiegen sind, wiederum nach unten, wodurch eine erhöhte Bewegung eintritt. Entweder beim Aufsteigen oder beim Niedersteigen strömen sie entlang dem Wärmgut, und in dem Falle, daß dieses aus aufgeschütteten Körpern besteht, sogar durch diese Schüttung hindurch.

4.5.3. Schachtöfen und Wirbelschichtöfen

Eine besondere Art der unmittelbaren Beheizung findet in K u p o l ö f e n zum Schmelzen von Gußeisen und in Schachtöfen zum Brennen von Kalk statt. In diesen Öfen werden Brennstoff (Koks) und Wärmgut in abwechselnden Schichten oben eingefüllt, unten wird durch Düsen Verbrennungsluft eingeblasen. Die heißen Verbrennungsgase steigen durch die Ofenfüllung hoch und wärmen das Wärmgut vor. Allerdings hat man bei diesen Öfen mit der Boudouardschen Gleichung zu rechnen, und das abziehende Gas wird einen bestimmten Anteil CO enthalten. Bei neuzeitlichen Kupolöfen wird dieses Gas nachträglich verbrannt und der Wärmeinhalt zum Vorwärmen der Verbrennungsluft herangezogen (8.2.3. und 8.8.1.).

Auch die W i r b e l s c h i c h t ö f e n zeigen eine besonders intensive Art der unmittelbaren Wärmeübertragung. Das Wirbelschichtverfahren, von Winkler erfunden, arbeitet mit einer von einem aufströmenden Gas aufgewirbelten Schicht feinkörniger Feststoffe, die flüssigkeitsähnliche Eigenschaften aufweist.

Ein Bett von kleinen Teilchen eines Stoffes wird senkrecht von unten her von einem Gas durchströmt. Dieses Gas übt hierbei auf die Teilchen, die einen Widerstand bilden, eine Kraft aus. Wird diese Kraft größer als das Gewicht der Teilchen, so werden diese hochgeblasen und wirbeln herum. Es kommt also eine sehr intensive Durchwirbelung von Stoff und Gas zustande, hierdurch wird die Diffusion und der Wärmeübergang beschleunigt. Das Stoffbett kann aus brennbaren oder teilweise brennbaren Schüttstoffen bestehen (z.B. Pyrit, ölhaltige Schlämme) und der Gasstrom aus Luft. Nicht-brennbare Stoffe wer-

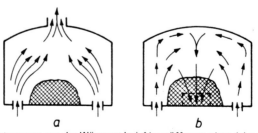

Bild 149: Abgasströmung um das Wärmgut bei Abgasöffnung oben (a) oder unten (b)

4. Der Ofen und die Wärme

den von Luft durchblasen, und es wird gasförmiger Brennstoff seitlich durch Lanzen oder flüssiger Brennstoff von oben zugesetzt. Wirbelschichtverbrennung wird meistens im Temperaturbereich von 800 bis 1000 °C angewandt.

Befindet sich in einem Behälter mit durchlöchertem oder porösem Boden eine Schicht gekörnter, fester Teilchen und wird ein Gas (z.B. Luft) von unten durchgeblasen, so können drei verschiedene Möglichkeiten eintreten:

1. Das Gas strömt durch die freien Räume zwischen den Teilchen, und die Höhe h_1 ändert sich nicht, Bild 150. Man hat es mit einer durchströmten Schüttschicht zu tun.
2. Wird die Strömungsgeschwindigkeit erhöht, dann werden die Teilchen plötzlich anfangen zu schweben. Die Höhe h nimmt jetzt zu und wird h_2. Man spricht dann von einer Wirbelschicht.
3. Wird die Strömungsgeschwindigkeit soweit erhöht, daß die Teilchen aus dem Behälter hinausgeblasen werden, dann hat man es mit einer Flugstaubwolke zu tun. Diese Erscheinung wird beim pneumatischen Transport nutzbar gemacht.

Eine Wirbelschicht kann mit einer Flüssigkeit verglichen werden. Bringt man in einer Wirbelschicht aus Teilchen höherer Dichte, Teilchen mit geringerer Dichte, so werden letztere auf die Schichtoberfläche „schwimmen".

Wirbelschichten können nach ihrer Erscheinungsform weiter eingeteilt werden (Bild 151). Ist die Teilchenverteilung in einen genügend großen Raum gleichmäßig, so spricht man von einer homogenen Wirbelschicht (Bild 151.1). Bildet das Gas beim Durchgang Blasen, dann ist die Schichtoberfläche zuerst leicht und bei zunehmender Geschwindigkeit heftig bewegt. Die Teilchenverteilung ist dann zeitlich unregelmäßig (Bild 151.2). Diese Art des Wirbelschichtes wird in der Technik am meisten angewandt.

Bei Kesseln mit kleinerem Durchmesser können die Gasblasen den ganzen Durchmesser in Anspruch nehmen und Schichten von Feststoffteilchen wie ein Kolben hochheben. Der Vorgang wiederholt sich periodisch (Bild 151.3).

In einem trichterförmig nach oben erweiterten Behälter kann die Sprudelschicht entstehen (Bild 151.4). In der Mitte hat das Gas eine große Geschwindigkeit, wodurch Teilchen wie eine Fontäne aus der Schicht hochgeblasen werden, aber an der Wand wieder in der Schicht herunterrutschen.

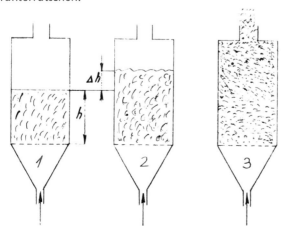

Bild 150: Übergang einer Schüttschicht (1) über eine Wirbelschicht (2) bis zur Flugstaubwolke (3)

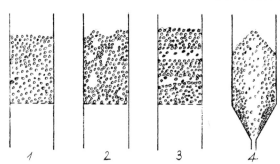

Bild 151: Verschiedene Arten von Wirbelschichten: 1) homogene Wirbelschicht 2) brodelnde Wirbelschicht 3) geschichtete Wirbelschicht 4) sprudelnde Wirbelschicht

Die Wärmeübertragung von dem strömenden Gas auf die festen Teilchen ist groß und kann nach Reynoldson 0,12–1,16 kW/m^2 K betragen, abhängig vom Teilchendurchmesser. Ein kleiner Durchmesser begünstigt die Wärmeübertragung. Die Dichte der Fließbett-Teilchen soll nicht größer als 1,28 bis 1,6 gr/cm^3 sein. Die Geschwindigkeit soll nach Kovacs [162] zwei- bis dreimal größer sein als die Geschwindigkeit, wobei das Schweben einsetzt.

Die Beheizung des Gases kann verschiedentlich zustande kommen:
1. Das Gefäß kann von Außen her elektrisch oder durch Heizgas erwärmt werden.
2. Im Behälter selbst kann eine elektrische Widerstandserwärmung angebracht sein.
3. Mittels eines Tauchbrenners wird heißes Verbrennungsgas direkt in das Wirbelbett geblasen.
4. Das Gas, das in den Behälter geblasen wird, ist heißes Abgas, daß außerhalb oder direkt unter den durchlöcherten Boden durch Verbrennung hergestellt wird.
5. Man kann Heizgas auch unvollkommen verbrannt zuführen und durch weitere Zufuhr von Luft, die evtl. vorgewärmt wird, vollkommene Verbrennung im Wirbelbett erreichen.
6. Das Wirbelgut kann selbst brennbar sein (z.B. Abfall). Wird hierdurch nicht genügend Wärme entwickelt um ein Kontinuprozess in Gang zu halten, kann durch Gas- oder Öllanzen, die durch die Wand geführt werden, zusätzlich Wärme zugeführt werden.

Auch zum Trocknen ist das Wirbelschichtverfahren sehr geeignet. Eine neue Anwendung findet das Verfahren bei der Wärmebehandlung von kleinen Stahlteilen. Man kann dadurch oft den Gebrauch von Salzbadöfen mit ihren bekannten Nachteilen umgehen. Besonders da man auch andere Verfahren, wie Anlassen, Aufkohlen oder Entkohlen usw. durch die Wahl der Gaszusammenstellung und der Temperatur des Wirbelgases durchführen kann.

4.5.4. Mittelbare Beheizung

Bis jetzt wurde die Wärmeübertragung in Öfen für den Fall betrachtet, daß das Wärmgut von heißen Abgasen umspült wird. In der Metall- und keramischen Industrie kommt es aber vor, daß das Wärmgut nicht mit den Abgasen in Berührung kommen darf, besonders wenn es sich um Abgase aus der Verbrennung fester Brennstoffe handelt.

Man kann unterscheiden zwischen M u f f e l ö f e n, wobei das Wärmgut in einem vom Heizgas umspülten oder von außen her durch Widerstandselemente beheizten Raum ein-

4. Der Ofen und die Wärme

geschlossen ist, und S t r a h l r o h r ö f e n (Bild 160), wobei das Heizgas durch Rohre strömt, die Verbrennung meistens in diesen Rohren stattfindet und das Wärmgut durch die Strahlung dieser Rohre erwärmt wird. Bei Muffelöfen wird das Wärmgut in T ö p f e , K i s t e n , T i e g e l oder M u f f e l n eingeschlossen. Diese werden von Abgasen umspült und stehen mit den Ofenwänden im Strahlungsaustausch. Wärmetechnisch betrachtet ist die Zwischenwand von Nachteil, denn die Wärmeübertragung an das Wärmgut wird hierdurch erschwert. Die Wirkung ist mit der von Strahlungsschirmen zu vergleichen (3.4.).

Zusätzlich findet auch Wärmeübertragung in der Muffel durch Konvektion statt, wodurch dem Wärmgut mehr Wärme zugeführt wird.

Schon eine dünne Muffelwand setzt den Wärmeübergang durch Strahlung auf das Wärmgut herab. Da die Muffel- oder Topfwände nicht unendlich dünn sind, sondern eine gewisse Stärke haben, so fällt die Temperatur von der Außenseite dieser Wände zur Innenseite ab, und der Wärmeübergang wird noch geringer. Da dieser Temperaturabfall nicht nur von der Stärke, sondern auch von der Wärmeleitzahl der Wand abhängt, so wird man manchmal statt Schamotte mit einer niedrigen Wärmeleitzahl einen anderen Stoff (z.B. Siliziumkarbid) mit höherer Wärmeleitzahl wählen oder einen Stahlmuffel anwenden.

Die Muffeln, Kisten, Tiegel, Töpfe usw. speichern Wärme, die ganz oder teilweise verlorengeht, wenn sie nach getaner Arbeit aus dem Ofen entfernt werden, um entleert zu werden. Schließlich werden durch den Muffeleinbau die Außenabmessungen des Ofens größer, wodurch wiederum mehr Steingewicht für den Ofen erforderlich ist. Daß durch die größere Oberfläche der Außenseite des M u f f e l o f e n s auch die Wandverluste größer sind als bei Ö f e n m i t u n m i t t e l b a r e r B e h e i z u n g , wird einleuchten. Andererseits ist bei niedrigeren Temperaturen der Anteil der Wärmestrahlung an der Wärmeübertragung auf das Wärmgut geringer, wenn dafür gesorgt wird, daß durch eine lebhafte Bewegung des Gases innerhalb der Muffel (z.B. des Schutzgases) die konvektionelle Wärmeübertragung bedeutend gesteigert wird. Hierfür werden oft Kreisel- oder Schraubengebläse im Muffelraum angewendet. Bei Öfen mit Stahlblechmuffeln kann dafür gesorgt werden, daß die Temperatur der beiden Wandoberflächen nicht viel von der Temperatur der Verbrennungsgase abweicht. Hierfür ist das Prinzip der Abgasrückführung (7.3.) mittels eines Gebläses besonders geeignet.

Man wird bei der Anwendung eines gereinigten gasförmigen Brennstoffes (z.B. Koksofengas, Stadtgas) manchmal, auch in der Stahl- und in der keramischen Industrie, ohne Muffeln arbeiten und hierdurch viel Brennstoff einsparen können. In der feinkeramischen Industrie können die Abgase auf das Produkt einwirken. Man arbeitet hier mit Luftmangel, wenn in der Glasur oder im Produkt Eisenoxyd vorhanden ist, denn dieses soll zu dem nichtfärbenden Eisenoxyd reduziert werden. Wird eine bleihaltige Glasur angewendet, so hat man dagegen für eine leichtoxydierende Atmosphäre zu sorgen, damit das Bleioxyd nicht reduziert wird. Enthalten die Abgase Schwefelverbindungen in größeren Mengen, so wie es bei den Abgasen aus festen Brennstoffen und Mineralölen meistens der Fall ist, so wird ein sehr schädlicher Einfluß auf die Glasur ausgeübt. Da man bei der Feinregelung auf eine oxydierende oder reduzierende Atmosphäre jede Übertreibung vermeiden soll, schon deshalb, weil dies mehr Brennstoff kostet, so bietet die Anwendung eines gasförmigen Brennstoffes, bei dem man die Luftzahl genau einstellen kann und außerdem Schwefelverbindungen nur in Spuren vorhanden sind, manchmal große Vorteile.

Es gibt aber Fälle, in denen sogar die Abgase von gereinigten gasförmigen Brennstoffen nicht mit dem Wärmgut in Berührung kommen dürfen, weil der Sauerstoff, entstanden durch Dissoziation des in den Abgasen enthaltenen Wasserdampfes und Kohlendioxydes, zu einer nicht zulässigen Oxydation des Wärmgutes führen würde. Dann kann es notwendig werden, ein S c h u t z g a s (7.2.4.) durch den mittelbar beheizten Ofenraum zu führen.

Mittelbare Beheizung eines Ofenraumes kann durch e l e k t r i s c h e W i d e r s t a n d s e l e m e n t e , durch W ä r m e r o h r e , Ö l s t r a h l e r , I n f r a r o t e l e m e n t e (8.6.4.) oder durch S t r a h l r o h r e erzielt werden.

Bei e l e k t r i s c h e n W i d e r s t a n d s ö f e n sind die Heizelemente an den Wänden, der Tür und der Decke angebracht oder auch in Wandnischen angeordnet. Die Wärmeübertragung findet größtenteils durch Flächenstrahlung statt. Besteht die Gefahr, daß ein für die Wärmebehandlung des Wärmgutes vorgesehenes Gas die Heizelemente beschädigt, oder sollen Wärmgut und Gas in einem gut verschließbaren Raum zusammengebracht werden, so wird man die Widerstandselemente auch außerhalb der Muffel oder innerhalb von Schutzrohren unterbringen. Hierdurch wird eine vollständige Trennung zwischen Wärmgut und Elementen vollzogen. Auch hier wird das Wärmgut größtenteils durch Strahlung erwärmt, es sei denn, daß der Gasinhalt des Ofens mittels eines Gebläses umgewälzt wird, wodurch zusätzlich eine starke konvektive Wärmeübertragung erzeugt wird.

W ä r m e r o h r e [26]

Wärme kann mittels Rohre transportiert werden und wenn dieser Transport durch die Verdampfung einer Flüssigkeit und anschließende Kondensation des Dampfes dort zustande kommt, wo die Wärme abgegeben werden soll, so nennt man solche in sich geschlossenen Rohre Wärmerohre. Ein Vorteil dieser Art des Wärmetransportes besteht in dem ziemlich geringen Temperaturunterschied zwischen Wärmequelle und Wärmesenke. Außerdem können viel größere Wärmemengen transportiert werden als bei der Wärmeleitung durch massive Stäbe, die dann auch noch unverhältnismäßig größere Maße haben als Rohre.

D a m p f - o d e r P e r k i n s r o h r e werden in Backöfen noch in vereinzelten Fällen angewendet. Sie übernehmen den Wärmetransport vom Feuerraum zum Ofenraum. Es sind Stahlrohre, die an beiden Enden zugeschweißt werden, wobei vor dem Zuschweißen des zweiten Endes eine bestimmte Menge Wasser eingefüllt wird. Sie liegen im Ofenraum und ragen mit einer kurzen Länge in den Feuerraum hinein. Das im Feuerraum verdampfte Wasser kondensiert wieder im Ofenraum durch die Wärmeabgabe des Rohres durch Konvektion. Das Rohr kann mehrmals gebogen sein, soll aber über die ganze Länge ein Gefälle von mindestens 1,5 bis 2 % haben, damit der Rückfluß des Kondensats zum Feuerraum gewährleistet ist. In den Feuerraum darf nur ein kleiner Teil des Rohres, das H e i z e n d e , hineinragen (Bild 152).

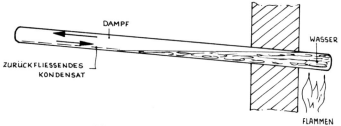

Bild 152: Dampfrohr

4. Der Ofen und die Wärme

Tafel 85: Abhängigkeit von Temperatur und Druck von der Rohrfüllung

Rohrfüllung in %	25	32,6	4 φ	50
Temperatur °C	\multicolumn{4}{c}{Druck in bar}			
374	218,7	221,1	227,6	255
380	231,5	236,4	244,3	275,7
390	253,1	262,9	272,7	323,7
400	275,7	290,4	313,9	366,9

Wird die Wärmezufuhr im Feuerraum größer als die Wärmeabgabe im Ofenraum, so steigt der Rohrinnendruck immer höher und kann zum Bersten des Heizendes führen. Hierauf ist aber auch die Größe der Wasserfüllung von Einfluß, wie die Betrachtung der Tafel 85 lehrt.

Bei der gebräuchlichen Backraumtemperatur von 250 bis 270 °C ist der Rohrinnendruck nicht besonders hoch. Wird aber aus Versehen weitergeheizt oder wird zu schnell hochgeheizt oder ragen die Heizenden (z.B. durch Abnutzung des feuerfesten Mauerwerkes) zu weit in den Feuerraum hinein, so nimmt bei steigender Temperatur der Innendruck unverhältnismäßig schnell zu (Bild 153).

Bei einer R o h r f ü l l u n g von 32,6 % wird bei der kritischen Temperatur (374 °C) auch der kritische Druck (225 atü) erreicht. An der Grenzkurve des Zustandsdiagramms für Wasser befindet sich im Rohrinnern das gesamte Wasser in einem Aggregatzustand zwischen Wasser und Heißdampf. Je geringer die Rohrfüllung ist, je näher ist das Gebiet des Heißdampfes und desto schlechter wird also der Wärmeübergang. Die Gefahr des Überhitzens des in das Feuer ragenden Rohrteils wird hierdurch größer. Für größere Füllungen als 33 1/3 % liegt das Gebiet des Wassers näher und damit das eines besseren

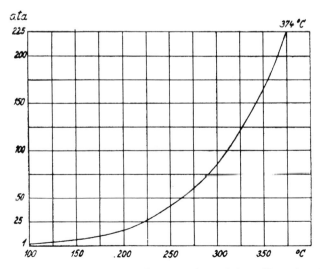

Bild 153: Druck-Temperatur-Diagramm für gesättigten Wasserdampf

Wärmeüberganges. Somit wären größere Füllungen günstig, wenn nicht besonders bei Füllungen über 40 % der Druck mit steigender Temperatur viel stärker zunehmen würde als bei kleineren Füllungen.

H e a t p i p e s : Auch diese sind beiderseits geschlossene Rohre, wobei die Wärmeaufnahme und -abgabe durch Verdampfung bzw. durch Kondensation stattfindet. Das Kondensat wird aber jetzt nicht durch die Schwerkraft, sondern durch Kapillarkräfte zurückgeführt. Deswegen können diese Rohre sowohl waagerecht bis senkrecht angeordnet werden. Eine andere Besonderheit ist die Füllung der Rohre, denn sie besteht meistens aus Stoffen wie Natrium, Kalium, Lithium und anderen. Hierdurch wird es möglich, Wärme bei bedeutend höheren Temperaturen zu befördern, als es bei der Anwendung einer Wasserfüllung möglich ist. Die Überdrücke im Rohr sind meistens gering, aber die hohen Temperaturen machen die Anwendung von Spezialstählen und Legierungen als Rohrbaustoff notwendig. Die Standfestigkeit ist wichtig und diese hängt sowohl von der Wahl des Rohrbaustoffes und von den der Flüssigkeit ab.

Für das gleiche Temperaturgebiet, das für die Dampfrohre mit Wasserfüllung zulässig ist, kann man für Heatpipes auch Diphyl als Füllflüssigkeit verwenden. Bei einer Temperatur von 300°C beträgt der Dampfdruck von Diphyl nur 2,52 ata (2,47 bar). Das ist sehr günstig im Vergleich mit Wasser, denn hierfür ist der Dampfdruck nicht weniger als 88 ata (86,32 bar) bei der gleichen Temperatur von 300°C. Die Verdampfungswärme von Wasser ist aber viel größer als die von Diphyl. Sie ist bei 300°C 1403 kJ/kg gegenüber 268,8 kJ/kg für Diphyl.

Bild 154 zeigt das Prinzip eines Heatpipes. 1 ist das vollständig geschlossene Rohr, 2 die Innenbekleidung des Rohres aus einem Stoff mit kapillarer Eigenschaft. Bei 3 wird die Wärme zugeführt, die die Arbeitsflüssigkeit zum Verdampfen bringt. Der Dampf bewegt sich in der Richtung des Pfeiles 4, kondensiert und gibt bei 5 Wärme ab. Das Kondensat wird durch Kapillarkräfte durch 6 wieder zur Stelle 3 zurückbefördert. Solche Rohre können für Ofentemperaturen bis 900 °C verwendet werden. Es können die folgenden Temperaturgebiete bestrichen werden:

    mit Wasserfüllung   bis 200 °C
    mit Dowtherm-Füllung   bis 370 °C
    mit Kalium-Füllung   bis 800 °C
    mit Natrium-Füllung   bis 900 °C

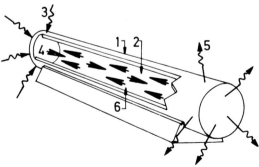

Bild 154: Calocoax-Wärmeübertragungsrohr

Dabei wird eine Temperatur von 900 °C noch mit Rohren aus handelsüblichem, rostfreiem Stahl bei einem Druck beherrscht, der wenig vom atmosphärischen Druck abweicht.

Es werden an Wärmeträger für Heatpipes folgende Ansprüche gestellt:
1. Hohe Verdampfungswärme, denn das bedeutet hohen Wärmetransport bei kleinem Massenstrom.
2. Geringe Zähigkeit der Flüssigkeit, denn hierdurch wird der Druckabfall der Strömung gering.
3. Hohe Wärmeleitfähigkeit der Flüssigkeit begünstigt einen schnellen Transport der von Außen zugeführten Wärme von der Wand zur Flüssigkeitsschicht. Hierdurch wird die Gefahr örtlicher Blasenbildung und Überhitzung der Rohrwand herabgesetzt.
4. Ein niedriger Dampfdruck bei der Arbeitstemperatur erlaubt es, ziemlich dünnwandige Rohre ohne Gefahr des Rohrzerknallens zu verwenden.

Der Temperaturunterschied zwischen Heizzone und Kondensationszone ist sehr gering. Bei einem bestimmten Kalium-Ringspalt-Heizrohr mit einem Flüssigkeitsspalt von 3 mm und bei einer Heiztemperatur von 1000 K (727 °C) und einer Wärmeleistung von rund 5 kW betrug der Temperaturunterschied zwischen Heiz- und Kondensationszone nur rund 0,5 K. Der mittlere Überdruck des Dampfes im Wärmerohr betrug rund 81000 N/m^2 (0,91 atü)

Die maximale Leistung bei 1100 K (827 °C) dieses Rohres mit einem Innendurchmesser von nur 1,726 cm, beträgt 8,5 kW (7,3 Mcal/h).

R i n g r o h r e . Die neueste Entwicklung auf dem Gebiet der Wärmerohre ist das Ringrohr.

Bild 155 zeigt schematisch eine Ausführung. Es ist aus zwei senkrechten Teilen a, b und mehreren waagerechten Teilen d bis h aufgebaut. Vom unteren Teil d kann der Teil e als Schleife um den Verbrennungsraum c geschlungen werden. Hier erfolgt die Wärmezufuhr. Die Rohrteile d, f, g und h, zusammen mit den entsprechenden Teilen der senkrechten Rohre a umschlingen die Arbeitsräume 1, 2 und 3 und geben dort Wärme ab. Mehrere

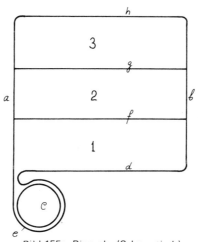

Bild 155: Ringrohr (Schematisch)

solcher Ringrohre sind hintereinander aufgestellt und bilden somit mehrere Tunnel, die die Arbeitsräume in ihrer ganzen Länge umschlingen (Bild 156). Die Rohre sind teilweise mit Flüssigkeit, meistens Wasser, gefüllt und dann verschlossen. Für sie gelten die gleichen Bedingungen in Bezug auf die Größe der Rohrfüllung wie für die einfachen Dampfrohre.

Bei der Beheizung eines Rohres stellt sich eine Temperaturdifferenz zwischen den Wassersäulen in a und b (Bild 155) ein, wodurch eine Zirkulation durch Thermosyphon-Wirkung verursacht wird. Außerdem geht ein Teil des Wassers in Dampf über und die aufsteigenden Dampfblasen unterstützen die Strömung. Der Dampf wird in den oberen Teil und in einigen der waagerechten Rohrteile kondensieren und dabei die Kondenswärme abgeben. Das Kondensat fließt wiederum zurück zum unteren Teil des Ringrohres. Im Gegensatz zum einfachen Dampfrohr und auch zum Heatpipe bewegen sich Dampf und Flüssigkeit im Ringrohr in der gleichen Richtung.

Der Einfluß des Füllungsgrades wirkt sich auf die Wasserhöhe in den Ringrohren aus. Bild 157 zeigt, wie die Wasserfüllung sich mit der Temperatur ändert.

Bei Füllungsgraden von 20 und 25 % bleibt bis rund 310 °C das Wasservolumen fast gleich, aber dann nimmt es sehr stark ab. Dies im Gegensatz zu Rohrfüllungen von 32,5 % und höheren, denn hier nimmt das Wasservolumen von Anfang an zu und ganz besonders bei Temperaturen oberhalb 310 °C.

Bei Füllungsgraden von 32,6 % ist die Benetzung des beheizten Rohrteiles bis zur kritischen Temperatur von 374,1 °C gewährleistet, was bei kleineren Füllungen nicht der Fall ist. Ringrohre wären auch beim Rekuperatorenbau brauchbar, sogar bei höheren Temperaturen mit Na als Füllung.

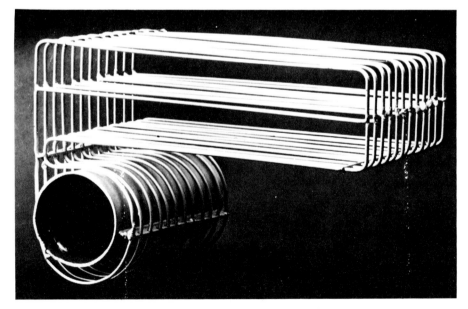

Bild 156: Ringrohrbeheizung eines Ofens mit 2 Arbeitsräumen

4. Der Ofen und die Wärme

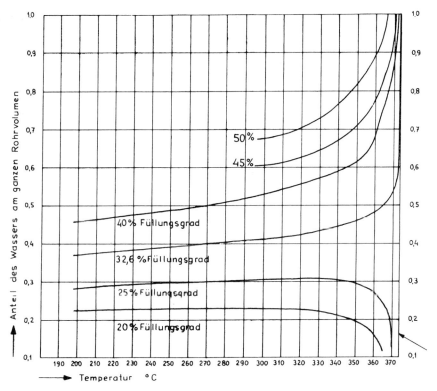

Bild 157: Einfluß des Füllungsgrades eines Ringsrohres

Ö l s t r a h l e r : Die Beheizung von Ofenräumen mittels Strahlflächen oder mit Rohren, die von heißem Wasser durchflossen werden, ist nur für niedrige Ofentemperaturen möglich. Es gibt aber Öle und andere Flüssigkeiten, die bis 300 °C erhitzt werden können, ohne bei 1 Bar den Siedepunkt zu überschreiten und ohne auf die Dauer zu zersetzen. Das Spezialöl oder die Spezialflüssigkeit wird in einem öl- oder gasbeheizten Kessel erwärmt, mittels Pumpe durch die im Ofenraum befindlichen Strahlköper gefördert und wieder zum Kessel zurückgeführt [27, 28].

Eine Flüssigkeitswärmeübertragungsanlage (Bild 158) besteht aus dem Durchlauferhitzer 1 mit Rohrschlange, worin die Strahlungswärme an eine gesonderte Schlange und die Wärme konvektiv an ein Rohrbündel übertragen wird (Bild 159). Das heiße Öl wird dem

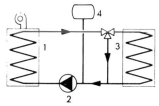

Bild 158: Flüssigkeitswärmeübertragungsanlage

Wärmeverbraucher 3 zugeführt, und die Pumpe 2 befördert das Öl dann zum Erhitzer 1 zurück. Da die benutzten Öle in kaltem Zustand eine bedeutend höhere Zähigkeit haben als bei höheren Temperaturen, wird manchmal beim Aufheizen das Öl mittels eines Dreiwegventils über eine Bypassleitung direkt zur Pumpe geführt. Dadurch wird der große Druckverlust von 3 umgangen. In Bild 158 ist 4 ein Ausdehnungsgefäß. Da die Öle bei höherer Temperatur leicht oxydieren, muß dafür gesorgt werden, daß das Öl in diesem Gefäß eine niedrigere Temperatur hat, so wenig wie möglich mit Luft in Berührung kommt und wenn, dann nur mit trockener [18].

Auch durch „Infrarotelemente" wird mittelbare Erwärmung erzielt (8.6.4.). Sie werden entweder durch Abgase von innen beheizt, und die Wärme wird durch nicht sichtbare langwellige Infrarotstrahlen an das Ofengut übertragen. Oder sie sind nach dem Prinzip der elektrischen Glühbirnen hergestellt (8.6.5.).

Quarzstrahler, also Wolframwiderstandselemente in Quarzglas, können wegen ihrer hohen Temperaturen und ihres hohen Wirkungsgrades ausgezeichnet für die mittelbare Erwärmung kleiner Öfen dienen.

4.5.5. Öfen mit Strahlrohrbeheizung werden vorwiegend für mittlere und hohe Betriebstemperaturen gebaut. Die Rohre bestehen dann aus hitzebeständigem Stahl (z.B. Cr-Ni-Stahl mit rund 25 % Cr und 12 % Ni) und für Temperaturen bis 1300 °C Kobaltlegierungen. Versuche mit Rohren aus keramischem Material, wie Sillimanit, Siliziumkarbid und sogar Quarzglas, zeigten schlechte Ergebnisse, da diese Baustoffe zu zerbrechlich sind.

Aber bei Mantelstrahlrohren werden auch keramische Ringe für das Innenrohr angewandt. Bild 160 zeigt verschiedene Bauarten von Strahlrohren.

Da jedes Rohr zweimal eine Durchbrechung der Ofenwände notwendig macht, werden einfache gerade Rohre nicht mehr angewendet. Man ist zu haarnadelförmigen oder Mantelrohren übergegangen (Bild 160, 2 und 3).

Es werden meistens Rekuperatoren zur Vorwärmung der Verbrennungsluft eingebaut.

Sehr wichtig ist es, daß ein Strahlrohr eine gleichmäßige Temperaturverteilung auf der Länge des Rohres aufweist, denn dann ist die Wärmeabgabe gleichmäßig und die Aus-

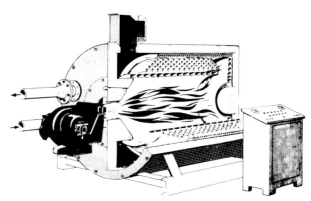

Bild 159: Durchlauferhitzer für Heißöl

nützung des Strahlungsmaterials optimal. Die in Bild 161 gezeigten Temperaturkurven nach Litterscheidt lassen erkennen, daß bei modernen Strahlrohren diese Temperaturverteilung sehr gleichmäßig ist.

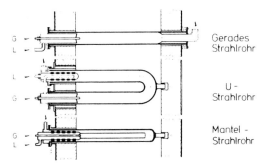

Bild 160: Grundtypen von Gasstrahlrohren

Haben die Rauchgase innerhalb eines Strahlrohres einen Überdruck in bezug auf den Ofenraum, so wird beim Durchbrennen eines Rohres Rauchgas in diesen Raum übertreten und die Ofenatmosphäre (z.B. Schutzgas) verderben. Besser ist es deswegen, die Rohre mit Unterdruck zu fahren, denn dann wird nur die Verbrennung mehr oder weniger beeinträchtigt, und die Abgaszusammensetzung wird sich durch Zumischung von Fremdgas ändern.

Durch regelmäßige Prüfung der Abgaszusammensetzung kann dann ein durchgebranntes Strahlrohr rechtzeitig entdeckt werden.

Für die Strahlrohre gebräuchlichen Brenner werden in 6.3. behandelt. Eine besondere Brennerbauart für schwingende Verbrennung (auch von Öl) ergibt bei Anwendung in Strahlrohren eine besonders hohe Wärmeübertragung und gleichmäßige Temperaturverteilung.

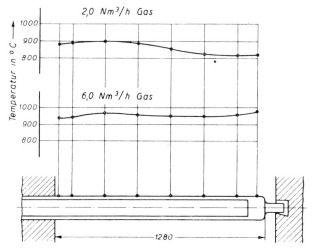

Bild 161: Mantelstrahlrohr (nach Litterscheidt)

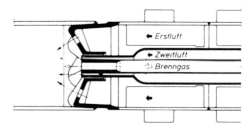

Bild 162: Strahlrohrbrenner mit Zweitluft (Werkbild LOI = Ludwig—OFAG—Indugas)

Bei Erdgas als Brennstoff hat man darauf zu achten, daß keine Rußbildung auftreten kann [29]. Bei Teillast ist die Gefahr der Rußbildung am größten, weil die Mischung von Brennstoff und Luft sich verschlechtert. Deswegen wird man in diesem Lastbereich mit größerem Luftüberschuß fahren. Seit einiger Zeit wird eine Brennerkonstruktion angewandt, wobei eine bestimmte Zweitluftmenge zugeführt wird und zwar um das innere Gasrohr herum (Bild 162) [30]. Bild 163 zeigt den Einfluß auf die Rußgrenzen eines senkrecht eingebauten Strahlrohres mit Erdgas als Brennstoff und zwar bei zwei verschiedenen Rohrtemperaturen. Auch die Temperaturverteilung über die Rohrlänge wird sehr gleichmäßig (Bild 164).

Die Wärmeübertragung auf das Wärmgut geschieht in Öfen mit Strahlrohrbeheizung vorwiegend durch Strahlung der Rohre. Natürlich tritt auch Konvektion auf, weil die Luft oder das Schutzgas im Ofenraum sich an den Strahlrohren und dem Wärmgut entlang bewegt, aber die übertragene Wärmemenge ist meistens nicht groß. Für die Wärmebehandlung besonders von Aluminium- und Magnesiumlegierungen werden aber Strahlrohröfen gebaut, bei denen mit einem Gebläse Luft an den Strahlrohren und über dem Wärmgut im Kreislauf vorbeigeführt wird; dann ist die Wärmeübertragung durch Konvektion vorwiegend.

Schmidt [31] hat darauf hingewiesen, daß zur Vergrößerung der Konvektions-Wärmeabgabeflächen die Strahlrohre Hilfsheizflächen anstrahlen sollen. Diese Flächen sollen dazu geeignet sein, an ein strömendes Medium große Wärmemengen konvektiv abzugeben. Drahtnetze sind hierzu sehr nützlich, da bei angeblasenen Körpern mit sehr kleinem

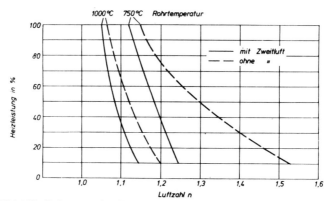

Bild 163: Rußgrenzen bei Erdgasbetrieb eines Mantelstrahlheizrohres (LOI)

4. Der Ofen und die Wärme

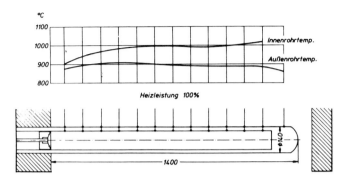

Bild 164: Temperaturverteilung bei Erdgasbetrieb mit Zweitluft (LOI)

Durchmesser der Wärmeübergangskoeffizient für Konvektion sehr groß ist. Bei einer Strömungsgeschwindigkeit von 10 m/s ist a_k = 84 — 126 kJ/m² K für angeströmte Strahlrohre von 100 bis 200 mm Durchmesser. Für Drahtnetze mit einem Durchmesser von 1 bis 2 mm steigt a_k auf nicht weniger als 840 — 1260 kJ/m² K. Bild 165 zeigt einen Gasheizer nach diesen Prinzip.

Eine vergleichbare Steigerung von a_k wird erreicht, wenn das Strahlrohr mit einem Rohr umgeben ist, das mit radialen Kanälen oder Poren durchzogen ist (Radialrekuperator) [112]. Strömt Luft durch diese Poren oder Kanäle, ist bei einem Durchmesser der Kanäle von 1 mm und einer mittleren Temperatur von 750 °C a_k = 1 MJ/m² K. Bei der gleichen Temperatur, aber für Kanäle mit einem Durchmesser von 3mm, wird a_k = 0,39 MJ/m² K. In der Anlaufstrecke der Kanäle ist a_k außerdem mehr als doppelt so hoch.

Die Leistung von Strahlrohren wird maßgeblich durch die zulässigen Wandtemperaturen und durch die Höhe der Beaufschlagung beeinflußt. Die Anwendungsgrenze hitzebeständiger Stähle hängt mit der zulässigen Verzunderung im Dauerbetrieb zusammen [29]. Daraus ergeben sich für Cr-Ni-Stahl die Werte für die Strahlungsleistung nach Tafel 86. Über das Wärmeübergangsverhältnis in strahlrohrbeheizten Öfen haben Gerdes und Woelk [212] und Dürfeld und Köhne [32] berichtet.

Um den Wirkungsgrad der Strahlungsrohre zu erhöhen, baut man öfters einen Rekuperator ein, um mit den Abgasen die Verbrennungsluft vorzuwärmen. Bild 166 zeigt den Wirkungsgrad eines Mantelstrahlrohres bei verschiedenen Temperaturen des Außenrohres und Wärmebeaufschlagungen.

Tafel 86 Max. spez. Leistung

Ofentemperatur °C	Strahlungsleistung kW/m²	kcal/cm²h
850	40,7	3,5
900	34,5	3,0
950	27,3	2,4
1000	19,3	1,7
1050	10,2	0,9

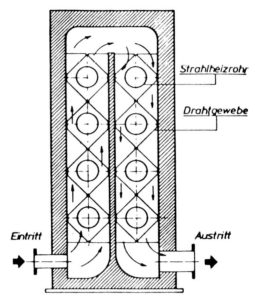

Bild 165: Strahlrohrbeheizter Gasvorwärmer

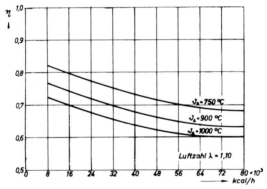

Bild 166: Wirkungsgrad η des Mantelstrahlrohres für verschiedene Außenrohrtemperaturen und Wärmebeaufschlagungen

4.5.6. Steigerung der Wärmeübertragung durch pulsierende Verbrennung

Wird in einem Rohr Brennstoff nicht stetig verbrannt, sondern werden Luft und Brennstoff stoßweise zugeführt, so ist auch die Verbrennung intermittierend. Ein selbst erregendes Gerät ist das Schmidt-Rohr, das zum Antrieb des V I diente (Bild 167). Es ist ein gerades Rohr, das mit selbsttätigen Luftklappen versehen ist und eine Vorrichtung zum Einspritzen von Brennstoff hat. Nachdem die erste Zündung eingeleitet ist, wollen die Flammengase sich ausdehnen. Sie werden aber daran gehindert, weil die träge Masse der sich im Rohr noch befindenden Gassäulen erst beschleunigt werden muß. Es findet hierdurch ein Druckanstieg im Rohr statt, durch den die Luftklappen schließen und die Gas-

4. Der Ofen und die Wärme

Bild 167: Schmidt-Rohr (Schematisch)

säule vorwärts getrieben wird. Am Ende dieser Bewegung tritt jetzt Unterdruck auf, die Luftklappen öffnen, und eine frische Brennstoffmenge wird eingespritzt und gezündet. Der Rohrinhalt schwingt wie in einer Orgelpfeife mit stehender Welle und mit einer Frequenz von 40 Hz bei einer Rohrlänge von 5 m. In Anlehnung an diese Konstruktion hat man verschiedene Apparate zur pulsierenden Verbrennung entwickelt, die auch eine gewisse Anwendung gefunden haben. Es wird einleuchten, daß selbsttätige Ventile, die mit ziemlich hoher Frequenz arbeiten müssen, nicht besonders betriebssicher sein können. Deshalb werden niedrige Frequenzen bevorzugt. Man hat durch die Wahl geeigneter Werkstoffe für die Ventile versucht, zu einer annehmbaren Lebensdauer zu kommen. Vielfach werden die Geräte nicht wie ein gerades Rohr, sondern wie ein Helmholtzscher Resonator ausgeführt und es schließt an eine Verbrennungskammer ein dünnes Rohr an. Inhalt der Brennkammer und Querschnitt und Länge dieses Rohres bestimmen das schwingende System. Wird die Brennstoffzufuhr impulsartig, z.B. durch eine Pumpe, betätigt, so daß das System mechanisch zu Zwangsschwingungen angeregt wird, so hat man es mit einem zwangserregten System zu tun. Pulsierende Verbrennung kann eine Erhöhung des Wärmeübergangskoeffizienten verursachen oder (und) einen Temperaturausgleich im Verbrennungsrohr herbeiführen.

Es wurde bei der Verbrennung von Kohlenstaub eine Belastung des Rohrverbrennungsraumes von 15 GJ/m^3 erzielt.

In einem Versuchsgerät hat Klein das Verhältnis des Wärmeübergangskoeffizienten bei pulsierender Verbrennung zum Wärmeübergangskoeffizienten bei stetiger Verbrennung für zwei verschiedene Rohrlängen und unterschiedlichem Brennstoffumsatz kalorimetrisch gemessen. Bei pulsierender Verbrennung kann der Wärmeübergangskoeffizient auf mehr als den doppelten Wert bei stetiger Verbrennung ansteigen. Auch Cernoch [33] hat mit einer Helmholtzschen Anordnung dieses Verhältnis gemessen (Tafel 87). Die Versuchsreihen 1, 2 und 3 beziehen sich auf drei verschiedene Reynolds-Zahlen. Jede Versuchsreihe wurde mit fünf verschiedenen Frequenzen durchgeführt (a bis e). Die Reihen zeigen eine gute Übereinstimmung mit den Versuchen von Klein. Weiter wurde festgestellt, daß Rohre mit großem Durchmesser im Hinblick auf die Steigerung des Wärmeübergangskoeffizienten günstiger sind als solche mit kleinem Durchmesser. Jedoch soll bei

Tafel 87: Verhältnis der Wärmeübergangskoeffizienten bei pulsierender und stetiger Verbrennung

Versuchsnummer	$\frac{\alpha_p}{\alpha_o}$	Versuchsnummer	$\frac{\alpha_p}{\alpha_o}$	Versuchsnummer	$\frac{\alpha_p}{\alpha_o}$
1a	1,72	2a	1,79	3a	1,62
1b	1,65	2b	1,64	3b	1,56
1c	1,58	2c	1,67	3c	1,60
1d	1,80	2d	1,79	3d	1,80
1e	2,11	2e	1,92	3e	2,03

sehr weiten Rohren (250 mm Durchmesser und mehr) nach Leistner [34] keine weitere Verbesserung feststellbar sein. Cernoch hat die interessante Beobachtung gemacht, daß auch der Stoffaustausch bei pulsierender Verbrennung gesteigert wird. Für diese Versuche wurde in das Schwingrohr eine Kugel aus Rohmagnesit mit 46 % CO_2 eingebracht und das Verhältnis des Gewichtes der Kugel vor und nach einer Brenndauer von drei Minuten festgestellt. Für die Versuchsreihe 2c wurde eine Steigerung des Massenaustausches von 80 % durch pulsierende Verbrennung bemerkt.

Nach Huber [35] können bei Geräten für pulsierende Verbrennung Brennkammerbelastungen von $29 \cdot 10^3$ kW/m³ und Heizflächenbelastungen von 60 bis 70 kW/m² erreicht werden. Da mit pulsierender Verbrennung eine Vergleichmäßigung der Oberflächentemperatur erreicht wird, ist sie recht brauchbar, um Strahlrohre oder Wärmeübergangskörper zu beheizen. Nach einer Erfindung von Fritsch [36] (Bild 168) wird das Strahlrohr 20 mit einer Kolbenpumpe (Öl) oder einer Membranpumpe (Gas) 5, die durch Elektromotor 4 angetrieben wird, periodisch mit Brennstoff versorgt, und zwar abhängig von der Hubzahl der Pumpe. Der Brennstoff wird durch eine Leitung 14 in einen Combustor 9 eingespritzt. Der Combustor paßt mit dem Rand 12 luftdicht in das Innenrohr 10 und ist mit radialen Luftlöchern 11 versehen. Das Gebläse 17 fördert die Verbrennungsluft. Bei jeder Verpuffung wird die Luftzufuhr durch das Rückschlagventil 18 unterbunden. Die Abgase wandern durch 19 und 21 zum Abgasrohr 22. Zwischen 10 und 20 ist zwecks Verlängerung des Stromweges eine schraubenförmige Wendel angebracht. Diese Wendel kann so dimensioniert werden, daß die Eigenfrequenz des Schwingungssystems der Einspritzfrequenz des Brennstoffes angepaßt sind.

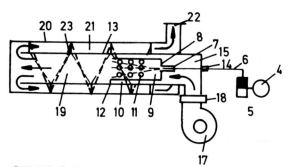

Bild 168: Pulsierende Verbrennung in einem Strahlrohr

4. Der Ofen und die Wärme

4.5.7. Erwärmungszeit des Wärmgutes

Auf die äußere Oberfläche des Wärmgutes im Arbeitsraum eines Ofens geht Wärme über, und das Gut soll eine bestimmte Temperatur erreichen. Man wird oft verlangen, daß dies innerhalb einer vorgeschriebenen Zeit geschehe. Da die Wärme nur an die Außenseite des Gutes übertragen wird, braucht sie Zeit, um in das Innere des Wärmgutes überzugehen.

Die Berechnung der Erwärmungszeit ist am einfachsten, wenn das Wärmgut aus Metallplatten oder allgemein aus Körpern mit geringer Stärke besteht, so daß die von außen zugeführte Wärme so schnell in das Innere hineinwandern kann, daß keine wesentlichen Temperaturunterschiede innerhalb des Wärmgutes bestehen.

Man will wissen welche Temperatur t_{we} ein Körper innerhalb einer Zeit Z erreicht, wenn er mit der Anfangstemperatur t_{wb} in den Ofenraum gebracht wird, wo die Temperatur t_o herrscht. Wird während der kleinen Zeitspanne dZ die Wärmemenge dQ zugeführt, so steigt die Temperatur des Körpers um dt_w, wenn t_w die Temperatur zu irgendeiner Zeit ist.

$$dQ = \alpha_{tot} \cdot A \, (t_o - t_w) \, dZ$$

Der Körper hat die Masse G, die spez. Wärmekapazität c, die wärmeaufnehmende Fläche A, und α_{tot} ist der Wärmeübergangskoeffizient für die Wärmeübertragung von Ofen auf Wärmgut (W/m² K)

$$dQ = G \cdot c \cdot dt_w$$

Also:

$$\alpha_{tot} \cdot A \, (t_o - t_w) \, dZ = G \cdot c \cdot dt_w$$

$$\frac{dt_w}{t_o - t_w} = \frac{\alpha_{tot} \cdot A}{G \cdot c} \, dZ$$

Integration für die Bereiche $t_w = t_{wb}$, $t_w = t_{we}$ und dZ = 0, dZ = Z ergibt:

$$\ln(t_o - t_{we}) - \ln(t_o - t_{wb}) = -\frac{\alpha_{tot} \cdot A}{G \cdot c} Z$$

$$\ln \frac{t_o - t_{we}}{t_o - t_{wb}} = \frac{\alpha_{tot} \cdot A}{G \cdot c} Z \qquad (95)$$

Oder: Die Zeit Z, die verläuft bis die gewünschte Temperatur t_w erreicht ist, ist:

$$Z = \frac{G \cdot c}{A \cdot \alpha_{tot}} \ln \frac{t_o - t_{w \cdot b}}{t_o - t_{w \cdot e}} \quad [h] \qquad (96)$$

4. Der Ofen und die Wärme

Nun ist a_{tot} von der Temperatur des Gutes abhängig, und diese steigt andauernd während des Heizvorganges. Man hat deswegen mit der mittleren Temperatur t_m zu rechnen, und diese ist:

$$t_m = t_o - \frac{t_{we} - t_{wb}}{\ln \frac{t_o - t_{wb}}{t_o - t_{we}}} \quad [°C] \tag{97}$$

Aus Bild 169 kann man für Werte von $\frac{t_o - t_{w \cdot b}}{t_o - t_{w \cdot e}}$ deren natürlichen Logarithmus ablesen.

Man berechnet zuerst nach Bild 169 und Gleichung (97) t_m und bestimmt hierfür nach 4.5.2. a_{tot}. Sodann kann man mit Hilfe von (96) die Anheizzahl Z für das Gut berechnen.

Beispiel:
In einem Ofenraum mit einer Temperatur von 950 °C werden Kupferbleche 6 mm stark von 15 °C auf 900 °C erhitzt. Wie lange dauert es, bis das Wärmgut diese Temperatur erreicht hat, wenn das Flächenverhältnis

$$K = \frac{A_w}{A_b} = 0{,}30 \text{ und die Schichtdicke } s = 80 \text{ cm}$$

Hier hat man es mit der Erwärmung von Körpern mit nur geringer Stärke und mit hoher Wärmeleitzahl zu tun. Dafür gilt (96):

$$Z = \frac{G \cdot c}{A \cdot a_{tot}} \ln \frac{t_o - t_{w \cdot b}}{t_o - t_{w \cdot e}}$$

$$\frac{G}{F} = 0{,}06 \cdot 10 \cdot 10 \cdot 8{,}9 = 53{,}4 \text{ kg/m}^2$$

$c = 0{,}43$ kJ/kg K (Tafel 79)

$t_o = 950$ °C = die gleichbleibende Ofentemperatur

$t_{w \cdot b} = 15$ °C

$t_{w \cdot e} = 900$ °C

Um a_{tot} zu finden, hat man die mittlere Temperatur während des Aufheizens zu berechnen, und diese ist:

$$(97) \quad t_m = t_o - \frac{t_{w \cdot e} - t_{w \cdot b}}{\ln \frac{t_o - t_{w \cdot b}}{t_o - t_{w \cdot e}}} = 950 - \frac{900 - 15}{\ln \frac{950 - 15}{950 - 900}} = 647 \text{ °C,}$$

PERFEKTION IST DAS ZIEL KONZENTRIERTER ARBEIT. UND DIE TRIEBFEDER, STETS ÜBER DAS ERREICHTE HINAUS ZU WOLLEN. WENN WIR VON UNSEREN PRODUKTEN SPRECHEN, VERSTEHT ES SICH VON SELBST, DASS DAMIT EIN AUSGEWOGENES, VIELSCHICHTIGES UND LANGJÄHRIG ERPROBTES FEUERFEST-PROGRAMM GEMEINT IST.

WIR STEHEN IN DER ZEIT.

VGT-DYKO INDUSTRIEKERAMIK VERTRIEBS GMBH POSTFACH 190207 · 4000 DÜSSELDORF-HEERDT 11 · TELEFON 0211/5029-0 · TELEX 1721141550 VGT DK · TELEFAX 0211/502659 VERTRIEB

WIR HABEN DAS FEUER FEST IM GRIFF. FEUERFEST.

REKUMAT SJ
NO_x-armer Gasbrenner mit Wärmerückgewinnung (Bauart Dr.-Ing. J. Wünning)

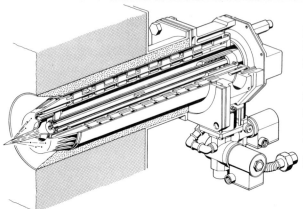

Niedrige No_x-Werte **und** hohe Energieeinsparung bei Ofenanlagen der Stahl-, Metall-, Chemie- und Keramikindustrie. Temperaturbereich bis 1.300° C

WS Wärmeprozesstechnik GmbH

7253 Renningen
Dornierstraße 14
Telefon 07159/6063
Teletex 715915

OCC 4000
Oxygen Carbon Controller

Das neue C-PEGEL-MESS- und REGEL-GERÄT in 4-Kanal-Ausführung mit integrierten Reglern und Rechnerschnittstellen.

Process-Electronic Analyse- und Regelgeräte GmbH · Postfach 1128
Dürnauer Weg 30, **D-7326 Heiningen,** Tel.: (07161) 43034, Telex: 727819
PROCESS-ELECTRONIC Vertriebs- und Planungsgesellschaft mbH
Postfach 185430, **D-4300 Essen 18,** Tel.: (02054) 8925, Telex: 8579173

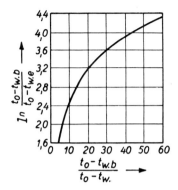

Bild 169: Diagramm zur Berechnung der Erwärmungszeit

$$\ln \frac{950-15}{950-900} = \ln 18{,}7 = 2{,}92 \text{ (Bild 169)}$$

Für das Flächenverhältnis K = 0,30, s = 80 cm und eine Ofentemperaut von 1000 °C findet man (Bild 132)
bei einer Temperatur t_m = 647 °C

$$\alpha_{tot} = 607 \text{ kJ/m}^2 \text{ h K oder } 168{,}6 \text{ W/m}^2 \text{ K}$$

Somit ist:

$$Z = \frac{53{,}4 \cdot 0{,}43}{607} \cdot 2{,}92 = 0{,}12 \text{ h}$$

Von der Biot-Zahl Bi = $\frac{\alpha d}{\lambda}$ hängt es ab, ob man den zu beheizenden Einsatz als „dickwandig" oder als „dünn" betrachten kann. Für Bi > 0,5 ist ersteres der Fall. Dabei besteht beim Aufheizen eine Temperaturdifferenz zwischen Oberfläche und Kern des Einsatzes. Bei Bi ≤ 0,25 ist diese Temperaturdifferenz vernachlässigbar. Das Übergangsgebiet zwischen Bi = 0,25 und 0,5 entspricht bei der einseitigen Erwärmung einem Einsatz aus Kohlenstoffstahl rund 100 mm Dicke oder aus keramischem Werkstoff mit wenigen Millimetern Dicke.

Hat man es mit Metallblöcken oder mit Wärmgut zu tun, das zwar keine große Stärke, dafür aber eine viel kleinere Wärmeleitzahl als Metall aufweist, so daß während des Aufheizens bedeutende Temperaturunterschiede im Innern auftreten, so können die gleichen Formeln gebraucht werden, um die Anheizzeit Z zu berechnen, wenn man einen Beiwert f einführt. Jetzt ist Z die Zeit, die vergeht, um das Wärmgut von der Anfangstemperatur $t_{w \cdot b}$ auf eine örtliche mittlere Endtemperatur $t_{w \cdot e}$ zu bringen. Der Beiwert f ist abhängig von der Form des Wärmgutes und von dem Ausdruck:

$$\frac{a_{tot} \cdot d}{\lambda} \quad \text{(Bild 170)} \tag{98}$$

λ = Wärmeleitfähigkeit des Wärmgutes (Tafel 89)

d = für eine Platte, welche beiderseits beheizt wird, die h a l b e S t ä r k e der Platte in m

d = für eine Platte, welche nur einseitig beheizt wird, die g a n z e S t ä r k e der Platte in m

d = für zylindrische und kugelförmige Körper, deren R a d i u s in m

Besteht das Wärmgut z.B. aus Blöcken, die sehr eng aneinander liegen, so wird die gesamte Ladung als eine zusammenhängende Platte betrachtet. Ist die Beheizung von unten her, also meistens durch die Ofensohle, von Bedeutung, so darf man mit einer beiderseitigen Beheizung rechnen. Meistens aber reicht die Wärmezufuhr von unten her nicht aus, um diese Annahme zu rechtfertigen. Liegen die Blöcke aber weiter voneinander entfernt, so hat man diese als zylindrische Körper zu betrachten. Blöcke von Kubusform werden als kugelförmige Körper berechnet. Senkara [2] behandelt diese Fragen eingehend.

Die Berechnung wird folgendermaßen durchgeführt: Die mittlere Temperatur des Wärmgutes während des Anheizens ist: t_m, die nach (97) berechnet wird.

Da f von a_{tot} abhängt, muß man a_{tot} abschätzen. Mit (98) und Bild 170 findet man den Wert von f. Die Anheizzeit Z ist

$$Z = \frac{G \cdot c}{A \, a_{tot} \cdot f} \ln \frac{t_o - t_w \cdot b}{t_o - t_w \cdot e} \tag{99}$$

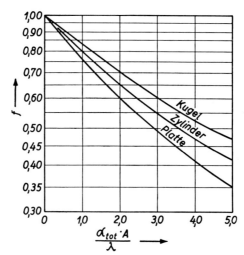

Bild 170: Diagramm zur Berechnung der Erwärmungszeit von Körpern verschiedener Form

4. Der Ofen und die Wärme

Beispiel:

In einem Ofen liegt ein Stahlblock mit einem Querschnitt 200 x 200 mm. Dieser soll geglüht werden und ist hierzu auf eine Temperatur von 925 °C zu bringen. Die gleichbleibende Ofentemperatur sei t_o = 950 °C und die Anfangstemperatur des Blockes $t_{w \cdot b}$ = 15 °C. Der mittlere Wärmeübergangskoeffizient von Ofen auf Wärmgut wird auf a_{tot} = 325 W/m² K geschätzt.

Man hat den Audruck $\dfrac{a_{tot} \cdot d}{\lambda}$ nach (98) zu bestimmen, wobei man den Stahlblock als einen Zylinder mit dem Halbmesser d = 0,1 m betrachtet. c = 0,71 kJ/kg K.

Da λ = 40 W/m K, so ist $\dfrac{325 \cdot 0,1}{40}$ = 0,8125. Für diesen Wert des Ausdruckes $\dfrac{a_{tot} \cdot d}{\lambda}$ ist nach Bild 170 f = 0,85. Die gesuchte Anwärmzeit ist nach (99):

$$Z = \frac{G \cdot c}{A \cdot a_{tot} \cdot f} \ln \frac{t_o - t_{w \cdot b}}{t_o - t_{w \cdot e}}$$

$$= \frac{2^2 \dfrac{\pi}{4} \cdot 10 \cdot 7,86 \cdot 0,71}{\pi \, 0,2 \cdot 1122 \cdot 0,85} \ln \frac{950 - 925}{950 - 15} = 1,02 \text{ h}$$

Auch das Beuken-Modell ist geeignet, Erwärmungsfragen zu lösen (4.6.2.).

Bei den vorherigen Betrachtungen wurde angenommen, daß die Ofentemperatur konstant gehalten wird. Beim Einbringen eines dicken Körpers ändert sich somit die Wärmezufuhr mit der Zeit. Man kann aber auch davon ausgehen, daß der Körper mit Dicke d = 2 r mit konstanter Geschwindigkeit Wärme zugeführt bekommt, wodurch die Oberfläche mit Ks^{-1} augeheizt wird. In der Platte stellt sich dann eine parabolische Temperaturverteilung ein. Der Temperaturunterschied zwischen Oberflächentemperatur ϑ_o und ϑ_k im Kern bzw. der unbeheizten Seit ist

$$\Delta\vartheta = \vartheta_o - \vartheta_k.$$

Dann ist die mittlere Wärmguttemperatur

$$\vartheta_m = \vartheta_o - \frac{2}{3}\Delta\vartheta.$$

Wenn p die Aufheizgeschwindigkeit an der Oberfläche in Ks^{-1} ist, so ist die Temperaturverteilung in der Platte für x = 0 bis x = r

$$\vartheta_x = \frac{p\,x^2}{2} - \frac{p\,r\,x}{a} + \vartheta_o$$

wobei die Temperaturleitzahl

$$a = \frac{\lambda}{c\gamma}.$$

Die Zeit die verläuft, bis eine bestimmte Temperatur von der Oberfläche bis zum Kern durchgedrungen ist, ist

$$t = \frac{r^2}{2a},$$

also unabhängig von der Geschwindigkeit p.

Woelk [37] hat gleichfalls den Erwärmungsvorgang von plattenförmigem Wärmgut bei gleichmäßiger Aufheizgeschwindigkeit untersucht. Er bedient sich hierbei aber der Formel, die ein sogenanntes interbides Temperaturfeld beschreibt. Das Ergebnis seiner Berechnungen für die Erwärmung in einem Stoß- oder Hubbalkenofen ist in Bild 171 wiedergegeben. Hier ist in der Fourier-Zahl t die Zeit und s die halbe Brammendicke r. Die Kurven zeigen die Temperatur des Heizmittels sowie die Oberflächentemperatur und die Kerntemperatur der Brammen. Die Brammen können dem Ofen entnommen werden, wenn der Ausgleich zwischen den beiden letztgenannten Temperaturen erfolgt ist. Es liegt auf der Hand, daß bei kürzeren Durchlaufzeiten ein sehr unterschiedlicher Verlauf der Ofentemperatur erforderlich ist. Da die Blockoberfläche nicht oder nur wenig überhitzt werden darf, sind die mit 1 und 2 angegebenen Fälle (mit t = 2,5 und t = 2,0), bei denen eine Endtemperatur von 1200 °C erreicht wird, technisch sinnvoll. Bei den beiden unten gezeigten Fällen wird das Wärmgut während des Erwärmungsvorganges überhitzt. Deswegen sind diese Durchlaufzeiten zu kurz, wenn nicht im letzten Ofenteil eine Kühlung der Gutoberfläche stattfindet. Das ist aber nur bei einigen technischen Prozessen, z.B. in der keramischen Industrie, anwendbar.

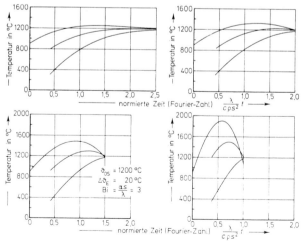

Bild 171: Die Erwärmung in einem Stoß- oder Hubbalkenofen (nach Woelk)

Auch Cernoch geht davon aus, daß eine parabolische Temperaturverteilung im Wärmgut besteht und somit die Erwärmung bei konstantem Wärmefluß stattfindet [38]. Dann gilt

$$\Delta\vartheta = \frac{q\,s}{2\lambda} = \frac{a\,(\vartheta_g - \vartheta_o)\,s}{2\lambda}$$

Bei den von ihm entwickelten Formeln werden die verschiedenen Ofenverluste berücksichtigt. Man kann die Länge des Ofens und die Wärmzeit berechnen, gleichfalls die Eintrittstemperatur des Heißgases und die Abgastemperatur, ohne den Ofen in Längenabschnitte unterteilen zu müssen.

4.5.8. Erwärmungszeit des Wärmgutes bei Anwendung von Gleichstrom oder Gegenstrom

Es gibt Öfen, bei denen das Wärmgut im Gleich- oder im Gegenstrom mit den Abgasen durch den Ofenraum geführt wird. Meistens wendet man Gegenstrom an, d.h. das Abgas wandert gegenläufig zum bewegten Wärmgut durch den Ofen und verläßt den Ofen dort, wo das kalte Wärmgut eingebracht wird. Hierdurch werden die Abgase weitgehend ausgenutzt. Beispiele solcher Öfen sind Durchstoßöfen (8.3.3.), bei denen das Wärmgut eng aneinander auf Schienen liegt und durch stoßweise Einführung neuer Blöcke durch den Ofenraum befördert wird. Auch Hubbalkenöfen gehören dazu.

Die Berechnung verläuft folgendermaßen:
Der Wärmeträger (Heizgas) gibt einen Teil seines Wärmeinhalts an das Wärmgut ab. Der Wasserwert (Wärmekapazität) des Heizgases ist:

$$W_g = M_g\,c_g$$

Der Wasserwert des Wärmgutes ist:

$$W_w = M_w\,c_w$$

Es ist:

$$W_g\,(t''_g - t'_g) = W_w\,(t''_w - t'_w)$$

oder

$$t''_w = t'_w + \frac{W_g}{W_w}\,(t'_g - t''_g)$$

Für Gleichstrom ist (Bild 172a):

$$t''_g = t'_g - \frac{W_w}{W_g + W_w}\,(t'_g - t'_w)\,B_1 \tag{98}$$

$$t''_w = t'_w + \frac{W_g}{W_g + W_w}(t'_g - t'_w) B_1 \tag{99}$$

$$B_1 = 1 - e^{\frac{-aA}{W_g}(1 + \frac{W_g}{W_w})} \tag{100}$$

a = Wärmeübertragungskoeffizient
A = Wärmeaufnehmende Fläche des Wärmguts.

Für Gegenstrom ist (Bild 172b):

$$t''_g = t'_g - \frac{W_w}{W_g}(t'_g - t'_w)(1 - B_2) \tag{101}$$

$$t''_w = t'_w - (t'_g - t'_w) B_2 \tag{102}$$

$$B_2 = \frac{1 - \frac{W_g}{W_w}}{1 - \frac{W_g}{W_w} e^{\frac{-aA}{W_g}(1 - \frac{W_g}{W_w})}} \tag{103}$$

Die Wärme, die übertragen wird, ist:
Gleichstrom:

$$\dot{q}_1 = (t'_g - t'_w) W_g \frac{B_1}{1 + \frac{W_g}{W_w}} \tag{104}$$

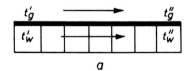

a

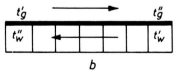

b
Bild 172: Gleichstrom und Gegenstrom

4. Der Ofen und die Wärme

Gegenstrom:

$$\dot{q}_2 = (t'_g - t'_w) W_w (1 - B_2) \tag{105}$$

Ist $W_g = W_w$, so ist für

Gleichstrom:

$$\dot{q}_1 = (t'_g - t'_w) \frac{W_g}{2} \left\{ 1 - e^{\frac{-2aA}{W_g}} \right\}$$

Gegenstrom:

$$\dot{q}_2 = (t'_g - t'_w) \frac{W_g}{1 + \frac{W_g}{a \cdot A}}$$

Der Wirkungsgrad der Wärmeübertragung ist

$$\eta = \frac{\text{wirklich übertragene Wärmemenge}}{\text{Wärmemenge, die maximal übertragbar ist}} = \frac{\dot{q}}{q_{max}}$$

q_{max} wird übertragen, wenn die Berührungsfläche $A = \infty$. Also beim unendlich langen Ofen. Dann ist auch $\frac{aA}{W_g} = \infty$, somit für

Gleichstrom:

$$q_{max} = (t'_g - t'_w) \frac{W_g}{1 + \frac{W_g}{W_w}} \tag{106}$$

und

$$\eta = 1 - e^{-\frac{aA}{W_g}(1 + \frac{W_g}{W_w})}$$

Wenn:

$$W_g = W_w$$

Dann:

$$\eta = 1 - e^{-2\frac{aA}{W_g}}$$

4. Der Ofen und die Wärme

und

$$q_{max} = (t'_g - t'_w) \frac{W_g}{2}$$

Gegenstrom: Hier hängt q_{max} ab von W_{min}, die Kleinste der Werte W_g und W_w

Es ist:

$$q_{max} = (t'_g - t'_w) W_{min} \qquad (107)$$

Und:

$$\eta = \frac{W_w}{W_{min}} (1 - B_2) \qquad (108a)$$

Ist $\frac{W_g}{W_w} = 1$, dann:

$$\eta = \frac{1}{1 + \frac{W_g}{aA}} \qquad (108b)$$

Ist $A = \infty$, d.h. ist der Ofen unendlich lang, so ist $\eta = 1$. Aber bei einem Ofen mit dem dem Wert: $3 \frac{W_g W_w}{a(W_g + W_w)}$ ist η bereits 0,95.

Die maximal übertragbare Wärmemenge ist bei Gegenstrom zweimal größer als bei Gleichstrom, wenn $\frac{W_g}{W_w} = 1$ und $\frac{aA}{W_g} = \infty$.

Bei $\frac{W_g}{W_w} = 1$ ist für:

$\frac{a \cdot A}{W_g}$		$\frac{q_{Gegenstrom}}{q_{Gleichstrom}}$	
	= 1		= 1,16
"	= 2	"	= 1,30
"	= 3	"	= 1,50
"	= ∞	"	= 2,00

Übrigens haben die Überlegungen auch Gültigkeit, wenn das Wärmgut ein Gas, z.B. Brenngas oder Luft ist (Rekuperatoren 4.7.3.).

4. Der Ofen und die Wärme

Der Temperaturunterschied in der Richtung des Abgases ist bei **G l e i c h s t r o m** (Bild 172a):

Am Anfang: $t'_g - t'_w$

Am Ende: $t''_g - t''_w$

und bei **G e g e n s t r o m** (Bild 172b):

Am Anfang: $t'_g - t''_w$

Am Ende: $t''_g - t'_w$

Sind nun diese Temperaturdifferenzen am Anfang und am Ende annähernd gleich groß, so darf man für die mittlere Temperaturdifferenz Δt_m zwischen Abgas und Wärmgut das arithmetische Mittel nehmen, also:

$$\Delta t_m = \left(\frac{t'_g + t''_g}{2}\right) - \left(\frac{t'_w + t''_w}{2}\right) \ [°C] \tag{109}$$

Sonst ist:

Für **G l e i c h s t r o m**:

$$\Delta t_m = \frac{(t'_g - t''_w) - (t''_g - t'_w)}{\ln \dfrac{t'_g - t'_w}{t''_g - t''_w}} \ [°C] \tag{110}$$

Für **G e g e n s t r o m**:

$$\Delta t_m = \frac{(t'_g - t'_w) - (t''_g - t''_w)}{\ln \dfrac{t'_g - t''_w}{t''_g - t'_w}} \ [°C] \tag{111}$$

Mit Hilfe von Bild 173 ist Δt_m leicht zu bestimmen.

Im allgemeinen ist für Gleich- und Gegenstrom wenn:

Δt_1 = kleinste Temperaturdifferenz

Δt_2 = größte Temperaturdifferenz

$$\Delta t_m = \frac{\Delta t_2 - \Delta t_1}{\ln \dfrac{\Delta t_2}{\Delta t_1}} \tag{112}$$

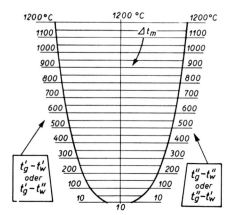

Bild 173: Der mittlere Temperaturunterschied bei Gleichstrom und Gegenstrom

Für kleine Temperaturdifferenzen und nur kleine Unterschiede der Wasserwerte der beiden Medien ist:

$$\Delta t_m = \frac{\Delta t_2 + \Delta t_1}{2} \tag{113}$$

Die übertragene Wärmemenge ist:

$$\dot{q} = W_w (t''_w - t'_w) = M_w c_w (t''_w - t'_w) = A \cdot Z \cdot a_{tot} \Delta t_m \tag{114}$$

Bei der Bestimmung der Wärmeübergangszahl a_{tot} tritt in dem Falle eines bewegten Wärmgutes die Schwierigkeit auf, daß sowohl Wärmguttemperatur als auch Abgastemperatur sich in der Richtung der Bewegung fortdauernd ändern und somit auch der Wert von a_{tot}. Nach Schack rechnet man aber in den meisten Fällen genügend genau, wenn man für a_{tot} den Mittelwert von a_{tot} am Anfang und am Ende des Ofenraumes nimmt. Man kann diese Werte von a_{tot} nach 4.5.2. berechnen oder ablesen.

Bei widerstandsbeheizten e l e k t r i s c h e n D u r c h l a u f ö f e n ist die Leistungsdichte der Strahlung in kW/m² konstant.

Siegert [39] hat für solche Öfen folgende Formeln unter der Voraussetzung gefunden, daß folgende Bedingungen erfüllt sind:
— Der Ofen ist hinreichend lang,
— der Ofen befindet sich im stationären Zustand,
— das Wärmgut hat eine geringe Dicke,
— die strahlende Oberfläche hat eine Emissionszahl von rund 1.

Der Verlauf der Wärmgut-Temperatur ϑ_w mit der Zeit t ist

$$\vartheta_w = \frac{L}{cG} t + \vartheta_o,$$

wobei L die installierte Ofenleistung ist.

4. Der Ofen und die Wärme

Der Verlauf der Ofentemperatur ist

$$\vartheta_1 = 100 \sqrt[4]{\frac{L}{CF} + \left(\frac{\frac{L}{cG}t + \vartheta_0 + 273}{100}\right)^4} - 273$$

Der Zeitpunkt t_1, an dem die Ofentemperatur den Sollwert ϑ_1 erreicht, ergibt sich aus

$$t_1 = \frac{cG}{L}\left\{100\sqrt[4]{\left(\frac{\vartheta_1+273}{100}\right)^4 - \frac{L}{CF}} - \left(\vartheta_0+273\right)\right\}$$

C = Strahlungskoeffizient der Blechoberfläche
F = Blechoberfläche
ϑ_0 = Anfangstemperatur
ϑ_1 = Temperatur des Ofens an irgend einer Stelle
G = Gewicht des Wärmgutes
c = Spezifische Wärmekapazität des Wärmgutes

Beispiel:
Durch einen Ofenraum bewegen sich kleine Stahlteile im Gegenstrom mit Abgasen aus Koksofengas (n = 1). Die Teile werden in den Ofen gebracht mit einer Temperatur t'_w = 15 °C und verlassen diesen mit der Temperatur t''_w = 800 °C. Die Abgase kommen mit den Teilen, die den Ofen verlassen, zuerst in Berührung und haben dort eine Temperatur t'_g = 1300 °C. Sie verlassen den Ofen mit einer Temperatur t''_g = 350 °C.

Das Oberflächenverhältnis $K = \dfrac{A_w}{A_b}$ = 0,3, die Schichtdicke s = 20 cm. Die Oberfläche des Wärmgutes im Ofen, das mit den Abgasen in Berührung kommt, A_w = 1,0 m². Wie lange dauert das Erwärmen von 75 kg dieser Stahlteile?

Nach (114):

$$M_w \cdot c_w (t''_w - t'_w) = A_w \cdot Z \cdot a_{tot} \cdot \Delta t_m$$

c_w = 0,767 kJ/kg K für Stahl (mittlere spezifische Wärme bei 800 °C)

Da die Temperaturdifferenz zwischen Wärmgut und Abgasen im Ofen an den verschiedenen Stellen nicht sehr verschieden ist, darf man Δt_m nach (109) berechnen:

$$\Delta t_m = \frac{t'_g + t''_g}{2} - \frac{t'_w + t''_w}{2} = 412,5 \text{ °C}$$

Die Wärmeübergangszahl a_{tot} findet man als das Mittel der Werte vorne und hinten im Ofen. Am Ende des Ofenraumes a_{tot} = 639 kJ/m²hK. Am Anfang des Ofens (in der Richtung der Abgase gerechnet) spielt die Strahlung der Abgase fast keine Rolle mehr, da ihre Temperatur auf 350 °C gesunken ist, deswegen wird a_{tot} hier nicht mehr als 167 kJ/m²hK betragen. Somit ist a_{tot} im Mittel 403 kJ/m²hK.

Also: 75 · 0,767 (800−15) = 1,0 · Z · 403 · 412,5 und somit: Z = 0,27 h.

Die Nutzwärme ist in der Stunde: Q_w = 75 · 0,767 (800−15) · $\frac{1}{0,27}$ = 166 MJ/h = 46,2 kW.

Der feuerungstechnische Wirkungsgrad berechnet sich bei einer Abgastemperatur von 350 °C und für Koksofengas, das mit n = 1 verbrannt wird, zu η_{th} = 0,85. Rechnet man mit einem Gütegrad bei Dauerbetrieb von η_o = 0,60, so ist der Gesamtwirkungsgrad η_{ges} = 0,85 · 0,60 = 0,51.

Mit H_u = 4,65 kWh/m³ (V_n) wird der Brennstoffverbrauch je Stunde (im Dauerbetrieb): $\frac{46,2}{4,65 \cdot 0,51}$ = 19,5 m³ (V_n).

Umgekehrt ist es möglich, die benötigte Abgasmenge in der Zeiteinheit (und das bedeutet eine bestimmte Brennstoffmenge in der Zeiteinheit) zu berechnen, wenn die Aufheizzeit des Wärmgutes festgelegt und die Art des Brennstoffes un der Verbrennung gewählt worden sind. Denn dann liegt auch die Abgastemperatur am Anfang der Wärmeübertragung fest. Dieser stündliche Brennstoffverbrauch kann als Grundlage für die Berechnung eines Ofens dienen, der imstande ist, die gewünschte Gewichtsmenge des Wärmgutes innerhalb der vorgeschriebenen Zeit auf die Wärmebehandlungstemperatur zu bringen.

Meistens wird man im Hinblick auf die Wärmewirtschaft Gegenstrom von Abgas und Wärmgut anwenden; aber für Wärmgut, das besonders empfindlich gegen Überhitzung ist, wird manchmal Gleichstrom empfehlenswert sein. Dann hat man bei der Berechnung des Ofens unter Anwendung der oben gegebenen Formeln dafür zu sorgen, daß die Endtemperatur des Abgases t''_g und die Endtemperatur des Wärmgutes t''_w nicht zu weit voneinander abweichen.

Weiter soll man bedenken, daß (114) nur anwendbar ist, wenn die gewünschte Temperatursteigerung des Wärmgutes ($t''_w - t'_w$) während des Zeitabschnittes Z auch innerhalb des Wärmgutes erreicht wird. Denn sonst wird, wenn die Beheizung des Wärmgutes beendet sein soll und es aus dem Ofenraum entfernt wird, ein unzulässig großer Temperaturunterschied zwischen der äußeren Oberfläche und dem Innern des Wärmgutes bestehen. Das Wärmgut darf also für diese Art der Berechnung nicht zu dick sein. Die Verhältnisse müssen außerdem der Wärmeleitzahl angemessen sein. Das wird nachgeprüft, indem man $\frac{a_{tot} \cdot d}{\lambda}$ und hierfür den Beiwert f aus Bild 170 bestimmt. f darf nicht zu stark von 1 abweichen. Ist dies jedoch der Fall, so muß man die Heizzeit Z länger wählen, damit sich ein besserer Temperaturausgleich zwischen äußerer Oberfläche und dem Innern des Wärmgutes einstellen kann.

Um einen Temperaturausgleich zwischen äußere Oberfläche und Kern des Wärmgutes zu erzielen, wird es noch einige Zeit im Ofen zwecks Temperaturausgleichs belassen.

Es sind verschiedene Ausgleichsverfahren möglich:

4. Der Ofen und die Wärme

1. Nach Bild 174. Hier bliebt die Ofentemperatur T_m konstant und der Wärmefluß vom Ofenraum zum Wärmgut nimmt ab. Das ist das langsamste Verfahren, wird aber manchmal angewendet. ΔT ist der technologisch zulässige Temperaturunterschied zwischen Oberflächen- und Kerntemperatur des Wärmgutes.

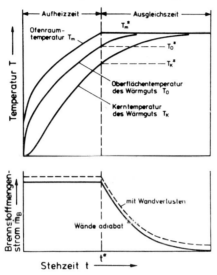

Bild 174: Wärmeausgleich bei konstanter Ofenraumtemperatur

2. Nach Bild 175. Hier wird das Wärmgut während der Aufheizzeit überhitzt, dafür wird aber dem Wärmgut während der Ausgleichzeit keine Wärme mehr zugeführt. Der Temperaturausgleich erfolgt hier bei abnehmender Oberflächentemperatur und in kürzester Zeit. Bedingung ist natürlich, daß das Wärmgut eine Überhitzung verträgt.
3. Nach Bild 176. Hier wird nach Drosselung des Brennstoffs — also der Wärmezufuhr — die Ofenraumtemperatur so geregelt, daß die Oberflächentemperatur T_o des Wärmgutes konstant bleibt. Nach einiger Zeit ist ein Ausgleich mit der Kerntemperatur bis auf das zulässige Maß ΔT erreicht. Diese Zeit ist kürzer als im Fall 1.

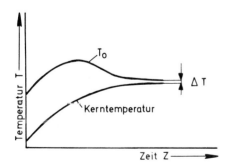 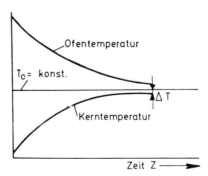

Bild 175: Wärmeausgleich im Wärmgut, wenn während der Ausgleichzeit keine Wärmezufuhr von außen stattfindet, aber während der Aufheizzeit überhitzt wird

Bild 176: Wärmeausgleich im Wärmgut, wenn während der Ausgleichzeit soviel Wärme zugeführt wird, daß während dieser Zeit die Oberflächentemperatur konstant bleibt

Cernoch [154] hat theoretisch untersucht, welchen Einfluß die Art der Strömung entlang dem Wärmgut unter Miteinbeziehung von Rezirkulationsströmungen (innere Rezirkulation) und verschiedener Brenner- und Abzugsanordnung auf die Ofenleistung und den Brennstoffverbrauch hat. Besonders der Aufheiz- und Temperaturausgleichsvorgang wurden untersucht. Dabei wurde festgestellt, daß die Geschwindigkeit des Gasstromes nicht unter ein bestimmtes Maß sinken soll. Deswegen wird auch vorgeschlagen, von dem Augenblick an, wo in Hinblick auf den Ausgleichsvorgang die Wärmezufuhr gedrosselt werden soll, nicht die Gaszufuhr zu drosseln, sondern mit einem Gas mit niedrigem Heizwert (z.B. Gichtgas) oder mit einer Mischung weiter zu heizen. Hierdurch behält der Heizgasstrom entlang dem Wärmgut eine genügend große Geschwindigkeit. Es ist bekannt, daß bei den Ring- und Kammeröfen der keramischen Industrie, bei denen die Wärmeübertragung größtenteils durch Konvektion stattfindet, mit hohem Luftüberschuß (z.B. n = 3) gearbeitet wird, u.a. um eine genügend große Geschwindigkeit der Gase entlang den Steinstapeln zu erhalten.

4.6. WÄRMEVERLUSTE

Wärmeübergang auf die innere Ofenwand und die Wärmeverluste, die hierdurch entstehen.

Diese Wärmeverluste sind:
   Wandverlust
   Speicherwärme

Weiter ist zu rechnen mit:
   Strahlungsverlust durch Öffnungen

Die Wärme, die auf die innere Ofenwand übergeht, wandert durch Wärmeleitung durch diese Wand. Sie wird, solange die Wand noch nicht durchgeheizt ist, teilweise als Speicherwärme verschluckt und teilweise von der Außenseite der Wand als Wandverlust an die Luft abgegeben und der Umgebung zugestrahlt.

Ist alles aufgeheizt, so findet die Wärmespeicherung ein Ende, und von jetzt an wird alle Wärme, die von innen her durch die Wand wandert, an deren Außenseite als Wandverlust abgegeben. Man spricht vom Beharrungszustand oder auch von einem stationären Zustand.

Diese beiden Arten des Wärmeverlustes sollen näher betrachtet werden.

Tafel 88: Gesamtwärmeübergangskoeffizient α_W in $W/m^2 K$ für Wände und Rohroberflächen

Wandtemperatur °C	100	150	200	250	300	400
Wandbeschaffenheit						
Aluminiumlack	11,05	13,37	15,70	18,03	20,93	26,75
Mauerwerk	13,03	15,82	18,61	22,10	25,56	33,73
Eisen	14,07	16,51	19,77	23,26	27,33	37,22
Rohr ϕ = 0,1 m	16,28	17,44	19,77	24,42	27,91	37,22
Rohr ϕ = 0,4 m	12,79	15,12	19,44	22,10	25,56	34,89

4.6.1. Wandverlust

Die Außenfläche der Wände hat eine höhere Temperatur als die Umgebung. Die Umgebungsluft wird durch natürliche Konvektion an dieser Fläche erwärmt. Es finden aber auch ein Strahlungsaustausch mit der Umgebung statt, und deswegen ist der W a n d -
v e r l u s t q_w größer als die Wärmemenge, die durch Konvektion verlorengeht.

Tafel 88 gibt den Gesamtwärmeübergangskoeffizient an.

Der Wandverlust q_w läßt sich auch mit Formel (115) berechnen:

$$q_w = \epsilon \cdot 5{,}67 \left\{ \left(\frac{T_w}{100}\right)^4 - \left(\frac{T_u}{100}\right)^4 \right\} + 1{,}42 \left(T_w - T_u\right)^{4/3} \text{ in (W/m}^2\text{)} \qquad (115)$$

c = Emissionsverhältnis der äußeren Wandfläche
T_w = t_w + 273 = Wandtemperatur (K)
T_u = t_u + 273 = Umgebungstemperatur (K)

Der Strahlungskoeffizient c des absolut schwarzen Körpers ist

$c = 5{,}67 \text{ [W/m}^2 \text{ K}^4\text{]}$.

Der Emissionsgrad ϵ der äußeren Wandfläche ist $\epsilon = 0{,}4$ für Metallwände, die aluminiumfarbig angestrichen sind, $\epsilon = 0{,}6$ für Wände mit Anstrich und $\epsilon = 0{,}8$ für gemauerte oder eiserne Wände.

$$\alpha_s = \frac{c \cdot \epsilon}{\vartheta_w - \vartheta_u} \left[\left(\frac{T_w}{100}\right)^4 - \left(\frac{T_u}{100}\right)^4 \right] \text{ [W/m}^2 \text{ K]} \qquad (116)$$

Für den konvektiven Teil α_k des Wärmeübergangskoeffizienten gibt es mehrere Formeln:
Nusselt-Jürges:

$$\alpha_k = 2{,}56 \left(\vartheta_w - \vartheta_u\right)^{1/4} \text{ [W/m}^2 \text{ K]}$$

McAdams-Heiligenstaedt:

$$\alpha_k = 0{,}250 \, \lambda \left(\frac{\vartheta_w - \vartheta_u}{T_m \cdot \nu^2}\right)^{1/3}$$

wobei λ und ν für Luft bei

$$\vartheta_m = \frac{\vartheta_w - \vartheta_u}{2}.$$

Bovy I:

$$a_k = 1{,}42\,(\vartheta_w - \vartheta_u)^{1/3}\ [\text{W/m}^2\,\text{K}]$$

Bovy II:

$$a_k = 1{,}28\,(\vartheta_w - \vartheta_u)^{1/3}\ [\text{W/m}^2\,\text{K}]$$

Die Formel Bovy I ist die neueste, und sie ergab sich aus genauen Messungen an großen, elektrisch beheizten Flächen (3 m x 3 m). Aus den Messungen ging auch hervor, daß a_k am unteren Rande der senkrechten Fläche einen hohen Wert hat, der aber mit der Höhe abnimmt und von 1 m Höhe ab praktisch konstant bleibt bis zur Gesamthöhe von 3 m. Die Versuche von Jürges bezogen sich auf eine senkrechte Fläche von nur 0,5 m x 0,5 m, und deswegen wird diese Formel größere Werte für α_k liefern als die Formel Bovy I, die an einer Wand von 3 m Höhe ermittelt wurde. Da senkrechte Wände von Industrieöfen im allgemeinen höher als 1 m sind, so ist die Anwendung von Gleichung Bovy I gerechtfertigt, da sie auch gut mit Formel McAdams-Heiligenstaedt übereinstimmt. Die Formel Bovy II ist nicht allgemein brauchbar und gibt zu niedrige Werte. Sie wurde bestimmt aus Messungen an mehreren elektrischen Industrieöfen, wobei der mittlere Wärmeverlust aller Wände, also auch der waagerechten, bestimmt wurde. Die Öfen standen auf Füßen so daß der ziemlich niedrige Wandverlust der waagerecht nach unten gerichteten Wand mit einbezogen wurde.

Für waagerechte, nach oben gerichtete Wände sind nach Brunklaus [13.2.4.6.] die α_k-Werte der Formel Bovy I mit einem Faktor 1,3 zu multiplizieren.

Die mit den Gleichungen (116) und Bovy I berechneten Werte für $q = \alpha(\vartheta_w - \vartheta_u)$ einer senkrechten Wand bei $\vartheta_u = 20\,°C$ sind in Bild 177 zusammengefaßt.

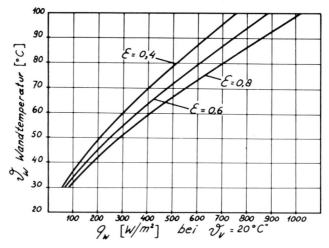

Bild 177: Wandverlust bei unterschiedlichem Emissionsgrad

4. Der Ofen und die Wärme

Werte von λ sind für Ofenbaustoffe und Metalle aus Tafel 89 und für einige Stopfmassen, die als Isolierschicht angewendet werden, aus Tafel 90 zu entnehmen, sie sind temperaturabhängig, und es müssen bei Berechnungen Mittelwerte eingesetzt werden.

In Bild 178 ist eine zusammengesetzte Wand wiedergegeben, die aus einer inneren feuerfesten Schicht (Stärke s_1) und einer äußeren isolierenden Schicht (Stärke s_2) besteht.

Tafel 89

Stoff	Raumgewicht in kg/m³	λ in W/mK bei einer Temperatur von °C						
		0	200	400	600	800	1080	1200
Schamottestein	1850	0,87	0,96	1,05	1,14	1,23	1,33	1,42
Silikatstein	1850	0,87	1,02	1,17	1,34	1,48	1,65	1,83
Silimanit	2400	1,71	1,63	1,58	1,54	1,51	1,49	1,47
Feuerleichtstein	775	0,17	0,21	0,24	0,29	0,34	0,38	
Feuerleichtstein	1100	0,36	0,46	0,44	0,48	0,52	0,60	
Leichtstein aus Silimanit	1100	0,23	0,26	0,28	0,30	0,35	0,42	
Isolierstein	450	0,09	0,11	0,13	0,15	0,17		
Isolierstein	700	0,15	0,17	0,18	0,20	0,22		
Isolierstein	900	0,17	0,19	0,20	0,21	0,23		
Vermiculitestein	600	0,15			0,18	0,20	0,22	
Aluminium	2700	229,0	229,0	233,0				
Gußeisen	7600	50,0	46,0	41,0	35,0			
Stahl 1,3 % C	7850	45,0	45,0	38,0	35,0			
Kupfer	8930	387,0	372,0	360,0	350,0			
Messing	8500	112,0	134,0	145,0	151,0			
Porzellan	2290	1,16						
Graphittiegel							35,0	

Tafel 90

Stopfmasse	Raumgewicht in kg/m³	λ in W/mK bei einer mittleren Temperatur von °C				
		0	100	200	300	400
Vermiculite	100	0,056				
Kieselgur	200	0,052	0,064	0,076	0,087	0,099
Schlackenwolle	130	0,032	0,046	0,062	0,073	
Glaswolle	105	0,035	0,051	0,073	0,105	
Asbest	200	0,035	0,051	0,067	0,076	
Alfol (Alum.-Folie) mit 10mm Luftschicht	fast 0	0,030		0,042		0,052
Alfol mit 15 mm Luftschicht	fast 0	0,037		0,058		0,074
Alfol mit 20 mm Luftschicht	fast 0	0,050		0,078		0,093
Alfol mit 25 mm Luftschicht	fast 0	0,054		0,093		0,112

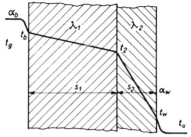

Bild 178: Zweischichtige Wand

Die Wärmemenge Q wird an die innere heißere Fläche durch Konvektion und Strahlung des Abgases übertragen, wandert dann durch die Wand (bei s t a t i o n ä r e m Wärmezustand) und wird an der anderen Wandseite abgegeben. Es ist:

$$Q = A k (t_g - t_u) \tag{117}$$

Hierbei ist k der **W ä r m e d u r c h g a n g s k o e f f i z i e n t**:

$$k = \frac{1}{\frac{1}{a_b} + \frac{s_1}{\lambda_1} + \frac{s_2}{\lambda_2} + \ldots + \frac{1}{a_w}} \quad [W/m^2 \, K] \tag{118}$$

Für eine dünne Wand, bei der λ zu groß ist im Vergleich zu a_b und a_w, wird:

$$k = \frac{a_b \cdot a_w}{a_b + a_w}$$

In Bild 178 sind s_1, s_2 usw. die Stärken der verschiedenen Schichten der Wand (z.B. feuerfestes Material und Isolierschicht).

λ_1, λ_2 usw. sind die Wärmeleitkoeffizienten für die verschiedenen Schichten.

a_b ist der Wärmeübergangskoeffizient für die innere Wandfläche.

Es leuchtet ein, daß außerdem:

$$\begin{aligned} Q &= F \cdot a_b (t_g - t_b) \\ Q &= F \cdot \frac{\lambda_1}{s_1} (t_b - t_2) \\ Q &= F \cdot \frac{\lambda_2}{s_2} (t_2 - t_w) \\ Q &= F \cdot a_w (t_w - t_u) \end{aligned} \tag{119}$$

Um nun die Wärmemenge Q zu bestimmen, kann man mehrere Wege gehen:

4. Der Ofen und die Wärme

Für den Fall, daß a_b bekannt ist oder berechnet werden kann, ist für eine Abgastemperatur t_g wie folgt vorzugehen. Man schätzt die Wandtemperatur t_w an der Außenseite und berechnet a_w. Sodann berechnet man k und mit der ersten der Formeln (119) auch Q. Dieser Wert in die zweite Formel eingesetzt, ergibt t_b. Mit der dritten Formel findet man t_2 und schließlich mit der letzten der Formeln t_w. Diese Temperatur t_w muß natürlich mit der anfänglich geschätzten Temperatur t_w übereinstimmen. Ist dies nicht der Fall, so nimmt man erneut einen Wert t_w an und führt die Rechnung nochmals durch, bis der errechnete Wert mit dem geschätzten übereinstimmt. Der Wärmeübergangskoeffizient a_b ist für die Fälle, bei denen die Strahlung keine oder nur eine sehr bescheidene Rolle spielt, also bei Temperaturen unterhalb rund 600 °C mit Hilfe der Formeln (in 3.3.) zu berechnen. Für höhere Temperaturen, bei denen Gasstrahlung in Frage kommt, kann man das Verfahren in 4.5.2. anwenden, wobei man für ϵ einen Wert zwischen 0,75 und 0,85 einsetzt. Außerdem hat man noch mit einem konvektiven Wärmeübergang mit a_k = rund 23 W/m² K zu rechnen. Da a_b in vielen Fällen bedeutend größer ist als a_w, so ist der Einfluß von $\frac{1}{a_b}$ auf k meistens gering und man braucht a_b nicht genau zu kennen.

Bei dem Durchgang der Wärme durch dünne Metallwände, z.B. Blecheinfassungen von Ofenmauerwerk, Ofenwände, die ganz aus Metallblech bestehen, oder metallische Rohre von Wärmeaustauschern, kann der Faktor $\frac{s}{\lambda}$ meistens ganz vernachlässigt werden, da s hierbei klein und λ für Metall groß ist.

Beispiel:

t_g = 925 °C
s_1 = 0,105 m
s_2 = 0,065 m
λ_1 = 1,05 W/m K
λ_2 = 0,13 W/m K
t_u = 15 °C
a_b = 58,15 W/m² K

Schätzen t_w = 105 °C und hierfür ist a_w = 13,52 W/m² K

$$k = \frac{1}{\frac{1}{a_b} + \frac{s_1}{\lambda_1} + \frac{s_2}{\lambda_2} + \frac{1}{a_w}} = 1,43 \text{ W/m}^2 \text{ K}$$

($\frac{1}{a_b}$ hat einen kleineren Wert als die übrigen Summanden. Ungenauigkeiten von a_b haben also keinen großen Einfluß.)

Für 1 m² ist der Wandverlust q:

$$q = k(t_g - t_u) = 1{,}43 \, (925-15) = 1320 \, W/m^2 \, K$$

Mit Hilfe der Formel 119 finden wir:

$$q = a_b (t_g - t_b) = 1320 = 58{,}15 \, (925 - t_b)$$

Hieraus $t_b = 902{,}6 \, °C$

$$q = \frac{\lambda_1}{s_1}(t_b - t_2) = 1320 = \frac{1{,}05}{0{,}105}(902{,}5 - t_2)$$

Hieraus $t_2 = 770{,}6 \, °C$

$$q = \frac{\lambda_2}{s_2}(t_2 - t_w) = 1320 = \frac{0{,}13}{0{,}065}(770{,}6 - t_w)$$

Hieraus $t_w = 109 \, °C$

Die Schätzung von $t_w = 105 \, °C$ war also genügend genau, und man braucht die Rechnung nicht zu wiederholen.

In den meisten Fällen wird man bei der Berechnung des Wandverlustes von der Ofenwandtemperatur t_b ausgehen, da diese verhältnismäßig gut meßbar ist. Sonst kann man sie nach der Abgastemperatur schätzen. Nach 4.5.2. weicht die Abgastemperatur bei kleineren Werten des Flächenverhältnisses K weniger von der Wandtemperatur t_b ab.

Da für eine Wand, welche nur aus einer Schicht von der Stärke s besteht,

$$q = \frac{\lambda}{s}(t_b - t_w) = a_w (t_w - t_u) \text{ ist,}$$

$$t_w = \frac{\frac{\lambda}{s\,a_w} t_b + t_u}{1 + \frac{\lambda}{s\,a_w}}$$

Und:

$$q = \frac{\lambda}{s} t_b - \frac{\lambda}{s} \frac{\frac{\lambda}{s\,a_w} t_b + t_u}{1 + \frac{\lambda}{s\,a_w}} = \frac{t_b - t_u}{\frac{s}{\lambda} + \frac{1}{a_w}} \qquad (120)$$

Auch ist:

$$t_w = t_b - \frac{s}{\lambda} q \qquad (121)$$

Der Wandverlust wird dann wie folgt berechnet:
Man schätzt a_w und berechnet mit Hilfe von (120) q. Dieser Wert von q wird in (121) eingesetzt und ergibt t_w. Wenn nun dieser Wert von t_w in (122) oder (123) eingesetzt wird, so soll sich wiederum der geschätzte Wert von a_w ergeben. Ist das nicht der Fall, so ändert man den geschätzten Wert von a_w und rechnet von neuem.

$$\alpha_w = 6{,}3 + 0{,}04\, t_w \;[W/m^2 K] \text{ für Wände, die mit Aluminiumfarbe gestrichen sind}$$
$$(\epsilon = 0{,}6) \qquad (122)$$

$$\alpha_w = 7{,}1 + 0{,}056\, t_w \;[W/m^2\, K] \text{ für gemauerte und eiserne Wände } (\epsilon = 0{,}8) \qquad (123)$$

t_w = Wandtemperatur in °C
t_u = Umgebungstemperatur in °C

Hat man es mit einer Wand zu tun, die aus mehreren Schichten zusammengesetzt ist, so soll man statt $\frac{s}{\lambda}$ in die Formeln

$$\frac{s}{\lambda} = \frac{s_1}{\lambda_1} + \frac{s_2}{\lambda_2} + \frac{s_3}{\lambda_3} \ldots \qquad (124)$$

einführen.

Die Wandtemperatur t_w läßt sich leicht zeichnerisch bestimmen, (Bild 179) wenn $\frac{s}{\lambda}$ sehr klein ist, also für eine dünne Metallwand.

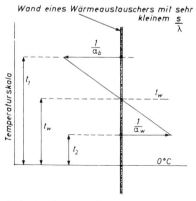

Bild 179: Zeichnerische Bestimmung der Wandtemperatur einer dünnen Wand

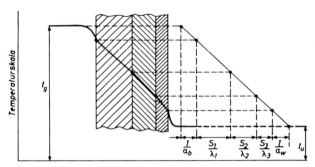

Bild 180: Zeichnerische Bestimmung der Wandtemperaturen einer zusammengesetzten Wand

Auch die T e m p e r a t u r e n einer zusammengesetzten Wand können zeichnerisch bestimmt werden. Hierzu ist es notwendig, daß die Wärmeleitzahlen λ, die Wandstärken s, die Wärmeübertragungszahlen a_b und a_w sowie die Innentemperatur t_g und die Umgebungstemperatur t_u bekannt sind (Bild 180).

Es ist manchmal möglich und ratsam, den zulässigen Wandverlust q_w vorher festzulegen und damit auch die äußere Wandtemperatur. In Bild 181 ist für einen festen Wert von t_u und von ϵ mit Hilfe der Formel 115 die Wärmeverlustkurve q_w berechnet und gezeichnet. Ist die Temperatur der heißen Ofenwand t_{b3} bekannt und strömt der Wärmestrom $\dot{q}_w$ vom Ofeninnern zur Außenseite der Ofenwand, so gilt:

$$\dot{q} = \frac{\lambda_1}{s_1}(t_{b1} - t_{w1}) = \frac{\lambda_1}{s_1}\Delta t_1$$

$$\dot{q} = \frac{\lambda_2}{s_2}(t_{b2} - t_{b1}) = \frac{\lambda_2}{s_2}\Delta t_2$$

$$\dot{q} = \frac{\lambda_3}{s_3}(t_{b3} - t_{b2}) = \frac{\lambda_3}{s_3}\Delta t_3$$

usw.

Es ist $\dfrac{\dot{q}}{\Delta t_1} = \dfrac{\lambda_1}{s_1} = \operatorname{tg}\beta_1$ usw.

Hat man vorher festgelegt, welche Ofenbaustoffe man für die verschiedenen Schichten anwenden will (im Bild: 3), dann sind die zulässigen Temperaturen der Trennflächen auch bekannt. Man zieht nun eine senkrechte Linie q und es werden die Werte der Temperaturen t_{b1}, t_{b2}, t_{b3} usw., die an den Trennflächen zulässig sind, und auch die Wandtemperatur t_w eingezeichnet und von dort werden waagerechte Linien gezogen. Die Schnittpunkte mit der senkrechten Linie q werden durch Gerade mit dem nächsten Temperaturwert verbunden. Es ergeben sich dann die Winkel β_1, β_2, β_3 usw. Außer für q und für t zeichnet man auch Skalen für die Wandstärke s (senkrecht) und für den Wärmeleitungs-

4. Der Ofen und die Wärme

koeffizient λ (waagerecht). Mit Hilfe der Skala für λ werden die betreffenden Werte in den betreffenden Winkel eingetragen. Es können dann die Werte von s sofort abgegriffen und mit der Skala für s zahlenmäßig bestimmt werden.

Besonders dann, wenn durch die Anwendung von feuerfesten Betonen und Isolierstampfmassen die Schichtstärken s frei gewählt werden können, ist diese Methode sehr zu empfehlen. Außerdem ist es leicht, um hiermit zwecks Preisvergleich, auch für andere Baustoffe mit anderen zulässigen Interface-Temperaturen andere Werte von s zu bestimmen und die günstigsten auszuwählen.

Da $\dot{q}$ auch der Wärmestrom vom Ofeninnern zur Innenwand ist, ist es möglich, die Innenwandtemperatur $t_{b3} = t_b$ (Bild 181) wie folgt zu berechnen:

Da der Wärmestrom $\dot{q}$ eines Hochtemperaturofens fast ausschließlich von der Strahlungswärmeübertragung abhängt, so ist:

$$\dot{q} = \epsilon_{tot} \cdot c \left\{ \left(\frac{T_g}{100} \right)^4 - \left(\frac{T_b}{100} \right)^4 \right\} \tag{125}$$

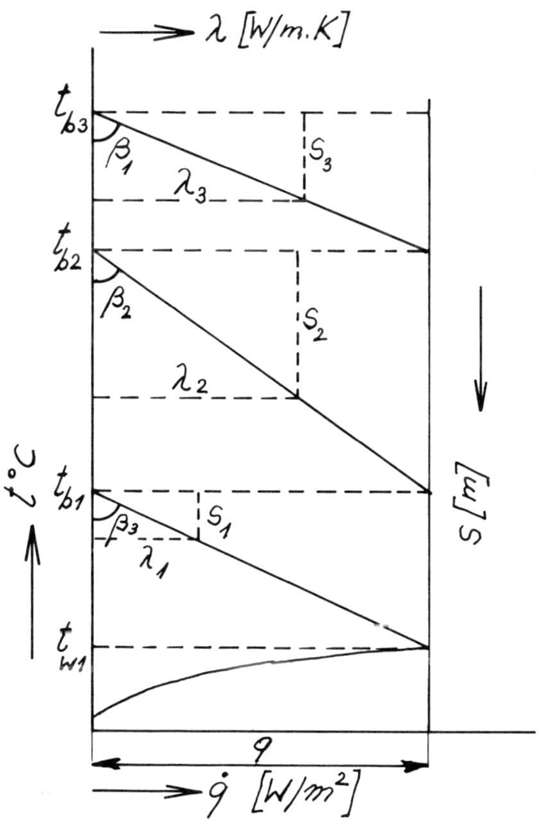

Bild 181: Zeichnerische Bestimmung der Wandkonstruktion bei vorgegebenem Wandverlust

ϵ_{tot} bezieht sich auf den gesamten Wärmeaustausch zwischen Wand und Ofeninhalt und ist abhängig von ϵ_b, ϵ_w, ϵ_g und K (4.5.2.). Für allgemein gebräuchliche Industrieöfen kann für ϵ_{tot} rund 0,4 eingesetzt werden. c = 5,77. Man findet dann:

$$T_b = t_b + 273 = 100 \sqrt[4]{\left(\frac{T_g}{100}\right)^4 - \frac{\dot{q}}{2,3}} \quad [K] \quad (126)$$

Obiges Verfahren ist bereits in der 1. Auflage auf S. 247 dargestellt worden und zwar für die Konstruktion von t–q Kurven bei verschiedenen Werten von $\dot{q}$ und für zwei- und dreischichtige Ofenwände [39]. Es kann hierbei auch die Temperaturabhängigkeit berücksichtigt werden. In Bild 182 ist wiederum die t_w-q_w-Kurve der Wandverluste gezeichnet und für die zweischichtige Wand gilt:

$$tg\,\beta_1 = \frac{\lambda_1}{s_1} \quad und \quad tg\,\beta_2 = \frac{\lambda_2}{s_2}$$

Die Wärmemenge, die durch die Ofeninnenwand eintritt, durch die beiden Schichten wandert, schließlich durch die Außenwand austritt und an die Luft und an die Umgebung übergeht, ist wiederum der Wandverlust q_w. Die Koordinaten der Punkte A und B im t_w–q_w-Diagramm (Bild 182) sind also t_2 und q_w bzw. t_w und q_w, und somit müssen diese Punkte senkrecht übereinander liegen. B ist wiederum der Schnittpunkt einer Linie, die von t_2 aus unter dem Winkel β_2 gezogen wird, mit der bereits gezeichneten t_w–q_w-Kurve. A liegt auf der Linie, die von t_b aus unter dem Winkel β_1 verläuft. Man sieht, daß die Punkte A und B sich nicht nur auf derselben Vertikalen befinden müssen, sondern

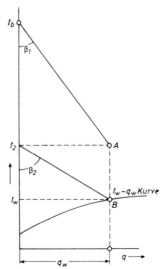

Bild 182: Graphische Darstellung von Wandverlust und Wandtemperaturen einer 2-schichtigen Wand

4. Der Ofen und die Wärme

daß A außerdem auf gleicher Höhe wie t_2 liegen soll. Dies ist nämlich der geometrische Ausdruck dafür, daß in Punkt A (also an der Trennfläche beider Schichten bei der Temperatur t_2) ebensoviel Wärme durch diese Trennfläche wandert, wie in Punkt B durch die Außenwand, wo die Wandtemperatur t_w herrscht.

Wie aus der Abbildung ersichtlich ist, müssen t_2, A und B dann die Eckpunkte eines rechtwinkligen Dreiecks bilden. Nun ist die t_w-q_w-Kurve der geometrische Ort aller Punkte B, und man hat also noch eine t_2-q_2-Kurve zu zeichnen, die der geometrische Ort aller Punkte A ist. Hierzu zieht man, von einer willkürlichen Temperatur t_2 auf der t-Achse ausgehend, eine Linie unter dem Winkel β_2, wobei $\operatorname{tg}\beta_2 = \dfrac{\lambda_2}{s_2}$ und bringt diese zum Schnitt mit der t_q-q_w-Kurve für Punkt B (Bild 183). Den zugehörigen Punkt A findet man leicht, indem man das rechtwinklige Dreieck t_2-A-B bildet. Nun wiederholt man dies für weitere Temperaturen t_2, findet weitere Punkte B und die zugehörigen Punkte A und verbindet schließlich sämtliche Punkte A zu einer t_2-q_2-Kurve. Weil nun die Wärmeleitzahl λ_2 temperaturabhängig ist, ist $\operatorname{tg}\beta_2 = \dfrac{\lambda_2}{s_2}$ nicht konstant. Man soll also beim Zeichnen diesem Umstand Rechnung tragen, indem man für jede Temperatur t_2 den dazugehörigen Wert von λ_2 bei der mittleren Temperatur $\dfrac{t_2 + t_w}{2}$ nimmt und diesen benutzt, um den Winkel β_2 für diese Temperatur zu bilden. Sämtliche Winkel β_2 in Bild 183 sind dann unter sich ein wenig verschieden. Die Winkel β_2 kann man sofort mit den numerischen Werten von λ_2 und s_2 oder einem Vielfachen davon zeichnen. Die Möglichkeit, der Änderung von λ mit der Temperatur Rechnung zu tragen, bildet einen besonderen Vorteil unseres Verfahrens.

Auch für **Wände aus drei Schichten** läßt sich dieses Verfahren anwenden (Bild 184).

Beispiel:

In Bild 185 ist für eine Isolierwand mit $s_2 = 0{,}065$ diese Darstellung wiedergegeben, wobei die Änderung der Wärmeleitzahl mit der Temperatur berücksichtigt wird. Das Isoliermaterial mit einem Raumgewicht von 450 kg/m³ hat die Wärmeleitzahl $\lambda_2 = 0{,}094$ kcal/h m K bei 200 °C (0,109 W/m K).

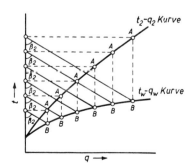

Bild 183: Konstruktion der t – q - Kurven

4. Der Ofen und die Wärme

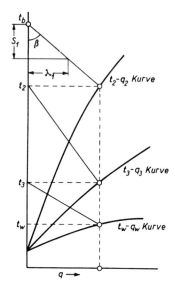

Bild 184: Graphische Darstellung von Wandverlust und Wandtemperaturen einer 3-schichtigen Wand

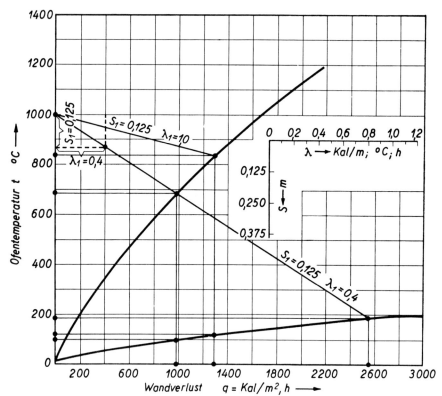

Bild 185: 1 kcal/m K h = 1,163 W/m K; 1 kcal/m^{2}h = 1,163 W/m^2 = 4,187 kJ/m^{2}h

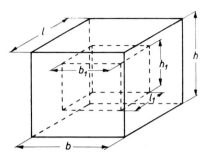

Bild 186: Einfluß von Kanten und Ecken

Eine innere Ofenwand von s_1 = 0,125 m aus Feuerleichtstein mit λ_1 = 0,40 kcal/m · h · K (0,465 W/m K) und 1000 °C Wandtemperatur ist mit einer äußeren Isolierwand (s_2 = 0,065, λ_2 siehe oben) versehen. Von t_b = 1000 °C ausgehend wird eine Gerade, entsprechend s_1 = 0,125 m und λ_1 = 0,40 kcal/m · h · °C gezogen, wobei die Hilfsskalen für s und λ benutzt werden. Die Temperatur t_2 der Trennfläche ist dann 690 °C, der Wandverlust q_w = 1128 W/m² und die Wandtemperatur t_w = 100 °C. Ohne Isolierschicht würde die Wandtemperatur t_2 = 185 °C und der Wandverlust 2550 kcal/m² h = 2966 W/m² betragen.

Bei Öfen hat man es **nicht mit parallelen Wänden unendlicher Ausdehnung** zu tun, wobei also Randerscheinungen keinen Einfluß ausüben und wofür die vorangegangenen Berechnungen Gültigkeit haben, sondern mit kastenförmigen (Bild 186) oder hohlzylindrischen Körpern. Im Bild 187 ist die Stelle dargestellt, wo zwei Wände zusammenstoßen. Der Weg, auf dem die Wärme sich durch Wände zu bewegen hat, ist s. Dort aber, wo die Wände zusammenstoßen, ist der Weg länger, und zwar $s\sqrt{2}$. Eine größere Weglänge bedeutet einen größeren Widerstand gegen den Wärmedurchgang, also einen niedrigeren Wandverlust. Dort, wo drei Ofenwände zusammenstoßen, ist der Weg für die Wärme noch länger, und es wird einleuchten, daß man einen zu hohen Wandverlust errechnet, wenn man diesen Verlust je m² flacher Wand mit der gesamten **äußeren** Wandoberfläche des Ofens multipliziert. Dieser Wert wird um so mehr von dem wirklichen Wandverlust abweichen, je kleiner der Ofen und je größer die Wandstärke im Verhältnis zur Ofengröße ist. Heiligenstaedt hat ein genaues Verfahren angegeben, wodurch man den Einfluß von Kanten und Ecken berücksichtigen kann. Es zeigt sich aber, daß man sogar für kleinere Öfen diesem Einfluß ziemlich genau Rechnung tragen kann, wenn man statt h, b und l (Bild 186) $\dfrac{h+h_1}{2}$, $\dfrac{b+b_2}{2}$ und $\dfrac{l+l_1}{2}$ für die Berechnung der zugrunde zu legenden Fläche benutzt.

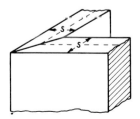

Bild 187: Einfluß von Kanten

Wärmeverluste einer zweischichtigen zylindrischen Wand:

in W für 1 m Länge des Zylinders

$$Q = \frac{\pi (t_i - t_a)}{a + b} \qquad (127)$$

$$a = \frac{1}{2\lambda_1} \ln \frac{d_2}{d_i}$$

$$b = \frac{1}{2\lambda_2} \ln \frac{d_a}{d_2}$$

d_i = Innendurchmesser
d_a = Außendurchmesser
d_2 = Zwischendurchmesser
t_i = Innentemperatur
t_a = Außentemperatur

Die Wärmedurchgangszahl k eines Rohres mit Isolierschicht ist:

$$k = \frac{\pi}{\frac{1}{d_1 \alpha_b} + \frac{1,151}{\lambda_1} \log \frac{d_2}{d_1} + \frac{1,151}{\lambda_2} \log \frac{d_3}{d_2} + \frac{1}{d_3 \alpha_w}} \qquad (128)$$

Auch hier ist k auf 1 m Rohrlänge bezogen. d_1 ist der Innendurchmesser in m des Rohes, d_3 der Außendurchmesser der Isolierschicht und d_2 der Durchmesser der Trennschicht zwischen Rohr und Isolierschicht. λ_1 bezieht sich auf den inneren und λ_2 auf den äußeren Baustoff.

Meistens wird ein Metallrohr von außen mit einer Isolierschicht umgeben. Es ist aber auch möglich, das Rohr von innen mit einem Isolierstoff auszukleiden. Dieses Verfahren hat Vor- und Nachteile.

V o r t e i l e : Das Metallrohr ist mit der Umgebungsluft in Berührung und hat eine niedrigere Temperatur. Es braucht deshalb bei hohen Gastemperaturen nicht aus einem hitzebeständigen Baustoff hergestellt zu sein. Die Dehnungsstellen sind viel leichter anzufertigen.

N a c h t e i l e : Da bei gleichbleibendem Innendurchmesser d_1 des gasführenden Rohres der Durchmesser des Metallrohres jetzt bedeutend größer ist, so wird selbst in dem Falle, daß keine große Druckbeanspruchung auftritt, das Metallrohr schwerer und somit teurer. Wird das Gas unter höherem Überdruck befördert, so ist die Stärke des Rohres im Verhältnis zur Zunahme des Durchmessers größer zu wählen. Das Gewicht des Metallrohres nimmt dann quadratisch mit der Zunahme des Durchmessers zu, und das Rohr wird nochmals entsprechend teurer.

4. Der Ofen und die Wärme

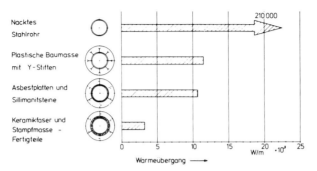

Bild 188: Wärmeübergang von Rohrummantelung bei $t_{ofen} = 1400°$ C, $t_{wand} = 40°$ C (Wasserkühlung) (Werkbild Steinmüller)

Es ist schwierig, die innere Isolierschicht anzubringen. Meistens ist man gezwungen, verhältnismäßig kurze Metallrohrteile mit Isolierformsteinen auszukleiden, aber dadurch nimmt die Zahl der Flanschverbindungen zu. Außerdem ist die Innenfläche des Rohres rauher als die eines Metallrohres, wodurch der Druckverlust steigt. Auch kann Abreibung der Innenauskleidung durch das mit hoher Geschwindigkeit durchstromende Gas auftreten.

Wenn Rohre von außen her thermisch belastet werden und innen durch Wasser gekühlt werden (Stützen von Stoß- und Hubbalkenöfen), so wird an die Außenseite eine Isolierschicht angebracht (Bild 188).

Die O f e n t ü r (und auch manche andere Stellen des Ofens) ist sehr oft nicht isoliert oder von einer weniger wärmedichten Bauweise als die Ofenwände. Der Wandverlust je m² Türfläche ist höher als der der Wände und muß gesondert berechnet werden. Besser ist es jedoch, dafür zu sorgen, daß die Türen keine schwachen Stellen in bezug auf Wärmedichtheit sind. Bei elektrischen Öfen wird dafür oft besser gesorgt als bei brennstoffbeheizten Öfen!

Der Wandverlust bei Anwendung keramischer Baustoffe ist in Tafel 91 für einige Wandkonstruktionen angegeben.

Nach Schäfer soll sich eine wirtschaftliche Wärmedämmung ergeben, wenn die äußere Wandtemperatur rund 7 bis 10 % der Innenwandtemperatur beträgt.

Tafel 91

Materialart	Raumgewicht in kg/l	Wärmeleitfähigkeit W/m.K	Wandkonstruktion Nr.			
			1	2	3	4
Schamotte	1,9	1,163	250 mm	125 mm	—	—
Leichtstein	0,9	0,349	—	—	250 mm	125 mm
Isolierstein	0,45	0,116	125 mm	65 mm	125 mm	65 mm
Wandverlust in W/m² für diese Wandkonstruktion bei Beharrungszustand und 1000 °C Ofentemperatur			733	1337	535	1000

Manchmal werden Schirme zur Verminderung der Wärmeübertragung durch Strahlung verwendet. Diese können einfache Platten, z.B. von Aluminiumblech, sein, die bei brennstoffbeheizten Öfen in kurzer Entfernung von der inneren Ofenwand angebracht sind. Sie dienen dann dazu, eine zu große Wandstrahlung, die die Gleichmäßigkeit der Erwärmung beeinträchtigen könnte, zu unterbinden. In anderen Fällen, z.B. bei den Vakuumöfen, wo Strahlung das einzige Mittel zur Wärmeübertragung ist, sollen mehrere hintereinandergestellte Schirme den Wandverlust bereits von innen her unterbinden (3.4.).

4.6.2. Speicherwärme

Wenn ein Ofen vom kalten Zustand oder von der Temperatur an, die nach einer Betriebspause vorhanden ist, hochgeheizt wird, so wird nach einiger A n h e i z z e i t im Ofenraum bereits die Betriebstemperatur erreicht, aber die Ofenbaustoffe sind noch keinesfalls „durchgeheizt". Im Gegenteil, es dauert meistens noch ziemlich lange, bis sich der Beharrungszustand einstellt. Solange dieser noch nicht erreicht ist, wird Wärme in den Ofenwänden gespeichert, und die Zeit, die bis dahin vergeht, wird A u f h e i z z e i t genannt.

Für eine einfache Wand ist im Bild 189 der Temperaturverlauf im voll erreichten Beharrungszustand dargestellt; er ist geradlinig. Bild 190 gibt den Verlauf während der Aufheizung wieder.

(Bei einer gasdurchlässigen Wand ist bei Gasüberdruck im Ofenraum a u c h im Beharrungszustand kein geradliniger Temperaturabfall vorhanden.)

Setzt die Wärmezufuhr zum Ofen aus, so wandert die Wärme, die in den Ofenwänden gespeichert ist, sowohl nach innen als nach außen und wird dort abgegeben. Um diesen Verlust an Speicherwärme so klein wie möglich zu halten (denn nachher bei erneutem Aufheizen hat man diese wieder zu ersetzen), soll man in erster Linie dafür sorgen, daß der Ofen sorgfältig verschlossen wird. Es darf keine Luft durch die Tür- und sonstige Spalten in den Ofen eindringen, und durch die Abgasöffnungen darf keine Luft den Ofen verlassen (5.2.4.).

Durch das Verfahren nach E. Schmidt [40] ist der Temperaturverlauf in einer Ofenwand während des Aufheizens zu berechnen, und somit kann man die Speicherwärme und den Wandverlust für jede Stunde, nach Beginn der Aufheizung, bestimmen.
A u f h e i z u n g , b e s t i m m e n .

Die Wand wird in Schichten gleicher Stärke Δx aufgeteilt. Die Wärme, die in Schicht 2 (Bild 191) während des Zeitabschnitts ΔZ eintritt, ist für 1 m^2:

$$\Delta q = -\lambda \cdot \Delta Z \frac{\Delta t_1}{\Delta x}$$

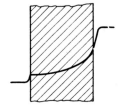

Bild 189: Temperaturverlauf im Beharrungszustand   Bild 190: Temperaturverlauf beim Anheizen

Für eine gute Sache kann man sich nicht früh genug entscheiden!

Kommen Sie zur

therm
process 89

nach Düsseldorf.
20. – 26. Mai 1989

therm process 89
5. Internationale Fachausstellung und Kongreß für Industrieöfen und wärmetechnische Produktionsverfahren

☐ Wir wollen ständig informiert werden. Senden Sie uns bitte laufend Ihre Informationen über die thermprocess 89.

Name
Firma
Anschrift

NOWEA
DÜSSELDORFER MESSEN
Düsseldorfer Messegesellschaft mbH
- NOWEA - · D-4000 Düsseldorf 30
Postfach 32 02 03
Tel. (02 11) 45 60-01 · Telex 8 584 853 mes d

Fordern Sie heute schon alle Informationen an, die Ihnen morgen zum Markterfolg verhelfen!

Wiesloch: wir liefern nicht nur <u>Wärmeträger-Anlagen</u> in jeder Größenordnung. Auch alles das, was heute zu einem wirtschaftlichen (und verantwortungsbewußten) Energiehaushalt dazugehört. <u>Wärmeaustauscher</u>, <u>Abhitzekessel</u>, <u>Elektroerhitzer</u>, <u>thermische Nachverbrennungs-Anlagen</u>. Bis hin zum <u>Schornstein</u> für saubere Abgase.

Wiesloch
Die Technik der Wärmeübertragung

Apparatebau Wiesloch GmbH
Postfach 1130, 6908 Wiesloch
Tel. (06222) 571-0 Telex 466008
Telefax 06222/57101
Teletex 17/622293

4. Der Ofen und die Wärme

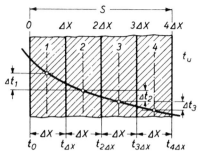

Bild 191: Berechnung des Temperaturverlaufs beim Anheizen (nach Schmidt)

Hierbei ist Δt_1 der Temperaturunterschied zwischen Schicht 2 und der vorangehenden Schicht 1. Von dieser Wärmemenge bleibt ein Teil Δq_1 in Schicht 2, wird hier gespeichert und erhöht die Temperatur mit Δt. Der restliche Teil Δq_2 wird durch Schicht 2 hindurchgeleitet an Schicht 3

$$\Delta q_1 = -\Delta x, \gamma \cdot c \cdot \Delta t$$

ρ = Dichte des Wandmaterials

c = spez. Wärme des Wandmaterials

$$q_2 = -\lambda \cdot \Delta Z \frac{\Delta t_2}{\Delta x}$$

Da $q = q_1 + q_2$ ist:

$$-\lambda \cdot \Delta Z \frac{\Delta t_1}{\Delta x} = -\Delta x \cdot \rho \cdot c \cdot \Delta t - \lambda \cdot \Delta Z \frac{\Delta t_2}{\Delta x}$$

$$\Delta t = \frac{\lambda}{\rho \cdot c} \frac{\Delta Z}{\Delta x \cdot \Delta x} \left(\Delta t_1 - \Delta t_2 \right)$$

$$\frac{\Delta t}{\Delta Z} = \frac{\lambda}{\rho \cdot c} \frac{1}{\Delta^2 x} \left(\Delta t_1 - \Delta t_2 \right)$$

Sind t_1, t_2, t_3 die Temperaturen der verschiedenen Schichten, so ist:

$$\Delta t_1 - \Delta t_2 = (t_1 - t_2) - (t_2 - t_3) = t_1 + t_3 - 2 t_2$$

Führt man die **Temperaturleitfähigkeit**: $a = \dfrac{\lambda}{c \cdot \rho}$ [m²h⁻¹] (129)

ein, so wird:

$$\frac{\Delta t}{\Delta Z} = \frac{a}{\Delta^2 x}\left(t_1 + t_3 - 2 t_2\right)$$

Wählt man den Zeitabschnitt ΔZ, so daß:

$$\Delta Z = \frac{\Delta^2 x}{2 a} \tag{130}$$

dann ist:

$$\Delta t = \frac{t_1 + t_3 - 2 t_2}{2} \quad \text{oder:} \tag{131}$$

$$\Delta t + t_2 = \frac{t_1 + t_3}{2}$$

Das heißt:
Die Temperatur, die eine mittlere Schicht Δx nach Ablauf der Zeit ΔZ erreicht hat, ist das arithmetrische Mittel der Temperaturen der räumlich nächstwärmeren und der nächstkälteren Schicht beim Anfang der Zeit ΔZ.

Hiermit ist es möglich, für eine Wand, die aufgeheizt wird, den Temperaturverlauf in Abhängigkeit von der Zeit zu berechnen. Nach einiger Zeit ist die Wärme, die von der einen Seite in die Wand gebracht wird, teilweise so weit in diese eingedrungen, daß auch die Temperatur der anderen Wandseite steigt.

Industrieöfen, welche täglich nur 8 bis 10 Stunden in Betrieb sind, erreichen meistens nicht den Beharrungszustand, und die Wärmespeicherung ist am Ende der Arbeitsschicht noch nicht voll erreicht.

Die Differenzenrechnung läßt sich auch auf zylindrische Körper anwenden [41].

Da diese Art der Berechnung aber ziemlich zeitraubend ist, wird man vorteilhaft von den Bildern 193 und 194 Gebrauch machen. Auch für die Berechnung des A n h e i z v e r - b r a u c h e s soll man wissen, wie groß der Wandverlust im Vergleich zu dem Wandverlust bei Beharrungszustand ist.

Im allgemeinen ist die B e t r i e b s t e m p e r a t u r eines Ofens schon lange erreicht und somit die A n h e i z u n g beendet, ehe sich der Beharrungszustand eingestellt hat. Denn die Anheizung darf meistens nicht länger als 1/2 bis 2 Stunden dauern. Oft wird mit einer Stunde gerechnet. Hierbei handelt es sich natürlich um unterbrochenen Betrieb, denn bei Industrieöfen für Dauerbetrieb darf die Anheizung bedeutend länger (sogar Wochen!) dauern.

Die V e r b i n d u n g v o n W ä r m e s p e i c h e r u n g u n d W ä r m e v e r l u s t beim Anheizen von Öfen findet ihr Gegenstück in der Verbindung von Kapazität und Widerstand bei der elektrischen Strömung. Der Niederländer Beuken (sprich Böken) hat hiervon Gebrauch gemacht, um mittels eines e l e k t r i s c h e n M o d e l l s (Net-

4. Der Ofen und die Wärme

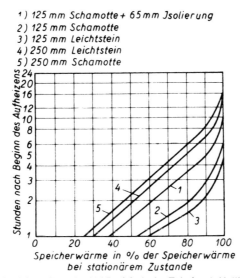

Bild 193: Speicherwärme in Abhängigkeit der Zeit (nach Heiligenstaedt)

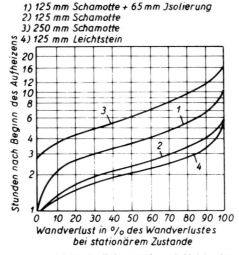

Bild 194: Wandverlust in Abhängigkeit des Zeitverlaufs nach Heizbeginn (nach Heiligenstaedt)

work analog computer, Analogrechner) die entsprechenden Werte für verschiedene Ofenwandkonstruktionen zu finden [42].

Die Grundlage dieses Verfahrens sei an Hand des Bildes 195 dargelegt. Bei einer Wand, die eine große Ausdehnung hat im Vergleich zu ihrer Stärke, oder bei enem ringsherum isolierten Stab, wie er im Bilde dargestellt ist, kann die Wärme nur von der warmen Oberfläche zur kälteren strömen. Während der Aufheizzeit wird von dieser Wärme ein Teil in den Abschnitten I, II, III, IV und V usw. des Stabes gespeichert. Für die Wärmeströmung ist die Wärmeleitfähigkeit λ des Baustoffes maßgebend und für die Wärmespeicherung die Wärmekapazität (spez. Wärme x Dichte) $c \cdot \rho_w$.

Werden nun die verschiedenen Abschnitte I, II usw. durch eine elektrische Kette ersetzt, die jedesmal aus einem elektrischen Widerstand und einer elektrischen Kapazität besteht, dann ist der Vorgang der elektrischen Strömung analog der Wärmeströmung durch den Stab.

Es sind:

Temperatur t	analog der elektrischen Spannung U
Wärmeleitfähigkeit λ	analog $\dfrac{1}{\text{spez. Widerstand}} = \dfrac{1}{R}$
Wärmekapazität $c_w \cdot \rho$	analog der elektrischen Kapazität C_e
Wärmefluß Q	analog der Stromstärke I

Für die Wärmeströmung gilt die Fouriersche Gleichung und für die in Bild 195 gezeigte elektrische Kette die Gleichung für das induktionsfreie Kabel. Aus diesen Gleichungen geht dann hervor:

$$Z_w \left(\frac{\lambda}{c_w \cdot \rho} \right) = Z_e \left(\frac{1}{R \cdot C_e} \right)$$

Z_w ist die Zeit des Wärmeproblems und Z_e die Zeit des elektrischen Problems. Der Zeitmaßstab zwischen beiden Problemen ist:

$$Z_m = \frac{Z_e}{Z_w} = \frac{\lambda}{c_w \cdot \rho} \cdot R \cdot C_e = a \cdot R \cdot C_e \qquad (133)$$

Hierin ist a die Wärmeleitzahl [m²/h] (129)

Wird $Z_m = \dfrac{1}{200}$ gewählt, so bedeutet das, daß im elektrischen Modell die Vorgänge 200 x schneller verlaufen als die entsprechenden Wärmevorgänge in der Wand oder dem Stab. Vorausgesetzt ist hierbei, daß die Werte von R und C_e entsprechend dem Wert a der Wand und der Gleichung $a \cdot R \cdot C_e = \dfrac{1}{200}$ gewählt wurden. 1 Stunde Aufheizzeit der Wand kommen somit überein mit 18 Sekunden Aufladungszeit des elektrischen Modells. Da man Wand und elektrische Kette in mehrere Abschnitte teilt, hat man hiermit bei der Wahl der Abschnittswiderstände R_1 und Abschnittskapazität C_1 zu rechnen.

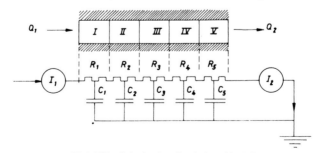

Bild 195: Prinzip des eletrischen Modells

4. Der Ofen und die Wärme

Die Stromstärke I_1 (Bild 196) ist ein Maßstab für die Speicher- und Wandverluste zusammen (Q_1) und die Stromstärke I_2 für die Wandverluste Q_2 allein. Die Spannung U an der Trennstelle zwischen den einzelnen Abschnitten ist analog der Temperatur an diesen Stellen. Im Augenblick, wo $I_1 = I_2$ (also $Q_1 = Q_2$) ist, ist die Aufladung der Kondensatoren, also auch der Wärmespeicherung, beendet, und die Zeit, die bis dahin verlaufen ist, ist unter Berücksichtigung des Zeitmaßes Z_m die Aufheizzeit.

Bild 196 gibt die Anordnung des Beuken-Modells zur Untersuchung einer zweischichtigen Ofenwand mit Berücksichtigung der Wärmeübergangszahl an der Außenwand wieder.

Die Widerstände R_1 und Kapazitäten C_1 sind entsprechend der Stärke und Stoffzahlen der Schamottewand gewählt und R_2 und C_2 entsprechend der Isolierwand. R_3 entspricht dem reziproken Wert der Wärmeübergangszahl an der Außenseite der Wand. Wird nach einiger Zeit Wärmgut in den Ofenraum gebracht, so läßt sich das im Beuken-Modell darstellen durch das Hinzuschalten einer Kapazität C_3.

Dieses Modell und verschiedene Abarten haben sich auch äußerst brauchbar gezeigt zur Untersuchung von anderen zeitabhängigen Vorgängen.

Mit einem Beuken-Modell wurde gefunden, daß bei einer Betriebszeit von 8 Stunden der Gesamtverbrauch für Wärmespeicherungen und Wandverlust für einen Ofen mit Wänden aus 250 mm Schamottestein und 125 mm Isolierstein bei 1000 °C Ofentemperatur genau derselbe ist wie für einen Ofen mit Wänden aus 125 mm Leichtstein und 65 mm Isolierstein. Sogar bei einer Betriebszeit von 17 Stunden (also 2 Schichten pro Tag) ist nur ein geringfügiger Unterschied vorhanden. Es ist deswegen sehr ratsam, für kleinere und mittlere Industrieöfen, soweit diese Konstruktion keine bautechnischen Schwierigkeiten bedeutet und auch mechanisch zulässig ist, die leichte, billige und wärmetechnisch doch einwandfreie Wandausführung von 125 mm Feuerleichtstein und 65 mm Isolierstein zu wählen. Man hat sich hierbei zu vergegenwärtigen, daß bei gleichen Abmessungen des Ofenraumes die äußeren Abmessungen des Ofens, also auch die wärmeabgebenden Außenflächen, geringer sind als bei Öfen mit stärkeren Wänden aus gewöhnlichem Schamottestein.

Ein Verfahren zur Bestimmung des zeitlichen Verlaufs der Speicherwärme und des Wandverlustes beim Aufheizen von widerstandsbeheizten Elektroöfen haben B e u k e n ed. al. [43] angegeben.

Beim Aufheizvorgang kann die Speicherwärme durch Messung der zugeführten elektrischen Energie und der an die Umgebung abgegebenen Wärmemenge bestimmt werden.

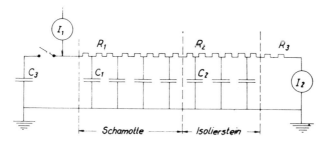

Bild 196: Elektrisches Modell einer zweischichtigen Wand

Die Differenz beider Energien ist die Wärme, die im Ofen gespeichert wurde. Es ist also notwendig, die Außenwandtemperatur während des Aufheizens an verschiedenen Stellen zu messen und die für diese Temperaturen gültigen Gesamtübergangskoeffizienten z.B. nach 115 zu bestimmen. Dafür brauchen die Konstruktionsdaten des Ofens nicht bekannt zu sein. Das ist auch bei der Methode nach Beuken nicht notwendig. Mit der „Beuken-I-Methode" kann man mit genügender Genauigkeit die bei stationärem Zustand eines Ofens gespeicherte Wärmemenge bestimmen. Diese Methode ist deshalb für Messungen im Betrieb gut brauchbar. Hierbei wird nach Erreichen des stationären Zustandes die Energiezufuhr ausgeschaltet. Dann wird die Wärmemenge bestimmt, die der Ofen bei Abkühlung auf Umgebungstemperatur abgibt. Diese Wärmemenge ist also auch die Speicherwärme des Ofens bei stationärem Zustand. Da es schwierig ist, die Außenwandtemperatur während des Abkühlens zu bestimmen, wird eine indirekte Methode angewendet. Es gibt nämlich eine einfache Beziehung zwischen der Temperatur ϑ_i im Ofeninnern und den Außenwandverlusten beim Abkühlen des Ofens. Diese Temperatur kann durch das Thermoelement im Ofenraum fortlaufend gemessen werden. Sie verläuft nach zwei einfachen e-Funktionen, deren Schnittpunkt die Totzeit t_d angibt. Während dieser Totzeit bleibt der Wandverlust L_w konstant und ist während dieser Zeit t_d gleich dem Leerlaufverlust L_o. Dieser Leerlaufverlust wird vorher im Betrieb gemessen. Wird, wie es in Bild 197 geschehen ist, der Verlauf der Ofeninnentemperatur ϑ_i zeichnerisch dargestellt, wobei auf der senkrechten Achse im logarithmischen Maßstab auch die transportierten Wärmemengen angegeben werden, so ergeben sich zwei Linien. Die erste verläuft bis zum Zeitpunkt t_d und ist, wie auch die zweite Linie, die mit einer anderen Neigung verläuft, eine e-Funktion und somit im logarithmischen Maßstab eine Gerade. Der Wandverlust beginnt mit $L_w = L_1$ und bleibt während der Zeit t_d konstant. Von dort an nimmt sie ab und verläuft als e-Funktion mit der gleichen Zeitkonstante wie die ϑ_1-Linie, also parallel zu dieser. Eine einfache Integration von $t = 0$ bis $t = \infty$ ergibt den Speicherverlust bzw. die Speicherwärme bzw. die Speicherwärme des betreffenden Ofens. Verfügt man über die oben genannten Meßwerte, so ist es möglich, mit der „Beuken-II-Methode" den zeitlichen Verlauf der Speicherwärme während des Aufheizens eines Ofens zu bestimmen.

Die Zunahme der Speicherwärme mit der Zeit läßt sich für die Praxis mit meistens genügender Genauigkeit nach einem von Behrens angegebenen Verfahren berechnen [44]. Es wird hierbei nur die innere Wandschicht betrachtet und die Stoßstelle zur zweiten Schicht als isoliert angenommen.

Zur Zeit t ist der Wärmeinhalt der Wand dann

$$H_z = A\, c_1\, \rho_1\, s_1\, \vartheta_e\, W\!\left(\frac{a}{e\, d^2}\, t_e\right),$$

die Temperaturleitfähigkeit

$$a = \frac{\lambda_1}{c_1\, \rho_1}$$

und W wird für $\dfrac{a}{4\, d^2}$ und t/t_e aus Bild 198 abgelesen. t_e ist die Zeit, die verläuft, um

OFENWAND: 6,5 cm Superdia + 8 cm Kieselgur

$P_{v_{st}} = 895$ k.cal./m² (bei 1000 °C Ofeninnenwandtemp.)

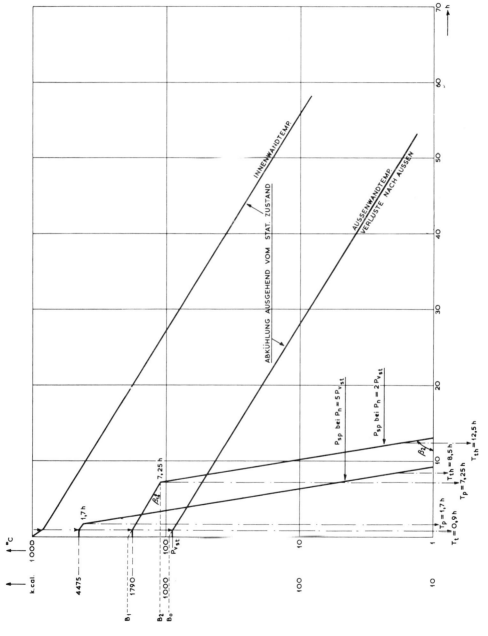

Bild 197: Bestimmung der Speicherwärme nach Beuken

4. Der Ofen und die Wärme

eine Innenwandtemperatur ϑ_e zu erreichen. Die derart berechnete Speicherwärmemenge weicht nur rund 7 % von der wirklichen Speicherwärme ab, wenn der stationäre Zustand erreicht ist.

D i e S p e i c h e r w ä r m e , d i e n a c h B e e n d i g u n g d e r A u f h e i z z e i t, also im Beharrungszustand, in einer Wand aufgespeichert ist, wird berechnet, indem man für jede Wandschicht den mittleren Temperaturunterschied zur Umgebung mit dem Produkt von Gewicht und spez. Wärme dieser Schicht multipliziert.

Beispiel:

Für die zweischichtige Wand des Beispiels in 4.6.1. ist die Speicherwärme pro m² Wand zu berechnen:

Der mittlere Temperaturunterschied der inneren Wandschicht mit der Umgebung ist:

$$\frac{902{,}6 + 771{,}6}{2} - 15 = 822{,}1\,°C$$

Für die äußere Wandschicht dagegen:

$$\frac{771{,}6 + 106}{2} - 15 = 423{,}8\,°C$$

Für die innere Schicht aus Schamottesteinen ist das Raumgewicht 1850 kg/m³ und die spez. Wärme nach Tafel 93 1,256 J/kg K.

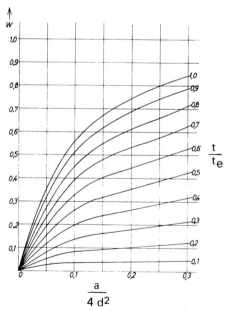

Bild 198: Werte von W für $\frac{a}{4d^2}$ und $\frac{t}{t_e}$

4. Der Ofen und die Wärme

Tafel 93

Stoffart	Mittlere spezifische Wärme in kJ/kg · K
Schamottestein	zwischen 0 und 1000 °C 1,256
Silikastein	zwischen 0 und 1000 °C 1,30
Graphit	zwischen 0 und 1000 °C 1,51
Kieselgursteine	zwischen 0 und 400 °C 0,84
Schlackenwolle (gestopft)	zwischen 0 und 100 °C 0,75

Die entsprechenden Zahlen sind für die äußere Schicht aus Isolierstein 450 kg/m³ und 0,85 J/kg K.

Somit ist die Speicherwärme je m² Wandfläche:

$$1850 \cdot 1 \cdot 0{,}105 \cdot 1{,}256 \cdot 822{,}1 + 450 \cdot 1 \cdot 0{,}065 \cdot 0{,}84 \cdot 423{,}8 = 211{,}3 \text{ MJ/m}^2$$

Feuerleichtsteine lassen nicht nur weniger Wärme durch, sondern speichern auch weniger. Bild 199 gibt zwei verschiedene Wände wieder.

a ist eine zweischichtige Wand von gewöhnlichem feuerfesten Stein (Raummasse 1850 kg/m³) und Isolierstein (Raummasse 450 kg/m³). Die zweischichtige Wand b besteht aus einer inneren Schicht aus Feuerleichtstein (Raummasse 750 kg/m³) und wiederum einer Isolierschicht (Raummasse 450 kg/m³). Aus dem miteingezeichneten Temperaturverlauf geht deutlich hervor, daß Wand b aus Feuerleichtstein eine bedeutend niedrigere Temperatur an der Außenseite aufweist und also einen viel geringeren Wandverlust hat als Wand a. Auch die Speicherwärme ist geringer. Niedrigere Wärmespeicherung ergibt große Wärmeersparnis für Öfen, die nicht in Dauerbetrieb gebraucht werden, sondern täglich hochgeheizt werden müssen.

Man kann durch Anwendung von Feuerleichtstein, zusammen mit einer guten Isolierung, Brennstoffersparnisse bis 50 % erreichen.

Bei Anwendung einer äußeren Isolierschicht wird die mittlere Wandtemperatur höher und nimmt die Speicherwärme zu. Auch darf die Temperatur an der Trennfläche zwischen Isolierschicht und feuerfester Schicht mit Rücksicht auf das Isoliermaterial nicht zu hoch werden. Das gleiche gilt für die mittlere Temperatur der feuerfesten Steine, da sonst die Standfestigkeit der Wand in Gefahr kommt. Man muß deswegen den Temperaturverlauf in einer Ofenwand genau kennen und diesen berechnen. Zeichnerische Verfahren und die

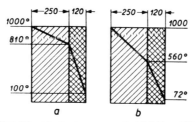

Bild 199: Wandverlust und Wandtemperaturen von zweischichtigen Wänden aus Schamotte (a), aus Feuerleichtstein (b)

Anwendung der graphischen Darstellung (Bild 181, 185) sind übersichtlicher und führen schnell zum Ziele. Besonders wenn man nachträglich eine Isolierschicht anbringen will (z.B. über dem Gewölbe), hat man sich vorher über die Folgen dieser „Sparmaßnahme" zu vergewissern.

4.6.3. Leichtbauweise

Bei Öfen für niedrigere Temperaturen bringt es meistens große Vorteile, wenn man Metallblech als Ofenbaustoff verwendet. Es ist dann möglich, auch größere Öfen vollständig versandfertig in der Fabrik zu bauen oder große Öfen in leicht transportfähigen Teilen zum Aufstellungsort zu liefern und dort einfach mittels Schraubenbolzen u.d. zusammenzustellen. Bei einem späteren Umzug oder Verkauf ist ein solcher Ofen natürlich im Vorteil gegenüber einem gemauerten Ofen. Freilich werden auch kleinere gemauerte Öfen, fertig zum Gebrauch in einem Stahlblechgehäuse ausgemauert, als Ganzes geliefert. Bei Ganzmetallöfen werden die Wände vorwiegend aus dünnem Stahlblech doppelwandig hergestellt und der Zwischenraum mit Kieselgur, Vermiculite, Schlacken- und Glaswolle ausgestopft. Auch Ölfol (zerknitterte Aluminiumfolie) findet Anwendung als Isoliermittel. Die Außenseite der Außenwand wird meistens mit Aluminiumfarbe angestrichen, um die Wärmeabgabe durch Strahlung an die Umgebung herunterzudrücken. Dies wird auch erreicht, wenn man die Außenwand aus Aluminiumblech herstellt, wodurch außerdem das Gewicht des Ofens verringert wird. Oberflächen, die w e i ß angestrichen oder emailliert sind, haben zwar eine niedrige Emission für sichtbare Strahlen, dagegen aber ein hohes Emissionsverhältnis (ϵ = 0,9, Tafel 35) für Wärmestrahlung. N u r A l u m i n i u m l a c k (ϵ = 0,4) und insbesondere b l a n k e A l u m i n i u m o b e r - f l ä c h e n (ϵ = 0,039 bis 0,053) weisen ein niedriges Emissionsverhältnis für Wärmestrahlung auf. Solche Wände verlieren somit nur wenig Wärme durch Strahlung nach der Umgebung.

In manchen Fällen ist es erwünscht, daß die Erwärmung des Ofengutes ausschließlich durch Konvektion (Abgase oder Heißluft) geschieht und nicht durch Strahlung von Ofenwänden mit höherer Temperatur. Dies ist z.B. bei organischen Stoffen, die schon bei niedrigen Temperaturen dunkel gefärbt werden, manchmal der Fall. Um die Strahlung der Ofenwände oder anderer Konstruktionsteile zu unterbinden, können diese aus blankem Aluminiumblech hergestellt werden oder man bringt S t r a h l u n g s s c h i r m e aus Aluminiumblech an.

Ofenwände, doppelwandig aus Metallblech hergestellt, mit einer Isolierung sind aber nicht nur wegen des Gewichtes gegenüber gemauerten Ofenwänden im Vorteil, sondern auch wegen der geringeren Wärmespeicherung. Die Bleche haben ja nur eine geringe Stärke (meistens nicht mehr als 2 bis 3 mm), auch die Stopfmasse hat außer einer niedrigen Wärmeleitfähigkeit eine geringe Raummasse, und schließlich ist auch die spez. Wärme nicht hoch (Tafeln 89, 90, 93). Diese Bauweise wird deshalb viel angewendet für Back- und Trockenöfen (Tafel 93).

In Tafel 94 ist für verschiedene Ofenbau- und Isolierstoffe der Wärmeinhalt bei einer mittleren Temperatur von 300 °C, einer Schichtstärke von 0,1 m und einem m^2 Oberfläche angegeben. Hieraus geht hervor:

1. 2 S t a h l b l e c h w ä n d e , jede 3 mm stark, mit einer Füllung von 50 mm S c h l a c k e n w o l l e , haben einen Wärmeinhalt von 9,42 MJ/m^2
2. 2 A l u m i n i u m b l e c h w ä n d e , jede 2 mm stark, mit einer Füllung von 50 mm G l a s w o l l e , haben 5,09 MJ/m^2

4. Der Ofen und die Wärme

3. 1 S t a h l b l e c h w a n d 3 mm stark mit einer keramischen Faser matt 50 mm stark bekleidet: 5,217 MJ/m²
4. Eine Wand aus K i e s e l g u r s t e i n , 100 mm stark, hat 20,1 MJ/m²
5. Eine Wand aus S c h a m o t t e s t e i n , 65 mm stark, hat 32,6 MJ/m²
6. Eine Wand aus l e i c h t e m S c h a m o t t e s t e i n , 65 mm stark, hat 17,7 MJ/m².

Natürlich darf der geringen Speicherwärme der Leichtkonstruktion (Metallbauweise) nicht ein erhöhter Wandverlust gegenüberstehen. Dies ist auch keineswegs der Fall, denn die Wärmeleitfähigkeit von Stoffen wie Kieselgur, Schlackenwolle, keramische Fasern und Glaswolle ist sehr gering (Tafel 89, 90), viel geringer als von Schamottestein und sogar von Schamotteleichtstein. Schlackenwolle ist hygroskopisch (10 Gewichts% Feuchtigkeit erhöht die Wärmeleitzahl auf das Doppelte). Deshalb muß peinlich darauf geachtet werden, daß kein feuchtes Abgas und keine Feuchtigkeit aus dem Ofengut in die Isolierschicht eindringen kann.

Wände von Kieselgursteinen haben keine große mechanische Festigkeit, dafür aber auch eine niedrige Wärmespeicherung und außerdem eine niedrige Wärmeleitzahl. Sie sind, gegen eine äußere Blechwand vermauert, für Ofentemperaturen bis höchstens 800 °C gleichzeitig als „feuerfeste" und „Isolier"-Wand zu gebrauchen.

Aber nicht nur für Öfen niedriger und mittlerer Temperatur, sondern auch für hohe Temperaturen wird Leichtbauweise angewandt, seit es keramische Fasermatten und dergl. gibt. Bild 200 zeigt, daß die Bauweise mit keramischen Fasern (1.2.5. und 2.1.) und Isolierschicht aus Steinwolle, sowohl in Bezug auf Wandverlust und auch auf Wärmespeicherung vorteilhaft ist verglichen mit den orthodoxen Bauweisen. Besonders auffallend ist das niedrige Gewicht, wodurch sogar Großraumöfen für die Wärmebehandlung von Großteilen der Kessel-, Bohrinsel- und Kernkraftwerksbau mit Innenauskleidung aus keramischen Fasermatten oder Faserbauteilen hergestellt werden können.

Tafel 94

Material	Mittlere spezifische Wärme bei 300 °C		Raum- gewicht kg m/³	Wärmeinhalt einer Wand 0,1 mm stark bei einer mittleren Temp. von 300 °C	
	kcal/kg·K	kJ/kg·K		kcal/m²	MJ/m²
Stahl	0,121	0,51	7 850	28 400	111,9
Aluminium	0,227	0,95	2 700	18 400	77,0
Schamotte	0,217	0,91	1 850	12 050	50,5
Leichtstein (Schamotte)	0,217	0,91	1 000	6 510	27,3
Silikastein	0,225	0,94	1 850	11 800	49,4
Ziegelstein	0,220	0,92	1 850	12 200	51,1
Siliziumkarbid	0,210	0,88	2 330	14 800	62,0
Silimanit	0,220	0,92	2 400	15 400	64,5
Silimanit Leichtstein	0,220	0,92	1 100	7 280	30,5
Kieselgurstein (nicht allerleichtester)	0,200	0,83	800	4 800	20,1
Kieselgur	0,200	0,83	200	1 200	5,0
Schlackenwolle	0,180	0,75	200	1 080	4,5
Glaswolle	0,160	0,67	200	960	4,0
Asbestsilikatplatten		0,92	650		17,9
Calciumsilicatplatten		0,84	240		6,0
Keramische Fasern		0,84	130		3,3

Innenwand-Temperatur 980°C	Wandzusammenstellung		
	Schamotte 230 mm	Feuerleicht-stein 230 mm	Keramische Faser 65 mm
Aussenwand-Temperatur rund 80°C	Feuerleicht-stein 115 mm	Steinwolle 25 mm	Steinwolle 110 mm
	Steinwolle 25 mm		
Wandverlust W/m²	614	560	551
Speicherwärme MJ/m²	548	62,4	21
Masse kg/m²	566	113	36

Bild 200: Vergleich verschiedener Ofenwandausführungen (Metall & Kunststoff 5.7.1976)

4.6.4. Strahlungsverlust durch Öffnungen

Für Industrieöfen kann man bei der Ausstrahlung von Schaulöchern, Zündlöchern, offenstehenden Türspalten usw. nach der Umgebung mit der Strahlungszahl des absolut schwarzen Körpers C rechnen. Sogar wenn die Öffnung groß ist, kann man ohne große Fehler mit einem gegriffenen Wert als Strahlungszahl rechnen, z.B. für eine offenstehende Ofentür mit C' = 5,2 W/m² K⁴. Für die Strahlung eines heißen Ofenraumes, der mit seinem ganzen Querschnitt in freier Verbindung mit einem unbeheizten Vorherd oder Ziehherd steht, oder für die Strahlung eines Brennstoffbettes auf einen Ofen- oder Kesselraum zu, wird man mit C' = 4,65 W/m² K⁴ rechnen.

Beispiel:
Von einem Ofen mit einer Innenwandtemperatur von 1000 °C gebe die Tür eine Öffnung von 1 m² Fläche frei. Wieviel Wärme wird hierdurch nach der Umgebung mit einer Temperatur von 15 °C ausgestrahlt?
Für eine offenstehende Ofentür ist $C_{1,2}$ = 5,2 W/m² K⁴

$$\left(\frac{T_1}{100}\right)^4 = 26260 \text{ für } t = 1000 \,°C \text{ (Tafel 36)}$$

$$\left(\frac{T_2}{100}\right)^4 = \left(\frac{273 + 15}{100}\right)^4 = 69$$

Somit ist nach [15]

$$Q = A \cdot C_{1 \cdot 2} \left\{\left(\frac{T_1}{100}\right)^4 - \left(\frac{T_2}{100}\right)^4\right\} = 1 \cdot 5,2 \cdot (26260 - 69) = 137 \text{ kW}$$

also eine besonders große Wärmemenge.

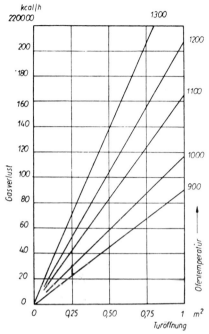

Bild 201: Strahlungsverluste durch Türöffnungen 1000 Kcal/h = 1,163 kW

Das Bild 201 ist auf diese Weise berechnet.

Türen von Öfen, die mit höherer Temperatur betrieben werden, dürfen nicht unnötigerweise geöffnet werden oder länger als unbedingt notwendig offenstehen. Erfordert der Betrieb, daß die Tür immer um einen Spalt offensteht, so soll man peinlich dafür sorgen, daß dieser so klein wie möglich gehalten und am besten mit einem Ketten- oder Streifenvorhang verdeckt wird.

4.7. WÄRMERÜCKGEWINNUNG [45, 46, 47, 48, 49]

Es gibt in der Hauptsache drei Quellen, woraus Wärme zurückgewonnen werden kann:
1. der Wärmeinhalt des Wärmgutes nach Abschluß des durchzuführenden Wärmeprozesses
2. der Wärmeinhalt von Gasen die den Ofen verlassen
3. der Wärmeinhalt von Kühlflüssigkeiten, z.B. für die Kühlung von Schienen. Diese Quelle steht nur ausnahmsweise zur Verfügung und wird außerdem nicht oder selten benutzt.

Aus Quelle 1 kann sowohl bei elektrischen als auch bei brennstoffbeheizten Öfen unter Umständen Wärme zurückgewonnen werden. Wenn Wärmgut im Ofen auf eine hohe Temperatur gebracht wird, um anschließend gewalzt, geschmiedet, gehärtet zsw. zu werden, ist dies natürlich nicht der Fall. Aber wenn nach Durchführung des Wärmeprozesses das Wärmgut anschließend abkühlen soll, kann man den Wärmeinhalt anschließend benutzen, z.B. kann das neue Wärmgut vorgewärmt werden oder es kann Luft aufgeheizt werden und diese Luft dann z.B. zum Trocknen benutzt werden. Überhaupt ist Luft manchmal ein sehr praktischer Wärmeträger, um die Wärme des heißen Wärmgutes auf kaltes Wärmgut zu übertragen.

Bild 202 zeigt einen **elektrischen Durchlaufofen** mit zwei Kanälen, die durch eine dünne, wärmedurchlässige Wand voneinander getrennt sind. Das kalte Ofengut tritt bei I in einen der beiden Kanäle ein und verläßt ihn wieder bei II. Unterwegs wird dann gegenseitig Wärme ausgetauscht, und zwar in der Richtung Kühlzone-Vorwärmzone. Auch ohne Zwischenwand kann ein Wärmeaustausch zustande kommen.

Besonders bei Tunnelöfen der keramischen Industrie wird der Wärmeinhalt des Wärmgutes, nachdem der Brennprozess beendet ist, herangezogen um die Verbrennungsluft vorzuwärmen und um warme Luft für den Trocknungsprozeß zu liefern. Sogar in den einfachen Ringöfen der Ziegelindustrie werden die gebrannten Ziegel mit Luft gekühlt, die dann als heiße Luft zur Verbrennung herangezogen wird (8.5.).

Beim Tunnelofen kann man den Tunnel aufteilen in den Arbeits- und Vorwärmraum, worin sich Wärmgut und Heizgas im Gegenstrom bewegen und in den Kühlraum, worin sich Wärmgut und Luft im Gegenstrom bewegen.

Ist ein adiabatischer Tunnel sehr lang, so daß die Wärmeübertragung im Ofen sehr groß ist, so ist es theoretisch möglich, daß die Abgastemperatur beim Verlassen des Ofens gleich der Eintrittstemperatur des Wärmgutes ist. Andererseits könnte die Austrittstemperatur des Gutes gleich der Eintrittstemperatur der Luft sein. Diese Eintrittstemperaturen sollen der Umgebungstemperatur gleich sein. Es wird angenommen, daß die Luftmenge zur Verbrennung dient. Dieser Vorgang ist in Bild 203 dargestellt.

Das Wärmgut tritt links ein mit der Temperatur t'_w und wird allmählich durch das Heizgas auf die Brenntemperatur t''_w erhitzt. Das Heizgas hat durch die Verbrennung eine Temperatur t'_g. Es verläßt den Tunnel links mit der Temperatur t''_g. Das Wärmgut wandert weiter in den Kühlraum im Gegenstrom mit Luft und kühlt dabei von t''_w auf t'''_w ab, wobei die Luft sich erwärmt von t'_l auf t''_l. t'_w und t'_l sollen die Umgebungstemperatur sein.

Betrachten wir nun die Wärmebewegungen:
Es sei:

W_W = Wasserwert oder Wärmekapazität des Wärmgutes

W_G = Wasserwert des Heizgases

W_{rek} = Wasserwert der Verbrennungsluft.

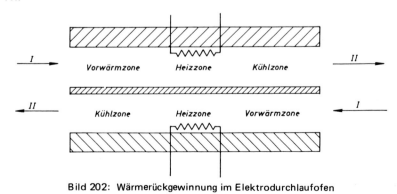

Bild 202: Wärmerückgewinnung im Elektrodurchlaufofen

4. Der Ofen und die Wärme

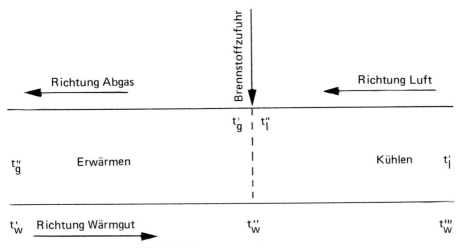

Bild 203: Wärmeaustausch im Tunnelofen

Im Arbeitsraum ist:

$$W_W (t''_w - t'_w) = W_{G1} (t'_g - t''_g)$$

Im Kühlraum ist für die Vorwärmung der Verbrennungsluft:

$$W_W (t''_w - t'''_w) = W_L (t''_l - t'_l)$$

Wird angenommen, daß im Arbeitsraum das Heizgas in Gegenstrom zum Wärmgut auf dessen Endtemperatur abgekühlt wird und ist diese Temperatur gleich der Umgebungstemperatur von 0 °C, so ist $t''_g = t'_w$. Somit ist der Schornsteinverlust gleich Null.
In dem adiabatischen Arbeitsraum wird der ganze Wärmeinhalt des Heizgases an dem Wärmgut übertragen, so daß:

$$Q_W = Q_{GI}$$

Der Ofenwirkungsgrad ist:

$$\eta_{OI} = \frac{Q_W}{Q_{GI}} \cdot 100 = 100 \%$$

Der Wärmeinhalt des Wärmgutes wird anschließend in dem Kühlraumtunnel teilweise an die Luftmenge übertragen, die zur Verbrennung dient. Durch die Luftvorwärmung ist jetzt eine kleinere Heizgaswärmemenge Q_{G2} zuzuführen.

$$Q_W = Q_{G1} = Q_{G2} + Q_L$$

$$Q_{G2} < Q_{G1}$$

Man spart also an Brennstoff. Im Vergleich zum Ofen ohne Luftrekuperation wird der gesamte Wirkungsgrad der Anlage jetzt:

$$\eta_{O2} = \frac{Q_W}{Q_{G2}} > 100\ \% \quad [21, 50]$$

Da die für die Verbrennung erforderliche Luftmenge nicht ausreicht, um den ganzen Wärmeinhalt des Wärmgutes zu übernehmen ($W_L < W_W$), kann man auch noch Luft für die Trocknung der Rohziegel vor dem Eintritt in den Ofentunnel erwärmen.

Auch bei ausgeführten Öfen werden Wirkungsgrade höher als 100 % erreicht: Ein Beispiel ist in dem Sankey-Diagramm eines modernen Tunnelofens gezeigt. Bild 204.

Hier ist $Q_b = 80$, $Q_W = 70$, $Q_{rek} = 20$, $Q_{tr} = 40$ und $Q_{sc} = 20$.

$$\eta_f = 1 - \frac{20}{80 + 20} = 0{,}80$$

$$\eta_o = \frac{70 + 40}{80 + 20 - 20} = 1{,}375$$

$$\eta_{ges} = \eta_f \cdot \eta_o = 0{,}80 \cdot 1{,}375 = 1{,}1$$

Bei der Haubenofenanlage Bild 205 wird der Wärmeinhalt des Wärmgutes nach der Beendigung des Glühprozesses zum Vorwärmen eines weiteren Einsatzes benutzt.

Die aufgesetzte Haube umfaßt nicht nur die Heizabteilung 2, sondern auch zwei Kammern 1, die als Kühl- bzw. Vorwärmkammer dienen. In der einen Kammer befindet sich das Wärmgut, das bereits geglüht ist und nun abgekühlt werden soll. In der anderen Kammer befindet sich eine neue Charge zum Vorwärmen. Luft wird mittels eines Gebläses im Kreislauf durch die beiden Kammern 1 befördert. Nach Beendigung des Glühprozesses in 2 wird die Haube hochgehoben, um einen Platz gedreht und wieder heruntergelassen.

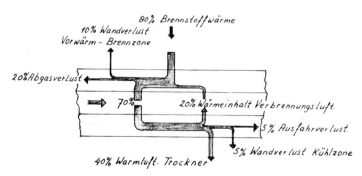

Bild 204: Sankey-Diagramm eines Tunnelofens zum Brennen feuerfester Steine (Werkbild Riedhammer-Nürnberg).

4. Der Ofen und die Wärme 297

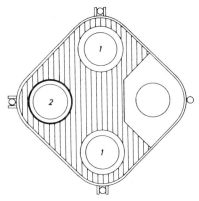

Bild 205: Haubenofen mit Wärmerückgewinnung (nach Arens)

Quelle 2 ist für brennstoffbeheizte Öfen sehr wichtig. Denn die Gase, die den Ofenraum verlassen, können selbst noch brennbar sein, wie das Gichtgas von Hochöfen und Kupolöfen, oder sie haben als Abgas eine hohe Temperatur, wie es bei den meisten Industrieöfen der Fall ist. Das heiße Abgas kann in A b h i t z e k e s s e l n zur Dampferzeugung herangezogen werden oder es wird durch eine V o r w ä r m k a m m e r geschickt, worin das Wärmgut vorgewärmt wird. Die Abgase können auch in einem D o p p e l k a m m e r o f e n ausgenutzt werden (Bild 206). Abwechselnd wird die eine Kammer beheizt, die Abgase werden unten abgezogen und in die zweite Kammer geleitet. Dann wird umgeschaltet, so daß Kammer 2 die heißen Gase zuerst bekommt. Diese Ofentype kann man anwenden, wenn die Ofenräume satzweise beladen und entladen werden, wie das z.B. bei der keramischen Industrie der Fall ist.

Bei vielen Öfen führt man Wärmgut und Gas im Gegenstrom, z.B. bei S t o ß ö f e n (Bild 207) und bei D r e h h e r d ö f e n (Bild 208). Meistens aber oder noch zusätzlich wird das heiße Abgas zum Vorwärmen der Verbrennungsluft und des Brenngases oder nur zum Vorwärmen der Luft benutzt. Geschieht dies im Gegenstrom oder Gleichstrom, so nennt man die Vorrichtungen R e k u p e r a t o r e n (Bild 209). Es ist aber auch möglich, mit dem heißen Gas eine hochhitzebeständige Speichermasse zu erhitzen und nach erfolgter Aufheizung die vorzuwärmende Luft bzw. Brenngas darüber zu blasen. Um kontinuierliche arbeiten zu können, ist es notwendig, zwei solcher Kammern (R e g e n e r a t o r e n) in einer Anlage vorzusehen, in denen abwechselnd die Masse erhitzt bzw. Luft

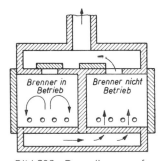

Bild 206: Doppelkammerofen

vorgewärmt wird. Es muß also in bestimmten Zeitabschnitten von dem einen Regenerator auf den anderen umgeschaltet werden (Bild 210). Soll auch das Brenngas vorgewärmt werden, so verdoppelt sich die ganze Anlage. Aber nicht nur Brennstoffersparnis, auch eine Vergrößerung der Ofenleistung kann erzielt werden.

Man könnte annehmen, daß die Vorwärmtemperatur von Verbrennungsluft und Brennstoff so hoch wie möglich sein soll und daß man den Wärmeinhalt der Abgase, soweit wie es nur geht, für diesen Zweck benutzen soll. Aber hierbei spielen die Kosten, also Anschaffungs- und Instandhaltungskosten der benötigten Rekuperatoren oder Regeneratoren, eine große Rolle. Andererseits zieht auch manchmal die Art des Brennstoffes eine Grenze für die Höhe der Vorwärmtemperatur. Gasförmiger Brennstoff, der Methan oder schwere Kohlenwasserstoffe enthält, wird bei höherer Vorwärmtemperatur zersetzt. Bei Verwendung von Kohlen als Brennstoff hat man, soweit diese auf Rosten verbrannt werden, auf die Haltbarkeit dieser Roste Rücksicht zu nehmen, und deshalb darf man mit Vorwärmtemperaturen der Verbrennungsluft nicht über 200 °C gehen. Natürlich kann man die Zweitluft bei Halbgasfeuerung (4.1.1.) ohne Bedenken höher vorwärmen. Bei manchen Ölen ist es nötig, diese vorzuwärmen, damit sie so dünnflüssig sind, daß sie leicht durch Leitungen und Filter fließen und sich in den Brennern gut zerstäuben lassen.

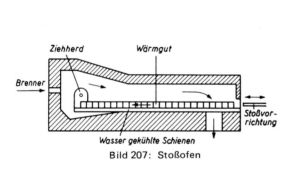

Bild 207: Stoßofen

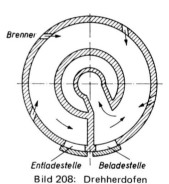

Bild 208: Drehherdofen

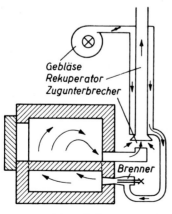

Bild 209: Ofen mit Zugunterbrecher und Rekuperator

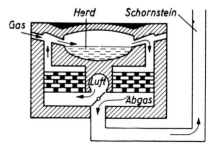

Bild 210: Siemens-Martin-Ofen (schematisch)

4. Der Ofen und die Wärme

Wird diese Vorwärmung aber zu hoch getrieben, so besteht die Gefahr, daß das Öl, bevor die eigentliche Verbrennung einsetzt, in der heißen Brenneranlage zerfällt, wobei Rußkügelchen entstehen, die sich nachher der Verbrennung entziehen können, weil sie zu groß sind, um mit ausreichender Verbrennungsluft in Berührung zu kommen. Man sieht dann glühende Sternchen durch den Ofenraum in den Abzug fliegen. Die Ölflamme strahlt sehr kräftig, daher haben Brennerstein und Brenneranlage eine höhere Temperatur, als es bei den meisten anderen Brennstoffen der Fall ist. Deshalb wird man auch mit der Luftvorwärmung nicht zu hoch gehen; denn es ist jedenfalls schwer, das Ofenmauerwerk an den heißesten Stellen zu erhalten.

Es wird manchmal angenommen, daß die Verbrennungstemperatur bei Luftvorwärmung um den Betrag dieser Luftvorwärmung steigt. Das ist nicht der Fall, denn die Temperatur bleibt niedriger. Diese Tatsache findet ihre Ursache darin, daß die spezifische Wärme der Luft bis zur Vorwärmtemperatur niedriger ist als die der Abgase bei den Verbrennungstemperaturen, wie das aus den Tafeln 58 und 59 ersichtlich ist.

Die Vorwärmung von Luft (Gas) mittels des Wärmeinhaltes des Abgases kann auf zweierlei Weise nutzbringend angewendet werden:
1. Die Brennstoffzufuhr zum Ofen bleibt gleich. Dann kann der Durchsatz des Ofens gesteigert werden. Außerdem erzielt man Brennstoffersparnis je Gewichtseinheit vom Wärmgut im Vergleich mit dem Ofen ohne Rekuperation.
2. Der Durchsatz bleibt der gleiche wie vorher beim Ofen ohne Rekuperator. Dann wird die Brennstoffzufuhr entsprechend gedrosselt. Auch jetzt wird eine Brennstoffersparnis erzielt.

Cernoch [46] weist darauf hin, daß bei den Formeln zur Berechnung der Höhe der Brennstoffersparnis (Heiligenstaedt, Schack, Trinks) außer acht gelassen wird, daß infolge der höheren Flammentemperatur, die durch die Vorwärmung erzielt wird, die Verluste steigen, besonders der Wandverlust. Auch ändern sich die Wärmeübertragungsverhältnisse im Ofenraum. Es ist möglich, daß die Temperatur, mit der das Abgas den Ofen verläßt, höher ist also vorher ohne Rekuperation. Der Ofengütegrad wird kleiner, und hierdurch wird der Brennstoffgewinn kleiner als berechnet wird.

Was nun die Wahl zwischen 1 und 2 betrifft, so ist 1 für Durchlauföfen meistens zweckmäßig, denn die Erwärmung geschieht jetzt in einem Gasstrom mit höherer Temperatur. Somit kann das Wärmgut jetzt schneller erwärmt werden und schneller durch den Ofenraum wandern.

Für Kammeröfen bietet sich die zweite Methode an, weil besonders bei schwerem Wärmgut oft eine Behandlung bei stark gesteigerter Temperatur nicht zulässig ist. Bei Verminderung der Brennstoffzufuhr wird aber auch die strömende Gasmenge durch den Ofenraum und entlang dem Ofengut kleiner. Das kann eine größere Temperaturungleichheit und eine verminderte Wärmeübertragung zur Folge haben.

Für die Wärmebehandlung verschiedener Güter ist die gewünschte Temperatur manchmal nur durch Vorwärmen von Luft (und Gas) zu erreichen, weil hierdurch die Flammentemperatur steigt.

4.7.1. Rekuperatoren [46, 48, 53]

Bei R e k u p e r a t o r e n strömen Abgase und Luft (oder Gas) getrennt durch eine Zwischenwand aneinander vorbei, und zwar im Gleich-, Gegen- oder Kreuzstrom.

Eine besondere Art der Strömung und der Wärmebewegung findet in dem Radialrekuperator statt 11.1.

Heute werden Rekuperatoren immer häufiger aus hitzebeständigem Stahl hergestellt (1.2.6.). Im Gegensatz zu Rekuperatoren aus keramischen Baustoffen, die bei unterbrochenem Betrieb leicht undicht werden, können Stahlrekuperatoren mit höheren Druckdifferenzen zwischen Luft- und Abgasseite (also auch höheren Luftgeschwindigkeiten) betrieben werden, ohne Gefahr, daß Luft durch die Trennwand in den Abgasraum des Rekuperators eindringt. So wird bei Stahlrekuperatoren eine große Wärmeübertragung je m^2 erreicht, auch sind sie verhältnismäßig leicht und haben eine niedrige Wärmespeicherung. Letzteres ist bei Öfen, welche mit Unterbrechung betrieben werden, ein Vorteil, weil es nicht zu lange dauern darf, bis die Luftvorwärmung in vollem Umfang einsetzt.

Doch bestehen einige besondere Bauarten von R e k u p e r a t o r e n   a u s   k e r a m i s c h e n   B a u s t o f f e n , die sich gut bewährt haben, besonders wenn der Druckunterschied zwischen Abgas- und Luftseite nicht sonderlich groß ist (z.B. weniger als 200N/m^2)

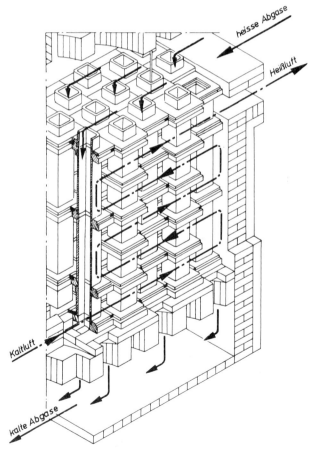

Bild 211: IMAG-Steinrekuperator (Werkbild IMAG)

und Gewicht und Raumbeanspruchung keine überwiegende Rolle spielen. Rekuperatoren dieser Art werden für Gaswerköfen, Glasschmelzöfen usw. angewandt, im allgemeinen dort, wo hohe Abgastemperaturen und Luftvorwärmtemperaturen erforderlich oder erwünscht sind. Der Vorteil der Steinrekuperatoren ist, daß sie bei Abgastemperaturen, gleichviel wie hoch sie auch sein mögen, die Lufttemperatur auf nur 200 °C unterhalb dieser Temperatur hochtreiben können. Aber nur ein Aufbau aus Formsteinen mit ausschließlich horizontalen Stoßfugen gewährt Sicherheit gegen das Undichtwerden. Weiter müssen auch bei horizontalen Stoßfugen die einzelnen Rohrsäulen sich unabhängig voneinander setzen können.

Eine bekannte Art der Spezial-Steinrekuperatoren ist der Amco-IMAG-Rekuperator. Das Abgas wird durch senkrechte Rohre, die sich leicht reinigen lassen, geführt, die Luft außerhalb im Kreuzstrom (Bild 211).

Als Bauglied des Otto-Ellipsenrekuperators nach Dr. Pieper werden Steine nach Bild 212 verwendet. Diese Steine mit senkrechten elliptischen Kanälen haben nur je eine umlaufende waagerechte Nut und Feder und werden mit Mörtel zu dichten Säulen zusammengebaut. Das Abgas strömt zwischen den Rekuperatorsäulen nach unten, während Luft oder Brenngas durch die elliptischen Kanäle im Gegenstrom nach oben zieht.

Die Gasdichtheit wird auch hier den gut mit Nut und Feder verlegten und vermörtelten Steinen und dem Verband mit nur waagerechten Fugen zugeschrieben. Die Heizfläche, auf den Rauminhalt bezogen, beträgt bis 11,4 m²/m³, und der Wärmedurchgangskoeffizient k = 6,4 bis 7,5 W/m² K.

Čhernoch hat den Einfluß von Undichtheiten auf den Betrieb von keramischen Rekuperatoren eingehend untersucht [52].

Da im heutigen Ofenbau meistens hohe Anforderungen an die Einhaltung einer vorgeschriebenen Ofenatmospäre gestellt werden, sind undichte Rekuperatoren meistens nicht brauchbar. Deswegen haben sich die Stahlrekuperatoren jetzt stark eingeführt.

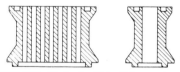

Bild 212: Stein des Otto-Rekuperators

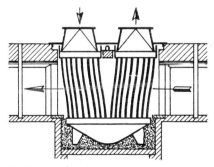

Bild 213: Metall-Konvektionsrekuperator (Werkbild Gefi)

Die Metallrekuperatoren können, abgesehen von der Bauweise, hauptsächlich in Konvektions- und Strahlungsrekuperatoren eingeteilt werden. Bei Konvektionsrekuperatoren wird der überwiegende Teil der Abgaswärme durch Konvektion an den wärmeaustauschenden Trennwänden übertragen. Bei den Strahlungsrekuperatoren geschieht dies hauptsächlich durch Strahlung. Bild 213 zeigt einen Konvektionsrekuperator, bei dem die Luft durch Stahlrohre strömt und das Abgas um die Rohre herumgeführt wird. Es ist aber auch möglich, den umgekehrten Weg zu beschreiten, also das Abgas durch die Rohre zu führen (Bild 214). Hierbei ist nach Schack die Bodenplatte des Rohrenbündels mit Stampfmasse ausgekleidet und dadurch gegen übermäßige Wärmebeanspruchung geschützt.

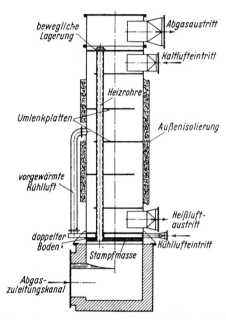

Bild 214: Metall-Konvektionsrekuperator — Abgas durch die Rohre (Werkbild Schack, Düsseldorf)

Bild 215 gibt eine typische Konstruktion des Strahlungsrekuperators wieder, wobei das Abgas durch ein weites Innenrohr strömt und die Luft sich zwischen diesem Innenrohr und dem Außenmantel bewegt. Auch die Bauweise nach Bilder 216 und 217 wird oft angewendet, die Luft zieht hierbei durch einen Kranz von senkrechten Stahlrohren.

Die Vorteile von Strahlungs- und von Konvektionsrekuperatoren können durch Serienschaltung vereint werden. Das heißeste Gas tritt in den Strahlungsrekuperator ein, und die Wärme wird anschließend in einem Konvektionsrekuperator weiter ausgenutzt. Die kalte Luft oder das vorzuwärmende Gas tritt zuerst in den Konvektionsrekuperator ein und wird dann im Strahlungsrekuperator auf hohe Temperatur erhitzt (Bild 218). Bild 219 gibt eine Bauart wieder (kombinierter konzentrischer Rekuperator von Schack), bei der die Vorteile des Strahlungs- und des Konvektionsrekuperators in einem Apparat vereint sind. Hierzu ist die aus Rohren bestehende Konvektionsheizfläche konzentrisch um den Strahlungsteil herum angeordnet. Das Rauchgas wird zuerst von unten nach oben durch das weite Rohr geführt, in der Kuppel umgelenkt und dann durch die Rohre nach unten geführt. Die vorzuwärmende Luft strömt von unten nach oben, also in bezug auf den Strahlungsteil im Gleichstrom und in bezug auf den Konvektionsteil im Gegenstrom. Durch diese Maßnahmen ist erreicht worden, daß der Wirkungsgrad hoch ist und doch mit hoher Eintrittstemperatur des Rauchgases gearbeitet werden kann. Es sind ja die höchste Eintrittstemperatur der niedrigsten im Strömungsverlauf vorkommenden Lufttemperatur benachbart und doch die Hauptheizfläche in Gegenstrom geschaltet.

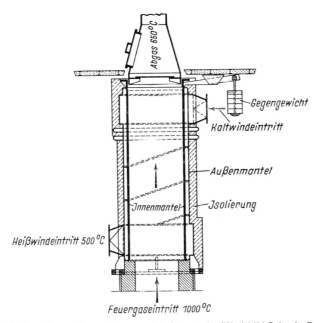

Bild 215: Strahlungsrekuperator — weites Innenrohr (Werkbild Schack, Düsseldorf)

Bild 216: Rohrkäfig von Strahlrohren (Werkbild Schack, Düsseldorf)

304 4. Der Ofen und die Wärme

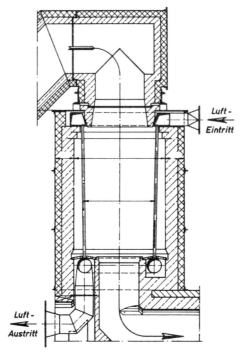

Bild 217: Strahlungsrekuperator — Kranz von Stahlrohren (Werkbild Ind.-Cie., Krefeld)

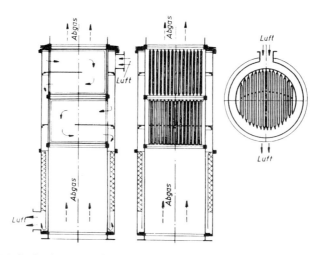

Bild 218: Strahlungs- und Konvektionsrekuperator senkrecht übereinander

4. Der Ofen und die Wärme

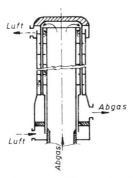

Bild 219: Kombination von Strahlungs- und Konvektions-Rekuperatoren in einem Gerät

4.7.2. Bau und Betrieb der Metallrekuperatoren

Wenn man die Wahl zwischen Konvektions- und Strahlungsrekuperatoren zu treffen hat, ist zu bedenken, daß der Wirkungsgrad der letztgenannten geringer ist, weil die Strahlung der Rauchgase unterhalb rund 650 °C nur noch gering ist, so daß das Gas den Rekuperator mit der hohen Temperatur von 650 °C verläßt. Sie können aber unempfindlich gegen hohe Eintrittstemperaturen gebaut werden und sind in ihrem Aufbau einfacher als Konvektionsrekuperatoren. Dort, wo die Rauchgase staubhaltig sind, ist der Strahlungsrekuperator mit seinem weiten, leicht zu reinigenden Zylinderrohr für die Rauchgasführung im Vorteil. Bei anderen Rekuperatoren muß in solchen Fällen manchmal zu besonderen Maßnahmen gegriffen werden, z.B. Staubentfernung mittels Ketten oder Kugeln („Kugelregenreinigung").

Rekuperatoren können auch wie folgt eingeteilt werden:
1. Verbrennungsgas um die Rohre, durch die die Luft einströmt; Vorwärmungstemperaturen bis 800 °C können erreicht werden. Diese Konstruktion ist jedoch nicht sehr für

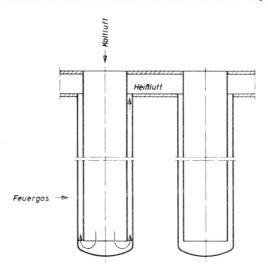

Bild 220: In Serie geschaltete konvektive Rekuperatoren

staubhaltige Gase geeignet, weil der Staub sich an den Rohren ablagert. Die Konstruktion ist raumsparend, wenn die luftführenden Rohrbündel direkt im Abgaskanal quer zur Stromrichtung untergebracht werden.

2. Verbrennungsgas durch die Rohre. Wenn die Rohre nicht zu eng sind und gerade verlaufen, kann sich nur wenig Staub ablagern. Sehr günstig ist in dieser Beziehung auch der Rekuperator Bild 220, der eine amerikanische Bauart ist. Es sind hier zwei in Serie geschaltete Rohre im Abgaskanal eingehängt.

Auch für den direkten Einbau im Rauchkanal sind die Kassetten-Strahlungsrekuperatoren bestimmt. Die Heizfläche wird durch doppelwandige Kästen gebildet, die von der Luft durchflossen werden. Sie können in Serie geschaltet werden, um so eine höhere Luftvorwärmung zu erreichen. Aber daneben ist auch Parallelschaltung möglich; man kann dann größere Luftmengen bewältigen. Sie werden als Deckenbegrenzung des Abgaskanals eingebaut und die Wärme wird von unten durch Strahlung zugeführt. Bild 221.

Die Lebensdauer von Metallrekuperatoren hängt wesentlich von der höchsten auftretenden Wandtemperatur ab. Es läßt sich für eine Wand, deren Wärmeleitfähigkeit groß ist im Vergleich zu den Wärmeübergangskoeffizienten, leicht ableiten, daß die Wandtemperatur t_w an irgendeiner Stelle ist:

$$t_w = \frac{a_1 t_g + t_1 a_2}{a_1 + a_2}$$

Es ist hierbei: a_1 = Wärmeübergangskoeffizient zwischen Abgas und Wand,
a_2 = Wärmeübergangskoeffzient zwischen Wand und Luft.

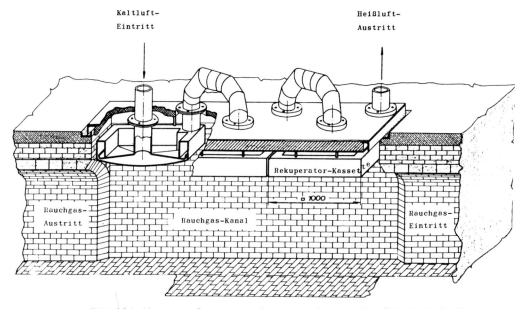

Bild 221: Kassetten-Strahlungsrekuperator System Biro (Werkbild Gafi)

Werden in diese Gleichung verschiedene Werte von a_1 und a_2 eingesetzt, so ergibt sich, daß die Wandtemperatur t_w sich der Temperatur des Mittels mit dem größeren Wärmeübergangskoeffizient nähert. Für $a_1 = a_2$ ist t_w genau das Mittel der Temperaturen t_g und t_1. Ist a_1 sehr groß in bezug auf a_2, so nähert sich die Wandtemperatur der Temperatur t_g des Abgases.

Bei Rekuperatoren, in denen das Abgas um die Rohre strömt, wird meistens Einstrahlung vom heißen Abgasraum her auf das Rohrenbündel stattfinden. Hierdurch kann man bei hohen Abgastemperaturen a_1 Werte bis 640 W/m² K erreichen, wobei a_2 nicht viel größer als 81 W/m² K sein wird. Dann wird sich die Wandtemperatur, wie aus obiger Formel leicht zu berechnen ist, der Abgastemperatur nähern. Konvektionsrekuperatoren der gebräuchlichen Art sollen deswegen nicht für sehr hohe Abgastemperaturen verwendet werden. Ein Rekuperator nach Bild 214 ist in dieser Beziehung günstiger, weil die Strahlung des heißen Abgasraumes auf die Rohre weitgehend ausgeschaltet ist, da sie von der hitzebeständigen Stampfmasse größtenteils aufgenommen wird. Die direkte Einstrahlung in den offenen Rohrenden ist sehr gering wegen des kleinen Raumwinkels der Strahlung. Der Konvektionsrekuperator nach dem Prinzip „Abgas durch die Rohre" ist deswegen im Hinblick auf Unempfindlichkeit gegen Überhitzung dem Rekuperator mit luftführendem Rohrbündel überlegen, wenn dieses Rohrbündel der Strahlung des Abgaszuleitungskanals oder des Feuerungsraumes ausgesetzt ist.

Im allgemeinen kann man die Wandtemperatur der Rekuperatorrohre und somit ihre Lebensdauer wie folgt ünstig beeinflussen [51]:
1. Begrenzung der Eintrittstemperatur des Abgases. Hierzu wird Kaltluft (Bilder 209 und 222) oder bereits abgekühltes Rauchgas dem heißen Abgas beigemischt (Bild 223). Kühlluftbeimischung kann nur angewendet werden, wenn das heiße Abgas keine

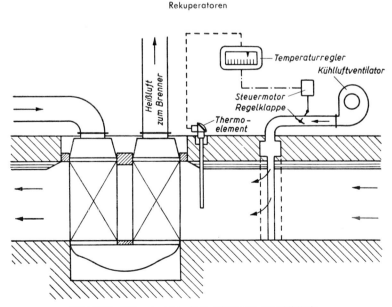

Bild 222: Rekuperator mit Zumischung von Kühlluft

brennbaren Bestandteile enthält; denn sonst könnte durch nachträgliche Verbrennung die Abgastemperatur unzulässig hoch ansteigen.
2. Durch Führung von Abgas und Luft im Gleichstrom statt im Gegenstrom. Bei Gleichstrom bewegt sich das heiße Abgas über eine Wand, die an der anderen Seite von Kaltluft berührt, also kräftig gekühlt wird. Es lassen sich hierbei aber keine so hohe Lufttemperaturen erreichen wie bei Anwendung von Gegenstrom.
3. Wie bereits gezeigt wurde, wird die Wandtemperatur t_w von den beiden Wärmeübergangszahlen a_1 und a_2 beeinflußt. Wird die betreffende Formel etwas umgeändert, so erhält man:

$$t_w = \frac{t_g + t_l \dfrac{a_2}{a_1}}{1 + \dfrac{a_2}{a_1}}$$

Rekuperatoren

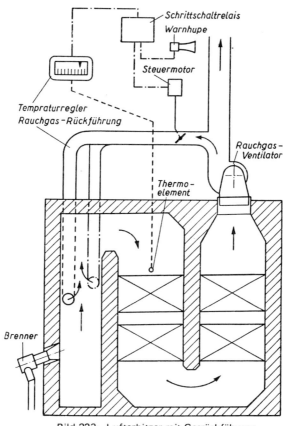

Bild 223: Lufterhitzer mit Gasrückführung

4. Der Ofen und die Wärme

Wird eingeführt:

$\Delta t_{heiß} = t_g - t_w$
$\Delta t_{kalt} = t_w - t_l$
$\Delta t_{gesamt} = \Delta t_{heiß} + \Delta t_{kalt}$,

dann erhält man die dimensionslose Formel:

$$\frac{\Delta t_{kalt}}{\Delta t_{gesamt}} = \frac{t_w - t_l}{\Delta t_{heiß} + \Delta t_{kalt}} = \frac{1}{1 + \dfrac{a_2}{a_1}}$$

Der Verlauf der Wandtemperatur t_w ist in Bild 224 dargestellt.

t_{gesamt} wird durch die Wandtemperatur t_w so geteilt, daß die Temperaturdifferenzen $t_w - t_l$ und $t_g - t_w$ sich wie die Wärmeübergangskoeffizienten verhalten:

$$\frac{t_w - t_l}{t_g - t_w} = \frac{a_2}{a_1}$$

Ist $a_1 = a_2$, also $\dfrac{a_2}{a_1} = 1$, so ist $\dfrac{\Delta t_{kalt}}{\Delta t_{gesamt}} = \dfrac{t_w - t_l}{t_g - t_w} = 1$

d.h. $t_w = \dfrac{t_g + t_l}{2}$

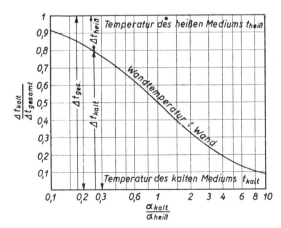

Bild 224: Abhängigkeit der Wandtemperatur von Verhältnis der Wärmeübergangszahlen (nach Trappe)

Bei Rekuperatoren üblicher Bauart liegt $\dfrac{a_2}{a_1}$ zwischen den Grenzen 0,5 bis 3,0.

Die Wärmedurchgangszahl ist beim Metallrekuperator:

$$k = \frac{a_1 \cdot a_2}{a_1 + a_2}$$

Ist einer der Wärmeübergangskoeffzienten groß im Vergleich zum anderen, so geht aus der Formel hervor, daß danach zu trachten ist, die kleinere zu erhöhen. Diese Beeinflussung einer der beiden Übergangskoeffzienten kann durch folgende Mittel erreicht werden:

a) Änderung der Strömungsgeschwindigkeit und des Rohrdurchmessers (Tafeln 28 und 29). Durch die Erhöhung der Strömungsgeschwindigkeit nimmt der Wärmeübergang zu. Leider trifft dies auch für den Druckverlust zu, und da letzterer den Leistungsbedarf des Fördergebläses bestimmt (notwenig, um Gas oder Luft oder beides durch den Rekuperator zu treiben), so ist hier eine vernünftige Wahl zu treffen. Man kommt dann zu Rekuperatoren mit glatten Rohren und Wärmedurchgangszahlen zwischen $k = 23$ und $k = 46$ W/m² K. Der Druckverlust für die Luftströmung soll 2000 bis 3000 Pa und für die Gasströmung 100 bis 1000 Pa betragen.

b) Erhöhung der Turbulenz der Strömung durch Rippen, Nadeln, Drallkörper usw. Nadelrekuperatoren lassen sich am besten aus gegossenen Einzelelementen herstellen. Hierbei kann die Schwierigkeit auftreten, daß die Wärmedehnung schwer zu beherrschen ist. Dieses Problem ist gelöst worden durch das Eingießen von Stahlteilen, die als Kompensatoren ausgebildet sind, in den Rohrenden der aus hitzebeständigem Baustoff gegossenen Nadelrohrelemente. Hierdurch wird das Verschweißen der Elemente untereinander zu einem Rohrblock ermöglicht, wobei sich jedes Element im Betrieb nachher frei ausdehnen kann. Wird der Rekuperator von einem Mauerwerk eingefaßt, so wird der Ausdehnungsunterschied zwischen Mauerwerk und Heizsystem durch einen Rahmenkompensator aufgenommen, der mit dem Stahlkragen des Rohrblocks verschweißt wird (Bild 225). Für kleinere Rekuperatoren haben sich auch Nadelelemente in ganz gegossener Ausführung gut bewährt. Die Wärmedurchgangszahl kann in Nadelrekuperatoren 40 bis 64 W/m² K erreichen.

Drallkörper, die in Rekuperatoren eingebaut werden, sollen nicht den Durchstromquerschnitt verengen, sondern durch ihre Form eine stark erhöhte Turbulenz herbeiführen. Besonders ist darauf zu achten, daß das Verhältnis zwischen Wärmeübergang und Druckverlust nicht wesentlich verschlechtert wird.

c) Wenn statt Parallelströmung (Gegenstrom oder Gleichstrom) Querströmung angewendet wird, so bildet die Heizfläche selbst einen Wirbelkörper. Einen Vergleich der Tafel 28 mit Tafel 32 zeigt deutlich, daß der Wärmeübergang bedeutend erhöht wird. Er kann an der Luftseite bei sehr gut ausgebildetem Querstrom leicht auf 30 W/m² K gebracht werden. Außerdem ist das Verhältnis von Wärmeübergang zum Druckverlust bei der Strömung quer zu einem Rohrbündel sehr günstig.

d) Strömt das Gas verhältnismäßig langsam durch ein einzelnes Rohr mit großem Durchmesser (Bild 215), so wird bei diesem Strahlungsrekuperator der Wärmeübergang durch Konvektion auf die Gasseite nur gering sein (z.B. 17 W/m² K). Da aber infolge des großen Durchmessers die Stärke der strahlenden Gasschicht groß ist, so wird eine bedeutende Wärmemenge durch Gasstrahlung auf die Trennwand übertragen, und ist es möglich, die Wärmeübergangskoeffizienten der Rauchgasseite und der Luftseite einander anzugleichen. Dann wird, weil $a_1 = a_2$ ist, die Wandtemperatur $t_w = \dfrac{t_g + t_l}{2}$

Die Gasstrahlung läßt sich berechnen (3.4.), und es ist auf diese Weise möglich, Metallrekuperatoren zu bauen, die eine Rauchgaseintrittstemperatur von 1500 °C und mehr aushalten. Bei Strahlungsrekuperatoren tritt außerdem die günstige Wirkung von Hilfsheizflächen auf (4.5.2.). Nach einer Mitteilung von Schack arbeiten bereits seit mehreren Jahren Sauerstoff- und Methanerhitzer bei 700 °C Vorwärmung mit Rauchgastemperaturen von 1600 °C.

W e l l e n s i e c k weist darauf hin, daß die Strömungsgeschwindigkeit des wärmeabgebenden Gases bei Konvektions-Rekuperatoren 20 bis 40 mal größer ist als bei Strahlungsrekuperatoren.

Als Baustoff für Rekuperatoren kommt für Wandtemperaturen über etwa 475 °C nur zunderbeständiger Stahl in Frage. Die metallischen Baustoffe für Rekuperatoren wurden in 1.2.6. behandelt.

Da bei höherem inneren oder äußeren Überdruck die Wandstärke eines weiten Rohres bedeutend sein muß, so werden die Strahlungsrekuperatoren oft mit einem Kranz von senkrechten, engen Rohren gebaut (Bild 216 und 217).

Die Wärmeausdehnung soll unbedingt beachtet werden, denn ein Rohr von 5 m Länge dehnt sich bei einer mittleren Übertemperatur von 500 °C bereits um 40 mm. Dieser Wärmeausdehnung kann z.B. durch bewegliche Aufhängung und Ausgleich durch Gegengewicht (Bild 215) durch Kompensator oder durch eine besondere Form der einzelnen Rohre Rechnung getragen werden.

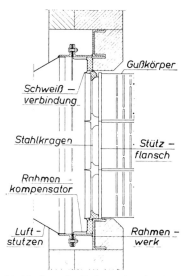

Bild 225: Elastische Verbindung des Rohrblockes (Werkbild Ind.-Cie., Krefeld)

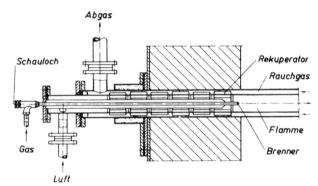

Bild 226: Mantelstrahlrohr mit Rekuperatorbrenner (nach Schmidt)

Gegenwärtig werden auch in Mantelstrahlrohren sehr oft Rekuperatoren zur Vorwärmung der Verbrennungsluft eingebaut (Bild 226). Von diesen Rekuperatoren zeigt Bild 227 nach Wünning schematisch drei verschiedene, mögliche Querschnitte. Der Rekuperator B wird durch eine Trennfläche zwischen Abgas und Luft gebildet. Bei der gebräuchlichen Ausführung C sind noch zusätzlich Rippen angebracht. Der Rekuperator wird durch parallele Luftkanäle gebildet, die z.B. spiralförmig gebildete Rippenrohre in dem Abgasstrom sein können. Oben in Bild 227, das für ein Strahlrohr mit 0,15 m ϕ, 0,5 m Länge und für Erdgas als Brennstoff gilt, ist der Wirkungsgrad eingezeichnet. Der Wirkungsgrad bezogen auf die abgestrahlte Wärmemenge steigt mit $kF/\dot{C}_l$. Es ist der Wirkungsgrad η_s, der Wärmedurchgangskoeffizient k. Die Wärmeaustauschfläche ist F, und $\dot{C}_l$ ist der Wärmekapazitätsstrom der Luft [54].

Bei Rekuperatoren trifft man leider Fehler in der Auslegung an. Ein Beispiel ist auf Bild 228 wiedergegeben. A sind zwei Kammern eines Gaswerksofens, in denen Steinkohlen entgast und in Koks umgesetzt werden. B sind zwei Verbrennungskanäle, worin rechts bei B Generatorgas zugeführt wird und welche links in senkrechte Abgaskanäle übergehen. Zwischen den Verbrennungskanälen B ist ein Kanal C für die Verbrennungsluft geführt, der rechts bei D rechtwinklig in den Generatorgasstrom gebracht wird. Diese Verbrennungsluft wird beim Durchströmen von C vorgewärmt, aber diese Wärme wird nicht den Abgasen, welche den Ofen verlassen, entzogen, sondern den Abgasen, welche sofort

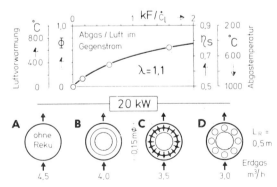

Bild 227: Strahlrohrrekuperatoren

nach ihrem Entstehen noch eine sehr hohe Temperatur haben. Hierdurch werden das nützliche Wärmegefälle zwischen Wärmgut (in den Kammern A) und Abgasen kleiner und der Brennstoffverbrauch keineswegs verringert.

Ein anderes Beispiel ist in Bild 229 wiedergegeben. Hier ist a der Ofenraum, und es ist im Gewölbe ein Kanal b ausgespart, durch welchen die Verbrennungsluft geführt wird, die vorgewärmt werden soll. Die hierzu notwendige Wärme wird in diesem Falle dem Ofenraum entzogen, und die Folge ist gleichbedeutend mit einem ungewöhnlich großen „Wandverlust" durch das Ofengewölbe.

4.7.3. Berechnung von Rekuperatoren (auch Lufterhitzer)

Beim Entwurf eines Rekuperators soll man bestrebt sein, folgendes zu erreichen:
a) möglichst kleine Heizfläche: Kostenfrage,
b) möglichst niedrige Wandtemperaturen: Frage der Lebensdauer,
c) möglichst kleine Druckverluste: Kostenfrage in bezug auf Energie und Gebläsegröße; Leckverluste besonders bei keramischen Rekuperatoren.

Die Wärmemenge, die ein Abgasstrom von v_g m³/h abgibt, wobei die Temperatur von t'_g auf t''_g sinkt, wird durch eine Zwischenwand an eine Luftmenge (oder eine Gasmenge) von v_l m³/h übertragen, wobei die Lufttemperatur von t'_g auf t''_l °C steigt. Hierbei geht aber auch ein Teil der abgegebenen Wärme als Wandverlust des Rekuperators verloren. Diese Verlustwärme sei Q_w. Weiter sind:

c'_g = mittlere spezifische Wärme des Abgases in kJ/ m³ K, zwischen 20 °C und t'_g

c''_g = zwischen 20 °C und t''_g

c'_l = mittlere spezifische Wärme der Luft in kJ/ m³ K, zwischen 20 °C und t'_l

c''_l = zwischen 20 °C und t''_l

Die Wärmebilanz wird alsdann:

$$Q = v_l (c''_l t''_l - c'_l t'_l) + Q_w = v_g (c'_g t'_g - c''_g t''_g) \qquad Q_w = \text{Wandverlust} \qquad (134)$$

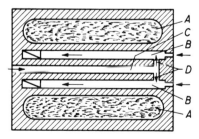

Bild 228: Gaserzeugungsofen mit Luftvorwärmung (falsch)

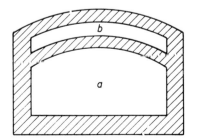

Bild 229: Industrieofen mit Luftvorwärmung (falsch)

Schätzt man Q_w auf 15 % der Wärmemenge, die die Abgase im Rekuperator abgeben, so wird:

$$Q = \frac{1}{0{,}85} \cdot v_l \, (c''_l \, t''_l - c'_l \, t'_l) = v_g \, (c'_g \, t'_g - c''_g \, t''_g) \qquad (135)$$

Die stündlich durch die Trennungswand zwischen Abgas und Luft hindurchströmende Wärmemenge Q ist auch:

$$\dot{Q} = A \cdot k \cdot \Delta t_m \qquad (136)$$

A = Oberfläche der Trennungswand in m^2
k = Wärmedurchgangskoeffizient in W/m^2 K, abhängig von der Konstruktion
Δt_m = mittlere Temperaturdifferenz zwischen Abgas und Luft.

Nun ist für **Gleichstrom** von Abgas und Luft nach (109):

$$\Delta t_m = \frac{(t'_g - t'_l) - (t''_g - t''_l)}{\ln \dfrac{t'_g - t'_l}{t''_g - t''_l}}$$

Für Gegenstrom wird Δt_m nach (111):

$$\Delta t_m = \frac{(t'_g - t''_l) - (t''_g - t'_l)}{\ln \dfrac{t'_g - t''_l}{t''_g - t'_l}}$$

Mit Hilfe von Bild 173 kann man Δt_m bestimmen.

Die Berechnung des Rekuperators kann vereinfacht wie folgt durchgeführt werden: Für einen Industrieofen, für den man einen Rekuperator berechnen soll, sind die Abgasmenge in m^3/h und die Temperatur, womit sie den Ofen verlassen, bekannt. Außerdem weiß man, wieviel Verbrennungsluft in m^3/h den Ofenbrennern zugeführt werden soll. Diese Verbrennungsluft tritt mit Raumtemperatur in den Rekuperator ein. Nach (135) kann man die Temperatur berechnen, womit die Abgase den Rekuperator wiederum verlassen, wenn man vorher die **Vorwärmtemperatur** der Luft angenommen hat, die im Rekuperator erreicht werden soll. Die mittlere spezifische Wärme von Abgas und Luft kann man den Tafel 58 und 59 entnehmen. Die Abgastemperatur t''_g womit die Abgase den Rekuperator verlassen, darf nicht zu niedrig sein. Hat das Abgas nach Verlassen des Rekuperators in einem Schornstein noch genügend Auftrieb zu erzeugen, so ist hierdurch schon eine unterste Grenze für diese Temperatur gegeben. Der Bestwert des Auftriebes wird bei etwa 250 °C erreicht.

Alle Temperaturen und also auch die Temperaturunterschiede sind jetzt bekannt und man kann die mittlere Temperaturdifferenz Δt_m berechnen, falls man sich vorher für Gleich-

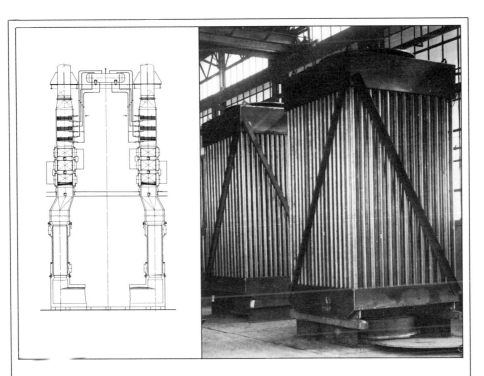

Strahlungsrekuperatoren
Konvektionsrekuperatoren
Abhitzekessel
Wärmeträgerölanlagen

Abb. links: Wärmerückgewinnungsanlage für zwei 250-t/h-Hubbalkenöfen in einem europäischen Hüttenwerk.

Beheizung: .... Mischgas
Rauchgasmenge: .... 140 000 m^3_n/h
Rauchgaseintrittstemperatur: .... 1 000 °C
Luftmenge: .... 110 000 m^3_n/h

Rechts die Rohrsysteme für den Konvektionsteil nach der Werkstattmontage.

Luftvorwärmung: .... 660 °C
Sattdampfmenge: .... 32 t/h
Sattdampfdruck: .... 40 bar
Abgastemperatur hinter Abhitzekessel: .... 260 °C

Die Firmen der Schack-Gruppe haben weltweite Erfahrung in der Projektierung, Fertigung und Montage von Rekuperatoren und Abhitzekesselanlagen hinter Walzwerks- und Schmiedeöfen sowie Cowper-Beheizungen. Der Einsatz unserer EDV-Anlage ermöglicht eine schnelle und optimale Auslegung. Weitgehende Werkstattvorfertigung verkürzt Stillstandszeiten bei Umrüstung bestehender Anlagen.

REKUPERATOR KG · Dr.-Ing. Schack & Co.
Sternstraße 9–11 · Postfach 32 09 60 · D-4000 Düsseldorf 30
Telefon (0211) 49 55-0 · Telex 8 584 894 reku d · Telefax (0211) 4 98 20 92

THE AMERICAN SCHACK
COMP., INC.
PITTSBURGH USA

CANADIAN SCHACK
LTD.
MONTREAL

METALLURGICAL
ENGINEERS LTD.
LONDON

SCHACK ENGINEERING
JAPAN CO., LTD.
TOKYO

LOREATT PARIS

Keramischer Regenerativ-Brenner

RCB

Im Gegensatz zu den Brennersystemen, die sich z.Zt. auf dem Markt befinden, ist der RCB ein komplett keramischer Brenner mit angebautem keramischen Regenerator als Einheit. Zwei Brennereinheiten bilden ein System.

Der Regenerativ-Brenner erreicht einen feuertechnischen Wirkungsgrad von ca. 90% (bezogen auf Hu) unabhängig von der Ofentemperatur. Die Rauchgastemperaturen schwanken zwischen 150 und 220° C, d.h. auch bei max. Rauchgaseintrittstemperaturen von 1400° C.

Bezogen auf Verbrennungssysteme ohne Luftvorwärmung bedeutet dieses eine Energieeinsparung
    von 65% bei 1400°C Ofentemperatur
      60% bei 1250°C und 46% bei 1000°C.
        Selbst im Vergleich mit Systemen,
          die bereits Luftvorwärmung zwischen
            400°C und 600°C erreichen,
              sind die Einsparungen
                noch erheblich.

Stordy Industrie-Feuerungstechnik

Planung, Beratung,
Ausführung kompletter Brenneranlagen
für alle flüssigen, festen, gasförmigen Brennstoffe
Umbauten, Reparaturen und Wartung

Stordy GmbH Osterbrooksweg 21 2 Schenefeld/b. Hamburg
Tel.: 040/830 60 01 FS: 2 173 511 stor d

---

microtherm
WÄRMEDÄMMUNGSMATERIAL

Die Lösung ihrer Platz- und Energieprobleme

Die Lösung ihrer Platz- und Energieprobleme!!

MICROTHERM hat eine EXTREM niedrige Wärmeleitfähigkeit, z.B.: Bei Tm = 400°C

	MICROTHERM	ruhende Luft	keramische Matten	Isoliersteine Gruppe 23
(W/m.k)	0.028	0.053	0.085	0.14

Das spezifische Gewicht beträgt 230-240 kg/m^3 und die maximale Dauertemperatur 950°C!

Eine technische Beratung und Montagehilfe vor Ort gehören zu unserem Servicepaket.

MICROTHERM wird bereits verwendet bei Rohrleitungen und Reaktoren in der PETRO-CHEMISCHEN Industrie, bei Heißluftrekuperatoren in der STAHL- und GLAS-Industrie, im Wandaufbau von GLASFEEDERN, INDUSTRIE- und LABORÖFEN, in den meisten europäischen KERNKRAFTWERKEN, im Joint European Torus-JET-Projekt, bei DIESELAUSPUFFANLAGEN, in KÜCHENHERDEN, in der FLUGZEUGindustrie etc.

Für spezielle Informationen und technische Beratung kontakten Sie bitte:

MICROTHERM EUROPA N.V.
Hoge Heerweg 39, B-2700 Sint-Niklaas, Belgien
Tel.: (03) 776 62 27   Telex: 33 573

4. Der Ofen und die Wärme

strom oder Gegenstrom entscheiden hat. Diese Entscheidung wird in erster Linie durch den Baustoff der Trennungswand bestimmt. **Bei Gleichstrom bewegen sich die heissesten Abgase über eine Wand, die an der anderen Seite gekühlt wird. Hierbei wird also die Trennungswand thermisch am wenigsten beansprucht.**

Hat man Δt_m berechnet, dann ist die Berechnung der benötigten Rekuperatorfläche A nach (136) einfach. Dagegen ist die Bestimmung der Wärmedurchgangszahl k ein schwieriger Punkt. Dieser ist nämlich von der Geschwindigkeit der Abgase und der Luft und von der lichten Weite der Rekuperatorkanäle (Tafel 28) abhängig. Außerdem kann noch der Wärmeaustausch zwischen den Rekuperatorrohren und dem äußeren Mantel (der zur Minderung der Wärmeverluste oft isoliert wird) eine Rolle spielen.

Um für den ersten Entwurf die Abmessungen des Rekuperators berechnen zu können, schätzt man deswegen den Wert von k wie folgt:

Für Rekuperatoren mit keramischen Trennungswänden $k = 3{,}5$ bis $6 \, W/m^2 \, K$
Für Rekuperatoren mit Stahlrohren $k = 17{,}5$ bis $29 \, W/m^2 \, K$
Für Rekuperatoren mit Nadelelementen $k = 41$ bis $64 \, W/m^2 \, K$
(gerechnet auf die Oberfläche ohne Nadeln)

Nach (136) rechnet man die nötige Heizfläche A aus und hat jetzt festzustellen, wie man A am vorteilhaftesten aufteilt. Denn man kann entweder viele enge Rohre oder aber auch nur ein einziges weites Rohr verwenden. Bei dieser Wahl spielt auch der Druckverlust beim Durchströmen oder Umströmen der Rohre eine Rolle. Bei metallischen Rekuperatoren wird man die Luft mittels eines Gebläses unter höherem Druck in den Rekuperator bringen und kann man einen höheren Druckverlust und höhere Geschwindigkeit zulassen. Für die Abgase ist diese Möglichkeit (wegen der für den Betrieb von Gebläsen meistens zu hohen Temperatur) im allgemeinen nicht gegeben, und deswegen ist die Abgasgeschwindigkeit durch den Rekuperator geringer. Man schätzt nun die Geschwindigkeit des Gases (Luft oder Abgas), das durch die Rohre strömt, auf 1,5 bis 5 m/s (bezogen auf 0 °C) (für Luft sogar bis 15 m/s) und kann mit dieser Geschwindigkeit berechnen, wie groß der freie Querschnitt A_q sämtlicher Rohre für das stündliche Abgas- und Luftvolumen in Nm^3/h sein soll. Diesen freien Querschnitt $A_q \, m^2$ teilt man nun auf über n Rohre, deren Durchmesser d [m] und deren Länge l [m] ist.

Die Heizfläche ist $A = n \cdot \pi \cdot d \cdot l \, [m^2]$

Der freie Querschnitt ist $A_q = n \dfrac{d^2 \pi}{4} \, [m^2]$

Da A und A_q jetzt festliegen, hat man n, d und l der Rohre zu wählen. Hierbei spielen Anordnung, Einbaumöglichkeit und Preis eine Rolle.

Hat man nun eine vorläufige Wahl getroffen und die Rekuperatorbauweise im großen und ganzen festgelegt, so ist nachzuprüfen, ob der anfangs geschätzte Wert für k auch richtig ist.

Nun ist nach (118): $k = \dfrac{1}{\dfrac{1}{a_1} + \dfrac{s}{\lambda} + \dfrac{1}{a_2}}$, aber da metallische Rohre eine geringe Wandstärke s und dagegen eine hohe Wärmeleitzahl λ haben, ist:

$$k = \frac{1}{\dfrac{1}{a_1} + \dfrac{1}{a_2}} \qquad (137)$$

Ist a_1 der Wärmeübergangskoeffizient für die Abgase, so hat man den konvektiven Anteil und den Strahlungsanteil zu berechnen und a_1 als deren Summe zu nehmen. Der Wärmeübergangskoeffizient für Luft a_2 kann man nach Tafel 28 und 29 bestimmen. Es wird darauf hingewiesen, daß der Wärmeübergangskoeffizient für Konvektion bei zunehmender Geschwindigkeit größer wird und auch bei kleinerem Rohrdurchmesser. Mit diesen Werten von a_1 und a_2 findet man k, und dieses darf nun nicht zu viel von dem anfangs geschätzten Wert von k abweichen. Ist die Abweichung zu groß, so muß die Berechnung von A nochmals durchgeführt und der Aufbau des Rekuperators dementsprechend geändert werden.

Für genaue Berechnungen ist es ratsam, den Rekuperator in der Stromrichtung in mehrere Abschnitte zu unterteilen und hierfür jedesmal k zu bestimmen. Auch den Strahlungsaustausch zwischen (isoliertem) Außenmantel und Rohrenbündel darf man nicht vernachlässigen, und schließlich ist eine genaue Nachprüfung des Wandverlustes Q_w des Rekuperators, welcher überschlagsweise auf 15 % angenommen worden war, zu empfehlen. Auch der Druckverlust der Luft beim Durchströmen des Rekuperators soll nachgeprüft werden (5.1.5.).

Die Formeln und die Betrachtungen (4.5.7.) über die Wärmeübertragung in Gleich- oder in Gegenstrom sind nach Einführung von t_l statt t_w und von k statt a ohne weiteres auch für die Berechnung und Betrachtung der Rekuperatoren anwendbar.

Bei Gegenstrom ist der Wirkungsgrad des Rekuperators, wenn $W_l < W_g$ also $W_l = W_{min}$:

$$\eta = \frac{W_l}{W_{min}} (1 - B_2) \qquad \text{nach (108a)}$$

Hierin ist B_2:(103)

Wenn $\dfrac{W_g}{W_l} = 1$ dann wird:

$$\eta = \frac{1}{1 + \dfrac{W_g}{k \cdot A}}$$

Ist A = ∞ so wird η = 1

4. Der Ofen und die Wärme

Da die Wärmeaustauschfläche A, deren Abmessungen somit in erster Linie den Preis des Rekuperators bestimmt, soll sie nicht größer ausgeführt werden als unbedingt nötig. Deswegen sind folgende Zahlen wichtig:

$\dfrac{kA}{W_g}(1+\dfrac{W_g}{W_l})$	$\eta =$
3	0,95
2	0,86
1	0,63

Es hat deswegen wenig Zweck A größer zu machen als aus $3 \cdot \dfrac{kA}{W_g}(1+\dfrac{W_g}{W_l})$ hervorgeht.

Beispiel:
Es ist ein Nadelrekuperator mit Abgas und Luft im Gegenstrom zu berechnen unter Zugrundelegung folgender Daten:

Abgas von Koksofengas
Abgasmenge v_g = 11300 m³/h
Luftmenge v_l = 7900 m³/h
Abgastemperatur t'_g = 950 °C
Kaltlufttemperatur t'_l = 20 °C
Warmlufttemperatur t''_l = 400 °C
c'_g = 1,54 kJ/(V_n) m³
c'_l = 1,30 kJ/(V_n) m³
c''_l = 1,33 kJ/(V_n) m³

Nach (135) ist:

$$\dfrac{1}{0,85} \cdot v_l (c''_l \cdot t''_l - c'_l \cdot t'_l) = v_g (c'_g \cdot t'_g - c''_g \cdot t''_g) =$$

$$\dfrac{1}{0,85} \cdot 7900 \,(1,33 \cdot 400 - 1,30 \cdot 20) = 11300 \,(1,54 \cdot 950 - c''_g \cdot t''_g)$$

Hieraus:

$$c''_g \cdot t''_g = 1013 \text{ kJ/ m}^3$$

Schätzt man die Temperatur t''_g, womit das Abgas den Rekuperator verläßt, auf 700 °C, so ist nach Tafel 59 c''_g = 1,48 kJ/ m³

$$c''_g \cdot t''_g = 1,48 \cdot 700 = 1038 \text{ kJ/ m}^3$$

Die geschätzte Temperatur t''_g ist somit ziemlich genau.

Es ist:

$t'_g - t''_l = 950 - 400 = 550\ °C$

$t''_g - t'_l = 700 - 20 = 680\ °C$

Für Gegenstrom findet man mit (111) und mittels Bild 173:

$\Delta t_m = 620\ °C$

$Q = v_g (c'_g \cdot t'_g - c''_g \cdot t''_g) = 11300 (1{,}54 \cdot 950 - 1013 = 4763\ MJ/h$

Mittels (136):

$Q = A \cdot k \cdot \Delta t_m = 4763\ MJ/h = 1324\ kW$

Wird k auf 58 W/m² K geschätzt für den Nadelrekuperator, so ist:

$\dfrac{1324000}{58 \cdot 620} = 36{,}8\ m^2$

Bei Verwendung von Abgasen mit sehr hoher Temperatur kann es dringend notwendig werden, alle Mittel zur Hilfe zu nehmen, damit die t h e r m i s c h e   B e l a s t u n g des metallischen Rekuperatorbaumaterials nicht zu hoch wird. Ein Mittel hierzu ist die Anwendung von H i l f s h e i z f l ä c h e n , die bei Strahlungsrekuperatoren meistens ohne weiteres vorhanden sind.

Nach Bild 230 ist ein metallisches, abgasführendes Rohr b außen von Luft umspült und außerdem in einiger Entfernung von einem anderen Rohr c umgeben, das nach außen hin möglichst gut isoliert ist. Rohr b strahlt nach der Innenseite von Rohr c ab, wodurch die Oberflächentemperatur von Rohr b wirksam gesenkt wird. Die Wärme, die c von b zugestrahlt ist, wird, soweit sie nicht als Wandverlust nach außen wandert, von der Innenseite von c durch Konvektion an die entlangströmende Luft abgegeben.

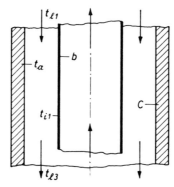

Bild 230: Schema eines Rekuperators mit Hilfsheizfläche

4. Der Ofen und die Wärme

Beispiel:

Innenrohr b besteht aus Metall mit geringer Wandstärke und hoher Wärmeleitfähigkeit, so

daß $k = \dfrac{1}{\dfrac{1}{a_1} + \dfrac{1}{a_1}}$ ist. Das Außenrohr sei so gut isoliert, daß keine Wärme nach außen ab-

wandert.

Weiter ist:

$t_{i \cdot 1}$ = Luftseitige Temperatur von Rohr b = 800 °C

t_a = Luftseitige Temperatur des Außenrohres c in °C

t_{l1} – Temperatur der Kaltluft = 0 °C

$t_{l \cdot 3}$ = Temperatur der Warmluft = 600 °C

a_c = Wärmeübergangskoeffizient für Konvektion = 29 W/m² K

ϵ = Emissionsverhältnis der Wandflächen beider Rohre = 0,8

Die Wärmeabgabe vom Innenrohr bei der Temperatur $t_{i \cdot 1}$ erfolgt durch Strahlung und Konvektion, wobei der Wärmeübergangskoeffizient = $a = a_s + a_c$, wobei a_s = Wärmeübergangskoeffizient für die Strahlung vom Innenrohr zum Außenrohr.

Falls angenommen werden kann, daß die Entfernung zwischen beiden Rohren gering ist, so daß die beiden sich gegenseitig anstrahlenden Flächen in etwa gleich groß sind, so ist:

$$a_s = \frac{C \left[\left(\dfrac{T_{i \cdot 1}}{100} \right)^4 - \left(\dfrac{T_a}{100} \right)^4 \right]}{t_{i \cdot 1} - t_a}$$

Hierbei ist $C = \epsilon \cdot C_s$ und C_s = Strahlungszahl des Schwarzstrahlers. Da die Wärme, die dem Außenrohr durch Strahlung vom Innenrohr zugestrahlt wird, wiederum durch Konvektion auf die Luft übertragen wird, so ist

$$a_s (t_{i \cdot 1} - t_a) = a_c (t_a - t_{l \cdot m}) \qquad (139)$$

$t_{l \cdot m}$ ist die mittlere Lufttemperatur, und hierfür hat man nach (109) + (111) das arithmetische oder das logarithmische Mittel einzusetzen. Nimmt man einfachheitshalber an, daß jenes in diesem Fall zulässig ist, so ist $t_{l \cdot m} = \dfrac{t_{l \cdot 1} + t_{l \cdot 3}}{2} = 300\,°C$. In (139) sind a_s und t_a die Unbekannten. Beide sind voneinander abhängig nach (138).

Schätzen wir $t_a = 740\,°C$, so findet man mit (138) und Tafel 36 $a_s = 213$ W/m² K
Hiermit wird (139):

$$213\,(800 - 740) \neq 29\,(740 - 300)$$
$$12780 \neq 12793$$

Die Schätzung von t_a ist also richtig.
Die Wärmeabgabe je m² Fläche des Innenrohres b berechnet sich auf:

$$12790 + 29\left(800 - \frac{0 + 600}{2}\right) = 27{,}29\text{ kW/m}^2$$

In den WHP-Rekuperator werden "Heatpipes" (4.5.4.) eingesetzt um Abfallwärme aus einen Gasstrom auf einen anderen zu übertragen. Die Rohre bestehen aus geraden, beiderseitig verschlossenen, berippten Kupferrohren. Die Innenwand ist mit einer Kapillarstruktur versehen, und die Rohre werden unter Vakuum teilweise mit einer Flüssigkeit (wahrscheinlich Diphyl) gefüllt. Wirkungsgrade von rund 70 % werden erreicht. Die Gase bewegen sich in Querströmung an den Rohren vorbei. Bis jetzt sind sie aber nur für Temperaturen unterhalb 300 °C erhältlich.

Auch Ringrohre (4.5.4.) ließen sich für Wärmerekuperations-Zwecke einsetzen. Sie haben den Vorteil, daß einfaches Rohr ohne Dochtauskleidung, angewandt werden kann. Auch andere Füllungen statt Wasser sind möglich.

4.7.4. Regeneratoren

Regeneratoren bestehen aus einem Raum, worin feuerfeste Steine derart aufgestapelt sind, daß zwischen ihnen Kanäle frei bleiben (Bild 174). Man läßt nun während einer angemessenen Zeitspanne (meistens nicht länger als eine halbe Stunde) die Ofenabgase durch diese Kanäle ziehen, wodurch das Steingitterwerk erhitzt wird und Wärme speichert. Sodann werden die Abgase in eine zweite Regeneratorkammer geleitet, und durch die erste Kammer wird jetzt die Verbrennungsluft oder das Brenngas geführt. Diese Verbrennungsluft wird vorgewärmt, indem das Gitter die gespeicherte Wärme wiederum abgibt und selbst abkühlt. Nach Ablauf dieser Periode wird wiederum auf Abgas geschaltet, und die Wärmespeicherung fängt von neuem an. Diese Vorgänge sind mit Wärmebewegungen nichtstationärer Art verbunden, denn die Steinpackungen kühlen während der Entheizperiode immer mehr ab. Folglich sinkt auch die Luft- (oder Brenngas-) Temperatur periodisch ab, wodurch Schwankungen der Verbrennungstemperatur auftreten. Dies bedeutet einen Nachteil der regenerativen Wärmerückgewinnung der betrachteten Art. (Der in Dampfkesselanlagen viel benutzte Ljungström-Regenerator besitzt diesen Nachteil nicht, ist aber nur für verhältnismäßig niedrige Temperaturen geeignet.)

Der Vorteil eines Regenerators besteht darin, daß sehr hohe Vorwärmtemperaturen erreicht werden können. Allerdings erfordern die Umschaltorgane und deren Dichthaltung besondere Aufmerksamkeit. Eine besondere Art eines Regenerators bildet der „Pebbleheater". Es handelt sich hierbei um ein Zwischending zwischen Regenerator und Rekuperator. Das Prinzip ist in Bild 231 wiedergegeben. Das Abgas durchstreicht eine Schicht keramischer Körper, die hierdurch erwärmt werden und wie bei einer Sanduhr durch ein Loch im Boden des Behälters in einen zweiten Behälter herunterrieseln. In diesen Be-

4. Der Ofen und die Wärme

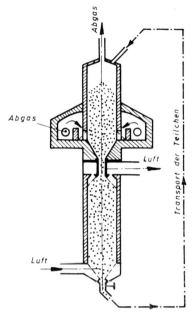

Bild 231: „Pebble"-heater

hälter wird unten Luft eingeblasen, die die Wärme von den Füllkörpern aufnimmt und oben als vorgewärmte Luft abzieht. Am Boden des letzten Behälters werden die abgekühlten Teilchen abgezogen und mit einer Transportanlage wieder in den oberen Behälter gebracht.

Da meistens von Rekuperatoren für Luft- und (oder) Gasvorwärmung Gebrauch gemacht wird, so sollen die Regeneratoren hier nicht weiter behandelt werden.

5. Druck und Strömung im Ofen

5.1. Allgemeines

Die W i c h t e γ_o eines Gases oder Gasgemisches wird manchmal s p e z i f i s c h e s G e w i c h t genannt. Sie ist das Gewicht in kp eines Nm^3 Gas, also das Gewicht eines Normalkubikmeters [m^3 (V_n)]. Sie soll nicht mehr gebraucht werden.

Die D i c h t e ρ eines Gases ist die Masse in kg/m^3. Ein m^3 wird gemessen bei 273 K und 1013,24 mbar (V_n).

Da 1 kmol für Gase das Volum von 22,4 m^3 (V_n) hat, ist 1 Nm^3 oder 1 m^3 (V_n) $\frac{1}{22,4}$ kmol = 4,46 · 10^{-2} kmol

Es ist $\rho_o = \frac{M}{22,4}$ [kg/m^3]. M ist das Molekulargewicht des betreffenden Gases (für H_2 ist M = 2, für O_2 : 32, für CO : 28, für CO_2 : 44, für Luft : 28,96). ρ_o = M [kg/kmol]

Wird die Masse eines m^3 Gas bei anderen Temperatur- und Druckverhältnissen angegeben, so wollen wir von R a u m m a s s e ρ sprechen, ebenfalls in kg/m^3. Hierbei handelt es sich dann um 1 m^3 Gas bei einer Temperatur (und u.U. Druck), die von der normalen abweicht. Im Gasfach wird auch oft der Ausdruck D i c h t e v e r h ä l t n i s gebraucht. Hierunter versteht man das Verhältnis zwischen der Dichte des betreffenden Gases zur Dichte von Luft (Tafel 95). Setzt man die Dichte von Luft gleich 1, so ist die von Koksofengas 0,4 und seine Dichte 0,4 · 1,293 = 0,518 kg/m^3 (bei 0 °C und 760 Torr).

Der Unterschied zwischen dem Raumgewicht der Gase im Ofen und dem Raumgewicht der Luft a u ß e r h a l b des Ofens spielt eine große Rolle. Die Wichte der Umgebungsluft ist bei 0°C 1,293 kp/m^3, aber da die Luft meistens eine höhere Temperatur hat, wird man vielfach bei Berechnungen annehmen, daß diese im Mittel 15 °C beträgt. Sodann ist nach Gay-Lussac das Raumgewicht der Luft:

$$1{,}293 \; \frac{273}{273 + 15} = 1{,}23 \; kg/m^3$$

Tafel 95: Dichteverhältnis von technischen Gasen

Art des Gases	Heizwert				Dichte des Gases kg/m^3	Dichte-verhältnis (Luft=1)
	H_o kcal/Nm^3	kWh/m^3	H_u kcal/Nm^3	kWh/m^3		
Ferngas..................	4600	5,35	4100	4,77	0,505	0,39
Stadtgas.................	4300	5,00	3870	4,50	0,61	0,47
Wassergas...............	2700	3,14	2450	2,85	0,71	0,55
Generatorgas aus Koks......	1200	1,40	1150	1,34	1,16	0,90
Gichtgas.................	960	1,12	950	1,10	1,274	0,985
Erdgas..................	8700	10,12	7800	9,07	0,80	0,62
Propan..................	24320	28,28	22350	26,00	1,95	1,56
Butan...................	31530	36,67	29550	34,37	2,66	2,09

Die Berechnung des Raumgewichtes von Abgasen sei an einem Beispiel dargelegt:

Beispiel:

1 m³ Koksofengas mit der Dichte 0,518 kg/m³ werde mit einer Luftzahl n = 1,2 verbrannt.

Die nötige Luftmenge bei luftsatter Verbrennung ist v_{at} = 4,09 m³/m³, und die Abgasmenge ist hierbei v_{rt} = 4,81 m³/m³. Da die Masse der Verbrennungspartner bei der Verbrennung unberührt bleibt, so ist:

0,518 + 1,2 · 4,09 · 1,293 = Masse (4,81 m³ Abgas der luftsatten Verbrennung + 0,2 · 4,09 m³ Luftballast).

Hieraus: 4,81 + 0,2 · 4,09 = 5,628 m³ Abgas haben eine Masse 6,878 kg, die Dichte γ_o des Abgases ist somit: $\dfrac{6,878}{5,628}$ = 1,223 kg/m³ (V_n).

Hat man es im Ofen mit Abgasen bei einer Temperatur von 1000 °C zu tun, so ist die Raummasse: ρ = 1,223 · $\dfrac{273}{1000 + 273}$ = 0,262 kg/m³.

Sind nicht alle Daten über Brennstoff und Verbrennung genau bekannt, so kann man als erste Annäherung annehmen, daß die Dichte des Abgases und der Luft gleich seien. Sie ist (für n = 1) 1,095 kg/m³ für Wasserstoff, 1,502 für CO und 1,235 kg/m³ für Methan, nähert sich aber bei größerem n immer mehr der Dichte der Luft 1,293 kg/m³.

5.1.2. Hauptsätze

Die Strömung eines Gases ist **drei Hauptsätzen** unterworfen.

Der Satz der **Erhaltung der Masse** besagt, daß die Masse eines Gases, die an irgendeiner Stelle durch ein System hintereinandergeschalteter dichter Räume oder Rohrleitungen strömt, auch an jeder anderen Stelle dieses Systems die gleiche, also konstant sei. Vorausgesetzt, daß unterwegs keine Wärme zu- oder abgeführt wird und daß die Druckveränderungen gering sind, strömt an jeder Stelle nicht nur das gleiche Gewicht, sondern auch das gleiche Volumen durch. Erfüllung der beiden genannten Bedingungen machen ein Gas zu einer nicht zusammendrückbaren Flüssigkeit. Für eine solche Flüssigkeit können einfache Formeln abgeleitet werden.

Der Satz der **Erhaltung der Energie** besagt, daß die Energiesumme an einer Stelle des Strömungsweges gleich der Energiesumme an einer anderen Stelle ist, unter der Bedingung, daß zwischen beiden Stellen keine Energie zu- oder abgeführt wird. Ist das jedoch der Fall, so muß man die Energiemenge zu den ursprünglichen Energiemengen hinzuzählen oder davon abziehen. Im allgemeinen wird es sich bei der Strömung von Gasen um Druckenergie, Geschwindigkeitsenergie und Wärmeenergie handeln.

Wenn eine Kraft P auf die freibewegliche Masse m wirkt, so erfährt diese eine Beschleunigung a, wobei P = m · a. Ist die Kraft P konstant, so ist auch a eine Konstante, und die Masse bewegt sich gleichmäßig beschleunigt weiter. Übt die Kraft P ihre Wirkung während der Zeit Z aus, so erreicht die Masse eine Geschwindigkeit w = a · Z, falls ihre Anfangsgeschwindigkeit w = 0 ist.

Also:

$$P \cdot Z = m \cdot a \cdot Z = m \cdot w \qquad (140)$$

P · Z wird I m p u l s genannt, und das Produkt m · w nennt man B e w e g u n g s - g r ö ß e (im Sprachgebrauch wird auch die Bewegungsgröße m · w = P · Z oft Impuls genannt).

Der I m p u l s s a t z besagt nun: „I n e i n e m a b g e s c h l o s s e n e n S y s t e m bleibt die Summe aller Bewegungsgrößen konstant." Σ m · w = konst. Dieser Satz hat universellen Charakter und ist recht brauchbar für den mathematischen Ansatz, wenn ein Gas- oder Luftstrahl Luft oder ein anderes Gas oder feste Teilchen ansaugen oder in Bewegung setzen soll, z.B. beim Kreislauf in Öfen oder bei Brennern (Kohlenstaubbrenner, Ölbrenner oder Gasbrenner).

$$\text{Die B e w e g u n g s e n e r g i e ist } E = \frac{m \cdot w^2}{2} \qquad (141)$$

Wie schon oben angedeutet, werden die Gesetze über Gasströmungen einfach, wenn man das Gas als eine nicht zusammendrückbare Flüssigkeit betrachten kann. Dies ist beim Strömen von Gasen durch Ofenraum und Abgaskanäle, wo Druck und Geschwindigkeit nur gering sind, der Fall. Aber auch beim Ausströmen der Verbrennungsluft aus Düsen kann man, soweit es sich hier um mäßige Drücke handelt, von dieser vereinfachten Annahme ausgehen.

Bei der Strömung von Gasen und Flüssigkeiten hat man zwei Möglichkeiten zu unterscheiden, nämlich l a m i n a r e S t r ö m u n g und t u r b u l e n t e S t r ö m u n g. Bei niedrigen Geschwindigkeiten und engen Kanälen hat man es mit laminarer Strömung zu tun. Diese soll man sich so vorstellen, daß eng an der Wand des Rohres oder des Kanals eine dünne Grenzschicht des Gases festsitzt. Daran vorbei schiebt sich eine dünne Gasschicht mit geringer Geschwindigkeit vor, hieran vorbei wiederum eine Schicht mit etwas größerer Geschwindigkeit und so weiter; mitten im Querschnitt des Kanals wird die größte Geschwindigkeit erreicht. Die strömenden Gasteilchen bewegen sich ausschließlich in der Richtung des Stromes und bilden Schichten, die sich aneinander vorbeischieben.

Für die l a m i n a r e S t r ö m u n g in Rohren und Kanälen hat Poiseuille eine Formel abgeleitet:

$$h = \frac{32\, \eta\, w \cdot l}{d^2} \qquad (142)$$

Es ist: h = Druckunterschied zwischen zwei Querschnitten l mm voneinander entfernt in Pa = N/m² = ∼ 0,1 mm WS

w = Geschwindigkeit in m/s

d = Durchmesser des Rohres in m

η = dynamische Zähigkeit in N s/m² = Pa · s   (5.1.3.)

Diese Formel kann auch angewendet werden für die Berechnung der Strömung durch kleine Risse, undichte Fugen, durch miteinander in Verbindung stehende Poren und

5. Druck und Strömung im Ofen

durch kapillare Kanäle. Die Strömungsgeschwindigkeit ist proportional dem Druckunterschied zwischen Anfang und Ende des Kanals mit der Länge l.

Bei der Strömung in Rohren und Kanälen geht die laminare Strömung bei steigender Geschwindigkeit ziemlich plötzlich in eine t u r b u l e n t e   S t r ö m u n g über. Hierbei verschieben sich die Teilchen nicht nur in der Richtung der Strömung, sondern sie bewegen sich auch quer zu dieser Richtung. Ob eine laminare oder tubulente Strömung auftreten wird, kann man nach dem Wert der   R e y n o l d s z a h l   abschätzen. Diese dimensionslose Zahl R_e berechnet man mit Hilfe von:

$$R_e = \frac{w \cdot d \cdot \rho}{\eta} = \frac{wd}{\nu} \tag{143}$$

w = Geschwindigkeit in m/s
d = Durchmesser des Rohres in m
ρ = Dichte des strömenden Mediums kg/m^3
η = dynamische Zähigkeit in N s/m^2 des strömenden Mediums = Pa · s
ν = kinematische Zähigkeit in m^2/s

In engen kapillaren Kanälen ist bei verhältnismäßig niedrigem Treibdruck eine laminare Strömung vorhanden.

Die Geschwindigkeitsverteilung ist für beide Fälle eine ganz andere. Aus Bild 232 sieht man, daß diese bei laminarer Strömung parabolisch ist (Kurven für R_e = 1000 und R_e = 2000) und von der Rohrwand an nach der Mittellinie des Rohres hin schnell zunimmt. Bei turbulenter Strömung nimmt die Geschwindigkeit schon in der Nähe der Wand sehr schnell zu, um dann weiter viel langsamer zu steigen.

Die Art, in der die Gasteilchen sich bei beiden Strömungsarten bewegen, ist von größtem Einfluß auf die Wärmebewegung innerhalb der Strömung. Je höher die Reynoldszahl ist, um so turbulenter ist die Strömung und um so größer wird der Wärmeaustausch. Hiervon wird im Ofenbau viel Gebrauch gemacht, z.B. um die Wärmeübertragung in Rekuperatoren zu steigern.

Eine laminare Strömung kann durch äußere Einflüsse leicht in eine turbulente Strömung übergehen. Bild 233 gibt ein Beispiel. Aus einem dünnen Röhrchen links tritt ein laminar strömender Strahl in ein gegenüberstehendes Röhrchen über. Der Geschwindigkeitsdruck

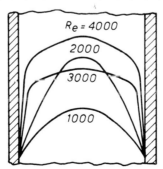

Bild 232: Geschwindigkeitsverteilung in einem Rohr in Abhängigkeit von R_e

Zähigkeit

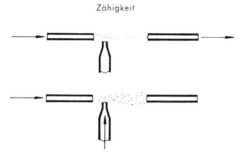

Bild 233: Turbulenz Logik Element. Oben: ohne „Signalzufuhr"; unten: mit „Signalzufuhr"

kann gemessen werden. Bläst nun ein nur sehr schwacher Luftstrahl den Hauptluftstrahl senkrecht an, so geht die laminare Strömung augenblicklich in eine turbulente über. Dies hat zur Folge, daß der Geschwindigkeitsdruck auch plötzlich auf einen sehr niedrigen Wert zurückfällt. Dieser (negative) Turbulenzverstärker oder andere strömungstechnische Elemente können für Regelzwecke und für Rechenanlagen benutzt werden.

Auch wird oft der „Coanda-Effekt" angewandt:

Ein Freistrahl bringt die Luft in seine Nähe in Bewegung. Wird aber der Strahl, wie in Bild 234 gezeigt, an drei Seiten von zwei parallelen Wänden und einer Wand, die einen Winkel mit der Strahlachse bildet, eingeschlossen, dann wird durch die letztgenannte Wand die Luftzuströmung an dieser Seite verhindert. Da die Außenluft an der entgegengesetzten Seite frei zuströmen kann, entsteht eine kleine Druckdifferenz zwischen den beiden Seiten des Strahles. Der Strahl bewegt sich auf die Wand zu und bleibt dort „kleben" („wall-attachement"). Direkt hinter der Ausströmöffnung entsteht örtlich ein kleines Unterdruckgebiet. Wird diesem Gebiet von außen Luft oder Gas zugeführt, löst sich der Strahl von der Wand. Hiervon wird in der Regeltechnik Gebrauch gemacht (7.6.).

Beispiel:

D i e   R e y n o l d s z a h l   z u   b e r e c h n e n   für einen Luftstrom bei 100 °C und auch bei 1000 °C.

Gegeben:

d = 0,125 m

w_{100} = 0,42 m/s bei 100 °C

ρ_{100} = 1,293 · $\dfrac{273}{273 + 100}$ = 0,95 kg/m^3 = 0,95 N s^2/m^4

Nach Bild 198 ist:

η_{100} = 20,6 · 10^{-6} N s/m^2

Bild 234: Der Coanda-Effekt

Nach 143 ist:

$$R_e = \frac{0{,}42 \cdot 0{,}125 \cdot 0{,}95}{20{,}6 \cdot 10^{-6}} = 2420$$

Bei 1000 °C ist:

$$w_{1000} = 0{,}42 \cdot \frac{273 + 1000}{273 + 100} \text{ m/s}$$

$$\rho_{1000} = 0{,}95 \cdot \frac{273 + 100}{273 + 1000} \text{ kg/m}^3 \text{ [N s}^2/\text{m}^4\text{]}$$

$$\eta_{1000} = 49 \cdot 10^{-6} \text{ N} \cdot \text{s/m}^2$$

Nach (143) ist:

$$R_e = \frac{0{,}42 \cdot 0{,}125 \cdot 0{,}95}{49 \cdot 10^{-6}} = 1010$$

5.1.3. Zähigkeit

In der Formel von Poiseuille für laminare Strömung (142) und in der Formel für die Reynoldszahl (143) tritt die dynamische Zähigkeit in Erscheinung. Bei der laminaren Strömung müssen die Schichten des strömenden Stoffes aneinander vorbeigeschoben werden, und es ist eine Kraft erforderlich, um hierbei die innere Reibung oder Zähigkeit zu überwinden. Wird diese Kraft in N (Gewicht) angegeben, so ist die Dimension der dynamischen Zähigkeit η [N s/m²] = 10 Poises.

Die Poise = 0,1 N s/m². Zum Vergleich mit der früheren Einheit: $1 \frac{\text{kp} \cdot \text{s}}{\text{m}^2} = 9{,}81 \text{ N s/m}^2$ = 98,1 Poise.

Die kinematische Zähigkeit ν ist:

$$\nu = \frac{\eta}{\rho} [\text{m}^2/\text{s}] = [10^4 \text{ cm}^2] = 10^{-4} \text{ Stokes}$$

ρ = Dichte [kg/m³]

Im Gegensatz zu den Flüssigkeiten nimmt die Zähigkeit von Gasen bei steigender Temperatur zu. Die Erklärung hierfür liegt darin, daß die Moleküle der Gase sich über eine bestimmte Strecke (freie Weglänge) durcheinander bewegen können. Denkt man sich nun zwei Gasschichten, die sich aneinander vorbeibewegen, dann greifen diese wie mit ganz kleinen Zähnchen ineinander. Steigt die Temperatur des Gases, so wird die freie Weglänge der Moleküle größer, die „Verzahnung" stärker, also auch die innere Reibung.

5. Druck und Strömung im Ofen

Für die Berechnung der dynamischen Zähigkeit von Gasen bei einer bestimmten Temperatur ist folgende Formel zu verwenden (Sutherlandsche Formel):

$$\eta_t = \eta_o \frac{1 + \dfrac{C}{273}}{1 + \dfrac{C}{273+t}} \sqrt{\frac{273+t}{273}} \qquad (144)$$

t = Temperatur des Gases in °C
η_o = dyn. Zähigkeit bei 0 °C
C = Konstante des betreffenden Gases

η_o und C sind Tafel 96 zu entnehmen.

Beispiel:
Es ist zu berechnen, wieviel m³ Abgas durch eine Wand von s = 0,105 m Stärke gehen, die von 46400 Kanälen/m² durchzogen wird, wobei diese Kanäle einen Durchmesser d = 0,001 m haben und zwischen beiden Seiten der Wand ein Druckunterschied von h = 10 Pa = 10 N/m² = ~ 1 mm WS besteht. Diese Berechnung ist für Abgastemperaturen von 500, 750, 900, 1000 und 1200 °C durchzuführen.

Für das Abgas ist
η_o = 13,34 · 10^{-6} N s/m²
C = 173

Dann ist mit (144):

$$\eta_{500} = 13,34 \cdot 10^{-6} \frac{1 + \dfrac{173}{273}}{1 + \dfrac{173}{273+500}} \sqrt{\frac{273+500}{273}} = 29,53 \cdot 10^{-6} \text{ N s/m}^2$$

Tafel 96

Gas	η_o dynamische Zähigkeit bei 0 °C		C
	in N/s · m² · 10^{-6}	in kp · s/m² · 10^{-6}	
Sauerstoff	19,26	1,964	131
Stickstoff	16,13	1,706	112
Luft	17,20	1,753	122
Kohlensäure	13,80	1,407	266
Wasserdampf	8,66	0,883	699
Kohlenoxyd	16,56	1,688	104
Wasserstoff	8,48	0,8645	81,7
Abgas (Mittel)	13,34	1,36	123

5. Druck und Strömung im Ofen

Weiter findet man:

$\eta_{750} = 35{,}19 \cdot 10^{-6}$ N s/m²
$\eta_{900} = 38{,}26 \cdot 10^{-6}$ N s/m²
$\eta_{1000} = 40{,}09 \cdot 10^{-6}$ N s/m²
$\eta_{1200} = 45{,}33 \cdot 10^{-6}$ N s/m²

Laut (142) ist:

$$h = \frac{32\,\eta \cdot w \cdot l}{d^2}$$

Oder bei 1200 °C:

$$w = 0{,}001^2 \; \frac{10}{32 \cdot 45{,}33 \cdot 10^{-6} \cdot 0{,}105} = 0{,}0657 \text{ m/s}$$

Der freie Querschnitt für die Gase ist für 1 m² Wandfläche:

$$A = 46400 \cdot 0{,}001^2 \cdot \frac{\pi}{4} = 0{,}0365 \text{ m}^2/\text{m}^2$$

Das bei 1200 °C durchströmende Abgasvolumen ist also:

$0{,}0657 \cdot 0{,}0365 \cdot 3600 = 8{,}5$ m³/h oder in m³/h (V_n):

$$\frac{273}{273 + 1200} \cdot 8{,}5 = 1{,}58 \text{ m}^3/\text{h}.$$

Auf dieselbe Weise wird das Abgasvolumen bei den übrigen Temperaturen berechnet. Diese Werte sind in Tafel 97 zusammengestellt und zu gleicher Zeit auch für Wände mit 32600 Kanälen/m² von 0,0015 m Durchmesser und für Wände mit 20500 Kanälen/m² von 0,002 m Durchmesser.

Bei **Flüssigkeiten** wird die **Zähigkeit** meist in **Engler-Graden** angegeben und bei Heizölen findet man oft die angelsächsische Bezeichnung **Sekunden Redwood I** bei 100° F und **Sekunden Saybolt-Universal**.

Tafel 98 ist zur Umrechnung von Engler-Graden in Sekunden Redwool I und in Sekunden Saybolt-Universal zu gebrauchen. Bei Flüssigkeiten nimmt bei steigender Temperatur die Zähigkeit ab; denn die innere Reibung zwischen den Flüssigkeitsschichten wird verursacht durch die Anziehungskraft zwischen den Molekülen (Kohäsion), und diese Kraft wird bei steigender Temperatur geringer, weil die Moleküle weiter voneinander entfernt sind.

5. Druck und Strömung im Ofen

Tafel 97

Abgastemperatur °C	46 400 Kanäle/m² von 0,001 m ϕ	32 600 Kanäle/m² von 0,0015 m ϕ	20 500 Kanäle/m² von 0,002 m ϕ
500	3,53 m³/m² · h	11,97 m³/m² · h	24,58 m³/m² · h
750	2,98 m³/m² · h	9,95 m³/m² · h	20,75 m³/m² · h
900	2,38 m³/m² · h	7,95 m³/m² · h	16,57 m³/m² · h
1000	2,09 m³/m² · h	6,98 m³/m² · h	14,56 m³/m² · h
1200	1,58 m³/m² · h	5,27 m³/m² · h	11,00 m³/m² · h

h = 9,81P = 9,81 N/m²   Wanddicke s = 0,105 m   m³(V_n)

Tafel 98

Grad Engler	Sekunden Saybolt-Universal	Sekunden Redwood I 100° F	Grad Engler	Sekunden Saybolt-Universal	Sekunden Redwood I 100° F
1,00	32	28,5	3,6	123	109
1,12	34	31	3,7	128	113
1,22	36,5	33	3,85	132	117
1,30	39,5	35,5	3,95	136	121
1,40	42,5	38	4,1	141	125
1,48	45,5	41	4,2	145	129
1,56	48,5	44	4,35	150	133
1,65	52	46,5	4,45	154	137
1,75	55,5	49,5	4,6	158	141
1,83	59	52,5	4,7	163	144
1,93	63	55,5	4,85	167	148
2,00	66,5	58,5	4,95	172	152
2,12	70	62	5,1	176	156
2,20	74	65	5,2	181	160
2,32	77	68,5	5,35	185	164
2,43	81	72	5,6	194	173
2,55	85	75	5,85	203	181
2,65	89	79	6,1	212	189
2,75	93	83	6,45	221	197
2,90	97	87	6,65	230	205
3,00	101	90	6,9	239	213
3,10	106	94	7,1	248	221
3,20	110	98	7,4	257	229
3,35	114	101	7,65	266	237
3,45	119	105	7,9	275	245

Höhere Werte werden umgerechnet mit:
E = 0,0322 R. I = 0,0287 S. U.   S. U. = 34,81 E = 1,12 R. I.   R. I. = 31,1 E = 0,894 S. U.

5. Druck und Strömung im Ofen

5.1.4. Gasdurchlässigkeit

In (1.2.1.) ist bereits die G a s d u r c h l ä s s i g k e i t von feuerfestem Mauerwerk genannt. Bansen hat für undichtes Mauerwerk nachstehende Formel angegeben:

$$v = \frac{k \cdot h}{s} \qquad (145)$$

v = Volumen des Gases (Abgase oder Luft), das durch eine Wand von 1 m² und s/m Wandstärke strömt.
h = Druckunterschied zwischen beiden Seiten der Mauer in mm WS ($\sim 10 \, N/m^2$).
k = ein Beiwert zwischen 0,01 und 0,2, abhängig von der Wanddurchlässigkeit.

Der niedrigste Wert von k bezieht sich auf sorgfältig gemauerte und langsam getrocknete neue Wände. Der Höchstwert soll eingesetzt werden für Wände, die schon längere Zeit und bei hohen Temperaturen in Betrieb sind und hierdurch Haarrisse aufweisen.

Diese Formel trägt der Temperaturabhängigkeit der Zähigkeit keine Rechnung.

Die Bezeichnung der Gasdurchlässigkeit nach Tafel 99 in Nm³/m² h für eine Wand von bestimmter Stärke bei einem Druckabfall von 1 mm und bei einer bestimmten Temperatur ist deswegen besser. Manegold hat unter Bezugnahme auf die Arbeit von d'Arcy den Begriff s p e z i f i s c h e D u r c h s t r ö m b a r k e i t D_s eingeführt. Diese ist ein wirklicher Stoffwert und deswegen unabhängig vom durchströmenden Medium (Flüssigkeit oder Gas).

D_s läßt sich wie folgt ableiten:
Wenn jedes cm² einer feuerfesten Wand von n Kapillarkanälen mit kreisförmigem Quer-

Tafel 99

Steinsorte	spezifische Durchströmbarkeit in nPm	Gasdurchlässigkeit in m³(V_n)/m² · h Abgas von 1200 °C einer Wandfläche von 1 m² und 0,1 m Wandstärke bei 1 mm WS Druckabfall ($\sim 9{,}81 \, N/m^2$)
Hartschamotte	1,3–3,0	0,00016–0,00037
Normale Schamotte.	290–740	0,036–0,093
Silika (SM-Sorte)	4,3–7,7	0,00054–0,00097
Magnesit	14,6–36,1	0,00183–0,00452
Feuerleichtstein. . . . . , , , .	1100–3700	0,137–0,465
Feuerleichtstein mit großer offener Porosität	7500	0,92
Massive Wand, durchzogen von 46 400 Kanälen/m² von 1 mm ϕ	11400	1,40
Massive Wand mit 32 600 Kanälen/m² von 1,5 mm ϕ . . .	40000	4,90
Massive Wand mit 20500 Kanälen/m² von 2,0 mm ϕ . . .	80000	10,0

schnitt (d cm Durchmesser) durchzogen wird und das Gas mit einer Geschwindigkeit w cm/s durchströmt, so ist die Gasmenge:

$$V = w \cdot n \cdot \frac{d^2 \pi}{4} \ [cm^3/s]$$

Mit 142:

$$w = \frac{h\,d^2}{32\,\eta} \ [cm/s] \qquad \begin{array}{l} d \text{ in [cm]} \\ h \text{ in [dyn/cm}^2] = [0,1 \text{ N/m}^2] \\ \eta \text{ in [Poise]} \\ l \text{ in [cm]} \end{array}$$

Also:

$$V = \frac{n\,d^4 \pi}{128} \frac{h}{\eta \cdot l} \ [cm^3/s]$$

Es wird:

$$D_s = \frac{n\,d^4 \pi}{128} \ [Perm] \tag{146}$$

die spezifische Durchströmbarkeit genannt, und diese Formel kann benutzt werden, um für eine Wand, die von kreisförmigen Kapillarkanälen durchzogen ist, die spezifische Durchströmbarkeit D_s zu berechnen.

Da n und d aber meistens nicht bekannt sind und die Kapillare manchmal keine geraden Kanäle von kreisförmigem Querschnitt sind, sondern eine Hintereinanderschaltung von Porenräumen, so ist D_s nicht zu berechnen.

Es ist aber:

$$V = D_s \frac{h}{\eta\,l}$$

Somit:

$$D_s = \frac{V \cdot \eta\,l}{h} \ [Perm] \tag{147}$$

Durch Messung von V und h, wenn ein Gas bei einer bestimmten Temperatur (also einem bestimmten Wert von η) durch eine Steinprobe mit Wandstärke l strömt, kann mit Hilfe dieser Formel D_s bestimmt werden.

Nach einem Vorschlag von Zagar wird als Einheit für die spezifische Durchströmbarkeit das Perm eingeführt. Diese Einheit wird folgendermaßen festgelegt: „Ein poriger Körper hat die Gasdurchlässigkeit von 1 Perm (1 Pm), wenn s 1 cm^3 eines Gases mit der

5. Druck und Strömung im Ofen

Zähigkeit 1 Poise unter ein Druckgefälle von 0,1 N/m² durch einen Querschnitt von 1 cm² strömt." Da diese Einheit sehr groß ist, wird auch das Nanoperm (nPm) = 10^{-9} Perm benutzt.

In Amerika findet auch die Einheit darcy Anwendung.

$$1 \text{ Perm} = 0{,}987 \cdot 10^{-8} \text{ darcy (Wyckhoff)}$$

Um die Gasdurchlässigkeit einer Wand in praktisch brauchbaren Zahlen, z.B. in m³/h für 1 m² Wandfläche bei einer Druckdifferenz von 10 N/m² und 0,1 Wandstärke berechnen zu können, für eine gegebene D_s in nPm und η in N s/m², ist (147) wie folgt umzuändern:

$$V = 3{,}53 \frac{D_s \cdot h}{\eta l} \cdot 10^{10} \quad [\text{m}^3/\text{h}] \tag{148}$$

Beispiel:
Für die Wand des vorigen Beispiels D_s zu berechnen.
Es wird 146 angewandt, wobei n = 4,64 Kanäle/cm² und d = 0,1 cm.

$$D_s = \frac{4{,}64 \cdot 0{,}1^4 \pi}{128} \cdot 10^9 = 11400 \text{ nPm}.$$

Beispiel:
Der Lieferant gibt für Feuerleichtstein eine spezifische Durchströmbarkeit von D_s = 2800 nPm an. Wieviel Abgas strömt bei 1200 °C und einem Druckabfall h = 10 N/m² = ~ 1 mm WS durch eine Wand von 1 m² und 0,1 m Stärke?

$$\eta_{1200} = 5{,}25 \cdot 10^{-6} \text{ kp} \cdot \text{s/m}^2$$

Nach (148):

$$V = \frac{3{,}53 \cdot 2800 \cdot 10 \cdot 10^{-10}}{45{,}35 \cdot 10^{-6} \cdot 10^{-1}} = 2{,}18 \text{ m}^3/\text{h}$$

Bei 0 °C: $\frac{273}{1473} \cdot 2{,}18 = 0{,}4 \text{ m}^3/\text{h}$

Zur Übersicht sind in Tafel 99 D_s und die Gasdurchlässigkeit für Abgas bei 1200 °C in Nm³/h für einige Ofenbaustoffe zusammengestellt.

5.1.5. Strömungsformeln

Wird vorausgesetzt, daß in einem Gasstrom, der durch eine Aneinanderreihung von Räumen, Rohren und Kanälen fließt, die auftretenden Druckänderungen und mit ihnen die entsprechenden Änderungen des Volumens sehr gering sind, so kann das Gas als eine nichtzusammendrückbare Flüssigkeit betrachtet werden. In diesem Falle ist das Volumen, das in der Zeiteinheit durch irgendeinen Querschnitt fließt, immer gleich (Bild 235). Also: $f_1 w_2 = f_2 w_2$, wobei: f_1, f_2, f_3 usw. = Oberfläche eines willkürlichen Querschnitts; w_1, w_2, w_3 usw. = mittlere Strömungsgeschwindigkeit durch diese Querschnitte.

Diese Formel ist die K o n t i n u i t ä t s g l e i c h u n g für eine stationäre Strömung.

Für diese Strömung gilt auch auf Grund des Satzes der Erhaltung der Energie die B e r - n o u l l i s c h e G l e i c h u n g, die besagt, daß für jeden Querschnitt des Strömungsweges die Summe von Druckhöhe $\left(\dfrac{p}{\rho}\right)$ und von Bewegungshöhe $\left(\dfrac{w^2}{2}\right)$ konstant ist. Also:

$$\frac{p_1}{\rho} + \frac{w_1^2}{2} = \frac{p_2}{\rho} + \frac{w_2^2}{2} = \text{konst.} \tag{149}$$

Druck p in [Pa = N · m^{-2}] oder [Ba = 10^5 Pa]

Geschwindigkeit w in [m/s]

ρ = spez. Gasdichte bei der betreffenden Temperatur in [kg/m^3]

Diese Formel hat nur Gültigkeit, wenn keine Zu- oder Abfuhr anderer Energiearten, z.B. Wärme, stattfindet und die Reibung vernachlässigt wird.

Bei waagerechter Strömung ist der Druckunterschied zwischen zwei Punkten einer Leitung:

$$\Delta p = p_1 - p_2 = \frac{w_2^2 - w_1^2}{2} \rho \text{ oder:}$$

$$w_2 = \sqrt{\frac{2}{\rho}(p_1 - p_2) + w_1^2} \tag{150}$$

Auch diese Formel ist nur anwendbar, wenn keine Druckverluste auftreten oder wenn diese vernachlässigt werden dürfen.

Bei S t r ö m u n g d u r c h e i n e n g e r a d e n K a n a l o d e r e i n R o h r v o n k u r z e r L ä n g e (Reibungswiderstand vernachlässigbar), wobei das Gas unterwegs erwärmt oder gekühlt wird, ist die Formel (188) anwendbar.

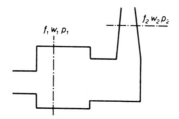

Bild 235: Strömung durch ein Raumsystem

Asbestfreie Keramikfaser-Produkte bis 1700 °C vom Spezialisten

Matten
(doppelt genadelt), bis 1650 °C, Dicken: 6-50 mm, Rohdichten 64-160 kg/m³.

Schnüre und Textilien
bis 1200 °C, Schnüre: ø 3-60 mm, Bänder/ Gewebe bis 5 mm Dicke.

Platten
bis 1700 °C, Dicken: 5 – 150 mm, Format bis 1000 x 1350 mm.

Papier
hochfest, auch selbstklebend, von 500 – 1600 °C, Dicken: 0,5 – 5 mm, Breite bis 1000 mm.

Falt(Streifen)- Module
für Neuauskleidungen bis 1600 °C, Dicken: 100 – 350 mm.

Klebe(Tapezier)- Module
für Zusatzisolierung innen, bis 1600 °C, Dicken: 38 – 75 mm.

KOMBIMOD
für Neuauskleidungen bis 1600 °C, (feste Frontplatte auswechselbar, Anker aus Si_3N_4).

Feuchtfilz
bis 1600 °C, Dicken: 5-50 mm, Formate bis 1000 x 1000 mm.

Vakuumgeformte Brennerblöcke
extrem leicht, bis 1650 °C Anwendungstemperatur,

hohe TWB, mit/ohne Keramik-Einsatz (SIC oder Plasma-Al_2O_3-Keramik).

KERHEAT
Heizmodule mit eingeformten Heizleitern, bis 1250 °C.

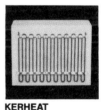

KERHEAT
Heizmodule mit vorgehängten Heizleitern, bis 1350 °C.

Formteile
bis 1700 °C Anwendungstemperatur, auch komplizierte Formgebung möglich, Wanddicken: 5 – 150 mm.

Kleber und Coating
KERATHIN 1500, 3 Qualitäten bis 1650 °C.

KERATHERM○

- Feuerfest-Vertriebs GmbH,
  Vertrieb für Deutschland, West- und Nord-Europa,
  Färberstraße 100, D-4000 Düsseldorf,
  Tel.: 02 11/31 60 01, Telex. 8 586 940 kera d

- Isolierstoff-Ges. m. b. H.,
  Vertrieb für Österreich, Süd- und Ost-Europa,
  Walfischgasse 14, A-1010 Wien,
  Tel.: 02 22/52 47 74, Telex: 112185 rathw a

- Produktion:
  Hafnerstraße 1, A-3375 Krummnußbaum,
  Tel.: 0 27 57/77 25, Telex: 15 550 rathkr a

GRUPPE DEUTSCHE BABCOCK

Weltweit ein kompetenter Partner im Anlagen- und Maschinenbau mit zukunftsweisender Technik

Unternehmenskreis
Deutsche Babcock Werke
Kraftwerksanlagen und Kesselbau · Armaturen · Rohrleitungen und kerntechnische Anlagen · Technische Gebäudeausrüstung · Montagen und technische Dienstleistungen

Unternehmenskreis
Deutsche Babcock Maschinenbau
Kompressoren, Gebläse, Pumpen · Textil- und Chemiefasern · Wärmetechnik und Apparatebau · Montagen und technische Dienstleistungen

Unternehmenskreis
Deutsche Babcock Anlagen
Anlagen zur Gasreinigung, Wasser- und Müllbehandlung · Verfahrenstechnische Anlagen und Komponenten · Montagen und technische Dienstleistungen

Die Gruppe Deutsche Babcock umfaßt über 80 Gesellschaften (davon mehr als die Hälfte im Ausland) mit einem Geschäftsvolumen von über DM 5 Mrd. Hiervon entfallen auf das Auslandsgeschäft über 50%. Sie beschäftigt etwa 22.000 Mitarbeiter und unterhält ein weltweites Netz von Engineering- und Produktionsgesellschaften, Niederlassungen und Servicestationen.

DEUTSCHE BABCOCK AKTIENGESELLSCHAFT · D-4200 OBERHAUSEN 1

5. Druck und Strömung im Ofen

Soll ein Gas beschleunigt werden, so ist:

$$\Delta p = \frac{\rho}{2} (w_2^2 - w_1^2) \ [N/m^2] \tag{151}$$

w_1 = Geschwindigkeit vor der Beschleunigung [m/s]
w_2 = Geschwindigkeit nach der Beschleunigung [m/s]

Stoßen zwei Körper zusammen (z.B. Gas und Luft), und bewegen beide Körper sich nach dem Zusammenstoß mit gleicher Geschwindigkeit als ein Körper weiter, so nennt man den Zusammenstoß völlig unelastisch:

Zwei Körper haben die Massen m_1 bzw. m_2, und ihre Geschwindigkeit vor dem Zusammenstoß sind w_1 und w_2. Es wird angenommen, daß nach dem Zusammenstoß beide Körper sich wie ein einziger Körper mit der Masse $m_1 + m_2$ und mit der Geschwindigkeit w' fortbewegen, d.h. der Zusammenstoß ist völlig unelastisch. Laut Impulssatz (5.1.2.) ist nun:

$$m_1 \cdot w_1 + m_2 \cdot w_2 = m_1 \cdot w' + m_2 \cdot w' \tag{152}$$

Wenn die Anfangsgeschwindigkeit w_2 des angesaugten Gases gleich 0 ist, so wird:

$$m_1 \cdot w_1 = (m_1 + m_2) w'$$

und daraus:

$$w' = \frac{w_1}{1 + \dfrac{m_2}{m_1}} \tag{153}$$

Bei diesem Zusammenstoß tritt ein Verlust an Bewegungsenergie auf, die wie folgt berechnet werden kann:

Für die Masse m_1 gilt als Energieverlust: $m_1 \cdot \dfrac{w_1^2 - w'^2}{2}$

Für die Masse m_2 ist der Verlust: $0 - m_2 \dfrac{w'^2}{2}$

Der gesamte Verlust E_v an Bewegungsenergie ist also:

$$E_v = m_1 \frac{w_1^2 - w'^2}{2} - m_2 \frac{w'^2}{2}$$

Und nach Einführung von (153):

$$E_v = \frac{m_1 \cdot m_2}{2(m_1 + m_2)} w_1^2 \qquad (154)$$

Der **Druckverlust** in Rohren und Kanälen von kreisförmigem Querschnitt ist:

$$\Delta p = \lambda \frac{l}{d} \frac{w^2}{2} \rho \quad [N/m^2] \qquad (155)$$

Hierin ist λ die **Widerstandszahl**, und diese ist abhängig von dem Strömungszustand, also von der Reynoldszahl R_e und weiter von der Oberflächenrauhigkeit des Rohres oder des Kanals.

Für laminare Strömung ist:

$$\lambda = \frac{64}{R_e}$$

und da laut Formel $R_e = \dfrac{w \, d \, \rho}{\eta}$ wird:

$$\Delta p = \frac{64 \cdot \eta}{w \cdot d \cdot \rho} \cdot \frac{l}{d} \cdot \frac{w^2}{2} \cdot \rho = 32 \frac{\eta \cdot w \cdot l}{d^2}$$

Für turbulente Strömungen ist nach Blasius: $\lambda = \dfrac{0{,}3164}{\sqrt[4]{R_e}}$

Man verwendet meistens die Ergebnisse von Versuchen, wie diese in Bild 236 wiedergegeben sind. Bei gemauerten Kanälen hat man mit eine, doppelt so großen Wert für λ zu rechnen. Haben die Röhren oder Kanäle keinen kreisrunden Querschnitt, so soll man den **äquivalenten** oder **hydraulischen Durchmesser** d_a einführen:

$$d_a = \frac{\text{4fache Oberfläche des Querschnittes}}{\text{Umfang}}$$

Bei einem rechteckigen Querschnitt mit den Abmessungen a und b wird also:

$$d_a = \frac{2a \cdot b}{a+b} = \frac{4A}{U} \qquad (156)$$

5. Druck und Strömung im Ofen

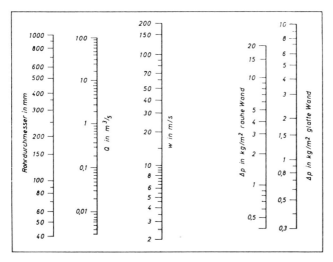

Bild 236: Nomogramm zur Berechnung von Rohrleitungen für Luft und Abgas. Δp in kp/m² oder × 10 in N/m² pro m Rohrlänge

Beim Entwerfen von Öfen mit **Aufteilung eines Gasstromes über mehrere Kanäle** ist es wichtig, zu wissen, wie d_a sich ändert, wenn das Verhältnis $\frac{b}{a}$ abgeändert wird, da jede Änderung von d_a den Druckverlust beeinflußt. Ist für einen Kanal mit quadratischem Querschnitt $\left(\frac{b}{a} = 1\right)$ der hydraulische Durchmesser $d_{a \cdot 1} = \frac{2a^2}{2a} = a$ und ändert sich das Verhältnis $\frac{b}{a}$, so ist die Änderung von d_a in Vergleich zu $d_{a \cdot 1}$ aus Bild 237 zu entnehmen.

Nach Schack ist für Luft und Rauchgas, wenn T die abs. Temperatur, der Druck P bar ist und der Rohrdurchmesser D in mm angegeben wird:

$$\Delta p = \frac{73{,}6}{D^{1,269}} w_o^{1,852} \frac{T}{273\,P} l \quad [N/m^2] \tag{157}$$

Bei turbulenter Strömung durch ein Leitungssystem nimmt der Druckverlust p ungefähr mit dem Quadrat der strömenden Menge V zu (nach Schack nicht mit der zweiten, sondern mit der 1,852er Potenz).

Abgerundet also

$$p = R\,V^2$$

5. Druck und Strömung im Ofen

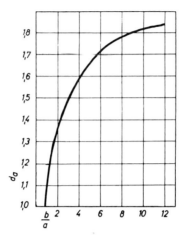

Bild 237: Der hydraulische Durchmesser d_a bei Änderung von $\frac{b}{a}$

Durch Einzelwiderstand

$$p_1 = \zeta \frac{\rho w^2}{2}$$

Durch Leitungswiderstand

$$p_2 = \lambda \frac{l}{d_a} \frac{\rho w^2}{2}$$

$$p = \lambda \frac{l}{d} \frac{\rho}{2} w^2 + \Sigma \zeta \frac{\rho}{2} w^2$$

$$R_1 = \zeta \frac{\rho}{2A^2}$$

$$R_2 = \lambda \frac{\rho}{2A^2} \frac{l}{4 \frac{A}{U}}$$

Die Widerstände R_1 und R_2 sind analog den elektrischen Widerständen. Die Leitungssysteme können mit den entsprechenden Formeln berechnet werden.

Tafel 100 gibt Zahlenwerte über die Einzelwiderstände von durchlochten Platten. Diese Angaben sind wichtig für die Konstruktion verschiedener Ofenarten mit Gebläseumlauf von Luft oder eines anderen Gases und auch für die Berechnung von Rosten zur Beruhigung von Gasströmen.

5. Druck und Strömung im Ofen

Tafel 100: Einzelwiderstände einer durchlöcherten Platte; für Roste ist mit 50% der Werte zu rechnen

Freier Querschnitt in %	10	20	30	40	50	60	70	80
bei w =								
0,5 m/s	110	30	12	6,0	3,6	2,3	1,8	1,4
1,0	120	33	13	6,8	4,1	2,7	2,1	1,6
1,5	128	36	14,5	7,4	4,6	3,0	2,3	1,8
2,0	134	39	15,5	7,8	4,9	3,2	2,5	1,9
2,5	140	40	16,5	8,3	5,2	3,4	2,6	2,0
3,0	146	41	17,5	8,6	5,5	3,7	2,8	2,1

w ist die Geschwindigkeit bei 100 % freiem Querschnitt

Beispiel:

Für einen Ofen mit Abgasrückführung soll berechnet werden, wie die Druckverluste bei 50 °C und bei 200 °C sich zueinander verhalten.

Bei 50 °C ist:

$$w_{0,50} = \frac{273}{273 + 50} \cdot w_o = 0,85 \, w_o$$

Bei 200 °C ist:

$$w_{0,200} = \frac{273}{273 + 200} \cdot w_o = 0,575 \, w_o$$

In der Formel (157) sind D, P und l für beide Fälle gleich, also:

$$\Delta p = \text{konst.} \, w_o^{1,852} \cdot T$$

$$\frac{\Delta p_{50}}{\Delta p_{200}} = \frac{0,85^{1,852} \cdot (273 + 50)}{0,575^{1,852} \cdot (273 + 200)} = 1,33$$

Der Druckverlust bei 50 °C ist also das 1,33-fache des Druckverlustes bei 200 °C. Im Betrieb wurde Δp_{50} = 12 mm WS = 118 N/m² und Δp_{200} = 8,6 mm WS = 84,4 N/m² gemessen. Also $\frac{\Delta p_{50}}{\Delta p_{200}} = 1,39$.

Es treten in Strömungssystemen immer z u s ä t z l i c h e D r u c k v e r l u s t e

$$\Delta p = \zeta \frac{w^2}{2} \rho \qquad (159)$$

5. Druck und Strömung im Ofen

auf, wenn die Abmessungen des Kanals oder des Raumes sich in der Richtung des Stromes ändern oder die Strömung ihre Richtung ändert. Die Werte von ζ können für verschiedene im Ofenbau vorkommende Fälle aus Bild 238 entnommen werden.

Wird sämtlichen Druckverlustquellen Rechnung getragen, so wird die Bernoullische Gleichung:

$$\frac{p_1}{\rho} + \frac{w_1^2}{2} = \frac{p_2}{\rho} + \frac{w_2^2}{2} + \Sigma \frac{w^2}{2} \lambda \frac{l}{d} + \Sigma \zeta \frac{w^2}{2} \qquad (160)$$

Hierin ist also $\dfrac{p_1}{\rho} + \dfrac{w_1^2}{2}$ die Energie der Strömung beim Einlauf des betrachtenden Kanals.

An dessen Ende oder im betrachteten Querschnitt ist die noch verbleibende Energiehöhe also:

$$\frac{p_2}{\rho} + \frac{w_2^2}{2} = \frac{p_1}{\rho} + \frac{w_1^2}{2} - \Sigma \frac{w^2}{2} \lambda \frac{l}{d} - \Sigma \zeta \frac{w^2}{2} \qquad (160)$$

Verläuft eine Strömung nicht nur in waagerechter, sondern auch, wie es im Ofenbau viel vorkommt, in lotrechter Richtung, so ist die Bernoullische Formel entsprechend abzuändern (5.1.6.).

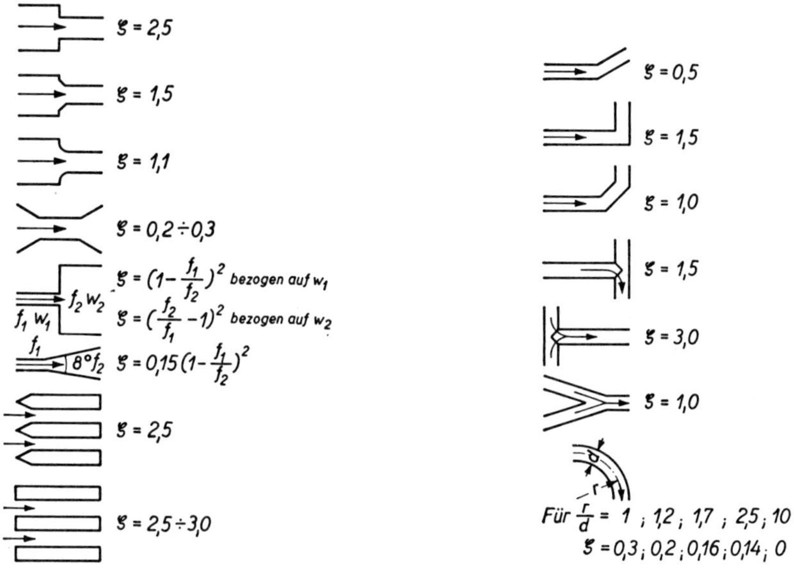

$\zeta = 2{,}5$

$\zeta = 1{,}5$

$\zeta = 1{,}1$

$\zeta = 0{,}2 \div 0{,}3$

$\zeta = (1 - \frac{f_1}{f_2})^2$ bezogen auf w_1

$\zeta = (\frac{f_2}{f_1} - 1)^2$ bezogen auf w_2

$\zeta = 0{,}15 (1 - \frac{f_1}{f_2})^2$

$\zeta = 2{,}5$

$\zeta = 2{,}5 \div 3{,}0$

$\zeta = 0{,}5$

$\zeta = 1{,}5$

$\zeta = 1{,}0$

$\zeta = 1{,}5$

$\zeta = 3{,}0$

$\zeta = 1{,}0$

Für $\frac{r}{d} = 1$; $1{,}2$; $1{,}7$; $2{,}5$; 10
$\zeta = 0{,}3$; $0{,}2$; $0{,}16$; $0{,}14$; 0

Bild 238: Zusätzliche Widerstandszahlen

5. Druck und Strömung im Ofen

Bei **Kanälen mit seitlichen Abzweigungen**, wodurch in regelmäßigen Abständen Luft oder Gas abgeführt wird, ist der Druckverlust nach der Formel

$$\Delta p = \int \frac{\lambda \, dl}{d_a} \cdot \frac{w^2}{2} \cdot \rho$$

zu berechnen.

Hierbei sind zwei Fälle wichtig:

I. Die **Abmessungen des Kanals bleiben gleich, die Geschwindigkeit nimmt stetig ab** (Bild 239a)

Es ist also d_a = konstant,

$$\Delta p_1 = \frac{\lambda \, l_1}{3 \, d_a} \cdot \frac{w_1^2}{2} \, \rho \qquad (161)$$

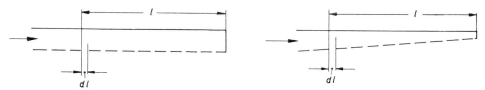

Bild 239: Kanal mit seitlichen Abzweigungen

II. Die **Abmessungen des Kanals nehmen stetig ab, die Geschwindigkeit bleibt konstant** (Bild 239b).

Es ist jetzt $w_1 = w_2$ = konstant,

$$\Delta p_2 = \frac{2 \, \lambda \, l_1}{d_a} \cdot \frac{w_1^2}{2} \, \rho \qquad (162)$$

Wird (161) mit (162) verglichen, so sieht man, daß bei gleicher Eintrittsgeschwindigkeit w_1 und Abmessung d_a am Anfang des Kanals der Druckverlust Δp in Fall II sechsmal größer ist als in Fall I. Da sehr oft, z.B. für die Verteilung von Verbrennungsluft und Brenngas, an den Ofenbrennern Kanäle oder Rohrleitungen mit regelmäßig verteilten seitlichen Abzweigungen angewandt werden, ist diese Tatsache zu beachten.

Kanäle mit gleichbleibenden Abmessungen und seitlichen Abzweigungen (Fall I) sind aber auch noch durch eine andere Ursache im Vorteil, wenn sie mit Kanälen mit abnehmenden Abmessungen (Fall II) verglichen werden. Wird in Formel (160) $\Sigma \frac{w^2}{2} \lambda \frac{l}{d} + \Sigma \zeta \frac{w^2}{2}$ als Druckverlust zusammengefaßt, so ist:

$$\frac{p_2}{\rho} + \frac{w_2^2}{2} = \frac{p_1}{\rho} + \frac{w_1^2}{2} - \text{Druckverlust}$$

$$p_1 - p_2 = (w_2^2 - w_1^2)\frac{\rho}{2} + \text{Druckverlust} \cdot \rho$$

Da $w_2 < w_1$, ist $(w_2^2 - w_1^2)\frac{\rho}{2}$ n e g a t i v. Das bedeutet, daß eine Druckzunahme durch Umsetzung von kinetischer Energie in Druckenergie stattfindet. Zwar geht diese Umsetzung nicht ganz verlustlos vor sich, erreicht aber bei rechteckigen oder runden Kanälen rund 95 % des theoretischen Möglichen. Es wird also der Druckverlust durch einen bedeutenden Druckgewinn ganz oder teilweise wettgemacht. Dagegen ist bei Kanälen, deren Abmessungen allmählich kleiner werden, damit die Geschwindigkeit gleichmäßig bleibt ($w_2 = w_1$), eine Druckzunahme nicht vorhanden.

S t r ö m u n g   d u r c h   Ö f f n u n g e n   u n t e r   Ü b e r d r u c k : Bei turbulenter Strömung und höherem Druck ist die Masse M des in der Sekunde ausströmenden Gases:

$$M = a \cdot A \sqrt{2 \cdot p_1 \cdot \rho \, \frac{n}{n-1}\left\{\left(\frac{p_2}{p_1}\right)^{\frac{2}{n}} - \left(\frac{p_2}{p_1}\right)^{\frac{n+1}{n}}\right\}} \qquad (163)$$

Bei dieser Formel ist adiabatische Ausdehnung angenommen und es bedeuten:

a = Ausströmzahl der betreffenden Öffnung
A = Querschnitt der Öffnung in m^2
p_1 = absoluter Druck vor der Öffnung in Pa = N/m^2
p_2 = absoluter Druck hinter der Öffnung in Pa = N/m^2
ρ = Dichte des Gases in kg/m^3

$$n = \frac{c_p}{c_v}$$

Durch die Reibung beim Durchströmen einer Öffnung wird die Ausströmmenge kleiner als die theoretisch mögliche. Dem wird Rechnung getragen durch Einführung der R e i b u n g s z a h l a_w. Aber außerdem wird der Gasstrahl eingeschnürt, und die hieraus entstehende Querschnittsverengung wird durch die K o n t r a k t i o n s z a h l a_k angegeben.

D i e s e   Z a h l   i s t   m a n c h m a l ~ 1. Dem Einfluß beider Zahlen wird durch die A u s s t r ö m z a h l $a = a_w \cdot a_k$ Rechnung getragen. Man kann a bestimmen, indem man die theoretische Ausströmmenge berechnet [z.B. aus Formel (163) für $a = 1$] und die wirkliche Ausströmmenge durch Messung bestimmt.

Ist der Druck kleiner als etwa 3000 N/m^2 $\sim$ 300 mm WZ, so darf man die Volumenänderung durch die Ausdehnung vernachlässigen und kann die einfache Formel (150), die aus

5. Druck und Strömung im Ofen

der Formel von Bernoulli abgeleitet wird, benutzen. Nur soll man hier auch die Ausströmzahl a einführen. Tut man dies, so wird die ausströmende Gasmenge:

$$v = a \cdot A \sqrt{\frac{2}{\rho}(p_1 - p_2) + w_1^2} \qquad [(m^3/s)] \qquad (164)$$

In dieser Formel sind w_1 die Gasgeschwindigkeit vor der Ausströmöffnung und p_2 der Druck hinter dieser Öffnung. In vielen Fällen kann die Geschwindigkeit w_1 vernachlässigt werden, wenn diese klein ist im Verhältnis zur Ausströmgeschwindigkeit. Wird außerdem die Druckdifferenz $p_1 - p_2$, der **Ü b e r d r u c k** p, in N/m² genannt, so ist:

$$v = a \cdot A \sqrt{\frac{2 \cdot p}{\rho}} \quad [m^3/s] \qquad (165)$$

W e r t e   f ü r a sind in Bild 240 angegeben.

Es sei aber darauf hingewiesen, daß a in den Ausflußformeln für Gase mit unterschiedlicher kinematischer Zähigkeit verschieden sein kann.

Für luft- oder abgasbeheizte Öfen oder bei Öfen, in die ein Gas sehr regelmäßig verteilt durch Schlitze eingeblasen werden soll, sind folgende Ausführungen wichtig.

Ausführung Bild 241 a

$$\cot a = \frac{\mu f}{F_o} = \frac{w_o}{u_o}$$

μ — Kontraktionszahl =
  0,6 für schartkantige Schlitze und
  1,0 für abgerundete Schlitze
F_o — Kanalquerschnitt in m²
f — Schlitzquerschnitt in m²
w_o — Geschwindigkeit durch F_o in m/s
u_o — Ausströmgeschwindigkeit aus Schlitz in m/s

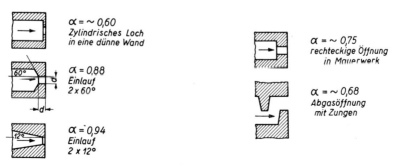

Bild 240: Ausströmungszahlen

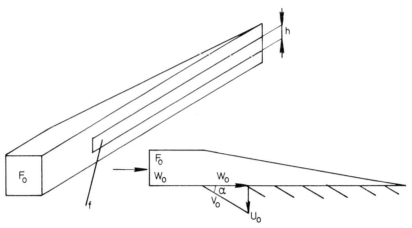

Bild 241a: Gasausblasung aus rechteckigem Schlitzkanal abnehmender Abmessung

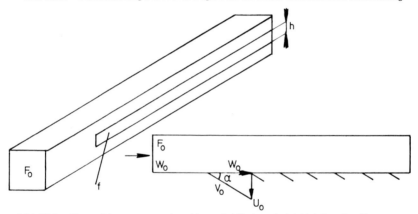

Bild 241b: Gasausblasung aus rechteckigem Schlitzkanal gleichbleibender Abmessung

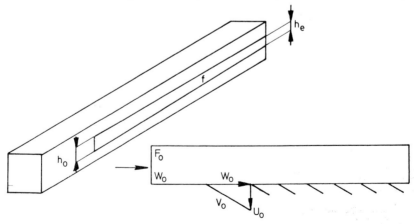

Bild 241c: Gasausblasung aus Schlitz mit abnehmender Höhe, der Kanal hat gleichbleibende Abmessungen

5. Druck und Strömung im Ofen   345

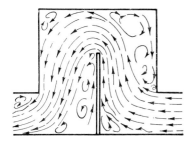

Bild 242: Luftführung ohne Leitbleche

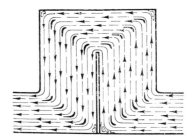

Bild 243: Luftführung mit Leitblechen

Eine senkrechte Ausflußrichtung aus dem Kanal wird durch kleine Leitbleche erzielt. Die Ausströmgeschwindigkeit aus dem Spalt ist über die ganze Länge des Spaltes gleichmäßig.

Ausführung Bild 241 b.

Auch hier eine praktisch konstante Ausströmgeschwindigkeit über die ganze Spaltlänge, wenn

$$\frac{\mu f}{F_o} \leqq 0{,}30.$$

In diesem Fall sind sowohl der Überdruck im Kanal und die Ausblasgeschwindigkeit hoch, und der Winkel steigt von rund 74 auf 90° am Ende des Kanals.

Ausführung Bild 241 c.

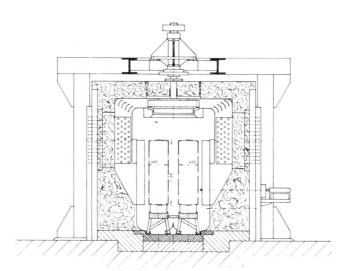

Bild 244: Widerstandsbeheizter Ofen mit Gebläse und Leitblechen (Werkbild Junker, Lammersdorf)

Auch hier bleibt die Ausströmgeschwindigkeit praktisch konstant, wenn

$$\frac{\mu f}{F_o} \leqq 0{,}6 \text{ und } \frac{h_e}{h_o} \approx 0{,}85.$$

Der Winkel steigt von 60 auf 90° und ist im Mittel 75°. v_o ist am Anfang des Schlitzes rund $2\,w_o$.

In rechtwinklige Übergänge sollen Leitbleche eingebaut werden. Die Bilder 242 und 243 zeigen einen Teil eines Lufterhitzers. In der Ausführung nach Bild 242 sind keine Leitbleche vorhanden. Bei einer mittleren Luftgeschwindigkeit von 11,2 m/s wurde ein Druckverlust von 165 mmWS gemessen. Deutlich ist zu sehen, daß sich in den Ecken Rückstromwirbel bilden, wodurch der Durchströmquerschnitt für die Hauptströmung beengt wird. Nachdem Leitbleche eingebaut worden waren, wurde, wie Bild 243 zeigt, die Strömung beruhigt, die Rückstromwirbel sind fast ganz beseitigt und der Druckverlust ging auf 60 mmWS zurück. – Im Ofenbau ist man vielfach zur Anwendung von Leitblechen übergegangen (Bild 244).

5.1.6. Strömung von Gasen bei Höhenunterschieden

Wenn ein geschlossenes Rohr mit einem Gas gefüllt ist (Bild 245), das eine Dichte ρ_2 hat, und wenn ρ_1 die Dichte der Umgebungsluft ist, so kann man dafür sorgen, daß der Überdruck in der Mitte des Rohres $\Delta p = 0$ ist.

Die Linie 0–0 gibt also an, daß hier der Druck innen und außen gleich ist. Oben in dem Rohr, H m oberhalb 0–0, ist der Überdruck Hg $(\rho_1 - \rho_2)$. Wenn nun ρ_2 des Gases innerhalb des Rohres kleiner als ρ_1 ist, weil es heißes Abgas oder ein Brenngas ist, das leichter als Luft ist, so ist also $\rho_1 > \rho_2$, und somit ist Hg $(\rho_1 - \rho_2)$ positiv. Auf der Linie I–I, -H [m] unterhalb der Linie 0–0, ist der Druck, der durch den Wassermanometer angezeigt wird, Hg $(\rho_1 - \rho_2)$, also ein Unterdruck. Für den Meter Höhe ist der Druckunterschied in bezug auf die Umgebung g $(\rho_1 - \rho_2)$ (N/m²). Ist der Überdruck auf der Linie II–II: p + H g $(\rho_1 - \rho_2)$ und auf der Linie I–I: p–Hg $(\rho_1 - \rho_2)$.

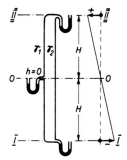

Bild 245: Druckverteilung in einem gasgefüllten Raum

5. Druck und Strömung im Ofen

Bild 246 gibt den allgemeinen Fall wieder. Wird angenommen, daß keine Strömung auftritt, so ist:
Auf einer willkürlichen Linie 0–0 der Überdruck p [N/m²]
auf einer willkürlichen Linie I–I der Überdruck $p - H_1 \cdot g (\rho_1 - \rho_2)$ [N/m²]
auf einer willkürlichen Linie II–II der Überdruck $p + H_2 \cdot g (\rho_1 - \rho_2)$ [N/m²]

Man hat hierbei H immer mit dem richtigen Vorzeichen einzusetzen, und zwar positiv oberhalb 0–0 und negativ unterhalb 0–0. Für 0–0 wird meistens die Linie gewählt, wo der Überdruck gleich Null ist. Findet nun in dem in Bild 246 dargestellten System eine Strömung statt, die sich in horizontaler und vertikaler Richtung bewegt, so wird, wenn das Gas als eine nicht zusammendrückbare Flüssigkeit betrachtet werden darf, die allgemeine Formel für diese Strömung:

$$g H_1 \left(\frac{\rho_1}{\rho_2} - 1 \right) + \frac{p_1}{\rho_2} + \frac{w_1^2}{2} =$$

$$g H_2 \left(\frac{\rho_1}{\rho_2} - 1 \right) + \frac{p_2}{\rho_2} + \frac{w_2^2}{2} + \Sigma \frac{w^2}{2} \lambda \frac{l}{d} + \Sigma \zeta \frac{w^2}{2} \text{ [m]} \quad (166)$$

Ist keine Strömung vorhanden, so ist $w_1 = w_2 = 0$ und weiter natürlich auch

$$\Sigma \frac{w^2}{2} \lambda \frac{l}{d} = 0 \text{ und } \Sigma \zeta \frac{w^2}{2} = 0$$

Dann wird die Formel:

$$g H_1 \left(\frac{\rho_1}{\rho_2} - 1 \right) + \frac{p_1}{\rho_2} = g H_2 \left(\frac{\rho_1}{\rho_2} - 1 \right) + \frac{p_2}{\rho_2}$$

$$p_1 - p_2 = g H_2 (\rho_1 - \rho_2) - g H_1 (\rho_1 - \rho_2)$$

Da H_1 negativ ist, wird zahlenmäßig:

$$p_1 - p_2 = g (H_2 + H_1)(\rho_1 - \rho_2) \text{ [N/m}^2\text{]} \quad (167)$$

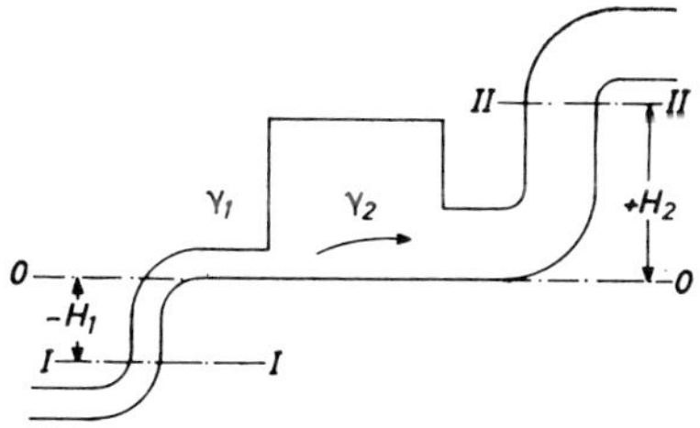

Bild 246: Strömung bei Höhenunterschied

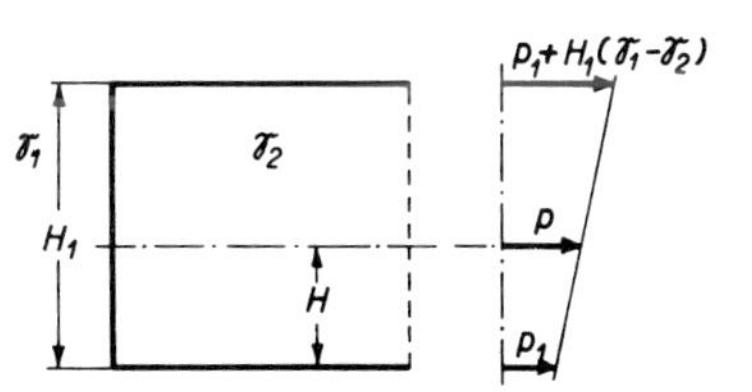

Bild 247: Druckverteilung in einem Ofenraum

Das heißt: Der Druckunterschied zwischen den Linien I—I und II—II ist gleich der senkrechten Entfernung dieser Linien multipliziert mit $(\rho_1 - \rho_2)$.

Ein besonderer Fall ist in Bild 247 dargestellt. Der Ofenraum ist mit heißen Gasen (oder Luft) mit Dichte ρ_2 kg/m³ gefüllt. Diese Höhe des Raumes ist H_1 m. Dieser Raum ist an einer Seite abgeschlossen durch eine gasdurchlässige Wand. Unten ist der Überdruck p_1, also oben

$$p_1 + Hg(\rho_1 - \rho_2)$$

In einer willkürlichen Höhe H ist der Überdruck:

$$p = p_1 + Hg(\rho_1 - \rho_2)$$

p in N/m² oder Pa

Bei der Berechnung der Abgas- oder Luftmenge, die durch eine lotrechte durchlochte oder poröse Wand geht, hat man mit dem Mittelwert des Druckes unten und oben zu rechnen.

5.1.7. Drosselklappen und Ventile

Zur Regelung eines Gasstromes werden Drosselklappen oder Ventile angewandt. Um die Wirkung eines Drosselorganes im voraus übersehen zu können, soll die Durchflußkennlinie bekannt sein oder bestimmt werden. Hat man es nur mit niedrigen Drücken zu tun, wie es bei Industrieöfen oft der Fall ist, so kann das Gas als nichtzusammendrückbar betrachtet werden. Dann ist die Durchflußkennlinie die bildliche Darstellung des Ausdrucks $\frac{V_{mom}}{V_{max}}$; V_{mom} wird für jede Stellung des Drosselorganes bei der Verstellung von 0 bis 100 % Öffnung bestimmt. Die Durchflußmenge in der Zeiteinheit bei 100 % Öffnung ist V_{max}. Litterscheid hat darauf aufmerksam gemacht, daß bei dieser Bestimmung immer Ausgleichstücke mit einer Länge von mindestens zehnfachem Rohrdurchmesser vor- und nachgeschaltet werden müssen. Wird zu gleicher Zeit auch bei jeder Stellung des Drosselorgans der Druckverlust innerhalb dieses Organs bestimmt, so lassen sich hieraus mittels (153) die betreffenden Werte von ζ bestimmen und doppeltlogarithmisch darstellen. Herrscht am Anfang einer Rohrleitung ein gleichbleibender Druck und wird der Luft- oder Gasdruck mittels einer Drosselklappe an einem Brenner geregelt, so ist die durchströmende Luft- oder Gasmenge vom Brennervordruck abhängig. Dieser Vordruck ist gleich dem Anfangsdruck abzüglich Druckverlust in den Rohrleitungen, Druckverlust durch zusätzliche Druckverluste (z.B. durch Krümmer, Meßblenden usw.) und Druckverlust des Drosselorganes. Für jede Stellung dieses Organs ist der Brennervordruck auf diese Weise zu berechnen. Bei Kupplung der Regelung von Gas und Luft oder Öl und Luft, wobei das Brennstoff-Luft-Verhältnis für jede Stellung gleich bleiben soll, wird manchmal dafür gesorgt, daß mittels Druckregler die Drücke vor dem Regelorgan konstant bleibt.

5. Druck und Strömung im Ofen

Bild 248: Coanda-Düse, 1 = Treibmittel, 2 = gefördertes Mittel

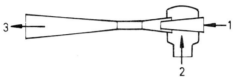

Bild 249: Venturi Düse, 1 = Treibmittel, 2 = gefördertes Mittel

5.1.8. Gebläse (Kreiselgebläse)

Treibstrahlgebläse werden vereinzelt angewandt (z.B. Morgan-System für GEFI-Rekuperatoren). Es kann der Coanda-Effekt vorteilhaft angewandt werden (5.1.2.).

Bei der Coanda-Düse (Bild 248 [55]) wird das Treibgas nicht wie bei der Venturidüse (Bild 249) zentral eingeblasen, sondern durch einen schmalen Ringspalt. Der Ringstrahl haftet durch den Coanda-Effekt an dem trichterförmigen Rohr, an dessen Anfang in der Mitte Unterdruck auftritt. Hierdurch wird aus 2 Gas oder Luft angesaugt und zwar die 10- bis 40fache Menge des Treibgases. Der Nutzeffekt ist im Vergleich zur Venturidüse sehr hoch. Bei der letzteren reißt der Mittelstrahl den umgebenden Mantel durch die Düse, während bei der Coanadadüse der treibende Mantel den Mittelstrahl durch die Düse zieht. Tafel 101 gibt einen Vergleich zwischen beiden Geräten. In 7.6. wird auf eine weitere Anwendung des Coanda-Effektes hingewiesen.

Im Industrieofenbau werden oft Kreiselgebläse verwendet, z.B. um Luft, Brenngas oder Abgas unter Druck zu bringen. Bei Öfen mit Abgasrückführung (7.3.4.)(Bild 250) und bei Rekuperatoren mit Zusatz von Kaltluft oder kälterem Abgas zur Kühlung (Bild 222) bilden diese Gebläse ein wesentliches Konstruktionselement der Ofenanlage.

Kreiselgebläse werden auch für die Förderung der Verbrennungsluft eingesetzt. Bei Ölbrennern kann die Druckluft für die Zerstäubung des Öles verwendet werden.

Das Gas tritt zentral in ein Rad ein, das gerade bzw. nach vorne oder nach hinten gekrümmte Schaufeln hat. Durch die Zentrifugalkraft wird das Gas nach außen geschleudert und dann mittels eines Spiralgehäuses abgeführt. Hierbei erfährt das Gas eine statische Druckerhöhung Δp_{stat}, außerdem wird es beschleunigt, was eine dynamische Druckerhöhung $\Delta p_{dyn} = g \dfrac{\rho}{2} (w_2^2 - w^2)$ bedeutet.

Die Gesamtdruckerhöhung ist $\Delta p = \Delta p_{stat} + \Delta p_{dyn}$. Die Druckhöhe ist $H = \dfrac{\Delta p}{g \cdot \rho}$

Die theoretische Leistung eines Gebläses ist, wenn es sich um verhältnismäßig niedrigen Druck handelt, $L = G \cdot H$, denn es wird das sekundlich angesaugte Gasgewicht G auf die Druckhöhe H „gehoben". $G = g \cdot M$ M = Masse [kg/h].

Tafel 101: Vergleich von Kern- und Mantelsauger (nach Awerbuch [82])

	Kerntype Venturi	Manteltype Coanda
Gesamtdurchsatz m³/h	556	556
Maximale Geschwindigkeit in Düse m/s	70	37
Induktionsverhältnis	1:3	1:24
Treibende Luftmenge m³/h	185	23,5
Druck dieser Luft at Überdruck	3	0,31
Querschnitt Primärluftöffnung mm²	50	36
Querschnitt Sekundärluftöffnung mm²	380	3848
Energiebedarf kWh	18,5	0,47

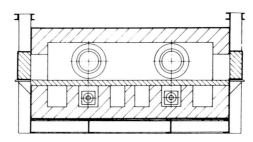

Bild 250: Anlaßofen mit Abgasrückführung mittels zweier Kreiselgebläse (Werkbild Schmitz und Apelt, Wuppertal)

Wenn:

ρ = Dichte bei Fördertemperatur [kg/m³]

Q = Fördermenge [m³/h] = $M \cdot \dfrac{3600}{\rho}$

Δp = Gesamtdruck in [N/m²] oder [mm WS] [9,81 N/m² = 1 mm WS]

So ist:

$$N = \frac{Q \cdot \Delta p}{3{,}6 \cdot 10^6 \, \eta} \; [kW]$$

Hierin ist η der Wirkungsgrad des Gebläses.

Soll ein Kreiselgebläse das Gas mit höherer Temperatur oder ein anderes Gas mit geringerer Wichte befördern und wird die Drehzahl nicht geändert, so gelten folgende Regeln:

Ändert sich die Temperatur von T_1 K auf T_2 K, dann ändern sich Druck, Wichte und Leistung:

$$\frac{\Delta p_{(T_1)}}{\Delta p_{(T_2)}} = \frac{\rho_{(T_1)}}{\rho_{(T_2)}} = \frac{T_2}{T_1} = \frac{L_{(T_1)}}{L_{(T_2)}}$$

Gesamtdruckerhöhung und Leistung ändern sich umgekehrt proportional der Temperatur. Das Fördervolumen bleibt gleich.

5. Druck und Strömung im Ofen

Wird die Drehzahl geändert, wobei jedoch Temperatur und Dichte des Gases gleichbleiben, so gilt:

Das Fördervolumen ändert sich proportional der ersten Potenz der Drehzahländerung:

$$\frac{Q_1}{Q_2} = \frac{n_1}{n_2}$$

Der statische Druck ändert sich proportional der zweiten Potenz der Drehzahländerung:

$$\frac{\Delta p_{st \cdot 1}}{\Delta p_{st \cdot 2}} = \left(\frac{n_1}{n_2}\right)^2$$

Die Leistung ändert sich proportional der dritten Potenz der Drehzahländerung:

$$\frac{L_1}{L_2} = \left(\frac{n_1}{n_2}\right)^3$$

Wird ein Ofen mit Kreiselgebläse in kaltem Zustand angefahren, so ist der erforderlichen Motorleistung die Beförderung des kalten Gases zugrunde zu legen. Diese Leistung ist bedeutend höher, als die für die Beförderung des warmen Gases notwendige Leistung. Es ist aber möglich, mit einer niedrigeren Motorleistung auszukommen, wenn mit niedriger Drehzahl angefahren wird und die Drehzahl beim Ansteigen der Temperatur erhöht wird.

Die K e n n l i n i e eines Gebläses zeigt für eine bestimmte Drehzahl den Zusammenhang zwischen geförderten Gasmengen und erzielten Drucken an.

Es kommen bei den Kreiselgebläsen drei verschiedene Schaufelanordnungen in Frage, und zwar mit rückwärts gekrümmten Schaufeln (Bild 251), wobei $\beta_2 < 90°$; mit radial endenden Schaufeln (Bild 252) mit $\beta_2 = 90°$ und schließlich mit vorwärts gekrümmten Schaufen (Bild 253), $\beta_2 < 90°$.

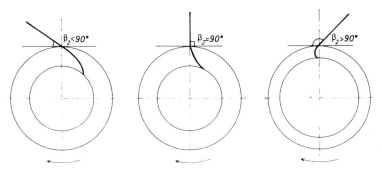

Bild 251: Rückwärts gekrümmte Schaufeln
Bild 252: Radial endende Schaufeln
Bild 253: Vorwärts gekrümmte Schaufeln

I. **Rückwärts gekrümmte Schaufeln:** Ergibt stoßfreien Gaseintritt, und der Gasaustritt aus den Schaufeln in das das Schaufelrad umgebende Gehäuse erfolgt mit geringem Stoßverlust.

Das Gebläse mit rückwärts gekrümmten Schaufeln hat eine flache und stabile Druck-Volumen-Kurve. Die Leistungskurve steigt bis zu einem bestimmten Maximalwert, so daß eine Überbeanspruchung des Motors bei Änderung der System-Widerstände ausgeschlossen ist (Bild 254). Der Nutzeffekt kann, wenn die Schaufeln stromlinienförmig ausgeführt werden, 85 bis 90 % betragen.

Die bei einer bestimmten Umfangsgeschwindigkeit erzielbare Gesamtdruckerhöhung ist aber verhältnismäßig klein. Sie erfordern ziemlich große Gehäuse, laufen geräuscharm und werden für eine wirtschaftliche Luftförderung und Abgasförderung vielfach angewendet.

II. **Vorwärts gekrümmte Schaufeln:** Hier sind weder ein stoßfreier Gaseintritt noch ein günstiger Austritt erreichbar.

Die Strömung im Schaufelrad wird nicht verzögert, sondern beschleunigt, und somit ist hier keine Druckerhöhung zu erwarten. Deshalb soll ein sorgfältig konstruiertes Gehäuse die Strömungsenergie in Druckenergie umsetzen. Die Wirkungsgrade sind besonders bei den kleineren Ausführungen, die für Gas- und Ölbrenner in Frage kommen, niedrig (30 bis 45 %). Sie können aber bei Raddurchmessern über 0,40 m bis 70 % erreichen. Für eine gegebene Leistung ist der Außendurchmesser des Rades ziemlich klein, wodurch ein geräuscharmer Lauf erzielt wird. Das Geräusch ist, abgesehen von der Schaufelform, in erster Linie von der Umfangsgeschwindigkeit abhängig.

III. **Radial endende Schaufeln:** Die Eigenschaften dieser Schaufeln liegen zwischen denen der beiden anderen. Bei einer bestimmten Geschwindigkeit des Laufrades ist die erreichbare Druckerhöhung größer als bei I, der Wirkungsgrad ist aber kleiner (50 bis 60 %). Sie werden im Ofenbau manchmal zur Abgasförderung verwendet, oder wenn es sich um die Förderung von staub- oder schmutzhaltige Gase handelt.

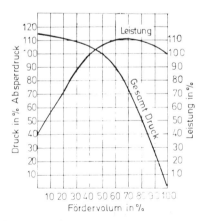

Bild 254: Schaubild für Gebläse mit rückwärts gekrümmten Schaufeln

5.1.9. Schraubengebläse (Axialgebläse)

Das Gas wird hierbei hauptsächlich in der Richtung der Drehachse des Flügelrades, also axial, befördert. Oft wird das Rad in ein Rohrstück eingebaut, dessen Düsenform den Wirkungsgrad des Gebläses wirksam erhöht. Auch durch Stromlinienform der Radnabe wird dies erreicht.

Die Druckerhöhung wird hier durch eine kleine Richtungsänderung des Gases erzeugt. Man kann hier zum Vergleich den Vorgang bei einem Flugzeugflügel heranziehen, wie es rechts in Bild 255 dargestellt ist. Die Druck-Volumen-Kurve verläuft steil abwärts und zeigt sowohl für diese als auch für die Leistungskurve Knickpunkte. Dort wird das Fügelprofil „überzogen" und das Gebläse liefert nicht mehr den zum geförderten Volumen gehörigen Druck. Die Kurve ist instabil und das Fördervolumen kann ganz abfallen. Der höchstmögliche Wirkungsgrad liegt bei 75 bis 85 %. Für einfache Niederdruck-Absaugeinrichtungen werden Propeller-Gebläse verwendet, die keine Leitschaufeln haben. Axialgebläse in einstufiger Ausführung erzeugen meist nicht eine so große Druckerhöhung wie Kreiselgebläse. Da sie aber nicht unbedingt ein Gehäuse brauchen und das Gas in axialer Richtung fördern, werden sie oft für Industrieöfen verwendet.

5.1.10. Querstromgebläse

Hierbei liegen Zuström- und Ausströmrichtung des Gebläses in der gleichen Fläche. Bei Niedrigtemperaturöfen werden sie bereits verwendet (Bild 256). Die Lüfterwalze des Querstromgebläses ist ein Trommelläufer mit geschlossenen Endscheiben. Beim Drehen bildet sich im Zentrum der Lüfterwalze ein Wirbelgebiet, um das die geförderte Luft umgelenkt wird. Der Hauptstrom I entweicht über den Diffusor. Ein kleiner Sekundärstrom II wird über die Ausbuchtung im Gehäusemantel dem Laufrad wieder zugeführt. Diese Sekundärluft tritt hinter dem Wirbelgebiet III wieder in das Laufrad ein und stabilisiert in jedem Betriebspunkt des Ventilators die Lage des Wirbelgebietes. Der übrige Querschnitt des Gebläserades ist damit frei für die Durchströmung dieses Rades. Mit einem weiteren Sekundärluftstrom IV kann der Druckarbeitsbereich des Gebläses zusätzlich stabilisiert werden.

Bild 257 zeigt wie man durch die Anwendung eines Querstromgebläses für die Rückführung des Gasinhaltes eines Industrieofens den Strömungswiderstand verringern kann. Das Querstromgebläse läßt sich außerdem gut an den Ofenraum anpassen, da kein Übergang von einen runden auf einen quadratischen oder rechteckigen Querschnitt notwendig ist. Gillhaus [56] berichtet über die Konstruktion eines Querstromgebläses für Tempe-

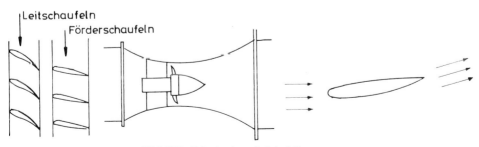

Bild 255: Prinzip eines Axialgebläses

raturen bis 700 °C. Im Vergleich zum Radialgebläse wird der Einfluß des etwas ungünstigeren Wirkungsgrades (rund 46 %) mehr als aufgehoben durch den geringeren erforderlichen Druck. Auch ergibt der kleine Durchmesser des Läufers, zusammen mit einer niedrigeren Drehzahl eine kleine Umfangsgeschwindigkeit und dadurch eine geringe Lärmbelästigung.

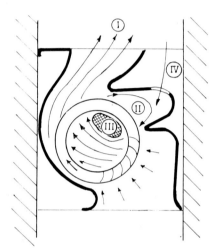

Bild 256: Querstromgebläse (Ziehl-Abegg)

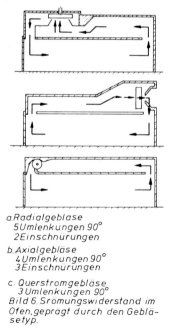

a. Radialgebläse
   5 Umlenkungen 90°
   2 Einschnürungen

b. Axialgebläse
   4 Umlenkungen 90°
   3 Einschnürungen

c. Querstromgebläse
   3 Umlenkungen 90°
   Bild 6. Srömungswiderstand im Ofen, gepragt durch den Gebläsetyp.

Bild 257: Strömungswiderstand im Ofen, geprägt durch den Gebläsetyp

5.1.11. Konstruktive Besonderheiten

D e r   L a g e r u n g   d e r   G e b l ä s e ist immer größte Aufmerksamkeit zu widmen. Die Lager sollen, wenn Fett als Schmiermittel dienen soll, keine höhere Temperatur als 70 °C erreichen. (Es gibt besondere lithiumhaltige Hochtemperaturfette.) Bei höherer Lagertemperatur muß Öl verwendet werden, das notfalls mittels Kühlschlangen gekühlt wird. Auch werden dann Kugel- oder Rollager mit größerer Lagerluft als normal gebräuchlich eingebaut. Um die Lagertemperatur niedrigzuhalten, soll zwischen dem Gebläseläufer und den außenliegenden Lagern eine Möglichkeit vorgesehen werden, die Wärme an der Welle zu entziehen, bevor sie das erste Lager erreichen kann. Hierzu kann eine Kühlkupplung eingebaut werden oder eine Kühlscheibe mit Flügeln.

Manchmal genügen eine oder mehrere Kühlscheiben, die vorzugsweise aus einem die Wärme gut leitenden Werkstoff (z.B. Kupfer oder Aluminium) hergestellt sind.

Die Wärmestrahlung des Gebläsegehäuses soll durch einen Wärmeschutz aus Asbest oder keramische Matte unterbunden werden. Mit diesen Mitteln können oft, besonders bei kleineren und mittleren Gebläsen, gleich gute Ergebnisse erzielt werden wie bei Anwendung von Wasserkühlung durch die hohle Gebläsewelle.

Es gibt Fälle, bei denen eine direkte Berührung von Abgas und Wärmgut nicht erwünscht ist. Aber auch hier kann es zum Erzielen einer großen Wärmeübertragung durch Konvektion und einer guten Temperaturgleichmäßigkeit sehr vorteilhaft sein, den gasförmigen Inhalt des Ofensystems (Luft, Schutz- oder Reaktionsgas) mit Gebläsen umzuwälzen. Bild 258 zeigt, wie der Wärmeübergangskoeffizient mit zunehmender Geschwindigkeit steigt.

Durch Verwendung von hochwertigen Nickelchrom-Legierungen ist es möglich, Kreiselgebläse für sehr hohe Temperaturen anzuwenden. Sie werden häufig dann beim Erreichen von 800 °C auf halbe Drehzahl geschaltet. Die Fa. Oelde liefert sogar Gebläse für Temperaturen bis 1000 °C (diskontinuierlicher Betrieb). Aber nicht allein der Baustoff der Gebläse, auch die Konstruktion ist von Einfluß auf die höchst-zulässige Temperatur im Betrieb [57]. Nach Versuchen von Boenecke und Miseth ergaben die Radausführungen Bild 259-II (mit Deckenscheibe) und Bild 259-III (ohne Deckenscheibe) beim Betrieb ohne Gehäuse die besten Umwälzleistungen. Stein und Kramer [57] kamen auf Grund ihrer Untersuchungen auf Läuferformen für hohe Betriebstemperaturen wie in Bild 260 dargestellt.

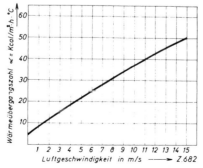

Bild 258: Wärmeübergangskoeffizient und Luftgeschwindigkeit an gewälzten Flächen
1 Kcal/m^{2}h = 1,163 W/m^2

5. Druck und Strömung im Ofen

Flügelrad I　　Flügelrad II

Flügelrad III　　Flügelrad IV
Bild 259: Untersuchte Flügelräder (Boenecke und Meseth)

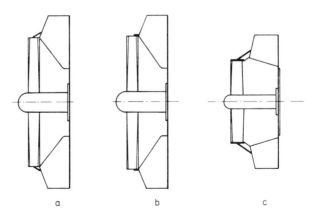

a　　b　　c
Bild 260: Querschnittsskizzen von Industrieventilatoren für hohe Temperaturen (nach Stein und Kramer)

5.2. DER STEIGDRUCK IN EINEM BEHEIZTEN RAUM

5.2.1. Allgemeines

Ein Ofenraum (Bild 261) sei nur am Boden mit zwei Öffnungen versehen und mit Abgasen von einer Dichte ρ_2 [kg/m³] und einer Temperatur t_2 °C gefüllt. Die Umgebungsluft außerhalb des Ofens hat ρ_1 [kg/m³] und t_1 [°C]. Dort, wo Abgase und Umgebungsluft einander berühren, also in der Höhe der Bodenfläche des Ofens, ist der Druck im Ofen gleich dem atmosphärischen Druck. Der Überdruck ist hier Null. Oben im Ofenraum mit der Höhe H_1 ist der Überdruck:

$$p = \left(\rho_1 \frac{273}{273 + t_1} - \rho_2 \frac{273}{273 + t_2} \right) H_1 \, g \quad [N/m^2] \tag{168}$$

Beispiel:
Ist ρ_1 = 1,293 kg/m³, t_1 = 15°C, ρ_2 = 1,223 kg/m³, t_2 = 1000°C, H_1 = 1 m, dann ist der Überdruck gegenüber der Umgebungsluft:

$$p = (1{,}23 - 0{,}262) \cdot 1 \cdot 9{,}81 = 9{,}5 \; N/m^2 \; (0{,}961 \text{ mm WS})$$

Wird an eine der Öffnungen des Ofenraumes ein Brenner angeschlossen und ist die zweite Öffnung groß genug, um dessen Abgase ohne nennenswerten Druckverlust ins Freie entweichen zu lassen, so ist auch, wenn im Ofenraum Strömung auftritt, der Druckverlauf wie in Bild 261 wiedergegeben, und zwar linear von unten nach oben. Unten ist der Druck p = 0. Die **Nulldruckebene** liegt unten.

Hat aber die Abgasöffnung eine derartige Form oder ist ihr freier Querschnitt so gering, daß die Gase, die durch die Öffnung A (Bild 262) in den Ofenraum hineinströmen, nur unter Einfluß eines Überdruckes p_1 den Ofenraum durch die Öffnung B verlassen können, so wird der Druckverlauf wie in Bild 262 wiedergegeben. Der **Überdruck ganz oben im Ofenraum** wird jetzt $p_2 = p + p_1$, und die **Nulldruckebene liegt H_2 [m] unterhalb der Ofensohle.**
Es ist:

$$(H_1 + H_2) : H_1 = p_2 : p_1$$

$$H_2 = H_1 \frac{p_1}{p_2 - p_1} \quad \text{und da } p = p_2 - p_1 \text{ ist:}$$

$$H_2 = H_1 \frac{p_1}{p} \quad [m]$$

Nun werde ein Ofenraum betrachtet, der mit Abgasen (ρ_2, t_2) gefüllt ist, aber diesmal mit einer **Öffnung im Gewölbe** (Bild 263), wodurch der Raum mit der freien

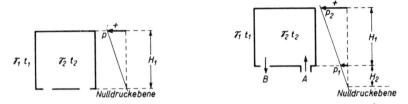

Bild 261: Druckverteilung in einem Ofenraum mit Öffnungen unten. Keine Strömung

Bild 262: Druckverteilung in einem Ofenraum mit Öffnungen unter. Mit Strömung

Luft in Verbindung seht. Dann ist der Überdruck oben im Ofenraum Null und der Überdruck unten ist

$$p = H_1 g$$

$$p = -H_1 g \left(\rho_1 \frac{273}{273 + t_1} - \rho_2 \frac{273}{273 + t_2} \right) [N/m^2] \qquad (169)$$

Die **N u l l d r u c k e b e n e** liegt in diesem Falle **o b e n i m O f e n r a u m**, und **u n t e n i m O f e n r a u m** herrscht **U n t e r d r u c k**, sobald nur durch die Abgasöffnung oben die Abgase ohne merklichen Druckverlust entweichen können.

Hat man aber, wie im Bild 264 gezeichnet ist, die Möglichkeit, die Abgasöffnung oben im Ofenraum mit einem Schieber zu verstellen und drosselt damit den Abgasstrom, dann ist ein Überdruck p_2 notwendig, um die Abgase durch die Öffnung zu drücken. Der Druckverlauf im Ofenraum folgt aus Bild 264 und es ist $p_1 = p + p_2$. Da p negativ ist und p_2 positiv, so ist jetzt der Unterdruck unten im Ofenraum kleiner und die Nulldruckebene liegt tiefer.

Die Lage der Nulldruckebene folgt aus:

$$p_1 : H_2 = p : H_1$$

$$H_2 = \frac{p_1}{p} H, \qquad (169b)$$

Ist $p_2 = 0$, so ist $p_1 = p$, und es ist $H_2 = H_1$, d.h., es entsteht die gleiche Lage, wie in Bild 263 dargestellt. Wird aber mittels des Schiebers der Abgasstrom immer mehr gedrosselt, so wird p_2 immer größer und p_1 wird schließlich gleich Null, wobei $H_2 = 0$. Das besagt, daß die Nulldruckebene jetzt ganz nach unten gedrückt worden ist und mit der Ofensohle zusammenfällt. Die Lage ist jetzt die gleiche, wie in Bild 261 dargestellt; sie geht aus folgender Überlegung hervor: da $p_1 = 0$, ist $p + p_2 = 0$

$$\text{und } p_2 = -p = +H_1 g \left(\rho_1 \frac{273}{273 + t_1} - \rho_2 \frac{273}{273 + t_2} \right) [N/m^2]$$

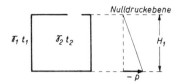 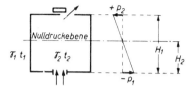

Bild 263: Druckverteilung in einem Ofenraum mit Öffnungen oben. Keine Strömung
Bild 264: Druckverteilung in einem Ofenraum mit Öffnung oben und Rauchgasschieber. Mit Strömung

Drosselt man noch weiter, so sinkt die Nulldruckebene tiefer, so daß sich der Zustand nach Bild 262 einstellt.

Falls die Nulldruckebene oberhalb der Ofensohle liegt, herrscht in dem Teil des Ofenraumes unterhalb der Nulldruckebene ein U n t e r d r u c k gegenüber der Umgebung. Unter Einfluß dieses Unterdruckes dringt Luft durch Öffnungen (Schaulöcher, Zündlöcher usw.) oder Spalten (von Türen, Decken usw. oder im Mauerwerk) in den Ofenraum ein. Diese F a l s c h l u f t verringert den Wirkungsgrad des Ofens sowie das nutzbare Temperaturgefälle der Gase, und außerdem wirkt sie manchmal nachteilig auf das Wärmgut ein. Deswegen ist es ratsam, die Nulldruckebene in die Ebene der Ofensohle oder noch tiefer zu verlegen. Dies wird von selbst erreicht, indem man die Abgasöffnungen unten im Ofenraum anbringt, vorausgesetzt, daß an der anderen Seite dieser Öffnungen atmosphärischer Druck herrscht. Denn sind die Abgasöffnungen, wie in Bild 265 gezeigt, mittels eines Kanals an einen Schornstein angeschlossen, so ist dieser Schornstein selbst ein von heißem Abgas durchströmter und oben in freier Verbindung mit der Atmosphäre stehender Raum, und hierin herrscht nach Bild 263 unten ein Unterdruck (Zug), der nach [168] zu berechnen ist. Dann kann an der anderen Seite der Abgasöffnung im Ofenraum auch ein Unterdruck auftreten. Es wird meistens ein R a u c h g a s s c h i e b e r B (Bild 265) angebracht, um den Schornsteinzug regeln zu können, und man kann dann den Druck an der Ofenseite des Schiebers so weit drosseln, daß die Nulldruckebene nach unten, sogar bis auf Ofensohlhöhe oder noch tiefer, verlagert wird. Ändert sich die B e -l a s t u n g des Ofens, so ändern sich manchmal auch die Abgasmenge und die Temperatur. Man muß jedesmal den Rauchgasschieber verstellen, damit die Nulldruckebene nicht zu hoch steigt. Auch in dem Falle, daß eine Abgasöffnung oben im Ofenraum mit einem Schieber geregelt wird, ist dieser in gleicher Weise zu verstellen (Bild 264). Die Bedienung des Schiebers wird aber im Betrieb des Ofens sehr oft vernachlässigt, so weitgehend sogar, daß man Schieber findet, die nicht mehr bewegt werden können. Bei großen Industrieöfen geht man manchmal dazu über, den Schieber oder eine Drosselklappe durch einen selbsttätigen Regler mit Hilfskraft zu bedienen, wobei der Druck an irgendeiner Stelle des Ofens konstant gehalten wird.

Es gibt aber eine Möglichkeit, um bei einer Abgasöffnung unten im Ofenraum den Ofendruck selbsttätig zu regeln und die Nulldruckebene trotz eines Schornsteins nach der Ofensohle zu verlegen. Man wendet dann die Bauweise an, die im Bild 266 wiedergegeben ist. Zwischen Abgasöffnung des Ofenraumes und Schornsteinkanal ist eine Öffnung angebracht, die mit der Außenluft in freier Verbindung steht. Hierdurch erreicht man, daß der Druck an der Abgasöffnung bei jeder Ofenbelastung fast Null bleibt, und somit wird die Nulldruckebene auch immer mit der Ebene der Ofensohle zusammenfallen. Eine derartige Einrichtung wird Z u g u n t e r b r e c h e r genannt.

Bild 265: Ofen mit Öffnungen unten und Schornstein mit Schieber
Bild 266: Ofen mit Öffnungen unten und Schornstein mit Zugunterbrecher

Auch im Elektroofenbau ist der Begriff Nulldruckebene bekannt. Bild 267 zeigt einen widerstandbeheizten Tunnelofen mit Förderband zur Wärmebehandlung oder zum Hartlöten von Metallteilen unter Schutzgas. Ein- und Ausgang sind schräg heruntergezogen, die Nulldruckebene liegt hierdurch bedeutend tiefer als die Ofensohle. Hierdurch wird das Eindringen von Luft, wodurch die Schutzgasatmosphäre beeinträchtigt werden könnte, vermieden.

Man sollte sich gut mit dem Einfluß der Nulldruckebene vertraut machen, denn oft wird fälschlich angenommen, daß bei Öfen mit tiefgelegenen Abgasöffnungen die Abgase gegen einen Überdruck in den Ofenraum geblasen werden sollen. Aus Bild 261 geht aber deutlich hervor, daß die Nulldruckebene ganz unten im Ofenraum liegt, und zwar in derselben Höhe wie die tiefgelegene Abgasöffnung, wenn dafür gesorgt wird, daß diese Öffnung groß genug ist. Dann herrscht an einer auf derselben Höhe gelegenen Brenneröffnung gleichfalls Nulldruck. Wenn eine tiefgelegene Abgasöffnung den Abgasstrom so weit drosselt, daß hier Überdruck herrscht, kann man trotzdem dafür sorgen, daß in der Höhe des Brennermundes der Druck Null ist. Hierzu wird (Bild 268) der Ofenraum nach unten verlängert, und zwar so weit, daß $H_2 = H_1 \dfrac{p_1}{p}$, wobei $p_2 = p + p_1$ und p aus 168 hervorgeht. Die Nulldruckebene liegt in der Höhe der Brennermündung. Man kann H_2 sogar noch etwas größer wählen, so daß die Brennermündung unterhalb der Nulldruckebene, also in den Unterdruckbereich, zu liegen kommt. Diese Anordnung kann man manchmal bei Öfen mit **Niederdruckgasbrennern** mit Vorteil anwen-

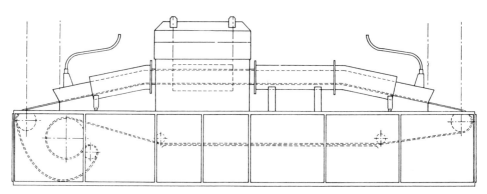

Bild 267: Widerstandsbeheizter Durchlaufofen mit Tunnel in umgekehrter V-Form. Für Wärmebehandlung unter Schutzgas („Humpback-conveyor furnace")

5. Druck und Strömung im Ofen

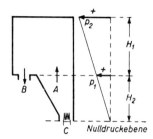

Bild 268: Ofen mit tiefgelegenem Verbrennungsraum und Abgasöffnung unten

den. Dies sind Gasbrenner, bei denen das Gas unter dem üblichen Leitungsdruck als Saugmittel für das Ansaugen von Verbrennungsluft aus der Atmosphäre benutzt wird. Da dieser niedrige Gasdruck nicht ausreicht, um die ganze zur luftsatten Verbrennung benötigte Luft anzusaugen, sondern nur einen Teil (E r s t l u f t), so soll die restliche Luftmenge (Z w e i t l u f t) an die Außenseite der Flamme herangeführt werden. Dies ist nur möglich, wenn an der Brennermündung Unterdruck herrscht.

Es gibt aber auch Fälle, in denen bei Öfen Unterdruck am Schornsteinfuß notwendig ist, und zwar dann, wenn die Abgase bei ihrem Gang durch den Ofen viel Widerstand begegnen oder wenn der Abgasstrom nach Verlassen des Ofenraumes Druckverluste in einem Regenerator oder Rekuperator erleidet und dieser Druckverlust nicht auf anderem Wege als durch den Schornstein überwunden werden kann.

5.2.2. Schornstein

Der S c h o r n s t e i n einer Ofenanlage ist als ein Raum zu betrachten, der oben mit der Außenluft in freier Verbindung steht, und somit liegt die Nulldruckebene in gleicher Höhe mit der Schornsteinmündung (Bild 263). Als erste Annäherung ist der Treibdruck des Schornsteines nach (169) zu berechnen:

$$p = -H_1 g \left(\rho_1 \frac{273}{273 + t_1} - \rho_2 \frac{273}{273 + t_2} \right) [N/m^2]$$

Die mittlere Abgastemperatur t_2 im Schornstein ist nicht gleich der Temperatur der Abgase, die unten in den Schornstein einströmen, weil diese beim Aufsteigen im Schornstein Wärme nach außen abgeben. Ist die Abgastemperatur unten im Schornstein t'_g und oben t''_g, so wird von den Abgasen im Schornstein eine Wärmemenge abgegeben von:

$$A \cdot k \left(\frac{t'_g + t''_g}{2} - t_1 \right)$$

wobei A die Mantelfläche des Schornsteins in m², k der Wärmedurchgangskoeffizient und t_1 die Lufttemperatur bedeutet. k ist für gemauerte Schornsteine von der Größenordnung 1,2–3,5 W/m² K abhängig von der Wandstärke, der Windgeschwindigkeit und von der Geschwindigkeit des Abgases, für andere Abzugkanäle ist k zu berechnen oder zeichnerisch zu bestimmen (4.6.1.).

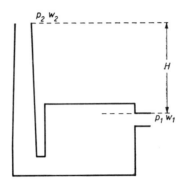

Bild 269: Ofenraum und Schornstein

Werden in der Stunde B kg oder m³ Brennstoff verbrannt und gelangen die Abgase mit dem Wärmeinhalt h' in den Schornstein und verlassen diesen mit dem Wärmeinhalt h'', so ist im Schornstein eine Wärmemenge B (h' – h'') abgegeben worden. h' bei der Temperatur t'_g und h'' bei der Temperatur t''_g können dem h-t-Diagramm (Bilder 73 bis 77) entnommen oder berechnet werden. Es ist also:

$$B(h' - h'') = A \cdot k \left(\frac{t'_g + t''_g}{2} - t_1 \right) \qquad (170)$$

Da t'_g bekannt ist, so kann t''_g nach dieser Formel berechnet werden, und somit ist auch die mittlere Abgastemperatur $t_2 = \frac{t'_g + t''_g}{2}$ bekannt. Mit Formel (109) findet man dann den Steigdruck des Schornsteines.

Der allgemeine Fall ist im Bild 269 dargestellt, nämlich eine Ofenanlage mit Rauchgaskanälen und Schornstein. Hier hat man die Bernoullische Gleichung für Strömung von Gasen bei Höhenunterschied (166) anzuwenden.

Die Verhältnisse sind am übersichtlichsten, wenn man schreibt:

$$Hg(\rho_1 - \rho_2) + p_1 + \frac{w_2^2}{2}\rho_2 - p_2 - \frac{w_2^2}{2}\rho_2 - \Sigma \frac{w^2}{2}\rho_2 \lambda \frac{l}{d} - \Sigma \frac{w^2}{2}\rho_2 \zeta = 0 \qquad (171)$$

Es ist:

- p_1 = Überdruck N/m², womit die ausgebrannten Abgase aus den Ofenraum gebracht werden
- w_1 = Geschwindigkeit der Abgase an dieser Stelle in m/s
- p_2 = Überdruck oder Unterdruck in N/m² durch Windanfall an der Schornsteinmündung
- w_2 = Geschwindigkeit der Abgase an dieser Stelle in m/s

5. Druck und Strömung im Ofen

$\Sigma \dfrac{w_2}{2} \lambda \dfrac{l}{d}$ = Summe der Verluste durch Wandreibung

$\Sigma \zeta \dfrac{w^2}{2}$ = Summe der Verluste durch Einzelwiderstände, die des Abgasschiebers miteinbezogen (Bild 238)

H = Höhe in m zwischen der Stelle, wo p_1 und w_1 gemessen werden und der Schornsteinmündung.

Hg $(\rho_1 - \rho_2)$ ist der theoretische Zug; bei Überschlagsrechnungen können die Verluste mit 30 bis 50 % hiervon eingesetzt werden.

Die Schornsteinhöhe wird mit der Formel berechnet, nachdem die Abmessungen und Beheizungsart des Ofens festgelegt sind. Für die Abgasgeschwindigkeit im Schornstein ist eine Geschwindigkeit von etwa w_2 = 5 bis 10 m/s anzunehmen. Zu kleine Geschwindigkeiten verursachen zu hohe Baukosten und bringen die Gefahr mit sich, daß bei kleiner Belastung Zugstörungen durch Einfallen von kalter Luft in die Schornsteinmündung auftreten können. Bei zu hoher Geschwindigkeit werden die Wandreibungsverluste und die Verluste der Einzelwiderstände zu groß. Für eine schnelle Bestimmung der Schornsteinhöhe kann Bild 270 dienen.

Rechnet man nicht mit einer zugfördernden Wirkung durch Windanfall, so ist p_2 = 0. Es wird aber meistens durch die S a u g w i r k u n g d e s W i n d e s an der Schornsteinmündung ein Unterdruck entstehen, und p_2 hat dann einen negativen Wert. Dieser Unterdruck entsteht dadurch, daß die Stromlinien des Windstromes an der Schornsteinmündung ausweichen müssen (Bild 271).

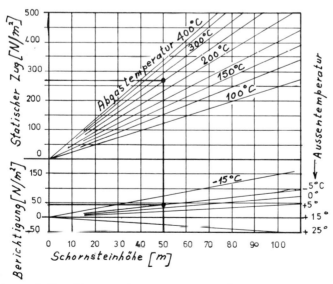

Bild 270: Schornstein-Zugstärke für Außentemperatur von 15°C und 1013,25 mbar. (Nach Werkbild Weishaupt-Schwindi) — Beispiel: Wie groß ist die Zustärke bei einer Schornsteinhöhe von 50 m, einer mittleren Abgastemeperatur von 250°C bei 15°C Außentemperatur? Ablesung 270 N/m². Und bei einer Außentemperatur von – 5°C ? 270 + 40 = 310 N/m².

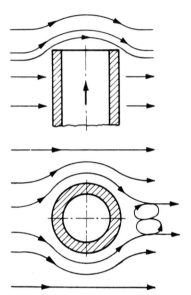

Bild 271: Windbewegung um eine Schornsteinmündung

Man wird nicht nur bei wechselnder Ofenbelastung, sondern auch bei Änderung der Windgeschwindigkeit den Unterdruck mit dem Abgasschieber regeln müssen. Oder man hat den Ofen durch einen Zugunterbrecher oder **Z u g r e g l e r** von diesem Einfluß unabhängig zu machen. Der „Zug" hat wirkliche Bedeutung bei der Verbrennung von festem Brennstoff auf Rosten in Öfen und Dampfkesselfeuerungen. Unter diesem Rost befindet sich ja die atmosphärische Verbrennungsluft, die zur Verbrennung durch Rost und Brennstoffschicht „gezogen" werden soll. Über dem Brennstoffbett herrscht also ein Unterdruck, und dieser wird durch den Auftrieb der Abgase im Schornstein erzielt. Es leuchtet ein, daß auch im Ofenraum und in den Abgasräumen des Kessels Unterdruck — und sogar ein ziemlich starker — herrschen wird. Bei Dampfkesselanlagen, bei denen dafür Sorge getragen werden kann, daß keine Undichtigkeiten vorhanden sind, ist das nicht schlimm. Aber bei Ofenanlagen ist dagegen Unterdruck im Ofenraum nicht zulässig. Man kann aber die Verbrennungsluft, statt sie durch das Brennstoffbett zu ziehen, auch drücken, z.B. mit einem **U n t e r w i n d g e b l ä s e**.

Es soll nicht vergessen werden, daß aus den Schornsteinen nicht nur heiße Gase, sondern auch für Menschen, Tiere und Pflanzen schädliche Gase und Stoffe entweichen können. Da dies nicht immer ganz zu vermeiden ist, sollen diese Stoffe zwecks Verdünnung so hoch wie möglich in die Atmosphäre gebracht werden. Es muß für die Auslegung der Schornsteinhöhe und Ausdehnung der benachbarten Gebäude sowie der Gehalt der Abgase an SO_2 berücksichtigt werden.

Zur Bekämpfung der Umweltbelastung durch Industriegase muß ein Schornstein oft eine wesentlich größere Höhe erhalten, als es zum Erreichen einer bestimmten Zughöhe notwendig ist. Da die Abgase in hohen Schornsteinen bis zur Schornsteinmündung stärker abkühlen, besteht die Gefahr, daß der Taupunkt unterschritten wird. Dagegen schützt nur eine Wärmeisolierung, die unter Umständen noch durch eine Innenauskleidung mit einer korrosionsbeständigen Schicht ergänzt wird [86].

FIBROTHAL®

Heizmodule mit dem Spar-Spleen — eine Vision?

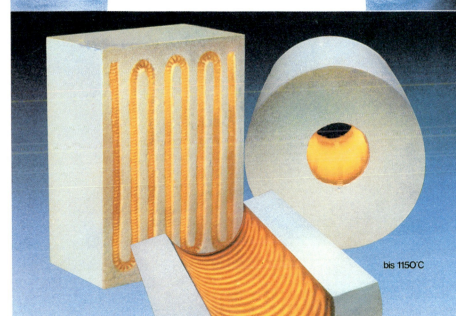

bis 1150°C

Nein, nicht mehr. Ab jetzt halten wir Ihre Zukunftsträume auf Lager. Für den kleinsten Labor- wie für den größten Industrieofen. Hier — bitte schön:

- 20% und mehr Stromeinsparung
- Zeitersparnis beim Aufheizen und Abkühlen bis zu einem Vielfachen
- gleichmäßig verteilte Temperaturen
- hohe Isolation bei geringem Gewicht

- Basis zur Konstruktion moderner Öfen
- Standardprogramm mit kurzen Lieferzeiten

Nun sagen Sie nur noch, daß diese Fibrothal-Platten, -Halbschalen und -Rohre Ihre geheimsten technischen Wünsche erfüllen. Auch den lebenswichtigen Energie-Spar-Spleen... Dann sagen wir Ihnen: Mehr steht in unserem Prospekt. Fordern Sie ihn an!

KANTHAL

KANTHAL GMBH
Aschaffenburger Straße 7
D-6082 Mörfelden-Walldorf
Tel.: 06105–71071

50 JAHRE KANTHAL 1931-1981

HYDRA®

Bitte Taschenbücher anfordern:
Nr. 301 Metallschläuche
Nr. 456 Kompensatoren

Flexible metallische Leitungen für höchste Wärmebeanspruchungen

WITZENMANN GMBH Metallschlauch-Fabrik Pforzheim

D-7530 Pforzheim · Postfach 1280 · Telefon (07231) 581-1 · Telex 783828-0 · Telefax (07231) 581599

5.2.3. Abgasverlust durch Spalte

Dieser Fall ist in Bild 272 wiedergegeben. Ein Raum (Ofenraum) ist mit heißen Abgasen (ρ_2) gefüllt und abgeschlossen durch eine Tür, einen Deckel oder Stopfen, die nicht vollständig schließen, sondern waagerechte und lotrechte Spalte freilassen. Durch einen l o t r e c h t e n Spalt entweichen Abgase, deren Menge wie folgt berechnet werden kann. Der Überdruck H m oberhalb der Unterseite des Spaltes ist:

$$p = p_1 + Hg(\rho_1 - \rho_2)$$

Für die Strömung durch eine Öffnung bei geringem Unterdruck ist nach (165)

$$v = a \cdot A \sqrt{\frac{2 \cdot p}{\rho_2}}$$

Ist die Spalthöhe H_1 und deren Breite b m, so ist die Oberfläche eines Spaltelementes mit der Höhe d H:

$$A = b \cdot dH$$

Die hierdurch entströmende Abgasmenge ist:

$$dv = a \cdot b \cdot dH \sqrt{\frac{2}{\rho_2}} \sqrt{p_1 + Hg(\rho_1 - \rho_2)}$$

Für die ganze Spalthöhe ist:

$$v = a \cdot b \sqrt{\frac{2}{\rho_2}} \int_0^{H_1} \left\{ p_1 + Hg(\rho_1 - \rho_2) \right\}^{1/2} dH$$

$$\int \left\{ p_1 + Hg(\rho_1 - \rho_2) \right\}^{1/2} dH = \frac{\left\{ p_1 + Hg(\rho_1 - \rho_2) \right\}^{1\,1/2}}{1\,1/2\,(\rho_1 - \rho_2)}$$

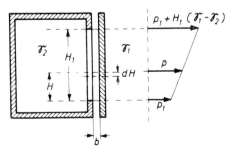

Bild 272: Strömung durch Spalte

Also:

$$v_g = a \cdot b \sqrt{\frac{2}{\rho_2} \left\{ \frac{p_1 + Hg(\rho_1 - \rho_2)^{1\,1/2}}{1\,1/2\,(\rho_1 - \rho_2)} \right\}} \qquad \begin{array}{l} H = H_1 \\[1em] H = 0 \end{array}$$

Es wird:

$$v_g = a \cdot b \sqrt{\frac{2}{\rho_1} \left\{ \frac{p_1 + Hg(\rho_1 - \rho_2)^{1\,1/2} - \rho_1^{1\,1/2}}{1\,1/2\,(\rho_1 - \rho_2)} \right\}} \; [m^3/s] \qquad (172)$$

Diese Formel kann auch angewendet werden, wenn H_1 nur ein Teil der vertikalen Spalthöhe ist, wenn man als p_1 den Überdruck gemessen an der Unterseite der Höhe H_1 einsetzt.

Für den Fall, daß im O f e n r a u m statt eines Überdruckes e i n U n t e r d r u c k herrscht, wordurch Luft von außen in den Ofenraum strömt (F a l s c h l u f t), heißt die Formel:

$$v_g = a \cdot b \sqrt{\frac{2}{\rho_2} \left\{ \frac{p_1 + H_1 g(\rho_1 - \rho_2)^{1\,1/2} - p_1^{1\,1/2}}{1\,1/2\,(\rho_1 - \rho_2)} \right\}} \; [m^3/s] \qquad (173)$$

In diesen Formeln ist f ü r s c h m a l e S p a l t e v o n T ü r e n, S c h a u ö f f n u n -
g e n und dgl. $a = 0{,}65$.

Beispiel:

Ein Ofen (Bild 273) konnte mit einer Abgasöffnung unten oder mit einer Abgasöffnung im Gewölbe betrieben werden. Bei Versuchen wurde der Druck im Ofenraum mit einem Mikromanometer bestimmt, und es wurde beim Anheizen des Ofens mit tiefgelegener Abgasöffnung beim Erreichen einer Ofentemperatur von 1055 °C ein Überdruck von + 3,58 N/m² 50 mm über der Ofensohle gemessen. Die Lufttemperatur war 20,5 °C und die Raumdichte bei dieser Temperatur $\rho_1 = 1{,}20$ kg/m³. Aus der Abgaszusammenstellung wurde die Dichte des Abgases berechnet zu 1,27 kg/Nm³. Bei einer Temperatur von 1055 °C ist also:

$$\rho_2 = 1{,}27 \; \frac{273}{1055 + 273} = 0{,}257 \; \text{kg/m}^3$$

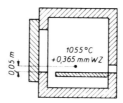

Bild 273: Druck im Ofen (Abgasöffnung unten)

5. Druck und Strömung im Ofen

Welches Abgasvolumen strömt durch die Türspalte in die Atmosphäre aus, wenn diese Spalte 2,38 mm breit sind und aus zwei waagerechten Teilen von je 0,350 m Länge und zwei senkrechten Teilen von je 0,235 m Länge bestehen?

Der Überdruck nimmt für jeden m Höhe im Ofenraum mit g $(p_1 - p_2)$ = 9,25 N/m² zu. In Höhe der Ofensohle ist der Überdruck also 3,58 − 0,05 · 9,25 = 3,12 N/m². In der Höhe des oberen waagerechten Spaltes, also 0,235 m höher, ist der Überdruck 3,12 + 0,235 · 9,25 = 5,29 N/m².

Für die Berechnung des Spaltverlustes durch die waagerechten Spalte wird (165) angewandt.

Es ist:

a = 0,65 $\qquad\qquad\qquad\rho_2$ = 0,257 kg/m³
p = 3,12 bzw. 5,29 N/m² $\qquad A$ = 0,00238 · 0,350 = 0,000834 m²

Durch den unteren waagerechten Spalt strömen:

$$0{,}65 \cdot 0{,}000834 \sqrt{\frac{2 \cdot 3{,}12}{0{,}257}} = 9{,}6 \text{ m}^3/\text{h Abgas}$$

Durch den oberen waagerechten Spalt strömen:

$$0{,}65 \cdot 0{,}000834 \sqrt{\frac{2 \cdot 5{,}29}{0{,}257}} = 12{,}6 \text{ m}^3/\text{h Abgas}.$$

Für die senkrechten Türspalte wird (172) angewandt, dabei ist:

a = 0,65 $\qquad\qquad\qquad p_1$ = 3,12 N/m²
H_1 = 0,235 m $\qquad\qquad b$ = 0,00238 m

Für zwei senkrechte Türspalte wird also:

$$v_g = 2 \cdot 0{,}65 \cdot 0{,}00238 \sqrt{\frac{2}{0{,}257}}$$

$$\left\{ \frac{0{,}312 + 0{,}235 \cdot 9{,}81 (1{,}20 - 0{,}257)^{1\,1/2} - 3{,}12^{1\,1/2}}{1\,1/2\,(1{,}20 - 0{,}257)} \right\} =$$

0,00405 m³/s = 14,6 m³/h

Insgesamt strömt eine Abgasmenge von 9,5 + 12,6 + 14,6 = 36,8 m³ durch die Türspalte weg.

Die Lage der Nulldruckebene berechnet man mit (169b).

Diese liegt $H_2 = H_1 \dfrac{p_1}{p} = 0{,}235 \dfrac{0{,}318}{0{,}540}$ = 0,139 m u n t e r h a l b der Ofensohle.

5.2.4. Kaltluftzufuhr bei Ofenabkühlung

Ein Ofen kühlt ab in der Zeit zwischen zwei Schichten, während der die Beheizung abgestellt ist. Die Außenseite des Ofens gibt Wärme ab an Luft und Umgebung, und hierbei strömt Speicherwärme von den Wänden nach außen. Bei einem bestehenden Ofen kann man diesen Wärmeverlust nicht viel beeinflussen. Nur soll man dafür sorgen, daß die Emission der äußeren Oberfläche des Ofens niedriggehalten wird. Dieses ist bei Öfen mit metallischer Umkleidung leicht zu erreichen, wenn die metallischen Flächen von Zeit zu Zeit gereinigt und neu mit Aluminiumlack (ϵ = 0,4) angestrichen werden. Beim Entwurf neuer Öfen wird man natürlich durch die Wahl der Ofenwand, insbesondere der Art und Stärke der Isolierschicht, dafür Sorge tragen, daß der Wärmeverlust während der Betriebspausen so klein wie möglich ist, der Wandverlust während des Betriebes ist dann gleichfalls klein.

Aber es tritt auch eine andere und manchmal schlimmere Art des Wärmeverlustes während der Betriebspausen auf, wenn durch irgendeine Öffnung kalte Luft in den Ofenraum eindringt, hier erwärmt wird und schließlich durch andere Öffnungen abzieht. Um diesen Vorgang untersuchen zu können, wird angenommen, daß die Öffnungen, durch die die kalte Luft zutritt, sich nur unten im Ofen befinden (Türunterkante, Schau- oder Zündlöcher usw.), und die Öffnungen, durch die die erwärmte Luft wieder wegzieht, sich nur oben im Ofen befinden (Abgasöffnungen, Oberkante der Tür usw.). Außerdem wird angenommen, daß die Luft von der Temperatur t_1 (Abs.-Temperatur T_1) gleichmäßig auf t_2 (Abs.-Temperatur T_2) erhitzt wird. Dann stellt sich eine Druckverteilung im Ofenraum ein, wie diese im Bild 274 dargestellt ist. Die Masse der einströmenden Kaltluft ist natürlich gleich der Masse der fortströmenden Warmluft. Das Gewicht der Luft, welche je Sekunde unter Einfluß eines geringen Überdruckes p durch eine Öffnung strömt, ist nach (165):

$$M = v \cdot \rho = v \cdot \rho_1 \frac{273}{t + 273} = v \cdot \rho_1 \frac{273}{T} =$$

$$\rho_1 \frac{273}{T} a \cdot A \sqrt{\frac{2p}{\rho_1}} = \rho_1 \frac{273}{T} a \cdot A \sqrt{\frac{2p}{\rho_1 \frac{273}{T}}} =$$

$$a \cdot A \cdot \sqrt{2} \sqrt{\frac{p \cdot 273 \cdot \rho_1}{T}} \quad [kg/s]$$

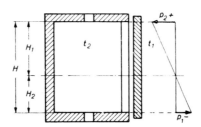

Bild 274: Kaltluftzutritt beim abkühlenden Ofen

5. Druck und Strömung im Ofen

Hierin sind ρ_1 die Dichte der Luft in kg/Nm³ und T die absolute Temperatur der Luft, die durch die Öffnung strömt. Für jede Öffnung unten im Ofen hat $\sqrt{\dfrac{p \cdot 273 \cdot \rho_1}{T}}$ denselben Wert, nur $a\,A\sqrt{2}$ ist für jede dieser Öffnungen verschieden. Für sämtliche Öffnungen unten ist das Gewicht der durchströmenden Luft also:

$$M = (a_1 \cdot A_1 + a_2 \cdot A_2 + a_3 \cdot A_3 + \ldots a_n \cdot A_n)\sqrt{2} \cdot \sqrt{\dfrac{p \cdot 273 \cdot \rho_1}{T}}$$

Führt man nun ein:

$$(a_1 \cdot A_1 + a_2 \cdot A_2 + a_3 \cdot A_3 + \ldots a_n \cdot A_n)\sqrt{2} = K_1 \qquad (174)$$

so ist:

$$M = K_1 \sqrt{\dfrac{p_1 \cdot 273 \cdot \rho_1}{T_1}} \quad [kg/s] \qquad (175)$$

Ebenso ist die Masse der Warmluft, die durch sämtliche Öffnungen oben im Ofen abzieht:

$$M = K_2 \sqrt{\dfrac{p_2 \cdot 273 \cdot \rho_1}{T_2}} \quad [kg/s] \qquad (176)$$

Ist nun der wirksame Durchströmquerschnitt sämtlicher Öffnungen unten n-mal größer als der sämtlicher Öffnungen oben, so ist:

$$K_1 = n \cdot K_2 \qquad (177)$$

Also:

$$M = n \cdot K_2 \sqrt{\dfrac{p_1 \cdot 273 \cdot \rho_1}{T_1}} = K_2 \sqrt{\dfrac{p_2 \cdot 273 \cdot \rho_1}{T_2}} \quad [kg/s]$$

Somit:

$$n^2 \dfrac{p_1}{T_1} = \dfrac{p_2}{T_2} \quad \text{oder} \quad p_2 = p_1\, n^2\, \dfrac{T_2}{T_1} \qquad (178)$$

Nun ist außerdem (Bild 274):

$$p_1 = H_2\, g \left(\rho_1 \dfrac{273}{273+t_1} - \rho_1 \dfrac{273}{273+t_2}\right) = H_2\, g\, 273 \left(\dfrac{1}{T_1} - \dfrac{1}{T_2}\right) \cdot \rho_1$$

5. Druck und Strömung im Ofen

und ebenso:

$$p_2 = H_1 \, g \, 273 \left(\frac{1}{T_1} - \frac{1}{T_2}\right) \rho_1$$

$$p_1 + p_2 = (H_2 + H_1)\rho_1 \, 273\left(\frac{1}{T_1} - \frac{1}{T_2}\right) g = H\rho_1 \, 273\left(\frac{1}{T_1} - \frac{1}{T_2}\right) g \qquad (179)$$

Mit (178) und (179) findet man:

$$p_1 = \frac{H\rho_1 \, 273 \left(\frac{1}{T_1} - \frac{1}{T_2}\right) g}{1 + n^2 \frac{T_2}{T_1}} \quad [N/m^2] \qquad (180)$$

Und aus (175), (177) und (180) geht hervor:

$$M = K_1 \sqrt{\frac{p_1 \, 273 \, \rho_1}{T_1}} =$$

$$n \cdot K_2 \sqrt{\frac{gH\rho_1 \, 273\left(\frac{1}{T_1} - \frac{1}{T_2}\right)}{1 + n^2 \frac{T_2}{T_1}} \cdot \frac{273\,\rho_1}{T_1}} =$$

$$n \cdot K_2 \, \rho_1 \sqrt{\frac{273\,H\left(\frac{1}{T_1} - \frac{1}{T_2}\right) g}{T_1 + n^2 T_2}} \quad [kg/s] \qquad (181)$$

Man sieht, daß die Masse der Kaltluft, die während der Betriebspausen in den Ofenraum eindringt, proportional der Quadratwurzel aus der Höhe des Ofenraumes ist.

Nach (181) wurde berechnet und in Tafel 102 wiedergegeben, wie die Luftgewichte sich zueinander verhalten bei verschiedenen Werten von n für eine Warmlufttemperatur von 500 °C (T_2 = 773° K) und einer Kaltlufttemperatur von 15 °C (T_1 = 288° K), und H = konstant, K_2 = konstant.

Aus der Tafel geht hervor, daß, wenn bei einem bestimmten Ofen die Öffnungen oben die gleichen bleiben, dagegen der gesamte freie Querschnitt der Öffnungen unten immer größer wird, die Masse an Kaltluft, die während der Betriebspausen in den Ofenraum eindringt, zuerst schnell zunimmt, sich dann aber langsam einem Grenzwert nähert.

5. Druck und Strömung im Ofen

Tafel 102

Verhältnis $\dfrac{\text{Öffnungen unten}}{\text{Öffnungen oben}} = n$	$n\sqrt{\dfrac{g\left(\dfrac{273}{T_1}-\dfrac{273}{T_2}\right)}{T_1+n^2T_2}}$	Verhältnis der Luftmenge in kg welche in einen Ofen mit dem Wert n hineinströmt, zu der Luftmenge, welche in einen Ofen mit (n = 1) hineinströmt
0,1	0,074	0,190
0,25	0,174	0,446
0,50	0,290	0,744
1,00	0,390	1,000
1,50	0,425	1,09
2,0	0,440	1,13
3,0	0,450	1,155
5,0	0,455	1,168
10,0	0,458	1,178
100,0	0,458	1,178

Es ist also von größter Wichtigkeit, daß die Lecköffnungen unten im Ofen so klein wie möglich gehalten werden. Hierzu hat man in erster Linie für gut schließende Türen zu sorgen. Bei Öfen, bei denen die Abzugsöffnung für die Abgase oben im Ofenraum angebracht ist, soll diese in den Betriebspausen sehr sorgfältig mit einem Schieber geschlossen werden. Das ist besonders auch deswegen nötig, weil die Öffnung meistens mit einem gut ziehenden Abgaskanal in Verbindung steht. Dadurch würde die Warmluftmenge, die den Ofen verläßt, noch bedeutend größer, als aus (181) hervorgeht.

Bild 275 zeigt nach Versuchsergebnissen, welchen **Einfluß diese Umstände auf die Auskühlung eines Ofenraumes** während einer Betriebspause haben. Kurve o gibt die Ofenraumtemperatur wieder in Abhängigkeit der Dauer der Betriebspause, und zwar bei gut geschlossenem Rauchgasschieber und gut dichtender Ofentür. Dann wird nur wenig Kaltluft in den Ofenraum eindringen, und somit ist das Absinken der Ofentemperatur größtenteils dem Wandverlust zuzuschreiben. Bei einschichti-

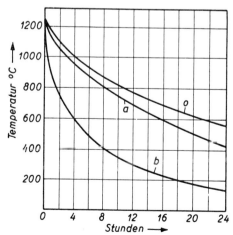

Bild 275: Auskühlung eines Ofens (nach Borchart)

gem Betrieb ist die Betriebspause 15 h, und während dieser Pause sinkt die Ofentemperatur des Versuchsofens von 1250 auf 690 °C. Bei dem Versuch Kurve a blieb der Abgasschieber offen. Die geringen Undichtigkeiten um die gut schließende Ofentür herum wurden viel wirksamer, es tritt nun eine größere Menge Kaltluft in den Ofenraum ein. Nach 15stündiger Betriebspause ist die Ofentemperatur von 1250 auf 580 °C abgesunken. Ist nun auch die Ofentür undicht und bleibt der Abgasschieber offen, so sinkt die Ofentemperatur nach Kurve b ab. Eine bedeutende Menge Leckluft dringt in den Ofenraum ein, so daß nach 15stündiger Betriebspause die Ofentemperatur von 1250 auf 240 °C gefallen ist. Es ergab sich nicht nur ein großer Zeitverlust, sondern beim Hochheizen auch ein zweieinhalbmal größerer Brennstoffverbrauch.

Bei Öfen, bei denen die Abgasöffnung nicht oben, sondern unten im Ofenraum liegt, ist die Möglichkeit, daß oben im Ofenraum große Lecköffnungen vorhanden sind, natürlich viel geringer als bei Öfen mit Abgasöffnungen im Gewölbe. Jene werden, soweit es dem Eindringen von Kaltluft während der Betriebspausen zuzuschreiben ist, viel weniger abkühlen.

Obige Berechnungen sind auch anwendbar zur Berechnung des Verlustes durch die Erwärmung von eindringender Kaltluft, die durch Spalten oder Öffnungen den Ofenraum von widerstandsbeheizten elektrischen Öfen wiederum verläßt.

5.3. BESONDERE FÄLLE

5.3.1. Abgasstrahlen im Ofenraum

Man kann den I m p u l s eines in den Ofenraum hineinblasenden Strahles benutzen, um einen Kreisstrom von Abgasen im Ofenraum zu erzeugen. Die Folge ist eine Umwälzung um oder durch das Wärmgut und ein guter Temperaturausgleich im Ofenraum. Es fragt sich, in welcher Entfernung vom Brennermunde der Abgasstrahl (Temperatur t_1) eine Temperatur t_3 erreicht, wenn Abgas mit der Temperatur t_2 angesaugt wird. Es wird angenommen, daß die Verbrennung im heißen Gasstrahl beendet ist und auch keine Wärme an die Umgebung abgegeben wird.

Ist die Anfangsgeschwindigkeit des heißen Gases (Temperatur t_1) w_1 und in einer Entfernung von I m vom Brenner die Geschwindigkeit w'_1, so ist nach (153) $w'_1 = \dfrac{w_1}{1 + \dfrac{m_2}{m_1}}$

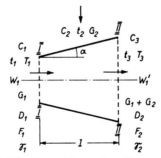

Bild 276: Saugwirkung eines Abgasstrahles
$\gamma = \rho$ F = A

wobei m_1 die Masse des heißen und m_2 die Masse des kälteren Abgases (Temperatur t_2) ist.

Ist in I–I (Bild 276) der Querschnitt $A_1 = D^2_1 \dfrac{\pi}{4}$ und in II–II $A_2 = D^2_2 \dfrac{\pi}{4}$, so strömt durch I–I $M_1 = A_1 w_1 \rho_1$ und durch II–II $M_1 + M_2 = A_2 w'_1 \rho_2$

$$\rho_1 = \rho_0 \frac{273}{273 + t_1} = \rho_0 \frac{273}{T_1} \qquad \rho_2 = \rho_0 \frac{273}{T_3}$$

$$\frac{M_1}{M_1 + M_2} = \frac{A_1 w_1 T_3}{A_2 w'_1 T_1}$$

Da $\dfrac{w_1}{w'_1} = 1 + \dfrac{M_2}{M_1}$, so ist:

$$\frac{M_1}{M_1 + M_2} = \frac{A_1 T_3}{A_2 T_1}\left(1 + \frac{M_1}{M_2}\right) = \frac{D^2_1 T_3}{D^2_2 T_1}\left(1 + \frac{M_2}{M_1}\right)$$

$$D_2 = D_1 \sqrt{\frac{T_3}{T_1}\left(1 + \frac{M_2}{M_1}\right)} \tag{182}$$

Da der Wärmeinhalt des Gasgemisches, das durch II–II strömt, gleich der Summe der Wärmeinhalte des der Brenneröffnung entströmenden und des angesaugten Gases ist, so wird:

$$M_1 c_1 t_1 + M_2 c_2 t_2 = (M_1 + M_2) c_3 t_3$$

Wird angenommen, daß die spezifische Wärme sich zwischen den Temperaturen t_1 und t_2 nicht ändert, so ist $c_1 = c_2 = c_3$ und:

$$\frac{M_2}{M_1} = \left(\frac{t_1 - t_3}{t_3 - t_2}\right), \text{ so daß:}$$

$$D_2 = D_1 \sqrt{\frac{T_3}{T_1}\left(1 + \frac{t_1 - t_3}{t_3 - t_2}\right)} \tag{183}$$

Es ist auch $l = \dfrac{1/2\,(D_2 - D_1)}{\operatorname{tg}\alpha}$ \hfill (184)

Mit (183) und (184) kann man I berechnen, falls a bekannt ist.

Nach Trinks ist:

für w_1 = 3 m/s $\quad a = 8°$
für w_1 = 11 m/s $\quad a = 12,5°$
für w_1 = 300 m/s $\quad a = 15°$

Beispiel:

Die Öffnung eines Brennermundes habe D_1 = 0,06 m, und die Temperatur der Gase an dieser Stelle sei t_1 = 1350 °C (T_1 = 1623° K). Die Temperatur der Gase, die von dem Strahl mitgerissen werden, sei t_2 = 500 °C, und die Temperatur des Gemisches in einer Entfernung I von der Brennermündung soll t_3 = 700 °C (T_3 = 973° K) sein.

Aus (183):

$$D_2 = 0{,}06 \sqrt{\frac{973}{1623}\left(1 + \frac{1350-700}{700-500}\right)} = 0{,}195 \text{ m}$$

Hat der Abgasstrahl eine Geschwindigkeit w_1 = 50 m/s, so ist a = 12,5

$$tg a = 0{,}22169$$

Mit (184) findet man also:

$$I = \frac{1/2\,(0{,}195 - 0{,}06)}{0{,}22169} = 0{,}30 \text{ m}$$

H e i l i g e n s t a e d t hat auf Grund der Tatsache, daß das Geschwindigkeitsprofil für jede Entfernung vom Brennermund ähnlich ist, und unter Berücksichtigung der Temperaturverhältnisse Formeln entwickelt, die es gestatten, die angesaugte Abgasmenge φ in m³/m³ und die Mischtemperatur t_3 genau zu berechnen. Hierzu dienen die Bilder 277 und 278.

Beispiel:

Für das vorige Beispiel soll berechnet werden, wie groß die angesaugte Abgasmenge φ in einer Entfernung l = 0,30 m vom Brennermund ist.

$$\frac{l}{D_1} = \frac{0{,}30}{0{,}06} = 5. \text{ Hierfür (Bild 277) } \varphi_o = 3{,}5$$

Für t_1 = 1350 °C und t_2 = 500 °C aus Bild 278 m = 1,40

$$\varphi = m\,(\varphi_o - 0{,}5) = 1{,}40\,(3{,}50 - 0{,}5) = 4{,}2 \text{ m}^3/\text{m}^3 \;(V_n)$$

Die Rezirkulation von Gasen hat nicht nur Bedeutung für die Verbesserung der Temperaturgleichmäßigkeit im Ofenraum, sondern auch für den Verbrennungsablauf und besonders auch für die Stabilisation von Flammen.

5. Druck und Strömung im Ofen

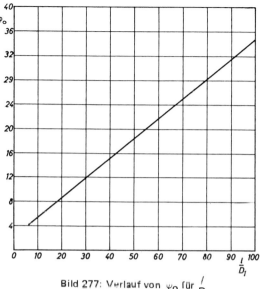

Bild 277: Verlauf von ψ_0 für $\dfrac{l}{D_1}$

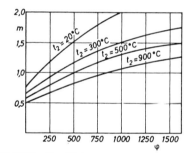

Bild 278: Koeffizient m in $\varphi = m\,(\varphi_0 - 0{,}5)$

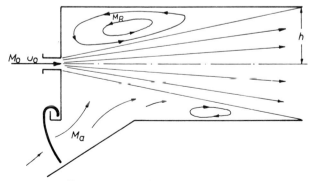

Bild 279: Äußere Rezirkulation durch einen geraden Strahl

Brennt eine Strahlflamme in einer Kammer, so wird von der Umgebung Abgas in den Flammenstrahl zurückgeführt. Craya und Curtel haben für diesen in Bild 279 deutlich gezeigten Fall, wobei eventuell auch Luft von außerhalb des Raumes angesaugt wird, folgende Beziehung festgestellt:

$$M_R = 0{,}43\, h \sqrt{\pi \cdot \rho_R} \cdot \sqrt{M_o \cdot w_o} - 0{,}65\, (M_o + M_a) \qquad (185)$$

M_R = rückströmende Masse

M_o = Brennstoff-Luftgemischmasse bzw. Brennstoffmasse, die aus der Brennerdüse strömt

M_a = freiangesaugte Luftmasse (Verbrennungsluft oder Falschluft)

h = halbe Höhe des Feuerraumes

ρ_R = Dichte des Feuerraumgases

w_o = Geschwindigkeit, womit die Masse M_o aus der Düse austritt

Aus dieser Formel geht hervor, daß bei größerer Höhe des Feuerraumes die Masse der rückgeführten Gase zunimmt, die Rezirkulation also größer wird. Das gleiche tritt bei Zunahme der Düsengeschwindigkeit auf. Wenn die Zuströmung von Falschluft verhindert wird, so wirkt sich das gleichfalls günstig auf die Rezirkulation aus.

5.3.2. Ausströmung aus einer Öffnung bei verschiedenen Temperaturen

Wenn ein Gas (Bild 280) mit der Abs.-Temperatur T_1 und der Raumdichte ρ_1 bei dieser Temperatur mit der Geschwindigkeit w_1 und dem Überdruck p_1 vor eine Öffnung gelangt, so ist die Ausströmgeschwindigkeit aus der Öffnung mit Querschnitt F und Ausströmzahl a nach (164):

$$w_2 = a\, A \sqrt{\frac{2}{\rho_1}\, p_1 + w_1^2}$$

Es wird vorausgesetzt, daß an der anderen Seite der Öffnung atmosphärischer Druck herrsche und der Überdruck p_1 nicht so hoch sei, daß mit diesem eine merkliche Volumenänderung verbunden wäre. Nun soll das ausströmende Gas die Abs.-Temperatur T_2 und hierbei die Raummassen ρ_2 haben (Bild 280b). Der Überdruck vor der Öffnung ist jetzt p_2, die Geschwindigkeit ist w_1 und die Ausströmgeschwindigkeit w'$_2$. Wie müssen sich nun die Überdrucke zueinander verhalten, wenn in beiden Fällen die gleiche Gasmasse ausströmen soll?

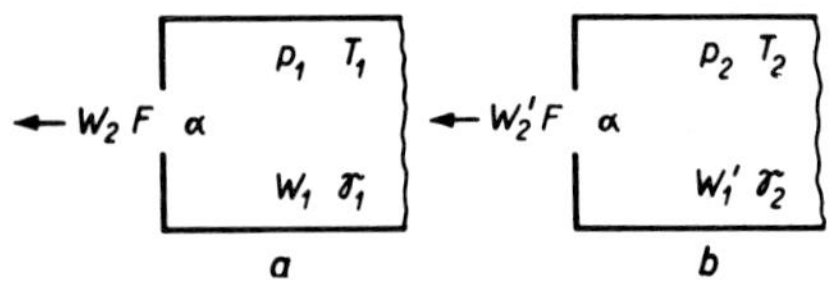

Bild 280: Einfluß der Temperatur auf die Ausströmung aus einer Öffnung $FA = \gamma = \rho$

5. Druck und Strömung im Ofen

Es ist:

$$w'_2 = a\,A \sqrt{\frac{2}{\rho_2} \cdot p_2 + w'^2_1}$$

Auch ist:

$$\rho_2 = \rho_1 \frac{T_1}{T_2}$$

Die strömende Masse ist in beiden Fällen gleich:

$$w'_1 \cdot \rho_2 = w_1 \cdot \rho_1$$

Weiter ist:

$$w'_1 = w_1 \frac{T_2}{T_1}$$

$$w'_2 = w_2 \frac{T_2}{T_1}$$

$$\frac{w'_2}{w_2} = \frac{T_2}{T_1} = \frac{\sqrt{\dfrac{2}{\rho_1 \dfrac{T_1}{T_2}} \cdot p_2 + w^2_1 \left(\dfrac{T_2}{T_1}\right)^2}}{\sqrt{\dfrac{2}{\rho_1} \cdot p_1 + w^2_1}}$$

$$\frac{2}{\rho_1} p_1 + w^2_1 = \frac{T_1}{T_2} \sqrt{\frac{2}{\rho_1 \dfrac{T_1}{T_2}} \cdot p_2 + w^2_1 \left(\frac{T_2}{T_1}\right)^2}$$

$$= \sqrt{\frac{2}{\rho_1} \frac{T_1}{T_2} \cdot p_2 + w^2_1}$$

Hieraus geht hervor:

$$p_1 = p_2 \frac{T_1}{T_2}$$

Also

$$p_2 = p_1 \frac{T_1}{T_2} \qquad (185)$$

Steigt die Temperatur eines Gases (gasförmiger Brennstoff, Luft, Brennstoff-Luft-Gemisch oder Abgas), so muß der Überdruck vor der Ausströmöffnung $\frac{T_2}{T_1}$ mal größer werden, damit in beiden Fällen die gleiche Gasmasse ausströmt.

Bleibt der Vordruck gleich und ist v_2 das Volumen des ausströmenden Gases bei der Temperatur T_1 und v'_2 bei der Temperatur T_2, so ist:

$$v'_2 = v_2 \sqrt{\frac{T_2}{T_1}}$$

Wird das Gasvolumen bei der Temperatur T_1 an der Stelle gemessen, wo die Erwärmung stattfindet, und ist dieses gemessene Volumen v''_2, so ist:

$$\frac{v''_2}{v'_2} = \frac{T_1}{T_2}$$

Und es wird:

$$v''_2 = v'_2 \frac{T_1}{T_2} = v_2 \sqrt{\frac{T_1}{T_2}}$$

Soll aus der Öffnung bei der Temperatur T_2 das gleiche Volumen ausströmen wie bei der Temperatur T_1, so daß das gemessene Volumen v''_2 das gleiche Volumen $v'_2 = v_2$ ist, das bei der Temperatur T_1 ausströmt, so ist dafür zu sorgen, daß die Ausströmöffnung vergrößert wird auf:

$$A_2 = A_1 \sqrt{\frac{T_2}{T_1}} \qquad (186)$$

5. Druck und Strömung im Ofen

5.3.3. Gasströmung durch einen Kanal bei Wärmezufuhr

Durch die Fläche I–I (Bild 281) F_e strömt Gas mit der Temperatur T_1 Dichte bei dieser Temperatur ρ_1 und Druck p_1. Das Gas strömt nach II–II mit Querschnitt F_a und wird unterwegs erwärmt auf T_2. Dabei werden Dichte und Druck jetzt ρ_2 und p_2.

Als Vereinfachung werden eingeführt:
1. Der Strömungswiderstand des Rohres ist sehr gering und kann vernachlässigt werden.
2. Bei der Erwärmung z.B. durch vollkommene oder teilweise Verbrennung eines Gas-Luft-Gemisches im Rohr tritt keine Änderung der Mol-Zahl auf.
3. Die Druckänderungen sind im Vergleich zum Atmosphärendruck nur gering, so daß die Kompressibilität des Gases vernachlässigt werden kann.
4. Die Achse des Rohres liegt waagerecht.

Durch II–II strömt die gleiche Masse wie durch I–I. Diese Masse ist

$$m = F_a w_1 \rho_1.$$

Die Bewegungsgröße ändert sich während der Strömung durch Zunahme der Geschwindigkeit infolge der Erwärmung und durch die Änderung des Querschnitts. Diese Änderung ist: $m(w_2 - w_1)$ und ist gleich der Änderung des Impulses, also gleich der Differenz der Kräfte $p_1 F_e - p_2 F_a$

$$m(w_2 - w_1) = p_1 F_e - p_2 F_a = F_e w_1 \rho_1 (w_2 - w_1).$$

Wird $w_2 = \dfrac{F_e}{F_a} \dfrac{T_2}{T_1} \cdot w_1$ eingeführt, so ergibt sich

$$F_e w_1 \rho_1 \left(\frac{F_e}{F_a} \frac{T_2}{T_1} \cdot w_1 - w_1 \right) = p_1 F_e - p_2 F_a$$

$$\frac{F_e}{F_a} w_1 \rho_1 \left(\frac{F_e}{F_a} \frac{T_2}{T_1} \cdot w_1 - w_1 \right) = \frac{F_e}{F_a} p_1 - p_2.$$

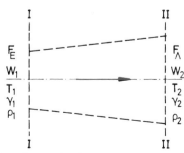

Bild 281. Gasströmung durch einen Kanal bei Wärmezufuhr $\gamma = \rho$

Setzt man

$$\frac{F_e}{F_a} = A, \text{ so wird}$$

$$p_2 = p_1 A - A w_1^2 \rho_1 \left(A \frac{T_2}{T_1} - 1\right). \tag{187}$$

Für ein zylindrisches Rohr wird, da

$$A = \frac{F_e}{F_a} = 1$$

$$p_1 - p_2 = w_1^2 \rho_1 \left(\frac{T_2}{T_1} - 1\right). \tag{188}$$

Wird ein Gas beim Strömen ohne nennenswerten Druckverlust durch einen waagerechten zylindrischen Kanal unterwegs erwärmt, so muß der Druck am Anfang bedeutend größer sein als am Ende. Bei sich erweitertem Kanal oder Rohr kann durch die richtige Wahl von $A = \frac{F_e}{F_a}$ Druckgleichheit erzielt werden.

Druckgleichheit erzielt werden.

5.3.4. Strömung durch einen waagerechten zylindrischen Kanal, der in eine Ausströmöffnung mündet

Durch den Kanal strömt Gas (p_1, T_1, w_1, ρ_1) und dann durch eine Öffnung (A) aus, und zwar mit der Geschwindigkeit w_2.

Es steigt die Temperatur von T_1 am Anfang auf T_2 vor der Öffnung und der Druck p_2 am Anfang wird p_3 vor der Öffnung.

Soll nun in beiden Fällen die gleiche Gasmasse durch die Öffnung ausströmen, so kann man mit Hilfe von (185) und (188) berechnen, wie groß der Druck p_2 am Anfang des Kanals sein soll. Es ist:

$$p_3 = p_2 - w_1^2 \rho_1 \left(\frac{T_2}{T_1} - 1\right)$$

Und

$$p_3 = p_1 \frac{T_2}{T_1}$$

5. Druck und Strömung im Ofen

Also:

$$p_2 = p_1 \frac{T_2}{T_1} + w^2_1 \rho_1 \left(\frac{T_2}{T_1} - 1\right) \tag{189}$$

Dieser Druck soll bei nicht reibungsloser Strömung noch erhöht werden um den Druckverlust durch Reibung und Einzelwiderstände und bei steigendem oder fallendem Kanal um den positiven oder negativen Steigdruck. Bei den vorangehenden Ableitungen ist außerdem zu bedenken, daß sowohl λ als auch a_w mit zunehmender Temperatur sich ändern, weil die Zähigkeit des Gases zunimmt. λ wird größer, a_w kleiner.

Aus (189) geht wiederum hervor, daß der Druck am Anfang eines Kanals höher sein muß, wenn das Gas unterwegs erwärmt wird, damit die gleiche Gasmasse aus einer Öffnung ausströmt wie beim Strömen bei gleichbleibender Temperatur. Indessen geht aus der Ableitung der Formeln auch hervor, daß man statt durch Erhöhung des Anfangsdruckes dasselbe erreichen kann, wenn man den Querschnitt A der Ausströmöffnung vergrößert. Hierdurch ist eine einfache Regelmöglichkeit gegeben (186).

5.3.5. Aufteilung eines senkrechten Gasstromes in mehrere Teile

Aus einem Raum A (Bild 282) strömt Abgas durch zwei oder mehr senkrechte Kanäle B, C **unter gleichzeitiger Abgabe von Wärme in steigender Richtung** auf einen Raum D zu. Herrscht in diesem Raum der atmosphärische Druck, so herrscht im Raum A ein Unterdruck p_1. Kühlt einer der Kanäle, z.B. B, ab, so wird die mittlere Temperatur der Abgase in diesem Kanal B niedriger als in C. Demzufolge ist der Steigdruck in B jetzt kleiner als in C (p'_1 statt p_1), und es wird weniger Abgas durch B aus dem Raum A angesaugt als durch C. Hierdurch wird auch die Wärmemenge geringer, die von den durchströmenden Abgasen an die Wände von B abgegeben wird, und es kühlt dieser Kanal hierdurch noch weiter ab. Es geht somit die mittlere Temperatur in B noch mehr zurück, der Steigdruck wird noch geringer, die Abgasmenge, die durch B strömt, wiederum weniger, und die Abkühlung des Kanals verstärkt sich immer mehr. Die senkrecht und aufwärts gerichtete Strömung heißer Abgase durch mehrere Kanäle, worin die Abgase abkühlen, ist im allgemeinen leicht gestört. Wenn Temperaturunterschiede zwischen den verschiedenen Kanälen erst einmal aufgetreten sind, wird ein immer kleiner werdender Teil der Gesamtgasmenge durch den Kanal mit der niedrigsten Temperatur strömen, und dieser wird immer mehr abkühlen.

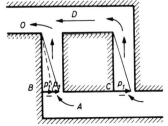

Bild 282: Verteilung von aufsteigendem Abgas über mehrere Kanäle uner Wärmeabgabe

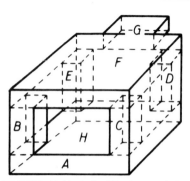

Bild 283: Fehlerhafte Ofenkonstruktion

Man wird in einem solchen Fall nur dann einen einigermaßen brauchbaren Betriebszustand erzielen, wenn mit einem angemessenen Unterdruck in D gearbeitet wird, B und C mit Regelschiebern ausgerüstet und diese rechtzeitig nachgestellt werden. Auch in Fällen, in denen die Wärmeabgabe in den senkrechten Kanälen gering ist und somit eine ungleichmäßige Abkühlung dieser Kanäle weniger zu befürchten ist, kann eine Teilung von senkrecht und gleichzeitig aufwärts strömendem Abgas zugelassen werden.

Im Bild 283 ist ein Fall dargestellt, bei dem die Vernachlässigung der obigen Regel zu einem kostspieligen Fehler führte. Der Ofen für eine niedrige Arbeitstemperatur ist ringsherum mit Schlackenwolle isoliert, der Ofenraum H liegt oberhalb des Verbrennungsraumes A, steht aber hiermit nicht in offener Verbindung. Raum A ist an den vier Ecken durch die Kanäle B, C und D und E mit einem Abgassammelraum F verbunden, der zu gleicher Zeit die Decke des Ofenraumes H bildet. F steht durch G unter Zwischenschaltung eines Zugunterbrechers mit dem Schornstein in Verbindung. Hier hat man es mit einer Aufteilung von senkrecht aufsteigendem Abgas in mehrere Ströme zu tun, und da die metallenen Wände der senkrechten Kanäle wenig wärmespeichernd sind und bei Abkühlung von außen her leicht eine niedrigere Temperatur annehmen, tritt eine Störung der senkrechten Gasströmung und zunehmende Abkühlung des kühleren Kanals auf. Abkühlung einer äußeren Ofendecke durch Zugerscheinungen im Aufstellungsraum des Ofens oder äußere Wärmezufuhr an einer Ofenwand durch Sonnenbestrahlung hatten tatsächlich eine ungleichmäßige Verteilung der Abgasmenge über die vier senkrechten Kanäle zur Folge. Hierdurch wurden auch die Beheizung und die Temperaturverteilung im Ofenraum H sehr ungleichmäßig. Die Ungleichmäßigkeit der Temperaturverteilung im Ofenraum war nicht immer gleich, sondern änderte sich, wie es zu erwarten ist, von Tag zu Tag und war oft für einige Zeit verschwunden, nämlich dann, wenn die äußeren Umstände keine Veranlassung zu ungleichmäßiger Abkühlung eines der senkrechten Kanäle gaben.

Bei senkrecht fallenden Abgasströmen ist das Bild ganz anders (Bild 284). A ist wiederum der Raum, von wo aus das Abgas durch mehrere senkrechte Kanäle (B und C) in den Raum D strömt. Sind die Temperaturen von B und C gleich, so strömt durch beide die gleiche Abgasmenge. Die Druckverteilung ist so wie in der Abbildung angegeben (Überdruck oben p_1, wenn unten im Raum D Nulldruck herrscht). Kühlt man nun durch irgendeinen Umstand B mehr ab, so wird die mittlere Temperatur der Abgase, die durch diesen Kanal strömen, geringer, und somit wird der Gegendruck p_1 kleiner, und zwar p'_1. Der Überdruck im Raum A drückt nun eine größere Abgasmenge durch B,

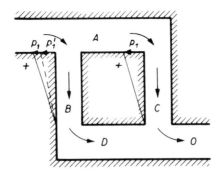

Bild 284: Unterteilung von abwärtsströmendem Abgas über mehrere Kanäle

und diesem Kanal wird eine größere Wärmemenge zugeführt. Hierdurch wird die größere Abkühlung ausgeglichen. Die senkrecht fallende Strömung heißer Abgase durch mehrere Kanäle, in denen diese abkühlen, ist zwangsläufig gesichert.

Deswegen wird man das Abgas, wenn bei Regeneratoren nur von natürlichem Zug Gebrauch gemacht wird, meistens von oben nach unten strömen lassen und die Wärmeaustauscher unter den Öfen anbringen (z.B. Koksöfen, SM-Öfen usw.).

5.3.6. Sich kreuzende Gasströme

Wird in ein Rohr mit Durchmesser D senkrecht auf die Längsachse Luft oder Gas mit dem Impuls I_o durch eine oder mehrere Öffnungen eingeblasen, so durchqueren diese Strahlen die Hauptgasströmung im Rohr. Der Impuls dieser Hauptströmung ist I_1.

Die Strahlreichweite L wird bestimmt durch

$$L = 1,4 \sqrt{I_o \cdot F/I_1} \qquad (190)$$

Es ist

F — Querschnitt Hauptströmung

Reicht der Strahl bis zur Rohrachse, dann ist

$$0,5\,D = 1,4\, I_o/I_1 \cdot D^2 \frac{\pi}{4} \qquad (191)$$

Hieraus $0,16 = I_o/I_1$.

Ob Luftstrahlen, die aus radialen Öffnungen ausblasen, die Längsachse des Rohres erreichen, ist für Heißgaserzeuger und Combustoren mit Querstromanordnung von Wichtigkeit.

5.3.7. Vollbremsung eines Gasstromes

Die Formel von Bernouilli läßt sich auch so schreiben, daß darin zum Ausdruck gebracht wird: Die Summe aller Energieformen bleibt konstant bei einer strömenden Masse.

In: $E + P + \dfrac{w^2}{2}$ = konst. ist E die Enthalpie des strömenden Gases. Strömt ein kompressibeles Gas durch ein isoliertes, waagerechtes Rohr mit nur geringer Geschwindigkeit, so bleibt für zwei verschiedene Querschnitte $E_1 = E_2$, und da $E_1 = c_p T_1$ und $E_2 = c_p T_2$ ist, so ist $T_1 = T_2$.

Hat man es mit Geschwindigkeitsänderungen zu tun, treten größere Geschwindigkeitsänderungen auf, so bleibt $E + \dfrac{w^2}{2} =$ konst.

Für ein fast ideelles Gas wird diese Formel:

$$c_p T + \frac{w^2}{2} = \text{konst.}$$

Wird der Gasstrom vollgebremst, weil sie gegen einen festen Körper stößt, so wird weil $w_2 = 0$

$$c_p T_1 + \frac{w^2}{2} = c_p T_o$$

T_o ist die Bremstemperatur (Stagnations-Temperatur). Sie ist nur von der sez. Wärmekapazität c_p des Gases abhängig und tritt in Erscheinung bei Hochgeschwindigkeitsflugzeugen.

Wenn ein Gasstrom (Bild 285) auf einen Körper tritt, so gibt es dort einen Punkt P (Staupunkt), wo die Strömung sich teilt und ein Teil der Strömung vollständig abgebremst wird. Dort steigt die Temperatur an, da Strömungsenergie in Wärmeenergie verwandelt wird. Die Temperatursteigung ist:

$$(T_o - T_1) = \frac{w^2}{2 c_p} \qquad (192)$$

Im Ofenbau werden Impulsbrenner angewandt, wobei heiße Abgasstrahlen mit Geschwindigkeiten von 200 oder mehr m/s gegen Werkstücke geblasen werden. Die Wärmeübertragung durch Konvektion steigt bei dieser „Schnellerwärmung" stark an (8.3.9.), und auch die Vollbremsung kann hierbei von Einfluß sein [240 – S. 328].

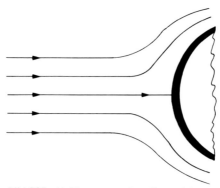

Bild 285: Vollbremsung eines Gasstrahles

6. Brenner und Verbrennungsraum

6.1. VERBRENNUNGSRAUM UND FLAMMENLÄNGE

Die Größe des Verbrennungsraumes ist von verbrennungstechnischen und strömungstechnischen Einflüssen abhängig. Meistens ist der Verbrennungsraum nicht von dem Arbeitsraum getrennt, und dann kann die Flamme oder der Brennergasstrahl eine Rezirkulation von Abgas im Arbeitsraum des Ofens bewirken.

Es zeigt sich, daß die Frage nach dem Verbrennungsraum eigentlich eine Frage nach dem Volumen oder der Länge der Flamme ist.

Für die Verbrennung von Brennstoffteilchen, z.B. von Öltropfen, Kohlenstaub oder Gas in einem Luftstrom kann man folgende Formeln aufstellen:

B sei die Brennstoffmenge in kg/h und v das wirkliche Abgasvolumen in m^3/kg bei der mittleren Abgastemperatur und der Luftüberschußzahl n. Weiter sei f der freie Querschnitt des Verbrennungsraumes in m^2. Dann ist die mittlere Gasgeschwindigkeit:

$$w = \frac{B \, v}{3600 \, f} \quad [m/s]$$

Der Verbrennungsweg l ist: l = w z [m], wobei z die Brennzeit der Teilchen in Sekunden ist.

Die entwickelte Wärme ist: $Q = B \, (H_u + l_1)$ mit H_u [kJ/kg] und dem Wärmeinhalt der Luft l_1 [kJ/kg Brennstoff], falls die Luft vorgewärmt wird.

Die Belastung des Verbrennungsraumes b in kJ/m^3 ist somit:

$$b = \frac{Q}{f \cdot l} = \frac{(H_u + l_1) \, 3600}{v \cdot z} \quad [kJ/m^3 \, h] \tag{193}$$

Bei K o h l e n s t a u b ist die Belastung b des Verbrennungsraumes von der Verbrennungsraumtemperatur abhängig, wie aus Tafel 103 ersichtlich ist.

Bei H e i z ö l wird b = 1000 bis 3600 MJ/m^3 h und ist selbstverständlich stark von der Brennerart abhängig.

Bei der Anwendung von H o c h d r u c k z e r s t ä u b u n g s b r e n n e r n für Industrieöfen kann durch Wahl des Düsenöffnungswinkels (und durch andere Mittel) die Flamme mehr oder weniger dem Verbrennungsraum angepaßt werden. Wird eine Flamme

Tafel 103: Verbrennungsraumbelastung bei Kohlenstaubverbrennung

Temperatur des Verbrennungsraumes in °C	Verbrennungsraumbelastung in	
	kcal/m$^3 \cdot$ h	MJ/m^{3}h
300 – 800	90 000 – 125 000	375 – 525
800 – 1000	125 000 – 200 000	525 – 840
1000 – 1100	200 000 – 300 000	840 – 1260
1100 – 1600	300 000 – 1250 000	1260 – 5200

6. Brenner und Verbrennungsraum

bei gleichbleibendem Öldurchsatz breiter, so wird sie zu gleicher Zeit kürzer werden. Zu jeder Flamme gehört ein V e r b r e n n u n g s r a u m mit bestimmten Mindestabmessungen von Breite und Länge, abhängig von dem Öffnungswinkel der Flamme und vom Öldurchsatz. Wird der Verbrennungsraum zu klein oder nicht zur Flamme passend gewählt, so besteht die Gefahr, daß unverbrannte Ölteilchen die Wände treffen und Koksablagerungen hervorrufen. Sind die Abmessungen, besonders die Länge des Verbrennungsraumes, zu groß, so kann eine ungleichmäßige Erhitzung des Ofenraumes die Folge sein. Außerdem besteht, soweit der Brenner keine Stabilisierungsvorrichtung (Flammenhalter) hat, die Gefahr, daß die Flamme unstabil wird.

Für jeden l/h Öldurchsatz sind 1,5 dm^2 Grundfläche des Verbrennungsraumes notwendig. Bild 286 gibt die Grundfläche des Verbrennungsraumes wieder, l ist die Länge, b die Breite und a der Öffnungswinkel. Sind Öldurchsatz Q [l/h] und a festgelegt und ist der Brennerdurchmesser d bekannt, so können a und b aus Bild 287 entnommen werden. l wird berechnet mittels:

$$l = \frac{1,5 Q + \frac{a}{2}(b - d)}{b} \quad [dm] \quad [58]$$

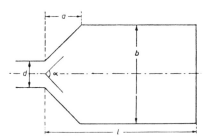

Bild 286: Grundfläche des Verbrennungsraumes für Öl

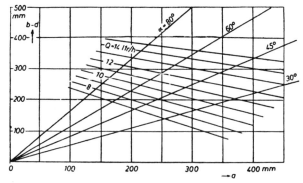

Bild 287: Bestimmung der Abmessungen des Verbrennungsraumes für Öl

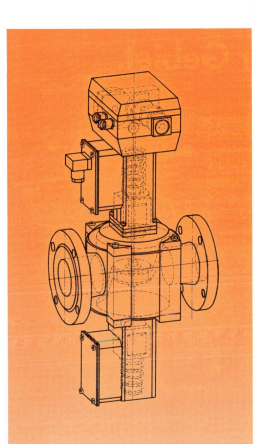

Gasmengen präzise regeln ist unsere Stärke.
Eine perfekte Technik garantiert
große Regelverhältnisse bis 1:100.
Wir sind Spezialisten auf diesem Gebiet.
Fragen Sie uns, wir lösen Ihre Probleme.

gastechnic
energy control systems

Produktions- und Vertriebsgesellschaft mbH
Daimlerstraße 7 · D-7541 Straubenhardt-1
Telefon (0 70 82) 10 61 · Teletex 708215

METZGER
Spezialisten im Einsatz. Überall.

Ausbrechen eines durchgesinterten Herdschmelzofenbodens.

Wir haben das Know-how und die Technik für alle Arbeiten mit der Sauerstoff-Kernlanze und mit hydraulischen Hochdruckpressen. Wir sind die Fachleute für den Abbau komplizierter Anlagen.

METZGER
**Brenntechnik
Abbautechnik**
Metzger Bau GmbH
D-7888 Rheinfelden/Baden
Telefon: 07623 + 8636

Erdgas ist unser Gebiet.

Wir sind das Ferngasunternehmen in Südostniedersachsen/Nordhessen. Unser Versorgungsgebiet erstreckt sich von Celle bis Kassel, von Holzminden bis Helmstedt. In diesem rund 11500 km² großen Gebiet beziehen rund 300 000 Haushalte sowie Gewerbebetriebe, Industrien und öffentliche Einrichtungen Erdgas von unserer Gesellschaft indirekt über 29 Stadtwerke und regionale Versorgungsunternehmen. Ferner werden 44 Industriebetriebe direkt von uns beliefert.

Unser Unternehmensziel besteht darin, die umweltfreundliche Energie Erdgas in diesem Gebiet möglichst vielen Energieverbrauchern zu marktgerechten Konditionen anzubieten. Ein weitverzweigtes Versorgungsnetz macht dies möglich. Langfristige Erdgasbezugsverträge garantieren für viele Jahre Versorgungssicherheit.

Spezialisten unseres Hauses stehen Kunden und solchen, die es werden wollen, mit Rat und Tat über den rationellen und sparsamen Energieeinsatz mit Erdgas zur Seite. Kurzum: Erdgas ist unser Gebiet.

F**SG
FERNGAS SALZGITTER GMBH

Watenstedter Weg 75, 3320 Salzgitter 1 (Salder)   Telefon: (05341) 221-0 · Telex: 954464

Dies sind Ihre Ansprechpartner
bei anwendungstechnischen Fragen
zum Erdgaseinsatz:

Im industriellen Bereich:	Gert Keßler	Telefon (05341) 221-384
Im Gewerbebereich:	Gustav Döpp	Telefon (05341) 221-383
Im Haushaltsbereich:	Horst Gallinat	Telefon (05341) 221-377

6. Brenner und Verbrennungsraum

Die Formel (193) hat nur Gültigkeit für Verbrennung unter atmosphärischem Druck. Ist der Druck im Verbrennungsraum p_b und ist p_o der atmosphärische Druck, so wird die Belastung des Verbrennungsraumes

$$b = \frac{(H_u + I_1)\,3600\,p_b}{v \cdot z \quad p_o} \quad [kJ/m^3 h] \tag{194}$$

Man kann bei Verbrennung unter erhöhtem Druck eine viel höhere Belastung des Verbrennungsraumes zulassen. Diese steigt proportional mit dem Druck an, und somit kann die gleiche Brennstoffmenge in einem kleineren Raum verbrannt werden. Bei Ölbrennern kommt noch hinzu, daß die Zerstäubung des Öls in einem Raum, worin ein erhöhter Druck herrscht, intensiver verläuft. Auch wird der Weg, den die Ölteilchen durchlaufen, kürzer. Deswegen kann man das Öl unter einem erhöhten Druck zerstäuben, ohne die Gefahr, daß hierbei die Ölteilchen unverbrannt durch den Brennraum fliegen und gegen die Rückwand prallen. Beide Einflüsse haben zur Folge, daß bei Öl b viel schneller als proportional p_b ansteigt. Tafel 104 gibt einige Zahlen.

Baukrowitz kommt zu der Feststellung, daß der Druck in einem Raum keinen Einfluß auf die Mischung von zwei getrennt eingeführten Gasen ausübt, solange ein ausreichendes Druckgefälle zwischen Brenner und Mischraum besteht.

Eine interessante Entwicklung auf Grund des Schmidt-Rohres (V 1) ist die **Schwingrohrfeuerung**. Hier findet eine pulsierende Verbrennung statt. In einer Versuchsanlage wurde bei Verbrennung von Kohlenstaub eine Belastung des Rohrverbrennungsraumes von 2100 kWh/m³ (4.5.6.) erreicht.

Heiligenstaedt hat für die Berechnung des **Verbrennungsraumes für gasförmige Brennstoffe** eine Formel entwickelt, wobei vorausgesetzt wurde, daß der Raum groß genug ist, damit hierin die Verbrennung des Gases soweit fortschreiten kann, daß das Rauchgas eine genügend hohe Temperatur erreicht, um bei Berührung mit dem Wärmgut eine gewünschte Wärmeübertragung herbeizuführen.

Die einfachste Formel fußt auf dem oft in der Natur auftretenden Fall, daß ein Anfangszustand allmählich in einen Endzustand übergeht, wobei die Geschwindigkeit der Zustandsänderung mit der Entfernung vom Endzustand gekoppelt ist. Bei der Verbrennung eines gasförmigen Brennstoffes bedeutet das konkret, daß die Wärmeentbindungen einer Flamme proportionell der Entfernung vom Endzustand, also vom vollständigen Ausbrand ist. Die Geschwindigkeit des Ausbrandes ist von dem Mischvorgang von Luft und Gas abhängig, die wiederum von der Art des Brenners abhängt. Die Brennerart wird durch eine Kennzahl k_1, der Brennerbeiwert berücksichtigt.

Tafel 104: (nach Klingelfuß und Noack)

Brennstoff	Druck im Verbrennungsraum in bar	Belastung b des Verbrennungsraumes in MJ/m³ h
Öl	2–3	25000–31000
Öl	1	3500
Gichtgas	2–3	20000
Gichtgas	1	8740

In:

$$i_{vt} = i_o \left(1 - e^{-k_1 t}\right) \text{ kWh/Nm}^3 \qquad (195)$$

Ist i_o die gesamte Wärmemenge am Ende der Verbrennung, i_{vt} ist die bis zum betrachteten Augenblick entwickelte Wärmemenge. t ist Zeit, die verlaufen ist seit Verbrennungsanfang.

Diese Formel ist gültig für Einzelmolekulare, isotherme Reaktionen.

Die Formel von Heiligenstaedt für den Inhalt des Verbrennungsraumes lautet:

$$v = 1{,}163 \, \frac{\dot{Q}}{k_1} \cdot k_2 \, [m^3] \qquad (196)$$

$\dot{Q}$ = Wärmezufuhr in 10^3 kWh
k_1 = Brennerbeiwert
k_2 = Raumkennwert

k_1 ist:
1,5– 2 für gemauerte Brenner mit nur schwach zueinander geneigten Gas- und Luftwegen,
2,5 für dieselben Brenner bei größerer Neigung der Ströme,
3,5 bei Anwendung von Mischgittern,
3 – 4 für Düsenbrenner mit schwacher Durchwirbelung,
4 – 6 bei ausgeprägter Wirbelung,
8 –10 für Brenner mit vorheriger Vermischung von Gas und Luft.

Der Raumkennwert k_2 hängt von der Größe des geforderten Ausbrandes (Verhältnis von bereits ausgelöster Wärme zu ausgelöster Wärme bei vollständiger Verbrennung) und bei Vorwärmung von Gas und Luft auch von dem Vorwärmungsgrad $\frac{i_r}{i_1}$ (Tafel 81) ab. Die Anwendung dieser Formel wird durch Benutzung der Tafel 105 erleichtert.

Tafel 105: k_2 für Generatorgas, Gichtgas und Koksofengas (nach Heiligenstaedt)

Ausbrand ist	Vorwärmungsgrad $\frac{i_r}{i_1}$ =				
	0,0	0,2	0,4	0,6	0,8
0,50	k_2 = 0,8	1,2	1,6	1,9	2,3
0,60	1,2	1,7	2,2	2,7	3,2
0,70	1,9	2,5	3,1	3,8	4,4
0,80	2,9	3,7	4,6	5,4	6,3
0,85	3,6	4,6	5,7	6,7	7,7
0,90	4,8	6,0	7,2	8,5	9,7

6. Brenner und Verbrennungsraum

v in (196) ist 1 m³ für 1,163 · 10³ kWh, wenn $k_1 = k_2$.

Senkara [2] hat darauf hingewiesen, daß die einfache Formel (195) für den Wärmestrom ohne Berücksichtigung der Wärmeabgabe an der Umgebung gilt. Wird sie berücksichtigt, so ist:

$$i_{vt} = \frac{k_1}{k_2 - k_1} i_o (e^{-k_1 t} - e^{-k_2 t}) + i_r e^{-k_2 t} \quad (197)$$

Das letzte Glied berücksichtigt die rekuperierte Wärmemenge. k_2 ist mit dem Wärmeübergang im Ofen, also mit der Ausführung und Gestalt des Verbrennungsraumes, verbunden. Smrcek [59] hat auf Grund einer ähnlichen, allgemeinen Formel für den Ausbrandverlauf

$$\varphi = 1 - e^{-b(x-x_o)^2}$$

den Zusammenhang zwischen den pyrometrischen Wirkungsgrad:

$$\eta_{pyr} = \frac{\text{wirkliche Höchststemperatur in der Flamme}}{\text{kalorimetrische Verbrennungstemperatur}}$$

und eine Kennzahl $K = \dfrac{a}{2\sqrt{b}}$ dargelegt (Bild 288).

a = Wärmeverlustbeiwert in m^{-1}
b = Ausbrandkoeffizient in m^{-2}

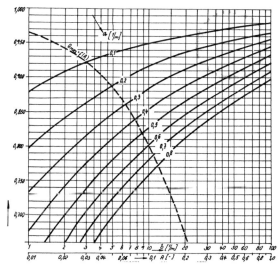

Bild 288: Abhängigkeit des pyrometrischen Wirkungsgrades von den Flammenkennwerten *a* und *b* und vom charakteristischen Flammenkennwert *A* (nach Smrcek)

6. Brenner und Verbrennungsraum

An Brennkammern für Drallflammen von vorgemischter Erdgas-Luft wurden die verschiedenen Werte festgestellt, die in Tafel 106 dargestellt sind [59]. Außerdem ergab sich aus den Versuchen die höchstzulässige Belastung $\dot{Q}_m$ der Verbrennungskammer:

$$\dot{Q}_m = 2{,}245 \cdot 10^3 \left(\frac{w}{d}\right)^{\frac{1}{2}} \quad [\text{kWh/m}^3] \tag{198}$$

Bild 289 zeigt diesen Zusammenhang. Der Rauminhalt des Verbrennungsraumes soll bei einer Belastung dieses Raumes mit $\dot{Q}$ kWh sein:

$$v = \frac{\dot{Q}}{\dot{Q}_m} \quad [\text{m}^3] \tag{199}$$

Tafel 106: Pyrometrischer Wirkungsgrad von drallbehafteten und vorgemischten Erdgasflammen (nach Smrček)

Form der Verbrennungs-Kammer	Durchmesser [mm]			Länge der Kammer [mm]	Eintrittsgeschwindigkeit des Gemisches [m/s]	Wärmeverlustbeiwert a in [m^{-1}]	K	η_{pyr}	Wärmeübergangskoeff. auf Kammerwand α [W/m$^2\cdot$K]
	der Einblasdüse	größte ϕ der Kammer	der Abgasöffnung						
Zylindrische Kammer	54	150	150	380	7,6	0,70	0,049	0,880	94,1
Zylindrische Kammer	33,5	192	192	760	47,0	0,838	0,0695	0,844	87,7
Zylindrische Kammer mit konvergenter Mündung	31	80	43	760	51,6	0,45	0,0718	0,840	144,7
Kammer mit birnenförmigem Innenraum und verengter Mündung	12 Öffnungen	165	43	760	58,3	1,016	0,1185	0,771	133,3

6. Brenner und Verbrennungsraum

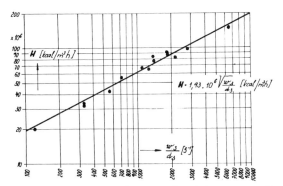

Bild 289: Abhängigkeit der optimalen Brennkammerwärmebelastung vom Eintrittsparameter w_3/d_3 für turbulente Verbrennung eines vorgemischten Gemisches (nach Smrcek) 1000 kcal/h = 1,163 kW

Traustel, Jeschar und Petersen haben [60] für den Ausbrand einer Diffusionsflamme, worin Gas und Luft sich noch mischen, eine Formel entwickelt, die die Flammenlänge L berücksichtigt:

$$\varphi = 1 - \left(1 - \frac{x}{L}\right)^2 \qquad (200)$$

x ist der Punkt auf der Flammenachse, wofür man φ wissen will. Ist x = L so ist die Verbrennung beendet.

Einen Vergleich mit der Formel von Günther ([240] S. 163, Bücher) gibt eine gute Übereinstimmung (Bild 290).

Diese Formel ist:

$$\varphi = 1 - e^{-a\left(\frac{x}{d}\right)^{1,8}} \qquad (201)$$

d = Durchmesser der Einblasdüse
a = eine empirische Größe

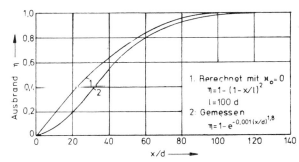

Bild 290: Gemessener und berechneter Ausbrandverlauf einer turbulenten Diffusionsflamme (Traustel et al.)

6. Brenner und Verbrennungsraum

Für Combustorbrenner, d.h. für Brenner, bei denen sich die Mischung und Verbrennung ganz oder teilweise in einem Verbrennungsraum, der Teil des Brenners ist [78], abspielt und für Drallbrenner mit geteilter Luft und Gaszufuhr, bei denen die Verbrennung an der Mündung des Brennerrohres einsetzt, läßt sich ableiten [59], daß die Brennerleistung $\dot{Q} \sim d^n$ ist. d ist der innere Durchmesser des Combustor- oder Brennerrohres (evtl. unter Berücksichtigung des Blockierungsverhältnisses).

Oder:

$$d \sim \dot{Q}^{n_2} \quad \text{wobei } n_2 = \frac{1}{n_1} = 0{,}33 - 0{,}4 \tag{202}$$

Fritsch [59] hat für eine große Anzahl im Handel erhältliche Brenner das Verhältnis zwischen dem Austrittsdurchmesser der Brenner und der Leistung ermittelt. Das Ergebnis dieser Erhebung ist in Bild 291 dargestellt, und hieraus ergibt sich als beste Annäherung $n_2 = 0{,}38$.

Der Verbrennungsraum kann ganz oder teilweise vom Ofenraum getrennt sein, er kann aber auch nur einen Teil des Ofenraumes in Anspruch nehmen. Er wird durch das eigentliche Flammenvolumen bestimmt. Meistens wird hierfür jenes Volumen angenommen, in dem die Verbrennung zu 99 % vollzogen ist. Das Flammenvolumen kann sehr klein sein, z.B. bei der Sauerstoffgasflamme. Aber auch bei Vormischflammen, also Flammen von Brennern, bei denen das Luft-Gas-Gemisch fertig zugeführt wird, sind die Flammenvolumen ziemlich klein. Anders ist die Sachlage bei Brennern, bei denen Brennstoff und Luft getrennt zugeführt werden und sich dann erst vermischen. Bei diesen Diffusionsbrennern können beide Stoffe parallel zueinander strömen oder der eine oder beide können mit Drall ausströmen. Der Verbrennungsraum wird in erster Linie durch die Flammenlänge bestimmt.

Bei einem frei in die Luft ausblasenden Gasstrahl (Bild 292–1) ist die Flammenlänge nach Günther [60]

$$l/d = 6(K+1)\sqrt{\frac{\rho_o}{\rho_f}} \tag{203}$$

Hierin ist

d = Durchmesser der Gasaustrittsöffnung
K = stöchiometrisches Luft-Gasgewicht-Verhältnis
ρ_o = Dichte des Gases
ρ_f = mittlere Dichte des Flammengases

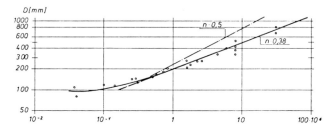

Bild 291: Brenneraustrittsdurchmesser heutiger Gasbrenner in Abhängigkeit von der Wärmeleistung (nach Fritsch) 1 Gkal/h = 1,163 MW

6. Brenner und Verbrennungsraum

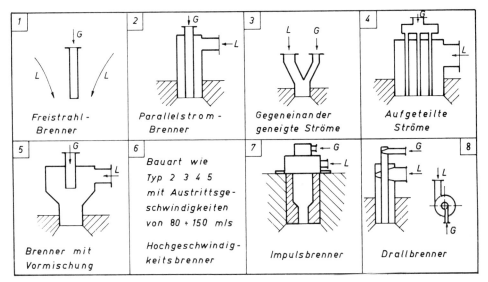

Bild 292: Verschiedene Brennerarten

Für verschiedene Gase sind die Werte l/d aus Tafel 107 zu entnehmen.

Hat man es mit D i f f u s i o n s f l a m m e n , d.h. mit Flammen ohne oder nur geringer Vormischung zu tun (Bild 292–2), so gibt die Konzentrationsverteilung im Freistrahl (Thring, Newby) oder die Impulsverteilung im Freistrahl (Traustel) die Grundlage für die Berechnung der Flammenlänge.

N a c h T h r i n g u n d N e w b y :

Mittlere Flammenlänge $L_M = 5{,}0\, c_o\, (1 + v_{at})\, D_{aeq}$ [m] (204)

L_M ist nicht die tatsächliche Länge, sondern die Länge bis zum Punkt, wo in die Flamme stöchiometrische Mischung besteht. Die wirkliche Flammenlänge ist $L = 1{,}33\, L_M$.

c_o = Anteil des Brennstoffes an der Gesamtmasse, die aus dem Brennermund ausströmt [kg/kg]

v_{at} = Luftmenge im stöchiometrischen Gemisch. [kg/kg] oder [m³/m³]

$D_{aeq} = D_o \sqrt{\dfrac{\rho_o}{\rho_f}}$ [m]

D_o = Düsendurchmesser. m

Tafel 107: Das Verhältnis Flammenlänge – Düsendurchmesser für Freistrahlbrenner

Brenngas	l/d
Kohlenmonoxid	76
Koksofengas	110
Stadtgas	136
Wasserstoff	147
Erdgas	200

Unter Vernachlässigung der Änderung der Mol-Zahl bei der Verbrennung ist ρ_f reziprok der mittleren Temperatur des Flammengases.

Nach Traustel:

$$\text{Mittlere Flammenlänge } L_M = 9{,}62 \, D_{aeq} \cdot \frac{1}{c_{st}} \cdot \frac{\rho_{o_N}}{\rho_{st_N}} \quad [m] \qquad (205)$$

c_{st} = Massenanteil von Brennstoff im stöchiometrischen Gemisch. [kg/kg] oder [kg/m³]

ρ_{o_N} = Dichte des aus dem Brenner strömenden Gases. [kg/m³]

ρ_{st_N} = Dichte des stöchiometrischen Gemisches. [kg/m³]

Außer mit dem Faktor 1,33, der für freibrennende, auftriebsfreie Flammen gilt, ist bei eingeschlossenen Flammen die Flammenlänge L_M noch zusätzlich mit dem Faktor 1,1 bis 1,3 zu multiplizieren. Dies ist darauf zurückzuführen, daß in diesem Falle Abgas durch Rezirkulation zurückgeführt wird.

Günther und Lenze [61] haben für verschiedene Brennerarten und Anordnungen die Flammenlänge, sowohl für Stadtgas als auch für Öl untersucht, und zwar fotografisch und analytisch. Bei der letzten Methode wurden die Flammengase in der Richtung der Flammenachse auf Ausbrand analysiert und der Punkt, wo ein Ausbrand von 99 % gemessen wurde, als Flammenende angenommen. Tafel 108 gibt einige Ergebnisse wieder.

Zu den Ergebnissen der Tafel ist noch zu bemerken, daß bei den Ölbrennern ein Ersatzdurchmesser eingeführt ist, der aus der Ersatzfläche F_o berechnet wird.

$$F_o = \frac{M}{\rho_o \cdot u} = \sim \frac{1}{I_o}$$. Hierin ist u die Geschwindigkeit an der Brennermündung in

Tafel 108: Flammenlänge (nach Günther und Lenze) bei 99 % Ausbrand

Brenner		Luft-zahl n	D_o [m]	Brennstoff	ρ_{oN} [kg/m³(V_n)]	v_{at}	L [m]	$\frac{L}{D_o}$
Art	Anordnung							
R	± F	—	0,04	Stadtgas	0,628	3,71	0,4	100
D	± F	—	0,01	Stadtgas	0,609	4,10	1,2	120
R	I— □	1,1	0,008	Stadtgas	0,641	3,84	1,04	130
R	I— □	1,3	0,008	Stadtgas	0,641	3,84	1,0	125
R	I— ○	1,1	0,008	Stadtgas	0,636	4,11	1,2	150
HD	I— F	—	0,00556	Öl	2,79	11,15	1,055	190
HD. K	I— ○	1,15	0,00556	Öl	2,79	11,15	1,225	220
ND	I— □	1,15	0,023	Öl	1,377	11,55	0,75	32,5
ND	I— ○	1,15	0,023	Öl	1,377	11,15	0,69	30

R = Rohrbrenner, D = Düsenbrenner, HD = Hochdruckzerstäuber, K = Konzentrischer Luftstrahl, ND = Niederdruckzerstäuber, ± = senkrechter Einbau, I— = waagerechter Einbau, □ = quadratische Brennkammer, ○ = zylindrischer Brennerkammer, F = freibrennend

6. Brenner und Verbrennungsraum

[m/s] und I_o ist der Impulsstrom $\frac{kg \cdot m}{s^2}$. Letzter wurde als Axialkraft gemessen, die der ausströmende Strahl auf den Brenner ausübt. Das Verhältnis Flammenlänge zum Düsendurchmesser bewegt sich für Koksofengas, Erdgas und Öl zwischen 100 und 250 (beim Hochdruckzerstäubungsölbrenner auf den Ersatzdurchmesser bezogen). Eine Ausnahme bilden die Ölbrenner, wobei das Öl durch Niederdruckluft zerstäubt und voll vorgemischt wird. Hier ist die entsprechende Zahl rund 30.

Aus diesem Zusammenhang zwischen Brennerdurchmesser und Flammenlänge geht hervor, daß in den Fällen, wo lange Flammen nicht erwünscht sind, die Brennerleistung über mehrere kleinere Brenner verteilt werden soll.

Brennt eine Flamme in einem geschlossenen Raum, so tritt eine äußere Rezirkulation der Flammengase auf (Bild 293a), und die Flamme wird 20 bis 40 % länger. Für Erdgas bei n = 1,1 wird dann l/d = 250. Rezirkulation im Ofenraum wird einsetzen, wenn D/d = rund 36, wobei D der äquivalente Durchmesser des Ofenraumes ist.

Sind sowohl Gas als auch Luft in Bewegung, so wird die Flammenlänge auch durch den Geschwindigkeitsunterschied zwischen den beiden bestimmt. Bild 294 zeigt für Erdgas und nicht vorgewärmte Luft, daß ein freiausblasender Gasstrahl in eine Luftströmung eine längere Flamme ergibt. Auch wird der Winkel, der die Flammengrenze bestimmt, kleiner (Tafel 109).

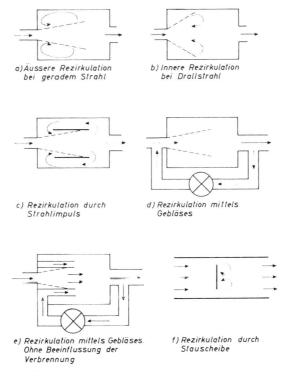

a) Äussere Rezirkulation bei geradem Strahl
b) Innere Rezirkulation bei Drallstrahl
c) Rezirkulation durch Strahlimpuls
d) Rezirkulation mittels Gebläses
e) Rezirkulation mittels Gebläses. Ohne Beeinflussung der Verbrennung
f) Rezirkulation durch Stauscheibe

Bild 293: Entstehung von Rezirkulation von Flammengasen

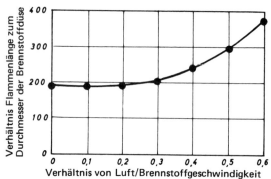

Bilde 294: Abhängigkeit der Flammenlänge vom Verhältnis der Luft- und Gasgeschwindigkeit (Larson et al.)

Tafel 109: Änderung der Öffnungswinkel von Freistrahlflammen

Verhältnis Gasgeschwindigkeit — Luftgeschwindigkeit	Halber Öffnungswinkel in Grad
0	12
0,05	9,5
0,10	7,0
0,30	4,5
0,40	3,0
0,50	2,5

Bei drallbehafteten Flammen (Bild 292—8), bei denen also dem Gasstrahl, dem Luftstrahl oder beiden eine Drallbewegung erteilt worden ist, ist es noch immer schwierig, im voraus die Flammenlänge zu bestimmen. Man ist noch weitgehend auf empirische Angaben aus Versuchen angewiesen. Der Drall wird gekennzeichnet durch den Drallparameter S. Der austretende Gasstrom hat neben einer Axialgeschwindigkeit auch eine tangentiale Komponente.

Der Impulsstrom infolge der Axialgeschwindigkeit erzeugt eine Schubkraft P. Die Tangentialkomponente erzeugt ein Impulsmoment M_t. Der Drallparameter ist nun

$$S = \frac{M_t}{P \cdot R} = \frac{2\pi \rho_o \int_o^\infty u\, w\, r^2\, dr}{(2\pi \rho \int_o^\infty u^2\, r\, dr + 2\pi \int_o^\infty p\, r\, dr)\, R} \qquad (206)$$

p = statischer Druck
r = radialer Abstand
u = axiale Komponente der Geschwindigkeit
w = tangentiale Komponente der Geschwindigkeit
ρ = Dichte
R = Brennerradius

6. Brenner und Verbrennungsraum

Bild 295 zeigt einige Beispiele von Drallerzeugern. Nach Günther [60] ist im Brennerbau der Drallparameter selten größer als S = 4.

Mit Leitschaufeln lassen sich Werte von S = 5 erreichen. Für Leitschaufeln nach der Art von Bild 295a ist

$$S = \frac{2}{3} \tan \delta_o = \frac{2}{3} \frac{w_o}{u_o}$$

Wir der Drall durch eine tangentiale Zufuhr erzeugt (Bild 295c), so ist

$$S = \frac{\pi \cdot e \cdot r_e}{2 A_e}$$

Für den einfachen Fall eines drallbehafteten Strahles in ruhender Luft, wenn sich die Flamme soweit ausstrecken kann, daß die Drallbewegung fast ausgeklungen ist, wird

$$l/d_o = 5{,}3 \frac{c_o}{c_{st}} \sqrt{\frac{\rho_f}{\rho_o}} - 21 S \qquad (207)$$

Es bedeuten

- w_o — Tangentialgeschwindigkeit des eintretenden Stromes
- u_o — Axialgeschwindigkeit des eintretenden Stromes
- A_e — Eintrittsquerschnitt der tangential eintretenden Luftströme
- r_e — mittlerer Abstand zwischen dieser Eintrittsfläche und der Brennerachse
- d_o — Durchmesser der Brennstoffdüse
- c_o — Brennstoffkonzentration im Gemisch am Eintritt (c_o = 1 bei Brennern ohne Vormischung)
- c_{st} — Brennstoffkonzentration im stöchiometrischen Gemisch
- ρ_o — Dichte des eintretenden Strahles
- ρ_f — Dichte der Flammengase

Wird die Verbrennung ganz oder teilweise im Brenner selbst durchgeführt (z.B. Combustorbrenner), so wird die Flammenlänge kürzer. Brennt eine Strahlflamme in einer Kammer, so wird aus der Umgebung Abgas in den Flammenstrahl zurückgeführt (Bild 293a) (5.3.1.).

Besitzt die Flamme einen starken Drall (Bild 293b), so bewegt sich Gas in das Innere der Flamme zurück.

Bild 293c zeigt die Rezirkulationsanordnung, wie sie im Ofen Bild 408 verwendet wurde.

Auch mittels eines Gebläses kann heißes Gas zurückbefördert werden, und zwar in der Flamme (Bild 293d) oder um die Flamme herum und durch nachträgliche Vermischung (Bild 293e).

Schließlich ist die Rezirkulation hinter einer Stauscheibe von irgendeiner Form sehr wichtig zur Stabilisation von Flammen (Bild 293f).

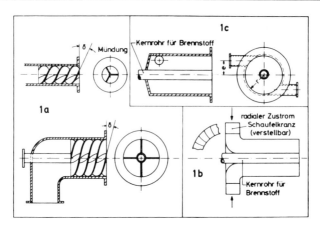

Bild 295: Verschiedene Drallerzeuger

6.2. ALLGEMEINES ÜBER BRENNER

6.2.1. Die Wärmeabgabe von Flammen und ihre Beeinflussung

Sie wird durch die Strahlung von CO_2 und H_2O und eventuell durch die Rußstrahlung charakterisiert (4.5.2.). Da die Verbrennung in der Richtung der Flammenachse weiter fortschreitet, wodurch CO_2-, H_2O- und Rußgehalt der Flammengase und ihre Temperatur sich ändern, so ist die Wärmeabgabe entlang der Flammenachse nicht gleichmäßig.

Wie bereits erwähnt, wird der Verbrennungsablauf in Ofenräumen meist auch durch Rezirkulation beeinflußt. Unterlagen hierüber und einen Einblick in die Verteilung und Größe der Wärmeabgabe können in Versuchsbrennstrecken mittels optischer Temperaturmessung und mittels Wärmeflußmesser gewonnen werden. Auch werden hierzu wassergekühlte, kalorimetrische Brennstrecken benutzt.

Hierüber ist in 4.5.2. bereits einiges gesagt. Klapp und Kremer haben ein rechnerisches Verfahren entwickelt, um die Flammenumrisse und die Wärmeentbindung bei Parallelstrom-Brennern zu berechnen [62].

Bild 296 zeigt, daß die Wärmeabgabe einer Flamme nicht gleichmäßig über die Flammenachse verteilt ist, denn das würde im Schaubild eine gerade Linie ergeben. Sie hängt vielmehr vom Ausbrand φ ab.

Die Brennerform und die Art der Mischung von Brennstoff und Luft sind von Einfluß auf die Wärmeabgabe. Der Kugelbrenner erzeugt durch Drall eine breite kurze Flamme, die Wärmeabgabe ist in der Nähe des Brennermundes groß. Der Parallelstrombrenner mit Vormischung erzeugt eine Flamme, die länger ist, wodurch das Maximum der Wärmeabgabe sich weiter vom Brennermund verschiebt. Bei dem Parallelstrombrenner, wobei Gas und Luft sich erst allmählich vermischen, tritt dieses Maximum erst in größerer Entfernung vom Brennermund auf (Bild 292–2).

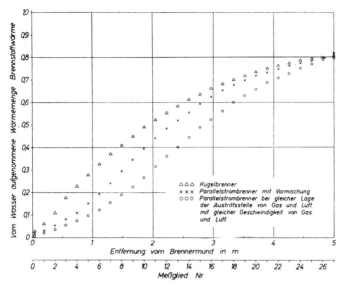

Bild 296: Wärmeentwicklung entlang der Achse verschiedener Brennarten

6.2.2. Die Stabilisierung von Flammen

Nach Lewis und von Elbe brennt eine Flamme stabil, wenn an einem Punkt des Stromes die Strom- und Flammengeschwindigkeit gleich groß sind. Bei turbulenter Strömung hängt die turbulente Flammengeschwindigkeit aber ab von der Art und der Intensität der Turbulenz. Die Einführung der Peclet-Zahl zur Charakterisierung der Grenzen der Flammenstabilität hat sich als sehr praktisch erwiesen [63]. Sie ist

$$Pe = w \frac{d}{a}$$

mit

w — mittlere Strömungsgeschwindigkeit m/s
d — Brennerrohrdurchmesser m
a — Temperaturleitzahl m²/s

Die Peclet-Zahl für das Abheben oder Wegblasen einer Flamme läßt sich so deuten, daß am Ort des Erlöschens der Flamme die konvektive Wärmeabgabe zu stark wird. Durch Auswertung einer größeren Zahl von Versuchsergebnissen verschiedener Brenner [106] konnte nachgewiesen werden, daß das Abheben von Rohrflammen mit folgender Formel beschrieben werden kann

$$Pe_A = C\, Pe\, \frac{m}{z} \qquad (208)$$

$Pe_A = w \dfrac{d}{a}$ ist die Peclet-Zahl für das Flammenabheben

Tafel 110: Peclet-Zahlen zur Kennzeichnung der Flammenstabilität gegen Abheben

Brennart	Gasart	Strömungszustand	Pe_z	c	m
Injektorbrenner	Stadtgas	turbulent	120 ... 1650	$0{,}28n^{-3}$	1,5
	Erdgas		350 ... 2550		
Gebläsebrenner	Stadtgas	turbulent	120 ... 1650	$0{,}18n^{-3}$	1,5
	Erdgas		350 ... 2550		

n = Luftzahl des Gemisches

$Pe_z = \Lambda \dfrac{d}{a}$ ist die Peclet-Zahl bezogen auf die laminare Zündgeschwindigkeit Λ.

In Tafel 110 sind für Injektor- und Gebläsegasbrenner Werte von C und m angegeben. Die Grenzgeschwindigkeit, bei der eine Flamme sich abhebt und schließlich erlischt, wird die Löschgeschwindigkeit genannt. Aus der Tafel geht hervor, daß C auch von der Luftzahl n des Gemisches abhängig ist. Bild 297 zeigt die Löschgeschwindigkeit in Abhängigkeit von der Luftzahl für Diffusions- und Vormischbrenner. Es fällt auf, daß die Flamme mit der höchsten Löschgeschwindigkeit, also die stabilste Flamme, bei den Punkten 1 und 2 auftritt, das heißt bei nicht stöchiometrischen Gemischen.

Das Mittel zur Flammenstabilisierung ist also bekannt. Es ist dafür Sorge zu tragen, daß das strömende Luft-Brennstoff-Gemisch wenigstens an einem Punkt immer gezündet bleibt.

Für die Lösch- oder Abhebegeschwindigkeit w_a gilt $\dfrac{d}{w_a} \sim \dfrac{a}{\Lambda^2}$. Günther [61] hat darauf hingewiesen, daß a für sehr viele Brenngemische gleich a für Luft ist. Die Haupteinflußgröße auf die Flammenstabilisation wird also die laminare Flammengeschwindigkeit sein. Der Flammendruck ist proportional Λ^2, und bereits im Jahre 1944 hat Verfasser darauf hingewiesen [64], wie der Flammendruck entsteht, und wie er eine Flamme stabilisiert.

Ein Luft-Gas-Gemisch verbrennt beim Durchgang durch die Verbrennungsfront (die Oberfläche des Innenkegels), wird also auf eine hohe Temperatur gebracht, und hierdurch dehnen die Gase sich bei konstantem Druck p l ö t z l i c h aus. Das heißt, daß die Geschwindigkeit der Gase beim Durchgang durch die Verbrennungsfront plötzlich und sehr stark zunimmt. Eine Geschwindigkeitszunahme, also eine Beschleunigung, kommt nur durch Einwirkung einer Kraft zustande, die hier berechnet wird.

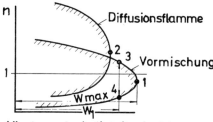

Bild 297: Zwei typische Formen von Stabilitätskurven. Die Kurven zeigen: Abhängigkeit der Löschgeschwindigkeit w von der Luftzahl n, Punkte 3 − 4, Arbeitsbereich eines Flammenstabilisators (nach H. Fritsch)

6. Brenner und Verbrennungsraum

Aus der Mantelfläche des Innenkegels sei ein kleiner Kegelring herausgeschnitten, dessen Oberfläche ΔM ist. Das Luft-Gas-Gemisch hat vor Eintritt in die Verbrennungsfront die Temperatur $T^°_1$ abs., die Geschwindigkeit w_a und die Raumdichte ρ_o (Bild 298).

Die Geschwindigkeitskomponente von w_a senkrecht zur Kegelmantelfläche ist: $w'_a = w_a \cdot \sin \beta$.

Nach der Verbrennung ist die Geschwindigkeit der Gase w_{a2} und die senkrechte Komponente: $w'_{a2} = w_{a2} \cdot \sin \beta$. Während der kurzen Zeit ΔZ, die das Gemisch braucht, um die dünne Schicht, welche die Verbrennungsfront bildet (0,01 bis 0,1 mm stark), zu durcheilen, strömt durch die Fläche ΔM eine Gasmenge mit der Masse:

$$w_a \cdot \sin \beta \cdot \rho_a \cdot \Delta M \cdot \Delta z$$

Weil die Masse von der Verbrennung unberührt bleibt, so ist sie auch gleich der Masse nach der Verbrennung:

$$w_{a2} \cdot \sin \beta \cdot \rho_{a2} \cdot \Delta M \cdot \Delta z$$

Die Bewegungsgröße (Masse x Geschwindigkeit) ist vor der Verbrennung:

$$w_a^2 \cdot \sin^2 \beta \cdot \rho_a \cdot \Delta M \cdot \Delta z$$

Bei der Verbrennung nimmt das Volumen nicht nur zu infolge der Temperaturausdehnung (von T_1 auf T_2), sondern es tritt auch eine Volumenänderung infolge der Änderung der Molekülzahl auf. Das Volumen wird durch letztere Ursache m-mal größer (auf gleiche Temperatur bezogen).

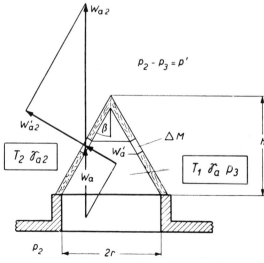

Bild 298: Berechnung des Flammendruckes

Es ist also:

$$w_{2a} = w_a \cdot m \cdot \frac{T_2}{T_1}$$

Auch ist:

$$\rho_{a2} = \frac{\rho_a}{m} \frac{T_1}{T_2}$$

Die Bewegungsgröße nach der Verbrennung ist:

$$w_{a2}^2 \cdot \sin^2 \beta \cdot \rho_{a2} \cdot \Delta M \cdot \Delta z = w_a^2 \cdot \sin^2 \beta \cdot \rho_a \cdot m \frac{T_2}{T_1} \cdot \Delta M \cdot \Delta z$$

Da die Summe aller Kegelringe $\Sigma M = \pi r \sqrt{h^2 + r^2}$, so ist für die ganze Gasmenge, die während der Zeit Δz durch den Innenkegel der Flamme strömt, die Z u n a h m e der Bewegungsgröße:

$$w_a^2 \cdot \sin^2 \beta \cdot \rho_a \left(m \frac{T_2}{T_1} - 1 \right) \Delta z \cdot \pi r \sqrt{h^2 + r^2}$$

Der I m p u l s ist das Produkt aus der Kraft P, die auf die Masse wirkt, und der Zeit (Δz), während der die Bewegungsgröße zunimmt, also $P \cdot \Delta z$. Auch ist $w_a \sin \beta = \Lambda =$ laminare Zündgeschwindigkeit (4.1.5.).
Da der Impuls gleich der Zunahme der Bewegungsgröße ist, so wird:

$$P \cdot \Delta z = \Lambda^2 \rho_a \left(m \frac{T_2}{T_1} - 1 \right) \Delta z \cdot \pi r \sqrt{h^2 + r^2}$$

E s   w i r k t   a u c h   e i n e   R e a k t i o n s k r a f t   a u f   d i e   F l a m m e n f r o n t. Sie kann am besten auf die Flächeneinheit des Innenkegels bezogen werden und ist somit:

$$p = \Lambda^2 \rho_a \left(m \frac{T_2}{T_1} - 1 \right) \qquad (209)$$

Dieser Flammendruck, der von außen her auf den Innenkegel wirkt, hält das Gemisch innerhalb des Innenkegels unter einem Überdruck p_3 gegenüber der Atmosphäre.
Hier tritt die Kraft zutage, die die Verbrennungsfront einer entleuchteten Flamme stabilisiert. Nimmt die Zündgeschwindigkeit Λ zu, so nimmt der Druck unter dem Innenkegel mit dem Quadrat von Λ zu. Je kürzer dieser Innenkegel wird, um so stärker wird der Flammendruck. Die laminare Zündgeschwindigkeit ist:

6. Brenner und Verbrennungsraum

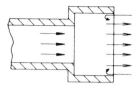

Bild 299: Stabilisierung durch Verringerung der Ausströmgeschwindigkeit

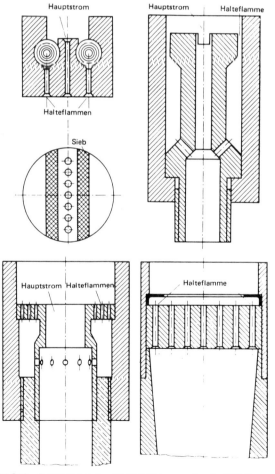

Bild 300: Erdgasbrenner mit Stabilisierung durch Hilfsflammen

$$\Lambda = \sqrt{p \frac{1}{\rho_a} \frac{1}{\left(\dfrac{\rho_a}{\rho_{a2}} m^2 - 1\right)}} \qquad (210)$$

Es gibt verschiedene Mittel, um eine Flamme gegen Abheben zu stabilisieren:

1. **Stabilisierung durch Dauerfunken.** Wird weniger angewandt. Ihre Wirkung tritt zutage bei Hochdruckzerstäubern älterer Bauart, deren Flamme zum Abheben neigt. Die Zündung wird durch den Dauerfunken aufrechterhalten.
2. **Stabilisierung durch Verringerung der Ausströmgeschwindigkeit** (Bild 299). Es kann außerdem durch die Rezirkulation von heißen Verbrennungsgasen an der Außenseite der Flamme eine Dauerzündung gewährleistet werden. Wird bei Erdgasflammen angewendet.
3. **Stabilisierung durch Hilfsflammen** (Bild 300).
4. **Stabilisierung durch vorspringende Kanten oder durch Vertiefungen.** Hinter den Kanten oder in den Vertiefungen treten Wirbel auf, die heißes Gas zurückführen (Bild 301).
5. **Stabilisierung durch Rückströmung** infolge äußerer Rezirkulation von Freistrahlen.

Wenn eine Freistrahlflamme in einem geschlossenen Raum brennt, wird Gas aus der Umgebung in Bewegung gesetzt (Bild 293a). Die Temperatur dieses rezirkulierenden Gases ist meistens nicht hoch genug, um die Flamme zu stabilisieren. Anders ist es bei dem in Bild 302 dargestellten Fall: Durch Löcher in der Wand einer zylindrischen und an einer

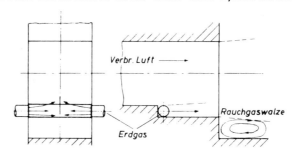

Bild 301: Verzögerte Verbrennung durch Gaszufuhr von zwei Seiten und hinter einer Stufe

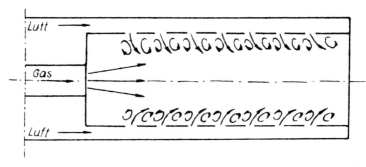

Bild 302: Flammenstabilisierung im Combustor durch äußere Rezirkulation

6. Brenner und Verbrennungsraum

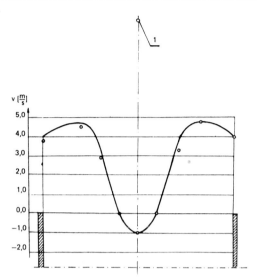

Bild 303: Verteilung der axialen Geschwindigkeit über den Mund eines Combustorbrenners nach Bild 328 (ohne Primärluftzufuhr); in Punkt 1 (100 mm vor dem Brennermund) wurden −2,2 m/s gemessen

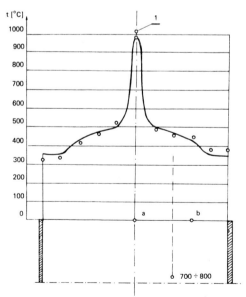

Bild 304: Temperaturverteilung im Brennermund des Brenners nach Bild 328 mit einem tangentialen Lufteinblaswinkel von 45°; in Punkt 1 (100 mm vor dem Brennermund) wurden 1350° C gemessen

Seite offenen Brennkammer (Combustor) wird Luft eingeblasen und zwischen den einzelnen Freistrahlen tritt auch jetzt äußere Rezirkulation auf, aber diesmal von heißen Flammengasen. Hierdurch werden die einzelnen Flammen stabilisiert. Das Gas wird hinten im Combustorraum zugelassen.

Wird außerdem die Luft durch tangential gerichtete Löcher zugeführt, wodurch der Inhalt des Combustors eine Drallbewegung erhält, so wird außerdem eine Rezirkulationszone inner- und außerhalb des Combustors erzeugt. In Bild 303 wird es für einen Brenner des Verfassers gezeigt [117].

Aus Bild 304 geht hervor, daß im Zentrum des Brennermundes in der Rückstromung auch die höchste Temperatur herrscht. Hierdurch wird eine doppelte Stabilisation erreicht.

6. Stabilisierung durch Drall.

Die Drallzahl S ist kennzeichnende Größe einer Drallbewegung (Formel 206). Durch die tangentiale Bewegung der Luft-, Brennstoff- oder Gemischteilchen treten Zentrifigalkräfte auf. Da zur Mitte der Drallströmung hin die Teilchen um einen kleineren Radius kreisen als weiter außen, sind die Zentrifugalkräfte im Zentrum der Strömung kleiner als an der Peripherie. Somit ist im Zentrum der Druck geringer. Es kann sogar Unterdruck auftreten. Dieser Unterdruck ist die Ursache für eine Rückströmung von Flammengasen zum Kern der Flamme (Bild 305). In Bild 306 ist dargestellt, wie sich das Profil der Axialgeschwindigkeit bei einem drallbehafteten Strahl ändert, wenn die Drallzahl von Fall a bis Fall e gesteigert wird. In Fall d tritt bereits im Zentrum eine kleine Rückstromzone auf, die sich dann in Fall e zu einer breiten Rezirkulationszone ausgebreitet hat [60]. Leuckel [65] hat an Ölbrennern und an Parallelstrom-Erdgasbrennern mit regelbarem Drall viele Versuche durchgeführt.

Fritsch weist darauf hin, daß bei einem Drallbrenner mit großem Durchmesser für kurze Flammen, in der Brennerachse ein Gebiet mit zu hoher Brennstoffkonzentration entstehen kann, wenn die Brennstoffzufuhr axial erfolgt. Besser ist es dann, die Gaszuteilung von einem Ring aus vorzunehmen [66].

Krüger [67] bezeichnet den Drallgrad, bei dem ein Drallstrahl ohne innere Rezirkulation in einen Strahl mit Rezirkulation umschlägt, als kritischen Drallgrad. Bei Versuchen mit konvergenten und divergenten Ausströmdüsen stellte er fest, daß bei konvergenten

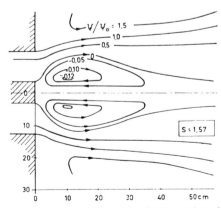

Bild 305: Rezirkulation durch Drall. Stromlinienverteilung (nach Chedaille)

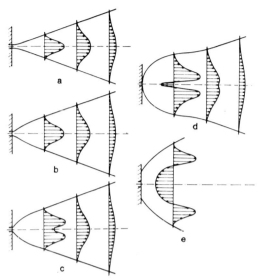

Bild 306: Änderung des Profils der Axialgeschwindigkeit bei Änderung der Drallzahl
(nach Günther)

Düsen der kritische Drallgrad sehr steil ansteigt. Mit Beibehaltung der gleichen drallerzeugenden Vorrichtung und Größe der Ausströmöffnung kann der Konstrukteur einen Drallbrenner entwerfen, bei dem nur durch die richtige Wahl des Öffnungswinkels mit Sicherheit Rückströmung erzeugt wird. Drei Bilder in [67] geben hierfür die Unterlagen.

Auch die Kombination von Staukörper- und Drallstabilisierung wird angewendet. Für Ölbrenner geben Chigier und Gilbert [68] folgende Anweisungen: Drall mit einer Drallzahl von S = 1,5, zusätzlich ein Staukörper mit einem minimalen Blockierungsverhältnis und dazu einen Brennerstein mit einem Öffnungswinkel von 70°.

7. S t a b i l i s i e r u n g d u r c h S t a u k ö r p e r. Befindet sich in einem Luft- oder Gasstrom irgendein Körper, so bildet sich an der Rückseite dieses Körpers eine Rezirkulationsströmung. In Bild 307a ist dieser Körper eine runde Scheibe (Stauscheibe). Bei Brennern erzeugt diese innere Rezirkulationsströmung eine Rückführung von heißem Brenngas, wodurch die Flammenstabilisierung erreicht wird.

Die Anordnung eines Staukörpers hat sich zuerst für Öl, danach für Gasbrenner als äußerst günstig erwiesen. Meistens wird nicht eine Stauscheibe, sondern ein Stauring angewandt, der außerdem an der Außenseite mit radialen Einschnitten versehen ist, die dann flügel-

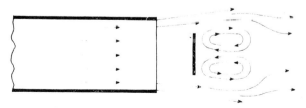

Bild 307a: Stabilisierung durch Staukörper

artig umgebogen sind. Hierdurch wird der Luft oder dem Gas zusätzlich noch ein Drall erteilt. Eine innere Rückströmung, wie sie durch Staukörper oder durch Drall erzeugt wird, ist weit wirksamer als eine äußere Rückströmung, wie sie bei Freistrahlen in einem beschränktem Raum auftreten (z.B. Diffusionsflammen in einem Ofenraum).

Ein Staukörper mit Durchmesser d wird von einer gleichmäßigen, vorgemischten Strömung mit der Geschwindigkeit w angeblasen [69].

Das frisch anströmende Gemisch wird gezündet und brennt stabil, solange es durch die Rückströmgase auf Zündtemperatur erhitzt wird. Das ungezündete Gemisch bleibt während der Zeit τ mit dem Rückstromgebiet in Berührung. τ ist proportional L und umgekehrt proportional w. Es ist ach L proportional d.

Die längste noch zulässige Zeit zum Zünden (kritische Zündzeit) ist τ_{kr}, wobei die Geschwindigkeit gerade w_A, die Abhebegeschwindigkeit ist.

$$\tau_{kr} \sim \frac{L}{w_A} \sim \frac{d}{w_A}$$

Nun ist die kritische Zündzeit näherungsweise gleich der Zündverzugszeit. Letztere ist δ/Λ.

δ = Dicke der Flammenfront = a/Λ

$$a = \frac{\lambda}{\rho c_p} = \text{Temperaturleitzahl}$$

Also:

$$\tau_{kr} \sim \frac{d}{w_A} \sim \frac{\delta}{\Lambda} = \frac{a}{\Lambda^2}$$

Wird mit $\dfrac{a}{d^2}$ multipliziert, so erhält man:

$$\frac{1}{w_A} \frac{a}{d} \sim \frac{a^2}{d^2} \frac{1}{\Lambda^2}$$

$$w_A \frac{d}{a} \sim \left(\Lambda \frac{d}{a}\right)^2 \qquad (211)$$

Nun ist

$w_A \dfrac{d}{a} = Pe_A$ die Peclet-Zahl bei der Abhebegeschwindigkeit und

6. Brenner und Verbrennungsraum

$\Lambda \dfrac{d}{a} = Pe_Z$ die Peclet-Zahl bezogen auf die Zündgeschwindigkeit.

Also $Pe_A = C\, Pe_Z^2$.

Beim Vergleich einer Brennerserie mit d als Variabler wird angenommen, daß Λ und a konstant sind.

Dann:

$$w_A \frac{d}{a} = C_1 \left(\Lambda \frac{d}{a} \right)^2$$

$$w_A\, d = C_1 \cdot C_2 \left(C_3 \frac{d}{C_2} \right)^2 = \frac{C_1 \cdot C_3^2}{C_2} \cdot d^2$$

$$\frac{w_A}{d} = C_{gesamt} \qquad \frac{w}{d} = konst. \tag{212}$$

Wenn in der Formel (208):

$$Pe_A = C\, Pe_Z^{\,m} = w \frac{d}{a}$$

die Werte für Pe_Z, C und m aus Tafel 110 für Gebläsebrenner eingesetzt werden, läßt sich auch hier eine Formel ableiten, wenn es sich um ein bestimmtes Gas handelt, bleiben Λ, a und m konstant.

Dann ergibt sich

$$Pe_A = w \frac{d}{konst} = 0{,}18 \left(konst_2 \frac{d}{konst_3} \right)^{1{,}5}.$$

Werden alle Konstanten zusammengefaßt, so ist

$$w \cdot d = konst\, d^{1{,}5}$$

$$\frac{w}{\sqrt{d}} = konst \tag{213}$$

Ein Vergleich zwischen (212) und (213) ergibt folgendes:
Da

$$w \sim \dot{Q}/d^2$$

so ist

$$\frac{\dot{Q}}{d^3} = \text{konst.}, \text{ bzw. } \frac{\dot{Q}}{d^{2,5}} = \text{konst.}$$

Oder

$$d \sim \dot{Q}^{0,33}, \text{ bzw. } d \sim \dot{Q}^{0,4}$$

Nach Bild 291 ist im Mittel: $d \sim \dot{Q}^{0,38}$. Rawe [70] hat mit den verschiedensten Stauscheiben Versuche gemacht, um eine Form zu finden, die auch für unterschiedliche Brenngase eine sichere Flammenstabilisation gewährleistet.

Fritsch [71] hat zur Kennzeichnung der Stabilität folgende Formel abgeleitet:

$$v_{max} = \text{Konst} \cdot d \cdot p \cdot \Lambda^2.$$

Dabei ist

v_{max} — Löschgeschwindigkeit m/s
d — Durchmesser des Staudruckkörpers m
p — absoluter Druck bar/m²
Λ — laminare Zündgeschwindigkeit m/s

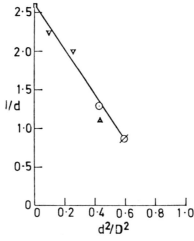

Bild 307b: Einfluß des Blockierungsverhältnisses auf die Länge des Rückstromgebietes

Die Stabilität wächst also linear mit der Dimension des Staukörpers und quadratisch mit der laminaren Zündgeschwindigkeit. Da die Zündgeschwindigkeit für Stadtgas und Koksofengas größer ist als für Erdgas, ist die Stabilisierung der Erdgasflamme bedeutend schwieriger.

Der Durchmesser des Staukörpers darf bei Öl nicht beliebig groß gemacht werden, da sonst die Löschgeschwindigkeit wieder abnimmt. Das Blockierungsverhältnis (Quadrat des Staukörperdurchmessers zum Quadrat des Brennerdurchmessers) soll also nicht zu groß sein.

Ein größerer Durchmesser d der Stauscheibe bringt aber bei Gas eine höhere Löschgeschwindigkeit mit sich. Im Gegensatz zu den Ölbrennern werden in Gasbrennern deswegen meistens sehr große Stauscheiben eingebaut. Das Blockierungsverhältnis d^2/D^2 hat auch Einfluß auf die Länge l des Rezirkulationsgebietes, wie Bild 307b zeigt [68]. D = Durchmesser Brennermund.

6.2.3. Flammengeräusche

Der Übergang von festen auf flüssige und gasförmige Brennstoffe und dazu das allgemeine Streben nach Lärmbekämpfung haben der Forschung über die Entstehung und die Bekämpfung von Flammengeräuschen viel Auftrieb gegeben.

Besonders die Instabilität von Flammen kann Pulsieren und Dröhnen verursachen. Hierbei treten Resonanzerscheinungen zwischen Flammen und Ofenraum auf. Bei Brennern mit Luftzufuhr mittels Kreiselgebläses kann auch das Verhalten des Gebläses die Ursache für akustische Schwingungen von Flammen und Ofenraum geben. Der Läufer des Gebläses soll sorgfältig ausgewählt werden.

Geräusche entstehen, wenn in einem Raum durch eine Schallquelle ein örtlicher Unterdruck erzeugt wird.

Periodische Druckschwankungen der Luft werden vom menschlichen Ohr als Schall im Bereich von 20 bis 20000 Hz empfunden. Die Druckamplitude muß aber einen gewissen Wert der Hörschwelle überschreiten, bevor sie für das menschliche Ohr wahrnehmbar ist. Andererseits gibt es auch die Schmerzschwelle, die als die maximal erträgliche Schalleinwirkung anzusprechen ist. Der Hörschwellendruck bei 1000 Hz ist $2 \cdot 10^{-5}$ N/m² = $2 \cdot 10^{-6}$ mm WS = $0,2 \cdot 10^{-6}$ mbar. Der Schmerzschwellendruck bei 1000 Hz ist $2 \cdot 10^1$ N/m² = 2 mm WS = 0,2 mbar. Da es bequemer ist, mit kleineren Dimensionen zu arbeiten, führt man einen relativen Wert, den Schalldruckpegel L_p ein, der in Dezibel (dB) gemessen wird:

$$L_p = 20 \log \frac{p}{p_o} \text{ in dB} \qquad (214)$$

p_o — Hörschwellendruck
p — vorhandener Schalldruck

Meßgeräte sollen sich möglichst dem menschlichen Wahrnehmungsvermögen anschließen. Es sind deshalb Kurven vereinbart worden, die das Verhältnis zwischen Frequenz und Schallpegel für das menschliche Hörempfinden wiedergeben. Die Anzeigen des Schallmeßgerätes sollen sich möglichst genau hiermit decken. Zur Umsetzung der Druckschwankungen in elektrische Meßwerte benutzt man Mikrophone. Vielfach sind es Kondensatormikrophone. Für billigere Instrumente werden auch Kristall- und Tauchspulmikrophone verwendet.

6. Brenner und Verbrennungsraum

Zur Geräuschanalyse können mit Filtern bestimmte Bandbreiten in Einzelschallpegel zerlegt werden Tafel 111.

Tafel 111: Schalldruckpegel und Skala

Schalldruckpegel: dB	Schalldruckpegelskala bei dB (A)
0	Hörschwelle
8	
14	
20	Atemgeräusch
28	
34	
40	Raumlüfter
60	Gespräch
80	Lastwagen
100	Trompete
120	Schmerzgrenze

Das Dezibel ist eine Meßgröße, das Phon dagegen eine Hörgröße als ein Maß für die **Lautstärke**. Der 1000 Hertz Ton hat die gleiche Phonzahl wie die Dezibel-Zahl. International ist vereinbart, daß nur in Dezibel gemessen wird. Als Grenzwerte für den zulässigen Schallpegel in Räumen wird angegeben:

für geistige Arbeit 50 bis 70 dB (A)

für manuelle Arbeit höchstens 90 dB (A)

Der Buchstabe A gibt die Frequenz nach DIN an. Die Geräusche von Flammen können entstehen beim Strömen von Luft, Gas oder Gemisch durch Kanäle und Öffnungen. Aber der Verbrennungsvorgang selbst kann sehr lästige Geräusche auslösen. Allgemein wird eingesehen, daß Schwankungen des Flammendruckes (6.2.2.) die primäre Ursache störender Flammengeräusche sind. Die diesbezügliche Formeln für die Schalleistung enthalten **alle** die laminare Flammengeschwindigkeit Λ.

Liard gibt folgende Formel für die Schalleistung N:

$$N = \frac{1}{2} \dot{Q} \rho_1 \Lambda^2 \left[(\frac{T_2}{T_1})^2 - 1 \right] \text{ [W]}$$

N nimmt auch zu mit der Brennerleistung $\dot{Q}$.

ρ_1 = Dichte des Gemisches bei der Temperatur T_1

T_2 = Temperatur nach der Flammenfront.

Gypta, Syred und Beer [72] haben an Combustorbrennkammern bei verschiedenen Arten der Gaszufuhr und bei Verbrennung eines stöchiometrischen Gemisches den Schalldruck gemessen (Bild 308). Die gestrichelte Linie zeigt den Schalldruck, wenn keine Verbrennung stattfindet. Bei der Brennerausführung Kurve A, wobei Brenngas noch zusätzlich bei der Mündung des Combustors zugeführt wurde, war die Geräuschabstrahlung **am** geringsten. Die zweite ringförmige Flamme, die dann die Hauptflamme umgab, wirkte **als** Filter für die Schallabstrahlung dieser Hauptflamme.

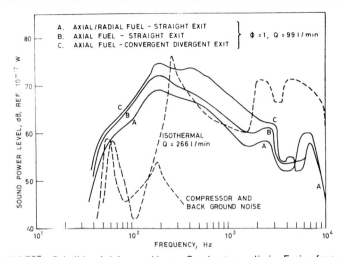

Bild 308: Schalldruck leiser und lauter Combustoren die im Freien feuern
A = axialer und radialer Brennstoffzufuhr- gerade Ausmündung
B = axialer Brennstoffzufuhr- gerade Ausmündung
C = axialer Brennstoffzufuhr- konvergente, divergente Ausmündung (nach Gupta, et al)

Beim Industrieofen handelt es sich im allgemeinen um Flammen, die in einen Raum eingeschlossen sind. Dieser ist hierbei ein Resonanzraum, also ein schwingendes Gebilde.

Die Eigenfrequenz f_n eines Raumes mit der Länge L und zwischen zwei einander gegenüberliegende Wände ist:

$$f_n = \frac{n+1}{2} \cdot \frac{c}{L} \qquad (215)$$

n = 0, 1, 2, 3 usw.
c = Schallgeschwindigkeit in m/s. Sie ist von Gasart und Temperatur abhängig.
   (Bild 309)

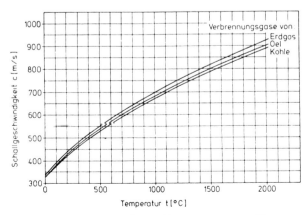

Bild 309: Schallgeschwindigkeit in Verbrennungsgasen (Oppenberg)

Der Raum kann mit unterschiedlicher Frequenz schwingen. Wird der Raum durch eine ihm entsprechende Frequenz erregt, so entsteht Resonanz und eine stehende Welle. Die Ursache der Erregung ist meistens der Brenner. Es ergeben sich große Schwingungsamplituden, wenn die Frequenz der Verbrennungsschwingung mit der natürlichen Frequenz der Verbrennung übereinstimmt. Bei Gebläsebrennern wirken Druckschwankungen im Verbrennungsraum auf die Luftförderung und somit auf die momentane Luftzahl zurück, besonders wenn das Luftgebläse eine flache Kennlinie hat. Hierdurch schwankt dann auch der Brennstoffumsatz. Die Amplitude der Brennkammerschwingung kann sich so hochschaukeln, daß eine bedeutende Steigerung der Geräuschentwicklung der Feuerung entsteht [73]. Bei Brennern mit Vormischung können sowohl der Injektor als auch der Brenner selbst und weiter die Verbrennung und die Luftzufuhr Ursachen für die Entstehung von Schall sein. Dieser kann sich durch Resonanz im Mischrohr oder im Verbrennungsraum verstärken.

In Tunnelbrennern (Impulsbrenner) läuft die Verbrennung nach Howland und Simmonds nicht stetig ab, sondern besteht aus einer Folge einzelner Explosionen. Bei Stadtgas sollen hierdurch Schwingungen mit einer Frequenz von rund 1000 Hz und bei Erdgas von rund 400 Hz entstehen können. Die Ursache hiervon sind Änderungen der Flammendrücke, wodurch der Eintritt einer neuen Füllung des Tunnels solange verhindert wird, bis der Druck wieder genügend abgesunken ist (pulsierende Verbrennung 4.5.6.).

Nach Lorenz [74] kann bei der Flamme als Schallquelle eine Verminderung des Geräusches durch Anwendung eines geänderten Flammenhalters, durch Anwendung eines Luftgebläses mit steiler Kennlinie und durch Änderung des Brennstoff-Luft-Gemisches erreicht werden. Mit der Brennerleistung wächst die Wahrscheinlichkeit, daß die Verbrennung in einem Verbrennungsraum Geräusche verursacht. Schmale, lange Flammen brennen mit weniger Geräusch als kurze. Somit kann man bei Ölbrennern durch Änderung der Zerstäubungscharakteristik eine Verbesserung herbeiführen. Die Resonanzeffekte des Verbrennungsraumes können durch Dämpfungsrohre (Bild 310), Helmholtz-Resonatoren oder einfach durch Löcher in der Nähe des „Druckbauches" der Schwingung und durch Belüftung des Verbrennungsraumes über eine Zusatzöffnung unterbunden werden, wobei das akustische System verstimmt wird. Auch die Vergrößerung des Durchmessers und die Verkleinerung der Länge des Verbrennungsraumes können mitunter Erfolg bringen. Wenn möglich, sollen die Wände des Verbrennungsraumes schallabsorbierend gemacht werden, da hierdurch die Dichte der Schallenergie verringert wird. Mit den neueren keramischen Fasermaterialien läßt sich das auch bei höherer Temperatur durchführen. Natürlich können Gebläsegeräusche usw. durch Umkleidung mit schalldämmenden Stoffen vermindert werden.

Andere Schwingungserscheinungen hängen mit dem Anfahrverhalten der Brenner zusammen [75]. Beim Zünden einer Flamme entsteht der Anfahrstoß. In neuerer Zeit wurde

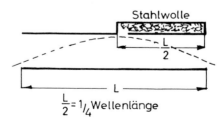

Bild 310: Blindrohr zur Dämpfung von Schwingungen

Vollautomatische Hochleistungs-Haubenofentechnik mit H₂-Schutzgasatmosphäre

LOI ESSEN
LOI Industrieofenanlagen GmbH

Moltkeplatz 1, D-4300 Essen 1
Telefon (0201) 18 91-1 · Telex 857 897 lofin d

MAXON

Industrie-Brenner begrenzen Energiekosten

Speziell entwickelt für die Direktbeheizung in:

Industrieöfen, Industrietrocknern, Lackieranlagen, Heißgaserzeugern, Röstern, Backöfen, Infrarottrocknern, Keramikindustrie, Verfahrenstechnik, in der Papier-, Textil- und Druckindustrie, sowie zur Abluftreinigung im Umweltschutz.

MAXON—Essen
Tel. 02 01 / 77 90 17

MAXON—Stuttgart
Tel. 0 71 51 / 4 20 51

webber
brenner-technik

Reku- und Regeneratorbrenner

Brennersystem für Gas, Oel, Sonder- und Abfallbrennstoffe

Spezial-Gasbrenner für Glasverarbeitung, Glühlampenanfertigung, Lötautomaten, Backöfen usw.

Glasschmelzofen-Beheizung ‚Make-up' Lufterhitzer

Strahler und Tunnelbrenner

Sonderanfertigung von Ofen- und Temperanlagen

webber
brenner-technik
Landmannweg 18
4600 Dortmund 76
Fernruf (0231) 65 24 38
Telex 822874

ein Meßverfahren entwickelt, bei dem das Anfahrverhalten eines Brenners durch brennereigene Koeffizienten beschrieben wird. Bei bekannten akustischen Daten des Verbrennungsraumes kann das Anfahrverhalten vorausgesagt werden.

6.3. GASBRENNER [82]

Die Gasbrenner werden meistens in B r e n n e r   o h n e   V o r m i s c h u n g (Diffusionsflammen) und B r e n n e r   m i t   V o r m i s c h u n g eingeteilt.

Letztgenannte können wiederum unterteilt werden in B r e n n e r   m i t   V o r m i schung   im   Brenner und Brenner mit Gas-Luftgemischzufuhr von außen.

6.3.1. Einteilung der Gasbrenner

In Bild 292 [122] werden die verschiedenen Gasbrennertypen gezeigt. 1 bis 4 gehören eindeutig zu den Brennern ohne Vormischung von Gas und Luft. Die Brenner 5, 6 und 7 sind Brenner mit Vormischung. Bei den Drall- und Wirbelstrombrennern 8 ist es oft schwer zu bestimmen, zu welcher Brennergattung sie gehören. Tatsächlich erfolgt die Mischung erst außerhalb des in 8 abgebildeten Brenners. Zu einem solchen Brenner gehört im allgemeinen ein Brennerstein. Mischung und Verbrennung finden wenigstens teilweise in diesem Stein statt. Da er auch zur Stabilität der Flamme beiträgt, weil er in Betrieb glüht, ist er als Teil des Brenners zu betrachten. Neuere Drallbrenner sollten deswegen als Brenner mit Vormischung betrachtet werden.

In Bild 311 ist der qualitative Zusammenhang zwischen Temperatur und Flammenlänge für verschiedene Brennerarten gezeigt.

Eine Einteilung der Gasbrenner nach Art der Zündung und Überwachung findet man im VDMA-Blatt 24204.

6.3.2. Brenner ohne Vormischung

Die für Industrieöfen gebräuchlichsten Brenner ohne Vormischung sind: die P a r a l l e l strombrenner,   die   Kreuzstrombrenner und die Drallbrenner.

Bei P a r a l l e l s t r o m b r e n n e r n (Bild 312) diffundieren Luft und Gas allmählich ineinander. Gas und Luft werden als zwei Parallelströme aus runden oder rechteckigen

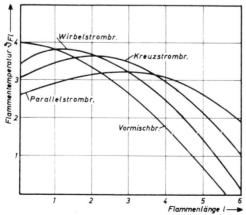

Bild 311: Zusammenhang von Flammentemperatur und -länge für verschiedene Brennerarten (qualitativ)

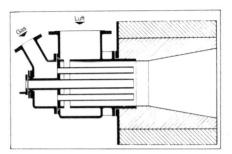

Bild 312: Parallelstrombrenner (Werkbild OFU, Düsseldorf)

Öffnungen nebeneinander oder als co-axiale Ströme in den Verbrennungsraum gedrückt. Sie können nicht zurückschlagen und sind somit innerhalb weiter Grenzen regelbar. Die Mischung findet allmählich statt, deswegen ist die Verbrennung langsam und die Flamme lang. Bild 313 zeigt den Verlauf der Wärmeabstrahlung entlang der Flammenachse für einen Parallelstrombrenner bei wechselnder Beaufschlagung. Sie zeigt, daß bei größerer Beaufschlagung das Maximum der Wärmestrahlung sich etwas weiter vom Brennermund weg verschiebt.

Werden beide Ströme schräg gegeneinander gerichtet, so verläuft die Mischung schneller und die Flamme wird kürzer und entleuchtet. Bei Parallelströmung und auch bei schwach gegeneinander geneigten Strömungen ist nach Rummel dafür zu sorgen, daß beide Gas bei ihrem Zusammentreffen die gleiche kinetische Energie $\frac{m \cdot w^2}{2}$ besitzen.

Dann ist:

$$\left\{\frac{v_0 \cdot \gamma_0 \cdot w_0^2 (273+t)^2}{f^2}\right\}_{Gas} = \left\{\frac{v_0 \cdot \gamma_0 \cdot w_0^2 (273+t)^2}{f^2}\right\}_{Luft}$$

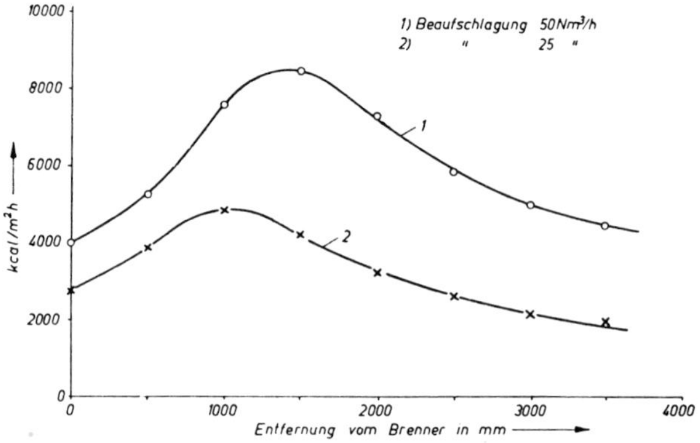

Bild 313: Verlauf der Wärmeabstrahlung entlang der Flammenachse eines Parallelstrombrenners bei Beaufschlagung von 50 bzw. 25 Nm³/h 1 Kcal/m² h= 1,163 W/m³

6. Brenner und Verbrennungsraum

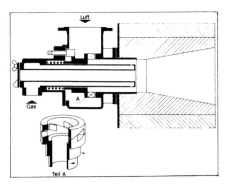

Bild 314: Brenner mit regelbarem Luftdrall (Werkbild OFU, Düsseldorf)

Bei luftsatter Verbrennung von Koksofengas ist w_0 Luft $\cong 4\, w_0$ Gas, und man kann das Verhältnis der Querschnitte für Luft und Gas berechnen aus:

$$\frac{f_{Luft}}{f_{Gas}} = 8 \cdot \frac{273 + t_{Luft}}{273 + t_{Gas}} \sqrt{\frac{1,293}{\gamma_{Gas}}}$$

Soll die Mischung von Gas und Luft schnell vor sich gehen und die Verbrennung dementsprechend schnell verlaufen, so läßt man beide Ströme rechtwinklig oder fast rechtwinklig aufeinanderstoßen.

Diese Bauart nennt man K r e u z s t r o m b r e n n e r. Durch die schnelle Mischung sind die Flammen kürzer als bei den Parallelstrombrennern. Kreuzstrombrenner in gemauerten Ausführungen werden oft in größeren Industrieöfen (Siemens-Martin-Öfen und Glaswannenöfen) verwendet.

Die bei beiden Brennerarten gebräuchlichsten Gasdrücke liegen zwischen 600–3000 N/m², die Luftdrücke bewegen sich zwischen 2000–15000 N/m². Auch der D r a l l b r e n n e r arbeitet mit diesen Gas- und Luftdrücken.

Da dem Gas und der Luft durch Einbauten ein entgegengesetzter Drall erteilt wird, erfolgt die Mischung sehr schnell und die Flamme ist kurz. Auch diese Brenner können nicht zurückschlagen und lassen sich deswegen gut herunterregeln.

Ein Parallelstrombrenner mit aufgeteilten Strömen ist in Bild 312 dargestellt. Bild 314 zeigt einen Brenner mit regelbarem Luftdrall, wobei bei starken Drall sich Mischung und

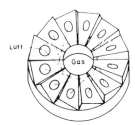

Bild 315: Drallbrenner für Gas

Verbrennung zweifellos größtenteils im Brennerstein abspielen werden. Durch Drehen von Teil A kann der Drall und dadurch die Flammenlänge geändert werden.

Eine andere Ausführung eines Drallbrenners zeigt Bild 315. Hier liegen die Luftaustrittsöffnungen in schräg gerichteten Stufen, wodurch eine Drallbewegung verursacht wird. Das Gas kann zentral ausströmen, aber meistens enthält es gleichfalls einen Drall [76].

Da diese Drallbrenner mit einem Brennerstein ausgerüstet sind, worin die Verbrennung sich wenigstens teilweise vollzieht, so können sie auch als Vormischbrenner betrachtet werden.

6.3.3. Brenner mit Vormischung von Gas und Luft

Bild 316 zeigt schematisch die verschiedenen Arten der Brenner mit Vormischung. In Bild 317 ist das Verhältnis von Brennerart und Flammenlänge dargestellt.

Es gibt viele Brenner, bei denen Gas und Luft erst beim Eintritt in den Brennerstein zusammengeführt werden und die somit auch Brenner ohne Vormischung genannt werden können. Erst im glühenden Brennerstein findet Mischung und teilweise Verbrennung statt. Die Flammen sind entsprechend kurz, was ein Kennzeichen der Brenner mit Vormischung ist. Meistens gehören sie zur Art der Drallbrenner. Beispiele hierfür sind die Kugelbrenner und die Wirbelstrahlbrenner. Bei K u g e l b r e n n e r (Bild 316) wird die Luft tangential eingeblasen und wirbelt um den Gasstrom herum. Durch diese Wirbelung soll eine schnelle und gleichmäßige Mischung erzielt werden; man hat aber den Nachteil, daß fast die ganze Geschwindigkeitshöhe der Luft vernichtet wird. Die heißen Gase besitzen somit nur einen verhältnismäßig geringen Impuls. Erhalten b e i d e G a s e

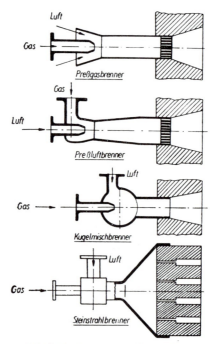

Bild 316: Brenner mit Vormischung

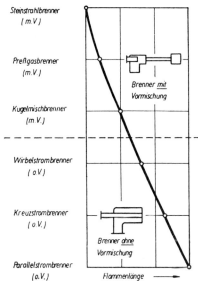

Bild 317: Brennerart und Flammenvolumen (nach Becher)

einen Drall, so können beträchtliche Teile der zugeführten Luft nach dem Austreten aus den Brenneröffnungen nach außen geschleudert werden. Es entsteht dann unmittelbar vor dem Brenner eine sehr heiße Flamme, daran schließt sich aber eine recht träge Nachverbrennung an.

Der W i r b e l s t r a h l b r e n n e r ist eher ein Treibdüsenbrenner, bei dem Luft (die mittels eines Kreiselgebläses auf einen Druck von rund 2000 N/m² gebracht ist) durch einen ringförmigen Spalt um eine Düse austritt. Die Mündung dieser Gasdüse befindet sich an der engsten Stelle eines Venturirohres, und das Gas wird durch den Impuls der ausströmenden Luft beschleunigt. Die Mischung von Gas und Luft wird dadurch unterstützt, daß durch sternförmige Leitschaufeln in der Gasdüse dem Gas ein Drall in bezug auf den Luftstrom erteilt wird (Bild 318). Auch können durch schraubenförmige Leitflächen dem Gas und der Luft entgegengesetzter Drall erteilt werden (Bild 319).

Die Mischung erfolgt an der Brennstelle. Die Brenner können nicht zurückschlagen, auch wenn sehr weit heruntergedrosselt und die Luft stark vorgewärmt ist. Ein weiteres Kennzeichn dieser Brenner ist die Vereinigung von Venturirohr und Brennerstein. Der Brennerstein erreicht im Betrieb eine hohe Temperatur, die Verbrennung findet im kleinsten Raum statt, und die Flamme kann sehr kurz sein. Wirbelstrahlbrenner nach Bild 319 können als Reihenbrenner ausgeführt werden, wobei dann mehrere Brenneröffnungen in einem Brennerstein ausgespart sind. Es wird die ganze Brenngasmenge über mehrere Flammen aufgeteilt. Bei der Auswahl eines Brenners für einen bestimmten Zweck ist die Flammenlänge nicht immer ausschließlich maßgebend. Die Flammenstrahlung bzw. die Strahlung des Brennersteines und der Impuls des heißen Gasstrahles sind in vielen Fällen wichtige Faktoren. Als Beispiel sei der Brenner Bild 315 angeführt. Das Brenngas strömt aus einer zentralen Öffnung; die Luft aus Öffnungen in den fächerförmigen Falten des Brennermundstückes. Die austretenden Luftstrahlen stellen in geometrischer Betrachtung die Erzeugenden eines Rotationshyperboloids dar, dessen Achse mit der Brenner-

420   6. Brenner und Verbrennungsraum

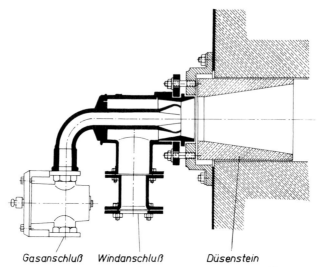

Bild 318: Sternstrahlbrenner (Werkbild Schmitz u. Apelt, Wuppertal)

achse zusammenfällt. Sie treffen den Gasstrahl also nicht direkt, es wird aber eine sehr starke Drallbewegung der Luft erzeugt. An und für sich findet keine Vormischung statt, und dennoch entsteht eine sehr kurze heiße Flamme, die sehr stabil ist und sogar bei den hohen Austrittsgeschwindigkeiten bis 250 m/s nicht abhebt. Meistens wird dem Gas noch ein entgegengesetzter Drall erteilt.

Auch die D e c k e n s t r a h l b r e n n e r sind Drallbrenner. Sie sind in einen trompetenförmigen Brennerstein eingebaut [86], so ergibt sich eine flache, an der Brennersteinfläche anliegende Flamme. Hierdurch werden der Stein und die Ofendecke in der Nähe des Steines zum Glühen gebracht.

Der Mechanismus der Bildung einer derartigen Flamme soll anhand von Bild 320 verdeutlicht werden [77]. Flammentype A entspricht einem axialen turbulenten Freistrahl mit nur äußerer Rückströmung. Die Strömungsform B ist durch eine ringförmige Strömung nach außen gekennzeichnet, die am trompetenförmigen Brennerstein anliegt und in der Mitte ein zentrales Rückströmgebiet hat. Schließlich hat sich im Fall C die ringförmige Strömung von B weiter zu einer fest an dem Brennerstein anliegenden Strömung entwickelt, so daß die Flamme sich auch an die Ofenwand anschmiegt. Im Zentrum besteht dann ein ausgedehntes Rückströmgebiet. Kennfaktor des Brennersteins ist $L = D_s/h$, wo-

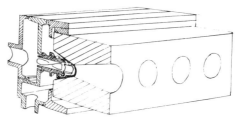

Bild 319: Wirbelstrahl-Reihenbrenner (Werkbild WISTRA)

6. Brenner und Verbrennungsraum

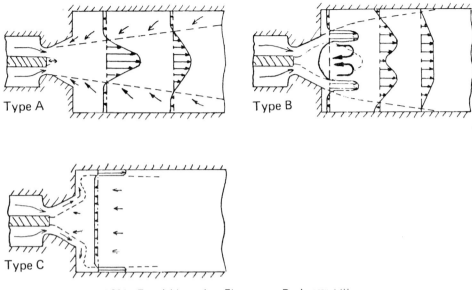

Bild 320: Entwicklung einer Flamme zur Deckenstrahlflamme

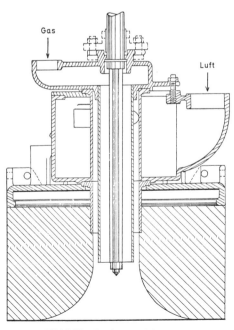

Bild 321: Deckenstrahlbrenner

bei D_s der Durchmesser des Austrittsquerschnittes ist und h die Höhe des abgestumpften Kegels. Für einen Winkel dieses Kegels zwischen 50 und 120° erhält man für

L = 4   die kugelförmige Flamme Typ B.
L = 4,5 die flache Flamme Typ C.

Bild 321 zeigt einen Deckenstrahlbrenner. Die Luft wird dem Luftgehäuse zugeführt und bläst aus den vier tangentialen Öffnungen des Drallkörpers aus. Das Gas strömt mit nur geringem Impuls aus dem Mittelrohr aus und wird unter der Einwirkung der axial gerichteten Rückströmung aufgerissen und mit der an der Wand liegenden Luft verbrannt. Eine andere Ausführung eines Deckenstrahlbrenners zeigt Bild 322.

In Anlehnung an den sehr häufig und bereits seit langer Zeit benutzten Hochdruckzerstäubungsbrenner für Öl, wobei die Hochspannungszündung und die Sicherheitsvorrichtungen mit dem Brenner als Einheit zusammengebaut sind, werden auch L u f t g e b l ä s e - G a s b r e n n e r geliefert. Bild 323 zeigt einen derarigen, vollautomatischen Gasbrenner.

Sehr vielseitig ist die Ausführung der Gebläsegasbrenner-Konstruktionen [126]. Sie unterscheiden sich in der Hauptsache durch den Mischkopf, werden aber meistens mit Hilfe einer Stauscheibe stabilisiert.

Mischkopf und Stauscheibe eines größeren Brenners (Leistung 2300 kW) zeigt Bild 324. Er ist zweistufig ausgeführt und hat für jede Stufe ein Luftgebläse. Meistens wird das Gas, in der Strömungsrichtung gesehen, vor die Stauscheibe zugeführt und tritt z.B. aus einem Kranz von Gaslanzen, aus einem Kreuz oder einem Stern mit Ausströmöffnungen oder aus einem geschlossenen zentralen Rohr mit seitlichen Bohrungen aus. Solche Bren-

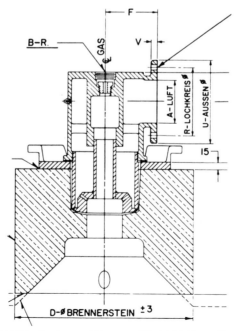

Bild 322: Deckenstrahlbrenner (Werkbild Bloom-Eng.)

6. Brenner und Verbrennungsraum

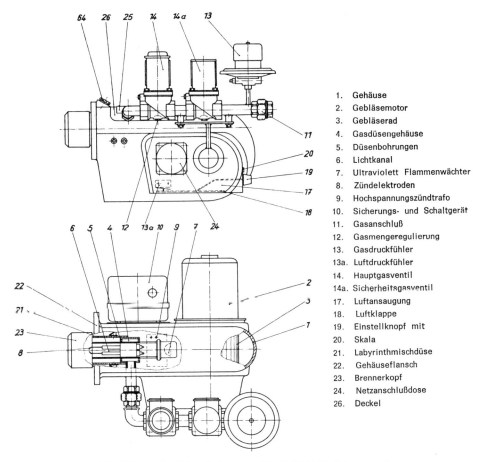

1. Gehäuse
2. Gebläsemotor
3. Gebläserad
4. Gasdüsengehäuse
5. Düsenbohrungen
6. Lichtkanal
7. Ultraviolett Flammenwächter
8. Zündelektroden
9. Hochspannungszündtrafo
10. Sicherungs- und Schaltgerät
11. Gasanschluß
12. Gasmengeregulierung
13. Gasdruckfühler
13a. Luftdruckfühler
14. Hauptgasventil
14a. Sicherheitsgasventil
17. Luftansaugung
18. Luftklappe
19. Einstellknopf mit
20. Skala
21. Labyrinthmischdüse
22. Gehäuseflansch
23. Brennerkopf
24. Netzanschlußdose
26. Deckel

Bild 323: Luftgebläse-Gasbrenner (Werkbild Maile-Schorndorf)

ner können mit Zwei- oder Dreipunkt-Regelung oder mit einer gleitenden Regelung betrieben werden. Bei der letzteren erfolgt die gleichzeitige Betätigung der Luft- und Gasregelorgane meistens durch Gestänge, die mit einem Stellmotor bewegt werden.

Die meisten Gebläsebrenner arbeiten mit saugseitiger oder druckseitiger Regelung des Verbrennungsluftstromes, d.h. auf der Saug- oder Druckseite des Luftgebläserades ist eine Drossel eingebaut, die den Querschnitt verändert. Dadurch wird zwar dort die Luftgeschwindigkeit konstant gehalten, aber nicht an der Stelle, wo Luft und Gas gemischt werden. Sind an diesem Mischpunkt die Gasdüse und die Stauscheibe fest eingebaut, wie das meistens der Fall ist, ergibt sich bei unterschiedlicher Luftzufuhr außer einer unterschiedlichen Geschwindigkeit auch ein unterschiedlicher Mischimpuls. Hat der Brenner bei seiner Maximalleistung die günstigste Mischgeschwindigkeit, so folgt daraus, daß er bei geringerer Belastung mit geringerem Mischimpuls arbeiten muß. Deswegen werden beim Körting-Brenner nach dem VT-Prinzip die Volumenströme von Brennstoff und Luft durch Querschnittsänderung der Mischeinrichtungen geregelt, wodurch sich bei der Leistungsregelung ein gleichbleibender Mischimpuls ergibt (Bild 325).

6. Brenner und Verbrennungsraum

Bild 324: Mischkopf und Stauscheibe eines große Gebläsebrenners (Werkbild Maile, Oberberken)

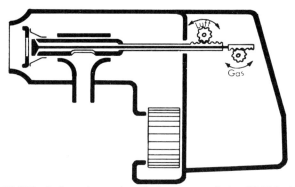

Bild 325: Aufbauschema eines Gasbrenners nach dem VT-Prinzip

Die Anwendung dieses Prinzips auf Ölbrenner ist in Bild 326 dargestellt. Beim Ölbrenner erreicht man eine Brennstoffregelung mit Ölrückführung.

Auch C o m b u s t o r b r e n n e r sind Drallbrenner, bei denen sich die Verbrennung ganz oder teilweise in einem Verbrennungsraum, dem Combustor, abspielt. Beim Combustorbrenner (Bild 327) wird das Gas durch einen Kranz runder Öffnungen im hinteren Ende des Combustors eingeblasen. Die Erstluft wird dort über einen Schaufelkranz als Drallkörper zugeführt, und die Zweitluft bläst durch Öffnungen in der Combustorwand radial aus. Die Verbrennung erfolgt zur Hälfte im Combustorraum. Brenner dieser Bauart sind für Erdgas mit Leistungen von 23 MW in Betrieb [79].

Der Combustorbrenner in Bild 328 ist ein Allgasbrenner, d.h. er kann ohne Auswechseln von Düsen oder anderen Teilen von Stadtgas oder Koksofengas auf Propan oder Erdgas umgestellt werden [78].

Unser Lieferprogramm:

Brennersteuergerät FDA 4001 in 19"-Ausführung
für UV- und Ionisation

Flammenwächter FD 2001/2 in 19"-Ausführung
für UV- und Ionisation

Brennerrundumsteuerung ERUST 0516
für max. 16 Brenner

Programmkarte Heizen – Kühlen SHK
in 19"-Ausführung

Rechenkarte WLK 500 für Warmluftkompensation

Temperaturabsenkung TAS 01

Maximalauswahlkarte MIMA 20
für max. 6 Thermoelemente

Analogsummierkarte ANSU 20
für max. 6 Analogsignale

Zündbrenner von 16 bis 30 mm ⌀

Meßblenden nach DIN 19205/19206

Zündelektroden nach Zeichnung

Zündtransformatoren

Wir PLANEN – FERTIGEN – MONTIEREN
Schalt-, Meß- und Regelanlagen für industrielle
Feuerungsanlagen in konventioneller und
freiprogrammierbarer Ausführung

HANS HENNIG VDI
Am Rosenbaum 1, 4030 Ratingen 8
Tel. (02102) 58 61-64, Telex 8 585 278

Wärmstens zu empfehlen:
Wärme-kammern

**Wie heizen Sie Ihre Faßinhalte auf?
Wirklich ökonomisch und auch energiesparend?**

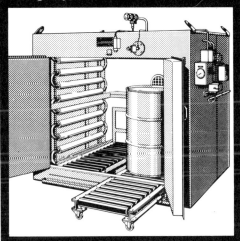

Mit unseren Wärmekammern können Sie die verschiedensten Medien trocknen, aufheizen und erschmelzen. In Fässern, aber auch auf Zwischenböden.
Besonders wirtschaftlich und mit einer hohen Temperaturgenauigkeit.
Mit Elektro- oder Dampfbeheizung.
In den verschiedensten Größen und Temperaturbereichen.

Sprechen Sie mit uns – wir sind führend in der Fasstechnik! Fordern Sie den Katalog „Wärme nach Maß" an.

WILL & HAHNENSTEIN GMBH
Postf. 100723/IBB · 5900 Siegen 1
Telefon (0271) 37931 · FS 0872552

Neue Werkstoffe

Al$_2$O$_3$
Al$_2$TiO$_5$
ZrO$_2$
SiC

Die Eigenschaften
- extreme Härte
- beständig gegen abrasiven Verschleiß
- hohe mechanische Festigkeit, auch bei hohen Temperaturen
- thermoschockbeständig
- beständig gegen korrosiven Angriff

Die Anwendungen
für Brennhilfsmittel
■ für Brennerteile
im Verschleißschutz
in der Gießereitechnik
in der Metallverarbeitung
im Chemie- und Apparatebau
in der Elektrotechnik
im Maschinenbau

■ Brennerteile aus Siliciumcarbid (SiC)

Brennerdüsen aus DICERON SC 90

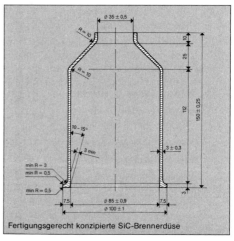

Fertigungsgerecht konzipierte SiC-Brennerdüse

Sorte	Werkstoff	Rohdichte	Offene Porosität	Biegefestigkeit	E-Modul	linearer thermischer Ausdehnungskoeffizient
		g/cm^3	%	MPa	GPa	K^{-1}
DICERON SC 90	90% SiC, Rest Si (SiSiC)	3,0	0	350	380	$4,5 \cdot 10^{-6}$

Die genannten Eigenschaftswerte wurden an Prüfkörpern ermittelt; d. h. die angegebenen Werte dürfen nicht vorbehaltlos auf andere Formate, Bauteile oder Teile mit anderer Oberflächenbeschaffenheit übertragen werden.

DIDIER-WERKE AG

Hauptverwaltung Wiesbaden
Lessingstr. 16 – 18 · Postf. 20 25
D-6200 Wiesbaden 1
Telefon (06121) 3 59-0
Telex 4 186 681 diw d
Telefax (06121) 35 94 75 / 4 76

Verkauf Grünstadt
Kirchheimer Str. 100 · Postf. 11 60
D-6718 Grünstadt 1
Telefon (06359) 8 02-1
Telex 451227 dig d
Telefax (06359) 80 22 44

Verkauf Grünstadt
Abt. Marktredwitz
Oskar-Gebhardt-Str. 2 · Postf. 209
D-8590 Marktredwitz
Telefon (09231) 8 01-0
Telex 641267 dimrw d
Telefax (09231) 8 01 11

6. Brenner und Verbrennungsraum

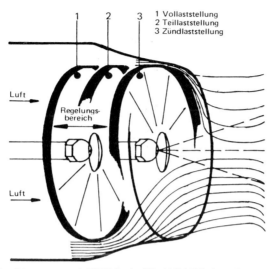

Bild 326: Ölbrenner nach VT-Prinzip (Werkbild Körting, Hannover-Linden)

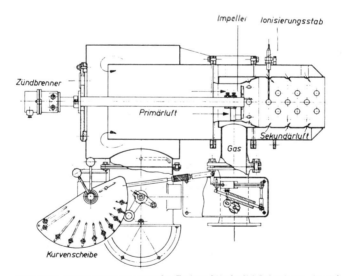

Bild 327: Combustor-Brenner für Erdgas (Werkbild Schmitz u. Apelt)

Wie aus Bild 328 hervorgeht, wird das Gas durch eine große Öffnung seitlich im Combustorraum eingeführt. Hier tritt auch über ein Schaufelgitter Erstluft zu. Die Zweitluft wird jetzt durch eine größere Anzahl Löcher tangential in den Combustor eingeblasen. Die Form dieser Löcher geht aus Bild 329 hervor. Der komplette Brenner mit Hochspannungszündung über eine Motorzündkerze und Ionisations-Flammenüberwachung mit einem seitlich schräg eingeführten Stab mit Zündkerzengewinde ist in Bild 330 dargestellt. Um den beim Zünden entstehenden Gegendruck zu mindern, hat der Combustor eine schwach kegelförmige Gestalt. Einige der beschriebenen Combustor-Brenner sind sogenannte Halbcombustoren, da die Verbrennung auch außerhalb der Brenner noch fortgesetzt wird. Wenn die Mischung innerhalb eines Brenners in zwei Stufen erfolgt, erreicht man ein niedrigeres NO_x-Gehalt im Abgas.

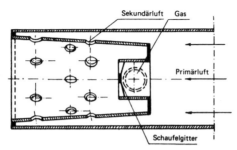

Bild 328: Allgas-Combustorbrenner nach Bild 194 (Verfasser)

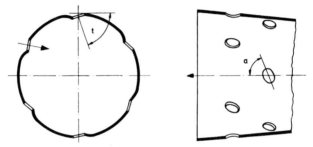

Bild 329: Anordnung der Luftzufuhröffnungen des Brenners nach Bild 194

Bild 330: Allgas-Combustorbrenner (Verfasser)

Die Formeln (187) und (188) sind wichtig für die Berechnung und Beurteilung von Combustorbrennern, denn durch die Drucksteigerung infolge der Verbrennung kann eine unerwünschte Änderung der Verbrennungsluftmenge verursacht werden. Ein Vergleich der Formeln zeigt, daß der Druckverlust infolge einer Erwärmung unterwegs bei einem sich erweiternden Rohr (A > 1) kleiner ist als bei einem zylindrischen Rohr (A = 1).

Nach den Formeln (212) und (213) nimmt bei der Zunahme des Durchmessers, also der Brennerleistung, auch die mittlere Geschwindigkeit w zu. Es sei die pulsierende Komponente der Geschwindigkeit w' = 0,1 w und die laminare Zündgeschwindigkeit Λ_l = 0,29 m/s. Für zwei Fälle, und zwar für w = 5 m/s und w = 15 m/s (d = 80 mm bzw. rund 200 mm) soll die turbulente Zündgeschwindigkeit nach der Formel (39 B) bestimmt werden (4.1.5.).

$$\frac{\Lambda'_t}{0,29} = \sqrt{1 + \left(\frac{2 \cdot 0,5}{0,29}\right)^2} = 3,6$$

$$\Lambda'_t = 1,05 \text{ m/s}$$

$$\frac{\Lambda''_t}{0,29} = \sqrt{1 + \left(\frac{2 \cdot 15}{0,29}\right)^2} = 10,75$$

$$\Lambda''_t = 3,12 \text{ m/s}$$

In beiden Fällen ist also Λ_t bedeutend größer als Λ_l, was für die Flammenstabilisation sehr günstig ist. Die turbulente Zündgeschwindigkeit ist in dem Brenner mit größerem Durchmesser und somit größerer Leistung auch größer als für den kleinen Brenner.

Combustoren erzielen sehr große Energieumsätze, die etwa das 10-fache wie üblich bei anderen Brennern sein können, was sich auch mit den periodischen Geschwindigkeitsschwankungen erklären läßt.

Für Strahlrohrerwärmung kann, bei Anwendung von Öl als Brennstoff, ein Brenner für pulsierende Verbrennung benutzt werden (4.5.6.). Auch Combustorbrenner für Gas wer-

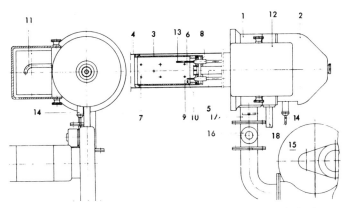

Bild 331: Combustorbrenner für Strahlrohr (Werkbild Dr. Schmitz & Apelt, Wuppertal)

den mitunter in Strahlrohre eingebaut (Bild 331). Das Strahlrohr hat einen Durchmesser von 100 mm, und das Combustorrohr 3 ist mit einem Bund 4 gegen das Strahlrohr abgedichtet.

Es zeigt sich, daß durch die tangentiale Luftzufuhr der Geräuschpegel des Brenners (Bild 330) stark gesenkt wird.

Wird die Brennkammer eines Combustorbrenners zu einer Mischkammer verlängert und durch dort befindliche Öffnungen Überschußluft zugemischt, so erhält man ein Heißgaserzeuger. Diese werden oft für Trocknungsanlagen benutzt (8.6.3.). Sie werden sowohl für Gas als auch für Öl als Brennstoff gebaut und sind für sehr große Leistungen erhält-

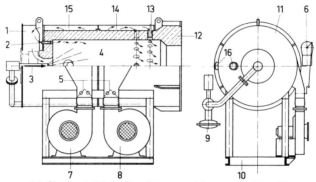

1 Luftkasten, 2 Kühlluftdüse, 3 Brenner, 4 Brennraum, 5 Regelklappen, 6 Gas-Luft-Verbundsteller, 7 Verbrennungsluftgebläse, 8 Mischluftgebläse, 9 Gasarmaturen, 10 Grundrahmen, 11 Brennkammer, 12 Mauerwerk, 13 Mischluftdüse, 14 Mischluftringkammer, 15 Verbrennungsluftringkammer, 16 Schauöffnungen

Bild 332: Heißgaserzeuger in Kompaktbauweise mit Erdgas-Hochdruckfeuerung

Bild 333: Heissgaserzeuger für Umgasbetrieb (Werkbild Schmitz und Apelt)

6. Brenner und Verbrennungsraum

lich [188, 191] Bild 332. Die Gase können auch in Umlauf zum Heißgaserzeuger rückgeführt werden. Bild 333 zeigt eine derartige Anlage für die chemische Industrie mit einer Leistung von 3,8 MW. Combustorbrenner unter der Bezeichnung Zyklonbrenner werden auch für die thermische Nachverbrennung von schädlichen Abgasen der Industrie eingesetzt.

Treibdüsenbrenner

Bei der Bunsenbrennerbauart findet meistens nur teilweise Vormischung von Gas und Luft statt, soweit der Impuls eines Niederdruckgasstrahles dazu benutzt wird, Atmosphärenluft (Primärluft) anzusaugen.

Das hierbei erzielbare Luft-Gas-Verhältnis reicht ohne besondere Maßnahmen nicht aus zur vollständigen Verbrennung. Die übrige notwendige Luftmenge (Sekundärluft) muß durch den Ofenzug aus der Atmosphäre an die Flamme herangeführt werden. Durch genaue Treibdüsenberechnung und eine strömungstechnisch richtige Bauart läßt sich aber das Luft-Gas-Verhältnis steigern, besonders wenn doppelte Injektion angewandt wird. Aber auch durch eine geschickte Verbindung von Ofen und Brenner ist es möglich, die ganze erforderliche Luftmenge als Primärluft anzusaugen. Der Auftrieb im Ofenraum unterstützt die Impulswirkung der aus den Düsen austretenden Gasstrahlen [81].

Eine vollständige Vormischung von Gas und Luft kann erzielt werden, wenn Gas oder Luft mittels eines Gebläses (für Gas meistens ein Gebläse mit Drehkolben, für Luft meistens ein Kreiselgebläse) unter höheren Druck gebracht. Der Impuls des aus einer Düse austretenden Strahles wird dazu benutzt, den anderen Verbrennungspartner anzusaugen und die Mischung herbeizuführen, und zwar so, daß diese der gewünschten Luftzahl entspricht. Die Flamme kann also ohne weitere Zufuhr von Sekundärluft brennen.

Bei Gas als Treibmittel (Preßgasbrenner) wird die Luft aus der Atmosphäre angesaugt, und diese hat immer einen nahezu gleichmäßigen Druck. Wird das Regelorgan für das Brenngas als Nadelventil ausgeführt und ist die Öffnung dieses Ventils gleichzeitig die Gasdüse, so bleibt das Luft-Gas-Verhältnis auch beim Kleinstellen des Brenners gleichmäßig. Aber auch bei Drosselung des Gasdrucks und fester Gasdüse ist dieses Verhältnis ziemlich konstant. Bei Treibdüsenbrennern mit Gas als Treibmittel ist der Regelbereich ziemlich klein. Die Treibdüsenberechnung wird in (6.4.) behandelt.

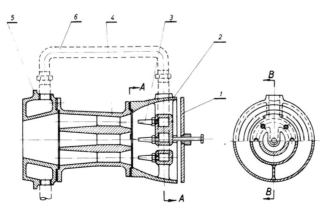

Bild 334: Injektorbrenner

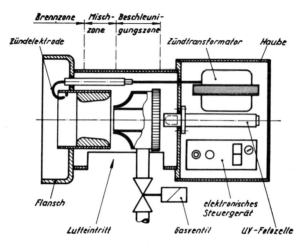

Bild 335: Injektorbrenner Bauart Maile

Der Injektorbrenner (Bild 334 [124]) arbeitet mit mehreren Injektoren, die in einem gemeinschaftlichen Gehäuse untergebracht sind. Das Gas wird in einer Kammer, die den vorderen Teil des Brenners umgibt, auf rund 150 °C vorgewärmt und durch 6 dem Düsengehäuse zugeführt. Die Leistungsregelung ist begrenzt, und der Brenner ist empfindlich gegen Druckschwankungen im Ofenraum. Das haben alle Injektorbrenner mit Gas als Treibmittel gemeinsam [135].

Ein moderner Injektorbrenner, gleichfalls mit Gas als Treibmittel, ist in Bild 335 dargestellt. Es sind drei Zonen zu unterscheiden: In der Beschleunigungszone strömt das Brenngas aus einem ringförmigen Spalt aus und saugt innerhalb des mantelförmigen Gasstrahles Erstluft aus der Atmosphäre an, also ähnlich wie bei einer Coanda-Düse (5.1.8.). Die Zweitluft wird in der Mischzone über eine Venturidüse beigemischt. In der Brennzone entsteht ein Rückstromgebiet, wodurch die Flamme stabilisiert wird.

Wenn Luft als Treibmittel (Preßluftbrenner) für Gas verwendet wird, so ist dafür zu sorgen, daß der Gasdruck durch einen Nulldruck-Regler auf atmosphärischen Druck gehalten wird. Denn dann bleibt das Gas-Luftverhältnis bei wechselnder Belastung nahezu konstant.

Brenner mit Diffusionsflammen und auch Treibdüsenbrenner, wobei beide Verbrennungspartner einen Überdruck besitzen, sollen so geregelt werden, daß die richtige Gemischzusammenstellung eingehalten wird. Diese Regelung kann mittels Drosselklappen, Hähnen oder Ventilen oder auch mit richtig gekoppelten Organen geschehen. Bei Handbedienung ist die Gemischzusammenstellung — wenn einmal richtig eingestellt — unabhängig vom Bedienungsmann, wenn solche gekoppelte Organe eingebaut sind. Die Kontrolle der Gemichzusammenstellung erfolgt durch Einbau von Schwebekörper-Durchstrommesser (7.5.) in Luft- und Gasleitung.

Es wurde darauf hingewiesen, daß nicht nur der Druckverlust des Drosselorganes, sondern auch der der Rohrleitung und die sonstigen Widerstände eine Rolle spielen. Die **Kopplung beider Drosselorgane kann pneumatisch, mechanisch** oder auch **elektrisch** erfolgen. Ein Beispiel einer pneumatischen Kopplung zeigt Bild 336. Der Luftdruck hinter der Luftdrosselklappe wird auf den Raum oberhalb der Membrane geführt, die durch Gewicht oder Feder belastet ist. Wird die Luftdrossel-

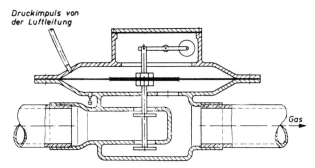

Bild 336: Pneumatische Kopplung zwischen Luft- und Gasdrosselorgan

klappe verstellt, so ändert sich der Luftdruck hinter dieser Klappe und das Gasventil wird entsprechend verstellt. Eine mechanische Kopplung kann durch ein Gestänge herbeigeführt werden, aber auch (z.B. bei Kolbenschiebern oder Hähnen) durch Zusammenbau beider Regelorgane und entsprechende Formgebung der Drosselöffnungen [80].

6.3.4. Brenner mit Zufuhr von Vollgemisch

Wird das Gemisch vorher fertig hergestellt und durch Rohrleitungen den Brennern zugeführt, so ist darauf zu achten, daß das explosive Gemisch nicht durch eine zurückschlagende Flamme gezündet wird und Schäden verursachen kann. Besonders bei ausgedehnten, größeren Rohrleitungen könnte dies verheerende Folgen haben.

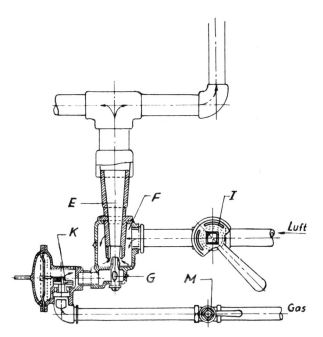

Bild 337. Mischvorrichtung, wobei der Gasdruck auf Null heruntergeregelt wird
(Werkbild Meterfabriek Dordrecht, Niederlande)

Bild 337 zeigt eine Anordnung, bei der der G a s d r u c k   a u f   a t m o s p h ä r i s c h e n   D r u c k   h e r u n t e r g e r e g e l t wird. Es ist hierbei nur ein Regelhahn I für die Luft notwendig, und doch bleibt das Luft-Gas-Verhältnis innerhalb ziemlich weiter Regelgrenzen gleichmäßig. K ist der kleine Schieber des Gasdruckreglers. Die Luft tritt innerhalb des Gehäuses F durch einen Ringspalt um die Gasdüse in das Venturirohr E ein und saugt Gas aus G an. Der Gashahn M ist nur Absperr- und kein Regelorgan. Es können mehrere Brenner mittels einer Treibdüseneinheit mit Gemisch versorgt werden.

Eine andere Ausführung ist in Bild 338 schematisch wiedergegeben. Auch hier wird der Luftdruck von Gebläse 1 durch eine Klappe oder Hahn 2 geregelt. Durch eine Düse strömt die Luft in den Mischer 3 und saugt Gas über dem Druckregler 4 an. Der Raum oberhalb der Membrane von 4 ist jedoch durch Leitung 5 mit dem Brennerrohr 5 verbunden, und 5 überträgt somit den Brennerdruck. Das Gas wird deshalb unter einem Druck zugeführt, der proportionell dem Brennerdruck und deswegen proportionell der Brennerleistung ist. Weil das Gas jetzt nicht mit Nulldruck, sondern unter einen entsprechenden Zufuhrdruck steht, kann der Luftdruck jetzt auch geringer sein. Hierdurch kann man mit kleineren bzw. einstufigen Gebläsen auskommen.

Bei Mischern nach Bild 337 sind meistens nur kurze Rohrleitungen vorhanden, aber bei. Anlagen, wobei ein Gebläse mit einer Mischvorrichtung zusammengebaut ist, sind besondere Maßnahmen zu treffen. Hierbei wird deshalb in der „Mischmaschine" meistens nur ein Gemisch gebraut und unter Druck gebracht, das nicht explosiv ist. Erst bei jedem

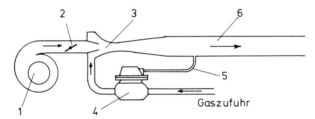

Bild 338: Mischvorrichtung mit automatisch geregeltem Gasdruck

Bild 339: Gas-Luft-Mischmaschine (Werkbild Selas)

einzelner Brenner wird durch den Impuls des Gemischstrahles die noch fehlende Luft aus der Atmosphäre angesaugt und zugemischt. Allerdings ist es gelungen, Rückschlagsicherungen zu entwickeln, die es ermöglichen, in der Mischmaschine ein luftsattes Gemisch (V o l l g e m i s c h) herzustellen und durch Rohrleitungen den Brennern zuzuleiten, ohne daß Gefahr von Explosionen besteht. Bild 339 zeigt eine „Mischmaschine".

6.3.5. Verschiedene Brennerarten

Beim Strahlungsbrenner (Bild 340) entwickelt sich die Flamme in einen schüsselförmigen Brennerstein, die dadurch sehr intensiv strahlt. Sie werden für Deckenstrahlung, aber auch für Seitenstrahlung von Öfen angewandt, z.B. für die gleichmäßige Erwärmung von Verzinkungswannen [87].

Bei Tunnelbrennern tritt das Gemisch aus einer Mischkammer, die sich zu einer Brennkammer erweitert und dann wiederum zu einer Ausblasöffnung verengt wird (Bild 341).

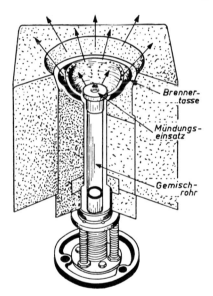

Bild 340: Strahlungsbrenner

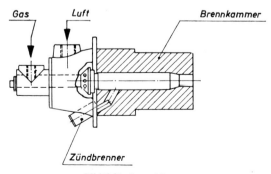

Bild 341: Impulsbrenner

Nach Keller [82] ist eine Brennkammerbelastung von 35 MW/m^3 am günstigsten in bezug auf Ausbrand und thermische Belastung. Eine besondere Ausführung eines Tunnel- oder Impulsbrenners ist der PT-Brenner. (Bild 342). Hier besteht die Tunnelwand aus einer porösen, keramischen Hülse, wodurch Vollgemisch gepreßt wird [83].

Ein Tunnelbrenner hat den b e s o n d e r e n V o r t e i l , daß ihm ein gerichteter Strahl heißer Abgase entströmt, dessen Impuls zur Umwälzung von kälterem Abgas benutzt werden kann. Der Impuls wird größer, wenn die Austrittsgeschwindigkeit der Gase größer ist, und dies ist zu erreichen durch Verjüngung des Tunnelausganges, wobei Geschwindigkeiten bis 200 m/s erreichbar sind. Er wird deshalb auch Impulsbrenner genannt.

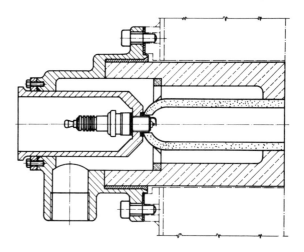

Bild 342: Tunnelbrenner vom Typ PT 40 C (mit Keramiktunnel)

Rekuperator-Gasbrenner

Neben der bisher überwiegend angewendeten Methode, die Verbrennungsluft mit Hilfe eines Zentralrekuperators zu erwärmen, werden für industrielle Wärmeprozesse heute zunehmend auch Rekuperatorbrenner eingesetzt, die eine weitere Steigerung der Verbrennungsluftvorwärmung ermöglichen. Bild 343 zeigt als Beispiel einen Rekuperatorbrenner, der zum Beispiel in Industrieöfen für die Wärmebehandlung von Stahl und NE-Metallen Verwendung findet. Brenngas und Luft werden an der Mündung in einer Brennkammer intensiv gemischt, wobei das Gas über mehrere radial angeordnete Düsen in den hoch vorgewärmten Luftstrom eingedüst wird. Die Umsetzung des Brennstoffs in Wärme läuft zu einem großen Teil bereits in der Brennkammer ab, so daß die heißen Flammengase mit hoher Geschwindigkeit austreten.

Bei hoher Prozeßtemperatur — bis etwa 1350 $^\circ$C — kommt anstelle der Brennkammer aus hitzebeständigem Stahl eine keramische mit einer höheren thermischen Belastbarkeit zum Einsatz. Das durch Injektorwirkung abgesaugte Abgas gibt den größten Teil seiner Wärme an einen integrierten Hochleistungsrekuperator (Luftvorwärmgrad $\epsilon = 0,7$) ab, so daß ein feuerungstechnischer Wirkungsgrad bis zu 85 % realisiert werden kann.

Die Beheizung von Bädern bei Temperaturen bis 60° ist in der Industrie ein sehr wichtiges Thema, das einer Überlegung wert ist. Dieser Wärmebedarf wird auf etwa 25 Mrd kW pro Jahr geschätzt. Die Wärmemenge ist so hoch, da sie vorwiegend über Heizzentralen er-

Zündbrenner ZIO

Auf dem europäischen Markt ist Kromschröder der führende Hersteller von Gas-Zündbrennern für den Industrieeinsatz.

Grundlage ist eine intensive Forschungsarbeit, die in der Branche Maßstäbe setzt. Für die unterschiedlichen Gasqualitäten werden im eigenen Spezial-Versuchslabor die Mischsysteme optimiert.

ZIO Zündbrenner bieten daher rationellste Energieausnutzung bei minimalen Betriebskosten.

- // ZIO Zündbrenner in Leistungsbereichen von 58 – 1160 kW
- // direkt gezündet, ionisch überwacht
- // großer Regelbereich bis 25:1
- // geeignet für Anlagen mit rekuperativer Wärmerückgewinnung (Warmluft bis 450 °C)
- // Varianten für unterschiedliche Einsatzzwecke und Gasarten
- // Kromschröder fertigt Zündbrenner ab 3 kW

**Sprechen Sie mit uns.
Wir haben das komplette Programm.**

Beheizung von Schmiedegesenken

Wir haben die optimale und energiesparende Lösung

Industriebrenner	für alle Gase, jede Einsatzmöglichkeit, großer Regelbereich, jede Absicherung möglich
Atmosphärische Gasbrenner	mit Injektor oder Zwangsluft für Gießpfannen, Kokillen, Anwärmflammen, Zündflammen, Gesenkbeheizungen – jede Art und Form – Knüppelanwärmanlagen, Schrumpfanlagen, Raumheizöfen für Industriehallen, Warmbäder, Schmelzöfen, Mischer usw.
Zubehör	Absicherungen, Schaltschränke, Hähne, Druckregler, Filter, Schläuche usw. Brennkammer aus feuerfestem Stahl
Gaswartungen	Überprüfen aller Gasleitungen und Armaturen lt. DVGW und DIN, Gaswartungsverträge
Umstellungen	von Stadt/Ferngas auf Erdgas
Montage	jeder Art durch fachkundiges Personal

elsner GmbH & Co. KG

4350 RECKLINGHAUSEN 4   Postfach 20 02 06   Wanner Straße (Ruhrgasgelände)
Ruf Herten (0 23 66) 3 66 21   Telex 8 29 773 elsa d

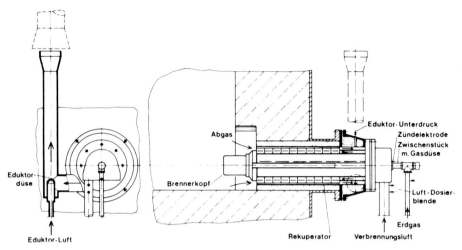

Bild 343: Rekuperator-Gasbrenner

zeugt wird. Daraus resultiert, diese Wärme an Ort und Stelle aus Erdgas zu produzieren und zum notwendigen Trend des wirtschaftlichen Energie-Einsatzes beizutragen.

Bei der direkten Beheizung mittels Durchsprudeln wird die im Bad eingetauchte Brennkammer mittels Verbrennungsluft abgekühlt. Dies verhindert eine heiße Kontaktfläche mit der zu erwärmenden Flüssigkeit und damit gleichzeitig ein Abschrecken der Flamme. Die Steuerung erfolgt entweder in „Alles oder Nichts" oder modulierend. Die Flammenüberwachung übernimmt eine UV-Fotozelle.

Der einfache Einsatz, Zuverlässigkeit, Leistung und der außerordentlich hohe Wirkungsgrad bei Temperaturen um 60 °C machen aus diesem Verfahren ein Heizsystem für viele industrielle Anwendungen (Spülwasser, Erwärmung verschiedener Anmachwasser, Erwärmung verschiedener Behandlungsbäder und Bottiche usw.).

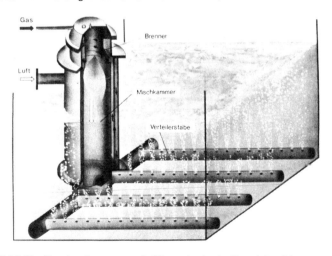

Bild 343a: Tauchverbrennung mit Wärmeabgabe im Sprudelverfahren

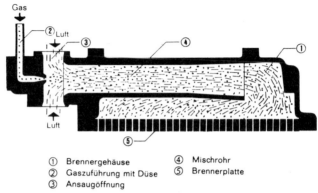

① Brennergehäuse   ④ Mischrohr
② Gaszuführung mit Düse   ⑤ Brennerplatte
③ Ansaugöffnung

Bild 344: Schwank-Brenner

Dieses Tauchverbrennungs-Verfahren gibt außerdem die Möglichkeit, Wasser zu verdunsten, wenn Temperaturen zwischen 80 und 90 °C erreicht werden. Diesen Anwendungsvorteil trifft man bei Konzentrierung von Schwefel- oder Phosphorsäure (in diesem Fall wird die Ausrüstung wegen Korrosionseingriff in Graphit ausgeführt).

Der Prototyp sämtlicher Steinstrahlbrenner ist wohl der Gas-Infrarotstrahler. Es gab zwar bereits vor dem Kriege Strahlplatten englischer Konstruktion mit Platten mit offenen Poren, aber diese arbeiteten mit Hochdruckgas als Treibmittel, so daß ein Kompressor zur Anlage gehörte. Schwank hat aber durch Anwendung durchlöcherter keramischer Platten und eines günstigen Injektorsystems den bekannten Brenner nach Bild 344 geschaffen [84]. Für industrielle Zwecke, z.B. für Trockenöfen, ist auch ein Steinstrahlbrenner entwickelt worden, bei dem das Gas aus einer Düse in die Mischkammer eintritt

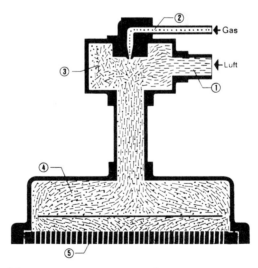

① Luftzuführung mit Blende   ④ Brennergehäuse
② Gaszuführung mit Düse   ⑤ Brennerplatte
③ Mischkammer

Bild 345: Schwank-Brenner mit Gebläseluftzufuhr

6. Brenner und Verbrennungsraum

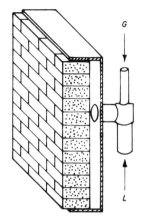

Bild 346: Strahlwand

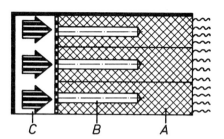

Bild 347: Aufbau einer Strahlwand

(Bild 345). Die Verbrennungsluft wird mit einem Gebläse zugeführt. Die Temperatur der Strahlfläche beträgt rund 900 °C.

Ein anderer Steinstrahlbrenner ist die Strahlwand (Bild 346), die aus Spezialsteinen mit den Abmessungen 230 mm x 114 mm x 64 mm aufgebaut wird. Schematisch ist der Aufbau in Bild 347 dargestellt [85]. Bei C wird das fertige Erdgas-Luft-Gemisch zugeführt. Die Steine A haben offene Prosität und außerdem nicht durchgehende Bohrungen B. Durch diese Bohrungen will man eine gleichmäßige Beaufschlagung erreichen und den Druckverlust auf 100 bis 400 mm begrenzen. Es soll eine Wandtemperatur bis 1450 °C erreichbar sein.

6.4. TREIBDÜSENBERECHNUNG [86, 87, 88, 90, 91]

Bei Gasbrennern wird das Luft-Gas-Verhältnis k des Gemisches als $\frac{m^3 \text{ Luft}}{m^3 \text{ Gas}}$ eingeführt. Der Luftbedarf für luftsatte Verbrennung ist $v_{at} \left[\frac{m^3 \text{ Luft}}{m^3 \text{ Gas}}\right]$. Es ist die Luftzahl $n = \frac{\text{tatsächliche Luftmenge in } m^3}{v_{at}}$, und $k = n \cdot v_{at} \left[\frac{m^3 \text{ Luft}}{m^3 \text{ Gas}}\right] \cdot n$ ist für das Gemisch, das den Brennöffnungen von Brennern des Bunsentyps, welche mit Niederdruckgas betrieben werden, entströmt, immer kleiner als 1. Ein Raum zwischen Innen- und Außenkegel, wo sich die Verbrennung mit Zweitluft aus der Atmosphäre vollzieht, ist deswegen in diesem Falle immer vorhanden. Wird das Gemisch aber in Brennern hergestellt, welche mit Druckluft oder Preßgas betrieben werden, so ist n = 1 leicht zu erzielen.

Treibdüsenbrenner, sowohl mit Gas oder mit Luft als Treibmittel haben die wichtige Eigenschaft, daß bei Änderungen des Vordrucks das Gas-Luftverhältnis sich nicht ändert. Nach (153) ist, da f_d, f_b, ρ_1 und ρ_2 gleichbleiben und nur p sich ändert:

$$m_1 w_1 = (m_1 + m_2) w'$$

Nach (165) ist:

$$m_1 \sim \sqrt{p}$$

und:

$$w_1 \sim \sqrt{p}$$

also:

$$m_1 w_1 \sim \text{konst. } p$$

Auch ist:

$$w' \sim (m_1 + m_2)$$
$$(m_1 + m_2)^2 \sim \text{konst. } p \text{ oder } (m_1 + m_2) \sim \text{konst. } p$$

Also ist das Mischungsverhältnis:

$$\frac{m_1 + m_2}{m_1} = \text{Konstant bei Änderungen von } p$$

Ist ein gewünschtes Gas-Luftverhältnis eingestellt, so läßt sich die Wärmeleistung des Brenners mittels eines einfachen Hahnes oder eines anderen Drosselorganes in der Zufuhrleitung des Treibmittels regeln. Dabei bleibt dann, innerhalb praktischer Grenzen, die Gemischzusammenstellung unverändert.

Der Innenkegel der Flamme habe eine genaue Kegelform (Bild 298). Es sind also Ausströmgeschwindigkeit w_a des Gemisches und die Zündgeschwindigkeit Λ über den ganzen Brennerquerschnitt konstant. Die Geschwindigkeitskomponente w'_a von w_a soll die gleiche, aber entgegengesetzte Richtung von Λ haben.

Es ist also:

$$\Lambda = w_a \sin \beta$$

Bleibt die Ausströmgeschwindigkeit w_a gleich, strömt aber ein Gemisch mit größerem Luftgehalt, für das also k größer ist, aus, so daß auch die Zündgeschwindigkeit Λ größer ist, so folgt, daß der Öffnungswinkel β des Innenkegels gleichfalls größer wird. Der Innenkegel wird kürzer, und die Spitze reicht näher an den Brennermund heran. Nimmt die Ausströmgeschwindigkeit w_a ab und bleibt die Zündgeschwindigkeit Λ gleich, so wird β gleichfalls größer. Wird β so groß, daß die Gefahr des Zurückschlagens der Flamme näherrückt, so ist das Luft-Gas-Verhältnis k zu verringern, denn hierdurch wird w_a kleiner. In den Bildern 348a bis c sind einige **Brennermischvorrichtungen** dargestellt. Im Bild 348 bläst Gas aus einer Düse mit dem Querschnitt f_d in ein gerades Rohr und saugt hierbei Luft an. Das Gemisch tritt aus Brenneröffnungen mit dem Querschnitt f_b. Die Energie vor der Düse ist E_1 und beim Austritt aus den Brenneröffnungen E_3. Im Bild 348b bläst das Gas aus einer Düse in ein **Venturirohr**, das sich zu dem Brennerrohr erweitert. Der Wirkungsgrad der letzten Vorrichtung ist größer.

6. Brenner und Verbrennungsraum

Eine Anordnung nach Bild 348a sei nun vorausgesetzt, wobei aus der Düse Gas entströmt und Luft aus der Atmosphäre ansaugt. Das gebildete **Gemisch** tritt danach aus den Brenneröffnungen aus. Nachstehende Erörterungen und Formeln haben auch Gültigkeit für den Fall, daß Luft aus der Düse strömt und diese Luft Gas mitreißt, wenn hierfür die entsprechenden Werte eingesetzt werden.

Das aus der Düse ausströmende Gas reißt Luft aus der Atmosphäre mit, das Gemisch bewegt sich im Mischrohr weiter, reibt an den Wandungen, wirbelt um Ecken herum und an Querschnittsänderungen vorbei und verläßt schließlich die Brenneröffnungen mit geringer Bewegungsenergie als bei Beginn der Reise. Die Betrachtung des Energieinhaltes des ausströmenden Gemisches im Vergleich zum Energieinhalt des am Anfang strömenden Gases ergibt folgendes:

Die Energie E_3 des Gemisches, das mit der Geschwindigkeit w_a aus den Brenneröffnungen mit dem Gesamtquerschnitt f_b strömt, ist der Rest der Anfangsenergie E_1, welcher nach dem Zusammenstoß mit der Luft und nach Abzug der verschiedenen Reibungs- und Wirbelverluste übriggeblieben ist.

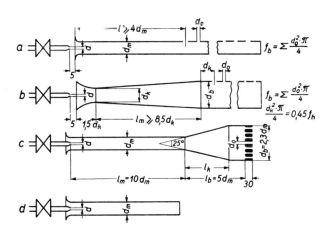

Bild 348: Grundtypen von Treibdüsenbrennern

d = Durchmesser der Düsenöffnung
p = Überdruck des Gases vor der Düsenöffnung in mm WS
ρ_1 = Dichte des Gases
ρ_2 = Dichte der Luft
D = $\dfrac{\rho_1}{\rho_2}$ = Dichteverhältnis des Gases in bezug auf Luft
k = m³ Luft auf 1 m³ Gas im Gemisch
f_d = Querschnitt der Düsenbohrung
f_b = Gesamtquerschnitt der Brenneröffnungen
a_1 = Ausströmzahl der Düsenöffnung
a_2 = Ausströmzahl der Brenneröffnungen
w_1 = Ausströmgeschwindigkeit des Gases
w_a = Ausströmgeschwindigkeit des Gemisches aus den Brenneröffnungen

6. Brenner und Verbrennungsraum

Theoretisch bleibt nach dem Zusammenstoß des Gases mit der anfangs stillstehenden Luft die Energiemenge $E_1 - E_v$ übrig, wobei E_v aus (154) bestimmt werden kann.-Durch Reibungs- und Einzelverluste wird E_3 nicht gleich $E_1 - E_v$ sein, sondern nur

$$E_3 = \eta_r (E_1 - E_v) \tag{316}$$

E_1 wird mit (165) folgendermaßen bestimmt:

$$E_1 = \frac{m_1 w_1^2}{2} = \frac{\rho}{2} \cdot \frac{2p}{\rho} = p$$

E_v folgt aus (154) unter Berücksichtigung, daß

$$m_1 + m_2 = \rho_1 + k\rho_2$$

$$E_v = \frac{m_1 \cdot m_2}{2(m_1 + m_2)} w_1^2 = \frac{\rho_2 \cdot k \cdot p}{\rho_1 + \rho_2 \cdot k}$$

E_3 ist nach (316):

$$E_3 = \eta_r (E_1 - E_v) = \eta_r \left(p - \frac{\rho_2 \cdot k \cdot p}{\rho_1 + \rho_2 \cdot k} \right) \tag{317}$$

Nun ist E_3, die Energie des aus den Brennöffnungen strömenden Gemisches, auch:

$$E_3 = \frac{m_1 + m_2}{2} w_a^2$$

Da:

$$w_a \cdot a_2 \cdot f_b = (1+k) w_1 \cdot a_1 \cdot f_d$$

ist:

$$w_a = \frac{a_1 \cdot f_d}{a_2 \cdot f_b} w_1 (1+k)$$

Daraus wird:

$$E_3 = \frac{m_1 + m_2}{2} \left\{ \frac{a_1 f_d}{a_2 f_b} w_1 (1+k) \right\}^2 = \frac{p(\rho_1 + \rho_2 \cdot k)}{\rho_1} \left\{ \frac{a_1 f_d}{a_2 f_b} (1+k) \right\}^2 \tag{318}$$

6. Brenner und Verbrennungsraum

Werden nun (317) und (318) einander gleichgesetzt und wird gleichzeitig $D = \dfrac{\rho_1}{\rho_2}$ und $C = \dfrac{a_2 f_b}{a_1 f_d}$ eingeführt, so erhält man schließlich:

$$C = \sqrt{\dfrac{1}{\eta_r} \cdot \dfrac{(k+1)(k+D)}{D}} \qquad (319)$$

Werden die Reibungs- und Einzelverluste sowie der Diffusorwirkungsgrad einzeln berücksichtigt, deren Einfluß durch Einführung von η_r in (316) zusammengefaßt wurde, so ergibt sich:

$$\dfrac{A}{1 + \dfrac{\zeta_1 - \varphi}{2} + \dfrac{A^2}{2} \cdot \left(\dfrac{\varphi + \zeta_2 - 1}{B^2} + \dfrac{1}{C^2} \right)} = \dfrac{(k+1)(k+D)}{D} \qquad (320)$$

Hierin ist:

$A = \dfrac{\text{Mischrohrquerschnitt}}{a_1 f_d}$

$B = \dfrac{\text{Querschnitt am Diffusorende}}{a_1 f_d}$

$C = \dfrac{a_2 f_b}{a_1 f_d}$

φ = Wirkungsgrad des Diffusors
ζ_1 = Druckverlust für Mischrohr
ζ_2 = Druckverlust für Brennerrohr nach Diffusorende

Die deimensionslose Zahl
Die dimensionslose Zahl $C = \dfrac{a_2 f_b}{a_1 f_d}$ ist wichtig zur Kennzeichnung einer bestimmten Brennerart.

Es kann $\sqrt{\dfrac{1}{\eta_r}}$ in (319) auch durch $\dfrac{2 + \zeta}{2}$ ersetzt werden, wobei ζ sämtliche Druckverluste des Brenners berücksichtigt. ζ wird bei Venturibrennern zwischen 0,40 und 0,60 liegen.

Bei Rohrbrennern mit Venturimischer ist der weiteste Querschnitt des Mischrohres 1,4 f_b und an der engsten Stelle des Venturirohres ist der Querschnitt f_v = 0,45 bis 0,6 f_b. Es ist dann der Durchmesser d_R des Brennerrohres d_R = 1,35 $\sqrt{f_b}$ und der Durchmesser der engsten Stelle des Venturirohres ist d_v = 0,76 $\sqrt{f_b}$. Die Länge des Einlaufes des Venturirohres sei 1,5 d_v und die Länge des Auslaufes wenigstens 8,5 d_v. Die Entfernung vom Ende des Venturirohres bis zum ersten Brennerloch sei wenigstens d_v.

Der Brennerlochdurchmesser für solche Brenner wird mit 2 bis höchstens 2,5 mm gewählt.

Für die gebräuchlichsten Gasdüsen mit konischem Einlauf und kurzem zylindrischem Auslauf ist a_1 = 0,80. Für zylindrisch gebohrte oder gegossene rechteckige Brenneröffnungen ist a_2 = 0,50.

Soll ein Brenner berechnet werden, so hat man zuerst den Querschnitt der Gasdüse mit (165) zu bestimmen.

Umgeändert ergibt sich:

$$f_d = \frac{V}{a_1 \sqrt{\frac{p}{D}}} \text{ mm}^2 \tag{321}$$

V = ausströmende Gasmenge in m³/h
p = Gasdruck in N/m²

Es ist der Durchmesser der Gasdüse:

$$d = \sqrt{\frac{4 f_d}{\pi}} \text{ mm} \tag{322}$$

Bei hohen Gasdrücken ist mit (166) zu rechnen und mit n = 1,4.

Für die Bestimmung von f_b ist zu rechnen:

Stadtgas   ca.   14 W/mm²
Flüssiggas   ca.   7 W/mm²
Erdgas   ca. 7–8 W/mm²

Hieraus folgt, daß bei gleicher Wärmebelastung der Durchmesser der Venturiverengung d_v bei Erdgas größer sein soll als bei Stadtgas.

Für Industrieöfen sind T r e i b d ü s e n b r e n n e r m i t L u f t a l s T r e i b m i t t e l wichtig. Hierfür läßt sich, genau wie für Gas als Treibmittel, eine Berechnungsformel entwickeln, wenn das Gas ohne Überdruck bereit steht (Bild 337).

$$C = \frac{a_2 f_b}{a_1 f_l} = \sqrt{\frac{1}{\eta_r} \cdot \frac{(k+1)(k+D)}{k}} \tag{323}$$

Da meistens Venturitreibdüsen angewandt werden, ist η_r mit 0,6 bis 0,7 einzusetzen. Sollen zwei Brenner mit dem gleichen Gas, gleichem Luft-Gas-Verhältnis k und gleichen

6. Brenner und Verbrennungsraum

Brenneröffnungen ($a_2 f_b$ für beide Brenner gleich) betrieben werden, aber das eine Mal mit Gas, das andere Mal mit Luft als Treibmittel, so findet man, wenn beide Brenner Venturibrenner sind, mittels (319) und (320)

$$\frac{a_1 f_l}{a_1 f_d} = \frac{k}{D}$$

Es ergibt sich dann:

$$\frac{\sqrt{\frac{p_g}{D}}}{\sqrt{p_l}} = \frac{k}{D} \text{ also } \frac{p_g}{p_l} = \frac{k^2}{D} \tag{324}$$

Hieraus geht hervor, **daß bei einem Preßgasbrenner ein viel höherer Druck anzuwenden ist**, um Vollgemisch herzustellen und durch die Brenneröffnungen zu fördern, **als bei einem Preßluftbrenner**.

Eine andere Methode der Treibdüsenberechnung ist folgende [90]:

Strömt ein Treibmittel, z.B. Gas, aus einer Düse aus und kann das Gas hierbei, weil die nachfolgenden Druckänderungen im Vergleich zum atmosphärischen Druck nur gering sind, als unkompressibel betrachtet werden, wird in dem in Bild 349 dargestellten Fall (gerades Mischrohr und freie Ausströmung aus D) der Freistrahl, der aus d austritt, in einer Entfernung b von der Düse das Mischrohr berühren. Ricou und Spalding [89] fanden, daß

$$\frac{\dot{m}_x}{\dot{m}_o} = 0{,}32 \; \frac{x}{d} \; \sqrt{\frac{\rho_1}{\rho_o}}$$

wobei x = Abstand der Düse ist.

Wird der Berührungsabstand b mit Hilfe des Winkels in D umgerechnet, so erhält man

$$\frac{\dot{m}}{\dot{m}_o} = \frac{0{,}32}{2 \tan \frac{\Theta}{2}} \; \frac{d_2}{d_1} \; \sqrt{\frac{\rho_1}{\rho_o}}$$

Wird $\dfrac{0{,}32}{2 \tan \dfrac{\Theta}{2}}$ als φ zusammengefaßt und statt $\dfrac{\rho_o}{\rho_1}$ das Dichteverhältnis D eingeführt, so ergibt sich [144].

$$\Psi_o = \frac{V}{V_o} = \varphi \, \frac{d_2}{d_1} \, \sqrt{D - D + 1}$$

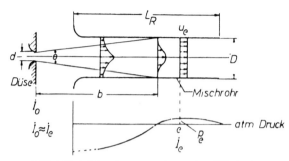

Bild 349: Injektorbrenner mit geradem Mischrohr

Wenn $V = V_o + V_{luft}$ und $K = \dfrac{V_{luft}}{V_o}$, so ist $\dfrac{V}{V_o} = 1 + K$.

Statt des Verhältnisses der Durchmesser kann auch das Verhältnis C der Querschnitte eingeführt werden

$$\frac{d_2}{d_1} = \sqrt{\frac{f_2}{f_1}} = \sqrt{C}$$

Die Formel wird dann $\Psi_o - 1 = \varphi \sqrt{CD} - D \cdot \sqrt{CD}$ \hfill (325)

Durch Versuche haben Rao und Kremer festgestellt, daß

φ für scharfkantige Mischrohre im Mittel 0,97,
φ für abgerundete Mischrohre im Mittel 1,03 ist.

Für den allgemeinen Fall, daß das Mischrohr mit einem Diffusor ausgeführt ist und einen verringerten Austrittsquerschnitt hat, muß zusätzlich mit der Impuls- bzw. mit der Energiegleichung gerechnet werden. Die oben genannten Autoren erhielten dann die Formel

$$\psi = \frac{\psi_o}{\sqrt{1 + \dfrac{1}{2a^2}\left[\left(\dfrac{F}{F_a}\right)^2 - 1\right]}} \qquad (326)$$

Hierin wird ψ_o mit Formel (325) berechnet. Weiter ist

F — Mischrohrquerschnitt
F_a — Querschnitt aller Brenneraustrittsöffnungen
a — Ausflußbeiwert des Injektors
a — 0,7 für ein zylindrisches Mischrohr
a — 0,65 für ein Mischrohr mit Diffusor
η_d — Diffusorwirkungsgrad = 0,8

WIR MESSEN SAUERSTOFF

bei verfahrenstechnischen Prozessen
(bis in den Spurenbereich)

programmelectronic

Schweiz
Programmelectronic
Engineering AG
Weidenstrasse 50
CH-4143 Dornach
Tel. 061 72 69 00
Telex 64 822

Deutschland
Programmelectronic
Engineering AG
Auslieferungslager
Teckstr. 40, D-7321 Zell u. A.
Tel. 07164-4878

WIR MESSEN SAUERSTOFF

bei Industriefeuerungen
(und senken Ihre Brennstoffkosten)

programmelectronic

Schweiz
Programmelectronic
Engineering AG
Weidenstrasse 50
CH-4143 Dornach
Tel. 061 72 69 00
Telex 64 822

Deutschland
Programmelectronic
Engineering AG
Auslieferungslager
Teckstr. 40, D-7321 Zell u. A.
Tel. 07164-4878

SCHMECK
FERTIGUNGSPROGRAMM

Apparatebauzubehör	Kesselböden, Kümpelteile, Flansche, Stutzen, geschweißte Rohre, Halbrohre, Vorschweißbördel, Zuschnitte, alles aus Stahl und Edelstahl, einschl. Glühen und Beizen
Flüssigmetall- und Salzbadbauteile	Verzinkungskessel, Bleischmelzkessel, Beizbehälter, Salzbadwannen, Verzinnungswannen, Tiegel, Stahlgießpfannen, ab 20 t Füllgewicht
Hitzebständige Betriebsmittel und Ofenbauzubehör	Glühhauben, Glühmuffeln, Drehrohre, Glühroste und sonstiger Zubehör aus hitzebeständigen Stählen
Kolbenringe	Ein- und mehrteilig ab 150 bis 2600 mm ⌀ aus Stahl, NE-Metallen und Guß
Schweißkonstruktionen	Sonderanfertigungen komplett mit mech. Bearbeitung
Lohnbearbeitung	Lohnglühen bis 6 t Stückgewicht, Lohnbeizen bis 6000 mm ⌀

 **GEBR. SCHMECK GMBH**
Eiserfelder Straße 98
5900 SIEGEN
Telefon (0271) 3375—0
Telex 872859
Telefax 3375222

Beim Einsatz von Industriegasen kommt es auf die Technologie an. Die haben wir für Sie.

Gaseinsparungen bis zu 70% durch Wärmebehandlung mit UCAR®HTS

UCAR HTS ist das von Union Carbide entwickelte Verfahren zur Erzeugung eines synthetischen Schutzgases aus Stickstoff und Methanol.

UCAR HTS reduziert in vielen Fällen den Trägergasbedarf um 50 bis 70%. Die Zusammensetzung des Schutzgases kann so gewählt werden, daß bei der Aufkohlung eine Produktionssteigerung von 10 bis 25% erzielt wird.

Energieeinsparung bis zu 70%, Abgasreduzierung bis zu 80% durch Sauerstoffbrenner UCAR-O_2

Im Sauerstoffbrenner verbrennt der gesamte Brennstoff mit reinem Sauerstoff statt wie herkömmlich mit Luft.

Im Vergleich zum Luftbrenner entfällt somit das Aufheizen des 79%igen Stickstoffanteils der Verbrennungsluft.

Dies sind die Vorteile beim Einsatz unserer O_2-Brenneranlage

– Energieeinsparung zwischen 45% und 70%, je nach Ofenraum- und Abgastemperatur.
– Möglichkeit zur wesentlichen Verkürzung der Schmelzzeit.
– Verringerung des Abgasvolumens um ca. 80%.
– Investitionskosten für evtl. zu erstellende Filter werden reduziert.
– Große Variationsmöglichkeiten der Brennerlastphasen. Regelbereich ca. 1:10.
– Geringe Geräuschemission bei allen Betriebsphasen.

Hier wird unser Sauerstoffbrenner „UCAR-O_2" eingesetzt:
– Nichteisenmetallindustrie
– Gießereien, Stahlwerke
– Glasindustrie
– Email- und Glasurindustrie
– Isolierwerkstoffherstellung
– als Zünd- und Stützbrenner.

Außerdem werden Sie unsere Serviceleistungen überzeugen

● Wir führen unsere Verfahren in Ihrem Hause unter Produktionsbedingungen vor.
● Wir beraten Sie kostenlos: Analyse des Ist-Zustandes und technischer Vorschlag.
● Wir planen und erstellen komplette Anlagen. Ihre speziellen Wünsche werden dabei berücksichtigt.

Wir zeigen Ihnen in einer kostenlosen Wirtschaftlichkeitsberechnung, wieviel sie mit unseren Verfahren sparen können.

Union Carbide – Industriegase
für den technologischen Fortschritt.

Union Carbide Industriegase GmbH
Lyoner Straße 10 · 6000 Frankfurt 71
Telefon (0 69) 66 41 50
Teletex (17) 6 997193 ucig

6. Brenner und Verbrennungsraum

$$\psi = \frac{\psi_o}{\sqrt{1 + \frac{1}{2}\left\{\frac{1}{a^2}\left[(\frac{F}{F_a})^2 - (\frac{F}{F_d})^2\right]\eta_d\left[(\frac{F}{F_d})^2 - 1\right]\right\}}} \quad (327)$$

F_d — Düsenquerschnitt

Für einen Injektorbrenner mit geradem Mischrohr und freier Öffnung kann $\sqrt{\frac{1}{\eta_r}}$ in Formel (319) durch den Faktor f ersetzt werden.

$f \approx 1{,}00$ für Stadtgas mit D = 0,515
$f \approx 1{,}065$ für Luft mit D = 1
$f \approx 1{,}08$ für CO_2 mit D = 1,53

Für Rohrbrenner mit geradem Mischrohr und Ausströmung aus Löcherreihen ist

$f = 1{,}56$ für Stadtgas.

Für Rohrbrenner mit Venturimischrohr und Ausströmung aus Löcherreihen ist

$f = 1{,}27$ für Stadtgas.

Bild 350 zeigt den Zusammenhang zwischen K und C für die verschiedenen Gase bei der Anwendung von Gasbrennern mit geradem Mischrohr und freier Öffnung.

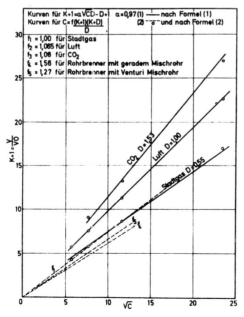

Bild 350: Diagramm für Injektorbrenner

Die geraden, ausgezogenen Linien entsprechen den Werten nach Formel (325) und für φ = 0,97 [148]. Die nach Formel (319) berechneten Punkte sind unter Inachtnahme der Werte von f mit kleinen Kreisen und punktierten Linien angegeben.

Bei Brennern mit verengter Ausströmung soll mit

$$C = \frac{a_2 F_a}{a_1 F_d} = \frac{a_2 d_2^2}{a_1 d_1^2}$$

gerechnet werden, da die Ausflußkoeffizienten a_1 für die Gasdüse und a_2 für die Ausströmöffnungen berücksichtigt werden müssen. Erst dann ergeben sich die Durchmesser d_1 und d_2 aus C.

Es ist möglich, k aus der aus der Gasdüse strömenden Masse und der Masse des aus den Brenneröffnungen strömenden Luft-Gas-Gemisches zu berechnen. Man findet dann:

$$k = -\frac{D+1}{2} + \sqrt{\frac{(1-D)^2}{4} + D\left(\frac{a_2 f_b}{a_1 f_d}\right)^2 \frac{p'}{p}} \qquad (328)$$

Hierin ist p' der Druckabfall des Luft-Gas-Gemisches in den Brenneröffnungen (Bild 351). Ist der Überdruck vor diesen Öffnungen, bezogen auf den atmosphärischen Druck, p_2 und nach diesen Öffnungen p_3, so ist $p_2 - p_3$ = p'. Meistens wird angenommen, daß der Druck nach den Brenneröffnungen gleich dem atmosphärischen ist, und dann ist p_3 = 0, somit p_2 = p'. Man vernachlässigt dann den Flammendruck (6.2.2.).

Wird das Gemisch gegen einen, wenn auch nur geringen Druck oder Unterdruck ausgestoßen, so ändert sich p', und mit (326) kann man k berechnen. Das Ergebnis solcher Berechnungen, durchgeführt für einen Brenner, und zwar für einen Gasdruck p = 500 N/m² und auch p = 800 N/m², ist in Bild 352 wiedergegeben.

Hieraus geht hervor, daß schon ein geringer Über- und Unterdruck das Luft-Gasverhältnis k beeinflußt. **Bei Überdruck nimmt k ab und bei Unterdruck zu.** Der Praktiker kennt Fälle, daß die Flammen von Injektorbrennern in Öfen und sonstigen gasbeheizten Räumen zurückschlagen, wenn der Unterdruck im Verbrennungsraum sich ändert, z.B. beim Öffnen und Schließen von Ofentüren. Die Erklärung dafür leuchtet ein: Durch Zunahme oder plötzliche Wiederherstellung des Unterdruckes steigt k an und die Flammen können unter Umständen hierdurch zurückschlagen. Wird ein Brenner mit höherem Gasdruck betrieben, so ist er, wie Bild 352 zeigt, weniger empfindlich gegen Änderungen des Druckes im Verbrennungsraum.

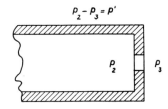

Bild 351: Druckabfall in den Brenneröffnungen

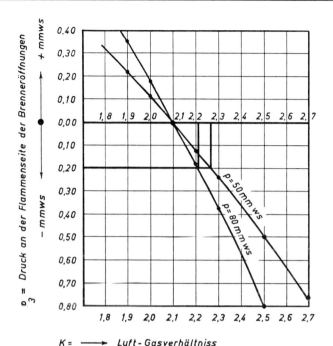

Bild 352: Einfluß des Druckes an der Flammenseite der Brenneröffnungen auf das Luft-Gas-Verhältnis eines Brenners

Brenner, die Luft als Treibmittel benutzen, sind im Vergleich mit entsprechenden Brennern mit Gas als Treibmittel (gleicher Vordruck vorausgesetzt) viel unempfindlicher gegen Schwankungen des Ofeninnendruckes. Dies geht aus (324) hervor. Bereits bei Luftvordrücken von rund 3000 N/m^2 an ist eine ausreichende Unempfindlichkeit vorhanden. Bei Schachtöfen mit unterem Abzug, mit einer Höhe bis zu 10 m und wobei die Druckdifferenz oben und unten im Ofen nicht weniger als rund 10 mm WS (100 N/m^2) beträgt, arbeiten über die ganze Fläche verteilte Gebläseluft-Gasbrenner anstandslos. Das ist aber bei Gastreibdüsenbrennern nicht der Fall.

6.5. ÖLBRENNER

Ein flüssiger Brennstoff muß, bevor er verbrannt werden kann, in Dampfform übergeführt werden. Hierzu kann direkte Wärmezufuhr angewandt werden, oder es wird die Flüssigkeit zuerst zerstäubt, und der hierdurch erzeugte Nebel geht dann durch Rückstrahlung der Flamme, des Mauerwerks und manchmal auch durch Rückströmung heißer Verbrennungsgase in verbrennungsreifes Gas über.

6.5.1. Brenner mit Verdampfung durch direkte Wärmezufuhr

Bild 353 zeigt einen Verdampfungsbrenner, wie er in gewerblichen Öfen mitunter verwendet wird. Mittels eines Niederdruckkreiselgebläses wird durch 4 Luft in die Kammer 3 geblasen. Das Öl strömt mit Gefälle aus einem Mengenregelgerät (nicht gezeigt) durch Leitung 6 zur Ausströmöffnung 5. 1 ist der Brennertopf aus hitzebeständigem Guß. Das Öl fließt aus 5 langsam aus und verteilt sich als ein dünner Schleier über den Boden

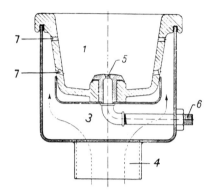

Bild 353: Verdampfungsölbrenner (Werkbild Stookindustrie, Amsterdam)

von 1. Die Verbrennungsluft bläst durch zwei Reihen kleiner Löcher 7 in den Topf hinein. Das Öl muß zuerst mit einer Lunte gezündet werden. Es muß ein leicht siedendes, also teures Öl verwendet werden, aber dennoch verstopfen die Öffnungen 7 und auch 5 leicht. Der Regelbereich des Brenners ist sehr gut. Die Flamme ist ziemlich lang, brennt senkrecht und stark leuchtend. Eine einfache Ein-Aus-Regelung ist wegen des Fehlens einer elektrischen Zündung nicht möglich. Der Brenner wird aus all diesen Gründen in Industrieöfen wenig verwendet.

Eine ganz andere Bauart des Verdampfungsbrenners zeigt der Brenner im Bild 354. An den glühend heißen Brennerstein schließt nach hinten eine rohrförmige Retorte an, die im Betrieb auch sehr heiß wird. In dieses Rohr wird aus einer Düse feinzerstäubtes Öl gespritzt, das zu gleicher Zeit innig mit Luft vermischt wird. Die Verbrennungsluft wird unter Überdruck (7000 N/m^2) zugeführt durch eine Ringdüse um die Ölaustrittsöffnung herum. Das Öl verdampft und das Gemisch brennt bereits im Innern des Brennersteines teilweise aus. Die äußere Flamme ist deswegen sehr kurz (rund 250 mm bei großen Brennern). Der Raum um die Retorte herum steht durch Öffnungen mit dem Innern des Brennersteins in Verbindung. Durch die Treibdüsenwirkung des Luft-Öl-Strahles wird heißes Verbrennungsgas angesaugt und zugemischt. Dieses heißes Gas erhitzt die Retorte und führt die Ölverdampfung und die Flammenstabilisierung herbei. Die austretenden Flammengase haben die hohe Geschwindigkeit von 90 bis 150 m/s. Die Feuerraumbelastung ist sehr hoch, und zwar bis 100 MWh/m^3. Für Brenner kleinerer Leistung wird Verdampfung in ein Kissen von „Whisker" angewandt, wobei das Kissen meistens elektrisch beheizt wird. „Whisker" sind dünne und sehr lange Einkristalle z.B. aus Siliziumcarbid (SiC).

6.5.2. Brenner mit Zerstäubung

Diese Brenner haben nicht nur die Aufgabe, Brennstoff und Luft in geeigneter Weise zur Verbrennung zusammenzuführen, sondern sie sollen vorher das Öl in feinstmögliche Teilchen zerstäuben. Hierzu werden verschiedene Verfahren angewandt [94].

1. Zerstäubung mittels Luft, Gas oder Dampf. Bei einfachen Brennern wird das Öl durch ein enges Rohr in einen Luft- oder Dampfstrom geführt und hierdurch zerstäubt. Da die Güte der Zerstäubung von der Geschwindigkeit der Luft oder des Dampfes abhängt, so folgt hieraus, daß die Regelung eines solchen Brenners nur zwischen ziemlich engen Grenzen möglich ist (1:3). Denn wird die Ölzufuhr gedrosselt und zu

6. Brenner und Verbrennungsraum

gleicher Zeit auch die Luft- oder Dampfzufuhr, so werden die Geschwindigkeit geringer und die Zerstäubung schlechter. Wird dagegen nur die Ölzufuhr gedrosselt, so wird der Druckluft- oder der Dampfverbrauch je kg Öl unverhältnismäßig hoch. Doch werden diese Benner wegen ihrer einfachen Bauart für Industrieöfen oft angewandt (Bild 355).

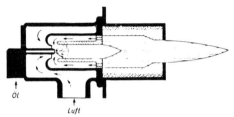

Bild 354: Verdampfungsölbrenner (THERMAL)

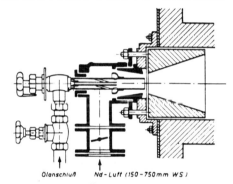

Bild 355: Einfacher Ölbrenner mit Luftzerstäubung

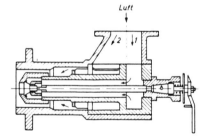

Bild 356: Ölbrenner mit Luftzerstäubung (Bild Shell)

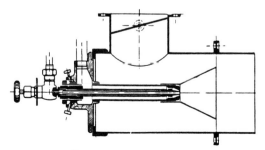

Bild 357: Ölbrenner mit Preßluftzerstäubung

Die Zerstäubung des Öls kann verbessert werden, wenn ein Teil der Luft (Z e r s t ä u - b u n g s l u f t) mit hoher Geschwindigkeit um die Ölaustrittsöffnung herumgeführt wird. Meistens genügt es, wenn rund 0,20 der gesamten Luftmenge als Zerstäubungsluft abgezapft wird. Auch der Regelbereich wird hierdurch verbessert. Der Luftdruck braucht übrigens nicht besonders hoch zu sein (Bild 356).

Ein größerer Regelbereich ist erzielbar, wenn die Zerstäubungsluft gesondert als Preßluft von 0,2 bis 0,5 bar und die restliche Verbrennungsluft durch ein Kreiselgebläse unter niedrigem Druck zugeführt wird. Jetzt ist die Zerstäubung unabhängig von der Regelung der Hauptluftmenge (Bild 357). Aber auch ohne diese Hilfe kann der Regelbereich eines Luftzerstäubungsbrenners auf 1:5 erweitert werden, wenn der Luftdruck bei wechselnder Beaufschlagung des Brenners gleichbleibt und die Luftmenge erst an der Austrittsstelle des Öl-Luft-Strahles geregelt wird (Bild 358). Die Luft tritt in A ein und dann durch die Öffnungen B als Zerstäuberluft in den Venturiraum. Das Öl wird durch Kanal D an die Mündung des Körpers C herangeführt und hier zerstäubt. Körper C und Brennergehäuse lassen eine spaltförmige Öffnung E frei. Hier strömt die restliche Verbrennungsluft aus. Mittels Hebels F kann C nach rechts verschoben werden, wodurch der Luftspalt E kleiner wird.

Bei vielen Anlagen kleiner und mittlerer Größe werden aber einfache Brenner angewandt, wobei Zerstäubungs- und Verbrennungsluft beide mittels eines Ventilators (Druck z.B. 5000 N/m^2) zugeführt und oft auf eine Temperatur von 200 bis 250 °C vorgewärmt werden [99].

Steht Dampf von 1 bis 6 bar zur Verfügung, so wird mitunter auch dieser zur Ölzerstäubung angewandt. Der Dampfverbrauch beträgt 20 bis 100 Gewichtsprozent der Ölmenge, ist also hoch. Vorteile sind die einfache Bauart und die geringe Empfindlichkeit des Brenners gegen Schwankungen der Zähigkeit des Öles. Die Verbrennungsluft wird außen um den eigentlichen Zerstäuber herumgeführt (Bild 359) und wird gegebenenfalls vorgewärmt.

Bei Ölbrennern, bei denen die Zerstäubung des Öls durch Druckluft erfolgt, kann auch Erdgas zu diesem Zweck eingesetzt werden [94]. Der hierzu notwendige Gasdruck liegt zwischen 2 und 8 bar Überdruck und ist oft ohne weiteres vorhanden, so daß die Energie zur Luftdruckerhöhung entfallen kann.

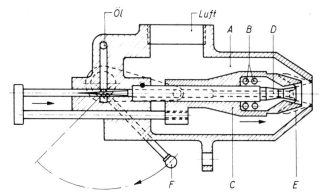

Bild 358: Ölbrenner mit Luftregelung an der Austrittstelle (Bild Shell)

6. Brenner und Verbrennungsraum

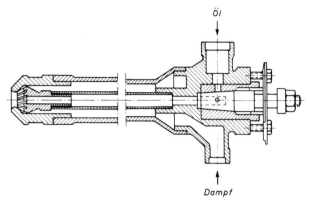

Bild 359: Brenner mit Dampfzerstäubung (Bild Shell)

Portrait und Marque [95] beschreiben einen derartigen Brenner, der zusammen mit einem angepaßten Brennerstein eine flache Flamme erzeugt. Er könnte als Wandstrahl- oder als Deckenstrahlbrenner eingesetzt werden.

2. Zerstäubung durch Fliehkraft. Ein Hohlkörper wird mittels eines Elektromotors oder einer Luftturbine in schnelle Umdrehung versetzt. Durch die Welle des Körpers führt ein stillstehendes Ölzufuhrrohr, und aus diesem Rohr tropft das Öl auf den sich drehenden Körper und wird mit großer Geschwindigkeit abgeschleudert. Die Zerstäubung ist sehr wirksam, auch bei höherer Zähigkeit des Öles, und die Geschwindigkeit der Ölteilchen in bezug auf die Verbrennungsluft ist sehr groß, wodurch eine gute Mischung erzielt wird. Die Regelfähigkeit ist besonders gut, denn die Zerstäubung ist unabhängig von der Luftzufuhr und nur wenig abhängig von der Ölzufuhr. Diese Zentrifugalbrenner geben eine kurze Flamme und werden mehr für Dampfkessel als für Industrieöfen benutzt (Bild 360).

3. Die Ultraschallzerstäubung bietet in erster Linie Möglichkeiten für Brenner kleinerer Leistungen [96]. Das Prinzip beruht darauf, daß sich, wenn ein Ölfilm über eine vibrierende Oberfläche geleitet wird, bei genügender Schwingungsenergie Tropfen abgelöst und vom Luftstrom mitgerissen werden. Die Schwingungen werden mit einem piezoelektrischen Körper erzeugt.

4. Reine Druckzerstäubung wird bei der Ölverbrennung sehr viel angewandt; denn es ist hierbei in einfachster Weise möglich, das Öl sehr fein zu zerstäuben. Die Grundlage der ursprünglichen Körting-Düse aus 1902 ist meistens auch bei den neueren Druckzerstäubern zu finden. Denn auch hier wird das Öl in eine Wirbelkammer gepreßt und der Druck in hohe Geschwindigkeit umgesetzt. Die Wirbelkammer (Bild 361) hat in der Mitte eine kleine Zerstäubungsöffnung, die am besten mit einem nach innen gerichteten Öffnungswinkel von 15° ausgeführt wird. Das Öl wird tangential unter Druck zugeführt, und meistens sind mehrere, über den Umkreis der Wirbelkammer verteilte Tangentialöffnungen vorhanden. Das Öl tritt also mit hoher Geschwindigkeit in die Wirbelkammer ein. Hier bewegt sich das Öl auf einer Spirale mit immer kleiner werdendem Radius auf die Zerstäubungsöffnung zu. Da, abgesehen von den Reibungsverlusten, das Produkt von Geschwindigkeit und Wegradius immer gleichbleibt, wird das Öl beim Eintritt in die Zerstäubungsöffnung mit sehr großer Geschwindigkeit strömen. Es füllt diese

6. Brenner und Verbrennungsraum

aber nicht vollständig aus, strömt vielmehr als eine dünne Schicht über die Wand dieser Öffnung und wird beim Verlassen dieser Öffnung äußerst fein zerstäubt.

Dem zerstäubten Ölteilchen muß immer soviel Wärme durch Rückstrahlung der Flamme und gegebenenfalls auch des Mauerwerks zugeführt werden, daß diese Teilchen bis über den Flammenpunkt erhitzt werden. Brennt die Flamme in einer Verbrennungskammer aus feuerfestem Brennstoff mit Abmessungen, die der Flamme angepaßt sind, so ist diese Forderung meistens erfüllt. Die Flamme brennt stabil, und ihr Anfang befindet sich immer in gleichem Abstand von der Brenneröffnung.

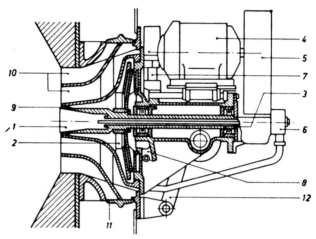

Bild 360: Fliehkraftzerstäubungsbrenner

1 Zerstäuberbecher
2 Primärluftgebläse
3 Zerstäuberwelle
4 Antriebsmotor
5 Keilriementrieb
6 Ölzuführung
7 Angelbolzen
8 Primärlufteintritt
9 Primärluftdüse mit Leitschaufeln
10 Sekundärluftdüse
11 Regulierschieber
12 Hebel für gemeinschaftliche Regulierung von Öl und Luft

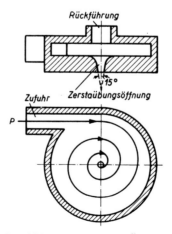

Bild 361: Zerstäuber eines Ölbrenners

6. Brenner und Verbrennungsraum

Anders ist es, wenn die Flamme frei in einem luft- oder wassergekühlten Verbrennungsraum brennt oder auch in einer gemauerten Verbrennungskammer mit einer Ausdehnung in Flammenrichtung, die größer als die Flammenlänge ist. Rückstrahlung von den Umfassungswänden zur Flamme tritt hier nicht oder nur in beschränktem Umfange auf. Unter bestimmten Verhältnissen, die in der Hauptsache von ungleichmäßigem Zug und von ungleichmäßiger Strömungsgeschwindigkeit im Ofenraum herrühren, kann es vorkommen, daß die Flamme zum Abblasen von dem Brennermund neigt. Wird die Flamme zu weit vom Brennermund abgeblasen, so wird die Rückstrahlung auf die zerstäubten Öltröpfchen geringer, und es kann zum Erlöschen der Flamme kommen. Bei der Erscheinung des Fortblasens der Flamme spielt aber nicht nur ungenügende Erhitzung des Gemisches durch Rückstrahlung eine Rolle, sondern auch das Verhältnis von Strömungsgeschwindigkeit zur Zündgeschwindigkeit.

Bild 362 gibt eine Ausführung der Druckzerstäubungsdüse wieder. Hierbei ist der normale Zerstäubungsdruck 7 bar, aber es gibt auch Brenner, die mit einem Druck von 15 bar oder mehr arbeiten. Die Düsen werden als Fertigerzeugnisse von Spezialwerken geliefert mit Zerstäubungswinkeln von 30, 45, 60, 80 und 90°. Bild 363 zeigt einen Hochdruckzerstäubungsbrenner mit den dazugehörigen und meistens als Ganzes zusammengebauten Teilen. Es ist a ein Ölfilter, das meistens mit der Ölpumpe b vereinigt ist. Auch der Druckregler c ist mit dieser Pumpe in einer Einheit zusammengebaut. Dieser Regler kann auf den gewünschten Zerstäubungsdruck eingestellt werden. Das von der Pumpe b zuviel geförderte Öl wird über c und durch die Rückleitung d zum Ölbehälter zurückgeleitet. Die Pumpe b (beispielsweise eine Zahnradpumpe mit Innenverzahnung) kann einstufig oder zweistufig ausgeführt sein.

Die letzte Ausführung ist in der Lage, aus tiefer und weiter entfernt liegenden Behältern das Öl sicherer anzusaugen als eine Pumpe mit nur einer Stufe. Die Pumpe mit Ölfilter und der Druckregler sind mit dem Brenner zusammengebaut und werden von der verlängerten Gebläsewelle angetrieben. Dieses Fliehkraftluftgebläse wird direkt, also mit gleicher Drehzahl, von einem kleinen Wechselstrommotor angetrieben. Die Verbrennungsluft tritt durch das Brennerrohr f ein, das vorne Innenschaufeln zur Lenkung des Luftstrahles trägt. Vorne befindet sich in der Mitte des Brennerrohres die Zerstäubungsdüse g, die auf ein Rohr h aufgeschraubt ist, das mit der Druckleitung des Druckreglers c verbunden ist. Meistens ist auf dem Rohr h noch ein Schaufelkranz befestigt, wodurch die

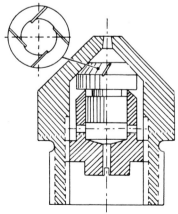

Bild 362: Hochdruckzerstäubungsdüse

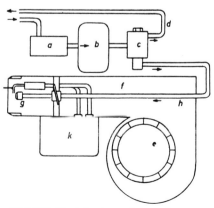

Bild 363: Hochdruckzerstäubungsbrenner

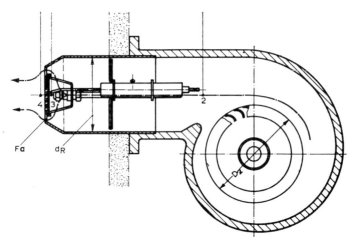

Bild 364: Druckzerstäubungsbrenner mit Stauring (Werkbild Punker)

Verbrennungsluft einen zusätzlichen Drall erhält. Vor der Düse g befinden sich die beiden Zündelektroden i, die von den Zündspule k hochgespannten Strom erhalten.

Zur Stabilisierung der Flamme werden meistens Stauringe mit Schaufeln angewandt, die in kurzer Entfernung vor der Düse angebracht werden. Die Luft an der Außenseite erhält hierdurch einen Drall, und infolge des Unterdruckes hinter dem Staukörper wird heißes Gas zur Flammenwurzel zurückgeführt. Man erreicht hierdurch erstens eine gute Mischung und braucht nur einen geringen Luftüberschuß, und zweitens die Stabilisierung der Flamme (Bild 364).

Zum Zerstäuben von Öl mit g r ö ß e r e r Z ä h i g k e i t wird das Brenneraggregat zusätzlich mit einem Ö l v o r w ä r m e r (elektrische Beheizung) und der dazugehörigen Temperaturregel- und Schaltvorrichtung ausgerüstet. Bei großen Ölbrenneranlagen wird Dampf zum Anwärmen des Öls bentutz (Bild 365).

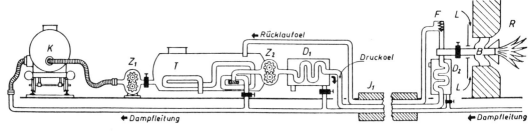

K = Kesselwagen (Beheizung bis Pumpfähigkeit ca. 70° C).
Z_1 = Zahnradpumpe für Kesselwagenentleerung.
T = Lagertank (Fassungsvermögen mindestens 1½ Kesselwagen) (Beheizung gerade über Stockpunkt).
Z_2 = Zahnrad- oder besser Schraubenpumpe zur Druckförderung des Heizöles (10-20 atü).
D_1 = Dampfbeheizter Ölerhitzer zur Erleichterung der Druckförderung im Rohr (Ölerhitzung auf etwa 70° C).

J_1 = Gemeinsam isolierte Öl- und Dampfleitung.
D_2 = Dampfbeheizter Ölerhitzer zur regulierbaren Beheizung (Ölerhitzung auf 100-200° C).
B = Druckzerstäuberbrenner.
L = Zutritt der Verbrennungsluft.
F = Federbelastetes Ventil für Ölrücklauf.
R = Feuerraum.

Bild 365: Schema einer Anlage für schweres Heizöl

Brenner mit Druckzerstäubung haben nur einen kleinen Regelbereich. Denn die Güte der Zerstäubung ist von dem Druck abhängig. Dieser soll bei Schweröl nicht niedriger als 5 bar sein. Dagegen wird der Höchstdruck meistens nich höher als 15 bis 20 bar gewählt.

Somit ist der Regelbereich günstigstenfalls $\sqrt{\dfrac{5}{20}}$ = 1 : 2. Mehrere Konstruktionen erstreben eine Verbesserung des Regelbereichs. Nach Bargeboer kann man eine regelbare Ölmenge durch eine zentral in der Wirbelkammer gelegene Öffnung zurückführen (Bild 366). Der Regelbereich erweitert sich hierdurch auf 1 : 4 bis 1 : 5.

Eine Übersicht über die Zerstäubungsbrenner, die bis Leistungen von 35 MW gebaut werden, gibt Niepenberg [97].

I m p u l s b r e n n e r. Bei den Gasbrennern wurden die Brenner als Impulsbrenner bezeichnet, bei denen die heißen Brennergase mit großer Geschwindigkeit aus dem Brennermund austreten. Sie können eine Rezirkulation im Ofenraum und dadurch eine Verbesserung der Temperaturgleichmäßigkeit herbeiführen. Solche Impulsbrenner gibt es auch als Ölbrenner, wie z.B. den Brenner Bild 354. In der keramischen Industrie wird jedoch seit einigen Jahren für Tunnel-, Ring- und Kammeröfen eine andere Brennerart verwendet, die auch Impulsbrenner genannt wird. Diese Bezeichnung ist etwas irreführend, denn es handelt sich hierbei um Ölbrenner, bei denen das Öl i n t e r m i t t i e r e n d eingespritzt und zerstäubt wird. Eine Änderung der Wärmeleistung erfolgt hier durch Ä n d e r u n g d e r I m p u l s z a h l in der Zeiteinheit. Es gibt Brenner mit einer Frequenz von 5 bis 120 pro Minute, aber auch Brennerarten, die mit Frequenzen von 500 bis 1500 pro Minute und Zerstäubungsdrücken bis 400 bar arbeiten. Oft werden Impulsbrenner an einer Ölringleitung mit einem Druck von z.B. 10 bar unmittelbar angeschlossen. Druckluft betätigt dann ein Ventil in diesen Brennern, wobei die Zahl der minütlichen Impulse 3 bis 12 pro Minute betragen kann.

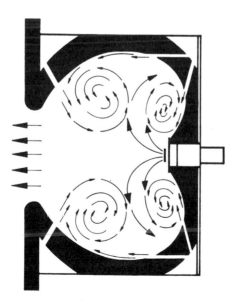

Bild 366: Toroidal-Ölbrenner (Werkbild Fulmina, Edingen)

456 6. Brenner und Verbrennungsraum

Combustorbrenner für Öl. Bild 366 zeigt einen Combustrobrenner für Schweröl. Dieser „Toroidal-Brenner" besteht aus einer feuerfesten Retorte, die von einem Luftzufuhrkasten umgeben ist. Die Luft tritt durch verschiedene Löcher mit hoher Geschwindigkeit in den Combustor ein und erzeugt hier verschiedene, durch Pfeile angedeutete Rückströmgebiete. Hierdurch wird die Mischung beschleunigt und die Verbrennung stabilisiert. Die Verbrennung spielt sich im Combustor ab, aus dessen Öffnung die heißen Verbrennungsgase austreten.

Auch Brenner mit Combustoren aus hitzebeständigen Stahl, ähnlicher Art wie der Gasbrenner Bild 327 werden seit enigen Jahren gebaut.

Eine interessante Entwicklung sind die Brenner mit schwingender Verbrennung (4.5.6.).

6.6. GAS-ÖL-BRENNER

Sogenannte Abschaltverträge zwischen Gaslieferant und Verbraucher sollen dazu dienen, den Lieferanten von der Verpflichtung zur Gaslieferung zeitweilig zu entbinden, wenn durch jahreszeitliche oder andere schwere Belastungen des Rohrnetzes die Gaslieferung in Frage gestellt ist. In den USA ist das bereits seit längerer Zeit für bestimmte Gasverbraucher eingeführt worden und hat den Anreiz zur Herstellung von Zweistoffbrennern gegeben. Auch in Europa werden Zweistoffbrenner hergestellt [98].

Je nach der Marktlage kann es von Vorteil sein, entweder Gas oder Öl oder beides zu gleicher Zeit zu verfeuern. Auch kann durch die karburierende Wirkung des Öles die Wärmeabstrahlung von Gasflammen durch Rußstrahlung bedeutend vergrößert werden.

Es gibt Austauschbrenner, die entweder Gas oder, nach Auswechslung bestimmter Bauteile, auch Öl verbrennen können. Andererseits bestehen auch Brenner, die Gas und zu gleicher Zeit eine gewisse Menge Öl verbrennen. Es kann bei diesen Brennern sowohl Luftzerstäubung als auch Druckzerstäubung angewandt werden. Bei der Luftzerstäubung ist die Zerstäubungsluft getrennt zuzuführen, um die Zerstäubung unabhängig von der Drosselung der Hauptluft zu machen. Die Druckzerstäubung ist mittels Zerstäubungsdüsen mit Rücklauf (zur Regelung der durchgesetzten Ölmenge) durchzuführen. Beiden

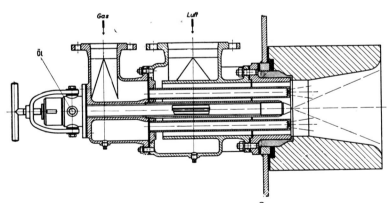

Bild 367: Stoßofenbrenner für 200 kg/h Heizöl S — 500 m³/h Koksofengas, Lufttemperatur 350—400 °C

6. Brenner und Verbrennungsraum

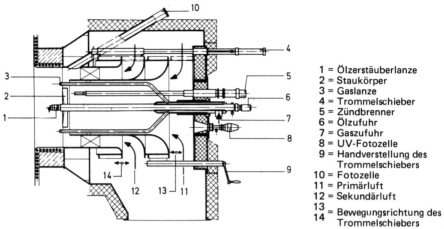

1 = Ölzerstäuberlanze
2 = Staukörper
3 = Gaslanze
4 = Trommelschieber
5 = Zündbrenner
6 = Ölzufuhr
7 = Gaszufuhr
8 = UV-Fotozelle
9 = Handverstellung des Trommelschiebers
10 = Fotozelle
11 = Primärluft
12 = Sekundärluft
13
14 = Bewegungsrichtung des Trommelschiebers

Bild 368: Parallelstrombrenner für wahlweise oder gemeinschaftlicher Verbrennung von Öl und Gas

Brennerarten gemeinsam ist, daß das Heizöl zentral über ein Düsenrohr eingeführt wird und das Gas an der Brennermündung aus einem Kranz von Öffnungen oder Rohren austritt (Bild 372).

Ein großer Parallelstrombrenner für wahlweise oder gemeinschaftliche Verbrennung von Öl und Erdgas ist in Bild 368 dargestellt. Hier ist 1 der Ölzerstäuber, 2 der Staukörper und 3 die Gaslanzen. Jede Lanze ist am Ende verschlossen und hat mehrere radiale Bohrungen. In Bild 369 ist der Brennermund eines mit Gebläseluft betriebenen Zweistoffbrenners abgebildet. Öldüse, Stauscheibe, Schaufelring zur Drallerzeugung und Gasdüsen sind deutlich zu unterscheiden.

Bild 375 (Weishaupt) zeigt einen kompletten Zweistoffbrenner mit Geräuschdämpfung und mit sämtlichen Sicherheits- und Regeleinrichtungen. Die Ölpumpe wird über eine Magnetkupplung angetrieben und läuft nicht mit wenn nur Gas verbrannt wird.

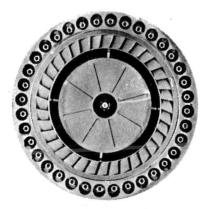

Bild 369: Kopf eines Zweistoffbrenners

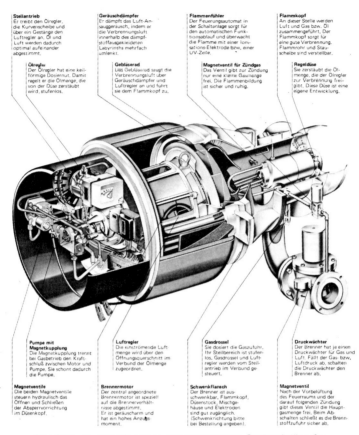

Bild 370: Zweistoffbrenner mit eingebautem Geräuschdämpfer.
1000—7800 Mcal/h oder 1,2 — 9 MW (Werkbild Weishaupt)

6.7. FLAMMENSICHERUNGEN FÜR GAS- UND ÖLBRENNER

Wenn eine Flamme erlöscht, weil sie weggeblasen ist oder die Brennstoffzufuhr ungewollt unterbrochen wird, so besteht die Gefahr einer Explosion, wenn der Brennstoff nachher erneut wieder ausströmt. Durch dauernd brennende Zündflammen ist dieser Gefahr dann nicht zu begegnen, wenn diese Flammen von der gleichen Brennstoffzufuhr abhängig sind wie die Hauptflamme. Ständig arbeitende Zündfunken oder elektrische Glühspiralen sind in dieser Richtung sicherer. Bei Netzbandöfen für Bäckereien mit einer großen Zahl von Gasbrennern werden diese Glühspiralen selbst mitunter gesichert, indem beim Durchbrennen einer Spirale sofort ein akustisches Warnsignal ausgelöst wird.

Bei allen industriellen Anlagen ist es sehr zu empfehlen, daß die Brennanlage im Falle eines ungewollten Erlöschens der Flammen selbsttätig abschaltet und erst nach einem Eingriff von außen wieder in Betrieb gesetzt werden kann.

Bei der Festlegung der Sicherheitsanforderungen spielt die Zündtemperatur der in Frage kommenden Brenngase eine große Rolle. Man hat sich auf die hohe Zündtemperatur von rund 650 °C des Slochteren-Erdgases geeinigt. Darum ist eine Flammenüberwachung für

6. Brenner und Verbrennungsraum

Öfen, die mit einer Arbeitstemperatur unter 650 °C betrieben werden, grundsätzlich vorzusehen. Bei vielen Öfen liegt die Arbeitstemperatur weit über 650 °C. Eine Flammenüberwachung brauchte deshalb hierfür nicht zwingend vorgeschrieben zu werden, wenn eine Überwachung durch geschultes Personal gegeben ist. Diese Überwachung muß allerdings, wenn der Ofen angeheizt wird und sich noch im kritischen Bereich unter 650 °C befindet, sorgfältig sein. Allerdings müssen diese Öfen, wie auch die Öfen mit einer Arbeitstemperatur unter 650 °C, mit Luft- und Gasmangelsicherungen ausgerüstet sein. Oft werden für die Mittel- und Hochtemperaturöfen auch automatische oder teilautomatische Brenner verwendet. Bei Hochtemperaturöfen ist dann darauf zu achten, daß das Brenneraggregat bei Abschaltung keinen Schaden durch Überhitzung, zum Beispiel durch Rückstrahlung aus dem Ofenraum, erleiden kann.

Zur besseren Übersicht hat Stepanek die Brenner nach Tafel 112 eingeteilt.

An Öfen mit einer Arbeitstemperatur unter 650 °C und mit nur einem Brenner muß nach Erlöschen der Flamme die Gaszufuhr automatisch abgesperrt werden. Bei derartigen Öfen mit mehreren Brennern muß das Wiederzünden durch eine gesicherte Zündeinrichtung gewährleistet sein, wenn nicht nach Erlöschen der Flamme die Gaszufuhr automatisch abgesperrt wird.

Gemäß der Gliederung ergeben sich für Industrieöfen unter 650 °C folgende Möglichkeiten:

Öfen mit einem Brenner
    Brennerausführung 3.
    Brennerausführung 1.2. (nicht zu empfehlen)
    Brennerausführung 1.4. (nicht zu empfehlen)

Tafel 112: Brennerübersicht nach Stepanek

1. handbediente Brenner

    Merkmale:
    a) Einschalten und Wiedereinschalten von Hand
    b) ohne Zündsicherung
    Varianten:
    a) Steuerung der Wärmeleistung von Hand oder selbsttätig
    b) ohne oder mit Flammenüberwachung
    Gliederung:
    1.1. mit Handsteuerung, ohne Flammenüberwacung
    1.2. mit Handsteuerung, mit Flammenüberwachung
    1.3. mit selbsttätiger Steuerung, ohne Flammenüberwachung
    1.4. mit selbsttätiger Steuerung, mit Flammenüberwachung

2. teilautomatische Brenner

    Merkmale:
    a) Einschalten und Wiedereinschalten von Hand
    b) mit Zündsicherung
    c) ohne Flammenwächter
    d) mit selbsttätiger Steuerung der Wärmeleistung

3. automatische Brenner

    Merkmale:
    a) Einschalten und Wiedereinschalten ohne Bedienungspersonal
    b) mit Zündeinrichtung
    c) mit Flammenüberwachung
    d) mit selbsttätiger Steuerung der Wärmeleistung

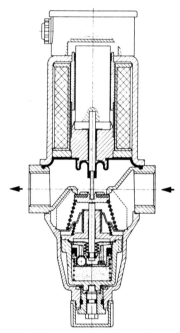

Bild 371: Magnetventil mit Dämpfungszylinder

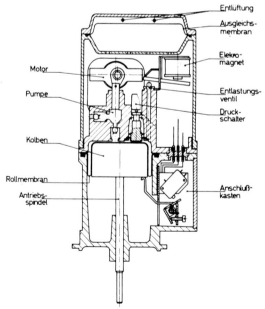

Bild 372: Hydramotor-Ventilantrieb

6. Brenner und Verbrennungsraum

Öfen mit mehreren Brennern
Brennerausführung 2.
Brennerausführung 1.2. (nicht zu empfehlen)
Brennerausführung 1.4. (nicht zu empfehlen)
Brennerausführung 3. (in Einzelfällen)

Sind die Brenner so eng angeordnet, daß ein Brenner sicher den Nachbarbrenner zündet, braucht nicht jeder Brenner einzeln gesichert zu sein. Obwohl für Strahlheizrohre keine Zündsicherungen gefordert werden, bestehen hierfür doch automatische Brenner mit allen Merkmalen nach Punkt 3 (Bild 331).

6.7.1. Absperrventile

Die Arbeitsweise eines Magnetventiles ist bekannt. Um ein weniger schlagartiges Öffnen des Ventils zu erreichen, kann unten im Gehäuse ein Dämpfungszylinder angeordnet werden. Das sich öffnende Gasventil trifft auf eine mit dem Dämpfungskolben verbundene Spindel (Bild 371 [100]).

Beim Anfahren größerer Brennereinheiten wird meistens mit kleiner Leistung über ein kleines Gasventil gestartet und erst nach Zündung und Sicherung ein zweites Ventil zugeschaltet. Wird mit einem Zündbrenner gezündet, ist auch hierfür ein selbständiges Ventil vorhanden. Magnetventile größerer Leistung erfordern eine hohe Schließkraft. Diese kann durch Motorantrieb erreicht werden. Ein bekannter motorischer Ventilantrieb ist der Hydramotor in Bild 372. Die Antriebsspindel betätigt das Gasventil gegen starken Federdruck, und diese Feder liefert die Schließkraft. Soll das Ventil öffnen, wird der Elektromotor eingeschaltet. Dieser treibt eine kleine Ölpumpe an, und das Öl drückt den großen Kolben gegen den Federdruck herunter. Ein Endschalter schaltet den Motor rechtzeitig ab. Soll das Ventil schließen, öffnet ein Entlastungsventil für das Öl und die starke Feder besorgt das Schließen.

Da Magnetventile auf die Dauer undicht werden können, werden meistens zwei gleiche Ventile in Serie geschaltet. Um ganz sicher zu gehen, wird bei größeren Brennereinheiten

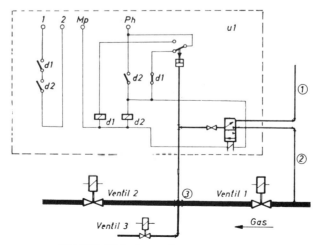

Bild 373: Dichtekontrolle mittels Leitungsdruck

der Raum zwischen den beiden Ventilen vor jeder Inbetriebnahme automatisch auf Dichtheit geprüft. Das kann mit Gasleitungsdruck (Bild 373) mittels eines Kolbens oder mit Stickstoff aus Gasflaschen erfolgen. Bei einer anderen Ausführung wird mit einer kleinen Vakuumpumpe ein Unterdruck erzeugt, der während einer durch eine Synchronuhr kontrollierten Zeit nicht unter einen bestimmten Wert abfallen darf [101].
Gas- und Luftsicherung erfolgen mit einem einstellbaren federbelasteten Membranschalter.

6.7.2. Zündgeräte

Außer Handfackeln und elektrischen Glühwendeln werden wegen der bestehenden Sicherheitsvorschriften meistens Zündmittel verwendet, die mit einer Flammensicherung gekuppelt sind. Die elektrische Hochspannungszündung der Gebläseölbrenner kommt auch bei Gebläsegasbrennern zur Anwendung. Man kann den Funken zwischen zwei Drahtelektroden oder zwischen einer Elektrode und einem Brennerteil überspringen lassen. Es ist darauf zu achten, daß die Elektroden nicht über ihre höchstzulässige Temperatur erhitzt werden. Bei Erdgas soll sich nirgends Ruß auf den Elektroden oder auf ihren Isolierteilen absetzen können. Der Verfasser hat sehr gute Erfolge mit handelsüblichen Motorzündkerzen erzielt (lange Lebensdauer, einfacher Einbau, billige Anschaffung). Es werden keine Dauerfunken gegeben, vielmehr wird nach kurzer Zeit der Zündtransformator automatisch abgeschaltet. Zündflammen können von Hand, mit piezoelektrischem Trigger oder mit Hochspannungsfunken gezündet werden. Die beiden erstgenannten Möglichkeiten kommen in Frage, wenn die Zündflamme während des Betriebes dauernd brennt. Bei der letzten Möglichkeit kann die Zündflamme, sobald die Hauptflamme gezündet ist, gegebenenfalls erlöschen. Die piezoelektrische Zündeinrichtung hat sich für die Anwendung bei Industrieöfen als nicht genügend sicher erwiesen. Eine gute Übersicht über die verschiedenen Bauarten von Zündbrennern geben Hoitz und Lauffer [102]. Es gibt Zündbrenner, die mit einer Zündsicherung nach dem thermoelektrischen Prinzip oder nach dem Ionisations-Prinzip gebaut und außerdem mit Hochspannungs-Funkenzündung ausgerüstet sind. Ein Zündbrenner ist so einzubauen, daß das brennbare Gemisch sicher gezündet wird. Hierzu ist er dicht an der Ausströmstelle des

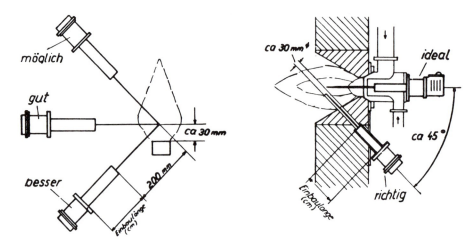

Bild 374: Einbaumöglichkeiten für Zündbrenner

Hauptbrenners anzuordnen. Er soll außerdem gegen Weg- bzw. Ausblasen durch Zugluft geschützt sein. Am besten ist es, wenn er im Zentrum des Hauptbrenners angebracht werden kann. Bild 374 zeigt verschiedene Möglichkeiten der Zündbrenneranordnung und der Ionisationselektroden.

6.7.3. Flammenüberwachung

Flammenüberwachung mit Thermoelementen, die an und für sich einfach und billig ist, wird für Industrieöfen nur noch vereinzelt angewendet. Das hat seinen Grund darin, daß es beim Verlöschen der Flamme unter ungünstigen Verhältnissen (z.B. heiße Wandungen des Brennerraumes) mehr als eine Minute dauern kann, bis das Gasventil geschlossen wird. Dann ist die notwendige Sicherheit gegen Gasexplosionen nicht mehr gewährleistet.

Die Flammenüberwachung durch Ionisation hat sich weitgehend durchgesetzt, da sie wenig empfindlich und doch betriebssicher ist. Bekanntlich tritt in heißen Flammengasen eine Ionisation auf, d.h. eine Spaltung in positive Ionen und negative Elektronen. Dieser Vorgang findet besonders in dem Teil der Flamme statt, in dem sich die Aktivierungsvorgänge und die Spaltung der Moleküle vollziehen. Hierdurch werden die Flammengase elektrisch leitend, und beim Anlegen einer Gleichspannung fließt ein Strom, der nur bei brennender Flamme vorhanden sein kann, wird verstärkt und betätigt ein Relais, das den Zündvorgang einleiten und die Gasventile betätigen kann. Die Ionisationsstrecke der Flamme hat einen Widerstand in der Größenordnung von 1 bis 10 MΩ. Deswegen müssen die Drähte, die zum Überwachungsgerät führen, sehr gut isoliert sein. Auch darf die meist keramische Isolation der Flammenelektrode nicht verschmutzt oder verrußt sein, da so ein Kriechweg für den elektrischen Strom geschaffen würde. Bei Nichtvorhandensein einer Flamme würde dann auch ein Strom fließen, und das Gasventil könnte betätigt werden, so daß die Anlage keine Sicherheit mehr bietet. Die Ionisationsstrecke einer Flamme hat auch eine Gleichrichterwirkung, die ausgenutzt werden kann, wenn statt Gleichstrom eine Wechselspannung angelegt wird. Dieser Polaritätseffekt entsteht, weil die positive Ionenkonzentration an der negativen Kathode größer ist als an der Anode (Bild 375). Hierdurch wird der Strom in einer Richtung größer als in umgekehrter Richtung. Die Kathode wird zur Verbesserung der Gleichrichterwirkung möglichst großflächig ausgeführt. Einfacherweise benutzt man hierzu die Brennermündung oder das Combustorrohr, die geerdet werden. Kurzschlüsse können im Überwachungskreis keine Flamme mehr vortäuschen, da der dann fließende Strom ein Wechselstrom ist, der vom Verstärker nicht weitergegeben wird.

Die bei den leuchtenden Flammen der Ölbrenner allgemein gebräuchlichen Fotozellen sind zur Flammenüberwachung für die nicht- oder schwachleuchtenden Gasflammen nicht brauchbar. Bild 376 zeigt, daß die gebräuchlichen Cäsiumoxid- und Bleisulfid-Fotozellen

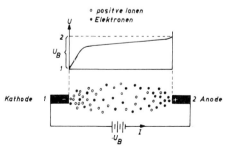

Bild 375: Spannungsverteilung und Polarisationseffekt in einer Flamme

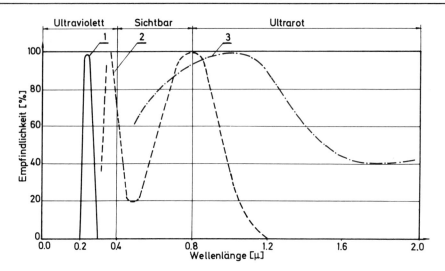

Bild 376: Empfindlichkeit verschiedener lichtempfindlicher Zellen. 1 = UV-Fotozelle, 2 = Cäsiumoxyd. Fotozelle, 3 = Bleisulfid-Fotozelle

auch im ultraroten Strahlungsgebiet eine große Empfindlichkeit haben. Hierdurch kann eine Flamme vorgetäuscht werden, z.B. durch glühendes Mauerwerk. Für die ultraviolettempfindliche Fotozelle (UV-Zelle) trifft das nicht zu. Da sowohl eine Ölflamme als auch eine Gasflamme ultraviolettes Licht ausstrahlen, sind die UV-Zellen ausgezeichnet für Zweistoffbrenner geeignet. Die Ionisationsüberwachung ist für Ölbrenner, die Flammenüberwachung mit gewöhnlichen Fotozellen für Gasbrenner nicht gut brauchbar. Es muß beachtet werden, daß auch der Zündfunke UV-Strahlung hat. Bei der Einstellung der „Sichtrichtung" der UV-Zelle darf dieser Funke nicht anvisiert werden. Die Lebensdauer der Zellen ist begrenzt, und am Ende dieser Lebensdauer kann das Vorhandensein einer Flamme vorgetäuscht werden. Es gibt aber Lösungen, bei denen in diesem Fall der Flammenwächter blockiert wird.

Als Verstärker für die schwachen Ionisations- oder UV-Fühler können Verstärkerröhrchen (auch Kaltkathodenröhren), Transistoren oder die sehr robusten Magnetverstärker verwendet werden. Das Verstärker- und Überwachungsgerät soll außerdem wenigstens folgende Schaltvorgänge übernehmen, wenn der Brenner von Hand, von einer Schaltuhr oder von einem Thermostaten in Betrieb gesetzt wird:

1. Gebläsemotor einschalten, wodurch der Verbrennungsraum des Ofens während einer bestimmten Zeit durchlüftet wird.
2. Nach Ablauf dieser Zeit Zündtransformator einschalten und das Gasventil öffnen.
3. Entsteht keine Flamme, dann innerhalb weniger Sekunden das Gasventil wieder schließen und den Gebläsemotor anhalten.
4. Brennt die Flamme ordnungsgemäß, wird der Zündtransformator abgeschaltet.

Bei mittelgroßen Brennern soll zuerst nur eine Teillast gezündet werden, erst dann kann durch ein zweites Gasventil auf volle Brennerleistung geschaltet werden. Bei großen Brennern wird zuerst eine Zündflamme gezündet. Erst wenn sie ordnungsgemäß brennt, wird das Hauptgasventil allmählich geöffnet, z.B. durch einen Hydramotor. Es sind aber verschiedene Kombinationen möglich, es können auch schon bei kleineren Brennern Zündflammen verwendet werden. Sie können dauernd brennen, werden aber meistens nach erfolgter Zündung der Hauptflamme gelöscht.

Für die Zeitschaltung des Belüftungsvorganges werden mitunter beheizte Bimetallschalter im Überwachungsgerät eingebaut. Da sie aber keine sichere Zeitschaltung zulassen, besonders nicht wenn eine Belüftungszeit des Ofenraumes von wenigstens 60 Sekunden (in den Niederlanden) vorgeschrieben ist, ist eine Programmschaltung mit einem Synchronmotor vorzuziehen. Dieser Synchronmotor kann eine Nockenwelle oder eine Programmscheibe (Bild 377) antreiben.

Öfen mit Abgasrückführung durch Kreiselgebläse (Bild 241) sind oft ganz aus Stahlblech und hitzebeständigem Blech hergestellt. Sie sind deswegen bei einer eventuell auftretenden Explosion sehr gefährdet. Es sollen daher an den geeigneten Stellen immer Explosionsdeckel vorgesehen werden. Vor allem müssen an die Brenneranlagen hohe Sicherheitsanforderungen gestellt werden. Die wichtigsten sind

a) Zündet die Flamme nicht, soll die Zufuhr von Gas bzw. Öl innerhalb weniger Sekunden abgesperrt werden.

b) Die Brennstoffzufuhr soll nach Abschalten niemals sofort wieder geöffnet werden können, vielmehr muß das Verbrennungsluftgebläse einsetzen und den Ofenraum für eine bestimmte Zeit belüften.

c) Bei Stillstand des Brenners soll niemals durch undichte Gasventile Brenngas in den Ofen gelangen können.

Zu Punkt a): Hierfür sorgt eine Flammenüberwachung.

Zu Punkt b): Hierfür sorgt das Überwachungsgerät.

Zu Punkt c): Hierzu werden meistens zwei Ventile in Serie geschaltet oder eine besondere Sicherung benutzt.

In diesem Zusammenhang erheben sich folgende Fragen [103]:

1. Welche Gaskonzentration wird sich in der Zeit zwischen Öffnen und Schließen des Gasventils einstellen, wenn die Flamme nicht zündet?
2. In welchem Maße geht eine im Ofenraum vorhandene Gaskonzentration zurück, wenn Luft eingeblasen wird?

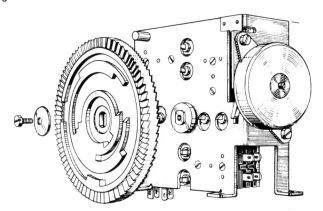

Bild 377: Programmschaltung mittels Scheibe (Werkbild Landis & Gyr, Frankfurt/M.)

6. Brenner und Verbrennungsraum

Bild 241:
Ofen mit Abgasrückführung durch Gebläse
A = Ofenraum
B = Mischrohr
C = Gebläse für Verbrennungsluft
D = Gaszufuhr
E = Abgasrückführgebläse
F = Abgasrückführleitung
G = Leitung zum Schornstein
H = Drosselklappe

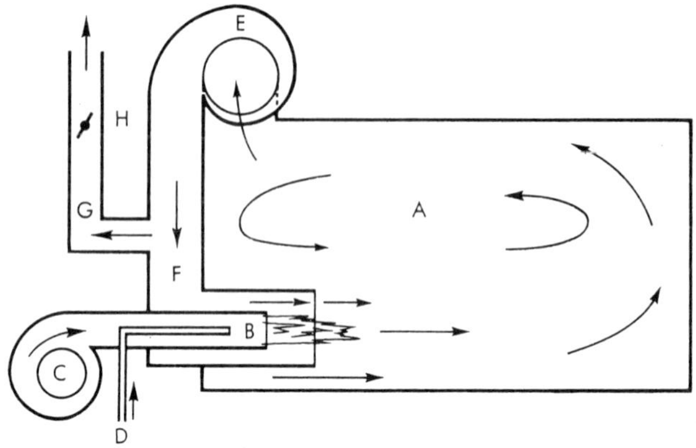

Bild 378: Ofen mit Abgasrückführung durch Gebläse

Es bedeutet

V den Inhalt der gasführenden Räume des Ofens (Bild 378), also der Inhalt von A, E und F zusammen.

v die Fördermenge des Gebläses E in l/s.

v_g die ausströmende Gasmenge in l/s und

v_l die ausströmende Luftmenge in l/s.

Zu Punkt 1.:
Der Inhalt des Ofenraumes V wird einmal umgewälzt in der Zeit

$$\Delta t = \frac{V}{v} \quad .$$

Strömt Gas und Verbrennungsluft aus einem Brenner in einen Raum, der mit Abgas oder Luft gefüllt ist, und wird der Inhalt dieses Raumes durch das Gebläse E umgewälzt, so stellt sich eine mittlere Gaskonzentration C ein:

$$C = \frac{\Delta t \, v_g}{v} \quad 100\,\%$$

Ist x das Volumen, das in der Zeit t dem aus dem Brenner strömenden Gemisch zugemischt wird, so ist

$$x = V - \Delta t \, (v_g + v_l),$$

weil ein Volumen $\Delta t \, (v_g + v_l)$ durch den Schornstein entwichen ist.

Wenn $x/V = b$ ist, ergibt sich als Gaskonzentration C_n nach Ablauf der Zeit $n\Delta t$

$$C_n = C \left(\frac{1 - b^n}{1 - b} + b^n \right) \quad \text{in } \%.$$

6. Brenner und Verbrennungsraum 467

Zu Punkt 2.:

Hat sich im Ofensystem mit einem Gesamtinhalt V eine Brenngaskonzentration C_n eingestellt und führt das Brennergebläse C (Bild 378) eine Luftmenge L in den Ofen ein, so ist

$$t = \frac{V}{L} \cdot 138 \log \frac{C_n}{C_e} \text{ in min.}$$

Hierin ist C_e die Gaskonzentration nach Verlauf der Spülzeit t.

Mit der ersten Formel kann die Konzentration C_n berechnet werden, die sich während der Zeit einstellt, die vergeht, bevor bei Zündstörung die Gaszufuhr abgesperrt wird. Man kann feststellen, ob C_n dabei unterhalb der unteren Explosionsgrenze bleibt.

Mit der zweiten Formel berechnet man die Zeit, die vergeht, bis die Gaskonzentration auf C_e abgesunken ist, wobei C_e unterhalb der unteren Explosionsgrenze liegen soll. Dann ist t die erforderliche Belüftungszeit.

7. Ofenbetrieb

7.1. FALSCHLUFT

Falschluft ist für den Ofenbetrieb sehr nachteilig, weil:
1. durch die größere Luftmenge die Wirkungsgrade erniedrigt werden
2. die Abgaszusammensetzung geändert und somit die gewünschte Art verdorben wird,
3. der Wärmeübergang auf das Wärmgut geringer wird, wodurch die Leistung des Ofens zurückgeht,
4. die Temperaturverteilung im Ofenraum ungleichmäßig wird.

Daß durch Falschluft die Leistung eines Ofens zurückgeht, hat folgenden Grund.

Das nützliche Temperaturgefälle zwischen Abgasen und Wärmgut wird kleiner und die Wärmeübertragung geringer. Die Verdünnung der Abgase durch Beimischung von Falschluft hat außerdem zur Folge, daß die Teildrücke der Wärmestrahler in den Abgasen, also von CO_2 und HO_2-Dampf geringer werden, so daß auch die Wärmemengen, die von den Abgasen durch Strahlung abgegeben werden, kleiner werden.

Beide Umstände, nämlich der Abfall des nützlichen Wärmegefälles zwischen Abgasen und Wärmgut und die Verminderung der Abgasstrahlung, haben zur Folge, daß das Wärmgut länger im Ofenraum verbleiben muß und somit die Leistung des Ofens zurückgeht. Im Betrieb ist das oft die erste Andeutung dafür, daß Falschluft in den Ofenraum eindringt. Die Ursache hierfür können Risse im Mauerwerk, schlecht schließende Türen und sonstige Öffnungen usw. sein. Es ist auch möglich, daß früher kein Unterdruck im Ofenraum auftrat, jetzt aber der Schornsteinschieber nicht mehr bedient wird, womöglich gar nicht mehr zu bedienen ist, weil er festgebrannt sitzt.

Sehr nachteilig ist das Auftreten von Falschluft bei Öfen, bei denen man Vorwärmung der Verbrennungsluft hat anwenden müssen, um mit einem bestimmten Brennstoff die für das Verfahren notwendige sehr hohe Temperatur zu erreichen.

Tritt in diesem Falle Falschluftzufuhr auf, so ist es möglich, maß nun die Temperatur im Ofenraum allzuweit gesenkt wird.

Aber auch die Temperaturverteilung im Ofenraum kann durch das Eindringen von Falschluft gründlich verdorben werden. Nach Schwiedessen ist im Bild 379 die Temperaturverteilung in einem Siemens-Martin-Ofen wiedergegeben für den Fall, daß keine Falschluft durch die Ofentüren eindringt im Gegensatz zu Bild 380, das denselben Ofen wiedergibt, wobei die Türen undicht waren. Jetzt ist die Temperaturverteilung ganz anders geworden, die Temperatur ist in der Ofenmitte von rund 1780 auf 1560 °C zurückgegangen, und man sieht deutlich, daß der Einfluß der Falschluft sich auf ungefähr drei Viertel des Ofenraumes erstreckt [104].

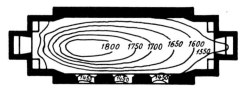

Bild 379: Temperaturfeld in einem SM-Ofen. Ohne Falschluftzutritt (nach Schwiedessen)

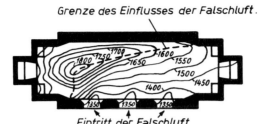

Bild 380: Temperaturfeld in einem SM-Ofen. Mit Falschluftzufuhr (nach Schwiedessen)

Schließlich bringt das Eindringen von Falschluft noch eine große Gefahr, daß die Ofenatmosphäre dermaßen stark oxydierend wirkt, daß ein beträchtlicher Teil des Wärmgutes verbrennt.

Die vorhergehenden Ausführungen sollen es sehr klar zum Bewußtsein bringen, daß man alle nur möglichen Maßnahmen zu ergreifen hat, um das Übel zu bekämpfen. Die Nulldruckebene soll immer so tief wie nur möglich liegen, damit keiner oder nur geringer Unterdruck im Ofenraum herrscht (Bild 262, 264).

Ist ein CO_2-Anzeigeapparat an den Abgaskanal angeschlossen, so regelt man den Abgasschieber immer so, daß der CO_2-Gehalt der Zahl entspricht, die mit der vorgesehenen Luftüberschußzahl übereinstimmt. Ist dieser CO_2-Gehalt niedriger, so bedeutet dies, daß Falschluft vorhanden ist, und der Abgasschieber ist weiter zu schließen. Leider wird die Ofenbedienung manchmal ungeschultem Personal überlassen, und die Ofenregulierung läßt viel zu wünschen übrig. Doch ist der Rauchgasschieber das Mittel, womit man Brennstoff spart. Er soll deswegen immer sachgemäß bedient und gepflegt werden.

Bei Dampfkesseln, bei welchen man den „Zug" regelt, der immer viele mm Wassersäule beträgt, kann man mit einfachen Instrumenten arbeiten, um den Unterdruck zu messen. Bei Industrieöfen aber bringt schon ein sehr geringer Unterdruck im Ofenraum (z.B. bis 10 N/m^2) Verluste durch Falschluft mit sich und zum Messen d i e s e s U n t e r d r u c k s sind Präzisionsinstrumente notwendig. Man baut auch selbsttätige Regler ein. In einem Ofenraum, worin an und für sich Überdruck herrscht, kann aber örtlich ein Unterdruckgebiet auftreten, weil Abgasstrahlen mit großer Geschwindigkeit aus den Brenneröffnungen ausströmen. Diese Unterdruckgebiete haben, wenn sie auftreten, meistens eine ausgesprochene Blasenform, welche von dem Brennermund ausgeht, und sind nur dann schädlich, wenn sie Öffnungen berühren, die mit der Außenluft in Verbindung stehen. Dies muß also verhindert werden.

Natürlich wird man es im Ofenbetrieb vermeiden, daß um Türen, Schau- und Zündöffnungen herum Spalten vorhanden sind oder daß jene sogar unnötigerweise offenstehen. Auch soll ein Ofen immer gut gepflegt werden, worunter selbstverständlich auch das rechtzeitige Dichten von Rissen im Ofenmauerwerk zu verstehen ist. Öffnungen, die nicht zu vermeiden sind, soll man zur Verhinderung von Falschluftzutritt so hoch wie möglich im Ofenraum anbringen, denn hier herrscht Überdruck. Aber auch diese Öffnungen oben im Ofenraum sollen nicht unnötigerweise geöffnet werden und auf jeden Fall gut verschließbar angebracht werden. Denn während der Betriebspausen wird um so mehr Kaltluft in den Ofenraum hineindringen, je größer die Undichtigkeiten oben im Ofenraum sind. Schau- und Zündöffnungen sollen immer mit selbstschließenden Klappen versehen werden, die gut schließen und auch im Betrieb dicht bleiben. Sandtassen sollen gefüllt sein.

Ist ein Ofen im Betrieb, der so gebaut ist, daß Falschluftzutritt sich schwer vermeiden läßt, oder bringt der Betrieb es nun einmal unausweichlich mit sich, daß Öffnungen offen bleiben an Stellen, wo Gefahr für Falschluftzutritt besteht, so kann man an diesen Stellen flüssigen oder gasförmigen Brennstoff einblasen. Dann wird die Falschluft, bevor sie im Ofenraum Schaden anrichten kann, als Verbrennungsluft aufgebraucht. Bei Öfen, bei denen die vorgesehene Verbrennungsluft auf eine höhere Temperatur vorgewärmt wird, bleibt aber der Nachteil bestehen, daß die Abgase, die unter Benutzung der Falschluft entstehen, von niedrigerer Temperatur sind als die „richtigen" Abgase. Eine andere Möglichkeit, um die Falschluft unschädlich zu machen, ist die folgende: Die Abgasöffnungen werden ganz in der Nähe der Stellen angebracht, wo die Falschluft in den Ofenraum hineindringt, und somit wird diese Luft eingefangen und weggeführt, ehe sie im Ofenraum Schaden anrichten kann.

Die Berechnung der Falschluftmenge durch Öffnungen kann nach (165), (173) unter Annahme von a nach Bild 240 erfolgen. Für die Berechnung der Falschluftmenge, die durch Poren oder kleine Risse im Mauerwerk eintritt, kann man die Formel (145) von Bansen anwenden oder, falls die betreffenden Zahlen bekannt sind, genauer mit Formel (148) rechnen, wobei für senkrechte Wände mit dem mittleren Druck gerechnet werden soll.

Die Luftmenge, welche durch den untersten Spalt einer Ofentür strömt, macht oft die Hälfte der ganzen Falschluftmenge aus. Man wird im Ofenbetrieb also besonders darauf zu achten haben, daß an dieser Stelle kein oder nur ein ganz schmaler Türspalt vorhanden ist. Deswegen wird man die Tür in geschlossenem Zustand auf einem Anschlag, feuerfestem Rand oder am besten auf einem Sandverschluß aufsitzen lassen.

7.2. DIE OFENATMOSPHÄRE

7.2.1. Allgemeines

Es versteht sich, daß, weil die unmittelbar beheizten Öfen den Vorteil der einfacheren und billigeren Bauart haben und für die höchsten, industriell anwendbaren Temperaturen gebaut werden können, diesen Öfen immer der Vorzug zu geben ist in all den Fällen, wo der Einfluß der Abgase auf das Wärmgut nicht nachteilig ist oder allenfalls durch Führung der Verbrennung und Wahl der Aufenthaltszahl des Wärmgutes innerhalb zulässiger Grenzen gehalten werden kann. Wo Stoffe in den Abgasen das Aussehen des Wärmgutes oder dessen Geschmack beeinträchtigen kann, ist dem Koksofengas, Stadtgas, Erdgas, Propan und sonstigen gereinigten, gasförmigen Brennstoffen der Vorzug zu geben vor den flüssigen Brennstoffen.

In der feinkeramischen Industrie können unmittelbar beheizte Öfen ohne weiteres verwendet werden, nur die Einwirkung der Abgase auf die Glasur muß beachtet werden. Der Grundstoff der Glasuren ist im Grunde eine sehr fein verteilte Glasart, vermischt mit pulverförmigen Metalloxyden. Die Endtemperatur beim Glasurbrennen ist meistens nicht übertrieben hoch, da dann die Farbenskala am kräftigsten ist (z.B. 1020 $^\circ$C). Das Abgas soll beim Brennen von bleioxydhaltigen Glasuren etwas oxydierend sein, um eine Reduktion des Bleioxyds zu verhindern. Enthält der Scherben oder die Glasur das gelblich färbende Fe_2O_3, so soll das Abgas etwas reduzierend sein, denn dann wird es in nichtfärbendes FeO reduziert. Beim Porzellanbrennen wird deswegen mit reduzierender Atmosphäre gefahren.

Anlagen und Verfahren

Degussa setzt Maßstäbe

Beispiel: Vakuumofen VKUQ

Der Degussa Vakuumofen VKUQ, eine Anlage für das Härten von mittel- und hochlegierten Stählen, zum Blankglühen, Hartlöten und Sintern.

Die Mikroprozessor gesteuerte Anlage besitzt hervorstechende Baumerkmale:
- Überdruck-Gaskühlung
- Rundum-Düsensystem, d. h. hohe Härte, geringer Verzug
- Rundum-Heizung
- Keine beweglichen Teile im Ofenraum.

Der Degussa Vakuumofen VKUQ hat eine kompakte Bauweise.

Fordern Sie unsere technischen Unterlagen an, oder lassen Sie sich durch unsere Fachingenieure über die Vorteile dieser Vakuumanlage beraten.

Degussa AG
Geschäftsbereich
Löttechnik
und Durferrit-Verfahren
Postfach 13 45
D-6450 Hanau 1
Telefon (0 61 81) 59-1

SEIT 1900 FLEISCHMANN FEUERFEST

Feuerfeste Spezial-erzeugnisse

Beratung · Berechnung

Konstruktion · Lieferung

Montage · Aufheizen

A. FLEISCHMANN GMBH

Schlosserstraße 23-25
6000 Frankfurt/Main 18
Postfach 18 02 80
Telefon (069) *55 08 21
Teletex/FS-Nr.:
17 69 90 714 flmann

Werk Offstein

Hochtemperaturöfen bis 1750° C

- Kammerinhalt 4, 26 und 52 Liter
- Schnelle Aufheiz- und Abkühlzeiten durch Faserisolierung
- Hohe Temperaturgenauigkeit
- für oxidierende und reduzierende Atmosphäre sowie Betrieb unter Vacuum

Telefon (0 96 65) 17 21-3, Telex 63 902
Heinrich-Hertz-Platz 1, Eschenfelden
D-8459 Hirschbach 1, West-Germany

In der Glasindustrie sind es die Sodagläser, die immer eine leichtoxydierende Atmosphäre verlangen. Bei Tafelgläsern müssen die vorderen Brenner des Ofens leicht reduzierend, die hinteren dagegen etwas oxydierend eingestellt werden. Braun- und Sulfatglasgemenge erfordern eine reduzierende Atmosphäre. Bei bleioxydhaltigen Gläsern ist für eine kräftige oxydierende Atmosphäre zu sorgen, um die Reduktion von Bleioxyd zu Blei zu verhindern. Günther macht darauf aufmerksam, daß bei der üblichen Bauart des Glaswannenofens örtlich und außerdem im Takt des Wechsels der Regeneratorbeaufschlagung die Zusammensetzung des Abgases verschieden sein kann. Die Brennerkonstruktion hat hierauf einen großen Einfluß. Beim Emaillieren von metallischen Oberflächen wird meistens mittelbare Beheizung angewandt, da die meisten Emaillearten empfindlich sind gegen die Abgase der verschiedenen Brennstoffe. Es treten Glanzverlust oder Aufschäumen der Oberfläche der emaillierten Ware auf. Nach Versuchen von Landfermann haben aber ein CO_2-Gehalt von 1 bis 20 % und ein H_2O-Gehalt von 1 bis 40 % der Ofenatmosphäre keinen Einfluß auf den Glanz. Aber schon geringe Gehalte an SO_2 und SO_3 beeinträchtigen den Glanz. Bei Zirkonemaille z.B. bringt 0,05 % SO_2 einen Glanzverlust von 9 % und 0,05 SO_3 sogar 13 %.

Ist das Gas schwefelfrei, so ist die Möglichkeit gegeben, das Emaillieren in unmittelbar beheizten Öfen durchzuführen.

Bei der Kaltverformung von Messing durch Walzen oder Pressen werden die α-Mischkristalle teilweise zertrümmert, wodurch Festigkeit und Härte zunehmen und die Dehnung abnimmt. Soweit diese Bearbeitungen in mehreren Arbeitsgängen durchgeführt werden, ist es deswegen notwendig, Wärmebehandlungen zwischenzuschalten. Bei diesen wachsen aus den Trümmern wieder neue α-Mischkristalle, wodurch die Härte abnimmt und die Kaltverformung erleichtert wird. Eine ganz bestimmte Höchsttemperatur und Rekristallisationszeit sind einzuhalten, da sonst der Korndurchmesser zu groß und bei dem anschließenden Walzen die Oberfläche rauh wird. Beim Pressen von kleinen Messingteilen wurden zur Durchführung des Rekristallisationsprozesses unmittelbar beheizte Öfen vom Verfasser (Bild 403) angewandt.

Auf die Zunderbildung von Stahl hat nicht nur die Zusammenstellung der Gase, die mit der Stahloberfläche in Berührung kommen, Einfluß, sondern auch die Temperatur, die Wärmzeit und die Stahlqualität.

Bekanntlich ist der Gehalt des Abgases an Wasserdampf und Kohlendioxid und natürlich Sauerstoff die Ursache der Verzunderung von Stahl. Bild 381 zeigt die Verzunderung von Stahl in Abhängigkeit vom Kohlenstoffgehalt, von der Temperatur und der Wärmdauer nach Versuchen von Dlaska und Trenkler. Der Abbrand ist für Eisen-Kohlenstoff-Legierungen bei allen Temperaturen kleiner als für Reineisen und nimmt bei höheren Temperaturen zu.

Es gibt zwei Möglichkeiten, die Zunderbildung bei der Erwärmung von Eisen und Stahl zu begrenzen. Zuerst:

7.2.2. Erhitzung im Vakuumofen [105, 106, 107]

Ein Vakuum ist das geeignete Mittel, um ein empfindliches Wärmgut bei der Erhitzung jedem schädlichen Einfluß zu entziehen. Tatsächlich werden Elektroöfen verwendet, bei denen im Ofenraum ein Vakuum instand gehalten wird (8.2.8.).

(Auch [168] Literatur 8.3.).

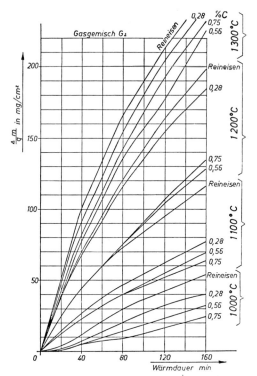

Bild 381: Die Verzunderung von Stahl in Abhängigkeit vom Kohlenstoffgehalt, Temperatur und Wärmdauer

Es gibt Topföfen, Haubenöfen, Herdwagenöfen und Durchlauföfen mit Schleusen. Meistens erfolgt die Beheizung durch Widerstandselemente; es wird aber auch Elektronenstrahlbeheizung eingesetzt.

Bei elektrisch beheizten Blankglühöfen für Draht nach Bild 382 mit feststehender Heizhaube und hydraulischer Hubvorrichtung können je nach Art des zu glühenden Materials verschiedene Verfahren benutzt werden:

a) Die sonst luftdicht verschlossenen Glühtöpfe stehen während des Aufheizens mit der Atmosphäre in Verbindung mittels eines Ventils. Der Luftinhalt des Topfes verschwindet dann teilweise nach außen, und nach Beendigung des Aufheizens wird das Ventil geschlossen (Teilvakuum-Verfahren).

b) Mittels einer Vakuumpumpe wird der Luftinhalt des Glühtopfes, der durch eine trockenliegende, jedoch wassergekühlte Gummidichtung verschlossen ist, größtenteils abgezogen (Vakuum-Verfahren). Es ist aber nicht notwendig, ein Hochvakuum zu erzeugen.

c) Es wird Schutzgas durch den Glühtopf geleitet.

Es sei übrigens bemerkt, daß ein absolutes Vakuum, also die vollständige Abwesenheit von Gasmolekülen technisch nicht erreichbar ist. Der Restdruck im Vakuumofen wird in Torr, Mikron oder jetzt in Pascal ($1 \cdot 10^{-5}$ bar) angegeben. Ist der Druck 0,13 Pascal = 1 Mikron, so ist der Partialdruck des Sauerstoffs 0,027 Pascal. Auch das Härten von Stählen kann in

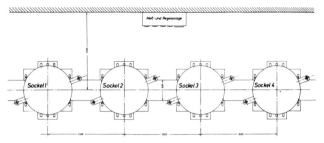

Bild 382: Grundriß einer Haubenofen-Glühanlage mit 4 Glühsockeln

Vakuumöfen durchgeführt werden, wobei sie mit Abschreckkammern zusammengebaut werden.

Eine Wärmbehandlung von Stahl kann unter Schutzgas oder im Vakuum durchgeführt werden [108]. Beide Systeme haben Vor- und Nachteile, die aus der Art der Wärmeübertragung hervorgehen. Unter Schutzgas erfolgt die Wärmeübertragung durch Konvektion und, abhängig von der Temperatur, auch durch Strahlung. Im Vakuum erfolgt die Erwärmung nur durch Strahlung. Bild 383 zeigt schematisch die Durchwärmzeit geschichteten Wärmgutes für beide Systeme, und zwar abhängig von der Schichtanzahl [109]. Sind mehrere Schichten vorhanden, ist der Vakuumofen im Nachteil. Zusätzlich kann auch noch ein größerer Temperaturunterschied zwichen den einzelnen Schichten auftreten, wodurch die Qualität des Wärmguts beeinträchtigt wird. Bei den Öfen für die Wärmebehandlung unter Schutzgas bestehen diese Probleme nicht, aber es ist ein Gebläse notwendig, das für eine Temperatur über 900 bis 1000 °C sehr problematisch ist. Zur Vermeidung großer Schutzgasverluste beim Be- und Entladen des Ofens ist eine Schleuse einzubauen. Hierfür wird auch die Vakuumeinschleusung angewendet. Für die Wärmebehandlung hochwertiger Werkstoffe können Vakuumöfen unersetzlich sein. Auch Vakuumlöten statt Löten unter Schutzgas kommt für moderne Superlegierungen und Metalle wie Tantal, Titan oder Zirkon in Frage [256]. Vakuumöfen können mit warmer oder mit kalter Wand ausgeführt sein.

Beim Warmwandofen unterscheidet man einfache Öfen, bei denen die Retorte, in der sich das Werkstück befindet, evakuiert wird, und zweifache Öfen. Bei diesen wird auch

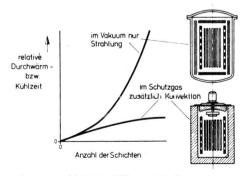

Bild 383: Durchwärmzeit von geschichtetem Wärmgut in Schutzgasatmosphäre und im Vakuum (nach Wünning)

der Raum außerhalb der Retorte evakuiert. Diese Öfen werden meistens für größere Werkstücke gebaut, denn dann besteht die Gefahr nicht, daß die heiße Wand der Retorte unter dem Außendruck zusammengedrückt wird. Die Öfen werden für eine Betriebstemperatur bis rund 1200 °C gebaut. Beim Kaltwandofen bleibt das Ofengehäuse kalt und wird nur bei Raumtemperatur mit atmosphärischem Druck belastet. Das Wärmgut wird konzentrisch von Widerstands-Erwärmungselementen eingeschlossen, die ihrerseits von Strahlungsschirmen umgeben sind. Bild 384 a zeigt einen widerstandsbeheizten Vakuumofen, bei dem der Vakuumkessel innen mit solchen Schirmen gegen Wärmeausstrahlung nach außen geschützt ist. Bei Hochtemperaturöfen werden in jede Richtung sechs bis sieben Schirme eingebaut. Dabei ist darauf zu achten, daß die Befestigungsbolzen keine großen Wärmebrücken bilden. Die Schirme mit der höchsten Temperaturbelastung werden manchmal aus Molybdän hergestellt (3.4.).

7.2.3. Schutzgas, Allgemein [110]

Das Schutzgas soll eine nicht-angriffsfähige Atmosphäre bei der Wärmebehandlung und beim Hartlöten schaffen, wodurch Zunderbildung teilweise oder ganz verhindert und beim B l a n k g l ü h e n sogar die bereits vorhandene, sehr dünne Oxydschicht (Anlauferscheinungen) beseitigt werden.

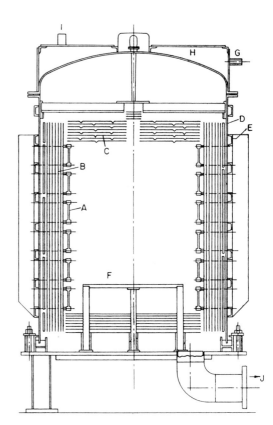

A — Heizelemente
B, C, D — Strahlungsschirme
E — Kühlwasserkanal
F — Wärmgutauflage
G — Wassereinlaß
H — Wassergekühlter Deckel mit
I — Wassereinlaß
J — Vakuumanschluß

Bild 384 a: Vakuum-Elektroofen mit Strahlungsschirmen

Reine Metalle, wie Kupfer und Nickel, die ziemlich zunderfest sind, können ohne Gefahr für Oberflächenveränderungen blankgeglüht werden in Schutzgasen, die außer CO auch noch beträchtliche Mengen an CO_2 und H_2O-Dampf enthalten. Dagegen ist das Glühen von Chrom, Aluminium und Magnesium in Gegenwart von nur geringen Mengen CO_2 und H_2O-Dampf mit merklichem Angriff der Oberfläche verbunden. Diese Metalle haben eine derart hohe Affinität zu Sauerstoff, daß sie sogar in CO nicht oberflächenrein einer Wärmebehandlung unterzogen werden können. Bei den üblichen Temperaturen ist eine Reduktion der Oxyde nicht möglich, es sei denn, daß ein Schutzgas verwendet wird, das aus einem Gemisch von N_2 und H_2 besteht und meistens durch Ammoniakspaltung oder teilweise Ammoniakspaltung hergestellt wird.

Sehr wichtig ist die Anwendung von Schutzgas und von Reaktionsgas in der Stahl- und Eisenindustrie, deswegen wird sie ausführlich behandelt.

Beim Erwärmen von Stahlteilen zwecks anschließender Härtung soll das Schutzgas nicht nur Zunderbildung, sondern auch die Entkohlung verhindern. Ein Reaktionsgas dagegen soll eine Entkohlung (z.B. von Temperguß) oder eine Aufkohlung (Einsatzhärtung, Randaufkohlung von Fertigteilen aus Stählen mit niedrigem Kohlenstoffgehalt) herbeiführen.

Die Verbrennungsprodukte von Brennstoffen können aus folgenden Gasen bestehen:

O_2, N_2, CO_2, CO, H_2O, H_2, CH_2, SO_2, H_2S.

In unmittelbar beheizten Öfen kann die Oberfläche des Wärmgutes mit allen oder einem Teil dieser Gase in Reaktion treten.

In mittelbar beheizten Öfen und in widerstandsbeheizten Elektroöfen ist, wenn keine besonderen Maßnahmen getroffen werden, im Ofenraum O_2, N_2 und mehr oder weniger H_2O vorhanden.

Aus Tafel 113 geht hervor, wie diese Gase auf reines Eisen (Fe), auf Fe_3C und Eisenoxyd (FeO, Fe_3O_4) einwirken. N_2, Edelgase und ein Vakuum wirken neutral, lösen also keine Reaktionen an der Werkstoffoberfläche aus. CO und H_2 wirken reduzierend, CO_2 und H_2O oxydierend auf die Oberfläche von Stahl. CO und CH_4 haben eine aufkohlende Wirkung, dagegen wirken CO_2, H_2 und H_2O entkohlend. Es handelt sich hierbei um temperaturabhängige Gleichgewichtsreaktionen wie:

$$FeO + CO \rightleftarrows Fe + CO_2$$

$$Fe_3O_4 + 4\,CO \rightleftarrows 3\,Fe + 4\,CO_2$$

$$FeO + H_2 \rightleftarrows Fe + H_2O$$

$$Fe + 2\,CO \rightleftarrows FeC + CO_2$$

$$Fe + CO + H_2 \rightleftarrows FeC + H_2O$$

$$Fe + CH_4 \rightleftarrows FeC + 2\,H_2$$

Diese Reaktionen, die also in beiden Richtungen verlaufen können, streben einem Gleichgewichtszustand zu, der abhängig ist von Temperatur, Druck, Anfangskonzentration; weiter von der Zeit, die zur Ausbildung dieses Gleichgewichtszustandes zur Verfügung steht, und gegebenenfalls von der Anwesenheit wirksamer Katalysatoren. In dem hier betrachteten Fall kann von dem Einfluß des Druckes abgesehen werden.

Tafel 113: Einwirkung von Gasen auf Eisen (nach Minkler)

	O_2	CO_2	CO	H_2	CH_4	H_2O	N_2
Reines Eisen (Fe)	O	O	A	N	A	O	N
(Fe_3C)	O E	O E	N	E	N	O E	N
Eisenoxyd (FeO, Fe_3O_4) ...	N	N	R	R	R	N	N

O = oxydierend, R = reduzierend, N = neutral, A = aufkohlend, E = entkohlend.

Weiter sind noch die Gleichgewichtsreaktionen der Gase unter sich zu beachten:

$$CO + H_2O \rightleftarrows CO_2 + H_2 \quad \text{(Wassergasgleichgewicht)}$$

$$2\,CO \rightleftarrows C + CO_2 \quad \text{(Boudouardsche Gleichung)}$$

$$CH_4 \rightleftarrows C + 2\,H_2$$

Die Umsetzung nach der Boudouardschen Gleichung wird in Anwesenheit von Eisen als Katalysator beschleunigt.

Soll eine zunderfreie und entkohlungsfreie Wärmebehandlung durchgeführt werden, so ist für eine Ofenatmosphäre zu sorgen, wobei das Verhältnis der einzelnen gasförmigen Bestandteile nach obenstehenden Formeln je nach der Ofentemperatur ganz bestimmte Werte aufweisen soll. Bild 384 b gibt hierüber Aufschluß. Die Kurven sind Gleichgewichtskurven, in der Richtung O tritt Oxydation, in der Richtung R Reduktion auf; A bedeutet Aufkohlung, E Entkohlung. Die Kurve I bezieht sich auf die Oxydation bzw. Reduktion von Eisen durch H_2O bzw. H_2. Bei 900 °C soll das Verhältnis $\dfrac{H_2O}{H_2}$ kleiner als 0,6 sein.

Da das Wärmgut kalt in den Ofen gebracht wird und besonders bei niedriger Temperatur anfällig für Oxydation durch H_2O ist, wodurch dann Anlauffarben entstehen, so ist das Verhältnis $\dfrac{H_2O}{H_2}$ bedeutend niedriger zu halten, d.h. das Schutzgas ist zu trocknen.

Das Verhältnis $\dfrac{CO_2}{CO}$ soll bei 900 °C, wie es aus der Kurve II ersichtlich ist, kleiner als 0,45 sein, um der Oxydation vorzubeugen. Doch wird manchmal ein Schutzgas verwendet, das ein höheres Verhältnis aufweist, ohne Oxydation des Strahles zu verursachen. Das ist darauf zurückzuführen, daß im Ofenraum sich auch das Wassergasgleichgewicht einstellt, wodurch CO_2 zu CO reduziert wird. Es entsteht hierbei aber auch H_2O, und da, wie bereits erwähnt, Stahl bei niedrigeren Temperaturen besonders empfindlich für H_2O-Oxydation ist, so wird das frische, trockene Schutzgas vorzugsweise in der Abkühlzone des Ofens zugelassen.

Kurve II gibt die Gleichgewichtskonstanten der Wassergasreaktion an. Zum Blankglühen sind mit diesen Kurven die Gleichgewichtsverhältnisse festgelegt, die einzuhalten sind.

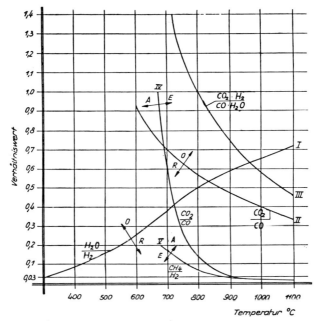

Bild 384 b: Gleichgewichtsverhältnisse für das Blank- und entkohlungsfreie Glühen

Soll aber nicht nur Oxydation, sondern auch Entkohlung des Stahles verhindert werden, so ist der Kurve IV das Verhältnis $\dfrac{CO_2}{CO}$ und der Kurve V das Verhältnis $\dfrac{CH_4}{H_2}$ zu entnehmen, das eingehalten werden soll, um die Entkohlung des Stahles zu verhindern. Es sei bemerkt, daß Kurve IV für mit Kohlenstoff gesättigten Stahl gilt. Das Kohlenstoffgleichgewicht ist nämlich nicht nur von der Temperatur, sondern auch vom C-Gehalt des Stahles abhängig. Aus IV geht hervor, daß bei 900 °C $\dfrac{CO_2}{CO}$ unterhalb 0,03 liegen muß, um entkohlungsfreies Glühen zu ermöglichen. Hat das Schutzgas einen Gehalt an CO von 8 %, so darf der CO_2-Gehalt den geringen Betrag von 0,24 % nicht überschreiten. Das Schutzgas soll auch weitestgehend getrocknet sein, damit nicht über die Wassergasreaktion CO_2 aus CO entstehen kann.

Eine **neutrale Schutzgasatmosphäre** muß also die Gleichgewichtsbedingungen der Gasreaktionen mit dem Einsatzgut und außerdem die der Gase unter sich erfüllen. Außerdem ist das Schutzgas der gewünschten Glühtemperatur anzupassen, da die Gleichgewichtsbedingungen temperaturabhängig sind. Die Schutzgase müssen auch frei von Schwefelverbindungen sein, da die gasförmigen Schwefelverbindungen Eisen, Stahl und Nichteisenmetalle angreifen. Da die Heizleiter von elektrischen Öfen Nickel und Chrom enthalten, würde ihre Lebensdauer durch Schwefelverbindungen stark herabgesetzt werden.

7.2.4. Unmittelbare Erwärmung bei Erstverbrennung mit Luftmangel [111]

Die Herstellung von Schutzgas kann in bestimmten Fällen im Ofen selbst erfolgen, und zwar in unmittelbar beheizten Öfen durch teilweise Verbrennung des Brenngases. Dieses Verfahren wird angewandt beim zunderarmen Erwärmen von Stahl auf Temperaturen von 1000 bis 1300 °C zum Zwecke einer anschließenden Warmformgebung (z.B. in Gesenkschmieden). Mittelbar beheizte Öfen mit Strahlrohrbeheizung sind für diese hohen Temperaturen weniger geeignet, da eine Temperatur von rund 1100 °C zur Zeit eine obere Grenze für Strahlrohre bildet.

In Bild 384b sind zwar die Kurven nur bis 1100 °C weitergeführt, aber es ist doch aus I und II abzuschätzen, daß über 1200 °C das Verhältnis $\frac{H_2O}{H_2}$ bis 0,8 betragen kann und daß das Verhältnis $\frac{CO_2}{CO}$ kleiner als 0,3 sein soll, um eine zunderfreie Erwärmung durchführen zu können.

Wird nun für Koksofengas die Abgaszusammensetzung bei verschiedenen Luftzahlen berechnet, so ergibt sich, daß bei der Luftzahl n = 0,45 diese Zusammensetzung bei einer Temperatur von 800 °C der Grenze zwischen Oxydation und Reduktion entspricht. Für n = 0,40 liegt diese Grenze bei 500 °C und für n = 0,50 bei 1400 °C. Wird die geringe Verzunderung bis zum Erreichen von 800 °C mit in Kauf genommen, so bilden die Verbrennungsgase von Ferngas bei n = 0,45 ein Schutzgas. Nach Schmidt hat die praktische Erfahrung gezeigt, daß bei Wärmezeiten von rund einer Stunde und Wärmetemperaturen bis 1250 °C Luftzahlen von 0,50 angewandt werden können, ohne daß Zunderschichten entstehen, die stärker als einige hundertstel Millimeter sind, was für viele Zwecke als zunderfrei angesehen werden kann.

Eine amerikanische Konstruktion ist in Bild 385 wiedergegeben. Die Erstluft wird im Rekuperator f auf rund 650 °C vorgewärmt, mit einer Luftzahl von rund 0,50 dem Brenngas zugemischt und in a verbrannt. Das heiße Schutzgas durchströmt den Ofenraum b, wird durch c abgezogen, bei d mit Zweitluft verbrannt in einem Raum e, der durch ein Zwi-

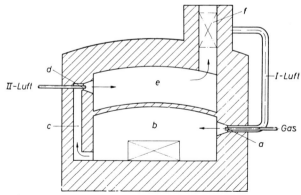

Bild 385: Ofen mit unmittelbarer Beheizung und Herstellung des Schutzgases im Ofen (amerikanische Bauart)

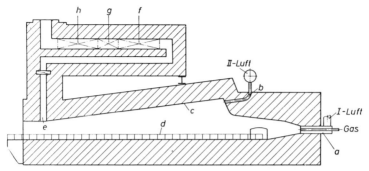

Bild 386: Stoßofen mit unmittelbarer Beheizung und Herstellung des Schutzgases im Ofen (deutsche Bauart)

schengewölbe von b getrennt ist. Durch diese Zwischendecke hindurch wird noch zusätzlich Wärme auf das Wärmgut übertragen. Die Rekuperation in f dient nicht nur zur Verbesserung der Wärmewirtschaft, sondern auch zur Erhöhung der Flammtemperatur, damit bei der niedrigen Luftzahl die Verbrennung sicher instand gehalten wird.

Eine deutsche Ofenkonstruktion zeigt Bild 386. Es handelt sich hier nicht um einen Kammer-, sondern um einen Stoßofen, wobei Gas und Stahlblöcke sich im Gegenstrom bewegen. Brenner a wird mit Gas gespeist, das im Rekuperator g vorgewärmt ist, und mit Erstluft (n = 0,48), die im Rekuperator f vorgewärmt ist. Das Schutzgas streicht über die Blöcke, die sich der Ziehtür nähern. Bei b wird die Zweitluft eingeblasen, die im Rekuperator h vorgewärmt worden ist. Das Gewölbe c ist so ausgebildet, daß das Abgas der Zweitverbrennung erst an der Stelle d mit den Blöcken in Berührung kommt. Hier haben

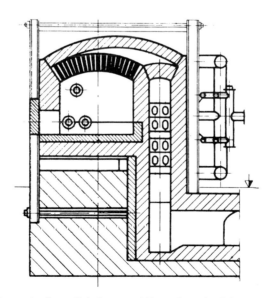

Bild 387: Ofen mit unmittelbarer Beheizung und Herstellung des Schutzgases im Ofen mit innerer Rekuperation (ungarische Bauart)

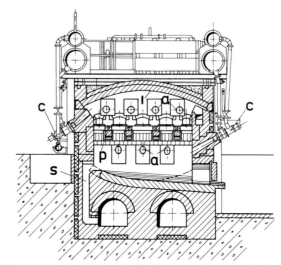

Bild 388: Schnitt durch einen Stoßofen zur zunderarmen Erwärmung

die Blöcke erst eine Temperatur von 800 bis 900 °C erreicht. Da das Abgas beim Strömen auf die Öffnung e zu oxydierend wirkt, tritt beim Erwärmen der Blöcke auf die Temperatur von 800 bis 900 °C eine, wenn auch geringe, Verzunderung auf. Diese Zunderschicht wird aber bei der weiteren Erwärmung auf 1200 °C in der Schutzgashülle (also von d bis zur Ziehtür) wiederum reduziert.

Eine weitere Bauart für die direkte zunderarme Erwärmung zeigt Bild 387 (Ungarische Bauart). Die Verbrennung im Ofenraum wird in drei Teilen durchgeführt. An der Bodenfläche wird durch Verbrennung unter Luftmangel mittels Brenner die Schutzgasatmosphä-

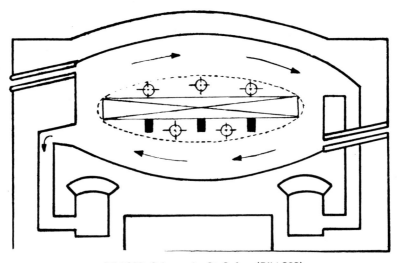

Bild 389: Schema des Stoßofens (Bild 388)

re erzeugt. Brenner oben wird mit Luftüberschuß betrieben, und hierdurch bildet sich eine Zwischenschicht von leuchtenden Flammen, wodurch die Wärmeübertragung auf das Ofengut gesteigert wird. Die untere Verbrennungsschicht hat eine Temperatur von 1210 °C, die mittlere 1250 °C und die obere unter dem Gewölbe 1230 °C. Das Abgas zieht durch das gasdurchlässige Gewölbe (innere Rekuperation 11.1.) und tritt dann in einen Rekuperator zum Vorwärmen der Verbrennungsluft.

Eine andere ungarische Ausführung ist der Stoßofen Bild 388. Die Wirkungsweise ist aus Bild 389 ersichtlich. Der Ofenraum hat eine quasi-elliptische Form und hat an beiden Längsseiten Brennerreihen C, C. Diese sind die „Heizgasbrenner", deren Gase mit hoher Geschwindigkeit rotieren und die Wände erhitzen, die dann durch Strahlung das Wärmgut erwärmen. Rund um das Wärmgut ist eine Totzone, wo keine oder nur geringe Gasbewegung stattfindet. In dieser Totzone wird von einer der Kopfseiten des Ofens aus durch „Schutzgasbrenner", die mit z.B. einer Luftzahl n = 0,5 arbeiten (a in Bild 393), das Schutzgas eingeblasen. Das Abgas wird durch die Abzugskanäle s zu den Rekuperatoren abgeführt, die Luft für den Schutzgasbrenner auf 650 °C erwärmen. Bei diesem Ofen kommt also das gleiche physikalische Prinzip zur Anwendung, das auch dem Combustorbrenner mit leuchtender Flamme zu Grunde liegt.

In dem Bild 390 ist schematisch eine andere Möglichkeit abgebildet, um unter dem Ofenherd die vollkommene Verbrennung eines „fetten" Gemisches durchzuführen [168]. Das Verbrennungsgas umspült das Wärmgut und gelangt dann in waagerechte oder senkrechte Strahlrohre. Dort wird Sekundärluft zugeführt, so daß die Verbrennung beendet wird.

In Bild 391 wird ein Drehherdofen mit fünf Zonen gezeigt (Rangs):
— eine Haltezone für den einwandfreien Temperaturausgleich des Wärmgutes,
— zwei Heizzonen d und e,
— eine Vorwärmzone f und
— eine Vorwärmzone mit sekundärer Verbrennung g.

Die Zonen c, d und e werden mit vorgewärmtem Gas und Luft beheizt, wobei nur 50 % der theoretische notwendigen Luftmenge zugeführt wird. Durch f strömt das Schutzgas weiter und brennt dann in g mit heißer Luft fast vollständig aus. Durch die Tür a wird das Wärmgut eingesetzt und bewegt sich durch Zone g im Gegenstrom zum Abgas, das durch h-h verschwindet. Da das Abgas aber noch nicht vollständig ausgebrannt ist, führt man bei

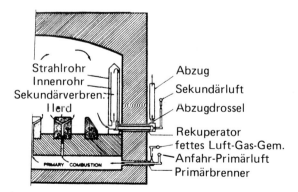

Bild 390: Querschnitt über einem SF-Normalisierungsofen des E.M.G.B.

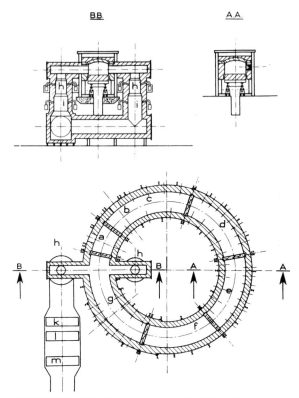

Bild 391: Drehherdofen zur zunderfreien Wärmebehandlung

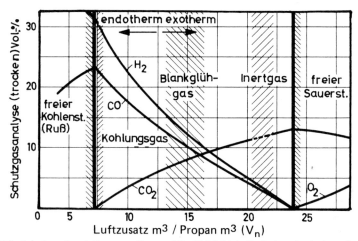

Bild 392: Schutzgasherstellung aus Propan (Werkbild Aichelin-Industrieofenbau, Stuttgart)

h-h (Schnitt B-B) die restliche Verbrennungsluft zu und bläst dann bei i Kaltluft ein, um die Eintrittstemperatur des Abgases in den Luftrekuperator k und l und im Gasrekuperator m zu verringern.

7.2.5. Schutzgas und Reaktionsgas [113]

Als Ausgangsgas wird allgemein Propangas bevorzugt, weil es in gleichmäßiger Qualität angeliefert werden kann. Das Verbrennungsdiagramm ist in Bild 392 dargestellt. In steigendem Maße wird jetzt aber auch Erdgas herangezogen [112], wofür Bild 393 das Verbrennungsdiagramm gibt. In der Wärmebehandlungstechnik werden im allgemeinen vier Grundtypen von Gasen eingesetzt:

1. Exogas für das Blankglühen unlegierter Stähle und einiger NE-Metalle,
2. Inertgas für entkohlungsfreie Blankglühbehandlungen,
3. Endogas als Kohlungsgas für Aufkohlungsprozesse,
4. Ammoniakspaltgas zum Blankglühen hochlegierter Stähle.

Tafel 114 gibt eine Übersicht über die verschiedenen Gase, ihre Herstellung und ihre Bezeichnung.

Ein Inertgas ist ein Schutzgas, das sich in bezug auf den Stoffaustausch von Kohlenstoff, Sauerstoff und Stickstoff neutral oder „inert" verhält. Hierdurch wird das Verhalten gegenüber unlegierten und wenig legierten Stählen gekennzeichnet. Es ist aber natürlich nicht chemisch inert, wie zum Beispiel die Edelgase. In der Praxis werden die Inertgase auch Monogase genannt. Bild 393 zeigt, daß sie im Gegensatz zu den anderen Schutzgasen explosionssicher sind und deswegen oft verwendet werden [114]. Bei der Anwendung von Endogas unterhalb 750 °C besteht Explosionsgefahr.

Endogas

Endogas wird durch geregelte endotherme Umsetzung gasförmiger und flüssiger Kohlenwasserstoffe an einem Katalysator erzeugt. Ausgangsstoffe sind in der Regel Erdgas, Pro-

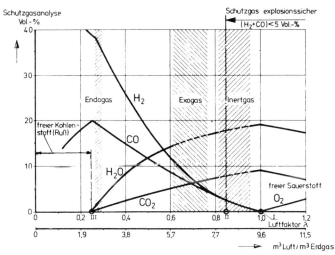

Bild 393: Schutzgasherstellung aus Erdgas (Werkbild Aichelin-Industrieofenbau, Stuttgart)

484　7. Ofenbetrieb

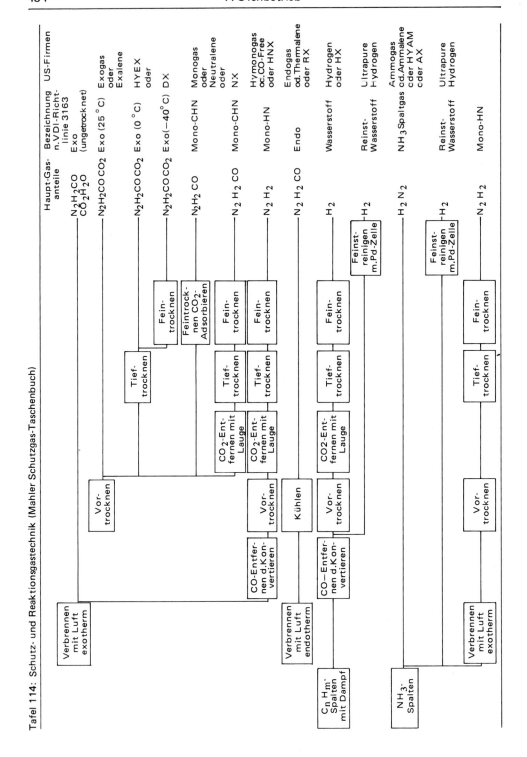

Tafel 114: Schutz- und Reaktionsgastechnik (Mahler Schutzgas-Taschenbuch)

pan und Butan. Gas und Luft werden gemischt und der mit Nickelkatalysator gefüllten Retorte zugeführt (Bild 394). Die Umsetzung verläuft endotherm. Die zum Aufrechterhalten der Reaktionstemperatur notwendige Wärme wird der Retorte durch einen Schachtofen zugeführt. Die Beheizung des Schachtofens ist sowohl elektrisch als auch mit Gas möglich. Rasches Kühlen des Endogases nach der Retorte verhindert eine Rückreaktion nach dem Wasser-Gas-Gleichgewicht.

Endogas eignet sich zur entkohlungsfreien Wärmebehandlung, zum Härten und Sintern unlegierter und legierter Stähle und als Trägergas beim Gasaufkohlen und Carbonitrieren. Durch Verändern der Analyse und damit des Kohlendioxid- und Wasserdampfgehaltes kann das Kohlenstoffpotential den Erfordernissen des zu behandelnden Werkstoffes angepaßt werden. Eine Kontrolle und Regelung der Analyse ist mit einem Taupunkt-Meß-, Regel- und Registriergerät möglich.

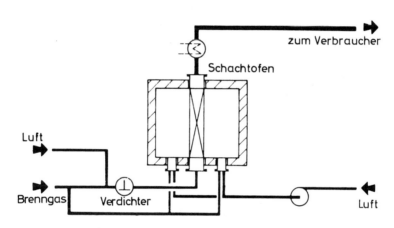

Bild 394: Schema einer gasbeheizten Endogasanlage

Exogas

Exogas wird durch geregelte exotherme Verbrennung gasförmiger und flüssiger Kohlenwasserstoffe erzeugt (Bild 395). Ausgangsbrennstoffe sind in der Regel Erdgas, Propan und Butan. Brenngas und Luft werden dem Brenner in einem bestimmten Verhältnis zugeführt. Das bei der Verbrennung entstehende Produktgas wird anschließend abgekühlt. Die Kühlung kann wahlweise indirekt mit Wasser, indirekt mit Luft-Wasser oder direkt mit Wasser im Waschkühler durchgeführt werden. Die Auswahl des optimalen Kühlsystems hängt von den betrieblichen Gegebenheiten ab. Nach der Entfernung des bei der Verbrennung entstehenden kondensierten Wasserdampfes kann, falls es der Anwendungsfall erfordert, eine Trocknung erfolgen. Durch Kältetrocknung wird ein Taupunkt von etwa 5 °C erreicht. Über Drucktrocknung steht bei einem Standarddruck von 6 bis 15 bar Überdruck Gas mit einem Taupunkt von − 6 bis − 16 °C zur Verfügung. Die Adsorptionstrocknung − der Wasserdampf wird an einem Adsorptionsmittel wie Kieselgel, Aluminiumgel oder Molekularsieb usw. gebunden − ermöglicht einen Taupunkt bis zu 70 °C. Bild 396 zeigt eine Anlage zur Erzeugung von 100 m^3 Exogas pro Stunde. Die Kühlung erfolgt indirekt durch Wasser. Ungetrocknetes Exogas eignet sich zur Wärmebehandlung von Stählen, bei denen die Entkohlungsreaktion keine Rolle spielt. Außerdem wird es bei der Wärmebehandlung von Buntmetallen eingesetzt. Häufiger wird getrockne-

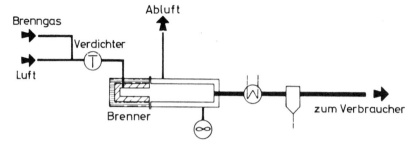

Bild 395: Schema einer Exogasanlage

Bild 396: Anlage zur Erzeugung von 100 m^3 Exogas pro Stunde (Werkbild Mahler, Esslingen)

tes Exogas eingesetzt, das die entkohlungsfreie Wärmebehandlung von niedrig gekohltem Stahl ermöglicht.

Monogas oder Inertgas

Monogas oder Inertgas wird durch geregelte exotherme Verbrennung gasförmiger und flüssiger Kohlenwasserstoffe und anschließender Entfernung der Verbrennungsprodukte Kohlendioxid und Wasserdampf erzeugt (Bild 397). Ausgangsbrennstoffe sind in der Regel Erdgas, Propan oder Butan. Brenngas und Luft werden dem Brenner in einem bestimmten Verhältnis zugeführt und dort in Rohgas umgesetzt. Der anschließende Strahlungskühler wird in der einfachsten Ausführung mit Wasser gekühlt. Durch die Möglichkeit, den Kühler auch für Luftkühlung auszuführen, können erhebliche Kühlwassermengen eingespart werden. Moderne Schutzgasanlagen entfernen die störenden Bestandteile Kohlendioxid und Wasserdampf in einem Verfahrensschritt durch Adsorption an Molekularsieben. Das gesättigte Molekularsieb wird durch Absenken des Druckes oder auch thermisch regeneriert. Die Anlagen bieten die Möglichkeit, wahlweise Exogas oder Monogas zu erzeugen.

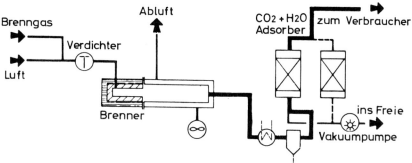

Bild 397: Schema einer Monogasanlage

Monogas wird vor allem zum entkohlungsfreien Blankglühen von mittel- und hochgekohlten Stählen verwendet. Weitere Anwendungsmöglichkeiten bestehen in der Wärmebehandlung von niedrig gekohltem Stahl, chrom- und manganlegiertem Stahl, Kupfer-Zink-Legierungen und von Edelmetallen.

Das Molekularsieb [115]

Es wird aus 1 m³ Ausgangsgas ein bedeutend größeres Volumen an Exogas als an Endogas erzeugt. Außerdem ist Endogas wegen des hohen Kohlenmonoxid- und Wasserdampfgehaltes äußerst explosiv und deswegen unterhalb 700 °C nur unter besonderen Sicherheitsmaßnahmen anwendbar. Wie bereits erwähnt, ist Monogas ein vielseitig verwendbares Inertgas, das sich von Exogas dadurch unterscheidet, daß außer dem Wasserdampf auch das Kohlendioxid entfernt ist. Kohlendioxid kann unter hohem Druck teilweise mit Wasser oder bei niedrigem Druck durch Mono-Äthanol-Amine entfernt werden. Beide Verfahren können aber ernste Korrosionsschwierigkeiten verursachen.

Deswegen werden jetzt immer mehr künstliche Zeolithen, sogenannte Molekularsiebe, verwendet. Sie sind imstande, CO_2 und H_2O gleichzeitig zu entfernen, so daß sich eine Trocknung des Gases erübrigt. Sie sind vergleichbar mit Silicagel und haben die besondere Fähigkeit, Gase an der Oberfläche zu binden oder zu absorbieren. Nach einiger Zeit muß das Molekularsieb regeneriert werden. Das erfolgt auf direktem Wege unter Durchleitung von Schutzgas bei einer Temperatur von 200 bis 300 °C. Auf indirektem Wege wird regeneriert, indem die Wandung des Molekularsiebbehälters von außen beheizt wird. Aus dem Inertgas wird im Molekularsieb außer H_2O und CO_2 auch etwa CO entfernt.

7.2.6. Gasaufkohlung

Die Härtung von fertig bearbeiteten Teilen aus einem Stahl mit einem niedrigen Kohlenstoffgehalt kann durch Aufkohlung (Einsatzhärtung) in einem festen oder flüssigen Aufkohlungsmittel und erhöhter Temperatur durchgeführt werden. Es ist aber auch möglich, die Aufkohlung als Gasaufkohlung (Gaszementation) in einer Reaktionsatmosphäre durchzuführen. Letzteres Verfahren, das zuerst in den USA in großem Umfange angewandt worden ist, hat verschiedene Vorteile im Vergleich zum älteren Verfahren der Einsatzhärtung. Es ist möglich, durch Änderung der Zusammensetzung den wechselnden Ansprüchen der Aufkohlung Rechnung zu tragen. Auch kann man mittels dieses Verfahrens genau reproduzierbare Ergebnisse erzielen. Seit einiger Zeit wird statt Einsatzhärtung auch Härtung mittels ein Wirbelschichtverfahren angewandt (4.5.3.).

Als Kohlungsgas kommt Endogas in Frage. In den USA wird es auch „carrier gas" (Trägergas) genannt, weil es die Aufgabe hat, Kohlenstoff an das Werkgut heranzutragen.

Wie bei der zunderfreien Erwärmung von Stahl, sind auch hier die temperaturabhängigen, chemischen Gleichgewichte zwischen Feststoff und Reaktionsgas von größter Wichtigkeit. Die Aufkohlung durch CO verläuft nach der Gleichgewichtsgleichung:

$$3\,Fe + 2\,CO \rightleftharpoons Fe_3C + CO_2$$

Es ist aber in Stahl bereits C in gelöstem Zustande oder als Zementit in chemisch gebundener Form vorhanden, und somit sind die Gleichgewichtsbedingungen nicht nur von der Temperatur, sondern auch von dem C-Gehalt abhängig.

Der Aufkohlungsvorgang verläuft am besten in einem Gemisch von CO und H_2 mit Spuren von CO_2 und H_2O. Dieses Endogas als Trägergas wird meistens als konstanter Strom zugeführt. Der Kohlenstoffbedarf für den gewünschten Prozeß wird durch Zusatzgas gedeckt und über eine Regelung des Kohlenstoffpotentials gesteuert. Ein Kohlenstoffpotential von 0,5 % bedeutet, daß die Gasatmosphäre im Gleichgewicht ist mit einem unlegierten Stahl mit 0,5 % C in der Oberfläche. Aber weitere Bestandteile des Stahls, besoders der Chromgehalt, haben hierauf Einfluß. Ein Stahl mit 0,9 % C und 5,0 % Cr wird in einer Atmosphäre mit einem Kohlenstoffpotential von 0,30 % nicht aufkohlen oder entkohlen. Das Kohlenstoffpotential wird durch $p^2\,CO/p\,CO_2$ bestimmt und kann bei der Bereitung des Endogases durch Änderung des Gas-Luft-Verhältnisses beeinflußt werden. Auch kann, bevor das Endogas in den Ofen eintritt, durch Zumischen von Propan oder Erdgas geregelt werden.

Bild 398 zeigt die Beziehung zwischen Taupunkt und Kohlenstoffpotential. Die Erfahrung hat gezeigt, daß durch Bestimmung des Taupunktes eine Regelung des Endogasgenerators für Trägergas mit einem Taupunkt von 0 bis +5 °C gut möglich ist. Das entspricht einem Kohlenstoffpotential von 0,5 bis 0,7 % C. Um gegebenenfalls noch höhere Kohlenstoffpotentiale zu erreichen, wird das Gas mit Propan oder Erdgas angereichert. Zur Messung und Regelung wird die Kohlendioxid-Messung mit einem Infrarotgerät bevor-

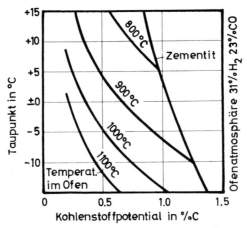

Bild 398: Die Beziehung zwischen Taupunkt und Kohlenstoffpotential (nach Springer)

zugt. Bei einem neu entwickelten Regelgerät (Aichelin-Industrieofenbau, Stuttgart) wird außer dem Kohlendioxidgehalt auch die Ofentemperatur gemessen. Diese Parameter werden so zusammengeführt, daß eine direkte Anzeige in % C erfolgt. Die Eichung des Gerätes erfolgt mit einer Stahlfolie, deren Kohlenstoffgehalt festgestellt wird [116].

7.2.7. Reaktionsgas für die Entkohlung

Bei dem alten Verfahren des „Glühfrischen" (Entkohlen) von weißem Temperguß wurden die Gußteile zusammen mit einem Oxydiermittel (Eisenerz, Hemalit) in Temperkästen oder Töpfen verpackt und bei Temperaturen von rund 1000 °C während 4 bis 6 Tagen in Öfen behandelt. Dieses Verfahren hat schwerwiegende Nachteile: lange Dauer, hoher Wärmeverbrauch, Verschleiß der Temperkästen durch Oxydation, Kosten für Eisenerz und Arbeitslöhne.

Wird das T e m p e r n (Entkohlen) aber in mittelbar beheizten Tunnelöfen mit einer Reaktionsgasatmosphäre durchgeführt, so dauert die ganze Behandlung einschließlich Anwärmen und Abkühlen nicht länger als 45 bis 50 Stunden, und die Wärmekosten sind entsprechend niedriger. Bei 1000 °C steht ein Eisen mit weniger als 0,05 C in Gleichgewicht mit einem Reaktionsgas, bestehend aus 78 % CO und 22 % CO_2, also CO : CO_2 = 3,5 : 1. Wird ein hochkohlenstoffhaltiges Eisen bei der gleichen Temperatur mit diesem Gas in Berührung gebracht, so wird es auch auf einen Kohlenstoffgehalt unterhalb 0,05 % entkohlt. Es kann bei der Behandlung mit einem Reaktionsgas obiger Zusammenstellung kein Verzundern auftreten. Somit sind die dünnwandigen, gelochten Blechkästen, vollgepackt mit Tempergußstücken, gleichzeitig gegen Verzundern geschützt.

Die Betriebspraxis hat gezeigt, daß ein reines CO-CO_2-Gemisch nicht die höchste Entkohlungsgeschwindigkeit ergibt. Es muß hierzu auch H_2O und H_2 anwesend sein. Außerdem muß das Reaktiongsgas ständig regeneriert werden, denn der C-Gehalt des Tempergusses reduziert den CO_2-Gehalt des Gases immer mehr zu CO. Deswegen wird eine genau geregelte Menge mit Wasserdampf gesättigte Luft durch Düsen eingeblasen.

Erfahrungsgemäß ist ein Reaktionsgasgemisch folgender Zusammenstellung günstig für das Tempern von weißem Temperguß:

CO_2	7 bis 9 %
CO	25 bis 28 %
H_2	20 bis 30 %
H_2O	12 bis 18 %
Rest N_2 und wenig CH_4	

Es ist also CO : CO_2 = (3,1 bis 3,4) und H_2 : H_2O = rund 1,7

7.3. DIE MITTEL ZUR ERREICHUNG EINER ERHÖHTEN TEMPERATURGLEICHMÄSSIGKEIT

7.3.1. Allgemeines

In einem Ofen soll im allgemeinen jeder Teil des Wärmgutes auf eine festgelegte Temperatur gebracht und während einer bestimmten Zeit auf dieser Temperatur gehalten werden.

Die Wärmebehandlung kann erst als beendet betrachtet werden, wenn derjenige Teil des Wärmgutes, der zuletzt die gewollte Temperatur erreicht hat, auch die richtige Zeit hierauf gehalten wird. Ist die Temperaturverteilung im Ofenraum so ungleichmäßig, daß schon dadurch große Temperaturunterschiede im Wärmgut auftreten, so besteht Gefahr, daß ein Teil des Wärmgutes überhitzt und verdorben wird. Denn die Temperatur des Teiles, der bereits die gewünschte Temperatur erreicht hat, steigt weiter an während der Zeit, die das übrige Wärmgut noch braucht, um auf die richtige Arbeitstemperatur zu kommen.

Darüber hinaus muß man bei der Beurteilung der Wärmeübertragung mit dem Abfluß der Wärme in das Innere des Gutes rechnen. Dieser Vorgang ist abhängig von der Entfernung zwischen Oberfläche und Gutsinnern sowie von der Wärmeleitzahl des Einsatzes (4.5.2.) Die Wärmezufuhr darf also in solchen Fällen nicht zu hoch sein und soll gleichmäßig sein. Bei blockförmigen und dergleichen Wärmgut wird dem Ofenraum manchmal ein nicht oder schwach beheizter Raum nachgeschaltet, worin das Wärmgut Gelegenheit zum Temperaturausgleich hat. Durch Anwendung von Muffeln usw. wird die Gleichmäßigkeit der Wärmeübertragung auf das Wärmgut verbessert (S t r a h l u n g s s c h i r m w i r k u n g).

Bei Öfen mit niedrigeren Temperaturen als 800 bis 900 °C, wobei die Wärmeübertragung durch Konvektion vorwiegt, ist es manchmal schwierig, ohne weiteres eine gleichmäßige Ofentemperatur und Wärmeübertragung zu erreichen. Denn die Wärmeübetragung durch Konvektion ist abhängig von dem Temperaturunterschied zwischen Abgasen und Wärmgut und von der Geschwindigkeit, mit der die Abgase an dem Wärmgut entlangströmen. Um eine gleichmäßige Wärmeübertragung zu erreichen, sollen die Abgase das Wärmgut gleichmäßig umspülen, und ihre Temperatur soll keine großen Unterschiede aufweisen. Deshalb muß man oft besondere Maßnahmen treffen, um Gleichmäßigkeit der Ofentemperatur und der Wärmeübertragung zu erzielen.

Die Anfangstemperatur der Abgase kann man beeinflussen. Denn man hat eine bestimmte Brennstoffmenge mit einer bestimmten Luftmenge zu verbrennen, und hierbei entstehen Abgase mit einer bestimmten Flammentemperatur. Diese ist niedriger als die theoretische Flammentemperatur, weicht aber um so mehr hiervon ab, je langsamer die Verbrennung vor sich geht.

Eine Verbesserung der Temperaturverteilung im Ofenraum kann erreicht werden, wenn man die Verbrennungsluft allmählich zum Brennstoff zutreten läßt. Hierdurch wird die Verbrennung in die Länge gezogen, so daß die Flamme lang ist und dafür eine niedrige Temperatur erreicht. Dies kann bei gasförmigem Brennstoff geschehen, indem Brennstoff und Verbrennungsluft mit nahezu gleicher Geschwindigkeit parallel aneinander strömen. Aber hierzu braucht man Raum und dieser steht in unmittelbar beheizten Ofenräumen meistens nicht zur Verfügung. Außerdem läßt sich mit solchen Flammen kaum eine lebhafte Gasbewegung im Ofenraum in Gang bringen, und gerade diese ist für eine hohe Konvektionsleistung und für eine gleichmäßige Temperaturverteilung im Ofenraum wichtig. Auch durch stufenweise Zuteilung der Verbrennungsluft läßt sich die Verbrennung in die Länge ziehen.

Sowohl bei verlangsamter als auch bei stufenweiser Verbrennung hat man darauf zu achten, daß keine Teile unverbrannt bleiben, sei es, weil diese nicht die notwendige Luftmenge finden, sei es, weil sie zu tief abgekühlt sind, um beim Zusammentreffen mit Luft zu zünden.

Thermodynamisch gesehen ist verlangsamte und stufenweise Verbrennung nachteilig, weil das nützliche Temperaturgefälle vermindert wird, wenn auch die betrieblichen Vorteile überwiegen können.

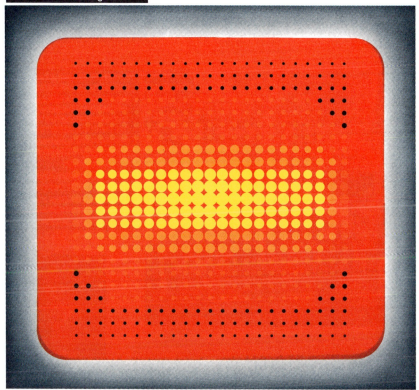

Mahler setzt Maßstäbe

Beispiel:

Förderband Sinterofen

Der Mahler Förderband-Sinterofen hat neben hervorstechenden Baumerkmalen folgende Vorteile:

bessere Qualität durch
- einwandfreie und schnelle Entwachsung der Sinterteile
- geregelte Schutzgasatmosphäre
- geregelte Kühlung

reproduzierbare Sinterergebnisse durch
- elektronische Programmregelung
- automatische Kohlenstoffregelung des Schutzgases
- kontinuierlichen Betrieb

sparsam durch
- Beheizung der Entwachsungszone durch Nachverbrennung des Schutzgases
- eingebauten Schutzgasgenerator

längere Lebensdauer durch
- geringere Zugspannung im Förderband

geringerer Platzbedarf

Fordern Sie unsere technischen Unterlagen an oder lassen Sie sich durch unsere Fachingenieure beraten.

MAHLER
MAHLER Dienstleistungs-GmbH
Fritz-Müller-Straße 95
D-7300 Esslingen/Neckar
Telefon (0711) 31623-0
Telex 7256678 mdl d

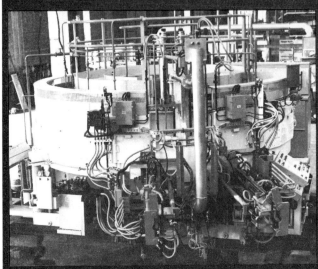

- OEFEN FUER DIE STAHLINDUSTRIE UND DIE METALLVERARBEITENDE INDUSTRIE
- WAERMEBEHANDLUNGSOEFEN FUER DIE MASCHINENBAU- UND AUTOMOBILINDUSTRIE
- OEFEN FUER NICHTEISENMETALLE
- OEFEN FUER BANDDURCHLAUF-BEHANDLUNGSANLAGEN
- HAUBENOEFEN
- ELEKTRODENBRENNOEFEN
- ROLLENKUEHLOEFEN FUER FLACHGLAS
- AUSRUESTUNGEN FUER EINE RECHNERGESTEUERTE OFENFUEHRUNG
- ENERGIERUECKGEWINNUNG

STEIN HEURTEY

B.P. 69 - 91002 EVRY CEDEX (France)
Tel. : 60.77.92.10 - Telex : STEHY 690 803 F

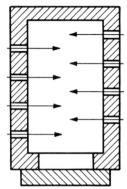

Bild 399: Ofen mit gegeneinander versetzten Brennern

Leichter und in fast jedem Industrieofen durchzuführen ist eine andere Art zur Erzielung einer geichmäßigen Temperaturverteilung und Wärmeübertragung. Diese beruht auf V e r m i s c h u n g   v o n   h e i ß e n   u n d   k ü h l e r e n   A b g a s e n   u n d   a u f   e i n e r   m ö g l i c h s t   l e b h a f t e n   A b g a s u m w ä l z u n g   i m   O f e n .

Der Grundgedanke ist in 5.3.1. behandelt worden, nur wird er sehr oft so angewendet, daß wohl eine Vermischung von heißen und kühleren Abgasen zustande kommt, die Energie der aus den Brenneröffnungen ausströmenden Gase aber nicht zielbewußt ausgenutzt wird. Läßt man die Abgasstrahlen wahllos, aber ungehindert durch den Ofenraum blasen, so wird tatsächlich kühleres Abgas mitgerissen und zugemischt werden, aber kein Kreislauf erzeugt. Bild 399 zeigt einen Ofenraum, wobei Brenner zu beiden Seiten angebracht sind, und zwar so, daß diese gegeneinander versetzt sind. Sorgt man dafür, daß die Abgasstrahlen nicht auf das Wärmgut auftreffen, so wird jeder Brenner Abgase der anderen mitreißen.

Einer der Vorteile der von Groume Grjimailo empfohlenen t i e f g e l e g e n e n   A b g a s ö f f n u n g ist (Bild 149b) die Vermischung und Durcheinanderwirbelung von hochsteigenden und sich abwärts bewegenden Abgasen. Bei einem Ofen mit einer Abgasöffnung in der Ofendecke wird diese erwünschte Erscheinung nicht oder nur in geringem Umfange auftreten.

In zylindrische Öfen, z.B. Tiegelöfen und Schachtöfen, läßt man die B r e n n e r vorzugsweise t a n g e n t i a l einblasen. Auch hier werden, bei unten angebrachter Abgasöffnung, eine Zumischung von Abgas und ein Kreislauf erreicht. Bild 400.

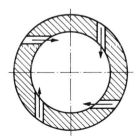

Bild 400: Tiegelofen oder Schachtofen mit tangential angeordneten Brennern

7.3.2. Das Prinzip der Abgasrückführung ist im Bild **401** dargestellt. In der umgewälzten Abgasmenge wird bei A die Frischgasmenge (v_a m³/kg Brennstoff, Temperastur t_v °C) zugeführt, wodurch die Gase eine Mischtemperatur t_1 erreichen. Sodann kreist die Abgasmenge durch den Ofenraum oder um den Ofenmuffel herum, wobei die Temperatur der Gase bei B auf t_r °C abgesunken ist. Bei B verschwindet nun die gleiche Abgasmasse, als bei A eingeführt wurde, aus dem Kreislauf. Also v_a m³/kg Brennstoff, aber mit der Temperatur t_r °C. Die restliche Abgasmenge reist weiter, wobei die Temperatur unter t_r °C absinken kann, bis schließlich bei A wiederum Frischgas zugesetzt wird und die Temperatur auf t_1 °C steigt.

Eine bestimmte Abgasmenge kreist also immer herum und besorgt den Wärmetransport vom Brenner an den Wänden der Ofenmuffel, oder bei direkter Beheizung an dem Wärmgut. Die Bezeichnung Wärmrad (Zyklo-therm) ist deswegen eine besonders zutreffende. t_1 kann eine zulässige Höchsttemperatur im Ofenraum sein, weil die Standfestigkeit des Muffelbaustoffes keine höhere Temperatur zuläßt oder weil das Wärmgut keine höhere Temperatur verträgt. t_r kann eine noch zulässige niedrige Temperatur sein, die gerade noch für die Durchführung der Wärmebehandlung ausreicht.

Der Schornsteinverlust ist: $Q_{sc} = v_a \cdot t_r \cdot c_{pr}$

An der Stelle, wo Frischgas und Rückführgas gemischt werden, ist:

$$v_a \cdot t_v \cdot c_{pv} + N \cdot v_n \cdot t_r \cdot c_{pr} = (N + 1) v_a \cdot t_1 \cdot c_{p1}$$

Wird hierbei von der Änderung der spezifischen Wärme c_p mit der Temperatur abgesehen, so ist:

$$t_v + N \cdot t_r = (N + 1) t_1$$

$$N = \frac{t_v - t_1}{t_1 - t_r}$$

Wird die Verbrennung immer mit gleicher Luftzahl durchgeführt, so ist t_v für jeden Wert von N gleich. Wird außerdem dafür gesorgt, daß die Temperatur t_r, womit das Abgas den Ofen verläßt, immer die gleiche ist, so ist:

$$t_1 = \frac{t_v}{N+1} + \frac{N}{N+1} t_r \text{ oder } t_1 = \frac{t_v + N \cdot t_r}{N+1} \text{ nur von N abhängig.}$$

Für N = 0 (also keine Abgasrückführung) ist $t_1 = t_v$. Wird aber N immer mehr gesteigert, so wird t_1 immer mehr von t_v abweichen und sich t_r nähern.
So ist für:

N =	5	10	100
$t_1 =$	$\dfrac{t_v}{6} + \dfrac{5}{6} t_r$	$\dfrac{t_v}{11} + \dfrac{10}{11} t_r$	$\dfrac{t_v}{101} + \dfrac{100}{101} t_r$

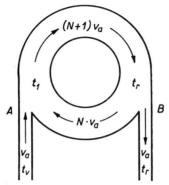

Bild 401: Abgasrückführung im Kreislauf

Bei Steigerung von N wird also die Gleichmäßigkeit der Ofentemperatur, gekennzeichnet durch $t_1 - t_r$, immer besser.

Im Ofen wird für nützliche und unnützige Zwecke zusammen abgegeben die Wärmemenge:

$$v_a \cdot t_v \cdot c_{p \cdot v} - v_a \cdot t_r \cdot c_{p \cdot r}$$

Die Abgasrückführung kann auf verschiedene Weise erfolgen:
1. Durch Benutzung des Impulses des aus den Brennern austretenden Abgasstrahles.
2. Durch Einbau eines Gebläses.

Bei 1 kann man die Menge des rückgeführten Gases nicht beliebig hoch wählen, aber bei der Anwendung eines Gebläses ist man imstande, bedeutende Abgasmengen zu den Frischgasen zu mischen und das Gemisch in Umlauf zu setzen.

7.3.3. Anwendung des Brennerimpulses

Körting hat darauf hingewiesen, daß bei Öfen, insbesondere mit Gas beheizten Öfen, bei denen das Gemisch den Brennern unter einem bestimmten Druck zugeführt wird, die Expansion der Gase sofort nach der Verbrennung zur Geschwindigkeitserhöhung benutzt werden kann. Im T-S-Diagramm Bild 402 ist wiedergegeben, daß von 1 bis 2 die Kompression des Gemisches im kalten Zustand erfolgt. Hieran schließt von 2 bis 3 die Wärmezufuhr durch Verbrennung an, und zwar bei gleichbleibendem Druck gedacht. Von 3 bis

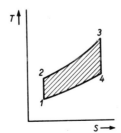

Bild 402: Der Arbeitsprozeß eines Industrieofens im T-S-Diagramm

4 findet die Expansion ohne Wärmeabgabe aus dem Brennerraum in den Ofenraum statt und schließlich Wärmeabgabe bei gleichbleibendem Druck in Ofenraum und Atmosphäre. Die theoretisch mögliche Arbeit ist durch die schraffierte Fläche dargestellt. Der Kreislauf ist dem Clausius-Prozeß ähnlich, und hierbei ist der thermodynamische Wirkungsgrad:

$$\eta_{th} = 1 - \left(\frac{p_1}{p_2}\right)^{\frac{n-1}{n}}$$

Beispiel: (nach Körting):
Rechnen wir mit n = 1,3 = Verhältnis der spezifischen Wärme bei gleichbleibendem Druck und gleichbleibendem Volumen und ist p_1 = 1,0135 bar = atmosphärischer Druck, p_2 = 1,0332 bar absoluter Druck des Brennstoff-Luft-Gemisches nach der Kompression, so ist:

$$\eta_{th} = 1 - \left(\frac{1,0135}{1,0332}\right)^{0,231} = 0,0044$$

Da aber durch Öfen von einigermaßen größeren Abmessungen große Wärmemengen geführt werden, so wird auch bei diesem niedrigen Wirkungsgrad eine merkbare Menge mechanischer Energie verfügbar. Verbraucht ein Ofen z.B. 30 Nm³/h Koksofengas mit H_u = 4,74 kWh/m³, so ist die Energiezufuhr je Stunde: 30 · 4,74 = 142 kW und es stehen theoretisch 0,0044 · 142 = 0,625 kW zur Verfügung. Hiermit läßt sich schon eine beträchtliche Menge rückgeführter Abgase im Ofen umwälzen.

Impulsbrenner wurden in Abschnitt 6.3. behandelt. Bild **403** zeigt einen Kammerofen, bei dem die Impulsbrenner in zwei Reihen an den Längsseiten des Ofenraumes angeordnet sind und für die Rückführung von Abgas sorgen. Bei Tunnelöfen für die keramische Industrie werden auch oft Impulsbrenner angewandt, um eine gleichmäßige Erwärmung zu erzielen. Allerdings muß die Stapelung des Wärmgutes hieran angepaßt werden.

Da Gasbrenner für Arbeitstemperaturen unterhalb 650 °C (Zündtemperatur des schwerzündbaren Slochteren Erdgases) mit Zündeinrichtung und Zündsicherung ausgerüstet

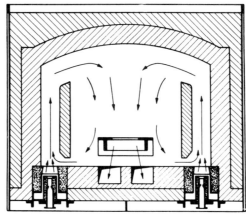

Bild 403: Ofen mit Abgasrückführung durch Brennerimpuls (Verfasser 1938)

Bild 404: Impulsbrenner mit Luftkühlung (Werkbild S + A)

werden müssen, werden Impulsbrenner meistens nur für Öfen mit höheren Temperaturen angewandt. Für die Öfen mit niedrigeren Temperaturen sind automatische Gasbrenner und Umlauf des Abgases mittels Gebläse gebräuchlich. Deswegen war man genötigt, um für Wärmebehandlungen, die in dem Temperaturbereich von 300–1200 °C durchgeführt werden, zwei Öfen zu verwenden, und zwar einen für 300–700 °C und einen anderen für 700–1200 °C. Es gibt jetzt aber Impulsbrenner die gesichert sind (Bild 404) und mit Ein-Aus-Regelung arbeiten können. Der Brenner wird gekühlt durch die Verbrennungsluft, die hierdurch vorgewärmt wird. Er wird also nicht mit Vollgemisch gespeist. Ein Ofen, der mit diesen Brennern ausgerüstet ist, kann für das gesamte Temperaturgebiet von 400 bis 1100 °C eingesetzt werden. Nach Witulski [117] lassen sich bei verschiedenen Beaufschlagungen des Brenners sehr große Umwälzvolumina erzielen (Bild 405). Keller [118] beschreibt die Anwendung eines anderen Tunnelbrenners für die Umwälzung von Abgas.

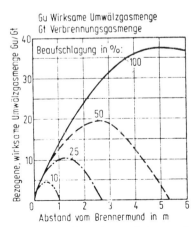

Bild 405: Abhängigkeit des umgewälzten Gasvolumens bei ungestörter Ausbreitung der Flamme

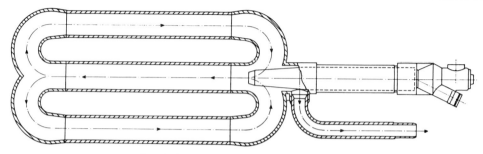

Bild 406: Strahlrohr mit Abgasrückführung

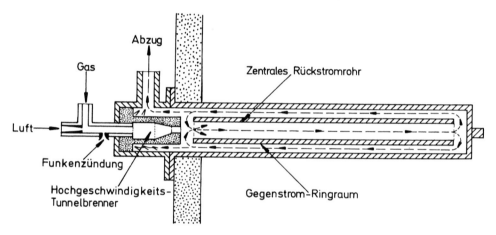

Bild 407: Mantelstrahlrohr

Auch bei Strahlrohrbeheizung kann eine gleichmäßige Temperatur durch Abgasrückführung mittels Strahlimpulses erreicht werden (Bild 406). Beim Mantelstrahlrohr erfolgt die Erwärmung mittels eines Tunnelbrenners. Der mit hoher Geschwindigkeit austretende Flammenstrahl erzeugt eine Rückströmung.

Es wird eine gleichmäßige Erwärmung des Strahlrohres über seine ganze Länge erreicht. Das Abgas kann in einem kleinen eingebauten Rekuperator zum Vorwärmen der Verbrennungsluft herangezogen werden (Bild 226).

7.3.4. Anwendung von Gebläse

Eine neue Möglichkeit um Abgasrückführung zu erzielen, bietet die Anwendung des „Coanda-Effekts". Hierdurch wird es möglich, um mit sehr hohem Wirkungsgrad, aber mittels kleinen, langsamen Primärströmungen, bedeutende Sekundärströmungen in Gang zu setzen [119].

Bei Gebläsen entstehen bei höheren Betriebstemperaturen Schwierigkeiten, die aber bis zu einer gewissen Grenze durch richtige Wahl des Baustoffes und durch Lagerkühlung behoben werden können. Weiter sind zu den Brennstoffkosten des Ofens noch die Stromkosten für den Gebläseantrieb hinzuzuzählen. Durch sorgfältige Berechnung der Kanäle

7. Ofenbetrieb

und entsprechende Konstruktion des Ofens ist für niedrigsten Druckverlust zu sorgen, damit diese Kosten möglichst niedriggehalten werden.

Da beim Anheizen des kalten Ofens die Dichte des zu fördernden Abgases bedeutend höher ist als nachher, wenn Betriebstemperatur erreicht ist, so ist die Motorleistung für den Gebläseantrieb entsprechend hoch zu wählen. Der Motor ist also größer und teurer, als notwendig wäre, wenn nur mit der Förderung bei Betriebstemperatur zu rechnen wäre (5.1.8.).

Es ist natürlich möglich, die Fördermenge bei kaltem Ofen durch Drosseln zu beschränken und hierdurch die notwendige Motorleistung zu verringern.

Einige Beispiele für die Anwendung von Gebläse sind folgende:

7.3.5. Abgasrückführung mit Gebläse, wobei das Abgas durch den Ofenraum befördert wird

Hierbei ist es Voraussetzung, daß das Wärmgut wenig empfindlich für den Einfluß der heißen Gase ist, oder die Verweilzeit im Ofen muß so kurz sein, daß dieser Einfluß nur gering ist. Anwendungsbeispiele sind besonders die Trockenöfen, bei denen der Wasserdampf vom Abgas aufgenommen wird, Kammeröfen für metallurgische Zwecke (Bilder 408, 409, 410) und kleinere Backöfen, bei denen die heißen Verbrennungsgase eines Injektorbrenners direkt in die Ansaugöffnung des Gebläses eingeführt werden. Beim kontinuierlichen Schacht-Turmtrockner (Bild 606) wird das Trockengut auf Schaukeln

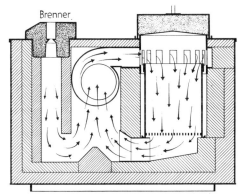

Bild 408: Anlaßofen mit Abgasrückführung (Werkbild Schilde, Hersfeld)

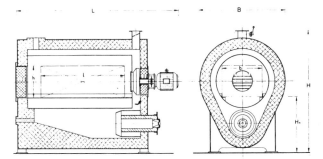

Bild 409: Anlaßofen mit Abgasrückführung (Werkbild Dr. Schmitz & Apelt, Wuppertal)

senkrecht auf und ab durch drei Schächte befördert. Der letzte Schacht ist der Kühlschacht. Durch die beiden ersten Schächte wird ein Gemisch von heißer Luft und Abgas eingeblasen.

Nach Cernoch soll mit Zweikammeröfen (Bild 411) zum Trocknen von Mantel- und Kernformen für Brammen eine Leistungssteigerung von 25 % und eine Wirkungsgradverbesserung von 35 % erzielt worden sein. Die Rückführung war zehnfach. Das ist übrigens ein vielgebrauchter Wert für die Rückführung.

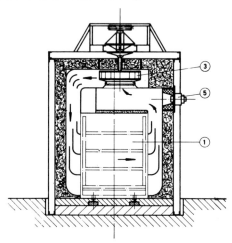

Bild 410: Herdwagenofen mit Abgasrückführung. Leitbleche für die Führung des Gasstromes (Werkbild Junker, Lammersdorf)

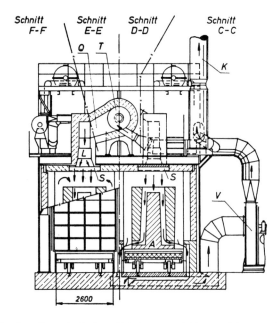

Bild 411: Trockenofen mit direkter Beheizung und Abgasrückführung (nach Černoch)

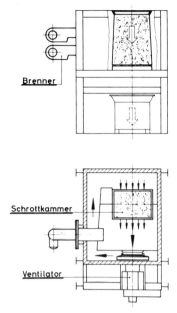

Bild 412: Aufbauschema einer Schrottvorwärmeanlage mit hoher Rauchgasgeschwindigkeit

Auch für die Vorwärmung von Schrott wird das Abgas durch den Ofen und zurück durch das Wärmgut befördert (Bild 412).

Wiewohl es im Hinblick auf die Wirtschaftlichkeit eines Ofenprozesses ratsam ist, das Abgas mit niedrigster Temperatur abzuführen — das heißt, sobald es den Arbeitsraum des Ofens durchlaufen hat und bevor es mit frischen Verbrennungsgasen vemischt wird —, findet man die entgegengesetzte Ausführung auch. Sie gewährt oft eine ausgezeichnete Mischung von heißem und kälterem Gas und eine sehr gute räumliche Ausnutzung. Außerdem ist bei einer zehn- oder mehrfachen Rückführung der Unterschied zwischen Eintritts- und Austritts-Temperatur nicht allzu groß, und der Wirkungsgradabfall ist vielleicht tragbar. Auch Tunnelöfen werden nach diesem Prinzip ausgeführt.

Es ist möglich, den Verbrennungsgasen unmittelbar nach der Verbrennung Kaltluft beizumischen, um eine größere Gasmenge und eine niedrigere Temperatur zu erzielen (Heißlufterzeuger). Dieses Gemisch kann dann in einem Ofen umgewälzt werden. Natürlich ist das Arbeiten mit großem Luftüberschuß thermodynamisch nicht günstig, aber bei Trockenprozessen handelt es sich nicht nur um Wärmetransport sondern auch um Stofftransport. Deswegen wird dieses Verfahren manchmal zum Trocknen von Massengütern angewendet. Combustorbrenner eignen sich besonders gut für diesen Zweck.

7.3.6. Abgasrückführung mit Gebläse, wobei das Abgas durch Strahlungskörper geführt wird

Mit dieser Anwendung wird dreierlei bezweckt:

a) durch Vergrößern der Gasgeschwindigkeit auf z.B. 5 bis 9 m/s eine gute Wärmeübertragung im Innern dieser Strahlungskörper zu erreichen,

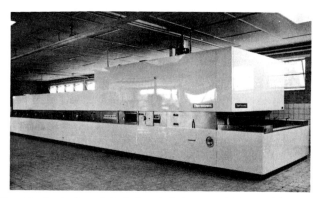

Bild 413: Durchlaufbackofen mit indirekter Beheizung und Abgasrückführung (Werkbild Becker-Ovenbouw, Roermond/Niederlande)

b) durch Vermischen von heißem und kälterem Gas die Eintrittstemperatur in den Strahlungskörpern so weit zu senken, daß die zulässige Temperatur des Baustoffes nicht überschritten wird,

c) das Wärmgut dem direkten Einfluß der Abgase zu entziehen.

Beispiele für die Anwendung dieses Systems sind Einschieß-Backofen, Durchlaufbackofen (Bild 413) und Ladenofen.

An der Stelle, an der der Brenner eingebaut ist, soll immer Unterdruck herrschen. Wenn Gasinjektorbrenner (atmosphärische Brenner) benutzt werden, ist diese Bedingung leicht zu erklären. Aber auch bei der Anwendung von Gas- oder Öl-Gebläsebrennern ist hierfür zu sorgen. Dadurch soll verhindert werden, daß bei Stillstand des Brenners heißes Zirkulationsgas durch den Brenner zurück nach außen gedrückt wird, da dadurch bei Ölbrennern Geruchsbelästigungen entstehen. Außerdem können Brennerteile, elektrische Leitungen, Fotozellen und das Gebläse beschädigt werden.

Combustorbrenner mit angebautem Gebläse sind für diese Ofenart sehr günstig, da sie mit einer Vorverbrennung im Combustor arbeiten, eine kurze Flamme haben und einen gebündelten Strahl heißer Gase ausstoßen.

7.3.7. Zirkulation von Luft oder einem anderen Gas durch ein Ofensystem

Es gibt Fälle, bei denen eine direkte Berührung von Abgas und Wärmgut nicht erwünscht ist. Aber auch hier kann es zum Erzielen einer großen Wärmeübertragung durch Konvektion und einer guten Temperaturgleichmäßigkeit sehr vorteilhaft sein, den gasförmigen Inhalt des Ofensystems (Luft, Schutz- oder Reaktionsgas) mit Gebläsen umzuwälzen. Bild 414 zeigt, wie der Wärmeübergangskoeffizient mit zunehmender Geschwindigkeit steigt.

Das Gas wird im Kreislauf um brennstoff- oder elektrischbeheizte Körper und dann durch den Arbeitsraum des Ofens geführt. Wenn es sich um Trocknungsprozesse handelt, wird außerdem ein Teil des Trocknungsmittels abgeführt, damit die Konzentration der Feuchtigkeit darin nicht zu hoch wird, da sonst der Stoffübergang zu gering werden würde. Bei Lacklösungsmitteln könnte bei zu hoher Konzentration eine Explosionsgefahr entstehen. Einige Beispiele dieser Öfen mit Zirkulation sind:

Schwebekörper-Durchflußmesser in Mischbatterien an Mehrzweckkammeröfen

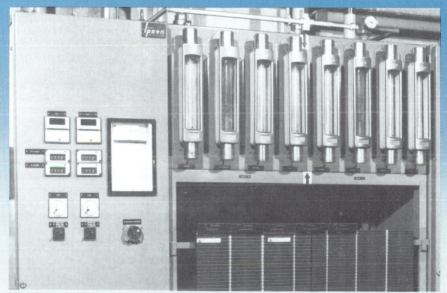

Mischbatterie ausgerüstet mit Glaskonus-Durchflußmesser der Serie »Snap-in« D10A2700

An Industrieöfen werden Schwebekörper-Durchflußmesser (SDM) von Fischer & Porter seit Jahren erfolgreich zur Gas- und Flüssigkeitsmessung eingesetzt. Unter anderem in Mischbatterien an Mehrzweck-Kammeröfen. Die gute Reproduzierbarkeit des SDM gewährleistet eine optimale Nutzung der Heizwerte sowie genaue Dosierung von Mischungsverhältnissen.

Zwischen den Meßbereichen 5 cm^3/min und 3600 m^3/h Luft stehen entsprechende Geräte zur Verfügung. Zur Prozeßüberwachung werden Grenzsignalgeber zum Beispiel als Gasausfallsicherung eingesetzt.
Auf Anfrage senden wir Ihnen gern unseren ausführlichen SDM-Katalog zu – selbstverständlich kostenlos.

Fischer & Porter GmbH
D-3400 Göttingen
Postfach 1843
Telefon 0551/905-0
Telefax 905309
Telex 96831 fpg d
Teletex 5518127 FPG D

NEUE ROOTSPUMPEN SERIE EH: ZUM SCHNELLEN ABPUMPEN GROSSER GASMENGEN

■ Fünf Modelle mit einem Saugvermögen von 250 bis 4200 m^{3}h^{-1}, kompakt, robust, ideal für viele Anwendungen wie z. B. Metallurgische Anlagen, Öfen, Windkanäle, Weltraumsimulatoren, Stahlentgasungs-, Gefriertrocknungs-, Imprägnier-, Destillations-, Trocken- und Anreicherungsanlagen, Verpackungsmaschinen. Betrieb ohne Wasserkühlung oft möglich, Motor auf Wunsch ex-geschützt.

■ Natürlich mit allen Vorzügen des hydrokinetischen Antriebs: Abpumpen von Atmosphärendruck, hohes Saugvermögen über den gesamten Druckbereich, Energiekosten-Ersparnis, flexible Auswahl der Vorpumpe für kompakte Kombinationen ohne Ventile, Umwegleitungen, Druckschalter.

Edwards, Kniese & Co.
Hochvakuum GmbH
Postfach 15 69, D-3550 Marburg
Telefon 0 64 20 - 9 10, Telex 4 82 375
Telefax 0 64 20 - 77 27

Niederlassungen in Hamburg und München

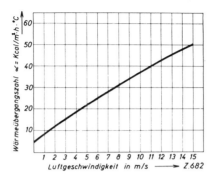

Bild 414: Wärmeübergangskoeffizient und Luftgeschwindigkeit an gewalzten Flächen

a) Drahtbund-Glühofen
   Beheizung mit Gasstrahlrohren, Behandlung unter Schutzgas, Ausführung als Rollenherd.

b) Glüh- und Vergütungsofen für Leichtmetalle und andere NE-Metallprofile (Bild 415)
   Es gibt Ausführungen mit Querbelüftung oder mit getrennter Längsbelüftung. Selbst eine Ausführung mit umschaltbarer Längsbelüftung ist möglich. Luftgeschwindigkeit 8 bis 10 m/s. Der Wärmeübergangskoeffizient durch Konvektion ist hierbei 35–47 W/m² K.

c) Kammerofen zum Glühen von Leichtmetall-Bandbunden
   Anwendung von Luft- oder Schutzgas (Bild 416), Beheizung mit Gasstrahlrohren, Druck an der Druckseite des Gebläses rund 38 mbar (380 mmWS). Es werden Austrittsgeschwindigkeiten von 70 m/s erreicht. Das Gas tritt mit dieser Geschwindigkeit aus Lochdüsen aus und trifft senkrecht auf die zu beheizenden Flächen. Hierbei ergeben sich Wärmeübergangskoeffizienten von 115–230 W/m² K.

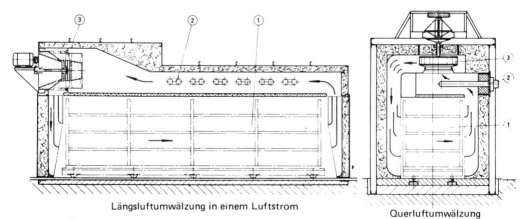

Längsluftumwälzung in einem Luftstrom   Querluftumwälzung

Bild 415: Glüh- und Vergüteofen für NE-Metalle mit Längsluftumwälzung. 1 = Ofenraum, 2 = Heizung, 3 = Umwälzgebläse (Werkbild Junker, Lammersdorf)

d) Kontinuierliches Glühen von Metallbändern in Luft oder Schutzgas (Bild 417)
Die unteren und oberen Druckräume werden von dem unten eingebauten Gebläse gespeist. Von einem Düsensystem aus werden die durchlaufenden Bänder von oben und von unten angeblasen. Die Bänder werden von der unteren Strömung getragen und erhitzt, von der oberen Strömung auch erhitzt und außerdem in ihrer Bewegung stabilisiert. Das Gas wird dann rechtwinklig zur Bandlaufrichtung abgeführt und über ein Heizregister wieder angesaugt. Bis jetzt ist die größte Dicke für Messingband 0,8 bis 1,0 mm, die höchste Ofenwandtemperatur 700 °C.

e) Kontinuierliche Trockenverfahren mit Luftstrahlen (Bild 418)
Das Trockengut wird auf einem grobmaschigen Transportband durch den Ofen gefördert und von oben und unten mit heißen Luftstrahlen angeblasen. Die allmählich

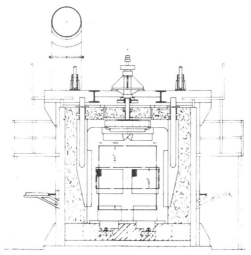

Bild 416: Kammerofen zum Glühen von Leichtmetall-Bandbunden (Werkbild Junker, Lammersdorf)

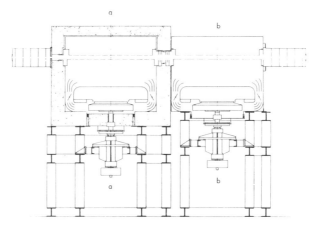

Bild 417: Kontinuierliches Glühen von Metallbändern in Luft- oder Schutzgasstrahlen (Werkbild Junker, Lammersdorf)

feuchter werdende Luft zieht durch den Ofentunnel, wird vom Gebläse angesaugt, über Heizregister erhitzt und erneut eingeblasen. Frischluft- und Abluftanteil können eingestellt werden. Die Bandgeschwindigkeit kann kontinuierlich geregelt werden. Wird flockiges Trockengut behandelt, soll die Austrittsgeschwindigkeit aus den Düsen nur höchstens 5 m/s betragen. Die Temperatur kann automatisch bis 200 °C geregelt werden, bei Backöfen höher.

f) Lacktrockenofen (Bild 419) mit Konvektor und Gasbrenner nach Bild 331.

g) Bild 420. In einem gas- oder ölbeheizten Lufterhitzer wird die Luft erwärmt und dann mit Gebläsen durch Spalten in den Arbeitsraum des Ofens geblasen. Nachdem die Heißluft diesen Raum in waagerechter Richtung durchwandert hat, strömt sie zur erneuten Erwärmung zum Lufterhitzer zurück. Das Wärmgut befindet sich auf den

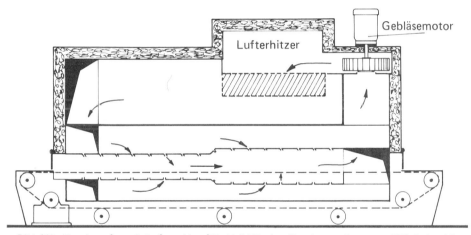

Bild 418: Trockenofen mit Luftstrahlen (Werkbild Becker-Ovenbouw, Roermond/Niederlande)

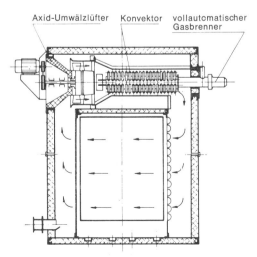

Bild 419: Lacktrockenofen mit Konvektor und Gasbrenner nach Bild 331
(Werkbild Dr. Schmitz & Apelt, Wuppertal)

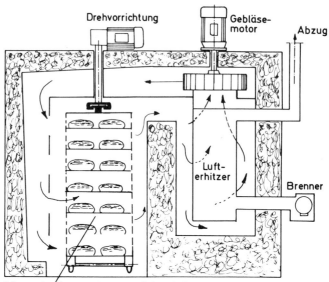

Bild 420: Ofen mit mechanischer Drehung eines Ofenwagens und Beheizung des Wärmguts in einem Luftstrom (Werkbild Becker-Ovenbouw, Roermond/Niederlande)

Rosten eines Transportwagens, der mechanisch um seine senkrechte Achse gedreht wird. Dabei erwärmt das heiße Gas (Luft) gleichmäßig jedes Stück und jede Stelle des Wärmgutes. Selbstverständlich wäre auch eine direkte Erwärmung mit Abgas und Rückführung möglich, wenn die Art des Wärmgutes es zuläßt.

7.4. UMWELTSCHUTZ

7.4.1. Begriffe und Definitionen

Vorab sollen einige Begriffe zu diesem Thema erläutert werden:

Emission
Feste, flüssige oder gasförmige, die Luft verunreinigende Stoffe, die in die Atmosphäre entweichen, z.B. Abgas von Feuerungsanlagen.

Emittent
Die Quelle der Luftverschmutzung, z.B. Kraftfahrzeuge, Feuerungsanlagen, Elektrizitätswerke, technische Anlagen.

Immission
Zuführung luftverunreinigender Stoffe, die ständig oder vorübergehend in Bodennähe verweilen, z.B. Schwefeldioxid, das aus einer Feuerungsanlage stammt und die Luft in Bodennähe verunreinigt.

MIK-Wert (maximale Immissionskonzentration)
Maximal noch zulässige Konzentration luftverunreinigender Stoffe in bodennahen Schichten, die aufgrund vorliegender Erfahrungen noch nicht bedenklich für Menschen und sonstige Lebewesen ist.

NE-Halbzeug von VDM für Industrieöfen und wärmetechnische Produktionsverfahren:

Zuverlässig und sicher

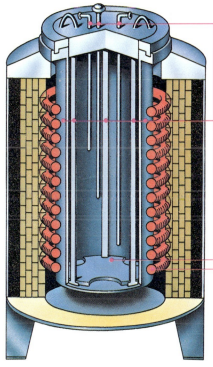

Hitzebeständige Konstruktionswerkstoffe
Cronix®
Cronifer®
Nicrofer®
Cronifer®

Heizleiter-Werkstoffe
Cronix®, Cronifer®, Aluchrom

Der Ofenbauer weiß diese Eigenschaften zu schätzen. Er setzt Heizleiterlegierungen und hitzebeständige Konstruktionswerkstoffe von VDM ein.

Eingebaute VDM-Produkte geben ein Gefühl der Sicherheit. Sie bedeuten hohe Temperaturbeständigkeit und lange Lebensdauer. Diese Merkmale sind kennzeichnend für alle 10 VDM-Heizleiterlegierungen. Für die austenitischen Nickel-Chrom-Legierungen Cronix®, für die austenitischen Nickel-Chrom-Eisen-Legierungen Cronifer® und für die ferritischen Eisen-Chrom-Aluminium-Legierungen Aluchrom. Diese VDM-Legierungen haben sich für die verschiedensten Ofenbeheizungen bewährt. In Form von fertigen Elementen (je nach konstruktiven Gegebenheiten als Wendeln oder Mäander), gewickelt und gebogen aus Rund- und Flachdrähten sowie Schmalbändern.

Die hitzebeständigen VDM-Konstruktionswerkstoffe der Nicrofer®- und Cronifer®-Serie zeichnen sich durch gute Oxidations- und Korrosionsbeständigkeit bei erhöhten Temperaturen aus. Spezielle Nicrofer®-Werkstoffe lassen sich dabei selbst unter extrem hohen thermischen Belastungen einsetzen, z.B. für Strahlrohre. VDM stellt dem Ofenbau diese Sonderlegierungen speziell als Bleche, Bänder, Rohre, Schmiedeteile und Drähte zur Verfügung. Die passenden Schweißzusätze für alle Werkstoffe und Schweißverfahren kommen ebenso von VDM.

Vereinigte Deutsche Metallwerke AG · Ein Unternehmen der Metallgesellschaft AG
Geschäftsbereich Nickel-Technologie, Postfach 1820, D-5980 Werdohl/Westf., Tel. (02392) 55-1, Telex 826433-0 vm d

BLOOM ENGINEERING

Brenner mit LOW-NO_x-Düsensystem für Industrie-Öfen
oder
Umbausatz für vorhandene BLOOM-Brenner

Düsensteinbrenner

für Stirn- bzw. Seitenwände und Bodeneinbau
— Gasdüse
— Luftdüsenstein
— Brennermund

Strahlungsbrenner

für Decken- und Seiteneinbau
— Gasdüsenrohr
— Luftdüse
— Gasdüse

Das BLOOM-LOW-NO_x-Düsensystem garantiert die Einhaltung bzw. Unterschreitung der vorgegebenen Schadstoff-Emissionswerte für Stickoxide.
Die hierfür erforderliche gesteuerte Verbrennung wird erreicht durch genaue Auslegung der Brennergeometrie und der Relativ-Geschwindigkeiten sowie durch freie Rezirkulation der Rauchgase im Brennerstein. Das hauptsächliche Ergebnis dabei ist die Vergleichmäßigung und die Verminderung der Flammentemperatur.
Der BLOOM-Umbausatz ermöglicht die problemlose Umrüstung vorhandener Brenner.
Die spezifische Wärmebelastung des Brennersteines bleibt voll erhalten und damit die brennertypischen Merkmale einer stabilen Flammenführung mit einer gezielten Wärmeabgabe über einen großen Regelbereich.

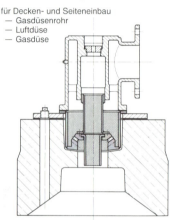

Lufttemperatur	bis 250°C	bis 550°C	über 550°C
Düsensteinbrenner	Serie 1570	Serie 1580	Serie 1590
Strahlungsbrenner	Serie 2080	Serie 2180	Serie 2280

Büttgenbachstraße 14
D-4000 DÜSSELDORF 11
(02 11) 50 09 10

Viale Andrea Doria, 17
I-20124 MILANO
(02) 6 99 36 68

36, Rue de Grétry
F-95160 MONTMORENCY
(1) 39 64 33 16

7. Ofenbetrieb

MAK-Wert (maximale Arbeitsplatz-Konzentration)
Maximal noch zulässige Konzentration von Gasen, Dämpfen und Stäuben bei achtstündiger Einwirkung je Tag auf den Menschen am betreffenden Arbeitsplatz.

Inversionsschicht
Eine atmosphärische Sperrschicht, entstanden durch Umkehrung des Temperaturverlaufes mit der Höhe (im Normalfall nimmt die Temperatur mit der Höhe ab).

Über die Messung der Konzentration verschiedener Stoffe in Emission und Immissionen siehe Abschnitt „Messen". Tafel 115 enthält MIK- und MAK-Werte einiger Schadstoffe in ppm („parts per million").

Wasserdampf ist immer in der Luft enthalten und kann nicht als Schadstoff betrachtet werden. Die wichtigsten Schadstoffe, die nach der Verbrennung emittiert werden können, sind:

Kohlendioxid	CO_2
Kohlenmonoxid	CO
Schwefeldioxid	SO_2
Stickoxide	NO_x
Kohlenwasserstoffe	$C_n H_m$
Staub	—

Nach Becher [185] beträgt die Menge der wichtigsten Emissionen je km^2 und a in der Bundesrepublik Deutschland 80 t, in den USA dagegen wegen der geringeren Bevölkerungs- und Industriedichte nur 14 t.

7.4.2. Einzelne Schadstoffe in Abgasen

Kohlenmonoxid
Kohlenmonoxid übt besonders gefährliche Wirkungen auf den menschlichen Organismus

Tafel 115: MAK- und MIK-Werte verschiedener Stoffe in ppm

Stoff	Formel	Konzentrationswerte in ppm		
		MAK	MIK_D 1)	MIK_K 1)
Ammoniak	NH_3	50	x	x
Benzin	$C_n H_{2n+2}$	500	20	60
Cyanwasserstoff	HCN	10	x	x
Formaldehyd	CH_2O	5	0,02	0,06
Kohlendioxid	CO_2	5000	x	x
Kohlenmonoxid	CO	50	x	x
Ozon	O_3	0,1	x	x
Schwefeldioxid	SO_2	5	0,2	0,3
Schwefelwasserstoff	H_2S	10	0,1	0,2
Stickstoffdioxid	NO_2	5	0,5	1,0
Benzol	C_6H_6	25	1	3

*) Die MIK_D-Zahlen beziehen sich auf eine mittlere Dauerbelastung; die MIK_K-Zahlen auf eine Kurzbelastung. Die Zahl dieser Kurzbelastungen soll aber nur begrenzt sein. Die mit x gekennzeichneten Stellen sind noch nicht festgelegt. Die VDI-Kommission schlägt vor, zunächst nur mit 5 % der MAK-Werte zu rechnen.

aus. Bereits 0,1 Vol.-% in der Luft führt bei schwerer Arbeit nach zwei Stunden zum Tode, weil dann zwei Drittel des Hämoglobins in Kohlenoxid-Hämoglobin umgewandelt ist und das Blut fast keinen Sauerstoff mehr aufnimmt. Befindet man sich in Ruhe und atmet nicht schwer, tritt der Tod nach etwa 6,5 Stunden ein.

Schwefeldioxid

Fast alle Brennstoffe enthalten mehr oder weniger Schwefel. Die Geruchsschwelle des Schwefeldioxids liegt bei rund 3 ppm. Bei rund 100 ppm wird die Atmung blockiert. Verschiedene Pflanzen, Obstbaumblüten und Nadelbäume sind besonders empfindlich gegen dieses Gas. Tafel 116 zeigt den Schwefelgehalt und die Schwefeldioxidemission einiger Brennstoffe. Die gasförmigen Brennstoffe verhalten sich in dieser Beziehung sehr günstig. Die Emissionen der verschiedenen Brennstoffe sind für das Jahr 1969 angegeben.

In Tafel 117 ist die Geruchsschwelle einiger Gase angegeben. Schwefeldioxid kann sich durch weitere Oxydation teilweise in Schwefeltrioxid (SO_3) umwandeln. Die Reaktion ist temperaturabhängig und kann entgegengesetzt verlaufen [120]

$$2\,SO_2 + O_2 \rightleftharpoons 2\,SO_3.$$

Nach Hedley findet keine direkte Reaktion mit Sauerstoff-Molekülen sondern mit atomarem Sauerstoff statt.

Tafel 116: Schwefelgehalt einiger Brennstoffe und SO_2-Emissionen 1969 (nach Pichler und Driesen)

Brennstoffart	Schwefelgehalt		SO_2-Emission 10^6 t/a
	mg/m³(V_n) bzw. %	g/10 Mcal	
Flüssiggas	2 ... (120)	0,001 ... (0,05)	0,00004
Naturgas	2 ... (150)	0,003 ... (0,2)	0,0001
Spaltgas	100 ... 20	0,005 ... (0,05)	0,0004
Kokereigas (ger.)	100 ... (250)	0,2 ... (0,6)	0,008
Kraftstoff VK	0,01 ... (0,1) %	0,1 ... (1)	0,02
Kraftstoff DK	0,3 ... (0,7) %	3 ... (7)	0,09
Heizöl EL	0,3 ... (1,0) %	3 ... (10)	0,6
Heizöl M, S	1,0 ... (3,8) %	10 ... (40)	0,7
Steinkohle	0,7 ... 1,2 %	10 ... 17	0,9
Steinkohlenkoks	0,5 ... 1,0 %	7 ... 14	0,7
Rohbraunkohle	0,2 ... 0,3 %	10 ... 15	0,6

Die Werte in ( ) sind die höchstzulässigen Werte

Tafel 117: Die Geruchsschwelle einiger Gase in ppm

Stoff	Formel	Geruchsschwelle in ppm
Aceton	C_3H_6O	1,6
Ammoniak	NH_3	53,0
Chlor	Cl_2	3,44
Schwefelwasserstoff	H_2S	1,00
Schwefeldioxid	SO_2	3,0

Besonders in Japan und in den USA hat man Erfahrungen mit der großtechnischen Rauchgasentschwefelung nach verschiedenen Methoden gesammelt [121].

Stickoxide

Stickoxide (NO, NO_2 oder NO_x) entstehen durch die Oxydation von Stickstoff bei hoher Temperatur. Der Stickstoff kann im Brennstoff selbst enthalten sein, ist aber in großen Mengen auch in der Verbrennungsluft vertreten. Die Konzentration im Abgas ist natürlich von Zeit und Temperatur abhängig. Mit steigender Temperatur steigt auch, wenn genügend Sauerstoff vorhanden ist, der Stickoxidgehalt. Bei schneller Abkühlung kann das gebildete Stickoxid erhalten bleiben. Bei langsamer Abkühlung zerfällt das bei hoher Temperatur gebildete NO. NO ist ein Atemgift und wird bei niedrigen Temperaturen durch den Luftsauerstoff zu NO_2 oxydiert, das auf Lunge und Atemwege schädlich einwirkt. Für den Menschen ist eine Konzentration von 120 bis 200 ppm lebensgefährlich. Man soll bei der Konstruktion von Brennern bestrebt sein, die Entstehung von NO_x möglichst zu unterdrücken. Bei der Verbrennung entwickeln sich folgende NO-Gehalte:

Verbrennung von Erdgas	80 bis 150 g NO/Gcal
Verbrennung von Heizöl EL	180 bis 210 g NO/Gcal
Verbrennung von Schweröl S	etwa 600 g NO/Gcal

Kohlenwasserstoffe

Bei unvollkommener Verbrennung können in den Abgasen Kohlenwasserstoffe vorhanden sein. Bei schlecht eingestellten Erdgasbrennern kann Formaldehyd entstehen, das sich durch Geruch bemerkbar macht. Bei Ölbrennern kann sowohl zuwenig, aber auch zuviel Verbrennungsluft eine Geruchsbelästigung für die Umgebung hervorrufen. Beim Zünden kann ein Verbrennungsstoß und hierdurch ein Ausstoß geruchsbelästigender Kohlenwasserstoffe auftreten.

Ruß, Flugasche

Diese Stoffe können, wenn sie aus Teilchen mit einem mittleren Durchmesser unter 5 μm bestehen, bis in die Alveolen der Lunge gelangen, sich dort ablagern und Schäden verursachen. Je kleiner die in der Atmosphäre gelangenden Teilchen sind, je länger bleiben sie schweben und können als Kondensationskerne oder als Katalysatoren zur Oxydation von SO_2 zu SO_3 dienen.

7.4.3. Einfluß des Verbrennungsablaufes und der Brennerführung auf die Schadstoffbildung

Bei amerikanischen Versuchen [189] über Ölverbrennung wurde als bester Weg zur Verminderung der NO_x-Emission eine zweistufige Verbrennung mit möglichst wenig Luft in der ersten Stufe festgestellt. Hierdurch wird die NO_x-Bildung aus dem Luftstickstoffgehalt des Brennstoffes beschränkt. Sie wird durch Rezirkulation in der Flamme reduziert. Auch Versuche am Flammenforschungs-Institut in Ijmulden [122] sind sehr aufschlußreich. Ein großer Versuchsbrenner wurde abwechselnd mit schwerem Öl, Kohlenstaub oder Erdgas betrieben. Durch die zentrale Brennerlanze wurden Brennstoff und Primärluft zugeführt. Um diese Lanzen herum strömte die Sekundärluft zu. Die Emission von Stickoxiden wird durch die Faktoren Temperatur, Zeit und Konzentration der Flammengase bestimmt. Durch Zurückziehen der Brennerlanze konnte die NO_x-Konzentration um 50 % geändert werden. Die NO_x-Bildung ist bei Erdgas bedeutend geringer als bei Kohlenstaub oder Öl.

Bei Drallbrennern kann man einen bestimmten Drall einstellen (kritischer Drall, Krüger), wobei die NO_x-Emission am geringsten ist.

Kremer nennt für Industrieöfen folgende Möglichkeiten, um die Bildung von NO_x zu vermindern:

1.) Nahe-Stöchiometrische Verbrennung.
Wegen der Abhängigkeit der thermischen NO-Bildung vom Partialdruck des Sauerstoffs hat diese Betriebsweise einen starken Einfluß bei der Verbrennung von brennstoffgebundenem Stickstoff (Erdgas ,,Slochteren'').

2.) Zwei- oder mehrstufige Verbrennung, wodurch die Flammentemperatur niedrig gehalten wird. Ist sie unterhalb 1600 °C, so wird bei den in der Praxis vorkommenden Verweilzeiten kaum noch NO_x-Bildung auftreten.

3.) Eine gleiche Wirkung als durch 2.) wird durch Abgasrezirkulation im oder am Brenner erreicht.

4.) Wenn mehrere Brenner vorhanden sind, dann abwechselnd mit Luftüberschuß und mit Luftmangel arbeiten. Auch hierdurch wird wie bei 2.) die Temperatur gesenkt.

Der Gehalt an Kohlenmonoxid braucht bei keiner Art von Brenneranlage eine Rolle zu spielen, weil man dafür zu sorgen hat, daß dieser Gehalt auch bei nahestöchiometrischer Verbrennung vernachlässigbar klein ist. Bei Ölbrennern entsteht bei unvollkommener Verbrennung eher Ruß als Kohlenmonoxid. Dagegen führt ein überhöhter Luftüberschuß leicht zu einer Geruchsbelästigung der Umgebung.

Gegen die Emission von Schwefeldioxid helfen in begrenztem Maße hohe Schornsteine. Außerdem kann man unter Umständen gezwungen sein, auf schwefelarme Brennstoffe umzuschalten, soweit sie auf dem Brennstoffmarkt zu erhalten sind.

Wird dafür gesorgt, daß sich kein Ruß in den Abgasen befindet, hat man bei gasförmigem Brennstoff keine und bei flüssigem Brennstoff kaum eine Belästigung der Umgebung durch Feststoffe zu befürchten. Bei festem Brennstoff, z.B. bei Kohlenstaub, ist es allerdings anders.

Um bei Kupolöfen den Staubauswurf zu vermindern, kann man Koks teilweise durch Erdgas ersetzen [123]. Es hat sich gezeigt, daß sich hierdurch die Emission nicht nur von Staub, sondern auch von Schwefeldioxid herabsetzen läßt. Bei praktischen Versuchen ging letztere von 0,29 g SO_2/m^3 (V_n) auf 0,10 g SO_2/m^3 (V_n) zurück.

Flammengeräusche siehe 6.2.3.

7.5. REGELN UND STEUERN (siehe auch Abschnitt 11.2.)

7.5.1. Allgemeines

Beim R e g e l n geht das M e s s e n voraus. Andererseits ist das Regeln die Grundlage für die A u t o m a t i s i e r u n g, d.h. das menschliche Überlegen, Wählen und Handeln durch selbsttätige Mittel zu ersetzen. Dies kann nach einem festgelegten Programm (Kurvenscheiben, Lochkarten u.d.) geschehen, aber auch dadurch, daß gespeicherte Daten mit den von den Meßgeräten übertragenen Signalen in einem R e c h e n g e r ä t verglichen werden, wonach dann die dem herrschenden Zustand entsprechenden Regelimpulse gegeben werden.

Nach DIN 19 226, in der Fassung von 1968, ist das Regeln ein Vorgang, bei dem die zu regelnde Größe, die Regelgröße, fortlaufend erfaßt und mit einer anderen Größe, der

Führungsgröße, verglichen wird. Abhängig vom Ergebnis dieses Vergleiches wird die Regelgröße so beeinflußt, daß eine Angleichung an die Führungsgröße herbeigeführt wird.

Das Steuern ist der Vorgang in einem System, bei dem eine oder mehrere Größen als Eingangsgrößen andere Größen als Ausgangsgrößen aufgrund der dem System eigentümlichen Gesetzmäßigkeit beeinflussen.

So wird z.B. die Ofentemperatur geregelt, der Transport- und Wärmebehandlungsvorgang in einem Ofen dagegen gesteuert. Die ursprüngliche Handregelung wurde zuerst durch selbsttätige Temperatur-. Druck-, Atmosphärenregelung usw. ersetzt. Später wurde auch der durch menschliche Betätigung durchgeführte Wärmebehandlungs- und Transportvorgang durch Lochband- oder Lochkartensteuerung usw. ersetzt.

Bei Industrieöfen wird die selbsttätige Regelung einer oder mehrerer der nachstehenden Größen angewandt:

Ofentemperatur an verschiedenen Stellen
Verhältnis des Brennstoff-Luft-Gemisches
Druck im Ofenraum
Öltemperatur
Öldruck
Heizwert oder Ott-Zahl des Gases (z.B. bei Beheizung mit einem Gemisch von Koksofen- und Gichtgas)
Druck von Brenngas und von Luft in den Zufuhrleitungen
Temperatur des Abgases vor Eintritt in den Rekuperator
Unterdruck im Abzugkanal
CO_2- oder O_2-Gehalt des Abgases.

7.5.2. Regeln

Die selbsttätige Regelung der Ofentemperatur ist sowohl für Elektroöfen, als auch für brennstoffbeheizten Ofen sehr wichtig. In der Regeltechnik sind verschiedene Begriffe normalisiert (DIN 19 226), sie sollen deswegen erläutert werden.

Bild 421 zeigt die allgemein gebräuchliche Denkhilfe, das B l o c k s c h e m a. Irgendwo in der R e g e l s t r e c k e wird die R e g e l g r ö ß e x (die Ofentemperatur z.B.) als I s t w e r t gemessen und als S i g n a l an den R e g l e r weitergegeben. Im Regler wird der Istwert mit dem eingestellten S o l l w e r t verglichen und ein Rücksignal als

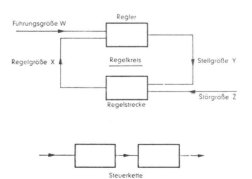

Bild 421: Blockschema des Regelkreises

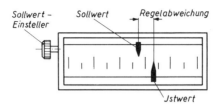

Bild 422: Sollwert- und Istwert-Ablesung

S t e l l g r ö ß e y zur Regelstrecke zurückgesandt. Es wirs somit ein R e g e l k r e i s gebildet. Der Regelvorgang kann durch die S t ö r g r ö ß e z beeinträchtigt werden.

Die Regelgröße x wird am M e ß o r t gemessen (z.B. mittels Thermoelementes) und geht als Signal zum I m p u l s g e b e r der meistens gleichzeitig den Istwert anzeigt oder auch registriert, und wo der gewünschte Sollwert eingestellt wird (Bild 422).

Die Differenz zwischen Sollwert und Istwert betätigt mittels eines V e r s t ä r k e r s auf h y d r a u l i s c h e m, p n e u m a t i s c h e m oder e l e k t r i s c h e m Wege einen S t e l l m o t o r, der am S t e l l o r t das S t e l l g l i e d verstellt. Hierdurch wird die Schaltung des elektrischen Stromes, die Drosselung des Gasstromes, der Ölzufuhr zum Brenner u.s.w. besorgt.

Bei der Temperaturmessung ist in Einzelfällen (z.B. bei Temperaturmessung durch Bimetalle oder Dampfdruck) der Einfluß (Impuls), der aus dem Unterschied zwischen Soll- und Istwert resultiert, stark genug, um ohne Verstärker und Hilfskraft das Stellglied selbständig zu betätigen.

In der modernen Regeltechnik werden M e ß w e r t w a n d l e r (Transmitter) angewandt, die das ursprüngliche Signal des Meßwertes in stärkere pneumatische, hydraulische oder elektrische Impulse umwandeln und weiterleiten.

Bei der Wahl des Meßortes soll die Stellgröße so gewählt werden, daß das Temperaturmeßgerät möglichst genau die Temperatur, die geregelt werden soll, an den Impulsgeber

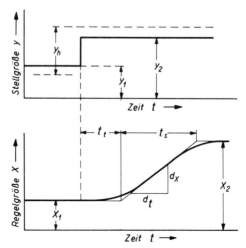

Bild 423: Übergangsfunktion einer Regelstrecke mit Totzeit und Anlaufzeit

weiterleitet. Hierbei ist zu bedenken, daß es eine eigentliche Ofentemperatur nicht gibt, denn Ofeninnenwände, Ofengase, Strahlrohre, Wärmgut zeigen Temperaturen, die mehr oder weniger voneinander abweichen. Ein Berührungsthermometer zeigt durch Strahlungs- und Konvektionswärmeaustausch eine Temperatur an, die nicht ganz mit einer der genannten Temperaturen übereinstimmt (7.5.14.).

Außerdem sind die Schutzhülle des Meßgerätes und die Entfernung der Brenner vom Meßort vom Einfluß auf die Totzeit.

Bei der Anwendung von Strahlungspyrometern ist die Stelle, worauf das Gerät gerichtet ist, als Meßort zu betrachten. Es wird dies eine Ofenwand oder die Wärmgutoberfläche sein. Die Meßverzögerung ist dabei sehr klein, aber die Zeitkonstante ist hier in Bettracht zu ziehen.

Litterscheidt und Schmidt [126] geben für die Wahl des M e ß o r t e s bei Stahlöfen folgende Regeln, die aber in der Hauptsache für unmittelbar beheizte Öfen zutreffen.

1. Arbeitsgut oder Ofenwand kommen als Meßort wegen ihrer hohen Zeitkonstanten (Trägheit) nicht in Betracht.
2. Eine befriedigende Regelung kommt nur zustande, wenn Wärmequelle und Thermoelement in unmittelbarem Wärmeaustausch stehen.
3. Dann wird das Zeitverhalten der Regelstrecke im wesentlichen durch die Speicherwirkung des Thermoelements, einschließlich der Schutzhülle, und durch seine Lage zur Wärmequelle bestimmt.
4. Die Koppelung von Thermoelement und Wärmequelle, insbesondere wenn diese, wie im Falle der Ofenbeheizung durch direkte Flammen, eine wesentlich höhere Temperatur hat als der eingestellte Sollwert, darf nicht so stark sein, daß die Temperatur des Wärmgutes wesentlich von der Temperatur des Meßgerätes abweicht.
5. Beim Vorhandensein mehrerer Wärmequellen, die über einen größeren Raum verteilt sind, sollen sie möglichst gleiche Wärmemengen bei annähernd gleicher Temperatur entwickeln.

Für elektrische widerstandsbeheizte Öfen gelten sinngemäß obige Regeln auch. Hier sind die Heizleiter die Wärmequellen.

Ein grundsätzlicher Unterschied soll gemacht werden zwischen Reglern, die nur zwei Werte der Stellgröße regeln, die Z w e i p u n k t r e g l e r, und solchen, wobei die Stellgröße zwischen einem höchsten und einem niedrigsten Wert beliebig eingestellt werden kann (s t e t i g e R e g e l u n g). Die Zweipunktregelung ist bei den elektrisch beheizten Öfen vorherrschend. Auch eine Regelung mit den Stellungen „Dreieck", „Stern" und „Aus", also eine Dreipunktregelung, ist gebräuchlich. Bei der Regelung von widerstandsbeheizten Öfen wird außerdem manchmal eine Ein-Aus-Regelung mit Zeitschaltung angewandt. Hierbei wird zur Temperaturregelung der Ofen mit längeren oder kürzeren Unterbrechungen aus- und eingeschaltet. Nicht nur die Zahl der Unterbrechungen, auch die Zeitdauer zwischen den einzelnen Schaltungen kann geregelt werden (I m p u l s r e g e l u n g). Auch bei vielen brennstoffbeheizten Öfen wird die Zweipunktregelung vorteilhaft angewendet, da sie einfach, billig und betriebssicher ist. Auch Dreipunktregelung (Ein-Klein-Aus) wird oft angewandt.

Ein Industrieofen mit selbsttätiger Temperaturregelung ist eine Regelstrecke mit A n l a u f z e i t und T o t z e i t.

Eine Regelstrecke hat oft eine erhebliche Verzögerung. Die Totzeit t_t ist die Zeit, die von dem Augenblick an, in dem das Stellglied (Drosselklappe, Drosselventil, Motorventil usw.) verstellt wird, bis zu dem Augenblick vergeht, in dem eine Änderung z.B. der Ofentemperatur (Regelgröße) vom Meßgerät angezeigt wird. Das obere Schaubild von Bild 443 zeigt, daß das Stellglied plötzlich von y_1 bis y_2 geöffnet worden ist. y_h ist der Stellbereich, d.h. die größtmögliche Verstellung des Stellgliedes. Das untere Schaubild gibt die Änderung der gemessenen Temperatur (Regelgröße x) in K an. An die Temperaturkurve ist eine Tangente gelegt, die eine Annäherung dieser Kurve bildet. Es ergibt sich dann die Totzeit t_t, wie im Bild gezeigt ist. t_s = Zeitkonstante.

Die im Bild 423 dargestellte Funktion ist die Übergangsfunktion einer Regelstrecke mit Totzeit und Anlaufzeit und kann an einem Industrieofen mit Regelanlage bestimmt werden, indem die Stellgröße plötzlich geändert und in dieser Stellung festgehalten wird. Der Istwert der Regelgröße (Temperatur) soll gleichzeitig mittels eines Registriergerätes aufgezeigt werden. Die so gewonnene Kurve ist die der Übergangsfunktion. Nach Anlegen der Tangente können t_t und t_s bestimmt werden. Das Temperatur-Zeitverhältnis läßt sich mit guter Genauigkeit als eine e-Funktion mit X_2 und der Z e i t k o n s t a n t e Z_s beschreiben. X_2 hängt also mit der Brennerleistung zusammen.

Es sei hierzu bemerkt, daß die Zeitkonstante t_s durch den Wasserwert der Regelstrecke bestimmt wird. Ist sie groß, so kann der Regelkreis empfindlich geregelt werden. Aber durch große Empfindlichkeit und zu rasches Verstellen des Verstellgliedes kann Überregeln auftreten, was unerwünschte Pendelschwingungen zur Folge hat. Gerade durch die Trägheit des Ofens können solche Pendelschwingungen vermieden werden; die Regelstrecke hat Selbstausgleich. Auch die Größe des Regelbereiches ist von Einfluß auf die Größe der Pendelschwingungen. Deswegen wird der Regelbereich oft kleingehalten durch die Teilung der Gesamtwärmezufuhr in eine gleichbleibende Grundlast und eine Regelmenge.

7.5.3. Der Wichtigkeit der Z w e i p u n k t r e g e l u n g entsprechend wird sie etwas ausführlicher behandelt.

Unter Zweipunktregelung versteht man bei Öfen eine Temperaturregelung, wobei die Wärmezufuhr beim Erreichen der gewünschten Ofentemperatur (S o l l w e r t) ganz oder teilweise abgeschaltet wird. Wird ganz abgeschaltet, so kann man von einer „Auf-Zu"-Regelung sprechen. Wenn man dem Abschalten immer noch eine bestimmte Energiemenge dem Ofen zugeführt wird, so nennt man diese die G r u n d l a s t .

In Bild 424 ist nun der Vorgang bei der Zweipunktregelung dargestellt. Der obere Teil gibt den Verlauf der Temperatur mit der Zeit, der untere Teil das Öffnen und Schließen des Stellgliedes wieder. Hat die Ofentemperatur den gewünschten und am Meßwerk eingestellten Sollwert t_s erreicht, so wird die Energiezufuhr abgesperrt. Aber während der Totzeit Z_t steigt die Temperatur im Ofen noch weiter an. Beim Unterschreiten der Temperatur t_s wird die Brennstoffzufuhr wieder geöffnet, aber auch jetzt verläuft die Totzeit Z_t ehe die Ofentemperatur wieder ansteigt. Übrigens braucht die Totzeit bei abfallender Temperatur nicht unbedingt die gleiche zu sein wie bei ansteigender Temperatur.

Die Ofentemperatur pendelt also um einen Mittelwert (der nicht unbedingt gleich dem Sollwert ist) und hat eine Abweichung nach oben und nach unten von je t_o °C.

7. Ofenbetrieb

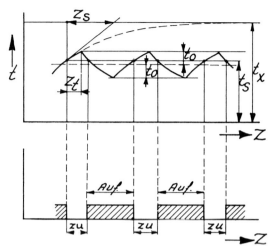

Bild 424: Zweipunktregelung ohne Differenz des Signalgebers

Die halbe Bandbreite ist:

$$t_0 = \frac{1}{2} t_x \left(1 - e^{-\frac{Z_s}{Z_t}}\right)$$

Das Verhältnis $\frac{Z_s}{Z_t}$ gibt eine Beziehung, wodurch die Trägheit einer Temperaturregelstrecke beurteilt werden kann. Eine Regelstrecke ist:

gut regelbar, wenn:

$$\frac{Z_s}{Z_t} > 10$$

einigermaßen regelbar, wenn:

$$\frac{Z_s}{Z_t} \div 6$$

schwer regelbar, wenn:

$$\frac{Z_s}{Z_t} < 3,5$$

Z_t, die Totzeit, soll so klein wie möglich gehalten werden. Sie hängt aber ab von der Art und dem Weg des Wärmetransportes von der Stelle, an der die Energie in Wärme umgesetzt wird bis zur Stelle, wo sich das Meßwerk befindet. Hierfür ist die Ofenkonstruktion maßgebend. Das Meßwerk ist im Ofenraum meistens mit einem Schutzrohr umgeben, wodurch die Wärme auf der letzten Strecke ihres Weges erneut einem Widerstand begegnet.

Z_s, die Zeitkonstante (Anstiegtangente der e-Funktion) t_s in Bild 423, die mit dem Wasserwert des Ofens und des Wärmgutes zusammenhängt, soll möglichst groß sein. Nun ist es aber in vielen Fällen erwünscht, den Wasserwert des Ofens klein zu halten. Denn dann ist die Speicherwärme des Ofens gering und somit auch der Wärmeverbrauch für das Anheizen. Bei einem großen Wert Z_s ist auch t_x kleiner, was sich, wie bereits erwähnt, günstig auf die Bandbreite auswirkt, aber einen langsameren Temperaturanstieg beim Anheizen bedingt. **Für raschen Anheizen ist eine möglichst große Leistung erwünscht; ein genaueres Regeln erfordert aber eine kleine Leistung** (Bild 425).

Diesen sich widersprechenden Anforderungen kann man gerecht werden, indem man mit einer größeren Leistung anheizt, wozu eine zusätzliche **Anheizlast** zugeschaltet wird (Bild 426). Die Zeitkonstante ist hierbei klein. Beim Erreichen der Solltemperatur werden sowohl zusätzliche Anheizlast als auch die Regellast abgeschaltet, und es bleibt nur die Grundlast in Betrieb. Wird die Solltemperatur unterschritten, so wird zur Grundlast auch die Regellast geschaltet, die zusätzliche Anheizlast bleibt aber abgeschaltet. Mittels Grundlast und Regellast kann die maximale Temperatur $t_{x2} + t_g$ erreicht werden, und beim Regeln gilt die Zeitkonstante Z_{s2}. Hiermit wird also erreicht, daß beim Regeln $Z_{s2} < Z_{s1}$ und $t_{x2} + t_g < t_{x1} + t_{x2} + t_g$ wird.

Beim Einbringen des kalten Wärmegutes in den Ofenraum wird die Ofentemperatur manchmal stark abfallen, denn hierdurch wird eine **Störgröße** eingeführt. Deswegen ist es manchmal ratsam, die Anheizleistung bis zum Augenblick, da die Temperatur den Sollwert erreicht, wieder umzuschalten. Zur Vereinfachung des an sich einfachen Zweipunktregelsystems ist es in vielen Fällen zulässig, das An- und Abschalten der zusätzlichen Anheizlast von Hand aus vorzunehmen. Das Erreichen des Sollwertes wird optisch oder akustisch angezeigt.

Eine **Rückführung** hat bei der Temperaturregelung die Aufgabe, die Heizung so vorzeitig vor Erreichen des Sollwertes abzuschalten, daß die Temperatur nicht über den

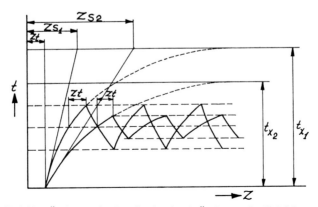

Bild 425: Änderung der Bandbreite durch Änderung der Heizleistung

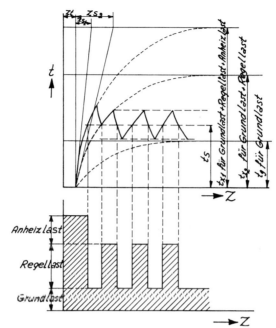

Bild 426: Zweipunktregelung mit zusätzlicher Anheizlast und mit Grundlast

Sollwert ansteigt. Andererseits soll die Heizung so rechtzeitig zugeschaltet werden, daß die Temperatur nur geringfügig unter den Sollwert absinkt. Die Rückführung löst dieses Problem dadurch, daß ein zusätzliches Meßsignal dem Meßsignal des Temperaturmessers (z.B. Thermoelement) auf- bzw. gegengeschaltet wird. Die zeitliche Änderung dieses zusätzlichen Meßsignals, also der Rückführung, ist schneller als die Änderung des Meßwertes selbst. Der Regler erreicht also scheinbar eher den Sollwert und schaltet deswegen häufiger. Die Temperatur oder eine andere Regelgröße wird somit mit geringerer Sollwertabweichung konstant gehalten. Allgemein betrachtet ist eine Rückführung ein Funktionsglied, das beim Betätigen der Stellgröße eine Rückkopplung auf den Eingang des Reglers bewirkt. Die Rückführungen für Regler erzeugen somit Hilfsmeßwerte, deren Änderungsgeschwindigkeit größer sein muß als die an der Regelstrecke gemessenen Werte.

Die unstetige Temperaturregelung ist in viele Elektroofenanlagen zu finden, und zwar meistens als Zweipunktregelung. Sie gibt eine Genauigkeit von 1 bis 3 %. Wo dies aber nicht genügt, können mit Zweipunktregelungen mit Rückführung Genauigkeiten von 0,1 bis 0,5 % erreicht werden. Man spricht dann von stetigähnlicher Temperaturregelung. Die Rückführungen können elektronisch oder thermisch sein. Bild 427 zeigt einen Elektroofen mit einer Zweipunktregelung mit Rückführung. Die Ist-Temperatur wird mittels Thermoelement 2 gemessen. Außerhalb des Ofens ist ein zweites Thermoelement 4 den ersten gegengeschaltet. Thermoelement 4 kann mittels einer kleinen Heizspirale erwärmt werden, und diese Heizspirale wird mit dem Ofenschalter 5 eingeschaltet. Übersteigt die Summe der thermoelektrischen Spannungen von Ofenelement 2 und Rückführungselement 4 den Wert, der dem eingestellten Sollwert entspricht, so wird die Heizung eingeschaltet, bevor der Sollwert tatsächlich er-

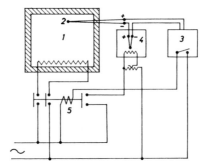

Bild 427: Zweipunktregelung mit Rückführung

reicht ist. Bild 428 zeigt den Unterschied zwischen Zweipunktregelung ohne und mit Rückführung. Die Schaltfrequenz wird häufiger, die Bandbreite kleiner. Die Regeltemperatur liegt aber um den Betrag N °C niedriger als bei der Regelung ohne Rückführung. Man stellt deswegen den Sollwert etwas höher ein.

Auch D o p p e l r ü c k f ü h r u n g e n werden angewandt. Hierbei wird beim Einschalten der Heizleistung des Ofens wiederum das Heizelement eines Rückführungs-Thermoelements eingeschaltet. Hierdurch wird, genau wie vorher, die Ausschaltung der Heizleistung beschleunigt. Wird nun beim Ausschalten der Heizleistung des Ofens gleichzeitig die Heizspirale eines dritten Thermoelementes, das sich auch außerhalb des Ofenraumes befindet und entgegengesetzte Polarität hat, eingeschaltet, so wird jetzt auch das Wiedereinschalten der Heizleistung beschleunigt.

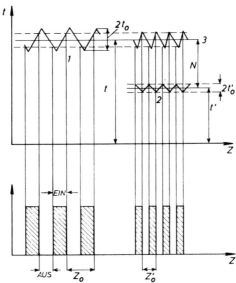

1. Ofentemperatur (ohne Rückführung)
2. Ofentemperatur (mit Rückführung)
3. Signal von Ofen- und Rückführungsthermoelement

Bild 428: Unterschied zwischen Zweipunktregelung ohne und mit Rückführung

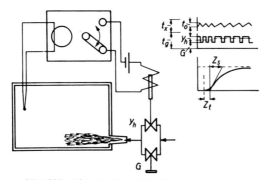

Bild 429: Elektrisch betätigte Zweipunktregler

Die Schaltfrequenzen die bei stetigähnlichen Temperaturreglern auftreten, liegen meistens zwischen 0,2 bis 5 min. Für viele elektromagnetische Schalter („Schützen") ist das noch zulässig. Es werden auch Transduktoren und in letzter Zeit Halbleiter-Tyratrons zum Schalten benutzt. Bei brennstoffbeheizten Öfen gibt es mit elektromagnetischen Ventilen kaum Schwierigkeiten.

Eine einfache Z w e i p u n k t r e g e l u n g, wobei ein Schalter ein Magnetventil steuert, ist im Bild 429 dargestellt. Sinkt die Ofentemperatur, so öffnet dieses Magnetventil sich ganz, um beim Erreichen des Sollwertes wiederum zu schließen. Die Grundlast G kann mittels eines Drosselorganes von Hand eingestellt werden.

Bild 430 (nach Litterscheidt) zeigt die Anwendung eines Zweipunktreglers, das Gas, Primär- und Sekundärluft und außerdem den Zug durch vier Magnetventile beeinflußt.

Zweipunktregelanlagen sind einfach und erfüllen sowohl bei elektrisch als auch bei brennstoffbeheizten Öfen in sehr vielen Fällen den gewünschten Zweck. Bei den letztgenannten Öfen kann es durchaus möglich sein, daß nicht nur der niedrigere Anschaffungspreis und die Einfachheit der Zweipunktregler ausschlaggebend sind, sondern auch einige wärmetechnische Vorteile. Ist die Wärmeübertragung in einem Ofen hauptsächlich konvektiver

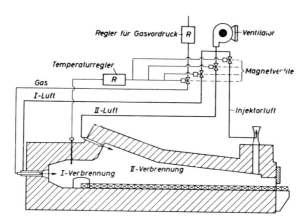

Bild 430: Zweipunktregelung eines Stoßofens mit Schutzgasherstellung im Ofen

Art, dann sind die Größe und die Gleichmäßigkeit der Übertragung abhängig von der Strömungsgeschwindigkeit des Heizmediums. Bei Öfen für die keramische Industrie, bei denen Verbrennungsgase durch Spalten von z.B. Ziegelstapel ziehen, ist diese Art der Wärmeübertragung sehr wichtig. Werden Tunnelbrenner eingesetzt, so wird bei voller Leistung das Verbrennungsgas mit großer Geschwindigkeit austreten und einen großen Impuls haben. Hierdurch wird Ofengas mitgerissen, und es entsteht eine starke Rezirkulation, durch die eine gleichmäßige Erwärmung über eine längere Strecke erzielt wird. Wird nun eine gleitende Regelung angewendet, so wird, je näher der Istwert an den Sollwert der Temperatur heranrückt, die Flammenlänge und somit auch der Impuls immer kleiner. Die Folge ist, daß die Beheizung immer unregelmäßiger wird. Deswegen ist hier eine Zweipunktregelung „Ein-Aus" oder „Ein-Klein" angebracht. Die Schaltung auf „Klein" dient hier nur dazu, um noch eine sehr kleine Flamme in Betrieb zu halten, damit nicht jedesmal neu gezündet werden muß. Es werden jetzt Perioden, in denen die Flamme mit dem größtmöglichen Impuls brennt, abgewechselt mit Perioden, in denen keine oder nur eine sehr kleine Flamme brennt. Es kann keine ungleichmäßige Erwärmung auftreten.

Bei der Regelung von Strahlrohr beheizten Öen sind besondere Punkte zu beachten [127].

7.5.4.

Stetige Regler haben einen Stellmotor (elektrisch, pneumatisch oder hydraulisch betrieben), der das Stellglied allmählich öffnen und Schließen kann. Die Stellgröße kann innerhalb der Grenzen des Stellbereiches jeden beliebigen Wert annehmen. Sie kann dadurch auf einen für die Beharrung richtigen Wert gebracht werden.

Erfolgt die Betätigung eines Stellgliedes derart, daß Proportionalität zwischen der Abweichung der Temperatur (Regelgröße) und der Verstellung des Drosselorganes (Stellgröße) besteht, so wirkt der Regler proportional (P.-Reglpr). Eine Temperaturabweichung von z.B. $10°C$ bewirkt also eine doppelt so große Verstellung des Stellgliedes als eine Abweichung von $5°C$. Der Proportionalbereich ist der Temperaturbereich (Bereich der Regelgröße), der das Stellglied von der einen Endlage in die andere bringt. Je größer dieser Bereich ist, um so stabiler ist die Regelung; ist er gleich Null, so neigt der Regler dazu, den Regelkreis in starke Schwingungen zu versetzen. Er ist also ein Mittel zur Stabilisierung des Regelvorganges. Der P.-Regler regelt stabil, hat aber den Nachteil, daß er nicht genau regelt. Im Bild 431 ist die Kennlinie des P.-Reglers dargestellt. Bei der Änderung der Stellgröße x (Temperatur) von x_1 auf x_2, wird die Stellgröße von „ganz offen" auf „ganz geschlossen" abnehmen. Wird die Regeltemperatur (Sollwert) auf x_0 eingestellt, so ist zum Einhalten dieser Temperatur eine Ventilöffnung, die mit der Stellgröße y_0 übereinstimmt, notwendig. Ändert sich nun die Belastung des Ofens derart, daß zum Einhalten der Regeltemperatur die Ventilöffnung y'_0 notwendig ist, dann ist die mit dieser Stellgröße übereinstimmende Regeltemperatur (Sollwert) x'_0 und weicht also von dem Sollwert x_0 ab. Die vom P.-Regler eingehaltene Temperatur (Istwert) gleitet also mit der Ofenbelastung auf der Kennlinie auf und ab. Sie kann nur in einem Punkte, bei nur einer Belastung mit dem eingestellten Sollwert zusammenfallen. Der P.-Regler regelt zwar stabil, ist aber lastabhängig. Sind die Belastungsänderungen des Ofens nur gering, so ist die Temperaturabweichung klein, hier ist ein P.-Regler gut brauchbar.

Erfolgt die Betätigung des Stellgliedes um so schneller, je größer die Abweichung der Regelgröße (Temperatur) vom Sollwert ist, so liegt ein Integralregler (I.-Reg-

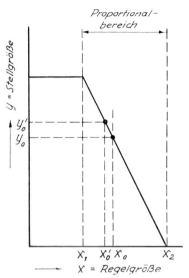

Bild 431: Kenntnisse des P.-Reglers

l e r) vor. Die Stellgröße ist jetzt dem Zeitintegral der Regelabweichung proportional. Ein Proportionalbereich ist hierbei nicht vorhanden und der Regler ist somit nicht lastabhängig. Er verursacht aber leicht Pendelungen in der Regelstrecke. Dem Schwingen wird entgegengewirkt, wenn der Stellmotor möglichst langsam läuft, aber dann braucht der Regler auch eine verhältnismäßig lange Zeit, um eine Störung aufzuheben, und ist deswegen nicht immer verwendbar.

Um diesem Nachteil des I.-Reglers und dem Nachteil des P.-Reglers (ungenaue Regelung) zu entgehen, hat man zur Kombination beider Regelarten zum p r o p o r t i o n a l - i n t e g r a l wirkenden Regler (P.-I.-R e g l e r) gegriffen. Für diese Regelart ist die N a c h s t e l l z e i t eine kennzeichnende Größe. Sie ist die Zeit, die das Stellglied, vom Augenblick einer plötzlichen Regelabweichung an gerechnet, benötigt, um denjenigen Weg zusätzlich auf Grund der Integralwirkung nachzustellen, den es auf Grund der Integralwirkung bereits zurückgelegt hat. Bei schwierig zu regelnden Regelstrecken soll die Nachstellzeit groß gewählt werden.

Wird ein Regler so gebaut, daß er bei rascher auftretenden Änderungen der Regelgröße auch schneller regelt, also auf dem Differentialquotienten der Regelgröße anspricht, so hat man es mit einem R e g l e r   m i t   D - E i n f l u ß zu tun. Bei plötzlich auftretenden Störungen der Regelgröße wird dieser Regler rasch eingreifen oder vorhalten. Die V o r h a l t e z e i t   ist die Zeit, die das Stellglied vom Beginn einer mit konstanter Geschwindigkeit verlaufenden Änderung der Regelgröße an benötigt, um auf Grund der Proportionalwirkung den Weg zurückzulegen, den das Stellglied infolge des Vorhaltens sofort zurückgelegt hat. Bei der Anwendung dieser Regelart soll die Vorhaltezeit groß gewählt werden, wenn es um schwierig zu regelnde Regelstrecken geht. Der D-Einfluß kann nicht allein beim P.-Regler aufgeschaltet werden, sondern auch bei P.-I.-Regler, und man erhält somit einen P.-I.-D.-Regler. Die nachteilige Langsamkeit des integralen Reglers läßt sich durch eine R ü c k f ü h r u n g beheben.

7.5.5. Verschiedene Systeme und Zubehör

Als Regelsysteme stehen elektrische, pneumatische und hydraulische Systeme zur Verfügung. Letztere werden im Ofenbau zur Regelung wenig eingesetzt, sie haben sich aber zur Steuerung der Bewegungen von Türen, Fördermitteln und Kippvorrichtungen eingeführt. Die elektrischen Systeme haben als Bauteile in der Hauptsache Transistoren, Widerstände, Kondensatoren und integrierte Schaltungen. Es werden ganze Gruppen auf gedruckten Leiterplatten zusammengefaßt. Die Verstärkertechnik erlaubt es oft ohne Meßwertumformer auszukommen. Bei einem stetigen Ausgangssignal wird man aber meistens eine elektropneumatische Umformung vornehmen und einen pneumatischen Stellantrieb einsetzen.

P n e u m a t i s c h e   R e g l e r arbeiten mit Luft und gewähren dadurch eine große Sicherheit gegen Brand und Explosion und sind·stabil gebaut. Sie verwandeln die gemessene Regelgröße (z.B. Temperatur) in proportionale Luftdrücke (Meßwertwandler) zwischen 0,2 und 1 bar. In Bild 432 ist dargestellt, wie diese Verwandlung des Meßwertes zustande kommt. Die Luftleitung hat eine Verengung d_1 und endet in der Düse d_2. Vor dieser Düse ist eine Prallplatte angeordnet, die an einem Hebel befestigt ist. Das andere Ende dieses Hebels wird vom Meßwerk verstellt, entsprechend dem Augenblickswert des Meßwertes. Hierdurch ändert sich die Entfernung x zwischen Düse und Prallplatte. Links wird Luft mit dem konstanten Druck p_0 zugeführt, der Druck p_s rechts von d_1 ist entsprechend niedriger, wegen des Druckabfalls bei der Strömung durch $d_1 \cdot p_s$, ist abhängig von der Entfernung x, und zwar so sehr, daß bereits eine kleine Änderung von x, p_s von 5 auf 95 % des Vordruckes p_0 ändert. Der Druck p_s kann als Stellgröße auf die Oberseite eines Membranventils geleitet werden.

Um eine p r o p o r t i o n a l e   W i r k u n g zu erzielen, wird auch hier, wie es beim elektrischen P.-Regler geschieht, von einer Rückführung Gebrauch gemacht. Hierzu wird der Druck p_s auch in eine Membrandose geleitet und die Bewegung des Membransbalges auf den Drehpunkt des Prallplattenhebels übertragen (Bild 433). Bewegt sich der Zeiger des Meßwerkes nach rechts, so wird die Entfernung x kleiner und hierdurch der Druck

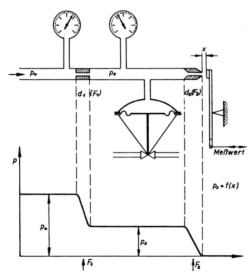

Bild 432: Verwandlung des Meßwertes in Luftdruckwerte

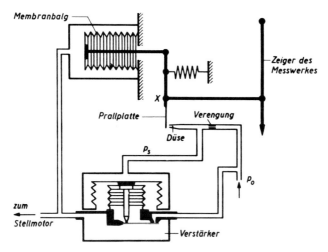

Bild 433: Pneumatischer P.-Regler

p_s größer. Der Membranbalg geht somit nach rechts, aber hierdurch wird die Prallplatte etwas nach links bewegt, wodurch die Entfernung x — entgegen der Einwirkung des Meßwerkes — verstellt und etwas größer wird.

Da durch die Verengung nur wenig Luft geht und von dieser Luft außerdem nur ein Teil zur Betätigung des Stellgliedes benutzt werden kann, ist ein V e r s t ä r k e r eingebaut. Auf die Membrane dieses Verstärkers wirkt der Druck p_s, und die Bewegung der Membrane bewirkt die Verstellung eines Ventils derart, daß der Eingangsdruck p_o auf einen p_s proportionalen Wert gedrosselt wird. Die Luft strömt dann mit diesem Druck zum Stellmotor.

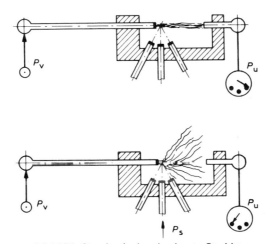

Bild 434: Staudruck eines laminaren Strahles
Bild 435: Steuersignal verursacht Umschlag zum turbulenten Strahl

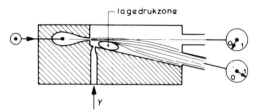

Bild 436: Anwendung des Coanda-Effektes in der Regeltechnik

In der pneumatischen Regel- und Steuertechnik finden sowohl Turbulenzverstärker Anwendung als auch Verstärker, die auf dem Coanda-Effekt 5.1.2. beruhen. Der Turbulenzverstärker benutzt den Umschlag von einer laminaren zu einer turbulenten Strömung. Wenn ein laminarer Strahl aus einem Rohr links (Bild 434) ausströmt, so wird er sich nur wenig ausdehnen und größteteil am rechten Rohr aufgefangen werden. Ein Druckmesser zeigt dann den Druck p_u an. Wird aber durch ein drittes Rohr ein Steuersignal ausgeblasen (Bild 435), das nur schwach zu sein braucht, wird der Hauptstrahl plötzlich turbulent und stark zerstreut. Das hat zur Folge, daß jetzt nur ein ganz kleiner Teil der Strömung in das rechte Auffangrohr gelangt, so daß der Druckmesser einen viel geringeren Druck anzeigt.

Der Coanda-Effekt wird wie folgt benutzt [128]. Bild 436 zeigt einen Steuerkanal seitlich in der Nähe der Ausströmöffnung des Strahles. Wird durch den Steuerkanal nichts zugeführt, so bläst der Strahl in schräger Richtung aus. Wird einer kleiner Luftstrom y als Steuersignal zugeführt, löst sich der Hauptstrahl von der Wand und tritt in die waagerechte Öffnung ein. Werden diese Öffnungen an Steuerkanäle angeschlossen, wird abwechselnd und abhängig davon, ob Steuersignal y gegeben wird, in dem einen oder anderen Kanal ein Steuerdruck auftreten. Es ist auch möglich, um zwei schräge Wände anzuordnen, die durch eine Zunge („splitter") in zwei Kanäle übergeführt werden (Bild 437). Es kann jetzt bei y oder bei z ein kurzes Steuersignal gegeben werden. Der Hauptstrahl schlägt dann sofort von dem einen Kanal in den anderen über und beharrt stabil in der entsprechenden Lage. Bei beiden Ausführungen ist es notwendig, daß die Strömung konstant bleibt. Wenn sich in der Strömungsrichtung ein sehr großer Widerstand befindet, würde der Strahl sofort umschlagen. Darum sind meistens Entlüftungsöffnungen V angeordnet, die weit genug von der Ausströmöffnung entfernt sind, um keine Störung des Unterdruckgebietes zu verursachen. Pneumatische Regelung wird besonders in explosionsgefährdeten Betrieben bevorzugt.

Hydraulische Regler benötigen eine Pumpanlage für das Drucköl und werden im allgemeinen für Ofenanlagen weniger eingesetzt.

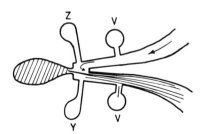

Bild 437: Symmetrisches Wandstrahl-Schaltelement

Gleitende oder stetige Regelung kann bei elektrischer Beheizung durch eine Änderung der Spannung erreicht werden. Hierzu werden durch Elektromotore betriebene Autotransformatoren oder Stufentransformatoren verwendet. Auch Phasenanschnittsteuerung mit Thyratrons kann zur Leistungsregelung benutzt werden. Eine andere brauchbare Regelmethode ist die Phasenregelung mit SCR (silicon controlled rectifiers).

Stellmotoren können elektrisch, pneumatisch mit Druckluft oder ölhydraulisch betätigt werden. Bei Zweipunktregler werden Stellmotor und Stellglied oft durch ein elektromagnetisches Ventil ersetzt. Auch Ventile, die durch eine kleine, elektrische angetriebene Ölpumpe betätigt werden und als ein ganzes zusammengebaut sind (Hydra-Motor), werden angewendet.

Wenn auch der Wert der Temperaturregelung für einen Industrieofen am meisten einleuchtet, so ist zur Einhaltung des richtigen Brennstoff-Luft-Gemisches eine selbsttätige Gemischregelung oft unerläßlich. Aber auch der Innendruck im Ofenraum ist sehr wichtig (5.2.), und deswegen wird dieser manchmal gemessen und selbsttätig gerregelt durch Beeinflussung des Druckes (oder Unterdruckes) im Abgaskanal oder Kamin.

7.5.6. STEUERN

Es kann bei Ofenanlagen vorkommen, daß die Instrumentierung 100 bis 300 Regelkreise umfaßt. An und für sich sind die Regelkreise meistens verhältnismäßig einfach, man soll aber bedenken, daß ein Regler nur den vorgegebenen Sollwert konstant halten kann. Erfordert der in der Ofenanlage durchzuführende technologische Prozeß eine zeitabhängige Änderung von Druck, Temperatur, Wärmgutgeschwindigkeit, Ofenatmosphäre usw., sol-

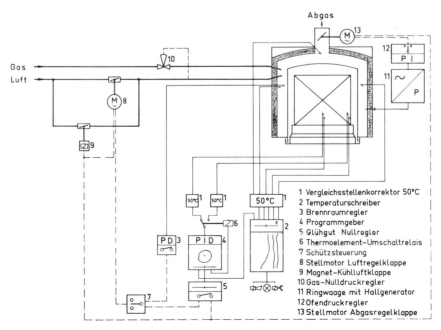

Bild 438: Einrichtungen zur Überwachung und Steuerung eines gasbeheizten Hubbühnen-Glühofens

len die betreffenden Sollwerte entsprechend geändert werden. Diese Steuerung kann im Handbetrieb erfolgen. Liegt ein festes Programm vor, so ist eine automatische Steuerung mit Lochkarten, Lochband oder Kurvenscheiben möglich. Bild 438 [194] zeigt schematisch die Einrichtungen zum Überwachen und Steuern eines Hubbühnenofens. Die Ofenhaube ist hoch auf vier Stützen gestellt. Das Wärmgut, das sich auf einem Herdwagen unter einer Glühhaube befindet, wird damt Wagen hydrauäsch gehoben, wobei eine Sandtasse Wagen und Ofenhaube gegeneinander abdichtet. Es können verschiedene Wärmebehandlungsprogramme durchgeführt werden, die über Zeitplanscheiben und mechanische Sollwertabtastung mit Rollenhebeln vorgegeben werden.

Die für die Führung eines Industrieofens wichtigen Daten (Temperatur, Druck, CO_2-Gehalt usw.) werden meistens in analoger Form erfasst. D.h. sie lassen sich als Kurven kontinuierlich wiedergeben. Anders ist es bei der digitale Datenwiedergabe. Hier wird auf nicht-kontinuierliche Weise ein Zahlenwert (z.B. in binärer Form) signalisiert. Woell [128] weist darauf hin, daß für die Anwendung der gemessenen oder vorgegebenen Daten für die Ofensteuerung zwei Wege offenstehen. Der bis jetzt fast ausschließlich begangene Weg ist der Einsatz der bekannten Regelgeräte. Diese Geräte dienen dazu, die gemessenen Istwerte mit den vorgegebenen Sollwerten zu vergleichen und diese auszugleichen. Die üblichen Geräte arbeiten analog, denn die Signale werden analog gemessen, analog weitergegeben und dann in einem analogen Stellgrössensignal umgeformt.

Es ist aber auch möglich für die Ofensteuerung digitale Rechenanlagen einzusetzen. Sind die Meßsignale noch analog, so müssen sie in digitaler Form umgewandelt werden. Die Begriffe analog und digital werden den Benutzern von Zeiger- bzw. Digital-Uhren einleuchten.

Die analoge Regelart ist fast immer zum Steuern eines Industrieofens am Platze. Die Anzahl der Regelgrößen, der Sollwerte und der Stellgrößen kann aber so groß werden, daß ihre apparative Bewältigung sehr groß wird. Bei der digitalen Prozeßsteuerung ist diese Anzahl nicht begrenzt. Außerdem können die einzelnen Größen miteinander nach einem mathematischen Modell verknüpft werden, das dem Ofen und dem Ofenprozeß angepaßt ist.

Mikropressoren und Speicher sind jetzt erhältlich. Aber das wichtigste für deren Anwendung bei der Ofenprozeßsteuerung ist die Erstellung des angepaßten Programmes (die „Software"). Dazu werden Ofen- und Rechenspezialist Hand in Hand zusammen arbeiten müssen. Beispiele der Anwendung von Prozeßrechner für Industrieöfen geben [129] (Haubenglühanlage), [131] (Warmöfen), [130] (Walzwerköfen). Übrigens ist es nicht immer angebracht, den ganzen Ofenbetrieb zu automatisieren.

Ändern sich die Material- und Lastbedingungen und wird es hierdurch notwendig, mehrere miteinander gekuppelte Regelparameter zu ändern, können die diesbezüglichen Sollwerte mit einem Rechenzeug ermittelt und dann durch menschliche Behandlung eingestellt werden.

Bei „supervisory control" erhält ein Prozeßrechner die Informationen, die sich auf Material- und Lastbedingungen beziehen, und auch die Informationen bezüglich des durchzuführenden Prozesses. Einem mathematischen Modell folgend werden die entsprechenden Sollwerte berechnet und selbständig eingestellt. Werden die gesamte Steuerung und Regelung, die Grenzwertüberwachung und die Sicherheitsabschaltung der Ofenanlage von einem Prozeßrechenzeug übernommen, hat man es mit einer DDC-Steuerung (direct digital control) zu tun. Bild 439 zeigt das DDC-Steuer- und Regelsystem einer Tiefofenanlage in einem englischen Stahlwerk.

So wird Ihr Ofen zum Topmodell!

MPR 2
Mikroprozessor-Programmgeber-Regler

- für anspruchsvolle Temperaturkurven
- bis zu 4 Programme mit je 6 Temperatur- und Zeitwerten speicherbar
- garantierte Haltezeiten
- Ansteuerung von Zusatzgeräten (z.B. Absaugung) möglich

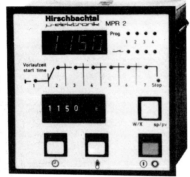

MTM
Mikroprozessor-Taupunkt-Messgerät

- Taupunktmessbereich - 80°C bis + 80°C
- Temperaturbereich - 20°C bis + 100°C
- Relative Feuchte 0 % bis 100 %
- frei programmierbare Grenzwerte
- Kunststoffnormgehäuse 144 x 144 x 150 mm
- gut lesbare LED-Anzeige

und für ganz besondere Ansprüche und Großanlagen

CPR Computer-Programm-Regler für 4 gleichzeitig ablaufbare Programme mit je 25 Funktionen und übersichtlicher Menübedienung.

Hirschbachtal
μ-elektronik

Heinrich-Hertz-Platz 1, Eschenfelden, 8459 Hirschbach 1, Telefon (0 96 65) 17 25, Telex 63 902
ein Unternehmen der Linn-Elektronik-Gruppe

Keramische Faser-Textilien

OHNE ASBESTANTEILE   GRENZTEMPERATUR: 1260° C   DAUERTEMPERATUR: 600° C mit Glasfaser verstärkt   900° C mit Inconelstahl verstärkt

▲ Schnur, rundgedreht 3—50 mm ∅

▲ Packung, geflochten, rund und vierkant 4—60 mm ∅ und 6—60 mm ⌷, jeweils auch graphitiert

▲ Gewebeband, mit festen Webkanten 20—500 mm breit, ca. 2, 3, 4, 5, 6 mm stark

Aluminium-Silikat-Fasern sind nicht zu verspinnen.
Die abgeb. Endprodukte benötigen deshalb Trägerfäden (Verstärkung).
— Glasfaser verstärkt
  Dauertemperaturbeständigkeit
  ca. 600 °C
— Inconellstahl verstärkt
  Dauertemperaturbeständigkeit
  ca. 900 °C.

Nutzen Sie unsere jahrelange praxisnahe Erfahrung!

Bitte fordern Sie unseren
NEUEN Katalog an!

ALBERT HELLHAKE GMBH & CO

Dortmund 1 · Postfach 441
Telefon (0231) 515051 · Telex 82812

Piller Heißgas-Umwälzventilatoren für den Industrieofenbau in Serien- und Sonderausführung

Piller bietet diese Spezialventilatoren in einem Serienprogramm für folgende Daten an:
- ☐ Volumenstrom bis 47.000 m³/h
- ☐ Totaldruckdifferenz bis 1,2 kPa
- ☐ Gastemperatur bis 800 °C

Alle wichtigen Daten und Maße sind in ausführlichen Druckschriften zusammengefaßt, die wir gerne zur Verfügung stellen.

Piller liefert über das Serienprogramm hinaus Heißgas-Umwälzventilatoren für
- ☐ größere Volumenströme
- ☐ höhere Gastemperaturen bis 1050 °C
- ☐ gas- und vakuumdichten Betrieb
- ☐ besondere Einbausituationen

Anton Piller GmbH & Co. KG
Postfach 18 60
D 3360 Osterode am Harz
Telefon (0 55 22) 31 11
Telex 865 117, Telekopierer (0 55 22) 31 12 71

7. Ofenbetrieb

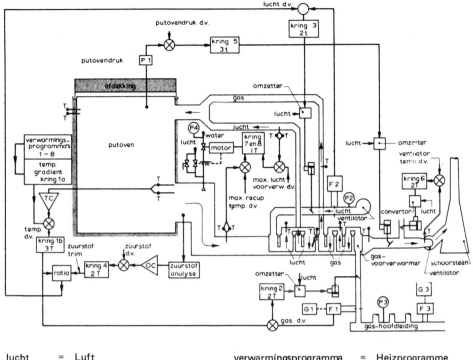

lucht	=	Luft	verwarmingsprogramma	=	Heizprogramme
d.v.	=	eingestellter Sollwert	zuurstof	=	Sauerstoff
putoven	=	Tiefofen	water	=	Wasser
druk	=	Druck	hoofdleiding	=	Hauptleitung
kring	=	Kreis	Schoorsteen	=	Schornstein

Bild 439: DDC-Steuer- und Regelsystem einer Tiefofenanlage

7.6. BETRIEBSKONTROLLE

Eine regelmäßige Prüfung folgender Teile, möglichst nach einem festen Zeitschema, ist notwendig, um plötzlichen, unliebsamen Betriebsstörungen vorzubeugen. Auch ein festes Abschmierschema soll aufgestellt und eingehalten werden.

Geräte und Bauteile, die die Förderung des Wärmgutes durch den Ofen und außerhalb des Ofens besorgen;
Brenner oder Heizelemente;
Feuerfeste Wände und Decken;
Verdichter für Gas und Luft; Ölpumpen;
Gebläse für Abgas- und Schutzgasförderung;
Elektromotoren und elektrische Schaltanlagen;
Meß-, Regel- und Sicherheitsanlagen.

Weiter sollen die Durchsatzmenge und der Energieverbrauch täglich bestimmt und täglich oder wöchentlich kritisch betrachtet werden. Es ist hierzu der Wirkungsgrad η_{ges} nach (88) zu bestimmen. Da $\eta_{ges} = \eta_{th} \cdot \eta_o$, so kann ein unbefriedigender Wert von η_{ges} seine Ursache in η_{th} oder in η_o finden. Der Ofengütegrad η_o ist vom Durchsatz abhängig

(4.3.3.), und es ist somit anhand der Durchsatzzahlen zu überprüfen, ob dieser nicht niedriger als normal gewesen ist. Auch eine Zunahme des Wandverluste Q_w oder der Strahlungsverluste Q_s (4.6.1.) drücken η_o herunter. Um dies nachprüfen zu können, ist die Außentemperatur der Ofenwände regelmäßig und an verschiedenen Stellen zu messen, nach Rissen Umschau zu halten und die Bedienung sowie der Zustand von Ofentüren und sonstigen Öffnungen zu prüfen.

In Tafel 118 sind Vergleichswerte von ausgeführten Öfen dargestellt. Die Wärmeverbrauchszahlen sind in kWh/t angegeben.

Was die Kontrolle des feuerungstechnischen Wirkungsgrades anbetrifft, so soll der CO_2- und der O_2-Gehalt des Abgases an verschiedenen Stellen gemessen werden:

1. **Am Entstehungsort**, also in der Nähe der Flamme. Hieraus wird die Luftzahl n berechnet, und es zeigt sich, ob das Brennstoff-Luft-Verhältnis richtig ist.

2. **Am Ofenausgang**. Ist jetzt der O_2-Gehalt gestiegen und hat sich der CO_2-Gehalt gesenkt, so strömt an irgendeiner Stelle Falschluft zu (4.3.2.). Wird durch langsames Schließen des Kaminschiebers der Ofen zum Ausflammen gebracht, so sind undichte Stellen, wodurch Falschluft in den Ofen eindringen kann, leicht festzustellen. Allerdings deutet die Anwesenheit von Falschluft auf einen Unterdruck hin an irgendeiner Stelle oder auf ein bestimmtes Niveau im Ofenraum (5.1.6.), und es ist manchmal unerläßlich die Druckverteilung im Ofenraum genau zu messen. An Hand dieser Ergebnisse sind dann Maßnahmen zu treffen, um Unterdruckstellen oder Flächen zu beseitigen (Beispiele auf folgenden Seiten). Bei elektrischen Öfen kann auf gleiche Weise, wie für die Ofenabkühlung dargelegt ist (5.2.4.), Kaltluft in den Ofenraum eindringen durch nicht gut schließende Türen und Öffnungen.

3. **Am Rekuperatorausgang**. Da die Luft meistens einen höheren Druck hat als das Abgas, deutet eine Zunahme des O_2-Gehaltes verglichen mit dem Sauerstoffgehalt des Abgases am Rekuperatoreingang auf ein Leck zwischen Luft- und Abgasteil des Rekuperators (z.B. undichte und verbrannte Rohr oder Kanäle). Es ist aber möglich, daß das Abgas am Rekuperatoreingang noch Unverbranntes enthält. Beim Eintreten von Falschluft tritt Nachverbrennung im Rekuperator auf. Es können dann örtlich sehr hohe Temperaturen entstehen, die zu Zerstörungen im Rekuperator führen. Deswegen sollte gestgestellt werden, ob am Rekuperatoreingang noch Brennbares vorhanden ist.

Es ist ratsam, neben CO_2-Messungen auch den Sauerstoffgehalt zu messen, denn ein niedriger CO_2-Gehalt kann sowohl von Luftüberschuß her als auch durch unvollkommene Verbrennung verursacht werden. Ein hoher CO_2-Gehalt kann bei Ölbrennern mit einer hohen Rußzahl auftreten. Außerdem gibt es Ofenpozesse, wobei im Ofenraum CO_2 aus dem Wärmgut (z.B. aus der Glasschmelze) entwickelt wird.

Die Messungen, die zur Betriebskontrolle durchgeführt werden können, sind hiermit keineswegs erschöpft. Es hängt von der Ofenart, Größe, Beheizungsart ab, ob noch weitere Messungen erwünscht sind. Jedenfalls ist eine fortlaufende Registrierung der wichtigsten Kennwerte (Temperatur, Druck, CO_2- oder O_2-Gehalt usw.) und Auswertung hiervon sehr empfehlenswert und bei großen Ofenanlagen sogar unerläßlich.

Es sei noch auf die Taupunktsbestimmung zur Kontrolle einer Schutzgasatmosphäre hingewiesen.

Bei widerstandsbeheizten Elektroöfen ist der Zustand der Heizelementen regelmäßig zu prüfen, um einem plötzlichen Ausfall während des Ofenprozesses vorzubeugen.

7. Ofenbetrieb

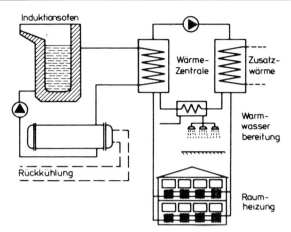

Bild 440: Abwärmenutzung zur Raumheizung und zur Brauchwassererwärmung (nach Paultz)

Bei strahlrohrbeheizten Öfen können die Rohre durchbiegen oder bei senkrechtem Einbau krummziehen. Sie sollen deswegen von Zeit zu Zeit um 180° gedreht werden.

Übrigens soll man gründlich prüfen, ob bei und um den Ofenprozeß keine Wärme anfällt, die sich nutzbringend verwerten ließe („Total-Energy"- Gedanke) (11.3. [238]. Bild 440 zeigt die Verwendung des Kühlwassers einer Induktionsofenanlage einer Gießerei für Raumheizung und Brauchwasserbeheizung.

Die Anwendung der Betriebskontrolle zur Feststellung von Fehlern in der Konstruktion, in dem Zustand oder der Betriebsführung von Industrieöfen soll an einigen Beispielen erläutert werden:

Beispiel: Untersuchung an einem Kleinschmiedeofen.

Dieser Stoßofen für Gesenkschmiedeteile dient zum Erwärmen von Stahlblöcken auf Schmiedetemperatur (1180 bis 1250°C) (Bild 441). Das erwärmte Gut fällt nach unten (links im Bild) aus. An der Stirnseite des Ofens befindet sich der Brenner, er ist etwas gegen die Decke geneigt, damit die Flamme nicht unmittelbar das Wärmgut trifft. Das Wärmgut wird rechts aufgelegt und mechanisch durch den Ofen gedrückt, es bewegt sich im Gegenstrom mit dem Abgas. Die Verbrennungsluft wird mittels Gebläse unter Druck gebracht und in einem Rekuperator vorgewärmt.

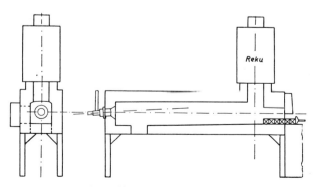

Bild 441: Kleinschmiedeofen

Tafel 118: Anhaltszahlen für den Wärmeverbrauch [1])

Werkstoff und Bearbeitung	Ofentype	Arbeits-temperatur °C	Wärmeverbrauch Mcal/t		Wärmeverbrauch kWh/t	
			Gasbeheizte Öfen	Elektro-öfen	Gasbeheizte Öfen	Elektro-öfen
Eisen und Stahl Stahlschmelzen	SM-Öfen Lichtbogenöfen	1600—1700	1150—1450	600— 940	1330—1690	690—1090
Graugußschmelzen	Lichtbogenöfen Induktionsöfen	1400		390— 780 475— 690		450— 910 550— 880
Stahlwärmen für Walz- oder Schmiedevorgang	Tiefofen Stoßofen Drehherdofen Rollenherdofen für Stahlrohre Hubbalkenofen für Platinen Gesenkschmiedeofen zum Stückwärmen	1250 1150—1350 1150—1280 1050—1100 1050—1100 1200—1300	350— 400 300— 450 400— 500 200— 400 300— 400 1450—2100		405— 465 350— 520 465— 580 230— 465 350— 465 1680—2440	
	Kurzer Kleinstoßofen Langer Kleinstoßofen Taktofen Bild 518	1200—1300 1200—1300 1200—1300	850—1650 550—1050 400— 600		990—1920 640—1220 465— 700	
	Induktionserwärmungsanlagen Unmittelbare Widerstands- erwärmung Widerstandsöfen	900—1280 900—1280 900—1280		300— 600 215— 520 260— 520		350— 700 250— 605 300— 605
Glühen	Großglühofen für Stahlguß Kammerofen Durchlaufofen Ofen mit Induktions- und Widerstandsbeheizung	800— 900 720 720 720	400—1050	150— 250 100— 250 180— 250	465—1220	175— 290 160— 290 210— 290
Normalisieren	Durchlaufofen Durchlaufofen für Stahlband Haubenofen für Stahlbunde Drahtdurchziehofen Standofen Durchlaufofen	800—1000 600—1050 600— 900 800— 900 780— 950 780— 950	400— 600 140— 400 140— 350 350— 850		465— 700 163— 465 163— 410 410—1000	
Härten	Durchlaufofen Härtebad Induktionsanlage Durchlaufofen	800—1000 750— 900 750— 900 750— 900	450— 600	215— 390 190— 300 215— 430 170— 340 155— 300	520— 700	250— 450 220— 350 250— 500 200— 395 150— 350
Tempern	Hubofen für Weißguß Hubofen für Schwarzguß Durchlaufofen für Weißguß	1050 950 1050	1650—2100 600— 750 1050—1250		1920—2440 700— 872 1220—1450	

[1]) Arbeitsblatt Nr. 130 (Okt. 1964) Gaswärme.
U. Aschmann, H. Masukowitz: Elektroanwendung in der Industrie. VWEW — Frankfurt/M. 1960.

Tafel 118: Fortsetzung

Tempern	Durchlaufofen für Weißguß	814–1190		430–600		500–700
	Durchlaufofen für Schwarzguß ferritisch	1100	700–850		810–1000	
	Durchlaufofen für Schwarzguß perlitisch	1100	600–850		700–1000	
Emaillieren von Bleche	Durchlauf-Umkehrofen Durchsatz 500 kg/h	900–950	700–1000	Naßverfahren: 680–1300	814–1610	Naßverfahren: 790–1510
	1000 kg/h		400–600		465–710	
	3000 kg/h		180–300		210–350	
von Guß	Durchlauf-Umkehrofen Durchsatz 500 kg/h	700–800	600–850	Naßverfahren: 650–1000	700–1000	Naßverfahren: 755–1610
	1000 kg/h		350–550	Puderverfahren: 340–600	410–640	Puderverfahren: 395–700
	3000 kg/h		180–250		210–290	
Verzinken	Ofenbäder	445–460	160–400	86–170	186–465	100–200
	Bäder	430–460				
Messing	Schmelzofen	1000	1050–1250	180–300	1220–1450	210–350
	Wärmofen	700–800	200–400		230–465	
	Induktionsschmelzofen	950–1100				
Aluminium. Schmelzen	Herdschmelzofen	750	1050–1250	430–550	1220–1450	500–640
	Tiegelschmelzofen	750	1050–1450	430–680	1220–1690	600–790
	Induktionsschmelzofen	750		380–550		550–640
Erwärmen	Rollenherdofen mit Strahlrohrbeheizung	500–550	140–180	210–340	160–210	245–395
	Induktive Wärmanlage	400–550		210–340		245–395
	Ofen mit Luftumwälzung	400–550		145–300		170–350
	Durchlaufofen					
Glas	Hafenöfen	Warmhalten Schmelzen Wannenbeheizung Feederbeheizung	2500–3300 4500–6000		2900–3840 5235–7000	
	Wannenöfen bis 20 t Inhalt		3500–5800		4070–6750	
			550–750		640–870	
	Wannenöfen über 20 t Inhalt	Wannenbeheizung Feederbeheizung 1400–1500	2500–3900		2900–4535	
			400–600		465–700	
	Elektrodenschmelzofen					
Kühlen	Durchlaufofen	1200–1350	80–120	70–105	93–140	815–122
Keramische Industrie	Tunnelofen für sanitäres Steingut	1200–1350	1850–2500	600–2150	2150–2900	700–2500
	Tunnelofen für Schamotte	1100–1200	1450–1900		1690–2210	
	Tunnelofen für Feinkeramik	1270–1370	500–600		580–700	

7. Ofenbetrieb

Die vorgenommenen Messungen ergaben nun nach entsprechenden Berechnungen folgende Daten:

Feuerungstechnischer Wirkungsgrad . η_{th} = 0,553
Gesamtwirkungsgrad .... η_{ges} = 0,268

Aus der betrieblichen Ofenuntersuchung ging weiter hervor:

a) Der Ofen wird mit der Luftzahl 1,204 betrieben, und die Zunderbildung war demzufolge sehr stark;

b) der Herdraumdruck beträgt 12 N/m^2 und ist zu hoch (Ausflammen);

c) durch unsachgemäße Bedienung des Abgasschiebers wird eine Luftvorwärmung von nur 135°C erreicht;

d) die Herdflächenbelastung von 200 kg/m^2 · h ist normal.

Auf Grund der Ofenuntersuchung können folgende Einsparungen vorausgesagt werden:

a) 5,2 % Einsparung durch Herabsetzung der Luftzahl von 1,20 auf 1,10,

b) 5,8 % Einsparung durch Herabsetzung des Herdraumdruckes auf 1 N/m^2,

c) 4,8 % Einsparung durch Erhöhung der Luftvorwärmtemperatur von 135 auf 200°C,

zusammen also 15,8 %. Tatsächlich wurde nachher im Betrieb eine Einsparung von 13% erreicht.

C. Beispiel: Untersuchung an einem Rohrglühofen

Es handelt sich hier um einen gasbeheizten Kammerofen nach Bild 442. Der Ofenherd wird mittels Wirbelstrombrennern seitlich von unten beheizt. Die Arbeitstemperatur beträgt 720 bis 730°C. Der Ofen wird täglich 10 bis 12 h betrieben mit einem Monatsdurchsatz von 150 bis 170 t. Die Untersuchungen wurden zweimal durchgeführt, und zwar zuerst nach den vom Betrieb geschaffenen Arbeitsbedingungen und dann nach Anweisungen des Untersuchungspersonals.

Aus der ersten Versuchsreihe ging hervor:

a) Die Luftzahl war mit 1,9 außerordentlich hoch;

b) die Herflächenbelastung war mit 75,5 kg/m^2 · h sehr niedrig;

c) der Herdraumdruck war durch unsachgemäße Einstellung der Drosselorgane in den Abgaskanälen über dem gesamten Ofenraum recht unterschiedlich;

d) zwischen Rekuperator und Brenner war die Luftleitung nicht wärmegeschützt, hierdurch sank die Vorwärmtemperatur um 90 bis 100°C.

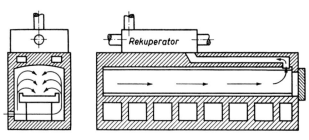

Bild 442: Rohrglühofen

Bei der zweiten Versuchsreihe wurde folgendes festgestellt:

a) Die Luftzahl wurde auf 1,15 bis 1,2 heruntergedrückt;

b) die Herdflächenbelastung wurde, soweit die betrieblichen Umstände es zuließen, auf 107 kg/m² · h erhöht;

c) der Herdraumdruck wurde auf eine gleichmäßige niedrige Höhe eingestellt.

Die Ergebnisse beider Versuchsreihen waren folgende:

Die Wärmekosten für 1 t Wärmegute konnten um 25 bis 30 % gesenkt werden. Isolierung der Warmluftleitung würde nochmals eine Einsparung von 2 bis 3 % herbeiführen.

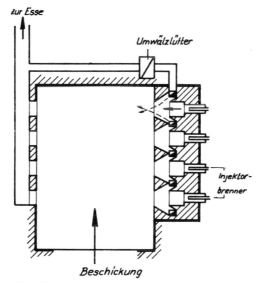

Bild 443a: Formtrockenkammer vor dem Umbau

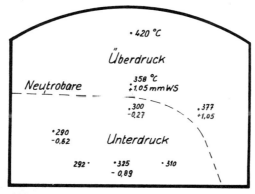

Bild 443b: Temperatur- und Druckverhältnisse in der Kammer

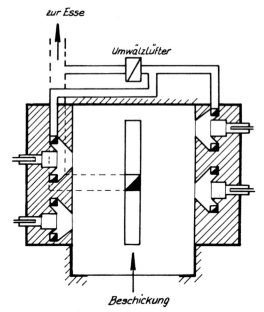

Bild 444: Formtrockenkammer nach dem Umbau

D. Beispiel: Untersuchung einer Trocknungsanlage für Stahlgußformen.

Die Trocknungskammer arbeitet mit Abgasrückführung (Bild 443 a), ergab aber eine ungleichmäßige Trocknung des Wärmgutes, so daß schwere Stücke sogar nachträglich nochmals getrocknet werden mußten. Die einseitige Beheizung der Kammer und die hierdurch entstehenden Temperatur- und Druckunterschiede im Ofenraum wurden als Ursache erkannt. Die gemessenen Temperaturen und Drücke sind im Bild 443 b wiedergegeben (Neutrobar = Nulldrucklinie). Durch den Unterdruck wurden Falschluft angesaugt und die Ofentemperatur ungleichmäßig.

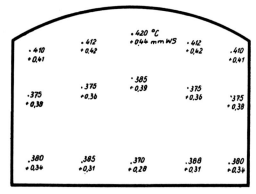

Bild 445: Temperatur- und Druckverhältnisse in der Kammer

Der Ofen wurde deswegen umgebaut durch Anbringung von je zwei Brennereinheiten links und rechts unter gleichzeitiger Verlegung des Abzugskanals in die Mitte des Ofenbodens (Bild 444). Die Druck- und Temperaturverteilung wurde durchdurch bedeutend besser (Bild 445) die Trocknung gleichmäßig, und außerdem wurden rund 10 % Brennstoff eingespart.

Ein Ofen für den gleichen Zweck und gut durchkonstruiert zeigt Bild 411.

8. Der Industrieofen und sein Verwendungszweck

8.1. ALLGEMEINES

Bei der Eingliederung von Öfen in den Fertigungsgang industrieller Betriebe wird immer mehr auf M e c h a n i s i e r u n g u n d A u t o m a t i s i e r u n g der Anlage Rücksicht genommen.

Litterscheidt hat diese Begriffe wie folgt umschrieben:

Die Mechanisierung hat das Ziel, die menschliche Arbeitskraft von Handlungen zu entlasten, die einer mechanischen Einrichtung übertragen werden können, wobei dem Menschen die Steuerung dieser Einrichtung verbleibt.

Das Wesen der Automatisierung besteht darin, auch die Steuerung dieser Einrichtung dem Menschen abzunehmen und einer weiteren selbsttätig arbeitenden Steuereinrichtung zu übertragen.

Als einzelne Schritte, die zur Mechanisierung bzw. Automatisierung führen, wird folgende Reihenfolge empfohlen:

1. Fließender oder schrittweiser Materialfluß.
2. Abstimmung der Behandlungszeiten, also der Verbleibzeiten in der Ofenanlage.
3. Selbsttätige Regelung des Erwärmungsvorganges.
4. Mechanisierung des Arbeitsguttransportes.
5. Automatisierung dieses mechanischen Transportes.

Ob der Schritt zur Automatisierung gemacht wird, ist in erster Linie eine Kosten- und Personalfrage, und bringt soziologische Folgen.

8.2. SCHMELZÖFEN

Bild 446 zeigt die verschiedenen Möglichkeiten des Elektroschmelzes. Diese verschiedenen Schmelzöfen und auch die mit Brennstoffbeheizung werden in den nachfolgenden Abschnitten behandelt.

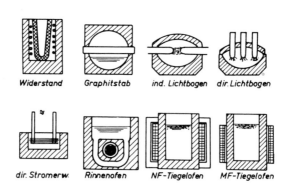

Bild 446: Verschiedene Möglichkeiten des Elektroschmelzens

8.2.1. SIEMENS – MARTIN – ÖFEN

dienen dazu, aus Roheisen, Schrott und Erz, unter Zugabe von Kalk, einen Stahl gewünschter Güte herzustellen. Der Kalk dient als Schlacken-Bildner und nimmt die Verunreinigungen wie z.B. Silizium und Phosphor auf. Der Sauerstoff des Erzes begünstigt die Entkohlung. Die SM-Öfen arbeiten satzweise, und zwar beträgt die Zeit, die vom Einssetzen der Charge bis zum nächsten Einsetzen vergeht, 6 bis 10h. Der Herdraum ist auf einer Seite durch mehrere Türen zugänglich. In der gegenüberliegenden Wand befindet sich der Abstich. Bei der klassischen Brennerkonstruktion treten Gas und Luft nahezu parallel im kleinen Winkel aus und sind mit einem Winkel von ca. 15° auf das Bad gerichtet. Es sind also Brenner ohne Vormischung (Diffusionsflammen). Die Luft wird durch ein oder zwei senkrechte Schächte zugeführt, dann umgelenkt und strömt oberhalb des Gasstrahles aus. Die Luft wird immer in Rekuperatorkammern vorgewärmt. Wird Generatorgas verwendet, so wird auch dieses Gas in einem Regeneratorensatz vorgewärmt, denn die Flammentemperatur soll hoch genug sein (etwa 1850°C), damit die gewünschte Gießtemperatur von etwa 1650°C erreicht wird. Koksofen- und Erdgas werden nicht vorgewärmt. Als Brennstoff kommt auch Öl oder wie in den USA Öl + Erdgas in Frage. Für die Vorwärmung von Generatorgas (175 m³/m² Herdfläche) stehen 475 m³/m² Herdfläche Abgas zur Verfügung. Es ist jeweils ein Brenner an den gegenüberliegenden Wänden vorhanden und in Betrieb. Das Abgas zieht durch den zweiten Brenner zum anderen Regenerator und wärmt diesen auf. Nach 20 bis 30 Minuten wird die Zufuhr von Gas und Luft auf den anderen Brenner umgeschaltet. Das Abgas strömt dann durch den ersten Brenner usw. (Bild 447). Diese Umschaltung erfolgt automatisch. Überhaupt hat automatische Regelung beim SM-Ofen Eingang gefunden. So wird die Brennstoffzufuhr im Verhältnis zur Badtemperatur geregelt, und die Regelung des Herdraumdruckes sorgt dafür, daß dieser 0,5 - 20 N/m² beträgt, wodurch Falschluftzufuhr vermieden wird. Die Stundenleistung liegt zwischen 160 kg/h · m² Herdfläche bei Beheizung mit Generatorgas und 320 kg/h · m² bei Koksofengas oder Öl. Die Heizflächenleistung beträgt 300 bis 410 kW/m².

Durch Erhöhung der Wärmezufuhr gelingt es, die Einschmelzzeit zu reduzieren und so die Ofenleistung zu vergrößern. Hierzu ist eine Aufteilung der Brennerleistung auf mehrere Brenner zu empfehlen, was am besten an einem Ofen mit breiterem und kürzerem Herd verwirklicht werden kann. Im Breitflammenofen nach Bild 448 ergibt sich die Möglichkeit, den Schrott auf breiter Fläche niederzuschmelzen. Es wird auch versucht, den Schrott laufend durch das Gewölbe einzusetzen. Diese Einsetzweise ermöglicht unter Wegfall der

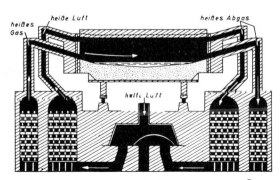

Bild 447: SM-Ofen (Bauart DEMAG) 120 t Fassung, 52 m² Herdfläche

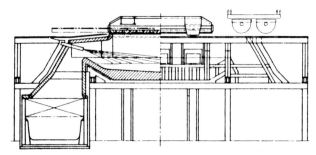

Bild 448: Siemens-Martin-Breitflammenofen

sonst aufwendigen Vorrichtungen die Anwendung von Großraummulden. Diese Mulden können mit weitgehend unaufbereitetem Schrott beladen und mit einem normalen Laufkran transportiert werden.

Eine bedeutende Leistungssteigerung wird durch Anreicherung der Verbrennungsluft mit Sauerstoff erreicht. Die Heizflächenleistung kann dann bei Öl bis 815 kW/m² betragen, die Leistung des Ofens wird infolge der Verkürzung der Schmelzzeiten wesentlich verbessert. Da mit Sauerstoff durch Wegfallen des Stickstoffballastes eine hohe Verbrennungstemperatur erreicht wird, kann die Vorwärmung und damit der ganze Unterbau des Ofens mit den Regeneratorkammern wegfallen, wodurch die Investitionskosten bedeutend verringert werden. Da die Sauerstoffmenge bedeutend geringer ist als Luft, ist die durch Regeneratorverfahren zurückgewonnene Wärmemenge unbedeutend. Der Wirkungsgrad eines SM-Ofens herkömmlicher Bauart wird mit 35 %, der eines sauerstoffbetriebenen Ofens mit 41 bis 51 % angegeben.

Deckenbrenner mit Erdgas und Sauerstoff haben sich als vorteilhaft erwiesen. Beim Umbau vorhandener SM-Öfen auf diese Art der Beheizung soll aber eine höhere Beanspruchung der feuerfesten Ofenbaustoffe festgestellt worden sein.

Der SM-Ofen ist ein Herdflammofen. Auch für andere metallurgischen Prozesse werden Herdflammöfen verwendet.

Der Einsatz von SM-Öfen ist in den letzten Jahrzehnten immer weiter zurückgegangen, so daß die vorgenannte Beschreibung vornehmlich historische Bedeutung hat.

8.2.2. HERDÖFEN

Öfen können fest oder kippbar ausgeführt sein. Bild 449 läßt erkennen, daß die Flamme des Brenners nicht unmittelbar auf die Oberfläche des flüssigen Metalls trifft, sondern in flachem Winkel darüber streicht und zeigt, wie ein derartiger Ofen gekippt wird. Luftgebläse und Luftleitungen sind meistens fest mit dem Ofen verbunden und kippen mit. Es gibt auch Herdöfen mit mittelbarer Beheizung durch Strahlrohre. Ein Herdofen mit elektrischer Widerstandsbeheizung ist in Bild 450 dargestellt, Tafel 119.

8.2.3. KUPOLÖFEN

finden überwiegend in der Eigengießerei Anwendung. Es werden in diesen Öfen Roheisen, Gußbruch, Roheisenschrott und Stahlschrott eingeschmolzen, unter Zusatz von Koks als Brennstoff und Kalkstein als Zuschlag. Letzterer hat die Aufgabe, Sandkörner usw. als Schlacke in flüssige Form zu bringen. Die Einsätze werden in genau abgewogenen Mengen oder im Schacht durch die Gicht zugeführt. Die Verbrennungsluft wird mittels eines

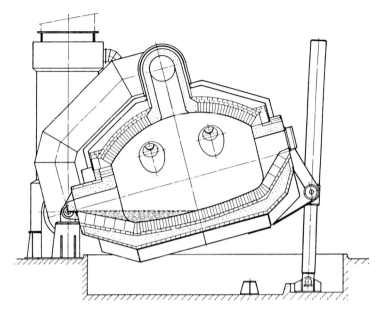

Bild 449: Kippbarer Herdschmelzofen für Aluminium (Werkbild Gautschi)

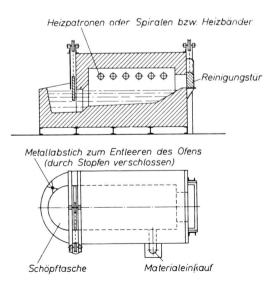

Bild 450: Tiegelloser widerstandbeheizter Warmhalteofen (Werkbild S + A)

Tafel 119: Wirkungsgrad (%) von Aluminiumschmelzöfen

Öl- und gasbeheizte Öfen	
Tiegelschmelzöfen	20 bis 30
Herdschmelzöfen	28 bis 35
widerstandsbeheizte Öfen	
Tiegelöfen	45 bis 50
Herdöfen	50 bis 55
induktiv beheizte Öfen (zum Vergleich)	
Tiegel- bzw. Rinnenöfen	60 bis 65

*) Nach Mittmann

Gebläses unter Druck gebracht, dem W i n d r i n g zugeführt und durch mehrere B l a s f o r m e n in den Ofen geblasen (Bild 451). Oft werden die Kupolöfen mit V o r h e r d ausgeführt, wodurch ein gleichmäßiger Schmelzgang infolge ununterbrochenen Eisen- und Schlackenablaufs aus dem Schacht erzielt wird. Auch die Eisentemperatur ist gleichmäßiger, liegt aber rund 60°C tiefer als bei Öfen ohne Vorherd.

Die Messung der zugeführten Luftmenge ist für die richtige Führung des Ofenganges sehr wichtig. Die benötigte Luftmenge (Windmenge) ist folgendermaßen zu berechnen:

Beispiel

B e r e c h n u n g   d e r   W i n d m e n g e   v o n   K u p o l ö f e n

Die Verbrennung von Kohlenstoff nach $C + O_2 = CO_2$ ergibt:
$$12 \text{ kg C} + 32 \text{ kg } O_2 = 44 \text{ kg } CO_2$$

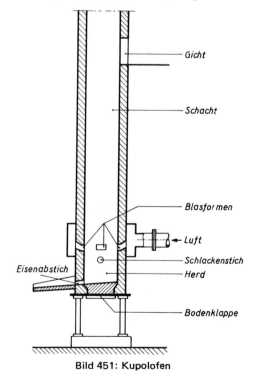

Bild 451: Kupolofen

Koks besteht aus rund 85 % C, und Luft enthält 21 % O_2. Somit erfordert 1 kg Koks

$$\frac{32}{12} \cdot 0{,}85 \cdot \frac{1}{0{,}21} \cdot \frac{1}{1{,}293} = 8{,}4 \text{ m}^3 \text{ Luft } (V_n)$$

Wegen der Verluste im Gebläse, in den Drosselklappen und Rohrleitungen wird mit 9 m³ Luft je 1 kg Koks gerechnet.

Ein Kupolofen für 4500 kg Gußeisen je Stunde erfordert, wenn der „Satzkoksverbrauch" 10 bis 12 % beträgt (was als günstig zu bezeichnen ist):

$$\frac{4500 \cdot 0{,}11 \cdot 9{,}0}{60} = \text{rund } 75 \text{ m}^3 \text{ Luft/min.}$$

Diese Berechnung ist nur annähernd richtig, da keine vollständige Verbrennung auftritt und die Gichtgase somit CO enthalten, wobei das Verhältnis $\eta_v = \dfrac{CO_2}{CO_2 + CO} = 0{,}50$ betragen kann.

η_v ist abhängig vom Kokssatz und der Lufttemperatur (Bild 452).

Piwowarski hat bereits vor 40 Jahren auf die Vorteile hingewiesen, die bei Anwendung von vorgewärmter Verbrennungsluft auch bei Kupolöfen zu erzielen sind. Seit nicht allzu langer Zeit hat sich dieses Verfahren tatsächlich eingeführt. Die Vorteile sind nicht nur wärmewirtschaftlicher, sondern auch metallurgischer Art.

Der Kokssatz sinkt auf 10 % oder weniger, da der Heißwind einen Teil der Wärme liefert. Es wird eine höhere Temperatur erreicht, wodurch das erschmolzene Eisen eine um 50°C höhere Abstichtemperatur hat. Diese höhere Temperatur verschiebt auch das Gleichgewicht nach der Boudouardschen Gleichung in Richtung auf einen höheren CO-Gehalt, und hierdurch werden die Reduktionsverhältnisse im Ofen günstiger. Es verringern sich der Eisen-, Silizium- und Manganabbrand. Da weniger Koks in den Ofen eingebracht wird, wird auch weniger Schwefel eingebracht, daher wird auch das Eisen nur wenig Schwefel (etwa 0,025 %) aufnehmen.

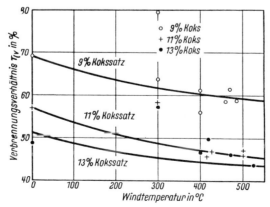

Bild 452: Abhängigkeit des Verhältnisses η_v bei Kupolöfen von Kokssatz und Lufttemperatur (nach Jungbluth)

Das heiße Gichtgas wird dem Kupolofen entzogen, teilweise entstaubt, in einer Brennkammer verbrannt und einer Rekuperatoranlage zugeführt. Bild 453 zeigt eine Anlage von Schack. Bei der Anlage von Schack treten die heißesten Gase zuerst in einen Strahlungsrekuperator. Diese sind weitgehend unempfindlich gegen Staubabsatz, weil der Staub, wenn er krustet, eine viel kleinere Wärmeausdehnung hat als die Rekuperatorwand und deswegen bei Temperaturwechsel des Rekuperators abfällt. Außerdem setzt sich bei der langsamen Gasströmung durch den großen Rohrquerschnitt nur wenig Staub auf dessen senkrechten Flächen ab.

Bei Einblasen von Erdgas in Kupolöfen ist es möglich, fast die Hälfte des Kokseinsatzes einzusparen. Die stündlich geschmolzene Eisenmenge kann bis zu 20 % erhöht werden [132]. Bei diesen Versuchen handelte es sich um einen Kaltwindkupolofen, der bei Koksbeschickung eine Schmelzleistung von 14,5 t/h hatte. Es wurde festgestellt, daß der Staubauswurf aus dem Schornstein bedeutend abnimmt. Von „Erdgaseinblasung" zu sprechen, ist eigentlich nicht zutreffend, weil um den Ofenumfang herum verteilt und oberhalb der Windformen mehrere Gasbrenner angebracht werden, die mit einem Gebläse Luft oder von einer Mischmaschine ein Gas-Luft-Gemisch zugeführt bekommen. Es kann stöchiometrisch oder mit bis zu 50 % Luftüberschuß gefahren werden. Nach Versuchen von Schwarz bestimmt bei steigenden Erdgasmengen die Generatorengaserzeugung zunehmend den Ofenprozeß. Es wird übermäßig viel Wärme für die Reduktion der Erdgasverbrennungsprodukte Kohlendioxid und Wasserdampf zu Kohlenmonoxid und Wasserstoff verbraucht, wodurch die Eisentemperatur unter die zulässige Grenze sinkt. Bei 50 % Satzkoks wurde die höchste Schmelzleistung bei einer Eisentemperatur von 1453°C ± 10 K erreicht. Auch von anderer Seite wird über Erdgaseinsatz bei Kupolöfen berichtet [133] und unter anderem darauf hingewiesen, daß bei der Verbrennung von Erdgas (Slochteren) mit einer Luftzahl von n = 1,1 noch brennbare Komponenten wie

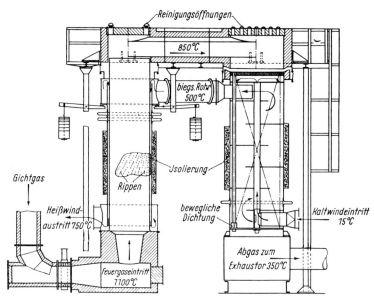

Bild 453: Kombinierte Strahlungs- und Konvektions-Rekuperatoranlage zur Heißwinderzeugung (Werkbild Schack)

Kohlenmonoxid und Wasserstoff anwesend sind. Es ist auch möglich, bei Kokskupolöfen Lufterhitzung mit Erdgas durchzuführen, wobei jeder aufgewandte Kubikmeter Erdgas den Kokssatz um 3 kg vermindert.

Durch die Anwendung von Erdgas in Kupolöfen wird der Staubauswurf geringer. Nach Versuchen von Hahn und anderen wird, wenn man 40 oder mehr Prozent der Koksenergie durch Erdgas ersetzt, der höchstzulässige Staubauswurf nach TA Luft 307 und VDI-Richtlinie 2288 weit unterschritten. Auch der Schwefeldioxidgehalt des Abgases fiel von 0,29 g SO_2/m^3 auf 0,1 g SO_2/m^3 zurück.

8.2.4. TIEGELÖFEN

mit Beheizung durch Koks, Gas, Öl oder Elektrizität werden in vielen Betrieben angewendet und sind manchmal direkt in die Fertigung eingeschaltet (z.B. in oder neben Spritz- und Druckgußmaschinen). In diesen Öfen befindet sich ein feuerfester Tiegel, der das zu erschmelzende Metall oder die Metallegierung aufnimmt. Der Einsatz kommt nicht mit der Flamme in Berührung und, wenn Vorsorgemaßnahmen getroffen werden, auch nicht mit dem Abgas. Diese Berührung würde in vielen Fällen schädlich sein, weil ein geschmolzenes Metallbad leicht Gase aufnimmt. (Induktive Öfen und Vakuumöfen, 8.2.6.).

Tiegelschmelzöfen werden mit ausnehmbarem oder mit festem Tiegel ausgeführt und können feststehend oder kippbar sein. Brenner für Gas oder Öl werden tangential angeordnet.

An brennstoffbeheizte Tiegelschmelzöfen (Bild 454) werden manchmal Gebläsebrenner für Öl oder Gas angebaut. Es ist darauf zu achten, daß abgeschaltete Brenner nicht durch Rückstrahlung vom glühenden Mauerwerk beschädigt werden.

Auch elektrische Widerstandsbeheizung ist sehr gebräuchlich. Bild 455 zeigt einen Ofen für 100 kg Leichtmetall. Energieverbrauch bei 800°C Gießtemperatur 500 bis 600 kWh/t. Bei dem Ofen nach Bild 456 wird der Tiegel durch eine hydraulische Vorrichtung gekippt.

Kippbare Tiegelöfen können um die Achse des Massenschwerpunktes oder um die Gießschnauze gekippt werden. Bei dieser Ausführung bleibt die Höhe der Schnauze über Flur während des Kippens immer gleich.

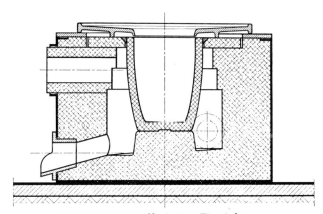

Bild 454: Brennstoffbeheizter Tiegelofen

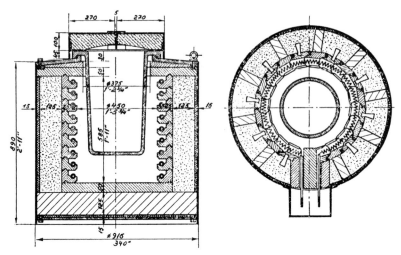

Bild 455: Widerstandsbeheizter Tiegelofen

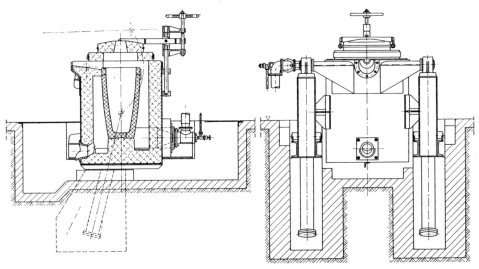

Bild 456: Kippbarer Tiegelschmelzofen mit hydraulischem Antrieb (Werkbild Schmitz und Apelt)

Die Tiegel sind überwiegend hergestellt aus Graphit mit einem keramsichen Bindemittel. Auch gibt es Tiegel aus Siliziumkarbid. Tiegel aus Gußeisen finden in Spritzgußmaschinen (meistens für Zinklegierungen) Anwendung. Für Aluminium- und Magnesiumlegierungen sind Stahl- oder gußeiserne Tiegel brauchbar. Sie haben im Vergleich mit Graphit- oder Siliziumkarbidtiegeln den Vorteil, daß die Wärmeleitzahl viel größer ist. Allerdings ist Eisen sehr löslich in Aluminium. Deswegen sind diese Tiegel regelmäßig mit einer passenden Schlichte zu überziehen.

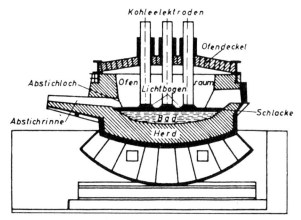

Bild 457: Lichtbogenofen

Tiegel aus Graphit oder Siliziumkarbid sind mechanischem und thermischem Verschleiß unterworfen. Sie müssen beim Einsetzen durch und durch trocken sein und das erste Mal nicht gleich in voller Hitze in Betrieb genommen werden, soweit es sich um Graphittiegel handelt. Neue Tiegel aus kohlenstoffgebundenem Siliziumkarbid müssen dagegen schnell auf Betriebstemperatur gebracht werden, da sonst Kohlenstoff herausbrennen kann, bevor die an der Außenseite befindliche Imprägnierung sich zu einer schützenden Glasurschicht umgebildet hat.

Da Graphit zwar äußerst feuerfest, aber als Kohlenstoffmodifikation auch brennbar ist (auch Siliziumkarbid ist brennbar), so soll verhütet werden, daß die Flamme einen unnötig hohen Luftüberschuß hat. Es werden aber gerade für Tiegelschmelzöfen manchmal Ölbrenner verwendet, wobei die Gebläseluft auch die Zerstäubung besorgt. Luft- und Ölzufuhr werden meistens getrennt geregelt, und bei diesen Brennern ist der Regelbereich gering. Um die schlechte Ölzerstäubung bei der Kleinstellung zu beheben, wird oft der Luftüberschuß viel zu groß eingestellt. Diese heiße Überschußluft wird mit der Flamme um und gegen den Tiegel geblasen, und man braucht sich dann nicht zu wundern, wenn dieser in kürzester Zeit voller Löcher ist. Deswegen ist es besser, den Brenner nicht klein zu stellen, sondern ganz zu schließen oder Brenner anzuwenden, die einen besseren Regelbereich haben.

Beim Einsetzen des Metalls sollen die Metallblöcke oder der Metallbruch nicht mit Gewalt in den Tiegel geworfen oder gedrückt werden.

Das Futter eines öl- oder gasbeheizten Tiegelschmelzofens für Aluminium hält rund ein bis anderthalb Jahre und das Futter eines öl- oder gasbeheizten Herdschmelzofens zwei bis fünf Jahre. Die Standardzeit für Ton-Graphit-Tiegel ist 80 bis 140 Chargen in Schmelzöfen und fünf bis acht Wochen in Warmhaltöfen. Siliciumcarbid-Tiegel halten länger und zwar 100 bis 280 Chargen bzw. 10 bis 15 Wochen.

Beim Schmelzen von Aluminium und Al-Legierungen ist nicht nur der Tiegelverschleiß bei elektrisch beheizten Öfen günstiger als bei brennstoffbeheizten Öfen, sondern auch der Metallabbrand.

544 Der Industrieofen und sein Verwendungszweck

8.2.5. LICHTBOGENÖFEN (auch 4.2.5.)

Lichtbogenöfen (Bild 457) werden u.a. zur Herstellung von Massenstählen, hochwertigen Stählen und Gußeisen eingesetzt. Seit mehr als 20 Jahren werden in Lichtbogenöfen nicht nur Edelstähle, sondern auch Stahlsorten erschmolzen, die vorher in Konvertern und SM-Öfen gewonnen wurden. Von den USA ausgehend hat eine große Leistungssteigerung der Lichtbogenöfen-Einheiten eingesetzt. Seit 1968 sind dort über 20 Lichtbogenöfen mit 150 oder mehr Tonnen Fassungsvermögen in Betrieb. Dies wurde einerseits durch eine erhöhte Anschlußleistung (UHP = Ultra high power) und außerdem durch gleichzeitige Dreiecksanordnung der Leiter zu den Elektroden (Triangulierung) erreicht [136]. Durch die letztgenannte wurde eine ausgeglichene Leistung der Lichtbogen erzielt. Vorher wurden die Leiter parallel und auf gleicher Höhe liegend geführt. Sie waren also ungleich lang und ergaben eine unausgeglichene Netzimpendanz. Bei konventionellen Öfen ist das Verhältnis der Anschlußleistung (Transformatorleistung in kVA) zum Inhalt des Ofens in Tonnen 1 : 2,5 bis 1 : 3,6. Bei UHP-Öfen ist dieses Verhältnis $\geq$ 1 : 2.

Eine Lichtbogenofenanlage mit Dreiecksanordnung und kompakter Bauart ist in Bild 458 [150] wiedergegeben. Mit der Triangulierung können die Impedanzunterschiede zwischen den Phasen auf etwa 3 % heruntergedrückt werden. Bei der konventionellen Parallelanordnung der Leiter betragen sie etwa 10 %.

Die in einem UHP-Ofen einsetzbare Leistung ist in erster Linie abhängig von einer vertretbaren Haltbarkeit der Ofenzustellung und einem annehmbaren Verbrauch an Graphitelektroden. Bei Lichtbogenöfen besteht ein Zusammenhang zwischen dem heute ausgeführten Kesseldurchmesser D und der Einsatzgröße T und zwar ist $D = T^{0,301} \cdot k$. Der Wert k bewegt sich zwischen 1,5 und 1,66 (Bild 459).

Die Intensität der Strahlung des Lichtbogens auf der Ofenwandzustellung wird durch den Abstand zur Wand gemindert. Der gewählte Kesseldurchmesser hat eine entscheidende Auswirkung auf die Haltbarkeit der Kesselwand. Bei größeren Öfen nimmt die Strahlungsbelastung der Wandzustellung zu. Die Zustellung wird auch durch Schlacken- und Eisen-

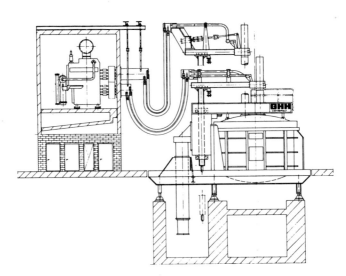

Bild 458: Kompakte Bauart einer Lichtbogenanlage bei voller Triangulierung

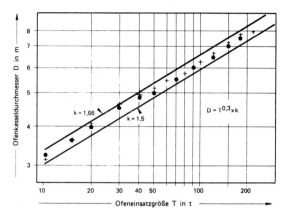

Bild 459: Zusammenhang zwischen Ofenkesseldurchmesser und Ofeneinsatzgröße für zwei Ofenbaureihen (nach Ott und Schmeiduch)

teilchen angegriffen, die aus dem Bad herausgeschleudert werden, wenn die Lichtbogen schräg aufsetzen. Dieser Wandbeschuß kann klein gemacht werden, wenn man die Lichtbogen senkrecht auf das Bad auftreffen läßt. Das ist zu erreichen durch:

1. Vergrößern des Teilkreisdurchmessers des Elektrodenkreises,
2. Verkürzen des Lichtbogens durch Einstellen einer kleineren Lichtbogenspannung unter gleichzeitiger Erhöhung der Stromstärke,
3. Verwenden von Hohlelektroden, die eine Lagestabilisierung des Lichtbogens herbeiführen,
4. Lichtbogenstabilisierung durch gasförmige oder feste Zusätze, die die Ionisierung fördern.

Durch Anwendung von Punkt 2 kommt man zum UHP-Lichtenbogen.

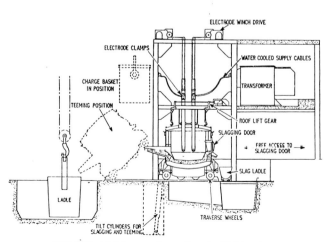

Bild 460: Lichtbogenofen mit sechs Elektroden

Die Stabilisierung mit Hohlelektroden (Punkt 3) bringt tatsächlich meistens einen Rückgang des Wandverschleißes. Über die Größe der Bohrung besteht noch keine Klarheit. Es wird aber angegeben, daß bei Großelektroden die Bohrung in Abhängigkeit vom Durchmesser der Elektroden 25 bis 45 mm Durchmesser haben soll. Wird die Bohrung mit gewissen Zusätzen überzogen, wird eine noch bessere Stabilisierung erreicht [139].

Beim Durchleiten von Argon durch die Bohrung einer Elektrode (Punkt 4) spielt die Gasdurchlässigkeit des Elektrodenmaterials eine Rolle [137]. Auch der Zusatz von Material auf Titanbasis zeigte Auswirkung in bezug auf das Stabilisierungsverhalten [138].

Neben der Entwicklung der Hochleistungs-Lichtbogenöfen mit drei Elektroden in Dreieckschaltung sind auch Versuche gemacht worden, sechs Elektroden in einem Kessel einzusetzen. Bild 460 zeigt einen derartigen Ofen nach einem englischen Entwurf.

Was die **Kohlenelektroden** betrifft, so soll der Werkstoff einen möglichst niedrigen spezifischen Widerstand aufweisen. Graphit ist in dieser Beziehung günstiger als amorphe Kohle. Deswegen werden Graphitelektroden bevorzugt. Der Querschnitt der Graphitelektroden ist aufgrund der Stromstärke zu bestimmen (Bild 461). Kohlenelektroden werden niedriger belastet (8 A/cm^2). Bei größeren Elektroden muß diese Strombelastung stark herabgesetzt werden (bis 4,5 A/cm^2). Der Elektrodenverbrauch wird in [140] ausführlich behandelt. Selbstbackende Elektroden (Söderberg-Elektroden) werden fast ausnahmslos in Reduktionsöfen verwendet. Die Masse, eine Mischung von

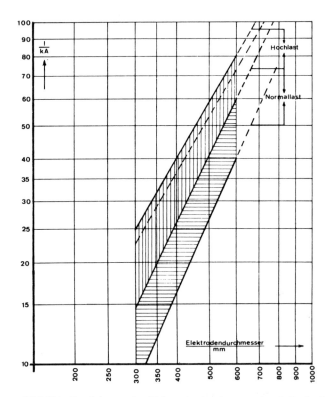

Bild 461: Bestimmung der Elektrodendurchmesser (nach Decker)

Koks, Anthrazit, Pech und Teer, wird in einem Blechmantel eingefüllt und erfährt während des Ofenbetriebes eine immer fortschreitendere Festigung durch den Stromdurchgang und durch die Ofenwärme.

Bei den Lichtbogenöfen für die Stahl- und Kupferschmelze werden fast ausschließlich Graphitelektroden eingesetzt. Große Elektroden mit einem Durchmesser von 700 mm werden nur vereinzelt verwendet. Durch ständiges Verbessern der Qualität kann man bereits bei Elektroden mit 600 mm Durchmesser derartig hohe Belastungen zulassen, daß kein Anreiz für die Verwendung von Elektroden mit noch größerem Durchmesser besteht. 600-mm-Elektroden können betrieblich bis 80 kA belastet werden und sind vorübergehend bereits bis 100 kA belastet worden. Dann liegt die Stromdichte bei 34,2 A/m^2 [141]. Beim elektrisch hoch belasteten Ofen muß auf eine gute Wärmeabfuhr in den Kontaktbacken geachtet werden, da sonst eine örtliche Überhitzung und ein Glühen der Elektroden bereits an Stellen auftritt, die sonst dem Abbrand noch nicht ausgesetzt sind.

In den Elektroden tritt auch Stromverdrängung (4.2.6.) auf.

Die Höhenverstellung der Elektroden erfolgt meistens über einen elektrischen Motor oder hydraulisch und wird selbsttätig geregelt.

Nach M a r i n c e k ist beim Schmelzen von Stahl aus Schrott der Wirkungsgrad des Lichtbogenofens hoch, beim anschließenden Raffinieren dagegen niedrig. Das gleiche gilt für das Schmelzen und anschließende Überhitzen von Gußeisen (Tafel 120).

Da der Induktionsofen dagegen gerade beim Warmhalten und Überhitzen sehr wirtschaftlich ist, schlägt Maricek vor, das Schmelzen in Lichtbogenöfen, das Raffinieren und Überhitzen in Induktionsöfen vorzunehmen. Bei zusätzlicher Verwendung von Sauerstoff zum Einschmelzen geht der Energieverbrauch im Lichtbogenofen auf 380 kW/t zurück. Der Energieverbrauch für das Schmelzen von Kupfer und Kupferlegierungen im Lichtbogenofen ist 350 bis 450 kWh/t, für Nickel 900 bis 955 kWh/t.

Da die Transformatoren der Lichtbogenöfen meistens an der öffentlichen Stromversorgung angeschlossen sind, ist dafür zu sorgen, daß Netzstörungen möglichst verhindert werden. Diese Störungen finden ihre Ursache in dem Umstand, daß der Lichtbogen keine konstante Ohmsche Last ist, sondern er ändert seine Eigenschaften zwischen Kurzschluß und Leerlauf, je nachdem wie die augenblicklichen Betriebsbedingungen sind. Die Stromschwankungen des Lichtbogens machen sich als Spannungsschwankungen im Netz bemerkbar. Durch die Änderungen während des Betriebes können die drei Lichtbögen unterschiedliche Ionisation haben, sie können auch infolge ungleichmäßiger Oberfläche des Badeinsatzes verschieden lang sein, und dabei können die drei Lichtbögen sich gegenseitig beeinflussen. Besonders während der Einschmelzperiode von Stahl brennen die Lichtbö-

Tafel 120: Energieverbrauch beim Schmelzen von Stahl und Gußeisen im Lichtbogenofen

Einsatz in t	Energieverbrauch in kWh/t für	
	Schmelzen	Fertigmachen bzw. Überhitzen
11,3 Stahl	478	193
41,3 Stahl	420	164
5,0 Grauguß	420	130
13,0 Grauguß	400	254

gen unruhig. Deswegen müssen die Öfen sorgfältig beschickt werden, wobei die oberste Schicht aus weichen Spänen bestehen soll. Außerdem ist es ratsam, den Ofen kurze Zeit mit niedrigerer Spannung zu betreiben. K e g e l hat Versuche angestellt, um durch hohle Elektroden Argongas in den Bogenraum, also in den Plasmaschlauch zu bringen. Hierdurch wird eine bessere Ionisation, eine bedeutend höhere Temperatur im Plasmaschlauch und eine Stabilisierung des Lichtbogens erreicht. Es wird aber bezweifelt, ob diese Methode wirtschaftlich zu verwerten ist [137].

Möllenkamp und andere [142] untersuchten die Einzelheiten von Elektrostahlwerken verschiedener Größe, wobei sie auch auf das Problem der Luftreinhaltung eingingen. Es müssen die im Ofen entstehenden Gase abgesaugt und auch die beim Chargieren und Abstich der Schmelze entstehenden Rauchgase aufgefangen werden. Die Entstaubungsanlage kann ein Elektrofilter, ein Trockenfilter oder eine Naßentstaubungsanlage sein. Um Energie zu sparen, wird neben Lichtbogenöfen mitunter eine Schrottwärmeanlage aufgestellt [143].

8.2.6. INDUKTIV BEHEIZTE SCHMELZÖFEN (auch 6.2.6.)

Etwa 20 % der Gesamtproduktion von Elektroschmelzanlagen entfällt auf Induktionsschmelzöfen, die in Induktionsrinnenöfen und Induktionstiegelschmelzöfen eingeteilt werden können (Bild 462).

Beim N e t z f r e q u e n z — R i n n e n s c h m e l z o f e n (Bild 110) sind ein Transformatorkern und eine Primärspule vorhanden, das sich in der Rinne befindliche Metall bildet die Sekundärspule.

Beim Induktionsrinnenofen ist die Form der keramischen Auskleidung ungünstig. In den Rinnen herrscht eine Übertemperatur, und durch die thermische Ausdehnung der Auskleidung wird die mögliche Ofengröße begrenzt. Die zulässige Rinnenleistung ist von den in

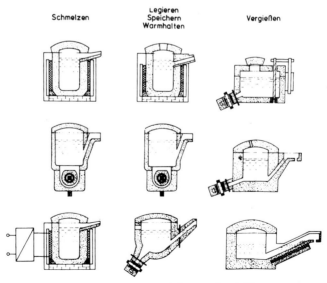

Bild 462: Arten der Induktionsschmelzöfen

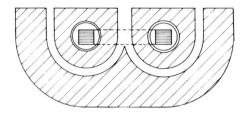

Bild 463: Doppelrinnen-Induktor für Ms, max. Leistung 600 kW (Werkbild Junkers)

der Rinne auftretenden Kräften und von der Möglichkeit des Wärmetransportes aus der Rinne in den Kessel abhängig. Bei gegebenem statischen Baddruck ist bei Rinnen mit kreisrundem Rinnenquerschnitt (D = 2r) die zulässige Rinnenleistung unabhängig von D, wenn r/ρ klein ist. Hierbei ist ρ der spezifische Widerstand des Materials, das sich in der Rinne befindet. Bei größeren Werten von r/ρ steigt die Rinnenleistung proportional an [212]. Der elektromagnetische Druck ist bei gegebenem Rinnenstrom abhängig vom Querschnitt der Rinnen. Er ist um so kleiner, je größer dieser Querschnitt ist. Da der Rinnenquerschnitt dort, wo die Rinne in den Kessel mündet, größer ist, herrscht dort auch ein kleinerer elektromagnetischer Druck. Infolge dieser Druckdifferenzen entsteht ein Badumlauf, der zum größten Teil die Wärme von der Rinne zum Kessel transportiert. Reicht dieser Badumlauf nicht aus, so begrenzt die entstehende Übertemperatur die Rinnenleistung. Einfach-Rinnenöfen für Gußeisen werden heute mit höchstens 800 kW und Doppel-Rinnenöfen mit bis zu 1200 kW betrieben. Die größten Gefäße haben einen Inhalt von 200 bis 250 t und werden meistens als Warmhalteöfen eingesetzt. Bild 463 zeigt ein Doppel-Rinnenofen für Messing mit einer Höchstleistung von 600 kW.

Ein kippbarer Rinnenschmelzofen ist im Bild 464 dargestellt.

Die Vorteile des Rinnenschmelzofens sind: guter Leistungsfaktor, hoher Nutzeffekt bei kontinuierlichem Betrieb. Dagegen ist es als ein Nachteil zu betrachten, daß die Rinne immer mit flüssigem Metall gefüllt sein soll.

Die Netzfrequenz-Rinnenschmelzöfen werden in NE-Metallgießereien oft als Schmelz- und Warmhalteöfen eingesetzt. Als Schmelz- bzw. Legieröfen sind diese Öfen, mit einem Fassungsvermögen von weit über 12 t in Betrieb. Auch in Druckgießereien finden Rinnenschmelzöfen Anwendung, z.B. als Warmhalteöfen für Druckgießmaschinen. Gleichfalls in Niederdruck-Kokillen-Gießereien sind sie oft zu finden. Auch in Eisengießereien ge-

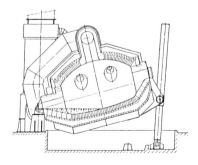

Bild 464: Niederfrequenz-Rinnenschmelzofen, kippbar (Demag)

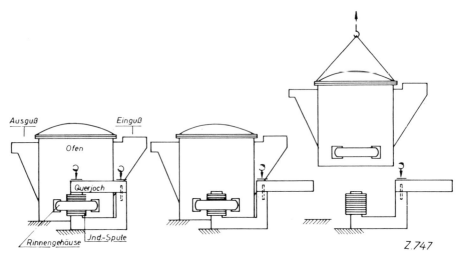

Bild 465: Schematische Darstellung des Abhebens einer Vergießeinrichtung aus dem Vergießstand (Werkbild Junker)

winnt dieser Ofentyp immer mehr an Bedeutung, besonders auch zusammen mit einem Kupolofen im sog. D u p l e x — V e r f a h r e n. Hierbei wird im Kupolofen geschmolzen, aber das Legieren und Überhitzen findet im Rinnenofen statt. Lichtbogenöfen sind hierfür nicht so günstig, weil sie gerade bei diesen Arbeiten einen schlechteren Wirkungsgrad aufweisen. Auch als Sammel- und Gießofen z.B. für Stranggußanlagen, findet der Rinnenofen Anwendung.

Bild 465 zeigt ein Rinnenschmelzofen für Gußeisen und Temperguß. Nachdem sein oberes Querjoch weggeklappt ist, wird der Ofen abgehoben und Magnetgestell und Spule bleiben stehen.

Bei dem N e t z f r e q u e n z — T i e g e l s c h m e l z o f e n, auch r i n n e n l o s e r S c h m e l z o f e n genannt, ist um den Tiegel herum eine primäre Wicklung angebracht, die von einem Transformatorkern umgeben ist. Die Metallfüllung des Tiegels dient jetzt als Sekundärspule (Bild 111). Zum Schmelzen von Magnesium kann die Verwendung von Stahltiegeln vorteilhaft sein. Magnesium reagiert in flüssigem Zustand mit allen bekannten keramischen Stoffen, löst aber im Gegensatz zu Aluminium kein Eisen auf. Meistens werden die Tiegel (die Zustellung) durch Stampfen einer keramischen Masse im Ofen selbst hergestellt.

Der in Bild 466 abgebildete Ofen hat dreiphasige Primärspulen und ist als Kippofen gebaut. Bis 5000—6000 kW kommt man noch ohne Wasserkühlung der Spulen aus.

Die Netzfreqeunz-Tiegelschmelzöfen werden zum Schmelzen und Warmhalten von hochwertigen Stählen, Gußeisen, Ferromangan, Bunt- und Edelmetallen eingesetzt. Bei Anwendung von Graphit- oder Metalltiegeln können auch elektrisch-nichtleitende Werkstoffe geschmolzen werden.

Beim induktiven Tiegelschmelzofen entscheidet eigentlich nur die Tiegelgröße, die noch einen sicheren Betrieb zuläßt, über die zulässige Ofengröße. Es geht dabei um die Beherrschung der auftretenden Kräfte und um die Abfuhr der Verlustwärme. Zwischen den

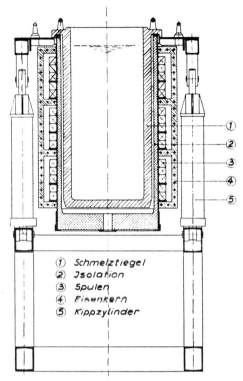

Bild 466: Rinnenloser Niederfrequenz-Tiegelschmelzofen, Dreiphasenanschluß

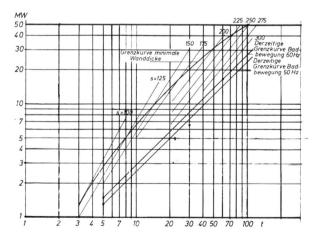

Bild 467: Grenzleistung der Netzfrequenztiegelöfen (50 Hz) mit selbstgekühlten Blechpaketen aus 1,1 W/kg Blech, radiale Blechpaketdicke etwa 10 % des Spulendurchmessers, Verhältnis Paketbreite zur Paketteilung etwa 0,5 bis 0,65. Blechpaketdicke = h, Wandstärke des Tiegels = s (nach Hegewaldt)

Spulen können ganz erhebliche Kräfte in axialer Richtung auftreten. Darum ist eine kräftige axiale Verspannung notwendig. Die Kräfte, die bei Wärmedehnung des Tiegels entstehen, müssen durch federnde Elemente aufgefangen werden. Der Tiegel wird entweder gemauert oder ausgestampft. Die Tiegelwand soll möglichst dünn sein, da ihre Dicke den Leistungsfaktor des Ofens mitbestimmt und somit auch das Verhältnis der Scheinleistung zur induzierten Leistung. Da die Blindleistung die Größe der Kondensatorenbatterie bestimmt, kann diese Batterie bei großen Öfen teurer sein als der Ofen selbst. Bei Selbstkühlung der Blechpakete geht die Grenzleistung des Ofens aus Bild 467 hervor.

Öfen mit einem Inhalt von 5 und 10 t mit Leistungen von rund 1500 kW sind in Europa am meisten vertreten. Es sind aber bereits Öfen mit 60 t Inhalt und 17 000 kW zum Schmelzen von Gußeisen gebaut worden.

Besonders bei Netzfrequenz entsteht infolge der magnetischen Kräfte eine sehr intensive Badbewegung. Hierdurch bleiben die Abbrandverluste gering, besonders beim Einsatz von Spänen. Außerdem wird die Schmelze gut durchgemischt, und hierdurch ist der Netzfrequenz-Tiegelschmelzofen besonders für Legierungsarbeiten gut geeignet. Es wird aber die am Bade übertragbare Energie für die Erwärmung durch die große Badbewegung eingeschränkt. Die Spulenhöhe ist deshalb oft kleiner als die Badhöhe.

Die maximale Badbewegung ist unter anderem durch verschiedene Spulenausbildung zu beeinflussen. Bei einem mehrphasigen Ofen ist bei gleicher Leistung die Umlaufgeschwindigkeit des Schmelzbades drei- bis fünfmal größer als bei einphasigen Öfen (Bild 468).

Die Netzfrequenz-Tiegelschmelzöfen werden auch oft zusammen mit Kupolöfen oder auch mit Lichtbogenöfen im Duplexverfahren eingesetzt (Bild 469).

M i t t e l f r e q u e n z — T i e g e l s c h m e l z ö f e n können mit oder ohne Transformatorkern gebaut werden. Die letztgenannten Öfen besitzen einen niedrigen $\cos\varphi$.

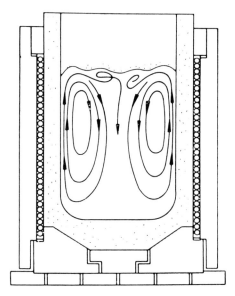

Bild 468: Badbewegung im mehrphasigen Feld

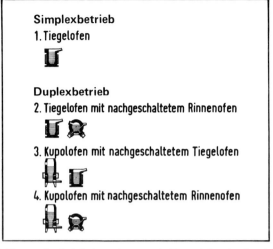

Bild 469: Einsatz der Induktionsofenarten in Eisengießereien (nach Finzel)

Die in Frage kommenden Frequenzen liegen zwischen 150 Hz bis 10 kHz. Die Frequenzen 150, 250 und 300 Hz können durch statische Frequenzvervielfacher erzeugt werden. Die höheren Frequenzen werden meistens mit rotierenden Umformern oder mit Quecksilbergleichrichtern erreicht. Es sind auch statische Frequenzumformer mit Halbleiter-Umrichter entwickelt worden, wobei der Wirkungsgrad der Silizium-Umrichter fast 100 % beträgt. (Siliziumthyristoren).

Infolge der höheren Frequenz ist die Eindringtiefe (4.2.6.) viel geringer als bei Netzfrequenzöfen. Deswegen kann der Mittelfrequenzofen mit kaltem kleinstückigem Schrott gefüllt werden. Dagegen muß man bei Netzfrequenz immer einen flüssigen Rest Tiegel zurücklassen, um hierin die Späne bedeckt zu halten. Da die Badbewegung bei Mittelfrequenz bedeutend geringer ist, kann am Bad eine größere Energiemenge übermittelt werden, d. h. man kann mit Mittelfrequenz schneller arbeiten. Dies hat in letzter Zeit zu Anlagen mit Zweifrequenzöfen geführt, die sowohl mit Mittel- als auch mit Netzfrequenz betrieben werden können. Bei Mittelfrequenz wird bei großer Leistung die Schmelzenergie geliefert, und bei Netzfrequenz wird dann bei kleiner Leistung das Fertigmachen und Überhitzen durchgeführt. Bild 470 zeigt den Energieverbrauch für das Schmelzen und Überhitzen auf 1450°C von Grauguß in Öfen verschiedener Nennleistung. Die gestrichelte Grenzkurve soll im Hinblick auf zu großer Badbewegung nicht überschritten werden.

Für N.E. Metalle werden Mittelfrequenz-Tiegelöfen nur vereinzelt eingesetzt.

In Gießereien ist es meistens rationell, das in den Schmelzanlagen geschmolzene Metall in andere Öfen zu übernehmen, auf Temperatur zu halten oder sogar noch zu überhitzen, bis es in der Gießerei gebraucht wird. Als Warmhalteöfen werden sehr oft Rinnenschmelzöfen eingesetzt, weil Rinneninduktoren auswechselbar an Ofengefäße mit großem Inhalt angeflanscht werden können. Sie haben einen hohen elektrischen Wirkungsgrad und einen relativ günstigen Leistungsfaktor. Der Anschlußwert eines Warmhalteofens wird nicht nach seiner Schmelzleistung, sondern nach dem Leerwert bemessen und beträgt meistens das zwei- bis dreifache des Leerwertes. Verschiedene betriebliche Ansprüche lassen sich aber besser mit einem Tiegelofen erfüllen. Deswegen wurde der Netzfrequenztiegelofen

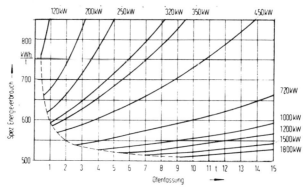

Bild 470: Abhängigkeit des spez. Energieverbrauchs von der Ofenfassung mit der Ofennennleistung als Parameter. Schmelzen und Überhitzen von Grauguß auf 1450 °C in NF-Öfen und bei Anfahren mit halber Nennfassung (nach Geisel)

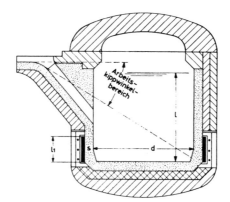

Bild 471: Konstruktive Auslegung eines Tiegelwarmhalteofens mit Kurzspule (Werkbild Junker, Lammersdorf)

mit Kurzspule entwickelt, um eine befriedigende Lösung zwischen Tiegelinhalt und kleinem Anschlußwert zu erreichen [144]. Bild 471 zeigt die konstruktive Auslegung eines derartigen Ofens, dessen wesentliche Merkmale folgende sind:

1. Die Höhe der wassergekühlten Induktionsspule l_1 beträgt nur ein Fünftel der Badhöhe l.

2. Außerdem ist die Badhöhe l gleich oder etwas kleiner als der Tiegeldurchmesser d.

Tafel 121 (nach Lethen) gibt einen Vergleich mit gewöhnlichen Tiegelschmelzöfen. Tafel 122 ist eine Gegenüberstellung von Rinnen- und Tiegel-Warmhalteöfen mit Kurzspule.

Eine Übersicht über die Anwendung von Elektroöfen zum Schmelzen von Roheisen, Stahl und NE-Metallen gibt Hegewaldt in [145]. Wie es bei Lichtbogenöfen mitunter angewendet wird, wird auch bei Induktions-Schmelzofen der Einsatz dann und wann mit Öl oder Gas vorgewärmt. Bei großen Öfen ist der Schmelzenergieverbrauch 502 kWh/t ohne Vorwärmung und 480 kWh/t + 17 m³ Gas mit Vorwärmung.

Tafel 121: Gegenüberstellung Tiegelschmelzofen — Tiegelwarmhalteofen

	Tiegel-Schmelzofen		Tiegel-Warmhalteofen	
	Al	GE	Al	GE
Spulenhöhe / Badhöhe	0,70		0,20	
Badhöhe / Tiegeldurchmesser	1,5		1,0	
Leistungsfaktor $\cos \varphi$	0,18	0,22	0,17	0,20
elektrischer Wirkungsgrad η el in %	72	82	67	75
Leerwert in kW	120	240	65	140

Tafel 122: Gegenüberstellung Rinnenwarmhalteofen — Tiegelwarmhalteofen mit Kurzspule

	Rinnen-Warmhalteofen		Tiegel-Warmhalteofen	
	Al	GE	Al	GE
Leistungsfaktor $\cos \varphi$	0,36	0,65	0,17	0,20
elektrischer Wirkungsgrad η el in %	95	92	67	75
Leerwert in kW	50	160	65	140

Die Anwendung induktiver Tiegelschmelzöfen auf Kosten brennstoffbeheizter Kupolöfen nimmt zu. Als Vorteile werden genannt [146].
— Einsparung von Abbrandverlusten,
— Vermeidung von Luftverschmutzung,
— Einsparung der Kosten für Materialzerkleinerung.

Es soll aber nicht übersehen werden, daß, wenn der Kokssatz eines Kupolofens teilweise durch Erdgas ersetzt wird, die Luftverschmutzung soweit zurückgeht, daß hier gleichfalls ohne Reinigungsanlage gefahren werden kann (8.2.3.). Beim sogenannten Simplexbetrieb soll der Ofeninhalt des Induktionstiegelofens sofort verwendet werden, da es an einer Speichermöglichkeit fehlt, die beim Duplexbetrieb zusätzlich vorhanden ist. Aber auch bei Kupolöfen kann ein nachgeschltcter Tiegel- oder Rinnenofen zur Speicherung und zum Warmhalten des geschmolzenen Eisens eingesetzt werden (Bild 469).

Obwohl der Wirkungsgrad eines Induktionsofens nicht ungünstig ist (Bild 472) [147], hat man doch die Möglichkeit untersucht, ob die Abwärme des Ofens nicht für Raumheizung und Brauchwassererwärmung nutzbar gemacht werden kann. Auch beim Lichtbogenofen ließe sich brauchbar Nutzenergie zurückgewinnen, besonders wenn das Wärmepumpen-Prinzip mitbenutzt wird [147].

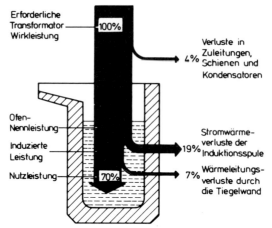

Bild 472: Energieflußbild eines Induktionsofens (nach Pautz)

8.2.7. TRANSPORT GESCHMOLZENER WERKSTOFFE

Die verschiedenen Möglichkeiten zum Abtransport schmelzflüssiger Metalle vom Schmelzofen zum Speicher oder zur Verbrauchsstelle sind in Bild 473 dargestellt [229]. Eine Anwendung der Druckluftförderung zeigt Bild 474 und zwar für einen Induktionsrinnenofen.

Wird die Druckluftförderung so mit einer elektromechanischen Wiegeeinrichtung gekuppelt, daß immer eine genau dosierte Metallmenge befördert und vergossen wird, so kann der ganze Vorgang automatisiert werden, wenn die Gießformen z.B. auf ein Karussel herangeführt, gefüllt, entleert und zurückbefördert werden (Bild 475) [148]. Beim diskontinuierlichem Stranggießen werden z.B. Öfen mit Vorherd (Bild 476) angewandt, wobei das flüssige Metall aus den Vorherd über verstellbare Regelstopfen und Düsen in den darunter aufgestellten Kokillen strömt. Kippen des Ofens während des Gießens ist dadurch überflüssig.

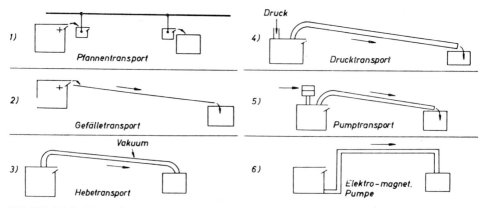

Bild 473: Möglichkeiten für den Abtransport von flüssigem Metall vom Schmelzofen (nach Brokmeier)

8. Der Industrieofen und sein Verwendungszweck

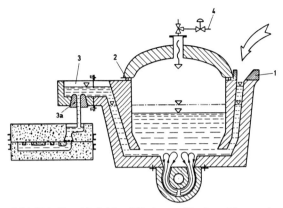

Bild 474: Druckluft-Metallförderung für einen Rinnenofen

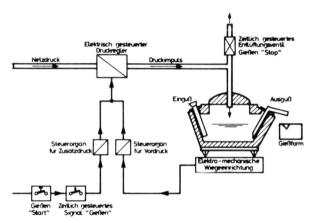

Bild 475: Schematische Darstellung der Steuerung eines druckluftbetätigten Gießofens nach dem Zusatzdruckverfahren mit elektromechanischer Wiegeeinrichtung (Werkbild Junker)

Zur Beförderung von flüssigem Stahl oder Metall über längere Strecken bietet die elektromagnetische Förderung große Möglichkeiten, sogar für den Transport „bergauf". Bild 477 zeigt den Aufbau einer magnetischen Förderrinne [231]. Die Wirkungsweise läßt sich mit dem Prinzip eines Induktionsmotors mit Kurzschlußläufer erklären. Nimmt man bei einem solchen Motor den Rotor heraus und schneidet den Stator auf, dann kann man ihn der Länge nach in der Ebene abwickeln. Setzt man nun auf diesen linearen Stator eine keramische Rinne, so bildet das Ganze eine elektromagnetische Förderrinne. Wenn sich in dieser Rinne Metall als flüssiger, also beweglicher Leiter befindet, so wirkt darauf dieselbe Kraft wie auf den Motorrotor, und das Metall setzt sich in Bewegung. Da auf schlecht leitende Stoffe, zum Beispiel Schlacke oder Erschlüsse im flüssigen Metall keine Förderkraft ausgeübt wird, bleiben diese, was natürlich vorteilhaft ist, zurück.

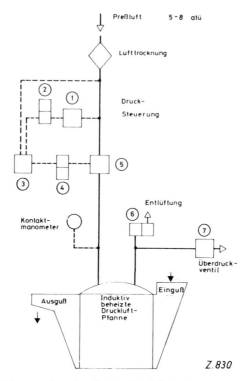

Bild 476: Druckluftsteuerplan einer Junker-Vergießeinrichtung mit Vorniveauregelung

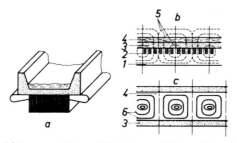

Bild 477: Aufbau einer elektromagnetischen Förderrinne. a) Querschnitt durch eine Induktionsrinne, b) Längsschnitt durch eine Induktionsrinne, c) Schnitt durch die Kanalebene einer Induktionsrinne. 1 = Blechpaket, 2 = Wicklung, 3 = feuerfeste Zustellung, 4 = flüssiges Metall, 5 = magnetische Feldlinien, 6 = elektrische Strombahnen im flüssigen Metall

8.2.8. VAKUUMSCHMELZTECHNIK (Siehe auch 7.2.2.).

Bei der Vakuum-Metallurgie geht es einerseits darum, den Werkstoff (z.B. Stahl) dem schädlichen Einfluß von Sauerstoff und Stickstoff zu entziehen. Außerdem kann man noch erreichen, daß der Werkstoff entgast und gereinigt wird. Andererseits kommt für hochreaktive Metalle wie Molybdän, Titan, Zirkon usw. noch die Aufgabe dazu, das Schmelzen in einem oxydkeramischfreien Tiegelmaterial durchzuführen.

8.2.8.1. VAKUUM – LICHTBOGENÖFEN

Die Elektrode besteht aus dem gleichen Stahl oder Metall, das geschmolzen werden soll. Sie ist vorgefertigt und hängt an einer Haltestange. Zwischen dieser Abschmelzelektrode und einer Startplatte in einem wassergekühlten Kupfertiegel wird bei einem Vakuum von rund 10^{-3} Torr ein Gleichstromlichtbogen gezündet. Dieser Lichtbogen ist unter Vakuum stabiler als ein Wechselstromlichtbogen. Das abtropfende Schmelzgut fällt in den Kupfertiegel und bildet einen Block. Es gibt bereits Öfen, worin Stahlblöcke von über 50 t Gewicht geschmolzen werden können. Bild 478 zeigt einen Vakuumlichtbogenofen in schematischer Form. Wird der Kupfertiegel kippbar ausgeführt und steht unterhalb des Tiegels eine Kokille, so kann das geschmolzene Metall sofort vergossen werden, wobei aber ein Rest im Tiegel zurückbleibt („Skull-melting"). Dieses Verfahren wird mitunter für Titan, Zirkon und ihre Legierungen angewendet. Die Stromversorgung von Vakuumlichtbogenöfen wird von Gleichrichtern (Selen, Germanium, Silizium) besorgt.

8.2.8.2. VAKUUM – INDUKTIONSÖFEN

Wird ein Induktions-Schmelzofen in einem Vakuumbehälter untergebracht, so verfügt man über ein ausgezeichnetes Hilfsmittel, um z.B. temperaturbeständige Stähle und Stähle mit hoher Festigkeit sowie Legierungen mit Nickel und Kobalt herzustellen. Man kann nämlich in diesen Öfen leicht legieren, was in einem Vakuum-Lichtbogenofen nur durch Anheften der Legierungsbestandteile an der Abschmelzelektrode möglich ist. Übrigens ergänzen sich beide Ofenarten: Stellt man im Vakuum-Induktionsofen die Abschmelzelektroden her, so kann man die Güte des Werkstoffes durch anschließendes Abschmelzen im Vakuum-Lichtbogenofen weiter verbessern.

Vakuuminduktivöfen für kleinere Leistungen mit einem Tiegelinhalt von 20 bis 30 t und einer Leistung bis 2 MW dienen zum Warmhalten bereits geschmolzenen Stahls während der Vakuumbehandlung. Soll unter Vakuum auch geschmolzen werden, ist die Leistung natürlich größer, zum Beispiel 3 MW bei 15 t Tiegelinhalt [149]. Bei Spannungen über 300 V können im Vakuum Glimmentladungen auftreten, die zur Zerstörung der Isolation führen können. Um eine glimmfreie Isolierung auch bei Öfen größerer Leistung zu erzielen, ist eine Konstruktion entwickelt worden, bei der der Schmelztiegel selbst vakuumdicht ist und die Spulen sich außerhalb des Vakuums befinden (Bild 479).

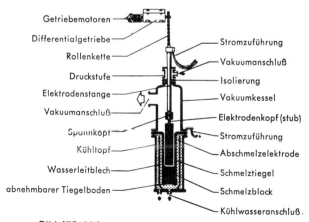

Bild 478: Vakuum-Lichtbogenofen (schematisch)

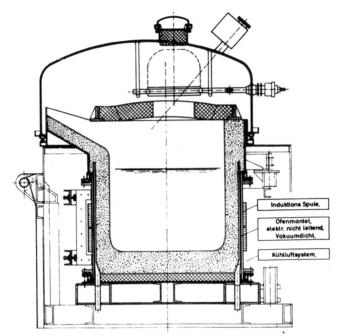

Bild 479: Vakuum-Induktionsofen (Werkbild Junker)

Der Vakuum-Induktionsofen findet für die Erzeugung von Blöcken auch für den Formguß wachsende Bedeutung. So wird auch Aluminium und Al-Legierungen hierin geschmolzen, wodurch der H_2-Gehalt größtenteils entfernt wird.

Da der Induktionsofen einen keramischen Tiegel braucht, ist er für sauerstoff-affine Metalle wie Titan, Molybdän, Zirkon und ihre Legierungen bis jetzt noch nicht brauchbar. Dagegen ist er geeignet zum Schmelzen von Uran und Transuranen.

8.2.8.3. ELEKTRONENSTRAHL — SCHMELZÖFEN.

Zur Erzeugung von Elektronenstrahlen sind die Flachstrahlkanone und die Rohrstrahlkanone von Bedeutung. Es werden von einer Glühkathode Elektronen ausgestoßen und durch eine Anodenspannung beschleunigt. Treffen die Elektronen auf das Schmelzgut, so verwandelt sich der größte Teil ihrer Bewegungsenergie in Wärme. Bild 480 zeigt eine im Betrieb befindliche Rohrstrahlkanone für eine Leistung von über 100 kW. Meistens werden mehrere Kanonen zugleich für einen Vakuumofen eingesetzt. Die Flachstrahlkanone Bild 481 ist die neuere Entwicklung und wird bereits für Leistungen von über 300 kW gebaut. Die Elektronenschmelzöfen arbeiten auch mit einem wassergekühlten Tiegel oder Kokille, und man erreicht höchste Reinheitsgrade. Metalle wie Tantal, Niob, Molybdän, Wolfram, Rhenium, Titan, Zirkon und Hafnium sowie ihre Legierungen werden heute in größeren Mengen in diesen Öfen in Reinstform erzeugt. Für das Schmelzen und Gießen von Niob- und Tantalblöcke bis 2,5 t sind Elektronenstrahlöfen mit 1200 kW Leistung mit 6 l Kanonen in Betrieb [153].

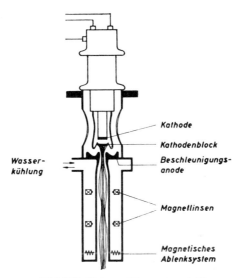

Bild 480: Rohrstrahlkanone nach Pierce

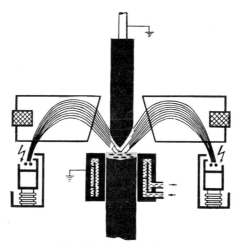

Bild 481: Flachstrahlkanone

8.2.9. EINIGE ANDERE ELEKTRISCHE SCHMELZVER- FAHREN

Andere Möglichkeiten zum Schmelzen bietet das Plasmastrahlschmelzverfahren und die Anwendung des Laserstrahles. Das Plasmastrahlschmelzen ist eine Weiterentwicklung des Lichtbogenschmelzens unter Schutzgas, wie es in der Schweißtechnik angewandt wird (Bild 482). Zum Vergleich sei erwähnt, daß beim normalen Argonlichtbogen die Energiedichte 10^4 W/cm², beim Elektronenstrahl 10^6 bis 10^9 W/cm² und beim Laserstrahl 10^6 bis 10^8 W/cm² beträgt.

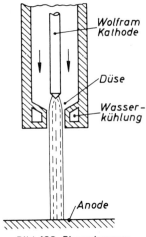

Bild 482: Plasmabrenner

Das Plasmaschmelzverfahren für Stahl wird sich in einem Duplex-Ofensystem am besten durchführen lassen. Dabei besteht die Anlage aus einem Induktionsofen mit Plasmazusatzbeheizung. Plasmabrenner für 2,3 kA sind bekannt und solche für 5 kA dürften in nächster Zukunft erhältlich sein. Der Gleichstrom-Plasmabrenner mit Argon als Ionisationsgas dürfte die besten Erfolgschancen haben. Ein ausgeführter großer Plasma-Induktionsofen hat einen Stahlinhalt von 1,2 t und einen 2,3-kA-Plasmabrenner [151]. Solche Öfen sind sehr zum Herstellen von Legierungen mit einem Gehalt an schwer schmelzbaren Metallen geeignet, es wird auch eine sehr gute Durchmischung erreicht.

Das Elektroschlackeumschmelzverfahren (ESU-Verfahren) hat sich in den letzten Jahren weiter eingeführt. Hier wird entweder eine Abschmelzelektrode benutzt, die in ein Schlakkenbad eingetaucht ist. Bei Stromdurchgang schmilzt die Elektrode ab, wobei das Bad den ohmschen Widerstand bildet (auch: ESR-Verfahren = electroslag remelting). Oder man verwendet eine endlose Schmelzelektrode und fügt an der Schmelze Metallpulver-Zusätze bei. Die Pulvermenge kann ein vielfaches der Elektrodenmenge betragen. Dadurch ist man auch in der Lage, verschiedene Legierungen herzustellen (ESM-Verfahren = electroslag melting). Bei beiden Verfahren erhitzt sich die Schlacke je nach Schlackenzusammensetzung und nach Betriebsart beim Stromdurchgang auf eine Temperatur bis 2000°C, und die eingetauchte Elektrode schmilzt ab. Beim ESU-Verfahren für Stahl besteht die Schlacke meistens aus einer Mischung von Flußspat, gebranntem Kalk und Tonerde. Bild 483 gibt das Prinzip dieses Verfahrens wieder [152]. Bild 484 zeigt die verschiedenen Möglichkeiten der Stromzufuhr. In der UdSSR hat man das Bifilar-Verfahren entwickelt. Hierbei geht der Strom im Bad zwischen zwei Elektroden über oder zwischen einem Vielfachen hiervon. Das Verfahren soll sich besonders zur Erzeugung von Brammen eignen. Der Leistungsfaktor soll zwischen 0,92 und 0,98 liegen.

Das Elektroschlackeumschmelzen bietet gegenüber anderen Methoden Vorteile, weil durch die Wahl der Schlackenzusammensetzung nicht nur geschmolzen, sondern auch metallurgisch gearbeitet werden kann. Nachteilig kann es sein, daß man unerwünschte Einschlüsse aus dem Stahl im Gegensatz zum Schmelzen unter Vakuum nur in geringem Maße entfernen kann.

8. Der Industrieofen und sein Verwendungszweck

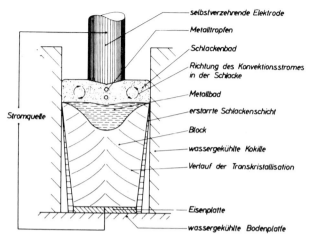

Bild 483: Prinzip des ESU-Verfahrens

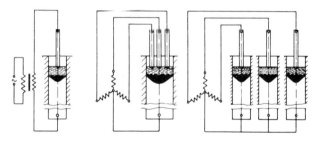

Bild 484: Möglichkeiten der Stromzuführung beim ESU-Verfahren

Man kann, wie es Bild 483 zeigt, mit feststehender Kokille arbeiten. Aber es kann auch mit Elektrodenwechseltechnik und beweglicher Kokille gearbeitet werden.

8.3. WÄRM- UND WÄRMEBEHANDLUNGSÖFEN FÜR STAHL UND NE-METALLE

In einem Ofen wird die Erwärmung für nachfolgende Zwecke vorgenommen:

A. Erwärmung zwecks nachfolgender Warmverformung.

B. Erwärmung zwecks nachfolgender Abschreckung (z.B. Härten).

C. Erwärmung zur Durchführung eines Wärmeprozesses im Ofen. Z.B. Blankglühen, Anlassen, Spannungsfrei-Glühen, Aufkohlen, Entkohlen, Ältern, Rekristallisieren, Löten usw. (Genormte Begriffe findet man im DIN-Blatt 17051)

8.3.1. FÖRDERMITTEL

Die wirtschaftliche Durchführung des Wärmebehandlungsprozesses ist meistens gleichzeitig mit einer Transportfrage verknüpft. Zum Be- und Entladen des Ofens, zum Heran- und Fortbringen des Wärmgutes werden bekannte Hilfsmittel angewandt, die je nach Erfordernis Krane, Rollenbahnen, Schienenfahrzeuge, Schwerkrafttrutschen, Ketten-

564   8. Der Industrieofen und sein Verwendungszweck

und Bandförderer, Hubstapler usw. sind. So wird z.B. beim Tiefofen das Wärmgut mittels eines Tiefofenkranes von oben eingelassen und herausgehoben.

Es werden auch Transportmittel benutzt, die sowohl den Transport in und aus wie auch durch den Ofen besorgen. Die Transportrichtung kann gleichbleibend oder hin und zurück sein. Beim Ofen mit a u s f a h r b a r e m   H e r d und satzweiser Beladung (Bild 485) wird der Herdwagen außerhalb des Ofens beladen und dann in den Ofen gefahren. Die Bewegung des Wagens kann bei leichteren Ausführungen von Hand, bei schwereren Wagen mittels Drahtseil oder eines Zahnenstangen-Ritzelantriebes mit Kraftantrieb erfolgen. Die Zahnstange wird dann am Herdunterbau, und zwar über die ganze Herdlänge, angebracht. Beim T u n n e l o f e n befinden sich mehrere Wagen mit Wärmgut gleichzeitig im Ofen.

Handelt es sich um satzweise Beladung, so spricht man von W a g e n ö f e n . Trockenöfen und Backöfen wurden früher oft als Öfen mit ausfahrbarem Herd gebaut, aber in letzter Zeit werden sie vorzugsweise als Wagenöfen ausgeführt. Werden die Wagen kontinuierlich oder ruckweise durch den Ofen befördert, so hat man es mit dem eigentlichen Tunnelofen zu tun. Es ist darauf zu achten, daß kein Abgas das Fahrwerk der Wagen beschädigen kann. Deswegen werden S a n d t a s s e n angebracht (Bild 486). Auch die Kopfseiten der Wagen und die Unterseite der Ofentüre sind durch Sandtassen abgedichtet. Dennoch kann die Temperatur der Radwätze bei Keramiköfen und Trockenöfen für Kerne bis 250°C betragen. Bei Tunnelöfen zum Gewinnen von Öl aus Schiefer können die Radsätze sogar Temperaturen von 500°C erreichen. Nach Angabe der SKF haben sich Rillenkugellager und für hohe Belastungen Pendelrollenlager in Spezialausführung gutbewährt bei Temperaturen bis 250°C. Die Radsätze können mit feststehender oder mit sich drehender Welle ausgeführt werden. Für sehr hohe Temperaturen (bis 450°C) werden Losräder mit Rillenkugellager erfolgreich angewandt. Bei ausfahrbaren Herden finden statt der Räder auch A b r o l l k u g e l n oder A b r o l l w e l l e n Anwendung. Werkstücke können mitunter durch die Schwerkraft selbsttätig durch den Ofen befördert werden, wenn der Herd eine   s c h i e f e   E b e n e bildet (Bild 487). Am Ende des Ofens in der Nähe des Brenners wird jedes Stück einzeln durch eine Seitentüre entfernt, manchmal automatisch.

Beim Durchstoßofen werden die Werkstücke mittels einer S t o ß m a s c h i n e über den Herd oder über Schienen durch den Ofen gestoßen. Sie liegen also fest aneinander und die Maschine muß beim Einschieben eines neuen Blockes gleichzeitig den ganzen

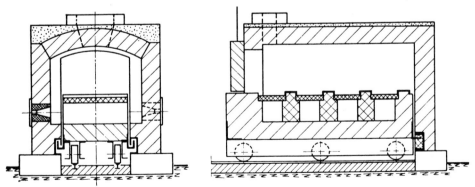

Bild 485: Herdwagenofen

Bredtmann - Girke Industrieofenbau GmbH

Wenn höchste Wirtschaftlichkeit gefordert wird

Schmiedeofen-Gruppe zum Wärmen von Stahlblöcken und Halbzeugen, bestehend aus:

2 Herdwagenöfen und 1 Schmiedekammer-Steckofen

Konstruktionsmerkmale

Die Öfen mit Kettengewölbe und Seitenwandbeheizung

Wir planen, fertigen und liefern:

a) **für die Warmformgebung**
  Drehherd-Schmiedeofen
  Herdwagen-Schmiedeofen
  Schmiedestoßofen
  Hubbalken-Schmiedeofen

b) **für die Wärmebehandlung**
  für Stahl und Buntmetalle
  Spezielle Anlagen
  mit Schnellerwärmung
  und Gas-Luft-Vormischung

BREDTMANN-GIRKE Industrieofenbau GmbH

Harpener Hellweg 22 · 4630 Bochum 1 · Tel. 0234/595054/55/56 · Telex 825459

Bleiben Sie ganz ruhig.
SIGRI bietet Sicherheit.

Mit SIGRI sind Sie auf der sicheren Seite.

Nicht nur mit den SIGRI Hochtemperatur-Isolierwerkstoffen aus Kohlenstoff und Graphit, die Ihnen helfen, Energie zu sparen.

Überlegene Erfolge durch ausgezeichnete Eigenschaften bringen unsere elektrischen Hochtemperatur-Heizelemente auf SiC-, $MoSi_2$-Basis oder aus Graphit bis 3000 °C.

Und mehr als ausgezeichnete Werte bieten SIGRI Bauteile und Betriebsmittel aus Kohlenstoff und Graphit: Sie widerstehen aggressiven Medien und hoher mechanischer Beanspruchung.

Und Sie können noch mehr von SIGRI Bauteilen und Betriebsmitteln verlangen, z.B.: hohe Gleitfähigkeit, hohe Dauerstandfestigkeit und hohe Wärmeleitfähigkeit.

HOCHTEMPERATUR-ISOLIER-WERKSTOFFE

HOCHTEMPERATUR-HEIZELEMENTE

BAUTEILE UND BETRIEBSMITTEL

– zum umfassenden Angebot bietet Ihnen die SIGRI Gruppe, als einer der größten Kohlenstoff- und Graphithersteller auch das Know-how.

sigratherm®
Graphit- und Kohlenstoff-Filze für thermische Isolation

syngraform®
Bauteile und Betriebsmittel aus Kohlenstoff und Graphit

syngrament®
Graphit-Heizelemente bis 3000 °C

cesiwid® – graphit
Spezial-Graphit-Heizelemente bis 3000 °C

silit® – cesiwid®
Hochtemperatur-Heizelemente auf SiC-Basis bis 1600 °C

mosilit®
Hochtemperatur-Heizelemente auf $MoSi_2$-Basis bis 1700 °C

® eingetragenes Warenzeichen der SIGRI GmbH

Verlangen Sie mehr Beratung von:

SIGRI GmbH
Produktbereich VC 2
Postfach 1160
D-8901 Meitingen
☎ (0 82 71) 83-0   Tx 53 823 sigri d

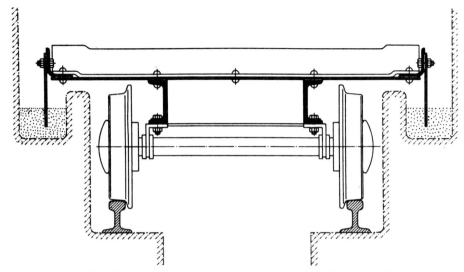

Bild 486: Sandtassenverschluß eines Tunnelwagens (Werkbild SKF)

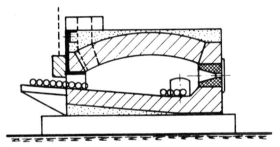

Bild 487: Ofen mit geneigtem Herd

Ofeninhalt weiterschieben. Die Schienen werden meistens wassergekühlt und werden im Falle, daß auch Unterbeheizung angewandt wird, unten durch Formsteine oder Chrommagnesit-Stampfmasse geschützt. Auch Gleitschienen aus hitzebeständigem Stahl finden Anwendung, wobei oft nur der Kopf der Schienen aus diesem Werkstoff besteht (2.3.) und (8.3.3.).

Eine andere Möglichkeit, Wärmgut durch einen Ofen zu befördern, bieten die H u b - w a g e n - und die H u b b a l k e n ö f e n.

Einen H u b b a l k e n o f e n zeigt Bild 488. Die Hubbalken bewegen sich zwischen festen Balken auf und ab, wobei jeder Punkt des Balkens eine K r e i s b a h n oder ein R e c h t e c k beschreibt. Bei der Kreisbahn ist die Hubhöhe gleich der Schrittlänge, und diese Bewegungsart eignet sich deswegen nur für Wärmgut, das mit kleinen Schritten befördert werden kann. An und für sich läßt sich diese Bewegung leicht verwirklichen, indem die Hubbalken durch Wellen, worauf gleichgestellte Exzenter angeordnet sind, angetrieben werden. Wärmgut wie Bleche brauchen nur wenig angehoben zu werden, sollen aber bei jedem Hub um eine Strecke, die gleich der mehrfachen Hubhöhe ist, weiterbefördert werden. Die Hubbalken sollen sich in Rechteck bewegen. Das rechte Ende des

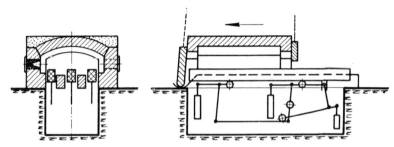

Bild 488: Hubbalkenofen (nach Genrich)

Schritthebels bewegt sich in einer Geradführung, die senkrecht am Hubbalken befestigt ist. Der Antrieb der Hebel erfolgt durch eine gemeinsame Nockenscheibe. Die Hubbalken oder Hubwagen können auch durch zwei getrennte Antriebe bewegt werden. Der eine Antrieb besorgt das senkrechte Anheben, der andere Antrieb die waagerechte Bewegung.

Beim H u b w a g e n o f e n (Bild 489) hat der Herd einen festen und einen beweglichen Teil. Der bewegliche Teil liegt in der Mitte, rechts und linke schließen sich die festen Teile an der Ofenwand an. Das Wärmgut ist so lang, daß es auf diesen festen Herdteilen aufliegt, wenn der Hubwagen sich gesenkt hat. Als Antriebe für die senkrechte und waagerechte Bewegung sind zwei hydraulische Zylinder vorgesehen.

Statt das Wärmgut unmittelbar durch einen Ofen zu stoßen oder zu heben, kann man es auf Roste legen, diese aneinander koppeln und mittels einer Maschine durch den Ofen ziehen (D u r c h z i e h o f e n, Bild 490).

„Endloses" Wärmgut, wie Draht oder Band, kann ohne weiteres durch den Ofen gezogen werden, soweit es die Behandlungstemperatur und die Festigkeit des Werkstoffes zulassen.

Wird ein kreisrunde oder ringförmiger Herd angewandt, so spricht man vom D r e h - h e r d o f e n. Meistens werden die Herde mechanisch gedreht.

Beim H a u b e n o f e n (Bild 491) wird das Wärmgut gestapelt und auf einen Untersatz gestellt, über den die Heizhaube dann gestülpt wird. Meistens ist das Wärmgut von einer Schutzhaube aus hitzebeständigem Stahl umgeben. In diese Schutzhaube kann Schutzgas eingeführt werden.

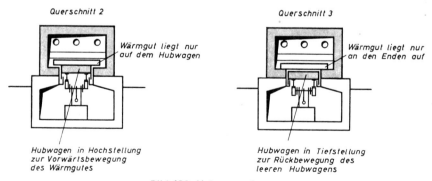

Bild 489: Hubwagenofen

Gautschi

Gautschi Electro-Fours SA
CH-8274 Tägerwilen
Schweiz
Telefon 072 69 18 18   Telex 882235 geft ch
Telefax 072 69 25 11

Anlagen für die Aluminium-Industrie aus einer Hand

Barrenanwärmofen
direkt gasbeheizt
mit Aufgabe- und Entnahmemechanik

Metall

Messer Griesheim löst Probleme der Metallurgie

Oxipyr®-Brenner
- Für Lichtbogenöfen
- Für Induktions-Tiegelöfen
- Aufheizen von Pfannen und Konvertern
- Für Drehtrommelöfen

Sauerstoffbrenner Oxipyr® als Leistungsspritze in einem Lichtbogenofen (aufgenommen bei Mannesmann-Demag)

Vorteile:
- mehr Leistung bei Induktions-Tiegelöfen 20 bis 50 %, bei Lichtbogenöfen 10 bis 20 %
- Verkürzen der Aufheizzeiten bei Pfannen und Konvertern zum Teil über 50 %
- Substitution teurer elektrischer Energie durch Primärenergie plus Sauerstoff
- geringe Investitionskosten
- größere Flexibilität des Schmelzbetriebes
- geringe Geräuschentwicklung
- Oxipyr®-Brenner arbeiten ohne Wasserkühlung

Eine besonders wirtschaftliche Möglichkeit, die Schmelzleistung von Lichtbogen- und Induktions-Tiegelöfen zu steigern: Oxipyr®-Brenner von Messer Griesheim verkürzen die Schmelzzeiten und senken den Energieverbrauch. Stromsperrzeiten werden überbrückt.

Oxipyr®-Brenner arbeiten mit reinem Sauerstoff. Sie eignen sich für das Einschmelzen von hochlegierten Stählen, Buntmetallen, Grauguß und Sphäroguß. Pfannen und Konverter werden mit dem Oxipyr®-Brenner erheblich schneller aufgeheizt. Oxipyr®-Brenner sind für alle Brennstoffe geeignet: Erdgas, Propan, Stadtgas, Öl.

Die Brenneranlagen arbeiten vollautomatisch, die Flammen werden mit UV-Sonden überwacht. Vor und nach jedem Betrieb werden die Leitungen automatisch freigespült.

Unsere Fachleute sind sachkundige Gesprächspartner für Ihre Aufgabe. Zusammen mit Ihnen entwickeln wir Lösungen nach Maß.

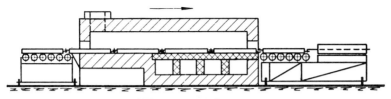

Bild 490: Durchziehofenanlagen

Der umgekehrte Weg wird beschritten beim **Haubenofen mit lotrecht beweglichem Herd** (Bild 492). Hierbei ist die Ofenhaube oben an einem Trägergerüst befestigt, und der Ofenherd wird mitsamt des Wärmgutes gehoben und gesenkt.

Die Beförderung von Wärmgut über Rollen wird oft angewandt (Bild 493). Die Rollen werden alle oder nur zum Teil angetrieben, die Lagerung ist außerhalb des Ofens verlegt. Neuerdings ist man dazu übergegangen, jede einzelne Rolle zu teilen und diese Hälften außerhalb des Ofens doppelt zu lagern. Liegt das größte Biegemoment bei der ungeteilten Rolle genau in der Mitte des Ofens, so befinden sich dagegen die größten Biegemomente der geteilten Rollenhälften (die übrigens genau so groß sind wie bei der ungeteilten Rolle) außerhalb des Ofens. Die Rollenhälften können außerdem vom heißen Ende an (Biegemoment ist da gleich Null) ausgehöhlt werden, um dann allmählich in den vollen Querschnitt überzugeben.

Die Rollen, die sich im Ofen befinden, sind aber nur für Temperaturen von 1000°C, höchstens bis 1100°C, brauchbar. Es besteht aber die Möglichkeit, den Ofen in kurze, von einander getrennte Stücke aufzuteilen und die Transportrollen dann zwischen diesen Ofenteilen aufzustellen.

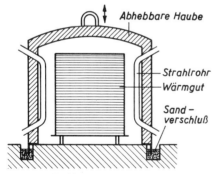

Bild 491: Haubenofen

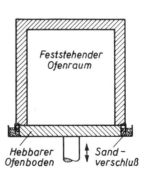

Bild 492: Haubenofen mit lotrecht beweglichem Herd

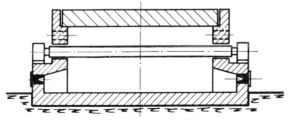

Bild 493: Rollenherdofen mit Ölbeheizung

8. Der Industrieofen und sein Verwendungszweck

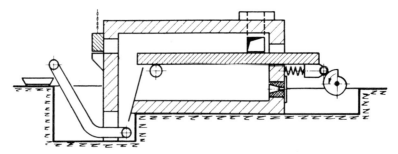

Bild 494: Schüttelherdofen (nach Genrich)

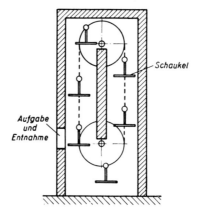

Bild 495: Schaukelofen

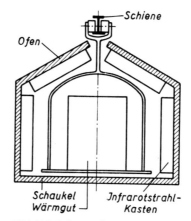

Bild 496: Infrarotofen mit Schaukeln

Bild 497: Ofen mit Bandförderung

8. Der Industrieofen und sein Verwendungszweck

Besteht der Ofen aus einer sich drehenden Trommel (Z e m e n t d r e h o f e n), dann kann, wenn diese Trommel eine gewisse Neigung hat, das Wärmgut selbsttätig durch den Ofen befördert werden. Die gleiche Beförderungsart ist auch in dem T r o m m e l d u r c h l a u f o f e n angewandt, nur liegt die Trommelachse hier waagerecht, und die im Innern der Trommel angebrachte Schnecke besorgt jetzt den Transport der zu erwärmenden kleinen Teile.

Auch durch Schütteln ist es möglich, Wärmgut durch einen Ofen zu befördern (S c h ü t t e l h e r d o f e n Bild 494). Selbstverständlich werden auch an Ketten oder Schienen hängende S c h a u k e l n (Bild 495 und 496) öfters zum Transport von Wärmgut durch Öfen benutzt. Auch die B a n d - o d e r d i e K e t t e n f ö r d e r u n g ist vielfach vertreten (Bild 497).

8.3.2. TIEFÖFEN.

Der auf verschiedene Weise erschmolzene Stahl wird in Kokillen zu Blöcken oder Brammen gegossen. Diese werden dann heiß herausgenommen und in Tieföfen eingesetzt. Hierin gleicht sich die Temperatur an der Oberfläche und im Innern aus, so daß die Blocktemperatur beim Herausnehmen zum Walzen 1150 bis 1280°C beträgt. Zur Beheizung dienen Gichtgas, Koksofengas, Öl oder deren Gemische.

Bei den Tieföfen sind zu unterscheiden: G r o ß r a u m ö f e n und Z e l l e n ö f e n. Beim ersteren erfolgt die Beheizung mittels einem oder mehreren Brennern, die sich direkt unter der Decke der Kammer befinden. Die Kammer ist so tief, daß die Flamme sich oberhalb der Blockköpfe entwickeln kann. Die Beheizung ist also eine Oberbeheizung. Nach der Art der Flammenführung sind zu unterscheiden E i n w e g ö f e n und Z w e i w e g ö f e n. Bild 498 zeigt, daß beim Einwegofen der Brenner an einer Schmalseite des Ofens angebracht ist. Die Flamme brennt in der Richtung der Kammerrückwand,

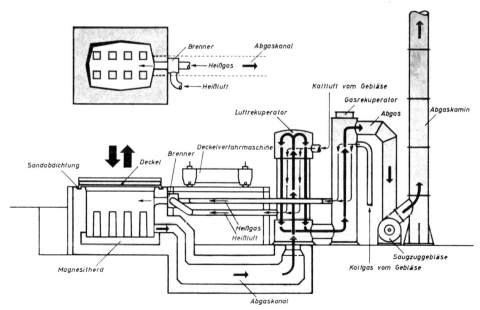

Bild 498: Großraumtiefofen als Einwegofen (Werkbild OFU)

kehrt hier um, und die Flammengase bewegen sich zum Abzug im unteren Teil der Brennerwand zurück. Durch diese Bewegung wird eine Rezirkulation um eine waagerechte Achse hervorgerufen. Selbstverständlich ist hierzu eine ziemlich große Austrittsgeschwindigkeit des Brenngases notwendig; es muß Luft, gegebenenfalls auch Brenngas, mit höherem Druck herangeführt werden. Die Entwicklung der Stahlrekuperatoren erlaubt es, mit höherem Luftdruck und höherer Geschwindigkeit zu arbeiten und somit mit kürzeren Flammen, die höhere Flammentemperatur und größeren Impuls haben [232]. Dieser Ofen hat sich in Europa und Japan zum führenden Großraumofen entwickelt, da er auch wegen seines geringen Platzbedarfes anderen Konstruktionen überlegen ist. Bei dem Zweiwegofen Bild 499 befindet sich in jeder Schmalseite der Kammer ein Brenner. Außerdem ist im unteren Teil dieser Schmalseiten ein Abzugschlitz vorgesehen. Auf beiden Seiten des Ofens befindet sich zur Luftvorwärmung ein R e g e n e r a t o r oder normalerweise ein Rekuperator.

Der Zweiwegofen war lange Zeit der am meisten gebaute Großraumofen und hat sich in den USA auch heute noch behauptet. In diesem Ofen werden die Flammengase um eine senkrechte Achse umgewälzt.

Jeder Ofen einer Tiefofen-Batterie erhält meistens einen eigenen Abgasweg, damit der Ofen unabhängig von den anderen Öfen betrieben werden kann. Zur Ofengröße ist zu sagen, daß für ein Blockgewicht von 8 bis 10 t ein Ofen mit 100 bis 120 t Einsatzgewicht meistens am günstigsten ist. Für schwere Brammen wählt man Tieföfen mit mehr als 200 t Einsatzgewicht. Öfen mit 250 t sind bereits in Betrieb.

Versuche in der Praxis sollen gezeigt haben, daß der Vierwegofen (Bild 500) (zwei einander gegenüber angeordnete Brennerparen und zwei unten angeordneten Abzugsparen) eine bessere Leistung und geringerer Energieverbrauch haben [154]. Auf Grund seiner Erfahrungen und durch theoretische Überlegungen kam Cernoch [155] u. [156] zu der Überzeugung, daß Rezirkulation des Heißgases entlang der Einsatzfläche im Tiefofen von Nachteil ist, wodurch er den Ansichten von Jeschar über „Rührkessel-" und "Kolbenströmung" in Chargenöfen vorgegriffen hat. Durch Modellversuche brachte er den Beweis, daß es sich im Vierwegofen um eine Geradströmung ohne nennenswerte Rezirkulation

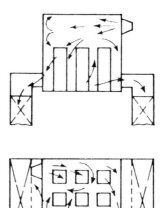

Bild 499: Zweiwegtiefofen

8. Der Industrieofen und sein Verwendungszweck

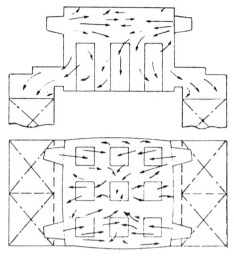

Bild 500: Vierwegofen (nach Cernoch)

handelt. Das Heizgas strömt entlang der Einsatzoberfläche und dann durch die Zwischenräume der Blöcken oder Brammen senkrecht nach unten zu den Abzugskanälen. Keller [157] hat bei seinen Modellversuchen (9.) festgestellt, daß die Wärmeübergang in starkgasbeheizten Einwegöfen an Kopf bzw. Fuß der Einzelblöcke sehr verschieden sein kann. Aber zu gleicher Zeit hat er auch ein Mittel zur Verbesserung und Vergleichmäßigung des Wärmeüberganges gefunden. Durch Einbau von kleineren Hochgeschwindigkeitsbrennern neben den Hauptbrennern und von Fußbrennern unten in der den Brennern und den Abzügen gegenüberliegende Wand läßt sich das erreichen. Außerdem wird in der Ausgleichperiode bei den Einwegöfen mit nur einem Hauptbrenner die Gasmenge und somit die Gasgeschwindigkeit klein, die Wärmeübertragung gering und somit die Ausgleichszeit lang. Werden dagegen die zusätzliche Hochgeschwindigkeitsbrenner eingebaut und bleiben diese bei Drosselung des Hauptbrenners vollbelastet, so steigt die Wärmeübertragung durch diese Masnahme auf das Doppelte. Nach Cernoch soll man die Beheizung eines Tiefofens während der Ausgleichperiode nicht durch Drosseln die Gasmenge vermindern, da dann auch die Geschwindigkeit der Flammengase entlang dem Einsatz geringer wird, und das verursacht eine ungleichmäßige Erwärmung. Bei der von ihm in der CSSR angewandten Betriebsweise hält man in der Ausgleichperiode das Gasvolumen und somit auch die Gasgeschwindigkeit dadurch unverändert, daß von Koksofengas auf Gichtgas kontinuierlich übergegangen wird.

Zum Erwärmen von kleineren Blöcken und Brammen, also mit einem Einsatzgewicht von ≤ 3 t, werden Zellenöfen verwendet. Der Oberteil der Kammer wird durch Kreuzgewölbe in Zellen unterteilt. Die eingesetzten Blöcke lehnen gegen die Zellenwand. Oberhalb der Blocke ist beim brennstoffbeheizten Tiefofen noch 400 bis 500 mm freier Raum. Die Flamme brennt zwischen den einzelnen Zellen, und das Abgas wird an einer Schmalseite abgeführt. Da die neuesten Molybdän-Sillizid-Heizleitern eine Widerstandsbeheizung für hohe Temperaturen gestatten, sind Zellentieföfen mit Elektrobeheizung gebaut worden. Eine besondere Art der elektrischen Widerstandsbeheizung wird im ELPIT-Tiefofen angewandt (Bild 501). Rinnen aus Siliziumkarbid sind mit Petrolkoks gefüllt. Die Stromzufuhr geschieht mittels Elektroden durch die bei-

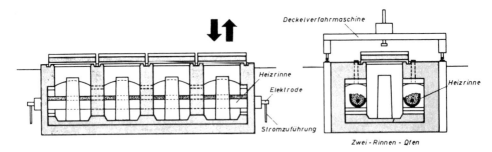

Bild 501: Elektro-Zellentiefofen System ELPIT (Werkbild OFU)

den Stirnwände des Ofens. Da kalter Petrolkoks schlechtleitend ist, ist ein Stufentrafo notwendig, um mit erhöhter Spannung anzufahren. Eventuell anwesender Sauerstoff wird durch den Petrolkoks gebunden, wodurch Verzunderung des Stahles praktisch ganz unterbunden wird.

Eine Vereinfachung wird in Walzwerken erzielt durch Einführung des S t r a n g g i e ß e n s. Dieses Verfahren wird übrigens auch für Buntmetalle angewandt. Der aus dem Stahlwerk kommende, flüssige Stahl wird in einen oben in der Anlage angeordneten Behälter gegossen, fließt von dort in eine Kokille und erstarrt in der Kühlkammer zu einem Strang, der anschließend in Knüppel der gewünschten Länge geteilt wird. Durch diese Arbeitsweise kann das Erwärmen von Blöcken in Tieföfen umgangen werden.

8.3.3. STOSSÖFEN

dienen zur Erwärmung von Stahl auf Walzhitze, also abhängig vom Werkstoff auf 1 150 bis 1 300°C. Außerdem werden Stoßöfen zum Anwärmen des Rohwerkstoffes für einen anschließenden Schmiede- oder Preßvorgang eingesetzt. Im Stoßofen wird das Wärmgut entweder nur von oben oder von oben und unten beheizt. Bei O b e r - und U n t e r b e h e i z u n g sind die Blöcke von beiden Seiten, also schneller erwärmt als bei nur einseitiger Beheizung. Es darf nur ein bestimmter Temperaturunterschied zwischen der Oberfläche und dem Kern des zu erwärmenden Stahlblockes bestehen. Der Temperaturunterschied im Block darf bei Blöcken von 300 bis 500 mm Stärke im allgemeinen nicht mehr als 50 °C betragen; bei dünneren Stücken von z.B. 200 mm nur ca. 20 °C.

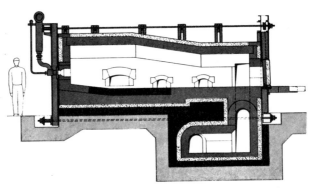

Bild 503: Kleiner Stoßofen für 2,5 t/h (Werkbild OFU)

8. Der Industrieofen und sein Verwendungszweck 573

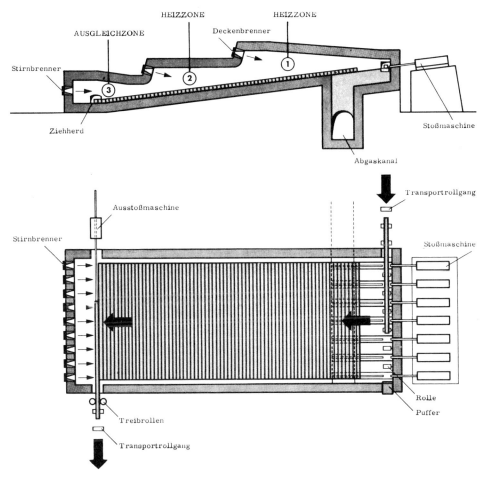

Bild 502: Großer Stoßofen mit Oberbeheizung (Werkbild OFU)

Eine gute Durchwärmung bedingt also entsprechend lange Wärmzeiten. Bei Edelstählen wird wegen der schlechten Wärmeleitfähigkeit eine langsamere Erwärmung verlangt als bei Normalstahl, und somit ist die Leistung eines bestimmten Ofens beim Erwärmen von Edelstahl kleiner. Bild 502 zeigt einen großen Stoßofen, der für das Erwärmen von langen Knüppeln bestimmt ist. Er hat nur Oberbeheizung. Die Brenner sind in drei Zonen angeordnet, zwei Heizzonen und eine Ausgleichszone. Die Ausgleichszone wird nur schwach beheizt und dient dazu, die richtige Durchwärmung sicherzustellen. Bild 503 zeigt einen kleineren Stoßofen für 2,5 t/h, wobei die Beheizung von der Stirnseite her erfolgt. Ein Stoßofen für 25 t/h mit Ober- und Unterbeheizung ist in Bild 504 dargestellt. Die Blöcke oder Brammen werden von rechts in den Ofen hineingestoßen und bewegen sich im Gegenstrom zum Abgas. Das Wärmgut gleitet über wassergekühlte Schienen durch den Ofen, rutscht am Ende herunter und wird über eine Rollenbahn weiterbefördert. Das fest aneinander liegende Wärmgut trennt den Ofen in eine obe-

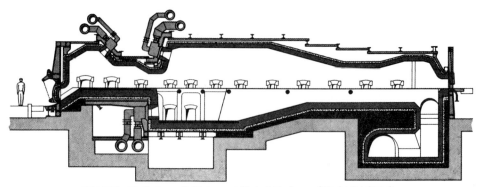

Bild 504: Stoßofen mit Ober- und Unterbeheizung (Werkbild OFU)

re und eine untere Heizzone. Außerdem ist wiederum eine Ausgleichszone vorhanden. Auch dieser Ofen ist ein Drei-Zonenofen. Die Flammengase aus den oberen und unteren Brennern strömen gegen die Bewegungsrichtung des Wärmgutes, so daß es im ersten Teil des Ofens durch die abziehenden Abgase vorgewärmt wird. Die Flammengase der Ausgleichszone strömen in Richtung der Ausstoßtüre, damit beim Öffnen keine kalte Falschluft eindringen kann. Die Flamme kehrt dann entgegen der Bewegungsrichtung des Wärmgutes um und bewegt sich durch den Ofen auf den Abgaskanal am rechten Ende des Ofens zu.

Da die Wärme in den Heizzonen durch Strahlung und weniger durch die geschwindigkeitsabhängige Konvektion übertragen wird, kann die Schichtdicke der Flammengase eine Rolle bei der Gestaltung des Ofenraumes spielen. Das hat zur Entwicklung der sogenannten Großraumstoßöfen (Bild 505) geführt. Wird durch Anwendung von Deckenstrahlbrennern die Flächenstrahlung gesteigert, nimmt die Gasstrahlung an Bedeutung ab.

Da bei rund 500°C Gasstrahlungs- und Konvektionsanteil ungefähr gleich groß sind, kann es sinnvoll sein, bei Temperaturen ab 1000°C hohe Ofenräume anzuwenden. Dagegen ist in der Vorwärm- und Ausgleichszone eine geringe Raumhöhe angebracht. Die Beheizung erfolgt bei Öfen mit herkömmlichem Profil und auch bei Großraumöfen durch Kopfbrenner in den Höckern (Bild 502). Wie bereits erwähnt, ist aber seit einiger Zeit bei Stoßöfen und Hubherdöfen auch die Beheizung mit Deckenstrahlbrennern eingeführt (Bild 147). Sie ist nur bei Gasbeheizung möglich. Soll der Ofen ganz oder zeitweilig ölbeheizt werden, ist Höckerbeheizung vorzusehen. Es sei noch bemerkt, daß die Deckenbeheizung regeltechnisch gut zu beherrschen ist.

Um ein Eindringen von Falschluft durch die Ausstoßtür von Stoßöfen zu verhindern, ist es notwendig, daß in der Ausgleichszone überall Überdruck herrscht. Bei der Brenneran-

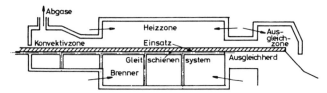

Bild 505: Stoßofen mit Unterbeheizung und Ausgleichherd

8. Der Industrieofen und sein Verwendungszweck

ordnung an der Kopfseite (Bild 506) wird durch den Treibstrahl Luft angesaugt. Die Luftmenge kann mit der Formel von Craya und Curtet (185) berechnet werden. Deswegen wird die Brenneranordnung nach Bild 507 bevorzugt (Wendeflamme).

Beim Erwärmen im Stoßofen mit Unterbeheizung wird der Einsatz über wasser- oder dampfgekühlte Schienen befördert. Die Oberfläche der gebräuchlichen Gleitschienen erreicht bei dieser Kühlart eine Temperatur von 950 bis 1050°C und behält so ihre Tragfähigkeit. Der Ofeneinsatz muß dagegen im Mittel eine Temperatur von 1100 bis 1300°C erreichen. Die Temperaturdifferenz zwischen der Blockoberfläche und der Blockfläche, die mit den Schienen in direkter Berührung ist, wird an den schwarzen Streifen sichtbar. Zwar wird das Wärmgut zum Temperaturausgleich zwischen Kern und Außenseite des Blocks in die Ausgleichzone befördert und liegt dort nicht auf den Schienen sondern auf dem Ausgleichherd auf, aber dabei werden die schwarzen Streifen nicht vollständig beseitigt. Außerdem wirkt sich das Fehlen einer Unterbeheizung dort verzögernd aus. Deswegen muß die Ausgleichzone eine bestimmte Länge haben, wodurch die ganze Ofenlänge zunimmt. Um diese Nachteile aufzuheben, sind verschiedene Wege eingeschlagen worden:

1. Senkara [159] ordnete auch in der Ausgleichzone wassergekühlte Schienen an, die aber gegenüber den Hauptschienen versetzt sind. Die auftretenden schwarzen Streifen werden jetzt nachgeheizt und verschwinden fast ganz. Die in der Ausgleichszone entstehenden neuen Streifen sind wenig ausgeprägt und werden auf einem kurzen feuerfesten Herd am Ofenausstoß nachgewärmt.
2. Die Konstruktion der wassergekühlten Adapt-Schiene (Bild 47) von Wistra mit Spezialreiter erlaubt es, ganz ohne Ausgleichherd auszukommen. Behrens hat das Problem der schwarzen Streifen mit Hilfe wärmetechnischer Berechnungen untersucht [158]. Laturell und Jeschar untersuchten die Kühlwirkung von Gleitschienen auf das Wärmgut mit einem thermoelektrischen Analogiemodell. Sie fanden hierbei die gute Wirkung der Adapt-Schienen bestätigt [222].

Stoßöfen zur zunderarmen Erwärmung sind in Abschnitt 7.2.4. behandelt.

Die Entnahme des Wärmgutes kann bei Stoßöfen durch eine Türe an der Schmalseite des Ofens (Bild 504) oder durch eine seitliche Türe (Bild 503) erfolgen. Bei kleinen **Stoßöfen für Gesenkschmieden** (Bild 508) wird auch eine Öffnung im Herd als Ausfallschacht für die Werkstücke verwendet. Der Vorschub dieser Stücke wird durch eine Vorschubmaschine mit einstellbarer Taktzahl besorgt. Sie werden bei Reihen von mehr als 2000 Werkstücken eingesetzt.

Der **Kleinstoßofen** war normalisiert (DIN 24208) und in der Hauptsache für verhältnismäßig leichte und stabförmige Teile bestimmt und für die Verarbeitung von Losen, wobei Art und Abmessung der Teile häufiger wechseln. Beim Verhältnis von Normalbreite

Bild 506: Brenner in der Kopfseite der Ausgleichzone eines Stoßofens

Bild 507: Wendeflamme in der Ausgleichzone eines Stoßofens

zur Normallänge des Stoßherdes von 1 : 2,5 sind diese Öfen ziemlich kurz. Hierdurch wird der Vorteil eines Stoßofens, nämlich gute Ausnutzung der Wärme durch Gegenstrom von Abgas und Wärmgut, nur in beschränktem Umfang erreicht; die Abgastemperatur beim Verlassen des Ofens ist folglich ziemlich hoch. Nach Veh ist diese Temperatur 900 bis 1100°C, und deswegen ist Ausnutzung der Abgaswärme in einem Rekuperator zu empfehlen. Bei Stückzahlen von 500 bis 2000, die nacheinander geschmiedet werden, sind Stoßöfen mit einem Verhältnis von lichter Breite zur lichten Länge des Herdes von 1:4 bis 1:6 zu empfehlen.

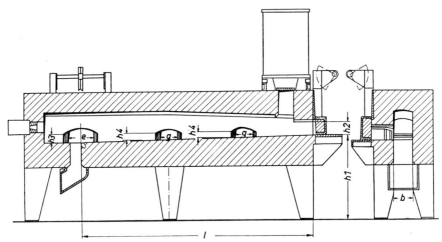

Bild 508: Taktofen mit Ausfallschacht (Taktmaschine nicht abgebildet) (Werkbild WISTRA)

Eine besondere Art des Stoßofens ist der Thermo-Ofen (Bild 509). Er hat Ober- und Unterbeheizung. Durch die parabolische Gestalt des oberen Ofenteiles wird eine starke Rückstrahlung auf das Wärmgut angestrebt. Diese Gewölbe des Oberofens bestehen aus Segmenten, die sich Zwecks leichteren Instandsetzens einzeln abheben lassen. Auch Stoßöfen mit elektrischer Beheizung werden verwendet.

Was die Berechnung der Stoßmaschinen betrifft, so ist für den Herdteil, auf dem die Werkstücke direkt über dem Mauerwerk gleiten, mit einem Reibungskoeffizienten von rund 0,7 zu rechnen. Für stahlbewerte Herde wird 0,3 eingesetzt. Es besteht bei einer sehr langen Reihe von Brammen beim Durchstoßen die Gefahr, daß einige hochgedrückt werden und hierdurch den Ofenbetrieb stören. Deswegen beträgt die größte Länge eines Stoßofens, wobei sich Knüppel, Blöcke oder Brammen noch einwandfrei stoßen lassen, etwa 25, höchstens 30 m. Diese Länge soll bei dünnwandigem Wärmgut noch geringer sein.

8.3.4. HUBBALKEN – UND GLEICHSCHRITTÖFEN

Da beim Stoßofen nur Werkstücke herauskommen, wenn neue hereingestoßen werden, soll, um die richtige Erwärmungszeit und Durchwärmung zu erzielen, der Ofen nur mit Werkstücken gleicher Abmessungen und aus gleichem Werkstoff beladen werden. Stücke mit kleineren Abmessungen würden bei gleichzeitigem Durchlauf mit größeren Stücken überhitzt werden. Soll von einer Abmessung oder Stahlsorte auf eine andere übergewech-

8. Der Industrieofen und sein Verwendungszweck

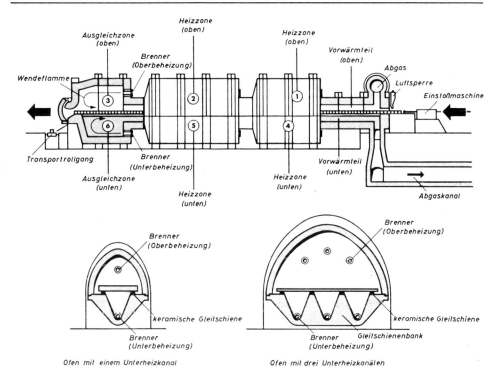

Bild 509: Durchstoßofen System THERMO

selt werden, so muß der Ofen erst entleert werden, bevor die zweite Sorte chargiert werden kann. Das Entleeren ist aber eine unangenehme und zeitraubende Arbeit. Deswegen wird man, einem Ofen den Vorzug geben, der leicht ganz zu entleeren ist.

Neben dem Stoßofen hat sich deswegen innerhalb weniger Jahre der Hubofen mit Ober- und Unterbeheizung eingeführt (Bild 510, 511).

Bei der Anwendung gasförmiger Brennstoffe können in der Ausgleichzone Deckenbrenner eingebaut werden (Bild 512), bei breiten Öfen auch in der zweiten Heizzone.

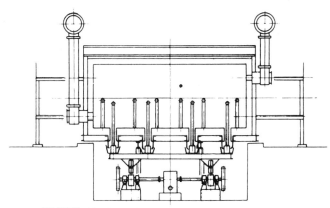

Bild 510: Hubherdofen mit Ober- und Unterbeheizung

8. Der Industrieofen und sein Verwendungszweck

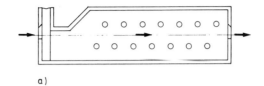

a)

Bild 511: Öfen mit oberer und unterer Seitenbeheizung

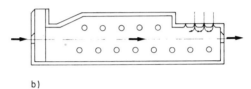

b)

Bild 512: Öfen mit Seitenbrennern in den unteren Zonen und teils Seiten-, teils Deckenbrennern in den oberen Zonen

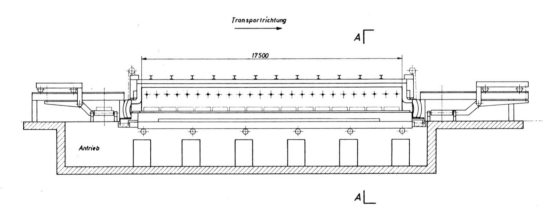

Schnitt A-A

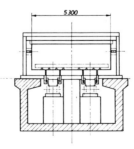

Bild 513: Schematische Darstellung des Hubbalkenofens (Werkbild Brobu, Düsseldorf)

8. Der Industrieofen und sein Verwendungszweck

Die gesamte Ofenlänge mit Deckenbrennern zu bestücken ist möglich, aber teuer. Seitenbrenner werden in Öfen mit verhältnismäßig kleiner Breite (9 bis 11,8 m) verwendet. Nackenbrenner finden bei der Verfeuerung von flüssigem Brennstoff Anwendung. Die Unterbeheizung muß wegen des Stützrohrsystems durch Seitenbrenner erfolgen. Sie haben eine große Leistung und erlauben eine gleichmäßige Erwärmung fast ganz ohne schwarze Streifen. Ein Vorteil ist es auch, daß es möglich ist, den Ofen bei einer Betriebsunterbrechung „leer" zu fahren. Auch ein „Klettern" der Brammen kann beim Hubofen nicht vorkommen.

Das Fördersystem mittels Hubbalken geht aus Bild 513 hervor. Der feststehende Ofenherd ist in mehreren Längsstreifen geteilt und zwischen diesen hindurch bewegen sich die Hubbalken. Diese Bewegung erfolgt meistens genau in Rechteck (8.3.1.). Das Wärmgut wird also bei der Aufwärtsbewegung der Balken vom Festherd abgehoben, in Hochstellung waagerecht befördert und wiederum senkrecht auf den Festherd abgelegt. Hubbalkenöfen werden auch für die Wärmebehandlung von Stahlrohren eingesetzt (Bild 514). Die Rohre werden einzeln in der Pfeilrichtung über Rollen in den Ofen hineingeführt und dann durch Hubvorrichtungen jedesmal um eine Kerbe der Hubbalken in Querrichtung weiterbefördert. Sie gelangen schließlich wieder auf eine Bahn mit kurzen Rollen und jedes Rohr wird wiederum einzeln aus dem Ofen heraus- und weiterbefördert. Die Herdflächenleistung von Wärmöfen wird von Schmidt und Laiquddin untersucht. Danach wird bei quadratischen Blöcken und Blockabstand gleich der halben Blockbreite die größte Herdleistung erzielt, wenn die Beheizung überwiegend durch Strahlung erfolgt [160]. Eine Berechnung für Hubbalkenöfen gibt Behrens [161]. Sowohl für das Erwärmen von Bremmern und Blöcken, als auch für die Wärmebehandlung von Grobblechen wird eine Art Hubbalkenofen angewandt. Bei diesem Gleichschrittofen (Bild 515), besteht die Transporteinrichtung aus zwei Schrittmachersystemen, die mit ihren Trans-

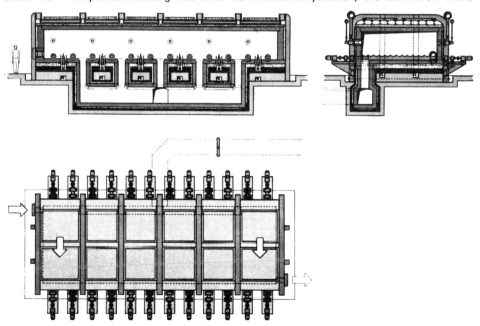

Bild 514: Rohrwärmofen (Werkbild OFU)

portschritten so ineinander greifen, daß sie abwechselnd das Wärmgut bei der Hochstellung aufnehmen und mit gleichmässiger Geschwindigkeit ein Stück weiterbefördern. Dabei liegt das Gut immer in Ruhe auf einen der beiden Systemen.

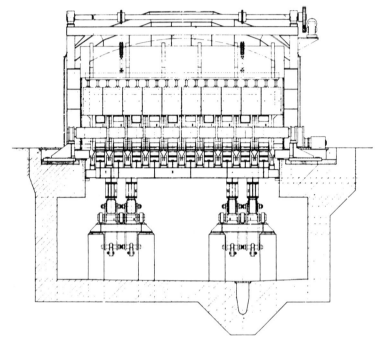

Bild 515: Querschnitt durch den Gleichschrittofen (Auslaufseite) (Werkbild Brobu, Düsseldorf)

8.3.5. DREHHERDÖFEN

Diese Ofenbauart hat den Vorzug des Hubherdofens (Hubbalkenofens), nämlich die mehrseitige Erwärmung. Dabei ist der mechanische Kraftaufwand nur ein Teil des Aufwandes bei Stoß- und Hubherdöfen. Aber der kreisförmige Grundriß macht es nicht immer leicht, diesen Ofen in der Werkhalle unterzubringen. Bild 516 zeigt einen Drehherdofen zum Erwärmen von Rundblöcken. Die Ziehtemperatur ist 1280°C, die Leistung 80 t/h.

Zur Abdichtung zwischen Ofenkörper und Ofenkörper gibt es folgende Möglichkeiten:

1. bei kleineren Öfen Luftschleier [167].
2. Sandtassendichtung [163].
3. Flüssigkeitsdichtung [164].

Die Flüssigkeitsdichtung ergibt die bestens Ergebnisse. Bei der Sandtassendichtung soll zweckmäßigerweise korrosionsfester Stahl verwendet werden. Das Beladen und Entladen der Öfen kann weitgehend mechanisiert werden. Bild 517 zeigt einen kleinen Drehofen mit Austrag der heißen Werkstücke durch einen drehbaren Rüssel, mit dem nach Wunsch verschiedene Pressen oder Hämmer beschickt werden können. Drehherdöfen kann auch mit Deckenstrahlbrennern beheizen [165].

8. Der Industrieofen und sein Verwendungszweck

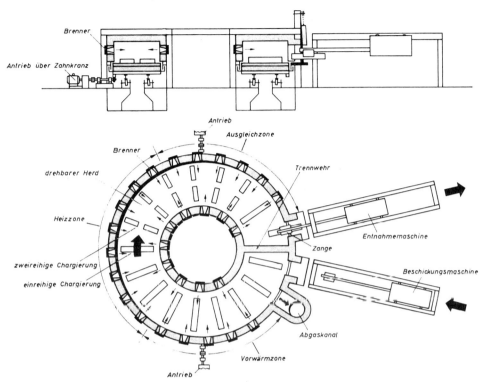

Bild 516: Drehherdofen (Werkbild OFU)

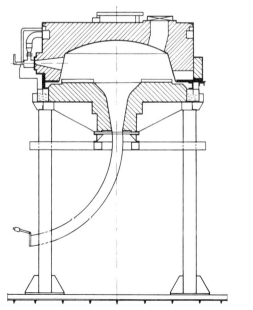

Bild 517: Kleiner Drehofen mit drehbarem Ausfallrüssel (Werkbild Schmitz + Apelt)

8.3.6. ROLLENHERDÖFEN

Sie sind wegen der allseitigen Wärmezufuhr ideale Öfen für die Schnellerwärmung dünnwandiger Rohre oder Werkstücke mit kleinem Querschnitt. Dieser Ofen wird mitunter auch für schwere Werkstücke eingesetzt. Die Beheizung kann direkt oder indirekt, mit Strahlrohr oder elektrisch erfolgen. Um verschiedene Programme der Wärmebehandlung durchführen zu können, kann ein Rollenherdofen in mehrere Heizzonen aufgeteilt werden.

Bei dem Rollenherdofen Bild 518 liegen die Transportrollen in dem beheizten Ofenraum, die Lager und Kettenantriebe aber außerhalb. Durch die Brenneranordnung und den kreisrunden Querschnitt des Ofenraumes wird eine schnelle und gleichmäßige Erwärmung des Wärmgutes erzielt. Um die Temperaturbeschränkung zu umgehen, die die Rollenanordnung im Ofen mit sich bringt, kann man den Ofen der Länge nach in einzelne Ofenzellen unterteilen und die Rollen mit Lagerung und Antrieb zwischen diese Zellen im Freien aufstellen (Bild 519). Sollen Rohre für Spezialzwecke noch gehärtet und angelassen werden, so kann man Öfen mit Schnellerwärmung einsetzen (Bild 520). Es sind die Rollen als Trag- und Fördermittel durch Scheibenräder ersetzt, die sich überschneiden und in einem veränderlichen Winkel von ca. 15° zur Durchlaufrichtung versetzt sind (Bild 521). Mehrere Rollenherdöfen können zu einer Wärmebehandlungsstraße, z.B. mit

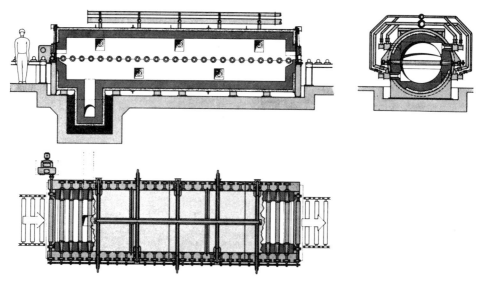

Bild 518: Rollenherdofen (Werkbild OFU)

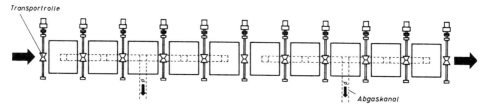

Beispiel: Draufsicht eines Ofens mit 10 einzelnen Ofenelementen

Bild 519: Rohrdurchlaufofen (Werkbild OFU)

Asbestfrei:

NEFALIT: Platten 1000 x 1000 mm, 1—12 mm stark, flexibel, sehr fest, weitgehend säurebeständig, in 3 Sorten, mit max. Anwendungstemperaturen von 850—1200 °C.
Dazu: Papiere, Filze, Blöcke, Matten, Formteile aus Keramik und Kevlar-Faser.

DELCERAM: Garne, gedrehte Schnüre, gefl. Packungen, Bänder, Gewebe, lose Wolle, Isolier- und Hitzeschutzschläuche usw. – mit Glas oder Inconel verstärkt, 500 °C bzw. 1260 °C. Spitzenqualität mit nur ca. 12 % organischer Beimischung, daher sehr geringer Glüh- und Volumenverlust beim Aufheizen.

dämmen dichten isolieren

RISIUS GMBH
5000 Köln 71 (Auweiler)
Pohlhofstraße 3
Telefon (02 21) 5 90 18 11
FS 8 885 324

Ein Anruf genügt und wir liefern ROLLEN ...
... für jeden auf dem Markt befindlichen Ofentyp, speziell für die Ziegel-, Wand- und Bodenindustrie.
Durchmesser: bis 90 mm.
Länge: bis 3200 mm.

Just call and we supply ROLLERS ...
... for any type of kiln now available, especially for the industrial production of brick wall and floor tiles.
Diameter: up to 90 mm.
Length: up to 3200 mm.

Alsint 99,7

Pythagoras

Sillimantin 60

Weiterhin fertigen wir jede andere Rohrabmessung von 0,4—430 mm ⌀ für den Ofenbau, für die Temperaturmessung oder für andere Anwendungen.

Furthermore we produce any other tube dimensions with a diameter of 0,4—430 mm for construction of kilns, measuring of temperatures or other purposes.

Hochtemperatur-Ofeneinrichtungen
Kammeröfen Topföfen Durchlauföfen
Rohröfen Muffelöfen Haubenöfen
kontinuier... Wärme-
behandl... erdöfen
Doppel... elöfen
Förd... öfen
Her... fen
Dre... fen
Scha... röfen
Hocht... ungen
Kammer... lauföfen
Rohröfen... aubenöfen
kontinuierlich arbeitende Wärmebehandlungsanlagen Drehherdöfen
Doppelkammeröfen Drehtrommelöfen
Hochtemperatur-Ofeneinrichtungen
Kammeröfen Topföfen Durchlauföfen

Ruhstrat GmbH · 3406 Bovenden
Tel. 05593/803-0

W. HALDENWANGER
Technische Keramik GmbH & Co. KG
Postf./P.O. Box 200653 · D-1000 Berlin 20
Telefon (030) 33207-0 · Telex 17308543
Teletex 308543
WEST GERMANY

VAKUUM-WÄRMEBEHANDLUNGSANLAGEN

Erzeugungsprogramm:

Vakuum Einkammeröfen	VG
Vakuum Herdwagenöfen	VGL
Vakuum Schachtöfen	VGS
Vakuum Mehrkammeröfen	VGH
Vakuum Anlaßöfen	VA
Vakuum Induktionsöfen	VI
Vakuum Hubwagenöfen	VGV

Foto Nr.: 84/0037
Werkbild Fa. Kopp

VAKUUM-INDUKTIONSSCHMELZANLAGEN

Erzeugungsprogramm:

Vakuum-Einkammeranlage	VS
Vakuum-Mehrkammeranlage	VSK
Vakuum-Präzisions-gießanlage	VSP
Vakuum-Gießanlage für gerichtete Erstarrung	VSP-G

Foto Nr.: 85/0054
Werkbild Fa. Kopp

Vakuumanlagenbau Gesellschaft m. b. H.
A-1232 Wien, Tenschertstraße 8 – Austria
Tel. (0222) 61 25 52-0 · FS: 136 772 kovak a

einem Härtebad dazwischen, zusammengeführt werden. Die Niedertemperaturöfen können auch mit Deckengebläse zur Umwälzung versehen sein, besonders auch, wenn eine Wärmebehandlung unter Schutz- oder Reaktionsgas durchgeführt wird Bild 522 [166].

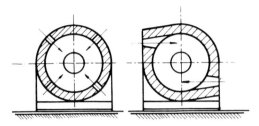

Bild 520: Brenneranordnung bei Gas-Impulsbrennern und bei Ölbrennern (schematisch)

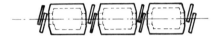

Bild 521: Schnellerhitzungskammern mit Rohrtransport durch Scheibenräder (schematisch) (Werkbild Brobu)

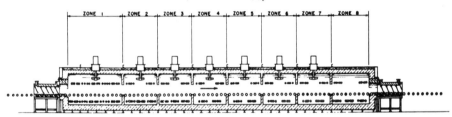

Bild 522: Schnitt durch einen Rollenherdofen (Werkbild Stein Surface GmbH, Düsseldorf)

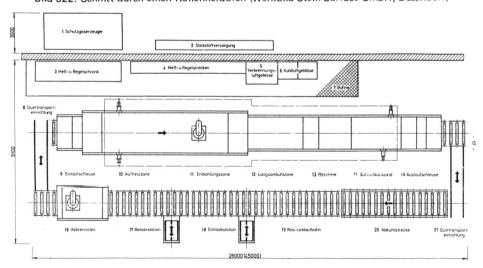

Bild 523: Durchlauf-Rollenherdofen (Werkbild LOI)

Bild 523 zeigt eine Rollenherdanlage für die Schlußglühbehandlung von gestanzten Blechteilen der Elektroindustrie unter Schutzgas. Hierdurch wird die magnetische Verlustziffer von unlegiertem Blech von 8 W/kg auf 2,5 — 2,8 W/kg gesenkt.

Bild 524: Überkopfofen

8.3.7. HAUBENÖFEN

werden vielfach verwendet und nicht nur zum Blankglühen. Sie können mit Hubherd oder mit Hubhaube ausgeführt werden. Erstere werden auch Überkopföfen genannt (Bild 524).

Der Haubenofen Bild 524 wird u.a. für das Glühen von Kugelgraphitguß verwendet. Die Muffeln von Haubenöfen können wie auf Bild 525 auch mit Strahlbrennern beheizt werden.

Seit einiger Zeit hat sich die O f f e n e - B u n d - G l ü h u n g von Stahlbandrollen eingeführt. Um eine bessere Wärmeübertragung zu erzielen, werden die kaltgewalzten, festgewickelten Stahlbandrollen mit eingelegten Nylonfäden oder Stahldraht erneut zu „offenen Bunden" gewickelt. Das durch Gebläse umgewälzte heiße Schutzgas kann jetzt durch die Ringschlitze hindurchströmen. Bild 526 zeigt einen Offen-Bundglühofen mit Strahlrohrbeheizung.

8. Der Industrieofen und sein Verwendungszweck 585

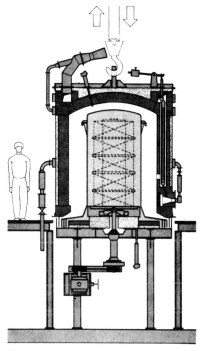

Bild 525: Haubenofen mit Beheizung durch Strahlungsbrenner (Werkbild OFU)

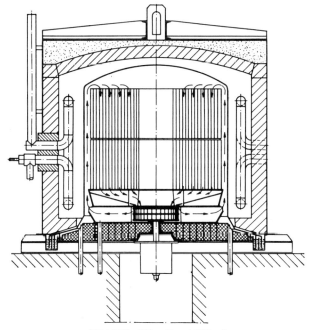

Bild 526: Offen-Bund-Glühofen

8.3.8. Einige andere Öfenarten für die Stahl- und N.E. Industrie

In den vorangegangenen Abschnitten (7.2.2. und 7.2.8.) wurden bereits verschiedene Ofenarten behandelt. Es folgen noch:

8.3.8.1. Kammeröfen und Schachtöfen

Eine sehr ausgedehnte Anwendung finden die K a m m e r ö f e n, sowohl mit festem als auch mit fahrbarem Herd Bild 485. Es wird sowohl fester Brennstoff, jedoch viel mehr

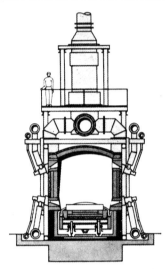

Bild 527: Schmiedeofen mit fahrbarem Herd (Werkbild OFU)

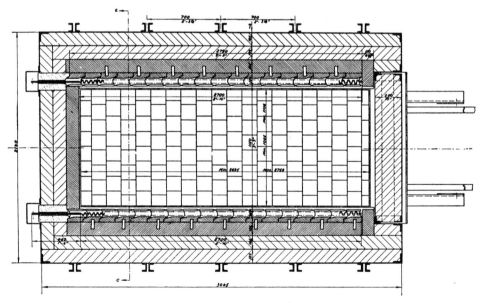

Bild 528: Widerstandsbeheizter Kammerofen — waagerechter Längsschnitt (Werkbild Kanthal)

8. Der Industrieofen und sein Verwendungszweck

Gas, Öl und elektrische Energie als Wärmequelle verwendet. Bild 527 zeigt einen großen Schmiedeofen mit fahrbarem Herd, bestimmt für Schmiedestücke mit einem Gewicht bis 100 t und mit Beheizung durch Gas. Der Ofen Bild 528 wird elektrisch beheizt, hat einen Anschlußwert von 110 kW und ist für das Glühen von Stahlgußteilen bestimmt.

Lange Wellen, dickwandige Rohre usw. werden möglichst in senkrechter Lage in einem Ofen eingebracht. Auch für die Wärmebehandlung von Aluminium und seine Legierungen werden neben anderen Ofentypen, Schachtöfen angewandt, die dann aber nicht so tief sind. Sie werden auch Vertikal-Retorten genannt.

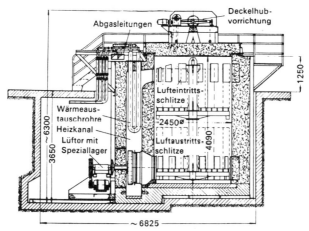

Bild 529: Indirekt mit Strahlrohren beheizter Schachtofen (Werkbild Junker, Lammersdorf)

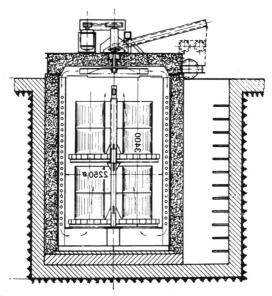

Bild 530: Elektrisch beheizter Schachtofen (Werkbild Junker, Lammersdorf)

588   8. Der Industrieofen und sein Verwendungszweck

Die wichtigsten Wärmebehandlungen von Aluminium und Legierungen sind Lösungsglühen bei 450 bis 570°C, Weichglühen bei 290 bis 450°C, Entspannungsglühen bei 150 bis 330°C und Warmauslagern bei 120 bis 180 (300)°C. Die genannten Temperaturen sind abhängig von der Legierungsart, wobei für jede Legierung und jede Wärmebehandlung meist enge Temperaturgrenzen eingehalten werden müssen. Da die Temperaturen an und für sich niedrig oder mittelmäßig sind, wird zum Erlangen der gewünschten hohen Temperaturgleichmäßigkeit die Ofenatmosphäre meistens mit einem Gebläse umgewälzt. Außerdem wird, da die Wärme bei den in Frage kommenden Temperaturen fast nur durch Konvektion übertragen wird, die Stromgeschwindigkeit erhöht, siehe 7.2.8. Es sollen noch zwei Schachtöfen gezeigt werden: mit indirekter Gasstrahlrohrbeheizung (Bild 529) und mit elektrischer Widerstandsbeheizung (Bild 530). Ein besonderer Ofen zum Glühen von Messing- und Kupferbändern, die den Ofen in senkrechter Richtung durchwandern, ist in Bild 531 dargestellt.

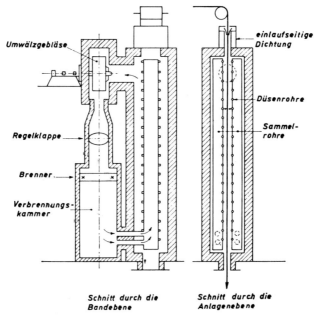

Bild 531: Kontinuierlicher Ofen zum Glühen von Messing und Kupferbändern (nach Esteban)

8.3.8.2. Öfen mit eingebauten Transportmitteln

Im Wärmeofen für dickwandige Rohre (Bild 532) rollen die eingesetzten Rohre über mehrere schräg angeordnete Schienen selbständig durch den Ofen. Mit einer mechanischen Vorrichtung, dem Überwerfer 9, wird jeweils ein Rohr hochgehoben und in der Ziehrinne abgelegt. Der Ofen wird mit Deckenstrahlbrennern beheizt [252]. Bei dem Schwingherdofen wird der Ofenherd in eine schwingende Bewegung versetzt, wodurch das Ofengut vorwärts befördert wird. Bei Wärmebehandlungsstraßen für Schmiedeteile können auch Hängebahnen eingesetzt werden, Bild 533 zeigt einen Niedrigtemperaturofen (Anlassen), die aus den Brennkanälen austretenden Flammengase gelangen in ein Gebläse und werden dort mit bereits umgewälzten Gasen vermischt. Besondere Kanäle sorgen dafür, daß oben

8. Der Industrieofen und sein Verwendungszweck

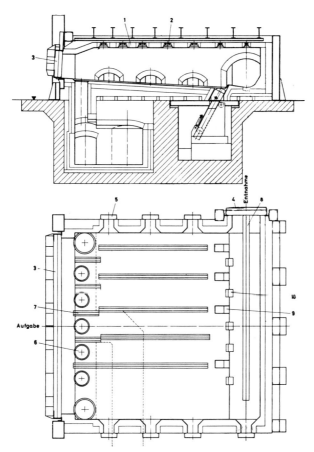

Bild 532: Rollofen mit Anlaufüberwerfern. Beheizung durch Deckenstrahlbrenner (Werkbild Ruppmann, Stuttgart)

keine Falschluft in den Ofentunnel eindringen kann [253]. Beim Hubbalkenofen (Bild 534 können je nach Werkzeugform einzelne Werkstücke aufgelegt oder Paletten mit Werkstücken automatisch durch den Ofenraum befördert werden. Bei der Wärmebehandlung unter Schutzgas erfolgt der Ein- und Auslauf über Schleusen. Der Antrieb der Hubbalken liegt vollkommen geschützt außerhalb des Ofens.

Beim Tonnenretortenofen ist die Retorte aus hitzebeständigem Stahl an beiden Enden auf Rollen im Ofengehäuse gelagert und wird durch ein Triebwerk laufend im Heizraum gedreht. Die Beheizung kann mit Gas oder Elektrizität erfolgen.

Der Mehrzweckkammerofen Bild 535 ist eine Zusammenfassung einer Ofenkammer, einer Kühlschleuse und eines darunter liegenden Abschreckbades in einem schutzgasdichten Gehäuse. Der Ofen ist in Härtereien vielseitig verwendbar, zum Beispiel zum Gasaufkohlen mit oder ohne anschließende Direkthärtung unter Schutzgas. Die Bewegungsvorgänge werden durch eine eingebaute Mechanik ausgeführt und sind automatisiert. Sie können sogar mit Lochkarten programmiert werden.

8. Der Industrieofen und sein Verwendungszweck

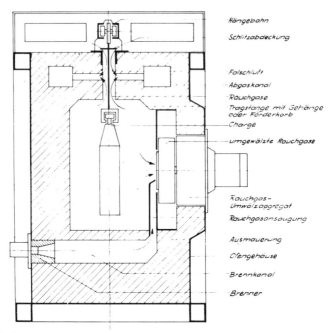

Bild 533: Querschnitt eines Hängebahnofens mit Umwälzung der Verbrennungsgase

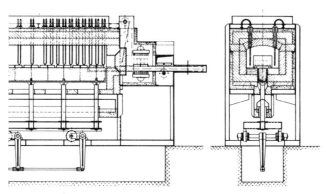

Bild 534: Hubbalkenofen (Werkbild Mahler, Esslingen)

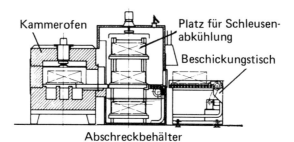

Bild 535: Mehrzweckkammerofen (Werkbild Aichelin-Industrieofenbau, Stuttgart)

8. Der Industrieofen und sein Verwendungszweck

Der Förderband-Durchlaufofen wird bevorzugt zum Blankglühen, Härten, Hartlöten und Sintern eingesetzt. Beim häufigsten Anwendungsfall, nämlich Glühen und Hartlöten von Normalstahl, werden diese Arbeiten unter eine Atmosphäre von Exogas ausgeführt. Es gibt Ausführungen, bei denen eine Gaserzeugungsanlage im Ofenraum eingebaut ist. Soll beim Glühen und Löten von mittel- und hochlegiertem Stahl eine Entkohlung vermieden werden, wird auch Endogas eingesetzt. Massenteile werden beim Härten unter Schutzgasatmosphäre erhitzt und fallen am Ende des Ofens durch den Fallschacht in das Härtebad (Bild 536).

Der in Bild 537 gezeigte Durchstoßofen ist wahlweise für die Wärmebehandlung von Stahl- oder Messingteilen zu verwenden [177]. Zum Beheizen des Ofens dienen senkrecht eingebaute Mantelstrahlrohre. Die Wärmebehandlung von Stahl erfolgt unter Schutzgas, die von Messing in der gleichen Anlage, aber ohne Schutzgas. Die Teile, die im Ofen

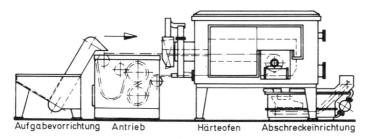

Bild 536: Härteofen mit Ölabschreckbad (Werkbild Mahler, Esslingen)

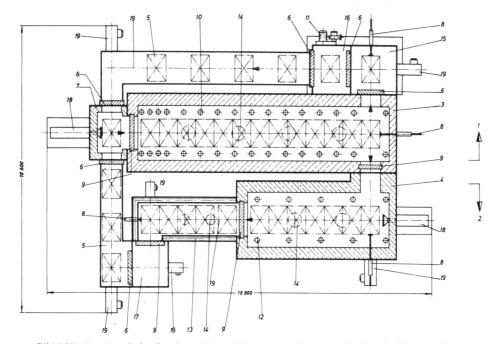

Bild 537: Druckstoßofen für die wahlweise Wärmebehandlung von Stahl- oder Messingteilen (Werkbild Ruppmann, Stuttgart)

behandelt werden sollen, sind auf Transportrosten gestapelt, die über Gleitschienen durch die Anlage gestoßen werden. Der mittlere Hochtemperaturteil dient sowohl für Stahl als auch für Messing. Die Stahlteile verlassen diesen Ofen in Richtung 2 und werden in den Niedertemperatur-Ofenteil befördert. Die Messingteile dagegen wandern in Richtung 1 des Wassserbeckens 15 zum Abschrecken.

8.3.8.3. Temperöfen

Gewöhnlicher Grauguß ist ziemlich spröde; Temperguß läßt sich wie Grauguß schmelzen und gießen, hat aber bessere mechanische Eigenschaften und wird deshalb vielfach im Maschinen- und Automobilbau und bei der Herstellung landwirtschaftlicher Geräte verwendet. Es sind s c h w a r z e r   T e m p e r g u ß (Blackheart) und W e i ß g u ß (Whiteheart) zu unterscheiden. Schwarzer Temperguß hat niedrigeren C- und S-Gehalt als weißer Temperguß. Es wird deshalb, um der C- und S-Aufnahme aus Koks vorzubeugen, vorzugsweise nicht in Kupolöfen, sondern in Trommel- oder Schaukelöfen erschmolzen. Weißen Temperguß schmilzt man meistens in Kupolöfen und das Tempern erfolgt in Kästen mit oxydierender Füllung (z.B. Eisenerz, Hematit) oder jetzt auch vielfach in einer Atmosphäre von Reaktionsgas (7.2.6. u. 7.2.7.). Es findet Kohlenstoffentzug statt.

Das T e m p e r n   i n   K ä s t e n   o d e r   T ö p f e n erfolgt in Öfen mit chargenweiser Beschickung oder in Tunnelöfen (Bild 538). Wärmewirtschaftlich und betrieblich gesehen ist das Verfahren ungünstig wegen des Gewichts der Temperkästen oder Töpfe nebst Packmittel im Vergleich zum Gewicht des Gusses, das 2:1 bis 4:1 beträgt.

Beim T e m p e r n   i n   e i n e r   G a s a t m o s p h ä r e sollen, die hierzu benutzten Öfen natürlich mittelbar beheizt werden durch gas- oder ölbeheizte Strahlrohre oder elektrische Widerstandsbeheizung. Für das Tempern von Schwarzguß werden H a u b e n - ö f e n mit abhebarer Haube oder mit hebbarem Boden benutzt. Auch T u n n e l ö f e n   m i t   F ö r d e r w a g e n finden Anwendung. Diese sollen, um übermäßige Verlust an neutralem Schutzgas und Versuchung durch Luft vorzubeugen, mit Schleusen am Ein- und Ausgang versehen sein.

Bei der Verwendung von Haubenöfen wird die Wärmebehandlung oft über zwei Öfen verteilt. Der Hochtemperaturhaubenofen (950°C) hat dann meistens Gasbeheizung, der Niedertemperaturofen, der einen bedeutend niedrigeren Anschlußwert besitzt, wird oft elektrisch beheizt.

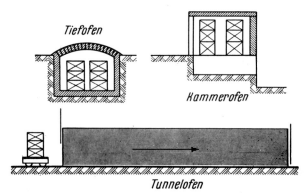

Bild 538: Ofen zum Tempern in Kästen oder Töpfen mit Packung (nach Opitz)

8. Der Industrieofen und sein Verwendungszweck

Für weißen Tempergut werden auch mit gutem Erfolg Tunnelöfen angewandt, dagegen scheint sich der Haubenofen hierfür nicht durchzusetzen.

8.3.9. Schnellerwärmung (Siehe auch Literatur 7.1. und 7.2.)

Die Schnellerwärmung von Stahl bringt eine Verkürzung der Anwärmzeit und meistens auch eine bedeutende Verminderung der Zunderbildung und der Entkohlung. Diese Erwärmung kann auf dreierlei Art durchgeführt werden:

8.3.9.1. Konduktive Erwärmung mit direktem Stromdurchgang [161]

Hierbei wird die Wärme im Wärmgut selbst entwickelt, weil der über Kontakte zugeführte Heizstrom dieses Gut in Längsrichtung durchfließt. Das Verfahren eignet sich deshalb vorzüglich zum Erwärmen von Knüppeln und Stangen. Bei größerem Durchsatz kann es wirtschaftlich vorteilhaft sein, in brennstoffbeheizten Öfen vorzuwärmen und nur im metallurgisch kritischen Temperaturbereich elektrisch weiter zu heizen. Beim Stromdurchgang wird infolge des Jouleschen Gesetzes elektrische Energie in Wärme umgesetzt:

$$P = I^2 \cdot R, \text{ wobei}$$

$$R = \frac{\rho l}{F}$$

ρ = spezifischer elektrischer Widerstand in $\Omega \, mm^2/m$

F = Querschnitt des Konduktors in mm^2

l = Länge des Konduktors in m

Bei Gleichstrom ist die Stromverteilung über F gleichmäßig. Aber meistens wird für diese Erwärmungsart Wechselstrom verwendet, und man hat hierbei genau wie bei der induktiven Erwärmung mit einer Stromverdrängung (Skineffekt) zu rechnen. Die Stromverteilung ist dann nicht mehr gleichmäßig, so daß eine Erhöhung des Widerstandes auftritt (4.2.6.).

Die Eindringtiefe δ ist die Entfernung von der Oberfläche, wo die Stromstärke noch 37% des Maximalwertes beträgt und ist mit (10) zu berechnen.

Um feststellen zu können, wie hoch der Widerstand des Körpers steigt, wenn statt Gleichstrom Wechselstrom durchgeleitet wird, berecht man δ für die betreffende Stange oder Knüppel mit Durchmesser bzw. Kantenlänge D und findet dann aus Bild 539 für D/δ den Wert für $\dfrac{\text{Wechselstromwiderstand R}}{\text{Gleichstromwiderstand } R_o}$. Bei Stahlknüppelwärmung erwärmt sich die Oberfläche dort, wo die größte Stromdichte herrscht, anfangs schneller als der Kern. Ist aber die Curie-Temperatur erreicht, wird die Wärmeentwicklung im ganzen Querschnitt praktisch gleichmäßig. Da aber bei höherer Oberflächentemperatur mehr Wärme nach außen abgegeben wird, gleichen sich bei richtig eingestellter Heizdauer die Temperaturen von Kern und Oberfläche größtenteils aus. Hierin liegt ein Vorteil der konduktiven Erwärmung im Vergleich zur induktiven Erwärmung. Bei der letzteren muß die im Bereich der Eindringtiefe entwickelt Wärme zum Kern fließen, wodurch ein Temperaturausgleich zwischen Oberfläche und Kern schwieriger wird.

8. Der Industrieofen und sein Verwendungszweck

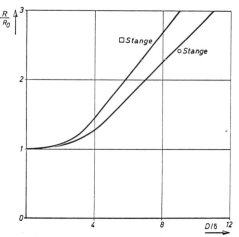

D = Stangendurchmesser bzw. Kantenlänge
R = Wechselstromwiderstand
R_0 = Gleichstromwiderstand

Bild 539: Abhängigkeit der Widerstandserhöhung vom Eindringmaß bei Erwärmung mit Wechselstrom (nach Jürgens)

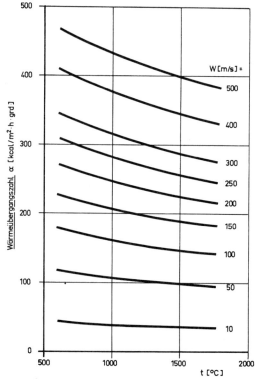

Bild 540: Wärmeübergangskoeffizient der Konvektion für einen senkrecht zur Achse angeblasenen, zylindrischen Körper (nach Grimm)
1 kcal/m²h · grd = 1,163 W/m² K

8. Der Industrieofen und sein Verwendungszweck

Für die konduktive Erwärmung von Stangen sind vollautomatische Einrichtungen vorhanden. Bei kleinerem Knüppelquerschnitt beträgt die Erwärmungszeit etwa 30 s, bei einem Querschnitt von 130 x 130 mm etwa 100 s.

8.3.9.2. Brennstoffbeheizte Schnellerwärmungsvorrichtungen [169]

Es können zwei Wege beschritten werden:

1. Steigerung der konvektiven Wärmeübertragung
2. Steigerung der Wandstrahlung

Zu 1 läßt man die Flammengase mit hohe Geschwindigkeit auf das Wärmgut aufprallen oder herumkreisen. Bild 540 zeigt wie hoch der Wärmeübergangskoeffizient bei hoher Geschwindigkeit und hoher Temperatur der Flammengase ist [171] (Siehe auch 5.3.7.). Dies wird erreicht durch Anwendung von Brennern, wobei die Flammengase mit sehr großer Geschwindigkeit ausströmen (100 bis 200 m/s) und um das Wärmgut und entlang der Ofenwand zirkulieren (Bild 541). Es kann dann etwa 48 % der Nutzwärme durch Konvektion, 44 % durch Wandstrahlung und 8 % durch Gasstrahlung übertragen werden. Wegen der schnellen Wärmeübertragung ist diese Ofenart nur für Wärmgut mit guter Wärmeleitzahl und verhältnimäßig kleinen Abmessungen geeignet, damit am Ende der Erwärmung keine zu großen Temperaturunterschiede im Werkstück bestehen.

[164] In Bild 542 ist ein Ofen für kleinere Werkstücke und mit Beheizung durch Impulsbrenner (6.3.5.) dargestellt. Messungen in Versuchsöfen ergaben beim Betrieb mit Me-

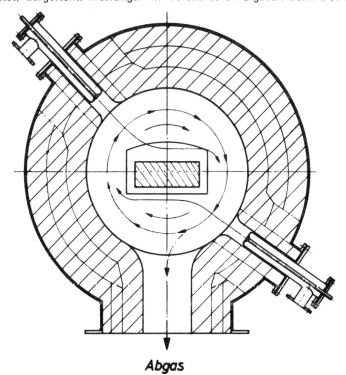

Bild 541: Schnellerwärmungsofen (Werkbild Indugas)

than-Luft-Flammen und beim direkten Ausprallen der Flammen auf eine Oberfläche einen Wärmefluß von 580 000 W/m². Die Flammenstrahlung ist bei der Schnellerwärmung wegen der geringen Schichtdicke gering, aber die Wandstrahlung ganz erheblich. Der in Bild 543 dargestellte Rollenofen mit Impulsbrenner dient zur Schnellerwärmung von Aluminium-Stangenmaterial mit 200 mm Durchmesser.

[165] Bild 544 zeigt einen Ofen für die Erwärmung von Stahlstangen 127 x 2500 mm. Auch wenn heißes Gas mittels eines Gebläses mit hoher Geschwindigkeit auf ein Wärmgut geblasen wird, läßt sich Schnellerwärmung erzielen (Bild 416) (7.3.7.).

Zu 2: Zur Steigerung der Wandstrahlung kann man Öfen nach dem Prinzip der inneren Rekuperation (IR) (11.1.) anwenden. Bild 545 zeigt einen kleinen Ofen mit IR und Beheizung durch Deckenstrahlbrenner. Beim Erwärmen von Stahlblöckchen 40 x 100 mm auf 1250°C war die spez. Leistung 489 kg/m²h und der Spez. Energieverbrauch 2310 kJ/kg. Die Wärmzeit des Einsatzes (22 kg) war 9 min. Zum Vergleich: In einem Schnell-

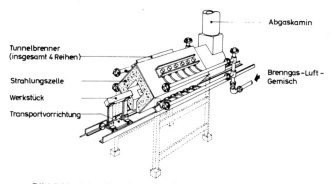

Bild 542: Schnellerwärmungsofen für kleinere Wärmstücke

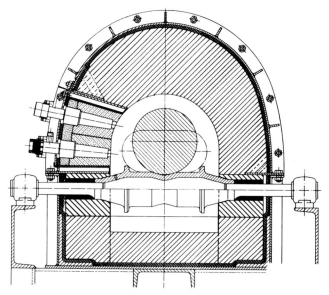

Bild 543: Schnellerwärmungsofen für Aluminium-Stangenmaterial

8. Der Industrieofen und sein Verwendungszweck 597

erwärmungsofen mit Hochgeschwindigkeitsbrennern wurden Stahlblöckchen 76 x 76 mm in 15 min auf 1200°C erhitzt, wobei der Energieverbrauch 3040 kJ/kg betrug [172], [173].

Auch Öfen mit Strahlwänden (6.3.5.) können zur Schnellerwärmung eingesetzt werden.

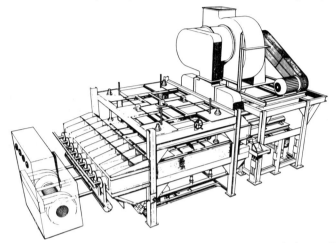

Bild 544: Anlage für die Durchwärmung von Stabstahl, 4,5 t/h (Hilletal)

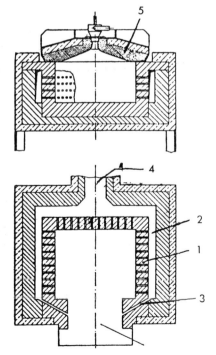

1 gasdurchlässige Wand, 2 Abgassammelraum, 3 Hilfsabgasöffnung,
4 Hauptabgasöffnung, 5 Gewölbe mit Deckenstrahlbrenner
Bild 545: Kleiner Kammerofen mit IR und Deckenstrahlbrenner

8.3.9.3. Induktive Schnellerwärmung [170]

Das Prinzip ist in 4.2.6. behandelt worden. Dank der Entwicklung der Thyristorumrichter stehen jetzt immer größere Anlagen zum Erzeugen von MF-Leistung zur Verfügung. Sie werden bei der Erwärmung von Stahl auf Schmiedetemperatur angewendet. Die Wärmeentwicklung findet innerhalb der Eindringtiefe im Wärmgut selbst statt. Wenn auch bis zu dieser Tiefe die Erwärmung sehr schnell vor sich geht, wird die Erwärmungszeit durch die Wärmeleitfähigkeit des Wärmgutes begrenzt. Man ist dazu übergegangen, nach möglichst schneller Oberflächenerwärmung (Energiezufuhr 5 kW/cm^2) während der Temperaturausgleichsperiode nur noch soviel Leistung zuzuführen, daß die Strahlungsverluste

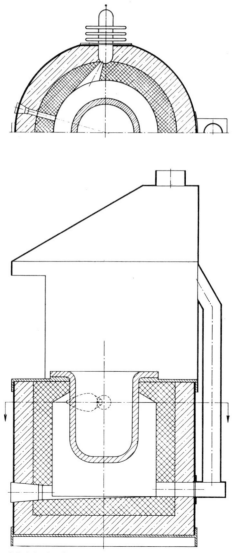

Bild 546: Tiegel-Salzbadeofen mit Gasbeheizung (Bild Gasinstitut Niederlande)

nach außen und der Wärmestrom zum Kern des Werkstückes hierdurch gedeckt werden. Hierdurch kann die Erwärmungzeit gegenüber der normalen induktiven Erwärmung bis auf 50 % gesenkt werden.

8.3.10. Salzbadöfen

Zum Härten von Werkzeugen finden manchmal S a l z b a d ö f e n Anwendung. Besonders Werkzeuge mit scharfen Schneiden, sonstigen scharfen Kanten oder solche, die durch ihre Form leicht zum Verziehen neigen, werden gerne in Salzbadöfen behandelt. Denn hierin werden die Schneiden mehr geschont, und durch die gleichmäßige und schnelle Wärmeübertragung ist eine gleichmäßigere Erwärmung zu erreichen als in normalen Öfen. Da das Wärmgut während des Erwärmungsvorgangs im Salzbad untergetaucht ist, ist es auch gegen Oxydation geschützt ohne Anwendung einer Schutzatmosphäre. Als Glühsalz wird chemisch reines Kochsalz (Chlor-Natrium) verwendet oder für Temperaturen von 600 bis 950°C eine Mischung von Chlor-Kalium mit Chlor-Barium im Verhältnis von 1:2. Chlor-Barium allein findet für Temperaturen über 950°C Anwendung. Auch Spezialstähle und Schnellstahl, die eine Härtetemperatur von über 1000 bis 1350°C erfordern, können im Salzbad behandelt werden. Hierfür ist aber ein brennstoffbeheizter Tiegelschmelzofen nach Bild 546 nicht zweckmäßig. Es kommt vielmehr ein tiegelloser Ofen mit elektrischer Beheizung in Frage.

Anschließend an den Härtevorgang von Stahl wird angelassen, und auch diese Wärmebehandlung läßt sich in Badöfen durchführen. Je nach der Zusammensetzung und dem Verwendungszweck des Stahles liegt die Anlaßtemperatur zwischen 100 und 650°C. Für Temperaturen bis 300°C kann hochwertiges Öl (Flammpunkt bei rund 320°C) verwendet werden. Für höhere Temperaturen kommen meistens salpeterhaltige Salzgemische in Frage. Auch zum Glühen und Vergüten von Leichtmetallegierungen und zum Hartlöten von Maschinen- und Apparateteilen finden Salzbadöfen Anwendung.

Als Ersatz für Salzbadöfen könnten umweltfreundlichere Wirbelbetteinrichtungen (4.5.3.) in Frage kommen [162].

8.3.11. Verzinkungsöfen

Das Verzinken von Eisen- und Metallteilen, von Draht und Gefecht kann in e i s e r n e n W a n n e n durchgeführt werden, die mittels Brennstoff oder Elektrizität (Widerstandsbeheizung) beheizt werden. Diese Wannen sind einem gewissen Verschleiß unterworfen, sie können durchbrennen. Das auslaufende Zink soll in einer Auslaufgrube aufgefangen werden können.

Durch Flachbrenner (Bild 547) wird ein höherer Wirkungsgrad erreicht und auch die Wannen geschont.

Eine andere Möglichkeit bieten die d e c k e l b e h e i z t e n Verzinkungsöfen mit keramischer Wanne (Bild 548). Da die Gefahr des Durchbrennens hierbei nicht besteht, kann die Auslaufgrube hier wegfallen. Ein Teil der Oberfläche des Zinkbades ist bei diesen Öfen vom Deckel überbrückt, in einer der Kopfwände ist ein Brenner eingebaut, und am anderen Ende des Deckels befindet sich der Abgasstutzen. Die Wärmeübertragung erfolgt außer durch Konvektion und Abgasstrahlung auch durch die Oberflächenstrahlung des Deckels. Die Temperatur des Deckels beträgt hierbei 650 bis 900°C. Diese Art der Beheizung gestattet eine genaue Temperaturhaltung, wodurch Überhitzung des Bades und Hartzinkbildung vermieden werden. Hier ließe sich für die Deckelbeheizung sehr gut das Verfahren der inneren Rekuperation anwenden. A u c h i n d u k t i v e e l e k t r i s c h e B e h e i z u n g wird für Verzinkungsanlagen angewandt.

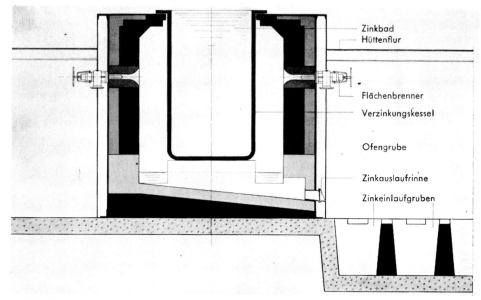

Bild 547: Zinkschmelzofen mit Stahltiegel und Flächenbrenner (Werkbild Dr. Schmitz & Apelt, Wuppertal)

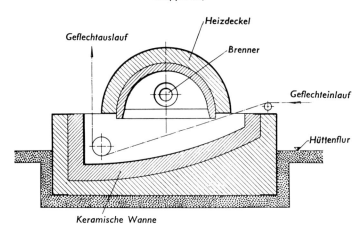

Bild 548: Schnittzeichnung eines Drahtgeflecht-Verzinkungsofen (Bauart Ofenbau FRITZ, Hagen)

Von Band-Feuerverzinkungsanlagen ist der Hauptteil die Beschichtungseinheit, in der das Band die schützende Zinkschicht erhält. Vorher wird es gereinigt und geglüht. Ohne mit Luft in Berührung zu kommen, wird das Band vom Glühofen (Bild 549) in das Zinkbad gezogen, umgelenkt und dann zwischen zwei Rollen senkrecht aus dem Bad herausgeführt. Das Band hat den Glühofen mit einer Temperatur von rund 470°C verlassen. Diese Temperatur ist hoch genug, um die Temperatur des Zinkbades auf der richtigen Höhe zu halten. Bei der modernen Konstruktion fehlen die Traversen, die die Verzinkungsrollen tragen, und diese Rollen sind gut zugänglich [294]. In den USA wird, statt das Band mit hoher Temperatur in das Zinkbad zu führen, oft das Bad induktiv beheizt.

8. Der Industrieofen und sein Verwendungszweck

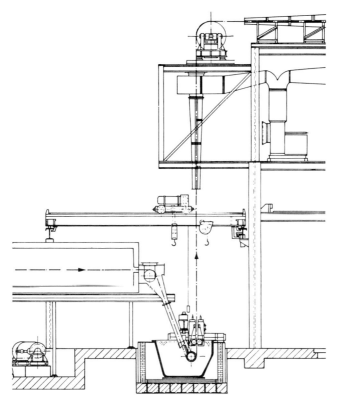

Bild 549: Band-Feuerverzinkungsanlage links der Glühofen (nach Heintz)

8.3.12. Emaillieröfen

Beim Emaillieren von metallischen Oberflächen sollen diese nicht mit dem Abgas des Brennstoffes in Berührung kommen. Die ältesten und noch vielfach benutzten Emaillieröfen mit Beheizung durch Kohle, Halbgas, Gas oder Öl sind Muffelöfen (Bild 550).

Für die Muffeln werden wegen der guten Wärmeleitfähigkeit vielfach Siliziumkarbid-Korundsteine benutzt.

Es werden auch vielfach strahlrohrbeheizte Kammeröfen verwendet sowie Kammeröfen mit elektrischer Widerstandsbeheizung. Für Badewannen finden auch Haubenöfen mit feststehender Haube nach Bild 512 Anwendung. Die Entwicklung aber geht in der Richtung der kontinuierlichen Fertigung, was natürlich eine möglichst große Stückzahl der Blech- oder Gußteile voraussetzt.

Zum Emaillieren in einem D u r c h l a u f o f e n können für kleinere Leistungen (aber auch bis 1000 kg/h) R o l l e n h e r d ö f e n eingesetzt werden mit Strahlrohrbeheizung (Bild 551). Die Rollen sind außerhalb des Tunnels gelagert und werden mechanisch angetrieben, wobei die Drehzahl der Rollen, also die Durchlaufgeschwindigkeit, stufenlos geregelt wird. Stufenlos regelbare Antriebe spielen überhaupt eine große Rolle in dem modernen Ofenbau. Das Emailliergut liegt auf Flachrosten, die nachdem sie am Auslauf

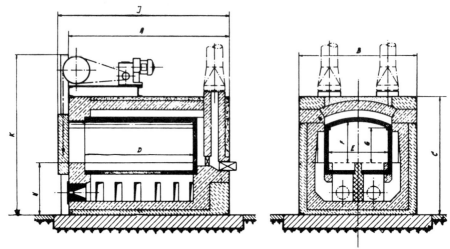

Bild 550: Emaillier-Muffelofen

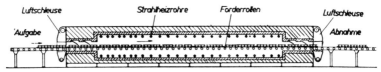

Bild 551: Rollenherd-Emaillierofen (nach Ludwig)

des Ofens entleert worden sind, schleunigst zur Aufgabe zurückwandern, damit sie noch mit einer Temperatur von 200 bis 350°C wieder in den Ofen einlaufen.

Für größere Leistungen (mindestens 250 bis 350 kg/h, besser 500 bis 1000 kg/h) kommen U m k e h r ö f e n   m i t   H ä n g e b a h n in Frage, wobei meistens ein Trockenofen vorgeschaltet wird, so daß die Ware mit einer Temperatur von 50 bis 70°C in den Ofen einläuft. Bild 552 gibt vereinfacht einen Umkehrofen wieder. Das Wärmgut hängt an Armen aus hitzebeständigem Stahl. Die Wärmeaustauschstrecke ist nicht beheizt, hier bewegen sich das eintretende Emaillergut (meistens Blechteile) und das heiße austretende Gut im Gegenstrom und tauschen Wärme aus. Die Brennstrecke wird durch Strahlrohre oder elektrisch beheizt.

Über den Wirkungsgrad eines Emaillierofen wird durch Engler [175] berichtet, und diese Betrachtung ist auch im allgemeinen Sinne interessant.

Eine alternative Lösung stellt der in Bild 553 abgebildete Unterflurofen dar. Das Fördersystem liegt nicht oberhalb der Ofendecke, sondern unterhalb des Ofenbodens. Es gibt keinen Deckenschlitz. Dafür sind die erforderlichen Durchführungen für den Transport der Ware im Ofenboden angeordnet. In der konstruktiven Ausführung handelt es sich hier ebenfalls um einen abschaltbaren Emaillierofen, der für die Beheizung sowohl mit Strom als auch mit Gas angeboten wird. Dieses Querschnittsbild stellt links die Vorwärmzone und rechts die Brennzone dar. Diese Darstellung zeigt zwei unabhängige Kreisförderer, die den Ofen durchlaufen, dargestellt durch die Positionen I und II. Jeweils ein Kettenstrang läuft in den Ofen hinein und wieder heraus.

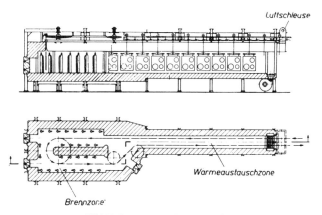

Bild 552: Umkehr-Emaillierofen

Bei Öfen dieses Systems sind viele der vorher aufgezeigten Nachteile des universellen Ofens aufgehoben: Die Ware liegt auf einer Ebene. Ein automatisches Be- und Entladen bringt keine Probleme mehr. Aufgrund der geringen Bauhöhe hat der Ofen eine verringerte Thermik. Die Ware selbst ist immer im gleichen Abstand zur Beheizungsquelle positioniert. Die Temperaturtoleranzen an der Ware halten sich in engen Grenzen. Die Voraussetzungen beim Einbrennen von empfindlichen Emails, bezogen auf die Temperaturgleichheit, sind eindeutig besser. Das Totgewicht für die Brenngestelle wird niedriger und daher auch der Energieverbrauch. Oberhalb der Ware sind keine bewegten Teile, und die Möglichkeiten des Befalls sind geringer. Eine Ofenentlüftung kann gezielt in der erforderlichen und gewünschten Größenordnung in der Decke angebracht werden.

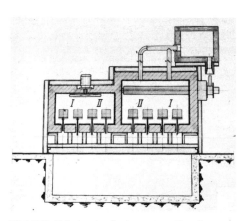

Bild 553: Schnitt durch einen Unterflurofen

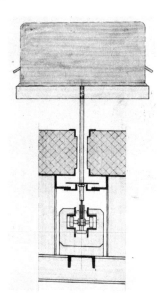

Bild 554: Detailansicht von Förderer und Ofenboden

8. Der Industrieofen und sein Verwendungszweck

8.3.13. Verdampfen mit Elektronenstrahlen [174]

Zum Schutz gegen Korrosion oder zum Verzieren werden oft dünne Metallschichten auf Stahl oder Kunststoff aufgebracht, wobei der gebräuchlichste Verfahren wohl die Elektrolyse ist. Seit kurzer Zeit sind aber Hochvakuumanlagen in Gebrauch für das kontinuierliche Aufbringen einer Aluminiumschicht auf Stahlband. Hierbei wird das Aluminium mittels Elektronenstrahlen verdampft und auf das Stahlbad aufgetragen. In den USA werden auf diese Weise auch Cr-Ni-Legierungen auf Stahlband aufgedampft, um eine rostfreie Oberfläche zu erzielen.

8.4. GLASSCHMELZÖFEN

Glas ist eine fast ohne Kristallbildung erstarrte Schmelze eines Gemenges von Silikaten. In der Hauptsache besteht Glas aus Na_2SiO_3, $CaSiO_2$ und kleineren Mengen Al- und Ma-Silikaten. Einen bestimmten Schmelzpunkt hat es nicht; bei Erhitzung wird es langsam weich. Als Grundstoffe werden Quarzsand, Kalkstein, Soda oder Pottasche mit verschiedenen Zuschlägen und Glasscherben benutzt. Bei Temperaturen von 1400 bis 1500 °C ist dieses Gemenge geschmolzen. Aus der Schmelze entweichen Gase (CO_2, und wenn Soda teilweise durch Natriumsulfat ersetzt wird, auch SO_2); alle Gasbläschen sollen entweichen, das Glas soll geläutert werden. Bei 1000 bis 1200 °C hat das Glas die Verarbeitungszähigkeit. Es gibt übrigens eine große Menge Sondergläser.

Es werden in der Glasindustrie in der Hauptsache zwei Ofensysteme angewandt, nämlich Hafenöfen und Wannenöfen, wobei der Hafenofen der älteste ist.

8.4.1. Hafenöfen

Hafen ist der Fachausdruck für Glastiegel aus feuerfestem Baustoff, der widerstandsfähig gegen Angriff durch die Schmelze ist. Diese Hafen werden im Hafenofen eingesetzt, sie werden abgedichtet oder offengelassen, je nach den an das Glas gestellten Güteansprüchen. Die Beheizung dieser Öfen erfolgt mit Gas (z.B. aus angebauten Generatoren) oder mit Öl. Bei der hohen Ofentemperatur wird Vorwärmung der Verbrennungsluft (gelegent-

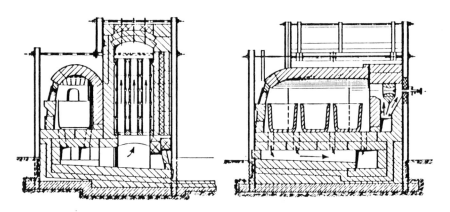

Bild 555: Rekuperativ beheizter Dreihafenofen

**Nutzen Sie unsere
50jährige Erfahrung.**

Wir projektieren und bauen

Wärme-
behandlungs-
Anlagen

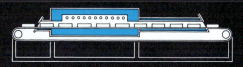

Gastechnische
Anlagen

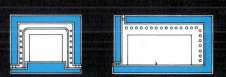

Unser Wissen um die Probleme und deren
Lösung auf den Gebieten
**Pulvermetallurgie
Chemie
Leichtmetall
Glas
Eisen und Stahl**
setzen wir für Sie ein.

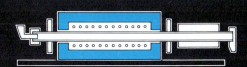
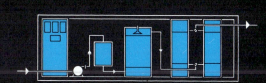

ELINO INDUSTRIE-OFENBAU · CARL HANF $^{GM}_{BH}$+CO

POSTFACH 305 · ZUM MÜHLENGRABEN 16-18 · D-5160 DÜREN · TEL.: 02421/61046 · TELEX: 833836

AT HOME IN THE WORLD OF GLASS

MELTING FURNACES
FOREHEARTH SYSTEMS
EQUIPMENT
SERVICE

Nikolaus SORG GmbH & Co KG   Postfach 520   D-8770 Lohr am Main   West Germany
Tel. 09352 2035 or 9077   Telex 689 415 or 689 445

lich auch des Gases) mittels Rekuperatoren oder Regeneratoren angewandt. Die Form des Ofenraumes kann rund, oval, halbrund oder rechteckig sein. Bild 555 zeigt einen Hafenofen. Die Flammen- und die Abgasführung bei Hafenöfen können verschieden ausgeführt werden. Da es sich beim Hafenofen um einen nichtkontinuierlichen Schmelzvorgang handelt, eignet sich diese Ofenart nicht für Massenproduktion. Auch ist der Energieverbrauch hoch (20-33 MJ/kg). Sie ist aber noch unentbehrlich, wenn gleichzeitig mehrere Glassorten nebeneinander geschmolzen werden sollen oder bei der Fabrikation von feineren Sonderglassorten. Letztere können dann auch während des Schmelzvorganges einer besonderen Behandlung unterzogen werden. In Schweden sind Hafenöfen mit elektrischer Widerstandsbeheizung in Betrieb.

8.4.2. Wannenöfen

werden allgemein in der Glasherstellung angewandt; es wird das Glas hierbei in einer Wanne aufgenommen. In den Grundzügen sind Glaswannenöfen und SM-Öfen ähnlich. Die Schmelzvorgänge sind aber verschieden, und hieraus ergeben sich einige Unterschiede: Einlegen und Glasentnahme erfolgen meistens kontinuierlich. Der spez. Wärmeverbrauch je Tonne ist für die Glasschmelze fast doppelt so hoch wie für die Stahlschmelze. Flüssiges Glas ist teilweise für Strahlung durchlässig und reflektiert nur wenig.

Diese Unterschiede wirken sich auf die Konstruktion des Ofens aus: Der Wannenofen hat eine Wanne mit senkrecht stehenden Wänden und eine Badtiefe von ungefähr 80 bis 100 cm. Der Herd eines SM-Ofens ist dagegen eine flache Mulde.

Die Brenneranordnung ist eine andere als beim SM-Ofen, wo die Brenner in den beiden Schmalseiten liegen und abwechselnd in Betrieb sind.

Beim Wannenofen unterscheidet man:

Ofenbetrieb: Tageswannen.
              Dauerwannen.

Brenneranordnung: Seitenbeheizte oder Querflammenwannen.
                       Hinterbeheizte oder U-Flammenwannen.

Bei der ältesten Form, dem Generatorgasbrenner, treten Gas und Luft mit fast gleicher Geschwindigkeit aus. Bei Betrieb mit Koksofengas, Erdgas oder Öl tritt der Brennstoff aus Düsen mit hoher Geschwindigkeit aus. Bei Koksofengas und meistens auch bei Erdgas sind mehrere Paare dieser Düsen vorhanden, die unter einem Winkel von 30 bis 45° zur Achse des Luftkanals angeordnet sind. Bei Öl sind die Düsen schräg von unten oder von oben zum Luftstrom angeordnet („Underport-" und „Overport"-Feuerung).

Für kleinere Glasmengen oder für Spezial- oder Farbgläser werden kleine Öfen mit T a g e s w a n n e n gebaut, wobei meistens nachts geschmolzen und das Glas tagsüber verarbeitet wird. Eine bekannte Entwicklung ist der Unitmelter, der bedeutend wirtschaftlicher arbeitet als die Tageswanne. Obwohl der U n i t m e l t e r in den USA meistens ohne Luftvorwärmung gebaut wird, wird er in Deutschland mit aufgebautem keramischen Rekuperator benutzt.

Die D a u e r w a n n e n werden, wie der Name schon besagt, dauernd mit Rohmaterial (G e m e n g e) beschickt, und zwar in dem Maße, wie das Glas entnommen wird. Der Stand des Glasspiegels bleibt also gleichmäßig hoch. Die D u r c h l a ß w a n n e ist am meisten verbreitet; hierbei ist die Wanne durch eine Brückenwand in eine Schmelzwanne und in eine Arbeitswanne unterteilt, die nur durch einen Kanal (Durchlaß) in der Nähe

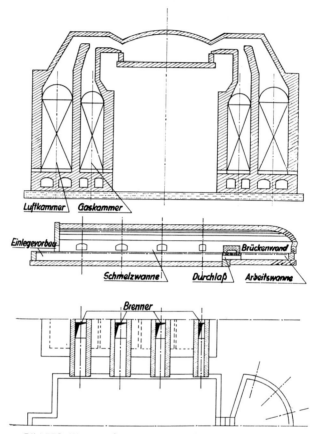

Bild 556: Wannenofen seitenbeheizt (Querflammenwanne)

des Wannenbodens Verbindung miteinander haben. Das Abgas dagegen kann die Glasoberfläche sowohl in der Schmelzwanne wie in der Arbeitswanne bestreichen, da die Brückenwand nicht bis zum Gewölbe hochgezogen wird (Bild 556).

Bei der z w e i g e h ä u s i g e n W a n n e (Bild 557) dagegen sind Schmelz- und Arbeitsraum gasseitig völlig voneinander getrennt.

Die Gas- oder Ölbeheizung kann unter Benutzung der Abgaswärme in Regeneratoren oder Rekuperatoren durchgeführt werden. Der Ofen nach Bild 556 hat Seiten-Beheizung und Regeneratoren. Im Rhythmus der Regeneratorschaltung tritt die Flamme abwechselnd aus einem Brenner aus, und das Abgas bewegt sich zum anderen Brenner. Bei der Vorwärmung mittels Rekuperatoren können sämtliche Brenner dauernd in Betrieb sein, hier ist auch die Möglichkeit für andere bauliche Lösungen gegeben. Nach Meister [176] ist es gelungen, den Energieverbrauch von 8,5 — 12,5 MJ/kg auf 5 — 7 MJ/kg in 1970 zu senken.

Nach Eckert ist es bei neuzeitlichen Ausführungen gelungen, die Öfen mit rekuperativer Vorwärmung (keramischer Rekuperator nach Bild 211) den Ölverbrauch auf weniger als 0,2 kg je kg Glas herunterzudrücken.

8. Der Industrieofen und sein Verwendungszweck

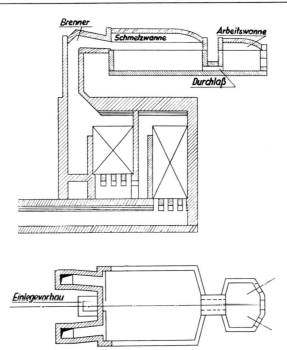

Bild 557: Wannenofen zweihäusig (U-Flammenwanne)

Die Anwendung von Elektrowärme in der Glasindustrie hat verschiedene Vorteile, wenn es sich um Zusatzheizungen bei großen Öfen und die Beheizung von Kleinöfen handelt. Das trifft besonders dann zu, wenn die direkte Beheizung des Glasbades durch Stromdurchgang angewendet werden kann. Die Energieausnutzung soll angeblich fast 95 % sein. Außerdem wird so eine Glasströmung geschaffen, die ungünstige Temperaturunterschiede zwischen Glasspiegel und Wannenboden verringert. Beim Schmelzen von Glas beruht die direkte Widerstandsbeheizung darauf, daß Glas zwar kalt nichtleitend ist, aber flüssig den elektrischen Strom leitet. Die Zuführungselektroden, die in das flüssige Glasbad eintauchen, können billige Graphitelektroden sein. Sie reagieren aber mit einigen Komponenten des Glases, was einen ziemlich hohen Elektrodenverbrauch und eine Verunreinigung der Glasmasse zur Folge hat. Sie können mit 1 bis 2 A/cm^2 belastet werden und sollen wassergekühlte Halterungen haben. Elektroden aus Molybdändisilicid ($MoSi_2$) sind bei einer Belastung von rund 1,5 A/cm^2 bis 1550°C brauchbar. Seit einigen Jahren sind Elemente aus Molybdändisilicid erhältlich, die sogar einen Betrieb bis 1800°C aushalten, allerdings nur, wenn sie senkrecht im Ofen eingebaut werden [177].

Für die Stromversorgung setzt man Transformatoren ein. Ein großer Vorteil der direkten elektrischen Beheizung liegt in der Möglichkeit, die Wärmezufuhr über die Stromstärke zu regeln. Schmelzöfen mit ausschließlicher elektrischer Beheizung zeigt Bild 558.

[178] Meistens baut man die elektrische Beheizung als Zusatzbeheizung ein, um beim Abnehmen der Schmelzleistung bei brennstoffbeheizten Öfen die Leistung auf der ursprünglichen Höhe halten zu können (electric boosting). Wenn der Ofen Glas für automatische Maschinen liefert, kann es nicht in Kauf genommen werden, daß nach zwei bis drei Jahren

ein Leistungsabfall von z.B. 20 % auftritt. Um das zu verhindern, werden elektrische Zusatzbeheizungen eingebaut. Aber auch bei kleineren Öfen findet eine derartige Zusatzheizung Anwendung, damit sich bei größerem Glasbedarf eine höhere Schmelzleistung erzielen läßt.

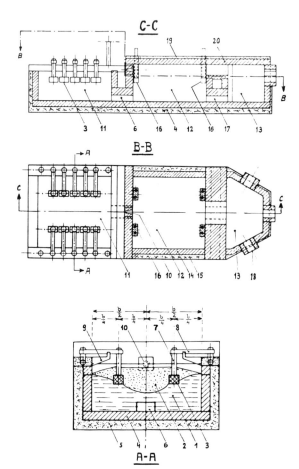

1 Glasbad in der Vorschmelzwanne, 2 auf dem Glasbad in der Vorschmelzwanne schwimmendes Gemenge, 3 Elektroden in der Vorschmelzwanne, an senkrecht von oben in das Bad hineinragenden und als Stromzuführung ausgebildeten Elektrodenhaltern aufgehängt, 6 tiefliegender Durchfluß (spout) zwischen Vorschmelzwanne und Läuterungskammer, 10 Öffnung für den eventuellen Einbau eines Zusatzbrenners zur zusätzlichen Beheizung der Oberfläche in der Läuterungskammer, 11 Vorschmelzwanne, 12 Läuterungskammer, 13 Arbeitswanne (Abstehen und Ausarbeiten des Glases), 16 Elektroden der Läuterungskammer an senkrechten Stromzuleitungen hängend angeordnet, 17 tiefliegender Durchfluß (spout) zwischen Läuterungskammer und Arbeitswanne, 18 Anschlußstellen für die Vorherde für die Zuführung des Glases zu den die automatischen Flaschenblasmaschinen versorgenden Speisern (feeder).

Bild 558: Dreiteilige Elektro-Glasschmelzwanne, System Cornelius, für die maschinelle Produktion von Flaschen

8. Der Industrieofen und sein Verwendungszweck

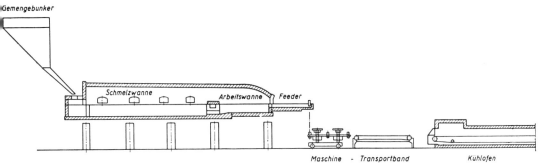

Bild 559: Produktionsfluß bei der Glasherstellung

Bild 559 zeigt schematisch den Produktionsverlauf bei der Glasherstellung. Wie daraus hervorgeht, wird das Glas nach seiner Formgebung einem Kühlofen zugeführt.

Beim Abkühlen von Glas entstehen infolge des kleinen Wärmeleitungsvermögens Spannungen, so daß das Glas beim geringsten Stoß zu Bruch gehen würde. Deswegen muß man es langsam abkühlen oder, wie es in der Praxis gehandhabt wird, nochmals auf 400 bis 500°C erwärmen und anschließend nach einer bestimmten Zeit-Temperatur-Kurve abkühlen. Es werden hauptsächlich Tunnelkühlöfen verwendet, die eine Länge von 10 bis 30 m und eine Nutzhöhe von 0,4 bis 0,6 m haben. Die Beheizung kann elektrisch [264] oder durch Gas erfolgen (Bild 560). Da Erdgas praktisch schwefelfrei geliefert wird, kann eine direkte Beheizung mit Abgasumwälzung vorteilhaft angewendet werden.

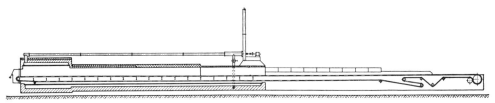

Bild 560: Kühlofen

8.5. ÖFEN FÜR DIE KERAMISCHE INDUSTRIE

Tafel 123 gibt eine Übersicht über einige keramische Erzeugnisse und die Brenntemperaturen. Zum Brennen von Ziegelsteinen werden neben dem Ringofen, der am gebräuchlichsten ist, Kammeröfen und Tunnelöfen mit Förderwagen verwendet.

8.5.1. Der Ringofen

in Bild 561 wurde vorwiegend mit Kohle beheizt, und zwar auf eine sehr besondere Art, die sogenannte Streufeuerung. Auch die Beschickung mit getrockneten Ziegelformlingen ist merkwürdig. a ist der Ofenraum und c sind die Ofentüren zum Beschicken (Einsetzen) und Entleeren (Auskarren). Der Brennstoff wird von oben her, durch Schürlöcher in der Decke von a eingestreut. b sind Abgasventile, d ist der Abgaskanal, der zum Schornstein e führt. Es wird nicht der ganze Ofenraum a auf einmal beschickt, sondern in gewissen Zeit-

Tafel 123: Keramische Erzeugnisse

Art der Ware	Brenntemperatur °C
Ziegel	1100
Dachziegel	1280
Sanitärware	1300
Biskuitware	1080
Glasurware	1280
Schamottesteine	1400
Silikatsteine	1550
Hochwertiges Porzellan	1450
Elektro-Porzellan	1450

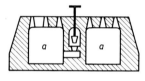

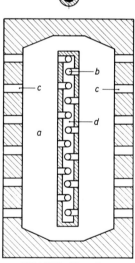

Bild 561: Ringofen

abschnitten nur der an einer Ofentür grenzende Ofenteil (Kammer). Der Vorgang ist in Bild 562 dargestellt. In den schraffierten Kammern befinden sich Ziegel; die in 3, 4, und 5 sind gebrannt und werden abgekühlt durch Luft, die von 1 und 2 nach 6 zieht, in 6 wird Kohle verbrannt, und das Abgas zieht durch 7, 8, 9 und 10 zu den offenen Abgasventilen von 9 und 10. Die Ziegel in 11 sind erst soeben eingesetzt. Die Ofentüren sind zugemauert, nur die von 1, 2 und 12 sind offen, und zwischen 11 und 12 ist eine Trennwand aus Papier (Papierschieber) angebracht. Es kann 3 entleert und 12 beschickt werden, auch wird die Feuerzone von 6 langsam nach 7 verlegt. Der Fertigungsprozeß bewegt sich also ringförmig durch den Ofen.

8. Der Industrieofen und sein Verwendungszweck

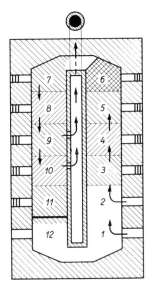

Bild 562: Arbeitsgang des Ringofens

Der Brennstoff (Nußkohle) wird durch diejenigen Deckenlöcher, wo sich die Feuerzone zur Zeit befindet, mit Dosierapparaten (S c h ü r a p p a r a t e) regelmäßig zugeführt. Mit dem Wandern der Feuerzone werden auch die Schürapparate weiter vorversetzt. Werden die Steine treppenförmig im Ofen eingesetzt, so verteilt sich die heruntergestreute Kohle auf den Stufen, entzündet sich und verbrennt. Werden die Steine blockartig eingesetzt, so fällt die Kohle auf einen Rost, der aus keramischem Baustoff hergestellt wird, wenn bei hohe Temperatur gebrannt werden soll.

Auch hier wird bereits seit mehreren Jahren Öl- und Gasbeheizung angewendet. Öl kann über Meßventile durch die Schürlöcher einfach in den Ofen hineingeträufelt werden. Moderner ist die Beheizung mit I m p u l s b r e n n e r n (6.6.2.), die eine genaue Bemes-

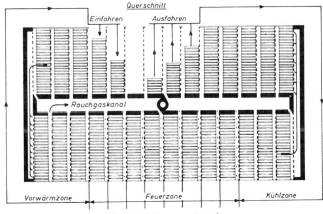

Bild 563: Kammerringofen

612 8. Der Industrieofen und sein Verwendungszweck

sung der Brennstoffzufuhr durch Änderung oder Dauer der Impulszahl zulassen. Die Gasbeheizung, besonders mit billigem Erdgas, führt sich ein. Hierbei werden meistens Brennerlanzen durch die Schürlöcher eingeführt, aber auch Hochgeschwindigkeitsbrenner (Gasimpulsbrenner) werden angewandt.

Eine weitgehende Rationalisierung des Ofenbetriebes wird durch die Anwendung von Hubstaplern und eine besondere Art der Stapelung erreicht. Hierdurch können die Steinpakete ohne Umstaplung getrocknet, gebrannt und beim Verbraucher abgeliefert werden. Es ist aber hierzu notwendig, daß die Ofenbeheizung gleichmäßig ist. Dies wird im Kammerringofen Bild 563 dadurch erreicht, daß durch Pfeiler und Gewölbe Einzelkammern gebildet werden zum Einsetzen der Ziegelpakete. Die Kammern sind breiter als die Pakete, und die Schürlöcher befinden sich seitlich zu diesen Paketen. Die Pfeiler haben unten Gasdurchlässe, und die Gase bewegen sich in der im Bild 564 durch Pfeile gekennzeichneten Weise. Hierdurch wird eine regelmäßige Temperaturverteilung im Ziegelpaket erreicht.

Tafel 124 gibt Aufschluß über den Wärmeverbrauch für das Brennen von Ziegeln in Ringöfen und in Tunnelöfen.

Bei der neuesten Ausführung des Kammerringofens sind die Kammern gleichfalls in zwei parallele Reihen angeordnet, aber die gemeinschaftlichen Umlenkmauern und der Rauchgaskanal sind fortgelassen. Es wird die in Frage kommende Kammer an dem Luftzufuhrrohr A bezw. mittels eines Telekoprohres an der Abgasrohrleitung angeschlossen (Bild

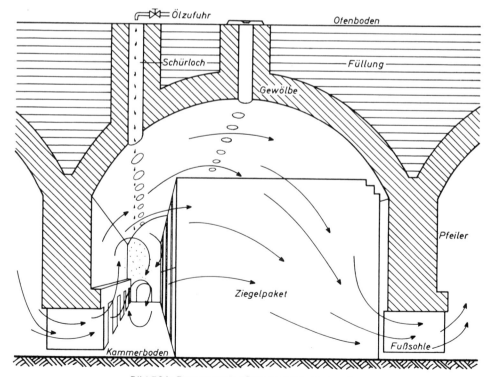

Bild 564: Bewegung der Gase im Kammerringofen

8. Der Industrieofen und sein Verwendungszweck

Tafel 124: Bruto-Wärmeverbrauch für das Brennen von Ziegeln

	in MJ/kg gebrannte Ware	
	In Ringöfen	In Tunnelöfen
Perforierte Strangpressziegel	1,5 – 2,2	1,4 – 2,0
Strangpress-ziegel	1,75 – 2,3	2,0 – 2,57
Handformziegel	1,5 – 2,2	1,7 – 2,3

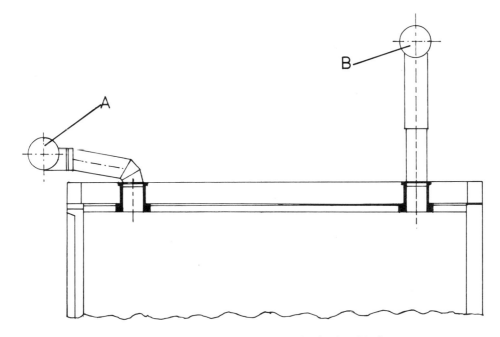

Bild 565: Moderner Kammerringofen (nach Bekker)

565). Natürlicher Zug allein wird fast nicht mehr angewandt. Gebläse gewährleisten eine bessere Regelung und hierdurch einen Brennstoffersparnis bis zu 20%. Um aber Umweltverschmutzung vorzubeugen, fördern die Gebläse jedoch immer in einen genügend hohen Schornstein.

Ein Kammerringofen [265] wurde mit Lanzenbrennern durch die Decke beheizt (Bild 566). Die Primärluft, vom Gasstrahl selbst angesaugt, ist so gering, daß eine langsam ausbrennende Flamme sich durch den Kammerquerschnitt bewegt. Die zum vollständigen Ausbrand notwendige Luftmenge ist als Falschluft vorhanden, und zwar so reichlich, daß eine Luftzahl von n = 3,83 gemessen wurde. Hohe Luftzahlen, auch bei Beheizung mit Öl oder Kohle, sind kennzeichnend für die Öfen der keramischen Industrie, die keine aufgezwungene Zirkulation der Ofengase haben, z.B. mit Gebläsen. Das ist erklärlich, da die Heizgase zwischen den Stapeln von Wärmgut, z.B. Ziegel, hindurch ziehen, so daß die Wärmeübertragung hauptsächlich durch Konvektion erfolgt. Die Heizgase müssen deswegen eine bestimmte Geschwindigkeit haben, damit genügend Wärme abgegeben wird.

614   8. Der Industrieofen und sein Verwendungszweck

Bild 566: Beheizung eines Kammerringofens mit Lanzenbrenner durch die Decke

Andererseits muß auch die Luftmenge imstande sein den Steinstapeln soviel Wärme zu entziehen, daß sie ausgetragen werden können. Grob gerechnet ist das 1 kg Luft/ kg Ziegel. Hieraus ergibt sich bereits ein zwei- bis dreifacher Luftüberschuß, auch bei Tunnelöfen. Die heiße Luft läßt sich aber nicht nur als Verbrennungs- sondern auch als Trocknungsluft verwerten. Man findet aber in den Schornsteingasen Luftzahlen von 3 bis 4, was große Wärmeverluste anzeigt.

Bei Ringöfen wird die Luft, soweit sie nicht durch den Brenner direkt aus der Atmosphäre angesaugt wird, vorgewärmt, weil sie an den Steinstapeln in den Kammern entlangströmt, in denen die Steine bereits gebrannt sind. Bei Messungen wurden Wärmeübergangskoeffizienten von 17,5 w/m²K in der Anwärm- und Kühlzone festgestellt.

8.5.2. Wagenöfen oder Chargenöfen

Seit einigen Jahren sind diskontinuierliche Öfen entwickelt worden, die dank der Anwendung moderner Bau- und Wärmeschutzstoffe und wegen der Anpassung an moderne Transportmittel einen Schritt vorwärts bedeuten. Diese Öfen erlauben eine flexible Betriebsweise, wodurch in einem Werk, in dem bereits kontinuierliche oder halbkontinuierliche Öfen (Tunnelöfen, Kammerringöfen) aufgestellt sind, die zusätzliche Aufstellung eines modernen diskontinuierlichen Ofens eine schnelle Produktionsanpassung an die Marktlage möglich macht. Bild 567 zeigt einen Kammerwagenofen, der für das Brennen von Hulo-Ziegelpaketen bestimmt ist. Die Pakete können mit einem Hubstapler aufgenommen, befördert und abgesetzt und mit Spezialwagen auch beim Verbraucher angeliefert werden. Der Ofen ist aus normierten Längsabschnitten aufgebaut, die die Länge eines Wagens haben. Nur die beiden Kopfteile sind länger, damit zwischen dem Ende der Ziegelpakete und den Türen mit zusätzlichen Brennern geheizt werden kann. In den Ofen können sechs Wagen hintereinander geschoben werden. Die Ladung jedes Wagens wird von unten durch entsprechende Öffnungen mit 12 Brennern beheizt. Außerdem feuern hinter den Flammenmauern noch Seitenbrenner von unten hoch. Insgesamt sind 152 Brenner eingebaut. Die Brenner jedes Längsabschnittes werden automatisch geregelt, und

8. Der Industrieofen und sein Verwendungszweck

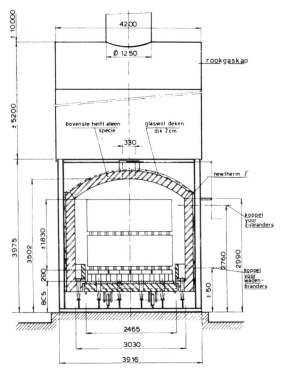

Bild 567: Querschnitt eines gasbeheizten Kammerwagenofens (Werkbild Denver Fireclay Corporation USA)

zwar die Seitenbrenner über ein Thermoelement oben, die Wagenbrenner über ein Thermoelement unten; sie werden also getrennt gesteuert. Das Temperatur-Zeit-Programm wird automatisch von einer Scheibe und einem elektronischen Regler abgewickelt. Kurz vor Erreichen der Garbrandtemperatur wird von der Programmscheibe automatisch auf einen einstellbaren Sollwert-Temperaturregler mit hoher Geschwindigkeit umgeschaltet. Hierdurch beträgt die Temperaturabweichung im Längs- und Querschnitt des Ofens nicht mehr als 10 K. Luft- und Abgasgebläse sind nicht vorhanden [179].

Bild 568 zeigt einen Herwagenofen mit Beheizung durch Impulsbrenner (Bild 569). Sie sind in zwei Gruppen übereinander angeordnet. Bei diesen Brennern wird ein zündfertiges Gemisch zugeführt, und es wird durch eine Verjüngung der Brennkammer eine hohe Austrittsgeschwindigkeit (bis 200 m/s) erzielt. Schäfer ([180], Literatur 6.3.) hat für solche

Tunnelbrenner als Näherung gefunden: (6.3.3. und 6.3.4.)

Q/V proportional $1/D$.
(Q/V = Brennkammerbelastung
D = Brennkammerdurchmesser)

Da bei Kleinlast des Brenners die Austrittsgeschwindigkeit abnimmt, der Flammenstrahl kürzer und der Impuls kleiner wird, ist dann die Rezirkulation der Ofengase kleiner un die Wärmeübertragung auf das Wärmgut ungleichmäßig. Deswegen wird oft eine Regelung „Groß–Aus" angewandt. Wenn die Ofentemperatur während des Brenners niedrig sein

Bild 568: Gasbeheizter Herdwagenofen, Maximaltemperatur 1400 °C, 4,5 m³ Nutzraum, Beschickgewicht 2,7 t Ferrite, Brennzyklus 36 h, Temperaturgleichmäßigkeit ± 12 °C. (Werkfoto Riedhammer-Industrieofenbau)

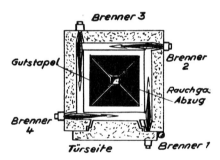

Bild 569: Grundriß eines Herdwagenofens mit Hochgeschwindigkeitsbeheizung (Riedhammer)

kann und keine Zündsicherung vorhanden ist, wird auch „Groß—Klein"-Regelung angewandt. Es dient dann die Regelung auf „Klein" nur dazu um immer eine kleine Flamme instand zu halten.

Eine besondere Methode wird bei der Iso-Jet-Brenneranlage angewendet [181]. Bild 571 zeigt einen üblichen Hochgeschwindigkeitsbrenner und die Temperaturverteilung in der Flamme bei 25 % Brennerbelastung. Bei dem Iso-Jet-Brenner (Bild 571) vollzieht sich die Verbrennung in 1 wie es in einem Impulsbrenner gebräuchlich ist, jedoch wird hier bei 2 Sekundärluft zugeführt. Im Falle Bild 570 ist die Austrittsgeschwindigkeit der Verbrennungsgase wegen der Brenngemischdrosslung gering und die Austrittstemperatur hoch. Dadurch wird der Abgasstrahl durch Auftrieb nach oben gelenkt, und die Temperaturverteilung in waagerechter Richtung wird schlecht. Dagegen wird bei der Anordnung nach Bild 571 eine hohe Austrittsgeschwindigkeit und eine niedrige Austrittstemperatur erreicht. Der Gasstrahl hat, sogar über die Länge von 7 m, eine ziemlich gleichmäßige Temperatur. Es kommt eine starke Freistrahlumwälzung zustande. Bei zunehmender Brennerleistung wird die Sekundärluftmenge immer mehr gedrosselt, so daß bei 100 %

Brennerleistung keine Sekundärluft mehr zugesetzt wird. Die Zumischung von Sekundärluft bei abnehmender Brennerleistung bedeutet natürlich eine Erhöhung des Luftüberschusses. Bei sehr kleinen Leistungen ist eine 20fache Luftmenge vorhanden, aber die gleichmäßige Erwärmung und die Steigerung der Wärmeübertragung sollen doch einen guten Gesamtwirkungsgrad erbringen. Die Sekundärluft wird mit Gebläsen durch ein gesondertes Verteilungsnetz den Brennern zugeführt.

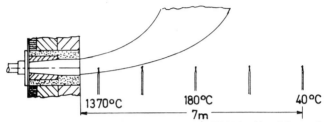

Bild 570: Gewöhnlicher Hochgeschwindigkeitsbrenner mit 25 % der Nennleistung beaufschlagt

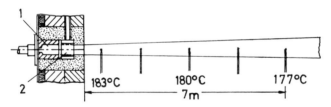

Bild 571: Jet-Brenner, gleichfalls mit 25 % der Nennleistung beaufschlagt

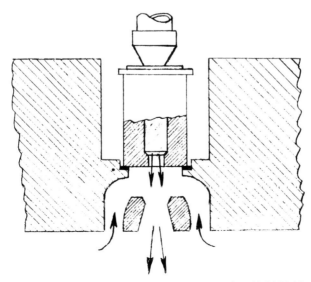

Bild 572: Impulsbrenner mit Rezirkulationsvorrichtung (Werkbild Bickley GmbH)

618   8. Der Industrieofen und sein Verwendungszweck

Bild 573: Haubenofen für das Brennen von Magnesitstein (1760 °C)
(Werkbild Bickley GmbH, Unna/Westf.)

Mit dem Iso-Jet-Brennersystem kann eine sehr gleichmäßige Beheizung von Wagenkammeröfen erreicht werden. Dieses System wird auch bei Haubenöfen für das Brennen von Schleifscheiben, feuerfestem Material, Elektrokeramik, überhaupt für das Brennen keramischer Produkte in kleineren Mengen eingesetzt (Bild 573) [271]. Für den Fall, daß mit einer reduzierenden Atmosphäre gearbeitet werden soll, werden auch Impulsbrenner mit einer Rezirkulations-Vorrichtung (Bild 572) verwendet.
In 1964–65 wurde durch die Zusammenarbeit von Battelle-Institut (Frankfurt/M), Bekker (Techn. Centrum Waalsteen. (Holland) und Verfasser einer Ofen entwickelt, den man als Kammer-Tunnelofen bezeichnen kann. Bild 574 zeigt die Anordnung eines Schiebers, der die Kammern trennt. Auf der Int. Fachtagung in Brno (Dez. 1977) wurde durch Kramer über den in der DDR gebauten „Kurztunnelofen" berichtet, der im Wesentlichen mit diesem Kammer-Tunnelofen übereinstimmt. In der Vorwärm- bzw. der Kühlzone sind nach jedem zweiten Tunnelwagen gleichfalls senkrecht bewegliche Schieber eingebaut. Durch diese Konstruktion wird die Temperaturverteilung in den Ziegelstapeln viel gleichmäßiger.

8.5.3. Tunnelöfen

für die keramische Industrie sind manchmal 100 und mehr Meter lang. Die aus dem Ofen kommenden Wagen werden entleert, beladen und an der anderen Seite wieder mittels einer Einschubmaschine mit hydraulischem Antrieb in den Tunnel gebracht. Die Wagen durchwandern zuerst eine Schleuse, dann die Vorwärmzone, wobei sie im Gegenstrom zum Abgas wandern. Anschließend gehen sie durch die Brennzone, wo sich die Brenner oder die elektrische Beheizung befinden, und schließlich durch die Kühlzone, wobei der Wärmeinhalt des Wärmgutes zur Vorwärmung von Verbrennungsluft oder Trockenluft

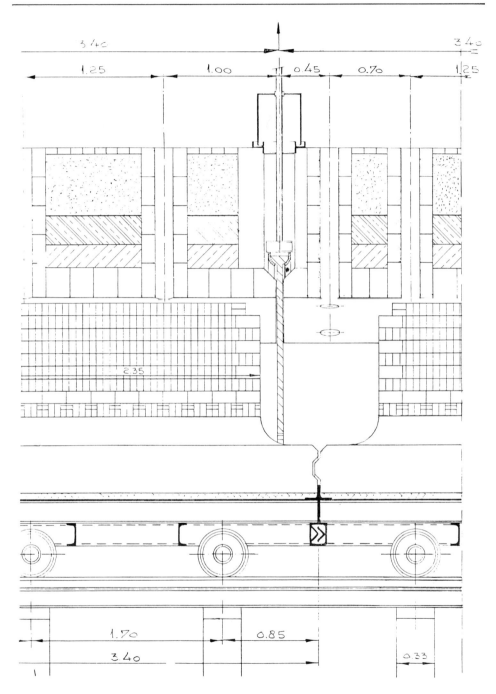

Bild 574: Kammer–Tunnelofen. Anordnung des Schiebers (Bekker-Brunklaus)

Bild 575: Erdgas-Impulsbrenner als Deckenbrenner in einem Tunnelofen

ausgenutzt wird. Die Wagen durchlaufen den Ofen in etwa 48h und verlassen ihn mit einer Temperatur von rund 120°C. Es wird Gas- oder Ölbeheizung und elektrische Widerstandsbeheizung angewandt, in letzter Zeit auch Ölgas.

Als Gasbrenner werden immer mehr Hochgeschwindigkeitsbrenner (Impulsbrenner) eingesetzt, die durch die Decke von oben nach unten in die Räume zwischen den Wärmgutstapeln feuern (Bild 575). Sind die Brenner waagerecht in den Seitenwänden des Ofens angebracht, so feuern sie durch freie Räume unter oder in den Stapeln (Bild 576). Hierdurch ist die Temperaturverteilung in den Stapeln sehr gut, wenn die Setzweise richtig angepaßt ist. Die Brenner werden während der Zeit, in der die Wagen vorgeschoben werden, klein

Bild 576: Anordnung der Ziegel auf den Brennwagen eines Tunnelofens

gestellt. Bild 577 zeigt einige Abschnitte eines modernen Tunnelofens für die Ziegelindustrie. Die Wagen werden seitlich in den Ofen gebracht und das Rauchgas wird hinten mittels Gebläses abgezogen. Um ein zu schnelles Aufheizen der Steinstapel zu verhindern, wird auf eine kurze Strecke am Anfang der Vorwärmzone Abgas mittels eines Gebläses umgewälzt. Am Ende der Brennzone wird kalte oder nur mäßig warme Luft eingeblasen (Sturzkühlung). Die Radgestelle der Wagen werden besonders durch aus der Atmosphäre angesaugter Luft gekühlt. Diese strömt unter den Wagen hindurch und wird beim Anfang der Brennzone abgesaugt. Die Hängedecke des Ofens ist an Stahlträger aufgehängt, und über dies Träger ist eine Arbeitsdecke angebracht. Der Raum zwischen beiden Decken wird zwecks Kühlung der Träger belüftet. Ein Teil der Luft, die in der Kühlzone die Ziegelstapel abkühlt, wird zusammen mit der Kühlluft für die Radsätze und mit der Kühlluft für die Deckenbalken für Trockenzwecke in eine gemeinsame Leitung überführt. Teilweise wird die Heißluft den Brennern zugeführt. Manchmal werden die Impulsbrenner nur im ersten Teil der Heizzone eingesetzt. Die weitere Erwärmung der Zone erfolgt dann mittels Lanzenbrenner.

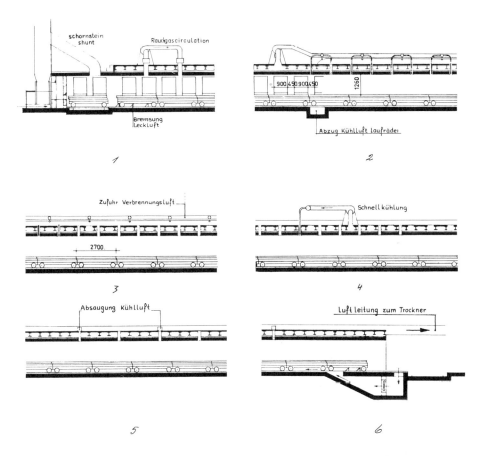

Bild 577: Tunnelofen mit Erdgasbeheizung (Werkbild „Waalsteen" Nijmegen). 1) Einlaufzone (seitlicher Einlass). 2) Brennkammerzone. 3) Zufuhrleitung der Verbrennungsluft. 4) Schnellkühlung. 5) Kühlzone. 6) Auslauf und Zufuhr der Kühlluft.

8. Der Industrieofen und sein Verwendungszweck

Da in der Mitte der Tunnelöfen, und zwar in der Brennzone, Temperaturen von 1100 bis 1400°C herrschen, je nach den zu brennenden Erzeugnissen, sind besondere Maßnahmen zu treffen zum Schutz der Radsätze und Lagerungen der Wagen. Es werden deswegen die Wagen mit feuerfesten Ziegeln belegt, und an den beiden Längsseiten der Wagen sind Blechplatten befestigt, die in entsprechend durchgehende Sandtassen eintauchen. Die Kopfseiten der Wagen können mit Asbestschnüren gegeneinander abdichten. Unterhalb der Fahrgestelle der Wagen ist auf der ganzen Länge des Ofens ein Kanal angebracht zur Kühlung der Wagenunterteile und der Gleisanlage. Durch diese Maßnahmen kann die Temperatur der Radsätze unter normalen Verhältnissen auf 250°C und weniger heruntergedrückt werden. Eine ausgezeichnete Wärmedämmung läßt sich mit den neueren Wärmedämmstoffen (1.2.5.) erreichen.

Beim Umbau eines 100 m langen Tunnelofens von Heizöl S auf Erdgas [272] hat man zuerst Impulsbrenner als Deckenbrenner eingebaut und es wurden oberhalb des Wagenplateaus noch seitliche Brenner angebracht. Dadurch ging der Temperaturunterschied auf 15 K zurück. Die Brenntemperatur ist 1250 bis 1300°C. In Tafel 125 sind die Luftzahlen am Beginn der Feuerzone und am Eintritt der Abgase in den Schornsteinkanal angegeben. Die große Zunahme von n wird durch Falschluft verursacht, die infolge des hohen Ofenzuges (bis 2 mbar = 20 mm WS) durch Undichtheiten der Ofenwagen zuströmt. Ein derartiger Betrieb ist natürlich unwirtschaftlich.

Ein anderes Beispiel für die Umstellung eines Tunnelofens von Schweröl S auf Erdgas wird in [182] gegeben. Der Ofen war 141 m lang, innen 2,8 m breit und hatte eine Nutzhöhe von 2,20 m, weil Steinzeugrohre von 2 m Länge aufrechtstehend gebrannt wurden. Die bereits bei der Ölfeuerung vorhandenen Brenner konnten nach Auswechseln der Öllanzen in Brennermitte gegen Gaslanzen weiter benutzt werden. Sie wurden auf „Vollast-Teillast" geregelt. Um eine gute Temperaturgleichmäßigkeit auch in der Höhe zu erzielen, wurde bei dem vorgegebenen Durchmesser der Gasdüsen der Impulsstrom der Flammengase durch Regelung des Luftdruckes gesteuert. Aber auch bei diesem Ofen war es um die Luftzahl schlecht bestellt. Sie war hinter der Brennzone n = 2,66 für Öl und 2,06 für Erdgas und nicht weniger als 8,54 bzw. 6,0 im Abgaskanal. Auch bei Tunnelöfen tritt dieses Übel anscheinend manchmal auf. Cernoch hat anhand eines von ihm entwickelten Rechenmodells den Einfluß der Falschluftansaugung beim Tunnelofen eingehend untersucht und anschließend auf die Wichtigkeit hingewiesen, diese Falschluftbeimischung dratisch zu unterdrücken [183].

Tunnelöfen kann man auch auf andere Weise beheizen. So wurde ein italienischer Tunnelofen von 23 m Länge zum Brennen von Majolika-Fliesen als Ofen mit Strahlwänden (6.3.5.) gebaut. Man soll immer bestrebt sein, eine gleichmäßige Temperaturverteilung sowohl in der Höhe als auch in der Breite zu erreichen, den hierdurch kann man den Anteil an minderwertigem Brenngut klein halten oder ganz verschwinden lassen. Deswegen werden moderne Tunnelöfen manchmal mit sehr geringer Höhe ausgeführt. Gleichzeitig wird durch eine kleinere Stapelhöhe die Druckbelastung auf die unteren Ziegel verringert (Bild 578).

Tafel 125: Luftzahlen beim Betrieb mit Heizöl S und mit Erdgas

Heizöl S	Luftzahl n	2,98	Luftzahl n	7,15
Erdgas	Beginn der Feuerzone	2,23	im Fuchs	4,20

8. Der Industrieofen und sein Verwendungszweck

Bild 578: Tunnelofen zum Brennen von Hohlziegeln. Breite 7,20 m, Länge 138 m (Werkbild Dutrieux-Baisieux, Frankreich)

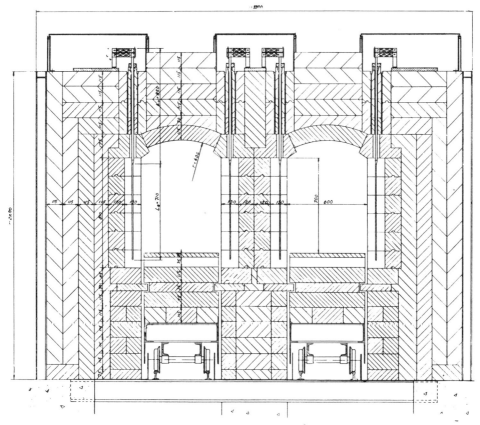

Bild 579: Doppelter Elektrotunnelofen für 1350 °C (Werkbild Kanthal)

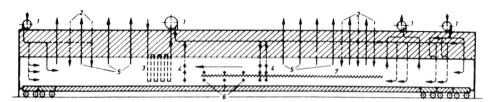

Bild 580: Elektrotunnelofen für hochwertiges Brenngut

Bei der Beheizung mit Öl und unter Anwendung von Impulsfeuerung feuern die Brenner in Kanälen unter dem Einsatz auf dem Wagen. Sie sind abwechselnd und etwas schräg angeordnet. Hierdurch soll eine gleichmäßige Temperaturverteilung über den Ofenquerschnitt erzielt werden. Bei elektrischer Widerstandsbeheizung werden je nach Brenntemperatur Heizleiter aus verschiedenen Werkstoffen eingesetzt. Ein Ofen für 1180 °C ausgelegt, hat Heizelemente aus ferritischem Werkstoff. Dagegen ist in dem doppelten Tunnelofen (Bild 579) die Höchsttemperatur 1350 °C. Er ist 13,5 m lang und hat einen Anschlußwert von 2 x 388 kW; es sind Molybdänsilizid-Elemente eingebaut.

Durch Verkleinerung der Querschnittsabmessungen des Tunnels kann eine schnellere Durchwärmung des Wärmguts in Tunnelöfen erreicht werden. Hierdurch wird eine bedeutende Verkürzung der Brenndauer erzielt. Der Ofen kann kürzer sein, und die Leistung und Wirtschaftlichkeit des Ofens kann durch eine Bauart, bei der zwei Tunnel nebeneinander liegen, verbessert werden.

Für hochwertiges Brenngut wie Steingut und Porzellan kann man zum Glüh- und Glattbrand sowie zum Dekorbrand mitunter von Elektrotunnelöfen Gebrauch machen. Beim Elektrotunnelofen in Bild 580 wird mit einem Gebläse in der Kühlzone Luft gegen die

Bild 581: Plattendurchstoßofen zum Sintern von Lautsprecherringen, Maximaltemperatur 1400 °C, Ofenlänge 14 m (Riedhammer)

8. Der Industrieofen und sein Verwendungszweck

Förderrichtung der Ofenwagen geblasen. Diese Luft kühlt das Brenngut und wird selbst erwärmt, so daß in der Brennzone fast die Temperatur des Brenngutes erreicht wird. In der Vorwärmzone gibt die Luft dann Wärme an das anrollende kalte Brenngut ab. Muß im Temperaturbereich von 1100 bis 1300°C eine reduzierende Atmosphäre vorhanden sein, damit das gelbfärbende Fe_2O_3 zu FeO reduziert werden, ist diese Lufteinblasung natürlich nicht möglich. Es muß dann im Takt mit dem Vorschub der Wagen mit Hilfe beweglicher Zwischentüren ein Tunnelabschnitt abgetrennt werden, in den dann das Reaktionsgas eingeblasen wird [184] (Vergleiche Bild 574).

Die Beförderung des Wärmgutes durch den Tunnel erfolgt nicht immer mittels Wagen. In den Ofen Bild 581 werden hierzu Schlitten benutzt.

Das Prinzip der Luftkissenförderung ist in Großbritanien beim „Hoverkiln" angewendet worden. Das Steingut wird einschichtig auf Unterlagen gelegt und in den Ofentunnel geschoben. Dort schweben Steingut und Unterlagen auf einem Kissen sehr heißer Luft oder Verbrennungsgase und wandern wie bei einem Durchstoßofen weiter. Am anderen Ende des Tunnels können die Unterlagen samt dem fertig gebrannten Steingut entnommen werden. Es gibt zwei Ausführungen, nämlich eine elektrische für Ofentemperaturen von höchstens 930°C und eine gasbeheizte für 1300°C. Bild 582 zeigt einen Tunnelabschnitt des mit Widerstandselementen beheizten Ofens, wobei das im Boden untergebrachte Gebläserad Luft senkrecht in die Höhe bläst, umwälzt und in der Mitte wieder ansaugt. Beim gasbeheizten Ofen in Bild 583 wird die Arbeitstemperatur des Gebläserades dadurch niedrig gehalten, daß es außer Rückstromgas auch noch durch ein zentrales Rohr Luft ansaugt. Unter den Schwebebahnen wird Gas zugeführt, das im Luft-Gas-Strom ausbrennt. Oberhalb des Brenngutes sind links und rechts zusätzliche Gasbrenner ange-

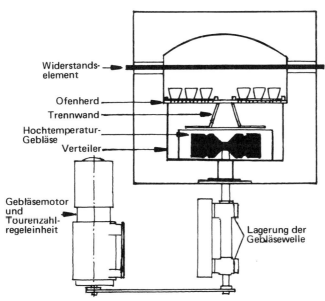

Bild 582: Elektrisch beheizter „Hoverkiln" (Werkbild Shelley Furnaces, Stoke on Trent/Großbritannien)

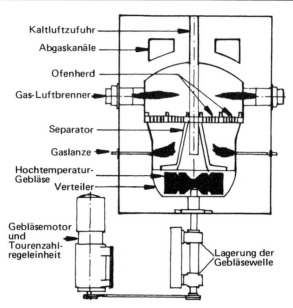

Bild 583: Gasbeheizter „Hoverkiln" (Werkbild Shelley Furnaces, Stoke on Trent/Großbritannien)

ordnet. Die Abgase werden durch Kanäle oberhalb des Ofengewölbes abgeführt. Bei nicht-glasiertem Brand soll im Hoverkiln die Durchgangszeit statt der üblichen 40 Stunden nur 25 Minuten betragen [185].

8.6. TROCKNEN UND TROCKENÖFEN

Da Trockenöfen in der Industrie häufig angewandt werden, soll auf den Trocknungsvorgang etwas ausführlicher eingegangen werden.

8.6.1. Der Trocknungsvorgang

Bei Trocknungsvorgängen handelt es sich darum, eine Flüssigkeit aus einem festen Stoff zu entfernen. Meistens ist diese Flüssigkeit Wasser, aber sie kann auch irgendein Lösungsmittel (bei Lacken) oder ein Öl (bei Ölkernen in der Gießerei) sein.

Die benötigte Wärme kann auf folgende Arten zugeführt werden:

1. Durch Wärmeleitung. Die Körper werden auf eine Platte gelegt, die von unten her beheizt wird. Da aber meistens gewünscht wird, daß sehr gleichmäßig getrocknet wird, um Risse oder örtliche Überhitzung im Gute zu vermeiden, so wird diese Art zu trocknen nur selten, ja fast nur für flache, dünne Körper anwendbar sein. Der abgeschiedene Wasserdampf geht in die Luft des Ofenraumes über, und diese darf nicht übersättigt werden. Deswegen muß die verbrauchte Luft abziehen und frische zugeführt werden.

2. Durch Strahlung. Das Trockengut wird von Heizkörpern angestrahlt, die lebhaft Wärme im Infraroten ausstrahlen. Dadurch steigt vornehmlich die Oberflächentemperatur des Gutes. Auch hierbei wird Dampf in die Luft übergeführt; man muß gleichfalls für genügenden Wechsel sorgen.

3. **Durch Konvektion** mit Warmluft, warmen Abgasen oder einem Gemisch von beiden. Die Dämpfe werden von Heizmittel aufgenommen. Diese Art Trocknung wird wohl am meisten angewandt. Durch Änderung der Geschwindigkeit, der Temperatur und der relativen Feuchtigkeit der Gase kann man die Geschwindigkeit und die Gleichmäßigkeit der Trocknung beeinflussen.

Zum Verständnis des Trocknungsvorganges ist folgendes zu überlegen. An der äußeren Oberfläche des Körpers oder des Stoffes haftet eine dünne Wasserschicht (Haftflüssigkeit), im Innern des Stoffes kann die Feuchtigkeit in engen Kanälen oder Räumen enthalten sein, die mit der Oberfläche in Verbindung stehen (Kapillarflüssigkeit). Bei hygroskopischem Stoff ist Wasser an das Trockengut gebunden (Quellungsflüssigkeit), außerdem können diese Stoffe auch Haft- und Kapillarflüssigkeit tragen.

Kapillarporöse Stoffe enthalten Haft- und Kapillarflüssigkeit, sie sind „feucht", und an der Stoffoberfläche herrscht der zur Stofftemperatur gehörige Dampfdruck. Es kann zur Trocknung ein Gas mit beliebiger relativer Feuchtigkeit verwendet werden, der Stoff trocknet nach kürzerer oder längerer Zeit aus.

Anders ist es bei hygroskopischen Stoffen, denn bei der Verdunstung der Quellungsflüssigkeit entspricht eine bestimmte relative Feuchtigkeit und Temperatur des Trocknungsgases auch einem bestimmten Endfeuchtigkeitsgehalt des Stoffes. Eine vollständige Austrocknung ist hier nur mit einem völlig trockenen Gas zu erreichen.

Wird die **Trocknung kapillarporöser, also feuchter Stoffe** betrachtet, so sind meistens **drei verschiedene Trockenabschnitte** zu unterscheiden:

1. Zuerst verdampft die Haftflüssigkeit, aber durch Kapillarwirkung wird auch Wasser aus dem Innern des Stoffes an die Oberfläche befördert und verdampft hier. Die Oberfläche verhält sich wie eine verdampfende Flüssigkeitsoberfläche, und die Oberflächentemperatur ist gleich der Sattdampftemperatur, die dem Teildruck des Dampfes im Trocknungsgas entspricht. Solange die Wärmezufuhr konstant ist, wird auch die verdampfende Wassermenge konstant sein. Somit ist in diesem Abschnitt die Trocknungsgeschwindigkeit konstant.

2. Allmählich zieht sich in den weiteren Kapillarkanälen die Flüssigkeit tiefer in das Gut zurück. Die Kapillarwirkung in den engeren Kanälen reicht aber noch aus, um Wasser an die Oberfläche zu fördern; immer weniger aber wird die Anzahl dieser engeren Kanäle. Die Trocknung wird also konstant verzögert.

3. Schließlich hört die Kapillarförderung von Wasser zur Oberfläche gänzlich auf. Der Ort der Verdampfung zieht sich immer mehr ins Innere des Gutes zurück. Der entstehende Wasserdampf muß durch die frei gewordenen Porenräume hindurch diffundieren, der Dampfdruck sinkt, die Temperatur des Stoffes steigt und die Trocknungsgeschwindigkeit nimmt schnell ab.

Wird die **Trocknungsgeschwindigkeit** [$g/m^2 h$] in Abhängigkeit von der Gutsfeuchtigkeit [%] gemessen, so ergibt sich z.B. für Sand Bild 584.

Hierin sind die Abschnitte 1 bis 3 zu erkennen:

A — B ist Abschnitt 1. Konstante Trocknungsgeschwindigkeit.

B — C ist Abschnitt 2. Konstante Trocknungsverzögerung.

C — D ist Abschnitt 3. Schnelle Abnahme der Trocknungsgeschwindigkeit.

Punkt B wird der erste Knickpunkt und Punkt C der zweite Knickpunkt genannt.

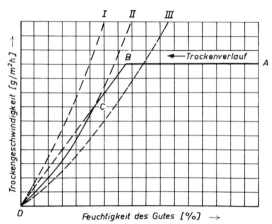

Bild 584: Trockengeschwindigkeit in Abhängigkeit der Gutsfeuchte (Sand)

Die **Diffusionsgeschwindigkeit** des Dampfes aus dem Innern des Stoffes bestimmt die Möglichkeiten der Trocknung im dritten Abschnitt. Diese Möglichkeiten werden durch die drei Kurven I, II und III (Bild 584) gekennzeichnet. Bei großer Schichtdicke des zu trocknenden Stoffes kann Punkt C bereits auf der Geraden A — B liegen, und es fehlt der zweite Abschnitt. Dagegen kann bei dünnen Schichten C mit D zusammenfallen, und die Trocknung wird durch die Linien A — B und C — D gekennzeichnet, es fehlt der dritte Abschnitt. Da ein Trocknungsverfahren nach Bild 584 für alle Stoffe und sogar für den gleichen Stoff in anderer Körperform nicht der gleiche ist, so ist es ratsam, diesen Verlauf jedesmal durch einen Versuch festzustellen. Aber auch die Geschwindigkeit, die Temperatur und die relative Feuchtigkeit des Trocknungsgases beeinflussen den Trocknungsverlauf.

Es ist zu beachten, daß es sich beim Trocknen um einen **Wärme-** und um einen **Stoffaustausch** handelt. Die Trocknungsgeschwindigkeit ist in vielen Fällen (besonders im dritten Abschnitt) nicht nur von der Größe des Wärmeüberganges, sondern auch von der Geschwindigkeit des Stoffüberganges abhängig, die wiederum mit der Diffusionsgeschwindigkeit zusammenhängt.

Der **Wärmeaustausch** kann durch **Konvektion** mittels warmer Luft oder Abgas geschehen, dann nimmt das Trockenmittel gleichzeitig am Stoffaustausch teil. Das warme Gas erwärmt das Trockengut und nimmt die ausgetriebene Feuchtigkeit auf.

Kommt der **Wärmeaustausch** durch **Strahlung** zustande, so soll zusätzlich ein gasförmiges Mittel mit dem Trockengut in Berührung kommen, um den Stoffaustausch zu besorgen. Es sei denn, daß **Vakuumtrocknung** angewandt wird.

Eine besondere Art der Trocknung ist die **dielektrische Trocknung**.

8.6.2. Wärmebedarf beim Trocknen.

Vorerst sei einfachheitshalber angenommen, daß der Wärmeinhalt der Abgase nur für Wasserverdunstung und Überhitzen gebraucht wird. Einstweilen werden also Wandverlust und Speicherverlust des Ofens und des Gutes vernachlässigt. In diesem Falle ist der Wärmeinhalt der Gase beim Eintreten in den Ofen gleich dem des Gemisches aus Gasen

8. Der Industrieofen und sein Verwendungszweck

und Wasserdampf, das den Ofen verläßt. Die fühlbare Wärme ist zwar geringer geworden, aber dafür enthält das Gemisch jetzt auch die Verdampfungswärme des Wassers.

Berechnet man für ein Brenngas den Wärminhalt eines kg **A b g a s** bei verschiedener Luftzahl, entnimmt der Tafel 56 die Sättigungstemperatur und den dazugehörigen Wasserdampfgehalt, so findet man nach Abzug des ursprünglichen Wasserdampfgehaltes die Wassermenge, die einem Trockengut entzogen werden kann. In Tafel 126 sind diese Werte für 10 kg zu verdampfenden Wassers zusammengestellt.

Hieraus geht hervor, daß es am wirtschaftlichsten wäre, wenn zur Trocknung Abgase benutzt würden, wie sie bei der Verbrennung mit theoretischer Luftmenge (n = 1) entstehen. Tatsächlich wird man die Verbrennung aber oft mit einem höheren Luftüberschuß führen müssen, um sicher zu sein, daß das Abgas kein Unverbranntes enthält. Nach Tafel 130 ist indessen der Brennstoffverbrauch für diesen Zweck bis zu einer Luftzahl von n = 2,5 nur wenig höher als bei luftsatter Verbrennung.

Oft wird die Ansicht vertreten, daß Abgase von festen, flüssigen oder gasförmigen Brennstoffen sich nicht gut für Trocknung anwenden lassen, da sie schon an sich Wasserdampf enthalten (aus dem Wasserstoffgehalt des Brennstoffes und auch aus dem Feuchtigkeitsgehalt des Brennstoffes). Deshalb wurde bereits darauf hingewiesen, daß bei Temperaturen über 100°C der Wasserdampf in dem Gemisch immer überhitzt ist. Wasserdampf kann in jeder Menge vorhanden sein, ohne daß das Gemisch von Abgas und Wasserdampf gesättigt ist. Aber auch bei Temperaturen unterhalb 100°C sind die Abgase sogar von wasserstoffreichen Brennstoffen sehr gut für Trocknungszwecke zu verwenden, wie aus folgendem hervorgeht:

Tafel 126

Luftzahl n	Für 1 kg trockenes Abgas von Leuchtgas ist:			Beim Trocknen wird aufgenommen kg H_2O	$m^3(V_n)$ Leuchtgas mit H_u = 15,6MJ die notwendig sind, um 10 kg H_2O zu verdampfen
	Sättigungstemperatur °C	kg H_2O in 1 kg Abgas	kg H_2O im Abgas		
1	90,5	1,55	0,136	1,414	1,6
1,44	87	1,15	0,0967	1,0533	1,62
1,88	84,5	0,80	0,0762	0,7338	1,67
2,76	80	0,554	0,0538	0,5002	1,72
3,64	75,5	0,400	0,0422	0,3578	1,78
4,52	71,5	0,315	0,0352	0,2898	1,85
5,40	69	0,260	0,0306	0,2294	1,92
6,28	67	0,214	0,0277	0,1933	1,95
7,16	64	0,194	0,0243	0,1697	1,97
8,04	62	0,172	0,0223	0,1477	1,98
8,92	60	0,154	0,0207	0,1333	2,00
11,56	55	0,115	0,0172	0,0978	2,12
17,75	49	0,081	0,0140	0,067	2,19

Die ganze der Luftzahl n entsprechende Luftmenge braucht hierbei nicht gleich bei der Verbrennung vorhanden zu sein, vielmehr kann sie auch nachher als Beiluft vor Anfang des Trockenweges zugesetzt werden.

1 kg trockener Abgase von Leuchtgas bei luftsatter Verbrennung enthält 0,136 kg H_2O. Hierfür ist nach Tafel 56 die Sättigungstemperatur oder der Taupunkt 57°C. Werden diese Abgase zum Trocknen verwendet und nehmen sie so viel Wasserdampf auf, daß sie bei 80°C gesättigt sind, so enthalten sie 0,544 kg Wasserdampf, und folglich sind dem Trocknungsstoff 0,544 − 0,136 = 0,408 kg Wasser entzogen worden. Da die Temperatur der Abgase gleich nach der Verbrennung für Trocknungszwecke meistens viel zu hoch ist, werden die Abgase sofort oder später mit Luft verdünnt. Dann wird also mit Luftüberschuß gearbeitet, und der Einfluß des ursprünglichen Wasserdampfgehaltes ist noch viel geringer. Bei einer Luftzahl von n = 3 ist der Wasserdampfgehalt, der aus der Verbrennung herrührt, nur noch 0,05 kg je kg trockenes Abgas. Der Taupunkt ist jetzt 42°C. Bei 80°C können bei vollständiger Sättigung 0,544 − 0,05 = 0,494 kg je kg Feuchtigkeit aus dem Trockengut aufgenommen werden. Diese Wassermenge ist fast die gleiche, die trockene Heißluft aufnehmen kann.

Im allgemeinen wird man mit der Sättigung des Trockenmittels (Abgase, Mischung von Abgasen und Luft, Luft) nicht bis 100% gehen können, weil einmal der Trocknungsweg und damit die Trocknungsanlage zu groß werden, aber auch an kälteren Stellen der Ofenanlage das Trocknungsmittel unter den Taupunkt abkühlen und sich hierbei Wasser in flüssiger Form ausscheiden könnte. Man wird sich deshalb meistens mit einer Sättigung von 70 bis 90 % zufriedengeben müssen. Das Trocknungsmittel zieht dann zwar mit bedeutend höherer Temperatur aus dem Ofen ab (mitunter sogar mit Temperaturen oberhalb 100°C), aber der Wärmeverbrauch zum Trocknen nimmt trotzdem nur wenig zu. In den beiden äußersten Fällen der Tafel 130 wird, falls die Abgase nur bis 90 % gesättigt werden, die Endtemperatur rund 200°C für n = 1 und 71°C für n = 17,75 sein. Dies kommt daher, daß ein geringerer Teil des Wärmeinhaltes der Abgase für die Verdampfung in Anspruch genommen wird und für die Überhitzung des Wasserdampfes nur wenig Wärme nötig ist. Sie beträgt bei geringen Temperaturen und Drücken nur 1,947 kJ/kg, die Verdampfungswärme dagegen 2491 kJ/kg.

Die bei der Trocknung von Lackschichten verdampften Lösungsmittel werden noch meistens in die Atmosphäre abgeführt. Da sie aber brennbar sind, besteht die Möglichkeit, sie katalytisch zu verbrennen. Die hierbei freiwerdende Wärme kann den Brennstoffbedarf des Ofens bedeutend verringern, und die sonst auftrende Luftverschmutzung wird auch aufgehoben [19].

Für Heißluft als Trockenmittel ist Tafel 127 auf dieselbe Weise wie Tafel 126 berechnet worden. Nun muß man freilich mit dem ungünstigen Fall rechnen, der bei feuchtem Herbstwetter auftreten wird. Deswegen ist bei der Ausrechnung der Zahlen angenommen worden, daß die Fristluft bei einer Temperatur von 5°C und bei voller Sättigung angesaugt wird. Aus Tafel 131 geht hervor, wieviel Luft zum Verdampfen von 10 kg Wasser angesaugt und wieviel Wärme ihr zugeführt werden soll, um bei der wechselnden Temperatur der ersten Spalte einen Sättigungsgrad von 100% zu erreichen. Auch hier wird der Wärmeverbrauch geringer, wenn bei höherer Temperatur getrocknet wird. Man braucht weniger Luft, und das Gebläse kann kleiner sein.

Wie bei der Trocknung mittels Abgasen hat man zu prüfen, ob die Geschwindigkeit der Luft noch groß genug ist, um einen hohen Sättigungsgrad zu erreichen. Auch ist die Anfangstemperatur des Trockenmittels bei hoher Sättigungstemperatur hoch, was schädlich für das Trockengut sein kann und weiter hohe Wand- und andere Verluste mit sich bringt. Bei 75°C Sättigungstemperatur der Abluft mit 100% Sättigung ist die Einblastemperatur nicht weniger als rund 1043°C. Dagegen ist bei einer Sättigungstemperatur von 50°C die

8. Der Industrieofen und sein Verwendungszweck

Tafel 127

Sätti-gungs-tempe-ratur °C	je kg trockene Luft:				Wärme-inhalt der an-gesaugten Frischluft kJ	Wärmemenge die an 1 kg angesaugter Luft zuzu-führen ist in kJ	Zum Verdampfen von 10 kg H_2O:	
	kg H_2O in Frischluft	x' kg/kg	beim Trock-nungsprozeß wird auf-genommen kg H_2O	kJ			Notwendige Luft in kg	Notwendige Wärmemenge in MJ
75	0,0054	0,377	0,3716	1060	18,6	1040	26,8	27,8
70	0,0054	0,2799	0,2745	799	18,6	780	36,5	28,56
65	0,0054	0,2060	0,2006	603	18,6	586	50,0	29,3
60	0,0054	0,1540	0,1476	462	18,6	444	67,8	30,1
50	0,0054	0,0868	0,0814	273	18,6	254	122,5	31,2

Einblastemperatur nur 257 °C. Man kann diese Schwierigkeiten umgehen, wenn man die Luft nicht nur einmal erhitzt, durch den Ofen bläst und sofort ins Freie entläßt, sondern einen K r e i s l a u f anwendet. Hierbei wird die Luft erwärmt, durch den Ofen geblasen, wieder erwärmt und erneut durch denselben gewälzt. Eine regelbare Menge Luft tritt ins Freie und wird durch Frischluft ersetzt. Der Sättigungsgrad kann ziemlich nahe an 100 % herangebracht werden.

Vergleicht man Tafel 127 mit Tafel 126, so zeigt sich, daß die Trocknung mit Luft bei gleicher Sättigungstemperatur des Trockenmittels weniger Wärme erfordert als mit einem entsprechenden Gemisch aus Abgasen und Luft. Allerdings wird dieses Gemisch ohne zusätzliche Wärmeverluste hergestellt. Heißer Trocknungsluft dagegen muß in Lufterhitzern indirekte Wärme von den Abgasen oder vom Dampf zugeführt werden, und hierbei treten zusätzliche Wärmeverluste auf. Bei Anwendung von E l e k t r i z i t ä t kann die Luft direkt erwärmt werden.

Wie bereits hervorgehoben wurde, wird das Trockenmittel meistens nicht voll gesättigt. Die Abgase oder die Luft sollen abgeführt werden, um bei einem bestimmten Endehalt an H_2O je kg trockenen Trocknungsmittels eine gewünschte Sättigung nicht zu übersteigen.

Für den Kreislauf mit Aufheizung und Sättigung der Luft bis 90 % gibt Tafel 128 an, wie oft die Luft umgewälzt werden muß. Auch ist dieser Tafel zu entnehmen, wieviel m^3 Luft und Wasserdampf (gerechnet bei der Einlaßtemperatur des Gebläses) insgesamt umzuwälzen sind, um 10 kg H_2 zu verdampfen.

Tafel 128

Temperatur °C		Bei 90 % Sättigung der Luft bei Temperatur t_1 und zur Verdampfung von 10 kg H_2O		
Einlaß Ventilator t_1	Auslaß Lufterhitzer t_2	Luft soll x-mal umgewälzt werden x =	kg trockene Luft die vom Gebläse umzuwälzen sind:	m^3 Luft + Wasser-dampf, die vom Gebläse um-zuwälzen sind:
75	90	66,1	1940	2880
70	85	48,3	1980	2650
65	80	36,7	2050	2510
60	70	41,5	3130	3590
50	60	24,8	3370	3570

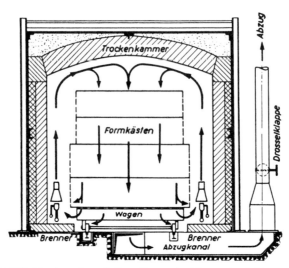

Bild 585: Trockenofen mit Umwälzung der Abgase durch Brennerimpuls

8.6.3. Trockenöfen

Will man mit Abgasen aus einer Verbrennung mit niedriger Luftzahl trocknen, so stößt man auf zwei Schwierigkeiten:

Erstens ist die Anfangstemperatur dieser Abgase für viele Verfahren zu hoch. Deswegen ist es notwendig, nach der Verbrennung Luft zuzusetzen, so daß die Abgase denen gleich werden, die bei höherer Luftzahl entstehen.

Zweitens ist das Volumen der Abgase meistens zu gering, um sich auf dem Trockenwege genügend mit dem Gut zu berühren. Hierdurch sind die Abgase beim Verlassen des Ofens mit nur wenig Wasserdampf beladen, und es wird der Wärmeverbrauch zu hoch.

Beide Schwierigkeiten werden behoben, wenn man die **Abgase mit einem Gebläse zwangsläufig im Kreis laufen läßt**. Hierbei wird das Abgas, da seinen Weg über und durch das Gut genommen hat, mit frischen Gasen vermischt und erneut umgewälzt. Mit einer Regelklappe kann man einen Teil der wasserdampfhaltigen Abgase entweichen lassen. Bild 416 stellt einen Trockenofen dieser Art dar, in dem Ofen befindet sich das Trockengut auf Herdwagen. Beim Ofen in Bild 585 wird der Impuls des Gasstrahles zur Rückführung des Gases benutzt. Beide Öfen werden zum Trocknen von Kernen und Formen in der Gießerei angewandt.

Bild 586 gibt eine Übersicht über die verschiedenen konvektiven Trocknungsverfahren. Andere Trocknungsverfahren faßt Bild 587 zusammen [186]. Bei der konvektiven Trocknung kommt außer Luft auch das Verbrennungsgas von Brennstoffen in Frage. Das Verbrennungsgas soll keine Bestandteile enthalten, die schädlich auf das Trockengut einwirken können. Deswegen sind gasförmige Brennstoffe oft dem Öl vorzuziehen.

8. Der Industrieofen und sein Verwendungszweck

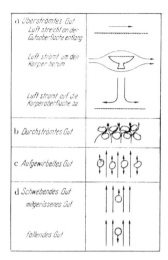

Bild 586: Die verschiedenen Verfahren der konvektiven Trocknung (nach Kröll: Trocknen und Trocknungsverfahren, Berlin 1959)

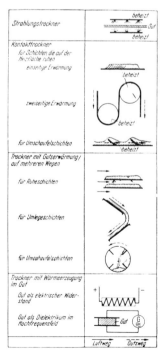

Bild 587: Verschiedene nichtkonvektive Trocknungsverfahren (nach Kröll)

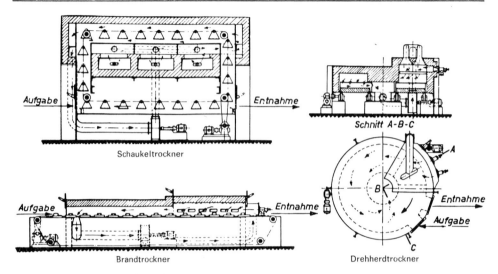

Bild 588: Trockner mit bewegtem Trocknungsgut

Auch bei Trockenöfen kann das Ofengut durch den Ofen hindurchbewegt werden, und zwar gleichmäßig oder ruckweise (Bild 588). Hierbei hat man die Wahl zwischen Gleich- und Gegenstrom ,gegenüber dem Trockenmittel.

Bei der konvektiven Trocknung kann das Trockengut sich in Gleichstrom mit dem Trockenmittel bewegen, so daß die heißesten Gase mit dem frischen, nassen Trockengut in Berührung kommen. Die Endfeuchte wird ohne Übertrocknung und Überhitzung des Trockengutes erreicht.

Gegenstromtrocknung birgt die Gefahr eines Übertrocknens und einer Überhitzung, weil die heißesten Gase in diesem Falle mit bereits warmen und trockenem Gut in Berührung kommen.

Soll das Trockengut beim Verlassen des Ofens mit der Hand angefaßt werden, so ist man gezwungen, Kühlluft über das Trockengut zu blasen. Zwar kann man dann die auf diese Art vorgewärmte Luft in die Ansaugeleitung des Umwälzgebläses führen, aber hierdurch wird die Anlage verwickelter und teurer. Deswegen ist es oft ratsam, Gleichstrom von Gut und Mittel anzuwenden.

Das Trockenmittel, heiße Luft oder heißes Gas, kann manchmal aus der Abfallwärme einer Ofenanlage bezogen werden. Das ist z.B. in der keramischen Industrie sehr gebräuchlich. Bild 589 zeigt einen Tunnelofen für das Tocknen von Ziegelformlingen, die doppelreihig auf Wagen durch den Ofen befördert werden [187].

Neben der Lufterhitzung mit Dampf kann die Luft mit Öl oder Gas in den bekannten indirekten Lufterhitzern in der Temperatur erhöht werden. Da bei den Lufterhitzern die gesamte Wärme über Heizflächen übertragen wird, sind diese Apparate bedeutend teurer als Heißgaserzeuger. Die Heißgaserzeuger haben, da die Flammengase — mit oder ohne Vermischung mit Luft — sofort verwendet werden, einen Wirkungsgrad von 100 % bei vollkommener Verbrennung. Das Gas, das durch Zumischen die Temperatur der frischen Flammengase soweit herunterdrücken soll, wie es in Hinblick auf den vorliegenden Pro-

Messer Griesheim löst Probleme der Metallurgie

ASR-Verfahren

Das ASR-Verfahren (Argon-Schmelzen-Reinigung) dient zur Raffination von NE-Metallschmelzen (insbesondere Aluminium). Dabei wird Argon über eine Lanze in feiner Verteilung in die Aluminiumschmelze eingeblasen. Nach einer Behandlungszeit von ca. 5 min. hat sich der Wasserstoffgehalt der Schmelze um 2/3 vermindert.

Variocarb® Sintern, Aufkohlen, Karbonitrieren, Vergüten

Über das Ergebnis einer Wärmebehandlung entscheiden viele Faktoren: Werkstoff, Ofentyp, Temperaturverlauf. Und das richtige Schutzgas.

Beim Variocarb®-Verfahren entsteht das Schutzgas direkt im Ofen – also dort, wo es gebraucht wird. Dabei wird Methanol mit einer Pumpe über eine Düse in den Ofenraum dosiert und mit Stickstoff fein zerstäubt.
Vorteile:
Investition und Wartung für eine Endogasanlage entfallen; platzsparend; stufenloses Anpassen an den Bedarf, ohne mehr Gas zu produzieren, als gerade benötigt.

Sauerstoff für Kupolöfen

Beim Gießerei-Kupolofen steigert die Sauerstoffzugabe nicht nur die Leistung, sondern auch die Betriebsflexibilität: Wechselnde Preise für Koks, Roheisen und Schrott erfordern die ständige Anpassung des Schmelzbetriebes an neue Bedingungen.

Für viele andere Probleme Ihrer täglichen Praxis liefern Ihnen unsere Fachleute die richtigen Tips und Rezepte. Unter Umständen können wir Ihnen auch einmal einen „Bärendienst" erweisen.

Denn Sie wissen ja – wo gegossen wird, da fallen Bären (Gießgrube, Pfannenloch). Rufen Sie uns, bevor der Sprengmeister geflüchtet oder der Kran wegen Überlastung zusammengebrochen ist. Über Bären reden wir nicht. Wir beseitigen sie.

Messer Griesheim GmbH
Industriegase
Homberger Straße 12
4000 Düsseldorf
Telefon (0211) 43031
Telex 8584878 mgd d

WELTWEIT

Industrieöfen für die Herstellung von:

- Geschirr
- Elektrokeramik
- Technische Keramik und keramische Sondermassen
- Magnetkeramische und elektronische Bauelemente
- Sanitärkeramik
- Fliesen
- Baukeramik
- Feuerfeste Erzeugnisse
- Schleifscheiben und Schleifkörper
- Glasveredelung
- Kunstkohle
- Handwerk, Schule und Labor
- Metallbehandlung

Ludwig Riedhammer GmbH
Schleifweg 45, Postfach: 12 01 69
D-8500 Nürnberg 12 (W.-Germany),
Telefon 09 11/3 50 11, Telex ○ 6 22 710,
Telegramm Riedhammer Nürnberg

8. Der Industrieofen und sein Verwendungszweck

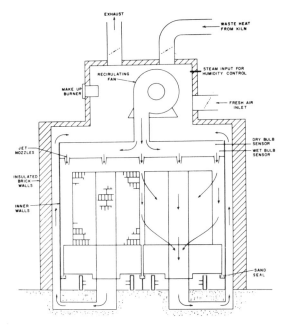

Bild 589: Tunnelofen für die Trocknung von Ziegelformlingen

zeß notwendig ist, braucht keine Frischluft zu sein. Es kann auch rückgeführter Brüden verwendet werden [188 und 191]. Beim Heißgaserzeuger in Bild 590 kann wegen der feuerfesten Auskleidung auch heißes Verbrennungsgas, das aus einem Ofen zurückgeführt wird, zugemischt werden. Diese Anlage eignet sich somit auch zum Beheizen von Öfen, die mit höherer Temperatur arbeiten als Trockenöfen. Statt der Brennstoff-Luft-Mischanlage links im Bild 590 kann auch ein Gebläsegas- oder Ölbrenner an der Brennkammer angebaut werden, wie es von verschiedenen Firmen praktiziert wird. Bei Brennern, die nach dem im Bild gezeigten Prinzip arbeiten, erfolgt die Mischung im Parallelstrom. Die Güte der Mischung läßt sich näherungsweise mit der Theorie des Freistrahls berechnen [188]. Erfolgt die Mischung, im Heißgaserzeuger in Querstrom, so kann zur Berechnung (5.3.6.) angewandt werden. Beim Gegenstrom-Heißgaserzeuger von Schoppe tritt eine ganz andere Art der Strömung auf [189].

Es ist auch möglich Rohrbrenner in den Kreislauf eines Trocknungsofens anzuordnen (Bild 591) [190].

Der Bau eines Trockenofens hängt in hohem Maße von der Art und Beschaffenheit des Trockengutes ab und davon, ob es sich um das Verdampfen von Wasser, von irgendeinem Lösungsmittel oder um das Aushärten einer Lackschicht handelt.

Ein Förderbandtrockenofen mit Düseneinblasung von oben und unten, mit Beheizung mit Lufterhitzer und Umwälzung der Brüden ist in Bild 418 dargestellt. Eine Karosserielackiererei wurde u.a. mit einem Durchlauftrockenofen von 96 m Länge ausgestattet, wobei zur Beheizung sieben Lufterhitzer angebaut wurden [191]. Das Prinzip des Buckelofens kann auch bei Hängebahntrockenöfen angewendet werden, damit die Nulldruckebene unterhalb des Tunnelbodens bleibt (Bild 592).

8. Der Industrieofen und sein Verwendungszweck

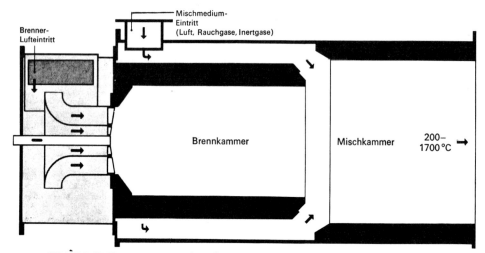

Bild 590: Heißgaserzeuger mit feuerfester Auskleidung (Werkbild Sulzer, Winterthur)

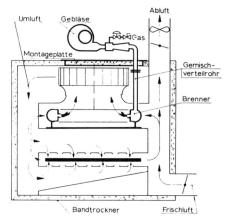

Bild 591: Linienbrenneranlage (de Ruyter)

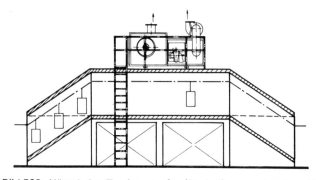

Bild 592: Hängebahn-Trocknungsofen (Buckelform, nach Schwank)

Lackierte Stahl- und NE-Metallbänder können bei Temperaturen bis 450 °C wirtschaftlich durch Heißgasumwälzung getrocknet werden. Dabei kann das durch den Ofen wandernde Band auf ein Gaskissen getragen werden, so daß keine Beschädigung durch Berührung mit Transportmitteln auftreten kann. Das Prinzip ist das gleiche, wie in Bild 417 für das Glühen von Metallbändern dargestellt ist [197].

Trocknungsanlagen werden vielfach in der T e x t i l - , in der R e i n i g u n g s - und in der L e b e n s m i t t e l i n d u s t r i e verwendet. In der Schuhleistenindustrie werden aus Pappe gepreßte S c h u h l e i s t e n bei höheren Temperaturen getrocknet, sie verlassen den Ofen bei einer Temperatur von 150 °C. Hierbei ist rund 1 kg Wasser für jedes kg der trockenen Masse zu verdampfen.

In der k e r a m i s c h e n I n d u s t r i e spielen Trockenverfahren eine große Rolle.

Trockenöfen werden auch für das Trocknen von Kernen und Formen in der Gießerei verwendet. Aus den sogenannten W a s s e r k e r n e n u n d - f o r m e n hat man tatsächlich nur Wasser zu verdampfen, und zwar 0,07 bis 0,10 kg je kg des trockenen Stoffes. Die Trocknungstemperaturen liegen hier ziemlich hoch, nämlich 150 bis 200 °C, ja sogar in einzelnen Fällen noch höher, wenn eine schnelle Trocknung erwünscht ist. Bild 593 zeigt einen T u r m t r o c k n e r ; er hat den Vorteil, nur eine geringe Bodenfläche zu beanspruchen. Als Gasverbrauch wird rund 4 m³/100 kg Sand bei voller Belastung angegeben.

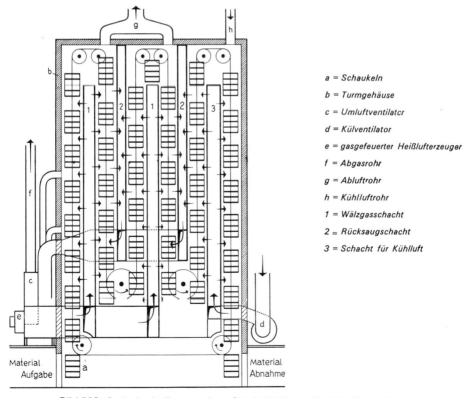

a = Schaukeln
b = Turmgehäuse
c = Umluftventilator
d = Külventilator
e = gasgefeuerter Heißlufterzeuger
f = Abgasrohr
g = Abluftrohr
h = Kühlluftrohr
1 = Wälzgasschacht
2 = Rücksaugschacht
3 = Schacht für Kühlluft

Bild 593: Dreischacht-Turmtrockner (Werkbild Benno Schilde, Hersfeld)

In der Gießerei werden auch Ölkerne gebraucht. Hierin ist ein ölhaltiges Bindemittel verarbeitet. Außer 0,03 bis 0,05 kg Wasser/kg des trockenen Stoffes sind auch noch Bestandteile des Öles auszutreiben. Die Trocknungstemperatur ist hierbei 220 bis 250 °C, wobei 220 °C als wünschenswert anzusehen sind.

Bei Lehmkernen und -formen ist außer dem in den Kapillaren enthaltenen Wasser auch noch chemisch gebundenes Wasser auszutreiben. Diese Kerne werden in der Stahlgießerei verwendet. Sie werden nicht nur getrocknet, sondern auch gebrannt. Deshalb ist die Temperatur viel höher, nämlich bis 500 °C.

Das Trocknen von Holz kann in Tunnelöfen oder in Trockenkammern durchgeführt werden. Zur Erwärmung der Trockenluft kommt Dampf, Öl, Gas oder elektrische Energie in Frage. Auch elektrische Speichertrockenöfen in Betrieb. Hierin wird mittels Nachtstrom Wärme gespeichert und tagsüber mit Luftumwälzung getrocknet.

In der Automobilindustrie werden Trockenöfen gebraucht, um gewaschene Bleche und Blechteile zu trocknen, bevor sie lackiert werden.

Für Schüttgüter werden Stromtrockner, Trommeltrockner und Turbinentrockner verwendet.

Außer zum Austreiben von Wasserdampf werden Trockenöfen auch zur Verdampfung anderer Flüssigkeiten verwendet, z.B. zum Trocknen von Blechteilen, die mit Nitrolacken gespritzt worden sind. Die Trocknungstemperatur ist hierbei 60 bis 80 °C. Beim Trocknen von Kunstharzlacken ist die Temperatur 120 bis 180 °C. Auch zum Trocknen von Aufdrucken auf Blechverpackungen nimmt man Öfen. Beim Trocknen von Farb- und Lackschichten in geschlossenen Öfen ist so viel Luft zuzuführen, daß im Ofen keine höhere Lackkonzentration als $\sim 0,8\%$ auftritt. Für Durchlauföfen ist dann das Mischungsverhältnis Lackdampf-Luft:

$$\frac{G_K}{G_L} = \frac{0,008 \, M_K}{(1 - 0,008) \, M_L}$$

G_K = verdampfte Dampfmenge in kg/h
G_L = zugeführte Luftmenge in kg/h
M_K = Mol. Gewicht des Dampfes = 50—150
M_L = Mol. Gewicht der Luft = 28,95

Wird als Mittelwert für M_K 100 eingesetzt, so ist:

$$G_L = 35,9 \, G_K \, [kg/h]$$

8.6.4. Infrarottrocknung

Wird Wärmestrahlung angewendet, um Wärme auf Trockengut zu übertragen, so kommen hierzu die Infrarotstrahlen mit einem Wellenbereich von über $0,8 \, \mu$ Wellenlänge in Frage. Durch Wärmestrahlung läßt sich eine bedeutend größere Wärmemenge je Flächeneinheit übertragen, als es mittels konvektiver Erwärmung möglich ist. Hierdurch ist die Möglichkeit gegeben, die Trocknungsdauer bedeutend zu verkürzen, wodurch auch die Trockenanlage kürzer gebaut werden kann (Bild 594). Es ist aber notwendig, daß die durch Wär-

8. Der Industrieofen und sein Verwendungszweck 639

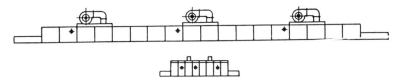

Bild 594: Größenvergleich zweier Trockenöfen gleicher Leistung (oben Konvektionstrocknung, unten Strahlungstrocknung)

mestrahlung übermittelte Wärmemenge auch vom Wärmgut absorbiert wird. Nach Lykow sind die feuchten Güter k o l o i d a l e , k a p i l l a r - p o r ö s e K ö r p e r. Infolgedessen dringt die Wärmestrahlung je nach Ausbildung der Struktur bis zu einer Tiefe von 0,1 bis 2,0 mm ein. Die Wärmestrahlung wird nicht nur an der Oberfläche, sondern auch in einer bestimmten Tiefenzone absorbiert, weil sie beim Eindringen in ein Kapillar des Gutes an den Wänden immer wieder hin- und zurückgeworfen wird. Hierdurch wirkt diese Tiefenzone fast wie ein schwarzer Körper. Sind die Kapillare mit Wasser gefüllt, so hängt die Eindringtiefe von der Wellenlänge der Strahlung und in geringerem Maße von der Art des Trockengutes ab.

Auch erfolgt die Absorption der Wärmestrahlung innerhalb von Wasserschichten selektiv wie es aus Bild 595 hervorgeht, wobei auch die Stärke der Wasserschicht von großem Einfluß ist. Lück und Alt haben außerdem festgestellt (Bild 596), daß der Feuchtigkeitsgehalt des Trocknungsgutes auch das Reflektionsvermögen der Gutoberfläche beeinflußt. Bei höherem Feuchtigkeitsgehalt wird ein größerer Teil der auftreffenden Strahlung reflektiert. Hierzu ist noch zu bemerken, daß auch der Wasserdampfgehalt der Luft zwischen Strahler und Trockengut eine selektive Absorption der Wärmestrahlen verursacht. Diese Absorption ist sehr stark für Wellenlängen von 1,3 μ, 1,9 μ und über 2,3 μ. Es ist deshalb ratsam, dafür zu sorgen, daß die Luft schnell gewechselt und durch frische ersetzt wird, damit der Wasserdampfgehalt nicht zu hoch ansteigt. Hierdurch wird auch die Trocknungsgeschwindigkeit erhöht.

Lykow gibt an, daß bei Lufttrocknung bei einer Lufttemperatur von 100 °C, einer Luftgeschwindigkeit von 2 m/s und einem Luftfeuchtigkeitsgehalt von 5 % im ersten Trock-

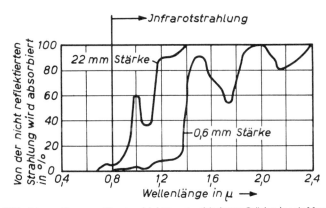

Bild 595: Absorption von Wasserschichten verschiedener Stärke (nach Manders)

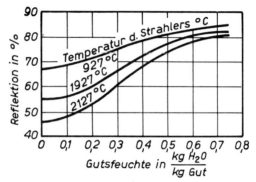

Bild 596: Einfluß des Feuchtigkeitsgehaltes des Trocknungsgutes (nach Lück und Alt)

nungsabschnitt rund 872 W/m² übertragen werden. Bei Strahlungstrocknung beträgt diese Wärmemenge dagegen 26,16 kW/m², wenn die Temperatur des Strahlers 600 °C ist und die des Trockengutes 40 °C. Bei der Strahlungstrocknung kann die Wärmeübertragung leicht auf das zehnfache gesteigert werden im Vergleich mit der konvektiven Trocknung. Aber wie Versuche zeigen, steigt die Trocknungsgeschwindigkeit nicht immer in demselben Maße an; manchmal verringert sie sich sogar. Es ist ja die Trocknungsgeschwindigkeit nicht nur von dem Wärmeübergang, sondern auch von der Geschwindigkeit der Feuchtigkeitsbewegung im Gutsinnern abhängig. Wärme- und Stoffbewegung sollen einander angepaßt werden. Da die Oberfläche für die Infrarottrocknung maßgebend ist, so wird sie in erster Linie angewendet für das Trocknen von Körpern, bei denen das Verhältnis von Oberfläche zum Gewicht groß ist.

Da bisher hauptsächlich die Rede war von wasserfeuchten Gütern, so soll darauf hingewiesen werden, daß die Trocknung von Lackschichten das älteste Anwendungsgebiet der Infrarottrocknung ist. Die Stärke der Lackschicht, die durch Spritzen, Untertauchen usw. auf irgendein Metallteil aufgebracht wurde, ist nur gering. Doch ist es für eine schnelle Trocknung dieser Schicht notwendig, daß die Strahlungwärme ganz oder größtenteils in dieser Schicht absorbiert wird. Bild 597 zeigt, wie diese

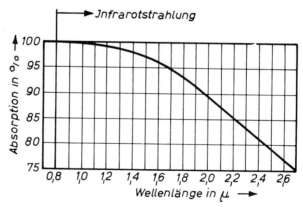

Bild 597: Absorption einer Lackschicht

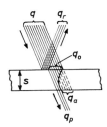

Bild 598: Verteilung der Strahlungsenergie q

Absorption von der Wellenlänge der Infrarotstrahlung abhängig ist, wobei Art und Stärke der Lackschicht natürlich von merklichem Einfluß sind. Es hat sich nun gezeigt, daß die Strahlung von Infrarotstrahlern von bestimmter Oberflächentemperatur, die also in einem entsprechenden Wellenbereich mit einem Höchstwert strahlen, tatsächlich größtenteils in der Lackschicht absorbiert wird. Hierdurch wird eine schnelle und wirtschaftliche Erwärmung dieser Schicht und eine entsprechend schnelle Trocknung des Lackes erreicht, ohne daß größere Wärmemengen in den darunter befindlichen Metallteil übergehen.

Bild 598 zeigt, daß von der Strahlungsenergiemenge q der Teil q_r reflektiert wird und der Teil q_0 in die Lackschicht mit der Stärke s eindringt. In dieser Schicht wird die Energiemenge q_a allmählich absorbiert und die restliche Menge q_p tritt an der anderen Seite aus.

Auf Grund des L a m b e r t 'schen Gesetzes ist:

$$q_p = p_o \cdot e^{-a \cdot s}$$

Hierin ist a die Absorptionskonstante.

Die Durchlässigkeit ist: $b = \dfrac{q_p}{p_o} = e^{-a \cdot s}$

Der Nutzeffekt der Strahlung ist:

$$\eta = \dfrac{q_a}{q_o}$$

Da $q_o = q_o - q_p = q_o (1 - e^{-a s})$

ist: $\eta = 1 - e^{-a s} = 1 - b$

Ist b = o, d.h. der Stoff ist vollkommen undurchlässig, so ist zwar $\eta = 1$ und $q_a = q_o$, $q_p = o$ aber das ist nur möglich, wenn die Absorbtion ausschließlich an der äußeren Trennfläche der Schicht stattfindet. Die Wärme muß dann durch Leitung in die Schicht wandern, und die Trocknung verläuft genau wie bei der konvektiven Trocknung.

Für b = 1 liegt der Fall einer vollkommen durchlässigen Schicht vor; es wird überhaupt keine Wärme absorbiert. Um eine gleichmäßige Erwärmung zu erzielen, wird η also unterhalb 1 liegen müssen. Da die Stärke s der Lackschicht gegeben ist, so ist die Extinktion a maßgebend für den Wirkungsgrad. Und a ist abgesehen von der Stoffart auch noch von der Strahlungsart abhängig. Für eine bestimmte Lackschicht ist also eine bestimmte Strahlungsart, d.h. eine bestimmte Temperatur des Infrarotstrahlers erwünscht. Nur dann ist eine günstige Energieausnützung zu erreichen. Natürlich gibt es auch noch praktische Punkte, die beachtet werden sollen, damit keine zusätzlichen Verluste auftreten. Das Trockengut soll so angeordnet sein, daß das Auftreffen der Strahlungsenergie optimal ausgenützt wird. Die Strahler selbst und ihre reflektierenden Flächen sollen immer sauber gehalten werden.

In der Automobilindustrie war es früher unmöglich, vollständig gepolsterte, ausgerüstete und mit Fensterscheiben versehene Karosserien zu trocknen, weil hierbei auch die anderen Stoffe die Temperatur von 150 °C erreicht hätten. Das wäre für deren manche unzulässig hoch gewesen. Heute kann man, dank der Infrarottrocknung, ganze Karosserien durch den Ofen laufen lassen und hat noch den Vorteil, schneller zum Ziele zu kommen.

Es ist in 3.3. darauf hingewiesen worden, daß die Wärmeabgabe durch Konvektion bei Körpern mit großer Krümmung größer ist als bei Körpern mit schwächerer Krümmung oder ganz ebenen. Hieraus geht hervor, daß die Körper, mit denen man es meistens zu tun hat, und die sowohl durch ebene als auch durch mehr oder weniger gekrümmte Oberflächen begrenzt sind, sogar, wenn sie gleichmäßig von Infrarotstrahlung getroffen werden, keine gleichmäßige Oberflächentemperatur aufweisen können. Denn wenn die Lackschicht selbst überall die gleiche Wärmemenge aufnimmt, so geben die gekrümmten Stellen einen größeren Teil dieser Wärme durch Konvektion wiederum an die kältere Umgebungsluft ab als die ebenen Stellen. Außerdem wird nicht jeder Stelle die gleiche Wärmemenge zugestrahlt. Denn Strahlen pflanzen sich geradlinig fort und fallen unter verschiedenen Winkeln ein. Auch kann leicht Beschattung auftreten. Deswegen ist es ein Vorteil, daß die Strahlungskästen nicht allein durch Strahlung Wärme abgeben, sondern auch die Luft des Ofenraumes durch Konvektion aufheizen. Die erwärmte Luft führt konvektiv weniger Wärme von den stark gekrümmten Stellen des Trocknungsgutes ab, weil der Temperaturunterschied jetzt viel geringer ist. Ja sogar an den Stellen, die durch Beschattung zu wenig Strahlungswärme erhalten, wird dieses Zuwenig durch Abgabe von Konvektionswärme größtenteils aufgehoben. Eine gleichmäßige und dadurch schnellere Trocknung wird also durch die Verbindung von Strahlung mit Konvektion erreicht. Schließlich werden durch die Konvektionsströme die Dämpfe von der Oberfläche des Wärmgutes schneller fortgeleitet.

8.6.5. Infrarotstrahler für Trockenanlagen

Sie sind je nach der Temperatur, bei der sie strahlen, D u n k e l - oder H e l l s t r a h - l e r . Bei den Dunkelstrahlern liegt die ganze Energiestrahlung im unsichtbaren Infrarotgebiet; dagegen wird von den Hellstrahlern außerdem auch sichtbares Licht ausgestrahlt.

E l e k t r i s c h e Vertreter der H e l l s t r a h l e r sind die Infrarotstrahllampen. Der Glühkörper, dessen Temperatur rund 1930 °C beträgt, ist eine Wolframwendel, und das Maximum der Strahlung liegt bei 1,2 μ. Die Glashülle besteht aus Spezialglas, das die Infrarotstrahlung nur wenig absorbiert. Durch eine innere Reflektionsschicht wird erreicht, daß die Strahlung innerhalb eines Kegelwinkels von 30° ausgesandt wird.

Bei Anwendung von 250-W-Strahlern kann eine Leistungskonzentration von 14 kW/m^2 erreicht werden und mit 375-W-Strahlern 21 kW/m^2. Diese Leistungskonzentration genügt nicht immer, und deshalb hat man röhrenförmige, s.g. Q u a r z s t r a h l e r entwickelt, mit Leistungen von 500 und 1000 W, wobei Leistungskonzentrationen von 50 kW/m^2 möglich sind. Die Oberflächentemperatur des Quarzrohres, worin sich die Drahtwendel befindet, darf 800 °C nicht überschreiten. Die Wendel selbst kann eine Farbtem-

8. Der Industrieofen und sein Verwendungszweck

peratur von 2800 K erreichen. Bei der Glühtemperatur von rund 2800 K wird die Energie zu etwa 88 % als Infrarotstrahlung ausgestrahlt, die restliche Energie als sichtbares Licht. Da Quarz einen hohen Schmelzpunkt hat, kann der Außendurchmesser des Quarzrohres klein gehalten werden, z.B. 10 mm. Um die Strahlung auf das Trocken- oder Wärmgut zu konzentrieren, werden goldbedampfte Reflektoren mit den Quarzstrahlern zusammengebaut.

Für Temperaturen des bestrahlten Stoffes von über 250 °C ist Luftkühlung der Quarzstrahler vorzusehen. Oft sind die Luftanschlüsse bereits vorhanden. In der Kunststoffindustrie wird oft von Infrarotstrahlern Gebrauch gemacht [288].

Die Quarzstrahler werden nicht nur für Trockenöfen gebraucht, sondern auch für S t r a h l u n g s ö f e n mit Temperaturen bis 1250 °C. In diesem Falle werden wassergekühlte Refklektoren verwendet, um die Wärmestrahlung auf das Wärmgut zu konzentrieren.

G a s h e l l s t r a h l e r bestehen aus einer porösen oder durchlochten keramischen Platte, durch die ein Gas-Luft-Gemisch strömt. Das verbrennt an der Austrittsseite der Platte ohne sichtbare Flammen („flammenlose Oberflächenverbrennung"), und die Oberfläche glüht. Bei den Schwank-Strahlern beträgt die Oberflächentemperatur etwa 850 bis 900 °C, und das Maximum der Strahlung liegt bei 3,6 bis 3,2 μ. Es kann eine Leistungskonzentration von 100 kW/m^2 erreicht werden. Das Ausstoßen heißer Verbrennungsgase kann einen Vorteil dieser Hellstrahler bedeuten, da diese nebenbei eine Trocknung durch Konvektion und einen Wechsel der Ofenatmosphäre herbeiführen. Anderseits ist aber, wenn es sich um die Verdampfung bestimmter Lösungsflüssigkeiten von Lackschichten handelt, die Explosionsgefahr zu beachten.

Gasinfrarotstrahler [192] zum Trocknen und für andere industrielle Zwecke werden wie die bekannten „Schwank"-Strahler ausgeführt, haben aber Druckluftzufuhr (Bild 345). Bild 599 zeigt eine Textiltrocknungsanlage mit Vortrocknung durch solche Strahler. Mitunter wird die Kombination von Konvektions- und Strahlungstrocknung angewendet. Trockenöfen für das Trocknen durch Strahlung können auch aus Strahlwänden (8.3.) zusammengebaut werden.

E l e k t r i s c h e D u n k e l s t r a h l e r können aus Heizspiralen bestehen, die in einer Füllmasse eingebettet und von einem Metallrohr umgeben sind. D u n k e l s t r a h l k ä s t e n, die inwendig mittels leuchtender G a s f l a m m e n b e h e i z t werden, sind in Einheitsabmessungen erhältlich. Auch innenbeheizte Stahlrohre können als Dunkelstrahler verwendet werden. Die Oberflächentemperatur solcher gasbeheizten Dunkelstrahler beträgt etwa 450 bis 500 °C. Eine besondere Art der gasbeheizten Dunkelstrahler bilden die K a t a l y t s t r a h l e r (Gogas), wobei das Gas-Luft-Gemisch durch kata-

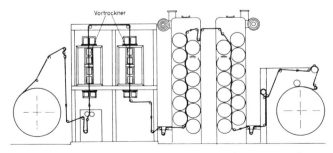

Bild 599: Textiltrocknungsanlage. Vortrocknen mit Gasinfrarotstrahlen (nach Schwank)

lytische Verbrennung bei Temperaturen von 150 bis 450 °C ohne sichtbare Flammen Wärme abgibt. Als gasförmige Brennstoffe für Infrarotstrahler kommt außer Ferngas auch Butan und Propan in Frage.

Die Infrarotstrahler (elektrisch oder gasbeheizt) lassen sich in jeder gewünschten Verteilung im Ofenraum anbringen. Die Öfen selbst können, da die Trocknung vieler Güter, Körper oder Stoffe sich mittels Infrarotstrahlung sehr schnell durchführen läßt, in die Fließfertigung eingereiht werden.

Die Anwendung von Schrumpffolien für Großpackungen und für die Umhüllung ganzer Kisten und Stapel hat einen Markt für Öfen geschaffen, in denen bei einer Temperatur von rund 200 °C und innerhalb von 30 Sekunden der Schrumpfprozeß durchgeführt wird, und zwar unter Umlauf von heißer Luft oder Heißgas.

Für das Aushärten von Kunststofflacken ohne Lösungsmittel werden in der Möbelindustrie auch Ultraviolett-Strahler eingesetzt, wobei eine fotochemische Polymerisation auftritt [193]. Hierfür braucht man UV-Strahler, die ein langwelliges UV-Licht aussenden, z.B. Hochdruck-Quecksilberdampf-Strahler, superaktinische Fluoreszenz-Strahler oder Niederdruck-Quecksilber-Quarzstrahler. Die Lackschicht muß aber durchsichtig oder wenigstens transparent sein, es werden dann außerordentlich kurze Arbeitszeiten erreicht, so daß bereits fünf Minuten nach dem Lackauftragen das Werkstück geschliffen und poliert werden kann. Auch Elektronenstrahlung wurde bereits eingesetzt, und hier wird Lack, sogar farbiger Lack, in Sekundenschnelle ausgehärtet. Allerdings ist diese Anlage bedeutend teurer als eine UV-Anlage. Der Elektronenstrahl wird durch einen Magneten abwechselnd nach links und rechts abgebogen. Somit kann eine bestimmte Breite bestrahlt werden. Es ist natürlich ein Nachteil, daß nur flache Werkstücke behandelt werden können.

8.6.6. Dielektrische Trocknung (Siehe auch 4.2.7.)

Bei der Trocknung durch Konvektion oder durch Strahlung dringt die Wärme von außen her in das Innere des Trockengutes ein. Dagegen wird bei der dielektrischen Trocknung die Wärme im Gute selbst entwickelt.

Die dielektrischen Erwärmungsverfahren werden unterteilt in das kapazitive Verfahren (auch Kondensatorfeldverfahren), das im Frequenzbereich von rund 1 bis 100 MHz arbeitet [194], und das Mikrowellenverfahren im Bereich von 450 bis 2450 MHz. Die kapazitiven Erwärmungsanlagen bestehen aus einem Hochfrequenzgenerator und einer Arbeitsvorrichtung, die als Kondensator ausgebildet ist (Bild 600). Bei der Mikrowellen-

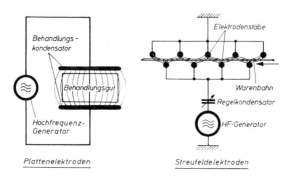

Bild 600: Schematische Darstellung der dielektrischen Erwärmung

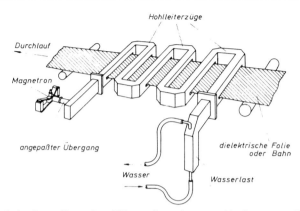

Bild 601: Schematische Darstellung einer Mikrowellenanlage zum Erwärmen von Folien und Bahnen (nach Grassmann)

anlage bildet ein Magnetron oder Klystron den Hochfrequenzgenerator. Dieser Generator ist über einen Hohlleiter mit dem Energieübertragungssystem verbunden, das aus einer Kammer besteht, in der die Energie über Strahler zur Wirkung kommt, oder es sind schlangenförmige Hohlleiter, die so geschlitzt sind, daß ein bandförmiges Gut durchgeführt werden kann (Bild 601).

Die kapazitive Holztrocknung und die Trocknung von Gießereikernen sind bereits länger bekannt. Aber auch in der Kunststoffindustrie hat sich die dielektrische Erwärmung eingeführt, z.B. zum Schweißen und zum Vorwärmen von Preßmassen. Auch in der Textilindustrie findet man hierfür Anwendungen. In Deutschland und in den USA werden Mikrowellenanlagen zum Trocknen von Beschichtungen auf Bahnen mit Breiten bis zu 1500 mm angewendet [195].

8.7. BACKÖFEN

Den Trockenöfen nahe verwandt sind die Backöfen. Die Brötchen und Brote werden in Deutschland vorwiegend ohne Zwischenlage auf dem Ofenherd gebacken; in anderen Ländern werden die Brote vielfach in oben offenen Blechkästen (in vereinzelten Fällen auch mit Deckeln) auf den Ofenherd aufgesetzt.

Beim Berechnen des Wärmeverbrauchs beim Backen ist mit folgenden Wärmemengen zu rechnen:

Für in Blechkästen gebackenes Wasser-Weißbrot (Stückgewicht 0,8 kg) sind 39 MJ je 50 kg Mehl Nutzwärme aufzuwenden und für Milch-Weißbrot 39,9 MJ je 50 kg Mehl. Backzeit 32 Minuten, Backtemperatur (Ofentemperatur) 240 °C [198].

Für das in Deutschland gebräuchliche Brot hat Miksits 45,2 MJ/50 kg Mehl festgestellt (Wasserdampfüberhitzung miteinbegriffen). [199].

Die Bauarten der Backöfen stimmen weitgehend mit denen der Trockenöfen überein. Eine Ausnahme bilden die sogenannten Dampfbacköfen, die mittelbare Beheizung durch Dampfrohre (Perkinsrohre, 4.5.4.) haben. Hiervon wird die gebräuchlichste Art mit festen Steinherden vielfach in kleinen und mittleren Betrieben verwendet. Allerdings außerhalb Deutschlands fast ausschließlich in Leichtbauweise, statt in der veralteten, schweren Steinbauweise. Einen Schritt zur Rationalisierung des Backbetriebes brach-

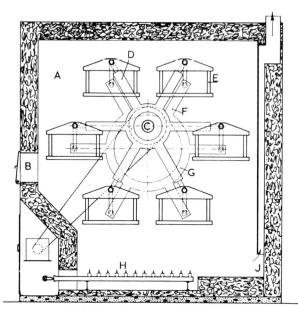

Bild 602: Prinzip eines Schaukelofens

ten die Dampfbacköfen mit **Auszugherden**, wodurch das Laden und Entladen vereinfacht wird. Durch Abkühlung des Herdes während dieser Vorgänge ist der Wärmeverbrauch ziemlich hoch. In den Niederlanden und in Belgien hat sich der **Tunnelofen mit Transportwagen** in den mittleren Betrieben besonders stark eingeführt. Bei diesem Ofen ist der Tunnel ziemlich kurz, und die Wagen werden durch eine Tür an der Kopfseite des Ofens hinein-, aber auch wieder herausbefördert. Die Beheizung erfolgt durch Dampfrohre oder Infrarotstrahler (abgasbeheizte Kästen unter Anwendung von Abgasrückführung). Einen **Schaukelofen** mit unmittelbarer Beheizung durch Gasbrenner zeigt Bild 602.

Die neuere Entwicklung des Backofens hat sich fast ganz von den Dampfrohren abgewandt, ist aber teilweise auf Ringrohre übergegangen (4.5.4.).

Die Beheizung erfolgt mitunter unmittelbar durch Heißluft. Sehr allgemein ist die mittelbare Beheizung durch Abgas von flüssigen oder gasförmigem Brennstoff. Es wird **Abgasrückführung** angewandt und ein Ölverbrauch von nur 3 bis 4 Liter Leichtöl je 50 kg Mehl erreicht. Das Prinzip dieses Ofens ist in Bild 603 dargestellt.

In den dreißiger Jahren wurde es bereits vom Verfasser für Trockenöfen angewandt.

Die Anwendung von Wärmespeichern ermöglicht es, die mit Widerstandselementen aus Nachtstrom gewonnene Wärme zu speichern und anschließend damit Luft vorzuwärmen.

Mit der vorgewärmten Luft wird dann der **Elektro-Warmluft-Speicherbackofen** beheizt.

Eine neuere Entwicklung ist der Backofen mit drehendem Wagen („Stikkenofen" Bild 420). Auch der Backofen mit Dampfrohren erlebt eine Widerbelebung durch die Anwendung in sich geschlossener Rohrringe mit teilweiser Wasserfüllung. Die Rohrringe sind senkrecht angebracht. Auch Wagenöfen werden hiermit ausgeführt.

8. Der Industrieofen und sein Verwendungszweck

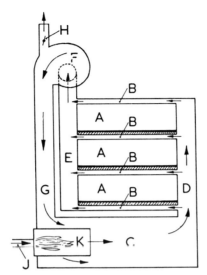

Bild 603: Abgasrückführung bei Backöfen

Für Großbetriebe (mit rund 200 Sack Mehl von je 50 kg in der Woche an) ist der N e t z - b a n d o f e n sehr geeignet. Länge und Breite des Ofens bestimmen die Stundenleistung; die Geschwindigkeit des Bandes kann entsprechend der geforderten Backzeit eingestellt werden. Während dieser Backzeit durchwandert das Backgut den Ofentunnel in seiner ganzen Länge; meistens ist eine sogenannte D a m p f k a m m e r am Anfang eingebaut. Die Beheizung kann unmittelbar durch eine größere Menge Gasbrenner erfolgen, die als Stabbrenner quer oberhalb und unterhalb des Netzbandes eingebaut sind (Bild 604).

Im Backofenbau hat sich das Prinzip der Abgasrückführung mit Gebläse auch für Tunnel-Durchlauföfen mit Erfolg durchgesetzt (Bild 413). Da bei diesen Öfen das meist aus Stahldrahtgeflecht bestehende Förderband manchmal dazu neigt, langsam schräg durch den Ofentunnel zu wandern, wobei es beschädigt werden kann, muß das Band ständig beobachtet und nötigenfalls durch Handbetätigung zurückgesteuert werden. Das Schräglaufen tritt manchmal bei Änderung der Durchlaufzeit, der Ofentemperatur oder der Bandbelastung auf. Eine automatische Bandsteuerung ist in den Bildern 605 und 606 dargestellt. Der rücklaufende Teil des Bandes wird ungefähr in der Mitte des Ofens über die Steuerrolle b geführt, a ist die angetriebene Rolle. Die Steuerrolle ist um den Zapfen d drehbar. An den Enden der Gabel c sind zwei Verlängerungen angebracht, die zwei kurze senkrechte Rollen f tragen. Weicht das Band nach einer Seite aus, so drückt es gegen eine der Rollen f, und die Steuerrolle b dreht sich hierdurch um d. Hierdurch wandert das Band in die richtige Lage zurück.

Bild 604: Netzbandofen mit direkter Gasbeheizung

8. Der Industrieofen und sein Verwendungszweck

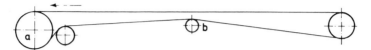

Bild 605: Förderbandführung in einem Tunnelofen

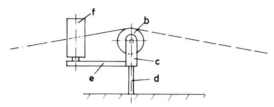

Bild 606: Automatische Förderbandsteuerung (Seitenansicht, schematisch)

Mitunter wird auch bei Tunnelöfen von elektrischer Widerstandsbeheizung Gebrauch gemacht. Die neueste, noch nicht abgeschlossene Entwicklung ist die d i e l e k t r i s c h e   B e h e i z u n g mit gleichzeitiger Strahlungswärmeübertragung (Infraroterwärmung). Tafel 129 gibt einige Anhaltszahlen über den Wärmeverbrauch je m^2 Backfläche einiger Backofenarten.

Tafel 129: Nennleistung je m^2 Backfläche

Ofenart	Brennstoff	Brennerleistung je m^2 Backfläche und Stunde in kWh/m^2	
Einschießdampfbackofen	Ferngas	rund 2,5 m^3/m^2 h	rund 11,0
Einschießdampfbackofen	Öl	rund 1,3 l/m^2 h	rund 12,8
Einschießbackofen mit mittelbarer Gasbeheizung. . . .	Ferngas	rund 1,8 m^3/m^2 h	rund 7,9
Einschießbackofen mit elektrischer Widerstandsbeheizung	Elektrizität	rund 7 kW/m^2	rund 7,0
Einschießbackofen mit mittelbarer Beheizung und Abgasrückführung (Zyklotherm)	Öl	rund 0,9 l/m^2 h	rund 9,1
Netzbandöfen mit unmittelbarer Gasbeheizung.....	Ferngas	rund 2,8 m^3/m^2 h	rund 12,0

Bemerkung: Beim Einschießdampfbackofen mit Beheizung mittels festen Brennstoffs (vielfach Braunkohlenbriketts) soll das Verhältnis von Rostfläche zur Heizfläche 20 % nicht überschreiten.

8.8. SONSTIGE ÖFEN

Es ist wegen des begrenzten Umfangs dieses Buches selbstverständlich nicht möglich, alle Ofenarten für alle metallurgischen, chemischen und sonstigen Prozesse zu behandeln. So muß für die Hochöfen, die Entgasungsöfen, die Öfen für Elektrolyse, Karbidöfen usw. und für viele Öfen der chemischen und petrochemischen Industrie auf die einschlägige Literatur verwiesen werden. Es seien deswegen nur noch einige wenige Ofenarten kurz erörtert.

8.8.1. S c h a c h t ö f e n. Hierzu gehören auch die Hochöfen, die Kupolöfen usw. In einen gasbeheizten Schachtofen zum Brennen von Schamotte werden Schamottekörner

8. Der Industrieofen und sein Verwendungszweck

aus Ton gebrannt bei Temperaturen von 1200 bis 1350 °C, die dann weiter bei der Herstellung von feuerfesten Steinen verwendet werden.

Auch das Brennen von Kalk, Dolomit, Magnesit wird in Schachtöfen durchgeführt, wobei die älteren Öfen satzweise betrieben werden. Die neueren Schachtöfen dagegen arbeiten kontinuierlich beheizt mit Kohlen, Koks, Generatorgas, Braunkohlengeneratorgas, Gichtgas oder Reichgas.

Beim Brennen von Kalk zerfällt das Calciumcarbonat nach der Gleichung:

$$CaCO_3 \quad CaO + CO_2 + 3{,}15 \text{ MJ/kg CaO}$$

Soll Weichbrand d.h. Kalk mit hoher Reaktivität erzeugt werden, so darf die Oberfläche des Wärmgutes nicht über rund 1150 °C erwärmt werden. Um hohe Temperaturen zu vermeiden, kann eine bestimmte Abgasmenge mittels Gebläses zurückbefördert werden (Bild 607). Der Wirkungsgrad verbessert sich dadurch, daß die Verbrennungsluft in der Kühlzone einen Teil des Wärmeinhaltes des Wärmgutes übernimmt. Der Wärmeverbrauch ist rund 1,9 kWh/kg CaO. [200]

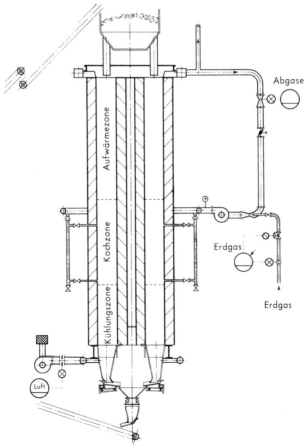

Bild 607: Kalkbrennofen mit Erdgasfeuerung und Abgasrückführung

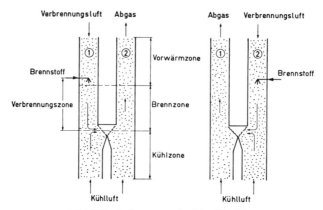

Bild 608: Strömungsverlauf im GR-Ofen

Es ist auch möglich ein Schachtofen zum Brennen von Kalk zu gleicherzeit mit Kohle und mit Erdgas zu befeuern. Bei Großversuchen wurde ein Wärmeverbrauch von rund 1,0 kWh/kg CaO festgestellt [201].

Es gibt auch Schachtöfen, die mittels Ölgases beheizt werden. Durch Teilverbrennung wird ein Gas mit H_u = 2,67 kWh/m^3 erzeugt, das mit einer Temperatur von 800–1000 °C dem rechteckigen Ofenschacht zugeführt wird [202]. Beim Fiedlerofen soll der Wärmeverbrauch rund 1,1–1,2 kWh/kg CaO betragen. Eine besondere Ausführung stellt der Gleichstrom-Regenerativofen Bild 608 dar [203]. Zwei Schächte sind unten durch Überstromkanäle verbunden. Eine Beschickungsvorrichtung oben auf der Gicht ist gekuppelt mit einer Umsteuervorrichtung für Verbrennungsluft und Abgas. Man kann die Verbrennung des zugeführten Brennstoffes intermittierend in den einen oder den anderen Schacht durchführen, wobei die Verbrennungsgase sich in Gleichstrom mit dem Wärmgut bewegen. In Bild 608 links wird in den linken Schacht Brennstoff zugeführt und in der Verbrennungszone das Wärmgut erhitzt. Zugleicherzeit zieht das Abgas durch den zweiten Schacht hoch und wärmt das Wärmgut dort vor. Nach Umschaltung spielt sich der gleiche Vorgang in umgekehrter Richtung ab (Bild 608 rechts). Von unten wird in beiden Schächten Kühlluft zugeführt, die in den unteren Schachtabschnitten Wärme aufnimmt. Die heiße Luft wird in der Vorwärmzone zum Vorwärmen benutzt, bevor sie zusammen mit dem Abgas nach oben entweicht.

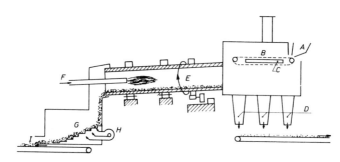

Bild 609: Zementdrehofen

8. Der Industrieofen und sein Verwendungszweck 651

8.8.2. Z e m e n t d r e h ö f e n werden meistens mit Kohlenstaub oder Öl, aber auch mit Gas beheizt. Kombinierte Kohle-Ölfeuerung kommt vor. Die Ofenlänge beträgt 70 bis 170 m. Der längste Ofen kommt beim s. g. Naßvervahren vor, wobei Zementrohmel als Schlamm in den Ofen gegeben wird. Der Trommeldurchmesser beträgt 2 bis 4 m. Die Neigung ist meistens ca. 4°. Sie bestehen meistens aus einfachen zylindrischen Rohren (Bild 609). Brenngas und Zementmehl bewegen sich im Gegenstrom.

Für die Beheizung von Zementdrehöfen mit Erdgas ist die Brennerkonstruktion wichtig. Bild 609 zeigt einen Ofen, bei dem die Verbrennungsluft durch den über Rost G herunterrieselnden Klinker I bläst, diesen abkühlt und dabei selbst vorgewärmt wird [204]. Wird nun das Gas zusammen mit der Primärluft in den Ofen hineingeblasen, erniedrigt sich der Wirkungsgrad der Anlage, da diese Primärluft kalt ist. Deswegen ist ein Brenner nach Bild 610 besser, da er ohne Primärluft arbeitet. Aus dem zentralen Injektor bläst das Gas unter mittlerem Druck aus. Der Strahl führt fast den ganzen Impuls mit sich, da aus dem ringförmigen Brennerrohr mit großem Austrittsquerschnitt Gas unter bedeutend niedrigerem Druck und niedrigerer Geschwindigkeit ausströmt. Hierdurch wird die zentrale Flamme stabilisiert. Die Verbrennung findet in der vorgewärmten Luft statt, die den Brenner umströmt.

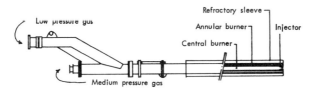

Bild 610: Erdgasbrenner ohne Primärluft für Zementdrehofen

8.8.3. W i r b e l b e t t ö f e n (4.5.3.)

Bei dem Pyriröstofen wird ein schlammartiges Gemisch aus 75 bis 80 % Pyritteilchen und Wasser in das Wirbelbett eingepumpt. Der Schwefelgehalt verbrennt dann zu Schwefeldioxyd (Bild 611). Bild 612 zeigt die Wirbelschicht-Kalkbrennanlage von Otto. In der oberen Stufe wird feinkörniger Kalk, der sonst als Abfall fast wertlos ist, auf 500 bis 600 °C vorgewärmt und dann in der unteren Stufe gebrannt. Brenngas und Luft werden durch seitliche Brenner in den Unterteil des Ofens eingeführt. Das heiße Verbrennungs-

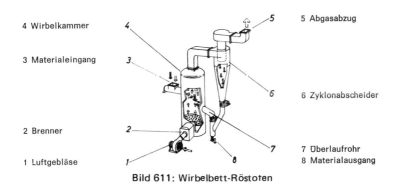

Bild 611: Wirbelbett-Röstoten

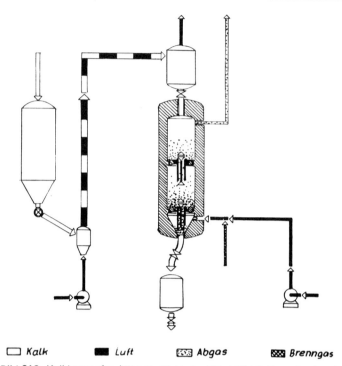

☐ Kalk ■ Luft ▨ Abgas ▨ Brenngas

Bild 612: Kalkbrennofen (Wirbelschichtofen. Werkbild C. Otto, Bochum)

gas strömt zuerst durch den unteren Anströmboden in die Kalkbrennstufe und wirbelt den vorgewärmten Kalk auf, wobei dieser zu Kalziumoxyd gebrannt wird. Hierbei entwickelt sich CO_2, und dieses Gas zusammen mit dem Abgas der Verbrennung strömt dann durch den oberen Anströmboden, durchwirbelt den frischen Kalk und wärmt diesen auf. Der gebrannte Kalk wird mittels einer Schleusvorrichtung aus der Brennstufe ausgetragen. Eine weitere Schleusvorrichtung besorgt den Übergang vom vorgewärmten Kalk in die Brennstufe.

8.8.4. Röhrenöfen

Bei den Öfen der Raffinerien und der petrochemischen Industrie ist eine gleichmäßige Erwärmung ohne Überhitzung sehr wichtig. Deswegen müssen Art und Platz der Brenner in Hinblick hierauf gewählt werden [298]. Bei der Beheizung von Raffinerie-Röhrenöfen soll die Wärmeübertragung auf irgendein Rohr oder einen Teil davon unterhalb einer Grenze von etwa 87 kW/m² bleiben. Bei zu hoher Wärmebelastung wird Kohlenstoff aus dem Rohöl abgespalten. Meistens werden Injektorbrenner mit Luftansaugung aus der Atmosphäre verwendet. Eine gleichmäßige Beheizung wird durch erhöhte Turbulenz und gesteigerte konvektive Wärmeübertragung erreicht. Hierzu ist der Röhrenofen in Bild 613 mit einem Combustorbrenner (Toroidalbrenner Bild 366) ausgerüstet. Die Flammengase strömen mit großer Geschwindigkeit zentral aus und verursachen als Freistrahl eine starke äußere Rezirkulation. Die Ofenleistung konnte hierdurch von 1050 kW auf 1451 kW gesteigert werden. Auch bei den Öfen für die petrochemische Industrie wird durch Luftvorwärmung der Wirkungsgrad erhöht [205].

Tafel 130 gibt die Temperaturbereiche einiger chemischer Wärmeprozesse an.

8. Der Industrieofen und sein Verwendungszweck

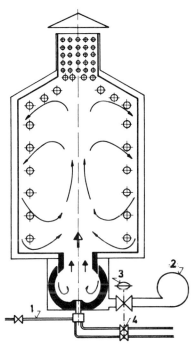

Bild 613: Hochleistungsbrennkammer (Toroidalbrenner) an einem Röhrenofen. 1 = Zerstäubungsdampf, 2 = Ventilator, 3 = Steuer-Signal, 4 = Luft/Brennstoff Verbundsteuerung (Werkbild Fulmina, Edlingen/Mannheim)

Tafel 130: Temperaturbereiche einiger chemischer Verfahren

Thermische Krackung	425 bis 650 °C
Katalytische Krackung	450 bis 535 °C
Rohölveredlung	425 bis 450 °C
Pyritabröstung	425 bis 1100 °C
Kalkkalzinierung	600 bis 880 °C

8.8.5. Tauchbrennerreaktoren

Obschon die Tauchbrenner [93] meistens zur Erwärmung von Flüssigkeitsbädern und nicht für Industrieöfen benutzt werden, sollen sie doch kurz erwähnt werden. Sie können mit flüssigem oder gasförmigem Brennstoff betrieben werden. Die heißen Verbrennungsgase werden in Blasenform durch ein Flüssigkeitsbad geleitet, um eine Erwärmung oder eine chemische Behandlung herbeizuführen. Die Verbrennung kann im Brenner oben oder unterhalb des Flüssigkeitsspiegels durchgeführt werden (Bild 614). Ihr Einsatzgebiet liegt beim Erwärmen und Eindampfen von aggressiven Flüssigkeiten, da Wärmeübertragungsflächen nicht notwendig sind. Bild 615 zeigt das Schema eines Tauchbrennerreaktors [206].

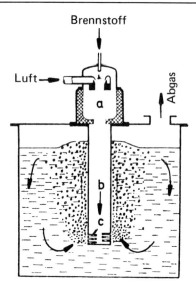

Bild 614: Schema eines Tauchbrenners. a = Brennkammer mit Brenner, b = Tauchrohr, c = Austrittsschlitze

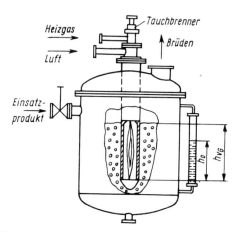

Bild 615: Schematische Darstellung eines Tauchbrennerreaktors (Neidel)

8.8.6. Verbrennungsöfen für Müll und Industrieabfälle [299]

Diese Öfen bekommen eine immer größer werdende Bedeutung. Es gibt kleinere Verbrennungsöfen mit einem Planrost, auf dem der Müll verbrannt wird. Sie müssen vorher durch ein Stützfeuer von Öl oder Gas aufgeheizt werden. Größere Anlagen haben Wanderroste, Walzenroste, Schrägroste, Rückschubroste usw. Die entwickelte Wärme wird manchmal zur Dampferzeugung benutzt (Bild 616). Nach Rasch sind bei 100 000 Einwohnern jährlich etwa 24 000 t Müll zu erwarten. Der Müllanfall von Industrie- und Gewerbebetrieben ist dabei noch nicht mitgerechnet. Der Heizwert kann mit etwa 630 kJ/kg eingesetzt werden. Somit entspricht diese Menge einer Kohlenmenge von 4000 t/a, wobei der Wirkungsgrad der Kohlenstaubfeuerung mit 90 % und der Rostfeuerung für Müll mit 70 % angenommen wurde. Es handelt sich also um eine bedeutende Brennstoffmenge.

Der Industriemüll besteht manchmal aus flüssigen oder schlammigen Stoffen und muß deswegen in rostlosen Öfen, z.B. Drehöfen, Kammer- oder Schachtöfen, verbrannt werden.

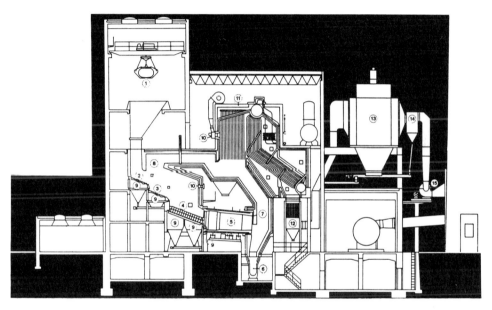

1 =	Beschickungskran	7 =	heiße Verbrennungsgase	13 =	Elektrofilter
2 =	Trockenrost I	8 =	Wasserdampf und Abgas	14 =	Mechanischer Filter
3 =	Trockenrost II	9 =	Verbrennungsluft	15 =	Saugzug
4 =	Zündrost	10 =	Brenner	16 =	Schornstein
5 =	Drehtrommel 1	11 =	Dampfkessel		
6 =	Schlackenaustrag	12 =	Speisewasservorwärmer		

Bild 616: Müllverbrennungsanlage (Werkbild Wistra-Koppers)

Bild 617 zeigt eine Verbrennungsanlage, in der Restgase oder flüssige Rückstände der chemischen und petrochemischen Industrie verbrannt werden, um hierdurch in ein Rauchgas übergeführt zu werden, das den Luftreinhaltungsvorschriften genügt. Die Verbrennung erfolgt oft in Verbindung mit Abhitzekesseln. Aber wenn kein Bedarf an Wasserdampf vorhanden ist, werden Fackelanlagen, wie in Bild 617 dargestellt, mit Rekuperatoren zur Luftvorwärmung ausgerüstet. Hierdurch wird dann an Unterstützungsbrennstoff gespart. Bei Anwendung von Strahlungsrekuperatoren, also mit großem freiem Querschnitt, arbeitet die Anlage mit natürlichem Zug. Combustorbrenner werden in verschiedenen Ausführungen zum Verbrennen von gasförmigen Rest- und Abfallgasen benutzt. Bild 618 zeigt einen diesbezüglichen Brenner für das Unschädlichmachen von explosionsgefährlichen Gasen. Der Wärmeaustauscher zur Vorwärmung der Verbrennungsluft oder des Gases ist auch mit Explosionssicherungen ausgestattet [207].

8. Der Industrieofen und sein Verwendungszweck

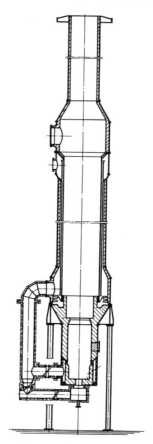

Bild 617: Verbrennungsanlage mit Strahlungsrekuperator (Werkbild Schack)

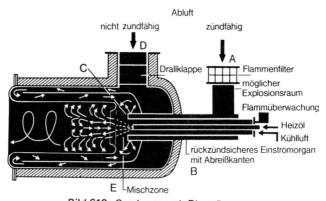

Bild 618: Combustor mit Einströmorgan

9. Modelle

9.1. ALLGEMEIN

Wärmetechnische und strömungstechnische Fragen beim Entwurf von Industrieofenanlagen lassen sich nicht vollständig durch einfache Berechnungen lösen. Deswegen versucht man oft mittels Modellen vorher deutliche Antworten zu bekommen.

Bei den Modellen ist zu unterscheiden zwischen mathematischen und physikalischen Modellen [209]. Die mathematischen Modelle können wiederum in zwei Arten unterteilt werden:

Die erste Art bedient sich der analytischen Methode und beschreibt die physikalischen und chemischen Sachverhalte mit den Werkzeugen der Mathematik. Hierbei ist es nicht notwendig, daß vorher eine Anlage vorhanden ist.

Die zweite Art bedient sich der statistischen Methode und setzt das Vorhandensein einer Anlage voraus. Sie benutzt Meßwerte. Die Ergebnisse der Messungen werden dann durch mathematische Gleichungen wiedergegeben. Deswegen können diese Gleichungen nicht ohne weiteres auf andere Anlagen übertragen werden, da sie nur für die untersuchte Anlage Gültigkeit haben.

9.2. Methode der analytischen, mathematischen Modelle

Diese finden viel Anwendung. Beispiele hiervon sind z.B. das „Rührkesselmodell" und das „Kolbenmodell" (4.5.2.). Bekannt ist das „Zonenmodell" von Hottel und Cohen, das u.a. von Neidel [210] für die Berechnung von Röhrenöfen angewandt ist. Für die Berechnung des Einflusses der „Adapt"-Gleitschienen haben Korndörfer und Günther ein mathematisches Modell aufgestellt [211]. Dürfeld stellte ein mathematisches Modell für den strahlrohr-beheizten Ofen auf, Gerdes und Woelk [212] haben durch experimentelle Untersuchungen die Brauchbarkeit dieses Modells getestet. Kolbe et al [213] haben für das Betriebsverhalten von Induktionstiegelöfen ein Modell entwickelt, das dieses Verhalten analysiert. Für den Aufheizprozess des gasbeheizten Aluminium-Herdschmelzofens stellten Joswig u. Woelk [214] ein mathematisches Modell auf. Für Wärmöfen geht Woelk [209] von den Bedingungen aus, die an die Erwärmung eines bestimmten Wärmgutes (z.B. eines Stahlblocks) gestellt werden. Diese können z.B. sein, daß in einer bestimmten Zeit eine bestimmte Temperatur erreicht werden soll und daß dabei die höchstzulässige Temperaturdifferenz zwischen der Oberfläche und dem Innern des Wärmguts nicht überschritten wird. Dazu ist das Temperatur-Zeitverhalten des Wärmgutes zu berechnen. Die hieraus hervorgehende Temperatur und Wärmestromdichte an der Oberfläche des Gutes sind dann die Randbedingungen für die Ofenberechnung. Woelk nennt die Trennung der Betrachtungen von Wärmgut und vom Ofen die „Entkopplung" der mathematischen Modelle. Für das Brennen von Ziegeln in Tunnelöfen hat „Centraal Techn. Instr. TNO" (Holland) ein mathematisches Modell entwickelt und die dazugehörigen Programme in ein Rechenzentrum gespeichert. Messungen in Betrieben ergaben gute Übereinstimmung mit Aussagen des Computers.

9.3. PHYSIKALISCHE MODELLE

Beim Entwurf, besonders von größeren und von neueren Ofenanlagen kommt es darauf an, Art und Anordnung der Brenner oder sonstiger Wärmezufuhrstellen, Ofenraumgeometrie, Lagerung des Wärmguts im Ofenraum usw. richtig zu wählen, damit Strömung und Wärmeübertragung günstig verlaufen. Rezirkulationsströmungen, die wichtig sind für den

Temperaturausgleich durch Vermischung von heißen und kühleren Gasen, sind schwer vorher zu bestimmen. Das Gleiche gilt auch für Strömungen um oder durch das Wärmgut, die kennzeichnend für eine gleichmäßige Wärmeübertragung sein können. Deswegen wird manchmal vorher ein verkleinertes Modell des Ofens angefertigt, damit der Einfluß der Brenner- und der Wärmgutanordnung sowie anderer konstruktiver Maßnahmen auf den Strömungsverlauf untersucht werden können. Es ist dies ein Verfahren, das sich bereits seit langem im Schiffsbau, Flugzeugbau und Wasserbau bewährt hat.

Die sich in einem Industrieofen der dazugehörigen Brenneranlage abspielenden Vorgänge können durch Kennzahlen beschrieben werden, wie z.B. Reynolds-Zahl, Biot-Zahl, Fourier-Zahl, Peclet-Zahl, Konakow-Zahl, Stanton-Zahl usw. Ist die Anzahl der Kennzahlen nur gering, so ergeben sich aus den Ergebnissen der Modellversuche ziemlich einfache Beziehungen, die sich auf vergrößerte Anlagen der Praxis anwenden lassen und somit für den Entwurf von neuen Anlagen zu Nutze gemacht werden können [215].

Bei der Durchführung der M o d e l l v e r s u c h e sind, soweit es sich auf Strömungen bezieht, zwei Bedingungen zu erfüllen:

a) Das Modell soll geometrisch ähnlich sein. Brenner, Ofenraum, Wärmgut sollen sich geometrisch ähnlich zur Großausführung verhalten.

b) Die Reynoldszahl $R_e = \dfrac{w \cdot d \cdot \rho}{\eta}$ (5.1.2.)

soll für Modell- und Großausführung möglichst genau übereinstimmen. Denn das Ä h n l i c h k e i t s g e s e t z f ü r S t r ö m u n g e n besagt: Bei geometrisch ähnlichen Widerstandskörpern sind Strömungen als ähnlich zu betrachten, die zu gleichen Reynoldszahlen gehören.

D i e e i n f a c h s t e n M o d e l l e sind die z w e i d i m e n s i o n a l e n m i t W a s s e r als strömendem Medium. In einer Wasserrinne werden die Ofenraum- und Wärmgutbegrenzungen angebracht. Der Strömungsverlauf wird durch Aufstreuen von Aluminiumflitter oder anderen Pulverteilchen auf die Wasseroberfläche sichtbar gemacht. Wird das Bild fotografisch festgelegt und kennt man die Beleuchtungszeit genau, so kann aus der Länge der Leuchtspuren die örtliche Strömungsgeschwindigkeit quantitativ berechnet werden. Da derartige Modelle billig sind und doch Aufschluß über die Strömungsvorgänge in einem Längsschnitt des geplanten Ofens geben können, ist es ratsam, hiervon Gebrauch zu machen, um die günstigste Lagerung von Wärmgut in Öfen zu erforschen. So wird die Beheizung von runden Blöcken in einem Herdwagen-Schmiedeofen sehr verbessert, wenn die Blöcke auf Unterlagen von ausreichender Höhe gelagert werden.

Will man die Strömungen in einem Ofen eingehender untersuchen, so kann z.B. aus Plexiglas ein vollständiges, wenigstens an einer Seite durchsichtiges d r e i d i m e n s i o n a l e s M o d e l l des Ofens angefertigt werden. Man ist dann in der Lage, nicht nur das Strömungsbild und die Geschwindigkeiten zu untersuchen, sondern die Geschwindigkeiten und die Drücke können auch örtlich gemessen werden. Auch hier wird von Wasser, aber auch manchmal von Luft als strömendem Mittel Gebrauch gemacht. Durch kleine Röhrchen wird ein Farbstoff in die Wasserströmung geleitet oder auch Aluminiumflitter verwandt. Zwei Flüssigkeiten mit unterschiedlicher Dichte ermöglichen es, die Mischung von heißen und kalten Gasen sichtbar zu machen. Die luftdurchflossenen Modelle eignen sich besonders dazu, um Druck- und Geschwindigkeitsprofile auszumessen. Es können hierzu in großen Querschnitten Pitot-Rohre und in kleineren Querschnitten und in Wirbelgebieten Hitzdraht-Anemometer angewendet werden. Die Geschwindigkeit der Hauptströmung kann mittels Rotamesser gemessen werden.

Werden dem Luftstrom fluoreszierende Teilchen zugesetzt, so ist ein Mischvorgang in U.V.-Licht genau zu verfolgen und zu fotografieren. Auch die Zumischung von Rauch zur Luft erlaubt es, das gesamte Strömungsbild im Modell zu studieren. Collins hat bei einer Modelluntersuchung in dem Luftstrom, der die Flamme darstellen sollte, eine geringe Menge CO_2 als Spurengas eingemischt. Das Modell war mit Luft gefüllt, und durch Rezirkulation wurde der CO_2-Gehalt niedriger. Es wurde nun der CO_2-Gehalt an verschiedenen Stellen mittels CO_2-Analysator gemessen, wodurch man in der Lage war, den Mischungsverlauf zeichnerisch darzustellen.

Wohl der erste, der ein Modellverfahren für Öfen angewendet hat, war Groume Grjimailo, der mit seinen Modellversuchen den Vorteil von niedrig im Ofenraum gelegenen Abgasöffnungen anschaulich machte. Der Wert solcher Modellversuche wird aber eingeschränkt durch den Umstand, daß man dem Einfluß des Auftriebes der Abgase bei verschiedenen Temperaturen schwer Rechnung tragen kann. Groume Grjimailo hat deswegen bei seinen Versuchen zwei Flüssigkeiten von unterschiedlicher Wichte gebraucht, um einen Auftrieb zu erzielen.

Die dimensionlose A r c h i m e d e s z a h l $Ar = \dfrac{\text{Auftriebskraft}}{\text{Trägheitskraft}} = \dfrac{g \cdot d \cdot \Delta T}{w^2 \cdot T}$ erlaubt es aber, vorher zu prüfen, ob Vernachlässigung des thermischen Auftriebes bei einem bestimmten Modellversuch erlaubt ist.

  d = Raumhöhe [m]
  w = Mittlere Gasgeschwindigkeit bei der Temperatur T [m/s]
      Temperaturunterschied Gas-Wärmgut [°K]

Bild 619: Strömung durch zweiweg-Tiefofen (Černoch)

Beispiel: Es sei h = 2,5 m, w = 6 m/s, T = 1300 K und ΔT = 1300 − 1100 = 200 K.

$$Ar = \frac{9{,}81 \cdot 2{,}5 \cdot 200}{6^2 \cdot 1300} = 0{,}1$$

Bei diesem kleinen Wert von Ar kann der Auftrieb zu Gunsten der Hauptströmung vernachlässigt werden.

Die Strömung in Tieföfen wurde im Kaltmodell von Cernoch et al [216] untersucht und zwar für zwei verschiedene Konstruktionen. Für den Zweiwegofen (Bild 499) zeigt Bild 619 die Strömung durch das Modell, wobei es auffällt, daß die Strömung sich an den Kopfwänden herunter bewegt, zwischen den Blöcken aber von unten nach oben. Das aufwärts strömende Heißgas hat bereits auf dem Weg über den Blockköpfen und den

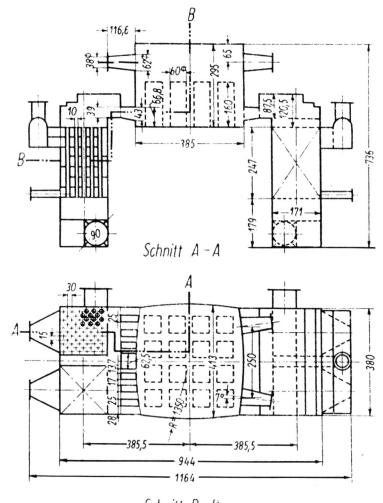

Bild 620: Vierwegofen

senkrechten Ofenwänden einen großen Teil seines Wärmeinhaltes verloren. Es findet in diesem Ofen eine Rezirkulation und eine Vermischung von kälterem mit heißem Gas statt. Die in den Räumen zwischen den Blöcken an diese übertragene Wärme ist verhältnismäßig gering, wodurch die Ofenleistung ungünstig beeinflußt wird. Es leuchtet ein, daß man es in diesem Fall mit der Ofenart „Rührkessel" zu tun hat, wenn auch nicht 100-prozentig. Bild 620 zeigt den Vierwegtiefofen mit zwei gegenüber angebrachten Brennerpaaren und zwei unten angeordneten Abzugspaaren. Auch hiervon wurde ein verkleinertes Modell aus Plexiglas gebaut. Bild 621 zeigt, daß die Strömung jetzt in der Hauptsache von oben nach unten geht, sodaß sich in den Räumen zwischen den Blöcken ein heißeres Gas bewegt, als es in Bild 619 der Fall ist. Es findet hierdurch eine größere Wärmeübertragung statt. Dieser Ofenausführung nähert sich vielmehr die Ofenart mit „Kolbenströmung" (4.5.2.), die bei höheren Temperaturen wärmetechnisch besser ist als die Ofenart „Rührkessel". Die Leistung dieses Vierwegofens und die Temperaturgleichmäßigkeit war tatsächlich besser als die des Zweiwegofens (Bild 499). Die Konstruktion ist aber teurer und die Raumbeanspruchung größer.

Bild 621: Strömung durch Vierweg-Tiefofen (Cernoch)

Keller [157] hat die Strömung und die Wärmeübertragung im Einwegtiefofen untersucht. Für die Wärmeübertragungs-Versuche wurden Modellblöckchen, die mit einer Naphtalinschicht überzogen waren, im Ofenmodell eingesetzt. Die den Besatz umströmende Luft, die dem Heißgas im wirklichen Ofen entspricht, bewirkt eine Verdampfung von Naphtalin und somit einen Masseverlust der Blöcke. Hieraus kann auf Grund der Analogie zwischen Stoff- und Wärmeübertragung auf den jeweils vorhandenen Wärmeübergangs-Koeffizienten der Konvektion geschlossen werden. Hierdurch konnte nachgewiesen werden, daß die Anwendung von Hochgeschwindigkeits-Nebenbrennern (Bild 622) eine Verbesserung der Wärmeübertragung und eine Vergleichmäßigung des Temperaturfeldes bringt, besonders in der Ausgleichsperiode.

Jeschar [217] hat den Einfluß der Stapelung von Ziegelpaketen und die Anordnung der Spalten in einem Modell untersucht. Das Gleiche haben Neidel und Hoyer [210]

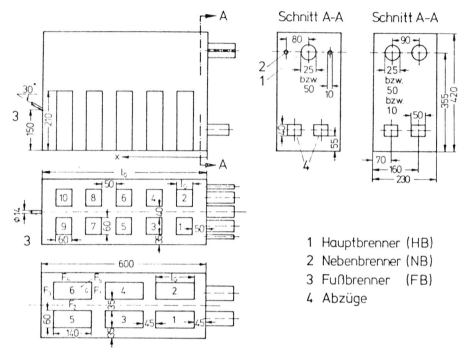

Bild 622: Tiefofenmodell mit Block- und Brammerbesatz (Keller)

gemacht, aber auch zu gleicher Zeit die Wärmeübergangskoeffizienten bestimmt. Hierzu wurden elektrisch beheizte Kupferziegel an charakteristische Stellen eingebaut. Eggers et al [211] machten Modellversuche, um die Querströmung durch den Ofenbesatz in Tunnel-Muffelöfen zu bestimmen. Biro [218] hat Drallbrenner nach Drallparameter und axialer Impuls eingeteilt und dann die Wirkungsweise der einzelnen Brenner in einem geschlossenen Raum durch Strömungsmodell Versuch geprüft.

Bei Modelluntersuchungen für Glasschmelzöfen mit direktem Stromdurchgang hat Stanek als Modellflüssigkeit, die den Glasfluß im Ofenmodell ersetzen sollte, Glyzerin mit einem Zusatz von Lithiumchlorid benutzt. Hierdurch werden die strömungstechnischen und zugleich auch die elektrischen Eigenschaften der Glasschmelze modellrichtig übersetzt.

Zum Studium stationärer Wärmeströmungen können zweidimensionale Modelle aus elektrischleitenden Folien (z.B. mit Graphitstaub beschichtetes Papier) mit wenig Kosten und mit gutem Erfolg angewendet werden [219, 220] (Bild 623).

Für dreidimensionale Modelle hat man besondere Widerstandsmaterialien entwickelt wie rußgefüllter Gips oder Polyestergußhart [221]. Auch Modelle mit elektrisch leiter Flüssigkeit werden angewandt (elektrolytischer Trog).

Das man nach Beuken elektrische Kapazitäts- und Widerstands- Modelle mit Vorteil verwenden kann, um nicht stationäre Wärmebewegungen (z.B. das Anheizen einer Ofenwand, wobei Wärmespeicherung und Wärmewiderstand maßgebend sind) zu studieren, wurde bereits erwähnt (4.6.3. und Bild 196). [222]

9. Modelle

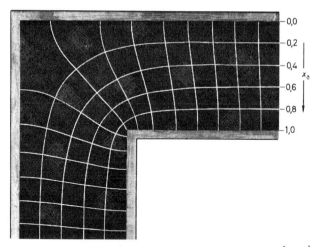

Bild 623: Ausgemessenes Temperaturfeld in einer Wandecke (Köhne)

Es ist mit den heute zur Verfügung stehenden Rechenanlagen (Computer) auch möglich, das Differenzenverfahren, das dem Beuken-Modell zugrunde liegt, digital zu lösen.

Selbstverständlich können mit Hilfe des Netzwerkverfahrens nach Beuken auch stationäre Wärmeströmungen untersucht werden. Auch hier wird ein Modell aus Maschen aufgebaut. Die elektrischen Widerstände entsprechen gleichfalls den thermischen Widerständen zwischen den Mittelpunkten der Maschen.

10. Die Berechnung von Industrieöfen

10.1. ALLGEMEINES

Es gibt eine größere Anzahl „Erfahrungszahlen", die es ermöglichen, ohne größeren Rechnungsaufwand einen Ofen zu berechnen. Wenn z.B. bei direktbeheizten Herdöfen für Warmverformung die Herdbelastung der Tafel 131 entnommen wird, so könnte man meinen, daß zusammen mit der entsprechenden Zahl für den Wärmeverbrauch (Tafel 118) und einigen praktischen Kenntnissen ohne weiteres der Ofen zu konstruieren sei. Es weisen aber Anhaltszahlen eine gewisse Streuung auf, oder es sind Mittelwerte, deren Ursprung man nicht oder nicht genau kennt. Sie eignen sich deswegen wohl zur nachträglichen Kontrolle der Betriebsergebnisse, aber nicht als feste Grundlage für die Ofenberechnung. Hierzu soll man genauer vorgehen und durch Anwendung der gegebenen Berechnungsgrundlagen die möglichst beste Lösung und den niedrigsten Energieverbrauch vorher errechnen.

In einigen besonderen Fällen gibt eine Anhaltszahl des Anschlußwertes für eine bestimmte Ofenart und ein bestimmtes Wärmgut die Möglichkeit, einen Ofen ohne weitere größere Berechnungen zu konstruieren. Als Beispiel sei der elektrische Backofen mit Widerstandsbeheizung angeführt. Als Erfahrungszahl ist bekannt, daß der Anschlußwert rund 7 kW/m^2 Herdfläche betragen soll. Rechnet man aus, wieviel Herdfläche für eine bestimmte Backwarenproduktion man braucht, so ist leicht zu berechnen, welche Heizleistung man einbauen soll.

Viel weitgehender ist es, wenn man die mathematischen Zusammenhänge zwischen der Erwärmung eines Ofengutes und den diese Erwärmung bestimmenden Faktoren vorher durch Versuche klärt und in Formeln festlegt. Diese Formeln werden dann verschiedene, zum Teil unabhängige Parameter enthalten. Vor wenigen Jahren wäre es noch fast unmöglich gewesen, alle denkbaren Varianten durchzurechnen, um so die o p t i m a l e   L ö s u n g   zu finden. Die Verwendung von G r o ß r e c h e n a n l a g e n hat das grundlegend geändert.

Es gibt Firmen, die eine umfassende Datenbank mit Stoffwerten von Ofenbaustoffen und Berechnungsprogramme als „Software" für ihren Computer zur Verfügung haben. Bei der Computerberechnung einer Ofenwand z.B. wird die Wärmeleitzahl an jeder Stelle in Abhängigkeit von der Temperatur genau ermittelt. Die Wärmeübergangskoeffizienten werden berechnet aus konvektiven- und aus Strahlungsanteilen. Man kann am Ausgabebildschirm selbst Parameteränderungen einführen, um die preisgünstigste oder wärmewirtschaftlichste Lösung zu ermitteln. Derartige Rechenzentren können dem Ofenkonstrukteur viel Arbeit abnehmen und Zeit sparen.

Aber auch mit programmierbaren Taschenrechnern kann man, wenn man über die entsprechenden Programme verfügt, viel Zeit bei der Ausführung von Verbrennungsrechnungen, Auslegung von mehrschichtigen Ofenwänden usw. sparen. Prof. Woelk der RWTH-Aachen hat hierüber Kurzkurse gegeben.

Tafel 131: Anhaltszahlen für die Herdbelastung von direktbeheizten Herdöfen für die Warmverformung.

Im allgemeinen	rund 300 kg/m^2 h
Stoßöfen ohne Unterbeheizung für Material 50 bis 200 mm stark	250 bis 400 kg/m^2 h
Stoßöfen mit Unterbeheizung für Material 100 bis 250 mm stark	350 bis 450 kg/m^2 h
Drehtelleröfen	120 bis 250 kg/m^2 h
Drehherdöfen	250 bis 350 kg/m^2 h

10. Die Berechnung von Industrieöfen

Die Berechnung einfacher Öfen kann im allgemeinen folgendermaßen durchgeführt werden: Es sind gegeben Art und stündliche Menge des Wärmgutes und die Art des Verfahrens. Weiter sind auch die Art des Brennstoffes und dessen Stoffwerte, insbesondere der Heizwert, bekannt.

Man hat dann den Ofentyp zu wählen, und es ist auch die Höhe der Luftzahl und der Vorwärmung festzulegen. Aus Tafel 78 wird die Temperatur entnommen, die das Wärmgut im Ofen erreichen soll, und nach den Tafeln 79 und 80 wird die Nutzwärme bestimmt. Auf Grund der Überlegungen (4.6.1. und 4.6.3.) (Wandverlust und Speicherwärme) wird die Wandkonstruktion des Ofens bestimmt. Der für die zu erwartende Ofentemperatur auftretende Wandverlust wird durch Berechnung oder zeichnerisch (4.6.1.) bestimmt sowie die Temperatur der Außenseite der Ofenwand und die der Trennfläche zwischen den Schichten, woraus diese Wand aufgebaut ist. Man kann auch die Innenwandtemperatur mittels Formel [125] berechnen, einen zulässigen Wandverlust wählen und dann mit der zeichnerischen Methode (Bild 181) die Temperaturen der Trennflächen bestimmen.

Weiter wird die Betriebszeit in Abschnitte geteilt und für jeden dieser Zeitabschnitte der Wandverlust und die Speicherwärme bestimmt. Man macht jetzt einen Vorentwurf des Ofens und diesem entnimmt man die äußere Wandfläche und auch den Rauminhalt der verschiedenen Baustoffe. Nach Tafel 89 berechnet man das Gewicht dieser Baustoffe und aus Tafel 93 entnimmt man ihre spezifische Wärme. Nach Einsetzen der mittleren Temperaturen sind die S p e i c h e r w ä r m e n zu berechnen. Mittels der Bilder 193 und 194 werden W a n d v e r l u s t und S p e i c h e r w ä r m e während jeder Stunde nach Heizbeginn bestimmt.

Der f e u e r u n g s t e c h n i s c h e W i r k u n g s g r a d η_{th} läßt sich nach 4.3.2. und den Bildern 73 bis 76 berechnen, folglich auch der Schornsteinverlust. Bei Elektroöfen ist diese Verlustquelle nicht vorhanden. Die anderen Quellen von Wärmeverlusten, z.B. durch Türen, durch Ausflammen, durch Kühlwasser, werden festgelegt und diese Verluste gleichfalls berechnet. Sodann wird die Wärmebilanz aufgestellt, woraus dann der Wärmeverbrauch Q_b hervorgeht. Der B r e n n s t o f f v e r b r a u c h ist dann $B = \dfrac{Q_b}{H_u}$ und hieraus folgt die Größe der Brenneranlage. Bei Elektroöfen ist $B = Q_W + Q_N + Q_{sp}$. Oft ist es zu empfehlen, die Erwärmungszeit des Wärmgutes nach 4.5.7. zu berechnen. Durchlauföfen werden meistens abschnittsweise, mit den für jeden Abschnitt gültigen Wärmeübergangszahlen, gerechnet. Auch die Berechnung der Druck- und Strömungsverhältnisse im Ofenraum ist manchmal dringend zu empfehlen. Es folgen nun einige Beispiele.

10.2. BERECHNUNGSBEISPIELE

10.2.1. Beispiel: Widerstandselement

Ein Bandheizleiter für $N = 10\,000$ W ist zu berechnen, wenn $U = 220$ V ist, die Temperatur 1300 °C ist und die Oberflächenbelastung mit 1,5 W/cm² angenommen wird. Für den Heizleiterwerkstoff ist

$$\rho = 1,39 \text{ und } C_t = 1,062.$$

Mit (42): $\rho_t = 1,062 \cdot 1,39 = 1,48 \; \Omega \, mm^2/m$

Aus (65): $b = k_b \sqrt[3]{\left(\dfrac{10000}{220}\right)^2 \dfrac{1,48}{1,50}} = k_b \cdot 12,75$

Es wird n = $\frac{b}{s}$ = 8 gewählt, und hierfür ist nach Tafel 70:

$$k_s = 0{,}0885 \text{ und } k_b = 0{,}708$$

Mit (64) und (65) ergeben sich:

$$s = 0{,}0885 \cdot 12{,}75 = 1{,}13 \text{ mm}$$
$$b = 0{,}708 \cdot 12{,}75 = 9 \text{ mm}$$

Diese Abmessungen sind nicht handelsüblich, deswegen wird n = $\frac{b}{s}$ = 10 gewählt und nochmals gerechnet.

$$s = 0{,}077 \cdot 12{,}75 = 0{,}982 \text{ mm}$$
$$b = 0{,}77 \cdot 12{,}75 = 9{,}82 \text{ mm}$$

Abgerundet ergibt sich also als Bandabmessung 10 x 1 mm.
Die Bandlänge wird mittels (68) berechnet:

$$l = \frac{U^2 \cdot b \cdot s}{N \cdot \rho_t} = \frac{220^2 \cdot 10 \cdot 1}{10\,000 \cdot 1{,}48} = 32{,}7 \text{ m}$$

Auf Grund der Abrundung der Bandabmessungen wird die Oberflächenbelastung

$$\frac{10000}{3270 \cdot 2{,}2} = 1{,}39 \text{ W/cm}^2\text{, als günstiger als ursprünglich, angenommen.}$$

10.2.2. Beispiel:

Für die Wärmeübertragung eines Öles in Rohrsystemen (4.5.4. Bild 158, 159) soll ein Berechnungsbeispiel gegeben werden:

Öltemperatur ϑ = 300 °C, Rohrdurchmesser d = 35 mm, Geschwindigkeit w = 1,0 m/s.
ν = 0,9 centistoke, λ = 0,394 W/mK, c = 2,83 kJ/kg K, ρ = 730 g/ℓ

$$\text{Re} = \frac{w \cdot d}{\nu} = \frac{1{,}0 \cdot 0{,}035 \cdot 10^6}{0{,}9} = 40\,000$$

$$\text{Pe} = \frac{w \cdot d \cdot c}{\lambda_{sek}} = \frac{1{,}0 \cdot 0{,}035 \cdot 2{,}83 \cdot 730 \cdot 3600}{0{,}394} = 660\,000$$

$$\text{Pr} = \frac{\text{Pe}}{\text{Re}} = \frac{660\,000}{40\,000} = 16{,}5$$

Nach Schack ist

$$\alpha = 0{,}0125 \frac{\lambda}{d} (\text{Re})^{0{,}85} \cdot)\text{Pr})^{0{,}5} =$$

$$= 0{,}0125 \frac{0{,}394}{0{,}035} \cdot 40\,000 \cdot \sqrt{16{,}5} = 4648 \text{ kJ/m}^2\text{hK} = 1292 \text{ W/m}^2\text{K}$$

10. Die Berechnung von Industrieöfen   667

Für w = 0,29 m/s ist
     Re = 11 300
     Pe = 192 000
     Pr = 16,5
     α = 1591 kJ/m^{2}hK = 442 W/m^{2}K
Für w = 0,1 m/s ist
     Re = 4 000
     Pe = 66 000
     Pr = 16,5
     α = 657 kJ/m^{2}hK = 183 W/m^{2}K

10.2.3. Beispiel:

Berechnung eines Schöpfofens für Aluminium mit Koksofengas als Brennstoff

Der Ofen (Bild 624) soll imstande sein, jede Stunde in einem Graphittiegel 14 kg Aluminium zum Schmelzen und auf eine Temperatur von 750 °C zu bringen. In einer Arbeitsschicht also achtmal. Die Maße des Graphittiegels sind gegeben, und es wird für diesen kleinen Ofen, der mit mäßiger Temperatur betrieben wird, eine Wandkonstruktion von 105 mm Feuerlichtstein (Raumgewicht 1,0 kg/l) und 65 mm Isolierstein (Raumgewicht

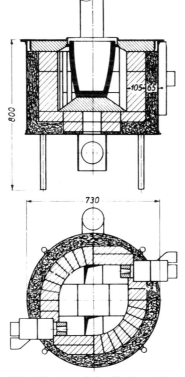

Bild 624: Schöpfofen für Aluminium

0,45 kg/l) gewählt. Für den Ofenboden nimmt man 55 mm Feuerleichtstein und 65 mm Isolierstein, und mit diesen Maßen als Grundlage wird der Ofen entworfen, wobei von Normalsteinen Gebrauch gemacht wird. Beide Steinsorten lassen sich auf Maß sägen. Für den Deckel und die Brennsteine wird feuerfester Beton verwendet. Der Tiegel wird auf einen Untersatz von normalem Schamottestein aufgestellt, wegen dessen höherer mechanischer Festigkeit. Die Abzugsöffnung wird nach unten verlegt. Zwischen Tiegel und Ofenwand soll ein Raum frei gelassen werden für die Gase, die aus zwei tangential angeordneten Brennern austreten. Da der Ofen nur für eine mäßige Temperatur bestimmt ist, so ist bei der Wärmeübertragung auf den Tiegel die Konvektion noch sehr wichtig. Diese Art der Wärmeübertragung wird begünstigt durch hohe Abgasgeschwindigkeit, also durch einen geringen Abstand zwischen Tiegel und Ofenwand. Da aber bei Temperaturen über 800 °C die Wärmeübertragung durch Gasstrahlung bereits beträchtlich sein kann und diese durch eine größere Stärke der Abgasschicht gefördert wird, so hat man einen Kompromiß zu treffen und wählt als mittlere Entfernung zwischen Tiegel und Ofenwand 80 mm. Man macht jetzt einen Vorentwurf und kann hieraus die Abmessungen ablesen und die Gewichte der verschiedenen Ofenteile berechnen.

Es wird geschätzt:

Mittlere Temperatur des Tiegels   800 °C   Endtemperatur der Abgase   875 °C
Temperatur der Ofeninnenwand   850 °C   Außentemperatur des Ofendeckels   250 °C

Das Koksofengas habe einen unteren Heizwert H_u = 17,06 MJ/m³ (V_n) und werde mit einer Luftzahl n = 1 verbrannt.

Um die Fläche des Zylindermantels zu bestimmen, für die der Wandverlust berechnet werden muß, wird man so lange $\frac{D_2}{D_1} < 2$ (wobei D_2 innerer Durchmesser und D_2 äußerer Durchmesser) mit genügender Genauigkeit den mittleren Durchmesser $\frac{D_1 + D_2}{2}$ zugrunde legen können (Schack).

Unter Benutzung des t-q-Diagrammes (Bild 185) findet man für die Wand:
s_1 = 0,105 m, λ_1 = 0,47 W/mK, s_2 = 0,065 m einen Wandverlust von 1,418 kW/m², wobei die äußere Wandtemperatur 95 °C und die Temperatur der Trennungsfläche beider Schichten 625 °C ist.

Für die Wand: s_1 = 0,055 m und s_2 = 0,065 m findet man:
Wandverlust ist 1,21 kW/m², Temperatur der Außenwandfläche 105 °C und Temperatur der Trennungsfläche 710 °C.

Der Wandverlust des Deckels ist 5,0 kW/m². Die mittlere Temperatur des Brennersteines wird auf 1000 °C geschätzt.

Aus dem Vorentwurf findet man:

	Fläche m²	Temperatur °C
Freie Öffnung des Tiegels	0,049	750
Deckel	0,36	250
Mantelfläche des Ofens	1,51	95
Bodenfläche des Ofens	0,49	130
Freie Abgasöffnung	0,002	850

10. Die Berechnung von Industrieöfen

Unter Benutzung der Tafeln 2 und 93 kann man nachfolgende Übersicht

	Gewicht kg	spez. Wärme kJ/kg · K
Ofenmantel aus Feuerleichtstein	41,4	1,26
Ofenmantel aus Isolierstein	29,5	0,92
Ofenboden aus Feuerleichtstein	15	1,26
Ofenboden aus Isolierstein	8	0,92
Untersatz des Tiegels (Schamotte)	4	1,26
Deckel aus Feuerbeton	30	1,26
Brennerstein aus Feuerbeton	15	1,26
Eisenteile	45	0,50
Tiegel aus Graphit	11	1,50

Der Ofen soll ohne Rekuperation betrieben werden, und es wird angenommen, daß die gesamte Abgasmenge mit einer Temperatur von 875 °C nach außen hin verschwindet. Dann ist nach (79) der feuerungstechnische Wirkungsgrad

$$\eta_{th} = 1 - \frac{I_2}{I_1}$$

I_1 = der Wärmeinhalt der Abgase, die aus 1 m³ des Brennstoffes entstehen = 17,06 MJ/m³
Aus Bild 76 findet man für 875 °C und n = 1, I_2 = 6,4 MJ/m³

$$\eta_{th} = 1 - \frac{6,4}{17,06} = 0,625$$

Um ein Angebot des Ofens abgeben zu können, muß man wissen, wieviel Brennstoff im Arbeitstag und auch je 100 kg Aluminium verbraucht wird. Weiter hat man zu berechnen, welche Höchstmenge an Wärme dem Ofen in einer Stunde zugeführt werden muß. Hierzu wird zuerst die Wärmebilanz für die ganze Betriebszeit von 8 h aufgestellt, und zwar nach (23), wobei zu berücksichtigen ist, daß $Q_o = 0$. Also:

$$Q_b = Q_s + Q_{sp} + Q_w + Q_n + Q_{sc}$$

Q_s: Die Strahlung aus der Abgasöffnung nach unten (die besser durch bauliche Maßnahmen unterbunden wird) ist nach Formel 15 und während 8 h:

$$Q_{s1} = 8 \cdot A \cdot C_{1 \cdot 2} \left\{ \left(\frac{T_1}{100}\right)^4 - \left(\frac{T_2}{100}\right)^4 \right\}$$

Es ist in dem betrachteten Falle $C_{1 \cdot 2} = C' = 4,65$ W/m² K⁴

Somit ist:

$$Q_{s1} = 8 \cdot 0{,}002 \cdot 4 \left\{ \left(\frac{1123}{100}\right)^4 - \left(\frac{288}{100}\right)^4 \right\} = 1{,}186 \text{ kWh} = 4{,}27 \text{ MJ}$$

Für die Berechnung der Strahlung aus der Tiegelöffnung wird angenommen, daß diese während 3/4 der Betriebszeit bei einer mittleren Temperatur von 750 °C stattfindet. (Der Tiegel wird nach dem Entleeren sofort wieder mit kaltem Metall beschickt.)

$C_{1 \cdot 2} = C_1 = 3{,}5$ für die Oberfläche von flüssigem Aluminium.

Somit ist:

$$Q_{s2} = 0{,}75 \cdot 8 \cdot 0{,}049 \cdot 3{,}5 \left\{ \left(\frac{1023}{100}\right)^4 - \left(\frac{288}{100}\right)^4 \right\} = 11{,}066 \text{ kWh} = 39{,}94 \text{ MJ}$$

Insgesamt:

$$Q_s = 4{,}27 + 39{,}94 = 44{,}21 \text{ MJ}$$

Q_{sp}: Die Speicherwärme setzt sich zusammen aus der Speicherwärme der verschiedenen Ofenteile. Dabei wird angenommen, daß die Wärmespeicherung im Ofen nach 8 h beendet sei.

Die mittleren Temperaturen dieser Teile sind:

Ofenmantel aus Feuerleichtstein:	$\dfrac{850 + 625}{2}$	$= 737{,}5\,°\text{C}$
Ofenmantel aus Isolierstein:	$\dfrac{625 + 95}{2}$	$= 360\,°\text{C}$
Ofenboden aus Feuerleichtstein:	$\dfrac{850 + 710}{2}$	$= 780\,°\text{C}$
Ofenboden aus Isolierstein:	$\dfrac{710 + 105}{2}$	$= 407{,}5\,°\text{C}$
Ofendeckel:	$\dfrac{850 + 250}{2}$	$= 550\,°\text{C}$
Untersatz des Tiegels:	=	$850\,°\text{C}$
Tiegel:	=	$800\,°\text{C}$
Brennersteine:	=	$1000\,°\text{C}$

10. Die Berechnung von Industrieöfen

Somit findet man:

Ofenmantel aus Feuerleichtstein: 41,5 · 1,26 (737,5 − 15) =	37,68 MJ
Ofenmantel aus Isolierstein: 29,5 · 0,92 (360 − 15) =	9,38 MJ
Ofenboden aus Feuerleichtstein: 15 · 1,26 (780 − 15) =	14,40 MJ
Ofenboden aus Isolierstein: 8 · 0,92 (407,5 − 15) =	2,89 MJ
Ofendeckel: 30 · 1,26 (550 − 15) =	20,18 MJ
Untersatz des Tiegels: 4 · 1,26 (850 − 15) =	4,21 MJ
Tiegel: 11 · 1,50 (800 − 15) =	12,98 MJ
Brennersteine: 15 · 1,26 (1000 − 15) =	18,55 MJ
Eisenteile: 54 · 0,50 (100 − 15) =	1,93 MJ
Q_{sp} =	122,20 MJ

Q_w = Um diese berechnen zu können, soll man nach Bild 194 feststellen oder abschätzen, wie groß der Wandverlust von Stunde zu Stunde in % des Wandverlustes im Beharrungszustand ist. Es sei:

Nach Ablauf der	Wandverlust in % des Wandverlustes im Beharrungszustand:
1. Stunde	15
2. Stunde	25
3. Stunde	50
4. Stunde	70
5. Stunde	85
6. Stunde	95
7. Stunde	100
8. Stunde	100

Der Wandverlust im Beharrungszustand ist:

Für die Mantelfläche des Ofens:	1,51 · 1,012 = 1,53 kW
Für die Bodenfläche des Ofens:	0,49 · 1,121 = 0,59 kW
Für den Deckel:	0,36 · 5,0 = 1,80 kW
zusammen =	3,92 kW

Es wird dann in 8 h:

Q_w (0,15 + 0,25 + 0,50 + 0,70 + 0,85 + 0,95 + 2,0) 3,92 = 21,16 kWh = 76,20 MJ

Q_n: Die Nutzwärme ist nach Tafel 80 leicht zu berechnen:

Q_n = 8 · 14 · 1,17 = 131,3 MJ

Q_{sc}: Da $\eta_{th} = \dfrac{Q_b - Q_{sc}}{Q_b} = 0{,}625$, so ist:

$$Q_{sc} = 0{,}375 \, Q_b$$

Jetzt kann Q_b berechnet werden:

Q_b: $Q_b = 44{,}21 + 122{,}2 + 76{,}2 + 131{,}3 = 0{,}375 \, Q_b$

$Q_b = 598{,}3$ MJ und somit ist der Brennstoffverbrauch während 8 h im Tage:

$$B = \dfrac{Q_b}{H_u} = \dfrac{598{,}3}{17{,}06} = 25{,}1 \text{ m}^3 \, (V_n)$$

Für 100 kg Aluminium ist der Brennstoffverbrauch:

$$\dfrac{35{,}1}{8 \cdot 14} = 31{,}3 \text{ Nm}^3/100 \text{ kg} = 148{,}3 \text{ kWh}/100 \text{ kg}$$

Nach (84) ist:

$$\eta_o = \dfrac{G \cdot q}{B \cdot v_r \, (i_1 - i_2)}$$

$G \cdot q = Q_n = 13{,}13$ MJ

$v_r \, (i_1 - i_2) = I_1 - I_2 = 17{,}06 - 6{,}4 = 10{,}42$ MJ/m^3 Brennstoff

$$\eta_o = \dfrac{131{,}2}{35{,}2 \cdot 10{,}42} = 0{,}353$$

Und $\eta_{ges} = \eta_{th} \cdot \eta_o = 0{,}625 \cdot 0{,}353 = 0{,}22$, und diese Zahl ist niedrig.

Es wird sich zeigen, wie sehr die Höhe von η_o von der Belastung des Ofens beeinflußt wird; denn der Ofen ist mit einem Tiegel in der Stunde nicht voll belastet. Er ist groß genug, um nach der ersten Stunde mit Leichtigkeit alle 25 min einen Tiegel voll Aluminium zu erschmelzen. Wegen des Aufheizens des Ofens soll man für die erste Stunde mit dem Erschmelzen von einem Tiegel Aluminium rechnen. Es ist dann:

$$Q_n = \left(1 + \dfrac{7 \cdot 60}{25}\right) 14 \cdot 1{,}17 = 291 \text{ MJ}$$

10.2.4. Beispiel:

Die Abhängigkeit der Ofenwand-Außentemperatur vom Emissionsgrad der Ofenverkleidung

Es ist schwierig, für den Emissionsgrad — häufig auch Emissionsverhältnis oder Emissionsvermögen genannt — in der Literatur einheitliche Werte zu ermitteln. Diese schwanken beispielsweise bei blechverkleideten Öfen zwischen 0,4 und 0,8, bei Alubronzeanstrich zwischen 0,2 und 0,4 und wirken sich, wie bei späterer rechnerischer Darlegung zu erkennen, erheblich auf die Ofenwandtemperatur aus.

Die Schilderungen lassen bereits erkennen, daß es eine Fülle von Ungenauigkeiten gibt. Wenn man aber bedenkt, daß Jahrzehnte für den „Schwarzen Körper" mit einem Strahlungskoeffizienten von $C_S = 5,77$ W/m² K⁴ (4,96 kcal/m² grad⁴) gerechnet wurde und der berichtigte Wert (VDI-Wärmeatlas) bei 5,67 (4,87) liegt, sollte man nicht versuchen, Wärmedurchgang und Wandtemperatur auf mehrere Stellen hinter dem Komma zu berechnen. Streuungen von ±5, sogar ±10 % sind zu erwarten.

Der Hersteller, das heißt der Ofenbauer, muß bei seiner Berechnung auf der sicheren Seite liegen, vor allem, wenn Garantien abgegeben werden. Diese Gewährleistung bezieht sich in der Regel nach DIN 24 201 auf den Leerwert, den spezifischen Energieverbrauch und immer häufiger auf die Außenwandtemperatur. Viele Ofenbaukonstrukteure haben in der Vergangenheit, gestützt auf falsche Aussagen selbst in neuester wissenschaftlicher Literatur, den fehlerhaften Versuch gemacht, über einen niedrigeren Emissionsgrad eine niedrigere Wandtemperatur zu erreichen und dadurch die abgegebene Wärme herabzusetzen. Die gesamte Wärmeabgabe durch Strahlung und Konvektion wird, wie spätere Beispiele zeigen, dadurch nur unmerklich (1 bis 2 %) herabgesetzt, die Wandtemperatur aber erheblich (über 15 %) heraufgesetzt.

Vorab sollen vereinfachte Rechnungsgänge aufgezeigt werden, die mit einem einfachen Taschenrechner nachvollzogen werden können. Dazu sind in Tafel 132 Wärmeübergangskoeffizienten für die Strahlung α_S für den gesamten Bereich von $\epsilon = 0,1$ bis $1,0$ eingetragen. Als Basis wurde $C_S = 5,67$ W/m² K⁴ zugrunde gelegt, so daß alle neuen Erkenntnisse berücksichtigt wurden.

Die Wärmeübergangskoeffizienten wurden wie folgt ermittelt:

$$\alpha_S = \frac{C_S \cdot \epsilon}{\vartheta_W - \vartheta_L} \left[\left(\frac{T_W}{100}\right)^4 - \left(\frac{T_L}{100}\right)^4 \right].$$

In Tafel 132 sind auch die Wärmeübergangskoeffizienten α_K für die Konvektion wiedergegeben, abhängig von der Wandtemperatur ϑ_W. Die Wärmeübergangskoeffizienten für die Konvektion lassen sich dabei nicht, wie die Wärmeübergangskoeffizienten für die Strahlung, nach einheitlichen Formeln aus der gesamten Literatur und wissenschaftlichen Auffassung errechnen. Von dem Gedanken ausgehend, Garantiewerte mit der notwendigen Sicherheit zu erhalten, wurde von den zur Verfügung stehenden Unterlagen aus der Literatur, siehe auch 4.6.1., nach Heiligenstaedt, Jürges, Schmidt, Beckmann, Nusselt, Bovy und andere die Formel nach Nusselt gewählt, die maximale Werte ergibt, und zwar:

$$\alpha_K = 2,56 \sqrt[4]{\vartheta_W - \vartheta_L}.$$

Tafel 132: Wärmeübergangskoeffizienten α_S und α_K bei $\vartheta_L = 20\,°C$

ϵ	1,0	0,9	0,8	0,7	0,6	0,5	0,4	0,3	0,2	0,1	ϑ_W	α_K
C	5,67	5,10	4,54	3,97	3,40	2,84	2,27	1,70	1,13	0,57		
α_S	8,48	7,64	6,80	5,94	5,09	4,26	3,40	2,55	1,69	0,85	100	7,65
	8,05	7,28	6,48	5,67	4,86	4,05	3,24	2,43	1,61	0,81	90	7,40
	7,70	6,93	6,17	5,39	4,62	3,86	3,09	2,31	1,54	0,77	80	7,12
	7,31	6,60	5,88	5,14	4,40	3,68	2,94	2,20	1,46	0,74	70	6,81
	6,97	6,28	5,59	4,89	4,18	3,50	2,80	2,09	1,39	0,70	60	6,43
	6,63	5,97	5,32	4,65	3,98	3,33	2,66	1,99	1,32	0,67	50	5,99
	6,33	5,68	5,06	4,42	3,79	3,16	2,53	1,89	1,26	0,63	40	5,40
	5,99	5,40	4,80	4,20	3,60	3,00	2,40	1,80	1,20	0,60	30	4,56
	5,85	5,26	4,68	4,10	3,51	2,93	2,34	1,75	1,17	0,59	25	3,84

Wenn von Ofenwänden gesprochen wird, sind darin Böden und Decken eingeschlossen. Die dabei für Decken auftretenden höheren Werte werden im Regelfall durch die niedrigeren Werte an den Böden ausgeglichen. Es muß noch erwähnt werden, daß die optisch bedeutend höheren Werte nach Nusselt gar nicht so viel Sicherheit einschließen, da Industrieöfen selten in einem Raum oder einer Halle mit „ruhender Luft" aufgestellt sind. Aus diesem Grunde nennen bereits einige Lieferanten von Feuerfest- und Isolierbaustoffen Werte über Abstrahlungsverluste, die für eine Windgeschwindigkeit von 5 km/h ermittelt wurden. Ein Ofenlieferant sollte deshalb zur Ermittlung der Garantiewerte die nachfolgende Rechenart, die sich mehrfach bewährt hat, benutzen. Eine Formel, die alle Parameter berücksichtigt, findet man im VDI-Wärmeatlas.

Für die Wärmeübergabe durch Strahlung und Konvektion nach den Formeln

$$\dot{q} = \alpha\,(\vartheta_W - \vartheta_L)$$

und

$$\dot{Q} = \dot{q} \cdot A$$

lassen sich die Werte für $\alpha = \alpha_S + \alpha_K$ aus Tafel 133 entnehmen.

Die Wärmeabgabe der Ofenwände wird im wesentlichen bestimmt durch den Wärmedurchgang und ist von der Ofenwandtemperatur und der Wärmedämmung, oder wie üblicherweise genannt, von der Wärmeleitfähigkeit der Wandbaustoffe abhängig. Für die einschichtige Wand gilt:

$$\dot{q} = \frac{\vartheta_1 - \vartheta_W}{\dfrac{s}{\lambda}} \quad,$$

$$\dot{Q} = \dot{q} \cdot A$$

Tafel 133: Wärmeübergangskoeffizient α bei $\vartheta_L = 20\,°C$

ϵ	1,0	0,9	0,8	0,7	0,6	0,5	0,4	0,3	0,2	0,1	ϑ_W
C	5,67	5,10	4,54	3,97	3,40	2,84	2,27	1,70	1,13	0,57	
α	16,13	15,29	14,45	13,59	12,74	11,91	11,05	10,20	9,34	8,50	100
	15,45	14,68	13,88	13,07	12,26	11,45	10,64	9,83	9,01	8,21	90
	14,82	14,05	13,29	12,51	11,74	11,08	10,21	9,43	8,66	7,89	80
	14,12	13,41	12,69	11,95	11,21	10,49	9,75	9,01	8,27	7,55	70
	13,40	12,71	12,02	11,32	10,61	9,93	9,23	8,52	7,82	7,13	60
	12,62	11,96	11,31	10,64	9,97	9,32	8,65	7,98	7,31	6,66	50
	11,73	11,08	10,46	9,82	9,13	8,56	7,93	7,29	6,66	6,03	40
	10,55	9,96	9,36	8,76	8,16	7,56	6,96	6,36	5,76	5,16	30
	9,69	9,10	8,52	7,94	7,35	6,77	6,18	5,59	5,01	4,43	25

Bei mehrschichtigen Wänden ergibt sich folgende Formel:

$$\dot{q} = \frac{\vartheta_1 - \vartheta_W}{\dfrac{s_1}{\lambda_1} + \dfrac{s_2}{\lambda_2} + \ldots}$$

oder in vollständiger Form:

$$\dot{q} = \frac{\vartheta_i - \vartheta_W}{\dfrac{1}{\alpha_i} + \dfrac{s_1}{\lambda_1} + \dfrac{s_2}{\lambda_2} + \ldots + \dfrac{1}{\alpha}}$$

Da man $1/\alpha_i$ vernachlässigen kann, weil der Wert sehr klein, also unbedeutend ist, und da im Regelfall Ofeninnentemperatur ϑ_i und Ofeninnenwandtemperatur ϑ_1 fast gleich sind, kann man, wenn die Wandtemperatur unbekannt, wie folgt rechnen:

$$\dot{q} = \frac{\vartheta_1 - \vartheta_L}{\dfrac{s_1}{\lambda_1} + \dfrac{s_2}{\lambda_2} + \ldots} \cdot a$$

Der Korrekturfaktor a (Bilder 625 und 625a) ist abhängig von ϵ, ϑ_1 und s/λ

Beispiel 1: Zweischichtige Wand

Die Verhältnisse sind in Bild 627 skizziert.

$\vartheta_1 = 805\,°C$
$\vartheta_L = 20\,°C$
$s_1 = 125$ mm (Feuerleicht)
$s_2 = 125$ mm (Sterchamol)
$\lambda_1 = 0,35$ W/m · K (bei 700 °C)
$\lambda_2 = 0,11$ W/m · K (bei 350 °C)

10. Die Berechnung von Industrieöfen

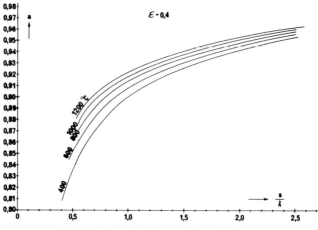

Bild 625: Korrekturfaktor a für $\epsilon = 0{,}4$

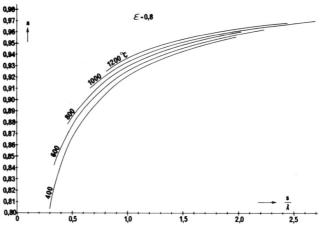

Bild 625a: Korrekturfaktor a für $\epsilon = 0{,}8$

1.1 Wandfläche im schlechten Zustand $\epsilon = 0{,}8$
1.2 Wandfläche mit Alu-Bronze $\epsilon = 0{,}4$

Gesucht: Wärmestromdichten und Wandtemperaturen

Rechnung 1.1 $\quad \dfrac{s_1}{\lambda_1} = \dfrac{0{,}125}{0{,}35} = 0{,}357$

$$\dfrac{s_2}{\lambda_2} = \dfrac{0{,}125}{0{,}11} = 1{,}136$$

10. Die Berechnung von Industrieöfen 677

$$\Sigma \frac{s}{\lambda} = 1{,}493 \approx 1{,}5$$

$$a = 0{,}948 \text{ (Bild 625a)}$$

$$\dot{q} = \frac{805-20}{1{,}493} \cdot 0{,}948$$

$$= 498{,}45 \approx 500 \text{ W/m}^2$$

(aus Bild 626) $\vartheta_W = 61\,°C$

Probe $\dot{q} = \dfrac{805-61}{1{,}493} = 498{,}32 \approx 500 \text{ W/m}^2$

Rechnung 1.2 $a = 0{,}935$ (Bild 625)

$$\dot{q} = \frac{805-20}{1{,}493} \cdot 0{,}935$$

$$= 491{,}61 \approx 490 \text{ W/m}^2$$

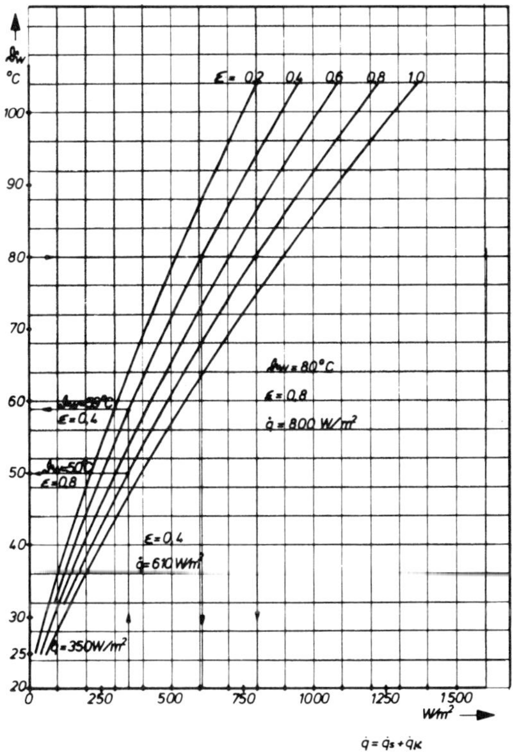

Bild 626: Wärmestromdichte für Strahlung und Konvektion in Abhängigkeit von ϑ_W und ϵ

$$\vartheta_W = 71\,°C$$

Probe: $\quad \dot{q} = \dfrac{805-71}{1{,}493} = 491{,}62 \approx 490\ \text{W/m}^2$

Vergleich der Ergebnisse bei $\epsilon = 0{,}8$ und $\epsilon = 0{,}4$

1. Wärmestromdichten $\quad \dfrac{500-490}{500} \cdot 100 = 2\ \%$

2. Wandtemperaturen $\quad \dfrac{71-61}{61} \cdot 100 \approx 16\ \%$

Bei $\epsilon = 0{,}4$ ist die Wärmestromdichte 2 % niedriger, aber die Temperatur 10 K $\approx$ 16 % höher.

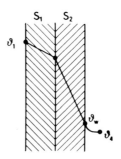

Bild 627 : Skizze zu Beispiel 1

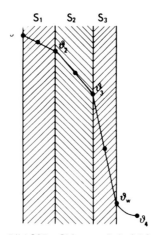

Bild 627a: Skizze zu Beispiel 2

10. Die Berechnung von Industrieöfen

Beispiel 2: Dreischichtige Wand

Die Verhältnisse sind in Bild 627a skizziert

ϑ_1 = 1200 °C
ϑ_L = 20 °C
s_1 = 115 mm (Feuerleicht)
s_2 = 130 mm (Calciumsilicat)
s_3 = 80 mm (Isoliermatte)
λ_1 = 0,42 W/m · K (bei 1100 °C)
λ_2 = 0,16 W/m · K (bei 850 °C)
λ_3 = 0,08 W/m · K (bei 350 °C)

2.1 ϵ = 0,8
2.2 ϵ = 0,4

Gesucht: Wärmestromdichten und Wandtemperaturen, bei ϵ = 0,4 auch Schichttemperaturen.

Rechnung 2.1 $\quad \dfrac{s_1}{\lambda_1} = \dfrac{0,115}{0,42} = 0,274$

$\dfrac{s_2}{\lambda_2} = \dfrac{0,130}{0,16} = 0,812$

$\dfrac{s_3}{\lambda_3} = \dfrac{0,08}{0,08} = 1,000$

$\Sigma \dfrac{s}{\lambda} = 2,086 \approx 2,1$

$a = 0,964$

$\dot{q} = \dfrac{1200-20}{2,086} \cdot 0,964$

$= 545 \text{ W/m}^2$

(aus Bild 626) $\quad \vartheta_W = 64 \text{ °C}$

Probe: $\quad \dot{q} = \dfrac{1200-64}{2,086} = 545 \text{ W/m}^2$

10. Die Berechnung von Industrieöfen

Rechnung 2.2   a = 0,955 (Bild 625)

$$\dot{q} = \frac{1200-20}{2,086} \cdot 0,955$$

$$= 540 \text{ W/m}^2$$

$$\vartheta_W = 75\,°C$$

Probe:

$$\dot{q} = \frac{1200-75}{2,086} = 540 \text{ W/m}^2$$

$$\vartheta_3 = \vartheta_W + \dot{q} \cdot \frac{s_3}{\lambda_3}$$

$$\vartheta_3 = 75 + 540 \cdot 1,0 = 615\,°C$$
$$\vartheta_2 = 615 + 540 \cdot 0,812 \approx 1053\,°C$$
$$\vartheta_1 = 1053 + 540 \cdot 0,274 \approx 1200\,°C$$

Vergleich

Bei ε = 0,4 ist die Wärmestromdichte

$$\frac{545-540}{545} \cdot 100 \approx 1\,\% \text{ niedriger,}$$

aber die Temperatur 11 K oder

$$\frac{75-64}{64} \cdot 100 \approx 17\,\% \text{ höher.}$$

Die beiden Rechnungsbeispiele lassen erkennen, daß bei einem kleineren Emissionsgrad die Wandverluste nur geringfügig (1 bis 2 %) abnehmen, die Wandtemperatur dagegen erheblich (15 bis 20 %) ansteigt. Da im Regelfall aber die Wandtemperatur garantiert werden muß, können die Ofenbauer günstige Werte durch einen möglichst hohen Emissionsgrad erreichen. Der bessere Weg wäre jedoch, die Betreiber von Industrieöfen mit derartigen Berechnungen und ihren Auswirkungen vertraut zu machen.

10. Die Berechnung von Industrieöfen

Zusammenstellung der benutzten Formelzeichen

A	m²	Fläche
a	—	Korrekturfaktor
C	W/(m² · K⁴)	Strahlungskoeffizient
C_s	5,67 W/m² · K⁴)	Strahlungskoeffizient des schwarzen Körpers
$\dot{Q}$	W (J/s)	Wärmestrom
$\dot{q}$	W/m²	Wärmestromdichte
$\dot{q}_s$	W/m²	Wärmestromdichte der Strahlung
$\dot{q}_K$	W/m²	Wärmestromdichte der Konvektion
s	m	Wanddicke
T	K	thermodynamische Temperatur
α	W/(m² · K)	Wärmeübergangskoeffizient
α_s	W/(m² · K)	Wärmeübergangskoeffizient der Strahlung
α_K	W/(m² · K)	Wärmeübergangskoeffizient der Konvektion
ϑ_i	°C	Innentemperatur
ϑ_l	°C	Lufttemperatur
ϑ_m	°C	Mitteltemperatur
ϑ_W	°C	Außenwandtemperatur
$\vartheta_{1,2...}$	°C	Grenzschichttemperatur
ϵ		Emissionsgrad
λ	W/(m K)	Wärmeleitfähigkeit

Zusammenfassung

Von der Problemstellung der zu garantierenden Außenwandtemperaturen ausgehend, wird in dem Beitrag die zum Teil auch in der Literatur wiedergegebene falsche Auffassung, in welchem Umfang verschiedene Emissionsgrade der Außenwand die Wandtemperatur und die Wärmestromdichte beeinflussen, durchleuchtet. In einfach nachzuvollziehenden Rechnungsgängen wird der Nachweis erbracht, daß ein niedriger Emissionsgrad die Wärmeabgabe, das heißt die Wärmeverluste, nur geringfügig vermindert und die örtliche Wandtemperatur nicht verringert, sondern wesentlich heraufsetzt.

10.2.5. Beispiel:

Abgasrückführung und Wärmeübertragung

Da Abgasrückführung oft angewandt wird bei Öfen mit Muffeln aus Metall, ist es wichtig zu wissen, wie die Wandtemperatur der Muffel sich ändert in der Strömungsrichtung der Abgase. Denn hiermit hängt die Temperaturgleichmäßigkeit in der Muffel zusammen. Andererseits aber darf die Wandtemperatur an keiner Stelle die für den Werkstoff zulässige Höchsttemperatur (rund 500°C für SM-Stahl) übersteigen.

Um dies berechnen zu können, kann man folgendermaßen vorgehen:

Wenn die v_a m³ Frischgase mit der Verbrennungstemperatur t_v, die aus 1 kg oder 1 m³ entstehen, mit der N-fachen Abgasmenge (Gewicht), die mit der Rücklauftemperatur t_r aus dem Kreislauf zurückkehrt, vermischt wird, so wird die Mischtemperatur t_1.

Diese Mischtemperatur t_1 folgt aus:

$$v_a \cdot t_v \cdot c_{pv} + N \cdot v_a \cdot t_r \cdot c_{pr} = (N + 1) \, v_a \cdot t_1 \cdot c_{p1} \qquad (329)$$

$v_a \cdot t_v \cdot c_{pv} = H_u$ des Brennstoffes.

$v_a \cdot t_r \cdot c_{pr} = h_{tr}$ = aus einem h - t - Diagramm (Bild 73 bis 76) für die Temperatur t_r zu entnehmen.

$v_a \cdot t_1 \cdot c_{p1} = h_{t1}$ ist somit bekannt, und in dem h - t - Diagramm findet man t_1 für h_{t1}.

Es wird nun die Muffelwand, woran die Abgase bei ihrem Kreislauf entlangströmen, d e r L ä n g e   n a c h in gleiche Abschnitte verteilt (in Bild 628 also fünf Abschnitte) und für jeden Abschnitt die Abgastemperatur ($t_{1.1}$, $t_{1.2}$ usw.) und die Wandtemperatur ($t_{w.1}$, $t_{w.2}$ usw.) berechnet für die h ö c h s t e im Muffelraum auftretende Betriebstemperatur t_2.

Da eine dünne Metallwand angenommen sei, so hat man nur mit der Wärmeübergangszahl α_1 an der Abgasseite und α_2 an der Ofeninnenseite zu rechnen.

α_1 kann mittels (5) bis (8) berechnet werden, und zwar für verschiedene Werte von t_1 (z.B. von 300 bis 700 °C), unter der Bedingung, daß die Abgasgeschwindigkeit an der Muffelwand entlang bekannt ist.

Hat der Kanal, wodurch die Abgase an der Muffelwand entlangströmen, den Querschnitt A_k [m²] und entstehen bei der Verbrennung mit der Luftzahl n, v_a [m³/kg] oder [m³/m³] Abgas aus jedem kg oder m³ Brennstoff (v_a mittels (33) zu berechnen), so ist w für G [kg/h] oder [m³/h] Brennstoff:

$$w = \frac{G \cdot v_a \, (t_1 + 273)}{273 \cdot A_k \cdot 3600} \quad \text{m/s}$$

Man berechnet sich auf diese Weise eine Tafel $\alpha_1 - t_1$.

α_2 kann man, falls nur Wärmeübertragung durch Konvektion in Frage kommen, mit (3) berechnen für verschiedene Werte von $t_w - t_2$. In dieser Formeln ist $t_g = t_2$, und t_2 ist eine feste Temperatur, nämlich die höchste Betriebstemperatur im Ofenraum.

Die Muffeln werden aber oft nur an zwei Stellen in der Längsrichtung von Abgas umströmt, und die unmittelbar beheizten Muffelwände strahlen dann nach den beiden anderen Längswänden, die senkrecht auf den erstgenannten stehen.

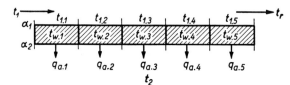

Bild 628: Berechnung der Wandtemperaturen

10. Die Berechnung von Industrieöfen

Es ist dann $a_2 = a_k + a_s$, wobei a_k der konvektive Teil mit (1_b) berechnet wird.

Es ist $q_k = a_k (t_w - t_2)$. Die Wärmemenge, die durch Strahlung übertragen wird, ist: $q_s = a_s (t_w - t_2)$.

Im Bild 646 sind zwei Flächen A_1 und A_2 gezeichnet, die senkrecht aufeinander stehen und sich gegenseitig anstrahlen. Ist $A_1 = 1$ m² und ist A_2 hiermit verhältnisgleich und nach außen hin gut wärmeisoliert, so ist:

$$q_s = C_{1 \cdot 2} \frac{A_2}{r^4 \cdot \pi} n_1 n_2 \left[\left(\frac{T_1}{100} \right)^4 - \left(\frac{T_2}{100} \right)^4 \right]$$

Hierin ist $C_{1 \cdot 2}$ die Strahlungszahl für das Metall der Muffelwände. ($C_{1 \cdot 2} = \epsilon \cdot C$ kann Tafel 35 entnommen werden.)

Man ist jetzt in der Lage, mittels den berechneten Werten von $q = q_k + q_s$ ein q-t_w-Diagramm zu zeichnen, wobei:

$$q = (a_k + a_s)(t_w - t_2)$$

Für die Temperaturberechnungen bildet das h-t-Diagramm die Grundlage. Da aber die in Frage kommenden Temperaturen ziemlich niedrig liegen, so soll ein h-t-Diagramm zur Verfügung stehen oder berechnet werden, das für diese niedrigen Temperaturen genügend genau ist.

Da I für die Abgase aus 1 kg oder 1 m³ Brennstoff gilt (4.1.4.), so wird man bei der Berechnung der Temperaturen nach Bild 629 die B r e i t e der Fläche, an der die Abgase entlangströmen, so wählen, daß diese der Abgasmenge entspricht, die mit den Frischgasen aus 1 [kg/h] oder 1 [m³/h] Brennstoff im Kreislauf sind. Ist die wirkliche Breite sämtlicher Flächen, woran die Abgase entlangströmen b [m], so rechnet man mit einer Breite von $\frac{b}{G}$ [m · h/kg].

Die entsprechende Fläche jedes Abschnittes sei sodann A_a [m²].

Man hat weiter zu bedenken, daß die Wärmemenge q_a, die von den Abgasen mit der Temperatur t_1 an die Fläche einer Teilstrecke übertragen wird, gleich der Wärmemenge ist, die von dieser Fläche mit der Temperatur t_w an das Innere des Muffels (Temperatur t_2) abgegeben wird.

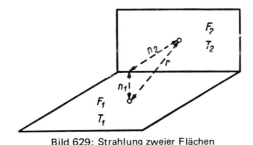

Bild 629: Strahlung zweier Flächen

Unter Benutzung der Indizes des Bild 628 werden die Temperaturen nun folgendermaßen bestimmt:

Es wird die Rücklauftemperatur t_r geschätzt. N, also die rückgeführte Abgasmenge bezogen auf v_{al} sei festgelegt (z.B. N ist zehnfach). Mittels (329) und unter Benutzung eines h-t-Diagrammes wird die Mischtemperatur t_1 berechnet. Diese ist auch die Temperatur $t_{1.1}$, womit die Abgase ihre Reise an der Außenseite der Muffel entlang antreten.

Aus der bereits berechneten Tafel für a_1 wird der Wert für $t_{1.1}$ abgelesen.

Jetzt werden zwei willkürliche Werte $t'_{w.1}$ und $t''_{w.1}$ für die Wandtemperatur angenommen und die Wärmemengen berechnet, die hierbei auf die Wand übergehen würden.

$$q' = a_1 (t_{1.1} - t'_{w.1})$$

$$q'' = a_1 (t_{1.1} - t''_{w.1})$$

Die Punkte für $t'_{w.1}$, q' und $t''_{w.1}$, q'' werden im vorher gezeichneten q-t_w-Diagramm eingetragen und mittels einer Geraden verbunden (Bild 630). Der Schnittpunkt dieser Geraden mit der Kurve gibt den wirklichen Wert $t_{w.1}$ der Wandtemperatur und von q_1 für 1 m² des ersten Abschnittes.

Für die Fläche A_a des Abschnittes ist: $q_{a.1} = A_a \cdot q_1$

Der Gesamtwärmeinhalt der Abgase am Anfang ist: $(N + 1) h_{t1.1}$, wobei $h_{t1.1}$ = Wärmeinhalt bei der Mischtemperatur t_1.

Der Gesamtwärmeinhalt der Abgase beim Anfang des zweiten Abschnittes ist:

$$(N + 1) h_{t1.1} - q_{a.1} \quad \text{und} \quad h_{t1.2} = \frac{(N + 1) h_{t1.1} - q_{a.1}}{N + 1}$$

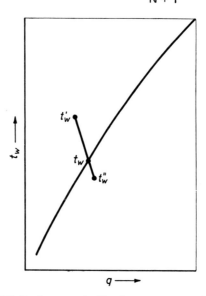

Bild 630: Bestimmung der Wandtemperatur q-t_w-Diagramm

Aus dem h-t-Diagramm kann man für $h_{t1 \cdot 2}$ die Abgastemperatur $t_{1 \cdot 2}$ ablesen, also die Temperatur, womit die Abgase an dem zweiten Abschnitt entlangströmen.

Jetzt wird wiederum α_1 für $t_{1 \cdot 2}$ aus der Tafel abgelesen und zwei Werte für die Wandtemperatur $t_{w \cdot 2}$ angenommen. Es werden die diesen Temperaturen entsprechenden Wärmemengen q' und q" berechnet, wie es oben gezeigt wurde. Der Schnittpunkt der Verbindungslinie der Punkte ($t'_{w \cdot 2}$, q') und ($t''_{w \cdot 2}$, q") mit der Kurve im q-t_w-Diagramm (Bild 630) ergibt jetzt die Wandtemperatur $t_{w \cdot 2}$ und q_2.

Die Wärmemenge, die an dem zweiten Abschnitt abgegeben wird, ist:

$$q_{a \cdot 2} = A_a \cdot q_2$$

Der Gesamtwärmeinhalt der Abgase am Anfang des dritten Abschnittes ist:

$$(N + 1) h_{t1 \cdot 2} - q_{a \cdot 2}$$

$$h_{t1 \cdot 3} = \frac{(N + 1) h_{t1 \cdot 2} - q_{a \cdot 2}}{N + 1}$$

Aus dem h-t-Diagramm findet man für $h_{t1 \cdot 3}$ die Abgastemperatur $t_{1 \cdot 3}$ am Anfang des dritten Abschnittes.

Auf diese Weise kann man die Abgastemperaturen und Wandtemperaturen von jedem weiteren Abschnitt stufenweise berechnen und in einem Diagramm als Funktion der Muffellänge darstellen.

Man stellt außerdem fest, ob der Höchstwert von t_w für die betreffende Metallwand nicht zu hoch wird und ob die Differenz zwischen dem höchsten und dem niedrigsten Wert von t_w nicht zu groß ist. Denn hiervon ist die Temperaturgleichmäßigkeit in der Muffel abhängig. Ist diese Differenz wirklich zu groß, so wird man die Brennstoffmenge/Stunde heruntersetzen müssen oder N größer machen. Letzteres bedeutet, daß man mehr Rücklaufabgase im Kreislauf behalten muß. Das Gebläse wird dann mehr leisten müssen, damit es diese größere Abgasmenge fördern kann. Leider wird manchmal die Temperatur durch Zumischung von Kaltluft heruntergedrückt.

Ein gleiches Rechnungsverfahren läßt sich bei unmittelbarer Beheizung in Gleich- oder Gegenstrom für die Erwärmung des Wärmgutes anwenden.

10.2.6. Beispiel:
K a m m e r - T u n n e l o f e n (siehe auch 8.5.2.)

In dem k o m b i n i e r t e n K a m m e r - T u n n e l o f e n Bild 631 werden Ofenwagen, die mit vorgetrockneten Ziegelformlingen beladen sind, taktweise durchgeschoben. Es befinden sich 16 Wagen, die fest gegeneinander stoßen, gleichzeitig im Ofen. Fünf Wagen sind im Trockentunnelteil, sechs Wagen befinden sich im Brennkammerteil. Die Kammern werden durch Wände, die hochgezogen werden können, von einander getrennt. Schließlich befinden sich fünf Wagen im Kühltummel. Alle zwei Stunden wird ein Wagen mit 8000 kg gebrannter Ziegel aus dem Ofen entnommen, da ein neuer Wagen in den Ofen eingefahren wird. Ein- und Ausgang sind durch Hubtüren verschlossen. Beheizt wird mit Impulsbrennern für Schweröl in dem Brennraum zwischen Trennwand und Vorderseite der Ziegelstapelung auf jedem Wagen. Die Trennwände reichen nicht

686 10. Die Berechnung von Industrieöfen

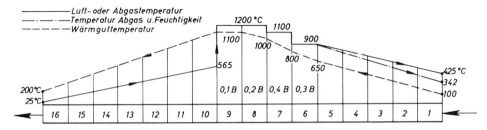

Bild 631: Kammer-Tunnelofen zum Brennen von Ziegelsteinen

ganz bis unten, so daß heiße Brenngase mit dem Abgas, das aus der anliegenden Kammer kommt, vermischt wird. Beheizt wird in 4 Kammern, und zwar in Nr. 6, 7, 8 und 9. In den Kammern 10 und 11 findet bereits Abkühlung statt. Die Verbrennungsluft wird als Kühlluft am Ende des Kühltunnels eingeblasen, kühlt die Ziegel, erwärmt sich und dient beim Eintritt in Kammer 9 als Verbrennungsluft. Der Sauerstoffgehalt nimmt durch erneute Brennstoffeinspritzung in den Kammern 8, 7 und 6 immer weiter ab. Das Abgas wandert dann durch den Vorwärmtunnel 5–1 und wird am Anfang des Ofens abgeführt. Wärmgut und Gasstrom wandern also im Gegenstrom. Die Ziegelsteine sind auf eine besondere Art, die den Transport mittels Gabelhubwagen ermöglicht, hochkant auf dem Ofenwagen gestapelt. Die Stapel sind 0,90 m hoch, die übrigen Maße sind Bild 632 zu entnehmen. Durch Schrumpfung entstehen zwischen den Ziegeln Zwischenräume, die sich bereits beim Trocknen bilden. Das Wärmgut hat beim Eintritt im Ofen eine Temperatur von 100 °C und es verläßt den Ofen mit 200 °C. Die Luft soll mit einer Temperatur von

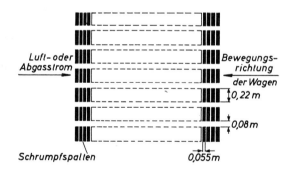

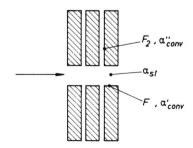

Bild 632: Ziegelanordnung auf dem Ofenwagen — Draufsicht

10. Die Berechnung von Industrieöfen

25 °C zugeführt werden. Beim Eintritt des Wärmgutes in Kammer 6 soll seine Temperatur 650 °C und beim Verlassen der Kammer nach 2 h 800 °C betragen. In Kammer 7 wird die Temperatur von 800 °C auf 1000 °C erhöht, in Kammer 8 von 100 auf 1100 °C, und in 9 wird die Wärmguttemperatur während 2 h auf 1100 °C gehalten.

Es ist zu berechnen: Temperaturverlauf des Abgases und der Luft, Durchwärmzeit der Ziegel.

Gegeben ist folgendes: Der Brennstoffverbrauch darf nicht mehr als rund 50 kg Schweröl je t gebrannte Ziegel betragen. Jede 2 h wird ein Wagen mit 8000 kg Ziegel aus dem Ofen entfernt. Der Einsatz je Stunde beträgt 4700 kg Formlinge, die noch 180 kg freies Wasser, 188 kg Hydratwasser und 332 kg $CaCO_3$ enthalten.

spez. Wärme der Ziegel ist c = 0,92 KJ/kg · K

Wärmeleitzahl ist λ = 1,75 KJ/m K h

Für die Stundenleistung von 4000 kg gebrannte Ziegel sind aufzubringen

180 · 2,68 = 481,5 MJ/h für Wasserverdampfung

von 450 bis 600 °C:

188 · 1,47 = 276,3 MJ/h für Austreibung Hydratwasser

188 · 2,68 = 502,4 MJ/h für Verdampfung Hydratwasser

von 700 bis 1000 °C:

332 · 1,88 = 623,8 MJ/h für $CaCO_3$-Spaltung

Q_R = 1884,0 MJ/h für Trocknungs- und chemische Vorgänge.

Weiter für Ziegelerwärmung von 100 auf 1100 °C eine Wärmemenge

Q_E = 4000 · 0,92 · (1100 − 100) = 3685 MJ/h

Zusammen $Q_R + Q_E$ = 5569 MJ/h

Der Massenanteil des Ofenwagens, der im Ofen erwärmt wird, beträgt 5120 kg mit einer mittleren spez. Wärme von 1,26 kJ/kg K. Die Wagen werden mit einer Temperatur von 100 °C eingefahren und erreichen eine mittlere Höchsttemperatur von 900 °C. Es sind also für die Wagenerwärmung zuzuführen:

$Q_A = \dfrac{5120}{2}$ (900 − 100) 1,26 = 2575000 kJ/h = 2575 MJ/h

Für das Schweröl ist:

Heizwert 40,19 MJ/kg

v_{at} = 10,58 m³/kg

v_{rt} = 11,26 m³/kg

Bei Ringöfen und Kammeröfen, die für die obigen Ziegel benutzt werden, ergibt eine Luftzahl von n = 3 (5 % CO_2) die günstigsten Ergebnisse, da eine bestimmte Geschwindigkeit des Gases um die Ziegel herum notwendig ist, um eine genügende Wärmeübertragung durch Konvektion zu erreichen.

Für $4 \cdot 50 = 200$ kg Öl je Stunde ergibt sich dann ein Abgasvolum von $200 \, (11{,}26 + 2 \cdot 10{,}58) = 6484$ m³/h und eine Luftzufuhr von $200 \cdot 3 \cdot 10{,}58 = 6348$ m³/h.

Abkühlen der Ziegel und Luftvorwärmung:

Luft und Ziegel bewegen sich in Gegenstrom.

$$\text{Ziegeltemperatur: Anfang } t''_w = 1100\,°C$$
$$\text{Ende } t'_w = 200\,°C$$
$$\text{Lufttemperatur: Anfang } t''_g = 25\,°C$$
$$\text{Ende } t'_g$$

Die Ziegel geben in der Stunde ab:

$$4000 \cdot 0{,}92 \cdot (1100 - 200) = 3307730 \text{ kJ/h} = 3307{,}73 \text{ MJ/h}$$

Die Wagen geben in der Stunde ab:

$$\frac{5120 \cdot 610 \cdot 1{,}26}{2} = 1967890 \text{ kJ/h} = 1967{,}89 \text{ MJ/h}$$

Zusammen 5275,62 MJ/h

Der Wärmeverlust in diesem Ofenteil sei 5 %, dann ist:

$$1000 \cdot 0{,}95 \cdot 5275{,}62 = 6348 \cdot 1{,}46 \cdot (t'_g - 25) \text{ und hieraus } t'_g = 565\,°C$$

Der Wärmegewinn durch Luftvorwärmung ist Q_L

$$Q_L = 6348 \, (565 - 25) \, 1{,}46 = 5011839 \text{ kJ/h} = 5012 \text{ MJ/h}$$

Der Wärmeverlust durch Wandverlust und Ausströmen ist für den Kühltunnel:

$$Q'_w = 0{,}05 \cdot 5276 = 264 \text{ MJ/h}$$

Beim Verlassen des Ofens bedeutet der Wärmeinhalt der Ziegel einen Ausfahrtverlust von:

$$Q_{aus} = (3685 - 330{,}7) + (2575 - 1968) = 985 \text{ MJ/h}$$

Die mittlere Temperaturdifferenz zwischen Kühlgut und Luft ist nach (III), da hier die Gutstemperatur höher ist als die Lufttemperatur:

$$\Delta t_m = \frac{(t''_w - t'_g) - (t'_w - t''_g)}{\ln \dfrac{t''_w - t'_g}{t'_w - t''_g}} = 325\,°C$$

10. Die Berechnung von Industrieöfen

Vorwärmen der Ziegel: Ziegel und Abgas bewegen sich in Gegenstrom.

Ziegeltemperatur: Anfang 100 °C
Ende 650 °C

Abgastemperatur: Anfang 900 °C
Ende t''_g

In diesem Temperaturtrajekt ist für 4000 kg Ziegel je Stunde zuzuführen:

Trocknen und Hydratwasseraustreibung 1260 MJ/h

Ziegelerwärmung $\dfrac{4000 \cdot 0{,}92\,(650-100)}{1000} = 2031$ MJ/h

Wagenerwärmung $\dfrac{5120 \cdot 310 \cdot 1{,}26}{2 \cdot 1000} = 1000$ MJ/h

Zusammen 4291 MJ/h

Der Wärmeverlust in diesem Ofenteil sei wiederum 5 %, dann ist:

$$4291 = \frac{0{,}95 \cdot 6484 \cdot 1{,}46\,(900 - t''_g)}{1000}$$

Hieraus $t''_g = 425$ °C

Der Wärmeverlust durch Wandverlust und Ausströmen ist für den Vorwärmtunnel:

$$Q''_w = 0{,}05 \cdot 6484 \cdot 1{,}46\,(900 - 425) = 225{,}26 \text{ MJ/h}$$

Die mittlere Temperaturdifferenz zwischen Wärmgut und Abgas ist:

$$t_m = \frac{(425-100)-(900-650)}{\ln \dfrac{425-100}{900-650}} = 286 \text{ °C}$$

Brennstoffverbrauch: Der Ofen hat eine Wandfläche von 1080 m². Bei einer mittleren Wandtemperatur von 40 °C ist der Wandverlust 718 kJ/m², also für den ganzen Ofen 72,44 MJ/h. Für Ausflamm- und Ausströmverluste können rund 46 MJ/h geschätzt werden. Zusammen also 118,44 MJ/h. Für den Vorwärm- und für den Kühltunnel sind bereits $Q'_w = 264$ und $Q''_w = 225$ MJ/h in Rechnung gestellt. Die Verluste der 4 beheizten Brennkammern sind also:

$$Q'''_w = 118{,}44 - 264 - 225 = 695{,}9 \text{ MJ/h}$$

Die Abgasverluste sind:

$$Q_s = 6484 \cdot 1{,}445\,(425 - 25) = 3710 \text{ MJ/h}$$

Zuzuführen sind also:

$$Q_B = Q_s + Q'_w + Q''_w + Q'''_w + Q_R + Q_{aus} = 3710 + 264 + 225 + 695{,}9 + 1884 + 985 = 7758{,}9 \text{ MJ/h}$$

Der Brennstoffverbrauch B ist:

$$B = \frac{7758{,}9}{40{,}2} = 194 \text{ kg Schweröl je Stunde}$$

Die Endtemperatur des Abgases ist niedriger als oben berechnet, denn zu dem Brenngas kommen noch das ausgetriebene H_2O und CO_2. Auf 4000 kg gebrannte Ziegel entfallen 368 kg = 465 Nm³ H_2O-Dampf und 332 kg = 78,5 Nm³ CO_2-Gas. Bei 400 °C ist die mittlere spez. Wärme:

für H_2O $c_p =$

für CO_2 $c_p =$

für Abgas $c_p =$

Die Mischtemperatur sei t_m, dann ist:

$$6348 \cdot 0{,}34 \, t_m + 465 \cdot 0{,}372 \, (t_m - 100) \, 9 + 78{,}5 \cdot 0{,}464 \, t_m = 885\,000$$

Hieraus $t_m = 342$ °C

Der Abgasverlust kann noch bis auf eine Temperatur von 200 °C für das Vortrocknen der Formlinge benutzt werden. Werden die Ziegel mit dem Ausfahrtverlut Q_{aus} zur weiteren Abkühlung in einem Raum mit Luft umspült, so ist auch diese Luft gleichfalls für das Trocknen der Formlinge zu benutzen. Der Wirkungsgrad der ganzen Ofenanlage wird hierdurch noch bedeutend erhöht.

10.2.7. Nachprüfung der Erwärmungszeit

Es soll noch geprüft werden, ob innerhalb der Verweilzeit von 2 Stunden in jeder Heizkammer die Ziegel tatsächlich im Innern die angenommenen Temperaturen erreichen. Als Beispiel soll die Erwärmungszeit für Kammer 6 berechnet werden. Aus Bild 648 geht hervor, daß in dieser Kammer, wo die letzten 30 % Brennstoff eingespritzt werden, die mittlere Abgastemperatur $t_o = 900$ °C beträgt. Das Wärmgut tritt mit der Temperatur $t_{wb} = 650$ °C ein und soll nach höchstens 2 h mit der Temperatur $t_{we} = 800$ °C weitergeschoben werden. Durch Schrumpfung haben die Ziegel sich in Querrichtung voneinander getrennt. Somit besteht das Wärmgut aus Säulen 0,22 x 0,055 m Querschnitt und 0,99 m hoch, die in der Richtung der Gasströmung 0,08 m und senkrecht hierauf durch einen Spalt voneinander getrennt sind. Das Gewicht jeder Säule ist G = 19,2 kg. Die gasumspülte senkrechte Oberfläche einer Säule ist A = 0,544 m². Sie ist zu ersetzen durch eine zylindrische Säule mit gleicher Oberfläche, also:

$$2 R \cdot \pi \cdot 0{,}99 = 0{,}544$$

Hieraus der Radius R = 0,087 m.

10. Die Berechnung von Industrieöfen

Angenommen wird, daß in der Richtung der Gasströmung (Bild 646) mit aufgezwungener Strömung in den schmalen Spalten senkrecht hierzu mit freier Strömung gerechnet werden kann. Außerdem ist hier die Schichtdicke so gering, daß die Gasstrahlung hier vernachlässigt werden kann.

Der freie Querschnitt für die Gasströmung ist:

$$11 \cdot 0{,}08 \cdot 0{,}99 = 0{,}87 \text{ m}$$

Die Strömungsgeschwindigkeit ist:

$$w_o = \frac{6484}{0{,}87 \cdot 3600} = 2{,}07 \text{ m/s}$$

$$w_t = 2{,}07 \cdot \frac{900 + 273}{273} = 8{,}8 \text{ m/s}$$

Nach (8)

$$w = w_t \frac{293}{T_g} = 8{,}8 \frac{293}{1173} = 2{,}22 \text{ m/s und}$$

$$a'_{conv} = 27{,}1 \cdot 2{,}22 = 50{,}7 \text{ kJ/m}^2 \text{ K h}$$

Nach (4)

$$a''_{conv} = 7 \sqrt[4]{\frac{900 - 725}{(900 = 273)\, 0{,}99}} = 6{,}22 \text{ W/m}^2 \text{ K} = 22{,}4 \text{ kJ/m}^2 \text{ K}$$

Der partielle Druck des CO_2-Anteiles in dem Abgas ist $p_{CO_2} = 0{,}049$ und für den Wasserdampfanteil ist $p_{H_2O} = 0{,}038$. Weiter ist die Schichtdicke $s = 0{,}08$ m.
Für zwei parallele Flächen und kurze Entfernung ist $p \cdot s$ mit dem Faktor 1,8 zu multiplizieren. $s = 1$ wegen Hohlraumeffekts (Schack).
Mit (17) und (18) findet man:

$$q_s\, CO_2 = 4815 \text{ kJ/m}^2 \text{h}$$

$$q_s\, H_2O = 1256 \text{ kJ/m}^2 \text{h}$$

Somit:

$$a_s = \frac{4815 + 1256}{900 - 725} = 34{,}75 \text{ kJ/m}^2 \text{ h} \cdot \text{K}$$

Beachtet man nun den Flächenanteil (Bild 632), so wird die mittlere Wärmeübergangszahl für die ganze Säule:

$$a_m = \frac{0{,}22 \cdot 22{,}4 + 0{,}055\,(50{,}7 + 34{,}75)}{0{,}22 + 0{,}055} = 34{,}75 \text{ kJ/m}^2\text{ K h} = 9{,}66 \text{ W/m}^2\text{ K}$$

Nach (98) ist

$$\frac{a_m \cdot R}{\lambda} = \frac{34{,}75 \cdot 0{,}087}{2{,}817} = 1{,}06. \text{ Hierfür ist nach Bild 170 } f = 0{,}79$$

Nach (99) ist die Durchwärmzeit

$$Z = \frac{G \cdot c}{A \cdot a_m \cdot f} \ln \frac{t_o - t_{wb}}{t_o - t_{we}} = \frac{19{,}2 \cdot 2{,}685}{0{,}544 \cdot 34{,}75 \cdot 0{,}79} \ln \frac{900 - 650}{900 - 800} = 1{,}09 \text{ h} = 65 \text{ min}.$$

Die Ziegel werden somit innerhalb der verfügbaren Zeit von 2 h durchgewärmt sein. Bild 633 zeigt die Ergebnisse von Durchwärmversuchen, die mit dem B E U K E N - Modell des Elektrowärme-Laboratoriums PLEM-Maastricht (Niederlande) durchgeführt wurden, und zwar für Ziegelsäulen von 22 x 5,5 cm. Für $a_m = 8{,}3 \text{ kcal/m}^2\ {}^\circ\text{C h}$ (= 9,66 W/m² K) ergibt sich Z = 64 min.

Nachrechnung der Durchwärmzeiten für die übrigen Brennkammern bestätigt, daß auch hier diese Zeiten kleiner als zwei Stunden sind. Die Berechnung der Verweilzeit im Vorwärmtunnel ergibt gleichfalls ein günstiges Ergebnis, sogar wenn angenommen wird, daß noch keine Schrumpfspalten vorhanden sind und somit nicht mit Säulen, sondern mit Mauern gerechnet werden muß. Aber da in diesem Tunnel der Wassergehalt ausgetrieben wird, ist es ratsam, mittels eines Umlaufgebläses für eine starke Erhöhung der Gasgeschwindigkeit zu sorgen.

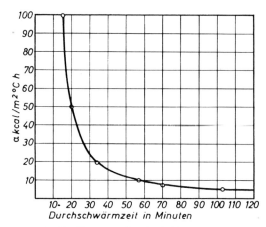

Bild 633: Messungen der Erwärmungszeit mittels Maastrichter BEUKEN-Modell

Die Verweilzeit im Kühltunnel ist, wie sich bei einer Nachrechnung herausstellt, zu kurz. Also ist es hier dringend geboten, mit mehreren Gebläsen, Umwälzung und erhöhte Luft-Geschwindigkeit zu erzielen. Wenn hierdurch a_m auf 23 W/m² K gebracht werden kann, so wird aber auch hier die Bedingung erfüllt.

10.2.8. Beispiel:

Berechnung eines Muffelofens mit Ölheizung

Im Ofen Bild 651 werden auf Wagen gelagerte Blechteile, die vorher mit Muffellack lackiert sind, auf 150 °C erhitzt, damit die Lackschicht getrocknet und durchgehärtet wird. Jede halbe Stunde wird ein Wagen hineingefahren. Die lackierten Teile befinden sich vorher noch eine halbe Stunde außerhalb des Ofens, und hierdurch ist bereits die Hälfte des Lacklösungsmittels verdampft. Der Inhalt des ganzen Ofens mit Kanälen ist I = 10 m³. Einsatzgewicht = 130 kg. Lackmenge = 1,7 kg, davon 1,0 kg Lösungsmittel; doch beim Einfahren in den Ofen ist nur noch 0,5 kg vorhanden.

Die Dampfkonzentration darf wegen der Explosionsgefahr keinesfalls mehr als 0,8 % betragen. Um dies sicherzustellen, soll, gerechnet bei 150 °C, jede Minute 4,83 m³ Luft zugeführt werden.

Anheizen des Ofens: Anheizzeit 1 h. Wagengewicht 100 kg. Endtemperatur 150 °C. Gewicht des Lufterhitzers 170 kg. Mittlere Temperatur 350 °C. Gewicht des Innenraumes vom Ofen 650 kg. Endtemperatur 150 °C. Gewicht der Isoliermasse 300 kg mit einer spez. Wärme von 1,83 kJ/kg K.

Die Wärmespeicherung ist nach einer Stunde beendet. t_w = 30 °C. Der Wandverlust beträgt 418,7 kJ/m² h. Während des Anwärmens beläuft sich dieser Verlust im Mittel auf 60 %. Die äußere Wandfläche ist 35 m² und das Gewicht des Außenmantels ist 250 kg.

$$
\begin{aligned}
170\,(350-10)\,0{,}482 &= 27844\ \text{kJ} \\
650\,(150-10)\,0{,}482 &= 43963{,}5\ \text{kJ} \\
300\left(\frac{150-30}{2}\right)-10\ \ 1{,}83 &= 9420{,}7\ \text{kJ} \\
250\,(30-10)\,0{,}482 &= 2407{,}5\ \text{kJ} \\
\hline
Q_{sp} &= 83635{,}7\ \text{kJ in der ersten Stunde} \\
Q_w: 35 \cdot 418 \cdot 0{,}60 &= 8792\ \text{kJ/h}
\end{aligned}
$$

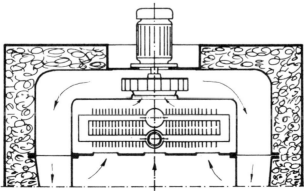

Bild 634: Muffelofen mit Ölbeheizung (oberer Teil)

Zieht das Abgas des Ölbrenners weg mit 12 % CO_2 und 300 °C, so ist η_{th} = 0,86

$Q_{sc} = Q_b - 0,86\, Q_b = 0,14\, Q_b$

$Q_b = Q_{sp} + Q_w + 0,14\, Q_b = \dfrac{83{,}636 + 8{,}792}{0{,}86} = 107{,}6\ MJ/h$

Beim Anheizen ist:

$B_1 = \dfrac{Q_b}{H_u} = 2{,}57\ kg/h\ \text{Öl}.$

Brennstoffverbrauch beim Muffeln:

Wagen und Einsatz:	230 (150 − 10) 0,482	= 15492
Verdampfung des Lösungsmittels:	0,5 · 394	= 197
Erwärmung des Lösungsmittels:	0,5 (138 − 10) 2,51	= 169
Frischlufterwärmung:	$30 \cdot 4{,}83\, (150 - 10)\, \dfrac{273}{150 + 273} \cdot 1{,}30$	= 16915
Wandverlust:	$\dfrac{35 \cdot 418{,}7}{2}$	= 7327
		40099 kJ
		oder ~ 80 MJ/h

$Q'_b = \dfrac{80}{0{,}86} = 93{,}25\ MJ/h$

$B_2 = \dfrac{93{,}25}{41{,}87} = 2{,}23\ kg/h\ \text{Öl}$

Benötigte Luftmenge:
Die Temperatur der Luft senkt sich beim Durchströmen des Ofens um 15 °C. Die Frischluftmenge kann, wenn sie auf 165 °C erhitzt ist, an Wärme abgeben, bevor sie im Freien abgeführt wird:

$60 \cdot 4{,}83\, \dfrac{273}{150 + 273} \cdot 15 \cdot 1{,}30 = 3643\ kJ/h$

Im Ofen sind aber abzugeben 2 · (15492 + 197 + 168 + 7327) = 46,5 MJ/h. Es muß also die Luft im Kreislauf um den Lufterhitzer und durch den Ofen befördert werden und zwar eine Menge von:

$\dfrac{(46{,}5 - 3{,}643)\, 1000}{15 \cdot 1{,}30} = 2200\ m^3/h\ (V_n)$

Das Gebläse hat also im ganzen zu befördern:

$$60 \cdot 4{,}83 \cdot \frac{273}{150 + 273} + 2200 = 2387 \text{ m}^3/\text{h}$$

10.2.9. Beispiel:

Muffelofen elektrisch beheizt

Der gleiche Ofen, aber jetzt widerstandsbeheizt. Da man jetzt den Lufterhitzer kleiner bauen kann, wird der Inhalt des Ofens jetzt l = 9 m³ und die Außenwandfläche verringert sich auf 32,5 m². Der Lufterhitzer wiegt jetzt nur noch 115 kg und der Innenraum des Ofens 600 kg (Bild 635).

Beim Anheizen des Ofens ist:

$$Q_{sp} = 65{,}59 \text{ MJ/h}$$
$$Q_{w} = 8{,}16 \text{ MJ/h}$$
$$Q_{sp} + Q_{w} = 73{,}75 \text{ MJ/h} = 20{,}5 \text{ kW}$$

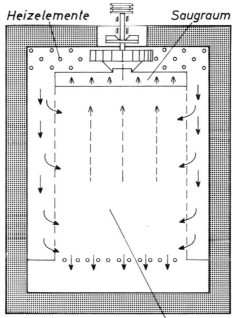

Bild 635: Elektrisch beheizter Muffelofen (Lackeinbrennofen)

Beim Muffeln ist aufzuwenden:

Für Wagen und Einsatz:	15,492 MJ
für Verdampfung des Lösungsmittels:	0,197 MJ
für Erwärmung des Lösungsmittels:	0,168 MJ
für Frischlufterwärmung:	16,915 MJ
für Wandverlust $\dfrac{32{,}5 \cdot 0{,}4187}{2}$	4,514 MJ
Zusammen	26,256 MJ / 0,5 h = 22 kW

Der Anschlußwert ist also 22 kW und die Nennleistung mit einem Kreisegebläsemotor von schätzungsweise 1,5 kW und 85 % Wirkungsgrad $22{,}0 + \dfrac{1{,}5}{0{,}85} = 23{,}8$ kW

Wird auf eine gleichmäßige Erwärmung Wert gelegt, so wird man, wie in Bild 640 gezeigt, die heiße Luft beiderseitig einblasen und durch einen Doppelboden, der durch Kanäle in der Rückwand mit dem Saugraum des Gebläses in Verbindung steht, wiederum absaugen.

10.2.10. Beispiel:

Berechnung eines gasbeheizten Trockenofens zum Lacktrocknen. In dem Ofen in Bild 636 werden kleine lackierte Teile aus Aluminium getrocknet. Sie werden auf Stifte gesteckt, die an einer Förderkette befestigt sind, die durch den Ofen läuft. Innerhalb von 2 min werden 120 Stück getrocknet bei einer Temperatur von 130 °C. Der Ofen besteht aus einem doppelwandigen Kasten mit Glaswollisolierung von s = 0,06 m Stärke (λ = 0,167 kJ/m · h · K), er hat oben einen regelbaren Abzug und wird unten durch eine Reihe von Gasbrennern mit Leuchtflammen (Bray-Brenner) beheizt. Die Flammen brennen in einem senkrechten, schlitzförmigen Kanal von feuerfestem Baustoff, und oberhalb dieses Kanals befinden sich zweimal vier seitliche Schlitze, wodurch Luft zum Trocknen zutritt. Oberhalb dieser Schlitze ist, zwischen Ofenraum und Mischraum für Abgas und Luft, ein durchlochtes Trennblech angebracht. Mittels der Regelklappe wird der freie Querschnitt des oberen Abzugs so weit gedrosselt, daß die Nulldrucklinie in gleicher Höhe wie das Trennblech zu liegen kommt. Im Ofenraum herrscht somit überall Überdruck, wodurch Kaltluftzutritt an ungewollten Stellen ausgeschlossen ist. Die Luftmenge, die durch das heiße Abgas angesaugt wird und sich unterhalb des Lochbleches mit dem Abgas vermischt, steigt hierdurch in der Temperatur. Diese Menge soll so groß sein, daß auf jedes Gramm Lacklösungsmittel 0,07 m³ Luft zugeführt wird, damit der Explosionsgefahr vorgebeugt wird. Im Ofen befinden sich 120 Aluminiumteile mit einem Lackgewicht von 0,060 kg, davon 0,036 kg Lösungsmittel. Somit muß mindestens 36 · 0,07 = 2,53 m³ Luft in 2 min oder 76 m³/h zugeführt werden.

Berechnung des Brennstoffverbrauchs. Befindet der Ofen sich im Beharrungszustand, so sind zu berechnen Q_w, Q_n und Q_f. Letztere Wärmemenge ist die, die die Förderkette beim Durchlaufen des Ofens aufnimmt. Die Trocknungsluft wird von der Umgebungstemperatur (15 °C) auf 130 °C aufgeheizt, was eine Wärmemenge Q_l erfordert.

Q_w: Die äußere Wandfläche des Ofens ist A = 2,52 m².

10. Die Berechnung von Industrieöfen

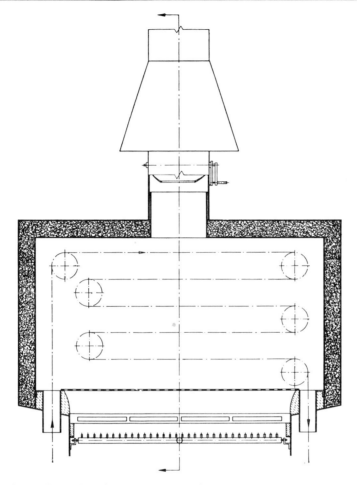

Bild 636: Trockenofen mit Förderkette (Bild Gasinstituut, Niederlande)

Nach (120) ist

$$Q_w = A \cdot q = A \, \frac{t_b - t_u}{\dfrac{s}{\lambda} + \dfrac{1}{a_w}}$$

Es wird $t_w = 25\,°C$ geschätzt, dann ist $a_w = 8{,}1\ W/m^2\ K = 29\ kJ/m^2\ K\ h$

$$Q_w = 2{,}52 \, \frac{130 - 15}{\dfrac{0{,}06}{0{,}167} + \dfrac{1}{29}} = 736\ kJ/h$$

Da nach (121) $t_w = t_b - \frac{s}{\lambda} \cdot q$ wird

$$t_w = 130 - \frac{0{,}06}{0{,}167} \cdot 292 = 25\,°C$$

Die Abschätzung der äußeren Wandtemperatur ist somit richtig.

Q_n: Alle 2 min werden 120 Teile in den Ofen gebracht mit einer Stückmasse G = 0,0068 kg und einer Außenfläche A = 0,0175 m². In welcher Zeit werden sie erwärmt?

Formel (95):

$$\frac{t_{we} - t_{wb}}{t_o - t_{wb}} = 1 - e^{\frac{-\alpha_{tot} \cdot A}{G \cdot c} \cdot \frac{2}{60}}$$

Mit α_{tot} = 42 kJ/m² · h · K ist: $\dfrac{t_{we} - 15}{130 - 15} = 1 - e^{\frac{-42 \cdot 0{,}0175}{0{,}0068 \cdot 0{,}22} \cdot \frac{2}{60}} = \sim 1$

Somit t_{we} = 130 °C, das heißt, das Wärmgut wird auf Ofentemperatur erhitzt und die Wärmemenge ist 120 · 0,0068 · 0,92 (130 − 15) $\dfrac{60}{2}$ = 2638 kJ/h

In dieser Wärmemenge ist die Verdampfungswärme des Lösungsmittels noch hinzuzuzählen. Sie ist 0,036 · $\dfrac{60}{2}$ · 400 = 435 kJ/h

Q_n = 2638 + 435 = 3073 kJ/h

Q_f: Masse der Kette im Ofen ist 17,25 kg, ihre Oberfläche ist A = 0,5 m².

Mit (95):

$$\frac{t_{we} - 15}{130 - 15} = 1 - e^{\frac{-40 \cdot 0{,}5}{17{,}25 \cdot 0{,}46} \cdot \frac{2}{60}} = 0{,}08$$

t_{we} = 24,2 °C

$$Q_f = (24{,}2 - 15) \cdot 17{,}25 \cdot 0{,}46 \cdot \frac{60}{2} = 2198 \text{ kJ/h}$$

Q_l: 72 Nm³ Luft werden von 15 °C auf 130 °C erhitzt.

$$Q_l = 72 \cdot \frac{288}{273} \cdot (130 - 15) \cdot 1{,}30 = 11305 \text{ kJ/h}$$

10. Die Berechnung von Industrieöfen

Da die überschüssige Verbrennungsluft als Trockenluft dient und die Wärmemenge, die von dem Abgas auf diese Luft übertragen wird, bereits als Q_l berechnet ist, so ist zur Bestimmung des feuerungstechnischen Wirkungsgrades mit einer Luftzahl n = 1 zu rechnen. Für eine Abgastemperatur von 130 °C und n = 1 ist η_{th} = 0,95. Für das Mischgas ist H_u = 14,9 MJ/m³, und somit beträgt der Brennstoffverbrauch im Beharrungszustand:

$$B = \frac{Q_w + Q_n + Q_f + Q_l}{\eta_{th} \cdot H_u} = 1{,}17 \text{ m}^3/\text{h Mischgas.}$$

Da der Ofen aber vom kalten Zustand schnell auf Betriebstemperatur gebracht werden soll, wird die Brenneranlage für 2,0 m³/h ausgelegt.

Berechnung der Strömungsverhältnisse. Damit keine kalte Luft in den Ofen eindringen kann, soll die Nulldrucklinie sich auf gleicher Höhe mit dem durchlochten Trennblech zwischen Mischraum und Ofenraum befinden. Die Höhe von Nulldruckebene bis zum Zugunterbrecher beträgt dann H_1 = 0,9 m. Angenommen wird, daß $\rho_1 = \rho_2 = 1{,}293$ kg/Nm³. Der Steigdruck beträgt nach (168):

$$p = g \left(1{,}293 \frac{273}{273 + 15} - 1{,}293 \frac{273}{273 + 130} \right) 0{,}9 = 3{,}0 \text{ N/m}^2$$

Wird der geringe Reibungswiderstand des kurzen Abzugsrohres vom Ofenraum bis zur Zugunterbrechung vernachlässigt, so ist Druck p verfügbar, um Trockenluft und Abgas vom Ofenraum aus durch die runde Abzugsöffnung zu treiben. Diese Luft- und Abgasmenge ist, wenn 4,65 m³ Abgas aus 1 m³ Frischgas entstehen:

$$\frac{1}{3600} (72 + 1{,}17 \cdot 4{,}65) \frac{273 + 130}{273} = 0{,}0333 \text{ m}^3/\text{s bei 130 °C}$$

Mit (165), Ausströmzahl α = 0,90 und $\rho = 1{,}293 \frac{273}{273 + 130} = 0{,}87$ kg/m³ wird:

$$0{,}0333 = 0{,}9 \, A \sqrt{\frac{2 \cdot 3{,}0}{0{,}87}}$$

Hieraus ergibt sich A = 140 cm², was einem Durchmesser von rund 135 mm entspricht.

Es sind noch die Durchlöcherung des Trennbleches und die Abmessungen der Luftschlitze im Mischraum zu berechnen. Unterhalb dieses Trennbleches herrscht Überdruck (p_2), denn diese soll Luft und Abgas durch die Öffnungen dieses Bleches drücken.

Die Mischtemperatur im Mischraum ist:

$$15 + \frac{1{,}17 \cdot 14900}{1{,}3 \, (72 + 1{,}17 \cdot 4{,}65) \frac{273 + 15}{273}} = 171 \text{ °C}$$

Es ist

$$\rho = \frac{273}{273 + 171} \cdot 1{,}293 = 0{,}8 \text{ kg/m}^3$$

Wird die Geschwindigkeit durch die Löcher des Trennbleches mit 0,7 m/s gewählt, so ist:

$$0{,}7 = \sqrt{\frac{2 \cdot p_2}{0{,}8}}$$

Hieraus $p_2 = 0{,}196$ N/m^2

Die Gemischmenge ist bei 171 °C: $0{,}0333 \cdot \dfrac{273 + 171}{273 + 130} = 0{,}036$ m^3/s.

Mit $a = 0{,}90$ ergibt sich der Gesamtquerschnitt der Löcher zu rund 570 cm^2 (165).

Die Höhe des Mischraumes ist $H_1 = 0{,}1$ m und wo sich die Schlitze für die Luftzufuhr befinden, soll Unterdruck herrschen, damit überhaupt Luft angesaugt wird. Dazwischen liegt dann eine Nulldruckebene; dieser Fall ist vergleichbar mit Bild 264.

Es ist

$$p = -H_1 \cdot g \left(1{,}293 \frac{273}{273 + 15} - 1{,}293 \frac{273}{273 + 171} \right) = -0{,}412 \text{ N/m}^2$$

Da $p_1 = p + p_2$, ist $p_1 = -0{,}412 + 0{,}196 = -0{,}216$ N/m^2. Mit $a = 0{,}90$ und einer Luftmenge von $\dfrac{1}{3600} \cdot 72 \cdot \dfrac{273 + 15}{273} = 0{,}02$ m^3/s findet man mittels (165) für $p_1 = 2{,}16$ N/m^2

Langseite einen Querschnitt f von 412 cm^2. Ist die Gesamtlänge der acht Schlitze 8 x 0,25 = 2,00 m, so soll die Schlitzhöhe rund 0,02 m sein.

Es ist aber ein Teil der Trockenluft bereits unten durch den Luftzutritt für die Brenner zugeströmt, und somit kann die Schlitzhöhe etwas niedriger sein. Deshalb werden die Schlitze mit verstellbaren Schiebern versehen. Dies ist auch deshalb zu empfehlen, weil damit die Luftzufuhr von Trockenluft beim Aufheizen des leeren Ofens vollständig abgesperrt werden kann. Hierdurch wird das Aufheizen beschleunigt.

10.2.11. Beispiel:

Berechnung eines Trockenofens mit Luftumwälzung für Schuhleisten

In diesem Ofen sollen 80 Schuhleisten in 1,25 h getrocknet werden. Der trockene Stoff wiege 4,2 kg, und es sollen 4,2 kg Wasser ausgetrieben werden. Im Bild 637 ist der Ofen dargestellt. Er wird mit Niederdruckgasbrennern beheizt, wobei die Gase durch einen isolierten Blechkasten ziehen. In diesen Kasten ist der eigentliche Trockenraum eingebaut, durch den waagerecht Luft geblasen wird, der durch die Wände des Trockenraumes

10. Die Berechnung von Industrieöfen

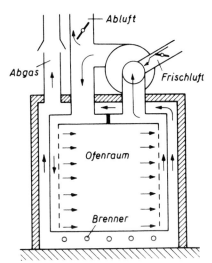

Bild 637: Trockenofen mit zwangsläufigem Kreislauf mittels Ventilators

Wärme aus den Gasen zugeführt wird. Diese Luft wird mit einem Gebläse umgewälzt, und die Leitung zwischen dem Gebläse und dem Trockenraum hat eine Abzweigung nach oben mit einer Drosselklappe, wodurch eine einstellbare Luft entweichen kann. Das Trocknungsgut ist auf einem ausfahrbaren Wagen mit Holzrosten gelagert, so daß die Luft von allen Seiten Zutritt hat. Die Umgebungstemperatur wird mit 5 °C angenommen. Die frische Luft sei bei 5 °C gesättigt.

Läßt man die Luft mit einer Temperatur von 150 °C und mit einer Wasserdampfmenge, die volle Sättigung bei 50 °C erreicht, nach außen verschwinden, so sind nach Tafel 131 zum Verdampfen von 10 kg Wasser wenigstens 31,2 MJ und 122,5 kg Luft aufzuwenden.

Zum Verdampfen von 4,2 kg Wasser werden also $31,2 \cdot \frac{4,2}{10} = 131$ MJ und $122,5 \cdot \frac{4,2}{10} = 51,5$ kg trockene Luft benötigt. Diese Luftmenge + (4,2 + 51,5 · 0,0054) kg Wasserdampf wird während des Trocknungsvorganges abgeführt, und zwar mit einer Temperatur von 150 °C. Außer der Wärmemenge von 131 MJ (Wärmeinhalt der Luftmenge bei 50 °C mit Wasserdampf gesättigt) enthält die Luft außerdem noch die Überhitzungswärme des Wasserdampfes von 50 auf 150 °C und die Wärme, die der Luft bei konstantem Druck von 50 bis 150 °C zugeführt worden ist. Die Überhitzungswärme ist 14,5 kJ/kg K und c_p für Luft ist 7,48 kJ/kg K.

Da die Wasserdampfmenge 4,2 + 51,5 · 0,0054 = 4,46 kg ist, so sind hierzu an Wärme zuzuführen: 4,46 (150−50) · 14,5 + 51,5 (150−50) · 7,48 = 60590 kJ / Beschickung. Es ist aber noch mehr Wärme aufzubringen, nämlich zur Deckung des Wandverlustes und des Speicherverlustes.

Wird die mittlere Ofenwandtemperatur geschätzt auf 60 °C während des Aufheizens und auf 80 °C nachher, so ist für aluminiumfarbige Außenwände a_w = 36,6 kJ/m²h K bzw. 40,5 kJ/m²h K. Aus der Entwurfsskizze hat man gefunden, daß die Oberfläche der Ofenwand aus Eisenblech 6,54 m² beträgt, und somit ist der Wandverlust 6,54 · 36,6 (60−5) · 1,25 = 16500 kJ / Beschickung während des Aufheizens und nacher: 6,54 · 40,5 (80−5) · 1,25 = 24790 kJ / Beschickung.

Weiter hat man aus der Entwurfsskizze berechnet, daß das Eisengewicht des Ofens rund 392 kg beträgt, mit einer mittleren Temperatur nach 1,25 h von 130 °C.

Die Speicherwärme des Eisens ist: 392 (130 − 5) · 0,482 = 23450 kJ.

Die Speicherwärme der Holzroste ist (20 kg, 150 °C): 20 (150 − 5) · 2,72 = 7872 kJ Beschickung.

Zur Erwärmung der Trockensubstanz des Ofeneinsatzes sind aufzuwenden: 4,2 (150 − 5) · 2,72 = 1770 kJ / Beschickung.

Insgesamt hat man also bei der Inbetriebnahme des Ofens aus der Kälte eine Wärmemenge zuzuführen zum Trocknen des ersten Einsatzes von: 13,1 + 6,059 + 7,872 + 1,77 + 23,45 + 16,5 = 68,76 MJ.

Wird der Ofen mit Mischgas (H_u = 15,9 MJ/m³) beheizt, und zwar in Niederdruckgasbrennern mit einer Luftzahl n = 2, ziehen ferner die Abgase mit einer Temperatur von 200 °C ab, so ist der feuerungstechnische Wirkungsgrad η_{th} = 0,75. Der Brennstoffverbrauch ist also $\frac{68,76}{0,75 \cdot 15,9}$ = 5,8 m³ für die erste Beschickung. (Bei Betriebsversuchen an ausgeführten Öfen wurde bei 15 °C Anfangstemperatur 5,68 m³ / Beschickung festgestellt, wobei die Dauer der Trocknungsperiode tatsächlich 1,25 h betrug.)

Nach erfolgtem Aufheizen des Ofens wird der Wärmeverbrauch:

53,6 MJ / Ofeneinsatz und der Brennstoffverbrauch: $\frac{53,6}{0,75 \cdot 15,9}$ = 4,5 m³ / Beschickung.

Nunmehr ist noch die Leistung des Umwälzgebläses zu bestimmen:

Hierbei wird der Betriebszustand nach dem Aufheizen zugrunde gelegt, wobei 53,6 MJ / Beschickung zuzuführen sind. Aus Bild 654 geht hervor, daß die Wandverluste unmittelbar den Abgasen entzogen werden. Von 53,6 MJ sind 53,6 − 24,79 − 6,059 − 13,1 = 9,65 MJ / Beschickung durch die Wärmeabgabe zusätzlicher Luft zu decken. Wird angenommen, daß die Temperatur der Luft beim Durchströmen des Trocknungsraumes in waagerechter Richtung jedesmal um 14 °C sinkt, so berechnet sich diese Zusatzluftmenge zu

$$\frac{9650}{1,25 \cdot 14 \cdot 1,0} = 552 \text{ kg/h}$$

Hierzu kommt noch je 1,25 h 51,5 kg Luft, die mit 4,46 kg Wasserdampf beladen abzieht. Das Gebläse hat also in der Stunde zu fördern:

$$552 + \frac{51,5}{1,25} + \frac{4,46}{1,25} = 597 \text{ kg/h feuchte Luft.}$$

Wird die Fördermenge bei 150 °C und 1013 mbar festgelegt, so ist diese:

$$\frac{597 \cdot 423}{1,293 \cdot 273} = 735 \text{ m}^3/\text{h.}$$

Gewählt wurde ein Gebläse für 800 m³/h Luft von 150 °C.

11. Computereinsatz im Industrieofenbau

11.1. C A E - A N W E N D U N G (Computer Aided Engeneering)

Die Überschrift zeigt, daß nur der technische Bereich, d.h. der Computereinsatz im Entwicklungs-, Konstruktions- und Fertigungsbereich von Industrieofenanlagen, nicht aber der Computereinsatz im kaufmännischen Bereich „Buchhaltung, Lohn- und Gehaltsabrechnung usw." angesprochen wird.

11.1.1. Klein- oder Großrechner

Die elektronische Datenverarbeitung (EDV), ursprünglich nur in Dienstleistungs-Rechenzentren angewandt und durch diese populär geworden, hat seit 1971 durch die bahnbrechende Entwicklung auf dem Gebiet der Elektronik bei der Fa. INTEL Corp., USA, — Erstellung eines Mikrocomputers mit dem Herzstück, dem Mikroprozessor — ein breites Verwendungsfeld bei den sogenannten Klein-Computern gefunden. Dazu gehören Micro-, Mini- und Tischcomputer, aber auch die Personal-Computer, die ja nicht für das Personalwesen, sondern für JEDERMANN gedacht sind. Bei Anschaffungspreisen zwischen 5 000,— und 20 000,— DM ist bereits eine kommerzielle Verwendung gegeben. Zum Vergleich ist interessant, was beispielsweise ein Super-Großrechner, der 1985 aus den USA für das Max-Planck-Institut, Hamburg geliefert wurde, kostete. 15 Millionen DM hat man für den 13 t schweren „Cyber 205" ausgegeben. Dafür schafft er auch 800 Millionen Rechenoperationen pro Sekunde.

Zurück zu den Realitäten im Industrieofenbau. Auch für Kleinrechner benötigt man entsprechende Rechenprogramme, die den Anschaffungspreis der Hardware erheblich übersteigen können. Diese Software, die den Computer erst zum Laufen bringt, ist, obwohl es etwa 500 deutsche Softwarenhäuser gibt, im normalen Handel nicht zu erwerben. Der Industrieofenbau ist deshalb auf Eigenprogrammierung oder auf spezielle Firmen zum Teil auf Hochschulinstitute angewiesen. Dabei kann man nicht sagen, daß bezogen auf EDV „an den Hochschulen und Universitäten die Uhren still stehen" (lt. VDI-Nachrichten Nr. 15/1985), denn in der Zusammenarbeit mit einem Institut einer TH stehen dem Industrieofenbau seit Jahren zahlreiche Rechenprogramme zur Verfügung. Innerhalb der FOGI (Forschungsgemeinschaft Industrieofenbau e.V.) kann man auf folgende Programme für Kleinrechner zurückgreifen:

001 Unsymmetrische instationäre Wärmeleitung in einer Platte
002 Symmetrische instationäre Wärmeleitung in einer Platte
003 Instationäre Wärmeleitung in einer mehrschichtigen Wand
004 Stationäre Wärmeleitung in einer mehrschichtigen Wand
005 Emissionsgrad CO_2- und H_2O-haltiger Gase
006 Wärmetechnische Stoffwerte von Gasgemischen
007 Organisationsprogramm: Stoffwertedatei feuerfester Baustoffe
008 Verbrennungsrechnung für gasförmige Brennstoffe
009 Verbrennungsrechnung für Heizöle
010 Gesamtstrahlungsaustauschfaktoren in Ofenräumen
011 Rekuperatorberechnung
012 Instationäre Wärmeleitung in einem Zylinder
013 Instationäre Wärmeleitung im mehrschichtigen Hohlzylinder
014 Stationäre Wärmeleitung im Hohlzylinder
015 Druckverlust in Schüttungen

016 Wärmeübergang in durchströmten Haufwerken
017 Organisationsprogramm: Stoffwertedatei Metalle
018 Näherungsrechnung für Stoffwerte von unlegierten Stählen
019 Wärmeofenmodell für symmetrisch beheiztes, plattenförmiges Gut
020 Wärmofenmodell für einen längsbeheizten Einzelzylinder
021 Isothermes Aufheizen oder Kühlen einfacher Körper
022 Ofenaufheizung mit konstanter Leistung
023 Ofenraumtemperatur am Thermoelement (Ofenraummodell)
024 Austauschbarkeit von gasförmigen Brennstoffen
025 Banddurchlaufofenmodell
026 Instationäre Diffusion in Stählen
027 Organisationsprogramm: Stoffwertedatei Gase
028 Konvektiver Wärmeübergang bei erzwungener Strömung
029 Konvektiver Wärmeübergang bei freier Strömung
030 Instationäre Regeneratorberechnung
031 Instationäre zweidimensionale Wärmeleitung
032 Stationäre zweidimensionale Wärmeleitung

11.1.2. CAD- und CAM-Anwendung

Obwohl Hersteller von Systemen für das computerunterstützte Konstruieren und Fertigen durchaus ordentliche Umsatz-Zuwachsraten erzielen, haben sie Probleme ganz eigener Art. Sie kämpfen gegen hohe Vertriebskosten an, weil sie ihre eigenen Abnehmer praktisch erst einmal ausbilden müssen. Fachwissen um den Komplex CAD/CAM ist hierzulande nämlich nur spärlich anzutreffen. Auch an den Universitäten, Technischen Hochschulen und Fachhochschulen erfährt man in der Regel immer noch viel zu wenig über CAD/CAM. Es gibt aber seit einiger Zeit ein Förderprogramm des Bonner Forschungsministeriums und das wird mit Sicherheit dazu beitragen, daß diese Systeme in immer größerem Umfang eingesetzt werden.

11.1.2.1. Wann lohnt sich der Einsatz von CAD-CAM?

Die Hersteller von INDUSTRIEOFENANLAGEN stehen wie viele andere Unternehmen in einem harten Wettbewerb der Ideen und Preise. B. Klein [223] hat sich mit den grundsätzlichen Problemen beim Einsatz von CAD-CAM für die Branchen „Maschinenbau, Elektrotechnik, Anlagen-, Fahrzeug- und Stahlbau" befaßt, was man auch auf den Industrieofenbau übertragen kann. In seiner Studie führt er dazu folgendes aus:

Eine lukrative Existenz ist meist nur dem Marktführer möglich, weshalb man sich darauf konzentrieren muß, in immer kürzeren Zyklen hochwertigere Produktinnovationen verfügbar zu haben. Da in der Regel hierfür aber unbegrenzte Ressourcen notwendig sind, besteht die unternehmerische Aufgabe im Austarieren von Anspruch und Möglichkeiten. Bei solchen Gegebenheiten sucht man dann oft neue Lösungen für die administrativen Bereiche. Der Einstieg in die breite Rechneranwendung (CAD-CAM) zeigt dann auch in der Tat neue Perspektiven. Da damit erhebliche Investitionen verbunden sind, bietet nur eine sorgfältige Vorbereitung die Gewähr für den langfristigen Erfolg. Auf der Basis des betrieblichen Anforderungsprofils wird deshalb der Frage nachgegangen, ob auch die Wirtschaftlichkeit der anstehenden Entscheidungen gegeben ist.

1. Die heutige Situation

Infolge des weltweiten Strukturwandels hat sich die wirtschaftliche Situation grundlegend

11. Computereinsatz im Industrieofenbau

verändert. Die Märkte sind allgemein enger geworden. Viele Unternehmen mußten sich deshalb umstellen. War man vorher gewohnt, auf einem Käufermarkt nur anzubieten, so muß man heute auf einem Verkäufermarkt agieren. Langfristig behaupten können sich dabei aber nur Unternehmen mit einer gesunden Substanz an erforderlichen Produktionsfaktoren.

Vielfach haben sich deshalb die Unternehmen anders ausgerichtet und die betrieblichen Funktionen Technik und Vertrieb in den Vordergrund ihrer zukünftigen Ausprägung gestellt. Die damit verbundene Zuwendung zum Markt hat natürlich zur Konsequenz, eine aktive Rolle im Marktgeschehen spielen zu wollen. Zielsetzung ist somit meist die Produktführerschaft der speziellen Branche zu übernehmen.

In der Regel sind mit diesem Vorhaben extreme Anstrengungen in Forschung, Entwicklung und Konstruktion verbunden. Die Produktführerschaft setzt nämlich einmal eine umfassende technische Dienstleistung für die Kunden voraus und bedarf zum anderen der stetigen Produkt- und Verfahrensinnovation. Da hierfür nicht unbegrenzte Mittel eingesetzt werden können, gilt es auch, Entwicklung und Konstruktion (E und K) intelligent zu rationalisieren. Ein neuer Ansatzpunkt hierfür stellt in jüngster Zeit die Rechneranwendung in Konstruktion und Fertigung dar.

2. Zum Stand der Rechneranwendung

Neben der kommerziellen EDV hat mittlerweile die technische Rechneranwendung in vielen Bereichen ihre Berechtigung bewiesen. Umfangreiche mathematische Berechnungen in der Statik und Dynamik sind heute ohne leistungsfähige Rechner gar nicht mehr durchführbar. Seit etwa 1977 gibt es in der Bundesrepublik Deutschland erweiterte Bestrebungen, die Rechneranwendungen auch auf das Konstruieren auszudehnen. Diese 1. Epoche war auf der Hardwareseite durch sog. 16-bit-Rechner und eine unintelligente Peripherie bzw. auf der Softwareseite durch eine einfache 2D-Graphic oder allenfalls ein erweitertes 3D-Drahtmodell gekennzeichnet. Hierauf aufbauend, ist seit 2–3 Jahren die 2. technologische Epoche der Rechneranwendung mit 32-bit-Rechnern, intelligenten Terminals und leistungsfähiger 2D- und 3D-Graphicsoftware nach dem Volumenmodell angebrochen. Erst damit ist ein Stand erreicht, der nach dem Experimentierstadium die industrielle Anwendung wirtschaftlich rechtfertigen läßt. Grundsätzlich kann aber für die Zukunft eine teils stürmische Weiterentwicklung prognostiziert werden, wo man sicherlich nicht länger als 3 Jahre planen kann und sich auch dieser Kurzfristigkeit bewußt sein muß.

3. Begriffliche Abgrenzung

Aufgrund der in letzter Zeit erfolgten positiven Entwicklung in den Grundvoraussetzungen der Rechneranwendung hat sich das Betätigungsfeld zunehmend erweitert. Während das Haupteinsatzgebiet früher in der technischen Numerik lag, hat sich der Schwerpunkt heute auf die Computer-Graphic verlagert. Derzeit zeichnen sich 2 Felder des effizienten Einsatzes ab, und zwar im E-und-K-Bereich und der Fertigungsplanung einschließlich der Werkzeugkonstruktion. Mit dem zukünftigen Einzug der Roboter (Computer Aided Roboting) und Handhabungsautomaten in die Fabriken wird die Computerisierung der Arbeitswelt letztlich perfekt sein.

Im Sinne der Abgrenzung der häufig benutzten Begriffe soll im weiteren einmal definiert werden, was in bezug auf die Rechneranwendung unter den Akronymen (s. Bild 638) zu verstehen ist:

11. Computereinsatz im Industrieofenbau

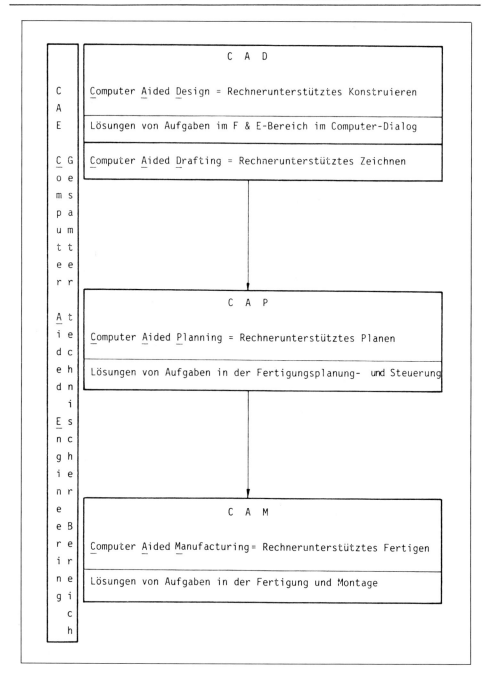

Bild 638: Zur Definition der Akronyme (der aus den Anfangsbuchstaben mehrerer Wörter gebideten Ausdrücke)

- Am breitesten wird heute wohl der Ausdruck CAD benutzt. Im engeren Sinne steht dies als Synonym für die gesamte Rechneranwendung im E- und K-Bereich. Hierunter ist zusammenzufassen das Berechnen, die Kapazitätsplanung, die Angebotserstellung und die Konstruktion mittels EDVA. Für das reine rechnerunterstützte Zeichnen durch Bedienung von Graphic-Programmen ist dagegen neuerdings der Ausdruck CA-Drafting geprägt worden.
- Ein weiteres großes Gebiet wird durch das Computer Aided Planing abgedeckt. Anwendungsfeld des sog. rechnerunterstützten Planens (CAP) sind in erster Linie fertigungsvorbereitende Stellen, wie die Fertigungsplanung und -steuerung. Hier geht es um die wirtschaftlichste Herstellung von Einzelteilen und die sinnvollste Maschinenbelegung unter vielfältigen Randbedingungen.
- Der Rechnereinzug in die Fertigung wird durch das Computer Aided Manufacturing eingeleitet. Sinngemäß bezeichnet CAM alle Maßnahmen zur Herstellung der Fertigungswerkzeuge (CN-Steuerlochstreifen) und des eigentlichen Fertigungsprozesses (EXAPT, APL-APT).

Als übergeordneten Begriff für die gesamte technische Rechneranwendung hat sich mittlerweile auch Computer Aided Engineering eingebürgert. Danach umschließt CAE die gesamte Rechneranwendung im technisch-administrativen Bereich und beinhaltet alle Ingenieuraufgaben des Entwicklungsprozesses einschließlich aller der Fertigung vorgelagerten Funktionen. Das Endstadium wird wohl das Computer Integrated Manufacturing (CIM) sein, das den voll rechnerintegrierten Betrieb zum Ziel hat.

4. Anwendungsbereiche von CAD-CAM

Nach neueren statistischen Erhebungen in Deutschland stehen ca. 50 % der betriebsbereiten CAD-CAM-Installationen in Unternehmen des Maschinenbaus, während die restlichen 50 % sich sehr unterschiedlich verteilen auf die Branchen Anlagenbau, Elektrotechnik, Fahrzeugbau und Stahlbau. Hierin spiegeln sich indirekt das Dilemma dieses Wirtschaftszweiges wieder, der naturgemäß sehr exportorientiert ist und hartem Wettbewerb ausgesetzt ist. In der Regel führen nämlich nur 5—10 % aller Angebote zu Aufträgen mit unterschiedlichen Renditen, da bei dieser klassischen Fertigung die Löhne und die Materialkosten dominieren. Insofern liegt das besondere Interesse dieses Wirtschaftszweiges in der Erhaltung ihrer Wettbewerbsfähigkeit über eine Effizienz- und Qualitätssteigerung.

Da weiterhin ca. 90 % der Produktkosten durch die Entwicklung und Konstruktion (ca. 70 %) sowie der Fertigungsplanung (ca. 20 %) festgelegt werden, besteht über diese beiden Bereiche auch die wirksamste Einflußmöglichkeit auf die Herstellkosten. Zielsetzung der Rechneranwendung in diesen Bereichen ist dann in der Regel auch nicht, dort Personal einzusparen, sondern durch ein hochwertiges Werkzeug Sorge zu tragen für:

- eine sprunghafte Erhöhung der Produktivität durch schematisierte Angebotserstellung, Kapazitätserweiterung, Entwicklungsstunden — Reduzierung je Auftrag, Organisations- und Informationsverbesserung, vereinfachtes Änderungswesen, höherer Standardisierungsgrad, Fehlerminimierung und verkürzte Durchlaufzeiten;
- eine Reduzierung der Vorlaufzeit für Innovationen durch verkürzte Entwicklungszeiten, flexiblere Planung und moderne Software;

11. Computereinsatz im Industrieofenbau

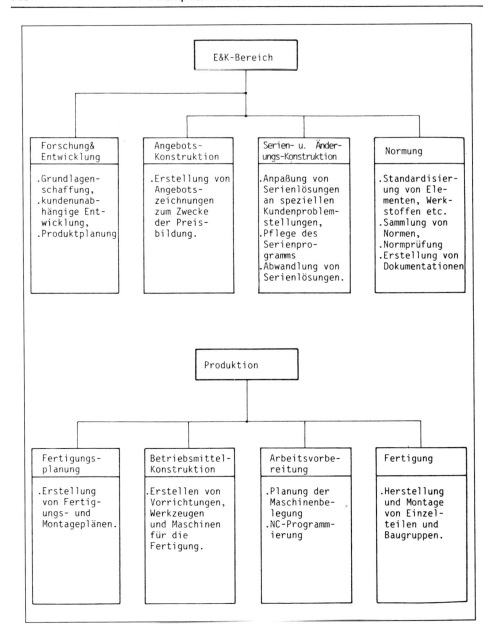

Bild 639: Struktur und Aufgaben der technischen Fachabteilungen in einem Unternehmen

— eine Erhöhung der Zeichnungsqualität durch Fehlerfreiheit, Sauberkeit und Genauigkeit, beliebige Reproduzierbarkeit, Normdarstellungen und Mikroverfilmbarkeit;
— eine vertiefte Produktoptimierung durch breitere Lösungssuche, Ausarbeitung mehrerer Lösungsalternativen und Anwendung von Optimierungssoftware;
— eine verbesserte Fertigungsplanung durch fertigungsgerechtere Konstruktionen, einheitlichere Planungsdaten, automatisierte NC-Daten-Aufbereitung, Engpaßsteuerung und kürzere Durchlaufzeiten;
— eine höhere Mitarbeitermotivation durch Entlastung von Routinetätigkeiten, Aus- und Weiterbildung in Zukunftstechnologie, erweitertes Betätigungsfeld, stärkere Identifikation mit der fortschrittlichen Firma und ein positives Firmenimage.

5. Einsatzmöglichkeiten von CAD-CAM

Wie erwähnt, ist das Haupteinsatzgebiet von CAD-CAM im Entwicklungs- und Konstruktionsbereich sowie in verschiedenen Zweigen der Produktion zu sehen. Die in Bild 639 aufgelisteten Fachabteilungen stellen in fast jedem Unternehmen einen Engpaß dar, weil hier die eingesetzte menschliche Arbeitskraft oft der zeitbestimmende Faktor ist. Alle Rationalisierungsbestrebungen haben somit der organisatorischen, fachlichen und leistungsmäßigen Effizienzsteigerung zu dienen; weshalb die CAD-CAM-Technologie auch immer gezielt dort anzusetzen ist, wo sie hohen Nutzen verspricht. Bezogen auf die CAD-Anwendung sind das dann sicherlich im E- und K-Bereich in erster Linie die dem Tagesgeschäft unterworfenen Abteilungen, wie Angebots-, Serien- und Änderungs-Konstruktion und die Normung. Im Produktionsbereich entspricht dies den umsetzenden Bereichen, und zwar der Fertigungsplanung, der Betriebsmittel-Konstruktion und der Arbeitsvorbereitung.

Eine Analyse des heutigen Rechnereinsatzes (s. Bild 640) hat dort ergeben, daß ca. 60 % Nutzungsanteil in E und K für schwierige Berechnungen, Diagrammerstellung im Vordergrund steht. Zukünftig werden sich diese Inhalte aber zu einer höheren Komplexität hin verändern.

5.1. CAD in E und K

Zur Wegbereitung des rechnerunterstützten Konstruierens haben vor allem die vielfältigen Bemühungen der Konstruktionsmethodik beigetragen, die zu einer Systematisierung des Konstruierens geführt haben. Wurde Konstruieren vorher als rein intuitiver Prozeß verstanden, so ist das moderne Konstruieren heute bestimmt durch Regeln und Methoden. Danach hat man als besondere Struktur die gegliederten Konstruktionsphasen Funktionsfindung (Planen), Prinziperarbeitung (Konstruieren), Gestaltung (Entwerfen) und Detaillierung (Ausarbeiten) herauskristallisiert und für jede spezielle Algorithmen entwickelt. Die in der Praxis auftretenden Konstruktionsarten, wie Neukonstruktion, Anpassungskonstruktion, Variantenkonstruktion und Prinzipkonstruktion sind somit durch eine unterschiedliche Ausprägung der in der Tiefe anzuwendenden Konstruktionsphasen gekennzeichnet.

In der Neukonstruktion, wo die Suche nach grundsätzlich neuen Lösungsprinzipien im Vordergrund steht, ist natürlich das Kreative besonders wichtig. Insofern wird hier auch der geschulte Konstrukteur durch nichts zu ersetzen sein. Der Grad einer möglichen CAD-Unterstützung wird darum nur auf Teilaspekte (Know-how-Software, Informieren) beschränkt bleiben.

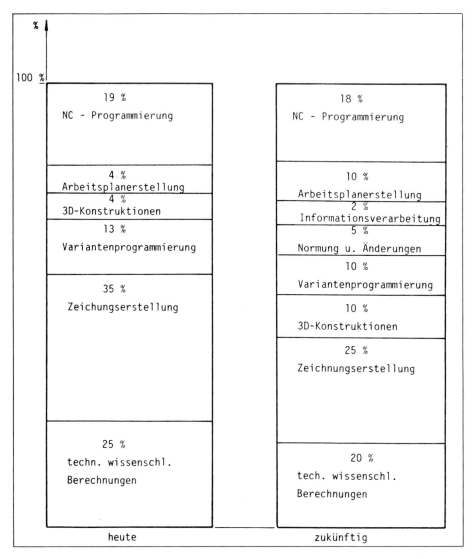

Bild 640: Einsatzspektrum von CAD-CAM

Eine breite Anwendung ist dagegen bei den anderen 3 Konstruktionsarten gegeben. In der Anpassungskonstruktion, bei der ein bekanntes Lösungsprinzip an jeweils veränderte Aufgabenstellungen angepaßt wird, dominiert neben der Erfahrung der Systematik. Übertragbar ist deshalb meist schon die Konstruktion sowie der weitergehende Formalismus des Detaillierens, der Zeichnungs- und Stücklistenerstellung. Einen noch höheren Einsatzgrad weisen die Varianten- und die Prinzipkonstruktion auf. Merkmal der Variantenkonstruktion ist ein Variieren einer vorhandenen Lösung nach Größe bzw. Anordnung, wobei jeweils die Phasen Gestalten und Detaillieren durchlaufen werden müssen.

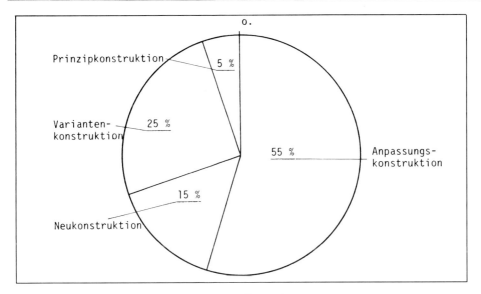

Bild 641: Verteilung der Konstruktionstätigkeiten

Der höchste Durchdringungsgrad wird aber bei der Prinzipkonstruktion erreicht. Bei festliegender Lösung wird hier nur die Dimension der Aufgabenstellung angepaßt. Die Konstruktionszeichnungen sind dagegen immer neu zu erstellen.

Da aus VDMA-Untersuchungen im klassischen Maschinenbau in etwa die Verteilung der Konstruktionsarten bekannt ist, läßt sich so auch die Wertigkeit von CAD abschätzen. Bild Bild 641 sind auf Erfahrung des Verfassers beruhende Prozentsätze für die Konstruktionsarten angegeben. Bestätigt ist damit auch der im allgemeinen geringe Anteil von absoluten Neukonstruktionen, so daß ein wirtschaftlicher Einsatz von CAD wegen der Komplexität und der Häufigkeit meist nicht gegeben ist. Für den volumenmäßig größten Anteil der Konstruktionsarten ist dagegen der CAD-Einsatz eine lohnende Sache.

5.2. CAM in der Produktion

Wie zuvor dargestellt, werden auf der Basis der CAM-Definition jeweils die Fachabteilungen Fertigungsplanung, Arbeitsvorbereitung und Betriebsmittelkonstruktion als prädestinierte Anwendungsfelder eines erweiterten Rechnereinsatzes angeführt. Die Realität zeigt aber, daß hier auch ein Anwendungsfeld für CAD gegeben ist. Zu der normalen Aufgabenstellung der Fertigungsplanung gehört nämlich neben der Steuerung (Mengen, Termine) auch die Planung der Fertigungsprozesse. Hierzu sind Fertigungspläne und Maschinengruppen-Layouts als Graphiken zu erstellen. Ebenso fallen in der Betriebsmittelkonstruktion nach Art und Umfang gleiche Probleme an, wie im E- und K-Bereich. Oftmals ist hier der Rationalisierungseffekt durch CAD sogar noch größer, denn die Werkzeuge, Vorrichtungen und Montageeinheiten sind meist komplizierter als das herzustellende Produkt selbst.

Nach verschiedenen Studien in der Metallindustrie kann durch den CAD-CAM-Verbund die Betriebsmittel-Konstruktion sogar noch früher in die Produktkonstruktion eingebunden werden, um unter Ausnutzung der bestehenden Maschinen und Anlagen ine poten-

712 11. Computereinsatz im Industrieofenbau

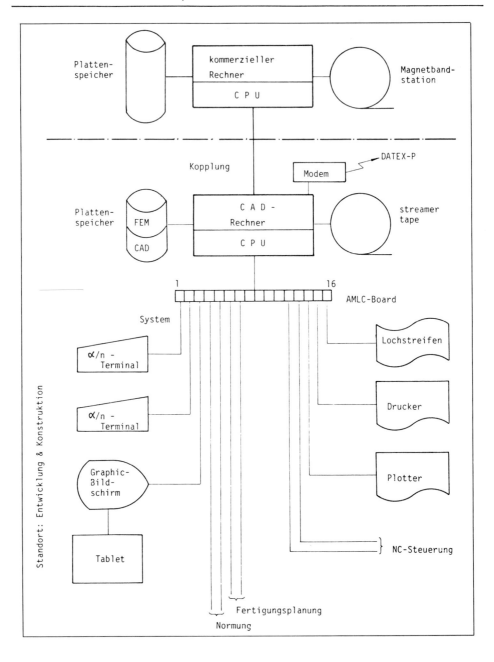

Bild 642: Aufbau eines CAD-CAM-Rechenzentrums

tialgerechtere Konstruktion zu verwirklichen. Ein weiterer Vorteil ist natürlich der, daß die Zeichnungsinformationen des Produktes als Matrize gleichsam als Patrize des Werkzeuges übernommen werden können. Des weiteren können alle Maschinenanschlüsse als Schablone abgespeichert werden, um später nur bildtechnisch mit dem Produktnegativ montiert zu werden.

Ebenso eng kann die Verzahnung mit der Arbeitsvorbereitung (NC-Programmierung) hergestellt werden, welche die Zeichnungsinhalte jetzt noch erweitern kann um Know-how-Daten und Steuerinformationen für den eigentlichen Herstellprozeß. Zielsetzung des CAM muß letztlich die computerintegrierte Produktion als solche sein, weil nur durch eine durchgängige Lösung von der Entwicklung bis zur Herstellung die Vorteilhaftigkeit dieser Technologie wettbewerbsentscheidend genutzt werden kann.

```
Investitionswerte

(a)  . Quelle CAD-Software
         (Binär Code ca. 50 %)
       .. 2 D-Algorithmus                            DM  50.000 - 100.000
       .. 2 D/ 3 D-Algorithmus                       DM         - 250.000
       .. Quelle FEM-Software                        DM  75.000 - 350.000
     . Planungssoftware                              DM  30.000

(b)  . Hardware
       .. Minirechner für 1-2 CAD-Arbeitsplätze      DM 130.000
                        für 2-4 CAD-Arbeitsplätze    DM 200.000
       .. Bandstation                                DM  10.000 -  40.000
       .. Plattenlaufwerke          80 MB            DM  30.000
                                   300 MB            DM  50.000
       .. System-Terminal                            DM   4.000
       .. alphanumerische Terminals                  DM   2.000
       .. Graphics-Bildschirme                       DM  25.000 -  75.000
       .. Tablet                                     DM   8.000
       .. Lochstreifen-Leser/ Stanzer                DM  12.000
       .. Drucker                                    DM  10.000 -  70.000
       .. DIN A 0-Plotter                            DM 100.000 - 150.000
       .. Hardcopy                                   DM  30.000

(c)  . Baumaßnahmen für Klimatisierung               DM  40.000

(d)  . laufende Kosten
       .. Wartung im Jahr                            DM 100.000
       .. Verbräuche                                 DM  20.000
```

Bild 643: Investitionswerte für eine CAD-Analyse

6. Wirtschaftlichkeitsbetrachtung

Nachdem zuvor umrissen wurde, in welchen Bereichen und mit welchen Aufgabenstellungen CAD-CAM prinzipiell eingestzt werden kann, sollen nun Hinweise zu einer Wirtschaftlichkeitsbetrachtung gegeben werden.

Vor der eigentlichen betriebswirtschaftlichen Betrachtungsweise ist zunächst der Umfang des Einstiegs festzulegen, da dadurch die Höhe der Investitionen bestimmt wird. Üblicherweise macht man dazu einen Konfigurationsplan für den Rechner mit seiner Peripherie und berücksichtigt darin gegebenenfalls auch unterschiedliche Aufbaustufen. In Bild 642 ist das Beispiel eines solchen Konfigurationsplans gezeigt. Es ist natürlich trivial, anzumerken, daß mit höherem Verdichtungsgrad auch das Investitionsvolumen exakter erfaßt werden kann. Will man sich in der Planungsphase vielfältige Herstelleranfragen ersparen, so darf man für eine erste Übersicht ruhig mit Richtwerten für die erforderlichen Investitionen rechnen. Hierfür sind in Bild 643 einige Angaben gemacht. Für die weitere Modellrechnung soll aber als gesamte Investition für Soft- und Hardware eine Summe von 1 Mio DM zugrundegelegt werden.

Als Problem der Bewertung wird bei dieser Überlegung die Nutzungsdauer auftreten, und zwar in erster Linie für die gesamte Hardware. Es ist bekannt, daß die gesamten Elektronik-Bauteile rasanten Innovationszeiten unterliegen. Bereits heute läßt sich feststellen, daß alle 3 Jahre die Rechnergeneration abgelöst wird und die Bildschirmtechnologie gerade derzeit hinsichtlich einer größeren rechnerunabhängigen Intelligenz einem Sprung unterliegt. Für eine Einstiegsplanung sollte man aber ruhig eine größere Nutzungsdauer veranschlagen, da man im Mittel ja nicht auf der ganzen Breite immer mitmodernisiert. In diesem Sinne sind wohl 5 Jahre ein angemessener Zeitraum.

	Investitionen	Beträge in TDM	Bemerkungen
1.	Planungskosten	50	
2.	Hard- und Software	1.000	Restwert nach 5 Jahren 200 TDM
3.	Umbaukosten	40	
4.	Anlaufkosten	50	
5.	Hardware-Investitionen	1.140	
6.	Wartung, Versicherung	100	Ansatz 10%/J.
7.	Abschreibung	228	5 Jahre, linear
8.	Kapitalverzinsung	69,6	10% über 5 jahre bei 1/2 Kapitalbin.
9.	Σ 6 - 8	397,6	
10.	Lohn, CAD-Personal	176	2 MA f. 3 CAD-AP
11.	sonst. Verbrauche	6,4	
12.	Σ 9 - 11	580	

Bild 644: Investitionen und Fixkosten einer CAD-Minimalinvestition

11. Computereinsatz im Industrieofenbau

Das betriebswirtschaftliche Schema einer derartigen Investitionsrechnung ist in Bild 644 dargestellt. An Aufwand ist dazu in der Regel vom Unternehmen zu erbringen die Kosten für die Planung dieses Vorhabens, die sich aus Gehältern, Reisekosten, Beratungen usw. zusammensetzen, die eigentliche Beschaffung von Soft- und Hardware, die Umbaukosten für den Rechnerstandort mit der Installation einer Klimatisierung sowie die Verlegung der erforderlichen Leitungen und zusätzlich die Anlaufkosten der 1. Phase, die sich aus Schulung und Verluste an effizienter Arbeitszeit während der Lernphase ergeben.

Neben diesem einmaligen Aufwand erfordert der dauernde Betrieb natürlich noch laufende Kosten, die in der Hauptsache bestehen aus Wartung, Versicherungen und Lizenzen, Abschreibung für Wiederbeschaffung, dynamische Kapitalverzinsung sowie zusätzliche Gehälter für spezialisiertes CAD-Personal und vermehrte Verbräuche (Druckpapier, Plotterstifte, Magnetbänder usw.) für diese Technologie.

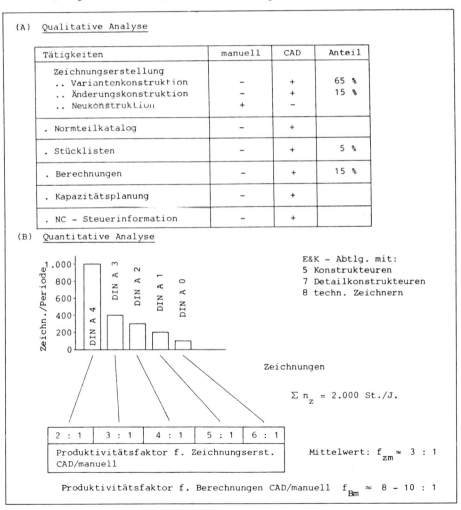

Bild 645: Analyse der EK-Tätigkeiten im Hinblick auf CAD-Einsatz

11. Computereinsatz im Industrieofenbau

Einen Anreiz zur Erbringung dieses Aufwandes besteht im allgemeinen für ein Unternehmen aber nur, wenn dem ein entsprechender Erlös oder eine Kostenreduzierung im Vergleich zum bisherigen Aufwand gegenüberstehen. In der Aufzeigung der gegebenen Wirtschaftlichkeit besteht aber anfänglich die größte Unsicherheit in der Vorbereitung für eine CAD-Entscheidung. Wie dieses Problem in einem Unternehmen der Metallindustrie angegangen wurde, soll nachfolgend kurz erläutert werden. Dazu wurde von der E- und K-Leitung über einen längeren, nachvollziehbaren Zeitraum eine sog. qualitative und quantitative Analyse (Bild 645) der Tätigkeiten in diesem Bereich durchgeführt. Inhalt der qualitativen Analyse war eine Momentaufnahme der verbrauchten Zeitanteile und die Aufzeichnung der erstellten Zeichnungen in der Periode. Aus einer Diskussion mit erfahrenen CAD-Programmierern wurden dann daraus Produktivitätsfaktoren CAD zu manuell für die Zeichnungserstellung $f_{zm} \approx 3:1$ und für die Berechnung $f_{Bm} \approx 10:1$ gebildet. Diese Werte sind Schätzwerte und naturgemäß anfänglich noch etwas grob. Um diese Werte in Beziehung setzen zu können, muß jetzt eine Faktoranalyse der Ressourcen vorgenommen werden. Am einfachsten ist dies, wenn man die gewonnenen CAD-Stunden in Geld entsprechend umrechnet (Bild 646).

Danach besteht folgende Relation:

— der Wert der gewonnenen CAD-Stunden beträgt 694 950 DM/Jahr; dies entspricht der Produktivität von 8,3 Mitarbeitern;

```
c)  Faktoranalyse

    .  E & K
       5 Konstrukteure          ⎤
       7 Detailkonstrukteure    ⎬ = 20 produktive Mitarbeiter
       8 techn. Zeichner        ⎦

       Mischstundensatz Ø 50 DM/h

    .  verfügbare manuelle Konstruktionsstunden
       20 MA · 160 h/Mon. · 10,5 Mon. = 33.600 h/Jahr
       33.600 h/J · 50 DM/h           = 1.680 TDM/Jahr

    .  CAD - Anlage
       Betriebsstunden - Wartung - Ausfall = 1.650 h/Jahr

    .  CAD - Arbeitsplätze
       1 Entwicklungsarbeitsplatz  = 1.650 h · 0,8 · 0,6 =   792 h/Jahr
       2 CAD - Arbeitsplätze       = 2 · 1.650 h · 0,8   = 2.640 h/Jahr
       CAD - Stunden                                       3.432 h/Jahr

    .  äquivalente Konstruktionsstunden
       85 % Zeichnungserstellung  = 3.432 h/J · 0,85 · 3  = 8.751 h/Jahr
       15 % Berechnungserstellung = 3.432 h/J · 0,15 · 10 = 5.148 h/Jahr
       gewonnene Konstruktionsstunden                     =13.899 h/Jahr

    .  äquivalente Kosten
       13.899 h/Jahr · 50 DM/h = 694.950 DM/J
```

Bild 646: Annahmen für die Wirtschaftlichkeitsrechnung

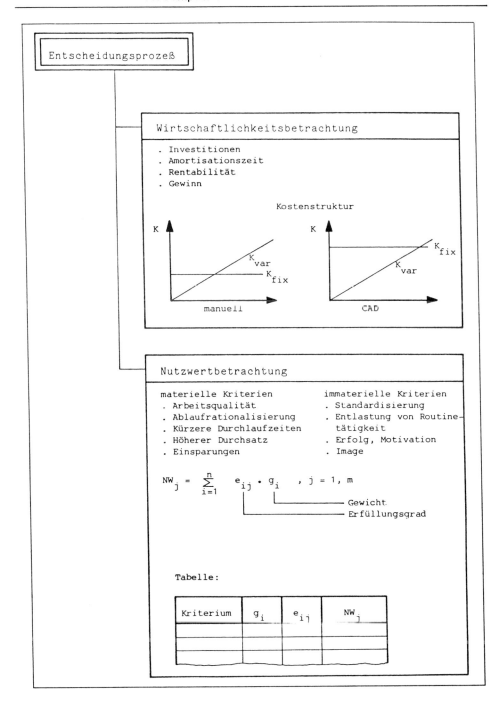

Bild 647: Zweiseitige Betrachtung im Rahmen eines Entscheidungsprozesses

— dem gegenüber steht der Aufwand von 580 000 DM/Jahr, so daß sich ein Rückfluß von 114 950 DM/Jahr aus der Investition ergeben.

Die Amortisationszeit der CAD-Anlage beträgt demzufolge:

$$A_t = \frac{\text{Kapitaleinsatz} - \text{Restwert}}{\text{Kostenersparnis} + \text{Afa}}$$

$$= \frac{1\,140\text{ TDM} - 200\text{ TDM}}{114{,}95\text{ TDM} + 228\text{ TDM}} = 2{,}7 \text{ Jahre}.$$

Die Rentabilität oder Kapitalverzinsung liegt dann bei

$$R_e = \frac{\text{Kostenersparnis} \times 100}{0{,}5 \cdot \text{Kapitaleinsatz} + \text{Restwert}}$$

$$= \frac{114{,}95\text{ TDM} \times 100}{570\text{ TDM} + 200\text{ TDM}} = 14{,}9\,\%.$$

Die Bewertung dieser Faktoren muß natürlich unternehmensindividuell erfolgen. Als Anhaltspunkt kann aber mitgeteilt werden, daß man in der Metallindustrie in der Regel Amortisationszeiten um 2 Jahre anstrebt und eine Kapitalverzinsung vor Steuern um 20 % anpeilt. Nicht außer acht gelassen werden darf dabei, daß in der Folge dieser Investition die Bereichskosten (Fixkosten) erheblich ansteigen und man automatisch auch eine höhere Produktivität nachweisen muß. Als der Wirtschaftlichkeitsbetrachtung (Bild 647) gleichwertig sollte man darum auch die Nutzwertbetrachtung mit ihren wirtschaftlich nicht eindeutig faßbaren Kriterien gegenüberstellen.

7. Systemauswahl

7.1. Betriebliches Anforderungsprofil

Die Systemauswahl muß sehr speziell für die Hard- und Software vorgenommen werden. Wegen der Vielschichtigkeit des Marktes bereitet dies Outsidern naturgemäß Schwierigkeiten, so daß im folgenden dazu auch nur globale Hinweise gegeben werden können.

Am Anfang ist es darum wichtig, sich über den Zeistrahl klar zu werden, denn nichts demotiviert mehr, als wenn man immer über CAD spricht, die Einführung aber laufend hinausgeschoben wird. Oftmals zeigt schon der Projektablaufplan (s. Bild 648) auf, daß vom Planungsbeginn bis zum letztlichen Systemeinsatz minimal ein Jahr vergehen wird. Unbedingt ratsam ist daher ein organisiertes Vorgehen und das Aufzeigen der erforderlichen Mittel. Ein gutes Planungsinstrument dafür ist eine Checkliste, in der alle erforderlichen Schritte von der Vorbereitung bis zur Durchführung aufgeführt werden. In Bild 649 ist eine solche Checkliste für ein CAD-Projekt gezeigt; sie beinhaltet die wesentlichen Tätigkeiten aller Phasen.

Der wichtigste Punkt überhaupt ist hierbei die Herausarbeitung des betrieblichen Anforderungsprofils zunächst für die einzusetzende Software und, hierauf aufbauend, dann für die Hardware.

11. Computereinsatz im Industrieofenbau

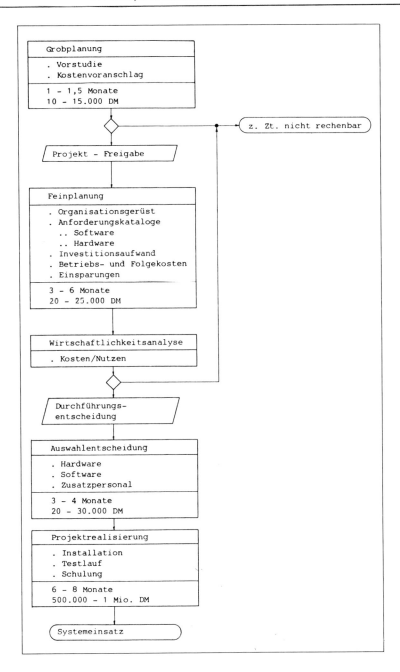

Bild 648: Projektplan für die CAD-Einführung

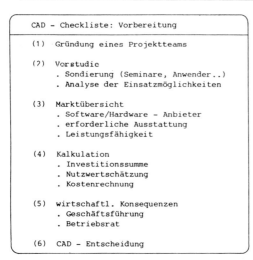
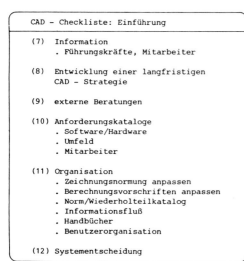
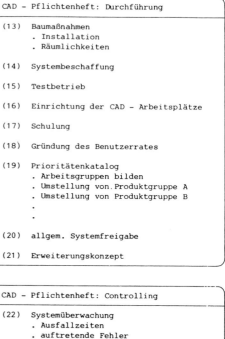
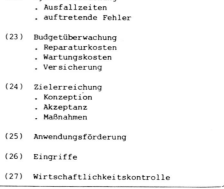

Bild 649: Planungsunterlagen für ein CAD-Projekt

Ein entscheidender Faktor für die Softwareauswahl ist das fertigungsspezifische Knowhow des Unternehmens. Liegt der Sonderfall nur einer Fertigungsart vor, so sollte man Ausschau halten nach einer zugeschnittenen Branchensoftware, die es heute schon für die verschiedensten Bearbeitungsverfahren (Ätzen, Erodieren usw.), spanlose Umformverfahren (Fließpressen, Fließfeinschneiden usw.), thermomechanische Formgebungsverfahren (Druckguß, Spritzguß usw.) oder Planung (Kapazitäts-/Termin-Netzplanung) gibt. In seltenen Ausnahmefällen ist es manchmal sogar rentabel, besondere Programmmodifikationen oder Programmentwicklungen machen zu lassen. Im Auge behalten muß man dabei die Kompatibilität zur noch weiter benutzten Software oder zum Rechner. Gegebenenfalls ist eine besondere Schnittstellennormierung (GKS/IGES) erforderlich, die den Anschluß von FEM oder EXAPT möglich macht.

Häufiger ist jedoch, daß ein Unternehmen eine vielseitige Fertigung besitzt. Man hat dann auf dem CAD-Markt die Auswahl zwischen mehreren konkurrierenden Softwareprodukten für die sog. mechanische Konstruktion. Eine Auswahl hieraus kann in der Regel nur ein qualifizierter Spezialist vornehmen. Merkmale, welche die Auswahl erleichtern, sind im Kriterienkatalog zusammengestellt.

Die angebotenen Graphikprogramme lassen sich strukturieren in 2-D-Systeme, 2 1/2-D-Systeme und 3-D-Systeme. Eine ebene 2-D-Darstellungsform gestattet nur eine rechnerinterne Bauteilverarbeitung entsprechend der Ansichtenverarbeitung nach DIN 6, während die 2 1/2-D-Darstellung noch über die Tiefenachse verfügt und damit für Konstantteile ein einfaches räumliches Modell aufbaut. Alle erforderlichen Informationen erhält man dagegen aus einem reinen 3-D-Modell, welches zudem eine reale Geometrieverarbeitung ermöglicht. Der Informationsgrad der 3-D-Modelle hängt aber sehr stark von der rechnerintern realisierten Geometriemodellierung ab. Die wenigsten Informationen erhält man aus kantenorientierten Modellen (Drahtmodellen), mehr Informationen aus flächenorientierten Modellen und alle geometrisch möglichen aus volumenorientierten Modellen. Insofern gehört den volumenorientierten Programmsystemen die Zukunft, da diese die automatische Erzeugung beliebiger Schnitte, die Darstellung von Verschneidungen und Durchdringungen von Körpern und bei CAM die Simulation einer Oberflächenbearbeitung ermöglichen. Von ebenso großer Wichtigkeit für die industrielle Anwendung ist ein praxisorientiertes Datenbank-Management des CAD-Systems, da ja die bisherige Organisation der technischen Abteilungen nachgebildet werden muß; d.h. es müssen sämtliche Zuordnungen herstellbar sein zwischen Entwicklungszeichnungsstände, Serienzeichnungen (Zusammenbau, Baugruppen, Einzelteile) mit Stücklisten und gegebenenfalls Arbeitsplänen. Darüber hinaus muß der Änderungsdienst (Index) verwaltet werden und auf die Normteildatei zurückgegriffen werden können. Manchmal ist auch das Ablegen der Stückliste auf dem kommerziellen Rechner notwendig, und zwar wenn Bedarfs- oder Lagerprogramme, wie RICS oder COPICS, automatisch gefahren werden. Wie diese wenigen Ausführungen noch einmal verdeutlichen sollen, ist die Softwareentscheidung stets eine sehr individuelle und spezielle Entscheidung.

7.2. Auslegung

In diesem Sinne muß auch die Hardware passen. Falls kein Turnkey-System (d.h. schlüsselfertiges Soft- und Hardwaresystem) gewählt wird, sollte man für die Rechner- und Peripheriebeschaffung unbedingt der Empfehlung des Programmentwicklers folgen, da hiermit unter Umständen Restriktionen an die Leistungsfähigkeit oder Wartbarkeit der Software verknüpft sind. Wenn man allen Risiken aus dem Weg gehen will, sollte man sich bei der Hardwarebeschaffung anfänglich auf die wenigen großen CAD-Komponentenanbieter beschränken, da so ein reibungsloser Start gewährleistet ist.

Einer weiteren sorgfältigen Abklärung bedarf die Dimensionierung der CPU und der Platten, da meist bei Erstbeschaffungen zu eng ausgelegt wird. Als grobe Anhaltswerte können etwa genommen werden, daß für 2 CAD-Arbeitsplätze die CPU ca. 1 MB haben sollte und für weitere 2 Plätze der Kernspeicherbedarf zu verdoppeln ist. Für die Plattenkapazität gilt in etwa, daß im Schnitt das Betriebssystem des Rechners 10 MB, ein CAD-System ca. 20–30 MB und ein FEM-Programm ebenfalls 20–30 MB in Anspruch nimmt. Umfangreiche Dienstprogramme, wie Textverarbeitung, Normteilkataloge usw., werden in der Regel noch einmal bis zu 30 MB erforderlich machen, so daß mit einer Ablagemöglichkeit für Anwenderprogramme und Standarddatensätze minimal 150 MB schon vorhanden sein sollten.

Eine weitere Festlegung gilt es noch für die Graphikterminals zu treffen. Man unterscheidet hierbei die unterschiedlichen Darstellungstechnologien der Vektor-Refresh-Bildschirme, Speicher-Bildschirme, Speicher-Bildschirme mit Refresh-Buffer und Raster-Scan-Bildschirme, die jeweils für unterschiedliche Anwendungsfälle besonders geeignet sind. Für CAD-Arbeitsplätze haben sich die Speicherschirme mit Refresh-Buffer und die Raster-Scan-Bildschirme bewährt. Die Raster-Scan-Bildschirme (Low-cost-Geräte) arbeiten nachder Fernsehtechnik und sind beim Vollbildverfahren flimmerfrei, die Auflösung für Graphikanwendung sollte nicht kleiner als 1024 x 782˙Punkte sein. Ein vollwertiger CAD-Arbeitsplatz ist hinsichtlich Mobilität und Ergonomie noch komplettierbar um eine alphanumerische Eingabe und eine Funktionaleingabe (Graphik/Symbol).

7.3. Test

Da mit einer Beschaffung einer CAD-Ausrüstung die zuvor aufgezeigten hohen Investitionen verbunden sind, wird man sich in der Regel die Auswahlentscheidung bei der Software und den Hardwarekomponenten nicht leicht machen. Ratsam ist daher, daß man den Erfahrungsaustausch mit Anwendern sucht und die Demonstrationsmöglichkeiten der Anbieter nutzt. Wenn die Vorführungen dennoch nicht voll überzeugen, sollte man auf Testinstallationen drängen, zu denen die meisten Anbieter erfahrungsgemäß auch bereit sein werden. Das CAD-Team hat somit die Möglichkeit, seine Entscheidungen im Unternehmen bestätigt zu finden und eventuellen Akzeptanzproblemen sofort entgegenwirken zu können.

8. Einführung und Einsatz

So wie zuvor die Auswahl muß auch der Einführung und dem Einsatz eine klare Vorgehensstrategie zugrunde liegen. Nach der Installation wird man dabei unterschiedliche Phasen durchlaufen:

— In der **Vorlaufphase** werden die administrativen Tätigkeiten vorbereitet; hierzu gehören in erster Linie die Information, die Schulung, die Organisation und die Auswahl eines Pilotprojekts.

— In die **Beginnphase** fallen die ersten produktiven Schritte, wie der Aufbau der Menüs, das Erstellen besonderer Geometriemakros, EDV-gerechte Aufarbeitung des Know-hows, Anpassung der Ablauforganisation usw. Im allgemeinen ist diese mit einem Produktivitätsrückschritt verbunden.

— In der **Stabilisierungsphase** macht sich zunehmend die Lernkurve bemerkbar, die Akzeptanz und die Produktivität nehmen kontinuierlich wieder zu, bis man nach dieser Anlaufzeit . . .

— die **Erfolgsphase** erreicht. Die Produktivität hat sich meßbar erhöht, es erfolgt eine Ausdehnung des Rechnereinsatzes auf andere Produkte oder Problemstellungen, Engpässe wurden abgebaut, erste Ergebnisverbesserungen sind feststellbar.

9. Dezentrales CAD

Zu diesen firmenindividuellen Lösungen bieten in letzter Zeit verschiedene Software-Häuser als andere Alternative ein dezentrales CAD an. Hierbei können von Großrechenzentren technisch-wissenschaftliche Dienstleistungen (Computer Graphic, FEM, allgem. Berechnungsprogramme) gegen Abrechnung (verbrauchte CPU-Zeit, Beratung usw.) in Anspruch genommen werden.

Dies hat für den Erstnutzer dieser Technologie den Vorteil des Einstiegs ohne eigene Investitionen. Meist bieten diese Rechenzentren den Zugang in ihrem Haus an oder der Anwender kann über Datenfernübertragung die Leistungen an seinem Arbeitsplatz nutzen. Von Vorteil ist hier auch, daß dahinter ein leistungsfähiger Großrechner mit einer entsprechenden Peripherie steht und man jederzeit eine problemadäquate Beratung erhalten kann. Von Nachteil ist dabei natürlich, daß die Programme und Dienstleistungen sehr universell sind und man das eigene Know-how nicht einbringen kann. Oftmals sind auch die laufenden Kosten so hoch, daß es mittelfristig ratsam scheint, doch die eigene Lösung aufzubauen. Insgesamt ist jedoch die Idee, mit einer dezentralen CAD-Lösung zu beginnen, nicht schlecht, da man dabei ohne größeres Risiko die sich bietenden Möglichkeiten prüfen kann, um dann diese neue Arbeitsweise systematisch einführen zu können.

10. Zusammenfassung

Die EDV oder im speziellen die CAD-Technologie wird in den nächsten 10 Jahren die technischen Büros revolutionieren. In der Folge werden sich gänzlich neue Berufsbilder und besondere rechnerunterstütze Arbeitstechniken entwickeln. Viele Unternehmen beschäftigen sich deshalb heute schon mit den Chancen und Möglichkeiten des erweiterten Rechnereinsatzes in Entwicklung und Konstruktion sowie bereits mit durchgängigen Lösungen bis zum Produktionsarbeitsplatz. Vor dem eigentlichen Einsatz steht aber die sorgfältige Planung im Sinne der Entscheidungsvorbereitung. Zielsetzung des vorliegenden Beitrags ist darum auch, die Fakten offenzulegen, die letztlich zu einer richtigen Entscheidung führen. Vorbereitend wurde daher noch einmal das heutige Leistungsspektrum von CAD aufgezeigt und in die Zukunft geschaut. Um die Entscheidung auch betriebswirtschaftlich definierbar zu machen, wurde ein Amortisationsmodell vorgestellt und Argumentationshilfe für die Beschaffung gegeben. Und als letztes wurde der Wert der unternehmensindividuellen Lösung begründet und Kriterien für die Software- wie die Hardwareauswahl angegeben.

11.1.2.2. CAD-Systeme für Kleinbetriebe

Im vorigen Abschnitt war zu ersehen, daß man für eine leistungsfähige CAD/CAM-Anlage 0,5 bis 1 Millionen DM aufwenden muß, die sich im Regelfall nur ein Großbetrieb leisten kann. Es wurden deshalb vereinfachte Systeme entwickelt, die den Einsatz in Kleinbetrieben rechtfertigen und darüber hinaus bei CAD/CAM-Großanwendern die teueren Systeme, nach Meinung der Hersteller (z.B. IBM und Computervision GmbH), für wesentlich aufwendige Arbeiten freihalten.

11.1.2.3. Erste Erfolge mit CAD/CAM-Systemen im Industrieofenbau

Aus den VDI-Nachrichten Mai 85 ist zu ersehen, daß von 2 300 fertigungstechnischen Betrieben in der Bundesrepublik erst 2–3 % CAD/CAM-Systeme einsetzen. Bezogen auf den Industrieofenbau ist das prozentuale Verhältnis noch ungünstiger. Die beiden nachfolgenden Abschnitte zeigen aber, daß auch hier Ansätze vorhanden sind und bereits die ersten Erfolge erzielt wurden. Es handelt sich dabei einmal um einen führenden Industrieofen-Hersteller und zum anderen um einen weltbekannten Hersteller im Feuerfest- und Schornsteinbau, wobei bekannt ist, daß die feuerfesten Materialien zu den wichtigsten Ofenbaustoffen gehören.

11.1.2.3.1. CAD-Anwendung im Industrieofenbau

In einem CAD-Seminar im Frühjahr 1985 bei der IHK Köln schildert H. Wollgarten [224] die Einführung und den Einsatz eines CAD-Systems bei der Fa. Junker, Lammersdorf.

Die Firma JUNKER ist ein mittelständisches Unternehmen mit ca. 800 Beschäftigten und gliedert sich in zwei Geschäftszweige:

Industrieofen und Maschinenbau

    mit einer auftragsbezogenen Einzelfertigung von
    Schmelz-, Warmhalte- und Vergießöfen
    Anwärm-, Glüh- und Härteöfen
    Warmbehandlungsanlagen
    Ofenzubehör und Walzwerkshilfsmaschinen
    Gießereieinrichtungen

Edelstahlgießerei

    Für hochlegierten Stahlguß (hitzebeständig, korrosionsfest, verschleißfest und amagnetisch) nach verschiedenen Herstellverfahren (Handform-, Maschinenform-, Kernblock- und Formmaskenverfahren).

CAD-Einsatz

Wegen des großen Termindrucks im Konstruktionsbereich Ofenbau (Personal im Bereich der Konstruktion ca. 100 Mitarbeiter) und dem Zwang auch weiterhin mit neuen und verbesserten Produkten die Stellung am international enger werdenden Markt zu behaupten, wurden schon im Jahre 1980 Erkundigungen über die Möglichkeiten des Cad-Einsatzes eingeholt.

Nach einer Auswahlphase und Testinstallation konnte Anfang des Jahres 1983 mit vier Arbeitsplätzen gestartet werden. Bei der Auswahl des Systems hatte vor allem die Leistungsfähigkeit gemessen an den im Haus JUNKER zu erstellenden Unterlagen (auch mit Blick in die Zukunft — CIM war damals noch kein Schlagwort) und die Bedienerfreundlichkeit eine große Rolle gespielt.

Diese vier Arbeitsplätze sind in verschiedenen Bereichen eingesetzt:

Ofenbau fest
    Zeichnungen mit mittleren bis hohem Wiederholanteil und Variantenkonstruktion auf Baugruppenebene

Ofenbau flüssig
    Variantenkonstruktion mit der Möglichkeit der Kopplung zur technischen Berechnung

Planung
    Zeichnungen mit hohem Wiederholanteil mit häufiger Änderung sowie Schemazeichnungen für Kühlanlagen und Aufstellung.

Elektrotechnik
    Erstellung von normalen Relaissteuerungen mit der Möglichkeit hieraus automatisch Listenauswertungen zu fahren.

Die hardwaremäßige Konfiguration zeigt Bild 650.

Nun ist die Auswahl eines CAD-Systems eine Sache, der Einsatz in einem speziellen Unternehmen eine andere. Jedes Fertigungsunternehmen hat sein eigenes Know How das in das System einfließen muß. Dies gilt nicht nur für den Bereich der Konstruktion, weshalb bei der Softwareauswahl auf weitgehende Offenheit des Systems Wert gelegt

11. Computereinsatz im Industrieofenbau

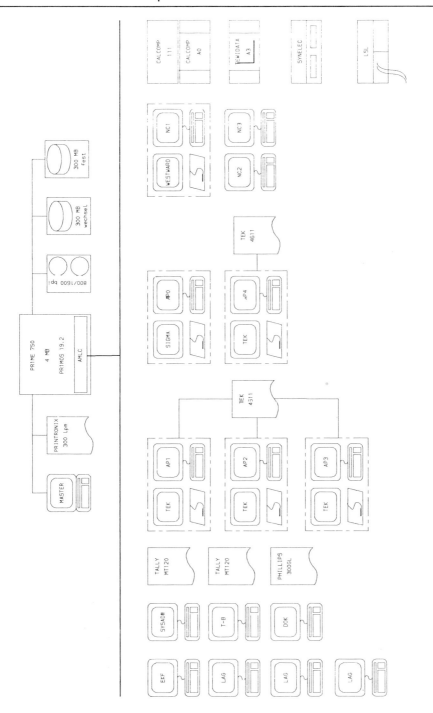

Bild 650

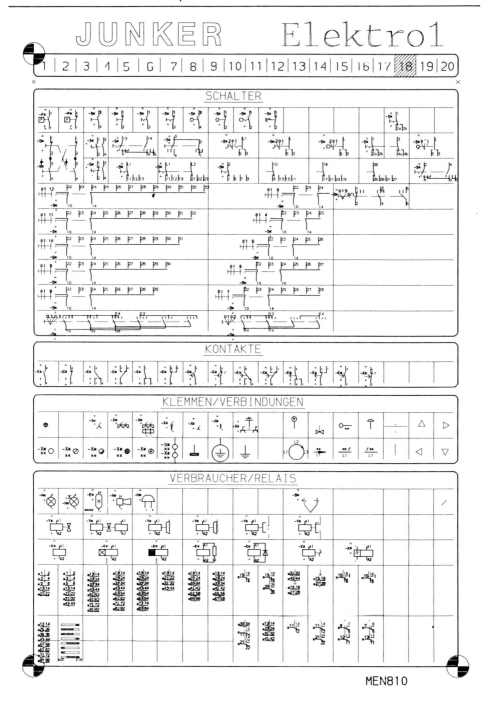

Bild 651

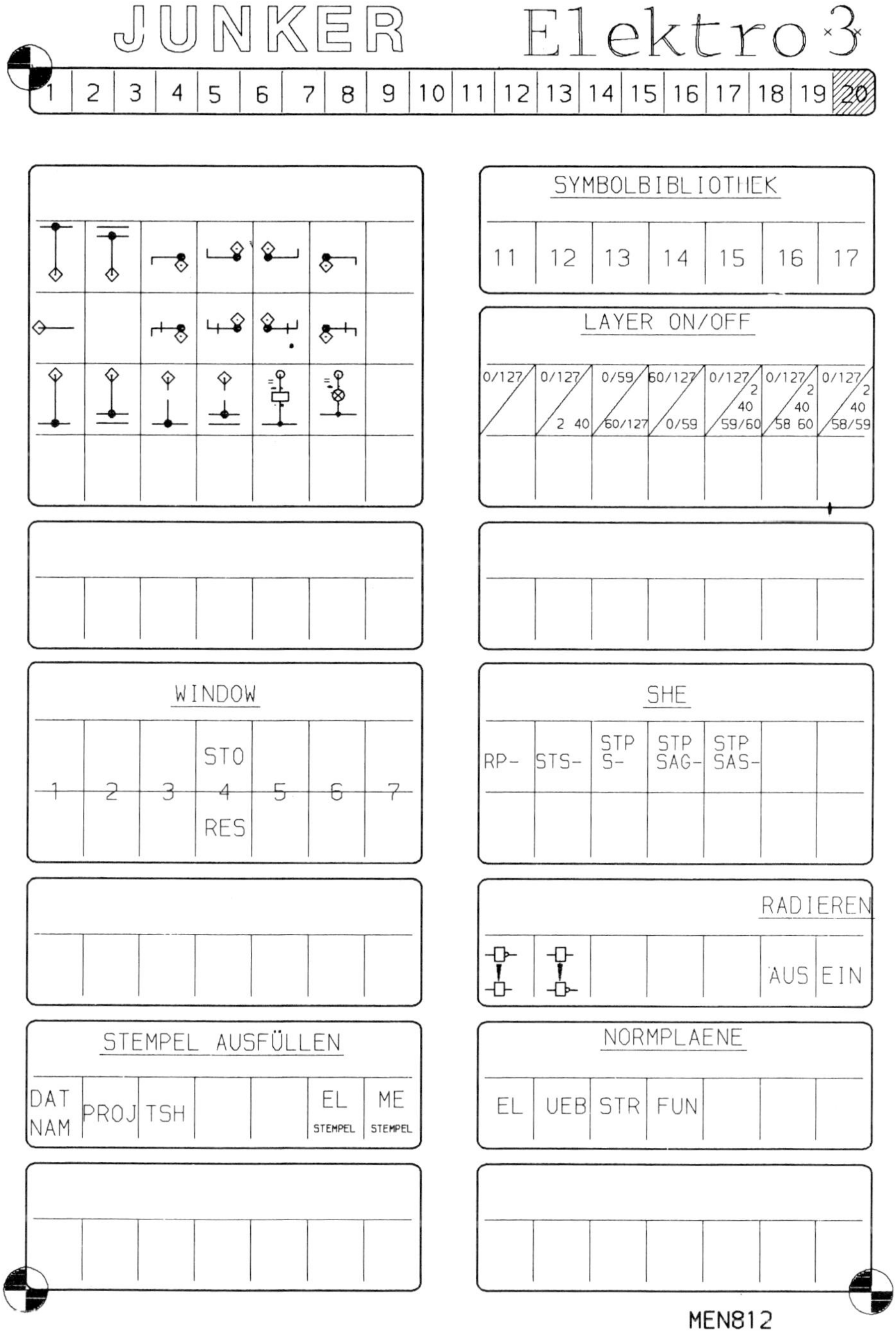

11. Computereinsatz im Industrieofenbau

JUNKER Elektro 3

Bild 652

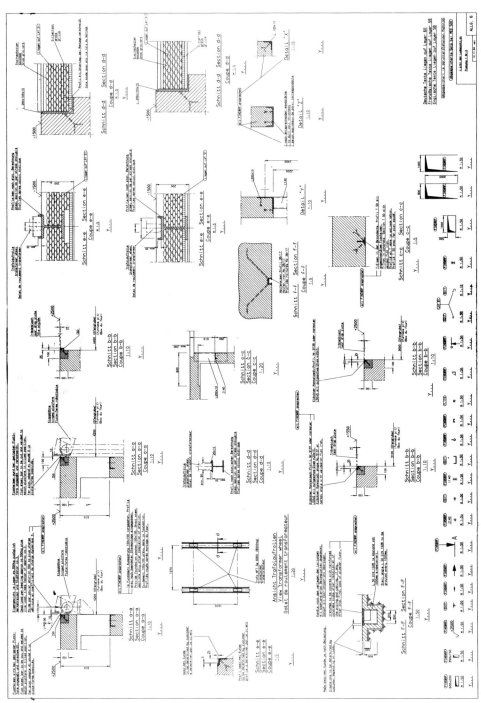

Bild 653

11. Computereinsatz im Industrieofenbau

wurde. So wurde die Möglichkeit geschaffen, eigene Elemente wie etwa Systembibliotheken für die Bereiche Elektro und Planung in das System einzubringen.

Die Bilder 651 und 652 zeigen eigene Menüs für die Erstellung von Stromlaufplänen. In Bild 653 sind die grafischen Inhalte der Symbolbibliotheken für die Schemapläne der Rückkühlanlagen und immer wiederkehrende Details der Fundamentpläne, die in aktuelle Zeichnungen einfach hineingeladen werden, dargestellt. Diese Bilder machen auch deutlich, daß ein erheblicher Aufwand für die Anpassung an die eigenen Belange beim Anwender selbst liegen.

Bei den bisher gezeigten Beispielen werden eigentlich nur die grafischen Möglichkeiten des Systems ausgenutzt, und degradieren CAD zu einem komfortablen Zeichenbrett. Diese Funktionen sind auch heute schon mit sogenannten Low-Cost-Systemen zu realisieren. Eine bessere Nutzung des Systems stellt die Variantenprogrammierung dar, die durch den Softwaremodul PARAMETRIC in MEDUSA realisiert ist. Mit diesem Modul reduziert sich die eigentliche Programmierung nach Angaben des Lieferanten zu einem einzigen Kommando: PARS (Parameric Scann).

Voraussetzung ist allerdings, daß die Geometrie exakt definiert und eindeutig vermaßt ist. Ist dies der Fall, dann kann eine neue Variante durch einfaches Eintauschen der neuen Maße und Aufruf des Kommandos PARS erzeugt werden. Die Zuweisung der neuen Abmessungen kann über Tabellen, Dateien (Comandfiles) oder per Programm über Variablennamen erfolgen. Bieten diese Möglichkeiten auch sehr viel Komfort, so wird das Wort PARAMETRIC beim Anwender auch manchmal schon als Schimpfwort verstanden. Hier wird der Punkt erreicht, wo dem Anwender zum erstenmal unmißverständlich klar wird, daß er nicht nur visuell kontrollierbare Grafik sondern Daten erzeugt, die anschließend von einem System weiterverarbeitet werden.

Bild 654 zeigt einen Schnitt durch einen Induktionstiegelofen (im Prinzip und vereinfacht) und Bild 655 die dazugehörige eindeutige Vermaßung, mit der eine neue Variante erzeugt werden kann. Voraussetzung ist hier nur, daß die Anzahl der Geometriepunkte konstant bleibt. Als Beispiel für die praktische Anwendung soll das Bild 656 dienen. Hier ist die Zeichnung eines Einschmelzzylinders, wie er für Schmelzöfen gefertigt werden muß, dargestellt. Die Abmessungen sind auf verschiedenen Layern eingezeichnet. Nur die zu verändernden Maße sind auf einer sichtbaren Layer. Die Maßzahlen sind durch Variable ersetzt. Die Zuweisung der richtigen Abmessungen erfolgt über eine sogenannte Comandfile im Dialog, und nach Ablauf des Dialogs liegt die fertige Werkstattzeichnung im Rechner vor.

Für die Variantenprogrammierung sind aber nicht nur Einzelteilzeichnungen sondern bereits ganze Baugruppen aufbereitet worden. Als Beispiel sei hier Bild 657 aufgezeigt. Der Vorteil der schnellen Zeichnungserstellung ist hier fast abzulesen, doch muß auch darauf verwiesen werden, daß die Erstellung einer solchen Grundzeichnung immer schwieriger wird und vom Konstrukteur auch schon eine tiefere Kenntnis des Systems verlangt.

Solche PARAMETRIC-Grundzeichnungen sind in der Zwischenzeit eine ganze Menge entstanden. Der dazu erforderliche Verwaltungsaufwand wird mit Hilfe eines Datenbanksystems erleichtert. Mit Hilfe dieses Systems lassen sich Zeichnungen nach allen im Zeichnungskopf enthaltenen Informationen suchen und auswählen. Der Zeichnungskopf enthält dazu Texte verschiedener Typen für die einzelnen Informationen.

Als weiterer wichtiger Punkt für den wirtschaftlichen Einsatz eines CAD-Systems wird heute von der Integration in andere Betriebsabläufe unter dem Begriff CIM sehr viel ge-

730   11. Computereinsatz im Industrieofenbau

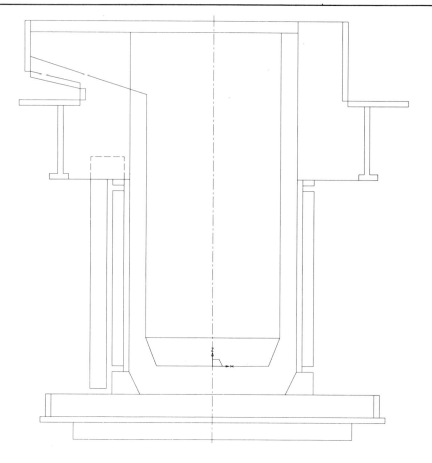

Bild 654

schrieben und diskutiert. Man meint zunächst die Ankopplung des CAD-Systems an alle nachgeschalteten Vorgänge in einem Fertigungsunternehmen. Die Ankopplung an die technische Berechnung bietet Ansatzmöglichkeiten bei bestimmten Produkten, da in der Berechnung meist schon sehr viele Geometrieinformation steckt. Bei entsprechender Aufbereitung der Zeichnungen kann die Stückliste mit Hilfe eines Programmes gewonnen werden. Voraussetzung ist, daß das System die logische Struktur des Produktes darstellen kann.

Realisiert wurde inzwischen die Kopplung zur NC-Bearbeitung. Da beim Brennschneiden die Information über die Kontur des Werkstücks die wesentlichste Information ist, bietet sich die automatische Übernahme dieser Information aus der Zeichnung geradezu an.

Die Programmierung einer NC-Maschine kann auch heute noch an der Bedieneinrichtung der Maschine selbst erfolgen, was man aber wegen der damit verbundenen Stillstandszeit durch einen externen Programmierplatz vermeidet. Ein solcher Programmierplatz ist meist auf die aktuelle Maschinensteuerung abgestimmt, oder ein System, welches eine

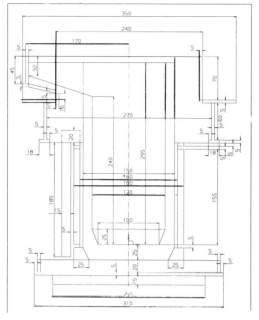

Bild 655

allgemeingültige Programmiersprache (APT) verwendet, einen neutralen Steuercode (CL-DATA) erzeugt. Dieser Steuercode wird durch einen Postprozessor in den eigentlichen Lochstreifeninhalt und damit die Steuerungsinformation für die Maschinensteuerungen umgewandelt.

Wenn man die fünf zurückliegenden Jahre kritisch betrachtet, dabei die 2-jährige Informationsphase und die Einarbeitungsphase mit einem halben Jahr als notwendig ansieht, ist das Ergebnis äußerst positiv. Die ursprüngliche Anlage mit vier Arbeitsplätzen wurde inzwischen auf sechs Arbeitsplätze ausgebaut und wird in 2 Schichten betrieben. Eine Erweiterung der SOFTWARE findet laufend statt. Die Koppelung zum NC-System EUROAPT wurde Ende 1984 realisiert. Die wirtschaftliche Beurteilung, d.h. der Kosten/Nutzeneffekt ist ebenfalls positiv, wenn man der reinen Nutzwertbetrachtung die wirtschaftlich nicht eindeutig faßbaren Kriterien gleichwertig gegenüberstellt. Das strategische Ziel „sich auf dem international enger werdenden Markt zu behaupten" wird weiter verfolgt und es zeigen sich bereits positive Aspekte im betrieblichen Ablauf und bei Verkaufsverhandlungen. Leider kann man keine CAD-Spezialisten von außerhalb einstellen, sondern muß diese selbst heranbilden und entsprechend schulen.

11.1.2.3.2. CAD im Feuerfestbau

Aus Informationsunterlagen der Fa. KARRENA und aus Vorträgen von H. Lütcke [225] kann man die Entwicklung vom Datum der ersten Installation (Mai 83) bis zum derzeitigen Stand über 2 Jahre verfolgen.

Begonnen wurde mit 3 zentral aufgestellten Arbeitsplätzen. Inzwischen wurden alle Arbeitsplätze dezentral verteilt in der Weise, daß sich je 2 Konstrukteure einen Arbeitsplatz teilen.

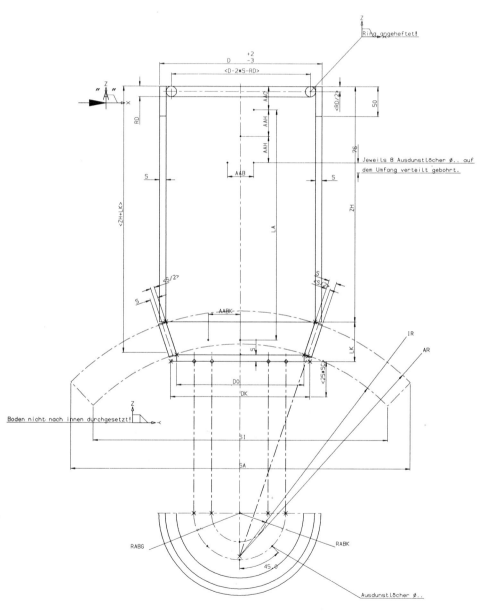

Bild 656

11. Computereinsatz im Industrieofenbau 733

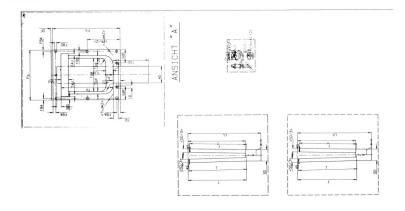

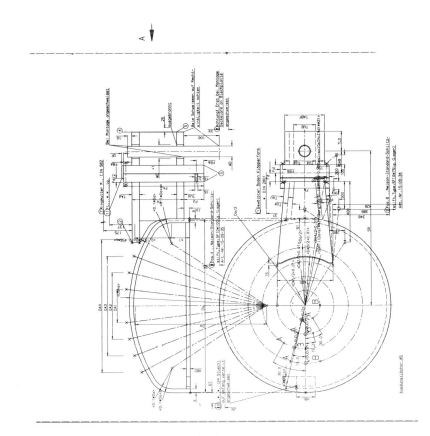

Bild 657

Die CAD-Installation bei KARRENA umfaßt
6 CAD Arbeitsplätze, 3 Tektronix 4114 sowie 3 Tektronix 4115
2 zusätzliche Alpha-Terminals
1 Hardcopy-Gerät
1 elektrostatischer DIN-A0-Plotter von Benson
Prime 55011 mit 3 MB Hauptspeicher, 615 MB Platte, Bandstation und Drucker.

Bei der bekannten Aufgabenstellung im Feuerfestbau ist klar, daß bei Einführung von CAD von Beginn an 3D ein Thema war und neben Parametrik und Fortran-Schnittstelle auch entscheidend für MEDUSA bei der Systemauswahl war.

CAD-Arbeitsplatz als Zeichenbrettersatz

Tauscht der Konstrukteur Reißbrett und Bleistift mit der Schreibmaschinentastatur und dem Kontaktstift für das Menufeld eines CAD-Arbeitsplatzes, so benötigt er ca. 4 Wochen, um sich mit den hauptsächlichen Funktionen seiner neuen Arbeitsmittel vertraut zu machen. Auch danach bleiben diese zunächst ein Fremdkörper, auf dessen Einsatz er sich konzentrieren muß. Für das Überdenken einer Konstruktion wird er sich noch lange an seinen alten Arbeitsplatz zurückziehen. Dies ist bei entsprechender Koordination auch sinnvoll, um das CAD-System optimal auszunutzen.

Andererseits hat sich gezeigt, daß gerade der Bildschirm besonders gut geeignet ist, Neukonstruktionen auszuprobieren und zu überprüfen. Einzelne Konstruktionsteile können leicht verschoben, gedreht, gespiegelt und vergrößert bzw. verkleinert werden. Mit diesen Variationsmöglichkeiten können sie ferner gespeichert und beliebig wiederverwendet werden. Zwei einfache Beispiele werden in Bild 658 und Bild 659 gezeigt. In Bild 658 wird ein Formstein dahingehend überprüft, ob er auf einen elliptischen Stahlmantel paßt.

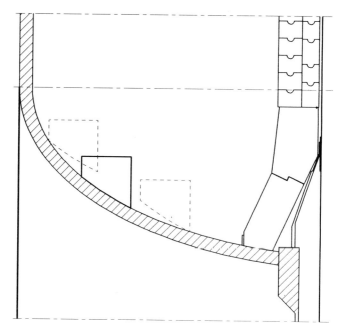

Bild 658: Formstein auf ellyptischem Stahlmantel

11. Computereinsatz im Industrieofenbau

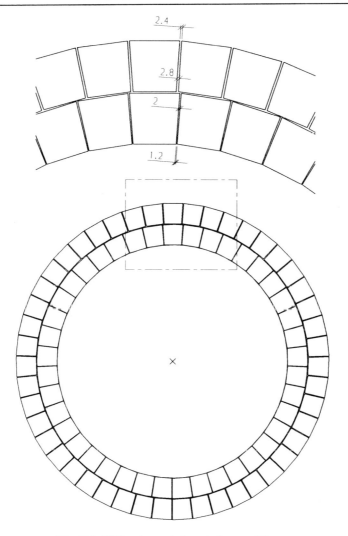

Bild 659: Wölberringe mit Ausschnittsvergrößerung

Hierzu läßt sich die Kontur mit dem Fadenkreuz über den Bildschirm bewegen. Die Ringe in Bild 659 sind durch Kopieren und Rotieren einer Wölbenkontur entstanden. Die Ausschnittsvergrößerung zeigt die genaue Mörtelfugenstruktur und gibt dem Konstrukteur eine unmittelbare Entscheidungshilfe, ob die zweischichtige Rohrwand mit ein und demselben Wölber gemauert werden kann.

Für diese Darstellung benötigt der CAD-geübte Konstrukteur ca. 5 Minuten, wobei mehr als die Hälfte der Zeit auf die Erstellung der Wölberkontur zu rechnen ist, und diese Zeit entfällt, wenn der Wölber mit seinen Ansichten als Standardteil bereits gespeichert ist.

Die Möglichkeiten zum Transformieren und Kopieren einzelner Objekte bis hin zu kompletten Zeichnungen bilden naturgemäß einen der Hauptbestandteile bei der Anwendung

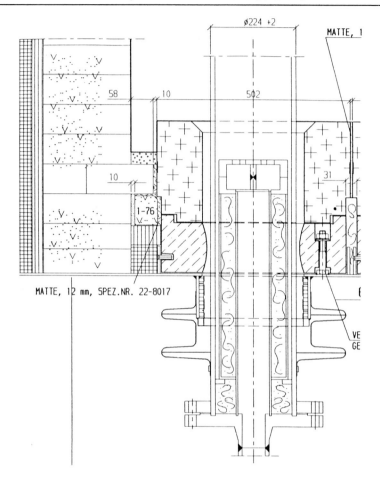

Bild 660: Ausschnitt Reformer-Boden

von CAD. Weitere unmittelbare Vorteile gegenüber der konventionellen Arbeitsweise ergeben sich beim Beschriften, Schraffieren und Bemaßen.

Der über Tastatur eingegebene Text kann am Bildschirm leicht justiert, inhaltlich und vom Aussehen her geändert werden. Ein vergleichbar gut aussehendes Schriftbild ist sonst nur mit zeitaufwendigem Schablonenschreiben zu erzielen.

Schraffur ist für Feuerfestbau-Zeichnungen ein wesentliches Hilfsmittel, um die verschiedenen Materialien zu kennzeichnen und voneinander abzusetzen. Neben jeder beliebigen Schraffur bietet MEDUSA die Möglichkeit, einzelne Symbole über eine vorgewählte Fläche automatisch zu streuen, wobei die Symbole am Rand entsprechend abgeschnitten werden. Bild 660 zeigt entsprechende Anwendungen.

Beim Anlegen solcher Zeichnungen ist es hilfreich, wenn Schraffur und alle anderen Details am Bildschirm vollständig und in der Form angezeigt werden können, wie sie später auf dem Plot erscheinen. Bild 661 zeigt einen Hardcopy-Abzug vom Bildschirm.

11. Computereinsatz im Industrieofenbau 737

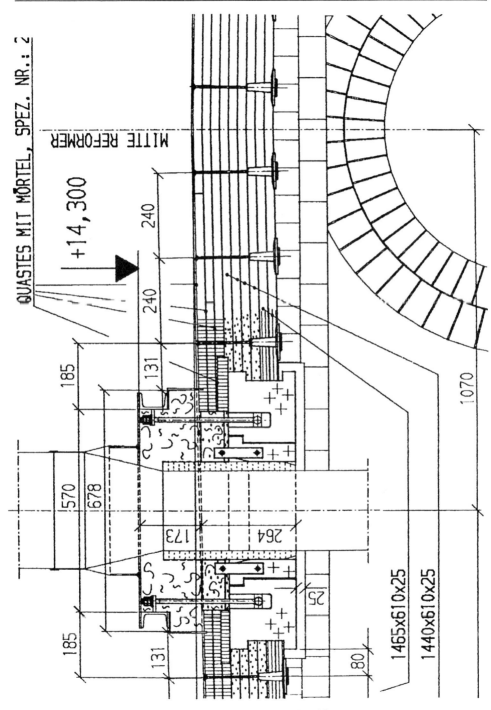

Bild 661: Hardcopy vom Bildschirm

Diese Beispiele verdeutlichen zugleich, daß jede beliebige Zeichnung mit allen Details komplett am Bildschirm erstellt werden kann. In Ausnahmefällen sind gewisse Einzelheiten am Brett einfacher zu realisieren. Ein manuelles Nacharbeiten von Plots muß jedoch ausgeschlossen bleiben, will man nicht die Vorteile von CAD hinsichtlich Speicher- und Änderungsmöglichkeiten aufgeben.

Bezüglich der Bemaßung ist zunächst ein Umdenkprozeß erforderlich. Am Zeichenbrett weist der Konstrukteur einer Linie dadurch eine gewünschte Länge zu, daß er die entsprechende Maßzahl daran schreibt — die wirklich gezeichnete Länge ist dabei unmaßgeblich. Das CAD-System erstellt hingegen die Bemaßung anhand der eingegebenen Geometrie. Dies erfordert eine maßgestreue Eingabe, welche allerdings beim CAD-Handling durch Angabe von Koordinaten, Winkeln und Abständen bzw. unter Verwendung der mannigfaltigen Konstruktionshilfen in der Regel von selbst erfolgt.

Die automatische Bemaßung liefert dann zugleich eine Kontrolle. Natürlich können vom System berechnete Maßzahlen überschrieben werden. Hinsichtlich weiterer Benutzung des Konstruktionsteiles ist es aber „CAD-gerechter", die Geometrie so einzurichten, daß die Systembemaßung die gewünschten Werte ergibt. Bei MEDUSA-Parametrik geschieht das Nachrücken der Geometrie nach Ändern der Maßzahlen sogar selbständig.

Variantenprogrammierung — Parametrik

Bekanntlich erzielt man mit CAD dort den größten Nutzeffekt, wo Konstruktionen über einen Satz von Variablen eindeutig beschrieben und somit programmiert werden können. Bei fast allen Systemen lassen sich die „Menu-Befehle" zur interaktiven Zeichnungserstellung zu einem Programm aneinanderreihen und speichern. MEDUSA ist diese „Menuprogrammierung" mit Schleifenbildung und Sprunganweisung BASIC-ähnlich ausgebaut. Daneben bieten einige Systeme, wie z.B. MEDUSA, eine FORTRAN-Schnittstelle, die allerdings entsprechend geschultes Personal erfordert. Der erfahrene Konstrukteur, der hinsichtlich der eigentlichen Aufgabe qualifiziert ist, hat in der Regel keine FORTRAN-Kenntnisse.

Neben diesen Programmiermöglichkeiten bietet MEDUSA zusätzlich als Alternative die Parametrik. Hier erstellt der Konstrukteur kein Programm, sondern nach wie vor interaktiv eine Zeichnung. Die Variation erreicht er einfach durch entsprechende Änderung der Maßzahlen.

3 D-Volumenmodell

Neben Parametrik wird bei KARRENA auch das 3 D-Volumenmodell von MEDUSA eingesetzt. Es handelt sich um ein Facettenmodell, wobei die Feinheit der Facettierung beliebig eingestellt werden kann. Außer den üblichen Translations- und Rotationskörpern können Regelflächen, Strangprofile und Freiformflächen erzeugt und miteinander boolisch verknüpft werden.

Hiermit lassen sich auf einfache Weise räumliche Darstellungen z.B. für Dokumentationszwecke herstellen wie in Bild 662.

Wie 3 D zur echten Konstruktionshilfe wird, zeigt das Anwendungsbeispiel eines Stutzens für eine schräge Rohreinmündung in einen Trichter. Rohr und Trichter bestehen aus einzelnen Formsteinen mit Nut und Feder. Zunächst wird der Stutzen als Gesamtmodell (Bild 663) erzeugt und daraus über boolische Operationen die einzelnen Formsteine geschnitten. Der einzelne Stein kann dann z.B. in allen orthogonalen Ansichten dargestellt

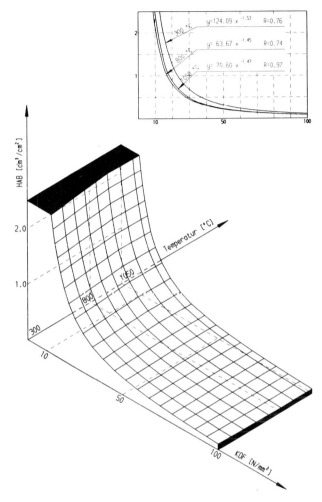

Bild 662: 3 D-Funktionsdarstellung

und vermaßt werden, so wie dies zur Herstellung der Steinform benötigt wird. Die erzeugten Einzelmodelle sind weiter verwendbar, so daß z.B. der Stutzen daraus auch wieder zusammengebaut werden kann. Ferner werden mit der Erzeugung des 3 D-Modells u.a. Volumen und Oberfläche berechnet, die bei den Formsteinen zur Bestimmung des Gewichtes und der Mörtelmenge benötigt werden.

Bei Änderungen bietet die 3 D-Zeichnungserstellung den Vorteil, daß eine entsprechende Korrektur der 3 D-Angaben automatisch in alle darzustellenden Ansichten einfließt. Dies beschleunigt nicht nur den Änderungsdienst, sondern gibt dem Konstrukteur auch eine direkte Kollisionskontrolle.

Dateien und Stücklisten

Formsteine und weitere Baustoffe werden in einer Positionsdatei mit ihren geometrischen

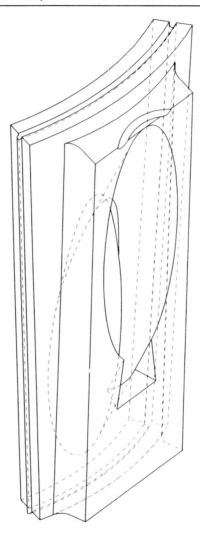

Bild 663: Rohrstutzen — Ausgangsmodell

Daten und Verwendungszweck erfaßt. Diese Datei bildet z.B. die Grundlage für automatische Mengenauszüge. Das mit der FORTRAN-Schnittstelle eigens entwickelte KARRENA-Stücklistenprogramm ist in der Lage, eine 3 D-Zeichnung sozusagen 3 D-mäßig auszuwerten. Die Stückzahlen brauchen nicht explizit in die Zeichnung eingetragen zu werden, sondern werden vom Programm anhand der geometrischen Daten in sogenannten Stücklistensymbolen und den Angaben in der Positionsdatei selbständig berechnet. Materialbezeichnung und Rohdichte zur Berechnung der Gewichte werden der ebenfalls auf der CAD-Anlage installierten Materialdatei entnommen. Die Stückliste kann über Drucker oder Plotter ausgegeben werden.

Die Funktionsweise des Programms ist in dem Flußdiagramm Bild 664 grob skizziert. Die auf den Zeichnungen eingetragenen Stücklistensymbole enthalten jeweils neben der Positionsnummer einen Vervielfältigungsfaktor, eine Kennziffer, einen Wert und zwei Linien. Wert und Linien werden gemäß der Kennziffer interpretiert. In dem Beispiel umfaßt die geschlossene Linie eine Rotationsfläche und die Mittellinie markiert die zugehörige Rotationsachse. Das Programm erkennt die Liniendaten, berechnet das Volumen des zugehörigen Rotationskörpers und ordnet dieses der Positionsnummer 5000 zu. Ist dies die Positionsnummer eines Formsteines, so ergibt sich bei Division durch das in der Positionsdatei eingetragene Formsteinvolumen die Stückzahl. Auf Basis der Formsteinoberfläche können hierbei auch Mörtelfugen berücksichtigt und die zugehörige Mörtelmenge ebenfalls auf der Stückliste ausgewiesen werden. Das Programm ist mit Parametrik verträglich. So kann z.B. nach Ablauf des Parametrikprogrammes für den Sekundärreformer auch sofort die zugehörige Stückliste abgerufen werden.

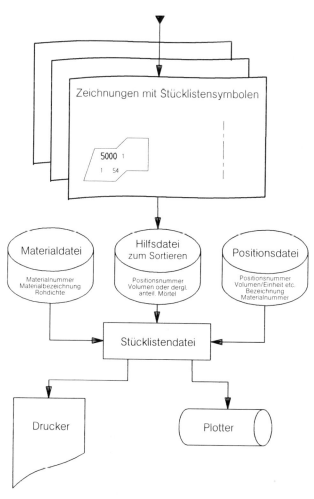

Bild 664: Stücklistenprogramm

Die Ausführungen haben gezeigt, wie 3D insbesondere für Detailkonstruktionen eingesetzt werden kann. Die komplette dreidimensionale Erstellung einer gesamten Anlage, die über eine bloße Grobdarstellung hinausgeht, erscheint aufgrund des dargestellten Aufwandes nicht sinnvoll.

Auch bei steigenden Hardware-Kapazitäten und stetiger Verbesserung der Software wird der Anteil an 3D bei der CAD-Konstruktion nur langsam wachsen. „3D-Total", wo allein aus den 3D-Daten alle Ansichten, Schnitte, Stücklisten, etc. erzeugt werden, ist z.Zt. nur im wohlpräparierten Einzelfall möglich.

11.2. COMPUTEREINSATZ BEI INDUSTRIEOFENANLAGEN

11.2.1. Allgemein gültige Kriterien

Unter Benutzung der „Schlagwörter" Computer, Prozeßrechner und frei programmierbare Steuerungen hat sich im letzten Jahrzehnt beim Industrieofenbau ein erheblicher Wandel vollzogen, so daß selbst kleine Ofeneinheiten preisgünstig mit derartigen Geräten ausgerüstet werden können. Die Einsatzmöglichkeiten sind mit ihrer Vielfalt enorm. Nach Friedrich [226] gilt für den gesamten Industrieofenbau:

„Die frei programmierbaren Steuerungen sind ein hervorragendes Instrument zur Bewältigung komplexer Abläufe in der fördertechnischen und behandlungstechnischen Peripherie von Industrieofenanlagen, besonders dann, wenn in Abhängigkeit von Chargen- oder Prozeßparametern verschiedene Programme auf einer Anlage gefahren werden sollen. Aus den bisherigen Anwendungserfahrungen ergibt sich, daß frei programmierbare Steuerungen für den Industrieofenbau nicht zu empfindlich, nicht zu aufwendig und schon gar nicht zu langsam sind. Sie sind Meilenstein einer Entwicklung, deren Integration mit den eigentlichen prozeßtechnischen Gegebenheiten (thermische Regelung, Zünd-, Flammen-, Atmosphärenüberwachung usw.) und der Gesamtüberwachung von Fabrikationsanlagen unaufhaltsam im Kommen ist. Flankiert wird dieser Trend durch Fortschritte beim Entwickeln und Dokumentieren der hierfür zu entwickelnden Software, die zwangsläufig reicher an Umfang und Ideen werden wird.

Der Einsatz von Mikroprozessorsystemen ermöglicht sowohl eine integrierte Programmvorgabe für eine komplette Ofenreise als auch die Ermittlung eines Korrektursignals in Form eines Rechenergebnisses aus den Daten für Lufttemperatur, Luftdruck und vorgewählten Luftfaktor. Dieses Rechenergebnis steht als digitales oder analoges elektrisches Signal zur Verfügung. Bei Vorhandensein eines entsprechenden elektrischen Stellgliedes kann es entweder jedem einzelnen Brenner oder jeder Ofenzone aufgeschaltet werden und garantiert eine an die jeweiligen Betriebsverhältnisse angepaßte einwandfreie Verbrennung."

Dazu ist es notwendig die physikalischen Gegebenheiten zu durchdringen, zusammenzustellen und die zugehörigen Berechnungen durchzuführen. Aber kaum ein mittelständischer Ofenbaubetrieb ist nach Woelk [227] in der Lage eine entsprechende Systemanalyse durchzuführen. Diese wird heute selten von den Ofenbaufirmen, sondern von den großen Elektrokonzernen durchgeführt, die die Rechenanlagen liefern. Hierdurch verlagert sich aber die Schlüsselposition im Ofengeschäft. Das entscheidende Prozeß-know-how wird nicht mehr bei den Industrieofenbaufirmen beheimatet sein, sondern von wenigen Großen aufgesogen werden. Was das für den mittelständischen Ofenbaubetrieb bedeutet, ist wohl jedem klar.

Will man diese Entwicklung abwenden, so muß man bereit sein, tiefer in die technisch-wissenschaftliche Durchdringung des Ofens und der in ihm ablaufenden Prozesse einzusteigen. Neben den sicher wichtigen Fragen des Ofens als Bauwerk, der Ofen-Hardware, werden die Fragen der Ofenführung, der Ofen-Software, immer mehr an Bedeutung gewinnen. Hiernach muß der technisch-wissenschaftliche Nachwuchs in den Firmen ausgewählt bzw. extern geschult werden.

Zur Systemstruktur gibt Leisenberg [228] folgende Übersicht.

Analoge und digitale Steuerung

Die meisten Meß-, Regel- und Steuerfunktionen, die bisher analog ausgebildet waren, lassen sich digital nachbilden. Ein Teil der Geräte, wie Programmgeber oder Regler, werden daher digital aufgebaut und sind mit analogen Geräten austauschbar. Damit wird allerdings an der grundsätzlichen Struktur der Anlage nichts geändert und die für analoge Systeme typische Eigenschaft, daß Funktionen bzw. Funktionsgruppen einzelnen Geräten zugeordnet sind, die völlig unabhängig voneinander arbeiten bzw. nur wenige Informationen untereinander austauschen, bleibt erhalten.

Obwohl auch eine solche digitale Steuerung durch Erweiterung von Einzelfunktionen Vorteile gegenüber analogen Anlagen aufweisen kann, werden bei dieser Struktur wesentliche Vorzüge der Digitaltechnik nicht genutzt. Eine konsequente Anwendung der Digitaltechnik führt von der Einzelgerätestruktur auf die integrierte Steuerung, die mit zunehmender Komplexität der Anlage niedrigere Investitionen erfordert und vor allem den Vorteil aufweist, daß durch eine übergeordnete Strategie die einzelnen Funktionen verändert werden können, so daß die Prozeßführung flexibler auf wechselnde Anforderungen reagieren kann.

Zentrale und dezentrale Systeme

Die erste Generation der Prozeßrechner war als zentrale Einheit aufgebaut und hatte vor allen Dingen den Nachteil, daß bei Systemausfall ein erheblicher Teil oder gar die gesamte Produktion betroffen war. Wegen der aus dieser Struktur resultierenden Notwendigkeit, aus Sicherheitsgründen mehrere Systeme und zum Teil analoge Back-up-Systeme zu installieren, ergaben sich insgesamt so hohe Investitionen, daß sich diese Technik im Bereich der Ofensteuerung nicht durchsetzen konnte.

Die zweite Generation der Prozeßsteuerungen ist aufgrund der Möglichkeiten, die von Mikroprozessoren geboten werden, dezentral aufgebaut, wegen der stark gefallenen Hardwarekosten im Preis mit analogen Anlagen vergleichbar und vor allen Dingen sicher gegen Totalausfall. Dies wird durch ein Konzept erreicht, welches sicherstellt, daß jedes eingesetzte Untersystem auch dann voll funktionsfähig bleibt, wenn die übergeordnete Ebene ausfällt. Gleichzeitig wird aber der Hauptvorteil zentraler Systeme, der in einer übergeordneten Prozeßführung und Optimierung liegt, gewahrt. Integrierte dezentrale Systeme bieten somit alle Vorteile der zentralen Prozeßsteuerung zu Kosten, die in der Größenordnung analoger Anlagen liegen. Dieses Konzept bietet den weiteren Vorteil, daß ein solches System zukzessive von unten aufgebaut werden kann, übergeordnete Einheiten also nachträglich installierbar sind. Hierdurch können insbesondere die Anfangsinvestitionen gegenüber Systemen mit zentraler Intelligenz erheblich vermindert werden.

Universal- und Spezialsysteme

Neben der Entwicklung von der zentralen zur dezentralen Intelligenz vollzieht sich derzeit eine wietere Entwicklung vom Universal- zum Spezialsystem. Universalsysteme, insbesondere frei programmierbare Steuerungen, haben sich einen erheblichen Markt im Bereich der reinen Steuerungstechnik erobert und herkömmlichen Schützschaltungen zum größten Teil verdrängt.

Parallel zu dieser Entwicklung werden entsprechende Systeme für Meß- und Regelaufgaben angeboten. Eine genaue Analyse zeigt jedoch, daß der Vorteil der frei programmierbaren Steuerung, vor Ort bestimmte Konfigurationen ohne nennenswerten Programmieraufwand zusammenzustellen, auf Meß- und Regelaufgaben nur dann übertragbar ist, wenn es sich um ausgesprochene Standardfunktionen handelt. Sobald eine weitgehende Anpassung an die Problemstellung verlangt wird, wie im weiteren an einigen Beispielen gezeigt weden wird, wächst die Zahl der denkbaren Kombinationen in einem so großen Umfang an, der selbst in einem schmalen Anwendungsbereich zu einem riesigen Software-overhead führt. Damit werden erhebliche Kosten verursacht und die Handhabung kompliziert. Praktisch genutzt aber wird nur ein geringer Bruchteil.

Andererseits bringt die ausschließliche Verwendung von Standardregelfunktionen gegenüber herkömmlichen Anlagen keine strukturellen Vorteile.

Die Analyse zeigt jedoch weiter, daß Prozeßsteuerungen in den weitaus meisten Fällen für nur eine einzige Aufgabe eingesetzt werden, die bereits vor der Installation in einem genauen Anforderungsprofil beschrieben werden kann. Hard- und Software können somit exakt auf eine bestimmte Anforderung zugeschnitten werden. Da ein Spezialsystem beim Hersteller programmiert wird, sind der Implementierung spezieller Funktionen im Gegensatz zu universalen Systemen praktisch keine Grenzen gesetzt. Ein solches System kann auch nachträglich uneingeschränkt modifiziert oder erweitert werden. Das kann zwar nur vom Hersteller vorgenommen werden und ist aber auch im allgemeinen von ihm preiswerter durchzuführen, da hier routiniertes Fachpersonal zur Verüfung steht, während der Anwender sich meist erst mit erheblichem Zeitaufwand in das Problem und die Programmierung einarbeiten muß.

Von seiten des Herstellers setzt dies allerdings ein ausgefeiltes System zur Erstellung preiswerter anwendungsbezogener Software sowie eine genaue Kenntnis der im vorliegenden Anwendungsbereich bestehenden Probleme voraus. Das führt zwangsläufig zur Spezialisierung auf ein bestimmtes Anwendungsspektrum.

Dem Planungsingenieur der Gesamtanlage beim Ausrüster oder Betreiber kommt jedoch entgegen, daß er sich — wie bisher — auf die geforderten Funktionen konzentrieren kann, ohne sich mit dem internen Ablauf des Rechners beschäftigen zu müssen. Seine Aufgabe besteht, zweckmäßigerweise in engem Kontakt mit dem Hersteller, in der Erstellung eines möglichst exakten Anforderungskatalogs. Dessen Umsetzung in eine entsprechende Software ist Sache des Herstellers.

11.2.2. Anlagen-Beispiele

11.2.2.1. Rechnergesteuerte Verbrennungsregelung

Diese wird von Dohle und Woelk [229] wie folgt beschrieben.

Verfahren zur Verbrennungsregelung

Der Leistungsbedarf von Industrieöfen wird üblicherweise durch die Dosierung des zuge-

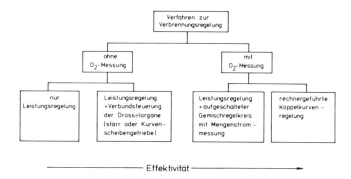

Bild 665: Angewendete Verfahren zur Verbrennungsregelung

führten Brennstoffstromes geregelt. In einer davon abhängigen oder unabhängigen Steuerung oder Regelung wird der Luftmengenstrom entsprechend dem Sollwert des Mischungsverhältnisses nachgeführt. Der Leistungsbedarf der Feuerung wird zumeist über Temperatur oder Druckfühler ermittelt. Bild 665 gibt einen Überblick über angewendete Verfahren zur Verbrennungsregelung, geordnet nach ihrer Effektivität. Unter der Effektivität soll hier das Verhältnis von erreichbarer Verbrennungsgüte zu regelungstechnischem und apparativem Aufwand verstanden werden.

Eine Steigerung der Verbrennungsgüte bringt vor allem die kontinuierliche Überwachung des O_2-Gehaltes und die entsprechende Gemischregelung. Eine Erhöhung der Effektivität durch die Minimierung des apparativen Aufwands läßt sich durch die prozeßgesteuerte Gemischregelung ohne Mengenstrommessung der Verbrennungsedukte verwirklichen. Im folgenden wird der Weg von der einfachen Gemischsteuerung bis zur rechnergeführten Gemischregelung erläutert.

Die einfachste Form einer Gemischsteuerung ist die starre Kopplung zweier Drosselklappen, von denen sich eine in der Brennstoff- und die andere in der Luftleitung befindet. Hierbei wird die Unterschiedlichkeit der Drosselkennlinien nicht berücksichtigt. Die korrekte Einstellung eines gewünschten Gemisches ist nur in einer einzigen Stellung der Drosselklappen möglich.

Eine Fortentwicklung gegenüber der starren Kopplung stellt die Verbindung beider Klappen über eine Kurvenscheibe oder ähnliche Einrichtungen dar. Die unterschiedlichen Kennlinien beider Klappen können mit einer solchen Einrichtung berücksichtigt werden. Die einmalige Einstellung des Gemisches über den gesamten Verstellbereich wird über Abgasanalysen bei mehreren Stellen des Lastbereiches vorgenommen. Störungen des Verbrennungsprozesses werden nach dem Einstellen nicht mehr berücksichtigt. Zu solchen Störungen zählen zum Beispiel die Veränderungen des Brennstoffheizwertes, die Änderungen von Verbrennungslufttemperatur und -druck sowie die Änderungen des Brennkammergegendruckes. Eine Anpassung der Kurvenscheibe an neue Verhältnisse im Prozeß ist sehr aufwendig und wird daher nicht durchgeführt.

Eine weitere Verbesserung gegenüber dem bisher Dargestellten ist die Regelung der Stoffmengenströme von Brennstoff und Luft. Hierfür müssen diese Ströme gemessen werden, was in der Regel mit Meßblenden und Widerstandsthermometern geschieht. Über eine Kompensations- und Recheneinheit wird aus den Meßsignalen für den Diffe-

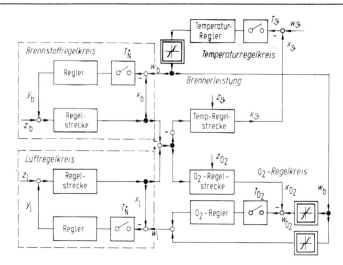

Bild 666: Blockschaltbild einer wärmetechnischen Anlage

renzdruck an der Blende, dem Vordruck vor der Blende und der Gastemperatur, der Stoffmengenstrom bestimmt. Die Meßeinrichtung allein, die mindestens zweimal vorhanden sein muß, erfordert einen hohen technischen Aufwand. Doch ist es über eine Regelung der Stoffmengenströme möglich, Störgrößen auszuregeln, die sich auf die Ströme auswirken, wie zum Beispiel Temperatur- und Druckänderungen. Änderungen anderer Einflußgrößen, wie zum Beispiel des Heizwertes, können auch mit einer solchen Regelung nicht berücksichtigt werden.

Will man die geregelten Stoffmengenströme für eine lastabhängige Sauerstoffregelung im Heizgas anwenden, so führt das zu einer aufwendigen Kaskadenregelung, bei der die beiden Sollwerte der Stoffstromregelkreise von einem übergeordneten Regelkreis für den O_2-Gehalt im Heizgas vorgegeben werden.

Schon aus dieser kurzen Darstellung kann man ersehen, daß eine solche Einrichtung einen hohen technischen Aufwand erfordert. Ihn in vertretbaren Grenzen zu halten, ist heute nur mit einem Rechner möglich. Das Blockschaltbild einer solchen Regelanlage ist in Bild 666 gezeigt.

Um den technischen Aufwand geringer zu gestalten, wurde in Zusammenarbeit mit der Forschungsgemeinschaft Industrieofenbau eine rechnergeführte Gemischregelung entwickelt, die ohne die Messung der Stoffströme arbeitet.

Rechnergesteuerte Verbrennungsregelung

Die Regelung des Verbrennungsprozesses mit Hilfe einer Kleinrechenanlage, wobei die Mengenstrommessung von Luft und Brennstoff entfällt, beruht auf folgendem Prinzip: Bei einer Verbrennung mit heute üblichen Brennstoffen sind die Querschnitte von Brennstoff- und Luftleitungen unterschiedlich.

Auch wenn in beiden Leitungen Drosselklappen gleichen Typs eingebaut sind, ist die Drosselkennlinie für beide Ströme unterschiedlich. Ein Beispiel für normierte Kennlinien ist in Bild 667 dargestellt.

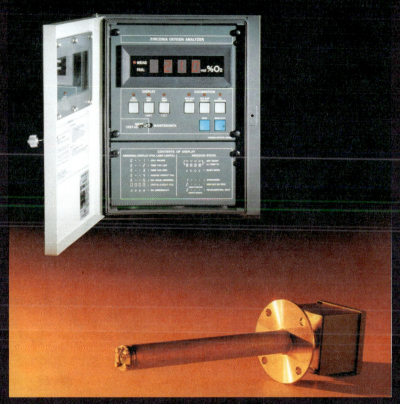

Zirkonia-O$_2$ Analysator
Mikroprozessor-gestützt
Ein Maximum an Technik zu einem Minimum an Kosten

Die Einhaltung niedriger O$_2$-Werte bei Verbrennungsabläufen durch Messung der O$_2$-Konzentration bringt nicht nur Energieersparnis, sondern trägt auch zu einer Verminderung der Umweltbelastung bei, da die Entstehung von SO$_3$ und NOx erschwert wird. Da O$_2$-Analysegeräte oft Teil von Kaskadenregelkreisen sind, ist dieser Zirkonia-Sauerstoffanalysator durch sein schnelles Ansprechen und seine hohe Zuverlässigkeit für einen solchen Einsatz ideal.

- **Schnelles Ansprechen und Beständigkeit der Zirkoniazelle, auch über längere Zeiträume**
- **Erhöhte Zuverlässigkeit der Meßwerte durch Selbstdiagnosesystem**
- **Kalibrierung auf Tastendruck**
- **Leichte Kalibrierung durch Kalibriergasanschluß**
- **Leicht umrüstbar für breite Einsatzmöglichkeiten (bis 1400°C)**
- **Zirkoniazelle leicht auswechselbar**
- **Keinerlei Entnahme von Proben**
- **Keine Referenzluft erforderlich**
- **Leichte Montage durch galvanische Trennung**

YEW YOKOGAWA ELECTROFACT

Analysen-, Meß- und Regelungs-Technik
D-4047 Dormagen 5 · Robert-Bosch-Str. 18 · Tel. 02106/7705-0 · Telex 8517306 · Telefax 02106/7705-22

HEINRICH GRÜNEWALD GmbH & Co. — INDUSTRIEOFENBAU
5912 Hilchenbach (Westfalen) · Postfach 1168/69
Fernruf: (02733) 8087/8088 · Fernschreiber: 875019 hghi

— Blankglühöfen und Wärmebehandlungsanlagen, gas-, elektrisch und ölbeheizt
— Hochleistungshaubenglühöfen
— Vollautomatische Überkopf- und Karussellöfen
— Rollenherd-Blankglühanlagen mit Vakuumschleusen und eingebauten Schnellkühlern für satzweisen und kontinuierlichen Betrieb
— Herdwagen- und Kammeröfen für Schmiedeteile und dickwandige Rohre
— Durchlaufvergüteanlagen für Stangen und Drahtcoils
— Durchlaufhärteanlagen für Stahlband
— Wirbelbettöfen
— Schutzgas-Erzeugungsanlagen für Exo-, Mono- und HNX-Gas zum Blank- und entkohlungsfreien Glühen aller Stahlqualitäten sowie zum Blankglühen von NE-Metallen
— Meß- und Regelanlagen, frei programmierbar, mit modernster Mikroelektronik gesteuert

11. Computereinsatz im Industrieofenbau

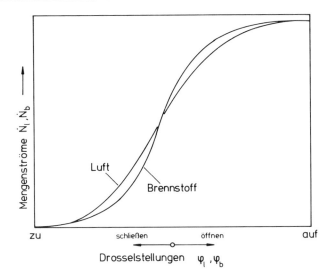

Bild 667: Typische Kennlinien von Brennstoff- und Luftdrosselorganen

Ordnet man die jeweiligen Stellungen der beiden Drosselorgane einander zu, so ergibt sich für den Luftmengenstrom eine nichtlineare Koppelkurve, die durch alle in vorigen Abschnitt genannten Störgrößen beeinflußt wird. Bild 668 zeigt eine solche Koppelkurve, die an einem Brenner mit Gebläse für Erdgasverbrennung aufgenommen wurde.

Wären für alle möglichen Zustände der Verbrennungsanlage die zugehörigen Koppelkurven bekannt, so könnte man eine Steuerung bauen, die auf eine Messung der Stoffmengenströme verzichtet und trotzdem die Gemischführung richtig bewerkstelligte. Dabei müssen die beiden Drosselorgane entlang der Koppelkurve, das heißt geschwindigkeitsgesteuert, verstellt werden.

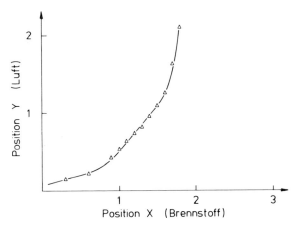

Bild 668: Koppelkurve, an einem Erdgas-Gebläseluft-Brenner aufgenommen

Eine solche gekoppelte Verfahrensweise der beiden Drosselorgane ist in der rechnergeführten Gemischregelung verwirklicht. Vom Prozeßrechner werden zwei einfache, handelsübliche Stellmotoren über Halbleiterrelais mit unterschiedlichen Impulsen angesteuert, wobei ihre Stellungen über ebenfalls handelsübliche Potentiometer dem Rechner zurückgemeldet werden. Hierbei ist zu bemerken, daß nicht nur der Zielpunkt auf einer Koppelkurve richtig angefahren wird, sondern daß die Stellmotoren auch während des Verfahrens nur entlang der Koppelurve laufen. Das ist von besonderer Bedeutung, weil andernfalls während einer Leistungsänderung des Brenners unkontrollierte Verbrennungseinstellungen auftreten könnten.

Neben dieser Koppekurvensteuerung ist ein Hauptbestandteil der rechnergeführten Gemischsteuerung die Ermittlung der Koppelkurve. Hierfür ist der Positionssteuerung der Drosselorgane die Verbrennungsregelung mit dem O_2-Gehalt im Heizgas als Regelgröße übergeordnet. Treten Abweichungen gegenüber der gerade im Rechner benutzten Koppelkurve auf, so wird diese über eine Anpassung an die augenblicklich beherrschenden Zustände korrigiert.

Zur Untersuchung der dargestellten Regelstrategie wurde diese an einer industriellen Brennkammer zur Erzeugung eines Gases bestimmter Zusammensetzung, nämlich mit 7 % CO_2-Gehalt, eingesetzt. Die Anordnung ist in Bild 669 gezeigt.

Das Verfahren der blendenfreien Gemischregelung hat den Vorteil gegenüber einer denkbaren „Nur-Regelung" des O_2-Gehaltes, daß über die Drosselorgansteuerung, auch bei einer schnellen Leistungsänderung, der Brenner nicht in unerwünschte Verbrennungszustände hineinläuft, was aus verschiedenen Gründen nicht sein darf. Sollte die Koppelkurve, aus welchen Gründen auch immer, den aktuellen Zuständen nicht sehr gut entsprechen, so wird die Verbrennung immer noch so gut sein, wie sie bei einer mechanisch gekoppelten Gemischeinrichtung wäre.

Zur Veranschaulichung dieser Tatsache dient Bild 670, bei dem der CO_2-Gehalt im Abgas als Kontrollmessung aufgezeigt wurde. Eine geschätzte, früheren Messungen entnommenen Koppelkurve wurde ohne Korrektur und ohne O_2-Regelung eingesetzt. Es ist zu erkennen, wie sich die Brennkammer zu Beginn der Messung mit Abgas füllt. Die Brennerleistung wurde bei diesem Versuch von 30 % auf 100 % in 12 min herausgefahren.

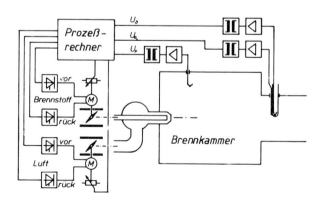

Bild 669: Anlagenschema der Testbrennkammer

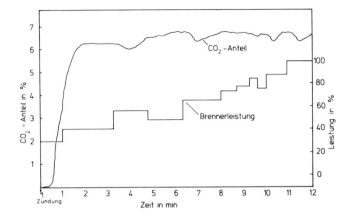

Bild 670: Brennerführung mit geschätzter Kennlinie ohne O_2-Regelung

Betrachtet man dagegen den Versuch, wie er im Bild 671 dargestellt ist, bei dem die Leistung sowohl herauf- und wieder heruntergefahren wurde, bei dem aber eine adaptierte Koppelkurve zugrunde lag, weil die Regelung bereits einige Zeit in Betrieb war, und zusätzlich der O_2-Gehalt im Abgas geregelt wurde, so ist die Verbesserung der Abgasgüte augenscheinlich. Besonders das schnelle Zurückfahren der Leistung von 100 % auf 20 % am Ende des Versuchs führt lediglich zu einer Veränderung von 0,25 % CO_2 im Abgas. Der größte Störeinfluß wird hierbei die plötzliche Druckänderung in der Luftleitung sein, die die Fördereigenschaft des Ventilators beeinträchtigt.

Neben der ständigen Adaption der Koppelkurve durch die O_2-Regelung, ist die rechnergesteuerte Gemischregelung in der Lage, sich eine Ausgangskoppelkurve selbständig aufzunehmen. Hierdurch entfällt ein Einfahren der Anlage durch besonderes Fachpersonal.

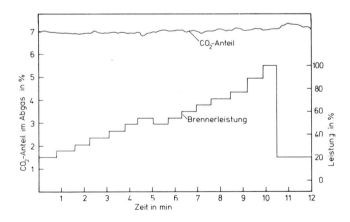

Bild 671: Brennerführung mit adaptierter Kennlinie und O_2-Regelung

11.2.2.2. Sicherheitstechnische Aspekte bei Mikrocomputern zur Brennerüberwachung

Mit diesem Problem haben sich Kuhn und Pohle [230] befaßt.

Nachdem für die Ebene der Brennersteuerung die Anwendung von Prozeßrechnern und speicherprogrammierbaren Steuerungen auf der Basis von Mikrocomputern zum Stand der Technik gehört, befindet sich der Mikrocomputer auch auf der Ebene der Brennerüberwachung auf dem Vormarsch.

Wo es allerdings um die Sicherheit technischer Anlagen geht, stellt sich natürlich die Frage nach der Zuverlässigkeit und nach den Fehlermöglichkeiten solcher Systeme. Aus sicherheitstechnischer Sicht stellen Mikrocomputer eine Vielzahl von Transistorfunktionen und Verbindungen dar. Der Befehlsumfang, den ein Mikrocomputer verarbeiten kann, ist je nach Hersteller und Entwicklungsstufe unterschiedlich. Durch Befehle können beliebige Daten und Adressen miteinander verknüpft werden, so daß quasi unendlich viele Operationen ausgeführt werden können. Das führt zu einem unbestimmten Ausfallverhalten. Man schätzt, daß von 100 Mikrocomputern etwa zwei Stück wegen auftretender Defekte ausfallen. Damit solche Hardwarefehler möglichst keine schädlichen Folgen haben, versucht man durch im Rechner ablaufende Selbsttestverfahren diese Fehler aufzuspüren. Die Ausfallrate wird dadurch zwar nicht verringert, aber die Wahrscheinlichkeit eines gefährlichen Versagens wird stark herabgesetzt.

Neben der Hardware kann auch die Software eines Mikrocomputers Fehler aufweisen. Programme für die Brennerüberwachung können aus einigen hundert Befehlen bestehen. Ein solches Programm läßt sich nur sehr mühsam auf seine richtige Verknüpfungsstruktur hin überprüfen. Dabei ist eine solche Überprüfung auch nur dort sichergestellt, wo es sich um relativ übersichtliche Programme handelt. Wenn dann ein solches Programm einmal läuft, werden im praktischen Betrieb mitunter verborgene Fehler aufgedeckt. Insbesondere bei Änderungswünschen besteht die Gefahr, daß neue Fehler sich einschleichen.

Um auch Veränderungen in der Software oder Sprünge in falsche Programmteile während des Programmlaufs zu erkennen, kann man zyklische Prüfprogramme vorsehen, die die einzelnen Maschinenworte so miteinander verknüpfen, daß eine bestimmte Prüfzahl ermittelt werden kann. Stimmt die ermittelte Prüfzahl nicht mit der programmierten Sollprüfzahl überein, so kann eine Fehlermeldung erfolgen.

Trotz der aufgezeigten Schwierigkeiten bei der Anwendung von Mikrocomputern für sicherheitstechnische Überwachungsaufgaben bietet der Mikrocomputer so verlockende Vorteile, daß es nur eine Frage der Zeit ist, bis er sich auch hier durchsetzen wird.

Beispiele für den Einsatz von Mikrocomputern zur Brennerüberwachung

Bild 672 zeigt am Beispiel eines Gasbrenners an einem Wärmebehandlungsofen eine heute vielfach ausgeführte Brennerüberwachung und Brennersteuerung.

Die Ebene der Brennerüberwachung wird hier gebildet durch den Flammenwächter und das Steuergerät. Häufig sind Flammenwächter und Steuergerät in einer Baueinheit zusammengefaßt, dann spricht man von einem Feuerungsautomaten oder, wie hier in diesem Beispiel mit einem Gasbrenner, von einem Gasfeuerungsautomaten.

Der Flammenwächter besteht aus einem Flammenfühler und einem elektronischen Schaltkreis zur Verstärkung des Fühlersignals und zur Erzeugung einer Ja-Nein-Aussage, also „Flamme ein" oder „Flamme aus". Im nachgeschalteten Steuergerät ist das vom

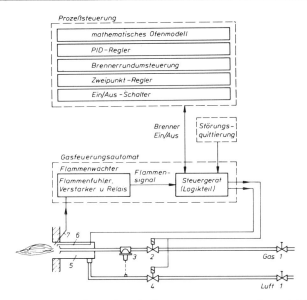

Bild 672: Schematische Darstellung eines Gasfeuerungsautomaten mit zugehörigem Brenner und Brennersteuerung

Flammenwächter gelieferte Signal nun zu verarbeiten. Dabei sind Steuergeräte Einrichtungen, die die Inbetriebnahme, also das Zünden, und die Außerbetriebnahme, also das Abschalten, eines Brenners nach einem vorgegebenen Programm bewirken. Die Steuergeräte selbst werden aufgrund von Befehlen, die aus der Ebene der Brennersteuerung stammen, zu einer Tätigkeit veranlaßt.

Dabei kann die Brennersteuerungsebene im einfachsten Fall ein Schalter oder ein Zweipunktregler sein. Es können aber auch stetige Regler oder eben Prozeßführungssysteme mit speziellen Brennersteuerungsprogrammen sein.

Die heute an Industrieöfen verwendeten Feuerungsautomaten sind zum überwiegenden Teil mit den robusten und in der Praxis bewährten mechanischen Programmschaltwerken mit Nockenscheiben ausgerüstet. Nachteilig ist bei diesen Geräten im Vergleich zu Programmgebern mit elektronischen Schaltungen der relativ große Platzbedarf und teilweise die zeitlich begrenzte Programmlaufgeschwindigkeit. So sind bei impulsgesteuerten Brennern mit häufiger kurzer Einschaltdauer die Schaltwerke einem hohen Verschleiß ausgesetzt, und es kann vorkommen, daß sie im Zeitablauf des Programms nicht mehr nachkommen. Diese Nachteile wurden durch Steuergeräte mit elektronischen Schaltwerken behoben. Die elektronischen Feuerungsautomaten sind in der Regel mit 19"-Einschubtechnik für den Schaltschrankeinbau verfügbar. In dieser Technik sind die Feuerungsautomaten bei den bekannten Fabrikaten auch meist direkt von Prozeßrechnern oder speicherprogrammierbaren Steuerungen ansprechbar.

Neben dieser als konventionell zu bezeichnenden Technik befinden sich seit etwa zwei bis drei Jahren in der Ebene der Brennerüberwachung auch Mikroprozessoren oder Mikrocomputer im praktischen Betriebseinsatz.

So verwendet eine deutsche Firma einen Mikroprozessor in ihren Flammenwächtern, wie dem in Bild 673 gezeigten Blockschaltbild zu entnehmen ist. Der Flammenwächter ist selbstprüfend und für den Dauerbetrieb zugelassen. Realisiert wird die Selbstprüfung durch den Einsatz des Mikroprozessors als zentrales Signalverarbeitungssystem in einkanaliger Ausführung. Alle Gerätefunktionen werden periodisch überprüft. Insbesondere umfaßt die Selbstprüfung den Mikroprozessor selbst, den Schreib-Lese-Speicher, den Programmspeicher, einen EPROM, und den Timer.

Zur Überprüfung der Lichtempfänger dienen periodische Signalunterbrechungen. Tritt innerhalb des Flammenwächters oder der Flammenfühler ein Fehlverhalten auf, das vom Mikroprozessor erkannt wird, so schaltet der Brenner ab, und es wird eine Störmeldung in codierter Form über vier Leuchtdioden ausgegeben.

Tritt ein Fehler auf, der den Mikroprozessor selbst außer Betrieb setzt und dessen Funktion blockiert, so wird die Abschaltung durch eine Programmlaufzeitkontrolle — watchdog-timer — veranlaßt.

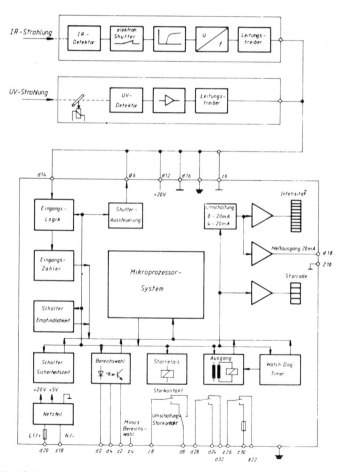

Bild 673: Blockschaltbild eines Flammenfühlers mit Mikroprozessorsystem

Ein anderes Beispiel für einen Mikroprozessoreinsatz zur Brennerüberwachung ist die Verwendung einer speziellen speicherprogrammierbaren Steuerung zur Realisierung des Programmgebers. Den sicherheitstechnischen Belangen wird diese Steuerung dadurch gerecht, daß zwei identische Mikrocomputersysteme zu einer Einheit zusammengebaut werden, in denen zweimal der gleiche Signalverarbeitungsprozeß abläuft. Kommt es zu unterschiedlichen Ergebnissen in den zwei Mikrocomputern, so leitet eine fehlersichere Vergleichseinrichtung eine sicherheitsgerichtete Abschaltroutine ein. Die anlagenspezifischen Überwachungsprogramme werden nach dem Austesten in zwei EPROM-Speichermodulen abgelegt. Da nach den geltenden Vorschriften und technischen Regeln Geräte zur Brennerüberwachung geprüft sein müssen, ist es notwendig, auch das spezielle Brennerüberwachungsprogramm abnehmen zu lassen.

Die beiden zuvor beschriebenen Mikrocomputeranwendungen sind bisher vor allem bei der Überwachung von Dampfkesselfeuerungen eingesetzt worden. Dies liegt wesentlich im Preis dieser Geräte im Vergleich zu den zu überwachenden Brennern begründet. Des weiteren erfüllen beide Geräte die Anforderungen für den Dauerbetrieb von Brennern, was besondere Kosten bei den Geräten verursacht. Der Brennerbetrieb an Industrieöfen erfordert dagegen in der Regel Geräte, die nur für den intermittierenden Betrieb zugelassen sein müssen. Diese Geräte sind in der Regel auch preisgünstiger.

In welcher Weise sich die Anwendung des Mikrocomputers zur Brennerüberwachung auch an Industrieöfen lohnt, wird im folgenden Beispiel aufgezeigt.

Die bisher ausgeführten Fälle betreffen drei Wärmebehandlungsöfen, die als Rollenherd-Durchlauföfen gebaut worden sind. Bild 674 zeigt in schematischer Darstellung einen der Öfen mit 80 Gasbrennern und zehn Regelzonen. Es sind Rekuperatorbrenner installiert, deren Anschlußwert unterschiedlich ist und etwa zwischen 30 und 130 kW liegt. Der entsprechende Gasvolumenstrom ist in Bild 674 angegeben. Die Brenner werden als Hochgeschwindigkeitsbrenner in Ein-Aus-Schaltung betrieben. Zur Prozeßsteuerung wird eine speicherprogrammierbare Steuerung eingesetzt. Zusätzlich zur Brennersteuerung übernimmt die SPS auch den Steuerteil der erforderlichen Feuerungsautomaten. Damit wird der Steuerteil der Gasfeuerungsautomaten durch eine speicherprogrammierbare Steuerung ersetzt. Der einzelne Brenner benötigt somit nur noch einen Flammenwächter.

Bei dieser installierten Brennerüberwachungseinrichtung handelt es sich um ein einkanaliges System. Es wurde daher für den Fall einer Störung im Mikrocomputersystem selbst ein zweiter, unabhängiger Abschaltweg vorgesehen. Hierzu wird die Programmlaufzeit

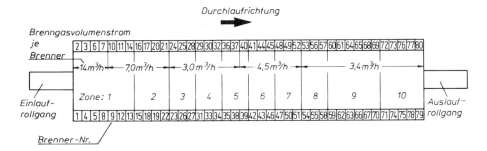

Bild 674: Schematische Darstellung eines Rollenherd-Durchlaufofens mit 80 Reku-Brennern und Brennerüberwachung über eine speicherprogrammierbare Steuerung

mit einer sogenannten Watch-dog-Routine überwacht, die bewirkt, daß innerhalb von 120 ms ein monostabiles Relais getriggert werden muß. Sollte infolge eines Fehlers im Mikrocomputer der Triggerimpuls ausbleiben, so wird die gesamte Ofenanlage mit sämtlichen Brennern abgeschaltet und das Sicherheitsabsperrventil ausgelöst.

Um auch Veränderungen in der Software oder Sprünge in falsche Programmteile zu erkennen, unterliegen sämtliche anwenderspezifischen Speicherplatzbereiche einem dauernden Prüfprogramm. Lediglich die ständig sich ändernden Text-, Bild- und Glühdatenspeicher unterliegen nicht diesem Prüfprogramm. Die Speicherbereiche für die Programmlisten der Standardprogramme, zum Beispiel Protokolle, Regler und das Prüfprogramm selbst, werden dagegen ebenfalls mitgeprüft.

Beim Ablauf des Prüfprogramms werden die einzelnen Maschinenworte nacheinander mit „Exklusiv oder" verknüpft. Die so für einen bestimmten Speicherbereich ermittelte Prüfzahl wird mit der vorher errechneten und auf dem EPROM abgelegten Prüfergebnis verglichen. Die Gesamtüberprüfung setzt sich aus 36 Teilprüfungen zusammen. In jedem Programmumlauf wird eine Teilprüfung durchgeführt. Bei einer mittleren Programmumlaufdauer von etwa 90 ms ergibt sich eine maximale Reaktionszeit von 3,24 s. Wird bei einer Teilprüfung ein Unterschied zwischen der aktuell ermittelten Prüfzahl und dem abgespeicherten Prüfergebnis festgestellt, so folgt ein Programmsprung in das Bedienungsprogramm. Dadurch unterbleibt der Triggerimpuls, und die gesamte Ofenanlage wird somit abgeschaltet.

Schlußfolgerungen

Anhand dieser Beispiele wird deutlich, in welche Richtung sich die Brennersteuerung bzw. Brennerüberwachung an Industrieöfen auch in Zukunft entwickeln wird. Der Mikroprozessor wird verstärkt Anwendung finden. Dabei können drei Einsatzmöglichkeiten unterschieden werden:

1. Anwendung von Mikroprozessoren in einzelnen Geräten, wie Flammenwächter und Programmgeber in Feuerungsautomaten,
2. speziell angepaßte speicherprogrammierbare Steuerungen und spezielle Mikrocomputersysteme für den Bereich der Brennerüberwachung sowie Brennerwartung und Instandhaltung,
3. Weiterentwicklung der Prozeßsteuerungen mit Prozeßrechnern und speziellen Unterprogrammen zur Brennersteuerung.

Die Vorteile beim Einsatz von Mikrocomputersystemen sind aus der Sicht der Erbauer von Steuerungsanlagen oft beschrieben worden. Die zwei wesentlichen Punkte seien noch einmal genannt:

— verbesserte Möglichkeiten zur Realisierung hoher steuerungstechnischer Verknüpfungsgrade,
— Verkürzung der Herstellungsdauer einer Steuerung.

Aus der Sicht der Betreiber von Industrieöfen sind zusätzlich folgende Vorteile wesentlich:

— bessere Flexibilität bei der Anpassung der Steuerung an anlagenspezifischen Erfordernissen,
— Steigerung der Übersichtlichkeit und Vereinfachung des Berichtwesens (Tages-, Wochen-, Monatsprotokolle),

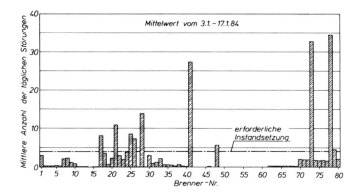

Bild 675: Balkendiagramm zur Darstellung von Brennerstörungen, gemittelt über 14 Tage

— Möglichkeiten der kontinuierlichen Bilanzierung des Ofenprozesses,
— Verringerung des Personaleinsatzes durch höheren Automatisierungsgrad,
— Erhöhung der Produktivität der Industrieöfen (zum Beispiel durch gleichzeitige Steuerung von bis zu vier Glühprogrammen in den beschriebenen Durchlauföfen,
— Erleichterung der Wartung und Instandhaltung durch Störungsanalysen vom Mikrocomputersystem und Ausgabe von Hinweisen zur Fehlerbeseitigung.

Für den letzten Punkt sei anhand von Bild 675 ein Beispiel gezeigt. In Bild 675 ist die über eine Zeit von 14 Tagen gemittelte Anzahl von Brennerstörungen an dem zuvor beschriebenen Ofen dargestellt.

Die schraffierten Balken geben an, wie oft der jeweilige Brenner im Mittel täglich auf Störung gegangen ist. Bei vier Brennerstörungen pro Tag ist eine Grenze eingezeichnet, die aufzeigt, daß Brenner, die mehr als viermal pro Tag auf Störung gehen, zu überprüfen und zu reparieren sind. Die hohe Zahl der Brennerstörungen ergibt sich hier dadurch, daß beim Drücken der Entstörtaste alle 80 Brenner entstört werden; unmittelbar danach gehen aber die defekten Brenner sofort wieder auf Störung. Solche oder ähnliche Übersichten, die der Mikrocomputer täglich ausgeben kann, erleichtern die gezielte Wartung und Instandhaltung bzw. machen sie bei vielen Brennern überhaupt erst möglich.

Die bisher aufgetretenen Probleme beim Einsatz von Mikrocomputern zur Brennersteuerung und Brennerüberwachung decken sich mit den Schwierigkeiten, die allgemein bei der Anwendung von Mikrocomputern zur Prozeßsteuerung genannt werden. Im besonderen sind bei Brennersteuerungen bisher folgende Fehler aufgetreten:
— Ausfälle im Netzteil des Mikrocomputersystems,
— Wackelkontakte an den Busleitungen,
— Veränderungen in der Software und
— EPROM-Fehler nach mehrmaligem Löschen und Beschreiben.

Alle Fehler lösten bisher eine der eingebauten Sicherheitsmaßnahmen aus und führten so zu einem ordnungsgemäßen Abschalten der Ofenanlage. Somit sind die gesammelten Erfahrungen mit den neueren Konzepten zur Brennersteuerung und Brennerüberwachung in der Summe positiv.

11.2.2.3. Führung von Wärmanlagen mit Prozeßrechnern

Über die Führungsstrategie für Wärmöfen geben Woelk und Uetz folgende Übersicht [231].

Das Ziel jeder Automatisierung ist es, technische Prozesse möglichst ökonomisch zu betreiben und gleichzeitig die Qualität der Produkte zu verbessern.

Will man einen Prozeß führen und will man dafür das zur Zeit am besten geeignete Gerät einsetzen, nämlich einen Prozeßrechner, so muß man sich von dem Prozeßgeschehen ein mathematisches Modell machen, mit dem man den Prozeß beschreiben kann. Einfache, jedoch adaptive oder selbstlernende Modelle verringern den rechnerischen und vielfach auch den apparativen Aufwand einer Prozeßführung bedeutend.

Neben den bisher vom Menschen durchgeführten Aufgaben, wie die Überwachung von Meßwerten und das Berechnen und Eingeben von Führungsgrößen, können vom Prozeßrechner auch Regel- und Führungsaufgaben übernommen werden. Setzt man den Rechner als Regler ein, so bezeichnet man dies als direkte, digitale Regelung. Der Rechner löst die Differentialgleichung des Reglers numerisch und steuert die Stellorgane direkt an. Durch einfache Nebenrechnungen lassen sich die Reglerkennwerte dem jeweiligen Betriebspunkt der Anlage anpassen. Die Führungsaufgabe des Rechners besteht darin, nach vorgegebenen Anfangs- und Nebenbedingungen aus der Vielzahl der Prozeßführungsmöglichkeiten diejenige herauszusuchen, die die Zielbedingungen zwar erfüllt, sie aber nicht zur sicheren Seite überschreitet.

Man unterscheidet zwei verschiedene Arten einer Prozeßführung, die rückwärtsgekoppelte Führung und die vorwärtsgekoppelte Führung. Bei der rückwärtsgekoppelten Führung werden die Führungsgrößen des Prozesses durch Suchen gefunden. Sie werden schrittweise verstellt, bis die Zielgrößen für das Gut beim Ofenaustritt erfüllt sind. Zur vorwärtsgekoppelten Führung wird der Prozeß durch eine mathematische Beschreibung, ein mathematisches Modell, nachgebildet. Ist das Modell nur eine angenäherte Darstellung der realen Zusammenhänge, so kann man das Modell durch Adaption im Betrieb verbessern.

Um einen Rechner in dieser hohen Einsatzform als Führungsrechner mit Vorwärtskopplung verwenden zu können, wird ein vorhersagendes (prädikatives) mathematisches Modell benötigt. Die Rechenzeit dieses Modells muß so klein sein, daß der Prozeß und das Modell nicht auseinanderfallen, damit ein Echtzeitbetrieb möglich ist.

Wirkkreise bei der Wärmofenführung

Die Führung eines Wärmofens im Sinne der Regelungstechnik ist vor allem dann schwierig, wenn der Gutdurchsatz aufgrund veränderlicher Gutgeometrie und veränderlichen Verweilzeiten ständig andere Ofenraumtemperaturen erfordert.

Eine mögliche Führungsstrategie ist in Bild 676 dargestellt. Sie gliedert sich in drei Wirkkreise, den Regelkreis, den Führungskreis und den Adaptionskreis.

Der Regelkreis beinhaltet den Ofen und die Regler. Am Ofen wird die Ofenraumtemperatur als Regelgröße gemessen, im Regler wird diese mit einem Sollwert verglichen und die Heizleistung als Stellgröße so verändert, daß der Sollwert eingehalten wird. Diese Problemlösung ist seit langem Stand der Technik, und es ist gleichgültig und nur eine Kostenfrage, ob die apparative Ausführung analog in herkömmlicher Technik oder digital mit einem Prozeßrechner erfolgt. Daß man bei der digitalen Ausführung eine Anpassung der Regelparameter an den jeweiligen Prozeßzustand durchführen kann, ist ein großer

11. Computereinsatz im Industrieofenbau

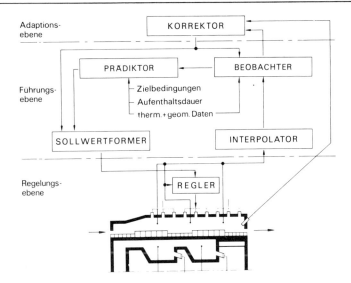

Bild 670. Führungsstrategie für einen Stoßofen

Vorteil, hat aber keinen grundsätzlichen Einfluß auf das Regelgeschehen, sondern verbessert nur die Regelgüte.

Der zweite Wirkkreis, der eigentliche Führungskreis, dient dazu, die zeitliche Sollwertfunktion jedes einzelnen Regelkreises entsprechend den an den Prozeß gestellten Förderungen zu berechnen. Diese Aufgabe ist nur noch mit einem Rechner zu verwirklichen.

In einem mathematischen Modell für die Erwärmung des Gutes, dem Prädiktor, wird zum Beispiel für jede Bramme, die sich im Ofen befindet, diejenige Sollwertfunktion für die Ofenraumtemperatur berechnet, die erforderlich ist, damit das Gut die Erwärmungsforderungen erreicht. Dabei geht man für jede Bramme von ihren thermischen und geometrischen Daten, den an sie gestellten Zielbedingungen, der jeweils noch zur Verfügung stehenden Aufenthaltszeit im Ofen und dem zur betrachteten Zeit herrschenden Temperaturfeld in der Bramme aus. Der Prädiktor ist also ein mathematisches Modell des Prozesses, das auf das zukünftige Verhalten der Anlage hin ausgerichtet ist.

Für ein korrektes Arbeiten benötigt der Prädiktor aber den augenblicklichen Zustand des Prozesses. Es lassen sich jedoch nicht in jedem Falle die Zustandsgrößen — es sind dies die örtlich verschiedenen Temperaturen in den einzelnen Brammen — im erforderlichen Umfang messen. Daher sorgt ein zweites mathematisches Modell, der Beobachter, dafür, daß an nicht realisierbaren Meßstellen dennoch mathematisch simulierte Meßwerte vorhanden sind. Der Beobachter ist ein auf die Gegenwart ausgerichtetes mathematisches Modell. Seine mathematischen Grundlagen beruhen auf den bekannten Methoden der Wärmeübertragung und Wärmeleitung. Schwierigkeiten treten hierbei in der Hauptsache bei der korrekten Bestimmung der Wärmeübergangsverhältnisse im Ofen auf.

Zur Behebung dieser Schwierigkeiten dient der dritte Wirkkreis, der Adaptionskreis. In ihm werden prozeßrelevante Größen, die entweder unbekannt oder nur annähernd bekannt sind, bestmöglichst ermittelt. Im Falle des Wärmeprozesses in einem Industrieofen gehört zum Beispiel der Gesamtwärmeübergangskoeffizient zu einer solchen nur annähernd bekannten Größe. Es ist zwar möglich, ihn aus den Beziehungen der Wärmeübertragung für die Konvektion und Strahlung zu berechnen, doch das Ergebnis kann nur als Näherung an die komplexen Wärmeübergangsbedingungen in einem Industrieofen angesehen werden.

Zur Verbesserung der Näherungslösung kann folgender Weg eingeschlagen werden. Kann man einen der vom Beobachter simulierten Meßwerte wirklich messen, so läßt sich durch Vergleich des simulierten und gemessenen Wertes eine mathematische Regelung (Korrektor) aufbauen, die die Wärmeübergangsbedingungen so lange verändert, bis die Abweichung zwischen den Werten minimal wird. Rechnung und Messung sind dann bestmöglich angepaßt.

Im Führungskreis sind noch zwei weitere Programmodule erforderlich. Für die Zuordnung der Ofenraumtemperatur zu einer Bramme dient das Rechnerprogramm „Interpolator" und umgekehrt für die Zuordnung der vom Prädiktor berechneten Sollwertfunktion auf die einzelnen Regelkreise dient das Programm „Sollwertformer".

Ergebnisse und Erfahrungen bei einer Stoßofenautomatisierung

Forderungen an das Automatisierungssystem

Im Zuge der Gesamtautomatisierung eines Grobblechwalzwerkes war die Aufgabe zu erfüllen, zwei schwerölbeheizte Stoßöfen mit einem Prozeßrechner zu führen. Dabei mußten für jeden Betriebszustand optimale Sollwerte für das Brennstoff-Luft-Gemisch und für die Ofenraumtemperaturen vom Rechner an die konventionelle Regelanlage vorgegeben werden.

Aufbauend auf den vorstehend erläuterten mathematischen Modellen und der beschriebenen Führungsstrategie wurden leistungsfähige Realzeitmodell entwickelt, die auf einem Prozeßrechner AEG 80-20 zum Einsatz kamen. Für die Automatisierung der beiden Stoßöfen waren folgende technologische Ziele gefordert:
— gleichmäßige Erwärmung auf vorgegebene Ziehtemperaturen bei sehr unterschiedlichen Stahlqualitäten und Walzgutabmessungen in Abhängigkeit vom Durchsatz sowie
— Gewährleistung einer einwandfreien Verbrennung durch Vorgabe eines leistungsabhängigen Brennstoff-Luft-Verhältnisses.

Diese beiden Ziele sollten unter energetisch optimalen Bedingungen erreicht werden.

Die dargelegte Art der Ofenautomatisierung kann heute noch nicht als Stand der Technik angesehen werden, weil bisher nur wenige Anlagen in der Welt mit Führungsrechnern ausgerüstet sind. Deshalb ist die Höhe der möglichen Energieersparnis gegenüber einer herkömmlichen Handfahrweise der Öfen schwer abschätzbar. Im vorliegenden Fall wurde dem Ofenbetreiber ein um 4 % geringerer Energieverbrauch gegenüber der Handfahrweise garantiert.

Zusätzlich zu der eigentlichen Ofenführung wurden von der Prozeßrechenanlage folgende Aufgaben übernommen:
— Energiebilanzierung,
— Erstellen eines Schichtberichtes,
— Erstellen eines Tagesberichtes,
— Melden einer Überschreitung von Grenzwerten,
— Überwachen gefährdeter Anlagenteile und Alarmierung im Störungsfall sowie

— Übernahme der Materialverfolgung für den Ofenbereich bei Ausfall der übergeordneten Materialverfolgung

Adaptionsphasen bei der Systeminstallation

Optimierung des Brennstoff-Luft-Verhältnisses

Es ist eine bekannte Tatsache, daß ein Brenner bei kleinem Brennstoff- und Luftdurchsatz, also im abgeregelten Zustand, einen höheren Luftüberschuß zur ordnungsgemäßen Verbrennung benötigt als bei seiner Nennleistung. Ein Maß für den Luftüberschuß ist der Luftfaktor, der das Verhältnis des wahren Luftdurchsatzes durch den Brenner zu dem Luftdurchsatz angibt, der für eine stöchiometrische Verbrennung erforderlich wäre.

Fortschrittliche Brennerhersteller geben für ihre Produkte Brennerkennlinien aus, bei denen der günstige Luftfaktor über den Brennstoffdurchsatz aufgetragen ist. Solche Kennlinien können jedoch nur als Richtfunktion angesehen werden, weil die Einbausituation und der Ofenraum Rückwirkungen auf die Verbrennung haben.

Soll die Verbrennung jedoch in allen Lastbereichen optimal, das heißt unter vollständigem Ausbrand und unter möglichst geringer Schadstoffproduktion ablaufen, so muß man die Brennerkennlinie an die Gegebenheiten des Ofens anpassen. Das kann zum Beispiel durch Einsatz von Sauerstoffsonden geschehen, wobei man eine solche Sonde mindestens im Abgaskanal anbringen muß. Bei der Adaption der Brennerkennlinie bei den beiden baugleichen Stoßöfen zeigte sich, daß für den ordnungsgemäßen Betrieb ein höherer Luftüberschuß erforderlich war, als ihn die Brennerhersteller angegeben hatte. Diese Tatsache ist aus Bild 677 deutlich zu erkennen.

Optimierung des Prozeßmodells

Im Abschnitt über den Wirkkreis wurde dargelegt, daß die Führungsstrategie für den Stoßofen einen Adaptionskreis enthält, der dazu dient, die im Ofen herrschenden Wärmeübergangsbedingungen möglichst gut im Prozeßmodell anzunähern. Zu diesem Zweck waren

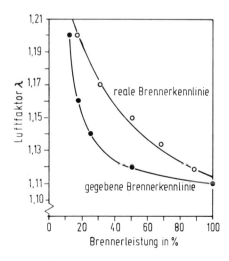

Bild 677: Vergleich zwischen gegebener und realer Brennerkennlinie

in den beiden Stoßöfen je zwei Strahlungspyrometer angebracht, mit denen die Oberflächentemperatur der Brammen an zwei Positionen im Ofen gemessen werden konnte. Der Vergleich der berechneten Temperaturen an den gleichen Ofenpositionen erbrachte eine Temperaturdifferenz zwischen Messung und Rechnung, die zur Korrektur der in der Rechnung eingesetzten Wärmeübergangsbedingungen diente.

Die Optimierung des Prozeßmodells durch Anpassung der Wärmeübergangsbedingungen wurde in zehn Optimierungsphasen soweit erreicht, daß der weitere Einsatz des Programmoduls „Korrektor" keine wesentlichen Verbesserungen mehr brachte.

Der Betrag der Temperaturdifferenz zwischen Messung und Rechnung, der ein Maß für die Güte des Prozeßmodells ist, ist in Bild 678 dargestellt. Der schraffierte Bereich in diesem Bild stellt das Streuband dar, in dem die Temperaturdifferenzen während des Ofenbetriebes lagen. Der sich ständig wiederholende Einsatz des Korrektors konnte den Fehler zwischen Messung und Berechnung bei wechselnden Ofenverhältnissen unter dem Wert von etwa 12 K halten.

Die Anfangsoptimierung wurde immer bei großen gleichbleibenden Chargen durchgeführt.

Optimierung des Sollwertformers

Beim anfänglichen Einsatz des Prozeßmodells zeigte sich, daß die vom Sollwertformer berechnete Ofenraumtemperatur nicht zu den erwarteten Aufheizkurven der Brammen führte. Deshalb mußte auch eine Korrektur der Sollwerte für die einzelnen Zonen des Ofens durchgeführt werden.

Durch einen für jede Zone unterschiedlichen Bewertungsfaktor konnte diese Korrektur mit der nötigen Genauigkeit erreicht werden. Es zeigte sich, daß ein solcher Faktor für alle weiteren Betriebszustände, für alle Stahlqualitäten und Wärmegutabmessungen die geforderte Ziehtemperatur und Durchwärmung erbrachte.

Die Ermittlung der Bewertungsfaktoren wurde bei sehr stark wechselnden Chargen die Qualität, Geometrie und Durchsatz vorgenommen.

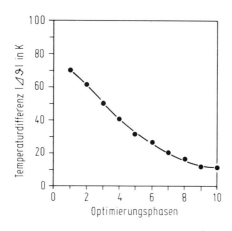

Bild 678: Verbesserung der Temperaturdifferenz zwischen Rechnung und Messung durch Adaption

Zusammenfassung

Die Automatisierung von Walzwerksöfen mit Prozeßrechenanlagen ist heutzutage nur in wenigen Fällen durchgeführt worden. Obwohl die Führungsstrategie für solche Öfen seit langem bekannt ist, konnten sich nur wenige Ofenbetreiber zu deren Anwendung entschließen. Die vorausgehenden Erörterungen beschreiben die Führungsstrategie und geben vor allem einen Erfahrungsbericht über die Automatisierung zweier baugleicher Stoßöfen von je 80 t/h Durchsatz.

Die anfänglich abgegebene Garantie von 4 % Energieeinsparung bei Einsatz des Prozeßrechners gegenüber einer herkömmlichen Handfahrweise konnte in einem Leistungstest beträchtlich überschritten werden und ergab einen Wert von 6,7 %. Hierbei muß berücksichtigt werden, daß bei der Handfahrweise die Durchwärmung nicht eingehalten wurde, während die Rechnerfahrweise die geforderten Bedingungen in jedem Falle erfüllte.

Unter Berücksichtigung des geringeren Energieverbrauches durch Nichteinhalten der Durchwärmung bei der Handfahrweise hätte der Einsatz des Prozeßrechners eine Energieeinsparung von mehr als 10 % ergeben.

11.2.2.4. Regelung von gasbeheizten Wärmebehandlungsöfen mit Schalttafelcomputern

Im folgenden Text wird von Woelk [227] ein erprobter Vorschlag dargelegt, einen Wärmebehandlungsofen mit mehreren Regelzonen durch Kleinstrechner, sogenannte Schalttafelcomputer zu führen. Hierbei soll jede Regelzone ihrerseits mehrere Brenner oder Strahlrohre enthalten.

Im Schrifttum wurde in jüngerer Zeit verschiedentlich über Systeme berichtet, die mehrere Brenner einer Regelzone zeitlich und örtlich takten und damit eine Erweiterung des Regelbereiches solcher Zonen erreichten. Die vorgestellte Anlage weist demgegenüber einige Vorteile auf, über die genauer berichtet werden soll. Eine kurze Aufzählung der Vorteile soll zur Übersicht dienen:

— Einhaltung einer minimalen Brennzeit im unteren Lastbereich durch Verlängerung der Umlaufzeit über alle Brenner einer Zone,
— konstante Versatzzeit zwischen dem Schalten einzelner Brenner, dadurch Vermeidung zu häufigen Schaltens der Magnetventile.

Mit der Umlaufzeit von 160 s berechnet man eine Brenndauer von

$$t_e = 0{,}57 \cdot t_u = 0{,}57 \cdot 160 \text{ s} = 91{,}2 \text{ s}.$$

Da die Taktzeit $t_T = 2$ s festgelegt wurde, ist es nicht möglich, die Brenndauer von 91,2 s einzuhalten. Der Computer würde nur bei 90 s oder 92 s schalten können.

Das Einführen einer Taktzeit liegt nicht im Computer begrundet — dieser könnte die Zeit wesentlich feiner unterteilen —, sondern es handelt sich dabei um eine programmtechnische Maßnahme, die dazu dient, dem Computer die Zwischenzeit für andere Berechnungen freizuhalten.

Der einstellbare Leistungsgrad wäre unter diesen Umständen entweder 56,25 oder 57,5 %. Die Staffelung des Leistungsgrades ist damit 1,25 %, was für Industrieöfen als vollkommen ausreichend angesehen werden kann.

762 11. Computereinsatz im Industrieofenbau

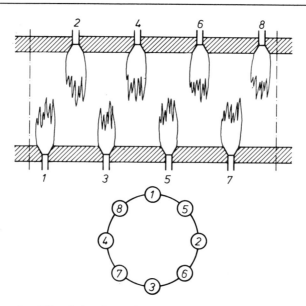

Bild 679: Regelzone eines Wärmebehandlungsofens mit acht Brennern; zeitliche Zündfolge der Brenner

Sind die acht Brenner oder Strahlrohre in der betrachteten Ofenzone gegenüber versetzt angeordnet und numeriert man die Brenner wie die Häuser in einer Straße, so weist die eine Ofenseite die ungeraden und die andere Seite die geraden Nummern auf (Bild 679). Eine mögliche örtliche Zündfolgenverteilung ist durch den Zahlenring in Bild 679 gegeben.

In Bild 680 ist sowohl die zeitliche als auch die örtliche Verteilung der Brenn- und Pausendauer für das vorher genannte Beispiel dargestellt. Dieser Fall enthält keine Besonderheiten gegenüber bisher bekannten Steuerstrategien für Regelzonen mit mehreren Brennern.

Verlangt der Regler für die betrachtete Zone jedoch einen Leistungsgrad von weniger als 12,5 %, so müßte bei der dargelegten Strategie die Brenndauer kleiner als die Mindestbrenndauer werden. Dies darf nicht eintreten. Der Computer muß bei einer solchen Vorgabe auf eine andere Strategie umschalten.

Bei einer Verlängerung der Umlaufzeit läßt sich immer erreichen, daß bei Einhalten der Mindestbrenndauer eines einzelnen Brenners das dem Leistungsgrad entsprechende Brenndauer-Umlaufzeit-Verhältnis gefahren werden kann.

Auch dieser Fall sei an einem Beispiel erläutert:

Fordert der Regler einen Leistungsgrad von 9 %, so läßt sich die Umlaufzeit bei Einhalten der Mindestbrenndauer von 20 s wie folgt berechnen:

$$t_{e,min}/t_u = 9\,\%/100\,\%,$$

$$t_u = 11{,}11 \cdot t_{e,min} = 11{,}11 \cdot 20\text{ s} = 222{,}2\text{ s}.$$

11. Computereinsatz im Industrieofenbau

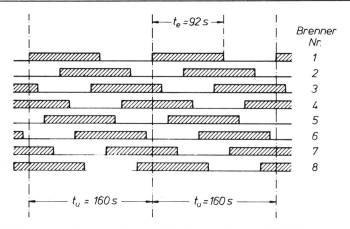

Bild 680: Brennzeitdiagramm für eine Acht-Brenner-Zone bei 57,5 % Leistungsgrad

Da die Taktzeit von 2 s einzuhalten ist und die Umlaufzeit ein Vielfaches von $n_B = 8$ sein soll, wird die Umlaufzeit 224 s betragen. Der wahre Leistungsgrad beträgt dann 8,93 %.

Für diesen Leistungsgrad sind die Verhältnisse in Bild 681 dargestellt.

Schalttafelcomputer

In jüngerer Zeit sind auf dem Markt verschiedene Kleinstrechenanlagen für den industriellen Einsatz erschienen. Diese Rechner sind den Homecomputern vergleichbar und sind vielfach in ihren Bauelementen mit diesen identisch.

Beim industriellen Einsatz werden jedoch höhere Anforderungen an einen Kleinrechner gestellt, als es im häuslichen oder bürotechnischen Bereich der Fall ist. So ist es zwingend erforderlich, daß Prozeßdaten bei Netzausfall nicht verlorengehen und daß bei Neetzwiederkehr der Rechner das Programm an der korrekten Stelle weiterführt.

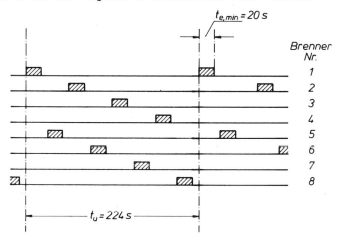

Bild 681: Brennzeitdiagramm für eine Acht-Brenner-Zone bei 8,93 % Leistungsgrad

Störungen, die über das Netz oder die angeschlossenen Signalleitungen auf den Rechner einwirken, dürfen nicht dazu führen, daß der Programmablauf gestört wird. Zur Vermeidung solcher Fehlläufe müssen besondere bauliche Maßnahmen getroffen werden, die auf der Netzseite spezielle Filter und auf der Signalseite optische oder galvanische Entkopplungen erfordern.

Von den Homecomputern unterscheiden sich die Industrie-Kleinrechner besonders dadurch, daß sie jeweils mit einer prozeßbedingten Anzahl von analogen und digitalen Ein/Ausgängen bestückbar sind. Dagegen ist es meistens nicht erforderlich, daß sie jederzeit mit wechselnden Programmen geladen werden können.

Eine Kleinrechenanlage wird in der Industrie in der Regel für nur eine Aufgabe eingesetzt. Ist das erforderliche Programm entwickelt und getestet, so wird es nicht mehr ausgewechselt. Es ist daher günstig, ein solches Programm in einen dauerhaften Speicher abzulegen, wo es nur noch gelesen werden kann.

Eine weitere Forderung an Industrie-Kleinrechner ist eine einfache und für Nichtfachleute auf dem Computerwesen verständliche Kommunikationsmöglichkeit. Übliche Ein/Ausgabeterminals, deren Bedienung die Kenntnis besonderer Codes erfordern, scheinen für den genannten Zweck ungeeignet. Es sollte jedoch die Möglichkeit bestehen, solche Terminals für Service- und Einfahrarbeiten anschließen zu können.

Bei der Realisierung einer Mehrbrennersteuerung nach dem dargelegten Prinzip wurde ein industrieller Kleinrechner eingesetzt, der die vorgenannten Forderungen voll erfüllte (Bild 682).

Ein besonderes Merkmal dieses Rechners ist seine Bauform. Er ist in ein für den Schalttafeleinbau genormtes Gehäuse von 144 mm x 288 mm Frontplattengröße eingebaut. Alle Bedienungselemente — es sind dies lediglich acht Drucktasten mit LED-Indikatoren, ein Schlüsselschalter und zwei gut lesbare numerische und alphanumerische Anzeigen —, sind auf der Frontplatte untergebracht. Die Bauform führte zu der Namensgebung, nämlich Schalttafelcomputer. Die Kapazität eines solchen Rechners ist die eines voll ausgebauten Homecomputers.

Eine weitere Besonderheit des Schalttafelcomputers ist es, daß die Elemente zur Ankopplung des Prozesses an den Rechner den jeweiligen Erfordernissen weitgehend angepaßt werden können. Man kann die Anzahl der analogen und digitalen Ein- und Ausgänge in bestimmten Grenzen variieren. Auf den vorliegenden Fall der Mehrbrennersteuerung

Bild 682: Schalttafelcomputer

angewandt bedeutet das, daß man mit einem Rechner bis zu 16 Brenner steuern kann, die sich entweder in einer Zone befinden oder bis zu acht Zonen aufgeteilt sein können.

Aufgrund der hohen Rechnerkapazität lassen sich die Regler für die einzelnen Zonen im Rechner mitverwirlichen. Bei der realisierten Anlage waren diese Regler als Zeitplanregler ausgebildet.

Ein besonderer Vorzug beim Einsatz der Schalttafelcomputer ist die Tatsache, daß man mehrere Schalttafelcomputer untereinander datenmäßig koppeln kann. Das bedeutet, daß ein Rechner einem oder mehreren anderen Rechnern Daten übermitteln kann. Hierdurch hat man die Möglichkeit, eine Prozeßführung zu installieren, ohne einen wesentlich höheren Hardwareaufwand zu betreiben. Gegebenenfalls müßte ein Masterrechner zugeschaltet werden, der auch in der Form eines Schalttafelcomputers vorhanden ist und der geeignet ist, aufwendige mathematische Berechnungen durchzuführen und mit seinen Ergebnissen die einzelnen Schalttafelcomputer als Slaverechner zu führen.

Der finanzielle Aufwand für das beschriebene Mehrbrennersteuersystem ist bei entsprechender Zonenzahl sicher nicht höher, eher niedriger als vergleichbare herkömmliche Systeme. Der Vorteil der fast beliebigen Erweiterung des Systems durch höhere technologische Anforderungen ist nicht zu übersehen. Eine solche Erweiterung ist immer dann möglich, wenn es darum geht, die höhere Technologie durch Ändern oder Erweitern des Programms zu erreichen. Die auf das spezielle Anwenderprogramm bezogene Programmierung kann sowohl in einer höheren Programmiersprache als auch in Assembler vom Anwender selbst oder von dem Rechnerhersteller durchgeführt werden.

Zusammenfassung

Es wird ein Regel- und Steuersystem vorgestellt, das in der Lage ist, einen Wärmebehandlungsofen mit mehreren Regelzonen zu führen. Jede Regelzone kann dabei bis zu 16 Brenner enthalten.

Durch eine zeit- und ortsgerechte Taktung der Brenner wird die zugeführte Energie möglichst gleichmäßig über die Zone verteilt. Dabei ist gewährleistet, daß eine Mindestbrenndauer jedes einzelnen Brenners eingehalten wird. Zur Verringerung der Schalthäufigkeit der Magnetventile werden verschiedene Steuerungsstrategien gefahren, jeweils eine für einen hohen und eine für einen niedrigen Leistungsgrad.

Als Steuer- und Regelgerät hat sich eine Kleinstrechenanlage, die als Schalttafelcomputer kürzlich auf den Markt kam, besonders geeignet gezeigt.

11.2.2.5. Mikroprozessorsystem regelt und steuert gasbeheizten Wärmebehandlungsofen in einer Gesenkschmiede

Von Ochel, Lenz und Ambrozus [232] liegt folgende Veröffentlichung vor.

Der wirtschaftliche Einsatz digitaler Prozeßregel- und Steuersysteme an gasbeheizten Industrieöfen gewinnt im Hinblick auf Anschaffungskosten, Temperaturgenauigkeit, Temperaturgleichmäßigkeit, Einsparung von Primärenergie und Erhöhung des Bedienungskomforts auch für kleine und mittlere Wärm- und Wärmebehandlungsöfen zunehmend an Bedeutung.

In einer Gesenkschmiede wurde ein nach dem Durchstoßprinzip arbeitender Wärmebehandlungsofen (Bild 683) nachträglich mit einer digitalen Regelung und Steuerung mittels Mikroprozessoren versehen. Gleichzeitig wurde die komplette Beheizungsein-

Bild 683: Gesamtansicht des Wärmebehandlungsofens

richtung ausgetauscht, um einerseits die sicherheitstechnischen Vorschriften zu erfüllen (G610-SEB391010), andererseits die Voraussetzung für den Einsatz der Mikroprozessorregelung zu schaffen. Unter Verzicht auf die bisher bei Temperatur- und Gemischregelanlagen üblicherweise eingesetzten Mengenmeßumformer, Stellantriebe, Regelklappen und konventionellen Regler wurde der Wärmebehandlungsofen mit einer Sechs-Zonen-Mikroprozessortemperaturregelung (Bild 685) versehen. Die erforderliche Regelung des Gas-Luft-Verhältnisses wurde mit dem Gleichdruckregelsystem Gl für jeden Brenner realisiert. Die technischen Kennwerte des modifizierten Wärmebehandlungsofens sind in Tafel 134 zusammengefaßt.

Das Einsatzgut wird auf Schubroste aufgelegt und über Gleitschienen aus hitzebeständigem Material durch den Ofen gestoßen. Es ist ein automatisch arbeitender Rostrücktransport vorhanden. Aufgrund des niedrigen Arbeitstemperaturbereichs wurde auf den Einbau eines Rekuperators zunächst verzichtet. Der Ofendruck wird über eine atmosphärische Ofenraumdruckregelung mit Zugunterbrecher weitgehend konstant gehalten.

Tafel 134: Technische Kennwerte des Wärmebehandlungsofens

Nutzbare Herdlänge	mm	11 000
Nutzbare Herdbreite	mm	2 000
Höhe des Ofens	mm	880
Maximale Durchsatzleistung	kg/h	1 800 (netto)
Anlaßtemperaturbereich	°C	550 ... 650
Einsatztemperaturbereich	°C	20 ... 150
Brennstoff		Koksofengas
Heizwert $H_{u,n}$ des Brennstoffes	kJ/m^3	17 166,7

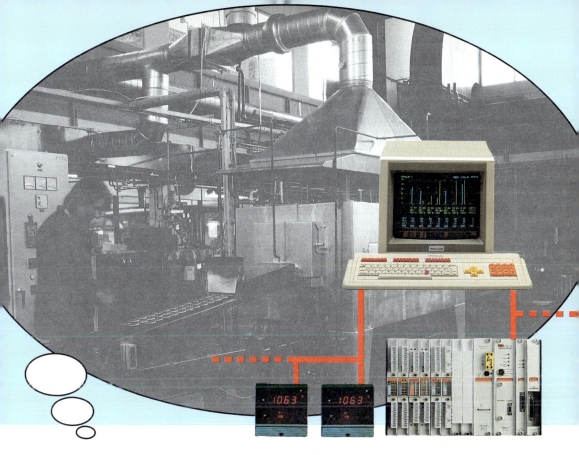

Denken Sie an Automation, dann ist HONEYWELL Ihr richtiger Partner

- Versalink 300 Leitzentrale für Regler, Schreiber und freiprogrammierbare Steuerungen
- Mehrplatzbedienung (Multiuser/Multitasking) ermöglicht raschen Zugriff und übersichtliche Prozeßführung
- Menügeführte Bedienung vereinfacht den Umgang mit dem System und erleichtert den Aufbau von anwendungsspezifischen dynamischen Fließbildern
- Versalink ist eine anwendungserprobte Systemlösung für den Ofenbau
- HONEYWELL – das ist Qualität, Flexibilität, Erfahrung

HONEYWELL Regelsysteme GmbH
Abteilung P C D
Kaiserleistraße 55
6050 Offenbach / Main
Tel.: 069 / 8064-341

VERSALINK – ein Schritt näher zur Fabrikautomation

Gemeinsam finden wir die Lösung.
Honeywell

KERFA®

Heizsysteme
Isoliersysteme

Bauelemente aus keramischen Fasern
— asbestfrei
— energiesparend

zur Wärmeisolation für Wärmebehandlungsanlagen
— gas- oder elektrisch beheizt

KERFA GmbH
Industriebeheizungen

Hagener Straße 26
D-5820 Gevelsberg
Telefon (0 23 32) 20 76/77
Telex 8202707 kerf d

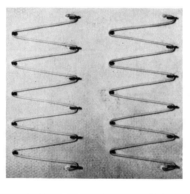

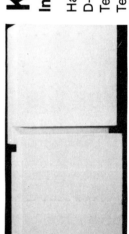

Beheizungsanlage

Die Beheizung des Wärmebehandlungsofens wird mit 24 direkt gezündeten Gasbrennern vorgenommen, die in sechs Regelzonen aufgeteilt sind. Jedem Brenner ist ein Gasmagnetventil und ein Luftmagnetventil mit Bypassdüse zugeordnet (Bild 684). Im Funktionszusammenhang mit dem Mikroprozessorsystem wird die Brennereinschaltung impulsweise in zwei Laststufen vorgenommen.

Impulsbrennerfeuerungen gewährleisten gute Durchmischung und erlauben hohe Regelgenauigkeit in Regelsystemen, die die verschiedenen Parameter verarbeiten können. Sparsamer Energieverbrauch ist insbesondere möglich, wenn die eingestellten Verbrennungswerte unter den verschiedenen Betriebsbedingungen konstant gehalten, das heißt ausgeregelt werden. Für den Ausgleich von Schwankungen des Luft- und Gasdruckes ist jedem Brenner ein Gleichdruckimpulsventil zugeordnet. Damit ist trotz ständiger Lastschwankungen bei Impulsfeuerungen ein störungsloser Betrieb möglich. Entsprechend dem direkt vor dem Brenner abgegriffenen Luftdruck wird mit einem Gleichdruckventil der Gasdruck geregelt.

Direkt gezündete Brenner des Typs ZIK/ZIO lassen sich im Verhältnis 1:25 steuern. Die Grundlast ist also etwa 4 % der maximalen Leistung. Sie wird über eine Bypassdüse im Luftventil und im Gleichdruckregler eingestellt. Sobald die Brennergrundlast die augenblickliche Verlustleistung des Ofens überschreitet und die Regelabweichung einen vorgewählten Wert erreicht, kann der Impulsbrenner ganz abgeschaltet werden. Steigt der Wärmebedarf, so wird automatisch mit Grundlast gezündet. Die Öffnungs- und Schließcharakteristik der Luftventile ist langsam, so daß sogar während der Stellzeit das einmal gewählte

Bild 684: Teilaussicht der Brennerinstallation

Verhältnis von Luft und Gas durch die Gleichdruckregler konstant gehalten wird. Zusätzlich wirkt der Gleichdruckregler so auch als Luftmangelsicherung.

Jedem Brenner wurde am Einbauort ein eigener Steuerkasten mit integrierten Gasfeuerungsautomaten, Zündtransformator, Mikroamperemeter und Umschaltung Hand-Automatik zugeordnet. Der Steuerkasten dient gleichzeitig als Unterverteiler für die Elektroinstallation des Brenners.

Mikroprozessorsystem

Die vorbeschriebene Sechs-Zonen-Temperaturregelung und Ofensteuerung wurde mit einem 8-Bit-Mikroprozessorsystem realisiert. Es handelt sich um eine anschließfertige 19-Zoll-Geräteeinheit mit nachstehendem Grundaufbau.

1. Maximale Anzahl der 1-Bit-Eingänge = 128,
   maximale Anzahl der 1-Bit-Ausgänge = 128.

   Sämtliche Eingangs- und Ausgangssignale sind opto-entkoppelt. Die Ausgangssignale sind außerdem kurzschlußfest.

2. 16 Analog-Eingänge mit 12-Bit-Wandlung (Wandlungszeit 35 µs).

3. Programmierbare Bildschirmausgabeeinheit mit getrennter Ausgabe des horizontalen und vertikalen Signals.

4. Programmspeicherung in E-Proms und RAM-Arbeitsspeichern.

Das Temperaturregel-Programm ist modular aufgebaut. Es enthält im wesentlichen folgende Programmodule:

— Mathematisches P-Reglermodul mit Istwertintegration,
— Istwertaufbereitungsmodul für A/D-Wandlung einschließlich Korrekturrechenprogramm zur Anpassung an die jeweilige Thermoelementart,
— Sollwertaufbereitungsmodul,
— Binärmathematikmodul,
— Signalaufbereitungsmodul für verschiedene Ausgangssignale.

Bild 685: Anschlußfertiges Mikroprozessorsystem für Ofentemperaturregelung in ??

Optionsweise ist der Ausbau auf folgende Programmmodule einschließlich der notwendigen Peripherie möglich:
— Voreinstellbares Ofentemperaturregelprogramm für eine komplette Ofenreise mit maximal neun Gradienten und neun Haltezeiten. Programmiert werden lediglich die jeweiligen Endtemperaturen und die Zeit, nach der dieser Temperatur erreicht werden soll. Die Eingabe der Daten geschieht über Dekadenschalter mit Übernahmetaste. Die eingegebenen Daten werden im RAM-Bereich gespeichert und sind mit einer Pufferbatterie gegen Stromausfall gesichert. Das gesamte Programm kann auf dem Bildschirm angezeigt werden.
— Ausgabe eines analogen oder digitalen Korrektursignals als Rechenergebnis mit Hinblick auf Lufttemperaturkorrektur, Luftfaktorveränderung, Luftdruckkorrektur.

11.2.2.6. Gasbeheizter Paternosterturmofen mit frei programmierbarer Steuerung

Nach Friedrich [234] werden Paternosterturmöfen für Werkstücke mit relativ langsamer Wärmeaufnahme meist elektrisch beheizt, zumal sie vielfach in einer Umgebung aufgestellt sind, in der es kaum andere Gasverbraucher gibt. Sie sind dann meist für Einzweckaufgaben voraufgaben vorgesehen. Im vorliegenden Fall gab es jedoch mehrere wichtige Argumente für die Beheizung mit Gasbrennern:
1. schnelle Reaktion auf wechselnde Chargenbelastung,
2. kurzfristige Anheizbereitschaft nach durch Umrüstung durch die Härtemaschinen bedingten Unterbrechungen,
3. genauere Beherrschung der Aufheizphase durch Fahren der ersten (von zwei) Zonen mit Übertemperatur.

Zu Punkt 3 sei erläutert, daß eine Temperaturabsenkung, die im Stillstands- bzw. Störfall durch Umschalten auf einen dritten Regler bewirkt wird, nicht von Trägheitseffekten verlangsamt wird wie bei einer Elektroheizung. Das bedeutet umgekehrt, daß im normalen Betriebszustand mit einer höheren Übertemperatur gefahren werden kann, als es bei einer Elektroheizung möglich wäre.

Die fördertechnische Peripherie des Ofens sollte grundsätzlich so konzipiert werden, daß die automatische Verkettung mit zwei vorgeschalteten Härtemaschinen und mit zwei nachgeschalteten Stapelsystemen möglich ist. Ein allmählicher Ausbau zu dieser Gesamtkonfiguration sollte durch Einsatz der SPS erleichtert werden. Die neueste Planung sieht eine zusätzliche Verkettung mit Meßstationen vor, die zwischen Ofen und Staplern angeordnet werden sollen. Als fördertechnischer Grundbaustein wurde der Rollgang gewählt, der für die vorgesehenen Aufgaben gegenüber anderen (erwogenen) Transportarten folgende Vorteile hat:
1. Optimale Selbstzentrierung von Schienen unterschiedlicher Breite durch garnrollenähnliches Laufprofil,
2. leichtere Verwirklichung von Kurvengängen,
3. bessere Möglichkeiten zum Anbringen von Positionsmeldeschaltern (teilweise von unten),
4. bessere Möglichkeiten zum Anbringen von Stoppern (sichere Absperrung),
5. leichtere Verwirklichung von Quertransporteinrichtungen (bessere Durchdringungsmöglichkeiten zwischen den Transportsystemen),
6. günstigere Wärmeabfuhr.

Die Teileaufnahmen zwischen den Förderketten des Paternosters sollten so leicht wie möglich gehalten werden, um die thermische Zusatzbelastung des Ofens zu minimieren. Gewählt wurde eine Doppelstegkonstruktion aus flachen, dünnwandigen Rechteckrohren mit vier Querspangen aus Flachstahl, die jeweils sieben Dorne tragen. Die 28 Dorne je Kettenteilung wurden so angeordnet, daß 2 x 6 Schienen (parallel) bis zu 620 mm Länge oder 1 x 6 Schienen über 620 mm Länge aufgenommen werden können. Der Teilungslänge von 250 mm entsprechend folgt somit auf sechs Transportschritte von 33,3 mm ein Ergänzungsschritt von 50 mm.

Die acht verschiedenen Beladungsprogramme sind auf eine Halteposition der Förderkette bezogen und im Klartext folgendermaßen zu beschreiben:

Programm 1 = 2 kurze Schienen von Härtemaschine 1,
Programm 2 = 1 lange Schiene von Härtemaschine 1,
Programm 3 = 2 kurze Schienen von Härtemaschine 2,
Programm 4 = 1 lange Schiene von Härtemaschine 2,
Programm 5 = je 1 kurze Schiene von Härtemaschine 1 und 2,
Programm 6 = je 1 lange Schiene von Härtemaschine 1 und 2 kurze Schienen von Härtemaschine 2 im Wechsel,
Programm 7 = 1 lange Schiene von Härtemaschine 1 und 2 kurze Schienen von Härtemaschine 2 im Wechsel,
Programm 8 = 2 kurze Schienen von Härtemaschine 1 und 1 lange Schiene von Härtemaschine 2 im Wechsel.

Das Regelsystem basiert auf der Kombination flinker Mantelthermoelemente von kurzer Ansprechzeit mit elektronischen Reglern — pro Heizzone —, deren Impulsausgängen (von variabler Impulslänge) auf Rechts- und Linkslauf einer Motorstellklappe geschaltet sind (Schrittregler). Diese Stellklappe dosiert den jeweiligen Luftstrom zum Brenner. Die Verhältnisregelung des Gas-Luft-Gemisches der direkt gezündeten und ionisationsüberwachten Brenner wird vom Luftdruck im Stauraum zwischen Luftstellklappe und Brenner abgeleitet und über eine Steuerleitung eingestellt. Dazu dient ein Gleichdruckventil, das mit Hilfe einer Ausgleichsmembran einen dem jeweiligen Luftdruck adäquaten Gasdruck am Brenner erzeugt und damit die Voraussetzungen für eine optimale Verbrennung schafft. Ab 40 mbar Netzdruck im Gasversorgungssystem lassen sich mit diesem regelartig aufgebauten Membranventil extreme Leistungsverhältnisse in der Größenordnung von 10:1 bewältigen, so daß zum Beispiel die Brenner auch bei Leerlaufbelastung nicht über Feuerungsautomat und Hauptgasventil abgeschaltet zu werden brauchen.

Zur Anfahrsicherung des Beheizungssystems dienen eine Verriegelung zu den Luftumwälzventilatoren und eine Vorspülroutine, wobei der Zustrom des Brennerluftventilators voll aufgesteuert wird. Zur Sicherung des Brennerbetriebs sind Druckwächter und Manometer sowohl im Gasversorgungs- als auch im Brennerluftbereich installiert; zusätzlich wirkt die Flammenüberwachung mit Ionisationsstrom auf den Feuerungsautomaten.

Konstruktion der fördertechnischen Peripherie

Die fördertechnische Peripherie des Turmofens besteht grundsätzlich aus folgenden Funktionseinheiten:

1. kettengetriebenen Rollgängen, teilweise ausgerüstet mit pneumatisch betätigten Stoppern (von oben einschwenkende Anschlagleisten), teilweise ausgerüstet mit pneumatisch betätigten Ausschleusweichen (von oben einschwenkende Führungskufen),

2. pneumatisch betätigten Schiebern mit pneumatisch betätigter Höheneinstellung (Arbeitsposition).

Die Statusanzeige aller programmgesteuerten Funktionen soll im Automatikbetrieb abgeschaltet werden können. Alle programmierten Anzeigen für Funktionsstörungen sind davon nicht betroffen. Zur Diagnose installiert sind Leuchten für Störungen durch

1. Überlastung der Antriebe für sämtliche Rollgänge,
2. fehlende Startbedingungen,
3. die erweiterte Peripherie,
4. Zeitüberschreitungen,
5. Fehlen von Druckluft,
6. Betätigung eines der Notschalter,
7. Fehlfunktionen von Endschaltern am Ofentransport und an den Übergabeeinrichtungen.

Diese Anzeigemöglichkeiten werden auf folgende Weise verwirklicht:
bei 1. durch Beschalten der SPS-Eingänge mit den Signalen der Bimetallauslöser,
bei 2. durch Und-Verknüpfung folgender Voraussetzungen: konventioneller Steuerungs-Steuerungsanteil ein, sowie Gasdruck und Luftdruck in den Brennerzuleitungen in Ordnung,
bei 3. durch Übernahme der Störungsmeldungen von den Brennern und Härtemaschinen,
bei 4. durch Zeitkontakteingänge nach Überschreiten maximal zulässiger Einzelzeiten für bestimmte Funktionen,
bei 5. durch Auslösekontakteingang eines Luftdruckschalters,
bei 6. durch Bestücken der Notschalter mit einem zweiten Kontaktpaar zur Sammelbelegung eines SPS-Eingangs (Oder-Schaltung),
bei 7. durch logische Verknüpfung von Signalen in nicht erlaubter Kombination, zum Beispiel gleichzeitiges Bedämpfen zweier Intiatoren, die dem technischen Ablauf nach niemals gleichzeitig bedämpft sind.

Das Steuerprogramm enthält noch einige auf die Eigenart der Fördertechnik abgestimmte Besonderheiten wie
— Programmumschaltbarkeit nach Vorwahl.
  Sie bewirkt Räumung aller Rollgänge. Die Umschaltung wird erst freigegeben, wenn das gesamte Zuführungssystem leergefahren ist.
— Umschaltbarkeit auf Handbetrieb nach Betätigung der Halt-Taste.
  Es kann erst umgeschaltet werden, wenn angefangene Funktionsschritte beendet sind; gleichzeitig wird die Ofentemperatur auf Stillstandsbetrieb abgesenkt. Dabei übernimmt ein dritter Regler die Temperaturregelung in der Aufheizzone auf einem Niveau knapp unter der normalen Haltetemperatur.
— Betriebsart „Ofen leerfahren".
  Sie bewirkt Abschaltung aller zuführenden Funktionseinheiten und Ansteuerung eines Zählwerkes, das nach vollständiger Leerung des Ofens den Transprotschritt und den Brennerbetrieb abschaltet.

Einsatzerfahrungen

In Erwartung eines höheren Ausbaugrades ist die Speicherkapazität der SPS in jüngster Zeit von 2 k auf 4 k Befehlsworte erweitert worden. Die Anzahl aller Ein- und Ausgänge kann bis auf je 256 ausgebaut werden. Der augenblickliche Ausbauzustand ist gekennzeichnet durch folgende Belegungen:

— bei den 177 Eingängen:
 28 durch Positionsmeldeschalter, überwiegend Initiatoren,
 87 durch Taster, davon 69 Leuchttaster, überwiegend 9 mm Durchmesser,
 15 durch Bimetallkontakte,
 24 durch Grenzschalter, überwiegend Intiatoren,
 20 durch Schützkontakte zur Meldung von Zuständen im konventionellen Steuerungsbereich,
 3 durch diverse Kontakte wie Druckschalter, Schlüsselschalter, Zähler;

— bei den 191 Ausgängen:
 62 auf Verstärkerrelais für Schaltung von Schützen, Magneten, 2-W-Leuchten,
 61 auf Meldeleuchten für Besetzt- und Stellungsanzeigen,
 18 auf Meldeleuchten für laufende Bewegungsfunktionen,
 24 auf Meldeleuchten für Störungsanzeigen,
 18 auf Meldeleuchten für Betriebsartenanzeigen,
 8 auf Meldeleuchten für diverse Statusanzeigen.

Auch bei dieser Anlage zeigte sich, daß bei der Abschaltung von Antrieben Störspannungsspitzen in das Netz induziert werden können, die die Sicherheitsabschaltung der SPS auszulösen vermögen. Diese Erscheinung wurde durch Beschaltung der Antriebsschützspulen mit RC-Gliedern beseitigt.

Bei der Inbetriebnahme konnten Programmfehler äußerst schnell verbessert werden, da bis zum Zeitpunkt der Vorabnahme mit einem Schreib-Lese-Speicher (RAM) als Programmträger gearbeitet wurde. Danach wurde das Programm umgespeichert in zwei UV-löschbare Permanentspeicher (EPROM), einer für die Steuerung der Ofenanlage und der andere als Konserve für die Erweiterungsarbeiten beim Hersteller. Diese Programmerweiterungen sind mit Hilfe eines weiteren RAM und einer dazugehörigen Grundausbaustufe des Steuerungssystems unter Zuhilfenahme der systemzugehörigen Bedieneinheit teilweise durchgeführt, teilweise noch in Vorbereitung.

11.2.2.7. Computer zum Regeln von Kohlungsatmosphären und Diffusionsprozessen

In der vorgenannten Veröffentlichung von Knieriem und Pfau [235] wird die Abhängigkeit des Kohlenmonoxidanteils einer Kohlungsatmosphäre wie folgt geschildert.

Bei der Regelung des Kohlenstoff-Partialdruckes über den Partialdruck des Sauerstoffs der Kohlungsatmosphäre muß die Größe des Kohlenmonoxidanteils bekannt sein. Die Auswertung von Meßreihen hat ergeben, daß der Kohlenmonoxidanteil einer Endogas-Kohlungsatmosphäre von drei Faktoren abhängt:

— Gasart,
— Temperatur und
— Kohlenstoff-Partialdruck.

Die Gasart, aus der das Endogas hergestellt ist, bestimmt den theoretisch maximalen Kohlenmomoxidanteil. Bei konstantem Kohlenstoff-Partialdruck ist die Temperatur die Einflußgröße für den Restmethananteil. Bei konstanter Temperatur ergibt sich aus dem Kohlenstoff-Partialdruck das erforderliche Volumen des Anreicherungsgases. Durch Erarbeiten eines Algorithmus wird der Kohlenmonoxidanteil berechenbar. Die Abwei-

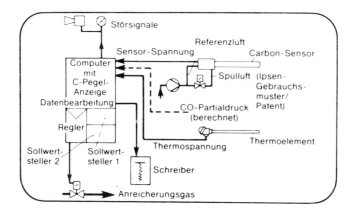

Bild 686: Aufbau von Gerätetyp A

chung des berechneten vom gemessenen Kohlenmonoxidanteil liegt unter dem Meßfehler eines Analysengerätes.

Es sei an dieser Stelle darauf hingewiesen, daß für den Wasserstoffanteil ähnliche Verhältnisse gelten. Er ist ebenfalls mit Hilfe eines Algorithmus berechenbar.

Damit der Kohlenstoffanteil in der Ofenatmosphäre ihren verschiedenen Aufgaben entsprechend geregelt werden kann, wurde die Geräteserie Carb-O-Tronik entwickelt, wobei die unterschiedlichen Ausführungen A, B und C eingesetzt werden können. Im folgenden Text werden die Ausführungen A und B beschrieben.

Gerätetyp A

Die Ausführung A wurde zum Regeln von Kohlungsatmosphären aus Endgas entwickelt. In Bild 686 ist der Aufbau schematisch dargestellt. Dem Computer werden die Meßgrößen-Temperatur (Thermospannung) und Sauerstoffpotential (Sensorspannung) zugeführt. Entsprechend dem Algorithmus wird der Kohlenmomoxidanteil im Computer berechnet. Aus diesen Größen wird wiederum der Kohlenstoff-Partialdruck berechnet; er wird auf den Reglerteil im Computer gegeben sowie digital angezeigt. Der Regler vergleicht Soll- und Ist-Wert und gibt erforderlichenfalls den Befehl, Anreicherungsgas zuzugeben. Drei digitale Sollwerte stehen zur Verfügung und können prozeßspezifisch angesteuert werden. Der Computer überwacht auch die temperaturabhängige Rußgrenze. Übersteigt der Kohlenstoff-Partialdruck die Rußgrenze, wird die Störung optisch und akustisch gemeldet. Die Zufuhr von Anreicherungsgas wie so lange unterbrochen, bis die Rußgrenze unterschritten wird.

Gerätetyp B

Die Geräteausführung B wurde entwickelt zum Regeln von Kohlungsatmosphären aus Endgas sowie von im Ofen direkt erzeugten Atmosphären, beispielsweise Ipsen-Supercarb oder Stickstoff-Methanol. Der schematische Aufbau ist in Bild 687 dargestellt.

Die Daten werden in einem handelsüblichen Computer verarbeitet. Der Bedienende wird über den Bildschirm befragt und kann über die Tastatur im Klartextdialog die festen Daten eingeben.

11. Computereinsatz im Industrieofenbau

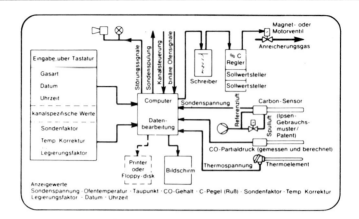

Bild 687: Aufbau von Gerätetyp B; Meßgröße Sauerstoff-Partialdruck, Partialdruck von Kohlendioxid und Wasserdampf als Meßgröße möglich

Die im Computer berechneten Daten, Vergleichswerte usw. werden dem Schreiber und dem Kohlenstoffregler (C-Regler) zugeleitet. Zusätzlich werden die Prozeßdaten mit Erläuterungen auf dem Bildschirm angezeigt. Die Aufzeichnung dieser alpha-numerischen Daten durch einen Drucker oder auf eine Magnetplatte ist möglich (die Einrichtung zum Anschluß eines Druckers ist serienmäßig vorhanden).

Vor dem Start des Gerätetyps B werden zwei Daten nur einmal eingegeben:

Gasart

(Propan oder Erdgas)

Datum und Uhrzeit

Ein auf dem Bildschirm dargestelltes Schema ermöglicht eine einfache Eingabe. Ein internes Programm schaltet automatisch das Datum weiter.

Da der Gerätetyp B mehrkanalig ausgelegt werden kann, sind die folgenden Daten immer dann einzugeben, wenn einer dieser Werte verändert werden muß (bereits eingegebene Werte werden als „alter Wert" angezeigt, so daß sie nicht verlorengehen):

Sondenfaktor

Mit Hilfe einer Spezial-Sonden-Prüfmethode kann man bestimmte sondentypische und gasreaktionstypische Abweichungen in einem Sondenfaktor erfassen.

Im Computer wird mit diesem Faktor die Sondenspannung auf den richtigen Wert festgelegt. Der Sondenfaktor ist eine unveränderliche Größe, die nur bei Sondenwechsel neu eingegeben wurden muß.

Temperaturkorrektur

Physikalisch bedingte Abweichungen von Thermoelementen können mit einer Temperaturkorrektur berücksichtigt werden.

Legierungsfaktor

Im Computer sind die wichtigsten Stahlsorten — in Gruppen geordnet — gespeichert. Sie werden bei Abruf auf dem Bildschirm angezeigt. Zur Eingabe des Legierungsfaktors dient ein Zahlenschlüssel, der ebenfalls auf dem Bildschirm dargestellt wird. Es sind also keinerlei zusätzliche Hilfsmittel wie Tabellen usw. notwendig. Variable Daten werden automatisch zyklisch eingelesen.

Sondenspannung

Die Meßgrößen der Sondenspannung werden dem Computer zugeführt.

Ofentemperatur

Die Meßgrößen der Thermospannung werden dem Computer zugeführt, der die Temperatur durch Rechenprogramm linearisiert.

Kohlenstoff-Partialdruck

Wird ein Gerät der Ausführung B für die C-Regelung von Ofenatmosphären aus Endogas (Erdgas der Propan) verwendet, kann wie bei der Ausführung A der Kohlenstoffgehalt intern berechnet werden.

Da für den Wasserstoffanteil ähnliche Zusammenhänge gelten, wird dieser ebenfalls im Computer berechnet. Aus den so errechneten Größen wird der Taupunkt ermittelt, der dann auf dem Bildschirm angezeigt wird.

Werden Atmosphären verwendet, deren Komponenten im Prozeßablauf gemessen werden müssen, wird der Kohlenmonoxidanteil mit einem Infrarot-Meßgerät bestimmt und als Realwert in den Computer gegeben. In diesem Fall ist es nicht möglich, den Taupunkt rechnerisch zu ermitteln; er wird nicht auf dem Bildschirm angezeigt.

Kohlenstoffgehalt

Im Computer wird aus den erforderlichen Daten der Kohlenstoffgehalt berechnet und an die jeweiligen Digitalregler ausgegeben. Diese Regler sind so aufgebaut, daß beliebig viele Sollwertsteller angeschlossen werden können, an denen die für den Prozeß notwendigen Parameter digital einstellbar sind.

Das Umschalten von einem Sollwert zum anderen übernimmt die Prozeßsteuerung des Ofens. Als Stellglieder können Magnet- oder Motorventile verwendet werden.

Rußgrenze

Wie im Gerätetyp A ist auch in der Ausführung B die Absicherung beim Überschreiten der Rußgrenze vorgesehen. Bild 688 zeigt die Bildschirmanzeige der Ausführung B für ein zweikanaliges Gerät.

Gerätetyp C

Der Gerätetyp C wurde für die Steuerung des gesamten Aufkohlungsprozesses entwickelt. In ihm ist die Kohlenstoff-Partialdruck-Regelung der Ausführung B integrierter Bestandteil.

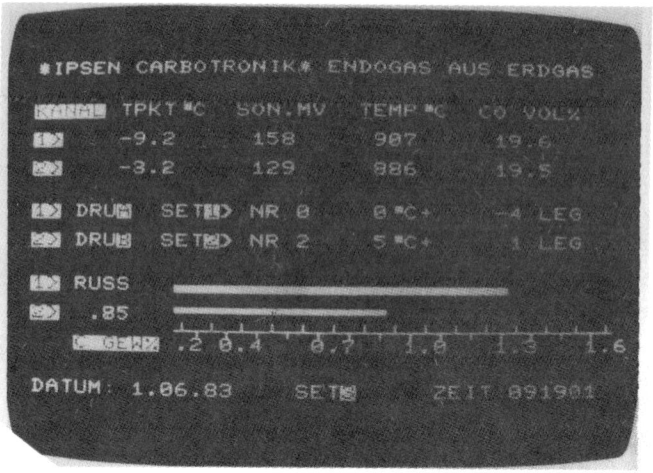

Bild 688: Bildschirmanzeige eines zweikanaligen Gerätes Typ B

Bild 689: Prozeßrechner zum Steuern des Diffusionsverlaufes während der Aufkohlung

11.2.2.8. Steuerung für den Verlauf der Kohlenstoffdiffusion im Werkstück unter Einsatz eines Prozeßrechners

Diese wird in Verbindung mit einem Retortenofen von Gijswijt und Weissohn [236] wie folgt beschrieben.

Der Prozeßrechner

Der in Bild 689 gezeigte Prozeßrechner des Typs OCD[1] ist ausgestattet mit einem 16/32 Bit-Prozessor. Er hat einen Speicher für das Betriebssystem (ROM) von 256 k Byte und einen Hauptspeicher (RAM) von 320 k Byte.

Bedient wird der Rechner über eine Funktionstastatur im Dialogmodus mit einem 14"-Farbmonitor. Eine Schnittstelle IEEE-488 verbindet ihn mit bis zu vier nachgeschalteten Auswerteelektroniken OCC 2000. Über einen Drucker können Bildschirminhalt (Graphik) und Wertetabellen ausgedruckt werden. 200 Sätze Programmdaten können gespeichert werden.

Grundzüge des Programms

Die komplette Anlage ist prinzipiell in der in Bild 691 gezeigten Art zusammengeschaltet.

Das Programm läuft entsprechend dem in Bild 690 dargestellten Schema ab. Temperatur und Kohlenstoffpegel werden laufend gemessen und als Istwerte dem Prozeßrechner zugeführt. Der Start erfolgt automatisch, wenn eine vorgegebene Temperatur (hier 880 °C) erreicht ist. Der Kohlenstoffpegel der Atmosphäre wird dicht unter der Rußgrenze (ac = 1) gefahren. Der Randkohlenstoffgehalt und -Verlauf wird in Abständen von fünf Minuten errechnet. Wird die Carbidgrenze in der Randschicht des Werkstückes erreicht, wird der Kohlenstoffpegel so weit abgesenkt, daß der Randkohlenstoffgehalt nicht mehr steigt. Sind etwa 85 % der Aufkohlungstiefe erreicht, wird der Kohlenstoffpegel zur

---

[1] Oxygen Carbon Diffusion-Controller, Verfahren nach Dr. Wünning

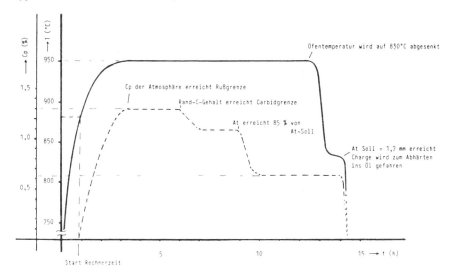

Bild 690: Programmschema

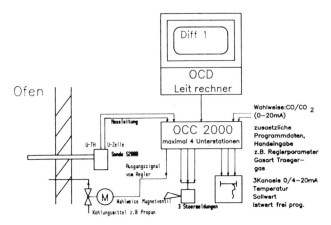

Bild 691: Prinzipieller Aufbau der Atmosphärensteuerung

Diffusion und Einstellung des endgültigen Randkohlenstoffes entsprechend abgesenkt. Mit diesem Kohlenstoffpegel in der Atmosphäre wird solange weitergefahren, bis die gewünschte Aufkohlungstiefe erreicht ist. Die Charge ist nun fertig und kann zum Abhärten dem Ofen entnommen werden.

Leistungsversuch

Für den durchgeführten Leistungsversuch wurde der Ofen mit einer Charge entsprechend nachstehender Aufstellung beladen:

— 5 Zahnräder, 1200 kg
— Material 17 CrNiMo 6
— EHT 1,7 bis 1,9 mm 550 HV1
— Härte 58 bis 60 HRC

Die Programmdaten für den Diffusions-Controller sind in Tafel 135 zusammengefaßt.

Zur Kontrolle wurden Analysatoren für Kohlenmonoxid, Kohlendioxid und Taupunkt angeschlossen; daneben wurden in regelmäßigen Abständen Folienpoben gezogen. Außerdem wurden der Charge zwei Probebolzen mit 25 mm Durchmesser beigegeben.

Bild 692 zeigt die Bildschirmgraphik zum Zeitpunkt 2 h und 26 min nach dem Start und die Wertetabelle für die darauf folgenden 20 Minuten. Der Kohlenstoffpegelsollwert an der Rußgrenze wird durch den Istwert erreicht, und er wird dort konstant gehalten.

Bild 693 zeigt den endgültig erreichten Zustand nach 13 h und 5 min. In der Graphik wurde der Kohlenstoffverlauf (ausgeogene Linie), der durch Kohlenstoffanalyse an einem Probebolzen ermittelt wurde, nachträglich eingezeichnet. Man erkennt die sehr gute Übereinstimmung der errechneten Werte mit dem tatsächlich gemessenen Kohlenstoffgehalt. Im unteren Teil des Bildes ist die am zweiten Probebolzen ermittelte Härteverlaufskurve dargestellt.

Die gesamte Behandlungszeit einschließlich Aufheizen und Abkühlen auf Härtetemperatur betrug 14 h. Mit gleicher Charge wurde vor Einsatz des Diffusionscontrollers eine Gesamtbehandlungszeit von 18,5 h benötigt. Es wurde somit eine Zeitersparnis von etwa 24 % erreicht.

11. Computereinsatz im Industrieofenbau

Tafel 135: Programmdaten eines Leistungsversuches

Programmnummer	25
Kohlenstoffgehalt des Kernes	0,17 % C
Legierungsfaktor[1]	1,15
Aufkohlungstiefe At	1,7 mm
bei	0,35 % C
Übergangskoeffizient[2]	$1,25 \cdot 10^{-5}$ cm/s
Kohlenstoffpegel (Aufkohlung)	1,30 % C
mit Carbidgrenze bei	85 % Ac
Absenken des Kohlenstoffpegels bei	85 % Al
Randkohlenstoffgehalt (Ende)	0,71 % C
Start der Aufkohlung bei	880 °C
Temperaturcode	0

[1] Der Legierungsfaktor gibt den Gleichgewichtskohlenstoffgehalt für einen legierten Stahl an, der einer Atmosphäre mit dem Kohlenstoffpegel 1 ausgesetzt ist.

[2] Unter Übergangskoeffizient versteht man die pro Zeit und Flächeneinheit vom Kohlungsmittel in die Stahloberfläche eindringende Kohlenstoffmenge, bezogen auf die Differenz zwischen dem Kohlenstoffpegel der Atmosphäre und dem Randkohlenstoffgehalt.

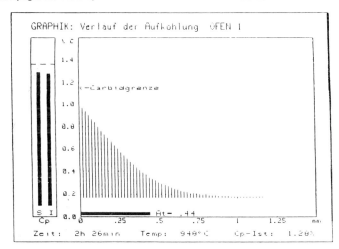

Bild 692: Aufkohlungsverlauf an der Rußgrenze

780   11. Computereinsatz im Industrieofenbau

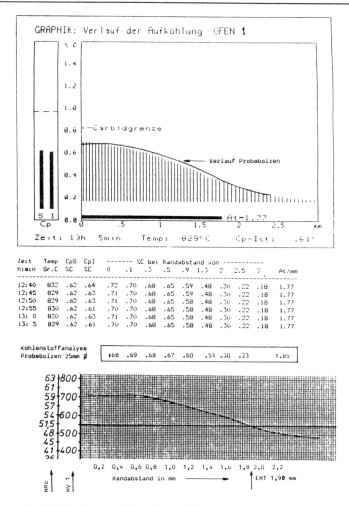

Bild 693: Endgültiger Verlauf von Kohlenstoffgehalt und Härte

11.2.2.9. Mikroprozessorsteuerung für die Wärmebehandlung

Den Einsatz einer Mikroprozessorsteuerung beim Ionitrieren beschreiben Rembges und Oppel [237] wie folgt.

Analog gesteuerte Ionitrieranlage

In einem Vakuumofen befinden sich die zu ionitrierenden Werkstücke (Bild 694). Das Ionitriergut ist mit dem negativen Pol einer elektrischen Versorgungseinheit verbunden und stellt somit die Kathode der Gasentladung dar. Die geerdete Ofenwand ist die Anode. In das Vakuum zwischen Ofenwand und Werkstück wird mit Hilfe der Gasversorgungsanlage ein stickstoffhaltiges Gas in geringen Mengen eingeleitet, so daß ein Druck von 1 bis 10 mbar erreicht wird. Nach Einschalten der Hochspannung zündet die Glimmentladung, die die Werkstücke gleichmäßig mit einem Glimmsaum überzieht.

DUNGS® technic

für Brenner, Heizung, Klima

Lieferprogramm

**Gas MultiBloc mehrstufig
Magnetventile für Gase und Luft
Druckwächter für Gase und Luft
Gas-Druckregler
Filter für Gase und Luft
Kugelhahnen für Allgas
Gasfeuerungs-Automaten
Gas-Ventil-Dichtkontrolle
Zündtransformatoren und
Zündbrenner
Sicherheits- und Regelstrecken
Schaltschränke**

Bitte fordern Sie
Informationsunterlagen an.

Karl Dungs GmbH & Co.
Postfach 12 29
D-7060 Schorndorf
Telefon 0 71 81/8 04-0
Telex 7 246 698 dungs d

11. Computereinsatz im Industrieofenbau

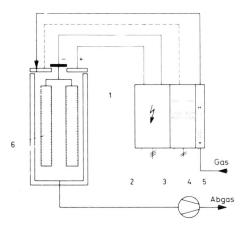

Bild 694: Anlagenschema einer analog gesteuerten Ionitrieranlage

Die Charge wird ohne Fremdbeheizung, allein durch den Ionenbeschuß der Glimmentladung, auf die Behandlungstemperatur von beispielsweise 530 °C aufgeheizt und mehrere Stunden auf dieser Temperatur gehalten. Dabei diffundiert atomarer Stickstoff in die Oberfläche und führt infolge Gitterverspannung zur Härtung. Nach Ablauf der Behandlung kühlt die Charge unter Vakuum langsam ab. Die Abkühlung kann beschleunigt werden durch Fluten des Behälters mit Stickstoff und Umwälzung durch ein Gebläse.

Der elektrische Teil der Ionitrieranlage besteht aus Steuer- und Leistungsteil. Der Leistungsteil stellt Glimmentladungsleistungen von 40 bis 1000 kW je nach Ofengröße zur Verfügung. Der Steuerteil ist als getrennter Schrank in Analogtechnik aufgebaut. Eine Reihe von Anzeigeinstrumenten, Sollwertpotentiometern und Schaltern gestatten Überwachung und Steuerung des Prozeßablaufs. Mit einem 6-Farben-Punktdrucker werden die wesentlichen Prozeßgrößen registriert. Mit dieser Steuerung wurde bereits ein zufriedenstellender Automatisierungsgrad erzielt. Notwendige Änderungen im Verfahrensablauf, insbesodere für die Serienfertigung, führten teilweise zu aufwendigen Änderungen des Steuerungsteils.

Mikroprozessorgesteuerte Ionitrieranlage

Bild 695 zeigt das Anlagenschema der mikroprozessorgesteuerten Ionitrieranlage. Die wesentlichen Anlagenteile bleiben unverändert bis auf den Steuerteil. Somit kann bei bestehenden Anlagen ohne weiteres eine Analogsteuerung durch eine Mikroprozessorsteuerung — Austausch des Schrankes — ersetzt werden. In der Fronttür des Schrankes ist ein 12"-Bildschirm mit zwei Tastaturblöcken untergebracht. Zur Prozeßdokumentation ist, wie bisher, ein 6-Farben-Punktdrucker untergebracht, zusätzlich kann nach Bedarf durch den Bediener ein Datenthermodrucker angesprochen werden, der die aktuellen Prozeßdaten sowie den Prozeßfortschritt dokumentiert. Änderungen im Verfahrensablauf erfordern keine oder nur geringe Änderungen am Steuerschrank. Die notwendigen Software-Modifikationen sind wesentlich einfacher durchzuführen.

Hardware und Software

Die Verfahrensabläufe beim Ionitrieren sind nicht zeitkritisch, so daß die Rechengeschwindigkeit des 8-Bit-Prozessors 8085 vollkommen ausreicht.

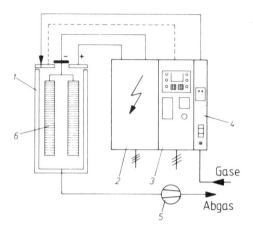

Bild 695: Anlagenschema einer mikroprozessorgesteuerten Ionitrieranlage

Bild 696 zeigt die zugehörige Hardware der modular aufgebauten Mikroprozessorsteuerung. Als zentrale Recheneinheit (CPU) findet die Karte SMP-E6 Verwendung. An diese sind über den SPM-BUS weitere Karten angekoppelt, die die im Bild erläuterten speziellen Aufgaben erfüllen. So wird zum Beispiel auf der Speicherkarte SMP-E127 die gesamte in PL/M (Program Language for Microprocessor) entwickelte spezielle Ionitriersoftware abgelegt.

Aufgrund des relativ einfachen Aufbaus des Rechners und der vorwiegend sequentiell ablaufenden Vorgänge ist der größte Teil des Programms als zyklische Schleife aufgebaut.

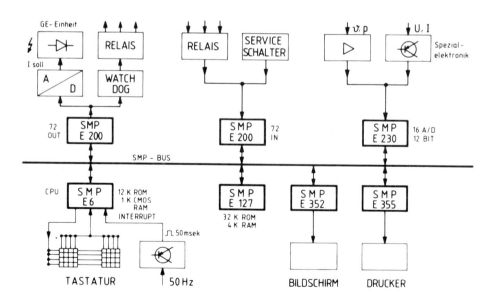

Bild 696: Hardware zur Steuerung einer Ionitrieranlage

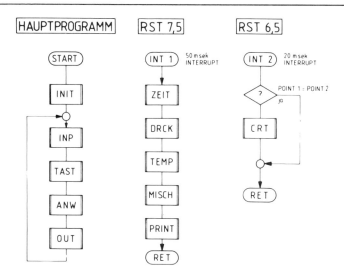

Bild 697: Ablaufschema der Software zur Steuerung des Ionitrierprozesses

Den schematischen Programmaufbau zeigt Bild 697. Das Hauptprogramm startet mit dem Modul INIT, in dem alle programmierbaren Peripheriebausteine initialisiert werden, und gelangt dann in eine Schleife, die pro Sekunde etwa 10- bis 20mal durchlaufen wird. Im Modul INP werden alle Eingänge eingelesen. Die Software glättet die Analogeingänge durch mehrfaches Abfragen und zerlegt die Digitaleingänge in die einzelnen Bits. Im Modul OUT werden die digitalen Ausgaben zu Bytes zusammengesetzt und auf die Ausgänge gegeben. TAST ist ein Eingabenmodul für die Tastatur, wobei Einzel- und Dauerabfrage möglich sind. ANW enthält die Programme für Dialog, Prozeßablauf und Diagnose. Zwei Interruptsignale unterbrechen das Hauptprogramm alle 20 und 50 ms. Das 50-ms-Signal, über einen Zähler aus der Netzfrequenz abgeleitet, erzeugt in INT1 einen Zeittakt für die Zeitsteuerung des Programms und steuert außerdem die zeitabhängigen Modulen (Druckregelung, Temperaturregelung, Gasmischanlage und Protokollierung durch Thermodrucker). INT2 ist ein Hilfsprogramm für die Bildschirmsteuerung.

Das gesamte Programm umfaßt etwa 40 KB. Die Software ermöglicht über den Bildschirm und die Tastatur einen einfachen und klaren Dialog zwischen Bediener und Anlage. Diese Art der Bedientechnik reduziert die Möglichkeit von Fehlbedienungen auf ein Minimum. Der gesamte Prozeßablauf mit den verschiedenen Möglichkeiten seiner Beeinflussung ist auf vier Bildschirmseiten erfaßt. Die Prozeßstufen Evakuieren, Erwärmen, Behandlung 1, Behandlung 2 und Abkühlen werden mit ihren Sollwerten angezeigt. Die jeweils aktuelle Prozeßstufe wird durch Textinvertierung hervorgehoben. Die beiden wichtigsten Prozeßgrößen, Chargentemperatur und Gasdruck im Behälter, sind zusätzlich analog als waagerechte Balken mit Sollwerten dargestellt. Da sich Unregelmäßigkeiten im Prozeß meist direkt auf diese beiden Größen auswirken, kann der Bediener auch von weitem grob den Zustand der Anlage erkennen. In jeder Phase des Prozesses sind Änderungen der Sollwerte möglich. Eine Bildschirmmaske mit Cursorunterstützung erleichtert diese Änderungen ganz erheblich. Nach jeder neuen Eingabe wird der Grenzwert überprüft; eine Überschreitung wird durch Blinken des eingegebenen Zahlenwertes angezeigt. Für eine spätere Wiederverwendung können die Sollwerte im batteriegepufferten CMOS-RAM unter einer Nummer abgespeichert werden, bis zu 15 Programmspeicher — bei Bedarf auch mehr — stehen dem Bediener zur Verfügung. Hierdurch wird eine hohe Reproduzierbarkeit sichergestellt, die nicht nur bei Serienprodukten oder bei immer wiederkehrenden Behandlungen, sondern insbesondere auch in Lohnhärtereien mit ihrer Vielfalt von Produkten von Bedeutung ist.

11.2.2.10. Energieeinsparung bei Aluminiumschmelzöfen mit Hilfe eines Prozeßrechners

Arts [238] schildert im Rahmen der Energieeinsparung den Einsatz von Prozeßrechnern wie folgt.

Im allgemeinen kann und wird ein neuer Schmelzofen für Aluminium nur konzipiert oder ein bestehender Ofen optimal ausgelegt werden für einen bestimmten, meist gegebenen oder angestrebten Betriebszustand wie beispielsweise das Schmelzen von Masseln oder das Schmelzen von einem bestimmten Gemisch von Preßköpfen, Profilen und Barren. Die festen Ausgangsdaten wie Menge und Zusammenstellung des Einsatzmaterials, die Chargenfolge, der Chargenzyklus und die gewünschte Endtemperatur des Aluminiums ergeben ein Ofenkonzept, aus dem man für angenommene Prozeßbedingungen die zu erwartenden Werte von Brennstoffverbrauch und Schmelzleistung errechnen kann, wie sie auch von der Praxis bestätigt werden.

Leider können die vorausgesetzten Prozeßbedingungen im praktischen Betrieb bisweilen nicht eingehalten werden. Ursache hier sind:
— die große Abhängigkeit des Schmelzbetriebs vom Produktionsablauf im nachgeschalteten Gießereibetrieb, dessen Produktion unter anderem von der Gußstückabmessung abhängig ist,
— die Zulieferung von flüssigem Metall eines möglicherweise vorgeschalteten Elektrolysebetriebs,
— Abweichungen in Menge und Zusammensetzung der Charge gegenüber dem Plan,
— unumgängliche Prozeßschwankungen bei komplexen Schmelzinstallationen mit zum Beispiel Chargenvorwärmer und Abgasnachverbrennung.

Der Brennstoffbedarf ist bei derart wechselnden Prozeßumständen in der Regel höher als beim angenommenen Betriebsablauf.

Es ist bekannt, daß die Brennstoffpreise heutzutage einen enormen Einfluß auf die Schmelzkosten ausüben. Daher haben die Ingenieurabteilungen der Ofenbaufirmen nach Möglichkeiten gesucht, unerwünschte Schwankungen im Schmelzprozeß mit Hilfe bestgeeigneter Prozeßsteuerungssysteme behrrschbar zu machen. Hierzu bietet sich der Prozeßrechner mit seinen vielen Möglichkeiten an, wie auch die Datenverarbeitung. Sinn und Zweck des Rechnereinsatzes ist es, die Basisziele für einen Aluminiumschmelzofen auch dann zu erreichen, wenn wechselnde Prozeßumstände vorliegen.

Grundsätzlich sollen drei Ziele erreicht werden:
— niedrigerer Brennstoffverbrauch,
— niedrigerer Metallverlust durch Abbrand,
— niedrigere Bedienungs- und Wartungskosten,
und das alles selbstverständlich bei maximaler Schmelzleistung.

Die daraus resultierenden Forderungen sind evaluiert, das heißt für den Prozeß aufbereitet worden, und haben für moderne Aluminiumschmelzöfen die nachstehenden Entwurfskriterien unabdingbar gemacht.

— Erhöhung des konvektiven Wärmeübergangs auf das Einsatzgut,
— möglichst niedrige Temperatur im Ofenraum,
— Begrenzung der Schmelzleistung je Quadratmeter Badoberfläche,
— Begrenzung der Badtiefe,
— konstantes, nahezu stöchiometrisches Brennstoff-Luft-Verhältnis,
— Beherrschung des Drucks im Ofenraum (durch einen automatisch gesteuerten Regelschieber),
— gute Prozeßbeherrschung durch weitgehende Automatisierung,
— Wärmerückgewinnung aus den Abgasen, zum Beispiel mit Rekuperator oder Chargenvorwärmung.

Ziele des Rechnereinsatzes

Niedrigerer Brennstoffverbrauch

Weil bei Schmelzöfen der Brennstoffbedarf während des Schmelzbetriebes mehrfach so groß ist wie beim Warmhalten, sind die Brenner meist auf mindestens zwei Gruppen verteilt. In Bild 698 sind von oben nach unten die Gewölbetemperatur, die Temperatur des Aluminiums, die Brennerleistung der Schmelzbrennergruppe bzw. der Warmhaltegruppe dargestellt. Horizontal ist die Zykluszeit aufgeteilt in die bekannten Betriebsperioden: Chargieren, Schmelzen, Wärmeentspeicherung (des feuerfesten Materials), Legieren, Rühren, Reinigen und Überführen.

In konventionellen Regel- und Steuersystemen wird die Brennerleistung durch die Badtemperatur mit Begrenzung durch die Gewölbetemperatur bestimmt. Im Idealfall wird die maximale Gewölbetemperatur erst dann erreicht, wenn die Badtemperatur etwa 710 °C beträgt. Die Großbrenner werden dann abgeschaltet, und die Speicherwärme der Wände und der Decke geht auf das Bad über (Wärmeentspeicherung). Ohne nennenswerte Energieaufnahme von außen steigt die Badtemperatur so auf rund 750 °C an. Bild 698 zeigt

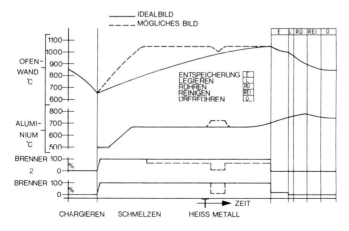

Bild 698: Betriebsdiagramm einer Schmelzanlage

also den Temperaturverlauf der Wände und des Bades während der sogenannten Nebenarbeiten wie Legieren, Rühren, Reinigen und Überführen der Schmelze.

Normalerweise ist das Regelsystem so konzipiert, daß die Badtemperatur während des Überführens genügend hoch bleibt, so daß die Brenner nicht mehr eingeschaltet werden müssen. Dieses Idealbild, dem das konventionelle Steuerungssystem zugrunde liegt, läßt sich im praktischen Betriebsablauf wegen der immer wieder auftretenden Abweichungen selten einhalten.

Folgende fünf wichtige Abweichungen treten auf:

Schmelzkapazität

Die installierte Schmelzkapazität wird in der Regel größer bemessen, als sie im normalen Betriebsablauf benötigt wird. Gründe hierfür sind unter anderem
- die Gewährleistung einer ausreichenden Poduktion bei weniger Betriebsstunden als angenommen,
- die Zukunftssicherheit für einen erhöhten Bedarf oder für verändertes Einsatzgut mit schlechteren Schmelzeigenschaften.

Weil also viele Brenneranlagen aus diesen Gründen überdimensioniert sind, steht in der Praxis für den eigentlichen Schmelzprozeß tatsächlich eine längere Zeitspanne zur Verfügung. Würde man diese nutzen, so ergäbe sich eine geringere spezifische Badbelastung, woraus ein niedrigerer Brennstoffverbrauch und niedrigere Metallverluste durch Abbrand resultieren würden.

Gewölbetemperatur

Wenn das Schmelzgut die im Ofen entwickelte Wärme nicht so schnell aufnehmen kann, wird schon bald die maximale Gewölbetemperatur erreicht, und das konventionelle Relaissteuerungsprogramm regelt die Brenner modulierend auf geringere Leistung.

Damit erniedrigt sich aber auch die Austrittsgeschwindigkeit der Rauchgase aus den Brennern und damit die gesamte Wärmeübertragung auf das Schmelzgut, wodurch der Brennstoffverbrauch ansteigt.

Badtemperatur bei Flüssigmetallzugabe

Wird während des Schmelzprozesses Flüssigmetall zugeführt, so meldet das Badthermometer oft einen irrelevanten Temperaturanstieg, wodurch eine vorübergehende Brennerabschaltung bewirkt wird, bis eine ausreichende Temperaturverteilung im Bad stattgefunden hat. Der Schmelzprozeß wird verzögert, und die Schmelzleistung ist geringer als erwartet.

Badtemperatur bei Zugabe von Legierungselementen

Ein vergleichbarer Effekt kann bisweilen beobachtet werden, wenn zum Ende des Schmelzprozesses die Brenner abgeschaltet sind und das feuerfeste Material die Speicherwärme an das Bad abgibt. Bei der Zugabe von Legierungselementen in der Nähe des Badthermoelementes wird dann eine nicht relevante, zu niedrige Badtemperatur gemeldet. Hierdurch setzt die konventionelle Regelung die Brenner wiederum in Betrieb. Die Wände speichern aufs neue unnötige Energie, und daraus resultieren letztlich eine zu hohe Badtemperatur (Temperaturüberschuß) und erhöhter Abbrand.

Druck- und Temperaturschwankungen der Verbrennungsluft

Die bewährte Brennstoff-Luft-Verhältnisregelung bei der konventionellen Steuerung arbeitet bei den meisten Neuanlagen auf dem Prinzip der Gleichdruckregelung auf der kalten Seite für Brennstoff und Verbrennungsluft und ist daher unabhängig vom Einfluß der Verbrennungslufttemperatur an den Brennern. Sie bleibt jedoch empfindlich für Temperatur- und Druckschwankungen der aus der Atmosphäre angesaugten Verbrennungsluft und des zugeführten Brennstoffs. Hierdurch kommt es zu erhöhten Brennstoffverbrauch; daneben tritt bei größerem Luftüberschuß eine vermehrte Krätzebildung mit entsprechender Badisolierung ein, was eine weitere Erhöhung des Brennstoffverbrauchs verursacht.

Niedrigerer Abbrandverlust

Wirtschaftlich gesehen hat der Metallverlust durch Abbrand mindestens dieselbe Bedeutung wie die Brennstoffeinsparung. Der Metallverlust durch Abbrand ist von einer ganzen Reihe von Faktoren abhängig, so vor allem von der Dicke des Einsatzmaterials, der Ofentemperatur, dem direkten Kontakt mit den Brennerflammen, der Flammentemperatur, der Anwesenheit von freiem Sauerstoff im Rauchgas, der Aluminiumtemperatur, der allgemeinen Prozeßführung usw. Allen diesen Faktoren völlig Rechnung zu tragen, ist in einem Herdschmelzofen ohne Baddurchmischung nicht möglich, da dies Öfen mit sehr großen Abmessungen und sehr niedriger spezifischer Schmelzleistung bedeuten würde. Es ist daher erforderlich, bei solchen Öfen einen vertretbaren Kompromiß zu finden, dem auch die konventionelle Relaissteuerung angepaßt wird. Es hat sich gezeigt, daß bei der rechnergestützten Steuerung unter bestimmten Umständen speziell bei dünnschichtigen Materialien der Abbrand gesenkt wird.

Würde man den Einfluß einer sehr dünnen Krätzeschicht berücksichtigen, so müßte man wegen der verlängerten Schmelzzeit auch einen erhöhten Brennstoffverbrauch erwarten. In der Praxis hat sich jedoch herausgestellt, daß dies nicht der Fall ist. Die dünnere, mit Nachdruck „dünnere", Oxidschicht verbessert den Wärmeübergang derart, daß sich letztlich doch ein niedrigerer Brennstoffverbrauch ergibt.

Niedrigere Bedienungs- und Wartungskosten

Auch das konventionelle Meß- und Regelsystem ist soweit wie möglich automatisiert. Es bleibt aber notwendig, daß einige Betriebsdaten regelmäßig von der Bedienung aufgenommen werden müssen. Bei kleinen Zykluszeiten ist es deshalb kaum möglich, detaillierte Informationen zu bekommen. Bei Wahl geeigneter Meß- und Regelgeräte sind heute die Störempfindlichkeit und damit auch die Instandhaltungskosten gering. Auftretende Fehler können jedoch nur von eingearbeiteten Fachleuten behoben werden, die systematisch auf Fehlersuche gehen, was im Einzelfall sehr zeitraubend sein kann.

Rechnergestützte Prozeßsteuerung

Im vorhergehenden ist eine Reihe von Gründen genannt worden, warum mit einem starren Steuerungsprogramm im betrieblichen Ablauf kein optimaler Schmelzverlauf bei minimalem Brennstoffverbrauch und Abbrandverlust erreicht werden kann. Daneben besteht ein erhöhter Bedarf nach mehr detaillierter Prozeßinformation. Neben der Erhöhung der Betriebssicherheit ergibt sich durch die rechnergestützte Prozeßsteuerung die Möglichkeit der Datenverarbeitung.

Die Mängel bei einem festen Regel- und Steuerprogramm für einen Aluminiumschmelzofen werden kurz wiederholt:
1. Die zur Verfügung stehende Schmelzzeit kann nicht optimal genutzt werden, was sowohl den Brennstoffverbrauch wie auch den Abbrandverlust ungünstig beeinflußt.
2. Die Verteilung des Brennstoffs auf die Brenner ist festgelegt und nicht in allen Fällen optimal.
3. Besonders bei kürzerer Schmelzzeit möchte man detaillierte Informationen haben.
4. Die Regelung wird durch irrelevante Einflüsse wie Zugabe von flüssigem Metall, Legierungselementen usw. beeinträchtigt.

Systeme

Nachstehend soll eine Übersicht über die zweckgeeigneten Computersteuerungssysteme gegeben werden:

System I: Frei programmierbare Steuerung

Das System ist völlig flexibel. Die Steuerung ist systematischer aufgebaut, wodurch eine eventuelle Störung leicht und schnell aufgespürt wird.

System II: Frei programmierbare Steuerung mit Regel- und Rechenprogramm

Dieses System ist als einfachste Art eines Prozeßrechners anzusehen. Sowohl Steuerung als auch Regelung sind völlig flexibel. Dieses System ist in dem genannten Tauchtaschenofen eingesetzt. Der Prozeßverlauf wird in beleibigen kurzen Zeitabständen registriert. Eine auftretende Störung wird kommentierend gemeldet.

System III: Frei programmierbare Steuerung mit Wahlprogrammen

Die Auswahl des Programms hängt vom Einsatzmaterial und von der zur Verfügung stehenden Schmelzzeit ab. Die Auswahl wird durch die Ofenbedienung oder einen übergeordneten Rechner getroffen. Sobald die Programmauswahl getroffen ist, verläuft die Steuerung ähnlich wie bei einem konventionellen System.

System IV: Wie oben, jedoch mit Optimierungsmöglichkeit für die Wärmeübertragung

System V: Selbstprogrammierendes Programm

In diesem System bestimmt der Rechner selbsttätig die Regelung nach Eingabe der Daten für das Einsatzmaterial (Menge und Zusammensetzung) und den Gießzeitpunkt anhand eines eingegebenen mathematischen Modells oder einer Methode der mathematischen Statistik, wie und welche Brenner mit welcher Kapazität eingesetzt werden müssen.

Das Steuerprogramm ist also völlig dynamisch; es strebt das Optimum der Wirtschaftlichkeit an und paßt hierzu das Programm schrittweise an.

Elemente der rechnergestützten Prozeßsteuerung

Bei der rechnergestützten Prozeßsteuerung unterscheidet man drei Elemente:
1. Die Brainware ist die Grundlage aller Überlegungen, nach denen die Prozeßsteuerung stattfinden soll.
2. Die Software ist die Übersetzung der Brainware für den Rechner. Sie umfaßt das Programm, nach dem der Rechner seine Aufgaben ausführt.

3. Die Hardware umfaßt die sichtbaren Dinge: den Rechner, die Aufnehmer, die Umsetzer für beispielsweise Temperatur, Druck, den Drucker, die Präsentation der Ergebnisse usw.

Mit Rechnern ab System IV kann das Steuerungssystem durch Software-Anapassungen gegen irrelevante Einflußgrößen unempfindlich gemacht werden. Bei entsprechender Anpassung der Hardware, insbesondere bei den Brennern, läßt sich eine Steuerung für jeden einzelnen Brenner programmieren. Teilt man die erforderliche Brennerkapazität auf die kleinste Brennerzahl auf, wird der konvektive Wärmeübergang erhöht.

Die Prozeßcomputer ab System III/IV berücksichtigen die Art des Einsatzmaterials und die zur Verfügung stehende Schmelzzeit. Das System III läßt sich anwenden, wenn die Zahl der Chargenzusammensetzungen begrenzt ist und die einzelnen Beladungen des Ofens konstant sind. Die Zuverlässigkeit der Ofenbedienung bleibt hier sehr wichtig, weil diese die Wahl zwischen unterschiedlichen Programmen treffen muß. Es ist aber auch möglich, die Programme von einem übergeordneten oder einem Zentralrechner auswählen zu lassen.

Vorteile der Rechner

Seit über drei Jahren konnten Erfahrungen an rechnergestützten Prozeßsteuerungen mit bis zu sieben materialabhängigen Programmen bei unterschiedlicher Schmelzleistung gesammelt werden. Dabei sind spezielle Programme für abbrandempfindliche Materialien zusammengestellt worden.

Obwohl die Vorteile des Rechners hinsichtlich der Bedienungs- und Datenverarbeitung jetzt noch nicht behandelt sind, seien hier einige wichtige quantitative Besonderheiten der rechnergestützten Steuerung erwähnt:

1. In der Regel ist der Platzbedarf für rechnergestützte Steuerung nicht größer als für die herkömmliche Steuerung.
2. Der Mehrpreis für eine Computersteuerung nach System II (frei programmierbare Regelung und Steuerung) beträgt rund 60 000,— DM und für ein System nach III/IV rund 100 000,— DM. Natürlich kann es sich hierbei nur um Richtwerte handeln, da die unterschiedlichen Wünsche des Ofenanwenders sich im Preis niederschlagen.

Die Brennstoffeinsparungen betragen:
— bei Korrektur der Umgebungstemperatur für das Brennstoff-Luft-Verhältnis etwa 4 %,
— bei Eliminierung einiger Faktoren nach System II, speziell bei hochbelasteten Öfen mit relativ geringen Kaltmetallmengen etwa 10 %,
— bei Brennersteuerung nach System III, abhängig vom eingesetzten Material etwa 15 %,
— bei optimaler Nutzung der Schmelzzeit mit zweckmäßiger Brennersteuerung (System III/IV) etwa 25 %,
— beim System V etwa 30 %.

Beispiel

Bei einem richtig dimensionierten und ordnungsgemäß betriebenen Ofen hat sich in der Praxis gezeigt, daß bei einer rechnergestützten Prozeßsteuerung nach System III eine Brennstoffersparnis von 24 %, bei einer Reduzierung des Brutto-Abbrandverlustes von 2,6 auf 0,7 % für gemischte Chargenzusammenstellungen erzielt würde. Die Chargen bestanden zum Teil aus dünnwandigem Einsatzmaterial. Hierbei handelt es sich um praktische Erfahrungen im Dauerbetrieb von mehr als drei Jahren mit vier Öfen von 65 t Fassungsvermögen und einer Schmelzleistung von 12 t/h.

Bei einem Herdschmelzofen wird beim Einsatz von T-Barren von je rund 800 kg eben weniger als 0,1 % Metallverlust durch Abbrand gemessen.

Weitere Vorteile

Neben den meßbaren Vorteilen des Rechnereinsatzes ergeben sich andere, die nicht unmittelbar zu quantifizieren sind:
— die einfachere Bedienung,
— die höhere Betriebssicherheit,
— die Möglichkeit der Datenverarbeitung,
— die Inbetriebnahme verläuft in der Regel schneller als bei konventionellen Anlagen; der Rechner ist danach praktisch wartungsfrei,
— die detaillierten Meldungen vom Prozeßstatus und auch bei eventuellen Störungen werden von der Ofenbedienung positiv beurteilt,
— die Ofenüberwachung braucht keine Meßdaten mehr aufzunehmen,
— jede Abweichung vom vorgegebenen Prozeßverlauf wird direkt sichtbar gemacht oder in Prozeßübersichten registriert.

11.2.2.11. Gesteuertes und geregeltes Gießen von Formstücken durch Einsatz von Mikroprozessoren

Dötsch und Drees [239] haben sich mit der Anwendung von Prozeßleitsystemen mit Mikroprozessoren bei Gießanlagen befaßt, wobei nachfolgende, auszugsweise, aufgeführten Merkmale besonders interessant sind.

Leitsysteme für den Gießprozeß

Programmiertes Gießen nach dem „Teach-in"-Prinzip

In den letzten Jahren gab es vielfältige Versuche, den Gießablauf auf den mechanisierten Gießanlagen zu programmieren. Bisher konnte dieses programmierte Gießen sich in der Praxis nicht durchsetzen, weil die Gießbedingungen nicht ausreichend konstant gehalten werden können und damit der für ein bestimmtes Serienformstück programmierte Gießablauf immer wieder angepaßt, das heißt das Programm kurzfristig geändert werden muß.

Diese Anforderung wird in vollem Umfang durch die Teach-in-Steuerung erfüllt, deren Prinzip in Bild 699 dargestellt ist, und zwar am Beispiel eines druckgasbetätigten Gießofens mit Stopfenentleerung zum direkten Eingießen in die Form. Der obere Teil des Bildes zeigt den Ausgußsiphon des Gießofens mit der Stopfenanordnung.

Das Flüssigmetallniveau im Ausgußsiphon des Gießofens wird von der Druckregelung des Gießofens auf ein weitgehend konstantes Niveau geregelt. Die Dosiermenge pro Zeiteinheit ergibt sich aufgrund der Konizität von Stopfen und Ausgußdüse aus dem Hub des Stopfens über dem Ausgußloch. Der Stopfenhub wird stufenlos über einen pneumatischen Servozylinder verstellt. Die Steuerung des Gießvorganges übernimmt ein Einzweck-Mikroprozessorsystem.

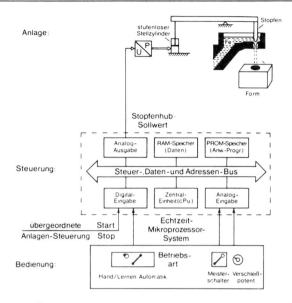

Bild 699: Schematische Übersicht über programmiertes Gießen nach dem „Teach-in"-Prinzip am Beispiel eines Druckgießofens mit Stopfenausguß

Die Vorteile des Teach-in-Systems stellen sich wie folgt dar:

Der einmal vom Gießer optimal ausgeführte Vorgang wird von der ermüdungsfreien Einrichtung immer mit gleicher Präzision wiederholt. Dementsprechend können ohne Risiko zu größerem Ausschußanteil die Eingußtrichter verkleinert (Einsparung von Kreislauf) und die Taktzeiten verkürzt werden (Erhöhung der Produktion).

Die Programmierung des Systems durch „Vorfahren" ist einfach und jederzeit ohne Produktionseinbuße korrigierbar. Außerdem ist nicht unwichtig, daß der Bedienungsmann geübt bleibt und bei Bedarf die Anlage von Hand fahren kann.

Der Hardware-Aufwand ist gering; dementsprechend ist der Anschaffungspreis des Teach-in-Systems relativ niedrig. Dieses Verfahren macht demnach das programmierte Gießen für die Praxis verfügbar. Trotzdem bleibt festzuhalten, daß die Anwendung des Systems begrenzt ist auf das Gießen von Serienteilen bei möglichst sich langsam und nicht sprunghaft ändernden Gießbedingungen. Werden von Form zu Form unterschiedliche Gießmengen und/oder unterschiedliche Gießcharakteristiken gefordert oder ändern sich die Gießbedingungen in kürzerem Zeitabstand, so wird ein geregelter Gießablauf erforderlich, wie er im folgenden beschrieben wird.

Geregeltes Gießen mit Niveauregelung im Eingußtrichter der Form

Veränderliche, nicht reproduzierbare Verhältnisse im gleichen Formstück oder am Stellglied zur Dosierung in die Form erfordern ein Gießverfahren mit einer Regelung im geschlossenen Regelkreis (Gießspiegelregelung).

Bild 700 zeigt eine schematische Übersicht über ein System beim geregelten Gießen, das aus dem oben beschriebenen Teach-in-Prinzip entwickelt wurde. Wie in Bild 700 ist das

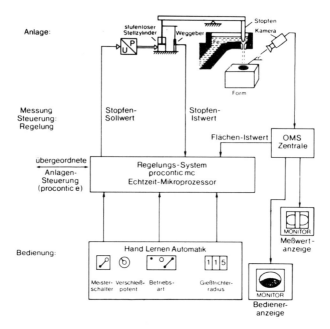

Bild 700: Schematische Übersicht über die Gießspiegelregelung am Beispiel eines Druckgießofens mit Stopfenausguß

Schema dargestellt am Anwendungsbeispiel eines druckgasbetätigten Gießofens mit Stopfenentleerung zum direkten Eingießen in die Form.

Meßprinzip und Meßwertaufbereitung

Das menschliche Auge wird beim Feststellen des Füllstandes im Gießtrichter durch ein „sehendes" System auf der Basis einer handelsüblichen Videokamera ersetzt. Aus einer ungefährlichen Entfernung von etwa zwei Metern und in einem definierten Blickwinkel nimmt diese in einem wassergekühlten Schutzgehäuse untergebrachte Kamera ein Bild des Flüssigeisens im Gießtrichter der Form auf. In Abhängigkeit von der Füllhöhe im Trichter ergibt sich eine Änderung der sichtbaren Gießspiegelfläche des Flüssigmetalls.

Das Videosignal wird im nachgeschalteten optoelektronischen Meß- und Sensorsystem (OMS) ausgewertet. Dazu wird das Bild mit hoher Meßwertauflösung punktweise in Hell-Dunkel-Anteile digitalisiert. Der Einfluß der Lichtintensität des Flüssigmetalls spielt dabei keine Rolle, so daß der Einfluß der Gießtemperatur ausgeschaltet ist. Der so gewonnene Meßwert für den Trichterfüllstand wird über eine serielle Schnittstelle an das Regelungssystem übertragen. Sowohl das Originalbild, wie es die Kamera aufnimmt, als auch das Bild des aufbereiteten Meßwertes können auf Monitoren in gefahrloser Entfernung ohne Hitzeeinwirkung betrachtet werden.

Regelungssystem

Die Regelungsfunktionen sind mit einem Mikroprozessorsystem realisiert, das in der Sprache MICAS programmiert wird. Das Programm ist rückdokumentierbar, das heißt aus dem

System auslesbar. Auf einem entsprechenden Datenverarbeitungssystem kann auch eine graphische Darstellung der Funktionen automatisch rückdokumentiert werden.

Das Regelungssystem verarbeitet als Istwert den vom OMS-System ermittelten Trichterfüllstand. Daraus errechnet das System einen entsprechenden Signalwert für die Stelleinrichtung des Stopfens, den pneumatischen Servozylinder. Hiermit wird über eine größere oder kleinere Zulaufmenge an Flüssigeisen der Füllstand im Formtrichter in Richtung des gewünschten Sollwertes verändert. Die aktuelle Stopfenposition wird als zusätzlicher Meßwert an das System zurückgemeldet.

Gießanlagen mit Prozeßleitsystemen

In der Einleitung wurde ausgeführt, daß aufgrund sehr unterschiedlicher Anforderungen der einzelnen Gießereien unterschiedliche Gießanlagen für das automatische Gießen entwickelt wurden. Dementsprechend ist auch die Anwendung der beschriebenen Prozeßleitsysteme vielfältig.

Danach kann das Teach-in-System zum Einsatz kommen beim Gießen aus
— einem Druckgießofen direkt in die Form, wobei der Bewegungsablauf des Stopfens programmiert wird (siehe auch Bild 699),
— einer Stopfenpfanne, die aus Transportpfannen ständig nachgefüllt wird, wobei die Stopfenbewegung der Stopfenpfanne über Teach-in gesteuert wird, und aus
— Gießpfannen, die aus einem Druckgießofen gefüllt werden, wobei die Kippbewegung der Gießpfannen mit Hilfe des Teach-in-Verfahrens vorgegeben wird.

Die Gießspiegelregelung kann angewendet werden beim Gießen aus
— einem Druckgießofen mit Stopfendosierung im Ausgußsiphon (siehe auch Bild 700) oder aus
— einer Stopfenpfanne, die aus Transportpfannen nachgefüllt wird.

Die Merkmale der einzelnen Gießanlagen und die daraus resultierenden Anwendungsschwerpunkte werden im folgenden beschrieben.

Einsatz des Teach-in-Verfahrens

Druckgießofen mit Stopfendosierung im Ausgußsiphon

Er besteht im wesentlichen aus einem zylindrischen, gasdichten Gefäß, den Ein- und Ausgußsiphons, der Stopfenvorrichtung im Ausguß, dem am Boden angeflanschten Rinneninduktor sowie einem Druckregelsystem, das über eine Meßvorrichtung des Badspiegels im Ausguß gesteuert wird. Die Stopfenbewegung wird mit Hilfe des Teach-in-Systems programmiert; die Betriebsweise ist unter Bild 699 beschrieben.

Eine solche Gießanlage ist besonders dann geeignet, wenn bei kurzer Taktzeit relativ große Formstücke zu gießen sind. Dabei ist ein einfaches Öffnen und Schließen des Stopfens nicht ausreichend, sondern die Gießgeschwindigkeit muß zum gleichmäßigen Vollhalten des Eingußtrichters während eines Gießvorganges so variiert werden.

Stopfenpfanne mit Transportpfanne als Vorratsgefäß

Ein Gießofen hat neben seiner Aufgabe als Gießvorrichtung auch die Funktion eines Puffers zwischen Schmelz- und Formanlage. Das ist besonders vorteilhaft für die kontinuierliche Flüssigkeitsversorgung der Formanlage und das Bereithalten von gießfertiger

Schmelze mit konstanter Temperatur. Ein solcher Puffer wird aber dann zum Nachteil, wenn die Zusammensetzung der zu gießenden Schmelze sich häufig ändert und dabei der Gießofen jedesmal leergemacht werden muß. Bei mehrmaligem Wechsel pro Tag oder sogar pro Schicht werden die Stillstandszeiten und die anfallenden Resteisenmengen zu groß.

Für einen solchen Fall ist das Gießen aus der Transportpfanne wirtschaftlicher, wobei die dabei entstehenden Temperaturschwankungen zunächst in Kauf genommen werden. Sie lassen sich relativ niedrig halten, wenn ein hoher Durchsatz gefahren werden kann, so daß die Entleerungszeit der Transportpfanne nicht über zehn Minuten liegt.

Bild 701 zeigt schematisch die Anordnung einer Stopfen-Gießpfanne, die mit dem Teach-in-System betrieben wird. Die Transportpfanne wird so nachgefüllt, daß der Badspiegel in der Stopfenpfanne weitgehend konstant gehalten wird.

In Sonderfällen kann eine Beheizung der Transportpfanne während der Entleerungszeit eingerichtet werden.

Gießpfannen mit Gießofen als Vorratsgefäß

Der Formentransport verläuft in den meisten Fällen im Taktbetrieb, wie er vom Rhythmus der Formmaschine vorgegeben wird. Bei größerem Gußgewicht und größerem Durchsatz jedoch werden die Formen häufig kontinuierlich transportiert, so daß nicht an der stehenden, sondern an der bewegten Form abgegossen werden muß.

Bei Einsatz eines Gießofens wird dann das Zwischenschalten einer Gießpfanne notwendig, da die Masse des mit Schmelze gefüllten Gießofens für den benötigten ständigen Hin- und Hertransport zu groß ist.

Aus einem Gießofen mit 6 t Nutzfassungsvermögen werden Gießpfannen mit Hilfe einer Stopfenvorrichtung in der Ausgußschnauze gefüllt. Die Gießpfannen stehen während des Füllvorganges auf Druckmeßdosen, bei Erreichen des Sollgewichts erhält der Stopfen von der Dosiersteuerung den Schließbefehl. Die gefüllte Gießpfanne wird zur Gießposition transportiert und dort an die abzugießende Form angekoppelt. Das Gießen geschieht

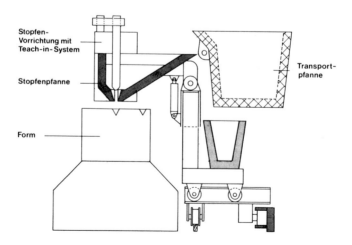

Bild 701: Stopfengießpfanne mit Teach-in-Steuerung, Flüssigeisenversorgung aus der Transportpfanne zur Vorbereitung von häufig wechselnden Legierungen

Bild 702: Gießspiegelregelung an einem Gießofen mit 10 t Nutzfassung; Ausgußsiphon (oben) und geregeltes Flüssigkeitsniveau im Gießtrichter der Form mit Ausführung von Impfdraht (unten)

dann durch geeignetes Kippen der Pfanne, das mit Hilfe des Teach-in-Systems gesteuert wird. Die leere Pfanne wird zurück zum Füllplatz transportiert, das Gewicht auf Null tariert und erneut mit der Sollmenge der Schmelze gefüllt.

Anwendung der Gießspiegelregelung

Druckgießofen mit Stopfendosierung im Ausgußsiphon

Hier wird der Stopfen jedoch nicht programmiert bewegt, sondern im geschlossenen Regelkreis entsprechend der Anforderung des konstant zu haltenden Badspiegels mit Eingußtrichter der Form; die Betriebsweise ist unter Bild 700 beschrieben.

Bild 702 zeigt das geregelte Gießen mit einem 10-t-Gießofen an einer Formkastenanlage. Im oberen Teil des Bildes erkennt man den Ausgußsiphon mit dem Stopfen, im unteren das geregelte Flüssigeisenniveau im Gießtrichter des Formkastens. Während des Gießens wird im Trichter mit Draht geimpft, der, von der Formanlage gesteuert, gleichzeitig von zwei Seiten in den Flüssigeisenstrahl geführt wird. Mit der abgebildeten Anlage werden Motorblöcke mit 140 bis 360 kg in Taktzeiten von 15 bis 22 s gegossen.

Der Einsatz der Gießspiegelregelung an der Anlage führte zu folgenden betrieblichen Vorteilen:

— Die Qualität wird durch schlackenfreies Gießen verbessert, da der Trichter im Formkasten während des Gießens immer genügend, auch bei unterschiedlichem Schluckvermögen von Form zu Form, gefüllt bleibt.

— Auch schwierige Gießvorgänge, die bisher nicht automatisierbar waren, werden einwandfrei beherrscht.

— Versuche mit verkleinerten Gießtrichtern verliefen positiv. Damit kann das Kreislaufmaterial verringert werden, was zu relevanten Energieeinsparungen führt, da die Wiedereinschmelzkosten sinken.

Stopfenpfanne mit Transportpfanne als Vorratsgefäß

Der Aufbau einer solchen Anlage ist ähnlich dem in Bild 701 dargestellten, nur daß ein Gießspiegel-Regelsystem anstelle der Teach-in-Programmierung eingesetzt ist. Die Vorteile dieser Gießanlagenvariante ergeben sich analog aus den vorstehenden Ausführungen. Es ist besonders geeignet für
— unterschiedliche Gießmengen und Gießcharakteristiken von Form zu Form,
— sich kurzfristig einstellende Veränderungen am Stellglied der Dosierung (Stopfen und Ausgußloch), wie es beispielsweise beim Gießen von magnesium-behandeltem Gußeisen der Fall ist,
— häufig wechselnde Zusammensetzung der abzugießenden Schmelze.

11.2.2.12. Anwendung von Industrierobotern an Warmarbeitsplätzen und zur Beschickung von Industrieöfen

Furgac [240] befaßt sich in einer umfangreichen Veröffentlichung mit der Anwendung von Industrierobotern, wobei wesentliche Ausführungen auch den Industrieofenbau interessieren.

In Bild 703 ist eine Einteilung der Handhabungsgeräte dargestellt. Wie aus der Systematik ersichtlich ist, bilden die Industrieroboter die Gruppe von universellen Handhabungsge-

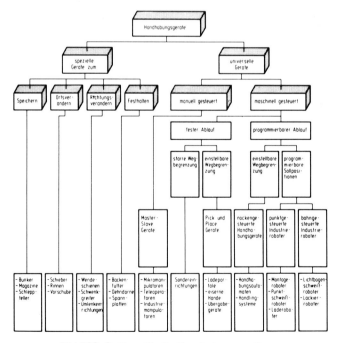

Bild 703: Systematik der Handhabungsgeräte

räten mit der größten Flexibilität. Nach dem Entwurf der VDI-Richtlinie 2860 werden Industrieroboter wie folgt definiert:

„Industrieroboter sind universell einsetzbare Bewegungsautomaten mit mehreren Achsen, deren Bewegungen hinsichtlich Bewegungsfolge und/oder Wege bzw. Winkel frei programmierbar (d.h. ohne mechanischen Eingriff veränderbar) und gegebenenfalls sensorgeführt sind. Sie sind mit Greifern, Werkzeugen oder anderen Fertigungsmitteln ausrüstbar und können Handhabungs- oder andere Fertigungsaufgaben ausführen."

Während die Industrieroboter der ersten Generation einfache Geräte mit einer begrenzten Anzahl von Verfahrenspositionen und Programmschritten waren, werden heute bereits bahngesteuerte Industrieroboter mit taktilen und optischen Sensoren industriell eingesetzt. Die Entwicklung von selbstadaptierenden und optimierenden Industrierobotern ist Gegenstand der gegenwärtigen Forschungsarbeiten.

Die Entwicklung der Industrierobotertechnologie hat in den letzten Jahren einen Technologieschub erfahren wie kaum ein anderer Bereich des Maschinenbaus. Für 1982 wird das Weltumsatzvolumen für Roboter auf etwa 1,5 Mrd. DM geschätzt. Die Anzahl der Roboteranwendungen in unterschiedlichen Ländern 1982 zeigt Bild 704. Absatzprognosen bis 1990 schwanken zwischen Zuwachsraten von 15 und 50 % pro Jahr. Nach OECD-Schätzungen können zu Beginn der 90er Jahre 230 000 bis 330 000 Industrieroboter weltweit im industriellen Einsatz sein.

Kinematischer Aufbau

Die Konzeption des kinematischen Aufbaus bestimmt maßgeblich die Flexibilität der Industrieroboter, da durch sie die Beweglichkeit und die Kollisionsbedingungen vorgegeben werden. Die Beweglichkeit eines Industrieroboters ist sein Vermögen, Hindernisse in seinem Arbeitsraum zu umgehen oder beispielsweise in Hohlkörper zu greifen. Beispiele für unterschiedliche kinematische Konzeptionen sind in Bild 705 dargestellt.

In jüngster Zeit sind neben den dargestellten Grundtypen weitere Konfigurationen mit zum Teil mehr als sechs Bewegungsachsen vorgestellt worden. Diese kinematisch überbestimmten Systeme haben eine größere Beweglichkeit, das heißt, sie können gleiche Punkte ihres Arbeitsraumes durch unterschiedliche Achsbewegungen erreichen. Andererseits werden auch Spezialgeräte, zum Beispiel Montageroboter, konzipiert, die wegen einer aufgabenbezogenen Reduzierung der Achsanzahl geringe Anlagenkosten verursachen.

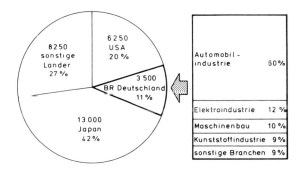

Bild 704: Weltweit installierte Industrieroboter; Stand 1982

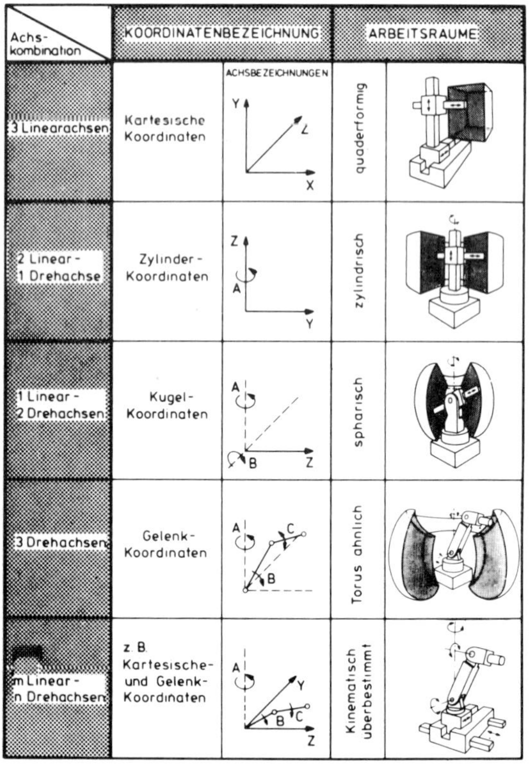

Achs-kombination	KOORDINATENBEZEICHNUNG		ARBEITSRAUME
3 Linearachsen	Kartesische Koordinaten	ACHSBEZEICHNUNGEN Y, Z, X	quaderförmig
2 Linear- 1 Drehachse	Zylinder-Koordinaten	Z, A, Y	zylindrisch
1 Linear- 2 Drehachsen	Kugel-Koordinaten	A, B, Z	sphärisch
3 Drehachsen	Gelenk-Koordinaten	A, C, B	Torus ähnlich
m Linear- n Drehachsen	z.B. Kartesische- und Gelenk-Koordinaten	A, Y, B, C, Z	kinematisch überbestimmt

Bild 705: Arbeitsräume und Bewegungskoordinaten von Industrierobotern

Die Auswahl geeigneten kinematischen Aufbaus ist von der Arbeitsaufgabe abhängig. Für komplexe Aufgaben, wie beispielsweise das Schweißen innerhalb von Kraftfahrzeugkarosserien, muß eine hohe Beweglichkeit der Industrieroboter angestrebt werden, die jedoch mit erhöhtem Steuerungsaufwand verbunden ist.

Steuerung und Programmierung

Die Steuerung von Industrierobotern muß zwei Aufgaben erfüllen, nämlich
— die logische Reihenfolge des Programms gewährleisten, in der die Stellantriebe der einzelnen Achsen aktiviert werden, und
— für djeden Programmschritt die notwendigen Koordinatenwerte bereitstellen.

Bild 706 veranschaulicht den prinzipiellen Aufbau einer Steuerung für Industrieroboter.

Antriebe und Wegmeßsysteme

Die Antriebe von steuerbaren Achsen bei Industrierobotern müssen hohe Dynamik und Drehzahlsteifigkeit aufweisen, um kurze Verfahrzeiten und gleichmäßigen Geschwindigkeitsverlauf bei variierenden Belastungen zu erzielen. Für die Handhabung großer Lasten eignen sich hydraulische Antriebe wegen ihrer hohen Leistungsdichte. Der Nachteil dabei ist die Lärmentwicklung und die Ölverschmutzung bei Reparatur- und Instand-

11. Computereinsatz im Industrieofenbau

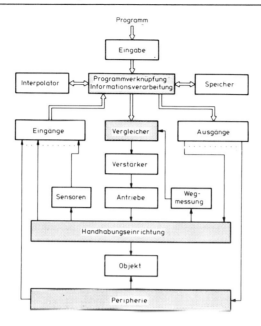

Bild 706: Prinzipieller Aufbau einer Steuerung für Industrieroboter

haltungsarbeiten sowie der zusätzliche Platzbedarf für Hydraulikaggregate. Wegen der guten Regelbarkeit werden heute in zunehmendem Maße Gleichstromantriebe (zum Beispiel Scheibenläufermotoren) eingesetzt. Die Wegmeßsysteme für die zu regelnden Achsen an Handhabungsgeräten sind unter Berücksichtigung der Einfahrtoleranz auszuwählen. Nach Art der Sollwertvorgabe ist zwiwchen analogen und digitalen Meßverfahren zu unterscheiden.

Werkzeuge

Greifsysteme müssen allgemein folgende Bedingungen erfüllen:
- Vorübergehendes Aufrechterhalten einer auf die Greifachsen bezogen, definierten Zuordnung von Werkstück- und Greifeinrichtung,
- Aufnahme äußerer Kräfte und Momente, die in Zusammenhang mit einer Bewegung auftreten,
- Aufnahme prozeßbedingter Kräfte, zum Beispiel Anpreß- und Fügekräfte.

Klassifiziert werden die Greifer nach der Art der Übertragungsenergie und nach der Wirkflächenausführung. Man unterscheidet
- mechanische Greifer mit starren Fingern,
- mechanische Greifer mit elastischen Fingern,
- pneumatische Greifer mit Saug- oder Druckelementen,
- magnetische Greifer und
- Kombinationen.

Sensoren

Im Rahmen der Automatisierung der Einzel- und Kleinserienfertigung mit Industrierobotern bildet die Materialbereitstellung noch einen Engpaß. Um die Teilezuführung sowie Kontrollaufgaben durchführen zu können, müssen sensorische Fähigkeiten des Menschen durch geeignete technische Sensoren kostengünstig nachgebildet werden.

Anwendungsgebiete

Überblick

Anfang 1984 waren weltweit etwa 35 000, in der Bundesrepublik Deutschland etwa 4 500 Industrieroboter im Einsatz. In Bild 707 sind die Anwendungsgebiete für Industrieroboter dargestellt.

Anwendung an Warmarbeitsplätzen

Entladen von Druckgußmaschinen

Die erste industrielle Anwendung von Industrierobotern fand 1961 in einer Druckgießerei in den USA statt. Drei-Schicht-Betrieb, kurze Taktzeiten, Monotonie, Hitze und Schmutz am Arbeitsplatz sind die wesentlichen Gründe für die schnelle Verbreitung der Technologie in dieser Branche.

Folgende technische Gegebenheiten erleichtern dabei die Anwendung von Industrierobotern:
— Es ist keine oder eine minimale Umgestaltung des Arbeitsplatzes erforderlich, wenn die Bedienperson durch Industrieroboter ersetzt werden soll.
— Die Position und die Orientierung der Werkstücke in der Maschine sind vorgegeben.
— Die Werkstücke können durch einfache mechanische Greifer am Anguß gegriffen werden.
— Die Programmierzeit des Industrieroboters ist sehr kurz gemessen an der Umrüstzeit der Maschine.

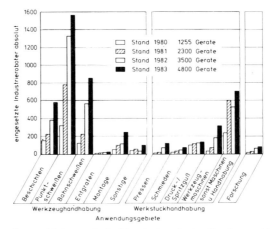

Bild 707: Anwendungsgebiete von Industrierobotern in der Bundesrepublik Deutschland (Quelle IPA, Stand 1983)

In der Druckgußindustrie arbeiten heutzutage weltweit über 2 000 Industrieroboter und übernehmen hierbei im wesentlichen folgende typische Aufgaben:
— eine Maschine entladen, Werkstück im Kühlbad abkühlen und ablegen,
— eine Maschine entladen, Werkstücke putzen und vereinzeln,
— Mehrmaschinenbedienung: zwei Maschinen abwechselnd entladen,
— eine Maschine entladen, Werkstück im Kühlbad abkühlen und Entgratpresse beschicken,
— Einlegeteile in die Form eingeben, Maschine entladen.

Unter Berücksichtigung der Taktzeit sind auch weitere Kombinationen dieser Aufgaben denkbar.

Anwendung in der Glasfertigung

Die Probleme der Einführung von Industrierobotern in Warmbetrieben lassen sich am Beispiel der Anwendungen in der Glasindustrie verdeutlichen, die in der Bundesrepublik Deutschland beim Einsatz von Industrierobotern eine bedeutende Stellung besitzt.

Drei-Schicht-Betrieb an sieben Wochentagen, kurze Taktzeiten und hohe Temperaturen sind die Hauptprobleme, die die Handhabung in der Glasproduktion erschweren. Dabei ist wegen des kontinuierlichen Schmelzvorgangs in der Wanne, der nicht unterbrochen werden darf, eine Verfügbarkeit der Anlagen von über 99 % gefordert. Die hohen technischen Anforderungen an die automatisierte Handhabung, die aus sozialen und wirtschaftlichen Gründen unerläßlich ist, erfordern eine systematische Planung und Entwicklung der Industrieroboter-Arbeitsplätze.

Der Fertigungsablauf in der Glasindustrie ist in Bild 708 schematisch dargestellt. Während Herstellungs- und Bearbeitungsprozeß automatisiert sind, wird die Materialhandhabung in der Regel manuell durchgeführt.

Folgende Probleme und spezielle Anforderungen der Warmverarbeitung erschweren die Automatisierung der Handhabungsaufgabe:
— Alle zehn Sekunden muß ein Glasteil gehandhabt werden, da der vorgeschaltete Prozeß kontinuierlich abläuft und die Wanne nicht abgeschaltet werden kann.
— Die zerbrechlichen, 450 °C heißen und 12,5 kg schweren Teile müssen mit Spezialgreifern gehandhabt werden; hohe Teiletemperaturen führen zu Problemen in den Handachsen der Industrieroboter.
— Kurze Taktzeiten erfordern hohe Verfahrensgeschwindigkeiten der Industrieroboter.
— Eine Wärmekonzentration durch zu dicht aneinander aufgestellte Maschinen muß vermieden werden. Dies führt zu langen Verfahrwegen für die Industrieroboter.
— Die Umgebungstemperaturen betragen je nach Jahreszeit bis zu 60 °C. Hydraulisch angetriebene Industrieroboter müssen wassergekühlt, die Steuerungen fremdbelüftet werden.

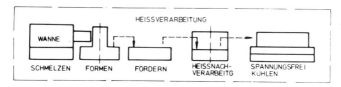

Bild 708: Fertigungsablauf in der Glasindustrie

- Mit zerstäubtem Öl und Glaspartikeln angereicherte Luft führt zu Problemen an Führungen und in Hydrauliksystemen.
- Alle Bearbeitungsmaschinen müssen manuell zugänglich sein.
- Ein wesentliches Merkmal der Glasverarbeitung im Heißbereich ist die Temperaturkonstanz. Alle am Prozeß beteiligten Maschinen und Einrichtungen funktionieren nur dann optimal und liefern maßgerechte Produkte, wenn sie die richtige Betriebstemperatur erreicht haben und diese auch behalten. Deswegen darf die Produktion nicht unterbrochen werden, und im siebentägigen Drei-Schicht-Betrieb ist eine Verfügbarkeit von 99 % zu erreichen.
- Aus Gründen der Temperaturkonstanz müssen die Bearbeitungsmaschinen abwechselnd beschickt werden. Auf Störungen ist automatisch zu reagieren.

Der hierfür ausgewählte Industrieroboter ist ein hydraulisch angetriebenes Vier-Achsen-Gerät. Es hat einen zylinderförmigen Arbeitsraum mit einer Auskraglänge von 2 665 mm und einem horizontalen Verfahrweg von 1 200 mm. Die Positionsgenauigkeit beträgt ± 1,5 mm. Die Mikroprozessorsteuerung und das Teach-in-Gerät sind unter Berücksichtigung der Anforderungen des Warmbetriebes entwickelt worden.

Beschickung von Industrieöfen

Die Übertragung der Handhabungs- und Verkettungsfunktionen in der zerspanenden Fertigung an Industrieroboter führte zu flexiblen Fertigungssystemen. Diese Rationalisierungsmaßnahme ermöglichte auch im Bereich mittlerer und kleiner Losgrößen die Befreiung des Menschen von der Bindung zum Anlagentakt.

Besonders an humanisierungswürdigen Arbeitsplätzen mit körperlich schweren Arbeitsinhalten und gesundheitsschädlichen Umweltbedingungen sind die Gleichmäßigkeit der

Bild 709: Handhabung von Schmiedeteilen

Qualität sowie das Entfallen von Fluktuations- und Krankheitskosten zusätzliche Einsparungseffekte.

Auch Industrieöfen werden in den meisten Fällen in Kombination mit nachgeschalteten Fertigungseinrichtungen verwendet. Es ist bereits heute problematisch, für diese durch Lärm, Erschütterungen, Hitze und schwere Werkstücke gekennzeicheten Warmarbeitsplätze, zum Beispiel für Schmieden, Facharbeitskräfte zu finden. Es bietet sich hier an, bei häufigem Loswechsel oder bei variablem Fertigungsablauf die Anlagenteile mit Hilfe von Industrierobotern flexibel zu verketten.

Bei der Herstellung von Wälzlagerringen mit einem Durchmesserbereich von 250 bis 900 mm werden Vierkantrohlinge mit einem Gewicht von 15 bis 100 kg mit Hilfe eines Industrieroboters aus dem Drehherdofen entnommen und in eine Entzunderungsanlage geführt (Bild 709). Anschließend wird das glühende Werkstück in den vier Gesenken einer Schmiedepresse geformt sowie gewendet und gelocht, bevor es zu einem Ringwalzwerk weitergegeben wird. Ein Universalgreifer mit mehreren Wirkflächen gewährleistet das sichere Halten des Werkstücks, das entsprechend dem Arbeitsfortschritt unterschiedliche Außenflächen aufweist. Das definierte Abkühlen der unterschiedlichen Teile eines Loses im Prozeß, das durch die automatisierte Handhabung erzielt werden kann, führt zu einer gleichmäßigeren Werkstoffqualität der Wälzlager im Vergleich zur manuellen Handhabung.

An diesem Arbeitsplatz konnten drei Leute durch einen Industrieroboter und zusätzliche periphere Einrichtungen ersetzt werden. Für die Überwachung des Gesamtsystems ist eine Person erforderlich. Für den gesamten Materialfluß dieser Anlage, die für Zwei-Schicht-Betrieb ausgelegt ist, wurden etwa 1,5 Mio. DM aufgewandt.

Bild 710: Ofenbeschickung mit Industrierobotern

Die Fertigung von Hinterachsteilen für die Automobilindustrie stellt ein weiteres Beispiel für die Verkettung von Schmiedeanlagen dar. Der im Drehherdofen auf 1 100 °C erwärmte Rohrzuschnitt wird hintereinander in einer Enzunder- und anschließend in vier Stufen in einer Schmiedepresse bearbeitet, bevor er auf einem Rollenförderer abgelegt wird. Pro Schicht werden 400 Teile gefertigt, eine Person überwacht die Anlage.

Auch die umformende Fertigung von Stahlflaschen erfordert die Verkettung von mehreren Stationen mit zum Teil variablen Ablegepunkten. Der Industrieroboter in Gelenkbauweise beschickt einen Spezialofen mit den magaziniert bereitgestellten Rohlingen (Bild 710). Nach Ablauf einer programmierten Erwärmungszeit entnimmt er die erhitzten Stahlflaschen aus dem Ofen und führt sie nacheinander zu einer Rolliermaschine sowie zu einer Warmsäge. Die Fertigteile werden zum Weitertransport auf einer Rollenbahn abgelegt.

Für die Handhabung von schweren Werkstücken über große Wege und bei geringem Nutzflächenbedarf des Industrieroboters eignen sich Portallösungen. Auf einer Schmiedestraße werden LKW-Vorderachsen bis 200 kg Stückgewicht gefertigt. Die Anlage besteht aus einer automatischen Reckwalze, einer Vorformpresse, einem Gegenschlaghammer und einer Abgratpresse. Besonders die Handhabung zwischen Vorformpresse und Hammer ist durch den Zunderflug beim Ausblasen der Gesenke erschwert. In einer prototypischen Realisierung wurde diese Aufgabe einem Portalgerät mit über acht Metern Verfahrweg übertragen. Dabei beträgt die Zykluszeit 26 s und die Positionsgenauigkeit ± 3 mm.

12. Anhang

12.1. INNERE REKUPERATION

Wenn ein Gas durch eine Wand mit Poren oder Kanälen strömt, so findet ein sehr lebhafter Wärmeaustausch statt, denn die Wärmeübergangszahl a ist, wie Tafel 26, zeigt, besonders groß. Die Gasströmung ist laminar und kann mit der Formel von Poiseuille (142) berechnet werden.

Es sind zwei Fälle zu unterscheiden:

a) Wenn heißes Gas eine Wand in Richtung der Temperaturabnahme durchströmt, so sind Gas- und Wärmeströmung gleichgerichtet (G l e i c h s t r o m).

b) Wenn kälteres Gas eine Wand durchströmt, die an der dem Gaseintritt entgegengesetzten Seite erwärmt wird (z.B. durch Strahlung), so sind Gas- und Wärmeströmung entgegen gerichtet (G e g e n s t r o m).

D e r F a l l a wird bei Ö f e n m i t i n n e r e r R e k u p e r a t i o n angewandt. Hierzu läßt man das Abgas, das sonst mit hoher Temperatur durch die Abgasöffnung verschwindet, jetzt durch gasdurchlässige Wände und Gewölbe abziehen, wobei das Abgas in diesen Wänden Wärme zur Deckung der Wand- bzw. Speicherverluste abgibt (Bild 711).

Weil hierdurch innerhalb der Wände Wärme aus dem Abgas, das sonst Träger des Schornsteinverlustes ist, zurückgewonnen wird, hat der Verfasser hierfür vor Jahren den Ausdruck „ i n n e r e R e k u p e r a t i o n " gewählt.

F a l l b kann für die Vorwärmung von Verbrennungsluft in Rekuperatoren angewendet werden. Hierzu läßt man die Luft durch eine gasdurchlässige Wand in Richtung der Temperaturzunahme strömen..(R a d i a l r e k u p e r a t o r Bild 712). Auch hier tritt innere Rekuperation in der Wand auf. Wird durch einen gasdurchlässigen Thermogenerator zur

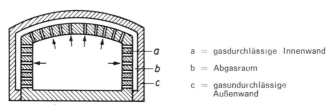

a = gasdurchlässige Innenwand
b = Abgasraum
c = gasundurchlässige Außenwand

Bild 711: Schema eines Ofens mit innerer Rekuperation

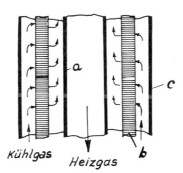

Bild 712: Radialrekuperator (schematisch)

Direktumwandlung von Wärme in Elektrizität ein Gas-Luftgemisch geführt und an der anderen Seite verbrannt, so wird die Seite des Generators mit den kalten Lötstellen gekühlt und die Seite, auf der die Verbrennung stattfindet, erwärmt. Hierdurch kann ein bedeutend höherer Wirkungsgrad erzielt werden als bei den bekannten Thermogeneratoren.

12.1.1. Geschichtlicher Rückblick

Anläßlich Versuchen mit Industrieöfen aus gasdurchlässigem Feuerleichtstein bei verschiedenem inneren Ofendruck kam der Verfasser 1939 zu der Feststellung, daß ein höherer Wirkungsgrad erzielt wird, wenn man die Abgase ganz oder teilweise durch a b - s i c h t l i c h angebrachte kleine Undichtigkeiten im Mauerwerk oder durch b e s o n - d e r s p o r ö s e Steine entweichen läßt, statt durch die üblichen Abgasöffnungen [241]

Da damals nur gewöhnliche poröse Leichtsteine zur Verfügung standen, mußte der erste Ofen mit innerer Rekuperation mit einem ziemlich hohen Druck betrieben werden. Dies hatte größere Ausflammverluste rund um die Ofentüre zur Folge, wie es die Verfärbung des Ofenmantels (Bild 713) deutlich zeigt. Während des Krieges und später wurden in England Öfen mit stark porösen Steinen gebaut, wobei das Abgas mittels Preßluftsaugvorrichtungen durch die Wände abgesaugt wurde (Bild 714).

Bild 713: Erster Ofen mit innerer Rekuperation (Verfasser 1939)

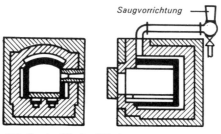

Bild 714: Ofen mit gasdurchlässigen Wänden und Abggassaugvorrichtung (nach Anderson)

In D.B. Patent Nr. 903550 vom 31.8.1951 hat Brunklaus vorgeschlagen, eine Hilfsabgasöffnung k anzubringen, damit der Überdruck im Ofenraum ohne Anwendung von Absaugvorrichtungen nicht zu hoch wird. Zu gleicher Zeit hat er Steinformen angegeben, wobei die Gasdurchlässigkeit nicht durch Poren, sondern durch Kanäle erzielt wird. Bild 715 der Patentschrift zeigt einen Lochstein mit einer Vielzahl von parallelen Gasdurchtritten n. In der Patentschrift heißt es weiter wörtlich: „Da die Herstellung solcher Lochsteine ziemlich umständlich ist, können an ihrer Stelle verhältnismäßig dünne Platten p (Bild 716) verwandt werden, deren gerippte Berührungsflächen zwischen sich eine Vielzahl paralleler Gasdurchtritte o freilassen''.

Brunklaus hat in Veröffentlichungen bereits frühzeitig folgende Vorteile angegeben [224]:

I. D e r W ä r m e i n h a l t d e s A b g a s e s s o l l b e n u t z t w e r d e n , u m d i e S p e i c h e r w ä r m e z u l i e f e r n . D a z u s o l l d a s A b g a s d u r c h u n d h i n t e r d i e W ä n d e abziehen'' (1940).

II. ,,Abgas, das durch das Mauerwerk abzieht, wird bis auf eine tiefere Temperatur ausgenutzt als Abgas, das durch die Abgasöffnung entweicht. Man kann annehmen, daß unter dem Einfluß eines höheren Innendruckes das heiße Abgas durch den porösen Feuerleichtstein des Mauerwerkes zieht und W ä r m e a l s S p e i c h e r w ä r m e am kälteren Mauerwerk abgibt. Z u r V e r r i n g e r u n g d e s W ä r m e v e r b r a u c h e s

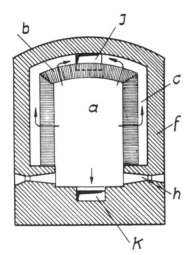

Bild 715: Ofen mit innerer Rekuperation nach DBP 903550

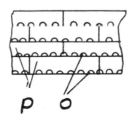

Bild 716: Spezialsteine für Öfen mit innerer Rekuperation nach DBP 903550

ist es vorteilhaft, Abgas durch künstliche kleine Undichtheiten in der Ofenwand oder durch Poren des Feuerleichtsteines abziehen zu lassen" (1942).

III. „Da das Abgas beim Ofen mit innerer Rekuperation durch die Wand geht und bei hoher Wärmeübergangszahl Wärme abgibt, so wird die Wandtemperatur des Ofenraumes höher sein. Es wird hierdurch mehr Wärme dem Ofeneinsatz zugestrahlt, und das bedeutet eine Leistungssteigerung und eine weitere Brennstoffersparnis. Die Speicherwärme der inneren gasdurchlässigen Wand ist größer. Es ist bei Öfen, bei denen fortdauernd größere Mengen kalten Einsatzes in den Ofenraum gebracht werden erwünscht, daß größere Wärmemengen innerhalb der inneren Ofenwand aufgespeichert sind; denn diese können beim plötzlichen Abkühlen der inneren Ofenfläche schnell nach dieser zurückwandern. Eine zu schroffe Abkühlung des Ofenraumes nach jeder Beladung wird hierdurch vermieden und die Leistung des Ofens erhöht. Im allgemeinen wird man innere Rekuperation bei Öfen für satzweise Beladung anwenden" (1952 [243]).

IV. „Ein Radialrekuperator läßt sich für die gleiche Leistung viel kleiner bauen als ein gewöhnlicher Strahlungsrekuperator. Man erreicht nebenbei den großen Vorteil, daß das metallische Innenrohr viel weniger belastet wird, als das bei dem Vergleichsrekuperator gewöhnlicher Bauart der Fall ist. Eine äußere Isolierung des Radialrekuperators ist nicht notwendig".

Es ist das Verdienst des Ungarn Dioszeghy [244], die Einführung des Ofens mit innerer Rekuperation durchgesetzt zu haben. Die Anwendung von gasdurchlässigen Steinen in der Ausführung nach Bild 660 machte es möglich, diese Öfen in einer größeren Anzahl von Betrieben mit Erfolg einzuführen. Die vom Verfasser vor Jahren gefundenen und oben erwähnten Vorteile bestätigen sich hierbei vollauf.

12.1.2. Nähere Betrachtung der inneren Rekuperation

Elsner hat zur Kennzeichnung kombinierter Gas- und Wärmeströmungen durch eine einfache Wand folgende dimensionslose Kennzahlen eingeführt:

$$K_1 = \frac{f_i \cdot a_M \cdot s^2}{\lambda_K (1 - \varphi)} = \text{dimensionslose innere Wärmeübergangszahl.}$$

$$K_2 = \frac{c_M \cdot G \cdot s}{\lambda_K (1 - \varphi)} = \text{dimensionsloser Stoffdurchsatz.}$$

$$K_3 = \frac{\lambda_M \cdot \varphi}{\lambda_K (1 - \varphi)} = \text{dimensionslose Wärmeleitzahl des Gases (Medium M).}$$

f_i = innere Porenoberfläche $\quad$ (m²/m³)
φ = Anteil der Porenöffnungen an der Wandfläche $\quad$ (m²/m²)
s = Wandstärke $\quad$ (m)

c_M = spez. Wärme des Mediums (Gas) bei Konst. Druck (K J/kg K)
G = Massestrom des Mediums (kg/m² h)
λ_K = Wärmeleitzahl des Körpers (Wand) (K J/m K h)
λ_M = Wärmeleitzahl des Mediums (K J/m K h)
a_M = Wärmeübergangszahl in den Poren (Kapillaren) (K J/m² K h)

K_3 wird für die Kombination keramischer Stoffe — Gas im allgemeinen sehr klein. Bei geeigneter Wahl von f_i und s, kann K_1 leicht den Zahlenwert 100 bis 1000 erreichen, wenn zu gleicher Zeit durch die Wahl eines nicht zu großen spezifischen Durchmessers der Kapillarkanäle dafür gesorgt wird, daß a_M groß ist. Dann nähern sich die örtlichen Gas- und Wandtemperaturen bis auf einige Zehntel °C und sind somit praktisch einander gleich.

In der 3. Auflage wurde der Wärmeübergangskoeffizient in der Anlaufstrecke für zwei verschiedene, ausgeführte Öfen durchgerechnet (S. 609, 610). Hieraus ging hervor:

a) Sowohl für Kanäle mit kleinen, aber auch für solche mit größeren Abmessungen ist die Wärmeübergangszahl direkt beim Eintritt in die Kanäle sehr groß. Hierdurch nähert sich die Wandtemperatur sehr der Temperatur des Abgases und ist deswegen bei gasdurchlässigen Wänden bedeutend höher als bei massiven Wänden.

b) Dicht unter der Innenoberfläche der Wand ist eine größere Wärmemenge gespeichert, die beim Einsetzen von kaltem Wärmegut frei wird. Hierdurch wird ein schroffes Absinken der Wandtemperatur verhindert und ein schnelleres Aufheizen des Wärmgutes erreicht.

c) Die Wärmeübergangszahlen sind bei Anwendung von Steinen mit größerem Durchtrittsöffnungen kleiner als bei Steinen mit kleineren Kanälen. Da aber die innere Wandfläche, ausgedrückt in m²/m³, bei den erstgenannten noch größer sein kann, als bei den zweiten, so findet auch hier eine lebhafte Wärmeübertragung von dem durchströmenden Abgas auf das Innere der Steine statt.

Bei Kammeröfen (Chargenöfen) hat man drei verschiedene Betriebszustände zu unterscheiden, die für Öfen mit IR näher zu betrachten sind:

a) Anheizen des Ofenraumes:
Durch die hohe Wärmeübertragung im Inneren der Wände geht die Wärmespeicherung, die aus dem Wärmeinhalt des durchströmenden und sich hierbei abkühlenden Abgas bestritten wird, viel schneller vor sich als durch die Wärmeleitung von der Ofeninnenseite aus durch eine massive Wand. Betrachtet man das feste Material, das sich jeweils zwischen 4 Wandkanälen befindet, als einen allseitig beheizten Zylinder, so kann nachgewiesen werden, daß für jede Fläche senkrecht zur Strömungsrichtung des Abgases im feuerfesten Wandmaterial keine wesentliche Temperaturdifferenz besteht.

Durch Anwendung der Differenzberechnung kann der zeitliche Verlauf der Temperaturverteilung in der Strömungsrichtung des Abgases berechnet werden, da der örtliche Temperaturunterschied zwischen Wand und Abgas klein ist.

Bild 717 zeigt die Resultate einer Rechnung für eine Wand mit s = 0,22 f_i = 146 m²/m³, φ = 0,0365 m²/m² und λ_w = 0,314 W/m² K (Leichtstein), Stationärer Zustand wird in einer Aufheizzeit von 12,76 St. erreicht, wobei die Außenwandtemperatur 155 °C und die Innenwandtemperatur 1000 °C ist.

Zum Vergleich ist auch der Temperaturverlauf für die nichtdurchlöcherte Wand eingezeichnet. Die Aufheizzeit ist hier 16 St., wobei die Wandtemperaturen 975 °C bzw. 111 °C betragen. Der Vorteil des schnellen Anheizens bei entsprechend niedrigem

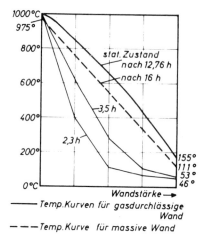

Bild 717: Anheizen einer gasdurchlässigen und einer massiven Wand

Brennstoffverbrauch macht die Anwendung von innerer Rekuperation besonders für Öfen mit satzweiser Chargierung und nicht-kontinuierlichem Betrieb empfehlenswert.

Andererseits werden auch in den Chargenöfen, die mit den neueren keramischen Faserstoffen ausgekleidet sind (1.2.5. und 2.1.), sehr kurze Anheizzeiten erzielt.

b) Wandverlust des leeren Ofens nach erfolgtem Anheizen

Es wird eine optimierte, einfache Wand eines Ofens mit IR verglichen mit der nichtgasdurchlässigen Wand eines normalen Ofens. Beide Wandausführungen sind aus dem gleichen Baustoff, nur im ersten Fall mit großer offener Porosität. Im zweiten Fall mit geschlossener Porosität. Übrigens auch eine Wand durchzogen von Kanälen mit 3 mm ϕ kann ohne weiteres mit einer massiven Wand verglichen werden. Denn bei dem günstigen Flächenverhältnis $\varphi = 0{,}0105$ m^2/m^2 ist die gasdurchlässige Wand nur 1,05 % leichter.

Bei der gasdurchlässigen Wand wird die Grenzschicht abgesaugt, wodurch die Innenwandtemperatur t_3, gleich der Heißgastemperatur t_g ist. Es werden die Parameter des gasdurchlässigen Wandmaterials und die Gasdurchströmung M_2 so gewählt, daß die Außenwandtemperatur t_4 gleich der Außenwandtemperatur t_2 der massiven Wand ist (Bild 718 und 719). Für letztere ist die Innenwandtemperatur $t_1 < t_g$. Diese Wand wird erwärmt durch den Gasstrom M_1 mit der Anfangstemperatur t_g, und er zieht durch den Schornstein weg mit der Temperatur t_l. Bei der gasdurchlässigen Wand zieht die ganze Gasmasse M_3 durch die Wand weg und nichts geht durch den Schornstein. Die spez. Wärmekapazität c des Gases wird als konstant angenommen.

Den für die gasdurchlässige Wand angeommene Fall tritt tatsächlich auf, wenn die Elsner-Zahlen wie folgt sind:

$K_1 \geq 1000$, d.h. gute Wärmeübertragung in den Poren.

$K_2 \sim 0{,}25$, d.h. kleine Gasgeschwindigkeit in den Poren.

$K_3 \sim 0$, d.h. die Wärmeleitfähigkeit des Gases ist klein gegenüber die des Wandbaustoffes.

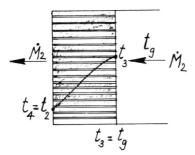

Bild 718: Leerlauf eines Ofens mit IR (Einfache Wand)

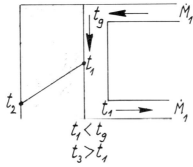

Bild 719: Leerlauf eines Ofens mit einfacher massiven Wand

In Wirklichkeit hat man es mit zwei- oder dreiteiligen Wänden zu tun und der Effekt der IR wird besser. Selbstverständlich ist der Wandverlust durch die Isolierschicht s_2 jetzt viel geringer und somit in beiden Fällen der Wärmeaufwand. In der Praxis spielen im Vergleich zu den ziemlich kleinen Wärmeströmen c · M, Wärmeverluste durch Undichtheiten (Türspalten usw.) eine große Rolle. Deswegen war beim ersten Versuchsofen mit IR der Gewinn im Leerlauf nur 8,4 % beim Halten des Ofens auf 1000 °C.

c) Das Erwärmen von Wärmgut

Die gleichmäßige Strömung des Abgases auf den gasdurchlässigen Wänden zu, macht der Ofen mit IR zu einem fast optimalen Ofen mit Kolbenströmung. Und Öfen mit dieser Strömung haben nach Cernoch und Jeschar (4.5.2.) den kleinsten Wärmeverbrauch. Außerdem ist durch die sehr große Wärmeübertragung beim Eintritt des Gases in die gasdurchlässige Wand die Wandtemperatur fast gleich der Gastemperatur, wodurch die Wandstrahlung zum Wärmgut sehr groß wird. Bei gleicher Leistung kann man den Arbeitsraum eines Ofens mit IR kleiner ausführen als beim Normalofen.

11.1.3 Ausführungen und Zahlen der Praxis

Wie wirken sich nun die theoretischen Überlegungen über die innere Rekuperation in der Praxis aus? Es seien einige Beispiele angeführt, wobei B der Brennstoffverbrauch beim gewöhnlichen Ofen und B' der Brennstoffverbrauch für den gleichen Ofen in der Ausführung mit innerer Rekuperation ist.

1) Glühofen mit i. R. nach Bild 713.
   B' = 0,75 B für Anheizen auf 1000 °C.

2) Glühofen nach Bild 714.
   B' = 0,585 B für das Anheizen von Wärmgut auf 1150 °C. Erste Beschickung.
   B' = 0,67 B für das Anheizen von Wärmgut auf 1150 °C, bei den weiteren Beschickungen.
3) Tiegelschmelzofen mit i. R. (Aluminiumschmelzen)
   B' = 0,675 B für die erste Schmelze.
   B' = 0,848 B für alle Schmelzen während des ganzen Tages.
4) Glühofen mit i. R. nach DBP 903550 (Bild 715).
   B' = 0,60 B für das Anheizen auf 1000 °C.
   B' = 0,96 B bei Leerlauf des Ofens.
5) Messungen in 1957 an einem Ofen nach Bild 715 im Gaswärmeinstitut Essen: Beim Aufheizen auf 1200 °C 40 % Brennersparnis. Chargen von 35 kg (Stahlblöckchen 70 x 70 x 70 cm) erhitzen auf 1120 °C. Energieverbrauch 2050 kJ/kg.
6) Messungen in 1966 im Wärmeinstitut Miskolc (Ungarn): Stahlblöckchen (100 x 100 x 100) erwärmen auf 1200 °C. Energieverbrauch 2330 kJ/kg. [245]
7) Mitteilung von Dietze der Zentralstelle für rationelle Energieanwendung Dresden: Neue Öfen mit IR und auch auf IR umgebaute, bestehende Öfen ergeben im Vergleich zu normalen Öfen Energieeinsparungen von 32 % bei Ölheizung und 28 % bei Gasheizung. (1970) [246]

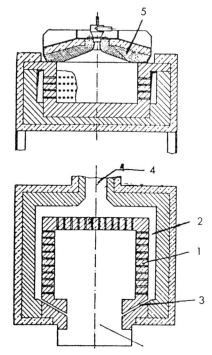

1 gasdurchlässige Wand, 2 Abgassammelraum, 3 Hilfsabgasöffnung,
4 Hauptabgasöffnung, 5 Gewölbe mit Deckenstrahlbrenner

Bild 720: Kleiner Kammerofen mit IR und Deckenstrahlbrenner

PONHOLZER SCHAMOTTE

Aus frisch gebrannter Schamotte bereiten wir für Sie auf:

Mahlschamotte

in jeder Kornfraktion
mit der gewünschten
Kornverteilung

mit   35–38 % Al_2O_3
      38–40 %
      40–42 %

Weiteres Lieferprogramm:

Schamotte in Stücken

Leichtschamotte 38–40 % Al_2O_3 (Körnung 0–4 und 4–10 mm)

feuerfeste Tone (grubenfeucht in Stücken getrocknet und geschnitzelt, gemahlen 0–1 mm)

Oberpfälzische Schamotte- und Tonwerke GmbH Ponholz

8414 Maxhütte-Haidhof
Telefon: (09471) 200-0 — Telex: 652312 ponto d

Industrieöfen

zum kontinuierlichen Glühen, Härten und Vergüten von Kleinteilen, Drähten und Bandstählen.

Kammeröfen zum Härten und Anlassen für den Werkzeug- und Gesenkbau.

Härterei

Aufkohlen, Härten und Vergüten von Massen-Kleinteilen in Durchlaufanlagen

Einsatzhärten und Carbonitrieren in Gasaufkohlungsanlagen und Salzbädern

Härten und Badnitrieren von Werkzeugen, Gesenken und sonstigen Bauteilen

Wilhelm Alte, Plettenberg-Ohle i. W. Telefon (02391) 50471

12. Anhang

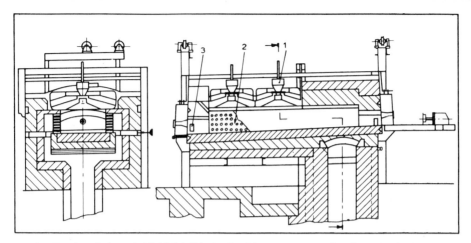

Bild 721: Durchstoßofen mit IR (C.S.S.R.). 1 = Strahlungsbrenner im Gewölbe, 2 = Gasdurchlässige Seitenwände, 3 = Hilfsabgasöffnung nach DB Pat.-Nr. 903450

8) Kleine Kammeröfen mit IR und Strahlungsbrenner im Gewölbe (Bild 720) ergeben nach Messungen im Wärmeinstitut Bechovice (CSSR) eine Leistungszunahme von 24 % und eine Energieeinsparung von 24,7 %. Es wurden Stahlstückchen (40 ϕ x 100 mm) bei einem Energieverbrauch von 2310 kJ/kg in 9 min. auf 1250 °C erhitzt. In einem gleichen Ofen aber ohne IR war die Zeit 12 min. und der Energieverbrauch 3070 kJ/kg. (1975)

9) Stoßofen mit IR und Strahlungsbrennern im Gewölbe (Bild 721). Hierin wurden am Wärmeinstitut Bechovice Stahlblöckchen (80 x 80 x 100 mm) auf 1250 °C erhitzt. Eine Charge von 125 kg erreichte diese Temperatur in 15 min. Energieverbrauch 2590 kJ/kg. (1975) [230]

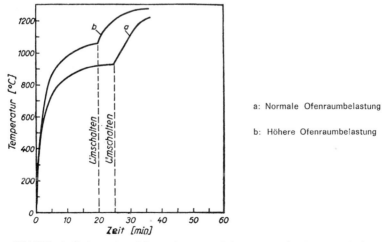

a: Normale Ofenraumbelastung

b: Höhere Ofenraumbelastung

Bild 722: Aufheizen eines Ofens mit innerer Rekuperation (nach Dioszeghy)

Bei Öfen mit innerer Rekuperation fällt die gleichmäßige Temperaturverteilung im Ofenraum besonders auf. Die Anheizzeiten gehen durch innere Rekuperation ganz bedeutend zurück.

Noch überzeugender ist der Unterschied der Anheizzeiten bei von Dioszehgy durchgeführten Versuchen (Bild 722). Hierbei konnten die Wände mit innerer Rekuperation mittels eines Schiebers abgestellt werden, dann zog das Abgas durch eine tiefgelegene Abgasöffnung aus dem Ofenraum ab. Es handelte sich hierbei um einen Schmiedeofen. Zuerst wurde ohne i. R. aufgeheizt; aber bei normaler Nennleistung wurde eine Temperatur von 1000 °C im Ofenraum nicht einmal erreicht. Sodann wurde auf i. R. umgeschaltet, wonach die Anheizkurve steil anstieg und 5 Minuten später 1000 °C erreicht wurde.

Auch andere, bereits vor Jahren vom Verfasser genannte Vorteile der Öfen mit innerer Rekuperation wurden durch Dioszeghy vollauf bestätigt: Die höhere Innenwandtemperatur bringt eine größere Wärmeübertragung durch Strahlung und hierdurch eine Leistungssteigerung. Deswegen nennt Dioszeghy die Öfen mit i. R. Öfen mit strahlenden Wänden.

Die konzentrierte Wärmespeicherung der gasdurchlässigen Innenwände verhindert eine zu schroffe Abkühlung des Ofenraumes nach jeder Beladung, wodurch wiederum die Ofenleistung erhöht wird. **Innere Rekuperation bedeutet also auch einen Weg zur Schnellerwärmung.**

Tafel 136 gibt einige diesbezügliche Versuchsergebnisse wieder.

Tafel 136: Ofenwandtemperatur vor und nach dem Einsetzen von Wärmgut (Nach Dioszeghy)

Ofenart	Ofenwandtemperatur °C	
	vor dem Einsetzen	nach dem Einsetzen
Ohne innere Rekuperation..................	1360	1080
Mit innerer Rekuperation	1380	1250

Der Kammerofen mit Deckenstrahlbeheizung und IR nähert sich am meisten dem idealen Ofen mit Kolbenströmung, denn das Heißgas schiebt sich ohne Rezirkulation am Wärmgut entlang und gleichmäßig auf die vielen kleinen Wandöffnungen zu.

Daß diese Öfen auch als Schnellerwärmungsofen eingestuft werden können, geht aus den Beispielen 8 und 9 hervor. Zum Vergleich: In einem Schnellerwärmungsofen normaler Bauart und mit den modernsten Impulsbrennern bestückt wurden Vierkantstähle (76 x 76 x 510 mm) auf 1200 °C erhitzt. Jede 15 min. konnte ein Stück aus dem Ofen entfernt werden, also weniger schnell. Dabei war der Energieverbrauch 3040 kJ/kg [169].

Aufschlußreich sind die Erfahrungen, die bei der Anwendung von Öfen mit innerer Rekuperation in der DDR gemacht wurden [247], nämlich:

1. Senkung des Energiebedarfs,
2. Verkürzung der Anwärmzeiten und
3. rund 30 % längere Standzeit des Ofenmauerwerkes gegenüber normalen Öfen.

Öfen mit innerer Rekuperation mit Metallrekuperatoren auszurüsten, ist durchaus möglich. Die niedrige Abgastemperatur dieses Ofens beim Eintritt in den Rekuperator wird manchmal einen Vorteil durch die Haltbarkeit der Rekuperatorrohre bringen. Ein praktischer Vergleich ergibt folgendes:

Bei einer Luftvorwärmtemperatur von 400 °C erreicht man gegenüber den Öfen ohne Rekuperator eine Energieersparnis von:
beim Normalofen von 22 % (Abgastemperatur 1000 °C)
beim Ofen mit IR von 18 % (Abgastemperatur 700 °C)
Beim Normalofen ist der Energieverbrauch:
ohne Rekuperator B_1
mit   Rekuperator $0,78 \, B_1$
Beim Ofen mit IR ist der Energieverbrauch:
ohne Rekuperator $B_2 = 0,75 \, B_1$
mit   Rekuperator $B_3 = 0,82 \, B_2 = 0,615 \, B_1$
Der Ofen mit IR und Luftrekuperator bringt im Vergleich zum Normalofen mit Luftrekuperator eine Energieeinsparung von $\dfrac{0,78 - 0,615}{0,78} \cdot 100 = \sim 21 \, \%$

Bild 723 zeigt einen Tiegelofen, Bild 724 einen Kippofen und Bild 725 einen Schmiedeofen, alle mit IR.

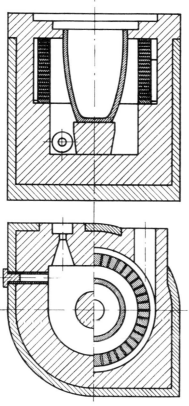

Bild 723: Tiegelofen mit innerer Rekuperation

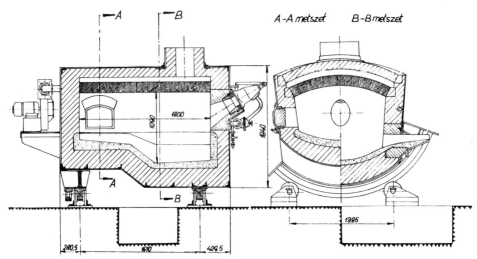

Bild 724: Kippofen mit innerer Rekuperation

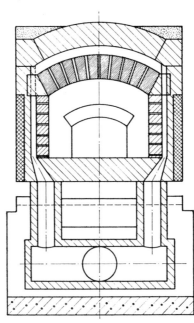

Bild 725: Schmiedeofen mit innerer Rekuperation (nach Dioszeghy)

Soll das Gas-Luftgemisch beim Eintreten in die gasdurchlässigen Wände noch nicht ganz ausgebrannt sein, so wird hier an der besonders heißen Wandoberfläche eine beschleunigte Nachverbrennung stattfinden, wodurch die Wandtemperatur noch eine weitere Erhöhung erfährt. Das wird sich z.B. bei dem Ofen für zunderarme Erwärmung Bild 392 günstig auswirken. Übrigens ist die sogenannte Oberflächenverbrennung („Surface combustion"), also die beschleunigte Verbrennung eines Gas-Luftgemisches beim Aufprallen auf eine Wand, um hierdurch eine größere Wärmeübertragung durch Wandstrahlung zu erzielen, bereits aus den Arbeiten von Schnabel und Bone 1910 bekannt. In letzter Zeit befaßt man sich erneut mit dieser Erscheinung [249].

12.2. DIE INNERE REKUPERATION BEI REKUPERATOREN (Radialrekuperatoren)

Durch die innere Rekuperation ist es möglich, die Hilfsheizflächenwirkung in einem Rekuperator zu steigern. Im Bild 726 ist b das Innenrohr, durch das die Abgase geführt werden, und c das Außenrohr, das Wärme von b zugestrahlt bekommt. Dieses Außenrohr c ist in diesem Falle ein gasdurchlässiges Rohr, das aus Metall, metallischem Geflecht oder aus einem keramischen Stoff besteht. Außen ist Rohr c von einem Außenmantel a umgeben, durch den die kalte Luft zugeführt wird. Die Wirkungsweise beruht nun darauf, daß die kalte Luft, die das gasdurchlässige Außenrohr c in radialer Richtung durchströmt, alle Wärme aufnimmt, die diesem Rohr zugestrahlt wird. Das geschieht so lebhaft, daß die Außenseite von c kalt bleibt und die Innenseite von c eine verhältnismäßig niedrige Temperatur hat. Hierzu ist es notwendig, daß in den Kanälen des gasdurchlässigen Rohres eine sehr große Wärmeübertragung auf die durchströmende Luft stattfindet. Das Rohr c ist also „Hilfsheizfläche" (4.7.3.).

Eine Berechnung wurde vom Verfasser bereits 1950 durchgeführt, war aber oberflächlich. Munser hat sehr eingehende und genaue Rechnungen über den Radialrekuperator angestellt. Bild 727 zeigt, daß die Leistung dieses Rekuperators bei einer Eintrittstemperatur von 1200 °C um 50 % größer ist als bei dem entsprechenden Strahlungsrekuperator mit Hilfsheizfläche.

Munser kommt zu folgenden Ergebnissen, die sich genau mit den vom Verfasser vorausgesagten Vorteilen decken.

1. Gegenüber einem üblichen Rekuperator bringt der Radialrekuperator eine erhöhte Heizflächenleistung, die sich in einer größeren Abkühlung des Heizmediums zeigt.

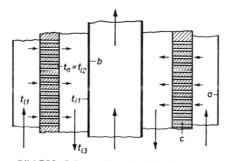

Bild 726: Schema eines Radialrekuperators

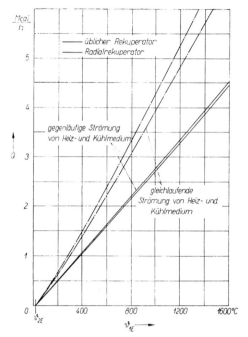

Bild 727: Wärmeübertragungsleistung von Rekuperatoren (nach Munser)

2. Die Wandtemperatur des zentralen Innenrohres ist beim Radialrekuperator wesentlich niedriger als beim üblichen Rekuperator. Dadurch kann Material geringerer Qualität eingesetzt werden.
3. Eine Isolierung des Radialrekuperators gegenüber der Umgebung ist bei der geringen Leitfähigkeit des gasdurchlässigen Zylinders überflüssig.

Wie bereits erwähnt, kann das gasdurchlässige Rohr c auch aus metallischem Geflecht hergestellt werden. Es arbeitet nach dem gleichen Prinzip wie der Strahlrohrlufterwärmer von Schmidt (4.5.5.).

12.3. DIE WÄRMEÜBERTRAGUNG IM OFEN ALS THERMODYNAMISCHER VORGANG [250]

Die Energie der Brennstoffe ist als chemische Energie vorhanden und geht bei der Verbrennung in Wärmeenergie über, die unmittelbar benutzt wird oder wenigstens teilweise mittels Dampfmaschinen, Motoren, Strahltriebwerke oder Turbinen in mechanische Energie umgesetzt werden kann. Die chemische Energie der Brennstoffe läßt sich aber auch unmittelbar in elektrische Energie überführen. Es handelt sich bei diesen Energieumsetzungen um Zustandsänderungen chemischer und physikalischer Art. Verläuft der Vorgang in umkehrbarer Weise, so wird hierbei die größtmögliche Menge an Arbeit geliefert; bei nichtumkehrbaren Zustandsänderungen ist diese Menge immer geringer.

Eine nichtumkehrbare Zustandsänderung ist z.B. die Wärmeabgabe eines Körpers an einen anderen, wozu ein wenn auch kleines Temperaturgefälle notwendig ist. Da bei allen

Industrieöfen, Dampfkesseln, Motoren, Wärmeaustauschern usw. Wärmeaustausch vorkommt, treten hierbei immer nichtumkehrbare Zustandsänderungen auf. Auch Drosselung von Gasströmen (z.B. durch Wandreibung und Einzelwiderstände), Mischung und Diffusion sind nichtumkehrbare Vorgänge. Schließlich ist die mechanische Reibung als ein in jeder Maschine auftretender nichtumkehrbarer Vorgang hervorzuheben.

Aus der Thermodynamik ist der Begriff maximale Arbeit L_m bekannt. Diese Arbeit wird geleistet, wenn ein Körper durch umkehrbare Vorgänge ins Gleichgewicht mit der Temperatur und dem Druck der Umgebung gebracht wird. Hierbei sind Anfangsdruck und/oder -temperatur abweichend von den Werten, die die Umgebung hat. Es ist auch möglich, daß der Körper den gleichen Druck und die gleiche Temperatur wie die Umgebung hat, dafür aber chemische Energie besitzt. Dies ist bei den Brennstoffen der Fall.

Um einen Körper höherer Temperatur und höheren Drucks mit der Umgebung ins Gleichgewicht zu bringen, muß Wärme dQ abgeführt werden, und es wird Arbeit dL geleistet. Hierdurch ändert sich die innere Energie des Körpers um den Betrag dU.

Der erste Hauptsatz der Thermodynamik besagt, daß keine Energie (Wärme, innere Energie, mechanische Energie, elektrische Energie, chemische Energie usw.) bei Änderungen verlorengeht, und hieraus ergibt sich:

$$dU = dQ - dL$$

Die Temperatur der Umgebung sei T_o, und da die Zustandsänderung umkehrbar verlaufen soll, muß der Körper bei derselben Temmperatur T_o (also bei unendlich kleinem Temperaturgefälle) Wärme an die Umgebung abgeben. Vorher soll deswegen der Körper adiabatisch (d.h. ohne Wärmeaustausch mit der Umgebung) auf die Temperatur T_o gebracht werden. Nach dem zweiten Hauptsatz der Thermodynamik ist für umkehrbare Vorgänge Änderung der Entropie:

$$dS = \frac{dQ}{T}$$

Also:

$$dQ = T_o \, dS$$

Die Arbeit dL ist aber nicht gleich der maximalen Arbeit dL_m, denn es muß auch die Arbeit $P_o \, dV$ zur Überwindung des Druckes P_o der Umgebung geleistet werden.

Somit ist: $dU = T_o \, dS - dL_m - P_o \, dV$, und durch Integration ergibt sich die maximale Arbeit:

$$L_m = U_1 - U_2 - T_o (S_a - S_e) + P_o (V_1 - V_2)$$

In der Gleichung beziehen sich die Indices a und e für S auf die Entropie der Anfangs- und Endprodukte bei der Temperatur T_o.

Wird der Stoff strömend und fortwährend herangeführt, so ist folgendes zu überlegen: Je Sekunde wird das Volumen V_1 mit dem Druck P_1 in A gedrückt (Bild 728). Hierbei wird die Arbeit $P_1 V_1$ zugeführt. Von A aus gehen die Gase mit dem Volumen V_2 in den Zylinder II über, wo sie unter Umgebungsdruck P_o und Temperatur T_o gespeichert werden. Es wird hierbei die Arbeit $P_o V_2$ an die Umgebung abgegeben.

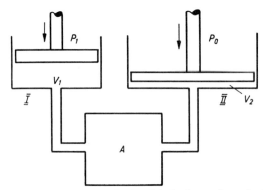

Bild 728: Bestimmung der maximalen Arbeit eines strömenden Mittels

Somit ist jetzt:

$$L_m = U_1 - U_2 - T_o (S_a - S_e) + P_1 V_1 = P_o V_2$$

und da $U - PV = I$ = Enthalpie oder Wärmeinhalt ist:

$$L_m = I_1 - I_2 - T_o (S_a - S_e)$$

Mit H_u = unterer Heizwert des Brennstoffes wird die maximale Arbeit eines Brennstoffes bei der isothermen Verbrennung bei der Umgebungstemperatur T_o:

$$L_m = H_u - T_o (S_a - S_e) \tag{330}$$

Erfolgt die Verbrennung nicht bei der Umgebungstemperatur T_o. sondern bei ansteigender Temperatur adiabatisch von T_o an, so daß die Verbrennungsprodukte die theoretische Verbrennungstemperatur erreichen, so wird die gewinnbare Energie E_x, die freie Energie (auch Arbeitsfähigkeit, energie libre, virtue of energie oder neuerdings E x e r g i e) genannt. Auf das Niveau der Umgebung bezogen ist:

$$E_x = H_u - T_o (S'_e - S_e) \tag{331}$$

Hierbei ist S'_e die Entropie der Verbrennungsprodukte bei der theoretischen Verbrennungstemperatur und S_e wiederum die Entropie der Endprodukte bei der Umgebungstemperatur T_o. Die Differenz zwischen L_m und E_x bedeutet den Verlust an Exergie, verursacht durch die Abweichung von der isothermen Verbrennung, also $E_x < L_m$.

Bei der Verbrennung wird bereits der Teil V_v in Anergie übergeführt. Dieser Verlust ist aber bei der Verbrennung mit reinem Sauerstoff geringer als bei der Verbrennung mit Luft. Deswegen wird man geneigt sein, die isotherme Verbrennung, die die maximale Arbeit L_m liefern kann, nur als eine sehr theoretische Möglichkeit zu betrachten. Das ist aber nicht ohne weiteres der Fall, denn es ist zu bedenken, daß es Apparate gibt, womit chemische Energie auf umkehrbarem Wege und bei sehr geringer Wärmeentwicklung (also fast isothermisch bei Umgebungstemperatur) in elektrische Energie umgewandelt wird. Als Beispiel sei hier der Akkumulator angeführt; hierbei erhält man nahezu die maximale Arbeit in der Form von elektrischer Energie.

Ein solches Verfahren würde, wenn es sich auf die chemische Energie der Brennstoffe anwenden ließe, eine sprunghafte Verbesserung der Ausnützung der Brennstoffe ermöglichen im Vergleich mit der rohen „Hochtemperaturverbrennung".

Tatsächlich wurden bereits elektrische Brennstoffelemente entwickelt.

Die Exergie ist die in andere Energieformen umwandelbare Form einer Energiemenge. Elektrische, kinetische, potentielle Energie sind gleich ihrer Exergie. Die Wärmeenergie ist aber in Exergie und Anergie aufzuteilen. Die Exergie wird (wurde) auch Arbeitsfähigkeit, verfügbare Energie, gewinnbare Energie, virtuelle oder freie Energie genannt. Der Teil einer Energiemenge, die sich nicht in Exergie umformen läßt, wird Anergie genannt. Also: Energie = Exergie + Anergie.

Bei Umgebungstemperatur bleibt von einer Energie (Beispiel Wärmemenge) nur Anergie übrig, so daß eine Wärmemenge aus Exergie + Anergie besteht.

Wie beim Verbrennungsprozeß tritt auch beim Carnot-Prozeß Verlust an Exergie auf. Beim Carnot-Prozeß wird zuerst bei konstanter Temperatur T_1 (isothermisch) dem Körper die Wärmemenge Q_i von außen zugeführt, sodann läßt man ohne Wärmeabfuhr nach außen (adiabatisch) den Körper ausdehnen, wobei Arbeit geleistet wird und die Temperatur auf T_0 sinkt. Darauf gibt der Körper bei T_0 isothermisch die Wärmemenge Q_0 an die Umgebung ab. Zuletzt wird der Körper adiabatisch verdichtet, bis die Ausgangstemperatur T_1 wiederum erreicht ist. Hiermit ist der Kreisprozeß geschlossen.

Der Carnotprozeß läßt sich im Entropiediagramm sehr einfach darstellen (Bild 729). Da die Entropieänderung nach Vereinbarung $dS = \dfrac{dQ}{T}$ ist und bei der Wärmezufuhr von Q_i die Entropie von S_1 auf S_2 anwächst, so ist:

$$\Delta S = S_2 - S_1 = \frac{Q_i}{T_1} \text{ und } Q_i = T_1 (S_2 - S_1)$$

Im Entropiediagramm wird Q_i durch ein Rechteck mit der Höhe T_1 und der Breite $S_2 - S_1$ dargestellt. Die abgeführte Wärme ist $Q_0 = T_0 (S_2 - S_1)$. Die Differenz beider Wärme-

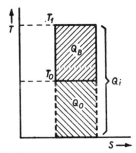

Bild 729: T-S-Schaubild des Carnotprozesses

mengen, dargestellt durch das Rechteck zwischen T_1 und T_o ist $Q_B = Q_i - Q_o$, ist die Exergie beim Carnotprozeß.

Aus: $Q_o = T_o (S_2 - S_1) = Q_i \dfrac{T_o}{T_1}$ folgt:

$$Q_B = Q_i - Q_o = Q_i \left(1 - \dfrac{T_o}{T_1}\right) \tag{332}$$

Aus Bild 729 geht auch hervor, daß, nachdem der Körper den Carnotprozeß durchgemacht hat, er sich wieder genau in demselben Zustand befindet wie am Anfang (T und S erreichen wiederum den Anfangswert). Bei einem vollkommen umkehrbaren Prozeß ändert sich also die Entropie nicht. Außerdem ist die Exergie hierbei am größten. Somit kann (332) zur Beurteilung der Qualität einer Wärmemenge in bezug auf ihre Umwandlungsfähigkeit in andere Energieformen, ihren Gehalt an Exergie herangezogen werden. Es ergibt sich als Qualitätsfaktor:

$$\left(1 - \dfrac{T_o}{T_1}\right)$$

Die Exergie einer Einheitsgasmasse (z.B. die Abgasmenge von 1 Nm³ Brennstoff) mit Temperatur T_1 und Umgebungsdruck berechnet sich mit (332) zu:

$$E'_x = c_{pm} (T_1 - T_o) \left(1 - \dfrac{T_o}{T_1}\right) \tag{333}$$

c_{pm} = mittlere spezifische Wärme zwischen T_1 und T_o bei konstantem Druck.
Wird ein Brennstoff **luftsatt und adiabatisch** (ohne Wärmeabgabe an die Umgebung) **verbrannt**, so ist die **Exergie nach der Verbrennung**:

$$E_x = c_{pm} (T_{th} - T_o) \left(1 - \dfrac{T_o}{T_{th}}\right) = H_u \left(1 - \dfrac{T_o}{T_{th}}\right) \tag{334}$$

Hierin ist T_{th} die theoretische Verbrennungstemperatur. E_x kann in erster Annäherung gleich H_u angenommen werden.

In Industrieöfen spielt sich außer der Verbrennung ein zweiter, nicht umkehrbarer, selbsttätig ablaufender Vorgang ab, nämlich die Wärmeübertragung von einem Körper höherer Temperatur auf einen Körper niedriger Temperatur. Also vom Heißgas auf Wärmgut und Umgebung.

Auch hier hat man es mit einem nichtumkehrbaren Prozeß zu tun, folglich nimmt die Summe der Exergie beider Körper hierbei ab, die Anergie nimmt zu.

Bei der Aufstellung der Exergiebilanz kann man von der theoretisch möglichen maximalen Arbeit L_m des Brennstoffes nach (330) ausgehen oder dem praktischen Tatbestand entsprechend, von der Exergie des Brennstoffes E_x nach (334). Luft- und Brennstoffvorwärmung bringen Exergiegewinn. Falschluft dagegen Zunahme der Anergie. Auch der Wandverlust bedeutet einen Exergieverlust.

Thring hat einen Weg gezeigt, um den Inhalt an Exergie (Virtue) einer Wärmemenge anzugeben. Hierzu wird die reziproke, absolute Temperatur $\frac{1}{T}$ eines Körpers als Ordinate und der Wärmeinhalt in % als Abzisse aufgezeichnet. Für den praktischen Gebrauch kann die Ordinatenskala in °C geteilt werden, wobei der Nullpunkt $\frac{1}{T} = \infty$ oben liegt. Die Werte von $\frac{1}{t+273}$ werden von diesem Punkte aus eingetragen (Bild 730).

Für die meisten Brennstoffe hat das Exergiediagramm eine Form wie in Bild 731 dargestellt. Die Kurve I gibt den Wärmeinhalt der Verbrennungsgase an bei verschiedenen Temperaturen und zwar in % des Wärmeinhaltes nach der stöchiometrischen und adiabatischen Verbrennung mi kalter Luft. Sie kann mittels (334) berechnet werden.

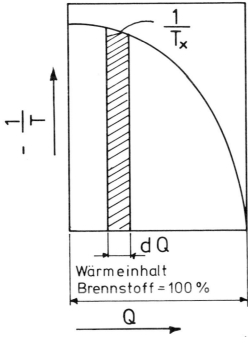

Bild 730: Exergiediagramm von Thring. Exergie = Entropie = $dQ \cdot \frac{1}{T_x}$ Gesamte Exergie = $\frac{d\dot{Q}}{T_x}$
Die Skala $-\frac{1}{T}$ wird eingeführt, weil dann die niedrigste Temperatur T_0 unten auf der Skala liegt.

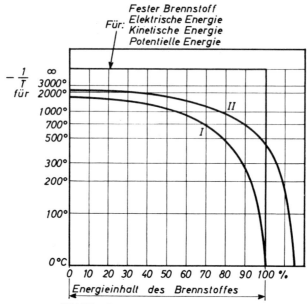

Bild 731: Exergiediagramm für Brennstoffe

Bei der Verbrennung geht bereits Exergie verloren. Dieser Verlust wird durch den Inhalt der Fläche dargestellt, die durch die waagerechte Linie $\frac{1}{T} = \infty$ für die maximale Arbeit, die senkrechte Linie 100 % und die Kurve begrenzt wird. Diese Fläche kann durch Planimetrieren oder durch Auszählung der Quadrate anteilmäßig bestimmt werden.

Wird das Abgas benutzt, um die Verbrennungsluft vorzuwärmen, dann steigt die Verbrennungstemperatur. Hierfür ist die Kurve II gezeichnet und der Verlust an Exergie ist jetzt bedeutend geringer.

Bei Brennstoffen, die bei der Verbrennung eine Volumenänderung erfahren, infolge Änderung der Molekülzahl, liegt die obere waagerechte Begrenzung tiefer. Z.B. für Wasserstoff bei $\frac{1}{5673}$ und für CO bei $\frac{1}{3473}$ $\left[\frac{1}{oK}\right]$.

Was geschieht nun mit der restlichen Exergie nach der Verbrennung in einem Industrieofen? Ein Beispiel ist in Bild 732 gezeigt. Auch hier ist die Verbrennungsluft vorgewärmt und der Verlust an Exergie durch die Verbrennung ist wie in Bild 728. Das Wärmgut wird auf T_1 erhitzt, erhält die Exergie A, aber bei der Wärmeübertragung geht die Exergie B verloren. C ist der Exergieverlust durch Wand- und Strahlungsverluste, D der Exergieverlust durch die Wandverluste des Rekuperators. Das Abgas verläßt den Rekuperator mit der Temperatur T_3 und trägt E als Exergieverlust fort. Die Exergiemenge G wird im Rekuperator an die Verbrennungsluft übertragen, wobei aber die Exergiemenge F in Anergie übergeht.

Es fragt sich, inwieweit exergetische Betrachtungen für den Bau und die Berechnung von Industrieöfen wichtig sind. Bereits im Jahre 1959 wurde vom Verfasser folgendes ange-

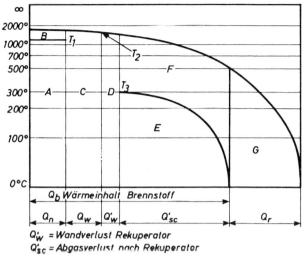

Bild 732: Exergiediagramm eines Ofens

führt [250]: „Da ein Industrieofen dazu benutzt wird, um dem Wärmgut Wärme zuzuführen, zwecks Durchführung irgendeines metallurgischen, physikalischen oder chemischen Prozesses, so genügen hier Wärmebetrachtungen und Berechnungen. Da keine Umsetzung in mechanische Energie bezweckt wird, besteht kein Interesse an der Höhe der Arbeitsfähigkeit und am Verlauf der verfügbaren Energie (Exergie)", „denn auch die Auswirkungen von Einflüssen, die die Wirkung eines Ofens verbessern (zum Beispiel Sauerstoffanreicherung der Verbrennungsluft, Gegenstromverfahren, Vorwärmung, Abgasumwälzung, innere Rekuperation) oder verschlechtern (zum Beispiel Luftüberschuß, Ausflammen, Falschluftzufuhr), können ohne Anwendung der Exergiebilanz berechnet werden". „Jedoch wird die Einstellung des Industrieofenbauers zur exergetischen Betrachtungsweise anders werden müssen, wenn auch in der Industrieofenanlage eine Kupplung zwischen Wärme- und Kraftmaschine entsteht."

Litterscheidt [251] geht hierauf 1962 ein und schreibt unter anderem: „ . . . ist für die Beurteilung einer (Industrieofen-) Anlage im Vergleich zu anderen der gleichen grundsätzlichen Verfahrensweise des bisher üblichen Energie- oder Wärmebilanz völlig ausreichend."

Rant [252] kommt zu folgenden Feststellungen:

1. Thermodynamisch am schlechtesten ist die direkte Feuerheizung, bei der die ganze Heizungsenergie durch irreversible Umwandlung von der Natur entnommene Exergie erzeugt wird.
2. Einen mittleren Weg geht die kombinierte Kraft- und Wärmeerzeugung. Hier wird die in thermischen Kraftwerken nach dem heutigen Stand unserer Kenntnis unvermeidlich anfallende Anergie für Heizzwecke ausgenutzt.
3. Im Bereich niedriger Temperaturen ist das Heranziehen von Anergie vor allem aus der Umgebung mit Hilfe von Wärmepumpen in immer größerem Ausmaß zu erwägen.

Also besteht keine Veranlassung bei der „Feuerheizung" für Industrieöfen, wenn keine Kupplung zwischen Wärme- und Kraftwirtschaft beabsichtigt ist, exergetische Betrachtungen anzustellen, denn sie ist vom exergetischen Standpunkt aus betrachtet immer schlecht.

Cernoch [253] stellt anhand eines theoretischen Beispiels einer Wärmeübertragung die Behauptung auf: „Die Verwendung des Prinzips der Entropiezunahme oder von Exergiebilanzen als Maßstab (bei Industrieofenprozessen) ist ungeeignet und irreführend." Seine Überlegungen beziehen sich auf einen adiabatischen (wärmedichten) Durchlaufofen, wobei das eine Mal ein Gasstrom mit dem gleichen Wasserwert wie das Wärmgut sich in Gegenstrom zu diesem durch den Ofen bewegt und das andere Mal ein Gasstrom mit kleinerem Wasserwert, aber entsprechend höherer Temperatur, also gleichem Wärmeinhalt, dem Wärmgut entgegenströmt. Für beide Fälle wurde angenommen, daß am Eingang des Ofens das Gas auf die Anfangstemperatur des Wärmgutes abgekühlt ist, die gleich der Umgebungstemperatur sein soll. Es wird somit eine unendlich lange Berührungsfläche (Ofenlänge) angenommen.

Bei der Wärmeübertragung von einem Massenstrom von Heißgas auf einen sich in Gegenstrom bewegenden Massenstrom von Wärmgut, ist, wenn der Wasserwert des Wärmgutes W_M und der des Heißgases W_2 ist, der Wirkungsgrad dieser Wärmeübertragung:

$$\eta = \frac{\text{wirklich übertragene Wärmemenge}}{\text{höchstmögliche Wärmemenge}} = \frac{W_M}{W_2} (1 - f).$$

Für die Wärmeübertragung in Tunnelöfen (4.5.7.) wurde gezeigt, daß bei der Wärmeübertragung im Gegenstrom in einem unendlich langen Ofen ($F = \infty$) sowohl für $W_M/W_2 = 1$ als auch für $W_M/W_2 > 1$ der Wirkungsgrad der Wärmeübertragung $\eta = 1$. Ubrigens sei noch bemerkt, daß auch bei kürzeren Öfen der Wirkungsgrad fast 100% sein kann.

Es soll das Beispiel von Cernoch anhand von Bild 733 näher betrachtet werden [253].

Die Anfangstemperatur des Einsatzes mit einem Wasserwert W_M ist Θ_{Ma} und die Endtemperatur des Gases ist in beiden Fällen $\Theta_{Ka} = \Theta_{Ma}$. Das Wärmgut verläßt den Ofen mit der Temperatur Θ_{Me}. Für den Fall eines Gasstromes mit $W'_2 = W_M$ und einer Anfangstemperatur $\Theta_{K1} = \Theta_{Me}$ ist:

$$W'_2 (\Theta_{K1} - \Theta_{Ka}) = - W_M (\Theta_{Ma} - \Theta_{Me})$$

oder

$$W'_2 (\Theta_{K1} - \Theta_{Ka}) = W_M (\Theta_{Me} - \Theta_{Ma}).$$

Es sei übrigens $\Theta_{Ma} = T_0 =$ Umgebungstemperatur.
Der Wirkungsgrad

$$\eta_1 = \frac{\text{wirklich übertragene Wärmemenge}}{\text{höchstmögliche Wärmemenge}} = \frac{W_M (\Theta_{Me} - \Theta_{Ma})}{W'_2 (\Theta_{Me} - \Theta_{Ma})} = 1 \qquad (335)$$

Die Anergie beider Stoffströme ist sowohl beim Anfang als auch bei Beendigung der Erwärmung gleich, und zwar:

$$A_1 = W'_2 T_0 = W_M T_0$$

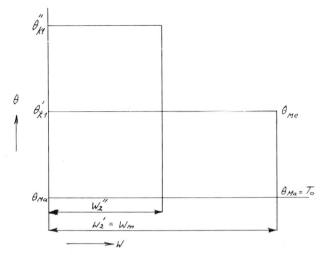

Bild 733: Wärmeübertragung im Tunnelofen bei Gegenstrom und unendlich großer Berührungsfläche zwischen Heißgas und Wärmgut; θ-W-Diagramm

Ist der Wasserwert des zweiten Heißgasstromes $W''_2 < W_M$ und die Anfangstemperatur Θ_{K2}, so wird am Wärmgut übertragen:

$$W''_2 (\Theta_{K2} - \Theta_{ka}) = - W_M (\Theta_{Ma} - \Theta_{Me}),$$

$$W''_2 (\Theta_{K2} - \Theta_{Ma}) = W_M (\Theta_{Me} - \Theta_{Ma}).$$

Da $\Theta_{Ma} = T_0$, ist:

$$\eta_2 = \frac{W_M \Theta_{Me}}{W''_2 \Theta_{K2}} = 1, \text{ weil } \Theta_{K2} = \Theta_{Ma} \frac{W_M}{W''_2} \tag{336}$$

Wärmeverbrauch und thermischer Wirkungsgrad sind also in beiden Fällen gleich.
gleich.

Wie steht es nun mit der Exergiebilanz? Hierzu werden die Vorgänge im $-1/T$-Diagramm von Thring abgebildet.

In Bild 734 bezieht sich die Kurve I auf $W_M/W'_2 = 1$, und hier ist B die übertragene Exergiemenge. Für den Fall $W_M/W''_2 > 1$ kommt die Kurve II zur Anwendung, und die schraffierte Fläche A bedeutet den hierbei auftretenden Exergieverlust. Bei gleichem Wärmeverbrauch und gleichem Wirkungsgrad ist eine Erwärmung von einer überhöhten Temperatur aus, also exergetisch betrachtet nachteilig. Aber für den Ofenbauer sind Wärmeverbrauch und Wirkungsgrad maßgebend, und daher ist eine entgegengesetzte exergetische Aussage irreführend.

Es soll nun auch der Fall untersucht werden, bei dem die Wärmeübertragung nicht vollständig ist und das Heißgas mit einer Temperatur, die höher ist als die Temperatur des eintretenden Wärmgutes, aus dem Ofen abzieht. Da die Temperatur des Wärmgutes Θ_{Ma}

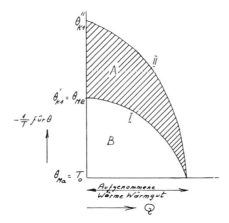

Bild 734: Wärmeübertragung im Tunnelofen bei Gegenstrom und unendlich großer Berührungsfläche zwischen Heißgas und Wärmgut; Exergiediagramm

gleich der Umgebungstemperatur T_0 ist, tritt also ein Abgasverlust auf. Wiederum werden die zwei Fälle $W_M/W'_2 = 1$ und $W_M/W''_2 > 1$ betrachtet (Bild 735).

Die Abgastemperatur ist in Fall 1 $\Theta_{ka} > \Theta_{Ma}$ und in Fall 2 $\Theta''_{ka} > \Theta'_{ka}$. Die Wärmebilanz der Wärmeübertragung ist im allgemeinen:

$$W_2 (\Theta_{K1} - \Theta_{ka}) = W_M (\Theta_{Me} - \Theta_{Ma}).$$

Also:

$$\Theta_{K1} - \Theta_{ka} = \frac{W_M}{W_2} (\Theta_{Me} - \Theta_{Ma}).$$

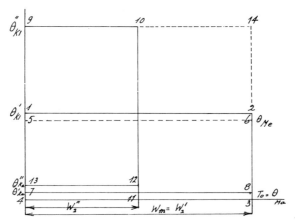

Vom Heißgas 1 abgegeben: 1-2-8-7; Abgasverlust Heißgas: 7-8-3-4; an Wärmgut übertragen: 5-6-3-4; vom Heißgas 2 abgegeben: 9-10-12-13; Abgasverlust Heißgas 2: 13-12-11-4; Wärmeinhalt Gas 1: 1-2-3-4; Wärmeinhalt Gas 2: 9-10-11-4

Bild 735: Wärmeübertragung im Tunnelofen bei Gegenstrom; θ-W-Diagramm

Ist $W_M/W_2 = n$, dann gilt $\Theta_{ka} = \Theta_{K1} - n(\Theta_{Me} - \Theta_{Ma})$.

Wenn $\Theta_{Ma} = 0$, dann gilt $\Theta_{ka} = \Theta_{K1} - n\Theta_{Me}$.

Wird nun $\Theta''_{K1}/\Theta'_{K1} = n = W_M/W_2$ gewählt, dann ist:

$$\frac{\Theta''_{ka}}{\Theta'_{ka}} = \frac{\Theta''_{K1} - n_2 \Theta_{Me}}{\Theta'_{K1} - n_1 \Theta_{Me}} = \frac{n_2 \Theta'_{K1} - n_2 \Theta_{Me}}{\Theta'_{K1} - n_1 \Theta_{Me}} \qquad (337)$$

Für $W_M/W'_2 = 1 = n_1$ (Bild 722) und die Anfangstemperatur des Gases Θ'_{K1}:

$$\Theta'_{ka} = \Theta'_{K1} - \Theta_{Me} \qquad (338)$$

Für $W_M/W''_2 = 2 = n_2$ (Bild 722) und die Anfangstemperatur des Gases Θ''_{K1}:

$$\Theta''_{ka} = \Theta''_{K1} - 2\Theta_{Me}.$$

Also ist

$$\frac{\Theta''_{ka}}{\Theta'_{ka}} = \frac{\Theta''_{K1} - 2\Theta_{Me}}{\Theta'_{K1} - \Theta_{Me}} = \frac{2\Theta'_{K1} - 2\Theta_{Me}}{\Theta'_{K1} - \Theta_{Me}} = 2.$$

Für den allgemeinen Fall der Gleichung (337) und unter Einführung von (338) erhält man:

$$\frac{\Theta''_{ka}}{\Theta'_{ka}} = \frac{n(\Theta'_{K1} - \Theta_{Me})}{\Theta'_{K1} - \Theta_{Me}} = n. \qquad (339)$$

Der Abgasverlust ist: $Q_{sc} = W_2 \cdot \Theta_{ka}$ und $W_2 = W_M/n$.

Für $n = 1$ und die Anfangstemperatur Θ'_{K1} ist:

$$Q'_{sc} = W_M \Theta'_{ka}.$$

Für den allgemeinen Fall $n > 1$ wird:

$$Q''_{sc} = W''_2 \Theta_{ka} = \frac{W_M}{n} \cdot n \cdot \Theta'_{ka} = W_M \cdot \Theta'_{ka}.$$

Der Schornsteinverlust bleibt konstant und somit auch der Wirkungsgrad.

Wird nun dieses Beispiel wiederum bildlich in einem exergetischen Diagramm dargestellt, so erhält man für Gas 1 mit $W_M = W'_2$ (also $n = 1$) das Bild 736 und für Gas 2 mit $n > 1$ das Bild 737. Man sieht, daß die übertragenen Wärmemengen und die Abgasverluste in beiden Fällen gleich bleiben, wenn $\Theta_{K1} \cdot W_2 = $ konstant ist. Auch die übertragenen

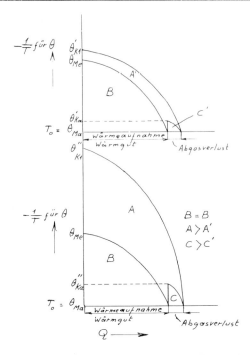

Bild 736: Wärmeübertragung im Tunnelofen bei Gegenstrom; Exergiediagramm für Gas 1

Bild 737: Wärmeübertragung im Tunnelofen bei Gegenstrom; Exergiediagramm für Gas 2

Exergiemengen B bleiben gleich, die Exergieverluste durch Wärmeübertragung A werden bei steigender Temperatur Θ_{K1} aber größer und somit auch die Exergiemengen C, die mit dem Abgas abgeführt werden, obschon die Energiemengen, die abgeführt werden, gleich bleiben. Bei gleichem energetischem Wirkungsgrad ist der exergetische Wirkungsgrad bei Gas 2 kleiner als bei Gas 1. Auch hier zeigt sich also, daß die exergetischen Bilanzen einen anderen Hinweis als die für Industrieöfen wichtige kalorische Bilanz geben.

Bis jetzt hat man im Ofenbau die Exergiebilanz wenig angewandt, was erklärlich ist, denn auch die Auswirkungen von Einflüssen, die die Wirkung eines Ofens verbessern (z.B. Sauerstoffanreicherung der Verbrennungsluft, Vorwärmung, Gegenstromverfahren, Abgasumwälzung, innere Rekuperation) oder verschlechtern (z.B. Luftüberschuß, Ausflammen, Falschluftzufuhr), können ohne Anwendung der Exergiebilanz berechnet und betrachtet werden. Letztere kann für Industrieöfen zu falschen Schlußfolgerungen Anlaß geben. Auch K. Schack hat in jüngster Zeit wiederum auf das Überflüssigsein von exergetischen Betrachtungen beim Industrieofenbau hingewiesen.

Die exergetische Betrachtungsweise wird wichtig, wenn in der Industrieofenanlage eine Kupplung zwischen Wärme- und Kraftmaschine besteht. Dieser Fall würde z.B. vorliegen, wenn ein strahlrohrbeheizter Ofen mit höherem Druck in den Rohren betrieben wird und die Abgase in einer Gasturbine ausgenützt werden. Auch wenn die Abhitze einer Ofenanlage herangezogen wird zur Dampferzeugung für Turbinen oder Dampfmaschinen, wird die Exergiebilanz wichtig.

Wird die Wärmeenergie mit der höchsten Temperatur zur Umwandlung in mechanische oder elektrische Energie benutzt, so können folgende Überlegungen angestellt werden: Steht Gas 2 mit dem Wasserwert W'_2 (n = 1) zur Verfügung und wird eine Wärmemenge $W'_2 (\Theta''_{K1} - \Theta'_{K1})$ in mechanische oder elektrische Energie umgewandelt, so bleibt eine Wärmemenge $W'_2 (\Theta'_{K1} - \Theta_{Ma})$ übrig, die in Gegenstrom ans Wärmgut übertragen wird. Erfolgt diese Wärmeübertragung an einer unendlich großen Gutoberfläche F, so wird das Gut auf eine Temperatur $\Theta_{Me} = \Theta'_{K1}$ erwärmt. Es steht zur Verfügung die Wärmemenge 9-14-3-4 (Bild 679), es wird die Wärmemenge 9-14-2-1 in andere Energie umgesetzt, und es wird die Wärmemenge 1-2-3-4- ans Wärmgut übertragen.

In Bild 738 sind außer den Wärmeübertragungskurven I und II, wie sie in Bild 734 im exergetischen Diagramm wiedergegeben sind, auch die weiteren Kurven für diesen Fall gezeichnet. Von 1 bis 2 (Kurve III) erfolgt die theoretische Umwandlung von Wärme in eine andere Energieart. Dann wird anschließend die Restwärme von 2 bis 3 (Kurve I rechts) auf das Wärmgut übertragen. Wenn sonst bei der direkten Erwärmung dieses Gutes von der hohen Gastemperatur Θ''_{K1} an, die Exergie A (Bild 734) verlorengeht, so kann man diese jetzt zur Erzeugung mechanischer oder elektrischer Energie benutzen und die Restwärme ohne weitere Exergieverluste auf das Wärmgut übertragen. Hieraus geht deutlich hervor, daß bei der Erwärmung eines Gutes bei einer überhöhten Temperatur des Heißgases doch wertvolle Energie verschenkt wird, die Möglichkeit nämlich, durch Energieumwandlung elektrische oder andere Energie zu erzeugen. In diesem Fall gibt das Exergiediagramm (Bild 738) einen Hinweis, der aus einem Wärmediagramm nicht herausgelesen werden kann.

Wärme kann sofort in Elektrizität umgesetzt werden, wenn ein heißes, ionisiertes Gas (Plasma) durch ein Magnetfeld strömt, das senkrecht zur Strömungsrichtung steht. Dieses Gas kann Verbrennungsgas mit einer Temperatur von 2200 bis 2700 °C sein. Statt des metallischen Leiters, der in Dynamomaschinen die magnetischen Kraftlinien schneidet, wird jetzt ein gasförmiger Leiter bewegt [257].

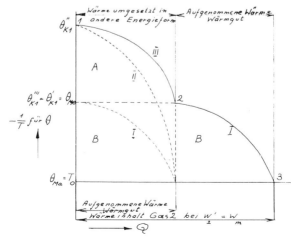

Bild 738: Kombinierte Energieumwandlung und Wärmeübertragung im Exergiediagramm

Auch die Thermoelemente sind durch Anwendung von Halbleiter brauchbar geworden für die direkte Umwandlung von Wärme in Elektrizität [258].

Meistens wird zuerst mittels Gas- oder Dampfturbinen mechanische Energie erzeugt, die dann in elektrische Energie umgewandelt wird.

Ein interessantes Verfahren hat Ribesse [255] vorgeschlagen. Es soll Erdgas zusammen mit einer bestimmten Luftmenge in einer Reaktionskammer unter Einwirkung eines Katalysators teilweise oxydiert werden. Man erhält dann ein brennbares Gas, das, weil die Temperatur nur 800 °C beträgt, unbedenklich in einer Turbine entspannt werden kann. Diese Turbine ist mit dem zweistufigen Luftverdichter gekuppelt und treibt außerdem den elektrischen Generator an. Da das Gas, das die Turbine mit einer Temperatur von rund 400 °C verläßt, brennbar ist, ist eine sehr einfache und sehr wirtschaftliche Nutzwärmeerzeugung möglich, z.B. in einem Dampfkessel. Das heiße, brennbare Gas kann auch zur Beheizung von Industrieöfen herangezogen werden.

Man kann die Abfallwärme eines Industrieofens zur Dampf- oder Warmwassererzeugung benutzen.

Wenn man für ein Gebäude oder einen Gebäudekomplex (Krankenhaus, Warenhaus, Großhotel, Industriewerk usw.) zur Elektrizitätserzeugung eine mit Brennstoff betriebene Antriebsmaschine (Ottomotor, Dieselmotor, Gas- oder Dampfturbine) mit Generator verwendet und dann die anfallende Wärme von Kühlwasser, Auspuffgas, Luft- und Ölkühlung in brauchbare Wärme für Raumklimatisierung benutzt, kann man den gesamten Energiehaushalt des Komplexes befriedigen, ohne elektrische Energie von außen beziehen zu müssen. Man strebt hier also die Erreichung des höchsten Nutzeffektes an. Allerdings gibt es in der Praxis verschiedene Punkte, die berücksichtigt werden müssen, bevor man sich für eine „Total Energy"-Anlage entscheiden kann. Durch Anwendung des Wärmepumpen-Prinzips kann der Nutzeffekt weiter erhöht werden [256].

13. Verzeichnisse und Übersichten

13.1 Schrifttumsverzeichnis: Bücher

Allgemeines

Anhaltszahlen für die Wärmewirtschaft. Stahleisen, Düsseldorf
Ault, G.; Barclay, W.; Munger, H.: High temperatur materials. A.I.M.E. Volume 18. London 1966.
Beranek, J.- Rose, K. und Winterstein, G.: Grundlagen der Wirbelschicht-Technik. Krauskopf-Verlag. Mainz 1975.
Bonfig, K.: Technische Durchflussmessung. Vulkan-Verlag. Essen 1978.
Brokmeier, K.-H.: Wärmetechnische Produktionsanlagen. Planungshandbuch, Vulkan-Verlag, Essen, 1979.
Callenberg, W.: Die Trocknung von Formen und Kernen in der Gießerei. Düsseldorf 1942.
Cerbe, G.; und Monstadt, H.: Konvektive Trocknung mit gasbeheizter Luft und Trocknung durch Gasstrahler. Köln und Opladen 1957.
Eck, B.: Ventilatoren. Berlin, Göttingen und Heidelberg 1957.
Eckert, E.: Einführung in den Wärme- und Stoffaustausch. Berlin, Göttingen und Heidelberg 1959.
Feldhaus, H.: Feuerfeste Stoffe in der Stahl- und Eisengießerei. Berlin 1970.
Gaydon, A.; und Wolfhard, H.: Flames. London 1952.
Geck, W.: Druckverlust und Wärmeübertragung laminar strömender Gase in engen Kanälen. Diss. Karlsruhe 1953.
Geisler, K.: Wärmetheorie, Wärmetechnik, Wärmewirtschaft. Berlin 1958.
Gröber, H.; und Erk, S.: Die Grundgesetze der Wärmeübertragung. Berlin 1933.
Gumz, W.: Kurzes Handbuch der Brennstoff- und Feuerungstechnik. Berlin 1953.
[240] Günther, R.: Verbrennung und Feuerungen. Springer-Verlag 1974.
Hansen, H.: Wärmeübertragung in Gegenstrom, Gleichstrom und Kreuzstrom. 2. Aufl. Springer-Verlag 1976.
Harders, F.; und Kienow, S.: Feuerfestkunde. Berlin, Göttingen und Heidelberg 1959.
Hell, F.: Grundlagen der Wärmeübertragung. VDI-Verlag, Düsseldorf 1973.
Hütte: Taschenbuch für Stoffkunde (Stoffhütte). Berlin.
Industriefeuerung. Schriftenreihe. Vulkan-Verlag, Essen.
Isaschenko, V., et al: Heattransfer, MIR-Publishers, Moskau 1969.
Jost, W.: Explosions- und Verbrennungsvorgänge in Gasen. Berlin 1939.
Justi, E.: Spezifische Wärme, Enthalpie, Entropie und Dissoziation technischer Gase und Dämpfe. Berlin 1938.
Knop, W., et al: Technik der Luftreinhaltung. 2. Aufl., O. Krauskopf-Verlag, 1972.
Koch, B.: Grundlagen des Wärmeaustausches (Stoffwerte). Dissen 1950.
Körtvelyessy, L.: Thermoelement Praxis. Vulkan-Verlag, Essen 1981.
Konopicky, K.: Feuerfeste Baustoffe. Düsseldorf 1957.
Koppers: Handbuch der Brennstofftechnik. Essen 1937.
Krischer, O.: Die wissenschaftlichen Grundlagen der Trocknungstechnik. Berlin, Göttingen und Heidelberg 1956.
Kühne, H.: Die Grundlagen der Berechnung von Oberflächenwärmeaustauschern. Göttingen 1949.
Landau, L., und Lifschitz, E.: Mecanique des fluides. MIR-Publishers, Moskaus 1971.
Landfermann, C.: Über ein Verfahren zur Bestimmung der Gesamtstrahlung von Kohlensäure und Wasserdampf in technischen Feuerungen. Diss. Karlsruhe 1948.
Lewis, B.; und von Elbe, G.: Combustion, Flames and Explosion of Gases. 2. Aufl. New York 1961.
Lindner, W.: Entzündung und Verbrennung von Gas- und Brennstoff-Dampf-Gemischen. Berlin 1931.
Lykow, A.: Experimentelle und theoretische Grundlagen der Trocknung. Berlin 1955.

Manegold, E.: Kapillarsysteme. I und II. Heidelberg 1955.
Mahler.: Schutzgastaschenbuch 7. Aufl. Esslingen /Neckar.
Mikheyev, M.: Fundamentals of heattransfer. MIR-Publishers, Moskau, 1968.
Nassheuer.: Schutzgastaschenbuch. 2. Aufl. Vulkan-Verlag, Essen 1979.
Nesselmann, K.: Die Grundlagen der angewandten Thermodynamik. Berlin 1950.
Neumann, W.: Verwendung feuerfester Baustoffe. Leipzig 1954.
Pfeiffer, H.; Thomas, H.: Zunderfeste Legierungen. Berlin, Göttingen, Heidelberg 1963.
Reinders, H.: Korrosionsprobleme in heiztechnischen Anlagen. 3. Aufl., VDI-Verlag, Düsseldorf 1973.
Riesner, W.: Abgaswärmenutzung. Leipzig 1967.
Rosin, P.; und Fehling, R.: Das I–t-Diagramm der Verbrennung. Berlin 1929.
Rummel, K.: Der Einfluß des Mischvorganges auf die Verbrennung von Gas und Luft in Feuerungen. Düsseldorf 1937.
Schack, A.: Der industrielle Wärmeübergang. 7. Aufl. Düsseldorf.
Schink, H.: Fibel der Verfahrensregelungstechnik. Verlag R. Oldenburg, München 1970.
Schmidt, E.: Über die Anwendung der Differenzenrechnung auf technische Anheiz- und Abkühlungsprobleme. Berlin 1924.
Schmidt, E.: Thermodynamik. Berlin 1956.
Schuster, F.: Verbrennungslehre, Brennstoff- und Verbrennungsgrundlagen. Verlag R. Oldenbourg, München 1970.
Schuster, F.: Laboratoriumsbuch für Untersuchung fester, flüssiger und gasförmiger Brennstoffe. Halle (Saale) 1958.
Schuster, F.; Leggewie, G.; Skunca, I.: Gas – Verbrennung – Wärme I G.W.I. Arbeitsblätter. Vulkan-Verlag Essen 1967.
Skunca, I.: Gas – Verbrennung – Wärme II, Vulkan-Verlag 1973.
Spalding, D.; Traustel, C.; Cole, E.: Grundlagen der technischen Thermodynamik. Braunschweig 1965.
Steinmüller.: Taschenbuch Kraftwerk- und Anlagenbau. Vulkan-Verlag, Essen 1977.
Stepanek, J.: Taschenbuch- Industrielle Wärmetechnik. Vulkan-Verlag, Essen 1983.
Tripsa, I.; und Dragomir, I.: Teoria Procesolor siderurgice, Bukarest, 1972.
[28] Wagner, W.: Wärmeträgertechnik mit organischen Medien. Resch-Verlag. Gräfelfing 1977.
Wärmepumpen (Tagungsband) Vulkan-Verlag, Essen 1977.
Wärmerückgewinnung und Abwärmeverwertung in Industrie und Gewebe. (Tagungsband) Vulkan-Verlag, Essen 1978.
Wright und Baker, H.: Modern Workshop Technology. Part I. London 1956.

Brennstoffbeheizte Industrieöfen

Becher, U.: Gasbeheizte Industrieöfen und Wärmeanlagen. Leipzig 1968.
Brunklaus, J. H.: Industrieöfen – Bau und Betrieb. Vulkan-Verlag, Essen 1979.
[241] Feuerfest- Int. Erf. Austausch 1977 und auch 1978. „Plibrico" Düsseldorf.
Günther, R.: Glasschmelz-Wanneöfen. Frankfurt a.M. 1954.
Groume-Grjimailo: Flow of Gases in Furnaces 1923.
Gruson, G.: Entgasungsofenbau. 1–7. Bergakademie Freiberg 1964–1966.
Hanser, W.: Ölfeuerungen, 2. Aufl., Berlin-Heidelberg–New York, 1970.
[19] Heiligenstadt, W.: Wärmetechnische Rechnungen für Industrieöfen, 4. Aufl. Düsseldorf 1962.
Junker-Ofentagung. Bericht 1973. Otto Junker G.m.b.H. Lammersdorf.
Körting, J.: Bau und Betrieb von brennstoffbeheizten Industrieöfen. Karlsruhe 1949.
Lamort: Glasschmelzöfen. Leipzig 1932.
Loison, R.: Chaffage industriel et utilisation des combustibles. Bd. I. Paris 1956.
Rao, N., und Kremer, H.: Injektoren für gas- und dampfförmige Medien. Vulkan-Verlag, Essen 1970.
Reinders, H.: Die Heizölfeuerung. VDI, Düssledorf 1960.

[1] Schäfer, H.: Baustoffe für die Wärmedämmung in Industrieöfen- und Anlagenbau. Moers 1977.
Senkara, T.: Glühöfen in Eisenhüttenwerken. (Polnische Sprache) Bytom (Polen) 1974.
[2] Senkara, T.: Wärmetechnische Rechnungen für gas- und ölbeheizte Wärmöfen. Vulkan-Verlag, Essen 1977.
Schmid, L.: Der Bau und der Betrieb der Kupolöfen. Halle (Saale) 1956.
Schumacher, E.: Strömungsvorgänge in Feuerstätten und Schornsteinen. München 1952.
Sper, G.: Kupolofen-Schmelzbetrieb. Leipzig 1953.
Thring, M.: The Science of Flames und Furnaces. London 1952.
Trinks, W.: Industrial Furnaces. 2 Bde. New York 1961, 1955.
Wagener, G.: Gaswärme. Essen 1948.
Wusatowski, Z.: Wärmöfen für Walzwerke und Schmieden. Berlin 1959.

Elektroöfen
Aschmann, U.; und Masukowitz, H.: Elektroanwendung in der Industrie. VWEW. Frankfurt a. M. 1960
Aschmann, U.; und Masukowitz, H.: Öfen und Geräte für industrielle Elektrowärme. VWEW. Frankfurt a. M. 1957.
Brokmeier, K.: Induktives Schmelzen. BBC Fachbuchreihe. Essen 1967.
Geisel, H.: Grundlagen der unmittelbaren Widerstanserwärmung langgestreckter Werkstücke. Vulkan-Verlag. Essen 1968.
Industrielle Elektrowärme. BBC-Taschenbuch, Verlag Girardet, Essen 1966.
Industrielle Elektrowärme. Vulkan-Verlang, Essen 1970.
Jahrbuch der Elektrowärme 1957. Vulkan-Verlag, Essen.
Jahrbuch der Elektrowärme 1958/59. Vulkan-Verlag, Essen.
Jahrbuch der Elektrowärme 1966. Vulkan-Verlag, Essen.
Jahrbuch der Elektrowärme 1971/1972. Vulkan-Verlag, Essen.
Konstruktionshandbuch für Kanthal Super Öfen. A. B. Kanthal, Holstahammar, Schweden.
Kanthal-Handbuch A.B. Kanthal, Schweden.
Kegel, K.: Die Praxis der induktiven Wärmebehandelung. Berlin, Göttingen und Heidelberg 1961.
Laufer, H.: Lichtbogenerwärmung, ihre Grundlagen und Anwendung in der Industrie, Essen 1970.
Nikrothal-Handbuch. A. B. Kanthal, Schwerden.
Paschkis, V.; und Persson, J.: Industrial electric furnaces and appliances. New York und London 1960.
Pirani, M.: Elektrothermie. Berlin, Göttingen und Heidelberg 1960.
Wundram, O.: Elektrowärme in der Eisen- und Metallindustrie. Berlin, Göttingen und Heidelberg 1952.

Messen und Regeln
Alegre, R. etc.: Etudes de pyrometrie pratique. Paris 1960.
Bleisteiner, G. usw.: Handbuch der Regelungstechnik. Berlin, Göttingen und Heidelberg 1961.
Euler-Ludwig: Arbeitsmethoden der optischen Pyrometrie. Karlsruhe 1960.
Ferner, V.: Anschauliche Regelungstechnik. Berlin 1960.
Findeisen, F., und D.: Ölhydraulik in Theorie und Anwendung. Schweizer Verlagshaus, Zürich.
Fossard, A.; und Gueguen, C.: Multivariable system control. Amsterdam 1977.
Frede, W.: Bauelemente der Regelungstechnik. München 1961.
Geisler, K.: Elemente der Regeltechnik. Berlin 1960.
Körtvelyessy, L.: Thermoelement Praxis. Vulkan-Verlag, Essen 1981.
Lieneweg, F.: Handbuch der technischen Temperaturmessung. Braunschweig 1976.
Lindorf, H.: Technische Temperaturmessungen. 3. Aufl., Verlag Girardet, Essen 1968.
Litterscheidt, W.; und Schmidt, Th.: Über die Regelung von gasbeheizten Industrieöfen. Vulkan-Verlag, Essen 1953.

Peinke, W.: Meß- und Regelungstechnik. München 1961.
Profos, P.: Handbuch der industriellen Meßtechnik. 2. Aufl. Vulkan-Verlag, Essen 1978.
Profos, P.: Kompendium der Grundlagen der Messtechnik. Vulkan-Verlag, Essen 1974.
Technische Akademie Wuppertal.: Fluidik. Vulkan-Verlag, Essen 1970.
Technische Temperaturmessung. VDI-Berichte Nr. 198, Düsseldorf 1973.
Samal, E.: Grundriß der praktischen Regelungstechnik. München 1967.
Tyson, F.: Industrial instrumentation. New Jersey 1961.
VDi-Heft: Durchflußmeßregeln. DIN 1952. Düsseldorf.
VDI-Heft: Temperaturmeßregeln. DIN 1953. Düsseldorf.
VDI und VDE: Regelungstechnik. Düsseldorf.
Westhoff, G.: Grundlagen und Praxis der Temperaturmessung und Temperaturregelung. Essen 1967.

13.2 Schrifttumsverzeichnis: Literatur

Schrifttum: Geordnet nach den entsprechenden Abschnitten. Zahlen vor eine Literaturstelle zeigen auf entsprechende Stellen im Text.

Abkürzungen: gwi   = gas wärme international
              ewi   = elektrowärme international
              gwf   = Gas- und Wasserfach
              Öl + GF = Öl- und Gasfeuerung
              BWK   = Brennstoff – Wärme – Kraft

Abschnitt 1.

Backhaus, K.: Anforderungen an keramische Werkstoffe für die Elektrowärmetechnik. Stemag-Nachrichten (1961).
Brunklaus, J. H.: Vuurvaste keramische bouwstoffen voor industrieovens. Pol. tijdschr. 32 (1977) S. 35 und S. 101.
Brunklaus, J. H.: Keramische vezelblokken voor ovens. Pol. tijdschr. 32 (1977) S. 614.
Feuerfeste Stoffe in Ofenbau und Hüttenwesen. Haus der Technik. Vortragsveröffentl. Heft 77. Essen.
Gelsdorf, G. und F. Schellberg: Feuerfeste Baustoffe. gwi 21 (1972) S. 348
Hartmann, H.: Elektrische Leitfähigkeit keramischer Isolierstoffe bei Temperaturen bis über 1500° C im Vakuum. Elektrowärme 25 (1967), S. 18.
Harris, M.: Saffilfasern. GWI 25 (1976) S. 559.
Konopicky, K.: Feuerfeste Erzeugnisse – gestern, heute und morgen. gwi 19 (1970), S. 137
Lenz, J.: Keramische Faserstoffe zum Auskleiden von Industrieöfen. gwi Band 31 (1982), S. 485–491.
Litterscheidt, W. und Schmidt, T.: Über die Dichtigkeit von Sandtassen. Gaswärme 2 (1953), S. 205/209.
Ongsiek, K.: Energieeinsparung durch speicherarme, abschaltbare, gasbeheizte Emaillieröfen. gwi Band 32 (1983) Heft 10, Oktober.
Saris, J.L.M.: Ausgemauerte Industrieöfen – Fahrlässige oder gedankenlose Energieverschwendung? gwi Band 31 (1982), S. 482–485.
Schäfer, H.: Wirtschaftlicher Einsatz von Dämmstoffen in Industrieofen und Anlagenbau. GWI 25 (1976) S. 546.
Schäfer, H.: Neue Installationstechniken zum Einsatz von keramischer Fasern. GWI 26 (1977) S. 507.
Schwiete, H.: Techn. Entw. auf dem Gebiet der feuerfesten Steine. Gaswärme 13 (1964), S. 607.
Schwiete, H.: Feuerleicht- oder Isoliersteine. Haus der Technik-Veröffentlichungen, Vulkan-Verlag, Heft 77
Schwiete, H.; Das Gupta, N.: Die Verwendung schmelzgegossener Steine in der Glas- und Stahlindustrie. Veröffentl. Haus der Technik, 77. Essen (1966).
Steffen, K.: Die elektrische Leitfähigkeit fest Isolierstoffe bei hohen Temperaturen. Elektrowärme 18 (1960), S. 180.

Steffen, K.: Entwicklung und Anwendung einer Versuchsanordnung zur Bestimmung des spez. elekt. Widerstandes bis zu hohen Temperaturen. Dissertation. Aachen 1963.

Steinkusch, W.: Werkstoffe für Strahlheizrohre. GWI 26 (1977) S. 689.

Struzik, E.: 5 Jahre feuerfeste Baumassen in deutschen Zementwerken. Zement-Kalk-Gips·02 (1969), S. 279.

[1] Stepanek, J.: Klassifikation der Industrieöfen, ewi 29 (1971), S. 198

Wilkendorf, E.: Feuerfeste Baustoffe für den Ofenbau. Techn. Mitt. 57 (1964) S. 218.

Abschnitt 2.

Frerking, W.: Neueste Verfahrenstechnik für das Zustellen und Sintern von Induktionsstiegelöfen. EWI 36 (1978) S. B 225.

Feldhus, H.: Neuerung bei der Zustellung von Induktionsrinnenöfen, EWI 36 (1978) S. B 216.

Gorsler, K.: Pflege und Instandhaltung der keramischen Ofenauskleidung. EWI 36 (1978) S. B 208.

Hahn, F.: Grossraum-Industrieöfen. GWI 26 (1977) S. 144.

Kienow, S. und Traustel, S.: Über das Auftreten von Wärmespannungen in Ofenwänden. GWI 23 (1974) S. 471.

Milner, M.; Grossraum-, Wärme- und Wärmebehandlungsofen. GWI 26 (1977) S. 138.

Neumann, G.: Entwurf und Entwicklung von Ofengewölbe. Arch. Eisenhüttenwesen (1942) S. 437/446.

Schäfer, H.: Hängedecken in Leichtbauweise für Industrieöfen. gwi 21 (1972) S. 63.

Struzik, E.: Konstruktionstechnik und Anwendung von feuerfesten Baumassen. Tonindustrie-Zeitung 93 (1969) S. 249.

Wahl, E.: Die Entwicklung neuer Isoliermethoden bei Induktions-Rinnenöfen. ewi 31 (1973) S. 88.

Wärmebehandlungsofen mit Keramikfasern ausgekleidet. gwi 22 (1973) S. 34.

Weber, F. und Rieskamp, K.: Tieföfen und Stoßöfen usw. Stahl u. Eisen 89 (1969) S. 994.

Abschnitt 3

[2] Brunklaus, J. H.: Wandverlust und Wandkonstruktion. gwi 29 (1980) H. 10.

Elsner, K.: Der Wärmeübergang im Rohreinlauf, Allg. Wärmetechnik 3 (1952), S. 30/37.

Geck, W.: Druckverlust und Wärmeübergang laminar strömender Gase in engen Kanälen usw.; Dissertation, Karlsruhe 1954.

God, C.: Über Methoden zur Ermittlung der Gasstrahlung industrieller Anlagen und über ihre Genauigkeit. Vorträge Int. koll. Industrieofenbau. T. H. Aachen 19.4.1967.

Grass, G.: Wärmeübergang an turbulent strömende Gase im Rohreinlauf. Allg. Wärmetechnik 7 (1956), S. 58/64.

Laiquddin, S.: Zum Strahlungsverhalten karburierter Stadtgasflammen. BWK 14/1962, S. 7.

Lehmann, T.: Eine Betrachtung zum Wärmeübergang in Konvektionsschächten, Gaswärme 7 (1958), S. 204/210.

Nemecek, M.: Richtlinien für die Strahlungsisolation in einem wärmeleitenden Gas. ewi 27 (1969), S. 298.

Müller, H.; Stammen, W.: Beitrag zur langwelligen Temeperaturstrahlung für feste Körper. Elektr. Wärme 20 (1962), S. 205.

Schack, A.: Der industrielle Wärmeübergang. 5. Auflage, Düsseldorf (1957), Stahl-Eisen-Verlag.

Schadach, P.: Bestimmung der räumlichen spektralen Strahlungseigenschaften, Elektro-Wärme 23 (1965), S. 8.

Scharf, F.: Messung der Strahlstärkeverteilung. Elektro-Wärme 19 (1961), S. 189.

Schwarz, T.: Die Begrenzung der Leerlaufverluste usw. E.W.I. 28 (1970), S. 121.

Stammen, W.: Diffus reflektierendes Reflexionsnormal. Elektro-Wärme 20 (1962), S. 210.

[3] Senkara, T., und Wozniacki, R.: Die Krakovianen-Rechnung und ihre Anwendung zur Lösung wärmetechnischer Aufgaben. Arch. f. d. Eisenhüttenwesen, 43 (1972), S. 845.

Schwiedessen, H.: Die mathematische und zeichnerische Darstellung der Gasstrahlung. Arch. Eisenhüttenw. 10 (1936/37), S. 19/28 (Wärmestelle 230).

Schwiedessen, H.: Die Strahlung von CO_2 und H_2O im Heizgas. Techn. Mitt. 57 (1964), S. 464.

Siegert, H.: Die Berechnung des Temperaturverlaufes bei strahlungsbeheizten Durchlauföfen. ewi 25 (1967), S. 77.

Walger.: Der Wert von Wirbeleinbauten zur Steigerung des Wärmeübergangs. Allg. Wärmetechn. 3 (1952), S. 163/167.

Abschnitt 4.1.

Basevich, von.: Brenngeschwindigkeit von zerstäubtem, flüssigem Brennstoff. Öl- und Gasfeuerung 10 (1965), S. 964.

[11]Becker, T.: Vergleichende Betrachtungen des brenntechnischen Verhaltens. Gaswärme 16 (1967), S. 64.

Delbourg, P.: Die Austaschbarkeit der Gase. Gaswärme 7 (1958), S. 342/357. Übersetzung aus Industrie Themiques.

Beuken, L., de Boer, J., und Smeets, L.: Die Bestimmung des zeitlichen Verlaufs der Speicherwärme und der Verlustwärme beim Aufheizen von Industrieöfen. ewi 22 (1964), S. 4.

Beilage Nr. 72 Gaswärme 1959 Heft 12: Kennzahlen der Austauschbarkeit nach Weaver.

Boie, W.: Verbrennung und Verbrennungsrechnung. Gaswärme 10 (1961), S. 7.

Brunklaus, J. H.: Het Gas 49 (1929), S. 277/281.

Brunklaus, J.H.: gwf 74 (1931), S. 339.

Brunklaus, J.H.: Gasbranders. Het Gas (1944), S. 99 (Niederlande).

Brunklaus, J.H.: Mechanik der Flamme. gwi 7 (1955), S. 211

Brunklaus, J.H.: Hochdruckzerstäubungsbrenner. Allg. Wärmetechn. 9 (1959), S. 3/9.

Brunklaus, J.H.: Über die verschiedenen Möglichkeiten der Gasspeicherung. Het Gas, Juni 1934, (Niederlande)

Brunklaus, J.H.: Über das Verhalten von verdichtetem Speichergas in Stahlflaschen. gwf 81 (1938), G, 39

Brunklaus, J.H.: Meting van hooggecomprimeerd gas. Het Gas, Nr. 14 (1942), (Niederlande).

Brunklaus, J.H.: Brennstoffbeheizte thermoelektrische Generatoren, Öl + GF. 13 (1968), S. 281

Brunklaus, J.H.: Directe omzetting van warmte in elektriciteit. Polyt. Tijdschrift 23 (1968), S. 225

Bühr, E.: Über den Wärmefluß in Staupunkten turbulenter Frei-Strahlenflammen. Diss. Aachen 1970

Buszmann und Schroeder: Bau und Inbetriebnahme von Kugelbehältern. GWI 24 (1975), S. 225.

Butzert, H.: Der Einfluß freier Radikale auf Verbrennungsreaktionen und Explosionsvorgänge. Gaswärme 13 (1964), S. 360.

Cerbe, G.: Taupunkterhöhung und Korrosion durch Schwefelgehalt von Brennstoffen. Gaswärme 7 (1958), S. 229/233.

Csurlock, A.C.: Flame-stabilisation studies. MIT. Progr. Report 1947.

[4] DIN 2470 Richtlinien für Gasrohrleitungen von mehr als 1 kp/cm^2 Betriebsdruck.

DIN 3380 Gasdruckregler und ihre Sicherheitseinrichtungen.

Arbeitsblatt G 491 des DVGW. Richtlinien für die Einrichtung und den Betrieb von Gasdruckregelanlagen.

AD-Merkblätter der Arbeitsgemeinschaft Druckbehälter der Techn. Überwachungsvereine.

Druckgasverordnung. Herausgegeben von der Vereinigung der Techn. Überwachungsvereine.

[5] Elliott, M.: Das langfristige Forschungs- und Entwicklungsprogramm der US-Gaswirtschaft zur Herstellung von synthetischen Brenngasen. GWI 23 (1974) S. 293.

Fetting, F. u.a.: Die Beeinflussung der Stabilisation von turbulenten Flammen durch Zusatz von Hilfsgasen. BWK 10 (1968), S. 279/281.

Fritsch, W.: Plasma. Öl- und Gasfeuerung 9 (1964), S. 508.

Fritsch, W.: Flammenstabilität, Öl- und Gasfeuerung 10 (1965), S. 1320.

Flockenhaus, C.: Gasnetze, Meßeinrichtungen und Stationsbau in der Ferngasversorgung. gwi 17 (1968), S. 328.

Goodwin, J.: Methods and economics of gas storage, gwi 21 (1972), S. 223.

Gaswärmeinstitut: Arbeitsblätter.

Green, J., Sugden, T.: Ionisationserscheinungen in Flammen mit Kohlenwasserstoffen. Öl- und Gasfeuerung 9 (1964), S. 514.

[6] Gregory, D.: Wasserstoff—Energie der Zukunft. GWI 23 (1974), S. 311.

Günther, R.: Ausbrand von Strahlflammen. Arch. Eisenh. 39 (1968), S. 515.

Günther, R.: Länge und Form des Innenkegels laminarer Vormischflammen. gwi 18 (1969), S. 253

Halls, P.: Die Bedeutung der Nordsee-Erdgasfunde für die britische Gasindustrie. gwi 21 (1972), S. 204

Hark, H.: Offshore Exploration for Oil and Gas in Europe. Congr. Ed. VIII. World Petr. Congr. S. 14/39, Hamburg / Wien 1971.

Heer, F.: Nutzung von LNG-Kälte in Fos-sur-Mer. gwi 22 (1973), S. 224.

Hedley, A., Jackson, E.: Rezirkulation in Feuerräumen. Öl- und Gasfeuerung 11 (1966), S. 678.

Hess, K.: Das Abheben von Flammen. VDI-Ber. 95 (1966), S. 85.

[10] Heßler, N.: Die Wobbezahl und ihre Deutung. Gaswärme 13 (1964), S. 491.

Heyer, H.: Konstruktion und Anwendung von Verbrennungsschaubildern. Das Gibbsche Dreieck. Gaswärme 3 (1954), S. 253/257.

[11] Holmquist, R.: Kontrolle der Gasqualität mit Hilfe der Kennziffern C_k und W_u. Gaswärme 8 (1959), S. 299/308.

[7] Kandler, G.: Die Energieversorgung mit flüssigen Wasserstoff. GWI 26 (1977), S. 373.

[9] Karoly, R.: Einfluß der Rezirkulation bei Drallbrennern. Öl + GF 7 (1971), S. 701.

Kessels, K. und Kallenbach, H.: Grundsätzliches zum Bau und Betrieb von Halbgasöfen. Stahl und Eisen 73 (1953), S. 1950/1956.

Kett, U.: Erdgasumtauschgas in den USA. gwf 113 (1972), S. 365.

Khan, A.: The international trade in liquefied natural gas. gwi 21 (1972), S. 207.

Klapp, E.: Pipelinebau im Meer. gwi 21 (1972), S. 219

Klein, E.: Messung und Darstellung der Tropfengrößenverteilung in einem Zerstäubungsstrahl. BWK 10 (1958), S. 263/269.

Kling, R.: Mikrofotografische Untersuchung von Brennstoffnebel in Brennkammern. BWK 10 (1958), S. 257/262.

Körting, J.: Geschichte der Gasindustrie. Essen 1963, Vulkan-Verlag, S. 528 und 589

Kremer, H.: Strömung und Mischung in frei brennenden Diffusionsflammen. VDI-Ber. 95 (1966), S. 55.

[8] Kremer, H. et al: Vergleich exakter und vereinfachter Berechnung der adiabaten Flammentemperaturen. GWI 26 (1977), S. 232.

[11] Linden, van der A.: Gesichtspunkte der Normung der Gasbeschaffenheit. Gaswärme 11 (1962), S. 13.

[11] Linden, van der A.: Ein neues Verbrennungsdiagramm und seine Verwendung in der Gastechnik. gwi 18 (1969), S. 160 ff., u. 192.

Linden, H.: Überblick über die Weltenergieversorgung. gwi 22 (1973), S. 451 ff., u. 505 ff., und gwi 23 (1974), S. 19 ff.

Lindner, W.: Entzündung und Verbrennung von Gas- und Brennstoff-Dampf-Gemischen. VCI-Verlag (Berlin 1931).

Lindow, R.: Entwicklung und Stand der Verfahren zur Bestimmung der laminaren Flammengeschwindigkeit. Gaswärme 16 (1967), S. 405.

Lindow, R.: Optische Methoden zur Bestimmung der Flammengeschwindigkeit. Gaswärme 12 (1963), S. 453.

Lindow, R.: Entwicklung und Stand der Verfahren zur Bestimmung der laminaren Flammengeschwindigkeit. gwi 16 (1967), S. 405.

Lindow, R.: Vereinfachte Verfahren zur genauen Bestimmung der Flammengeschwindigkeit. gwf 108 (1967), S. 1277.

Machninik, P.: Die künftige Entwicklung der Westeuropäischen Erdgasverworgung. GWI 27 (1978), S. 341.

Markstein, G., et al: Flame propagation. A critical review of existing theories. Bumblebee Series Report 61, Cornell Aeronautical Lab. 4/1947. S. 25.

Michaelsen, H. et al.: Verfahrenstechnische und wirtschaftliche Aspekte des „Peak Shaving". gwi 18 (1969), S. 413.

Nurruzeman, A.: Studies of simplified spray combustion systems, Fuel Soc. J. 20 (1969), S. 30.

Oldenburg, G.: Rauchgasseitige Korrosion bei ölgefeuerten Dampfkesseln. Gaswärme 7 (1958). S. 130/135.

Oldenburg, G.: Eigenschaften und Beurteilung der Analysedaten von Heizöl. Ölwärme, Vulkan-Verlag, Essen. 1958.

Ramshaw, C.: A technique for drop-size measurement by direct photography. Jorn. Inst. Fuel 41 (1968), S. 288.

Rummel, K.: Der Einfluß des Mischvorganges usw. Düsseldorf 1937.

Schäfer, G.: Zusammenhang zwischen Wärmebelastung und Wobbezahl. Gaswärme 13 (1964), S. 107.

[11] Scheffer, P.: Festlegung der brenntechnischen Gasqualität usw. Gaswärme 14 (1965), S. 179.

Schmidt, E.F.: Thermodynamische Betrachtung der thermoelektrischen Energieumwandlung. BWK 19 (1967), S. 302.

Scholte, Th. G.: Die Zündgeschwindigkeit von Wasserstoff, Kohlenmonoxyd, Methan und von Gemischen dieser Gase. Gaswärme 9 (1960), S. 163.

Schuster, F.: Gasbeschaffenheit, Gasgerät. Austauschbarkeit von Gasen. Gaswärme 7 (1958), S. 369/375.

Tak, R.; Olson, E.: Methoden zur Messung der Tropfengröße im Zerstäubungsstrahl. Öl- und Gasfeuerung 9 (1964), S. 878.

Tanker für den Transport von Flüssigerdgas. GWI 26 (1977), S. 400.

Tate, R. et al: Tropengröße beim Zerstäuben durch Düsen des Ölbrenners. Öl + GF 8 (1963), S. 65.

Traustel, S.: Über die Berechnung von Flammen an Brennern. Techn. Mitt. 62 (1969), S. 117.

Technische Temperaturmessung. VDI-Berichte Nr. 198, Düsseldorf, 1973

Tripsa, I., und Dragomir, I.: Teoria proceselor siderurgice. Bukarest, 1972.

Tzukhanova, O.: J. techn. Physik 9. Leningrad 1939, S. 295/304.

Abschnitt 4.2.

Ardenne, von, M.; Schiller, S.; Förster, H.: Zu Problemen der großtechnischen Verdampfung mit Elektronenstrahlen. Elektrowärme 25 (1967), S. 216.

Baffrey, A.: Le chauffage par induction. Elektrowärme 21 (1963), S. 544.

Bauck, H.J.: Das Verhalten metallischer Widerstandswerkstoffe in Schutzgasatmosphären. Druckschrift A. B. Kantahal. Hallstahammar 1967.

Brunklaus, J.H.: Kondensatorschaltung für Schweißtransformatoren. Lastechniek 16 (1950), S. 2/4.

[12] Daum, W.: Berechnungen von Heizbandelementen. EWI 34 (1976), S. B97.

Dietsch, W.; Reichelt, W.; Hauff, A.: Elektronenstrahlbedampfung. Elektrowärme 25 (1967), S. 219.

Eickhoff, E.: Die Erwärmung mit Mikrowellen. Elektrowärme 20 (1962), S. 560.

Forst, H.: Erfahrungen mit Lichtbogenofen-Regelungen. Elektrowärme 17 (1959), S. 260.

Fricke, H.: Technische Erzeugung von Hochtemperaturen bis 20 000° K mit einem Induktionsplasmabrenner. Glas- und Instr.-Kunde 9 (1965), S. 49.

Geisel, H.: Die Berechnung der Symmetriereinrichtung. Elektrowärme 20 (1962), S. 384.

[14] Geisel, H.: Statische Frequenzverdreifacher und ihre Anwendung für das induktive Erwärmen. Elektrowärme 20 (1962), S. 607.

Halling, H.: Beitrag zur dielektrischen Erwärmung im H.F.-Kondensatorfeld. Elektrowärme 21 (1963), S. 37.

Hünig, H.: Der Energieumsatz in Lichtbogen-Stahlschmelzöfen. Elektrowärme 19 (1961), S. 354.

Kanthal-Handbuch, Halstahammar (Schweden).

Nikrothal-Handbuch, Halstahammar (Schweden).

Kapser, R. und Jahn, H.: Ein verfeinertes elektrisches Ersatzbild des Drehstrom-Lichtbogenofens. EWI 36 (1978), S. B26.

Kegel, K.: Neuere Erkenntnisse auf dem Gebiet des Lichtbogenofens zum Stahlschmelzen. Druckschrift Elektrowärme Institut. Essen. 1965.

Kegel, K.: Die Auswahl der Schaltung für Hochfrequenzgeneratoren zur induktiven Erwärmung. Elektrowärme 22 (1964), S. 15.

Kegel, K.; Lacmann, B.: Vorausbestimmung der Einhärtetiefe bei der induktiven Oberflächenhärtung. Elektrowärme 24 (1966), S. 419.

Kluss, E.: Theorie der Induktionsheizung. Elektrowärme 24 (1966), S. 61.

Leistungsfähige Elektronenstrahltechnik. EWI 35 (1977), S. B221.

[14] Matthes, H.: Der statische Frequenzumrichter. 35 (1977), S. B159.

Matthes, H. und Mauler, E.: Stromversorgungseinrichtungen für Induktionserwärmungsanlagen. EWI 36 (1978), S. B85.

Maus, G.: Elektrische Widerstandserwärmung. Elektrowärme 23 (1965), S. 305.

Mühlbauer, A.: Über die elektrodynamischen Kräfte in der Schmelze von Induktionsöfen. Elektrowärme 25 (1966), S. 357.

Müller, H.: Zur Physik des Lichtbogens. Elektrowärme 20 (1962), S. 3.

Ottmar, H., et al: Der Hochleistungslichtbogenofen. Stahl und Eisen 89 (1969), S. 466.

[14] Pels Leusden, G.: Ein statischer Frequenzverneunfacher. EW 10 (1965), S. 455

Reichert, K.: Die Symmetrierung von Netzfrequenz-Induktionsofenanlagen. Elektrowärme 21 (1963), S. 309.

Rubisch, O.; Buchner, E.: Über elektrisch beheizte Hochtemperaturöfen bestückt mit Molybdänsilizid Heizelementen. Elektrowärme 21 (1963), S. 512.

Schrewelius, N.: Neue Entwicklungen von Kanthal-Super. Druckschrift A.B. Kanthal. Hallstahammar (1967), Schweden.

Seulen, G.W.; Springer, L.: Das Schalten von Kondensatoren und die automatische Blindleistungskompensation der Induktionsanlagen der industriellen Elektrowärmetechnik. Elektrowärme 21 (1963), S. 548.

Schiffarth, J.: Die direkte Widerstandserwärmung im automatischen Ablauf für die Warmformgebung. Elektrowärme 23 (1965), S. 204.

Sperner, F.: Schmelzen mit Elektronenstrahlen. Elektrowärme 24 (1966), S. 33.

[13] Vogel, J.: Lichtbogenerwärmung zur Stahlerzeugung und für Reduktionsprozesse. ewi 29 (1971), S. 453.

Vogt, W.: Beitrag zur Theorie der Badbewegung in Induktionstiegelöfen. Elektrowärme 24 (1966), S. 357.

Abschnitt 4.3.

[16] Borggrefe, H.: Versorgung eines Walzwerkes mit Brennstoff. gwi 19 (1970), S. 375

[16] Bosse, H.: Einfluß der Brennstoffzusammensetzung auf die Kennwerte sowie der hiervon abhängigen Fahrweise von Industrieöfen. gwi 18 (1969), S. 246.

[17] Černoch, S.: Thermodynamics of recuperation of waste heat from the combustion products of industrial furnace. Journal of the Iron and Steel Inst. (1969), S. 1578

[17] Černoch, S.: Die Festlegung der Wärme- bzw. Brennstoffersparnisse durch Nutzwärmerückgewinnung aus dem Produkt von Industrieöfen. Silikat-Journal 9 (1970), S. 106.

Černoch, S.: Zur Wärmebilanz der Öfen zum Brennen von Karbonaten unter Berücksichtigung der Leistungssteigerung durch Wärmegewinnung des Produktes. Silikat-Journal 9 (1970), S. 216.

[15] Černoch, S.: Vergleichende wärmetechnische Bewertung von Brennstoffen für Industrieöfen Arch. Eisenhüttenw. 44 (1973), S. 521

Černoch, S. und Belyus, G.: Analyse der Wärmarbeit der Aufheizzone des Tunnelofens, insbesondere in bezug auf die Falschluftansaugung. Keramische Zeitschrift 25 (1973), S. 244 ff und S. 337 ff.

[15] Černoch, S.: Wärmetechnische Kennwerte brennstoffbeheizter Öfen. Keram. Zeitschr. 30 (1978), S. 375.

[15] Černoch, S.: Die wärmetechnische Gesetzmässigkeiten des Brennstoffaustausches bei Industrieöfen. GWI 27 (1978), S. 195 und S. 552.

Cook, A.: Waste heat recovery from heat treatment furnaces. Ind. Process Heat (1972), S. 8

Jeschar, R.: Industrieofenbau als Forschungsgebiet der Fahrenstechnik. Bergbauwissenschaften 17 (1969), S. 335.

Hofmann, E. und Wengeler, F.: Beitrag zur Verbesserung der Haltbarkeit von Stahl-Rekuperatoren. gwi 17 (1968), S. 255.

Kostowsky, E.: Wärmeberechnung der Radiationsrekuperatoren. Transactions of the Inst. of Mining and Metallurgy, Ostrava 7/1968, S. 121.

[16] Lüth, F.: Energetischer und wirtschaftlicher Vergleich verschiedener Energiemittel. Gaswärme 6 (1957), S. 52/56.

Pohle, H. und Machold, H.: Erfahrungen beim Betrieb metallischer Rekuperatoren für Tieföfen. Stahl und Eisen 89 (1969), S. 487

[16] Richtlinien zur vergleichenden Brennstoffbewertung, Verl. Stahleisen, Düsseldorf. 2. Aufl. 1969

[17] Schack, A.: Wärmeübertragung und Wärmerückgewinn. Gaswärme 10 (1961), S. 23.

[16] Senkara, T.: Wärmewirkungsgrade und Temperaturgütegrade von Wärmöfen.: GWI 27 (1978) S. 200.

Abschnitt 4.4.

[18] Černoch, S.: Thermodynamische Analyse des Mindestwärmeverbrauches. GWI 24 (1975) S. 453.

[18] Černoch, S.: Beitrag zu der Entwicklung der Thermodynamik der Ofenwärmearbeit. GWI 16 (1967) S. 577.

Abschnitt 4.5.

Bosse, K.: Einfluß der Zusammensetzung verschiedener Brennstoffe auf die Wärmeübertragung. Gaswärme 14 (1965), S. 427.

Boenecke, H. und Pohle, H.: Rationeller Gaseinsatz in der Stahlindustrie. GWI 24 (1975), S. 316.

Brunklaus, J.H.: Änderung der Gaskonzentration in Industrieöfen durch Abgasrückführung. GWF 109 (1968), S. 557.

[26] Brunklaus, J.H.: Fütöcsövek (Heatpipes) Kongress der Wiss. Ver. für Energiewirtschaft. 5.10.1977 Miskolc (Ungarn)

Buhr, E.: Verfahren zur Messung des konvektiven Wärmeübergangs in Flammen. Gaswärme 17 (1968), S. 60.

[38] Černoch, S.: Erwärmung einer dickwandigen Platte im Gegenstrom. Neue Hütte 18 (1973), S. 47.

Černoch, S.: Die wärmetechnische Grundlagen der rationellen Brennstoffausnutzung in Tunnelöfen. Sprechsaal 110, S. 350

[21] Černoch, S.: Zur Bewertung der wärmetechnischen Lösung bei Industrieöfen. GWI 23 (1974), S. 400.

[23] Černoch, S.: Thermodynamische Analyse des Mindestwärmeverbrauchs beim Warmvorgang in satzweise arbeitenden Öfen. Neue Hütte 20 (1975), S. 649.

[33] Černoch, S. und Gal, J.: Intensivierung des Wärme- und Stoffaustausches mit Stoßwellen der pulsierenden Verbrennung. Berg- und Hüttenmännische Monatshefte 112 (1967), S. 273.

Cohen, Hottel: Transact. Amer. Inst. Chem. Eng. 4.1 (1958), S. 12.

Collins, R.: Berechnung zur Otimierung von Wärmöfen. Dep. Heat and Furnace Technology. Royal Inst. of Techn., Stockholm

[22] Dittrich, H. et al: Mathematisches Modell zur Berechnung von Öfen mit Deckenbeheizung. VDI-Berichte Nr. 246 (1975).

[32] Dürrfeld, H. und Köhne, H.: Die Berechnung der Temperaturverteilung in strahlrohrbeheizten Öfen. GWI 26 (1977), S. 12.

Eichert, G.: Wärmeübergang und Wärmeflußmesser. Arch. Techn. Mess. Nr. 194 (1952), S. 57 f.

Energieversorgung im Weltraum. Verl. Deutsche Ges. für Raketentechn. und Raumfahrt, München 1966, S. 129.

Fischer, E.: Berechnung des Wärmedurchganges bei Gleich- und Gegenstrom für temperaturabhängige Wärmeübergangszahlen. Chem. Ing. Techn. 39 (1967), S. 438.

[36] Fritsch, W.: Schwingende Verbrennung. Öl + GF 8 (1963), S. 550 ff.

Fritsch, W.: Das dynamische Verhalten der Flamme in Ölfeuerungen. Techn. Mitt. 55 (1962), S. 81

[21] Günther, R. et al: Beispiele für die Anwendung mathematischer Ofenmodelle. GWI 23 (1974), S. 381.

Günther, R.: Das Zusammenwirken von Flamme und Feuerraum. Tagung Verbrenn. und Feuerungen 27./28. 10. 1973, Essen

Günther, R.: Die Berechnung der wichtigsten Eigenschaften von Strahlflammen. Transactions of the Inst. of Mining and Metall. Ostrava (CSSR0 7 / 1968, S. 131

Günther, R.: Wärmeabgabe von Erdgasflammen. Gaswärme 16 (1967), S. 68.

[27] Heerwagen, R.: Heißöl-Wärmeträgeranlagen mit gas- und ölgefeuerten Durchlauf-Erhitzern. Öl- und Gasfeuerung 8 (1963), S. 1026.

[35] Huber: Gas-Schwingfeuergeräte. gwf 110 (1969), S. 576

[21] Jeschar, R.: Zur Entwicklung einer Theorie der Wärmeprozesse—Chargenerwärmung. Mitt. Blatt der Techn. Univ. Clausthal. 1971 S. 13.

[21] Jeschar, R, Schupe, W. u. Pötke.: Übersicht über Berechnungsmöglichkeiten von Wärmebehandlungsanlagen. Institut für Wärmetechnik und Industrieofenbau der Techn. Univ. Glausthal.

[21] Jeschar, R. und Pötke, W.: Entwicklung vereinfachter mathematischer Modelle für verschiedene Ofentypen, Techn. Mitt. 65 (1972), S. 255

[21b] Jeschar, R.: Herleitung eines effektiven Strahlungskoeffizienten für Feuerräume zur vereinfachten Berechnung von Industrieöfen. Tagung Verbrenn. und Feuerungen, 27./28. 10. 1973, Essen

Jeschar, R. und Schupe, W.: Herleitung eines effektiven Strahlungskoeffizienten für Feuerräume zur vereinfachten Berechnung von Industrieöfen, gwi 22 (1973), S. 473.

[25] Knaak, R.: Die Anwendung mathematischer Ofenmodelle aus der Sicht der Praxis. GWI 23 (1974), S. 388.

Landfermann, C.: Strahlung oder Konvektion als technisches Erwärmungsverfahren. GWF 91 (1970), S. 148.

[22] Latsch, R.: Mathematisches Modell des Strömungsverlaufs und der Wärmeabgabe einer eingeschlossenen turbulenten Diffusionsflamme. gwi 20 (1971), S. 106.

[34] Leistner, G., et al: Die Wärmeübertragung in einem größeren Schwingrohr bei pulsierender und nichtpulsierender Verbrennung. BWK 21 (1969), S. 243

Litterscheidt, W.: Das gasbeheizte Strahlrohr und seine Anwendung im Industrieofenbau. Gaswärme 10 (1961), S. 28.

Litterscheidt, W.: Eine Studie über den Wärmeübergang durch Strahlung in Industrieöfen bei der Verbrennung mit nichtleuchtender Flamme. Gaswärme 10 (1961), S. 71/81 und S. 118/128.

Long, V.: Bestimmung der mittleren Strahlungstemperatur von Verbrennungsgasen in einer zylindrischen Brennkammer. Öl- und Gasfeuerung 8 (1963), S. 1036.

Moriz, K., et al.: Grenzen des Energietransports im Wärmerohr. Chemie Ing. Techn. 40 (1968), S. 868

Neidel, W. und Paul, G.: Wärmetechnische Dimensionierung von Röhrenöfen nach Zonenmethode. Chem. Techn. 25 (1973), S. 356.

[24] Neidel, W. und Paul, G.: Mathematische Modellierung der Wärmeübertragungsverhältnisse in strahlungsbeheizten Brennkammern. Chem. Techn. 25 (1973), S. 543 und S. 654.

Pfau, H.: Wirkungsweise neuartiger Rekuperations-Strahlrohre unter Betriebsbedingungen. gwi Band 32 (1983) Heft 10, Oktober.

Reh, L.: Verbrennungsvorgänge in der Wirbelschicht. Gaswärme 15 (1966), S. 265.

Rheinst., F.: Pulsierende Verbrennung. Aktuelle Probleme des Dampfkesselwesens. Vulkan-Verlag, Essen 1958.

Riemann, W.: Förderungen neuzeitlicher Walzwerkanlagen usw. Vulkan-Verlag, Essen (1966), Veröff. Nr. 101.

Schmidt, T.; Laiguddin, G.: Über die Herdflächenleistung beim Erwärmen von Schmiedeblöcken durch Strahlung. Gaswärme 14 (1965), S. 401.

[22] Sarofin, A.: Heattransfer from non-luminous flames in furnaces. Resid. Course of Fuelscience. Penn. State Univ. July 1966.

Schack, A.: Über die Strahlung der Feuergase und ihre praktische Berechnung. Z. techn. Phys. 5 (1924), S. 267.

Schmidt, T.: Über einige neuere Entwicklungen auf dem Gebiet der konvektiven Schnellerwärmung von Eisen- und Nichteisenmetallen. Gaswärme 14 (1965), S. 294.

[31] Schmidt, T.: Anwendung des Strahlheizrohres für die konvektive Wärmeübertragung. GWI 23 1974), S. 201.

[21] Schupe, W. und Jeschar, R.: Vereinfachte Berechnung des Strahlungswärmeübergangs in Industrieöfen und Vergleich mit Messungen in einer Versuchsbrennkammer. GWI 24 (1975), S. 64

Schwarz-Bergkampf: Geometrische Konstruktion des Temperaturverlaufes. Gaswärme 4 (1955), S. 365/367.

[20] Schwiedessen, H.: Die Temperatur- und Wärmeübertragungsverhältnisse im Arbeitsraum des Industrieofens. Arch. Eisenhüttenw. 11 (1937/38), S. 363/374 und S. 431/442 (Wärmestelle 254 und 255).

Schwiedessen, H.: Die Wärmetechnik des Arbeitsraumes brennstoffbeheizter Industrieöfen, ihre Theorie und deren praktische Anwendung. Techn. Mitt. 55 (1962), H. 2, 6, 7 und 10; 56 (1963), H. 10, 11 und 12: 57 (1964), H.5.

[29] Seibert, H.: Betrieb strahlrohrbeheizter Anlagen. GWI 26 (1977), S. 487.

Senkara, T.: Ein neues mathematisches Modell des Wärmeübergangs in Flammöfen. Archiv für das Eisenhüttenwesen 1984.

[39] Siegert, H.: Die Berechnung des Temperaturverlaufs bei strahlungsbeheizten Durchlauföen. Eltrowärme 25 (1967), S. 77.

[30] Simon, H.: Einsatz von Mantelstrahlheizrohren. GWI 26 (1977), S. 482.

[20] Woelk, G.: Ermittlung der örtlichen Bilanztemperatur bei entkoppelten mathematischen Ofenmodellen. Stahl u. Eisen 96 (1976), S. 1143.

[20] Woelk, G.: Behandlung von Wärmeleitvorgängen bei entkoppelten mathematischen Ofenmodellen. Arch. Eisenhüttenwes. 47 (1976), S. 223.

[37] Woelk, G.: Berechnung der örtlichen Ofenraumtemperatur. Techn. Mitt. 65 (1972), S. 259

Abschnitt 4.6.

Berens, L.; Feldhus, H.: Wärmeschutzprobleme bei gestampften Indutionstiegelöfen. Elektrowärme 23 (1965), S. 519.

[44] Behrens, H.: Die Erwärmung einschichtiger Wände von Industrieöfen. gwi 21 (1972), S. 166

Behrens, H.: Praktische Erwärmungsberechnungen im Ofenbau. ewi 30 (1972), S. 325.

[43] Beuken, C.; de Boer, J. und Smeets, L.: Die Bestimmung des zeitlichen Verlaufs der Speicherwärme und der Verlustwärme beim Aufheizen von Industrieöfen. Elektrowärme 22 (1964), S. 4.

Eine ausführliche Übersicht über die bereits sehr umfangreiche internationale Literatur bezüglich des Beukenmodells ist von der TH Delft (Niederlande) herausgegeben:

Zandstra, S.: Literatuur met betrekking tot theorie, uitvoeringsvormen en toepassing van het Beuken-Model ter analyse von niet--stationaire warmtestroming. 1963.

[42] Beuken, C.: Wärmeverlust bei periodisch betriebenen elektrischen Öfen. Diss. Freiburg (Sachsen) 1936.

Beuken, C.: Wärmeverluste von Öfen und Heizanlagen in unterbrochenem Betrieb. Feuer Techn. 26 (1938), S. 7/9.

Bovy, A.: Die Nachbildung nichtstationärer Wärmeprobleme im Beukenmodell. Gaswärme 15 (1966), S. 179.

Beuken, C.: Die Wärmeströmung durch die Ecken von Ofenwandungen. Wärme- und Kältetechnik 39 (1937), S. 1/3.

Brockmaier, K.: Über ein Beuken-Modell kleinster Abmessungen. El. Techn. 72 (1951), S. 525/528

[39] Brunklaus, J.: Eine graphische Darstellung der Wandverluste und Wandtemperaturen. Allg. Wärmetechn. 2 (1951), S. 231/234.

Brunklaus, J. H.: Wandverlust und Wandkonstruktion. gwi Band 29 (1980) Heft 10, Oktober.

Sterchamol-Werke: Graphische Ermittlung der Wandtemperaturen und Wärmeverluste von ebenen Wänden (mit drei Kurvenblättern), Dortmund 1952.

Casonova, R.: Nomogramme zur Bestimmung der elektrischen Größen bei der thermo-elektrischen Analogie. Elektrowärme 24 (1966), S. 189.

Jahoda, K.: Neue Meßmethoden zur Bestimmung der Speicherwärme von Industrieöfen. ewi 26 (1968), S. 239.

Jahoda, K.: Eine theoretische Betrachtung der Beuken I-Methode zur Bestimmung der Speicherwärme von Öfen. ewi 28 (1970), S. 691.

Körting, J.: Über die Berechnung isolierter Ofenwände. GWF 85 (1942), S. 37/39.

Mühlbauer, A.: Zur Bestimmung der stationären Temperaturverteilung in einer Ofenwand bei Berücksichtigung temperaturabhängiger Wärmeleitfähigkeit. Elektrowärme 25 (1967), S. 281.

[41] Müller, K.: Differenzrechnung bei der zeitlich veränderlichen Wärmeströmung im zylindrischen Körper. Allg. Wärmetechnik 9 (1958), S. 10/13.

Reinke, F.: Über die thermoelektrische Analogie als Hilfsmittel für die Lösung von Wärmestromaufgaben bei verteilten Wärmequellen. Elektrowärme 21 (1963), S. 253.

[40] Schwarz, T.: Schirme zur Herabsetzung von Strahlungsverlusten. Elektrowärme 25 (1967), S. 37.

Schmidt, E.: Über die Anwendung der Differenzenrechnung auf technische Anheiz- und Abkühlungsprobleme. Berlin 1924.

Stepanek, J.: Die Abhängigkeit der Ofenwand-Außentemperaturen vom Emissionsgrad der Ofenverkleidung. gwi 28 (1979), S. 200.

Wagener, G.: Wirkungsgrad und Ofenverluste. Techn. Mitt 43 (1950), S. 88/93.

Woelk, G.: Die Bestimmung der Temperatur in einer Ofenwand bei Berücksichtigung temperaturabhängiger Wärmeleitfähigkeit. Gaswärme 15 (1966), S. 138.

Abschnitt 4.7.

[45] In Brennstoff-Wärme-Kraft sind jährliche Literaturübersichten veröffentlicht worden:

Bach, H; et al: Wärmeaustauscher. BWK 22 (1970), S. 195 ff.

Bach, H. und Hesslinger, S.: Wärmeaustauscher. BWK 23 (1971), S. 180 ff.

Schmidt, Th.: Wärmeaustauscher. BWK 21 (1969), S. 224 ff.

[46] Černoch, S.: Thermodynamics of recuperation. Journ. of Iron and Steel Inst. 1969, S. 1578.

[47] Černoch, S.: Die wärmetechnische Auswertung der Rekuperation. Neue Fachberichte 13 (1975), S. 223 und S. 609.

[52] Černoch, S.: Einfluss der Undichtheit des keramischen Rekuperators. Neue Hütte 22 (1977), S. 65; 151 und 214.

[50] Černoch, S.: Die wärmetechnische Grundlagen der rationellen Brennstoffausnutzung in Tunnelöfen. Kongress: „Öfen für die keram. Industrie." Budapest 1977.

Fleurquin, J.: Vorträge beim Int. Rekuperatoren-Kongreß 1955. Ausgabe Rekuperator K.G., Schack, Düsseldorf.

[48] GEFI. Krefeld.: Technische Information 119/74, 116/75, 120/75 und 124/76.

Härtel, S.: Schutz von Metallrekuperatoren gegen Überhitzung. Gaswärme 5 (1956), S. 8/13.

Heyn, F.: Dichtigkeit und Wärmedehnung von Heizsystemen gegossener Rekuperatoren. Gaswärme 5 (1956), S. 332/335.

Hofmann, E.: Berechnungsgrundlagen für den Bau von Winderhitzern zur Erreichung höchster Windtemperaturen. Techn. Mitt. 55 (1962), S. 473.

Jenne, O. und Schwarz-Berkamp, E.: Die Berechnung des Pebble-Heaters. gwi 3 (1954), S. 310.

Munser, H.: Zur Berechnung der Wärmeübertragung bei Radialrekuperatoren. Wiss. Zeitschr. Techn. Univ. Dresden, 15 (1966), S. 1103.

Seibert, O.: Berechnung von Wärmetauschern. BWK 6 (1954), S. 417.

Pokorny, B.: Einige neue Typen von Hochtemperatur-Luftvorwärmern für Industrieöfen. Gaswärme 17 (1968), S. 18.

[53] Schack, A.: Wärmeübertragung und Wärmerückgewinn. Gaswärme 10 (1961), S. 23/27.

Schack, K.: Zur Berechnung von Druckverlust und Wärmeübertragung im Wärmetauschern, gwi 20 (1971), S. 237

[53] Schack, K.: Möglichkeiten und Grenzen der Wärmerückgewinnung. GWI 24 (1975), S. 302.

Sonnenschein, H.: Kontinuierlicher Hochtemperatur-Wärmeaustausch mittels bewegter Speicherteilchen. Chem. Ing. Techn. 43 (1971), S. 240.

Steimle, F. und Paul, J.: Möglichkeiten der industriellen Wärmerückgewinnung. GWI 26 (1977), S. 257.

[51] Trappe, U.: Einige Betrachtungen zum Problem der Korrosion bei Metallrekuperatoren. Gaswärme 6 (1957), S. 265/273.

[51] Trappe, U.: Das Betriebsverhalten von Metallrekuperatoren bei hohen Abgastemperaturen. Gaswärme 7 (1958), S. 283/293.

[49] Trappe, U.: Energieersparnisse durch Ausnutzung der Restwärme. GWI 27 (1978), S. 184.

Weichel, M. und Heitmann, W.: Abwärmenutzung in industriellen Prozessen. Techn. Mitt. 70 (1977), S. 266.

Wellensiek, G.: Entwicklung im Bau von Rekuperatoren. Gießerei 44 (1957), S. 245/247.

Wellensieck: Aus der Praxis der hitzebeständigen Stähle. Gaswärme 12 (1963), S. 141..

[54] Wünning, J.: Optimierung der Strahlrohrbeheizung. GWI 25 (1976), S. 577

Wünning, J.: Gasstrahlrohre mit keramischem Flammrohr. GWI 23 (1974), S. 164.

Schrifttum 5.1.

[55] Awerbuch, N.: Eine revolutionäre Technik der Atmosphärenumwälzung von Öfen durch den Coanda-Effekt. Die Ziegelindustrie 1967, S. 633

Bansen, H.: Gasdurchlässigkeit von Silikasteinen, Mörtelfugen und Mauerwerk usw. Arch. Eisenhüttenwerke (1927/28), S. 687/692.

[57] Boenecke, P. und Meseth, J.: Modelversuche über die Schutzgasumwälzung in Industrieöfen. GWI 24 (1975), S. 419.

Brunklaus, J.H.: Gasbrenner und Stoßlehre. GWF 1941, S. 566.

Fabrikschornstein-Isolierung. Öl + GF 14 (1969), S. 160.

[56] Gillhaus, H.: Das Querstromgebläse im Industrieofenbau. GWI 25 (1976), S. 46.

Litterscheidt, W. und Schmidt, T.: Über die Regelung von gasbeheizten Industrieöfen. Sonderdruck Gaswärme 1953, Nrn. 8, 10 und 12. Vulkan-Verlag, Essen.

Manegold, E.: Kapilllarsysteme Band 1, S. 141 f., Heidelberg 1955.

Neumann, G.: Die Berechnung der Druckverluste in Rohrleitungen (Wärmestelle 261).

Renner, J.: Dynamische Beanspruchung von Schornsteinen. Öl + GF 13 (1968), S. 918.

Skunca, J.: Durchflußmessungen in einem Spalt aus Silicastein bei erhöhten Temperaturen. Gaswärme 15 (1966), S. 57.

[57] Stein, H. und Kramer, C.: Heissgasventilatoren. GWI 25 (1976), S. 49.

[57] Stein, H. und Kramer, C.: Zur Optimierung von Heissgasventilatoren für den Industrieofenbau. GWI 25 (1976), S. 622.

Zagar, L.: Die Grundlagen zur Ermittlung der Gasdurchlässigkeit von feuerfesten Baustoffen. Arch. f. d. Eisenhüttenw. 26 (1955), H. 12, S. 777/782.

Schrifttum 5.2.

Borchart, K.: Betriebsüberwachung gasbeheizter Industrieanlagen. Gas (Düsseldorf) 14 (1942), S. 198/203.

Nonhebel, G.: Britische Nomogramme für die Berechnung der Höhe von Industrieschornsteinen. Öl- und Gasfeuerung 12 (1967), S. 810.

Schrifttum 5.3.

Baukrowitz, G.: Der Einfluß des Drucks in einem Raum auf die Verbrennung. Gaswärme 2 (1953), S. 368/372.

Briem, K.: Windschleier zur Vermeidung konvektiver Wärmeverluste an Öffnungen von Industrieöfen. gwi Band 32 (1983) Heft 5, Mai.

Kramer, C. und Kuster, W.: Strahlabdichtungen von Durchlaufwärmebehandlungsanlagen mit Schutzgasatmosphäre. gwi Band 32 (1983) Heft 9, September.

Heiligenstaedt, W.: Wärmebehandlung in Öfen mit Beheizung durch Umwälzbrenner. Gaswärme 3 (1954), S. 173 bis 179.

Klingelfuß, E.: Wärme 60 (1937), S. 831/841.

Noack, W.: Z. V. D. I. 85 (1941), S. 967/975.

Schrifttum 6.1. und 6.2.

Becher, U.: Messen und Bemessen bei der Gasanwendung. Gaswärme 10 (1961), S. 410.

Becker, H. et al: Mixing and flow in ducted turbulent jets. 9th. Symp. on Comb., New York 1962.

[69] Brunklaus, J.H.: Das Verhalten eines Combustorgasbrenners. gwi 22 (1973), S. 104.

[64] Brunklaus, J.: Gasbranders. Het Gas (Niederlande) (1944), S. 99/103.

[64] Brunklaus, J.: Mechanik der Flamme. Gaswärme 7 (1955), S. 211/214.

[58] Brunklaus, J.H.: Hochdruckzerstäubungsbrenner. Allg. Wärmetechn. 9 (1958), S.3.

Chandhury, P.; Campel, A.: Flammenstabilisierung durch Nischen in der Brennkammer. Öl- und Gasfeuerung 9 (1964), S. 210.

Chedaille, I.; Leuckel, W.; Chesters, A.: Aerodynamische Untersuchungen an turbulenten Strahlen. Öl- und Gasfeuerung 12 (1967), S. 870.

[68] Chigier, N. und Gilbert, J.: Rückwärts gerichtete Wirbel in Lee von Flammenhaltern. Öl + GF 14 (1969), S. 108.

Craya, Curtet: 5eme Journee d' Etudes sur les Flammes. Paris 1963.

Eickhoff, H.: Der Strömungsverlauf in eingeschlossenen Strahlflammen. Gaswärme 15 (1966), S. 334.

Eickhoff, H.: Zum Problem der turbulenten Strahlausbreitung bei Verbrennung. Tagung Verbrennung und Feuerungen, 18./19. 9. 1969, Karlsruhe. VDI

Fritsch, W.: Das dynamische Verhalten der Flammen bei Ölfeuerungen. Ölfeuerung (1961) und Techn. Mitt. 55 (1962), S. 81.

[71] Fritsch, W.: Flammenstabilität. Öl + GF 10 (1965), S. 1320

[66] Fritsch, W.: Strömung, Stabilität und Gemischbildung der Verbrennung. Industriefeuerungstagung 3. 3. 1972, Essen, Vulkan-Verlag, S. 7

[73] Fritsch, W.: Stabilisierung von Diffusionsflammen. Öl + GF (1973), S. 24

[59] Fritsch, W.: Modellgesetze beim Bau von Gasbrennern. GWI 25 (1976), S. 110.

Günther, R.: Die Länge turbulenter Diffusionsflammen. Gastech. Berichte 38 (1965), S. 81.

[61] Günther, R.: Untersuchungen an turbulenten Strahlflammen. Gaswärme 15 (1966), S. 247.

[61] Günther, R.; Lenze, B.: Die Länge von Diffusions-Strahlflammen. Gaswärme 15 (1966), S. 376.

Günther, R.: Der Verbrennungsverlauf in einem zylindrischen Feuerraum. VDI Berichte Nr. 95 (1966), S. 71.

[60] Günther, R.: Zur Entwicklung der Verbrennungstechnik. gwf 112 (1971), S. 61.

Günther, R. et al: Eigenschaften von Drallflammen. Techn. Mitt. 65 (1972), S. 262 . . . .

Günther, R.: Das Zusammenwirken von Flamme und Feuerraum. Tagung Verbrennung und Feuerungen. 27./28. Sept. 1973, Essen, VDI

[61] Günther, R. und Janisch, G.: Über die Stabilität von Vormischflammen. GWI 24 (1975), S. 489.

Hedley, A.; Jackson, E.: Der Einfluß der Rezirkulation auf den Verbrennungsprozeß. Öl- und Gasfeuerung 12 (1967), S. 648.

Karlowitz, B.: Flow Phenomena and Flame Technology. Chem. Eng. Pr. 61 (1965), S. 75.

Karoly, R.: Einfluß der Rezirkulation bei Drallbrennern. Öö + GF 7 (1971), S. 701.

[62] Klapp, E. und Kremer, H.: Rechnische Untersuchungen bei Erd- und Ferngasflammen. gwi 17 (1968), S. 467.

Kozel, F.; Tittor, W.: Der Ölbrenner als Strömungsmaschine betrachtet. Öl- und Gasfeuerung 10 (1965), S. 564.

[63] Kremer, H.: Stabilisierung turbulenter Gasflammen. gwi 16 (1967), S. 513.

[67] Krüger, J.: Drehimpuls, Schub und Rückströmung bei Brennerstrahlen. gwi 22 (1973), S. 497.

Krüger, J.: Brennerstrahlen mit kritischem Drall. GWI 25 (1976), S. 19, S. 497.

[65] Leukel, W.: Untersuchungen zur Zündstabilität und Reaktionsverteilung verdrallter, turbulenter Diffusionsflammen. gwi 19 (1970), S. 474 und gwi 20 (1971), S. 18.

Lichtenberger, H.: Flammenstrahlung und Wärmeabbau in Feuerräumen. Die Industriefeuerung 1, 1972, Vulkan-Verlag

Litterscheidt, W.: Versuche an einer wassergekühlten Brennstrecke. Gaswärme 10 (1961), S. 265.

Minx, E.: Über die Staukörperstabilisierung turbulenter Diffusionsflammen an Parallelstrombrennern. gwi 19 (1970), S. 99.

Pepperhoff, W.: Vom Wesen der Flamme. Gaswärme 2 (1954), S. 25.

Pohl, K., et al: Die technische Anwendung der gasbeheizten Strahlwand. gwi 20 (1971), S. 255.

Sinning, B.: Grundlage und Anwendung der gasbeheizten Strahlwand. Tagung Gasbeheizte Industrieanlagen, 12. 2. 1974, gwi 23 (1974), S. 179.

Punn, W. und Spalding, D.: A procedure for predicting the velocity and temperature distribution in an confined, turbulent, gaseous diffusion flame. Imp. Coll. Report SF/TN/LI of Sc. and Techn. Dep. of Mech. Eng. London (1967)

[70] Rawe, R.: Anwendung von Flammenstabilitätskriterien. GWI 24 (1975)

Reed, S.: Flame processes limited by flame stretch. gwi 18 (1968), S. 156

Schmidt, K.: Drehstromfeuerung. Tagung Verbrennung und Feuerung. 18./19. 9. 1969, Karlsruhe, VDI

Schoppe, F.: Was versteht man unter Impulsbrennern? Öl + GF 15 (1971), S. 10.

Schoppe, F.: Berechnung von Brennern, Brennkammern und ähnlichen Strömungsapparaten. Ölfeuerung 7 (1962), S. 1062.

Senkara, R.: Zum Gesetz des organischen Wachstums mit Hemmungsglied in Anwendung auf die Wärmetechnik. GWI 23 (1974), S. 482.

[59] Smrcek, J.: Empirisches Verfahren zur Beschreibung eingeschlossener turbulenter Vormischflammen. GWI 24 (1975), S. 208.

Tietze, H. und Günther, R.: Strahlungsmessung an Gas- und Ölflammen. gwi 22 (1973), S. 445

[60] Traustel, S. et al: Über ein extrem einfaches mathematisches Modell einer Flamme im Feuerraum. VDI-Berichte Nr. 246, 1975.

Schrifttum 6. 2. 3.

Berg, M.: Brennkammerschwingungen — Ursache und Abhilfenmaßnahmen. Tagung Industriefeuerungen 3. März 1972, Essen, Vulkan-Verlag.

Dittmann, H.: Lärmprobleme in der Verfahrenstechnik. Öl + GF 18 (1973), S. 924.

[75] Fritsch, W.: Das dynamische Verhalten der Flamme bei Ölfeuerungen. Techn. Mitt. 55 (1962), S. 81

[75] Fritsch, W.: Das Anfahrverhalten von Brennern. Öl + GF (1967), S. 968 u. 1064, (1968), S. 100 und 204.

Fritsch, W.H.: Einführung in die thermische Akustik. Öl + Gasf. (1978), S. 224.

Fritsch, W.H.: Auch [73] 6.1. und 6.2.

Giammar, R. et al: Combustion roar of premix burners. Combustion and Flame (New York), Volume 18 (1972), S. 435.

[72] Gupta, A. et al: Vorgänge der Lärmentstehung in Drallbrennkammern. Tagung Verbrennung und Feuerungen, 27./28. Sept. 1973, Essen, gwi 26 (1974), S. 39.

[72] Gupta, A. et al: Die Verminderung der Schallabstrahlung von Drallbrennkammern. GWI 23 (1974), S. 39.

Heitland, H.: Verbrennung im Schallfeld. Öl + GF 13 (1968), S. 224.

Höfeld, G.: Kessel und Brenner als eine Einheit. GWI 27 (1978), S. 150.

[74] Lorenz, I.: Verbrennungsgeräusche — Entstehung — Untersuchungsergebnisse — Verminderung. gwf 112 (1971), S. 367.

Lösch, W.: Ursache und Minderung von Verbrennungsgeräuschen. Tagung Verbrennung und Feuerungen, 27./28. Sept. 1973, Essen, gwi 26 (1974), S. 45.

Lösch, W.: Probleme der Schalldämpfung bei Verbrennungsprozessen. GWI 23 (1974), S. 45.

Oppenberg, R.: Feuerraumresonanzen. GWI 26 (1977), S. 55.

Otto, D.: Geräuschentwicklung von Indstriebrennern. GWI 26 (1977), S. 247.

Schmitting, K. und Pischinger, T.: Das Abfahrverhalten von Brennern. gwi 22 (1973), S. 492.

Stadelmann, M.: Schallprobleme an Gasheizungsanlagen. GWI 25 (1976), S. 350.

Wiehn, H.: Schwingungen in Feuerräumen. Tagung Verbrennung und Feuerungen, 19. Sept. 1969, Karlsruhe, VDI

Schrifttum 6.3.

[86] Belser, P.: Strahlungsbrenner. GWI 17 (1968), S. 116.

Bose, P.: Deckenbeheizung und Wärmöfen. GWI 23 (1974), S. 170.

[78] Brunklaus, J.H.: Konstruktionsfragen des Combustorbrenners. Dissert. Akademia Gorniczo-Hutnicza. Krakow, V.R. Polen, (Vert. 24. 1. 1972).

[78] Brunklaus, J.H.: Die Leistung eines Combustorgasbrenners. Öl + Gasf. (1975), S. 430.

[77] Chedaille et al: Industrielle Anwendung von Deckenstrahlbrenner. GWI 22 (1973), S. 314.

[83] Coles, K. und Grimm, W.: Aufbau und Betriebsweise neuentwickelter Strahlungs- und Tunnelbrenner. GWI 24 (1975), S. 512.

Dahl, K.: Neufassung des DVGW-Arbeitsblattes G 610. GWI 27 (1978), S. 36.

Fechner, G.: Umstellung eines Hüttenwerkes in der Energieversorgung. Gaswärme 15 (1966), S. 224.

[84] Friesenhausen, D.: Einsatz von Gasheizstrahlern in Heizungs- und Trocknungsanlagen. gwi 22 (1973), S. 258.

[79] Fritsch, W.: Brennversuche mit Groninger Erdgas unter Verwendung von Kannenbrennern. Öl + GF 10 (1965), S. 220.

Gupta, A.; Syred, N. und Beer, J.: Vorgänge der Lärmentstehung in Drallbrennkammern. Tagung Verbr. u. Feuerungen, 27./28. 9. 1973, Essen, VDI, gwi 23 (1974), S.

Hermans, F.: Eine neue Arbeitstechnik in der Gasbeheizung industrieller Öfen. Gaswärme 10 (1961), S. 291.

[82] Keller, H.: Einsatz von Hochgeschwindigkeitsbrennern. GWI 25 (1976), S. 571.

[81] Leupold, K.: Mehrdüsenbrenner und ihre Anwendungsmöglichkeiten. Gaswärme 3 (1954), S. 103/105.

[80] Litterscheidt, W. und Roßkampf, R.: Einstellung des Gas-Luft-Gemisches bei gasbeheizten Industrieöfen durch Steuerung der Vordrücke oder mit Hilfe von gekoppelten Drosselklappen. Gaswärme 5 (1956), S. 100/111.

[80] Litterscheidt, W. und Schmidt, T.: Über die Regelung von gasbeheizten Industrieöfen. Gaswärme 7 (1958), S. 310/314.

[78] Niederl. Pat. 140612

[85] Pohl et al: Die technische Anwendung der Strahlwand. GWI 20 (1971), S. 255.

[87] Rietveld, F.: Selas-Stralungsbrenner. GWI 23 (1974), S. 175.

[82] Rummel, K.: Der Einfluß des Mischvorganges auf die Verbrennung von Gas und Luft in Feuerungen. 1937. Verlag Stahleisen, Düsseldorf.

[180] Schäfer, G.: Untersuchungen an Tunnelbrennern. gwi 22 (1973), S. 309.

[76] Schmidt, T. und Laiquddin, S.: Über einen Brenner mit hohem Impuls der Verbrennungsgase. gwi 18 (1969), S. 445.

Schmidt, T.: Über einige Anwendungen des Strahlheizrohres für die konvektive Wärmeübertragung. gwi 23 (1974), S. 201.

Schmidt, Th.: Überblick über die Entwicklung der industriellen Gasverwendung. GWI 25 (1976), S. 487

[79] Scholz, R. et al: Untersuchung zur Beeinflussung der Strömung in einer Zyklonbrennkammer. GWI 26 (1976), S.5.

Simon, H.: Gesichtspunkte der Energieeinsparung. GWI 27 (1978), S. 175.

[85] Sinning, B.: Grundlagen und Anwendung der Gasstrahlwand. GWI 23 (1974), S. 179.

Stepanek, J.: Gasbeheizung bei Industrieöfen für Arbeitstemperaturen von 150 − 750°C. gwi 20 (1971).

Stepanek, J.: Klassifizierung der Gasbrenner für Industrieöfen. GWI 24 (1975), S. 504.

Syred, W. und Beer, J.: Die Dämpfung der Präzession des Wirbelkernes bei der Verbrennung in einer Wirbelkammer. gwi 20 (1971), S. 434.

Vehring, G.: Der Dreikammerbrenner. Gaswärme 4 (1955), S. 104/105.

Vignes, R.: Bruleurs a jets libres. gwi 21 (1972), S. 10

Wahrmann, H.: Leistunganpassung bei gasbeheizten Industrieöfen. GWI 25 (1976), S. 118.

Wünning, J.: Gasstrahlrohre mit keramischem Flammrohr. gwi 23 (1974), S. 164.

Schrifttum 6.4.

[87] Balabanow, V.: Zur Theorie und Praxis der Treibdüsenbrenner. Gaswärme 10 (1960), S. 293.

[94] Beer, J.: Tagung Verbr. u. Feuerungen 18.9.1969, Karlsruhe.

[86] Brunklaus, J.H.: Mechanik des Gasbrenners. Gaswärme 1955, H.5, S. 134/137.

[86] Brunklaus, J.H.: Erweiterungen zur Theorie des Gasbrenners. GWF 1943, S. 403.

[86] Brunklaus, J.H.: Beitrag zur Gasbrennerberechnung. GWF 1929, S. 998.

[93] Brunklaus, J.H.: Das Verhalten eines Combustorbrenners. gwi 22 (1973), S. 104.

Grath, J., et al: Entwicklung von Ergasbrennern mit leuchtender Flamme. gwi 18 (1969), S. 372.

Günther, R.: Wärmeabgabe von Erdgasflammen. gwi 16 (1967), S. 68.

[88] Heiligenstaedt, W.: Berechnungsverfahren von Treibdüsenbrennern. Arch. Eisenhüttenw. 15 (1941/42), S. 529/538 (Wärmestelle 304).

Hein, K. und Leuckel, W.: Rußabbrand und Rußstrahlung leuchtender Heizöl- und Gasdiffusionsflammen. Tagung Verbrennung und Feuerung, 18./19. 9. 1969, Karlsruhe, VDI

Klammer, H.: Erfahrungen bei der Umstellung zweier Hüttenwerke von Kekereigas auf Erdgas. gwi 19 (1970), S. 260

Kremer, H.: Berechnung von Erdgasflammen. Gaswärme 16 (1967), S. 73.

Leggewie, G.: Gesichtspunkte für die Festlegung des Gasdrucks. Gaswärme 12 (1963), S. 344.

Müller, R.: Vereinfachte Berechnungsgleichungen für die Ermittlung der Primärluftansaugung bei Gasbrennern. KWG (1966), S. 223.

Pichlo, H.: Umstellung eines Automobilwerkes auf Erdgas. gwi 21 (1972), S. 247.

Rao, N.; Kremer, H.: Optimierung von Injektormischern bei niedrigen und hohen Treibmitteldrücken. Gaswärme 15 (1966), S. 426.

[90] Rao, N. und Kremer, H.: Injektoren für Gas- und dampfförmige Medien. Vulkan-Verlag, Essen, 1970.

[91] Rheinländer, P.: Untersuchung und Berechnung von Düsenbrennern. Arch. Eisenhüttenw. 5 (1931/32), S. 407/411 (Wärmestelle 159).

[89] Ricou, F. und Spalding, D.: Measurements of entrainement by axisymmetrical turbulent jets. Fluid. Mech., 6(1961), S. 21

Schäfer, G.: Untersuchung des Verbrennungsablaufs von Methan-Luft-Gemischen. gwi 21 (1972), S.19

[92] Schmidt, Th.: Erdgas in Wärm- und Wärmebehandlungsöfen. Gaswärme 16 (1967), S. 174.

Skunca, I.: Primärluftansaugung von Bunsenbrennern. Gaswärme 14 (1965), S. 113.

Sommers, H. und Loos, L.: Versorgung der Industrie mit Erdgasen verschiedener Herkunft. GWI 25 (1976), S. 422.

Wiedemann, H.: Die Erdgasumstellung von Industriebetrieben. gwi 18 (1969), S. 220.

Schrifttum 6.5. und 6.6.

[94] Beckmann, F.: Die Zerstäubung von Heizöl. Öl + GF 22(1977), S. 570 und S. 630 – 23 (1978), S. 24.

Brunklaus, J.H.: Hochdruckzerstäubungsbrenner. Allg. Wärmetechnik 9 (1958/59), S. 3/9.

Burkard, T.: Kombinierte Zweistoffbrenner für Industrieöfen. gwi 23 (1974), S. 197.

Brooks, J.; Holmes, L.; Leason, D.: Heizölbrenner für nahstöchiometrische Verbrennung. Öl- und Gasfeuerung 11 (1966), S. 32.

Bowen, J.: Rücklaufzerstäuber. Öl- und Gasfeuerung 8 (1963), S. 1111.

Chedaille, I.; Leuckel, W.; Chesters, A.: Aerodynamische Untersuchungen an turbulenten Strahlen. Öl- und Gasfeuerung 12 (1967), S. 738, S. 796 und S. 870.

Fraser, R.; Dombrowski, N.; Rantley, J.: Betriebsverhalten von Druckzerstäubern. Öl- und Gasfeuerung 9 (1964), S. 33, S. 132 und S. 254.

Fritsch, W.: Das dynamische Verhalten der Flammen von Ölfeuerungen. Techn. Mitt. 55 (1962), S. 81.

Fritsch, W.: Über Meßtechnik bei schwingender Verbrennung. Öl- und Gasfeuerung 9 (1964), S. 845.

[94] Günther, R.: Modelluntersuchungen über Ölzerstäubung mit Erdgas. gwi 22 (1973), S. 305.

[96] Hansen, W.: Int. Entwicklungstendenzen bei Heizölbrennern. Öl + GF 13 (1968), S. 194.

[98] Hellwig, A.: Rotationszerstäuber als kombinierter Öl-Gasbrenner. GWI 27 (1978, S. 113.

Herstellung von Steinzeugrohren mit Ölfeuerung. Ölfeuerung 7 (1962), S. 1030.

[94] Jeschar, R.: Untersuchungen über die Zerstäubung von schwerem Erdöl. 2e Konferenz Flammenforschung Ijmuiden (1971)

[99] Kozel, F., Tittor, W.: Der Ölbrenner als Strömungsmaschine betrachtet. Öl- und Gasfeuerung 10 (1965), S. 564.

[98] Marx, E.: Industrie-Gasbrenner als Zweistoffbrenner. GWI 26 (1977), S. 285.

[46] Michel, B.: Tropfengrößenbestimmung bei der Zerstäubung durch Ölbrenner. Öl + GF 14 (1969), S. 136

Netzel, E.: Horizontale Impulsfeuerung bei Tunnelöfen. Ölfeuerung 7 (1962), S. 1020.

[97] Niepenberg, H.: Entwicklung von Gasbrennern für flüssige und gasförmige Brennstoffe. GWI 26 (1977), S. 79.

[95] Portrait, L. et Marque, D.: Combustion simultanee du gaz naturel et du mozout. GWI 24 (1975) S. 75.

[98] Riethmann, H.: Zweistoffbrenner. Öl + GF 18 (1973), S. 853.

Riethmann, H.: Brennersysteme für Hochleistungsferungen. Öl + GF 19 (1974), S. 152.

Schwarz, T.: Einsatz gesteuerter Zweistoffbrenner. gwi 22 (1973), S. 65

Peskin, L.: Die Verwendung von Hochgeschwindigkeitsbrenner. Ölfeuerung 7 (1962), S. 967.

Schoppe, F.: Berechnung von Brenner, Ölfeuerung 7 (1962), S. 1064.

[96] Studien über den Ultraschallbrenner. Öl- und Gasfeuerung 9 (1964), S. 718.

[94] Scholz, R. und Jeschar, R.: Bestimmung des Impulsstromes bei Zerstäuberbrenner mittels Gas. Chem. Ing. Techn. 45 (1973), S. 313.

[94] Scholz, R. und Jeschar, R.: Theoretische und experimentelle Untersuchungen über die Gaszerstäubung von Heizöl. Arch. Eisenhüttenwes. 44 (1973), S. 151.

Ullrich, J.: Vorgänge im Feuerraum eine ölbeheizten Glasschmelzwanne. Öl- und Gasfeuerung 9 (1964), S. 989.
[98] Weishaupt, M.: Zweistoffbrenner. GWI 27 (1978), S. 91.

Abschnitt 6.7.

Alfs, K.: Der Ultra-Vision Flammenwächter. Gaswärme 11 (1962), S. 8.
Beedgen, O.: Überwachungs- und Kontrolleinrichtungen bei Gasbrennern mit Gebläse. GWI 23 (1974), S. 345.
Benkwitz, H.: Überwachung von Industrie-Gasfeuerungen. GWI 26 (1977), S. 298.
Brinke, R. und Lang.: Anlagenschutz durch Flammenüberwachung GWF 24 (1975), S. 169.
[103] Brunklaus, J.H.: Änderung der Gaskonzentration in Industrieöfen. GWF 109 (1968), S. 557.
[158] Dahl. K.: Technische Regeln für Gasfeuerungen an Industrieöfen. gwi 21 (1972), S. 161.
[100] Emmerich, L.: Selbsttätige Absperrarmaturen. gwi 22 (1973), S. 319
v. Euw, R.: Flammenüberwachung bei Gasbrennern. Öl + Gasf. (1978), S. 204.
[102] Hoitz, J.: Bauarten von Zündbrennern für Industrieöfen. gwi 22 (1973), S. 52
[101] Kühler, H.: Mehr Sicherheit durch Lecktestgeräte. GWI 25 (1976), S. 411.
Kuhn, P. und Pohle, H.: Brennerüberwachungssysteme an Industrieöfen. gwi Band 32 (1983) Heft 7/8, Juli/August.
Kremer, H. und Hoitz, J.: Untersuchung der Eigenschaften von Zündbrennern für industrielle Gasfeuerungen. Tagung Verbrennung und Feuerungen, 27./28. 9. 1973, VDI Essen
Lauffer: Zünd- und Sicherheitseinrichtungen an Industrieofenanlagen. gwi 21 (1972), S. 356.
Lindow, R.: Sicherheitseinrichtungen an Industrieöfen. Tagung gasbeheizte Industrieanlagen, 12.2. 1974, Haus der Technik, Essen
Sayers, J. and Wilson, J.: A method of determining sparkignition performance. GWI 24 (1975), S. 218.
Stepanek, J.: Gasbeheizung bei Industrieöfen für Arbeitstemperaturen von 150–170°C. gwi 20 (1971), S. 160.
Stepanek, J.: Sicherheitsausrüstung gasbeheizter Industrieöfen und das neue Arbeitsblatt G 610. gwi 21 (1972), S. 163.
Stehn, W.: Sicherheits- und Regeleinrichtungen für Gasgeräte und Gasfeuerstätten. Gaswärme 16 (1967), S. 124.
Spühler, R.: Ionisationsüberwachung von Gasbrennern. Öl- und Gasfeuerung 10 (1965), S. 1215.

Abschnitt 7.1. und 7.2.

[110] Baukloh, W.: Grundlagen und Ausführungen von Schutzgasglühungen einschließlich der Verhältnisse für das kohlende Glühen von Eisen. Akademia Verlag, Berlin 1949.
[113] Baumann, W.: Die Herstellung und Verwendung von Schutzgasen. Gaswärme 17 (1968), S. 77.
[113] Borchart, K.: Neuzeitliche Gasaufkohlung und Ofentechnik, Härterei-Techn. Mitt., Sonderheft: Gasaufkohlung (1952), S. 31 ff.
[113] Brokmeier, K.: Wärmebehandlung in Sonderatmosphäre. Elektrowärme 25 (1967), S. 360.
Block, S. und Bönnhoff, H.: Die Überwachung der Ofenatmosphäre im Glasschmelzofen. Gaswärme 5 (1956), S. 303/308.
Biro, Czirmas: Erdgasfeuerungen in Ungarn. Öl + GF (1973), S. 344.
[111] Biro, A. et al: Betriebserfahrungen mit Walzwerköfen für zunderarme Erwärmung. GWI 25 (1976), S. 610.
[111] Cook, E. und Rasmussen, K.: Scalefree heating. „Selas Corp. of America" – Heat technology Vol. 2 Nr. 1.
[111] Dioszeghy, D.: Die Beeinflussung der Wärmeübertragung durch die Strömungsverhältnisse im Ofenraum. Energieanwendung 14 (1965), S. 200 (DDR).

[113] Göhring, W.: Eigenschaften, Erzeugung und Anwendung von Schutz- und Reaktionsgasen für die Wärmebehandlung von Metallen. Werkstatt und Betrieb 97 (1964), S. 331.

Göhring, W.: Neues Herstellungsverfahren einer Ofenatmosphäre zum Hartlöten und Blankglühen von Stahl. Werkst. und Betrieb 99 (1966), S. 367.

[112] Grasse, D.: Erdgas für die Schutzgasherstellung. gwi 21 (1972), S. 362.

[114] Grasse, D. und Wünning, J.: Entwicklung der Inertgasanwendung bei der Wärmebehandlung. Härterei-Techn.-Mitt. 25 (1970), S. 23.

Grimm, W.: Schnellerwärmung von Metallen durch erhöhte Konvektion. gwi 19 (1970), S. 385.

Haupt.: Gasbeheizte Schnellerwärmungsöfen. GWI 23 (1974), S. 183.

[110] Heiligenstaedt, W.: Umsetzungen zwischen Heizgas und Eisen. Archiv. für das Eisenhüttenwesen 12 (1938/39), Nr. 1, S. 17/24. Mitt. Nr. 258 der Wärmestelle des VDEh.

[110] Hoffmann, G.: Einfluß der Ofenatmosphäre auf die Zunderbildung von Eisen. gwi 19 (1970), S. 381.

Jackson, B.: Nitrogen for controlled Atmospheres. Gaswärme 17 (1968), S. 89.

[111] Johnson, S.: Zunder- und entkohlungsfreie Vorwärmöfen. Öl + GF (1968), S. 378.

Klamm, H.: Wärmebehandlungsöfen mit Hochgeschwindigkeitsbrennern. Stahl und Eisen 88 (1968), S. 326.

[113] Kohlmeyer, T.: Die Erzeugung von Schutzgas bei Propylen als Ausgangsgas. Gaswärme 17 (1968), S. 83.

[111] Kohlmeyer, T.: Schmiedeofen zur zunderfreien Erwärmung. GWI 24 (1975), S. 403.

Krall, F. und Ogiermann, G.: Vakuum-Lichtbogenöfen. Elektrowärme 18 (1960), S. 226.

Landfermann, C.: Der Einfluß der Ofenatmosphäre bei gasgefeuerten Emaillieröfen. Blech 1 (1964), S. 20/21.

[105] Luiten, G. und Kria, E.: Wärmebehandlung im Vakuum. VDi-Zeitschrift 118 (1976), S. 1073.

Lüttenberg, H., et al: Gasbeheizte Schnellerwärmungsmaschine. gwi 21 (1972), S. 57

Lützke, K.: Über die Bestimmung der Zündgrenzen von Formiergas. gwi 21 (1972), S. 451.

[113] Minkler, W.: Künstliche Atmosphären und deren Herstellung für Industrieöfen. gwi 20 (1971), S. 225.

Minkler, W.: Anlagen für Schutz- und Reaktionsgase. GWI 24 (1975), S. 256.

Möller, H.: Konvektive Schnellerwärmung kleiner Teile. Tagung gasbeheizte Industrieanlagen. 12.2. 1974, Haus der Technik, Essen.

[111] Nemencek, T.: Zunderfreie Erwärmung in direkt beheizten Industrieöfen. Gaswärme 16 (1967), S. 546.

[108] Pfinder, K.: Gasstrahlrohrbeheizte Doppelvakuum-Blankglühanlagen — Tagung 12. 2. 1974. Haus der Technik. Essen

Pohle, H.: Literaturübersicht Industrieöfen. BWK 21 (1969), S. 221, BWK 23 (1971), S. 177.

[165] Putz, J.: Gaserwärmung von Preßbolzen aus Leicht- und Schwermetall. gwi 21 (1972), S. 61.

[177] Quiram, W.: Gasbeheizte Durchstoßofenanlage zum Weichglühen von Stahl und Messing. gwi 19 (1970), S. 150.

Quiram, W.: Drehherdofen zum Härten unter Schutzgasatmosphäre. EWI 24 (1976), S. 88.

[111] Rangs, H.: Offenbeheizte Öfen zur zunderfreien Erwärmung von Stahl. gwi 22 (1973), S. 393.

Roesch, K. und Friedrichs, H.: Das Glühfrischen von Temperguß in Gasatmosphäre. Gießerei 43 (1956), S. 177/180.

[115] Sarnes, R.: Molekularsieb-Anlagen zum Erzeugen und Reinigen von Schutzgasen. Blech 1972, Heft 2

Sarnes, R.: Schutzgasanlagen zum Glühen von niedriggekohltem Stahl. GWI 24 (1975), S. 363.

Schmidt, T.: Neue Verfahren zum zunderfreien Erwärmen von Stahl. Gaswärme 9 (1960), S. 7/14.

[111] Schmidt, T.: Über einige neuere mit Koksofengas und Erdgas beheizte Industrieöfen für die direkte zünderfreie Erwärmung von Stahl. Gaswärme 16 (1967), S. 418.

Schmidt, T.: Konvektive Schnellerwärmung. VDI-Bericht Nr. 95 (1966), S. 121.

[112] Schmidt, T.: Die Erzeugung von Schutz- und Reaktionsgasen aus Starkgasen, besonders aus Erdgas. gwi 19 (1970), S. 249.

[113] Schmidt, Th.: Anforderungen an die chemische Zusammensetzung von Schutz- und Reaktionsgasen. gwi 19 (1970), S. 145.

Schmidt, Th.: Über das Glühen von Drahtbunden unter Schutz- und Reaktionsgasen. gwi 21 (1971), S. 460.

[113] Schutzgas-Taschenbuch. T. F. Mahler K.G. (Esslingen/Neckar.

[113] Schutzgas-Taschenbuch. J. Nassheuer. 5210 Troisdorf.

[106] Schwarz, E.: Blankglühen in Überkopföfen unter Hochvakuum. Draht 11(1960).

[104] Schwiedessen, H.: Falschluft im Ofenbetrieb. Arch. Eisenhüttenw. 9 (1935/36), S. 316/326 (Wärmestelle 223)

Sicherheitstechnische Richtlinien für den Betrieb von Industrieöfen mit Schutz- und Reaktionsgasen. VDI-Blatt Nr. 2046.

Strack, B.: Über die Korrosion von Eisen in SO_2-haltiger Atmosphäre bei hohen Temperaturen. Gaswärme 13 (1964), S. 224.

Türk, T.: Gasbehiezte Wärmebehandlungsanlagen für Schutzgasbetrieb. gwi 20 (1971), S. 141.

Ussar, M.: Einfluß der Ofenatmosphäre auf das Glüh- und Schmelzgut bei der Bearbeitung von Nichteisenmetallen. Gaswärme 5 (1956), S. 1/8.

[113] Wassiliew et al: Neue technische Lösungen bei der Herstellung von Schutzgasatmosphären. GWI 24 (1975), S. 256.

[107] Werner, K.: Wärmebehandlung von Metallen unter Vakuum. Die Technik 20 (1965), S. 472.

[116] Wünning, J.: Weiterentwicklung der Gasaufkohlungstechnik. Härt.-Techn.-Mitt. 23 (1968), S. 101.

Wünning, J.: Ermittlung und Analyse von Wärmebehandlungskosten. Härtereitechn. Mitt. 27 (1972), S. 34.

Wünning, J.: Schnellverfahren zur Kontrolle des C- und N-Potentials. Härtereitechn. Mitt. 25 (1970), S. 35.

[109] Wünning, J.: Gegenüberstellung von Vakuum- und Schutzgaswärmebehandlung. GWI 22 (1973), S. 385.

Wyss, U.: Grundlagen der Gasaufkohlung und Schutzgasglühung nach einem neuen Eintropfverfahren. Härt.-Techn. Mitt. 17 (1962), S. 160.

Abschnitt 7.3.

[119] Awerbuch, N.: Eine revolutionäre Technik der Atmosphärenumwälzung von Öfen durch den COANDA-Effekt. Die Ziegelindustrie (1967), S. 633.

Brunklaus, J.: Temperatur und Druckverhältnisse im Ofenraum in Zusammenhang mit der Ofenkonstruktion. Gas (Düsseldorf) 14 (1942), S. 191/198.

Brunklaus, J.: Heat and Pressure Distribution inside Industrial Furnaces. Ind. Gas (New York) 28 (1949), S. 16/26.

Brunklaus, J.H.: Änderung der Gaskonzentration in Industrieöfen durch Abgasrückführung. gwf 109 (1968), S. 557.

Cernoch, S.: Anwendungsgebiete der Umwälzheizung. Neue Hütte 3 (1958), S. 157.

Černoch, S.: Anwendungsgebiete der Umwälzheizung. Neue Hütte 3 (1958), S. 157.

Černoch, S.: Principaux moyens d'accroitre la production des fours de réchauffage. Journ. Inst. de la grosse forge, (1963), S. 191

Černoch, S.: Raisons de la construction des fours a recirculation des fumees sortantes. La Metallurgie 100 (1968), S. 656.

Černoch, S.: Avantages apportes par les fours a recirculation des fumees sortantes. La Metallurgie 101 (1969), S. 265.

Esteban, A. et al: Vertikale Durchlaufanlage zum Glühen von Messing- und Kupferbändern. gwi 21 (1972), S. 42.

Jaeger: Erdgefeuerter Doppel-Kammerofen mit Längsumwälzung der Verbrennungsgase. gwi 21 (1972), S. 171.

Junker-Tagung: Industrieöfen für Walz- und Presswerke. 8./9. 10. 1970. Lammersdorf.

[118] Keller, H.: Einsatz von Hochgeschwindigkeitsbrennern. GWI 25 (1976), S. 571.

13. Verzeichnisse und Übersichten

Linn, E.: Tunnelofen zum Spannungsfreiglühen. GWI 25 (1976), S. 213.

Rangs, H.: Die Bedeutung von Zeit-Temperatur-Atmosphäre-Verhältnissen bei Glühbehandlungen in Durchlauföfen. gwi 21 (1972), S. 176.

Schmidt, T.: Über das Glühen von Drahtbunden unter Schutz- und Reaktionsgasen. gwi 21 (1972), S. 460.

Senfter, E.: Die Regelung der Wärmeentwicklung und Wärmeverteilung in Glüh- und Wärmöfen durch unterteilte Luftzufuhr. Wärmestelle Nr. 214.

Troger, H.: Einsatz von Düsenöfen in der Leicht- und Schwermetall-Industrie. gwi 23 (1974), S. 8.

Quiram, W.: Vollautomatische Durchlaufvergüteanlage. gwi 21 (1972), S. 173.

Westram, E.: Neue Entwicklung kontinuierlicher Glühanlagen. gwi 20 (1971), S. 145.

Wilden, S.: Einsatz von Schrottvorwärmanlagen in Giessereien. GWI 25 (1976), S. 603.

[117] Witulski, F.: Wärmebehandlungsöfen für größere temperaturbereiche durch Einsatz von Hochgeschwindigkeitsbrennern. GWI 26 (1977), S. 433.

Abschnitt 7.4.

[185] Brocke, W.: Künftige SO_2-Emission in der BRD

Gasiorowski, K.: Heizöl S. In BWK 22 (1970), S. 69/75.

Kremer, H.: Ursachen der Entstehung und verbrennungstechnische Massnahmen zur Verminderung der Schadstoffemission von Feuerungen. GWI 23 (1974), S. 444.

Kremer, H.: Möglichkeiten der Verminderung der Emission von Stickstoffoxyden. GWI 26 (1977), S. 47.

Krüger, J.: Drallbrenner mit minimaler NO_x-Abgabe. VDI-Bericht 246—1975.

[122] Hoap, M. et al: Feuerung und Umwelt. Tagung Verbrennung und Feuerungen. 27./28. 9. 1973, VDI, Essen

[123] Hahn, H. et al: Erdgas in Kupolöfen. gwi 18 (1969), S. 348.

Harris, M. et. al: Reduction of air pollutants from gas burner flames. Bull. 653 Bureau of Mines 1970, USA

Holm, A. und Persson, L.: Die Verbrennung explosiver Gasgemische. GWI 27 (1978), S. 87.

Knop, W. et al: Technik der Luftreinhaltung, 2. Aufl. Mainz 1972.

Lowes, T. und Michelfelder, S.: Die Entstehung unerwünschter Verbrennungsprodukte aus industriellen Flammen. GWI 23 (1974), S. 435.

[120] Niepenberg, H.: Bildung von SO_3 bei der Verbrennung schwefelhaltiger Brennstoffe. Haus der Technik-Veröffentlichungen Nr. 101 (Essen 1966), S. 39

Oxford, H.: Umweltschutz und Feuerungstechnik. Öl + GF (1972), S. 190

Pichler, H.: Gasversorgung und Umweltschutz, gwf 113 (1972), S. 2.

[121] Riethmann, H.: Die Entschwefelung von Rauchgasen. Öl + GF 19 (1974), S. 82.

Schwarz, T.: Betriebstechnische Gesichtspunkte des Erdgaseinsatzes. gwi 18 (1969), S. 356.

[189] Turner, D. et al: Emission of NO_x. Combustion 44 (1972), S. 21.

[121] Zentgraf, K.: Stand der Abgasentschwefelung. Mitt. VGKB. 49 (1969), S. 9.

Abschnitt 7.5.

Bathke, H. et al: Stickoxydmessungen in Feuerungsabgasen. Tagung Verbrennung und Feuerungen, 27./28. 9. 1973, Essen, VDI

Block, S. und Bönnhoff, H.: Die Überwachung der Ofenatmosphäre in Glasschmelzöfen. Gaswärme 5 (1956), S. 303/308.

Bosse, K. und Wagner, G.: Methoden der Abgasuntersuchung und ihre technischen Hilfsmittel. Öl + GF 5 (1962), S. 816 u. 922.

Brunklaus, J.: The Globe Thermometer. Heating and Vent. Eng. 1939, S. 61/85 u. 134/136.

Bonfi, K.: Messen, Regeln und Automatisieren. Veröff. Haus der Technik. Essen Nr. 339 (Vulkan-Verlag).

Dierkes, G.: Verwendungsmöglichkeiten und Grenzen physikalischer Analysatoren. Gaswärme 17 (1968), S. 7.

DIN 51402: Bestimmung der Rußzahl in Abgasen von Heizölen und Brenngasen. Sept. 1970.

Dittmann, H.: Lärmprobleme in der Verfahrenstechnik. Öl + GF (1973), S. 924.

Dommer, O.: Über Druckmessung und Druckmesser. Gaswärme 2 (1953), S. 32.

Ebner, P.: Schutzgasanalyse. GWI 26 (1977), S. 429.

Euler, J. und Ludwig, R.: Arbeitsmethoden der optischen Pyrometrie. Karlsruhe 1960.

Engelhardt, H.: Durchflußmengenmessung nach dem Schwebekörperprinzip. Gaswärme 3 (1954), S. 132/134.

Engelhardt, H.: Durchfluß-, Zähigkeits- und Dichtemessungen mit Schwebekörper. Gaswärme 9 (1960), S. 70/75.

Engelhardt, H.: Durchflußmessungen nach dem Teilstromverfahren. Gaswärme 14 (1965), S. 409.

Fritsch, H.: Neue Meßgeräte für die Strömungstechnik. Öl + GF 12 (1973), S. 308

Geeraert, B.: Les pyrometres a radiation. Elektrowärme 26 (1968), S. 155.

Gehre, H.: Die Schraubenrad-Gaszähler und sein Verhalten im Betrieb. Gaswärme 9 (1960), S. 65/70.

de Graaf, J.: Die optische Bestimmung der Temperatur in Flammen. Öl- und Gasfeuern. 10 (1965), S. 36.

Grimm, E.: Physikalische Analysenmethoden für die Brenngastechnik. Gaswärme 12 (1963), S. 345.

Jeschar, R. und Pötke, W.: Messortwahl bei der Temperaturmessung zur Regelung von Industrieöfen. VDI-Berichte Nr. 198—1973.

Kahnwald, H.: Die Verbrennungsgüte und ihre Erfassung. Gaswärme 9 (1960), S. 35/41.

Karthaus, H.: Verfahren und Geräte zur Bestimmung einzelner Komponenten in Gasgemischen auf Grund der Wärmeleitfähigkeit. Gaswärme 5 (1956), S. 209/215.

Kretschmer, F: Über Meßblenden und ihre Anwendung in der Regeltechnik. Gaswärme 9 (1960), S. 60/65.

Leichnitz, K.: Analyse – Prüfung – Umweltschutz. Öl + GF 12 (1973), S. 461

Lieneweg, F.: Stand der Technik der Strahlungspyrometer. Jahrbuch Elektrowärme. Vulkan-Verlag (1957), S. 286/304.

Lieneweg, F.: Die Übergangsfunktion beim Abkühlen und Erhitzen. Die Anzeigeverzögerung von Thermometern. Regelungstechnik 10 (1962), S. 159 ff. und S. 260.

Naumann, A.: Sauerstoffbestimmung in Gasen auf Grund des magnetischen Verhaltens. Gaswärme 5 (1956), S. 75/80.

Plöger, U.: Verfahren zur Messung von Temperaturen und statischen Drücken. Gaswärme 9 (1960), S. 41.

Rado, L. und Wiedemann, K.: Messtechnische Beratung. GWI 23 (1974), S. 258.

Rasquin, W.: Fehlmessungen mit Thermoelementen. Elektrowärme 22 (1964), S. 78.

Reinitzhuber, F. und Nyland, H.: Das Erfassen der Wärmguttemperatur. gwi 22 (1973), S. 58.

Rußmann, H.: Optische Bestimmung der Temperaturfelder laminarer Vormischflammen. Gaswärme 17 (1968), S. 182.

Schulz, H.: Abgasverlustmessungen. GWI 26 (1977), S. 253.

Schwarz, M. et al: Laser techniques in combustion research. Combustion and Flames, Vol. XIII (1969), S. 335.

Schwarz, F.: Temperaturkontrolle von Kammer- und Durchlauföfen mit Thermoelementen. Junkertagung 8./9. 10. 1970, Lammersdorf.

Seim, B. und Zorner, K.: Neuzeitliche Gasanalysegeräte. Öl + Gasf. (1975), S. 573.

Stepanek, J.: Temperaturtoleranzen in Industrieöfen. EWI 32 (1974), S. B 156.

Temperaturmessung von Eisenschmelzen. Gießerei-Kalender 1957, Düsseldorf.

Wagener, G.: Der Gasbrenner. Mitt. Nr. 29, Gaswärme-Institut.

Wagener, G.: Physikalische Untersuchungsmethoden auf dem Wege von Brennstoff zum Abgas. Gaswärme 11 (1962), S. 32.

Wünning, F.: Schnellverfahren zur Kontrolle des C- und N-Potentials von Ofenatmosphären. Härtereitechn. Mitt. 25 (1970), S. 35.

Abschnitt 7.6.

[124] Beedgen, O.: Stellglieder und Brennerregeleinrichtungen für Gasbrenner mit Gebläse. GWI 24 (1975), S. 353.

Bönnhoff, H.: Begriffe der Regeltechnik nach DIN 19226. Gaswärme 4 (1955), S. 78/84.

Böttcher, W.: Der Zweipunktregler usw. Elektrowärme 22 (1964), S. 192.

Brisnik, Z.: Meß-, Registrier- und Regeltechnik. Elektrowärme 23 (1965), S. 318.
[128] Fluidik. Berichte Techn. Akademia Wuppertal. Heft 4. (Vulkan-Verlag).
[127] Fritsch, W.: Feuerungstechnische Probleme bei der indirekten Beheizung. Öl + Gasf. (1966), S. 428.
Fuchs, K.: Ein neues Meß- und Regelsystem für die wärmetechnische Verfahrensindustrie. Gaswärme 9 (1960), S. 76/85.
Heimsoeth, A.: Grundlagen über das Zusammenwirken von Regelungs- und Steuerungstechnik mit der Verfahrenstechnik. gwi 20 (1971), S. 305.
Kampke, H. und Schaffrath, G.: Einsatz von Digitalrechnern zur Führung von Wärmöfen. GWi 23 (1974), S. 335.
Kerscher, K.: Kompakte Prozessregler mit digitaler Zentralregelung und analoger Peripherie. GWI 25 (1976), S. 583.
[127] Klix, J.: Das Mantelstrahlrohr. GWI 26 (1977), S. 493.
Krempl, R. und Ruis, L.: Methoden zur Identifikation industrieller Regelstrecken. Haus der Techn. Veröff. Nr. 339 Essen. (Vulkan-Verlag).
Kuhnke, K. und Kusch, H.: Betriebserfahrungen mit Thyristorofenschaltern in indirekt beheizten Widerstandsöfen. EWI 35 (1977), S. b 216.
Litterscheidt, W. und Roßkampf, R.: Einstellung des Gas-Luft-Gemisches usw. Gaswärme 5 (1956), S. 100/111.
Litterscheidt, W.: Mechanisierung und Automatisierung von Industrieöfen. Gaswärme 8 (1959), S. 205/212.
Litterscheidt, W. und Schmidt, Th.: Über die Regelung gasbeheizter Industrieöfen. Gaswärme 7 (1958), S. 337/342.
[126] Litterscheidt, W. und Schmidt, Th.: Anwendung von Regelung und Regler in Feuerungsanlagen. Gaswärme 9 (1960), S. 95/102.
Michalski, L.: Unstetige und stetig ähnliche Regelung der Temperatur in Elektrowärmeanlagen. Werkzaamheden van het ind. elektrowarmte laboratorium der n.v. PLEM. Maastricht/Niederlande 1965.
Michalski, L.: Detemining performance indices of on-off temperature control. ewi 30 (1972), S. 329.
Polet, T.: Proces computers in de ijzer- en staalindustrie. Polytechnisch Tijdschrift, Niederlande, (1971), S. 89.
Roots, W.: Controlled electroheat stability. ewi 27 (1969), S. 62.
[131] Rossignac, J. und Hervy, R.: Prozess-steuerung von Wärmöfen. GWI 26 (1977), S. 147.
Ruppert, W.: Messen und Regeln an Kupolöfen. Gießerei 44 (1957), S. 153/160.
Schink, H.: Regelung eines gasbeheizten Tiefofens. gwi 20 (1971), S. 308.
[127] Schmidt, Th.: Die automatische Regelung des strahlrohrbeheizten Industrieofens. Gaswärme 13 (1964), S. 44.
Schneider, E.: Zweipunktregler mit thermischer Rückführung. Elektrowärme 15 (1957), S. 378.
Schnell, D.: Temperaturregelung von Industrieöfen mit Thyristorstellern. EWI 34 (1976), S. B211.
Schwab, J.: Einsatz von digitalen Rechenanlagen für industrielle Steuerungs- und Regelzwecke. Gaswärme 13 (1964), S. 37.
Schwab, R. und Woelke, G.: Erfassung von Übergangsfunktionen an Industrieöfen als Grundlage zur direkten Digitalsteuerung. EWI 34 (1976), S. 262.
[125] Sorger, B.: Optimierung der Verbrennung von Gas- und Ölfeuerungen durch Aufschalten des Restsauerstoffgehaltes der Abgase auf Verbundstellglieder. GWI 26 (1977), S. 326.
Strohmann, G.: Messen, Regeln, Steuern und Sichern mit pneumatischen Einrichtungen. Gaswärme 13 (1964), S. 15.
Spal, J.: The on-off control of electric furnaces. ewi 29 (1971), S. 344.
Tripsa, J. und Berlo, E.: Possibilities of automatic control, including electronic computers, of the continuous steel-making plant. Studii si cercetari de metalurgie. Bukarest (1973), S. 125.
Vanneste, W.: Tendenzen in der Regelung und Steuerung von Industrieöfen. gwi 22 (1973), S. 47.
Wagner, G.: Grundlagen der Regelungstechnik. Gaswärme 10 (1961), S. 54/63.
[130] Weber, H.: Automatisieren von Walzwerköfen. GWI 26 (1977), S. 503.
[129] Weissohn, K.: Automatisierung einer Haubenglühanlage durch Einsatz eines Prozessrechners. GWI 26 (1977), S. 449.
[127] Weissohn, K.: Regelungen an strahlrohrbeheizten Ofenanlagen. GWI 26 (1977), S. 485.
[128] Woelk, G.: Prozess-steuern von Industrieofenanlagen. GWI 25 (1976), S. 537.

Wünsch, G.: Das Regel-einmaleins. Askaniawarte. Nr. 45/48 (1954/55).

[194] Zimmerling, H.: Einrichtung zur Überwachung und Steuerung eines gasbeheizten Hubbühnenglühofens. gwi 20 (1971), S. 219.

Abschnitt 7.7.

Aus der wärmetechnischen Beratungsarbeit der Industriegasabteilung der Ruhrgas AG. Gaswärme 6 (1957),

Balabanow, V.: Senkung des Wärmeverbrauches großer Glühöfen. Gaswärme 10 (1961), S. 317.

Baukrowitz, G.: Untersuchungen zur Erhöhung der Wirtschaftlichkeit von brennstoffgefeuerten Klein-Schmiedeöfen. Gaswärme 10 (1961), S. 94/101 und S. 128/133.

Becher, U.: Messen und Bemessen bei der Gasanwendung. Gaswärme 10 (1961), S. 401.

Gastoepassingen Gasinstituut, 's Gravenhage (Niederlande).

Naendorf, B.: Untersuchung von Industrieöfen usw. Gaswärme 6 (1957), S. 47.

Wirtschaftlichkeit der Luft- und Gasvorwärmung bei Wärmöfen, dargestellt am Beispiel der Tieföfen. GEFI-Krefeld. Techn. Inform. 114/72.

Abschnitt 8.2.

Adamec, A.: Induktor-Kardiogramme. ewi 29 (1971), S. 564.

Adamec, A.: Die gebräuchlichsten Schmelzöfen der NE-Metalle im Blickwinkel der Wirtschaftlichkeit. Elektrowärme 20 (1962), S. 262.

Adamec, A.: Automatische Metallzuteilung unter Benutzung von Druckgas. Elektrowärme 21 (1963), S. 122.

Antoine, L.: Procede bifilaire de refusion d'electrodes consommables sous laiter electroconducteur. Tagung Franz. EW-Komitee. Versailles 25./26. 3. 1971.

Balabanov, V.: Die Bauarten der Flammöfen zum Schmelzen von Gußeisen. Gaswärme 12 (1963), S. 373.

Barbazanges, C.: Four a arc sous vide a electrode consommable. La technique moderne. Band 55 Nr. 11, S. 516.

Bretthauer, K. und Timm, K.: Ein Beitrag zur Theorie des Drehstrom-Lichtbogenofens. ewi 26 (1970), S. 115.

[136] Bretthauer, K. und Farschtschi, A.: Symmetrierung der elektrischen Grössen von Lichtbogenöfen. EWI 34 (1976), S. B245.

Brokmeier, K.: Der Induktionsrinnenofen im Vergleich zum Tiegelofen. Gießerei 53 (1966), S. 254.

[229] Brokmeier, K.: Induktionsschmelzöfen. Vortragsveröffentlichung Nr. 101 (1966), Haus der Technik, Essen.

[214] Brokmeier, K.: Hochleistungs-Induktionsschmelzöfen. ewi 28 (1970), S. 566.

Büchen, W.: Elektroschmelzöfen für Kupfergusslegierungen. EWI 35 (1977), S. B 334.

Cernat, C. et al: Some problems regarding pigiron and steel-making in electric induction-furnaces. Studii si cercetari de metalurgie (1973), S. 411. Bukarest.

[136] Ciotti, J.: Amerikanische Erfahrungen mit Hochleistungslichtbogenöfen, insbesondere mit deren Triangulierung. ewi 28 (1970), S. 555.

Daublain, J.: Le development des applications de l' electrothermie. ewi 30 (1972), S. 204.

Davis, J. et al: Gas injection lowers cupola melting costs, incresing melting rates. gwi 18 (1969), S. 363.

[140] Decker, E.: EWI 35 (1977), S. B 231.

Decker, F.: Schmelzen von Eisen und Nichteisenmetallen im Induktionsofen aus elektrizitätswirtschaftlicher Sicht. ewi 28 (1971), S. 575.

Demming, B.; Eßmann, H.; Lethen, R.: Kernlose Netzfrequenz-Induktions-Tiegelschmelzöfen in der Gießerei. Elektrowärme 20 (1962), S. 372.

v. Dunski, C.; Krabiell, H.: Untersuchungen über das Lichtbogenverhalten in einem dreiphasigen Lichtbogenofen mit Hilfe einer Hochgeschwindigkeitskamera. Elektrowärme 21 (1963), S. 519.

Dunski, V. et al: Das Verhalten des elektrischen Lichtbogens in Argon-Atmosphäre. ewi 28 (1970), S. 679.

Ericson, A.: Electric arc furnaces with interchangeable shells. Elektrowärme 26 (1968), S. 185.

Ernst, H.: Einige Gesichtspunkte zur Planung von Hochleistungs-Lichtbogenöfen. ewi 27 (1969), S. 361.

Esche, R.: Thyristor-Umrichter für induktive Erwärmung. ewi 27 (1969), S. 164.

[150] Eßmann, H. et al: Neuere Erkenntnisse und Tendenzen für die Weiterentwicklung von Hochleistungs-Lichtbogenöfen. ewi 30 (1972), S. 83.

Ezhova, L. et al: Comparision of the technological characteristics and economical efficiency of induction furnaces and cupola furnaces for iron melting. VII. Int. Elektrowärme-Kongreß, 18—22. 9. 1972, Warschau.

[149] Finzel, H.: Induktives Schmelzen und Warmhalten in der Eisengießerei. ewi 29 (1971), S. 459.

[133] Flockenhaus, C. et al: Brennerversuche an einem Kupolofen mit Erdgaszusatzfeuerung. gwi 18 (1969), S. 207.

Fürstenberger, J.: Four a bombardement electronique de 500 kW. Tagung Franz. EW-Komitee, Versailles 25./26. 3. 1971.

Levaux, J. et al: La fusion d'aciers sous laitier electroconducteur avec addition de pourdres metalliques. Idem.

Gabler, K.; Faust, W.: Ein Halbleiterumrichter für induktive Erwärmungs- und Schmelzanlagen. Brown Boveri Mitt. 53 (1966), S. 693.

Grimm, W.: Anwendung von Sauerstoffbrennern für flüssige und gasförmige Kohlenwasserstoffe in Industrieöfen, besonders bei der Stahlherstellung. Gaswärme 15 (1966), S. 325.

Hansen, W.: Internationale Entwicklungstendenzen bei Heizölbrennern. Öl + GF 13 (1968), S. 194.

Hartmann, H.: Neue Erkenntnisse über das Lichtbogenverhalten bei Stahlschmelzen. Elektrowärme 23 (1965), S. 84.

Hartmann, D.: Sondergebiete der Vakuum-Metallurgie. Elektrowärme 25 (1967), S. 368.

Hegewaldt, F.: Stand und Entwicklung der industriellen Elektrowärmetechnik. ewi 31 (1973), S. 67.

[149] Hegewaldt, F.: Induktions-Schmelz- und Warmhalteöfen. ewi 26 (1968), S. 343.

[145] Hegewaldt, F.: Lichtbogen- und Induktionsschmelzen. ewi 27 (1969), S. 159.

Hegewaldt, F.: Induktives Schmelzen; Aufgabenstellung für den Konstrukteur ewi 28 (1970), S. 197.

Hegewaldt, F.: Schmelzen von Stahl in Induktionstiegelofen. EWI 36 (1978), S. B39.

[151] Heinrich, E.: Moderne Stahlumschmelzverfahren. ewi 30 (1972), S. 286.

Höchtl, F.: Induktiv beheizte Vakuumöfen für Aluminiumschmelzen. EWI 35 (1977), S. B 153.

Jahn, H.: Probleme des Lichtbogenofenbetriebes in einem Edelstahlwerk. Elektrowärme 2 (1962), S. 467.

Jochem, H. und Krieger, H.: Zwei moderne Schmelzöfen für Aluminium. gwi 21 (1972), S. 52.

Jungbluth, J. und Stockkamp, K.: Der Einfluß des Heißwindes auf die chemischen Vorgänge im Kupolofen. Gießerei 43 (1956), S. 129/135.

Junker, O.: Geschichte und Verbreitung der kernlosen Induktionsschmelzöfen. Elektrowärme 18 (1960), S. 360.

Junker GmbH, Otto: ESU-Anlage. Bildberichte S. 1300.

Junker GmbH, Otto: Automatische Dosieröfen. Bildberichte S. 13 335.

Kegel, K.: Betrachtungen über das Lichtbogenverhalten in einem dreiphasigen Lichtbogenofen. Elektrowärme 22 (1964), S. 357.

Kegel, K.: Untersuchungen zur Verringerung der Netzstörungen durch Lichtbogenöfen. Elektrowärme 25 (1967), S. 203.

Kegel, K.: Neuere Erkenntnisse auf dem Gebiet des Lichtbogenofens zum Stahlschmelzen. Elektrowärme-Institut Essen (1965).

Kegel, K.; Eickhoff, E.: Verlauf des Starkstrom-Lichtbogens und Einfluß niederfrequenter magnetischer Felder auf seinen Verlauf. Elektrowärme 26 (1968), S. 83.

[137] Kegel, K.: Zur Technik und Physik von Hochleistungslichtbogenöfen. ewi 28 (1970), S. 511.

[138] Kegel, K.: Die Entwicklung des Hochleistungslichtbogenofens und seine weiteren Verbesserungen. Elektro-Anzeiger 23 (1970), Nr. 27.

Kegel, K. et al: Der Einfluß der Dotierung von Graphitelektroden usw., Beitrag 103. VII. Int. Elektrowärme-Kongress, Warschau 18./22. 9. 1972.

[139] Klier, G. et a.: Graphitelektrode usw. EWI 28 (1970), S. 677.

Kocher, H.: Die Berechnung des mehrschichtigen kernlosen Induktionsofen unter Verwendung von Zylinderfunktionen. ewi 27 (1969), S. 387.

Krabiell, H.: Über die Entstehung der Spannungsschwankungen in Stromversorgungsnetzen beim Betrieb von Drehstrom-Lichtbogenöfen. Elektrowärme 20 (1962), S. 12.

Krabiell, H.: Netzbeeinflussung durch Lichtbogenöfen. Elektrowärme 23 (1965), S. 338.
Krabiell, H.: VI. Int. Elelektrowärmekongreß der UIE, 1968, Brighton. ewi 27 (1969), S. 266.
Kreysa, E.: Induktionsrinnenöfen mit großem Fassungsvermögen. ewi 29 (1971), S. 323.
Kreysa, E.: Netzfrequenz-Induktionsrinnenöfen für Eisengießerei. Gießerei 53 (1966), S. 256.
Lünig, H.: Technischer Stand des Lichtbogenofenbaues. Elektrowärme 22 (1964), S. 377.
[146] Lang, W.: EWI 28 (1970), S. 571.
Lavers, J. und Biringer, P.: An analysis of the coreless induction furnace. ewi 29 (1971), S. 232 und 390.
[144] Lethen, R.: Ein spezieller Netzfrequenz-Induktionstiegelofen zum Warmhalten und Überhitzen flüssiger Metalle, ewi 31 (1973), S. 85.
[148] Lethen, R.: Warmhalten und Dosieren von N.E. Metallen in Elektroöfen, EWI 35 (1977), S. B 283.
Löbbecke, E.: Entwicklung und Praxis des Heizwindkupolofens. Gießerei 44 (1957), S. 505/515.
Lünig, H.: Leistungsbemessung und Energiesteuerungen von großen Lichtbogenöfen. Haus der Technik — Vortragsveröffentlichungen 101, Essen.
Maricek, B.: Grauguß-Schmelzen im Elektro-Lichtbogen- und in Induktions-Öfen. Eletrowärme 20 (1962), S. 363.
Maus, G.: Der Elektronenstrahlofen in der Vakuum-Metallurgie. Elektrowärme 22 (1964), S. 415.
Mettmann, E.: Schmelz- und Warmhaltöfen in Aluminium-Druckgießereien. Gießerei 60 (1973), S. 62.
Mittmann, E.: Brennstoffbeheizte Öfen für Kupfer und Kupferlegierungen. GWI 24 (1975), S. 60.
Mittmann, E.: Schmelzöfen in der Aluminiumindustrie. GWI 25 (1976), S. 594.
[141] Möllenkamp, F.: Stand der Technik des Elektrolichtbogenofens für die Stahlerzeugung. ewi 29 (1971), S. 220.
[141] Möllenkamp, F. et al: Moderne Bauformen von Hochleistungs-Elektrostahlwerken für die Erzeugung von Massenstahl. ewi 29 (1971), S. 535.
Möllenkamp, F.: Planung und Betrieb von Hochleistungs-Elektrostahlwerken mit Stranggußanlagen. Stahl und Eisen 90 (1970), S. 1205.
[143] Möller, H.: Erdgasbeheizte Schrottvorwärmanlagen für Elektroöfen. gwi 20 (1971), S. 131.
Müller, J.: Elektroschmelzen für Aluminiumgußlegierung. EWI 35 (1977), S. B 275.
Müller, H.: Automatisierung von Mittelfrequenz-Tiegelofenanlagen. Elektrowärme 19 (1961), S. 44.
Neumann, W.: Untersuchungen zum Plasmastrahlschmelzen. Die Technik 21 (1966), S. 301.
[146] Neumann, F.: Verfahrenstechnische und metallurgische Gegenüberstellung beim Schmelzen von Gußeisen in Kupolöfen und Induktionstiegelöfen. ewi 29 (1971), S. 552.
Noda: Verfahren der Stahlgewinnung durch Plasma-Lichtbogenöfen. VI. Int. Elektrowärme Kongreß Brighton (Mai 1968).
Olden, J.: Entwicklung des Plasmaschmelzverfahrens für Stähle. XIX. Berg- und Hüttenmännischer Tag, 2. — 5. Juli 1968, Bergakademie Freiburg.
Olsen, L. et al: Temperature distribution in Söderbergelectrodes. ewi 31 (1973), S. 128.
Ottmar, H. et al: Der Hochleistungs-Lichtbogenofen. Stahl und Eisen 89 (1969), S. 466.
[143] Ostendorf, H. und Meyer, H.: Die Erfahrungen mit Schrottvorwärmanlagen. EWI 36 (1978), S. B 228.
[143] Ostler, F.: Wirtschaftliche Aspekte für Gießerei-Warmhalte- und Gießöfen mit induktiver Beheizung. EWI 36 (1978), S. B 168.
Ottmar, H. und Scheiduch, G.: Theoretische und praktische Untersuchungen spezieller Probleme der Hochleistungslichtbogenöfen. ewi 28 (1970), S. 179.
[137] Pautz, J.: Einfluß von Argon auf Stabilität und Leistung von Lichtbogenöfen. EWI 34 (1976), S. B 235.
[147] Pautz, J.: Analyse des Energieverbrauchs in Gießereien und Modelle zur Wärmerückgewinnung in Elektroschmelzbetrieben. EWI 35 (1977), S. B 290.
Schack, A.: Fortschritte im Bau von Rekuperatoren für Heißwindkupolöfen. Gießerei 42 (1955), S. 302/307.

[209] Schwabe, W. und Robinson, R.: Development of large steel furnaces from 100 — 400 ton capacities. ewi 30 (1972), S. 321.

Severs, M.: Some notes on industrial electro-heat in the United Kingdom. Elektrowärme 26 (1968), S. 171.

[152] Sickbert, A. und Stolte, G.: Elektroschlackenumschmelzen — Entwicklungsstand und Aussichten. ewi 28 (1970), S. 185.

Sommer, F.: Induktions- und Widerstandsschmelzöfen. Elektrowärme 17 (1959), S. 355.

Sperner, F.: Vakuumanlagen für Sonderlegierungen. Techn. Mitt. 57 (1964), S. 222.

Sperner, F.; Scheidig, H.: Der Vakuum-Lichtbgenofen. Elektrowärme 22 (1964), S. 360.

[150] v. Starck, A.: Das Eldomet-Verfahren; Induktives Fördern und Dosieren flüssiger Metalle. ewi 28 (1970), S. 207

[150] v. Starck, A.: Stand der Entwicklung elektromagnetischer Förderrinnen für flüssige Metalle. Elektrowärme Praxis 26, S. 17.

[153] Stephan, H.: Present position of electr. beam melting. EWI 35 (1977), S. B. 150.

„Stichting Ned. Inst. voor Elektrowarmte (NIVEE)" Arnhem (Holland): Die Wahl von Öfen für die Aluminiumgießerei.

Thorborg, K.: Statische Frequenzumrichter für Mittelfrequenz-Induktionsanlagen. ASEA-Zeitschrift (1971), S. 145.

De Vynck, I.: Une technique d' amorcage et de stabilisation d' arcs de haute enthalpie et de large section. EWI 36 (1978), S. B 35.

[132] Veenedaal, R.: Equipping for naturalgas cupola injection. gwi 18 (1968), S. 369.

Wachter, J.: Gasbeheizte Industrieöfen. GWI 21 (1972), S. 54.

Wahlster, M.: Anwendung der Vakuumtechnik in der Metallurgie. EWI 35 (1977), S. b 73.

Weiss, C.; Scharf, G.: Erzeugung ultrareiner Stähle im Elektronenstrahl-Mehrkammerofen. Die Technik 21 (1966), S. 314.

Wheeler, F. et al: The possibilities of objective evaluating the performance of electrode control on arc furnaces for steel production. ewi 27 (1969), S. 401.

Werner, K.: Wärmebehandlung von Metallen unter Vakuum. Die Technik 20 (1965), S. 472.

Zöllner, S. et al: Graphitelektroden für Normal- und Höchstlast. ewi 27 (1969), S. 485.

Zöllner, S. und Schieber, F.: Elektrodenverbrauch und Hochlastbetrieb in Lichtbogenöfen. EWI 35 (1977), S. B 207.

Abschnitt 8.3.

Algauzen, A. et al: Vakuum-Hochtemperaturwiderstandsofen mit einem Schirme zur Wärmeisolierung. ewi 30 (1972), S. 230.

[170] Annen, W.: Die induktive Nacherwärmung von Knüppeln. ewi 30 (1972), S. 279.

[174] v. Ardenne, M.; Schiller, S.; Förster, H.: Zu Problemen der großtechnischen Verdampfung mit Elektronenstrahlen. Elektrowärme 25 (1967), S. 216.

Balavanov, V.: Die Entwicklung moderner Tieföfen. Gaswärme 11 (1962), S. 418.

[158] Behrens, H.: Zum Problem der „Schwarzen Streifen" beim Erwärmen von Brammen in Stoßöfen mit Unterbeheizung und Ausgleichherd. gwi 22 (1973), S. 380.

[161] Behrens, H.: GWI 22 (1973), S. 18.

Behrens, H. A.: Leistungssteigerung, Energieeinsparung und Rationalisierungsmaßnahmen an Walzwerksöfen. gwi Band 32 (1983) Heft 10, Oktober.

Boenecke, H.: Entwicklung des Walzwerkstoßofens zum Hochleistungsstoßofen. Mitt. der OFU, Düsseldorf, 1968.

Bosse, K.: Neue Entwicklung im Walzwerkofenbau. Techn. Mitt. (1969), S. 196.

Bosse, K.: Betrachtungen zur Bauart von Knüppelwärmöfen. gwi 20 (1971), S. 343.

Bosse, P.: Deckenbeheizung und Wärmöfen. Tagung gasbeheizte Industrieanlagen. 12. Februar 1974, Essen, Haus der Technik.

Bosse, K.: Wärmebehandlungsstraße zum Normalglühen und Vergüten metallischer Werkstücke. gwi 22 (1973), S. 389.

Brenner, K.: Rollöfen mit armierter Anlaufkante und Überwerfer. Klepzig Fachber. 80 (1972), S. 337.

Brennik, Z.; Casanova, R.: Widerstandserwärmung. Elektrowärme 23 (1965), S. 154.

Brokmeier: Induktive Leichtmetallerwärmung. Elektrowärme 16 (1958), S. 296.

[165] Brock, K.: Beispiel zur Automation in Warmbetrieben. gwi 18 (1969), S. 169.

[172] Brunklaus, J.H.: Stand der Entwicklung von Industrieöfen mit innerer Rekuperation. GWI 26 (1977), S. 186.

[154] Černoch, S.: Entwicklungstendenzen beim Bau von Tieföfen. Neue Hütte 8 (1963), S. 287.

[154] Černoch, S.: Zur Leistungssteigerung periodisch arbeitender Wärmeöfen. Freiberger Forschungshefte B 96 (1964), S. 57.

[155] Černoch, S.: Main principles governing the construction of soaking pits. Journ. of the Iron and Steel Inst. (1966), S. 326.

[156] Černoch, S. und Kostial, J.: Improving batch reheatingfurnace efficiency by shortening the soaking period. Journ. Iron and Steel Inst. 1968. S. 814.

Chedaille, J.: Der Hubherdofen mit Ober- und Unterbeheizung. gwi 20 (1971), S. 337.

Chedaille, J. und Koopmans: Industrielle Anwendung von Deckenstrahlbrenner. gwi 22 (1973), S. 314.

Chedaille, H.: Neuzeitliche Technologie des ober- und unterbeheizten Hubbalkenofens. GWI 24 (1975), S. 407.

[169] Coles, K. und Grimm, W.: Aufbau und Betriebsweise neuentwickelter Strahlungs- und Tunnelbrenner und Anwendung in Öfen. GWI 24 (1975), S. 512.

[173] Decker, E.: Elektroanwendung in der aluminiumverarbeitenden Industrie. ewi 29 (1971), S. 333.

Dietrich, W.; Reichelt, W.; Hauff, A.: Elektronenstrahl-Stahlbedampfungsanlagen. Elektrowärme 25 (1967), S. 219.

Dix, H.: Entwicklung im Schachtofenbau. Klepzig Fachber. 82 (1974), S. 12.

Dvorak, L. und Kegel, K.: Wärmespiegel für Infrarot-Quarzstrahler. ewi 27 (1969), S. 68 ff und 228 ff.

Dubois, E.: Moderne Wärmöfen für Walzwerks-, Schmiede- und Preßbetriebe. Techn. Mitt. 57 (1964), S. 195.

[175] Engler, P.: Betrachtung über Wirkungsgrade eines Emaillier-Umkehrofens. Gaswärme 17 (1968), S. 210.

Ebner, P.: Mantelstrahlrohrbeheizte Schraubenvergütungsanlage. gwi 22 (1973), S. 402.

Esteban, A. et al: Vertikale Durchlaufanlage zum Glühen von Messing- und Kupferbändern. gwi 21 (1972), S. 42.

Esteban, A. et al: Wärmebehandlung von Leichtmetallbändern in horizontalen Durchlauföfen. gwi 22 (1973), S. 8.

Encrenaz, G.: Wärmöfen für ein Hüttenwerk in Fos. GWI 26 (1977), S. 134.

Ferre, M.: Entwicklung der Beheizungstechnik bei Salzbadöfen. T.Z. f. prakt. Metallbearb. 60 (1966), S. 118 u. f., S. 188 u. f.

Finzel, H.: Industrielle Elektrowärme. Elektrowärme 25 (1967), S. 140.

Flick, K.: Rohrschweißen mit Hochfrequenz. Elektrowärme 26 (1968), S. 47.

[169] Le Garrec, W.: Anwendung von Tunnelbrennern in der Metall- und Keramikindustrie. GWI 23 (1974), S. 189.

[167] Geisel, H.: Induktions- und Widerstandserwärmen, ewi 27 (1969), S. 169.

Genrich, K.: Konstruktionsgrundsätze für industrielle Wärmebehandlungsöfen. Gaswärme 7 (1958), S. 259/266 und 8 (1959), S. 243/254, 273/279 und 309/316.

Guthmann, K.: Das Staubproblem in der Eisen- und Stahlindustrie. Techn. Mitt. 55 (1962), S. 244.

[169] [171] Grimm, W.: Schnellerwärmung von Metallen durch erhöhte konvektive Wärmeübertragung. gwi 19 (1970).

Hahn, F.: Fortschrittlicher Industrieofenbau. Blech-Rohr-Profile 10 (1971).

Hahn, F.: Fortschrittlicher Industrieofenbau. Blech (1962), S. 598.

Hein, H.: Baustoffe und Bauformen des widerstansbeheizten Elektroofen. Elektrowärme (Wien), 5 (1957), S. 19.

[294] Heinz, P.: Verfahrenstechnische Neuentwicklungen bei der Band-Feuerverzinkung. Blech (1967), S. 5.

[167] Hegewaldt, F.: Erwärmung im direkten Stromdurchgang. EWI 34 (1976), S. B 202.

Hill, R. et al: Evaluation of developments in fuel savingtechniques for industrie. GWI 26 (1977), S. 613.

Horn, H.: Hauptmerkmale bei der Dimensionierung von Mittelfrequenz-Induktionsanlagen für Schmiedeerwärmung. Elektrowärme 26 (1968), S. 34.

Hollmann, H.: Ein gasbeheizter Durchlauf-Rollenherdofen zum Glühen von Bandringen aus NE-Metall. gwi 21 (1972), S. 60.

[166] Hubert, G.: Die Wärmebehandlung von Stabstahl in Rollenherdöfen. gwi 21 (1972), S. 443.

Jungk, R. et al: Induktions-Erwärmungsanlagen. Klepzig Fachber. 79 (1971), S. 43.

Kaiser, J.: Hubbalkenofen in einem Walzwerk für NE-Brammen. GWI 23 (1974), S. 12.

[157] Keller, H.: Untersuchungen über den konvektiven Wärmeübergang in Chargenöfen unter besonderer Berücksichtigung der Verhältnisse in Tiefen. Dissertation T. Univ. Clausthal

Klammer, H.: Erfahrungen mit einem strahlwandbeheizten Röhrenverzinkungsofen. Stahl u. Eisen 84 (1964), S. 718.

[236] Knaak, R.: Stoßöfen mit Heizgleitschienen. Klepzig Fachberichte 79 (1971), Heft 1

Knaak, R.: Untersuchung des Einflusses von Reitern und Tragschienen auf Erwärmung und Wärmeverbrauch in Walzwerksöfen. gwi Band 32 (1983) Heft 10, Oktober

Kohlmeyer, T.: Neue Blankglühanlage. ewi 29 (1971), S. 327.

Konstruktions-Handbuch für Kanthal-Super Öfen. A. B. Kanthal. Halstahammar (Schweden).

Kramer, E. et al: Anlagen zur Wärmebehandlung schwebend geführter Bänder. GWI 25 (1976), S. 52.

Lehmann, K.: Hubherdwagenöfen zum Glühen von Kugelgraphitguß. Gaswärme 12 (1963), S. 138.

Lehmann, W. und Tiby, L.: Schnellkühleinrichtungen für Festband-Haubenöfen. Stahl und Eisen. Heft 6 (1968).

[169] Lutterberg und Möller: Gasbeheizte Schnellerwärmungsmaschine für Pressen. GWI 21 (1972), S. 56.

Märker, R.: Über Emailbrennöfen, insbesondere Muffel- und Kammeröfen. Glas-, Email-, Keram. Techn. 17 (1966), S. 385.

Millies, E.; Jeschar, R.: Erwärmung und Abkühlen offen gewickelter Bunde in Einstapel-Haubenöfen. Arch. Eisenhüttenwesen 37 (1966), S. 947 und 38 (1967), S. 21.

Milner, M.: Wärmebehandlungsanlagen für kontinuierliche Behandlung von Schmiedeteilen. GWI 25 (1976), S. 190.

Ongsiek, K.: Energieeinsparung durch speicherarme, abschaltbare, gasbeheizte Emaillieröfen. gwi Band 32 (1983) Heft 10, Oktober.

Opitz, R.: Stand der Temperofentechnik in Deutschland. Gießerei 44 (1957), S. 342/346.

[169] Perry, S. et al: Rapid heating of steel for hot working. Metalforming (1967), S. 161, 205 und 246.

Pfeiffer, H.: Der Umkehr-Emaillierofen. Techn. Mitt. 57 (1964), S. 234.

Pfender, K.: Gasstrahlrohrbeheizte Doppelvakuum-Blankglühanlagen. GWI 23 (1974), S. 167.

[244] Pohl, K. et al: Die technische Anwendung der gasbeheizten Strahlwand. gwi 20 (1971), S. 255.

Rangs, H.: Hubbalkenöfen für die Erwärmung und Wärmebehandlung von nahtlosen Rohren. GWI 25 (1976), S. 197.

[162] Rapsch, M.: Anwendung der Wirbelschichttechnik für die Wärmebehandlung. EWI 35 (1977),

[162] Reynoldsen, R.: Controlled atmosphere fluidised bed furnaces for the heat treatment of metals. GWi 26 (1977), S. 175.

Richter, E. und Thieme, G.: Anlagen für die induktive Stangenerwärmung. EWI 35 (1977), S. B 189.

[163] Riemann, W.: Wärmeeinrichtungen in Walzwerken. gwi 19 (1970), S. 395.

Samuelson, P. und Sundberg, Y.: Vorwärmung mit gasförmigem Brennstoff.

Möller, H.: Erdgasbeheizte Schrottvorwärmanlagen für Elektroöfen. gwi 20 (1971), S. 131.

[170] Saß, J.: Induktive Schnellerwärmung von Stahl. ewi 29 (1971), S. 570.

[170] Scheffler, F.: Induktives Erwärmen zum Warmformen. ewi 28 (1970), S. 213.

[167] Schiffarth, J.: Direkte Widerstandserwärmung für die Warmformgebung. Elektrowärme 23 (1965), S. 204.

[160] Schmidt, Th.; Laiquddin, S.: Über die Heizflächenleistung usw. GWI 14 (1965), S. 401.

Schmidt, Th.: Über einige neuere Entwicklungen auf dem Gebiete der konvektiven Schnellerwärmung. Gaswärme 14 (1965), S. 294.

Schmidt, T.: Über einige neuere Entwicklungen auf dem Gebiet der Wärmebehandlungsöfen. Techn. Mitt. 65 (1972), S. 271.

Schmidt, U.: Blechanlaßofen für große Breiten und hohe Temperaturgenauigkeit. gwi 20 (1971), S. 364.

Schulte, W.: Förderband-Ofenanlagen in der Schraubenindustrie. GWI 25 (1976), S. 207.

[159] Senkara, T.: Ein Stoßofen zur Erwärmung von sehr starkem Einsatzgut. XXI. Berg. und Hüttenm. Tagung 1./3. 4. 1970, Freiburg (DDR).

Senkara, T.: Ein neues mathematisches Modell des Wärmeübergangs in Flammöfen. Archiv für das Eisenhüttenwesen 1984.

Sharbrough, J.: Rotary hearth furnaces. State of the art. Iron-Steel Eng. 48 (1971), S. 60.

Simon, G.: Anwendungsbeispiele für Durchlauföfen. Werkst. und Betrieb 100 (1967), S. 381.

Spahl, E.: Kontinuierliche Wärmeöfen. Bänder-Bleche-Rohre. (1963), S. 551.

Springer, H.: Durchlauf-Förderband-Vergüteanlage. gwi 20 (1971), S. 138.

[164] Stepanek, J.: Automatisierung gasbeheizter Wärmöfen in der Gesenkschmiede. gwi 22 (1973), S. 398.

Stepanek, J.: Industrieöfen und Erwärmungsanlagen in der Gesenk-Schmiede. Techn. Mitt. 66 (1973), S. 387.

Stepanek, J.: Gasbeheizung bei Industrieöfen für Arbeitstemperaturen von 150 bis 750°C. gwi 20 (1970), S. 160.

Strauss, G.: Design and automation of a top and bottom fired 210 t/h walking beam furnace. Iron and Steel Eng. 47 (1970), S. 56.

[169] Tagung Gasbeheizte Industrieanlagen. 12. Februar 1974. Haus der Technik. Essen.

Haupt, R.: Gasbeheizte Schnellerwärmungsöfen.

Le Garrec, W.: Flammenlose Schnellerwärmung.

Möller, H.: Konvektive Schnellerwärmung.

Thomander, T.: Konstruktionsfragen elektrisch beheizter Widerstands-Hochtemperaturöfen. (1967), A. B. Kanthal, Halstahammar (Schweden).

Trager, H.: Glüh- und Vergüteöfen mit Luftumwälzung. gwi 20 (1971), S. 350.

[167] Trelle, K.: Direkte Widerstandserwärmung von Walzknüppeln. Elektrowärme 26 (1968), S. 54.

[167] Tröger, H. und Wilden, S.: Schnellerwärmungsanlagen für Bänder und Bolzen. GWI 24 (1975), S. 55.

[167] Ulrich, W.: Schnellerwärmung von Stahlknüppeln. ewi 27 (1969), S. 409.

Ussar.: Grundprinzipien des Industrieofenbaues. GWI 23 (1974), S. 394.

Weber, F. und Rieskamp, K.: Tieföfen und Stoßöfen als Betriebsmittel des Walzwerkers an Hochleistungsstraßen. Stahl und Eisen 89 (1969), S. 994.

Wieneck, H.: Ein Gleitschienensystem zur gleichmäßigen Erwärmung von Brammen und Stoßöfen. Bänder, Bleche, Rohre 9 (1968), S. 331.

Weiss, H.: Ölbeheizte Industrieöfen mit vollautomatischen Ölbrennern. Techn. Mitt. 57 (1964), S. 226.

Werner, K.: Wärmebehandlung von Metallen unter Vakuum. der Technik 20 (1965), S. 472.

Wilden, S.: Indirekt gasbeheizter Warmauslagerungsofen für Leichtmetall. gwi 21 (1972), S. 58.

Wilden, S.: Industrieöfen für Leicht- und Schwermetallwalzwerke. GWI 25 (1976), S. 176.

Wistram, E.: Neue Entwicklung kontinuierlicher Glühanlagen für Leicht- und Schwermetallbänder. gwi 20 (1971), S. 145.

[162] Witkowski, P. et al: Neuzeitliche Schmiede- und Wärmebehandlungsöfen. gwi 20 (1971), S.153.

Witutski, F.: Überkopföfen zum Einsatzhärten. EWI 33 (1975), S. b 85.

Woelk, G.: Über das Temperaturfeld eines gasdurchströmten Schichtkörpers bei gleichzeitigem Stoff- und Wärmetransport. Dissertation Aachen (1962).

Wübbenhorst, H.: Beheizung, Leistung und Wärmeverbrauch von Verzinkungsöfen. Stahl u. Eisen 76 (1956), S. 907/913.

[168] Wünning, J.: Gegenüberstellung von Vakuum- und Schutzgaswärmebehandlung. gwi 22 (1973), S. 385.

Abschnitt 8.4.

Buschmann, H.: Erdgas in der Glasindustrie, Glastechn. Berichte 33 (1965), S. 86.

de Bussy, J.: Four electrique de fusion continue de produits ceramique et refractaires. ewi 26 (1968), S. 389.

Ditscheid, M.: Erdgasanwendung in der grobkeramischen Industrie. Teil I, gwi 18 (1969), S. 179.

Eckert, F.: Deutscher Beitrag zur Entwicklung der Glasschmelzwannen mit Steinrekuperatoren. Mitteilung der IMAG, Garmisch-Partenkirchen.

Engels, G.: Konstruktionsmerkmale und Betrieb von Glasschmelzöfen. Gaswärme 4 (1955), S. 287/294.

Günther, R.: Glasschmelz-Wannenöfen. Frankfurt a. M. 1954.

Günther, R.: Die Länge turbulenter Diffusionsflammen. Glastechn. Berichte 38 (1965), S. 81.

[169] Hönninger, E.: Die Konkurrenzfähigkeit der Elektrowärme bei der Beheizung von Kühl- und Einbrennöfen in der Glasindustrie. ewi 26 (1968), S. 403.

Horowitz, I.: Mehrteilige Wannenofensysteme für die Elektroschmelze des Glases. EWI 34 (1976), S. B 138.

Horowitz, I.: Arbeitswannen und Feedervorherde mehrteiliger Elektro-Glasschmelzanlagen. EWI 35 (1977), S. B 131.

Horowitz, I.: Elektro-Glasschmelzwannen in Dreieckform. EWI 36 (1978), S. B. 100.

Jarosik, V.: Elektroanwendung in der Glasindustrie. ewi 30 (1972), S. 200.

Mc. Kenna, G. et al: Vorzüge der Erdgasfeuerung für Flachglaswannen.

Datschefski, G.: Unterschiede in der Konstruktion und Betriebsweise erdgas- und ölbeheizter Glasschmelzwannen.

Beide Vorträge 45. Glastechn. Tagung der Deutschen Glastechnischen Gesellschaft.

Larson, D. et al: Fundamental studies of furnace systems. gwi 18 (1968), S. 449.

Lodsberg, O.: Elektrisches Schmelzen von Glas in Tiegelöfen. Kanthalia H. 3 (1967). A. B. Kanthal.

Maurice, J. und Rangs, H.: Öfen für die Wärmebehandlung von Glas. GWI 24 (1975), S. 322.

[176] Meister, R.: Einsatz gasförmiger Brennstoffe in Glasschmelzöfen. GWI 24 (1975), S. 322.

Rietveld, F.: Selas-Strahlungsbrenner und ihre Anwendung. GWI 23 (1974), S. 175.

Scarfe: Wachsende Anwendung der Elektrowärme zum Schmelzen von Glas. VI Int. Elektrowärme Kongreß. Brighton (Mai 1968).

[177] Schrewelius, N.: Use of molybdenum disilicide heating elements especially in the glass industry. ewi 28 (1968), S. 397.

Stanek, T.: Elektrisches Glasschmelzen. Elektrowärme 26 (1968), S. 188.

[178] Start, J.: Vollelektrisches Glasschmelzen und elektrische Zusatzbeheizungen. ewi 29 (1971), S. 403.

Ulrich, J.: Vorgänge im Feuerraum eines ölbeheizten Glasschmelzwanne. Öl- und Gasfeuerung. 9 (1964), S. 989.

[208] Voss, H.: Erdgasbeheizung in der Glasindustrie. gwi 18 (1969), S. 282.

Werner, R.: Erdgasbeheizung von Glasschmelzwannen. Mitt. aus der HVG (1967).

Windmann, H.: Erfahrungen bei der Umstellung einer Hohlglashütte von Öl- und Erdgasbeheizung. Glastechn. Berichte 40 (1967), S. 344.

Abschnitt 8.5.

Baukrowitz, G.: Über die Möglichkeiten der Beheizung von Ringofenanlagen in der keramischen Industrie mit Ferngas. Gaswärme 14 (1965), S. 201.

Bekker, P.: Ofentypen und Mechanisierung des Ofenbetriebes in Holland. Die Ziegelindustrie 15 (1962), S. 324.

[179] Bekker, P.: Größere Flexibilität des Produktionsprogramm durch Einsatz von Einzelkammeröfen. Sprechsaal 105 (1972), S. 467.

Bloesel, H.: Vollautomatische Fertigungslinie zum Dekorbrand von Wandfließen. Ber. Dt. Keram. Ges. 33 (1976), S. 60.

[183] Cernoch, S. und Belyus, G.: Analyse der Wärmearbeit der Aufheizzone des Tunnelofens insbesondere in bezug auf die Falschluftsansaugung. Ker. Zeitschr. 25 (1973), S. 244 ff. und 337 ff.

Davis, K.: Neue Gasfeuerungs- und Trockenverfahren in der Keramik-Industrie. Öl- und Gasfeuerung 10 (1965), S. 1192.

[184] Drabek, O.: EWI 26 (1968), S. 410.

Etienne, J.: Verbesserung der Verbrennung und des Gasaustausches im Tunnelofen. Öl- und Gasfeuerung 8 (1963), S. 117.

Fritzsche, J.: Erfahrungen bei der Umstellung eines generatorgasbeheizten Kammeringofens in der Steinzeugindustrie auf Koksofengas. Gaswärme 13 (1964), S. 265.

Gorsler, M.: Schnellbrand von Steinzeugröhren. Silikat-Journal 10 (1971), H. 12.

Katzenmeier, P.: Ferngas in der keramischen Industrie. Gaswärme 14 (1965), S. 196.

[181] Lenz, R. Periodische Öfen zum Schnellbrand keramischer Produkte. Ker. Zeitschr. 21 (1969), H. 7.

Lenz, R.: Erfahrungen beim Einsatz von Großraum-Herdwagenöfen. Ker. Zeitschr. 25 (1973), H. 2.

Herstellung von Steinzeugrohren mit Ölfeuerung. Ölfeuerung 7 (1962), S. 1030.

Hildebrandt, S.: Umstellung der Feuerung eines Tunnelofens zum Brennen hochwertiger Klinker von Heizöl auf Erdgas. gwi 18 (1969), S. 182.

Ned. Gasunie: Die Herstellung von Dachziegeln und Fensterbänken durch reduzierende Brenner in periodischen und erdgasbeheizten Flammöfen. gwi 20 (1971), S. 348.

Neidel, W. und Hoyer, L.: Energiebilanz und Wärmeübertragung in Tunnelöfen der Ziegelindustrie. Energieanw. (DDR) 33 (1974), S. 179.

Netzel, E. Horizontale Impulsfeuerung bei Tunnelöfen. Ölfeuerung 7 (1962), S. 1020.

Niedergesäss, G.: Einsatz von Gas in Industriebetrieben der Steine und Erden. GWI 24 (1975), S. 327.

Müller, K.: Gas als Brennstoff für den Tunnelofen-Betrieb. Gaswärme 11 (1962), S. 383.

[185] Pottery floats on air in gasfired Hoverkiln. Gas Journal (1968), S. 336.

Petzi, F.: Der Sinterprozeß bei der Herstellung von Ferriten. Ker. Zeitschr. 26 (1974), H.3.

Schmidt, E.: Der Kreislauf von Schwefel und Fluor in Tunnelöfen der Ziegelindustrie. GWI 24 (1975), S. 151.

Stichting techn. centr. Waalsteen: Meting aan een periodieke wagenoven. (1972), Nijmegen (Niederlande).

Striebeck, P.: Gasanwendung in der keramischen Industrie. gwi 20 (1971), S. 381.

Thomander, T.: Konstruktionsfragen elektrisch beheizter Widerstands-Hochtemperaturöfen. A. B. Kanthal, Halstahammar (Schweden).

[182] Wittmann, K. und Körner, U.: Umstellung eines Tunnelofens zum Brennen von Steinzeugrohren von Heizöl S auf Erdgas. gwi 19 (1971), S. 9.

Wittmar, F.: Das Blaubrennen von Dachpfannen und Klinken mit Erdgas. gwi 18 (1969), S. 186.

Abschnitt 8.6. und 8.7.

Bannack, F.: Die Trocknung von Schüttgütern. Ölwärme, S. 67/72. Essen. 1958.

Bannack, F.: Kohletrocknung im Schwebegastrockner. Gaswärme 8 (1959), S. 107/110.

Berresheim, E.: Stand der Technik im elektrisch beheizten Wärmluft-Speicherbackofen. Elektrowärme 20 (1962), S. 423.

Brunklaus, J.H.: Gasanwendung in Bäckereien und Brotfabriken. Gaswärme 14 (1965), S. 259.

Brunklaus, J.H.: Backöfen. GWI 23 (1974), S. 277.

Casanova, R.: Möglichkeit der Vorausbestimmung von Feuchtigkeitsverteilungen usw. Elektrowärme 22 (1964), S. 443.

Cerbe, G. und Monstadt, H.: Konvektive Trocknung mit gasbeheizter Luft und Trocknung durch Gasstrahler. Forsch.-Ber. Wirtsch.-Minist. Nordrhein-Westfalen. Nr. 345.

Cernoch, S.: Beitrag zur thermodynamischen Analyse von Trocknern mit Umwälzheizung. Silikat Journ. (1975), S. 127.

Czepek, E.: Holztrocknung bei Temperaturen über 100°C. Allg. Wärmetechn. 4 (1953), S. 54/59.

Doukel, R.: Neue Infrarotanwendungen in der industriellen Fertigung. ETZ-B 18 (1966), S. 793.

Davis, K.: Neue Gasfeuerungs- und Trockenverfahren in der keramischen Industrie. Öl- und Gasfeuerung 10 (1965), S. 1192.

Dvorak, L. und Kegel, K.: Wärmespiegel für Infrarot-Quarzstrahler. ewi 27 (1969), S. 68 ff. und 228 ff.

Edwin, B.: Quarzrohrelemente unter besonderer Berücksichtigung ihrer Berechnung. Elektrowärme 24 (1966), S. 198.

[196] Feist, H.: Luftreinhaltung und Energierückgewinnung bei Trocknungsprozessen. Blech (1965), H. 4, S. 177.

[187] Franklin, J.: A new approach to drying for the heavy-clay industry. Ceram. (1971), S. 21.

[188] Fritsch, W.: Heißgaserzeuger. Öl + GF 10 (1965), S. 672.

[186] Fritsch, W.: Heizöl und Trocknungstechnik. Die Ölfeuerung 7 (1962), S. 356.

Fritsch, W.H.: Feuerungstechnische Probleme bei der indirekten Beheizung von Trocknern. Öl + Gasf. (1966), S. 428.

[192] Friesenhausen, D.: Einsatz von Gas-Infrarotstrahlern in industriellen Trocknungs- und Anwärmanlagen. gwi 20 (1971), S. 260.

Goch, H.: Industrielle Anwendung von Catalyt-Strahlern. Gaswärme 7 (1958), S. 38/41.

[195] Grammann, H.: Hochfrequenztrocknung in der Textilindustrie. Chemiefaser 17 (1967), H.9.

Grammann, H.: Dielektrische Verfahren. ewi 27 (1969), S. 175.

Grassmann, H.: Neue Anwendungen der dielektrischen Erwärmung. Elektrowärme 25 (1967), S. 456.

Halling, H.: Die dielektrische Trocknung durch Impulserwärmung. Elektrowärme 23 (1965), S. 228.

Head: Entwicklungen auf dem Gebiet der Infrarot-Heizverfahren mit höheren Temperaturen. VI. Int. Elektrowärme Kongr. Brighton (1968).

[191] Hartmann, W.: Heißgasfeuerungseinrichtung für Trocknungsanlagen. GWI 27 (1978), S. 74.

Hesse, R.; Skunca, I.: Wärmeübertragung durch Gasstrahler. Gaswärme 10 (1961), S. 360 und 11 (1962), S. 401.

[196] Integrierte thermische Ablufttreinigung für Lacktrocknungsöfen. GWI 24 (1975), S. 471.

[195] Jones, P. et al: Radiofrequency drying of papers and textiles. EWI 35 (1977), S. B 142.

[191] Jordan, R. et al: Karosserielackiererei mit Erdgasbeheizung. gwi 21 (1972), S. 252.

Klenk, P.: Backöfen für Gewerbe und Industrie. GWI 24 (1975), S. 119.

Kolbe, E.; Tredup, D.: Infrarot-Vakuumtrocknung. Elektrowärme 20 (1962), S. 58.

[197] Kramer, C. und Friesenhausen, D.: Schwebetrockner für beschichtete Blechbänder. GWI 24 (1975), S. 527.

Krischer, O.: Die wissenschaftlichen Grundlagen der Trocknungstechnik. Berlin, Göttingen, Heidelberg 1956.

Lykow, A.: Experimentelle und theoretische Grundlagen der Trocknung. VEB-Verlag Technik, Berlin 1955.

[193] Lange, J.: Elektro-Wärmeanwendung in der Kunststoffverarbeitung. ewi 27 (1969), S. 416.

Lauster, F.: Physik und Technik der Infrarotstrahlen. Elektrowärme 19 (1961), S. 384.

Lück, G. und Alt, C.: Grundlegende Probleme der Strahlungstrocknung. Allg. Wärmetechn. 3 (1952), S. 58/66.

Manders, T.: Der Trockenstrahler und seine hauptsächlichsten Anwendungen. Philips Techn. Rundsch. 9 (1947/48), S. 249/256.

Mazur, M.: Einfluß der Strahlertemperatur in der Infrarot-Lacktrocknung. Elektrowärme 20 (1962), S. 217.

[199] Miksits, R.: Einheitliche Richtlinien für wärmetechnische Untersuchungen von Brotbacköfen. Versuchsanstalt für Getreideverw. Berlin.

[191] Niepenberq und Ermlich.: Heißgaserzeugungsanlagen. GWI 24 (1975), S. 461.

[189] Offergeld, E.: Gasbeheizte Trocknungsanlagen. gwi 20 (1971), S. 251.

Phillips, C.: Surface coatings and the automotive industry. 2 nd. TNO-Conference on surface coatings. 1969, Rotterdam.

[194] Popert, F.: Industrielle Hochfrequenzanlagen großer Leistungen zur Erwärmung verlustbehafteter Dielektrika. ewi 27 (1969), S. 51.

Popert, F.: Grundzüge einer Theorie der stationären Durchlauftrocknung mit Hochfrequenz. ewi 20 (1972), S. 311.

Rogier, J. und Morillon, R.: Untersuchungen zur Entwicklung von Direkttrocknungsverfahren für die Industrie. gwi Band 32 (1983) Heft 7/8, Juli/August.

[190] de Ruijter, H.: Gasbrenner für die direkte Beheizung von industriellen Trockenöfen. GWI 26 (1977), S. 170.

Schoppe, F.: Leistungssteigereung von Industrieöfen und Kesseln. Öl + GF 14 (1969), S. 44.

[198] Schuilenburg, A.: Die Wärmeökonomie des Backprozesses. Bakkerij-Wetenschap. 3 (1950), H. 2/3 (Niederlande).

Schwarz, Th.: Vergleichende Betrachtungen über die Betriebsweise verschiedener Trocknersysteme für die Keramische Industrie. Gaswärme 13 (1964), S. 271.

Summer, W.: Der industrielle Einsatz elektrischer Quarzstrahler. ewi 27 (1969), S. 444.

Tredup, D.: Das Trocknungsverhalten dickwandiger Elektroporzellanformlinge im Infrarot-Strahlungsfeld. Elektrowärme 25 (1967), S. 473.

[191] Triebe, U. und Weinforth, P.: Heißgaserzeuger. GWI 26 (1977), S. 294.

[266] Vogel, W.: Erdgas zur Trocknung beschichteter Oberflächen. gwi 22 (1973), S. 348.

Walter, A.: Keramische Infrarotstrahler in der Kunststoffindustrie. ewi 27 (1969), S. 437.

Wilhelm, W.: Holztrocknung — Ein Beitrag über die Elektrowärmeanwendung im Gewerbe. Elektrowärme 25 (1967), S. 132.

Abschnitt 8.8.

Brachthäuser, K. et al: Die Beheizung von Öfen der petrochemischen und chemischen Industrie. gwi 22 (1973), S. 209.

[204] Datschefski, G.: Natural gas in cement manufacture. gwi 20 (1971), S. 400.

[202] Ermlich, K.: Vergasungsbrenner für Kalkschachtöfen. GWI 24 (1975), S. 159.

Friedler, U.: Entwicklungstendenz im Kalkschachtofenbau. GWI 24 (1975), S. 157.

Habernickel, I.: Tauchbrennersysteme. gwi 19 (1970), S. 228.

[207] Hüning, W.: Tarex-Verfahren zur thermischen Reinigung zündfähiger Abluft. GWI 26 (1977), S. 608.

[205] Janssen, H.: Brenner für Raffinerieöfen. GWI 26 (1977), S. 291.

[201] Jussen, R. et al: Ergas-Kohle-Befeuerung eines Kalkschachtofens. GWI 23 (1974), S. 439.

Konopicky, K.: Feuerfeste Baustoffe. Düsseldorf (1957), S. 288–488.

[93] Kurz, G.: Tauchbrenner, Öl + GF (1973), S. 170.

[204] Marque, D.: L.utilisation du gaz en cimenterie. gwi 20 (1971), S. 393.

[206] Neidel, W. und Blandzun, J.: Zur Dimensionierung von Tauchbrennerreaktoren. Chem. Techn. 27 (1975), S. 332.

Niedergesäß, G.: Ferngas in Schachtöfen zum Brennen von Schamotte. Gaswärme 12 (1963), S. 263.

Olschewski, K. und Grimm, W.: Verbrennungsreaktionen und Durchdringungsverhalten bei der Anwendung gasförmiger Brennstoffe in Kalksteinschüttungen. GWI 27 (1978), S. 20.

Pirani, M.: Elektrothermie. 2e Auflage. Berlin–Göttingen–Heidelberg. (1960).

[200] Ribesse, J. und Luijten, W.: Die Erdgasanwendung in der Industrie, dargestellt am Beispiel der Kalkindustrie. gwi 20 (1971), S. 389.
[299] Rasch, R.: Verbrennungsanlagen für kommunale und industrielle Abfälle. Energie 21 (1969), S. 239.
Rao, N.: Ofentechnik in der chemischen Industrie. Gaswärme 16 (1967), S. 326.
Roots, W. et al: Fluidized beds with indirect electroheating. ewi 28 (1970), S. 125.
Vanecek, V. et al: Fluidized bed drying. Leonard Hill, London 1966.
[203] Waldert, H.: Der Gleichstrom-Regenerativ-Ofen der Kalkindustrie.GWI 23 (1974), S. 430.

Abschnitt 9.

[218] Biro.: Einfluß des Brennertypes auf die Strömungsverhältnisse. GWI 25 (1976), S. 75.
Boenecke, H.: Strömungsvorgänge und Modellbetrachtungen bei der Industrieanwendung. Gaswärme 7 (1968), S. 14 und S. 69.
Boenecke, H.: Der Modellversuch als Hilfsmittel für den Bau und Betrieb von Industrieöfen. Gaswärme 12 (1963), S. 193.
Boenecke, H.: Planung und konstruktive Entwicklung von Industrieöfen unter Mithilfe von Modellversuchen. Gaswärme 15 (1965), S. 253.
Brötz, W.: Ähnlichkeitslehre und Modellgesetz. Gaswärme 3 (1954), S. 235.
Brüning, R.: Modelluntersuchungen an U-Flammenöfen. Glastechn. Ber. 41 (1968), S. 217, 326 und 408.
Brunklaus, J.H.: Das Verhalten eines Combustor-Gasbrenners. gwi 22 (1973), S. 104.
Černoch, S.: Verbesserung der Strömung in Winderhitzern durch Modellversuche. Radex Rundschau (1969), H. 5, S. 744.
Černoch, S.: Zur Bewertung der wärmetechnischen Lösung bei Industrieöfen. gwi 23 (1974), S. 400.
[216] Černoch, S. et al: Modellforschung hilft der Tiefofenentwicklung. Freiberger Forschungshefte (DDR) (1960) B. 48.
Clarke, A.; Gerrard, A.; Holliday, L.: Gasturbinen-Brennkammern-Modellstudien. Öl- und Gasfeuerung 9 (1964), S. 896.
Collin, R.: Modelluntersuchungen von einem Tunnelofen für Eisenschwamm. Dep. Heat and Furnace Techn. Royal Inst. of Technology. Stockholz (1967).
[211] Eggers, R. et al: Modelluntersuchungen über die Strömungsverteilung und der konvektiven Wärmeübergang in Muffelöfen. GWI 25 (1976), S. 260.
[212] Gerdes, H. und Woelke, G.: Experimentelle und mathematische Untersuchung an einem Strahlheizrohr. GWI 26 (1977), S. 511.
[195] Gottwald, M.: Wärmearbeit eines 230-t-Ofens des Typs Maerz-Boelens und deren Verfolgung durch einen Analogrechner. Transactions of the Inst. of Mining and Metallurgy, Ostrawa (CSSR), 7/1968, S. 73.
[219] Gruson, G.; Garstka, J.; Dürkop, J.: Anwendung der Analogie- und Modelltechnik bei der Lösung verfahrenstechnischer Fragen der Brennstofftechnik. XIX. Berg- und Hüttenm. Tagung 2–5. Juli 1968, Techn. Univ. Freiberg (DDR).
Günther, R.: Verbrennungsforschung. BWK 25 (1973), S. 306, (Traustel, S.: Strömungsmodelle)
Günther, R. et al: Beispiele für die Anwendung mathematischer Ofenmodelle. gwi 23 (1974), S. 381.
Hackeschmidt, H.: Über neueste Entwicklungen bei der Anwendung des Beuken-Modells. De Ingenieur (Elektrotechniek) (1968), H. 6, S. 55 (Niederlande).
Hackeschmidt, H.: Zur elektrischen Modellierung der Turbulenzdiffusion. gwi 18 (1969), S. 437, und 19 (1970), S. III.
Horn, B.: Untersuchung der Wärmeisolation einer zentralen elektrischen Blockspeicheranlage mit dem Beuken-Modell. ewi 27 (1969), S. 73.
Heiss, W.: Mathematical model of an electric smelting furnace. EWI 36 (1978), S. B 111.
Ichikawa, M. et al: Error analysis on various electrical analogues solutions for heatconduction partial differential equations. ewi 26 (1968), S. 215.

[215] Jeschar, R.: Anwendung und Grenzen der Ähnlichkeitstheorie.: VDI. Bildungswerk: BW 2705.

Jeschar, R.; Pötke, W.; Schröder, U.: Untersuchungen von Ofenproblemen mit Hilfe von Modellen. Ber. D. Keram. Ges. 44 (1967), S. 156.

Jeschar, R.: Untersuchungen über den konvektiven Wärmeübergang in Industrieöfen. gwi 17 (1968), S. 54.

Jeschar, R.: Untersuchungen über die Strömung in Schachtöfen mit Hilfe der elektrischen Analogie. Chem. Ing. Techn. 40 (1968), S. 669.

[217] Jeschar, R. et al: Einfluß der Randspalten auf die Strömungsverteilung in Tunnelöfen. Ber. der D. Keram. Ges. 49 (1972), S. 253.

[214] Joswig und Woelk: GWI 25 (1976), S. 36.

Knaak, R.: Die Anwendung mathematischer Ofenmodelle aus der Sicht der Praxis. gwi 23 (1974), S. 388.

Kremer, H.: Modellversuche über den Impuls- und Stoffaustausch in freien und eingeschlossenen einfachen und doppelkonzentrischen turbulenten Rohrstrahlen. gwi 17 (1968), S. 241.

Kuhnert, D.: Grundlagen der Modelltechnik und der Anwendung in der Feuerungstechnik. gwi 18 (1969), S. 258.

[220] Köhne, H.: Theoretische und experimentelle Lösungen für spezielle Fälle zweidimensionaler, stationärer Wärmeleitvorgänge. gwi 15 (1966), S. 50.

Köhne, H. und Woelk, G.: Das digitale Beuken-Modell, eine Methode zur Berechnung instationärer Wärmeleitvorgänge. ewi 27 (1969), S. 302.

[213] Kolbe, E. et al: Analyse des Betriebsverhaltens von Induktionstiegelöfen mit Hilfe von Modellen. EWI 35

[211] Korndörfer, U. und Günther, R.: Mathematisches Modell zur Berechnung des Einflusses der Gleitschienen auf Temperaturverteilung im Wärmgut bei Durchlauföfen. GWI 24 (1975), S. 415.

Kremer, R.: Algorithmus der Steuerung der Stahlerwärmung in Flammenöfen. Transactions of the Inst. of Mining and Metallurgy, Ostrava (CSSR), 7/1968, S. 103.

[222] Laturell, E. und Jeschar, R.: Untersuchung der Kühlwirkung von Stoßofen-Gleitschienen mit Hilfe eines thermoelektrischen Analogiemodells. Arch. für das Eisenhüttenwesen 41 (1970), S. 259.

Lützke, K. et al: Modelluntersuchungen zur Vermischung von Gas und Luft im Feuerraum einer Glasschmelzwanne. gwi 19 (1970), S. 459.

Müller, H.: Zur Bemessung von Speicherblöcken. ewi 29 (1971), S. 673.

Mühlbauer, A.: Modelltechnische Nachbildung der Badbewegung in Induktions-Tiegelöfen. ewi 27 (1969), S. 398.

[210] Neidel, W. et al: Energiebilanz und Wärmeübertragung in Tunnelöfen. Energieanwendung (DDR) 23 (1974), S. 179.

[221] Neumann, H. und Jeschar, R.: Ein räumliches, elektrisches Analogiemodell und seine Anwendung auf Strömungsuntersuchungen in Schachtöfen. Arch. Eisenhüttenwes. 44 (1973), S. 491.

Ott, H.: Modellversuche mit Brennkammern. BWK 10 (1958), S. 288.

[60] Reinitzhuber, F.: Ein Rechenmodell zur Beschreibung der Erwärmung von Gut in Industrieöfen. ISI-Meeting: „Mathematical process models in iron- and steelmaking". Febr. 1973, Amsterdam

Rozengart, J.: On some problems of external and internal heat exchange in heating furnace. Transact. Inst. of Mining and Metallurgy. Ostrava (CSSR), 7 (1968), S. 59.

Schwarz-Bergkampf, E.; Schuster, F.: Der Weg zum Modellgesetz. Gaswärme 2 (1953), S. 171. (1977), S. B 84.

Vaclavinek, J.: Anwendung der Modelltechnik. GWI 25 (1976), S. 12.

[209] Woelk, G.: Behandlung von Wärmeleitvorgängen bei entkoppelten, mathematischen Ofenmodellen. Arch. Eisenhüttenwes. 47 (1976), S. 223.

Abschnitt 11.

[238] Arts, M.W.: Energieeinsparung bei Aluminiumschmelzöfen mit Hilfe eines Prozeßrechners. gwi Band 33 (1984) Heft 6/7, Juni/Juli.

[239] Dötsch, E. und Drees, G.W.: Gesteuertes und geregeltes Gießen von Formstücken. gwi Band 33 (1984) Heft 6/7, Juni/Juli.
[229] Dohle, U. und Woelk, G.: Verbrennungsregelung mit Prozeßrechner unter Einsatz von Zirkondioxidsonden. gwi Band 32 (1983) Heft 10, Oktober.
[226] Friedrich, H.: Frei programmierbare Steuerungen für den Betrieb von Industrieöfen. gwi Band 30 (1981) Heft 10, Oktober.
[234] Friedrich, H.: Gasbeheizter Paternosterturmofen mit frei programmierbarer Steuerung. gwi Band 32 (1983) Heft 9, September.
[240] Furgac, I.: Anwendung von Industrierobotern. gwi Band 33 (1984) Heft 6/7, Juni/Juli.
[236] Gijswijt, R. und Weissohn, K.H.: Steuerung für den Verlauf der Kohlenstoffdiffusion im Werkstück unter Einsatz eines Prozeßrechners. gwi Band 32 (1983) Heft 9, September.
[223] Klein, B.: Wann lohnt sich der Einsatz von CAD–CAM. TECHNICA 25/1984.
[235] Knieriem, A. und Pfau, H.: Computer zum Regeln von Kohlungsatmosphären und Diffusionsprozessen. gwi Band 32 (1983) Heft 9, September.
[230] Kuhn, P. und Pohle, H.J.: Entwicklungstendenzen bei Brennersteuerungen für Industrieöfen. gwi Band 33 (1984) Heft 6/7, Juni/Juli.
[228] Leisenberg, W.: Einsatz von Prozeßrechnern an periodischen Öfen. gwi Band 32 (1983) Heft 7/8, Juli/August.
[225] Lütcke, H.: Informationsunterlagen Fa. Karrena
[232] Ochel, H., Lenz, G. und Ambrozus, W.: Mikroprozessorsystem regelt und steuert gasbeheizten Wärmebehandlungsofen in einer Gesenkschmiede. gwi Band 30 (1981) Heft 10, Oktober
[237] Rembges, W. und Oppel, W.: Mikroprozessorsteuerung für die Wärmebehandlung. gwi Band 33 (1904) Heft 6/7, Juni/Juli.
[227] Woelk, G.: Regelung von gasbeheizten Wärmebehandlungsöfen mit Schalttafelcomputern. gwi Band 33 (1984) Heft 9, September.
[231] Woelk, G. und Uetz, G.: Führung von Wärmeanlagen mit Prozeßrechnern. gwi Band 33 (1984) Heft 6/7, Juni/Juli.
[224] Wollgarten, H.: CAD-Seminar bei IHK Köln, Frühjahr 1985.

Abschnitt 12.1. und 12.2.

Anderson, R.; Gunn, D. und Roberts, A.: Uses of permeable refractories for furnace construction. J. Inst. Fuel (1944), S. 169/187.
Anderson, R.; Gunn, D. und Roberts, A.: Further experience for the usw of permeable refractories in furnace construction. J. Inst. Fuel (1945).
Becher, U.: Gasbeheizte Industrieöfen und Wärmeanlagen. Leipzig (1968), S. 29, 266, 282.
[241] Brunklaus, J.H.: Vortrag vor Ver. Gasf. in Nederland. 's Gravenhage 20. 3. 1940.
[242] Brunklaus, J.H.: Temperatur- und Druckverhältnisse im Ofenraum in Zusammenhang mit der Ofenkonstruktion. Gas 14 (1942), S. 191/198.
Brunklaus, J.H.: Heattransfer through porous refractory walls. Unveröffentlichte Arbeit (1946).
[242] Brunklaus, J.H.: Heat and Pressure-Distribution inside Industrial Furnaces. Ind. Gas (New York) 28 (1949), S. 16/26.
[243] Brunklaus, J.H.: Der Industrieofen mit innerer Rekuperation. Allg. Wärmetechnik. 3 (1952), S. 10/16.
[8] Brunklaus, J.H.: DP-Patent Nr. 903 550 (31. 8. 1951).
[12] Brunklaus, J.H.: Stavba Prumyslovych Peci. Praha 1966. S. 437 – 445.
[258] Brunklaus, J.H.: Brennstoffbeheizte thermoelektrische Generatoren. Öl- und Gasfeuerung 13 (1968), S. 281.
Brunklaus, J.H.: Direkte omzetting van warmte elektriciteit. Polytechn. Tijdschrift 21 (1968), S. 225.
Brunklaus, J.H.: Der Temperaturverlauf in den Wänden von Öfen mit innerer Rekuperation. Polytechn. Tijdschr. (Holland) (1973), S. 183.
[13] Brunklaus, J.H.: Industrieofen- und Brennerbau. Essen 1975, S. 250.

[248] Brunklaus, J.H.: Stand der Entwicklung von Industrieöfen mit innerer Rekuperation. GWI 26 (1977), S. 186.

[246] Dietze, R.: Zur Anwendung der Theorie des Wärmeaustausches bei gleichzeitigem Stoffdurchsatz für brennstoffbeheizte Industrieöfen. XXI. Berg. u. Hüttenm. Tagung 1./3. 4. 1970, Freiberg (DDR).

[247] Dietze, R.: Verbesserung des wärmetechnischen Wirkungsgrades brennstoffbeheizter Industrieöfen. Diss. Bergakademie Freiburg. 1971.

Dietze, R.: Nicht konventionelle Wärmeprozesse in Industrieöfen durch Einsatz künstlich poröser Feuerbetone. Wiss. Ber. der Ing. Hochschule Zittau. Nov. 1974. Nr. 11.

Dietze, R.: Industrieöfen mit abgasdurchströmten Wänden. GWI 3/86.

[244] Dioszeghy: Die Beeinflussung der Wärmeübertragung durch die Strömungsverhältnisse im Ofenraum. Energieanwendung (DDR) 14 (1965), S. 200.

[245] Dioszeghy, D.: Die Rolle der Ofenwand bei hohen Temperaturen. Int. Koll. Industrieofenbau. TH Aachen. April 1967.

[3] Dioszeghy: Theoretische und praktische Entwicklung der Flammenforschung. Freiberger Forschungshefte B 120 (1967), S. 183.

Elsner, N.: „Wärmedurchgang durch poröse Körper bei gleichzeitigem Stoffdurchsatz". Wiss. Zeitschr. der Techn. Univ. Dresden 3 (1955), S. 125/157.

[14] Erinov, A. E.: The intensification of the heat exchange process in industrial flame furnaces and the choice of rational regimes. Heattransfer in Flames. Chapter 13. New York 1974.

Munser, H.: Graphische Bestimmung des Temperaturverlaufs bei instationären Wärmeströmungen mit Stoffdurchsatz. Wiss. Zeitschr. Techn. Universität Dresden. 11 (1962), S. 1074.

Munser, H.: Zur Berechnung der Wärmeübertragung bei Radialrekuperatoren. Wiss. Zeitschr. Techn. Universität Dresden. 15 (1966), S. 1103. Auszug aus einer Dissertation von H. Munser, 1964.

Riesner, W.: Abgaswärmenutzung. Leipzig (1967), S. 67—69.

Skunca, I.: Durchflußmengen an einem Spalt aus Silikastein bei erhöhten Temperaturen. Gaswärme 15 (1966), S. 57.

[249] Veron, M.; Rocard, Y.: La convection vive. Bull. Techn. Soc. Francaise Babcock et Wilcox. Dez. 1948, Nr. 21.

Abschnitt 12.3.

Boberg, R.: Die Bedeutung des Exergiebegriffes und die Durchführung exergetischer Untersuchungen in der Gastechnik. XIX. Berg. u. Hüttenm. Tagung, 2.—5. Juli 1968. Techn. Univ. Freiberg.

[250] Brunklaus, J.H.: Die Energie der Brennstoffe. Gaswärme 8 (1959), S. 329/334.

Brunklaus, J.H.: Brennstoffbeheizte Thermoelektrische Generatoren. Öl- und Gasfeuerung 13 (1968), S. 281.

[254] Brunklaus, J.H.: Wert oder Unwert von Exergiebetrachtungen für den Ofenbau. GWI 26 (1977), S. 10.

Buimovici, D.: Maximale Arbeit und Exergie der Brennstoffe. Allg. Wärmetechn. 8 (1958), S. 189/194.

Bürger, R. und Sternberg, H.: Kombinierter Gas-Dampfturbinenprozess. GWI 26 (1977), S. 89.

Černoch, S.: Beitrag zur Entwicklung der Thermodynamik der Ofenarbeit. Gaswärme 16 (1967), S. 577.

[253] Černoch, S.: Zur Bewertung der wärmetechnischen Lösung bei Industrieöfen. GWI 23 (1974), S. 400.

Deutscher, G. und Schön, W.: Total Energy. GWI 27 (1978), S. 372.

Elsner, N.; Fratscher, W.: Zum Problem der Nichtumkehrbarkeiten bei Thermodynamischen Prozessen. Wiss. Zeitschr. T. Univ. Dresden 5 (1957), S. 33.

Fratscher, W.; Schmidt, D.: Zur Bestimmung der maximalen Arbeit von Verbrennungsreaktionen. Wiss. Zeitschr. T. Univ. Dresden 10 (1961), S. 183.

Fratscher, W.: Die Grundgleichung der Exergie und ihre Anwendung auf den Verbrennungsvorgang. Wiss. Zeitschrf. T.Univ. Dresden 10 (1961), S. 253.

Handrock, W.: Einsatz von Gaswärmepumpen. GWi 27 (1978), S. 29.

Hondius, H.: Total Energy in the Netherlands. gwi 23 (1971), S. 309.

[257] Klapp, E.: Entwicklungsstand und Aussichten der magnetohydrodynamische Energieerzeugung. Gaswärme 15 (1966), S. 397.

[251] Litterscheidt, W.: Die Einbeziehung des Entropiebegriffes in die wärmetechnische Beurteilung von Industrieöfen. Gaswärme 11 (1962), S. 59.

Loison, R.: Chauffage industriel et Utilisation des Combustibles. Bd. 1, S. 247, Paris 1956.

Modegger, H.: Klimatisieren mit Gas in Industrie- und Gewerbebetrieben. gwi 22 (1973), S. 273.

Munser, H.: Zur Bestimmung von Optimalwerten in der Energiewirtschaft. Energietechnik 17 (1967), S. 385.

Nesselmann, K.: Über den thermodynamischen Begriff der Arbeitsfähigkeit. Allg. Wärmetechn. 3 (1953), S. 97/104.

Nesselmann, K.: Der Wirkungsgrad themodynamischer Prozesse. Allg. Wärmetechn. 4 (1953), S. 142/147.

Overdijkink, G.: Total Energy in de praktijk. Gas 90 (1970), S. 31.

Rant, Z.: Exergiediagramme für Verbrennungsgase. BWK 12 (1960), S. 1.

[252] Rant, Z.: Bilanzen und Beurteilungsquotienten bei technischen Prozessen. Gaswärme 14 (1965), S. 28.

Rawe, R.: Total-Energy-Anlagen. gwi 22 (1973), S. 279.

[255] Ribesse, J.: Cycle de turbine a gaz comportant un reacteur d'oxydation partielle catalytique de gaz naturel. gwi 20 (1971), S. 274.

Schack, K.: Fragen der Optimierung bei der rekuperativen Abwärmerückgewinnung. GWI 27 (1978), S. 190.

Schmidt, E.: Thermodynamik. 6. Aufl., S. 100 f. Berlin 1956.

Schmidt, E.F.: Thermodynamische Betrachtung der Thermoelektrischen Energieumwandlung. BWK 19 (1967), S. 302.

Schuster, F.: Der Wirkungsgrad — physikalische-technisch, gastechnisch, philosophisch. Gaswärme 8 (1959), S. 129/133.

[256] Steinle, F. und Paul, J.: Industrielle Wärmerückgewinnung. GWI 26 (1977), S. 257.

Thring, M.W.: The Science of Flames and Furnaces. S. 68/84. London 1952.

Willes, R.: Integrierte Energieversorgungssysteme mit Brennstoffzellen. GWI 25 (1976), S. 257.

Übersicht der benutzten Zeichen

A = Fläche in m²
A_b = Oberfläche des Wärmgutes, welche mit dem Ofeninnern in Strahlungsaustausch steht
A_w = Innere Ofenwandfläche in m²
A = mechanisches Wärmeäquivalent
A_n = Anergie
α = Beschleunigung in m/s²
α = Winkel in Grad, auch Asströmzahl
α = Wärmeübergangskoeffizient in W/m² · K
α_k = Wärmeübergangskoeffizient der Konvektion bei t °C, auch Kontraktionszahl
α_{ko} = Wärmeübergangskoeffizient der Konvektion bei 0 °C
α_b = Wärmeübergangskoeffizient der Konvektion der inneren Wandfläche
α_w = Wärmeübergangskoeffizient der Konvektion und Strahlung für die äußere Wandfläche, auch Reibungszahl
α_{tot} = Gesamt-Wärmeübergangskoeffizient
α_s = Wärmeübergangskoeffizient der Strahlung
B = Barometerstand in mbar, auch Liniendichte in Gauß
B = Brennstoffmenge oder Brennstoffverbrauch in kg oder Nm³
b = Belastung des Verbrennungsraumes in kJ/m³h oder kW/m³
b = Breite in m
β = Winkel in Grad
C = Konstante, auch Kapazität in μF
C = Strahlungszahl des Schwarzstrahlers = 5,77 w/m² · K⁴
C_t = CO₂-Gehalt der Abgase in % bei luftsatter Verbrennung
C_1 = CO₂-Gehalt der Abgase in % (trocken)
c = spezifische Wärmekapazität kJ/kg
c_{pm} = mittlere spezifische Wärmekapazität bei konstantem Druck

c_v = spezifische Wärmekapazität bei konstantem Volumen
c_g = spezifische Wärme von Gas
c_l = spezifische Wärme von Luft
ρ = Dichte in kg/Nm³
D = Dichteverhältnis Gas/Luft
D oder
d = Durchmesser in m
d_a = äquivalenter Durchmesser
ϑ = Eindringtiefe in cm, auch Temperatur
E = Bewegungsgröße
E_v = Verlust an Bewegungsgröße
E_x = Exergie
ϵ = Emissionszahl, auch dielektrische Konstante
f = Beiwert
f = Querschnitt, auch A
G = Gewichtskraft in N
G_r = Grashofzahl
g = Erdbeschleunigung in m/s²
h = Druckunterschied oder Druckverlust in N/m²
h = spezifische Enthalpie
H = Enthalpie
H = Höhe in m, Feldstärke in Oersted oder Enthalpie
H_o = Brennwert in MJ/m³, kWh/m³, MJ/kg (V_n)
H_u = Heizwert in MJ/m³ oder MJ/kg
η_{th} = Feuerungstechnischer Wirkungsgrad
η = Wirkungsgrad oder auch dynamische Zähigkeit in Ns/m², Pa·s
η_t = dynamische Zähigkeit bei einer bestimmten Temperatur
η_o = dynamische Zähigkeit bei 0 °C
η_r = Wirkungsgrad der Treibdüse
η_v = Wirkungsgrad des vollkommen unelastischen Zusammenstoßes
 = $\dfrac{E_1 - E_v}{E_1}$
η_o = Gütegrad des Ofens
η_{ges} = Gesamtwirkungsgrad des Ofens
k = m³ Luft je m³ Gas in Brennstoff-Luft-Gemisch

Übersicht der benutzten Zeichen

k	=	Beiwert ganz allgemein	Re	=	Reynoldszahl
k	=	Wärmedurchgangskoeffizient $kJ/m^2\,h$	S	=	Entropie in $kJ/°K$ (absolute Temperatur)
L	=	geleistete mechanische Arbeit, auch Selbstinduktion in Henry	s	=	Stärke in m
			T	=	Temperatur in K
l	=	Länge in m	t	=	Temperatur in C, auch Zeit
λ	=	Widerstandskoeffizient für die Wandreibung	t_g	=	Gastemperatur
			t_m	=	mittlere Temperatur
λ	=	Wärmeleitkoeffizient in $kJ/m\cdot h\cdot K$	t_o	=	Anfangstemperatur
m	=	Masse	t_u	=	Umgebungstemperatur
μ	=	Permeabilität	t_t	=	Thermometertemperatur
n	=	Luftzahl	t_w	=	äußere Wandtemperatur
n	=	$\dfrac{c_p}{c_v}$	t_w	=	Wärmguttemperatur
			U	=	Umfang, auch Spannung in V
N_u	=	Nusseltzahl	V	=	Volumen in m^3/s
ν	=	kinematische Zähigkeit m^2/s, auch Oberflächenbelastung in $kJ/cm^2\cdot h$ oder W/cm^2	v	=	Volumen in m^3
			v_a	=	wirklich zugeführte Luftmenge in m^3/kg oder m^3/m^3
p	=	Druck in N/m^2	v_{at}	=	theoretisch notwendige Luftmenge in m^3/kg oder m^3/m^3
P	=	Kraft			
ρ	=	spezifischer Widerstand $\Omega\,mm^2/m$, auch Dichte in kg/Nm^3	v_{at}	=	theoretisch notwendige Sauerstoffmenge in m^3/kg oder m^3/m^3
Φ	=	magnetischer Fluß	v_r	=	Abgasmenge in m^3/kg oder m^3/m^3 (V_n)
φ	=	relative Feuchtigkeit			
ψ	=	Sättigungsgrad in %			
Q	=	Wärme	v_{rt}	=	Abgasmenge bei luftsatter Verbrennung in m^3/kg oder m^3/m^3
Q_s	=	durch Öffnungen abgestrahlte Wärme			
Q_w	=	gesamter Wandverlust in kJ oder MJ	$v_{tr\cdot tr}$	=	trockene Abgasmenge bei luftsatter Verbrennung in m^3/kg oder m^3/m^3
q_w	=	Wandverlust in $kJ/m^2 h$ oder W/m^2	w	=	Geschwindigkeit in m/s
R	=	Widerstand in Ω	ζ	=	zusätzlicher Widerstandsbeiwert

Sachverzeichnis

A

Abgas, Schadstoffe 505
Abgasmenge, trockene 107
Abgasrückführung 466, 497, 681
Abgasumwälzung 491
Abgasverlust 187
— durch Spalte 365
Abgaszusammensetzung 468
Abhängigkeit der Ofenwand-Außentemperatur vom Emissionsgrad der Ofenverkleidung 673
Abhebegeschwindigkeit 132
Abriebfestigkeit 10
Absperrventil 461
Adapt-Heißgleitschienen 59
Adapt-Schiene 575
Äthylen 120
Aichelin 482
Alsiblock 45
Alsiflex 23, 24
Aluminium 199
Ambrozus 765
Ammoniakspaltung 475
Anheizen 200
Anheizverbrauch 200
Ankermaste 55
Anlaufzeit 511
Anthrazit 91, 92
Arbeit, elektrische 139
Arbeitsprozeß 198
Arts 784
Asbestsilikat 23
Aufkohlung 475
Ausdehnung, lineare 8
Auskühlung eines Ofenraumes 371
Austauschbarkeit von Brenngasen 133
Awerbuch 350
Axialgebläse 353
Azetylen 120

B

Bandförderung 569
Baustoffe, feuerfeste 7
Becher 505
Beer 412

Beharrungszustand 201
Beheizung 1
—, induktive 149, 173
—, konduktive 182, 593
—, mittelbare 234
Behrens 579
Berechnung eines gasbeheizten Trockenofens zum Lacktrocknen 696
— eines Schöpfofens 667
— von Heizleitern 150
— von Industrieöfen 664
Berechnungsbeispiele 665

Bernoulli 343
Bestiftung 44
Beton, gewöhnlicher 21
Betriebskontrolle 525
Beuken-Modell 253, 285
Bewegungsenergie 324
Biro 662
Blei 199
Blindleistung 147
Boride 18
Bovy 266
Braunkohle 90
Brennen 13
Brenner, Bunsen- 429
—, Combustor- 392, 424, 427
—, — für Öl 456
—, Deckenstrahl- 420
—, Drall- 392, 418, 508
—, Fliehkraftzerstäubungs- 452
—, Gas- 415
—, —, Einteilung 415
—, —, Flammensicherungen 458
—, Gas-Öl- 456
—, Gebläse- 423
—, Heizgas- 481
—, Impuls- 433, 455, 494, 495
—, Injektor- 429
—, Kreuzstrom- 417
—, Luftgebläse-Gas- 423
—, Öl- 447
—, —, Flammensicherungen 458
—, — mit Luftzerstäubung 449
—, — mit Preßluftzerstäubung 449
—, Plasma- 562

–, Preßgas- 429
–, Rekuperator-Gas- 434
–, Schutzgas- 481
–, Schwank- 436
–, Steinstrahl- 436, 437
–, Sternstrahl- 420
–, Strahlrohr- 244
–, Strahlungs- 433
–, Treibdüsen- 429
–, –, Grundtypen 439
–, Tunnel- 434
–, Verdampfungsöl- 448
–, Wirbelstrahl- 419
— mit Vormischung von Gas und Luft 418
— mit Zerstäubung 448
— ohne Vormischung 415
Brennerbeiwert 388
Brennerleistung 427
Brennermischvorrichtung 438
Brennersteine 61
Brennerübersicht 459
Brennerüberwachung 750
Brennkammern 31
Brennstoffe 90
–, feste 90
–, gasförmige 92
Brennstoffersparnisse 9
Brennstoffverbrauch 200
Brennwert 98, 119
Brunklaus 266
Butan 485

C

CAD im Feuerfestbau 731
— in E und K 709
–, dezentrales 722
CAD-Anwendung 704
CAD/CAM-Systeme im Industrieofenbau 723
CAD-Installation bei KARRENA 734
CAD-System bei Fa. Junker 723
— für Kleinbetriebe 723
CAE-Anwendung 703
CAM in der Produktion 711
CAM-Anwendung 704
Cerafelt 23

Ceraform 24
Cermets 18
Cernoch 205, 206, 209, 223, 224, 255, 264, 498, 660
Cesiwid 157
CESIWID®-GRAPHIT 168
Chromerz 16
Chromerz-Magnesit 16
Chromguß, hochhitzebeständiger 30
Chromit 7
Clinotherm 46
Coanda-Düse 349
Coanda-Effekt 326, 496, 522
Computer 742, 772
–, Mikro- 703, 750
–, Mini- 703
–, Personal- 703
–, Schalttafel- 761
–, Tisch- 703
Computereinsatz bei Industrieofenanlagen 742
— im Industrieofenbau 703
Corhart-Steine 17
Corhart-Zac-Steine 17
Corona 23
Cristobalit 14
Cr-Si-Guß, legierter 30
Curie-Punkt 176

D

Dampfrohre 236
Datenverarbeitung, elektronische (EDV) 703
Dehnfugen 37
Deutsches Format 14
Diatomitsteine 22
Dichte 66, 98, 322
Dichteverhältnis 98, 322
Differenzenrechnung 282
Diffusionsflamme 393
Diffusionsgeschwindigkeit 628
Diffusionsprozeß, Regeln von 772
DIN 24 201 1
DIN 51 063 4
Dissoziation 121
Dötsch 790
Dohle 744

Dolomit 16
Drallerzeuger 398
Drees 790
Dreieckschaltung 145
Dreipunktregelung 511
Drosselklappen 348
Druck 66
— und Strömung im Ofen 322
Druckfeuerbeständigkeit 4, 36
Druckzerstäubung 451
Dürfeld 245
Durchmesser, hydraulischer 338
3 D-Volumenmodell 738

E

Eichert 231
Ein-Aus-Regelung 511
Eindringtiefe 175
Einsatzhärtung 487
Einteilung 180
Eisenoxyd 12
Elektroden 18
Elektronenstrahlen, verdampfen mit 604
Elektronenstrahlerwärmung 184
Emission 504
Emissionsverhältnis 290
Emissionsvermögen 77
Emittent 504
Energie 65
Energieeinsparung bei Aluminium-
  schmelzöfen 784
Engler 330
Englisches Format 14
Enthalpie 116
Entkohlen 489
Entkohlung 475
Entspannungsglühen 588
Erstluft 361
Erwärmung, dielektrische 182
—, konduktive 182, 593
—, zunderarme 480
Erwärmungseinrichtung, industrielle 1
Erwärmungszeit des Wärmgutes 249
Eßkohle 91
Eutektikum 12
Explosionsgefahr 483
Explosionsgrenze 127

F

Falschluft 468
Falschluftmenge, Berechnung 470
Faser, keramische 23
Feldstärke 174
—, magnetische 141
Feste Brennstoffe 90
Fettkohle 91
Feuchtigkeit, relative 114
Feuerbeton 19, 20
Feuerfestbau, CAD im 731
Feuerfestigkeit 4, 36
Feuerleichtsteine 9, 13
Fiberchrom 26
Fiberfrax 23
Flammengeräusche 411
Flammenlänge 385, 394
Flammensicherung 458
Flammenstabilisierung 399, 404
Flammenüberwachung 463
Flüssiges Erdgas 100
Flüssigkeitsdichtung 580
Flugasche 507
Fördermittel 563
Förderrinne, elektromagnetische 557
Format, Deutsches 14
—, Englisches 14
Formeln 171
Forsterit 16
Freistrahl 393
Frequenzumformer 177
Friedrich 742
Fritsch 392, 400
Furgac 796

G

Gas, Ammoniakspalt- 483
—, Brenn-, Austauschbarkeit 133
—, Endo- 483
—, Erd- 97
—, —, flüssiges 100
—, Exo- 483
—, Fern- 37
—, Generator- 92
—, Gicht- 92
—, Inert- 483
—, Koksofen- 96

—, Mono- 486
—, Öl- 96
—, Propan- 483
—, Reaktions- 475, 483
—, Schutz- 472, 474, 483
—, Stadt- 97
—, Geruchsschwelle 506
—, Strömung bei Höhenunterschieden 346
Gasaufkohlung 487
Gasdurchlässigkeit 331
Gasflammkohle 91
Gasförmige Brennstoffe 92
Gaskohle 91
Gasstrahlrohre, Grundtypen 243
Gebläse 349
Gegenstrom 259
Gerdes 657
Geruchsschwelle einiger Gase 506
Gesamtwirkungsgrad 200
Gesenkschmieden, Stoßöfen für 575
Gesetz, Joulesches 140
—, Kirchhoffsches 77
—, Lambertsches Strahlungs- 79
—, Ohmsches 139
— von Stefan-Boltzmann 77
Gewölbe, heiße 53
—, kalte 53
Gießen, gesteuertes und geregeltes 790
Gijswijt 777
Gilbert 135
Gillhaus 353
Glas 199
Gleichgewichtsreaktionen 475
Gleichgewichtsverhältnisse 477
Gleichstrom 259
Gleichung, Bernoullische 334
—, Boudouardsche 476
—, Verbrennungs- 106
Gleitschienen 58
Globar 160
Glühfrischen 489
Glühtöpfe 472
Godsave 135
Graphit 18
Großrechner 703
Grundtypen von Gasstrahlrohren 243
Günther 48, 222, 392, 394

Gußeisen 199
Gutlagerung 1
Gypta 412

H

Hard- und Software, Systemauswahl 718
Hardware 703
Hartlöten 474
Heatpipes 238
Hegewaldt 554
Heiligenstaedt 75, 202, 213, 374, 387
Heißdrahtmethode 25
Heißgaserzeuger 428, 636
Heißluft als Trockenmittel 630
Heizleiter, Berechnung 150
Heizleiterbau 156
Heizleiterwerkstoff 156
—, austenitischer 156
—, ferritischer 156
Heizstäbe, keramische 160
Heizwert 98, 119
Holmquist 135
Holz (Kiefer) 199
Hoyer 661
h-t-Diagramm 122
Huber 248
Hüllmittel 1

I

Immission 504
Impuls 402
Impulsgeber 510
Impulsregelung 511
Impulssatz 324
Induktion, magnetische 141
Industrieofenanlagen, Computereinsatz 742
Industrieofenbau, CAD/CAM-Systeme 723
—, Computereinsatz 703
Industrieroboter 796
Industrie-Terminologie 4
Infrarotelemente 242
Infrarotgerät 488
Infrarottrocknung 638

Integralregler 518
Internationales Einheitensystem
   (SI-System) 64
Inversionsschicht 505
Ionitrieranlage, analog gesteuerte 780
Isoflex 23
Isolierstampfmasse 21
Istwert 510

J

Jeschar 222, 223, 391, 661
Joswig 657
Joulesche Wärme 138
Joulesches Gesetz 140
Jürges 266

K

Kaltdruckfestigkeit 23
Kaltmodell 660
Kaltluftzufuhr bei Ofenabkühlung 368
Kalziumsilikat 23
Kanthal 157
Kapillarkanäle 10
Karburieren 87
Katalysator 7, 475
Katalytstrahler 643
Keller 661
Kerlane 23
Kettenförderung 569
Kettenreaktionen 126
Kieselgur 19
Kieselgursteine 6, 22
Kieselsäure 11
Kirchhoffsches Gesetz 77
Klapp 398
Klassifikation 1
Klein, B. 704
Kleinrechner 703
—, Programme 703
Kleinwefers 30
Knaak 229
Knieriem 772
Koch 228
Köhne 245
Kohlendioxid-Messung 488

Kohlenmonoxid 120, 505
Kohlenstaubfeuerung 137
Kohlenstoff, amorpher 120
Kohlenstoffdiffusion, Steuerung 777
Kohlenstoffpotential 488
Kohlenstoffsteine 18
Kohlenwasserstoffe 507
—, schwere 120
Kohlungsatmosphäre, Regeln von 772
Koks 92
Kolbenmodell 657
Kolbenströmungs-Modell 222
Kondensat 114
Kondensator 183
Konopicky 10
Konvektion 490, 628
—, Wärmeübertragung durch 68
Konvektor 503
Korundsteine 16
Kramer 356
Kremer 398, 508
Krüger 406
Kuhn 750
Kupfer 199
Kwiatowski 128

L

Laiquddin 579
Lambertsches Strahlungsgesetz 79
Latsch 227
Lecköffnung 371
Leerwert 201
Leichtbauweise 290
Leisenberg 743
Leistung, elektrische 139
—, wirkliche 147
Leitfähigkeit, elektrische 11
Leitung, Wärmeübertragung durch 88
Lenz 26, 765
Lenze 394
Leuckel 406
Lichtbogen, Wärmeentwicklung durch 138
Lichtbogenelektroden 18
Litterscheidt 231, 511
Löschgeschwindigkeit 400
Lösungsglühen 588

LOI 244
Lorenz 414
Lütcke, H. 731
Luftbedarf 98
Luftmenge 107
Luftvorwärmung 201

M

Magerkohle 91
Magnesit 6, 7, 16
Magnesiumoxid 17
Mahler 484
MAK-Werte 505
— verschiedener Stoffe 505
Mantelstrahlrohr 33, 496
Manville, John 26
Masse und Kraft 65
Massen, chemisch bindende 19
—, hydraulisch bindende 19
—, keramisch bindende 19
—, organisch bindende 19
—, plastische 19
Material, basisches 7
—, saures 7
Maxwell 142
McAdams-Heiligenstaedt 265
Megapyr 157
Mentser 129
Messing 199
Meßort 510
Meßwertwandler 510
Methan 120
Mikroprozessoren 524, 790
Mikroprozessorsteuerung 780
Mikroprozessorsystem 765
Mikrowellen 183
MIK-Werte 504
— verschiedener Stoffe 505
Mischvorrichtung 432
Mittlere spezifische Wärme 291
Modell, mathematisches 657
—, physikalisches 657
Molekulargewicht 98
Molekularsieb 487
Molybdänstähle 35
MOSILIT 165
Muffel 60

Mullit 17
Multisteine 6

N

Neidel 228, 661
Neumann 50
Neutral 476
Newby 393
Nickelkatalysator 485
Nitride 18
Normalsteine 14
NO_x-Emission 507
Nulldruckebene 357
Nusselt-Jürges 265
Nutzwärme 187

O

Oberflächenveränderungen 475
Ochel 765
Ofen, Aluminiumschmelz- 784
—, Back- 645
—, Blankglüh- 472
—, Drahtbund-Glüh- 501
—, Drehherd- 566, 580
—, Durchstoß- 58
—, Durchzieh- 566
—, Einweg- 569
—, Elektronenstrahl-Schmelz- 560
—, Elektro-, Wärmeentwicklung 138
—, ELPIT-Tief- 571
—, Emaillier- 601
—, Entgasungs- 7
—, Glasschmelz- 604
—, Glaswannen- 17
—, Gleichschritt- 576
—, Glüh- 501
—, Großraum- 569
—, Hängebahn- 590
—, Hafen- 604
—, Hauben- 566, 584
—, Herd- 536
—, Herdwagen- 564
—, Hoch- 10
—, Hubbalken- 565, 576
—, Hubherd- 574

—, Hubwagen- 566
—, Induktions- 547
—, Induktionsschmelz- 180
—, —, Arten 548
—, Industrie- 1, 534
—, —, Berechnung 664
—, —, Beschickung 796
—, —, Verwendungszweck 534
—, Kalkbrenn- 10
—, Kaltwand- 474
—, Kammer- 586
—, Kleinstoß- 575
—, Kupol- 10, 18, 232, 536
—, Lacktrocken- 503
—, Lichtbogen- 18, 171, 544
—, Mehrzweckkammer- 590
—, Mittelfrequenz-Tiegelschmelz- 180, 552
—, Netzfrequenz-Rinnenschmelz- 180
—, Netzfrequenz-Tiegelschmelz- 180
—, Niederfrequenz-Rinnenschmelz- 549
—, —, rinnenloser 551
—, Offen-Bund-Glüh- 585
—, Paternosterturm-, gasbeheizter 769
—, Ring- 609
—, Röhren- 652
—, Rohrdurchlauf- 582
—, Rollenherd- 582
—, Salzbad- 599
—, Schacht- 232, 586
—, Schaukel- 568
—, Schmelz- 534
—, —, induktiv beheizter 548
—, Schnellerwärmungs- 596
—, Schöpf-, Berechnung 667
—, Schüttelherd- 568
—, Siemens-Martin- 7, 535
—, Stoß- 572
—, — für Gesenkschmieden 575
—, Temper- 592
—, Thermo- 576
—, Tief- 569
—, Tiegel- 541
—, Trocken- 626, 632
—, Trommeldurchlauf- 569
—, Tunnel- 618
—, Überkopf- 584
—, Vakuum-Induktions- 559

—, Vakuum-Lichtbogen- 559
—, Verbrennungs- 654
—, Vergütungs- 501
—, Verzinkungs- 599
—, Vierweg- 570
—, Wärmebehandlungs- 563
—, Wärm- 563
—, Wannen- 605
—, Warmwand- 473
—, Widerstands- 18
—, Wirbelbett- 651
—, Wirbelschicht- 232
—, Zellen- 569
—, Zementdreh- 10, 651
—, Zweiweg- 569
— für die keramische Industrie 609
—, Druck und Strömung 322
—, Wärmeübertragung 211
Ofenart 1
Ofenatmosphäre 470
Ofenbaustoffe 4
—, metallische 29
Ofenbauteile, kohlenstoffhaltige 17
Ofenbetrieb 468
Ofengewölbe 49
Ofengütegrad 196
Ofenkonstruktion, fehlerhafte 382
Ofenprozeßsteuerung 524
Ofenraum 1
—, Auskühlung 371
—, Temperaturverteilung 490
Ofensohle 359
Ofentüren 60
Ofenwand-Außentemperatur, Abhängigkeit vom Emissionsgrad der Ofenverkleidung 673
Ohmsches Gesetz 139
Oppel 780
Orsat-Apparat 107
Oxydierend 476

P

Partialdruck 472
„Pebble"-heater 321
Perkinsrohre 236
Permeabilität 176
Petersen 391

Pfau 772
P.-I.-Regler 519
Plasmastrahl 138
— als Wärmequelle 184
Plasmastrahlschmelzen 561
Plibrico 25
Pohle 750
Porosität 7, 10
Porzellan 199
P.-Regler 518
Prigg 135
Proba + Gehtmann 23
Produktionsbereich 1
Programme für Kleinrechner 703
Promasil 23
Promat 23
Prozeßrechner 742, 756, 777
Prozeßsteuerungen 744
Pyroblock 46

Q

Quarz 14
Quarzilit 160
Querstromgebläse 353

R

Raumgewicht 267
Raumkennwert 388
Reaktionsgastechnik 484
Rechneranwendung, Stand 705
Reduzierend 476
Regelgröße 510
Regelkreis 510
Regeln und steuern 508, 765
— von Kohlungsatmosphären und Diffusionsprozessen 772
Regelstrecke 512
Regelung, stetige 511
— mit Schalttafelcomputern 761
Regelvorgang 510
Regenerator 187, 320, 570
Regler, pneumatische 520
—, stetige 518
Rekuperation, innere 481, 805
—, — bei Rekuperatoren 817

Rekuperator 30, 187, 299, 570
—, Berechnung 313
Relative Feuchtigkeit 114
Retorte 485
Rezirkulation 397
Ringrohre 239
Rißbildung 39
Rohrsysteme, Wärmeübertragung
  eines Öles 666
Rückführung 514
Rückzündgeschwindigkeit 131
Rührkesselmodell 222, 657
Ruß 507

S

Sättigungsdruck 114
Saffil 24
Sandtasse 61
Sandtassendichtung 580
Sankey-Diagramm 296
Saris 27
Schack 74, 75, 86, 221
Schadstoffe in Abgasen 505
Schalldruckpegel 412
Schamotte 6
Schaubilder der Wärmebilanz 209
Schaufel, radial endende 352
—, rückwärtsgekrümmte 352
—, vorwärtsgekrümmte 352
Schieber 359
Schmidt 205, 244, 511, 579
Schmitz & Apelt 420, 427, 428
Schnellerwärmung 593, 597
—, induktive 598
Schnellerwärmungsvorrichtungen 595
Schornstein 361
Schornsteinzug 359
Schornstein-Zugstärke 363
Schraubengebläse 353
Schrottvorwärmanlage 499
Schupe 222
Schutzgasherstellung aus Erdgas 483
— aus Propan 482
Schutzgastechnik 484
Schwefel 120
Schwefeldioxid 506
Schwefelsäure 118

Schweröl 37
Schwiedessen 217
Schwinden 10
Schwindung 39
Segerkegel 4
Segerkegelfallpunkt 4
Senkara 83, 229, 252, 575
Siegert 260
Sigrapor 29
Sigratherm 29
SIGRI 163
Silika 6
Silikarbon 160
Silikasteine 14
Silit 160
Siliziumkarbid 6, 15, 18, 160
Sillimanit 6, 15
Sinterberyllerde 17
Sintertonerde 17
Sinterzirkonerde 17
SI-System 64
Skineffekt 149, 174
Skunca 191
Smrcek 390
Söderberg-Elektroden 18
Software 524, 703
Softwarenhäuser 703
Sollwert 510
Speicher 524
Speicherverlust 201
Speicherwärme 187, 280
Spezialguß, hitzebeständiger 30
Spritz-, Anwurf- und Schüttmassen 19
Stabilisierung von Flammen 399
Stahl 199
—, austenitischer 31
—, chromhaltiger ferritischer 31
—, hitzebeständiger 31
—, warmfester 31
—, weich 199
Stahl (1,2 % C) 199
Stampfmassen 19
—, feuerfeste 14
Steigdruck 357
Stein 356
Steinkohle 91
Stellgröße 510
Stepanek 459

Sternschaltung 145
Steuern 523
Steuerung, analoge 743
—, digitale 743
—, frei programmierbare 742, 769
Stickoxide 507
Störgröße 510
Stoßmaschinen 576
Strahler, Dunkel-, elektrische 643
—, Grau- 78
—, Infrarot- für Trockenanlagen 642
—, Öl- 241
—, Quarz- 242
—, Schwarz- 78
—, Selektiv- 78
Strahlrohr 33
Strahlung 628
—, sichtbare 85
—, unsichtbare 85
—, Wärmeübertragung durch 76
— von Gasen 84
Strahlungsgesetz, Lambertsches 79
Strahlungskoeffizient des absolut schwarzen Körpers 77
Strahlungsschirme 87
Strahlungsverlust durch Öffnungen 292
Strahlwand 437
Strömung 69
—, laminare 69, 324, 325
—, turbulente 69, 325
— von Gasen bei Höhenunterschieden 346
Strömungsformeln 333
Stromverdrängung 149
Super-Großrechner 703
Syred 412
System, dezentrales 743
—, zentrales 743
— Kieselsäure-Tonerde 11
Systemauswahl 718

T

Tauchbrennerreaktoren 653
Taupunkt 113, 114, 488
Temperatur 65, 198
—, Abgas- 269
—, Betriebs- 282

—, Erweichungs- 4
—, Reaktions- 485
—, Sättigungs- 114
—, Verbrennungs- 125
—, —, kalorimetrische 120
—, Wand- 269
—, Zünd- 126
Temperaturleitzahl 399
Temperaturverteilung 468
— im Ofenraum 490
Temperaturwechselbeständigkeit 10, 36
Temperguß, schwarzer 592
Tempern 489
Thring 231, 393
Thyristorzelle 179
Tonerde 11
Tonerdegehalt 14
Totzeit 511
Transformatoren 547
Transmitter 510
Transport geschmolzener Werkstoffe 556
Transportelemente 31
Trappe 309
Traustel 391, 393
Treibdüsenberechnung 437
Tridymit 14
Trilock-Blöcke 42
Trinks 56
Trockenanlagen, Infrarotstrahler für 642
Trockenmittel, Heißluft 630
Trocknen 626
—, Wärmebedarf 628
Trocknung, dielektrische 628, 644
Trocknungsgeschwindigkeit 627
Trocknungsvorgang 20, 626

U

Überdruck 358
Uetz 756
Ultraschallzerstäubung 451
Umrechnungen 66
Umweltschutz 504
Universal 330
Unterdruck 358
Unterwindgebläse 364

V

Vakuum 471
Vakuumpumpe 472

Vakuumschmelztechnik 558
Van der Linden 134
VDMA 24202   1
Ventile 348
Venturirohr 438
Verbrennung, Chemie der 104
—, exotherme 486
—, Physik der 126
—, pulsierende 246
—, stöchiometrische 113
—, Tauch- 435
— in der Wirbelschicht 138
Verbrennungsdiagramm 483
Verbrennungsraum 385
Verbrennungsraumbelastung 385
Verbrennungsregelung, rechnergesteuerte 744
Verdampfungswärme 113
Verfahren, Elektroschlackeumschmelz- 562
—, Plasmastrahlschmelz- 561
—, Wirbelschicht- 487
—, thermische 1
Verglasen 10
Vermiculit 19, 22
Verschlacken 10
Viskosität 66
Volumen 65
Von Elbe 129
Vorgang, thermodynamischer 818

W

Waal-Format 14
Wachsen 10
Wärmanlagen, Führung 756
Wärme, Joulesche 138
—, mittlere spezifische 291
—, spezifische 123
Wärmeabgabe von Flammen 398
Wärmeausdehnung 20
Wärmeaustausch 628
—, durch Strahlung 628
Wärmebedarf beim Trocknen 628
Wärmebehandlung 473
—, Mikroprozessorsteuerung 780
Wärmebilanz 186
—, Schaubilder 209
Wärmedämmplatten 23

Wärmedämmstoffe 21
Wärmedurchgangskoeffizient 268
Wärmeentwicklung durch einen Lichtbogen 138
—, im Elektroofen 138
Wärmegewinn durch Vorwärmung 201
Wärmeinhalt 116, 199
Wärmelehre, erster Hauptsatz 186
—, zweiter Hauptsatz 188
Wärmeleitfähigkeit 8, 23, 36, 89
Wärmeleitkoeffizient 268
Wärmerohre 236
Wärmerückgewinnung 293
Wärmespeicherung 36
Wärmeübergang 468
Wärmeübergangskoeffizient 69, 217
Wärmeübertragung 681, 818
— durch Konvektion 68
— durch Leitung 88
— durch Strahlung 76
— eines Öles in Rohrsystemen 666
— im Ofen 211
Wärmeverbrauch 528
Wärmeverlust 264
Wärmgut, Erwärmungszeit 249
Wandverlust 187, 201, 265
Warmarbeitsplatz 796
Warmauslagern 588
Warmstreckgrenze 31
Wasserdampf 113
Wassergas-Anlagen 7
Wassergasgleichgewicht 476
Wasserstoff 120
Weaver 134
Weichglühen 588
Weißguß 592
Weissohn 777
Wellensieck 311
Werkstoffe, Transport geschmolzener 556
Wichte 322
Widerstand, spezifischer 139, 140
Widerstandsbeheizung 149
Widerstandselement 665
Widerstandsfähigkeit 10
Wirbelschicht, Verbrennung in der 138
Wirkungsgrad, feuerungstechnischer 188
—, pyrometrischer 390
Wobbe-Index 98

Woelk 228, 231, 245, 254, 657, 742, 744, 756, 761
Wollgarten, H. 723

Z

Zähigkeit 327
—, dynamische 327
—, kinematische 327
Zahl, Archimedes- 68
—, Ausström- 342
—, Biot- 68
—, Delbourg- 134
—, Emissions- 219
—, Fourier- 68
—, Grashof- 68
—, Konakov- 68
—, Nußelt- 68
—, Peclet- 68, 400
—, Prandtl- 68
—, Reynolds- 68, 325
—, Sparrow- 68
—, Stanton- 68
—, Temperaturleit- 399
—, Wobbe- 133
Zahlen, Anhalts- 528
—, dimensionslose 67
—, Luft- 105, 109
—, Widerstands- 340
Zechenkoks 91
Zeitstandfestigkeit 31
Zink 199
Zinn 199
Zirkon 18
Zirkoniumdioxid 17
Zirkon-Korund 17
Zirkonoxid 18
Zonenmodell 657
Zündgeräte 462
Zündgeschwindigkeit 127
Zündgrenze 98, 127
Zuganker 55
Zugregler 364
Zugunterbrecher 364
Zunderbeständigkeit 31
Zunderbildung 471
Zweipunktregler 511
Zweitluft 361

Ihr Partner in allen Feuerfest-Fragen

WELTWEIT

Unsere Anwendungsgebiete:

Allgemeiner Industrieofenbau
Eisen- und Stahlindustrie
Gießereien
Keramische Industrie
Kokereien
Müllverbrennung
Kraftwerke
Petro-Chemie

LICHTENBERG
FEUERFEST GMBH
FEUERFESTE BAUSTOFFE U. KONSTRUKTIONEN

Zeithstraße 298 · D-5200 Siegburg · West-Germany
Postfach 1652 · Tel.-Nr. (02241) 381086 · Telex: 889544 · Drahtwort: LISIT

Eine Gesellschaft der Unternehmensgruppe Aktiengesellschaft

GEGRÜNDET 1859

ÜBER 125 JAHRE

P. PETERS

FABRIK FEUERFESTER PRODUKTE
G.m.b.H.　　　　　　　　　　STOLBERG (RHLD)

SILIKA-	SILIKA — TIEFOFEN — SPEZIALSTEINE	PP-SIL-S
TONDINAS-	HÄNGEDECKENSTEINE FÜR WALZWERKSÖFEN INSBESONDERE FÜR TIEFOFENDECKEL	PP-SH
	SCHWINDUNGSFREIE SPEZIALQUALITÄT FÜR DIE WÄNDE VON WALZWERKS- UND SCHMIEDEÖFEN	PP-S 1
SCHAMOTTE-	HARTSCHAMOTTE — SPEZIALSTEINE	PP-ULTRA
STEINE-	KASSETTENSTEINE MIT HERVORRAGENDEM DRUCKFLIESSVERHALTEN	PP-AIS-T-RK
HOCHTONERDE- HALTIGE SPEZIALSTEINE	HOCHTEMPERATURWECHSELBESTÄNDIGE SONDERQUALITÄTEN	PP-ULTRA X PP-ULTRA X 50
	ABRIEBFESTE SPEZIALSTEINE FÜR DIE RÜCK- SAUGSCHÄCHTE VON GROSSKESSELANLAGEN	PP-RS
BAUXIT-STEINE	ELEKTROOFENDECKELSTEINE, PFANNENSTEINE, TO-SCHLACKENBORDE, ZEMENTDREHOFENSTEINE	PP-STONA
ANDALUSIT-	TORPEDOPFANNENSTEINE, PFANNENSTEINE	PP-ANCOR
SILLIMANIT-	GLEITSCHIENENSTEINE, AUSGÜSSE	PP-SILCOR
KORUND- STEINE	KORUND — QUALITÄTEN AUF ELEKTRO-KORUND- U. TABULARTONERDE BASIS BIS ÜBER 95% Al_2O_3	PP-KORUND
FORSTERIT-	SCHLACKENBORDE UND HERDE VON WALZWERKSÖFEN	PP-DUNIT
SILIZIUMCARBID-	MUFFELSTEINE, TROMMELAUSKLEIDUNGEN	PP-CARBON
QUARZGUT- STEINE	HEISSREPARATURSTEINE FÜR GLASSCHMELZÖFEN	PP-LUISIT

5190 STOLBERG · PROBSTEISTRASSE 4 · TEL. (02402) 23041 · TELEX 832201 ppsto d

**AUSRÜSTUNG
INDUSTRIELLER
ELEKTROWÄRMEANLAGEN**

**TRANSFORMATOREN
UND DROSSELN**

**INDUKTIONS-
TIEGELÖFEN**

**INDUKTIONS-
RINNENÖFEN**

**INDUKTIVE
WÄRMEBEHANDLUNG**

**WIDERSTANDSBEHEIZTE
INDUSTRIEÖFEN**

Neufertigung, Umrüstung,
Modernisierung und
Instandsetzung eigener und
aller Fremdfabrikate.

Netzfrequenz-Tiegelöfeneinsatz, Wechselgefäße aller Art

INDUKTIONSTIEGELÖFEN

Induktionstiegelöfen für Netz- und Mittelfrequenz, Vakuum- und Labortechnik zum Schmelzen, bzw. Warmhalten und Vergießen von Gußeisen, Stahl, Ferrolegierungen und NE-Metallen als Gesamtofenanlage, oder in Komponentenbauweise für Umrüstung und Ausbau bestehender Anlagen. Berechnung, Konstruktion, Lieferung.

Marx GmbH & Co KG

Lilienthalstr. 8-28, D-5860 Iserlohn,
Joseph-Gänsler-Str., D-8850 Donauwörth-Riedlingen

Tx. 827 867 marx d
Telefon: 02371/26466-68
Telefon: 0906/3090

EDELSTAHL-FORMGUSS
Lohmann
hitzebeständig

Ihr Partner in allen hitzebeständigen Bauteilen wie: Chargierroste und Aufbauelemente — Härtekörbe aller Art — Einsatzgestelle — Scharnierkettenbänder — Hubbalken und Stützen usw.

FRIEDR. LOHMANN GMBH
Werk für Spezial- & Edelstähle
Postfach 6245 · 5810 Witten-Annen
Tel. (02302) 80461 + 62, Teletex 172302308

---

80 Jahre Gasbrenner- und Industrieofenbau

Lieferprogramm:

- Schmiedefeuer
- Schmiedeöfen
- Glüh- und Härteöfen
- Schmelztiegelöfen
- Warmbehandlungsanlagen
- Rohrbiegeöfen

- Gasfackeln (Bio-Gas+Klärgas)
- Industriegasbrenner, selbstansaugend und für Druckluft bzw. Gebläseluft.
- Injektoren und Spezialteile für den Selbstbau von nicht genormten Anwärmbrennern u. Schleierbrennern, Einschlagbrenner

Pharos Feuerstätten G.m.b.H., Friesenweg 3, D-2000 Hamburg 50,
Telefon: (040) 882001, Sammel-Nr. Telex: 213172 pharo d

AVOLA Stein-Trennsägen
für jeden Bedarfsfall das richtige Modell

AVOLA Stein-Trennsägen für Naß- oder Trockenschnitt – mit schwenkbarem Tisch – transportabel – für den Einsatz im Hoch- und Tiefbau, Industrieofenbau und Säurebau, in Laboratorien und Versuchsanstalten – zur Bearbeitung von Natur- und Kunststeinen, Glas, Keramik und Kunststoffen.

Fordern Sie bitte unsere Beratung an, wenn Sie Trennprobleme haben.

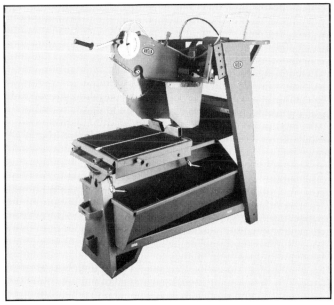

A. Volkenborn · Maschinenfabrik
Postfach 110327 · Hauptstraße 13
D-5620 Velbert 11-Langenberg
Tel. 02052/3091 · Telex 8516717

ENERGO
Energietechnik + Ofenanlagen

Handels- und
Produktionsgesellschaft mbH
Industrieofenbau

Welserstraße 3
8542 Roth b. Nürnberg

Telefon 0 91 71/20 95
Telex 624747 ergo d

Beispiel einer von ENERGO gebauten Anlage zur Produktion von Ofenkacheln – Jahreskapazität 1,4 Mio. Stck. – mit 2 Herdwagenöfen, 1 Kammertrockner, 1 Wärmerückgewinnungsanlage und Gleisanlagen.

ENERGO
Energietechnik + Ofenanlagen

Ihr Partner zur Projektierung von wärmetechnischen Anlagen in der Keramik- und Glasindustrie

Heißgas-Ventilatoren bis 1050° C

– radiale- und axiale Bauart
– Gehäuse- und Einbauventilatoren
– gas- und vakuumdichte Ausführungen
– individuelle und flexible Lösungen

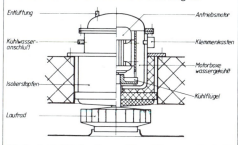

Heinrich Meierling - Ventilatorenfabrik
Säckinger Straße 9-11   7887 Laufenburg
Telefon 07763/7890   Telex 7921611

— **UV-IR-Flammenwächter**
TÜV-UL-CSA-FM zugelassen

— **Feuerungsautomaten**
DIN/DVGW-geprüft

— **Brennersteuerungen in µP-Technik**
TÜV-geprüft und -zugelassen

— **Niederlassungen, Service weltweit:**

ELECTRONICS CORPORATION OF AMERICA
Geschäftsstelle Deutschland
Schirmerstraße 17
4000 Düsseldorf 1
Telefon 0211/363091—92
Telex 8587310

IOB INDUSTRIE-OFEN-BAU GmbH
Scheffelstr. 10 · Postfach 1404 · 6940 Weinheim
Telefon: (06201) 61076* · Telex: 465549 iob d

Kostensenkung durch Energie-Einsparung

Kompl. Vergüte-Anlage mit rekuperativer
Luftvorwärmung für GS und GGG
Max. Ofenraumtemperatur 1100 °C
Energie-Einsparung durch rekuperative
Luftvorwärmung bis zu 26%

Elektro Hochtemperatur Heizelemente

NEEF & SCHWARZ
Industrielle Elektrowärmetechnik
Telefon (0711) 51831-0
Telex 7254595
Fax: (0711) 5183111
Friedrichstraße 8—10
7012 Fellbach 4

IEW

SERVOMEX
Sauerstoffanalysatoren
IR-Analysatoren
tragbar – und stationär

Anwendungsbereiche:
Feuerungstechnik
Industrieofenbau
Schutzgasüberwachung
Wärmebehandlung

HARKORTSTRASSE 29
D 4030 RATINGEN 2
TELEFON (02102) 4989-0
TELEX 8585095 OMEX D
TELEFAX (02102) 4989-20

BÜHLER®
MESS- UND REGELTECHNIK GMBH & CO. KG

HELIOS
Damit Erwärmungsprobleme Sie kalt lassen

Elektrowärme für alle Medien

D-5982 Neuenrade
Postfach 1160
Telefon (0 23 92) 63 15
Telex 8 26 425

STENFLEX
KOMPENSATOREN AUS EDELSTAHL
Flexible Rohrverbindungen für Gasanlagen

ab Lager!

geprüft nach DIN 30 681
zugelassen nach DIN-DVGW
Für weitere Informationen Katalog anfordern.

**STENFLEX
RUDOLF STENDER GMBH**
Postfach 65 02 20 · 2000 Hamburg 65
Telefon (040) 5 24 00 56 · Telex 2 174 285 ste d

SCHWARZ INDUSTRIEÖFEN

Industrieöfen aller Art
für glas-, keramik- und metallverarbeitende Branchen.
Industrieofenanlagen als Sonderkonstruktionen.

Ferdinand Schwarz GmbH
Industrieofen- und Maschinenbau KG

D-8742 Bad Königshofen
Tel. 0 97 61/8 33
Tx. 06 72 864

Unser Vorsprung
ist guter Grund
für ein Gespräch:
0 97 61/8 33

UNI-GERÄTE E. Mangelmann
ELEKTROTECHNISCHE FABRIK GmbH
4179 WEEZE/Ndrh. · Holtumsweg 13 · Postfach 1260
Telefon (02837) 1033/1034 · FS 812245

Elektro-Magnetventile
Sicherheits-Absperreinrichtungen, direkt gesteuert, Gruppe A nach DIN 3394 Teil 1, mit Gewinde- und Flanschanschluß für atmosphärische und Gebläsegasbrenner.
Medium: Gase nach DVGW-Arbeitsblatt G 260/I

Sonderausführungen
Pneumatische Drosselklappen für Heißluft und Rauchgas 700° C mit Klein- und Hauptlasteinstellung.

Mengen-Regel-Klappen, Mengen-Regel-Schieber und Mengen-Einstell-Armaturen
Gruppe 0, nach DIN 3394 Teil 2, für Gase nach DVGW-Arbeitsblatt G 260/I und Luft 400° C

ELIN
Induktionserwärmung

Wir liefern komplette induktive Erwärmungsanlagen mit Hoch-, Mittel- und Netzfrequenzversorgungen. Auch mit Leistungseinheiten bis mehrere MW.

Ideal für verschiedenste metallurgische Behandlungsverfahren; für Schmiedeerwärmung; Löten; Längsnaht-Rohrschweißen; Beheizung von Kunstharzreaktoren bzw. Rührwerkskessel.

ELIN
Penzinger Straße 76
A-1141 Wien

MAURER-Infrarot-Strahlungspyrometer
zur berührungslosen Temperaturerfassung von Produktionsvorgängen.
Temperaturbereiche zwischen 0 und 4000 °C.
Spezielle Ausführungen für:

Rohrschweißanlagen (HF und WIG)
Stranggußanlagen
Kettenvergütung

Gieß- und Schmelzanlagen,
Löt-, Härte-, Anlassanlagen,
Temperatur-Profilmessung mit Scanner
Lasererwärmungsvorgänge
Glas und Kunststoffe usw.

Kompaktgeräte
mit interner oder externer Digitalanzeige
Einbau- oder Tischgeräte mit **Meßkopf** oder **Lichtleiter**
Geräte mit **Programmgeber, Drucker** oder **Schreiber**
Geräte mit **oszillierendem Meßstrahl** oder **mit Scanner**
Geräte mit **Rechnerschnittstelle**,
2-Farben-**Quotienten**-Pyrometer
Sondergeräte nach Kundenspezifikation
usw.

Dr. Georg MAURER GmbH
D-7441 Kohlberg, Industriegebiet 10
Tel. (07025) 2723 + 2094 ‹3031› · Telex 7 267 734

Die Welt braucht Draht! Sie brauchen uns!

Möhl und Schmetz
Anlagenbau GmbH
für die Drahtindustrie
zur Wärme- und
Oberflächenbehandlung

Postfach 85 01 60
Möhlstr. 24—26
D-5000 Köln 80
Tel. (02 21) 68 10 66
Telex 8 873 414 möhl d

Möhl und Schmetz

Draht-Patentieranlage mit dem neuen Turbo-System zur Energieeinsparung

BUSS

Hersteller von:
- Atmosphärische Brenner ● Brennerköpfe ● Deckenbrenner ● Flüssiggasbrenner ● Hochleistungsbrenner
- Hochgeschwindigkeitsbrenner ● Kohlenstaubbrenner
- Luftüberschußbrenner ● Mehrstoffbrenner ● Mündungs-Mischbrenner ● Niederdruck-Ölbrenner ● Preßluftbrenner
- Prozeßbrenner ● Reihenbrenner ● Ringbrenner ● Rohrbrenner ● Strahlbrenner ● Tauchbrenner ● Tunnelbrenner
- Vorgemischbrenner ● Zündbrenner.

**Industriefeuerungen haben viele Probleme –
Wir kennen die Lösung.**

Ölbrenner — Gasbrenner
Öl-/Gasbrenner — Sonderkonstruktionen

BUSS INDUSTRIEFEUERUNGEN
Parkstr. 109
D-5880 Lüdenscheid
Tel. 0 23 51/31 04, Telex 8 26 797

Elektrisch beheizte
OFENSYSTEME
für Industrie und Labor

Abb.
Vorwärmeschränke
für Kunststoffe

Ofensysteme für viele Anwendungsbereiche z. B. Trocken-Schrumpf- und Temperprozesse bis ca. 500 °C. Horizontale oder vertikale Luftführung; Beschickung mittels Horden, Einfuhrwagen oder Schubladen; Temperatur- und Programmregelanlagen. Zusätzliche Ausstattungen sind möglich.

Sonderwünsche sind für uns kein Problem.

Fordern Sie Referenzlisten sowie ausführliches Prospektmaterial unverbindlich an.

DAVID+BAADER-DBK-GMBH
KANDEL/PFALZ
Spezialfabrik elektrischer Apparate und Heizwiderstände

Postfach · D-6744 Kandel/Pfalz · West Germany · Tel. 07275/7030 · Telex 453422 dbk d

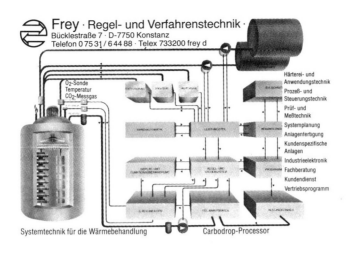

Frey · Regel- und Verfahrenstechnik ·
Bücklestraße 7 · D-7750 Konstanz
Telefon 07531/6 44 88 · Telex 733200 frey d

Härterei- und Anwendungstechnik
Prozeß- und Steuerungstechnik
Prüf- und Meßtechnik
Systemplanung
Anlagenfertigung
Kundenspezifische Anlagen
Industrieelektronik
Fachberatung
Kundendienst
Vertriebsprogramm

Systemtechnik für die Wärmebehandlung   Carbodrop-Processor

Hydraulisch kippbarer Wannenofen, zum Schmelzen und Warmhalten von Leichtmetall, in der Endmontage.

Industrieöfen
Wärmebehandlungsanlagen · Härtereieinrichtungen
Gießereieinrichtungen · Öl- und Gasbrenner
Verfahrenstechnische Anlagen
Beratung · Projektierung · Konstruktion · Montage
Inbetriebnahme · Service

Industrieofenbau Fulmina GmbH
Maaßstraße 30 · Postfach 102227 · D-6900 Heidelberg 1
Telefon (06221) 82063 · Telex 461641 fulmi d

Absaugeschläuche
Schutzschläuche
Brauseschläuche
Förderschläuche
Druckschläuche
Wellschläuche
Gasschläuche

ASPOR METALLSCHLÄUCHE

ALBERT SPECK GmbH & Co.
Metallschlauchwerk   Kieselbronn/Pforzheim
Postanschrift: Postfach 1640 · 7530 Pforzheim
Telefon: (07231) 51061   Telex: 783832

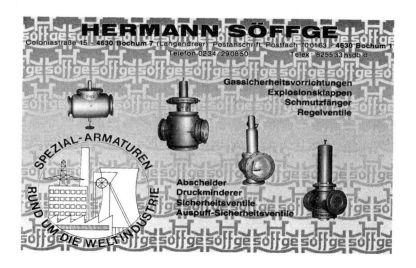

NOLZEN

GMBH + CO KG
D-5600 Wuppertal 21
Scheidtstraße 9-13
☎ (0202) 46 30 31
Tx 8 591 868

INDUSTRIEOFENBAU

Fertigungsprogramm

Kammeröfen · Luftumwälzöfen · Herdwagenöfen · Gasaufkohlungsöfen Gasnitrieröfen · Durchlauföfen · Salzbad-Tiegelöfen (auch gas- und ölbeheizt) · Elektroden-Salzbadöfen · Sonderöfen für spezielle Warmbehandlungsprozesse · komplette Anlagen

VATROSTALNA -West

Wildenbruchstr. 27, 4650 Gelsenkirchen, Tel. (0209) 1 52 74, Telex 824 803 vatge d

Spezialunternehmen
für Projektierung, Ausbau, Reparatur und Instandhaltung von Industrieöfen und anderen thermischen Aggregaten in:
Hüttenwerken, Buntmetallindustrie, Zementwerken, Glas- und Porzellanindustrie, Energietechnik und Maschinenindustrie.

Wir projektieren, bauen und reparieren Industrieschornsteine, Wassertürme und -kühler.

Wir arbeiten auf dem ganzen Gebiet der Bundesrepublik Deutschland, sowie in allen europäischen- und Entwicklungsländern.

Wir stehen Ihnen zur Verfügung.

Inotherm

Industrieofen- und Wärmetechnik

Planung und Bau von
Schmelz-, Warmhalte- und Wärmebehandlungsöfen
z. B. für die Aluminiumindustrie
Wärme- und Verfahrenstechnische Anlagenoptimierung

Konstantinstraße 58
4050 Mönchengladbach 2
Telefon (02166) 80035
Teletex 2166403
— INDUTEC

KÖRNER
VERZINKUNGSANLAGEN

Lieferprogramm für die Feuerverzinkungsindustrie:

Verzinkungsanlagen für Konstruktions- und Fertigteile, Rohre, Profile, Fittings- und Kleinteile, einschließlich Zubehöranlagen wie z. B. Trockeneinrichtungen, Warmhalteöfen, Zentrifugen und Hartzinkgreifer.

Komplette Anlagen für die Drahtindustrie:

wie Patentieranlagen, Glüh-, Verzinkungs- und Trockenöfen, Baustahlmatten-Anlaßöfen und Haubenglühanlagen.

WALTER KÖRNER KG
– seit über 50 Jahren –
Industrieofenbau
Postfach 2040, D-5800 Hagen
Telefon (02331) 86011, Telex 823696

Naber-Öfen ...brennen, schmelzen, glühen, testen

Naber GmbH + Co. Industrieofenbau KG
Postfach 1120, Bahnhofstraße 20
2804 Lilienthal/Bremen (W.-Germany)
Telefon: 04298-1011, Telex 0244881

Produktionsprogramm:

Elektrisch beheizte Kammeröfen für Glas, Keramik, Porzellan; Glüh- und Härteöfen; Labor- und Versuchsöfen; Emaillieröfen; Tiegelöfen; Herdwagenöfen; Sonderöfen.

Für die Isolierung Ihrer Öfen:

- **Feuerleicht-steine**
  ASTM-Gruppe 20–34

- **MOLER Isoliersteine**

- **SKAMOLEX Platten**

Wir beraten Sie über die richtige Leichtbauweise!

TECHNOTHERM
GmbH & CO. KG

Ingenieurbüro für Hochtemperaturisolierungen und Feuerfestkonstruktionen
Sebastianusstraße 8 · Postf. 10 14 37 · D-4040 Neuss 1
Tel. (02101) 27 30 38 · Telex 8517-619

Taschenbuch
Industrielle Wärmetechnik

Wärme- und Verbrennungstechnik
Elektrowärme
Temperaturmessungen
Industrieofenbau

2. AUFLAGE

zusammengestellt von Obering. J. Stepanek VDI und VDEh, 378 Seiten, 1983, Format 10,5 x 14,8 cm, Plastik-Einband, 64,— DM, Bestell-Nr. 2124, ISBN 3-8027-2124-1

Nachdem die 1. Auflage vergriffen ist, wurden neben einer Überarbeitung in dieser 2. Auflage des Taschenbuches „Industrielle Wärmetechnik" die Anregungen aus Fachkreisen berücksichtigt, das Buch um ein alphabetisches Stichwortverzeichnis zu erweitern.

Dieses Tabellenwerk mit grafischen Darstellungen und Kennwerten im Taschenbuchformat ist als Rüstzeug für Energie- oder Wärmeingenieure, Industrieofenbauer und Betreiber von Industrieöfen und industriellen Erwärmungsanlagen gedacht.

Inhalt: Zahlen, Zeichen und Einheiten im Meßwesen — Umrechnung britischer und amerikanischer Einheiten — Mathematische Daten — Physikalische und chemische Begriffe — Elektrotechnische Begriffe — Temperaturmessung und Regelung — Wärmetechnik — Gasverbrennung — Ölverbrennung — Elektrowärme — Schutzgastechnik — Feuerfeste Baustoffe und Isolierstoffe — Rohrleitungstechnik — Allgemeine Unterlagen für den Industrieofenbau.

 VULKAN-VERLAG
Postfach 10 39 62 · Haus der Technik · D–4300 Essen
Telefon (02 01) 22 18 51 · Fernschreiber 8 579 008

Inserentenverzeichnis

J. AICHELIN GmbH & Co. Kundenhärterei, 7015 Korntal-Münchingen 1 .... A 13
Wilhelm Alte, 5970 Plettenberg 4 .... A 72
ARIS Antriebe und Steuerungen GmbH, 5205 St. Augustin 2 .... A 87
BBC Brown, Boveri & Cie. Aktiengesellschaft, 4600 Dortmund .... A 1
Berg- und Hüttenprodukte Walter Kaempfert GmbH, 6000 Frankfurt/Main 71 .... A 71
Bloom Engineering GmbH, 4000 Düsseldorf 11 .... A 52
BREDTMANN-GIRKE Industrieofenbau GmbH, 4630 Bochum 1 .... A 55
BÜHLER Meß- und Regeltechnik GmbH & Co. KG, 4030 Ratingen 2 .... A 81
Buss GmbH, 5880 Lüdenscheid .... A 83
Carborundum Resistant Materials GmbH, 4000 Düsseldorf 13 .... A 2
Coreci GmbH, 7830 Emmendingen .... A 17
David + Baader GmbH, 6744 Kandel/Pfalz .... A 84
Degussa AG, Geschäftsbereich Löttechnik und Durferrit-Verfahren, 6450 Hanau 1 .. A 45
Deutsche Babcock Aktiengesellschaft, 4200 Oberhausen 1 .... A 32
Deutsche ICI GmbH, 6000 Frankfurt/Main 71 .... A 3
Didier-Werke AG, 6200 Wiesbaden 1 .... A 40
Düsseldorfer Messe Gesellschaft mbH – NOWEA –, 4000 Düsseldorf 30 .... A 27
Karl Dungs GmbH & Co., 7060 Schorndorf .... A 70
Dynamit Nobel Aktiengesellschaft, Geschäftsbereich Industriechemikalien,
  5210 Troisdorf .... A 21
ECA Electronics Corporation of America, Geschäftsstelle Deutschland,
  4000 Düsseldorf 1 .... A 79
Edwards, Kniese & Co. Hochvakuum GmbH, 3550 Marburg .... A 50
ELIN-UNION AG, A–1141 Wien .... A 82
ELINO Industrie-Ofenbau · Carl Hanf GmbH + Co., 5160 Düren .... A 61
Elsner GmbH & Co. KG, 4350 Recklinghausen 4 .... A 42
ENERGO Energietechnik + Ofenanlagen Handels- und Produktionsgesellschaft
  mbH, 8524 Roth bei Nürnberg .... A 78
ERO-STARKSTROM Kondensatoren GmbH, 8300 Landshut/Bayern .... A 6
Eurotherm Regler GmbH, 6250 Limburg/Lahn 1 .... A 6
EVT-Mahler GmbH Gasanlagen, 7000 Stuttgart 61 .... A 41
Ferngas Salzgitter GmbH, 3320 Salzgitter 1 .... A 36
F.H.T.T. Feuerungs- und Hochtemperatur-Technik GmbH, 5800 Hagen 1 .... A 17
Fischer & Porter GmbH, 3400 Göttingen .... A 49
A. Fleischmann GmbH, 6000 Frankfurt/Main 18 .... A 46
Ing.-Büro Frey, 7750 Konstanz .... A 85
Industrieofenbau Fulmina GmbH, 6900 Heidelberg 1 .... A 85
gastechnik Produktions- und Vertriebsgesellschaft mbH, 7541 Straubenhardt 1 ... A 35
Gautschi Electro-Fours SA, CH–8274 Tägerwilen .... A 57
OSCAR GOSSLER KG (GmbH & Co.), 2057 Reinbek (Bez. Hamburg) .... A 14
Heinrich Grünewald GmbH & Co. · Industrieofenbau,
  5912 Hilchenbach (Westfalen) .... A 66
GTE Sylvania Licht GmbH, 8520 Erlangen .... A 24
W. Haldenwanger Techn. Keramik GmbH & Co. KG, 1000 Berlin 20 .... A 59
Gebrüder Hammer GmbH, 6072 Dreieich 1 .... A 20
Heiza Mattil GmbH & Co., 6734 Lambrecht (Pfalz) .... A 8
HELIOS GmbH, 5982 Neuenrade .... A 81
Albert Hellhake GmbH & Co., Technischer Großhandel, 4600 Dortmund 1 ...... A 53
Hans Hennig VDI, 4030 Ratingen 8 .... A 39
HONEYWELL Regelsysteme GmbH, 6050 Offenbach/Main .... A 67
INOTHERM Industrieofen- und Wärmetechnik GmbH, 4050 Mönchengladbach 2 ... A 88

IOB Industrie-Ofen-Bau GmbH, 6940 Weinheim .... A 80
Ipsen Industries International GmbH, 4190 Kleve .... A 23
Joens Mess & Regeltechnik GmbH, 4000 Düsseldorf 1 .... A 87
M.K. Juchheim GmbH & Co., 6400 Fulda .... A 22
Otto Junker GmbH, 5107 Simmerath .... Lesezeichen
KANTHAL GmbH, 6082 Mörfelden-Walldorf .... A 33
KERATHERM Feuerfest-Vertriebs-GmbH, 4000 Düsseldorf .... A 31
KERFA-Industriebeheizungen GmbH, 5820 Gevelsberg .... A 68
Klöckner-Ionon GmbH, 5090 Leverkusen 3 .... A 69
Walter Körner KG · Industrieofenbau, 5800 Hagen .... A 88
KONUS-KESSEL Gesellschaft für Wärmetechnik mbH, 6830 Schwetzingen ...... A 16
KOPP Vakuumanlagenbau Gesellschaft m.b.H., A—1232 Wien .... A 60
H. KRAMER GmbH & Co. KG, 4000 Düsseldorf 13 VIII
Kromschröder AG, 4500 Osnabrück .... A 41
Lichtenberg Feuerfest GmbH, 5200 Siegburg .... A 73
Linde AG, Werksgruppe Technische Gase, 8023 Höllriegelskreuth .... A 4
Linn-Elektronik, 8459 Hirschbach 1 .... A 46, A 53
Friedr. Lohmann GmbH, 5810 Witten-Annen .... A 76
LOI Industrieofenanlagen GmbH, 4300 Essen 1 .... A 37
Lurgi GmbH, 6000 Frankfurt/Main 11 .... A 5
MAHLER Dienstleistungs-GmbH, 7300 Esslingen/Neckar .... A 47
Marx GmbH & Co. KG, 5860 Iserlohn .... A 75
Dr. Georg Maurer GmbH, 7441 Kohlberg .... A 82
Maxon GmbH, 4300 Essen 1 .... A 38
Heinrich Meierling · Ventilatorenfabrik, 7887 Laufenburg/Baden .... A 79
Messer Griesheim GmbH, Industriegase, 4000 Düsseldorf .... A 58, A 63
Metzger Bau GmbH, 7888 Rheinfelden/Baden .... A 35
Microtherm Europa N.V., B—2700 Sint-Niklaas .... A 30
Minora Lüneburg GmbH für Calciumsilikatprodukte & Co., 2120 Lüneburg 1 ..... A 15
Möhl und Schmetz Anlagenbau GmbH, 5000 Köln 80 .... A 83
Naber GmbH + Co. Industrieofenbau KG, 2804 Lilienthal/Bremen .... A 88
Neef & Schwarz GmbH, 7012 Fellbach 4 .... A 80
Heinrich Neitz GmbH, 4930 Detmold .... A 79
Nolzen GmbH + Co. KG, 5600 Wuppertal 21 .... A 86
Oberpfälzische Schamotte- und Tonwerke GmbH Ponholz,
    8414 Maxhütte-Haidhof .... A 72
Dr. C. Otto, Feuerfest GmbH, 4630 Bochum-Dahlhausen .... A 11—A 12
P. Peters, Fabrik feuerfester Produkte GmbH, 5190 Stolberg .... A 74
Arthur Pfeiffer Vakuumtechnik Wetzlar GmbH, 6334 Aßlar 1 .... A 18
Pharos Feuerstätten GmbH, 2000 Hamburg 50 .... A 76
Anton Piller GmbH & Co. KG, 3360 Osterode am Harz .... A 54
PROCESS-ELECTRONIC Vertriebs- und Planungsgesellschaft mbH,
    4300 Essen 18 .... A 26
Programmelectronic Engineering AG, CH—4143 Dornach .... A 43
Promat GmbH, Technische Wärmedämmung, 4030 Ratingen 1 .... A 14
REKUPERATOR KG · Dr.-Ing. Schack & Co., 4000 Düsseldorf 30 .... A 29
Ludwig Riedhammer GmbH, 8500 Nürnberg 12 .... A 64
Risius GmbH, 5000 Köln 71 .... A 59
Ruhrgas AG, 4300 Essen 1 .... A 19
RUHSTRAT GmbH, 3406 Bovenden .... A 59
SIGRI GmbH, 8901 Meitingen .... A 56
Hermann Söffge · Industriearmaturen, 4630 Bochum 7 .... A 86
Nikolaus SORG GmbH & Co. KG, 8770 Lohr am Main .... A 62

Albert Speck GmbH + Co., 7530 Pforzheim .... A 85
Gebr. Schmeck GmbH, 5900 Siegen .... A 43
Dr. Schmitz + Apelt Industrieofenbau GmbH, 5600 Wuppertal 22 .... A 9–A 10
Ferdinand Schwarz GmbH Industrieofen- und Maschinenbau KG,
   8742 Bad Königshofen .... A 81
Stein Heurtey, F–91002 Evry Cedex .... A 48
STENFLEX Rudolf Stender GmbH, 2000 Hamburg 65 .... A 81
Stordy GmbH, Industrie-Feuerungstechnik, 2000 Schenefeld bei Hamburg ...... A 30
Technotherm GmbH & Co. KG, 4040 Neuss 1 .... A 89
Testoterm GmbH & Co., 7825 Lenzkirch/Schwarzwald .... A 8
Thyssen Edelstahlwerke AG, 5810 Witten 1 .... A 7
UNI-Geräte E. Mangelmann · Elektrotechnische Fabrik GmbH, 4179 Weeze 1 .... A 82
Union Carbide Industriegase GmbH, 6000 Frankfurt/Main 71 .... A 44
Vatrostalna-West, 4650 Gelsenkirchen .... A 86
VDM Vereinigte Deutsche Metallwerke AG, 5980 Werdohl .... A 51
Velco Gesellschaft für Förder-, Spritz- und Silo-Anlagen GmbH, 5620 Velbert 1 ... A 2
VGT-DYKO Industrie-Keramik Vertriebs GmbH, 4000 Düsseldorf 11 ...... A 25
A. Volkenborn Maschinenfabrik, 5620 Velbert 11 .... A 77
Vulkan-Verlag, 4300 Essen 1 .... A 90
webber brenner-technik, 4600 Dortmund 76 .... A 38
Apparatebau Wiesloch GmbH, 6908 Wiesloch .... A 28
Will & Hahnenstein GmbH, 5900 Siegen 1 .... A 39
Witzenmann GmbH, 7530 Pforzheim .... A 34
WÜ-Wärmeprozesstechnik GmbH, — Gasbrenner, Rekuperator, NO_x-arme
Brenner —, 7253 Renningen .... A 26
Yokogawa Electrofact GmbH, 4047 Dormagen 5 .... A 65

20 SEP. 1996